C++ API

OpenCV

프로그래밍

2nd Edition

김동근 저

OpenCV로 배우는 디지털 영상처리

Class기반의 C++API를 이용하는 OpenCV 프로그래밍

OpenCV 2.4.13과 OpenCV 3.1.0 기반

VisualStudio 2013 / 2015를 이용한 프로그래밍

OpenCV기본 클래스를 이용한 그래픽 영상파일 입출력

공간 영역 필터링, 주파수 영역필터링

영상분할, 영상 특징 검출

KeyPoint 특징 검출기와 기술자

영상의 기하학적 변환과 비디오처리

- 좋은 책 · 알찬 내용 -

가메출판사

Preface

OpenCV는 BSD 라이선스를 갖는 오픈소스 컴퓨터 비전(Computer Vision) 라이브러리입니다. OpenCV는 C/C++로 구현되었고, 소스가 공개되어 있어 사용자가 재빌드(rebuild) 할 수 있으며, 윈도우즈, 리눅스, iOS, 안드로이드 등의 다양한 플랫폼에서, C, C++, Python, Java 등의 언어로 연동하여 사용할 수 있습니다. 이 책은 2016년 11월 현재 최신 버전인 OpenCV 2.4.13과 OpenCV 3.1.0을 이용한 영상처리 및 컴퓨터 비전 응용 프로그래밍에 대하여 설명합니다.

OpenCV는 opencv_core, opencv_highgui, opencv_imgproc, opencv_features2d, opencv_video, opencv_calib3d 등의 모듈로 이루어져 있으며, 영상 및 비디오 입출력 모듈, 영상처리 및 컴퓨터 비전 관련 기본 알고리즘 및 최근 논문에 발표되는 내용이 구현되어 있을 정도로 활발히 갱신되는 라이브러리입니다.

그동안 가메출판사에서 2010년(초판)과 2011년(개정판) 'OpenCV Programming', 2014년 'OpenCV 컴퓨터 비전 프로그래밍' 책을 출간하였습니다. 'OpenCV Programming'은 구조체(struct)를 주요 자료구조로 사용하는 C 언어 기반 OpenCV API를 사용하여 opencv_core, opencv_highgui, opencv_imgproc 라이브러리 모듈을 중심으로 행렬(CvMat), 영상(IplImage) 자료구조, 간단한 그래픽, 기본 연산함수, 포인트 프로세싱, 공간 필터링, 주파수 필터링, 영상분할 및 특징검출, 비디오 입출력, 레이블링 등의 기본 영상처리 내용을 다루었습니다.

2014년 출판한 'OpenCV 컴퓨터 비전 프로그래밍' 역시 C 언어 기반 OpenCV API를 사용하였으며, opencv_video 라이브러리 모듈의 모션 검출 및 추적(motion detection and tracking)과 opencv_calib3d 라이브러리 모듈의 카메라 캘리브레이션(camera calibration) 및 스테레오 매칭(stereo matching)을 중심으로 C 기반 OpenCV API 자료구조, 비디오 입출력, 배경 차영상, 모션 히스토리, 광류(optcal flow), MeanShift, CamShift, Kalman 필터 등의 모션 검출 및 추적과 체스 보드 패턴을 사용한 코너점 및 대응점 검출, Zhengyou Zhang의 논문 기반 호모그래피 계산, 호모그래피를 이용한 카메라 캘리브레이션 구현, OpenCV 카메라 캘리브레이션, XML/YML 입출력, 스테레오 영상의 에피폴라 및 기반 행렬계산, 깊이(depth)계산 및 재구성 등에 대해 다루었습니다.

이 책은 C++ 기반 OpenCV API를 사용합니다.

C++ 기반 OpenCV API를 사용하면 Mat, std::vector 등의 기본 자료구조 클래스가 메모리를 자동으로 관리하여 프로그램을 작성할 때 매우 편리합니다. 영상처리 알고리즘이 구현된 함수를 호출할 때 결과를 위한 행렬을 미리 할당하지 않아도 되며, 행렬을 위해 생성한 메모리를 해제하지 않아도 객체가 소멸할 때 자동으로 해제됩니다. 또한, 영상처리 연산의 결과가 자료형의 표현 범위를 벗어나는 문제를 saturate_cast◇ 함수로 해결해주며, Exception 클래스, CV_Error, CV_Assert 매크로를 사용하여 예외처리 할 수 있습니다.

최근 버전의 OpenCV는 컴파일 시간을 증가시키고, 인터페이스와 구현의 분리를 어렵게 하는 과도한 C++ 템플릿의 사용을 줄이고, 클래스에서 C API의 혼합 사용을 줄이고, 상수를 재정의 하였으며, 클래스 메서드 및 함수의 인수에서 Mat 대신, 입출력 용도에 따라 InputArray, OutputArray, InputOutputArray의 사용이 확대되어 Mat, std::vector◇, Matx◇, Vec◇, Scalar, noArray() 등 다양한 자료형이 인수로 전달될 수 있습니다.

이 책의 전체 구조는 'OpenCV Programming'의 내용을 기반으로 구성되어 있습니다. OpenCV 기본 클래스, 간단한 그래픽 및 영상파일 입출력, OpenCV 기본 연산, 포인트 프로세싱, 이웃을 고려한 공간영역 필터링, 주파수 영역 필터링, 영상 분할, 영상 특징 검출, Keypoint 특징 검출기와 기술자, 영상의 기하학적 변환을 다루며, 'OpenCV 컴퓨터 비전 프로그래밍'의 비디오 처리 내용을 포함하였습니다. OpenCV 관련 내용은 OpenCV C++ API를 사용하는 것으로 완전히 변경하였으며, 클래스의 정의, 메서드, 함수 선언 등으로 OpenCV C++ API를 이해하고, 간단한 예제를 구현하여 사용방법을 설명하였습니다.

C++ 클래스 자료구조, 예외처리, EMD에 의한 히스토그램 비교, DCT 변환, 워터쉐드, 윤곽선 관련 특징 및 매칭, 특징점 검출기, 기술자 추출기, 기술자 매칭 등은 새로 추가된 내용이며, 화소값 샘플링 및 영상 크기 변경, 어파인 변환, 투영변환, Remap 변환 등의 기하학적 변환은 재구성된 내용입니다. 비디오 입출력, 비디오에서 움직임 검출, MeanShift/CamShift, KalmanFilter에 의한 물체 추적은 'OpenCV 컴퓨터 비전 프로그래밍' 의 내용을 C++ 기반 OpenCV로 재구성한 내용입니다.

이 책의 내용은 OpenCV 2.4.13과 OpenCV 3.1.0 버전을 완벽히 지원합니다. OpenCV 2.4.13 예제는 opencv_core2413, opencv_highgui2413, opencv_imgproc2413, opencv_features2d2413, opencv_video2413, opencv_flann2413, opencv_nonfree2413, opencv_photo2413 등의 라이브러리 모듈을 사용하고, OpenCV 3.1.0 버전은 통합 라이브러리인 opencv_world310을 사용하였습니다. 이 책을 구성하기 위하

여, OpenCV 2.4.10, OpenCV 2.4.13, OpenCV 3.0.0, OpenCV 3.1.0의 문서, 튜토리얼, 소스 코드, 샘플 코드 등을 참조하였습니다.

출판사 웹 사이트에서 다운로드하는 소스 코드 파일에는 OpenCV 2.4.13 버전의 예제와 OpenCV 3.1.0 버전의 예제가 포함되어 있습니다. 그리고 비주얼 스튜디오 2013에서 OpenCV 2.4.13과 OpenCV 3.1.0을 사용하기 위한 커스텀 위저드, 비주얼 스튜디오 2013으로 빌드한 32비트 윈도우즈용 임포트 파일(*.lib)과 동적 연결 라이브러리(*.dll)를 포함하며, 비주얼 스튜디오 2015에서 OpenCV 3.1.0을 사용하기 위한 커스텀 위저드를 포함합니다.

끝으로, 책 출판에 수고해 주신 가메출판사 담당자 여러분께 감사드리며, 독자 여러분의 영상처리 컴퓨터 비전 공부에 도움이 되었으면 합니다.

김동근

Contents

CHAPTER

03 간단한 그래픽 및 영상 파일 입출력

CHAPTER

04 OpenCV 기본 연산

CHAPTER

05

포인트 프로세싱

CHAPTER 06

이웃을 고려한 공간영역 필터링

CHAPTER 07

주파수 영역 필터링

CHAPTER

08 영상 분할

11 영상의 기하학적 변환

OpenCV 기초

01 영상처리와 컴퓨터 비전

디지털 영상처리(image processing)는 컴퓨터를 이용 입력영상을 처리하여 보다 질 (quality) 좋은 출력영상으로 얻는 과정이다. 예를 들면 포토샵을 이용하여 입력영상에 포함된 잡음(noise)을 제거하거나, 영상의 대비(contrast)를 개선(enhancement)하여 선명하게 하는 과정이 영상처리이며, 영상의 특정 부분인 관심영역(region of interest) 을 강조(emphasizing)하거나, 관심영역을 분할(segmentation)하고 영상 파일로 압축 (compression)하여 저장하는 과정도 모두 영상처리이며, 영상을 검색하거나 분류, 인식 하는 등 영상을 컴퓨터의 입력으로 사용하여 처리 대상으로 하는 모든 과정이 영상처리 이다.

컴퓨터 비전(computer vision)은 카메라(camera)에 의해 획득되는 입력영상으로부터 의미 있는 정보를 추출해 내는 분야로 주로 실시간(real time) 응용을 다룬다. 예를 들면, 산업현장에서 자동으로 제품의 결함을 검사(industrial inspection)하거나, 스캐 너 또는 카메라로 획득한 영상에서 문자인식(character recognition), 얼굴인식(face recognition), 지문인식(fingerprint recognition), 사람 또는 자동차 등과 같은 움직이 는 물체 검출(motion detection) 및 물체 추적(object tracking), 2개 이상의 카메라로부 터 획득한 스테레오 영상을 이용하여 깊이를 계산하거나 3차원 물체의 구조(structure/ shape)를 계산하는 등의 스테레오 비전이 있다.

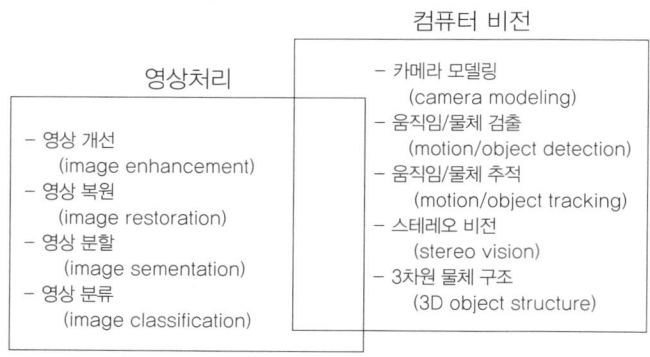

[그림 1.1] 영상처리와 컴퓨터 비전

영상처리와 컴퓨터 비전은 모두 영상을 처리하기 때문에 [그림 1.1]과 같이 많은 내용이 중복된다. 대략적인 구분은 컴퓨터를 사용하여 영상을 처리하는 모든 분야를 영상처리라 하고, 인간의 눈 대신 카메라에 의한 영상을 입력하고 인간의 뇌 대신에 컴퓨터를 사용하 여 영상으로부터 의미 있는 정보를 추출하는 분야를 컴퓨터 비전이라 할 수 있다.

또 다른 구분은 입력영상의 화질 개선, 잡음 제거, 영역 분할 등의 전처리 (preprocessing) 또는 저수준 처리를 영상처리라 하고, 영상 분석, 추적, 인식 등의 후처리(postprocessing) 또는 고수준 처리를 컴퓨터 비전이라고도 한다.

의료영상처리(medical image processing), 위성영상처리(satellite image processing)와 같이 구체적으로 분야를 명시하여 용어를 사용하기도 한다. 영상처리 및 컴퓨터 비전과 유사하거나 관련 있는 분야로 신호처리(signal processing), 패턴 인식(pattern recognition), 로봇 비전(robot vision), 머신 비전(machine vision), 기계 학습(machine learning) 등이 있다.

02 OpenCV 개요

OpenCV(Open Source Computer Vision)는 영상처리, 비디오처리, 기계 학습, 컴퓨터 비전 관련 라이브러리로 소스가 공개되어 있으며, BSD(Berkeley Software Distribution) 라이선스를 따르며, 교육 및 상업 목적의 사용이 모두 무료인 라이브러리이다.

OpenCV는 초창기에 Intel에서 C 언어로 개발된 IPL(Image Processing Library)을 기반으로 만들어졌다. 2000년에 최초로 일반인에게 공개되었으며, 2007년에 OpenCV 1.0 버전을 시작으로 2015년 12월에 OpenCV 3.1.0 버전, 2016년 5월에 OpenCV 2.4.13 버전이 발표되었다. [표 1.1]은 OpenCV 주요 버전의 발표연도를 나타낸다.

[표 1.1] OpenCV 주요 라이브러리 버전

년도	라이브러리 버전
2007	OpenCV 1.0
2008	OpenCV 1.1
2009	OpenCV 1.2 , OpenCV 2.0
2010	OpenCV 2.1, OpenCV 2.2
2011	OpenCV 2.3
2012	OpenCV 2.4, OpenCV 2.4.2, OpenCV 2.4.3
2013	OpenCV 2.4.6, OpenCV 2.4.7
2014	OpenCV 2.4.8, OpenCV 2.4.10, OpenCV 3.0 BETA
2015	OpenCV 3.0.0, OpenCV 3.1.0
2016	OpenCV 2.4.13

OpenCV는 [그림 1.2]와 같이 윈도우즈, 리눅스, 안드로이드, 애플의 Mac OS, iOS 등의 다양한 플랫폼에서 사용할 수 있다. OpenCV는 다음의 URL에서 다운로드할 수 있다.

http://opencv.org/
http://sourceforge.net/projects/opencvlibrary/

[그림 1.2] OpenCV 지원 플랫폼

OpenCV의 초기 1.x 버전에서는 C 언어로 개발되었으며, 2.x 버전은 C++를 지원하고, 최신 OpenCV 버전은 [그림 1.3]과 같이 C, C++, Python, JAVA 등의 프로그래밍 인터페이스(API)가 제공되며, 추가로 성능 향상을 위하여 CUDA 기반의 GPU 프로그래밍과 인텔의 TBB(Threading Building Block) DLL을 지원한다. 또한, 스마트폰의 모바일 운영체제인 Android에서는 JNI(Java Native Interface)를 통한 인터페이스를 지원한다.

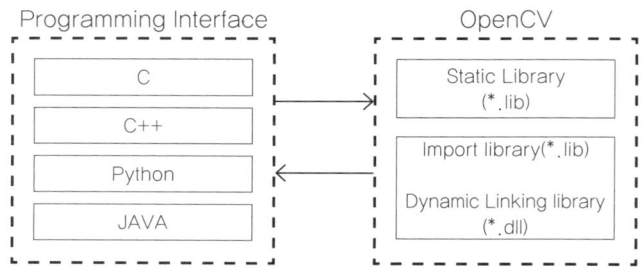

[그림 1.3] OpenCV 프로그래밍 인터페이스

C 언어 API는 자료구조로 CvPoint, CvScalar, CvMat, IplImage 등의 구조체 및 함수를 지원하고, C++ API는 DataType, Point_, Point3_, Size_, Rect_, Vec, Scalar_, Ptr, Mat 등의 템플릿 클래스와 영상처리, 컴퓨터 비전, 기계 학습 등을 위한 라이브러리 함수 및 클래스를 cv 네임스페이스에 구현하여 제공한다. C++ API를 사용하면, 메모리 생성과 해제를 클래스의 생성자와 파괴자에서 담당하므로 매우 편리하게 프로그램을 작성할 수 있다.

최근에 응용 분야가 확대되고 있는 대화형 언어인 Python은 NumPy 등의 수치모듈 지원 문제로 Python 2.7을 기반으로 지원하며, Python의 확장 모듈 기능을 사용하여 C/C++로 작성된 OpenCV의 DLL 라이브러리를 호출할 수 있게 만든 Python DLL인 cv2.pyd를 임포트하여 사용한다. 자바 인터페이스를 위한 opencv-2413.jar 및 opencv_java2413.dll 파일 등을 제공한다.

이 책에서는 32비트 윈도우즈 환경에서 비주얼 스튜디오 2013을 사용한 클래스 기반의 C++ 프로그래밍으로 OpenCV 2.4.13 및 OpenCV 3.1.0을 사용한다. [그림 1.4]는 hpp, lib, dll 파일과 응용 프로그램과의 관계이다.

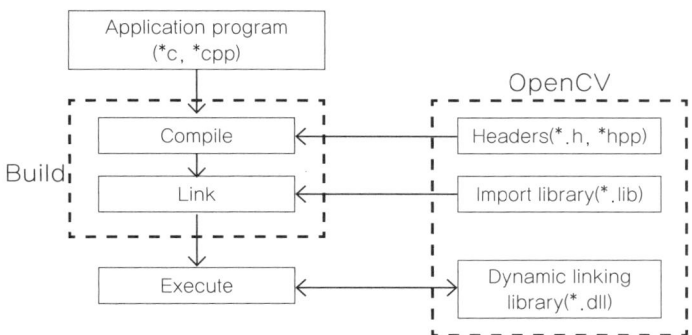

[그림 1.4] hpp, lib, dll과 응용 프로그램과의 관계

03 OpenCV 2.4.13

3.1 라이브러리 구성

[표 1.2]는 OpenCV 2.4.13의 주요 라이브러리의 모듈별 기능을 설명한다. [표 1.3]은 C++ 프로그램에서 라이브러리를 사용하기 위한 헤더 파일과 라이브러리 파일명이다.

이 책에서는 opencv_core, opencv_highgui, opencv_imgproc, opencv_features2d, opencv_nonfree, opencv_flann, opencv_video 등의 라이브러리 모듈을 사용한다.

opencv_core는 OpenCV에서 사용하는 기본 자료구조와 행렬 연산 등의 함수 및 클래스를 제공하며, opencv_highgui는 영상 및 비디오를 읽고, 저장하고, 윈도우 창에 표시하는 사용자 인터페이스를 제공한다. opencv_imgproc는 영상처리 알고리즘 라이브러리 모듈이고, opencv_features2d는 영상에서 특징점 검출 및 기술자를 계산하는 라이브러리 모듈이며, opencv_ml 모듈은 기계 학습 알고리즘을 제공한다. OpenCV 2.4.13 버전은 기능에 맞게 라이브러리 모듈별로 파일이 분리되어 있다.

[표 1.2] OpenCV 2.4.13 주요 라이브러리 모듈의 기능

라이브러리 모듈	내용
opencv_core	기본 자료구조, 행렬연산, DFT, XML, 그리기 등
opencv_highgui	윈도우 관련 GUI, 영상 및 Video 입출력
opencv_imgproc	필터링, 히스토그램 처리, 컬러 변환 등의 영상처리 알고리즘 구현
opencv_features2d	2D 특징 검출 및 디스크립터(FAST, BRISK, ORB 등)
opencv_nonfree	SIFT, SURF 등의 특허가 있는 알고리즘
opencv_flann	공간에서 이웃을 빠르게 찾는 알고리즘(Fast Library for Approximate Nearest Neighbors, FLANN)
opencv_video	움직임 검출 및 물체 추적(optical flow, background subtraction 등)
opencv_objdetect	영상에서 물체 검출(Haar & LBP 기반 얼굴 검출, HOG 사람 검출 등)
opencv_calib3d	카메라 캘리브레이션, 스테레오 영상 처리, 3D 데이터 처리
opencv_ml	Bayes 분류기, SVM, 결정트리, EM 등 기계 학습 알고리즘
opencv_photo	이웃 화소를 이용하여 영상을 복구하는 Inpainting 알고리즘
opencv_stitching	여러 장의 영상을 이용하여 파노라마 영상을 생성
opencv_gpu	GPU를 이용한 GPU 프로그래밍
opencv_contrib	새로 추가되어 안정화 및 최적화가 필요한 알고리즘
opencv_legacy	이전 버전에 있었으나, 중요도가 떨어져 밀려난 알고리즘

[표 1.3] OpenCV 2.4.13의 임포트 라이브러리(LIB) 및 DLL

라이브러리 모듈	헤더 파일	임포트 라이브러리	동적 연결 라이브러리
opencv_core	core.hpp	opencv_core2413.lib opencv_core2413d.lib	opencv_core2413.dll opencv_core2413d.dll
opencv_highgui	highgui.hpp	opencv_highgui2413.lib opencv_highgui2413d.lib	opencv_highgui2413.dll opencv_highgui2413d.dll
opencv_imgproc	imgproc.hpp	opencv_imgproc2413.lib opencv_imgproc2413d.lib	opencv_imgproc2413.dll opencv_imgproc2413d.dll
opencv_features2d	features2d.hpp	opencv_features2d2413.libl opencv_features2d2413d.lib	opencv_features2d2413.dll opencv_features2d2413d.dll
opencv_nonfree	nonfree.hpp	opencv_nonfree2413.lib opencv_nonfree2413d.lib	opencv_nonfree2413.dll opencv_nonfree2413d.dll
opencv_flann	miniflann.hpp	opencv_flann2413.lib opencv_flann2413d.lib	opencv_flann2413.dll opencv_flann2413d.dll
opencv_video	video.hpp tracking.hpp background_segm.hpp	opencv_video2413.lib opencv_video2413d.lib	opencv_video2413.dll opencv_video2413d.dll
opencv_ml	ml.hpp	opencv_ml2413.lib opencv_ml2413d.lib	opencv_ml2413.dll opencv_ml2413d.dll
opencv_objdetect	objdetect.hpp	opencv_objdetect2413.lib opencv_objdetect2413d.lib	opencv_objdetect2413.dll opencv_objdetect2413d.dll
opencv_calib3d	calib3d.hpp	opencv_calib3d2413.lib opencv_calib3d2413d.lib	opencv_calib3d2413.dll opencv_calib3d2413d.dll
opencv_gpu		opencv_gpu2413.lib opencv_gpu2413d.lib	opencv_gpu2413.dll opencv_gpu2413d.dll

OpenCV 2.4.13에서 헤더 파일은 C++ 스타일 헤더(plusplus) 파일인 *.hpp이 대부분이며, C 언어 스타일 헤더 파일 *.h도 함께 제공한다. OpenCV는 정적 라이브러리(static library, LIB)와 동적 연결 라이브러리(DLL) 모두 빌드하여 제공한다. [표 1.3]은 OpenCV 라이브러리 모듈별로 헤더 파일, 임포트 라이브러리(*.lib), 동적 연결 라이브러리를 표시한다. 동적 연결 라이브러리를 이용한 응용 프로그램은 실행 파일을 생성하기 위한 링크 단계에서 임포트 라이브러리(*.lib)를 사용하며, 응용 프로그램이 실행될 때 동적 라이브러리인 DLL이 호출되어 실행한다. 응용 프로그램의 크기가 작아지는 장점이 있어 대부분의 응용 프로그램은 동적 연결 라이브러리를 사용하여 작성한다.

OpenCV의 정적 라이브러리는 [표 1.3]의 임포트 라이브러리와 이름이 같지만, 파일 크기는 다르다. 정적 라이브러리를 이용한 응용 프로그램은 응용 프로그램을 실행할 때 OpenCV 라이브러리가 없어도 실행할 수 있다는 장점이 있다. 그러나 라이브러리가 실행 파일에 포함되어 실행 파일의 크기가 커지는 단점이 있다.

3.2 라이브러리 설치

① 다운로드 및 압축 풀기

http://sourceforge.net/projects/opencvlibrary/에서 윈도우즈용 OpenCV 2.4.13의 설치 파일인 "opencv-2.4.13.exe" 파일을 다운로드하여 실행하면, 압축 파일을 해제할 폴더를 요구하는 대화 상자가 나타난다. [그림 1.5]와 같이 "C:\Program Files" 폴더를 지정하고, [Extract] 버튼을 클릭하면, "C:\Program Files\opencv" 폴더에 압축을 해제한다. 다른 버전의 OpenCV와 같이 사용하기 위해서 폴더 이름 "opencv"에 버전 번호를 추가하여 "OpenCV2413"으로 변경한다.

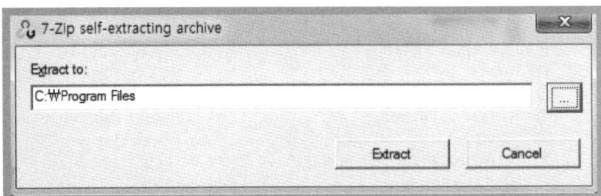

[그림 1.5] OpenCV를 위한 폴더 지정

② Path 환경변수 설정

제어판(윈도우즈 7)의 [시스템]-[고급 시스템 설정]-[환경 변수]를 차례로 선택한 다음, '시스템 변수'에서 [편집] 기능을 이용해 Path의 마지막에 세미콜론(';')을 추가하고 [그림 1.6]과 같이 32-비트용 윈도우즈에서 비주얼 스튜디오 2013을 위한 DLL이 있는 "C:\Program Files\OpenCV2413\build\x86\vc12\bin" 폴더를 추가하여 OpenCV 2.4.13의 설치를 완료한다.

[그림 1.6] C:\Program Files\OpenCV2413\build\x86\vc12\bin

3.3 주요 폴더

OpenCV 2.4.13이 설치된 주요 폴더를 확인한다. "C:\Program Files\OpenCV2413" 폴더 아래는 'build' 폴더와 'sources' 폴더가 있다.

① OpenCV2413\sources 폴더

"\OpenCV2413\sources" 폴더는 OpenCV 소스 파일이 있는 폴더로, [그림 1.7]과 같이 '3rdparty', 'apps', 'cmake', 'data', 'doc', 'include', 'modules', 'samples' 등의 폴더가 있으며, CMake 유틸리티를 이용하여 소스를 재구성하여 다시 빌드할 수 있다. 실제 소스 파일은 'modules' 폴더 아래에 있고, 예제 프로그램은 'samples' 폴더 아래에 있다.

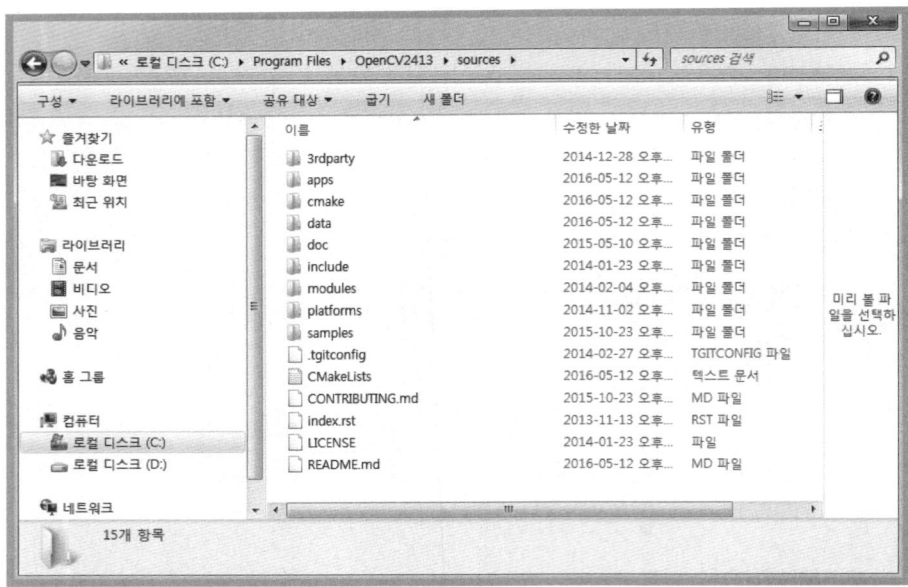

[그림 1.7] C:\Program Files\OpenCV2413\sources

② OpenCV2413\build 폴더

"\OpenCV2413\build" 폴더는 OpenCV를 플랫폼에 맞게 미리 빌드한 라이브러리가 있는 폴더로, [그림 1.8]과 같이 'doc', 'include', 'java', 'python', 'x64', 'x86' 등이 있다. 'doc'에는 도움말 및 학습을 위한 튜토리얼이 있고, 'include'에는 C/C++ 인터페이스를 위한 헤더 파일이 있으며, 'java' 폴더에는 자바 인터페이스를 위한 opencv-2413.jar 및

opencv_java2413.dll 파일 등이 있다. 'python' 폴더에는 파이썬 2.7 인터페이스를 위한
cv2.pyd 파일이 있다.

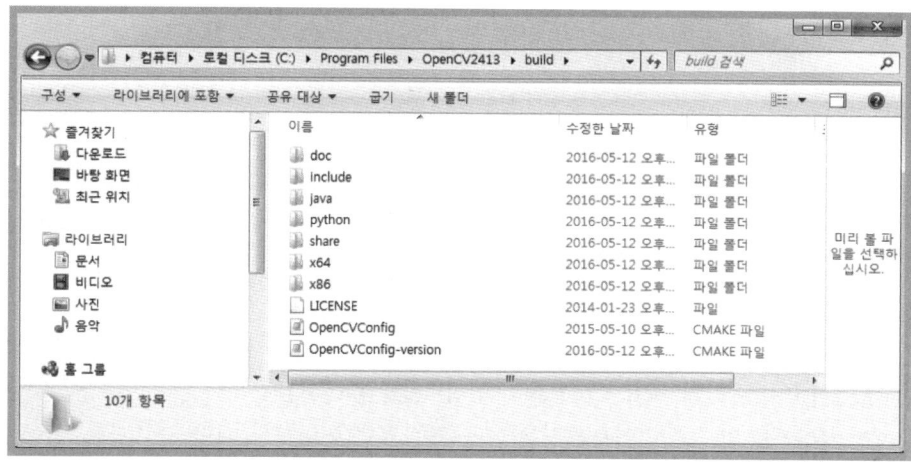

[그림 1.8] C:\Program Files\OpenCV2413\build

'x86' 폴더에는 32비트 윈도우즈용 라이브러리, 'x64' 폴더에는 64비트 윈도우즈용 라이
브러리가 비주얼 스튜디오 버전별 폴더에 있다. 이 책에서는 C/C++ 인터페이스를 위한
헤더 파일 폴더 '\build\include'와 32비트 윈도우즈에서 비쥬얼 스튜디오 2013 라이브러
리 '\build\x86\vc12' 폴더의 라이브러리를 사용한다.

'\build\x86\vc12\bin' 폴더에는 [그림 1.9]와 같이 OpenCV 응용 프로그램이 실행할 때
필요한 동적 라이브러리(*.dll) 파일들이 있다.

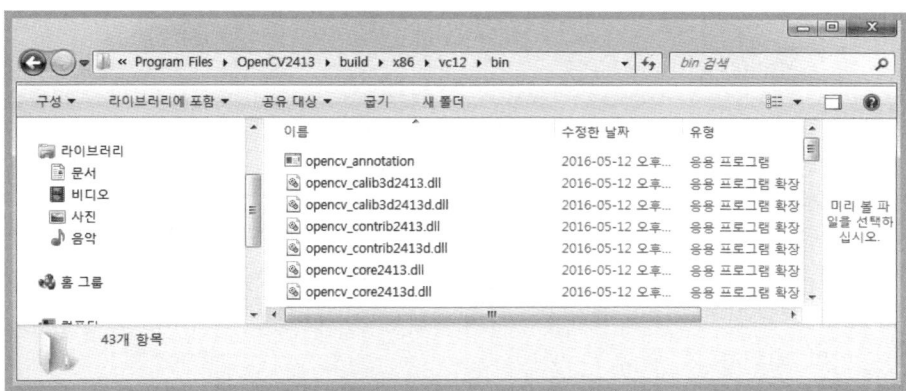

[그림 1.9] C:\Program Files\OpenCV2413\build\x86\vc12\bin

'\build\x86\vc12\lib 폴더에는 [그림 1.10]과 같이 동적 라이브러리(DLL)를 연결하기 위
한 임포트 라이브러리 (*.lib) 파일들이 있다.

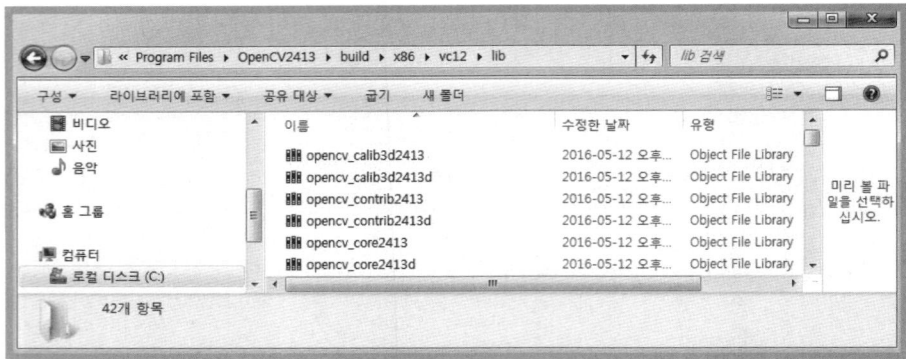

[그림 1.10] C:\Program Files\OpenCV2413\build\x86\vc12\lib

'\build\x86\vc12\staticlib 폴더에는 [그림 1.11]과 같이 정적 라이브러리를 연결하기 위한 라이브러리 (*.lib) 파일들이 있다. 임포트 라이브러리와 정적 라이브러리는 파일명이 같지만, 임포트 라이브러리는 응용 프로그램을 링크할 때만 사용되고, 응용 프로그램이 실행될 때는 DLL이 사용되어 임포트 라이브러리 파일의 크기가 정적 라이브러리 파일 크기보다 작다.

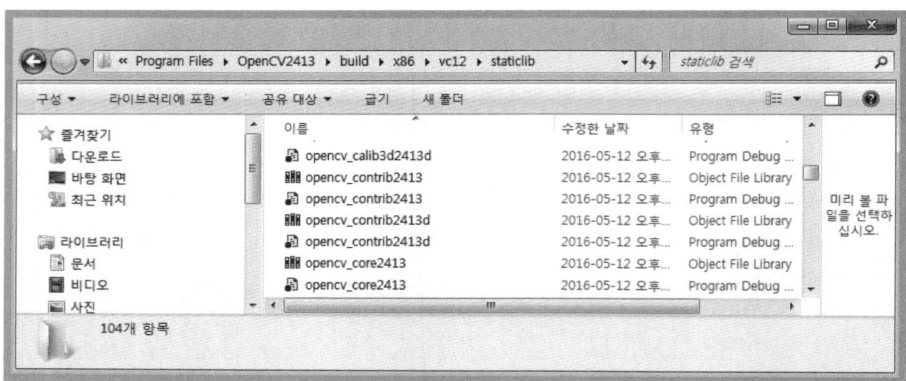

[그림 1.11] C:\Program Files\OpenCV2413\build\x86\vc10\staticlib

③ OpenCV2413\build\include 폴더

'\OpenCV2413\build\include' 폴더는 C/C++ 프로그래밍 인터페이스를 위한 헤더 파일 폴더로 'opencv'와 'opencv2' 폴더가 있다. '\build\include\opencv' 폴더는 [그림 1.12]와 같이 이전 버전(1.x, 2.0, 2.1)과의 호환성을 위한 폴더로 cv.h, highgui.h, cxcore.h 등의 헤더 파일이 있다.

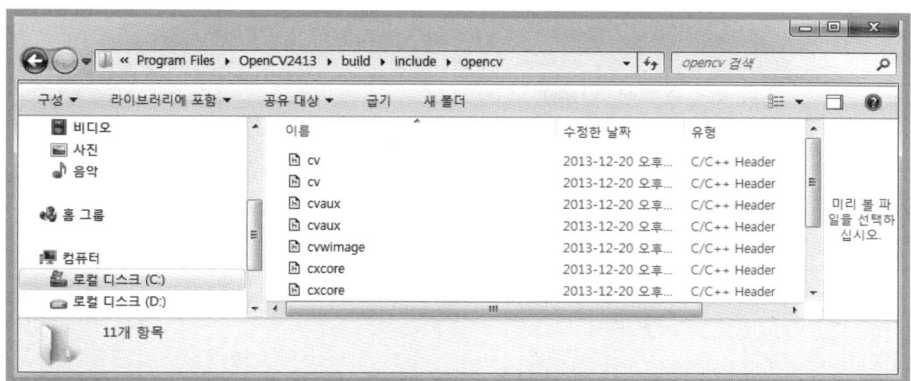

[그림 1.12] C:\Program Files\OpenCV2413\build\include\opencv

'\build\include\opencv2' 폴더는 [그림 1.13]과 같이 opencv.hpp, opencv_modules. hpp 및 각각의 라이브러리 모듈 폴더에 *.hpp 헤더 파일이 있다.

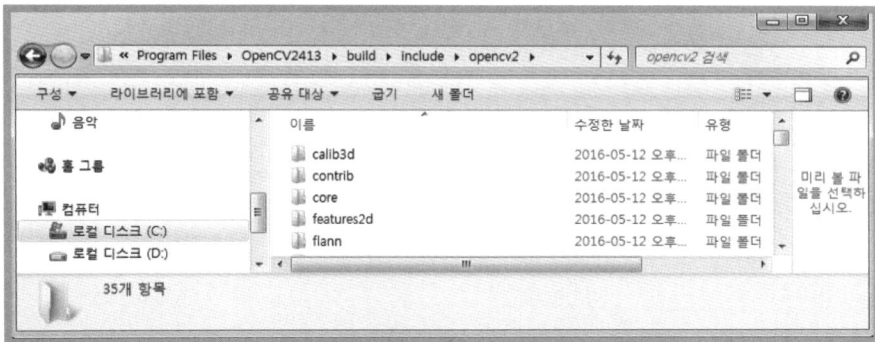

[그림 1.13] C:\Program Files\OpenCV2413\build\include\opencv2

[그림 1.14]는 opencv.hpp 헤더 파일의 내용이다. opencv.hpp 헤더 파일은 라이브러리 대부분을 사용하기 위한 내용을 포함하고 있다. 이 책의 대부분 예제에서는 opencv.hpp 파일만 포함하여 프로그램을 작성하였다. 모든 헤더 파일을 포함하지 않고, 프로그램에서 사용하는 라이브러리에 대한 헤더 파일만을 포함하여 응용 프로그램을 작성할 수 있다.

```
#ifndef __OPENCV_ALL_HPP__
#define __OPENCV_ALL_HPP__
#include "opencv2/opencv_modules.hpp"
#include "opencv2/core/core_c.h"
#include "opencv2/core/core.hpp"
#ifdef HAVE_OPENCV_FLANN
#include "opencv2/flann/miniflann.hpp"
#endif
#ifdef HAVE_OPENCV_IMGPROC
#include "opencv2/imgproc/imgproc_c.h"
#include "opencv2/imgproc/imgproc.hpp"
#endif
#ifdef HAVE_OPENCV_PHOTO
```

```
#include "opencv2/photo/photo.hpp"
#endif
#ifdef HAVE_OPENCV_VIDEO
#include "opencv2/video/video.hpp"
#endif
#ifdef HAVE_OPENCV_FEATURES2D
#include "opencv2/features2d/features2d.hpp"
#endif
#ifdef HAVE_OPENCV_OBJDETECT
#include "opencv2/objdetect/objdetect.hpp"
#endif
#ifdef HAVE_OPENCV_CALIB3D
#include "opencv2/calib3d/calib3d.hpp"
#endif
#ifdef HAVE_OPENCV_ML
#include "opencv2/ml/ml.hpp"
#endif
#ifdef HAVE_OPENCV_HIGHGUI
#include "opencv2/highgui/highgui_c.h"
#include "opencv2/highgui/highgui.hpp"
#endif
#ifdef HAVE_OPENCV_CONTRIB
#include "opencv2/contrib/contrib.hpp"
#endif
#endif
```

[그림 1.14] OpenCV 2.4.13의 opencv.hpp

3.4 기본 응용 프로그램 작성

비주얼 스튜디오 2013에서 OpenCV 2.4.13 버전의 C++ API를 이용하여, 영상을 화면
에 표시하는 기본 프로그램의 작성 방법을 예제를 이용하여 설명한다.

예제 cvEx0101: OpenCV 2.4.13의 기본 응용 프로그램 작성

① [Win32 콘솔 응용 프로그램] 프로젝트 생성
비주얼 스튜디오 2013의 메뉴에서 [파일]–[새로 만들기]–[프로젝트] 항목을 선택하고,
[그림 1.15]와 같이 [Win32 콘솔 응용 프로그램]을 선택하고, 이름(cvEx0101)과 폴더
위치를 지정하고, [확인] 버튼을 클릭한다.

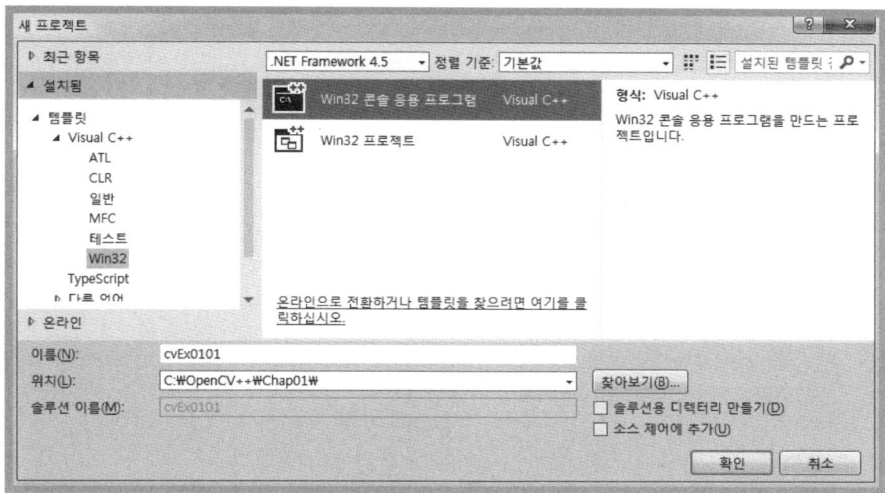

[그림 1.15] Win32 콘솔 응용 프로그램 프로젝트 생성

Win32 응용 프로그램 마법사가 시작되면, [다음] 버튼을 클릭한다. 다음 그림과 같은 [응용 프로그램 설정] 대화 상자에서 추가 옵션의 [빈 프로젝트] 항목만 체크박스를 선택하고, [마침] 버튼을 클릭하여 프로젝트를 생성한다.

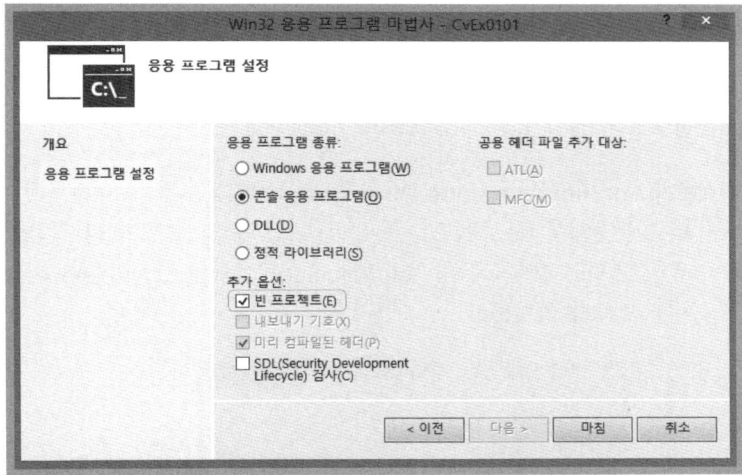

[그림 1.16] 응용 프로그램 설정

② 프로그램 소스 코드 작성

비주얼 스튜디오 2013의 솔루션 탐색기에서, 마우스 오른쪽 버튼으로 [소스 파일] 항목을 선택한 후, [추가]–[새 항목]을 선택하고, [그림 1.17]과 같이 C++ 파일(.cpp) 템플릿을 선택하고, 이름에 cvEx0101을 입력하고, [추가] 버튼을 누르면 cvEx0101.cpp 파일이 프로젝트에 추가된다.

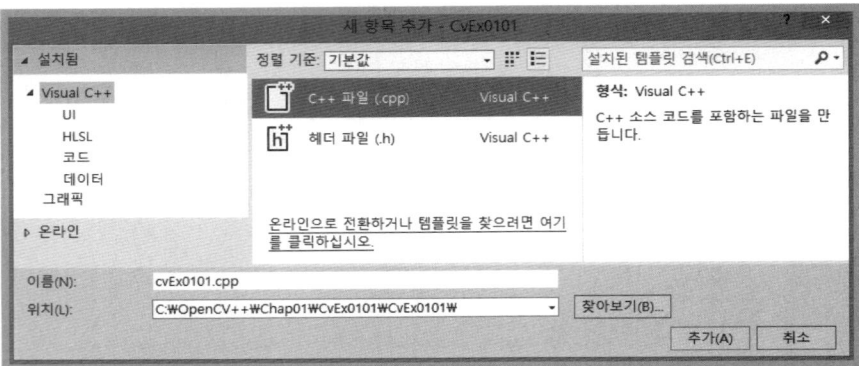

[그림 1.17] 프로젝트에 C++ 소스 파일 생성

[그림 1.18]과 같이 cvEx0101.cpp 소스 파일을 편집한다.

```
cvEx0101.cpp*  ⊣ ×
CvEx0101                    (전역 범위)              ⚙ main()
  1    #include "opencv.hpp"
  2   ⊟using namespace cv;
  3    using namespace std;
  4   ⊟int main()
  5    {
  6        Mat srcImage = imread("lena.jpg", IMREAD_GRAYSCALE);
  7        if (srcImage.empty())
  8            return -1;
  9
 10        imshow("srcImage", srcImage);
 11        waitKey();
 12        return 0;
 13    }
```

[그림 1.18] 응용 프로그램 소스 코드 파일(cvEx0101.cpp) 편집

③ 추가 포함 디렉터리(Additional Include Directories) 설정

비주얼 스튜디오 2013에서 [프로젝트]−[속성]−[구성 속성]−[C/C++]−[일반]−[추가 포함 디렉터리]에서 [그림 1.19]와 같이 '\build\include', '\build\include\opencv', '\build\include\opencv2' 폴더를 추가한다.

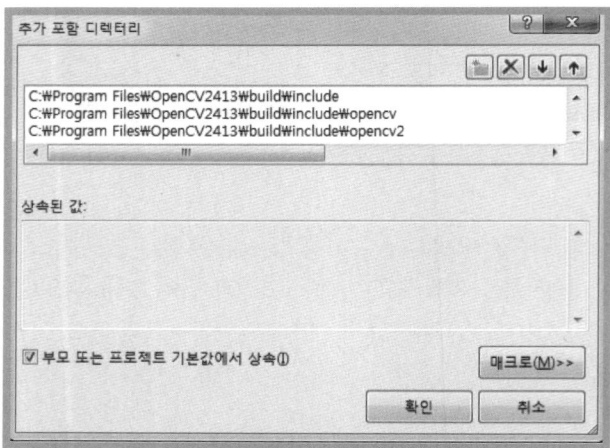

[그림 1.19] 추가 포함 디렉터리 설정

④ **추가 라이브러리 디렉터리(Additional Library Directories) 설정**

비주얼 스튜디오 2013에서 [프로젝트]-[속성]-[구성 속성]-[링커]-[일반]-[추가 라이브러리 디렉터리]에서 [그림 1.20]과 같이 임포트 라이브러리 폴더 '\build\x86\vc12\lib'를 추가한다.

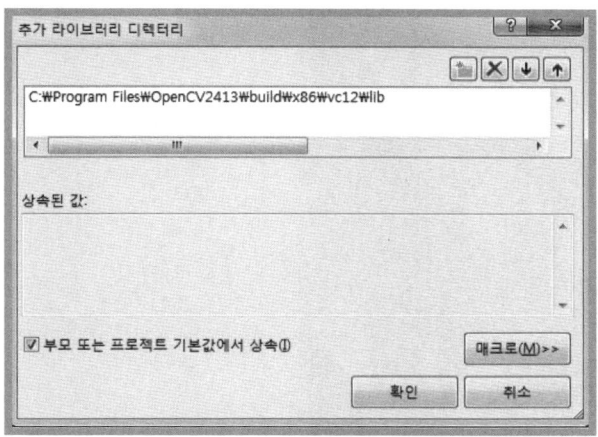

[그림 1.20] 추가 라이브러리 디렉터리 설정

⑤ **추가 종속성(Additional Dependencies) 설정**

비주얼 스튜디오 2013에서 [프로젝트]-[속성]-[구성 속성]-[링커]-[입력]을 선택한 다음, [추가 종속성] 오른쪽 열을 선택하고, 〈편집...〉을 선택하여, [그림 1.21]과 같이 디버그용 임포트 라이브러리를 추가한다. 만약 배포용(Release) 라이브러리를 사용하려면, 파일 이름 끝에 'd' 문자가 없는 배포용 임포트 라이브러리를 추가한다.

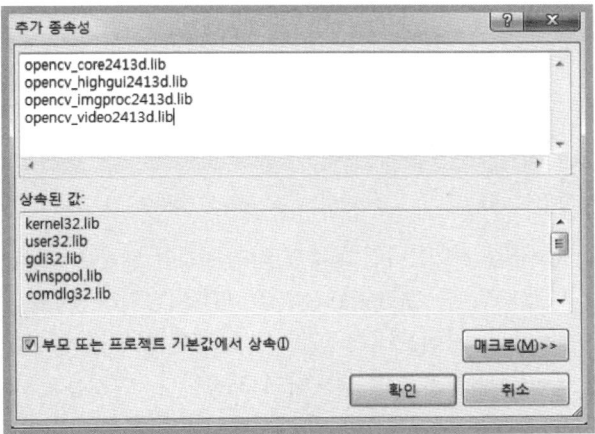

[그림 1.21] 추가 종속성 설정

[그림 1.18]의 소스 코드는 영상을 로드하고, 화면에 표시하는 기능만 있으므로, opencv_core2413d.lib와 opencv_highgui2413d.lib 파일만을 임포트해도 된다.

⑥ 실행 결과

OpenCV 2.4.13의 설치 폴더에서 'lena.jpg' 파일 찾아서 프로젝트 폴더에 복사하고, 빌드하여 실행하면, [그림 1.22]와 같이 "srcImage" 윈도우에 그레이스케일 영상이 표시된다.

[그림 1.22] 실행 결과

04 OpenCV 3.1.0

4.1 라이브러리 구성

2015년 12월에 발표된 OpenCV 3.1.0 버전의 주요 라이브러리 모듈은 OpenCV 2.4.13의 [표 1.2] 그리고 [표 1.3]과 같다. OpenCV 3.1.0 버전을 설치하면 [표 1.4]와 같이 임포트 라이브러리와 동적 연결 라이브러리(DLL)가 하나의 파일로 통합된 opencv_world310d.lib와 opencv_world310d.dll만 빌드하여 제공한다. 이것은 CMake를 사용하여 모듈을 빌드할 때, 'Build_opencv_world' 변수가 체크되어 생성된 것이다.

이 책에서 OpenCV 3.1.0 예제는 프로젝트 설정에서 opencv_world310.lib와 opencv_world310d.lib로 설정되어 있어, 응용 프로그램을 실행하기 위해서는 opencv_world310.dll, opencv_ world310d.dll 파일이 필요하다.

[표 1.4] OpenCV 3.1.0 버전 임포트 라이브러리(LIB) 및 DLL

임포트 라이브러리	동적 연결 라이브러리
opencv_world310.lib opencv_world310d.lib	opencv_world310.dll opencv_world310d.dll

OpenCV 3.1.0은 *.hpp 헤더 파일에서 *.h 헤더 파일을 가능한 한 포함하지 않고, Mat 클래스에서 C API구조체 CvMat, IplImage 구조체를 위해 제공하던 생성자를 제거하는 등 C API와의 혼용 사용을 정리하였다.

4.2 라이브러리 설치

① 다운로드 및 압축 풀기

https://sourceforge.net/projects/opencvlibrary/files/opencv-win/3.1.0/opencv-3.1.0.exe/download에서 윈도우즈용 OpenCV 3.1.0 버전의 설치 파일인 "opencv-3.1.0.exe" 파일을 다운로드하여 실행하면, 압축 파일을 해제할 폴더를 요구하는 대화 상자가 나타난다. "C:\Program Files" 폴더를 지정하고, [Extract] 버튼을 클릭하면, "C:\Program Files\opencv" 폴더가 생성되면서 압축을 푼다. 다른 버전의 OpenCV와 같이 사용하기 위하여 폴더 이름 'opencv'에 버전 번호를 추가하여 "OpenCV310"으로 변경한다.

② Path 환경 변수 설정

제어판(윈도우즈 7)의 [시스템]-[고급 시스템 설정]-[환경 변수]를 차례로 선택한 다음, '시스템 변수'에서 [편집] 기능을 이용해 Path의 마지막에 세미콜론(';')을 추가하고 [그림 1.23]과 같이 32비트용 윈도우즈에서 비주얼 스튜디오 2013을 위한 DLL이 있는 "C:\Program Files\OpenCV310\build\x86\vc12\bin" 폴더를 추가하여 OpenCV 3.1.0 의 설치를 완료한다.

[그림 1.23] C:\Program Files\OpenCV310\build\x86\vc12\bin

4.3 주요 폴더

OpenCV 3.1.0이 설치된 "C:\Program Files\OpenCV310" 폴더 아래에는 'build' 폴더 와 'sources' 폴더가 있으며, 주요 폴더 구조는 OpenCV 2.4.13과 유사하다. 차이점으로 OpenCV 3.1.0에서는 동적 연결 라이브러리와 임포트 라이브러리가 각각 하나의 파일로 통합되어 제공된다.

① OpenCV310\build 폴더

OpenCV 3.1.0의 설치 파일에는 "\build\x64" 폴더 아래 64비트 윈도우즈용 라이브러리를 미리 빌드하여 제공하는 반면, 'x86' 폴더에는 32비트 윈도우즈용 라이브러리를 빌드하여 제공하지 않는다. 여기서는, [그림 1.24]와 같이 부록에 첨부된 32비트 윈도우즈용 라이브러리를 "\build\x86" 폴더에 복사하여 사용한다.

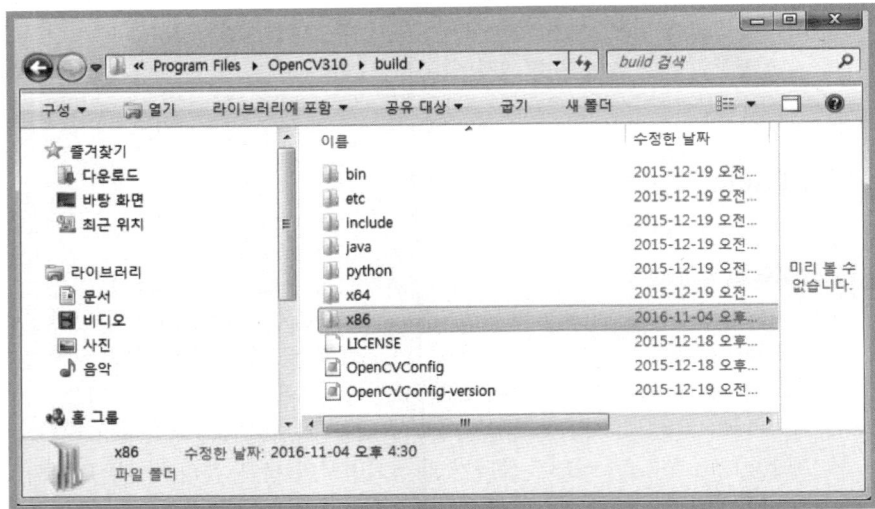

[그림 1.24] C:\Program Files\OpenCV310\build

"\build\x86\vc12\bin" 폴더는 동적 연결을 위한 DLL 폴더로 [그림 1.25]와 같이 opencv_world310.dll, opencv_world310d.dll 파일로 라이브러리 모듈이 통합되어 있다.

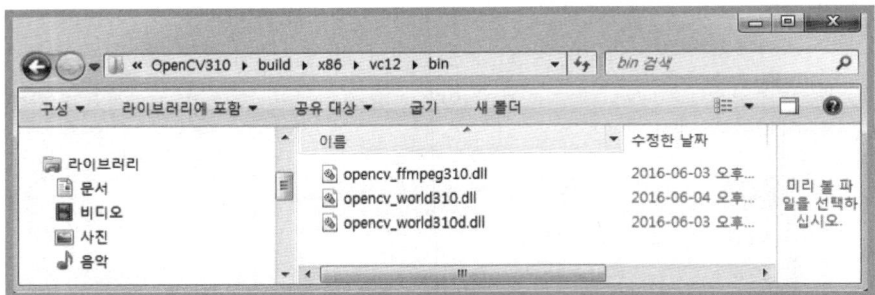

[그림 1.25] C:\Program Files\OpenCV310\build\x86\vc12\bin

"\build\x86\vc12\lib" 폴더는 정적 연결을 위한 임포트 라이브러리 폴더로 [그림 1.26]과 같이 opencv_world310.lib, opencv_world310d.lib 파일로 라이브러리 모듈이 통합되어 있다.

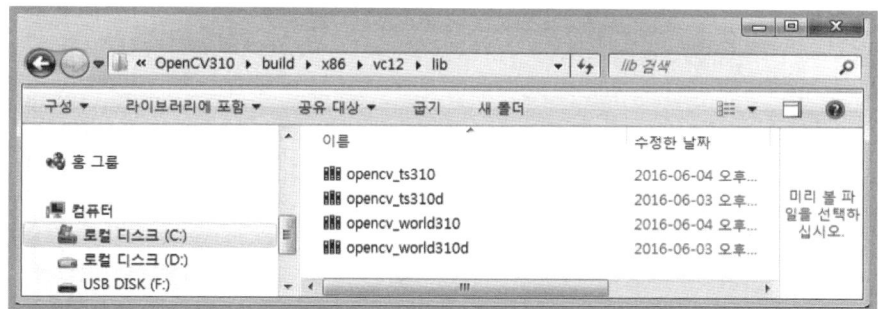

[그림 1.26] C:\Program Files\OpenCV310\build\x86\vc12\lib

② OpenCV310\build\include 폴더

"\build\include" 폴더는 C/C++ 프로그래밍 인터페이스를 위한 헤더 파일 폴더이다. OpenCV 2.4.13 버전과 같이 'opencv'와 'opencv2' 폴더가 있다.

4.4 기본 응용 프로그램 작성

비주얼 스튜디오 2013에서 OpenCV 3.1.0 버전의 C++ API를 이용하여, 영상을 화면에 표시하는 기본 프로그램 작성 방법을 예제를 이용하여 설명한다.

예제 cvEx0102: OpenCV 3.1.0의 기본 응용 프로그램 작성

① [Win32 콘솔 응용 프로그램] 프로젝트 생성

비주얼 스튜디오 2013의 메뉴에서 [파일]-[새로 만들기]-[프로젝트] 항목을 선택하고, [Win32 콘솔 응용 프로그램]에서, 이름(cvEx0102)과 폴더 위치를 지정하고, [확인] 버튼을 클릭한다. [응용 프로그램 설정] 대화 상자에서 [빈 프로젝트] 체크박스를 선택하고, [마침] 버튼을 클릭하여 프로젝트를 생성한다.

② 프로그램 소스 코드 작성

비주얼 스튜디오 2013의 솔루션 탐색기에서, 마우스 오른쪽 버튼으로 [소스 파일]을 선택한 후, [추가]-[새 항목]을 선택하고, C++ 파일(.cpp) 템플릿을 선택하고, 이름에 cvEx0102를 입력하고, [추가] 버튼을 누르면 cvEx0102.cpp 파일이 프로젝트에 추가된다. cvEx0102.cpp 소스 파일을 [그림 1.27]과 같이 편집한다.

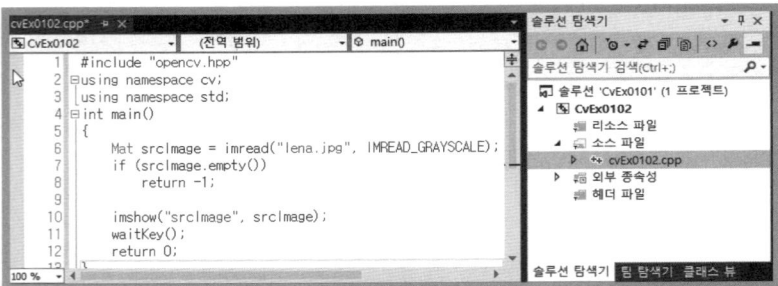

[그림 1.27] 응용 프로그램 소스 파일(cvEx0102.cpp) 편집

③ 추가 포함 디렉터리(Additional Include Directories) 설정

비주얼 스튜디오 2013에서 [프로젝트]-[속성]-[구성 속성]-[C/C++]-[일반]-[추가 포함 디렉터리]에서 [그림 1.28]과 같이 OpenCV 3.1.0의 '\build\include', '\build\include\opencv', '\build\include\opencv2' 폴더를 추가한다.

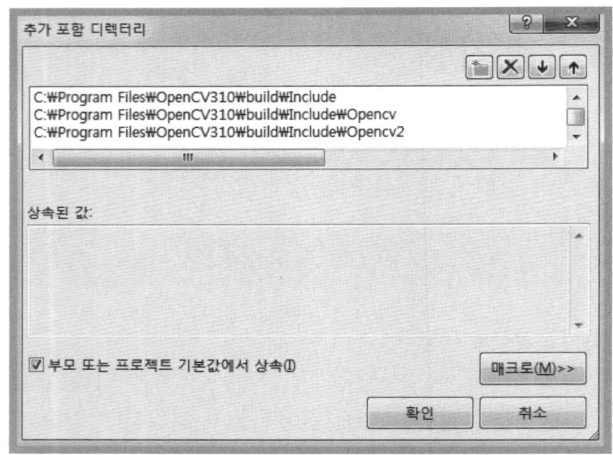

[그림 1.28] OpenCV 3.1.0 추가 포함 디렉터리 설정

④ 추가 라이브러리 디렉터리(Additional Library Directories) 설정

비주얼 스튜디오 2013에서 [프로젝트]-[속성]-[구성 속성]-[링커]-[일반]-[추가 라이브러리 디렉터리]에서 [그림 1.29]와 같이 OpenCV 3.1.0의 임포트 라이브러리 폴더 '\build\x86\vc12\lib'를 추가한다.

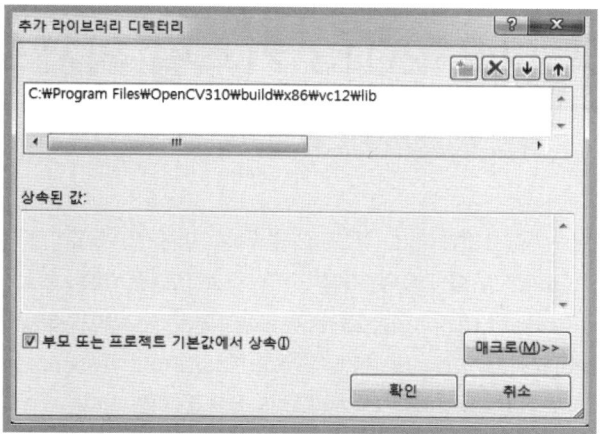

[그림 1.29] OpenCV 3.1.0 추가 라이브러리 디렉터리 설정

⑤ 추가 종속성(Additional Dependencies) 설정

비주얼 스튜디오 2013에서 [프로젝트]-[속성]-[구성 속성]-[링커]-[입력]을 선택한 다음, [추가 종속성] 항목의 오른쪽 열을 선택하고, 〈편집...〉을 선택하여, [그림 1.30]과 같이 디버그용 임포트 라이브러리를 추가한다. 만약 배포용(Release) 임포트 라이브러리를 사용하려면, 'd' 문자가 없는 배포용 임포트 라이브러리를 추가한다. 부록에 주어진 CMake로 재구성한 소스 파일을 비주얼 스튜디오 2013으로 빌드하여 모듈별로 DLL을 생성하면 OpenCV 2.4.13과 같이 해당 모듈을 직접 추가할 수 있다.

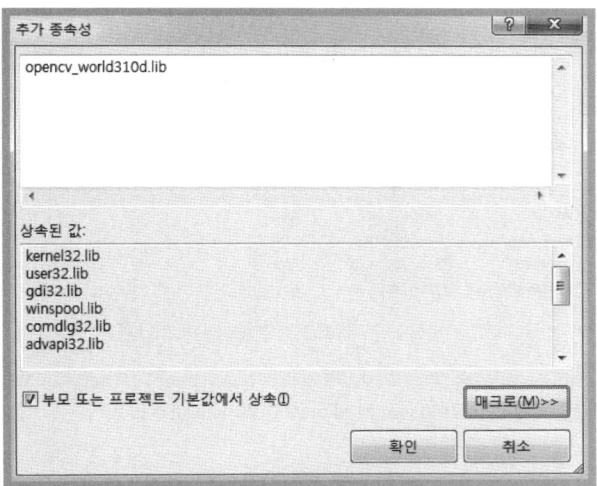

[그림 1.30] OpenCV 3.1.0 임포트 라이브러리 파일 추가

⑥ 실행 결과

'lena.jpg' 파일을 프로젝트 폴더에 복사하고, 빌드하여 실행하면, "srcImage" 윈도우에 그레이스케일 영상이 표시된다.

O5 비주얼 스튜디오 2013 커스텀 위저드

부록 파일에 포함된 "OpenCV2413_310_VC12" 폴더는 비주얼 스튜디오 2013에서 OpenCV 2.4.13 또는 OpenCV 3.1.0의 기본 소스 프로그램을 자동으로 생성하고, 추가 포함 디렉터리(Additional Include Directories)와 추가 라이브러리 디렉터리 (Additional Library Directories) 그리고 추가 종속성(Additional Dependencies)을 위 저드(wizard)를 통하여 자동으로 설정하는 OpenCV 커스텀 위저드이다.

5.1 vcprojects 폴더

부록 파일에서 "OpenCV2413_310_VC12\vcprojects" 폴더의 "OpenCV" 폴더와 OpenCV.ico, OpenCV.vsz 파일을 비주얼 스튜디오 2013이 설치된 "C:\Program Files\ Microsoft Visual Studio 12.0\VC\vcprojects" 폴더에 [그림 1.31]과 같이 복사한다.

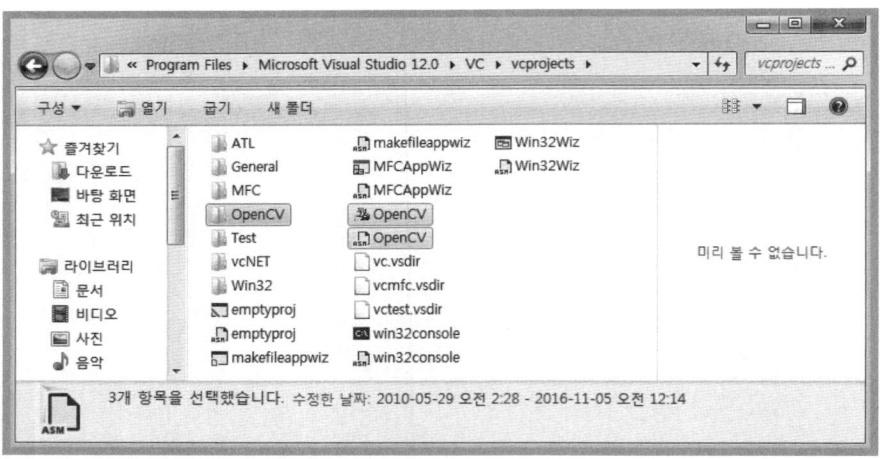

[그림 1.31] C:\Program Files\Microsoft Visual Studio 12.0\VC\vcprojects

5.2 VCWizards\AppWiz 폴더

부록 파일에서 "OpenCV2413_310_VC12\VCWizards\AppWiz" 폴더의 "OpenCV" 폴 더를 비주얼 스튜디오 2013이 설치된 "C:\Program Files\Microsoft Visual Studio 12.0\VC\VCWizards\AppWiz" 폴더에 [그림 1.32]와 같이 복사한다.

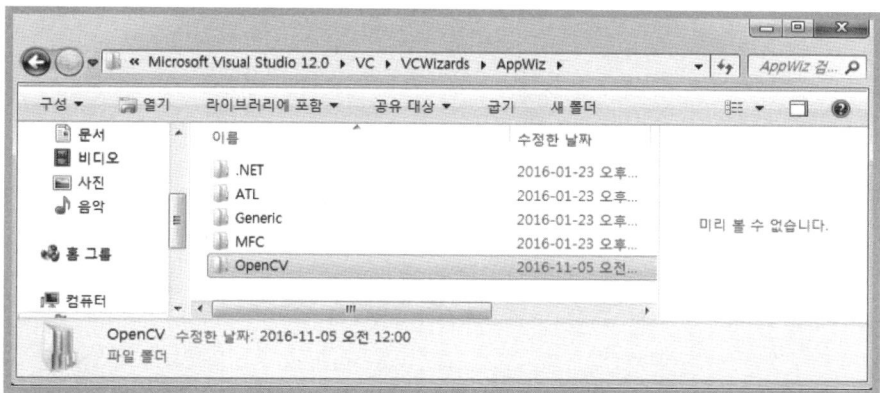

[그림 1.32] C:\Program Files\Microsoft Visual Studio 12.0\VC\VCWizards\AppWiz

복사된 "C:\Program Files\Microsoft Visual Studio 12.0\VC\VCWizards\ AppWiz\ OpenCV\Application" 폴더에는 [그림 1.33]과 같이 'HTML', 'Images', 'Scripts', 'Templates' 폴더가 있다. '\HTML\1042' 폴더에는 사용자 인터페이스를 위한 default. htm 파일이 있고, '\Scripts\1042' 폴더에는 코드 생성을 위한 스크립트 파일 default.js 가 있다. '\Templates\1042' 폴더에는 'lena.jpg', 'main.cpp', 'Templates.inf' 템플릿 파일이 있다. 영문 비주얼 스튜디오 2013을 사용하면, '1042' 폴더를 '1033' 폴더로 변경해야 한다.

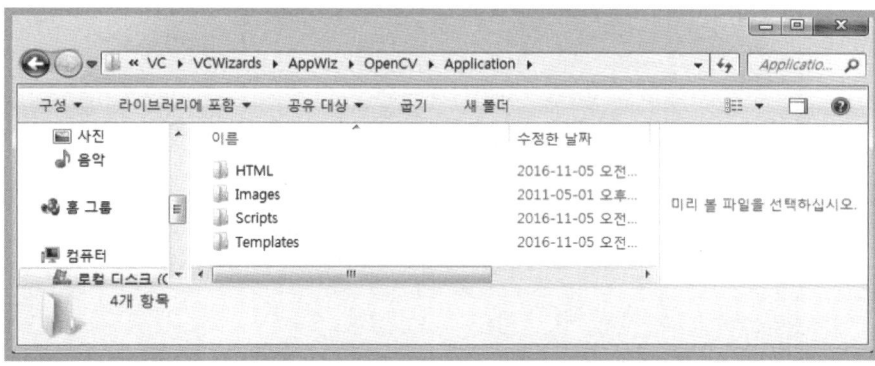

[그림 1.33] C:\Program Files\Microsoft Visual Studio 12.0\VC\VCWizards\AppWiz\
OpenCV\Application'

5.3 OpenCV 커스텀 위저드를 이용한 응용 프로그램 생성

예제 cvEx0103: 커스텀 위저드로 기본 응용 프로그램 작성

① [Win32 콘솔 응용 프로그램] 프로젝트 생성

비주얼 스튜디오 2013의 메뉴에서 [파일]-[새로 만들기]-[프로젝트] 항목을 선택하고, [그림 1.34]과 같이 [설치된 템플릿]에서 'OpenCV'와 'OpenCV2.4.13/OpenCV3.1.0'을 선택하고, 프로젝트의 이름(cvEx0103)과 폴더 위치를 지정하고 [확인] 버튼을 클릭한다.

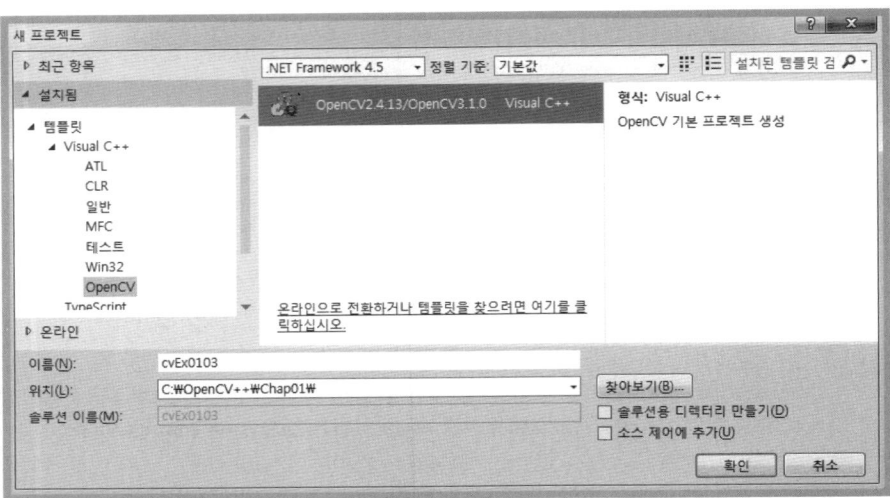

[그림 1.34] OpenCV 커스텀 위저드로 프로젝트 생성

② 사용자 인터페이스에서 OpenCV 2.4.13 선택

OpenCV 2.4.13 버전을 사용하기 위하여, [그림 1.35]과 같이 OpenCV 커스텀 위저
드 사용자 인터페이스의 'OpenCV API Style'에서 'C++ API' 라디오 버튼을 선택하고,
'Include Image'에서 체크박스 'Lena'를 선택하며, 'Import Library'의 'OpenCV2.4.13'
라디오 버튼 선택하고 [마침] 버튼을 누르면 기본 프로그램과 OpenCV 2.4.13 버전을 위
한 디렉터리 설정, 임포트 라이브러리 설정 등이 자동으로 설정된다.

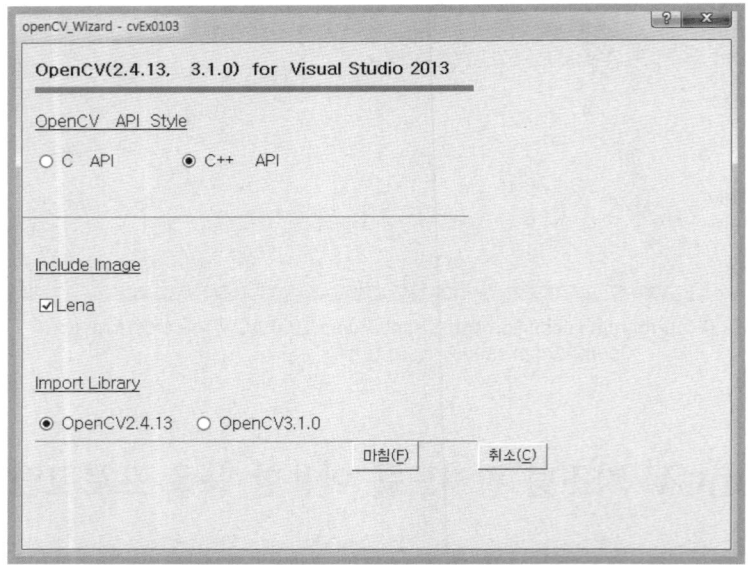

[그림 1.35] 사용자 인터페이스에서 OpenCV2.4.13 선택

③ 사용자 인터페이스에서 OpenCV 3.1.0 선택

OpenCV 3.1.0 버전을 사용하기 위해서는, [그림 1.35]에서 'Import Library'의
'OpenCV3.1.0' 라디오 버튼 선택한다.

④ OpenCV 커스텀 위저드로 생성된 프로젝트에는 기본 소스 코드가 자동으로 추가되어 있다. 추가된 소스 코드는 OpenCV 위저드에서 선택하는 OpenCV 버전에 관계없이 같다. 그러나 프로젝트의 속성에서, 추가 포함 디렉터리, 추가 라이브러리 디렉터리, 추가 종속성을 확인해보면 OpenCV 위저드의 사용자 인터페이스에서 선택한 OpenCV 버전에 따라 설정된 것을 확인할 수 있다.

06 부록 파일 내용

부록 파일에는 [그림 1.36]과 같이 비주얼 스튜디오에서 OpenCV 2.4.13과 OpenCV 3.1.0 버전으로 작성한 이 책의 예제 소스 파일들이 있으며, 비주얼 스튜디오 2013(vc12)과 2015(vc14)에서 OpenCV를 사용하기 위한 커스텀 위저드가 있다. 또한, 비주얼 스튜디오 2013과 2015를 이용하여 32비트 윈도우즈 환경(x86)에서 사용할 수 있도록 OpenCV 3.1.0을 빌드한 라이브러리 파일이 포함되어 있다.

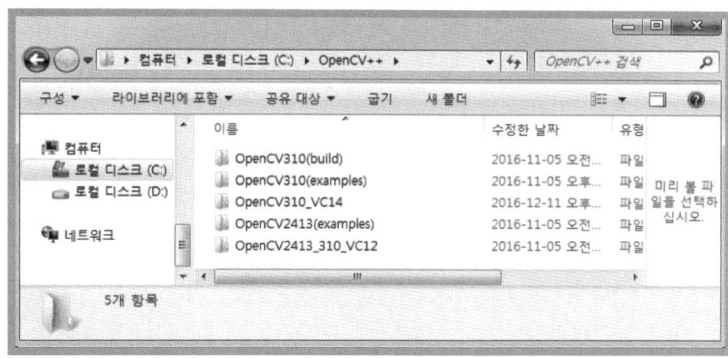

[그림 1.36] 부록 파일 내용

① OpenCV2413(examples) 폴더

이 책의 소스 코드를 OpenCV 2.4.13 버전으로 작성한 예제들이 있다. 디버그 버전은 opencv_core2413d.lib, opencv_highgui2413d.lib, opencv_imgproc2413d.lib, opencv_features2d2413d.lib, opencv_flann2413d.lib, opencv_video2413d.lib, opencv_photo2413d.lib, opencv_nonfree2413d.lib 등의 임포트 라이브러리를 사용한다.

② OpenCV310(examples) 폴더

이 책의 소스 코드를 OpenCV 3.1.0 버전으로 작성한 예제들이 있다. 라이브러리 설정은 opencv_world310d.lib와 opencv_world310d.dll 파일을 사용한다.

③ OpenCV2413_310_VC12

비주얼 스튜디어 2013에서 OpenCV 2.4.13 또는 OpenCV 3.1.0을 사용하기 위한 커스
텀 위저드가 있다. OpenCV 2.4.13은 opencv_core2413d.lib, opencv_highgui2413d.
lib, opencv_imgproc2413d.lib 등의 라이브러리를 사용하며, OpenCV 3.1.0은
opencv_world310d.lib와 opencv_world310d.dll 라이브러리를 사용한다.

④ OpenCV310(build)

CMake 3.3.2를 사용하여 OpenCV 3.1.0의 소스(sources)를 비주얼 스튜디오 2013과
2015로 빌드하기 위해 재구성하고, 32비트 윈도우즈에서 비주얼 스튜디오 2013(vc12)
와 2015(vc14)로 밸드한 라이브러리 파일을 포함한다. "\build\x86" 폴더를 "C:\
Program Files\OpenCV310\build\x86" 폴더에 복사하여 사용한다. "\build\x86\vc12"
폴더는 비주얼 스튜디오 2013(vc12)을 위한 폴더이고, "\build\x86\vc14" 폴더는 비주얼
스튜디오 2015(vc14)를 위한 폴더이다.

⑤ OpenCV310_VC14

비주얼 스튜디오 2015에서 OpenCV 3.1.0을 사용하기 이한 커스텀 위저드가 있다. 라이
브러리는 opencv_world310d.lib와 opencv_world310d.dll을 사용한다.

OpenCV 기본 클래스

OpenCV의 C++ API는 다양한 템플릿 클래스와 일반 클래스를 통하여 기본 자료구조를 제공한다. 기본 자료구조는 CXCORE 모듈에 구현되어 있다.

이 장에서는 템플릿 클래스 DataType, Point_, Point3_, Size_, Rect_, Matx, Vec, Scalar_, Ptr, Mat_와 일반 클래스 RotatedRect, TermCriteria, Range, Mat 클래스에 대하여 설명한다. 또한, C++의 표준 템플릿 라이브러리(STL) 클래스인 std::vector와 벡터와 행렬의 인수 전달에서 사용하는 InputArray, OutputArray 클래스에 대하여 설명한다. 대부분은 클래스 정의 없이 데이터 필드(멤버 변수)와 메서드(멤버 함수)만을 이용하여 간단히 설명하고, 예제를 통하여 사용 방법을 보여주는 방식을 사용한다.

[표 2.1] 기본 자료형 클래스

클래스 이름	설 명	클래스 이름	설 명
DataType	기본 템플릿 클래스	Matx	작은 크기의 행렬
Point_	2D points의 템플릿 클래스	Vec	짧은 수치 벡터
Point3_	3D points의 템플릿 클래스	Scalar_	4-요소 벡터
Size_	영상 또는 사각형의 크기 템플릿 클래스	Range	시퀀스의 부분 시퀀스(slice)
Rect_	2D 사각형 템플릿 클래스	Ptr	스마트 참조 포인터
RotatedRect	회전 가능한 사각형, CvBox2D	Mat	행렬 클래스
TermCriteria	반복 알고리즘에서 종료 조건 클래스		

01 DataType, Point_, Point3_ 클래스

1.1 기본 자료형 및 DataType 클래스

(1) CV_<bit_depth>{U|S|F}C(<number_of_channels>)

OpenCV는 uchar, bool, char, unsigned short, signed short, int, float, double 또는 이들 자료형의 튜플(tuple)로 구성된 기본 자료형(primitive data type)을 갖는다. 이들 기본 자료형은 CV_<bit_depth>{U|S|F}C(<number_of_channels>) 형식의 명칭으로 정의된다. <bit_depth>는 깊이 비트수, {U|S|F}는 자료 형식으로 unsigned, signed, float를 의미한다. C는 channel을 의미하고, <number_of_channels>는 채널 수이다.

예를 들면 CV_8UC1은 8비트 깊이의 uchar 자료형의 1-채널 자료형이며, CV_8UC3은 8비트 깊이의 uchar 자료형의 3-채널 자료형이고, CV_32FC1은 32비트 깊이의 float

자료형의 1-채널 자료형이다. 채널수가 생략된 CV_8U, CV_32F, CV_64F 등은 1-채널인 CV_8UC1, CV_32FC1, CV_64FC1과 같다. 최대 채널수는 CV_CN_MAX = 512이다.

OpenCV 3.10은 '\include\opencv2\core\cvdef.h'에, 그리고 OpenCV 2.4.13은 '\include\opencv2\core\types_c.h'에 OpenCV에서 사용하는 자료형 관련 주요 매크로가 정의되어 있다.

```
// opencv2\core\cvdef.h in OpenCV 3.1.0
/* fundamental constants */
#define CV_PI     3.1415926535897932384626433832795
#define CV_2PI    6.283185307179586476925286766559
#define CV_LOG2 0.69314718055994530941723212145818
/***************************************************************************\
*                           Matrix type (Mat)                              *
\***************************************************************************/

#define CV_CN_MAX      512
#define CV_CN_SHIFT    3
#define CV_DEPTH_MAX  (1 << CV_CN_SHIFT)

#define CV_8U   0
#define CV_8S   1
#define CV_16U  2
#define CV_16S  3
#define CV_32S  4
#define CV_32F  5
#define CV_64F  6
#define CV_USRTYPE1  7

#define CV_MAT_DEPTH_MASK  (CV_DEPTH_MAX - 1)
#define CV_MAT_DEPTH(flags)    ((flags) & CV_MAT_DEPTH_MASK)
#define CV_MAKETYPE(depth,cn) (CV_MAT_DEPTH(depth) + (((cn) -1) << CV_CN_SHIFT))
#define CV_MAKE_TYPE   CV_MAKETYPE

#define CV_8UC1   CV_MAKETYPE(CV_8U, 1)
#define CV_8UC2   CV_MAKETYPE(CV_8U, 2)
#define CV_8UC3   CV_MAKETYPE(CV_8U, 3)
#define CV_8UC4   CV_MAKETYPE(CV_8U, 4)
#define CV_8UC(n) CV_MAKETYPE(CV_8U, (n))

#define CV_8SC1   CV_MAKETYPE(CV_8S, 1)
#define CV_8SC2   CV_MAKETYPE(CV_8S, 2)
#define CV_8SC3   CV_MAKETYPE(CV_8S, 3)
#define CV_8SC4   CV_MAKETYPE(CV_8S, 4)
#define CV_8SC(n) CV_MAKETYPE(CV_8S, (n))

#define CV_16UC1   CV_MAKETYPE(CV_16U, 1)
#define CV_16UC2   CV_MAKETYPE(CV_16U, 2)
```

```
#define CV_16UC3  CV_MAKETYPE(CV_16U, 3)
#define CV_16UC4  CV_MAKETYPE(CV_16U, 4)
#define CV_16UC(n) CV_MAKETYPE(CV_16U, (n))

#define CV_16SC1  CV_MAKETYPE(CV_16S, 1)
#define CV_16SC2  CV_MAKETYPE(CV_16S, 2)
#define CV_16SC3  CV_MAKETYPE(CV_16S, 3)
#define CV_16SC4  CV_MAKETYPE(CV_16S, 4)
#define CV_16SC(n) CV_MAKETYPE(CV_16S, (n))

#define CV_32SC1  CV_MAKETYPE(CV_32S, 1)
#define CV_32SC2  CV_MAKETYPE(CV_32S, 2)
#define CV_32SC3  CV_MAKETYPE(CV_32S, 3)
#define CV_32SC4  CV_MAKETYPE(CV_32S, 4)
#define CV_32SC(n) CV_MAKETYPE(CV_32S, (n))

#define CV_32FC1  CV_MAKETYPE(CV_32F, 1)
#define CV_32FC2  CV_MAKETYPE(CV_32F, 2)
#define CV_32FC3  CV_MAKETYPE(CV_32F, 3)
#define CV_32FC4  CV_MAKETYPE(CV_32F, 4)
#define CV_32FC(n) CV_MAKETYPE(CV_32F, (n))

#define CV_64FC1  CV_MAKETYPE(CV_64F, 1)
#define CV_64FC2  CV_MAKETYPE(CV_64F, 2)
#define CV_64FC3  CV_MAKETYPE(CV_64F, 3)
#define CV_64FC4  CV_MAKETYPE(CV_64F, 4)
#define CV_64FC(n) CV_MAKETYPE(CV_64F, (n))
// 생략..............................
```

(2) DataType 클래스

DataType 클래스는 OpenCV 기본 자료형을 표현하기 위한 템플릿 클래스로 멤버 데이터나 메서드를 갖지 않는다. 기본 자료형을 표현하기 위해 DataType 템플릿을 구체화(specialized)한 다양한 템플릿 클래스가 OpenCV 2.4.13은 core.hpp에 있으며, OpenCV 3.1.0은 traits.hpp에 있다.

예를 들면 DataType〈bool〉::type은 CV_8U, DataType〈Vec〈uchar, 3〉〉::type은 CV_8UC3이다. 주로 템플릿 클래스 등에서 자료형을 OpenCV 자료형으로 변환하는 목적으로 사용되며, OpenCV를 이용하여 템플릿을 사용한 전문적인 라이브러리 구축 등을 위해서는 자료형 표현을 위해 DataType 클래스가 필요하다.

여기서는 OpenCV에 이미 구축된 라이브러리 사용에 대한 기본적인 내용을 다루기 때문에, [예제 2-1]에서만 행렬의 자료형으로 DataType 클래스를 사용하고, 나머지 전체 예제에서는 CV_8U, CV_32F, CV_64F, CV_8UC3, CV_32F2, CV_64F2 등의 상수 명칭을 사용한다.

```
// traits.hpp in OpenCV 3.1.0
template<typename _Tp> class DataType
{
public:
    typedef _Tp         value_type;
    typedef value_type  work_type;
    typedef value_type  channel_type;
    typedef value_type  vec_type;
    enum {
        generic_type = 1,
        depth        = -1,
        channels     = 1,
        fmt          = 0,
        type         = CV_MAKETYPE(depth, channels)
    };
};

// DataType 템플릿의 구체화된(specialized) 클래스
template<> class DataType<bool>
template<> class DataType<uchar>
template<> class DataType<schar>
template<> class DataType<char>
template<> class DataType<ushort>
template<> class DataType<short>
template<> class DataType<int>
template<> class DataType<float>
```

[예제 2-1] DataType 템플릿 클래스

```
001:  #include "opencv.hpp"
002:  //#include<iostream>
003:  using namespace std;
004:  using namespace cv;
005:  int main()
006:  {
007:      Mat A1(1, 2, DataType<uchar>::type);
008:      // Mat A1(1, 2, CV_8U);
009:
010:      A1.at<uchar>(0, 0) = 1;
011:      A1.at<uchar>(0, 1) = 2;
012:      cout << "A1" << A1 << endl;
013:      cout << "depth="<< A1.depth() << ", "
014:          << "channels="<< A1.channels() << endl;
015:
016:      Mat A2(1, 2, DataType<Vec<uchar, 3>>::type);
017:      // Mat A2(1, 2, CV_8UC3);
018:      A2.at<Vec<uchar, 3>>(0, 0) = Vec3d(10, 20, 30) ;
019:      A2.at<Vec<uchar, 3>>(0, 1) = Vec3d(40, 50, 60) ;
020:      cout << "A2" << A2 << endl;
```

```
021:        cout << "depth=" << A2.depth() << ", "
022:            << "channels="<< A2.channels() << endl;
023:
024:        Mat B(1, 2, DataType<float>::type);
025:        // Mat B(1, 2,CV_32F);
026:        B.at<float>(0, 0) = 10.0f;
027:        B.at<float>(0, 1) = 20.0f;
028:        cout << "B" << B << endl;
029:        cout << "depth=" << B.depth() << ", "
030:            << "channels="<< B.channels() << endl;
031:
032:        Mat C(1, 2, DataType<Point>::type);
033:        // Mat C(1, 2, CV_32SC2);
034:        C.at<Point>(0, 0) = Point(100, 100);
035:        C.at<Point>(0, 1) = Point(200, 200);
036:        cout << "C" << C << endl;
037:        cout << "depth=" << C.depth() << ", "
038:            << "channels="<< C.channels() << endl;
039:
040:        Mat D(1, 2, DataType<complex< double>>::type);
041:        // Mat D(1, 2,CV_64FC2);
042:        D.at<complex< double>>(0, 0) = complex<double>(10.0, 20.0);
043:        D.at<complex< double>>(0, 1) = complex<double>(10.0, 20.0);
044:        cout << "D" << D << endl;
045:        cout << "depth=" << D.depth() << ", "
046:            << "channels="<< D.channels() << endl;
047:        return 0;
048:  }
```

◎ 프로그램 설명

① 1-4행

OpenCV에서 기본적인 C++ API 사용을 위해서는 opencv.hpp를 포함한다. 1장에서 설명한 바와 같이 opencv.hpp 파일은 내부에서 OpenCV를 사용하기 위한 대부분의 헤더 파일을 포함한다. iostream 헤더 파일은 opencv.hpp에 의해 포함되는 ml.hpp 등의 헤더 파일에서 이미 포함하므로 cout을 사용하기 위해 iostream 헤더 파일을 다시 포함하지 않아도 된다. std::cout, cv::Mat 대신 cout, Mat와 같이 사용할 수 있도록 네임스페이스 std와 cv를 포함한다.

② 7-14행

7행은 Mat 클래스를 사용하여 행렬 A1을 DataType<uchar>::type 자료형의 1×2 행렬로 선언한다. 8행과 같이 자료형을 CV_8U로 사용할 수 있다. 10-11행은 행렬 A1에 Mat::at() 메서드(멤버 함수)를 사용하여 값을 저장하고, 12행은 cout을 사용하여 행렬 A1을 출력한다. 13-14행은 A1.depth() = 0과 A1.channels() = 1을 출력한다.

③ 16-22행

16행은 Mat 클래스를 사용하여 A2를 채널수가 3인 DataType<Vec<uchar, 3>>::type 자료형의 1×2 행렬로 선언한다. 17행과 같이 자료형을 CV_8UC3으로 사용할 수 있다. 다중 채널은 뒤에서 다룰 Vec 클래스를 사용한다. 18-19행은 행렬 Mat::at() 메서드(멤버 함수)를 사용하여 A2(0, 0)에 Vec3d(10, 20, 30)를 저장하고, A2(0,1)에 Vec3d(40, 50, 60)를 저장한다. 20행은 cout으로 행렬 A2를 출력하고, 21-22행은 A2.depth() = 0과 A2.channels() = 3을 출력한다.

Chpater 02 OpenCV 기본 클래스   47

④ 24-30행
24행은 Mat 클래스를 사용하여 B를 DataType<float>::type 자료형의 1×2 행렬로 선언한다. 25행과 같이 자료형을 CV_32F로 사용할 수 있다.
26-27행은 행렬 Mat::at() 메서드(멤버 함수)를 사용하여 B(0, 0) = 10.0f를 저장하고, B(0, 1) = 20.0f를 저장한다. 28행은 cout으로 행렬 B를 출력하고, 29-30행은 B.depth() = 5와 B.channels() = 1을 출력한다.

⑤ 32-38행
32행은 Mat 클래스를 사용하여 C를 DataType<Point>::type 자료형의 1×2 행렬로 선언한다. 33행과 같이 자료형을 CV_32SC2로 사용할 수 있다. 34-35행은 행렬 Mat::at() 메서드(멤버 함수)를 사용하여 C(0, 0) = Point(100, 100)를 저장하고, C(0, 1) = Point(200, 200)를 저장한다. 36행은 cout으로 행렬 C를 출력하고, 37-38행은 C.depth() = 4와 C.channels() = 2를 출력한다.

⑥ 40-46행
40행은 Mat 클래스를 사용하여 D를 DataType<complex< double>>::type 자료형의 1×2 행렬로 선언한다. 41행과 같이 자료형을 CV_64FC2로 사용할 수 있다. 42-43행은 행렬 Mat::at() 메서드(멤버 함수)를 사용하여 D(0, 0) = complex<double>(10.0, 20.0)를 저장하고, D(0, 1) = complex<double>(10.0, 20.0)를 저장한다. 44행은 cout으로 행렬 D를 출력하고, 45-46행은 D.depth() = 6과 D.channels() = 2를 출력한다.

⑦ [그림 2.1]은 DataType 템플릿 클래스의 실행 결과이다.

[그림 2.1] DataType 템플릿 클래스

1.2 Point_ 클래스

Point_는 2D 좌표를 표현하는 템플릿 클래스이다. 멤버 변수는 x, y가 있으며 다양한 자료형에 대한 2D 좌표를 표현할 수 있다. C API의 구조체 CvPoint,와 CvPoint2D32f에 대한 생성자와 연산자를 함께 사용할 수 있다. typedef을 사용하여 정의한 Point2i, Point, Point2f, Point2d 자료형이 있으며, +, −, *, =, ==, != 등의 연산자를 사용할 수 있다. dot(), ddot(), cross(), inside() 등의 메서드(멤버 함수)가 있다.

```
typedef Point_<int>  Point2i;
typedef Point2i  Point;
typedef Point_<float>  Point2f;
typedef Point_<double>  Point2d;
```

[예제 2-2] Point_ 템플릿 클래스 (Point, Point2f)

```
001:    #include "opencv.hpp"
002:    using namespace std;
003:    using namespace cv;
004:    int main()
005:    {
006:            Point2f pt1(0.1f, 0.2f), pt2(0.3f, 0.4f);
007:
008:            Point  pt3 = (pt1 + pt2) * 10.0f;
009:            Point2f pt4 = (pt1 - pt2) * 10.0f;
010:            Point  pt5 = Point(10, 10);
011:            Point2f pt6 = Point2f(10.0f, 10.0f);
012:
013:            cout << "pt1:" << pt1 << endl;
014:            cout << "pt2:" << pt2 << endl;
015:            cout << "pt3:" << pt3 << endl;
016:            cout << "pt4:" << pt4 << endl;
017:            cout << "pt5:" << pt5 << endl;
018:            cout << "pt6:" << pt6 << endl;
019:            /*
020:            cout << "pt1: (" << pt1.x << ", " << pt1.y << ")"<< endl;
021:            cout << "pt2: (" << pt2.x << ", " << pt2.y << ")"<< endl;
022:            cout << "pt3: (" << pt3.x << ", " << pt3.y << ")"<< endl;
023:            cout << "pt4: (" << pt4.x << ", " << pt4.y << ")"<< endl;
024:            cout << "pt5: (" << pt5.x << ", " << pt5.y << ")"<< endl;
025:            cout << "pt6: (" << pt6.x << ", " << pt6.y << ")"<< endl;
026:            */
027:            if(pt1 == pt2)
028:                    cout <<" pt1 is equal to pt2" << endl;
029:            else
030:                    cout <<" pt1 is not equal to pt2" << endl;
031:
032:            float fValue = pt1.dot(pt2);
033:            cout <<" fValue = " << fValue << endl;
034:
035:            double normValue = norm(pt1); // L2 norm
036:            cout <<" normValue = " << normValue << endl;
037:
038:            Point pt(150, 150);
039:            Rect rect(100, 100, 200, 200);
040:
041:            if(pt.inside(rect))
042:                    cout <<" pt is an inside point in rect" << endl;
043:            else
044:                    cout <<" pt is not an inside point in rect" << endl;
045:            return 0;
046:    }
```

◎ 프로그램 설명

① 6행

Point2f의 생성자를 사용하여 2차원 실수 좌표 pt1과 pt2를 생성하고 pt1.x = 0.1f, pt1.y = 0.2f, pt2.x = 0.3f, pt2.y = 0.4f로 초기화한다.

② 8-11행

8행은 2차원 실수 좌표 클래스 Point2f의 pt1과 pt2를 덧셈한 좌표에 10.0f를 곱하여 2차원 정수형 좌표 클래스 Point의 pt3에 저장한다. 9행은 Point2f의 pt1과 pt2를 뺄셈한 좌표에 10.0f를 곱하여, 2차원 실수형 좌표 클래스 Point2f의 pt4에 저장한다. 10-11행은 Point, Point2f를 사용하여 Point 클래스의 객체(인스턴스) pt5, Point2f 클래스의 객체(인스턴스) pt6에 각각 저장한다.

③ 13-25행

13-18행은 cout으로 좌표 객체를 사용하여 각 2차원 좌표를 출력한다. 20-25행과 같이 x, y 멤버를 직접 명시하여 출력할 수 있다.

④ 27-30행

27행은 조건 pt1 == pt2로 두 2차원 실수형 좌표 pt1과 pt2가 같은 좌표인지를 비교한다. 이때 비교를 위해서는 같은 자료형이어야 한다. pt1 == pt3과 같이 비교할 수 없어, (Point)pt1 == pt3 또는 pt1 == (Point2f)pt3처럼 형변환을 수행하여 비교해야 한다.

⑤ 32-36행

32행은 2차원 좌표 pt1과 pt2의 내적(dot product)을 fValue에 계산한다. 35행은 cv::norm 함수로 pt1의 L2 놈(norm)을 normValue에 계산한다.

⑥ 38-44행

38-39행은 2차원 좌표 pt(150, 150)로 생성하고, 왼쪽 상단 좌표를 (100, 100), 가로 크기 200, 세로 크기 200으로 사각형 rect를 생성한다. 41행은 pt.inside(rect)에 의해 pt가 사각형 rect 내부의 점인지를 비교한다. pt(150, 150)는 사각형 rect(100, 100, 200, 200)의 내부점이다.

⑦ [그림 2.2]는 Point_ 템플릿 클래스의 실행 결과이다.

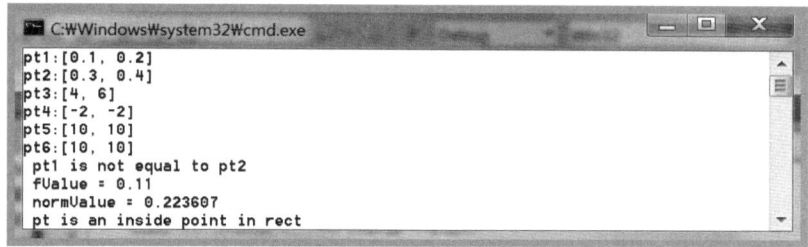

[그림 2.2] Point_ 템플릿 클래스

1.3 Point3_ 클래스

Point3_는 3D 좌표를 표현하는 템플릿 클래스이다. 멤버 변수는 x, y, z가 있으며 다양한 자료형에 대한 3D 좌표를 표현할 수 있다. typedef를 사용하여 정의한 Point3i, Point3f, Point3d 자료형이 있으며, +, -, *, =, ==, != 등의 연산자를 사용할 수 있다. dot(), ddot(), cross() 등의 메서드가 있다.

```
typedef Point3_<int> Point3i;
typedef Point3_<float> Point3f;
typedef Point3_<double> Point3d;
```

[예제 2-3] Point3_ 템플릿 클래스 (Point3f, Point3i)

```
001:  #include "opencv.hpp"
002:  using namespace std;
003:  using namespace cv;
004:  int main()
005:  {
006:        Point3f pt1(1.0f, 0.0f, 0.0f), pt2(0.0f, 1.0f, 0.0f);
007:
008:        Point3i pt3 = (pt1 + pt2) * 10.0f;
009:        Point3f pt4 = (pt1 - pt2) * 100.0f;
010:
011:        cout << "pt1:" << pt1 << endl;
012:        cout << "pt2:" << pt2 << endl;
013:        cout << "pt3:" << pt3 << endl;
014:        cout << "pt4:" << pt4 << endl;
015:
016:        if(pt1 != pt2)
017:            cout <<" pt1 is not equal to pt2" << endl;
018:        else
019:            cout <<" pt1 is equal to pt2" << endl;
020:
021:        float fValue = pt1.dot(pt2);
022:        cout <<" fValue = " << fValue << endl;
023:
024:        double normValue = norm(pt1); // L2 norm
025:        cout <<" normValue = " << normValue <<endl;
026:
027:        Point3f pt5 = pt1.cross(pt2);
028:        Point3f pt6 = pt2.cross(pt1);
029:        cout << "pt5:" << pt5 << endl;
030:        cout << "pt6:" << pt6 << endl;
031:        return 0;
032:  }
```

◎ **프로그램 설명**

① 6-9행

6행은 Point3f로 3차원 좌표 pt1(1.0f, 0.0f, 0.0f)과 pt2(0.0f, 1.0f, 0.0f)를 생성한다. 8행은 3차원 실수 좌표 pt1과 pt2를 덧셈하고, 각 좌표에 스칼라 10.0f를 곱하여, 3차원 정수형 좌표 클래스 Point3i로 변환하여 pt3에 저장한다. 9행은 3차원 실수 좌표 pt1과 pt2를 뺄셈하고, 각 좌표에 스칼라 10.0f를 곱하여, 클래스 Point3f 형의 3차원 좌표 pt4에 저장한다.

② 16-25행

16행은 조건 pt1 != pt2로 3차원 실수형 좌표 pt1과 pt2가 같은 좌표가 아닌지를 비교한다. 이때 비교를 위해서는 좌표가 같은 클래스 자료형이어야 한다. 예를 들면 pt1 == pt3과 같이 비교할 수 없으며, (Point3i)pt1 == pt3 또는 pt1 == (Point3f)pt3는 형변환되어 비교 가능하다. 21행은 pt1과 pt2의 내적(dot product)을 fValue에 계산한다. 24행은 cv::norm 함수로 pt1의 L2 놈(norm)을 normValue에 계산한다.

③ 27-30행

3차원 벡터 p1과 pt2의 외적(cross product)을 pt5와 pt6에 계산한다. 외적은 교환법칙이 성립하지 않으므로 $pt1.cross(pt2) \neq pt2.cross(pt1)$이다. pt1과 pt2를 벡터로 보면 pt1은 X축 위의 단위 벡터이고, pt2는 Y축 위의 단위 벡터이므로 $pt1 \times pt2 = (0,0,1)$로 Z축 위의 단위 벡터이며, $pt2 \times pt1 = (0,0,-1)$는 -Z축 위의 단위 벡터가 된다.

④ [그림 2.3]은 Point3_ 템플릿 클래스의 실행 결과이다.

```
C:\Windows\system32\cmd.exe
pt1:[1, 0, 0]
pt2:[0, 1, 0]
pt3:[10, 10, 0]
pt4:[100, -100, 0]
 pt1 is not equal to pt2
 fValue = 0
 normValue = 1
pt5:[0, 0, 1]
pt6:[0, 0, -1]
```

[그림 2.3] Point3_ 템플릿 클래스

1.4 Size_ 클래스

Size_는 크기를 표현하는 템플릿 클래스이며, 멤버 변수는 width와 height가 있다.
typedef를 사용하여 정의한 Size2i, Size, Size2f 자료형이 있으며, +, −, *, =, ==,
!= 등의 연산자를 사용할 수 있다. 또한, 멤버 함수로 area() 메서드가 있다. C API의
CvSize, CvSize2D32f를 변환하여 사용할 수 있다.

```
typedef Size_<int> Size2i;
typedef Size2i    Size;
typedef Size_<float> Size2f;
```

[예제 2-4] Size_ 템플릿 클래스 (Size)

```
001:  #include "opencv.hpp"
002:  using namespace std;
003:  using namespace cv;
004:  int main()
005:  {
006:      Size size1(320, 240), size2(640, 480);
007:      Size size3 = size1 * 2;
008:      Size size4 = size1 + size2;
009:      Size size5 = Size(800, 600);
010:
011:      // cout << "size1: (" << size1.width << ", " << size1.height << ")"<< endl;
012:      cout << "size1:" << size1 << endl;
013:      cout << "size1.area():" << size1.area() << endl;
014:      cout << "size2:" << size2 << endl;
015:      cout << "size3:" << size3 << endl;
016:      cout << "size4:" << size4 << endl;
017:      cout << "size5:" << size5 << endl;
018:
019:      if(size2 == size3)
020:          cout << "size2 and size3 are the same size" << endl;
021:      return 0;
022:  }
```

◎ **프로그램 설명**

① 6-9행

size1은 320×240, size2는 640×480 크기로 생성하고, size3 = size1 * 2에 의해 size3에 640×480이 저장되고, size4 = size1 + size2에 의해 size4에 960×720이 저장되고, Size 클래스 객체 size5에 크기 800×600을 저장한다.

② 13행

size1.area()는 size1.width = 320과 size1.height = 240의 곱셈인 면적을 반환한다.

③ 19행

조건 size2와 size3의 비교(size2 == size3)는 참(true)이다.

④ [그림 2.4]는 Size_ 템플릿 클래스의 실행 결과이다.

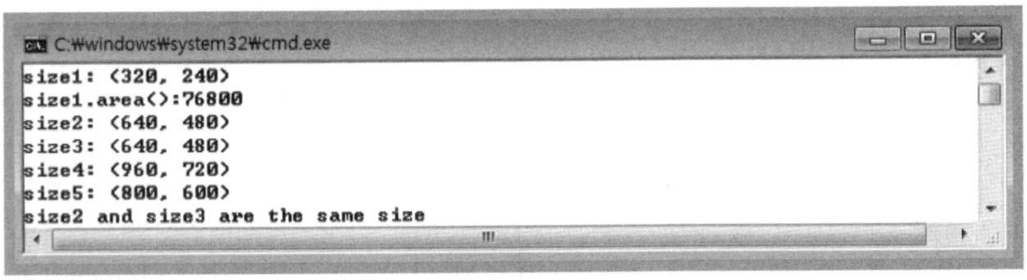

```
C:\windows\system32\cmd.exe
size1: (320, 240)
size1.area():76800
size2: (640, 480)
size3: (640, 480)
size4: (960, 720)
size5: (800, 600)
size2 and size3 are the same size
```

[그림 2.4] Size_ 템플릿 클래스

1.5 Rect_ 클래스

Rect_는 사각형을 표현하는 템플릿 클래스이다. 멤버 변수는 x, y, width, height가 있고, tl(), br(), size(), area(), contains() 등의 메서드가 있다. 또한, typedef로 정수형에 대한 Rect 자료형이 정의되어 있고, =, +, -, *, ==, != 등의 연산자를 사용할 수 있다.

```
typedef Rect_<int> Rect;
```

[예제 2-5] Rect_ 클래스 (Rect)

```
001:  #include "opencv.hpp"
002:  using namespace std;
003:  using namespace cv;
004:  int main()
005:  {
006:      Rect rt1(100, 100, 320, 240), rt2(200, 200, 320, 240);
007:      Point pt1(100, 100);
008:      Size size(100, 100);
009:
010:      Rect rt3 = rt1 + pt1;
011:      Rect rt4 = rt1 + size;
012:
013:      cout << "rt1: (" << rt1.x << "," << rt1.y << ","
014:          << rt1.width << ", " << rt1.height << ")" << endl;
015:      cout << "rt1:" << rt1 << endl;
016:      cout << "rt2:" << rt2 << endl;
017:      cout << "rt3:" << rt3 << endl;
018:      cout << "rt4:" << rt4 << endl;
```

```
019:
020:        Point ptTopLeft = rt1.tl();
021:        Point ptBottomRight = rt1.br();
022:        cout << "ptTopLeft in rt1:" << ptTopLeft << endl;
023:        cout << "ptBottomRight in rt1: " << ptBottomRight << endl;
024:
025:        Point pt2(200, 200);
026:        if(rt1.contains(pt2))
027:            cout << "pt2 is an inside point in rt1." << endl;
028:
029:        Rect rt5 = rt1 & rt2;   // intersection
030:        Rect rt6 = rt1 | rt2;    // minimum area rectangle containing rt1 and rt2
031:        cout << "rt5:" << rt5 << endl;
032:        cout << "rt6:" << rt6 << endl;
033:
034:        if(rt1 != rt2)
035:            cout << "rt1 and rt2 are not the same rectangle." << endl;
036:
037:        // for drawing rt1, rt2, rt5, and rt6
038:        Mat img(600, 800, CV_8UC3);
039:        namedWindow("image", WINDOW_AUTOSIZE);
040:
041:        rectangle(img, rt1, Scalar(255, 0, 0), 2);
042:        rectangle(img, rt2, Scalar(0, 255, 0), 2);
043:        rectangle(img, rt5, Scalar(0, 0, 255), 2);
044:        imshow("image", img);
045:        waitKey();
046:        rectangle(img, rt6, Scalar(0, 0, 0), 1);
047:        circle(img, pt2, 5, Scalar(255, 0, 255), 2);
048:        imshow("image", img);
049:        waitKey();
050:
051:        return 0;
052:  }
```

◎ **프로그램 설명**

① 6-8행

Rect로 rt1(100, 100, 320, 240), rt2(200, 200, 320, 240)를 생성하고, Point로 pt1(100, 100), Size로 size(100, 100)를 생성한다.

② 10-11행

10행은 rt3 = rt1 + pt1; 문에 의해 rt3의 크기는 변하지 않고, 사각형의 상단 왼쪽 좌표(top left)가 pt1만큼 더해져 (200, 200)로 변경된다. 11행은 rt4 = rt1 + size; 문에 의해 rt4의 상단 왼쪽 좌표(top left)는 변하지 않고, 사각형의 크기가 size만큼 더해져 (420, 340)으로 변경된다.

③ 20-21행

20행은 ptTopLeft = rt1.tl()에 의해 rt1의 상단 왼쪽 좌표(top left)를 ptTopLeft에 저장한다. 21행은 ptBottomRight = rt1.br()에 의해 rt1의 하단 오른쪽 좌표(bottom right)를 ptBottomRight에 저장한다.

④ 29-35행

29행은 rt5 = rt1 & rt2; 문에 의해 사각형 rt1과 rt2의 교집합(intersection)을 rt5에 저장한다. 교집합이 없으면 Rect(0, 0, 0, 0)를 반환한다. 30행은 rt6 = rt1 | rt2에 의해 사각형 rt1과 rt2를 포함하는 최소 사각형(minimum area rectangle)을 반환한다. 34행의 조건 rt1 != rt2에 의해 사각형 rt1과 rt2가 같지 않기 때문에 35행을 수행한다.

⑤ 38-49행

사각형 rt1, rt2, rt5, rt6를 윈도우에 표시한다. 38행은 Mat 클래스로 CV_8UC3 자료형의 행렬 img를 600×800 크기로 생성한다. 39행은 "image" 이름으로 윈도우를 생성하고, 41-43행은 rectangle 함수로 img에 사각형 rt1, rt2, rt5를 각각 Scalar(255, 0, 0), Scalar(0, 255, 0), Scalar(0, 0, 255) 색상, 두께 2로 표시한다. 44행은 imshow 함수로 윈도우 "image"에 행렬 img를 표시한다. 45행은 waitKey() 함수로 키보드 입력을 기다리게 하여 윈도우를 볼 수 있게 멈춘다. 46행은 사각형 rt6를 img에 색상 Scalar(0, 0, 0), 두께 1로 표시한다. 47행은 circle 함수로 행렬 img에 중심점인 pt2이고, 반지름이 5, 색상이 Scalar(255, 0, 255), 두께가 2인 원을 표시한다.

⑥ [그림 2.5]는 Rect 클래스 예제의 실행 결과이고, [그림 2.6]은 40-51행에 의한 rt1, rt2, rt5, rt6 사각형을 표시한 결과이다. [그림 2.6](a)는 rt1, rt2의 교집합인 rt5가 Scalar(0, 0, 255) 색상으로 표시되며, [그림 2.6](b)는 rt1, rt2을 포함하는 최소 사각형인 rt6가 Scalar(0, 0, 0) 색상으로 표시되며, pt2가 Scalar(255, 0, 255) 색상으로 rt1 내부에 있음을 확인할 수 있다.

```
C:\Windows\system32\cmd.exe
rt1: (100,100,320, 240)
rt1:[320 x 240 from (100, 100)]
rt2:[320 x 240 from (200, 200)]
rt3:[320 x 240 from (200, 200)]
rt4:[420 x 340 from (100, 100)]
ptTopLeft in rt1:[100, 100]
ptBottomRight in rt1: [420, 340]
pt2 is an inside point in rt1.
rt5:[220 x 140 from (200, 200)]
rt6:[420 x 340 from (100, 100)]
rt1 and rt2 are not the same rectangle.
```

[그림 2.5] Rect 클래스

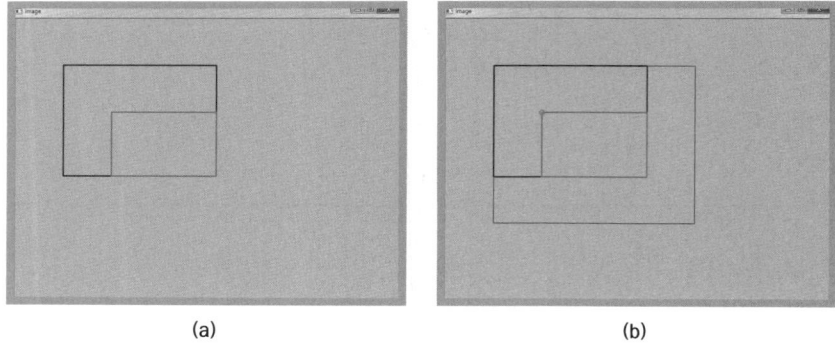

(a)   (b)

[그림 2.6] rt1, rt2, rt5, and rt6 사각형 표시

1.6 RotatedRect 클래스

RotatedRect는 회전된 사각형을 표현하는 클래스이며, 멤버 변수는 중심점인 Point2f 자료형의 center와 크기인 Size2f 자료형의 size 그리고 회전각을 나타내는 float 자료형의 angle이 있다. 또한, boundingRect() 등의 메서드가 있으며, C API의 CvBox2D 구조체와 호환 가능하다.

```
class CV_EXPORTS RotatedRect
{
public:
    // ! various constructors
    RotatedRect();
    RotatedRect(const Point2f& center, const Size2f& size, float angle);
    RotatedRect(const CvBox2D& box);
    // ..........................................
};
```

[예제 2-6] RotatedRect 클래스

```
001:    #include "opencv.hpp"
002:    using namespace std;
003:    using namespace cv;
004:    int main()
005:    {
006:            Point2f ptCenter(200.0f, 200.0f);
007:            Size size(100, 200);
008:
009:            // RotatedRect rt1(ptCenter, size, 45.0f);
010:            RotatedRect rt1(ptCenter, size, 135.0f);
011:
012:            Point2f points[4];
013:            rt1.points(points);
014:            Rect rt2 = rt1.boundingRect();
015:
016:            cout << "rt1: ptCenter(" << rt1.center.x << "," << rt1.center.y << "),"
017:                << "size = (" << rt1.size.width <<"," << rt1.size.height<< "),"
018:                << "(angle=" << rt1.angle << ")"<< endl;
019:            cout << "rt2: (" << rt2.x << "," << rt2.y << ","
020:                << rt2.width << ", " << rt2.height << ")" << endl;
021:            for (int i = 0; i < 4; i++)
022:                cout << "points[" << i << "] = " << points[i] << endl;
023:
024:            Mat image(400, 400, CV_8UC3, Scalar(255, 255, 255));
025:            for (int i = 0; i < 4; i++)
026:                line(image, points[i], points[(i + 1) % 4], Scalar(0, 0, 255));
027:            rectangle(image, rt2, Scalar(255, 0, 0));
028:            circle(image, ptCenter, 5, Scalar(255, 0, 255), 2);
029:            imshow("image",image);
030:            waitKey();
031:            return 0;
032:    }
```

◎ **프로그램 설명**

① 9~10행

9행은 RotatedRect로 중심이 ptCenter(200.0f, 200.0f), 크기가 size(100, 200)이고 각도가 45도인 rt1을 생성한다. 10행은 각도가 135도인 rt2를 생성한다.

② 12~14행

12행은 rt1의 꼭짓점을 points에 저장한다. 14행은 rt1.boundingRect()에 의해 rt1의 바운딩 사각형을 계산하여 rt2에 저장한다.

③ 16~22행

16-18행은 회전된 사각형 rt1의 멤버 변수들을 출력하고, 19-20행은 바운딩 사각형 rt2의 멤버 변수들을 출력한다. 21-22행은 바운딩 사각형 rt2의 꼭짓점인 points 배열을 출력한다.

④ 24~29행

24행은 Mat 클래스로 CV_8UC3 자료형의 행렬 image를 400×400 크기로 생성한다. 25-26행은 image에 rt1의 꼭짓점 배열 points를 라인으로 표시한다. 27행은 image에 rt1의 바운딩 사각형인 rt2를 사각형으로 표시한다. 28행은 rt1의 중심점 ptCenter를 원으로 표시한다. 29행은 imshow 함수로 윈도우 "image"에 행렬 image를 표시한다.

⑤ [그림 2.7]은 RotatedRect 클래스의 실행 결과이다.

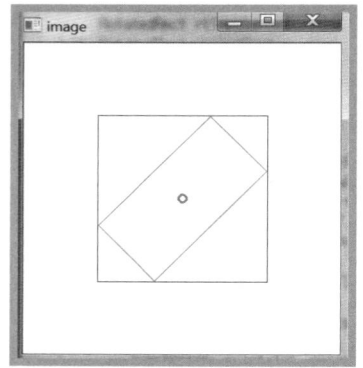 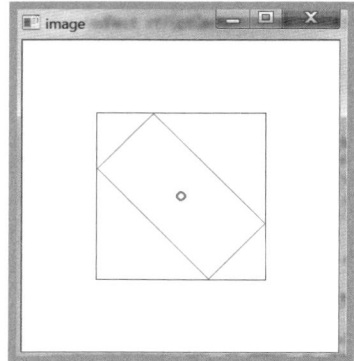

(a) RotatedRect rt1(ptCenter, size, 45.0f)　　(b) RotatedRect rt1(ptCenter, size, 135.0f)

[그림 2.7] RotatedRect 클래스

02 Matx, Vec, Scalar_, Range, Ptr 클래스

2.1 Matx 클래스

Matx 클래스는 고정된 작은 크기의 행렬을 위한 템플릿 클래스이다. typedef을 사용하여 float와 double 자료형의 1×1에서 6×6까지 작은 크기의 행렬과 다양한 행렬 연산함수를 제공한다. 예를 들어 Matx33f 자료형은 3×3의 float 행렬이다. 더욱 일반적인 행렬에 대한 클래스는 Mat 클래스이다. Matx 클래스에 메서드가 없으면 Mat 클래스로 변환하여 사용한다. 예를 들어, '<<' 연산자 함수에 의한 행렬 출력이 Matx 클래스에는 없지만, Mat 클래스에는 있기 때문에 형변환 연산자에 의해 Mat 클래스로 변환하여 행렬을 cout으로 간단히 출력할 수 있다.

```
template<typename _Tp, int m, int n> class Matx
{
public:
    typedef _Tp value_type;
    typedef Matx<_Tp, (m < n ? m : n), 1> diag_type;
    typedef Matx<_Tp, m, n> mat_type;
    enum { depth = DataDepth<_Tp>::value, rows = m, cols = n,
            channels = rows * cols, type = CV_MAKETYPE(depth, channels) };
    // ! default constructor
    Matx();

    Matx(_Tp v0);
    // .................................
};
typedef Matx<float, 1, 2> Matx12f;
typedef Matx<double, 1, 2> Matx12d;
// ......................
typedef Matx<float, 6, 6> Matx66f;
typedef Matx<double, 6, 6> Matx66d;
```

[예제 2-7] Matx 클래스(행렬 연산)

```
001:    #include "opencv.hpp"
002:    using namespace std;
003:    using namespace cv;
004:    void print(string str, Matx23f& A);
005:    int main()
006:    {
007:        Matx23f A(1, 2, 3,
008:                    4, 5, 6);
009:        // Matx<float, 2, 3> A(1, 2, 3, 4, 5, 6);
010:
011:        // print ("A", A);
012:        cout << "A=" << (Mat)A << endl;
013:
014:        Matx13f A0 = A.row(0);
015:        cout << "A0=" << (Mat)A0 << endl;
016:
017:        Matx21f A1 = A.col(0);
018:        cout << "A1=" << (Mat)A1 << endl;
019:
020:        Matx22f A2 = A.get_minor<2, 2>(0, 1);
021:        cout << "A2=" << (Mat)A2 << endl;
022:
023:        Matx23f B = Matx23f::all(10.0f);
024:        cout << "B=" << (Mat)B << endl;
025:
026:        Matx23f C, D, E, F;
027:        C = A + B;
028:        D = A - B;
029:        E = A * 5;
030:        F = A.mul(B);
031:
032:        cout << "C=" << (Mat)C << endl;
```

```
033:            cout << "D=" << (Mat)D << endl;
034:            cout << "E=" << (Mat)E << endl;
035:            cout << "F=" << (Mat)F << endl;
036:
037:            float dotAB = A.dot(B);
038:            cout << endl<< "dotAB=" << dotAB << endl;
039:
040:            Matx22f G = A * B.t();
041:            cout << "G=" <<(Mat)G << endl;
042:    }
043:    void print(string str, Matx23f& A)
044:    {
045:            cout << str << "=["<< endl;
046:            for(int r = 0; r < A.rows; r++)
047:            {
048:                for(int c = 0; c < A.cols; c++)
049:                {
050:                    cout.width(4);
051:                    cout << A(r, c);
052:                    if (c < A.cols - 1)
053:                        cout << ",";
054:                }
055:                if (r < A.rows - 1)
056:                    cout << endl;
057:            }
058:            cout << "]" << endl;
059:    }
```

◎ 프로그램 설명

① 7-12행

7-12행은 Matx23f로 2×3의 실수 행렬 A를 생성하고, 초기화한다. 9행은 Matx 템플릿 클래스를 이용하여 2×3의 실수 행렬 A를 생성하고, 초기화한다. 11행은 사용자 정의 함수 print로 행렬 A를 출력한다. 12행은 행렬 A를 (Mat)A로 Mat 클래스로 변환하여 cout으로 간단히 출력한다.

② 14-24행

14행은 A0 = A.row(0)에 의해 행렬 A의 0행을 A0에 저장한다. 17행은 A1 = A.col(0)에 의해 행렬 A의 0열을 A1에 저장한다. 20행은 A2 = A.get_minor<2, 2>(0, 1)에 의해 행렬 A에서 (0, 1)을 기준으로 2×2의 부분 행렬을 A2에 저장한다. 23행은 B = Matx23f::all(10.0f)에 의해 행렬의 모든 요소가 10.0f인 2×3의 실수 행렬 B를 생성한다.

③ 26-35행

27행은 C = A + B에 의해 행렬 A와 행렬 B를 더하여 행렬 C에 저장하고, 28행은 D = A - B에 의해 행렬 뺄셈하여 D에 저장한다. 29행은 E = A * 5에 의해 행렬 A에 스칼라 5를 곱셈하여 E에 저장하고, 30행은 F = A.mul(B)에 의해 행렬 A와 행렬 B의 각각의 요소별로 곱셈하여 F에 저장한다. 32-35행은 행렬 C, D, E, F를 Mat 클래스로 변환하여 cout으로 출력한다.

④ 37-41행

37행은 dotAB = A.dot(B)에 의해 행렬 A와 행렬 B의 내적을 dotAB에 계산하고, 40행은 행렬 A와 행렬 B의 전치행렬, B.t()를 행렬 곱셈하여 2×2인 행렬 G에 저장한다.

⑤ 43-59행

사용자 정의 함수 print는 rows×cols 행렬 A의 요소를 A(r, c)로 접근하여 출력한다. [그림 2.8]은 행렬 연산의 실행 결과이다.

[그림 2.8] Matx 클래스의 행렬 연산

[예제 2-8]　Matx 클래스(Matx::zeros, Matx::ones, Matx::eye, Matx::all)

```
001:    #include "opencv.hpp"
002:    using namespace cv;
003:    using namespace std;
004:    int main()
005:    {
006:        Matx33f A = Matx33f::zeros();
007:        Matx33f B = Matx33f::ones();
008:        Matx33f C = Matx33f::eye();
009:        Matx33f D = Matx33f::all(10.0);
010:
011:        cout << "A=" << (Mat)A << endl;
012:        cout << "B=" << (Mat)B << endl;
013:        cout << "C=" << (Mat)C << endl;
014:        cout << "D=" << (Mat)D << endl;
015:    }
```

◎ **프로그램 설명**

① 6-9행

6행은 Matx33f::zeros()로 3×3 실수 행렬의 요소 모두가 0인 행렬을 생성하여 행렬 A에 저장한다. 7행은 Matx33f::ones()로 3×3 실수 행렬의 요소 모두가 1인 행렬을 생성하여 행렬 B에 저장한다. 8행은 Matx33f::eye()로 3×3 실수 행렬의 대각요소 모두가 1인 단위행렬을 생성하여 행렬 C에 저장한다. 9행은 Matx33f::all(10.0)로 3×3 실수 행렬의 요소 모두가 10.0으로 초기화된 행렬을 생성하여 행렬 D에 저장한다.

② 11-14행

행렬 A, B, C, D를 Mat 클래스로 형변환하여 cout으로 출력하면 [그림 2-9]와 같다.

```
C:\Windows\system32\cmd.exe
A=[0, 0, 0;
   0, 0, 0;
   0, 0, 0]
B=[1, 1, 1;
   1, 1, 1;
   1, 1, 1]
C=[1, 0, 0;
   0, 1, 0;
   0, 0, 1]
D=[10, 10, 10;
   10, 10, 10;
   10, 10, 10]
```

[그림 2.9] Matx::zeros(), Matx::ones(), Matx::eye(), Matx::all()

[예제 2-9]	Matx 클래스(Matx::reshape에 의한 행렬 크기 변경과 Matx::randu, Matx::randn에 의한 난수 발생)

```
001:    #include "opencv.hpp"
002:    using namespace cv;
003:    using namespace std;
004:    int main()
005:    {
006:        Matx16f A = Matx16f::randu(0.0, 1.0);
007:        Matx16f B = Matx16f::randn(0.0, 1.0);
008:
009:        cout << "A=" << (Mat)A << endl;
010:        cout << "B=" << (Mat)B << endl;
011:
012:        Matx23f C = A.reshape<2, 3>();
013:        cout << "C=" << (Mat)C << endl;
014:    }
```

◎ 프로그램 설명

① 6-7행

6행은 Matx16f::randu(0.0, 1.0)로 1×6의 실수 행렬에 범위 [0.0, 1.0] 사이의 균등(uniform distribution) 분포를 따르는 난수를 생성하여 행렬 A에 저장한다. 7행은 Matx16f::randn(0.0, 1.0)로 평균이 0.0이고 표준편차가 1.0인 정규분포(normal distribution)를 따르는 난수를 생성하여 행렬 B에 저장한다.

② 12행

C = A.reshape<2, 3>()에 의하여 1×6 행렬인 A를 2×3 행렬로 변형하여 행렬 C에 저장한다. [그림 2-10]은 행렬 A, B, C의 출력 결과이다.

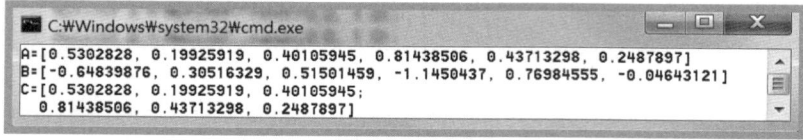

```
C:\Windows\system32\cmd.exe
A=[0.5302828, 0.19925919, 0.40105945, 0.81438506, 0.43713298, 0.2487897]
B=[-0.64839876, 0.30516329, 0.51501459, -1.1450437, 0.76984555, -0.04643121]
C=[0.5302828, 0.19925919, 0.40105945;
   0.81438506, 0.43713298, 0.2487897]
```

[그림 2.10] Matx::reshape, Matx::randu, Matx::randn 결과

[예제 2-10] Matx 클래스(Matx∷inv에 의한 역행렬 계산)

```
001:  #include "opencv.hpp"
002:  using namespace cv;
003:  using namespace std;
004:  int main()
005:  {
006:      Matx33d A( 1, -1, -2,
007:                 2, -3, -5,
008:                -1,  3,  5 );
009:
010:      Matx33d B = A.inv(DECOMP_CHOLESKY);
011:      Matx33d C = A.inv(DECOMP_LU);
012:
013:      Matx33d D = A * B;
014:      Matx33d E = A * C;
015:
016:      cout << "A=" << (Mat)A << endl;
017:      cout << "B=" << (Mat)B << endl;
018:      cout << "C=" << (Mat)C << endl;
019:      cout << "D=" << (Mat)D << endl;
020:      cout << "E=" << (Mat)E << endl;
021:  }
```

◎ **프로그램 설명**

① 6-8행

Matx33d는 typedef로 정의된 Matx<double, 3, 3> 템플릿 자료형이다. 3×3 배정도 실수(double) 행렬 A를 생성하고 초기화한다.

② 10-11행

10행은 DECOMP_CHOLESKY 방법으로 행렬 A의 역행렬을 계산하여 행렬 B에 저장한다. 11행은 DECOMP_LU 방법으로 행렬 A의 역행렬을 계산하여 행렬 C에 저장한다.

③ 13-14행

13행은 행렬 A와 DECOMP_CHOLESKY 방법으로 계산한 역행렬 B를 곱하여 행렬 D에 저장한다. 14행은 행렬 A와 DECOMP_LU 방법으로 계산한 역행렬 C를 곱하여 행렬 E에 저장한다. 역행렬이 올바르게 계산되었으면 행렬 D와 E는 단위행렬이 된다.

④ 16-20행

행렬 A, B, C, D, E를 Mat 클래스로 형변환 후에 cout으로 출력하면 [그림 2-11]과 같고 행렬 D와 E는 단위행렬임을 확인할 수 있다.

[그림 2.11] Matx::inv()에 의한 역행렬 계산 결과

[예제 2-11] Matx 클래스 (Matx::solve에 의한 연립방정식의 해 구하기)

```
001:    #include "opencv.hpp"
002:    using namespace cv;
003:    using namespace std;
004:    int main()
005:    {
006:        Matx33d A( 2, -1, 1,
007:                   3, 3, 9,
008:                   3, 3, 5);
009:        Matx31d b( -1, 0, 4);
010:        Matx31d X = A.solve(b);
011:        cout << "X=" << (Mat)X << endl;
012:
013:        Mat X2;
014:        solve((Mat)A, (Mat)b, X2); // cv::solve
015:        cout << "X2=" << (Mat)X2 << endl;
016:        return 0;
017:    }
```

◎ **프로그램 설명**

① 6-9행
아래의 연립방정식의 해를 계산하기 위하여, $AX = b$의 행렬로 표현하여, 3×3의 계수행렬 A와 3×1
의 열벡터 행렬 b를 생성하고, 초기화한다.

$$
\begin{aligned}
E0 &: 2x - y + z = -1 \\
E1 &: 2x + 3y + 9z = 0 \\
E2 &: 3x + 3y + 5z = 4
\end{aligned}
\qquad
\overset{A}{\begin{bmatrix} 2 & -1 & 1 \\ 3 & 3 & 9 \\ 3 & 3 & 5 \end{bmatrix}}
\overset{X=}{\begin{bmatrix} x \\ y \\ z \end{bmatrix}}
\overset{b}{\begin{bmatrix} -1 \\ 0 \\ 4 \end{bmatrix}}
$$

② 10-11행
X = A.solve(b)에 의해 연립방정식의 해를 계산하여 3×1의 열벡터 행렬 X에 저장한다. 연립방정식
의 해인 행렬 X를 Mat 클래스로 형변환 후에 cout으로 출력한다.

③ 13-15행
14행은 cv::solve 함수를 이용하여 $AX = b$의 연립방정식의 해를 행렬 X2에 계산한다.

④ [그림 2-12]와 같이 Matx::solve() 메서드와 cv::solve() 함수 모두 x = 1, y = 2, z = -1의 해를 계산
한다.

[그림 2.12] Matx::solve에 의한 연립방정식의 해 계산

2.2 Vec 클래스

Vec 클래스는 Matx 클래스에서 상속받은 클래스로, 짧은 수치 벡터를 위한 템플릿 클래
스이다. 기본적인 벡터에서의 연산이 가능하며, 3차원 벡터의 외적(cross product)을 계

산할 수 있고, [] 연산자에 의해 접근하며, Vec⟨T,2⟩와 Point_ , Vec⟨T,3⟩와 Point3_ , Vec⟨T,4⟩와 Scalar_ , CvScalar 사이의 변환이 가능하다. typedef으로 정의된 Vec2b, Vec3b 등의 클래스들이 있다.

```
template<typename _Tp, int cn> class Vec : public Matx<_Tp, cn, 1>
{
public:
    typedef _Tp value_type;
    enum { depth = DataDepth<_Tp>::value, channels = cn,
            type = CV_MAKETYPE(depth, channels) };
    // ! default constructor
    Vec();
    Vec(_Tp v0);
    Vec(_Tp v0, _Tp v1);
    // ........ leave out some constructors
    Vec( _Tp v0, _Tp v1, _Tp v2, _Tp v3, _Tp v4,
        _Tp v5, _Tp v6, _Tp v7, _Tp v8, _Tp v9);
    explicit Vec(const _Tp* values);
    Vec(const Vec<_Tp, cn>& v);
    static Vec all(_Tp alpha);

    // ! per-element multiplication
    Vec mul(const Vec<_Tp, cn>& v) const
    // .........................................
};
typedef Vec<uchar, 2>  Vec2b;
typedef Vec<uchar, 3>  Vec3b;
typedef Vec<uchar, 4>  Vec4b;
typedef Vec<short, 2>  Vec2s;
typedef Vec<short, 3>  Vec3s;
typedef Vec<short, 4>  Vec4s;
typedef Vec<int, 2>      Vec2i;
typedef Vec<int, 3>      Vec3i;
typedef Vec<int, 4>      Vec4i;
typedef Vec<float, 2>    Vec2f;
typedef Vec<float, 3>    Vec3f;
typedef Vec<float, 4>    Vec4f;
typedef Vec<float, 6>    Vec6f;
typedef Vec<double, 2> Vec2d;
typedef Vec<double, 3> Vec3d;
```

[예제 2-12] Vec 클래스

```
001:  #include "opencv.hpp"
002:  using namespace cv;
003:  using namespace std;
004:  int main()
005:  {
006:      Vec<float, 3> X(1, 0, 0); // Vec3f X(1, 0, 0);
007:      Vec<float, 3> Y(0, 1, 0); // Vec3f Y(0, 1, 0);
008:
```

```
009:        Vec3f Z = X.cross(Y);
010:        cout << "X = " << (Mat)X << endl;
011:        cout << "Y = " << (Mat)Y << endl;
012:        cout << "Z = X.cross(Y) =" << (Mat)Z << endl;
013:
014:        Point3f pt3 = X;
015:        cout << "pt3 = " << pt3 << endl;
016:
017:        X = Vec3f(1, 2, 3);
018:        Y = Vec3f(10, 100, 1000);
019:        Z = X.mul(Y);
020:        cout << "X = " << X << endl;
021:        cout << "Y = " << Y << endl;
022:        cout << "Z = X.mul(Y) =" << Z << endl;
023:
024:        cout << "sum(Z) = " << sum(Z) << endl;
025:        cout << "dotProduct = " << sum(Z)(0) << endl;
026:
027:        X = Vec3f::all(0.0);
028:        cout << "X = " << X << endl;
029:        return 0;
030:  }
```

◎ 프로그램 설명

① 6-7행
Vec<float, 3>형으로 3차원 벡터 X와 Y를 선언하고 초기화한다.

② 9-12행
9행은 X.cross(Y)로 벡터 X와 Y의 외적을 계산하여 벡터 Z에 저장한다. 10-12행은 벡터 X, Y, Z를 행렬로 변환하여 출력한다.

③ 14-15행
3차원 벡터 X를 3차원 좌표 클래스 Point3f인 pt3에 저장하고 출력한다.

④ 17-22행
17-18행은 typedef으로 정의된 벡터 클래스 Vec3f를 이용하여 3차원 벡터를 생성하여, Vec<float, 3>형의 X, Y에 저장한다. 여기서 Vec3f는 Vec<float, 3>와 typedef으로 정의된 동일한 클래스이다. 19행은 Z = X.mul(Y)에 의해 벡터 X와 벡터 Y의 요소별 곱셈으로 계산된 3차원 벡터를 Z에 저장한다. 20-22행은 벡터 X, Y, Z를 Mat로 변환하지 않고 그대로 출력한다. 벡터로 출력하면 요소별 구분을 콤마로 출력한다.

$$Z = [x_1 y_1, x_2 y_2, x_3 y_3]$$
$$= [1 \times 10, 2 \times 100, 3 \times 1000]$$
$$= [10, 200, 3000]$$

⑤ 24-25행
cv::sum 함수로 벡터 Z의 요소를 모두 더한 결과를 출력한다. cv::sum의 반환값은 cv::Scalar 자료형이다. 22행의 벡터 X, Y의 요소별 곱셈과 24행의 cv::sum 함수에 의해 벡터의 내적을 계산할 수 있다.

⑥ 27-28행
Vec3f::all로 3차원 벡터의 모든 요소를 0.0으로 초기화하여 벡터 X에 저장하고 cout으로 출력한다. [그림 2.13]은 Vec 클래스의 실행 결과이다.

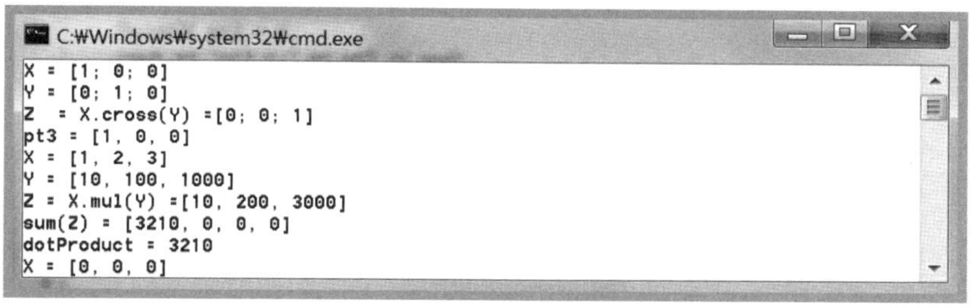

[그림 2.13] Vec 클래스

2.3 Scalar_ 클래스

Scalar_ 클래스는 Vec 클래스에서 상속받은 4개의 요소를 갖는 템플릿 클래스이다.
Scalar_와 CvScalar 사이의 변환이 가능하다. typedef Scalar_⟨double⟩ Scalar로 정의
되어 있어 double형에 대해서는 Scalar를 사용할 수 있다. CvScalar를 사용하기 위해서
는 "cv.h" 헤더 파일이 필요하다.

```
template<typename _Tp> class Scalar_ : public Vec<_Tp, 4>
{
public:
    //! various constructors
    Scalar_();
    Scalar_(_Tp v0, _Tp v1, _Tp v2 = 0, _Tp v3 = 0);
    Scalar_(const CvScalar& s);
    Scalar_(_Tp v0);
    //! returns a scalar with all elements set to v0
    static Scalar_<_Tp> all(_Tp v0);
    // ..........................................
};
```

[예제 2-13] Scalar_ 클래스

```
001: #include "opencv.hpp"
002: using namespace cv;
003: using namespace std;
004: int main()
005: {
006:     Scalar X = Vec4f(1, 2, 3,4);
007:     Scalar Y = Scalar(10, 20, 30);        // Scalar(10, 20, 30,0)
008:     Scalar Z = Scalar(100, 200, 300);     // Scalar(100, 200, 300,0)
009:
010:     cout << "X = " << X << endl;
011:     cout << "Y = " << Y << endl;
012:     cout << "Z = " << Z << endl;
013:
014:     Scalar X1 = Scalar::all(255);
015:     cout << "X1 = " << X1 << endl;
016:
017:     Scalar X2 = X;
```

```
018:        cout << "X2 = " << (Scalar)X2 << endl;
019:
020:        Scalar_<uchar> S1 = Scalar_<uchar>(255, 0, 0); // (255, 0, 0, 0)
021:        cout << "S1 = " << S1 << endl;
022:
023:        Scalar_<int> S2 = Scalar_<int>(0, 255, 0); // (0, 255, 0, 0)
024:        cout << "S2 = " << S2 << endl;
025:
026:        Scalar_<float> S3 = Scalar_<float>(0, 0, 255); // (0, 0, 255, 0)
027:        cout << "S3 = " << S3 << endl;
028:
029:        Scalar_<double> S4 = Scalar_<double>(0, 0, 255); // (0, 0, 255, 0)
030:        cout << "S4 = " << S4 << endl;
031:
032:        Scalar_<uchar> S5 = Scalar_<uchar>::all(255); // (255, 255, 255, 255)
033:        cout << "S5 = " << S5 << endl;
034:        return 0;
035: }
```

◎ **프로그램 설명**

① 6-12행
6행은 Vec4f(1, 2, 3, 4)로 4개의 요소를 갖는 float 벡터를 생성하여 Scalar형 X에 저장한다. 7행은 Scalar(10, 20, 30)로 4개의 요소를 갖는 double 벡터를 생성하여 Scalar형 Y에 저장한다. 디폴트 파라미터에 의해 Scalar(10, 20, 30, 0)와 같다. 8행은 Scalar(100, 200, 300)로 4개의 요소를 갖는 double 벡터를 생성하여 Scalar형 Z에 저장한다. 10-12행은 X, Y, Z를 출력한다.

② 14-18행
14-15행은 Scalar::all(255)로 4개의 요소 모두가 255로 초기화한 객체를 생성하여 Scalar 객체 X1에 저장하고 출력한다. 17-18행은 Scalar 클래스 객체 X를 X2에 저장하고 출력한다.

③ 20-33행
템플릿 클래스 Scalar_를 사용하여 Scalar_<uchar>, Scalar_<int>, Scalar_<float>, Scalar_<double>의 객체 S1, S2, S3, S4, S5를 생성하고 출력한다. [그림 2.14]는 Scalar_ 클래스 예제의 실행 결과이다.

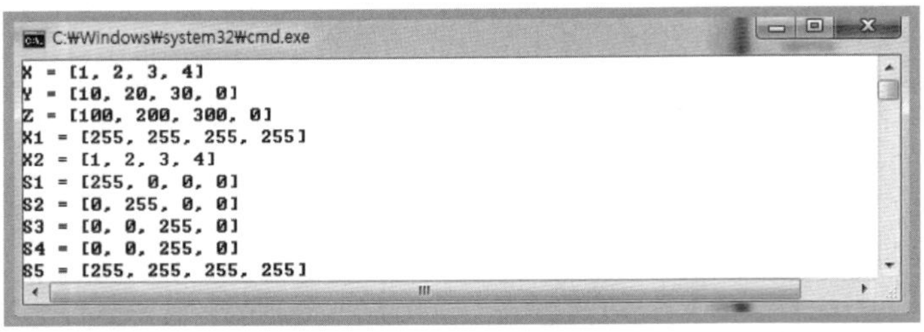

[그림 2.14] Scalar_ 클래스 실행 결과

2.4 Range 클래스

Range 클래스는 Mat 클래스에서 행 또는 열의 범위를 지정하는 템플릿 클래스이다. start는 포함이고 end는 포함하지 않는다. 즉 Range(0, 2)는 범위 0, 1을 나타낸다. Python의 start:end에 의한 슬라이싱과 같은 기능을 한다.

```
class Range
{
public:
     Range();
     Range(int _start, int _end);
     Range(const CvSlice& slice);
     int size() const
     bool empty() const
     static Range all();
     operator CvSlice() const
     int start, end;
};
```

[예제 2-14] Range 클래스

```
001:  #include "opencv.hpp"
002:  using namespace cv;
003:  using namespace std;
004:  int main()
005:  {
006:       Matx33f A( 1, 2, 3,
007:                   4, 5, 6,
008:                   7, 8, 9 );
009:       Mat B(A);
010:       cout << "B = " << B << endl;
011:
012:       cout << "B[0:1, 0:3] = " << B(Range(0, 1),Range(0, 3)) << endl;
013:       cout << "B[0:2, 0:3] = " << B(Range(0, 2),Range(0, 3)) << endl;
014:       cout << "B[1:2, 0:3] = " << B(Range(1, 2),Range(0, 3)) << endl;
015:
016:       Mat C = B(Range(1, 3),Range::all());
017:       cout << "C = " << C << endl;
018:
019:       Mat D = B(Range::all(), Range(1, 3));
020:       cout << "D = " << D << endl;
021:
022:       B(Range(0, 1),Range::all()).copyTo(B(Range(1, 2), Range::all()));
023:       cout << "B = " << B << endl;
024:       return 0;
025:  }
```

◎ 프로그램 설명

① 6-10행

6-8행은 Matx33f 클래스로 3×3 행렬을 생성하고 초기화한다. 9행은 Range 클래스를 사용하기 위하여 Matx33f 클래스인 A를 이용하여 Mat 클래스 행렬 B를 생성한다.

② 12-14행

행렬 B를 Range 클래스를 이용하여 행 또는 열의 범위를 지정한다. 12행은 B(Range(0, 1), Range(0, 3))로 행렬 B의 0행을 출력한다. 13행은 B(Range(0, 2), Range(0,3))로 행렬 B의 0행과 1행을 출력한다. 14행은 B(Range(1, 2), Range(0, 3))로 행렬 B의 1행을 출력한다.

③ 16-20행

16행은 행렬 B의 1행과 2행을 행렬 C에 저장한다. 이때 Range::all()은 Range(0, 3)와 같은 의미로 모든 열을 나타낸다. 19행은 행렬 B의 1열과 2열을 행렬 D에 저장한다. 이때 Range::all()은 Range(0, 3)와 같은 의미로 모든 행을 나타낸다.

④ 22행

Mat::copyTo() 메서드를 사용하여 행렬 B의 0행을 행렬 B의 1행에 복사한다. [그림 2.15]는 Range 클래스의 실행 결과이다.

[그림 2.15] Range 클래스

2.5 Ptr 클래스

Ptr 클래스는 포인터를 감싸(wrap)서 메모리를 안전하게 사용하도록 하는 템플릿 클래스이다. OpenCV 3.1.0은 Ptr 클래스의 사용이 많이 확대되었다. Ptr 클래스를 사용하면 동적으로 할당된 메모리의 해제(release)를 파괴자에서 자동으로 하므로 C API를 사용할 때처럼 delete 연산자와 cvReleaseMat, cvReleaseImage를 통해 할당된 메모리를 해제하는 번거로움을 피할 수 있다. 할당 메모리 해제 이외의 목적이 필요하면 Ptr::delete_obj() 함수에서 구현한다.

예를 들어 Ptr⟨FILE⟩로 파일 포인터를 감싸고, OpenCV 2.4.13에서는 Ptr⟨FILE⟩:: delete_obj() 메서드를 구현하여, OpenCV 3.1.0에서는 DefaultDeleter ⟨FILE⟩:: operator()를 구현하여 fclose() 함수를 호출하면, 파일 포인터가 파괴될 때 자동으로 호출되어 파일 포인터를 폐쇄한다.

```
template<typename _Tp> class Ptr
{
public:
    // ! empty constructor
    Ptr();
    Ptr(_Tp* _obj);
    //! calls release()
    ~Ptr();
    // ..........................................
};
```

[예제 2-15] Ptr 클래스(메모리 누수 확인)

```
001:   #include "opencv.hpp"
002:   #include <crtdbg.h>
003:   #ifndef _DEBUG
004:   #define new new(_CLIENT_BLOCK,__FILE__,__LINE__)
```

```
005:   #endif
006:
007:   using namespace cv;
008:   using namespace std;
009:   int main()
010:   {
011:       _CrtSetDbgFlag(_CRTDBG_ALLOC_MEM_DF | _CRTDBG_LEAK_CHECK_DF);
012:
013:       int *ptr = new int[100];
014:       Ptr<int> intData(ptr);
015:
016:       for(int i = 0; i < 100; i++)
017:           intData[i] = i;        // ptr[i] = i;
018:
019:   // delete a;
020:       return 0;
021:   }
```

◎ **프로그램 설명**

① 2-5, 11행
포인터를 사용할 때 메모리 누수(leak)를 확인하기 위하여 crtdbg.h 헤더 파일과 매크로 함수인
_CrtSetDbgFlag 함수를 사용하였다.

② 13-17행
13행은 정수형 포인터 ptr에 new int[100]으로 400바이트를 할당한다. 14행은 정수형 포인터 ptr을
감싼 Ptr<int> 클래스 객체 intData를 생성한다. 16-17행은 intData를 사용하여 메모리에 정수값을
저장한다. 포인터 ptr을 사용할 수 있다. 19행의 delete 연산을 하지 않아도 자동으로 메모리가 해제
되므로 메모리 누수(memory leak)가 발생하지 않는다.

③ 만약 14-19행을 주석 처리하면, 즉 Ptr 클래스로 감싸지 않고 delete 연산자로 메모리를 명시적
으로 해제하지 않으면, [그림 2.16]과 같이 400바이트의 메모리 누수가 발생한다.

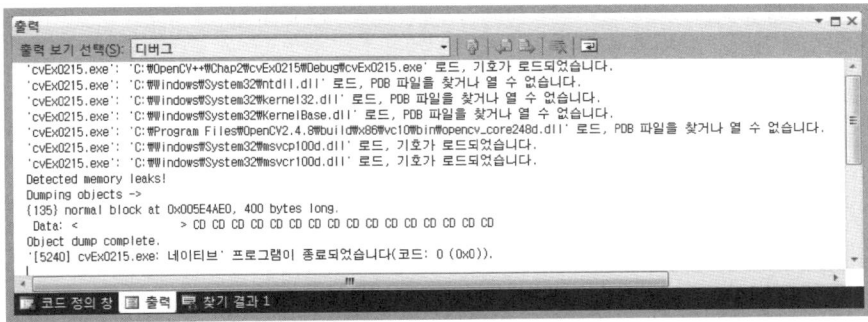

[그림 2.16] 메모리 누수 결과(14-19행 주석 처리)

[예제 2-16] Ptr 클래스(Ptr<IplImage>)

```
001:   #include "opencv.hpp"
002:   using namespace cv;
003:   using namespace std;
004:   int main()
005:   {
006:       Ptr<IplImage> Image(cvLoadImage( "lena.jpg", IMREAD_GRAYSCALE));
007:       if(Image.empty())
```

```
008:        {
009:            return -1;
010:        }
011:
012:        cvSaveImage("lena.bmp", Image);
013:        cvNamedWindow("Image", CV_WINDOW_AUTOSIZE);
014:        cvShowImage("Image", Image);
015:        cvWaitKey(0);
016:        cvDestroyAllWindows();
017:        return 0;
018:   }
```

◎ 프로그램 설명

① 6-10행

8행은 cvLoadImage 함수로 lena.jpg 영상을 그레이스케일로 로드하고 포인터를 Ptr<IplImage> 객체 Image에 초기화한다. 7행은 Image.empty()로 영상을 정상적으로 로드했는지 확인한다.

② 12-16행

cvSaveImage 함수로 Image를 "lena.bmp" 파일로 저장하고, Image를 창에 표시한다. 메모리를 해제하기 위하여 cvReleageImage 함수를 호출하지 않는다.

[예제 2-17] Ptr 클래스 (Ptr〈CvMat〉, CV_MAT_ELEM)

```
001:   #include "opencv.hpp"
002:   using namespace cv;
003:   using namespace std;
004:   int main()
005:   {
006:        Ptr<CvMat> matA(cvCreateMat(2, 3, CV_32FC1 ));
007:
008:        CV_MAT_ELEM( *matA, float, 0, 0 ) = 1.0f;
009:        CV_MAT_ELEM( *matA, float, 0, 1 ) = 2.0f;
010:        CV_MAT_ELEM( *matA, float, 0, 2 ) = 3.0f;
011:
012:        CV_MAT_ELEM( *matA, float, 1, 0 ) = 4.0f;
013:        CV_MAT_ELEM( *matA, float, 1, 1 ) = 5.0f;
014:        CV_MAT_ELEM( *matA, float, 1, 2 ) = 6.0f;
015:
016:        // cout << "matA = " << (Mat)matA << endl;   // Only OpenCV 2.4.13
017:        Mat A = cvarrToMat(matA);
018:        cout << "A = " << A << endl;
019:        return 0;
020:   }
```

◎ 프로그램 설명

① 6행

cvCreateMat(2, 3, CV_32FC1)로 2×3, 1채널 float 실수 행렬을 생성하여 포인터를 Ptr<CvMat> 클래스의 객체 matA에 초기화한다.

② 8-14행

매크로 함수 CV_MAT_ELEM를 사용하여 행렬 포인터 matA의 요소에 값을 저장한다.

③ 16-18행

주석 처리된 16행은 OpenCV 2.4.13에서만 가능하며 행렬 포인터 matA를 Mat 클래스로 변환하여 출력한다. 17-18행은 cvarrToMat 함수로 matA를 Mat 행렬로 변환하여 A에 저장하고 [그림 2.17] 과 같이 출력한다. 행렬에 접근하여 메모리를 해제하기 위하여 cvReleageMat 함수를 호출하지 않는다.

[그림 2.17] Ptr<CvMat>, CV_MAT_ELEM 실행 결과

[예제 2-18] Ptr 클래스(FILE, cvmGet, cvPtr2D, CV_MAT_ELEM)

```
001:   #include "opencv.hpp"
002:   using namespace cv;
003:   using namespace std;
004:   /*
005:   // OpenCV 2.4.13
006:   template<> inline void Ptr<FILE>::delete_obj()
007:   {
008:        fclose(obj);
009:   }
010:   */
011:   // OpenCV 3.1.0
012:   template<> void DefaultDeleter<FILE>::operator ()(FILE * obj) const
013:   {
014:        fclose(obj);
015:   }
016:   int main()
017:   {
018:        CvMat *pA = cvCreateMat(2, 3, CV_32FC1 );
019:        Ptr<CvMat> matA(pA);
020:   //  Ptr<CvMat> matA = cvCreateMat(2, 3, CV_32FC1 );
021:
022:        CV_MAT_ELEM( *matA, float, 0, 0 ) = 1.0f;
023:        CV_MAT_ELEM( *matA, float, 0, 1 ) = 2.0f;
024:        CV_MAT_ELEM( *matA, float, 0, 2 ) = 3.0f;
025:
026:        CV_MAT_ELEM( *matA, float, 1, 0 ) = 4.0f;
027:        CV_MAT_ELEM( *matA, float, 1, 1 ) = 5.0f;
028:        CV_MAT_ELEM( *matA, float, 1, 2 ) = 6.0f;
029:        Mat A = cvarrToMat(matA);
030:        cout << "A = " << A << endl;
031:
032:        Ptr<FILE> outFile(fopen("matA.txt", "w"));
033:   // Ptr<FILE> outFile(fopen("matA.txt", "w"), fclose);        // Only OpenCV 3.1.0
034:
035:        if(outFile.empty())
036:             return -1;
037:        int x, y;
038:        for(y = 0; y < matA->rows; y++)
039:        {
040:             for(x = 0; x < matA->cols; x++)
```

```
041:                {
042:                    fprintf(outFile, "%6.2f", cvmGet(matA, y, x ));
043: //                  fprintf(outFile, "%6.2f", *(float*)cvPtr2D(matA, y, x ));
044: //                  fprintf(outFile, "%6.2f", CV_MAT_ELEM( *matA, float, y, x ));
045: //                  int k = y * matA->cols + x;
046: //                  fprintf(outFile, "%6.2f", matA->data.fl[k]);
047:                }
048:            fprintf(outFile,"\n");
049:        }
050:        return 0;
051: }
```

◎ 프로그램 설명

① 4-10행

OpenCV 2.4.13은 Ptr<FILE>::delete_obj() 메서드를 구현하여, 파일 포인터가 파괴될 때, fclose(obj) 함수가 자동으로 호출되어 파일을 폐쇄한다.

② 11-15행

OpenCV 3.1.0은 DefaultDeleter<FILE>::operator ()(FILE * obj) 연산자 함수를 구현하여, 파일 포인터가 파괴될 때, fclose(obj) 함수가 자동으로 호출되어 파일을 폐쇄한다.

③ 18-30행

18-19행은 cvCreateMat(2, 3, CV_32FC1)로 2×3 1채널 float 실수 행렬을 생성하여 Ptr<CvMat> 클래스의 포인터 matA에 저장하고, 22-28행은 매크로 함수 CV_MAT_ELEM를 사용하여 행렬 포인터 matA의 요소에 값을 저장한다. 29-30행은 cvarrToMat 함수로 matA을 A에 저장하여 출력한다.

④ 32-33행

32행은 matA.txt 파일을 쓰기 모드로 개방하는 Ptr<FILE> 파일 포인터 outFile을 생성한다. 33행은 OpenCV 3.1.0에서만 가능하며, 12-15행 없이도 파일이 자동으로 닫힌다.

⑤ 35-49행

행렬 포인터 matA의 각 요소에 접근하여 fprintf 함수로 파일 포인터 outFile에 출력한다. [그림 2.18]은 실행 결과이다.

[그림 2.18] FILE, cvmGet, cvPtr2D, CV_MAT_ELEM 실행 결과

03 Mat 클래스

Mat 클래스는 C++ API에서 가장 중요한 클래스 중 하나로 1채널 또는 다채널의 실수, 복소수, 행렬, 영상 등의 수치 데이터를 표현하는 n 차원 행렬 클래스이다. Mat 클래스는 다양한 생성자와 메서드를 지원한다. OpenCV 2.4.13에서는 Mat 클래스의 생성자를 통하여 C API의 구조체 CvMat, CvMatND, IplImage와 함께 사용할 수 있으나, OpenCV 3.1.0에서는 Mat 클래스의 생성자에서 제거되어, cvarrToMat 함수를 통하여 CvMat, IplImage 등을 Mat 행렬로 변환하여 사용한다.

```
class Mat
{
public:
    // ! default constructor
    Mat();
    // ! constructs 2D matrix of the specified size and type
    // (_type is CV_8UC1, CV_64FC3, CV_32SC(12) etc.)
    Mat(int rows, int cols, int type);
    Mat(Size size, int type);
    // ! constucts 2D matrix and fills it with the specified value _s.
    Mat(int rows, int cols, int type, const Scalar& s);
    Mat(Size size, int type, const Scalar& s);

    // ! constructs n-dimensional matrix
    Mat(int ndims, const int* sizes, int type);
    Mat(int ndims, const int* sizes, int type, const Scalar& s);
    // ................................................................
    int flags;
    // ! the matrix dimensionality, >= 2
    int dims;
    int rows, cols;
    // ! pointer to the data
    uchar* data;

    MSize size;
    MStep step;
    // ................................................................
};
```

3.1 Mat 행렬 생성

Mat 클래스는 다양한 생성자를 통하여 행렬을 생성한다. 행렬의 크기는 rows, cols, size로 명시하며, type은 자료형으로 CV_8UC1, CV_8UC2, CV_8UC3, CV_8UC4, CV_32FC1, CV_32FC2, CV_32FC3, CV_32FC4, CV_64FC1, CV_64FC2, CV_64FC3, CV_64FC4, CV_32SC1, CV_32SC2, CV_32SC3, CV_32SC4 또는 CV_8UC(n), CV_64FC(n), CV_32FC(n), CV_32SC(n) 등을 사용한다. 이때 n은 채널 개수로 1부터 CV_CN_MAX(512)까지의 정수이다.

copyData = false이면 메모리를 공유하고, copyData = true이면 메모리를 복사하여 공유하지 않는다. 명시적으로 행렬의 데이터를 복사하고 싶으면 Mat::clone() 메서드를 사용한다. step은 행렬의 1행의 바이트 개수로, Mat::cols×Mat::elemSize()로 계산된다.

① Mat::Mat()

② Mat::Mat(int rows, int cols, int type)

③ Mat::Mat(Size size, int type)

④ Mat::Mat(int rows, int cols, int type, const Scalar& s)

⑤ Mat::Mat(Size size, int type, const Scalar& s)

⑥ Mat::Mat(const Mat& m)

⑦ Mat::Mat(int rows, int cols, int type, void* data, size_t step = AUTO_STEP)

⑧ Mat::Mat(Size size, int type, void* data, size_t step = AUTO_STEP)

⑨ Mat::Mat(const Mat& m, const Range& rowRange,
　　　　　　const Range& colRange = Range::all())

⑩ Mat::Mat(const Mat& m, const Rect& roi)

⑪ Mat::Mat(const CvMat* m, bool copyData = false)　　　// Only OpenCV 2.4.13

⑫ Mat::Mat(const IplImage* img, bool copyData = false) // Only OpenCV 2.4.13

⑬ template⟨typename T, int n⟩ explicit Mat::Mat(const Vec⟨T, n⟩& vec,
　　　　　　bool copyData = true)

⑭ template⟨typename T, int m, int n⟩ explicit Mat::Mat(const Matx⟨T, m, n⟩& vec,
　　　　　　bool copyData = true)

⑮ template⟨typename T⟩explicit Mat::Mat(const vector⟨T⟩& vec,
　　　　　　bool copyData = false)

⑯ Mat::Mat(int ndims, const int* sizes, int type)

⑰ Mat::Mat(int ndims, const int* sizes, int type, const Scalar& s)

⑱ Mat::Mat(int ndims, const int* sizes, int type, void* data, const size_t* steps=0)

⑲ Mat::Mat(const Mat& m, const Range* ranges)

[예제 2-19] Mat 클래스(행렬 생성 1)

```
001:    #include "opencv.hpp"
002:    using namespace cv;
003:    using namespace std;
004:    int main()
005:    {
006:        Mat A(2, 3, CV_8UC1);
007:        Mat B(2, 3, CV_8UC1, Scalar(0));
008:        Mat C(2, 3, CV_8UC3, Scalar(1, 2, 3));
009:
010:        float data[] = {1, 2, 3, 4, 5, 6};
011:        Mat D(2, 3, CV_32FC1, data);
012:
013:        cout << "A=" << A << endl;
014:        cout << "B=" << B << endl;
015:        cout << "C=" << C << endl;
016:        cout << "D=" << D << endl;
017:
018:        Mat A1(Size(3, 2), CV_8UC1);
019:        Mat B1(Size(3, 2), CV_8UC1, Scalar(0));
020:        Mat C1(Size(3, 2), CV_8UC3, Scalar(1, 2, 3));
021:        Mat D1(Size(3, 2), CV_32FC1, data);
022:
023:        cout << "A1=" << A1 << endl;
024:        cout << "B1=" << B1 << endl;
025:        cout << "C1=" << C1 << endl;
026:        cout << "D1=" << D1 << endl;
027:        return 0;
028:    }
```

◎ **프로그램 설명**

① 6-11행

6행은 8비트 1채널의 CV_8UC1 자료형으로 2×3 행렬 A를 생성한다. 7행은 CV_8UC1 자료형으로 2×3 행렬 B를 생성하고 Scalar(0)로 초기화한다. 8행은 8비트 3채널의 CV_8UC3 자료형으로 2×3 행렬 C를 생성하고 Scalar(1, 2, 3)로 초기화한다. 11행은 32비트 실수 1채널의 CV_32FC1 자료형으로 2×3 행렬 D를 생성하고 float 배열 data로 초기화한다.

② 18-21행

Size(3, 2)에 의해 2×3 행렬 A1, B1, C1, D1을 6-11행과 같이 생성한다. [그림 2.19]는 Mat 클래스에 의한 행렬 생성 결과이다.

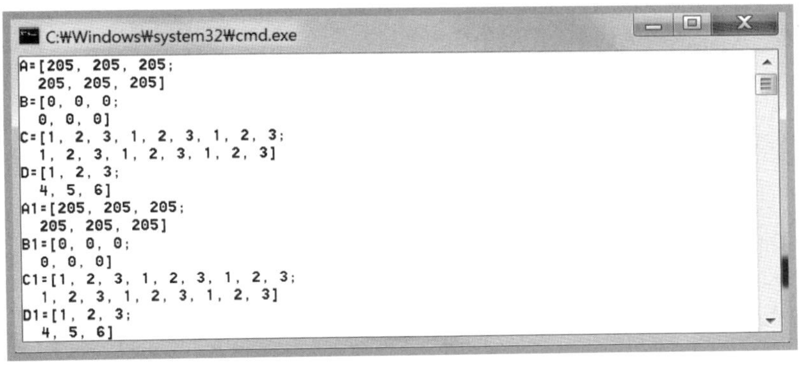

[그림 2.19] Mat 클래스: 행렬 생성 1

[예제 2-20] Mat 클래스(행렬 생성 2)

```
001:   #include "opencv.hpp"
002:   using namespace cv;
003:   using namespace std;
004:   int main()
005:   {
006:        Vec<float, 3> V(1, 0, 0);
007:        Mat V1(V);
008:        Mat V2(Vec<float, 3>(0, 1, 0));
009:        cout << "V1=" << V1 << endl;
010:        cout << "V2=" << V2 << endl;
011:
012:        Matx<float, 3, 3> A(1, 2, 3, 4, 5, 6, 7, 8, 9);
013:        Mat A1(A);
014:        cout << "A1=" << A1 << endl;
015:
016:        Mat A2(A1, Range(1, 2),Range::all());
017:        cout << "A2=" << A2 << endl;
018:
019:        Mat A3(A1, Rect(1, 1, 2, 2));
020:        cout << "A3=" << A3 << endl;
021:
022:        CvMat mat = cvMat(3, 3, CV_32FC1, A.val);
023:        Mat A4 = cvarrToMat(&mat); // copyData = false
024:        A.val[0] = 100;
025:        cout << "A=" << A << endl;
026:        cout << "A4=" << A4 << endl;
027:
028:        Mat A5 = cvarrToMat(&mat, true); // copyData = true
029:        A.val[0] = 200;
030:        cout << "A=" << A << endl;
031:        cout << "A5=" << A5 << endl;
032:        return 0;
033:   }
```

◎ **프로그램 설명**

① 6-10행

6행은 Vec<float, 3> 자료형의 벡터 V(1, 0, 0)을 생성하고, 7행은 벡터 V를 이용하여 3×1 행렬 V1을 생성한다. 8행은 벡터 Vec<float, 3>(0, 1, 0)을 이용하여 3×1 행렬 V2를 생성한다.

② 12-14행

12행은 Matx<float, 3, 3> 자료형의 3×3 행렬 A[1, 2, 3; 4, 5, 6; 7, 8, 9]를 생성한다. 13행은 Matx 행렬 A를 이용하여 Mat 행렬 A1을 생성한다.

③ 16-20행

16행은 Range를 이용하여 행렬 A1의 1행을 행렬로 하는 1×3 행렬 A2[4, 5, 6]를 생성한다. 19행은 Rect(1, 1, 2, 2)로 행렬 A1의 2×2 부분 행렬을 A3에 생성한다.

④ 22-26행

22행은 cvMat(3, 3, CV_32FC1, A.val)에 의해 CvMat 구조체의 3×3의 1채널 실수 행렬 mat를 생성한다. A.val은 행렬 A의 데이터가 저장된 배열이다. 23행은 CvMat 구조체 행렬 mat를 이용하여 copyData = false로 Mat 행렬 A4를 생성한다. copyData = false이므로 행렬 A4를 위한 데이터는 A.val 배열을 공유한다. 24행은 행렬 A와 행렬 A4가 행렬 데이터를 위한 메모리를 공유함을 확인하기 위하여 A.val[0] = 100을 저장한다. 25행에서 행렬 A를 출력하면 A[100, 2, 3; 4, 5, 6; 7, 8, 9]로 출력되며, 26행의 행렬 A4를 출력하면, 행렬 A와 행렬 A4가 메모리를 공유하기 때문에 A4[100, 2, 3; 4, 5, 6; 7, 8, 9]로 출력된다.

⑤ 28-31행

28행은 CvMat 구조체 행렬 mat를 이용하여 copyData = true로 Mat 행렬 A5를 생성한다. copyData = true이므로 행렬 A5를 위한 데이터는 A.val 배열과 공유하지 않고 별도로 데이터를 복사한다. 29행은 행렬 A와 행렬 A5가 행렬 데이터를 위한 메모리를 공유하지 않음을 확인하기 위하여 A.val[0] = 200을 저장한다. 30행에서 행렬 A를 출력하면 A[200, 2, 3; 4, 5, 6; 7, 8, 9]로 출력되며, 31행의 행렬 A5를 출력하면 행렬 A와 행렬 A5가 메모리를 공유하지 않기 때문에 A5[100, 2, 3; 4, 5, 6; 7, 8, 9]로 출력된다. [그림 2.20]은 실행 결과이다.

[그림 2.20] Mat 클래스: 행렬 생성 2

[예제 2-21] Mat 클래스(3-차원 행렬)

```
001:  #include "opencv.hpp"
002:  using namespace cv;
003:  using namespace std;
004:  int main()
005:  {
006:      int sizes[] = {2, 3, 4};
007:      Mat A(3, sizes, CV_32FC1);
008:      Mat B(3, sizes, CV_32FC1, Scalar(0));
009:      cout << "B.dims = " << B.dims << endl;
010:      cout << "B.rows = " << B.rows << endl;
011:      cout << "B.cols = " << B.cols << endl;
012:
013:      cout << "B.size[0] = " << B.size[0] << endl;
014:      cout << "B.size[1] = " << B.size[1] << endl;
015:      cout << "B.size[2] = " << B.size[2] << endl;
016:
017:      for(int i = 0; i < B.size[0]; i++)
018:      {
019:          cout << "\nB[" << i << "]" << endl;
020:          for(int j = 0; j < B.size[1]; j++)
021:          {
022:              for(int k = 0; k < B.size[2]; k++)
023:              {
024:                  cout << B.at<float>(i, j, k);
025:                  if(k != B.size[2] - 1)
026:                      cout << ",";
027:                  else
028:                      cout << ";";
029:              }
030:              cout << endl;
```

```
031:            }
032:        }
033:        return 0;
034: }
```

◎ 프로그램 설명

① 6-15행
7행은 배열 sizes = {2, 3, 4}를 이용하여 CV_32FC1 자료형으로 2×3×4의 3차원 행렬 A를 생성한다.
8행은 배열 sizes = {2, 3, 4}를 이용하여 CV_32FC1 자료형으로 2×3×4의 3차원 행렬 B를 생성하
고 0으로 모든 요소를 초기화한다. 9행은 행렬 B의 차원인 B.dims = 3을 출력한다. B.dims > 2이므
로 10-11행에서 B.rows = B.cols = -1로 출력한다. 13-15행은 3차원 행렬 B의 크기인 B.size[0] = 2,
B.size[1] = 3, B.size[2] = 4를 출력한다.

② 17-32행
행렬 B의 요소를 B.at<float>(i, j, k)로 접근하여 출력한다. B가 3차원 행렬이므로 cout << "B = " <<
B << endl; 문과 같이 출력할 수 없다. cout를 이용하는 직접 출력은 행렬의 차원이 Mat::dims <= 2
일 때 가능하다. [그림 2.21]은 3차원 행렬의 생성 및 출력 실행 결과이다.

[그림 2.21] Mat 클래스: 행렬 생성 3(3-차원 행렬)

[예제 2-22] Mat 클래스 (IplImage, cvLoadImage에 의한 행렬 생성)

```
001: #include "opencv.hpp"
002: using namespace cv;
003: using namespace std;
004: int main()
005: {
006:     Ptr<IplImage> oldImage(cvLoadImage("lena.jpg", IMREAD_GRAYSCALE));
007:     if( oldImage.empty() )
008:         return -1;
009:     Mat newImage = cvarrToMat(oldImage);
010:
011:     imshow("newImage", newImage);
012:     waitKey();
013:     return 0;
014: }
```

◎ 프로그램 설명

① 6-8행
cvLoadImage 함수로 "lena.jpg" 영상을 그레이스케일로 로드하고 포인터를 Ptr<IplImage> 객체
Image에 초기화한다.

② 9-11행

11행은 cvarrToMat 함수로 oldImage를 Mat 행렬 newImage에 저장한다. 11행은 imshow 함수로 Mat 행렬 newImage에 저장된 "lena.jpg"의 그레이스케일 영상을 "newImage" 창에 출력하여 표시한다.

3.2 Mat::create() 메서드에 의한 행렬 생성

Mat::create() 메서드는 rows, cols, type, size, ndims 등에 의해서 새로운 Mat 클래스 행렬을 생성한다. Mat 클래스 생성자 등에 의해 이전에 생성된 Mat 클래스 행렬과 크기 (rows, cols, size)와 type이 같으면 행렬을 위한 메모리를 새로 할당하지 않고 바로 리턴한다. 그러나 크기와 자료형이 다를 경우는 Mat::release()를 호출하여 이전의 행렬 데이터를 위한 메모리를 해제하고, 행렬을 위한 새로운 데이터를 생성한다.

C++ API를 사용하는 대부분의 OpenCV 함수들은 내부에서 처리된 결과를 위해서 Mat::create 함수를 호출하여 메모리를 확보한다.

① void Mat::create(int rows, int cols, int type);

② void Mat::create(Size size, int type);

③ void Mat::create(int ndims, const int* sizes, int type);

[예제 2-23] Mat 클래스 (Mat::create 메서드)

```
001:  #include "opencv.hpp"
002:  using namespace cv;
003:  using namespace std;
004:  int main()
005:  {
006:      Mat A(2,3,CV_32FC1,Scalar(0));
007:      cout << "A=" << A << endl;
008:
009:      A.create(2, 3, CV_32FC1);
010:      cout << "A=" << A << endl;
011:
012:      A.create(3, 3, CV_32FC1);
013:      cout << "A=" << A << endl;
014:
015:      A.create(Size(3, 3), CV_8UC1);
016:      cout << "A=" << A << endl;
017:
018:      Mat B;
019:      int sizes[] = {3, 3};
020:      B.create(2, sizes, CV_8UC1);
021:      cout << "B=" << B << endl;
022:      return 0;
023:  }
```

◎ 프로그램 설명

① 6-16행
6행은 Mat 클래스의 생성자를 이용하여 CV_32FC1 자료형의 2×3 행렬 A를 생성하고 Scalar(0)로 초기화한다. 9행은 Mat::create() 메서드로 생성하려는 행렬의 크기 및 자료형이 6행에 의해 생성된 기존의 행렬 A와 동일하므로 새로 데이터를 위한 메모리를 할당하지 않는다. 그러므로 10행의 행렬 A의 출력 결과는 7행의 행렬 A의 출력 결과와 같다. 12행은 Mat::create 메서드에서 명시한 행렬의 크기(3×3)가 행렬 A의 현재 크기(2×3)와 다르므로, 자동으로 이전에 할당된 메모리를 해제하고 메모리를 재할당한다. 13행은 행렬 A가 초기화되지 않았으므로 임의의 값이 출력된다. 15행은 Mat::create 메서드에서 명시한 행렬의 자료형(CV_8UC1)이 A의 현재 자료형(CV_32FC1)과 다르므로, 자동으로 이전의 메모리를 해제하고 메모리가 재할당된다. 16행은 행렬 A가 초기화되지 않았으므로 임의의 값이 출력된다.

② 18-21행
18행은 빈 행렬 B를 생성하고, 20행은 dims = 2인 2차원이며, 행렬의 크기를 갖는 정수 배열 sizes에 의해 3×3이고 자료형이 CV_8UC1인 행렬 B를 생성한다. 21행의 행렬 B의 출력은 행렬 B를 초기화하지 않았으므로 임의의 값이 출력된다. [그림 2.22]는 Mat::create() 메서드를 사용한 행렬의 생성 및 출력 결과이다.

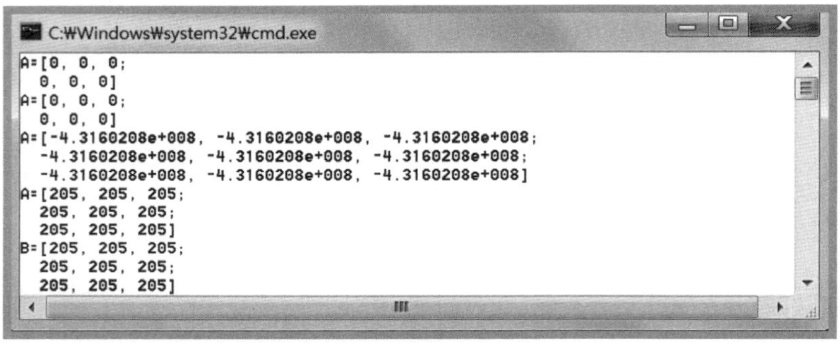

[그림 2.22] Mat::create() 메서드를 사용한 행렬의 생성 및 출력

[예제 2-24] Mat 클래스 (Mat::create 메서드로 영상 생성)

```
001:  #include "opencv.hpp"
002:  using namespace cv;
003:  using namespace std;
004:  int main()
005:  {
006:      Mat srcImage;
007:      srcImage.create(512, 512, CV_8UC3);
008:
009:      for(int i = 0; i < srcImage.rows; i++)
010:          for(int j = 0; j < srcImage.cols; j++)
011:              srcImage.at<Vec3b>(i, j) = Vec3b(255, 255, 255);
012:
013:      imshow("srcImage", srcImage);
014:      waitKey();
015:      return 0;
016:  }
```

◎ 프로그램 설명

① 6-7행
6행은 Mat 클래스로 빈 행렬 srcImage를 생성하고, 7행은 Mat::create 메서드로 uchar 3채널의 512×512 영상을 생성한다.

② 9-11행

행렬의 요소(영상의 화소)를 srcImage.at<Vec3b>(i, j)로 접근하여 벡터 Vec3b(255, 255, 255)로 초기화한다.

③ 13행

imshow 함수로 영상 srcImage를 화면에 표시하면 하얀 색상의 배경을 갖는 영상이 표시된다.

3.3 Mat 행렬 정보

Mat::rows는 행의 개수, Mat::cols는 열의 개수, Mat::data는 행렬 데이터의 포인터, Mat::dims는 행렬의 차원이며 항상 2보다 같거나 크다. Mat::refcount는 OpenCv 2.4.13에서만 사용할 수 있는 참조 카운터 포인터이다. Mat::isContinuous 메서드는 각 행의 마지막에 공백없이 연속으로 데이터가 저장되었는지를 확인한다.

Mat::total() 메서드는 행렬 요소의 전체 개수, Mat::elemSize() 메서드는 행렬 요소 하나의 바이트 크기를 반환한다. 행렬에서 한 행의 총 바이트 수는 Mat::cols× Mat::elemSize()이다. Mat::elemSize1() 메서드는 채널 크기를 무시하고 한 채널에서의 하나의 행렬 요소의 바이트 수를 반환하고, Mat::type() 메서드는 행렬의 자료형을 반환한다.

Mat::depth() 메서드는 CV_8U, CV_8S, CV_16U, CV_16S, CV_32S, CV_32F, CV_64F 등의 행렬의 깊이를 반환하고, Mat::channels() 메서드는 행렬의 채널 개수를 반환한다. Mat::step1() 메서드는 Mat::step/Mat::elemSize1()로 정규화된 행의 바이트 수를 반환한다. Mat::empty() 메서드는 행렬이 공백 행렬인지를 반환하고, Mat::size() 메서드는 행렬의 크기를 Size(cols, rows)로 반환한다.

```
① int Mat::rows;   // the number of rows or -1 when more than 2 dimensions
② int Mat::cols;   // the number of columns or -1 when more than 2 dimensions
③ uchar* Mat::data; // pointer to the data
④ int Mat::dims;      // matrix dimensionality, >= 2
⑤ int* Mat::refcount; //pointer to the reference counter; // Only OpenCV 2.4.13
⑥ size_t Mat::total()
⑦ bool Mat::isContinuous() const
⑧ size_t Mat::elemSize() const
⑨ size_t Mat::elemSize1() const
⑩ int Mat::type() const
⑪ int Mat::depth()
⑫ int Mat::channels()
⑬ size_t Mat::step1(int i = 0 ) const    // step / elemSize1()
⑭ bool Mat::empty() const
⑮ Size Mat::size() const
```

[예제 2-25] Mat 행렬 정보

```
001:    #include "opencv.hpp"
002:    using namespace cv;
003:    using namespace std;
004:    int main()
005:    {
006:        Mat A(4, 5, CV_32FC3);
007:        cout << "A.rows =" << A.rows << endl;
008:        cout << "A.cols =" << A.cols << endl;
009:        cout << "A.dims =" << A.dims << endl;
010:    //    cout << "*A.refcount =" << *A.refcount << endl;     // Only OpenCV 2.4.13
011:
012:        Mat B = A;
013:    //    cout << "*A.refcount =" << *A.refcount << endl;     // Only OpenCV 2.4.13
014:    //    cout << "*B.refcount =" << *B.refcount << endl;     // Only OpenCV 2.4.13
015:
016:        A.at<Vec3f>(0, 0) = Vec3f(0.75, 1.0, 10.0);
017:        cout << "A.data=" << hex << (int *)A.data << endl;
018:        cout << "B.data=" << hex << (int *)B.data << endl;
019:        cout << "A.data[0]=" << *(float *)A.data << endl;
020:        cout << "A.data[4]=" << *(float *)(A.data + 4) << endl;
021:        cout << "A.data[8]=" << *(float *)(A.data + 8) << endl;
022:        cout << "B.data[0]=" << *(float *)B.data << endl;
023:        cout << "B.data[4]=" << *(float *)(B.data + 4) << endl;
024:        cout << "B.data[8]=" << *(float *)(B.data + 8) << endl;
025:
026:        cout << "A.isContinuous()=" << A.isContinuous() << endl;
027:        cout << "A.total() =" << dec << A.total() << endl;
028:        cout << "A.elemSize() =" << A.elemSize() << endl;
029:        cout << "A.elemSize1() =" << A.elemSize1() << endl;
030:        cout << "A.type() =" << A.type() << endl;
031:        cout << "A.depth() =" << A.depth() << endl;
032:        cout << "A.channels() =" << A.channels() << endl;
033:
034:        cout << "A.step =" << A.step << endl;
035:        cout << "A.step1() =" << A.step1() << endl;
036:        cout << "A.empty() =" << A.empty() << endl;
037:        cout << "A.size() =" << A.size() << endl;
038:        return 0;
039:    }
```

◎ **프로그램 설명**

① 6-14행

6행은 Mat 클래스의 생성자를 이용하여 CV_32FC3 자료형의 4×5 행렬 A를 생성한다. 7행은 행렬에서 행의 개수 A.rows = 4, 8행은 열의 개수 A.cols = 5, 9행은 차원 A.dims = 2, 10행은 참조 카운터 *A.refcount = 1을 출력한다. 12행에서 Mat B = A에 의해 행렬 A를 행렬 B에 저장하면 실제 행렬 데이터는 복사되지 않고 공유하며, 참조 카운터는 증가하여 13-14행의 참조 카운터 출력에서 *A.refcount = 2, *B.refcount = 2가 출력된다. 참조 카운터는 OpenCV 2.4.13에서만 사용 가능하다.

② 16-24행

16행은 행렬 A의 (0, 0)에 Vec3f(0.75, 1.0, 10.0) 값을 저장한다. 17-18행은 행렬의 데이터를 위한 포인터인 A.data와 B.data의 주소를 16진수(hex)로 출력하며, 출력되는 두 포인터 A.data와 B.data의 주소가 동일한 것을 확인할 수 있다. 이는 12행에 의해 행렬 데이터가 복사되지 않고, 행렬을 위한 데이터 공간을 공유함을 알 수 있다. 19-24행은 A(0, 0)에 저장된 값 Vec3f(0.75,

1.0, 10.0)를 A.data와 B.data를 이용하여 출력한다. 행렬 A의 자료형이 CV_32FC3이므로 행렬의 각 요소는 32비트인 float, 3채널이므로 하나의 행렬 요소가 12바이트를 사용한다. A(0, 0) 값과 B(0, 0) 값은 두 행렬이 메모리를 공유하므로 같은 값이 출력된다.

③ 26-37행
26행은 각 행의 마지막에 공백 없이 연속으로 데이터가 저장되었는지를 반환하는 A.isContinuous() = 1을 출력하고, 27행은 행렬 요소의 전체 개수인 A.total() = 4×5 = 20을 10진수(dec)로 출력한다. 28행은 행렬 요소 하나의 바이트 크기인 A.elemSize()를 CV_32FC3에 의해 A.elemSize() = sizeof(float)×3채널 = 12바이트가 출력된다. 29행은 한 채널에서의 하나의 행렬 요소의 바이트 크기인 A.elemSize1() = sizeof(float) = 4바이트가 출력된다. A.type() = 21(CV_32FC3), A.depth() = 5(CV_32F), A.channels() = 3, A.step == 5 × 12 = 60바이트, A.step1() = 60 / 4 = 15, 행렬이 공백행렬이 아니므로 A.empty() = 0, A.size() = [5 × 4]로 width = 5, height = 4 순으로 출력한다. A.size() = [5 × 4]에서 열(cols)이 5이고, 행(rows)이 4임에 주의한다. [그림 2.23]은 OpenCV 2.4.13에서 Mat 행렬 정보의 출력 결과이다.

[그림 2.23] Mat 행렬 정보 출력

3.4 Mat 행렬의 = 연산자 함수

Mat 행렬의 = 연산자 함수는 행렬(Mat), 행렬 수식(MatExpr), 상수(Scalar)에 대한 지정문(assignment)을 지원한다.

① Mat& Mat::operator = (const Mat& m)
행렬 m은 지정문의 오른쪽의 행렬로, 지정문 왼쪽의 mat 행렬로 데이터는 복사되지 않고 공유된다.

② Mat& Mat::operator = (const MatExpr& expr)
expr은 지정문 오른쪽의 행렬 수식이다. 예를 들어 A, B, C가 Mat 행렬일 때, C = A+B에서 호출된다.

③ Mat& Mat::operator = (const Scalar& s)
행렬의 모든 요소를 s 값으로 변경한다. 행렬의 모든 요소를 스칼라 값으로 변경하고자 할 때 C API에서는 cvSet 함수를 사용한다. 예를 들면, cvSet(image, cvScalar(255, 255, 255))는 C++ API에서 image = Scalar(255, 255, 255)이다.

[예제 2-26] Mat 행렬의 = 연산자 함수

```
001:  #include "opencv.hpp"
002:  using namespace cv;
003:  using namespace std;
004:  int main()
005:  {
006:      Mat B(3, 3, CV_8U, 1);
007:      Mat C(3, 3, CV_8U, Scalar(2));
008:
009:      cout << "B=" << B << endl;
010:      cout << "C=" << C << endl;
011:
012:      Mat A1 = B;
013:      cout << "A1=" << A1 << endl;
014:
015:      Mat A2 = B + C;
016:      cout << "A2=" << A2 << endl;
017:
018:      B = 255;
019:      cout << "B=" << B << endl;
020:
021:      Mat D(3, 3, CV_8UC3);
022:      D = 255;
023:      cout << "D=" << D << endl;
024:
025:      D = Scalar(255, 255, 255);
026:      cout << "D=" << D << endl;
027:      return 0;
028:  }
```

◎ **프로그램 설명**

① 6-10행
6행은 Mat 클래스의 생성자를 이용하여 CV_8U 자료형의 1채널 3×3 행렬 B의 각 요소를 1로 초기화하여 생성한다. 7행은 Mat 클래스의 생성자를 이용하여 CV_8U 자료형의 1채널 3×3 행렬 C의 각 요소를 Scalar(2)로 초기화하여 생성한다. Scalar(2) 대신 1을 사용해도 된다.

② 12-13행
12행은 Mat::operator = (const Mat& m) 연산자 함수에 의해 행렬 B를 행렬 A1에 저장한다. 이때 행렬 A1의 데이터는 행렬 B의 데이터와 공유된다.

③ 15-16행
15행은 Mat::operator = (const MatExpr& expr) 연산자 함수에 의해 행렬 수식 B+C에 의해 행렬 덧셈을 수행하고, 결과를 A2에 저장한다. 이때 행렬 A2의 데이터는 새로 할당된다.

④ 18-26행
18행은 Mat::operator = (const Scalar& s) 연산자 함수에 의해 행렬 B의 모든 요소를 255로 변경한다. B = Scalar(255)와 같다. 21-22행은 Mat 클래스의 생성자를 이용하여 CV_8UC3 자료형의 3채널 3×3 행렬 D를 생성하고, Mat::operator = (const Scalar& s) 연산자 함수에 의해 행렬 D의 모든 요소를 255로 변경한다. D = Scalar(255), D = Scalar(255, 0, 0)와 같다. 25행은 행렬 D가 3채널이므로 D = Scalar(255, 255, 255)에 의해 각 화소의 모든 채널 값을 255로 저장한다. [그림 2.24]는 Mat 행렬의 = 연산자 함수의 실행 결과이다.

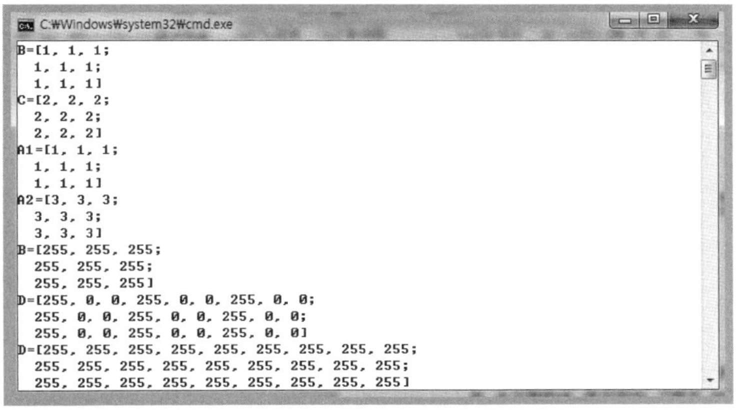

[그림 2.24] Mat 행렬의 = 연산자 함수

3.5 Mat::at에 의한 Mat 행렬 요소 접근

Mat::at() 템플릿 메서드를 사용하여 Mat 행렬의 요소에 접근한다. 첨자 i, j, k 또는 Point(j, i), 정수 배열 idx에 의해 행렬 요소를 지정한다. Mat::at() 템플릿 메서드(멤버 함수)는 행렬 요소의 레퍼런스를 반환한다. n-채널 행렬의 요소는 Vec 클래스를 통하여 접근한다.

① template〈typename T〉 T& Mat::at(int i) const
② template〈typename T〉 const T& Mat::at(int i) const
③ template〈typename T〉 T& Mat::at(int i, int j)
④ template〈typename T〉 const T& Mat::at(int i, int j) const
⑤ template〈typename T〉 T& Mat::at(Point pt)
⑥ template〈typename T〉 const T& Mat::at(Point pt) const
⑦ template〈typename T〉 T& Mat::at(int i, int j, int k)
⑧ template〈typename T〉 const T& Mat::at(int i, int j, int k) const
⑨ template〈typename T〉 T& Mat::at(const int* idx)
⑩ template〈typename T〉 const T& Mat::at(const int* idx) const

[예제 2-27] Mat 클래스 (Mat::at에 의한 1 채널 행렬 접근)

```
001:    #include "opencv.hpp"
002:    using namespace cv;
003:    using namespace std;
004:    int main()
005:    {
006:        Mat A(3, 3, CV_32F);
007:        int idx[2];
008:        for(int i = 0; i < A.rows; i++)
009:            for(int j = 0; j < A.cols; j++)
010:            {
011:                A.at<float>(i, j) = i * A.cols + j;
```

```
012:                    A.at<float>(Point(j, i)) = i * A.cols + j;
013:
014: //                idx[0] = i; idx[1] = j;
015: //                A.at<float>(idx)= i * A.cols + j;
016:            }
017:        cout << "A = " << A << endl;
018:
019:        int nSum = 0;
020:        for(int i = 0; i < A.rows; i++)
021:            for(int j = 0; j < A.cols; j++)
022:            {
023:                nSum += A.at<float>(i, j);
024: //                nSum += A.at<float>(Point(j, i));
025:
026: //                idx[0] = i; idx[1] = j;
027: //                nSum += A.at<float>(idx);
028:
029:            }
030:        cout << "nSum = " << nSum << endl;
031:        return 0;
032: }
```

◎ 프로그램 설명

① 6-7행
6행은 자료형이 CV_32F인 3×3 행렬 A를 생성한다. idx는 행렬의 요소에 접근하기 위한 인덱스를 저장할 정수 배열이다.

② 8-17행
행렬 A의 i 행과 j 열의 요소에 i * A.cols + j의 수식 값, 0부터 8까지를 차례로 저장한다. 11행은 A.at<float>(i, j)로 행렬의 요소에 접근한다. 12행은 A.at<float>(Point(j, i))로 행렬의 요소에 접근한다. 이때 Point(j, i)이어야 함을 주의한다. 14-15행은 idx 배열에 i, j를 저장하고 A.at<float>(idx)로 행렬의 요소에 접근한다. 17행은 행렬 A를 출력한다.

③ 19-30행
행렬 A의 모든 요소의 합을 nSum에 계산한다. 23행은 A.at<float>(i, j), 24행은 A.at<float>(Point(j, i)), 27행은 A.at<float>(idx)로 행렬 A의 요소값을 읽는다. [그림 2.25]는 Mat::at() 템플릿 메서드의 실행 결과이다.

[그림 2.25] Mat::at() 템플릿 메서드

[예제 2-28] Mat 클래스 (Mat::at에 의한 n-채널 행렬 접근)

```
001: #include "opencv.hpp"
002: using namespace cv;
003: using namespace std;
004: int main()
005: {
006:        Mat A(3, 3, CV_64FC2);
007:        for(int i = 0; i < A.rows; i++)
008:            for(int j = 0; j < A.cols; j++)
009:            {
```

```
010:                    A.at<Vec2d>(i, j) = Vec2d(0, i * A.cols + j);
011:  //                A.at<Vec<double, 2>>(i, j) = Vec<double, 2>(0, i * A.cols + j);
012:            }
013:        cout << A << endl;
014:
015:        A.create(3, 3, CV_64FC3);
016:        for(int i = 0; i < A.rows; i++)
017:            for(int j = 0; j < A.cols; j++)
018:            {
019:                    A.at<Vec3d>(i, j) = Vec3d(0, i * A.cols + j);
020:  //                A.at<Vec<double, 3>>(i, j) = Vec<double, 3>(0, 0, i * A.cols + j);
021:            }
022:        cout << A << endl;
023:
024:        A.create(3, 3, CV_64FC4);
025:        for(int i = 0; i < A.rows; i++)
026:            for(int j = 0; j < A.cols; j++)
027:            {
028:  //                A.at<Vec4d>(i, j) = Vec4d(0, 0, 0, i * A.cols + j);
029:  //                A.at<Vec<double, 4>>(i, j) = Vec<double, 4>(0, 0, 0, i * A.cols + j);
030:                    A.at<Scalar>(i, j) = Scalar(0, 0, 0, i * A.cols + j);
031:            }
032:        cout << A << endl;
033:        return 0;
034:  }
```

◎ 프로그램 설명

① 6-13행

6행은 자료형이 CV_64FC2인 3×3 행렬 A를 생성한다. 10행은 A.at<Vec2d>(i, j)로 double 2채널인 행렬 A의 i행, j열의 요소에 접근하여 Vec2d(0, i * A.cols + j)를 저장한다. 11행의 Vec<double, 2>은 10행의 Vec2d와 같다.

② 15-22행

15행은 행렬 A를 자료형이 CV_64FC3인 3×3 행렬 A로 변경한다. 19행은 A.at<Vec3d>(i, j)에 의해 double 3채널인 행렬 A의 i행, j열의 요소에 접근한다. 20행의 Vec<double, 3>은 10행의 Vec3d와 같다.

③ 24-32행

24행은 행렬 A를 자료형이 CV_64FC4인 3×3 행렬 A로 변경한다. 28행은 A.at<Vec4d>(i, j)에 의해 double 4채널인 행렬 A의 i행, j열의 요소에 접근한다. 29행의 Vec<double, 4>, 30행의 Scalar는 Vec4d와 같다. [그림 2.26]은 Mat::at에 의한 n-채널 행렬 접근의 실행 결과이다.

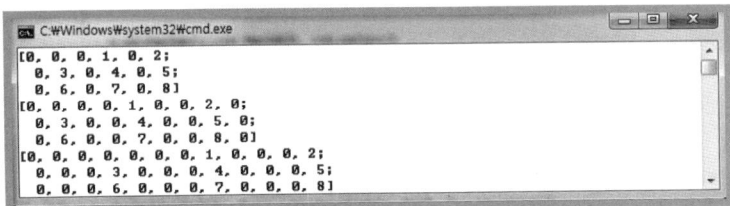

[그림 2.26] Mat::at에 의한 n-채널 행렬 접근

3.6 Mat::ptr에 의한 Mat 행렬 요소 접근

Mat::ptr() 메서드는 행렬의 지정된 행(row)의 시작 주소를 저장한 포인터를 반환한다. uchar* 또는 템플릿으로 명시된 자료형의 포인터를 반환한다.

① uchar* Mat::ptr(int i0 = 0)

② const uchar* Mat::ptr(int i0 = 0) const

③ template⟨typename _Tp⟩ _Tp* Mat::ptr(int i0 = 0)

④ template⟨typename _Tp⟩ const _Tp* Mat::ptr(int i0 = 0) const

[예제 2-29] Mat 클래스 (Mat::ptr에 의한 CV_32F Mat 행렬 요소 접근)

```
001:   #include "opencv.hpp"
002:   using namespace cv;
003:   using namespace std;
004:   int main()
005:   {
006:       Mat A(3, 3, CV_32F); // CV_32FC1
007:       for(int i = 0; i < A.rows; i++)
008:       {
009:           float* ptrA = A.ptr<float>(i);
010:           for(int j = 0; j < A.cols; j++)
011:           {
012:               // A.at<float>(i, j) = i * A.cols + j;
013:               ptrA[j] = i * A.cols + j;
014:           }
015:       }
016:       cout << "A = " << A << endl;
017:       return 0;
018:   }
```

◎ 프로그램 설명

① 6행
자료형이 CV_32F인 3×3 1채널 행렬 A를 생성한다.

② 7-16행
9행은 A.ptr<float>(i))로 행렬 A의 i행의 주소를 포인터 ptrA에 저장한다. 13행은 포인터 ptrA를 이용하여 j열의 요소에 float값 i * A.cols + j을 저장한다. [그림 2.27]은 실행 결과이다.

③ 24-32행
24행은 행렬 A를 자료형이 CV_64FC4인 3×3 행렬 A로 변경한다. 28행은 A.at<Vec4d>(i, j)에 의해 double 4채널인 행렬 A의 i행, j열의 요소에 접근한다. 29행의 Vec<double, 4>, 30행의 Scalar는 Vec4d와 같다. [그림 2.26]은 Mat::at에 의한 n-채널 행렬 접근의 실행 결과이다.

[그림 2.27] Mat::ptr에 의한 CV_32F Mat 행렬 요소 접근

[예제 2-30] Mat 클래스 (Mat::ptr에 의한 CV_32FC3 Mat 행렬 요소 접근)

```
001:    #include "opencv.hpp"
002:    using namespace cv;
003:    using namespace std;
004:    int main()
005:    {
006:        Mat A(3, 3, CV_32FC3);
007:        for( int i = 0; i < A.rows; i++ )
008:        {
009:            Vec3f* ptrA = A.ptr<Vec3f>(i);
010:            for( int j = 0; j < A.cols; j++)
011:                ptrA[j] = Vec<float, 3>(255, 0, i * A.cols + j);
012:        }
013:        cout << "A = " << A << endl;
014:
015:        Mat B(3, 3, CV_32FC3);
016:        for( int i = 0; i < A.rows; i++ )
017:        {
018:            float* ptrB = B.ptr<float>(i);
019:            for( int j = 0; j < A.cols; j++)
020:            {
021:                ptrB[j * 3]     = 255;
022:                ptrB[j * 3 + 1] = 0;
023:                ptrB[j * 3 + 2] = i * B.cols + j;
024:            }
025:        }
026:        cout << "B = " << B << endl;
027:        return 0;
028:    }
```

◎ **프로그램 설명**

① 6-13행

6행은 자료형이 CV_32FC3인 3×3, 3채널 행렬 A를 생성한다. 9행은 Vec3f* ptrA = A.ptr<Vec3f>(i)로 float 3채널인 행렬 A의 i행의 시작 주소를 Vec3f*의 포인터 ptrA에 저장한다. 11행은 포인터 ptrA를 이용하여 j열의 요소에 3채널 float 벡터 Vec<float, 3>(255, 0, i * A.cols + j)를 저장한다.

② 15-26행

15행은 자료형이 CV_32FC3인 3×3, 3채널 행렬 B를 생성한다. 18행은 float* ptrB = B.ptr<float>(i)로 행렬 A에서 i 행의 시작 주소를 float*의 포인터 ptrB에 저장한다. 21-23행은 포인터 ptrB를 이용하여 j 열의 요소에 3채널 float 값을 ptrB[j*3], ptrB[j * 3 + 1], ptrB[j * 3 + 2]에 저장한다. [그림 2.28]은 실행 결과이다. 행렬 A와 행렬 B는 같은 값을 갖는다.

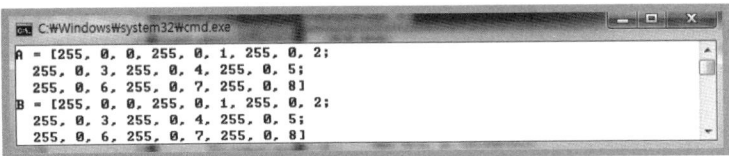

[그림 2.28] Mat::ptr에 의한 CV_32FC3 Mat 행렬 요소 접근

3.7 Mat 행렬의 행/열 지정에 의한 부분 행렬 헤더 생성

Mat::row 메서드는 y-행에 대한 행렬 헤더를 생성하고, Mat::col 메서드는 x-열에 대한 행렬 헤더를 생성한다. Mat::rowRange 메서드는 startrow에서 endrow−1까지의 행에 대한 행렬 헤더를 생성하고, Mat::colRange() 메서드는 startcol에서 endcol−1까지의 열에 대한 행렬 헤더를 생성한다. 행렬의 헤더를 생성한다는 의미는 행렬 데이터를 위한 메모리를 새로 생성하지 않고 공유한다는 의미이다.

① Mat Mat::row(int y) const
② Mat Mat::col(int x) const
③ Mat Mat::rowRange(int startrow, int endrow) const
④ Mat Mat::rowRange(const Range& r) const
⑤ Mat Mat::colRange(int startcol, int endcol) const
⑥ Mat Mat::colRange(const Range& r) const

[예제 2-31] Mat 클래스(Mat 행렬의 행/열 지정에 의한 부분 행렬 헤더 생성)

```
001:   #include "opencv.hpp"
002:   using namespace cv;
003:   using namespace std;
004:   int main()
005:   {
006:       Mat A(3, 3, CV_32F);
007:       for(int i = 0; i < A.rows; i++)
008:       for(int j = 0; j < A.cols; j++)
009:           A.at<float>(i, j)= (float)(i * A.cols + j);
010:
011:       Mat B = A.row(0);
012:       Mat C = A.col(0);
013:       Mat D = A.rowRange(0, 2);
014:       Mat E = A.colRange(0, 2);
015:
016:       cout << "A = " << A << endl;
017:       cout << "B = " << B << endl;
018:       cout << "C = " << C << endl;
019:       cout << "D = " << D << endl;
020:       cout << "E = " << E << endl;
021:
022:       A.row(0) = A.row(0) * 10;
023:       A.row(1) = A.row(1) * 100;
024:       A.row(2) = A.row(2) * 1000;
025:       cout << "A = " << A << endl;
026:
027:       A.row(1) = A.row(2); // not work
028:       cout << "A = " << A << endl;
029:
030:       A.row(2).copyTo(A.row(1));
031:       cout << "A = " << A << endl;
032:       cout << "B = " << B << endl;
033:       cout << "C = " << C << endl;
034:       cout << "D = " << D << endl;
```

```
035:        cout << "E = " << E << endl;
036:        return 0;
037: }
```

◎ 프로그램 설명

① 6-9행

6행은 자료형이 CV_32F인 3×3, 1채널 행렬 A를 생성한다. 9행은 행렬 A의 (i, j) 요소 값을 i * A.cols + j로 저장한다.

② 11-14행

11행은 A의 0행의 헤더를 행렬 B에 저장한다. 행렬 B는 데이터를 행렬 A의 0-행의 데이터와 메모리를 공유하며, 행렬 B는 1×3 행렬로 B = [0, 1, 2]이다. 12행은 행렬 0-열의 헤더를 행렬 C에 저장한다. 행렬 C 역시 데이터를 별도로 할당하지 않고, 행렬 A의 0-열의 데이터와 공유하며, 행렬 C는 3×1 행렬로 C = [0; 3; 6]이다. 13행은 A.rowRange(0, 2)에 의해 행렬 A의 0행에서 1행까지를 행렬 D에 저장한다. 행렬 D 역시 데이터를 별도로 할당하지 않고, 행렬 A와 데이터를 공유하며, 행렬 D는 2×3 행렬로 D = [0, 1, 2; 3, 4, 5]이다. 14행은 A.colRange(0, 2)에 의해 행렬 A의 0열에서 1열까지를 행렬 E에 저장한다. 행렬 E 역시 데이터를 별도로 할당하지 않고, 행렬 A와 데이터를 공유하며, 행렬 E는 3×2 행렬로 E = [0, 1; 3, 4; 6, 7]이다.

③ 16-20행

[그림 2.28]의 앞부분의 출력과 같이, 행렬 A = [0, 1, 2,; 3, 4, 5; 6, 7, 8], B = [0, 1, 2], C = [0; 3; 6], D = [0, 1, 2; 3, 4, 5], E = [0, 1; 3, 4; 6, 7]로 출력한다. 행렬 B는 행렬 A의 0행, 행렬 C는 행렬 A의 0열, 행렬 D는 행렬 A의 0행에서 1행까지, 행렬 E는 행렬 A의 0열에서 1열까지임을 확인할 수 있다.

④ 22-35행

22행은 행렬 A의 0행의 각 요소에 10을 곱하여 다시 0행에 저장하고, 23행은 행렬 A의 1행의 각 요소에 100을 곱하여 다시 1행에 저장하며, 25행은 행렬 A의 2행의 각 요소에 1000을 곱하여 다시 2행에 저장한다. 25행에 의해 출력되는 행렬 A는 A = [0, 10, 20;, 300, 400, 500; 6000, 7000, 8000]이 된다. 물론 행렬 B, C, D, E 역시 데이터 값이 변경된다. 27행의 A.row(1) = A.row(2)에 의해서는 2행이 1행에 복사되지 않는다. 28행의 출력은 25행의 출력과 동일하다. 복사하기 위해서는 30행과 같이 Mat::copyTo() 메서드를 사용해야 한다. 30행은 행렬 A의 2행을 1행으로 복사한다. 31-35행은 [그림 2.29]의 뒷부분의 출력과 같이, A = [0, 10, 20,; 6000, 7000, 8000; 6000, 7000, 8000], B = [0, 10, 20], C = [0; 6000; 6000], D = [0, 10, 20; 6000, 7000, 8000], E = [0, 10; 6000, 7000; 6000, 7000]으로 출력한다.

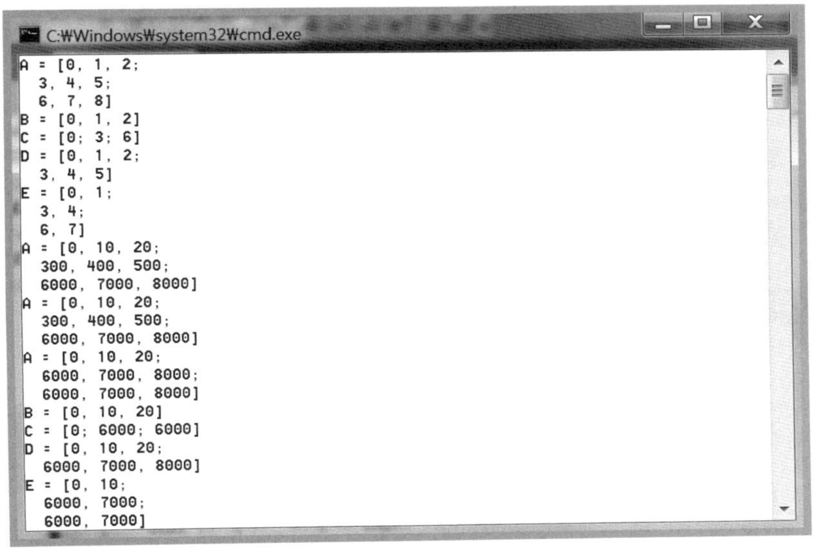

[그림 2.29] Mat::ptr에 의한 CV_32FC3 Mat 행렬 요소 접근

3.8 Mat 행렬의 복제, 복사, 변환, 값 설정 및 모양 변환

Mat::clone() 메서드는 행렬을 완전히 복제하여 반환한다. Mat::copyTo() 메서드는 행렬을 다른 행렬 m으로 복사한다. 데이터를 복사하기 전에, 행렬의 크기 및 자료형이 올바르지 않으면 Mat::create() 메서드에 의해 행렬이 다시 생성된다. mask 행렬에서 0이 아닌 위치의 m행렬 요소만 복사된다. InputArray와 OutputArray는 함수에서 입력과 출력을 위한 파라미터를 받기 위한 클래스로 Mat, Mat_⟨T⟩, Matx⟨T, m, n⟩, std::vector⟨T⟩, std::vector⟨std::vector⟨T⟩⟩, std::vector⟨Mat⟩, Vec⟨⟩, Scalar 등으로부터 생성되며, 사용자가 객체를 명시적으로 생성하지는 않는다. 여기서는 편의상 행렬로 설명한다.

void Mat::convertTo() 메서드는 행렬을 자료형이 rtype인 출력 행렬 m으로 변환한다. 채널 수는 같아야 한다. rtype < 0이면 입력 행렬과 동일한 자료형으로 간주하며, alpha 값은 입력에 곱하고, beta는 더한다. Mat::assignTo() 메서드는 Mat::convertTo() 메서드와 동일한데, alpha와 beta가 없는 형태로 행렬 수식에서 내부적으로 호출된다. Mat::setTo() 메서드는 행렬의 요소를 Scalar 등에 의한 InputArray 자료형의 value 값으로 설정한다. Mat::setTo() 메서드는 Mat::operator = (const Scalar& s)의 연산자 함수와 동일하다.

mask 행렬을 설정하여 0이 아닌 위치에서만 값을 설정할 수 있다. Mat Mat::reshape() 메서드는 데이터를 복사하지 않고 2차원 행렬의 모양(행, 열의 개수)과 채널 개수를 변경하여 반환한다. cn은 새로운 채널 개수, cn = 0이면 채널 개수를 유지한다. rows는 새로운 행의 개수 rows = 0이면 행의 개수를 유지한다. rows*cols*channels()은 변경 전과 같아야 한다.

① Mat Mat::clone() const
② void Mat::copyTo(OutputArray m) const
③ void Mat::copyTo(OutputArray m, InputArray mask) const
④ void Mat::convertTo(OutputArray m, int rtype, double alpha = 1,double beta = 0) const
⑤ void Mat::assignTo(Mat& m, int type = −1) const
⑥ Mat& Mat::setTo(InputArray value, InputArray mask = noArray())
⑦ Mat Mat::reshape(int cn, int rows = 0) const

[예제 2-32] Mat 클래스 (행렬의 복제, 복사, 변환, 값 설정 및 모양 변환)

```
001:    #include "opencv.hpp"
002:    using namespace cv;
003:    using namespace std;
004:    int main()
005:    {
006:            Mat A(3, 3, CV_32F);
007:            for(int i = 0; i < A.rows; i++)
008:                    for(int j = 0; j < A.cols; j++)
```

```
009:                        A.at<float>(i, j) = (float)(i * A.cols + j);
010:            cout << "A = " << A << endl;
011:
012:            Mat B = A.clone();
013:            cout << "B = " << B << endl;
014:
015:            Mat C1;
016:            A.copyTo(C1);
017:            cout << "C1 = " << C1 << endl;
018:
019:            Mat C2;
020:            A.row(1).copyTo(C2);
021:            cout << "C2 = " << C2 << endl;
022:
023:            Mat mask(3, 3, CV_8UC1, Scalar(0));
024:            mask.row(1).setTo(Scalar::all(1));
025:            cout << "mask = " << mask << endl;
026:
027:            Mat C3;
028:            A.copyTo(C3, mask);
029:            cout << "C3 = " << C3 << endl;
030:
031:            Mat D1;
032:            A.convertTo(D1, CV_8U);
033:            cout << "D1 = " << D1 << endl;
034:
035:            Mat D2;
036:            A.convertTo(D2, CV_8U, 10.0, 1.0);
037:            cout << "D2 = " << D2 << endl;
038:
039:            Mat E1;
040:            A.assignTo(E1);
041:            cout << "E1 = " << E1 << endl;
042:
043:            Mat E2;
044:            A.assignTo(E2, CV_8U);
045:            cout << "E2 = " << E2 << endl;
046:
047:            A.setTo(Scalar::all(0));
048:            cout << "A = " << A << endl;
049:
050:            Mat F1 = A.reshape(0, 1);
051:            cout << "F1=" << F1.size() << "=" << F1 << endl;
052:
053:            Mat F2 = A.reshape(0, 9);
054:            cout << "F2=" << F2.size() << "=" << F2 << endl;
055:
056:            Mat F3 = A.reshape(3, 3);
057:            cout << "F3=" << F3.size() << "=" << F3 << endl;
058:            return 0;
059: }
```

◎ **프로그램 설명**

① 6-10행

자료형이 CV_32F인 3×3, 1채널 행렬 A를 생성하고, Mat::at() 메서드를 이용하여 행렬 A의 (i, j) 요소 값을 i * A.cols + j로 저장하고, 출력한다.

② 12-13행
A.clone()으로 행렬 A를 복제하여 행렬 B에 저장하고 출력한다.

③ 15-29행
16행은 A.copyTo(C1)로 행렬 A를 행렬 C1으로 복사한다. 20행은 A.row(1).copyTo(C2)로 행렬 A의 1행을 행렬 C2로 복사한다. 23행은 3×3, 8비트 1채널 행렬 mask를 생성하고 Scalar(0)으로 초기화하고, 24행은 mask.row(1).setTo(Scalar::all(1))로 행렬 mask의 1행을 Scalar::all(1)로 설정한다. 28행은 A.copyTo(C3, mask)에 의해 행렬 A의 요소 중에서 mask 행렬의 0이 아닌 위치의 요소만을 행렬 C3로 복사한다.

$$A = \begin{bmatrix} 0 & 1 & 2 \\ 3 & 4 & 5 \\ 6 & 7 & 8 \end{bmatrix},\ mask = \begin{bmatrix} 0 & 0 & 0 \\ 1 & 1 & 1 \\ 0 & 0 & 0 \end{bmatrix},\ C3 = \begin{bmatrix} 0 & 0 & 0 \\ 3 & 4 & 5 \\ 0 & 0 & 0 \end{bmatrix}$$

④ 31-37행
32행은 CV_32F 자료형인 행렬 A를 CV_8U 자료형인 행렬 D1으로 변환한다. 36행은 CV_32F 자료형인 행렬 A의 모든 요소에 10.0을 곱하고 1.0을 더하여 CV_8U 자료형인 행렬 D2로 변환한다.

⑤ 39-48행
40행의 A.assignTo(E1)은 E1 = A와 동일하게 행렬 A를 행렬 E1에 저장한다. 44행은 행렬 A를 CV_8U 자료형으로 변환하여 행렬 E2에 저장한다. 47행은 행렬 A의 모든 요소를 Scalar::all(0)로 설정한다.

⑥ 50-57행
50행은 3×3 행렬 A를 cn = 0으로 채널 개수의 변경 없이, rows = 1로 모양을 변환한 1채널 1×9 행렬을 F1에 저장한다. 53행은 3×3 행렬 A를 cn = 0으로 하여 채널 개수 변경 없이, rows = 6으로 모양을 변환한 1채널 9×1 행렬을 F2에 저장한다. 56행은 3×3 행렬 A를 채널 개수 cn = 3, rows = 3으로 모양을 변환하여 반환한 3채널의 3×1 행렬을 F3에 저장한다. [그림 2.30]은 행렬 복제, 복사, 변환, 값 설정 및 모양 변환의 결과이다.

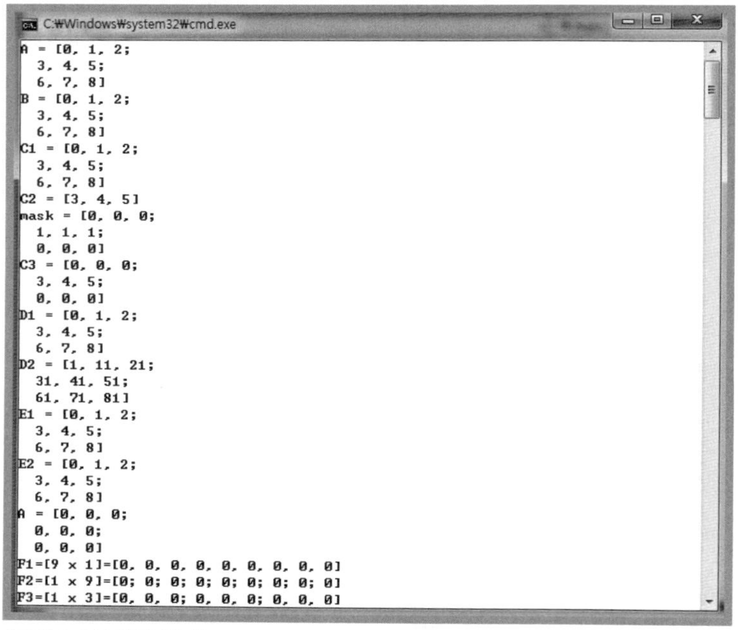
```
C:\Windows\system32\cmd.exe
A = [0, 1, 2;
  3, 4, 5;
  6, 7, 8]
B = [0, 1, 2;
  3, 4, 5;
  6, 7, 8]
C1 = [0, 1, 2;
  3, 4, 5;
  6, 7, 8]
C2 = [3, 4, 5]
mask = [0, 0, 0;
  1, 1, 1;
  0, 0, 0]
C3 = [0, 0, 0;
  3, 4, 5;
  0, 0, 0]
D1 = [0, 1, 2;
  3, 4, 5;
  6, 7, 8]
D2 = [1, 11, 21;
  31, 41, 51;
  61, 71, 81]
E1 = [0, 1, 2;
  3, 4, 5;
  6, 7, 8]
E2 = [0, 1, 2;
  3, 4, 5;
  6, 7, 8]
A = [0, 0, 0;
  0, 0, 0;
  0, 0, 0]
F1=[9 x 1]=[0, 0, 0, 0, 0, 0, 0, 0, 0]
F2=[1 x 9]=[0; 0; 0; 0; 0; 0; 0; 0; 0]
F3=[1 x 3]=[0, 0, 0; 0, 0, 0; 0, 0, 0]
```

[그림 2.30] 행렬 복제(clone), 복사(copyTo), 변환(convertTo, assignTo), 값 설정(setTo) 및 모양 변환(reshape)

3.9 Mat 행렬의 메모리 해제(release), 크기 변경(resize), 공간 확보(reserve)

Mat::release() 메서드는 행렬의 참조 카운터를 1 감소시킨다. 참조 카운터의 값이 0이 되면 행렬 데이터의 메모리를 해제하고 Mat::data = NULL로 변경한다. 명시적으로 호출 가능하나, 대부분은 행렬의 파괴자에 의해 자동으로 호출된다.

Mat::resize() 메서드는 행렬에서 행의 개수를 sz로 변경시킨다. s는 새로 추가된 행렬 요소의 값이다. Mat::reserve() 메서드는 sz행의 개수만큼의 메모리 공간을 확보하지만, 메모리 공간이 충분하면 아무 일도 하지 않는다. std::vector 클래스의 reserve 멤버와 같이 미리 메모리 용량을 확보하고 사용하면, 메모리 재할당이 빈번히 일어나는 것을 방지하여 성능 저하를 막을 수 있다.

```
① void Mat::release()
② void Mat::resize(size_t sz)
③ void Mat::resize(size_t sz, const Scalar& s)
④ void Mat::reserve(size_t sz)
```

[예제 2-33] Mat 클래스 (행렬의 메모리 해제, 크기 변경, 공간 확보)

```
001:  #include "opencv.hpp"
002:  using namespace cv;
003:  using namespace std;
004:  int main()
005:  {
006:      Mat A(3, 3, CV_32F, Scalar::all(0));
007:      cout << "A=" << A.size() << "=" << A << endl;
008:
009:      A.resize(2);
010:      cout << "A=" << A.size() << "=" << A << endl;
011:
012:      A.resize(5, Scalar::all(1));
013:      cout << "A=" << A.size() << "=" << A << endl;
014:
015:      A.reserve(10);
016:      cout << "A=" << A.size() << "=" << A << endl;
017:
018:      A.release();
019:      cout << "A=" << A.size() << "=" << A << endl;
020:
021:      return 0;
022:  }
```

◎ **프로그램 설명**

① 6-7행
6행은 자료형이 CV_32F인 3×3, 1채널 행렬 A를 생성하고, 모든 요소 값을 Scalar::all(0)로 초기화한다. 7행은 행렬 A의 크기 A.size(), 행렬 A의 내용을 출력한다.

② 9-13행
9행은 A.resize(2)에 의해 행렬 A의 행 크기를 2행으로 조정하면, 행렬 A의 크기 A.size() = 3×2가 된다. 12행은 행렬 A의 행 크기를 5행으로 조정하고, 추가되는 행의 요소 값을 1로 초기화하면, 0행과 1행의 요소 값은 0으로 그대로이고, 추가되는 2, 3, 4행의 요소 값은 1로 초기화되며, 행렬 A의 크기 A.size() = 3×5가 된다.

③ 15-19행
15행은 행렬 A를 위해 10행을 저장할 공간을 확보한다. 그러나 이때 행렬 A의 크기는 여전히 A.size() = 3×5가 된다. 18행은 A.release()에 의해 행렬 A를 위한 메모리 공간을 해제하고 A.data = NULL로 한다. 실제론 18행에서 행렬 A를 위한 메모리를 해제하지 않아도, 21행 뒤에 main 함수가 종료할 때 파괴자(destructor)인 Mat::~Mat가 자동으로 호출되어 메모리를 해제하므로 18행과 같이 명시적으로 해제할 필요는 없다. [그림 2.31]은 행렬의 메모리 해제, 크기 변경, 공간 확보의 결과이다.

[그림 2.31] 행렬의 메모리 해제, 크기 변경, 공간 확보

3.10 Mat 행렬의 ROI

Mat::locateROI() 메서드는 Mat::row(), Mat::col(), Mat::rowRange(), Mat::colRange() 메서드에 의해 지정된 부분 행렬(submatrix)에서 원본/부모 행렬의 전체 크기 wholeSize와 원본 행렬에서의 옵셋 위치 ofs를 알려준다.

Mat::adjustROI() 메서드는 부분 행렬(submatrix)에서 관심 영역(region of interest)의 크기 및 위치를 조정한다. dtop은 위로 이동, dbottom은 아래로 이동, dleft는 왼쪽 이동, dright는 오른쪽 이동으로 절대값이 아니라 상대값이다. 원본 행렬의 전체 크기를 벗어나는 경계에서 더 이동할 수 없으면, 이동이 일어나지 않으며 filter2D와 같은 함수에서 내부적으로 사용한다.

① void Mat::locateROI(Size& wholeSize, Point& ofs) const
② Mat& Mat::adjustROI(int dtop, int dbottom, int dleft, int dright)

[예제 2-34] Mat 클래스(행렬의 ROI)

```
001:    #include "opencv.hpp"
002:    using namespace cv;
003:    using namespace std;
004:    int main()
005:    {
006:        Mat A(10, 10, CV_32F);
007:        for(int i = 0; i < A.rows; i++)
008:            for(int j = 0; j < A.cols; j++)
009:                A.at<float>(i, j) = (float)(i * A.cols + j);
010:        cout << "A=" << A.size() << "=" << A << endl;
011:
012:        Mat B = A(Range(5, 8), Range(3, 6));
013:        cout << "B=" << B.size() << "=" << B << endl;
014:
015:        Size wholeSize; Point ofs;
016:        B.locateROI(wholeSize, ofs);
017:        cout << "wholeSize=" << wholeSize << "ofs=" << ofs << endl;
018:
019:        Mat C = B.adjustROI(1, 1, 1, 1);
020:        cout << "B=" << B.size() << "B=" << B << endl;
021:        cout << "C=" << C.size() << "C=" << C << endl;
022:        return 0;
023:    }
```

◎ **프로그램 설명**

① 6-10행

자료형이 CV_32F인 10×10, 1채널 행렬 A를 생성하고, Mat::at() 메서드를 이용하여 행렬 A의 (i, j) 요소 값을 i * A.cols + j로 저장하고, 출력한다.

② 12-21행

12행은 A(Range(5, 8), Range(3, 6))에 의해 지정된 행렬 A의 3×3 부분 행렬을 행렬 B에 저장한다. 16행은 B.locateROI(wholeSize, ofs)에 의해 원본 행렬 A의 크기가 wholeSize = 10×10에 계산되고, 부분 행렬 B가 원본 행렬 A의 옵셋 ofs = [3, 5]가 계산된다. 즉, 5행 3열 위치에 있다는 의미이다. 19 행은 부분 행렬 B의 원본 행렬 A에서의 크기를 상, 하, 좌, 우로 1씩 늘린 5×5 부분 행렬을 행렬 C에 저장한다. 19행의 B.adjustROI(1, 1, 1, 1)에 의해 행렬 B도 역시 행렬 C와 같이 5×5 부분 행렬로 조정된다. [그림 2.32]는 행렬 ROI의 실행 결과이다.

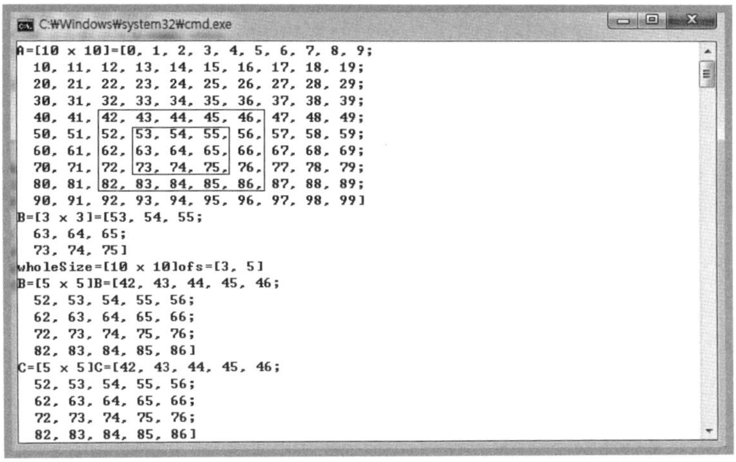

```
C:\Windows\system32\cmd.exe

A=[10 x 10]=[0, 1, 2, 3, 4, 5, 6, 7, 8, 9;
  10, 11, 12, 13, 14, 15, 16, 17, 18, 19;
  20, 21, 22, 23, 24, 25, 26, 27, 28, 29;
  30, 31, 32, 33, 34, 35, 36, 37, 38, 39;
  40, 41, 42, 43, 44, 45, 46, 47, 48, 49;
  50, 51, 52, 53, 54, 55, 56, 57, 58, 59;
  60, 61, 62, 63, 64, 65, 66, 67, 68, 69;
  70, 71, 72, 73, 74, 75, 76, 77, 78, 79;
  80, 81, 82, 83, 84, 85, 86, 87, 88, 89;
  90, 91, 92, 93, 94, 95, 96, 97, 98, 99]
B=[3 x 3]=[53, 54, 55;
  63, 64, 65;
  73, 74, 75]
wholeSize=[10 x 10]ofs=[3, 5]
B=[5 x 5]B=[42, 43, 44, 45, 46;
  52, 53, 54, 55, 56;
  62, 63, 64, 65, 66;
  72, 73, 74, 75, 76;
  82, 83, 84, 85, 86]
C=[5 x 5]C=[42, 43, 44, 45, 46;
  52, 53, 54, 55, 56;
  62, 63, 64, 65, 66;
  72, 73, 74, 75, 76;
  82, 83, 84, 85, 86]
```

[그림 2.32] 행렬의 ROI

3.11 Mat 행렬의 () 연산자 메서드

operator() 메서드는 행렬의 부분 행렬의 헤더를 추출하는 연산자로 Mat∷row(), Mat∷col(), Mat∷rowRange(), and Mat∷colRange() 등과 동일한 역할을 한다.

OpenCV 2.4.13은 Mat 클래스의 연산자 함수 CvMat()와 IplImage()를 사용하여 C API의 행렬 및 영상을 위한 CvMat, IplImage 구조체와 C++ API의 행렬 클래스 Mat 사이의 자료형을 변환한다. 이때 행렬의 헤더만 복사되고, 메모리는 복사되지 않고 공유한다. OpenCV의 C++ API와 C API를 혼합하여 사용할 때 유용하다.

그러나 OpenCV 3.1.0은 Mat 클래스에서 연산자 함수 CvMat()와 IplImage()이 제거되어 사용할 수 없으며, CvMat, IplImage 구조체를 Mat 클래스 행렬로 변환하려면 4장에서 자세히 설명된 cvarrToMat 함수를 사용한다. Mat 클래스 행렬에서 CvMat, IplImage 구조체로 변환은 types_c.h 헤더 파일의 CvMat, IplImage 구조체의 생성자 함수로 각각 구현되어 있다.

① Mat Mat∷operator()(Range rowRange, Range colRange) const
② Mat Mat∷operator()(const Rect& roi) const
③ Mat Mat∷operator()(const Range* ranges) const
④ Mat∷operator CvMat() const   // Only OpenCV 2.4.13
⑤ Mat∷operator IplImage() const   // Only OpenCV 2.4.13

[예제 2-35] Mat 클래스 (행렬의 ( ), CvMat(), IplImage() 연산자 메서드)

```
001:    #include "opencv.hpp"
002:    using namespace cv;
003:    using namespace std;
004:    int main()
005:    {
006:        Mat A(10, 10, CV_32F);
007:        for(int i = 0; i < A.rows; i++)
008:            for(int j = 0; j < A.cols; j++)
009:                A.at<float>(i, j) = (float)(i * A.cols + j);
010:        cout << "A=" << A.size() << "=" << A << endl;
011:
012:        Mat B = A(Range(5, 8), Range(3, 6));
013:        cout << "B=" << B << endl;
014:
015:        Mat C = A(Rect(0, 0, 5, 5));
016:        cout << "C=" << C << endl;
017:
018:        Range ranges[2] = {Range(5, 8),Range(3, 6)};
019:        Mat D = A(ranges);
020:        cout << "D=" << D << endl;
021:
```

```
022:        CvMat E = D;  // (CvMat)D
023:  //    cout << "E=" << cvarrToMat(&E) << endl;       // OpenCV 3.1.0
024:        cout << "E=" << Mat(&E) << endl;              // Only OpenCV 2.4.13
025:
026:        IplImage F = D; // (IplImage)D
027:  //    cout << "F=" << cvarrToMat(&F) << endl;       // OpenCV 3.1.0
028:        cout << "F=" << Mat(&F) << endl;              // Only OpenCV 2.4.13
029:        return 0;
030:  }
```

◎ 프로그램 설명

① 6-10행

자료형이 CV_32F인 10×10, 1채널 행렬 A를 생성하고, Mat::at() 메서드를 이용하여 행렬 A의 (i, j) 요소 값을 i * A.cols + j로 저장하고, 출력한다.

② 12-20행

12행은 A(Range(5, 8), Range(3, 6))에 의해 연산자 메서드 Mat::operator()(Range rowRange, Range colRange)가 호출되어 행렬 A의 3×3 부분 행렬을 행렬 B에 저장한다. 15행은 A(Rect(0, 0, 5, 5))에 의해 연산자 메서드 Mat::operator()(const Rect& roi)가 호출되어 행렬 A의 3×3 부분 행렬을 행렬 C에 저장한다. 19행은 A(ranges)에 의해 연산자 메서드 Mat::operator()(const Range* ranges)가 호출되어 행렬 A의 3×3 부분 행렬을 행렬 D에 저장한다.

③ 22-24행

22행은 Mat 행렬 D를 연산자 메서드 Mat::operator CvMat()에 의해 구조체 CvMat로 자료형을 변환하여 E에 저장한다. CvMat E = D는 CvMat E = (CvMat)D와 같다. 23행은 CvMat 자료형 E를 스트림 출력하기 위하여, cvarrToMat(&E)에 의해 Mat 행렬로 변환하여 출력한다.

④ 26-28행

26행은 Mat 행렬 D를 연산자 함수 Mat::operator IplImage()에 의해 구조체 IplImage로 자료형을 변환하여 F에 저장한다. IplImage F = D는 IplImage F = (IplImage)D와 같다. 27행은 IplImage 자료형 F를 스트림 출력하기 위하여, cvarrToMat(&F)에 의해 Mat 행렬로 변환하여 출력한다. [그림 2.33]은 OpenCV 2.4.13에서의 실행 결과이다.

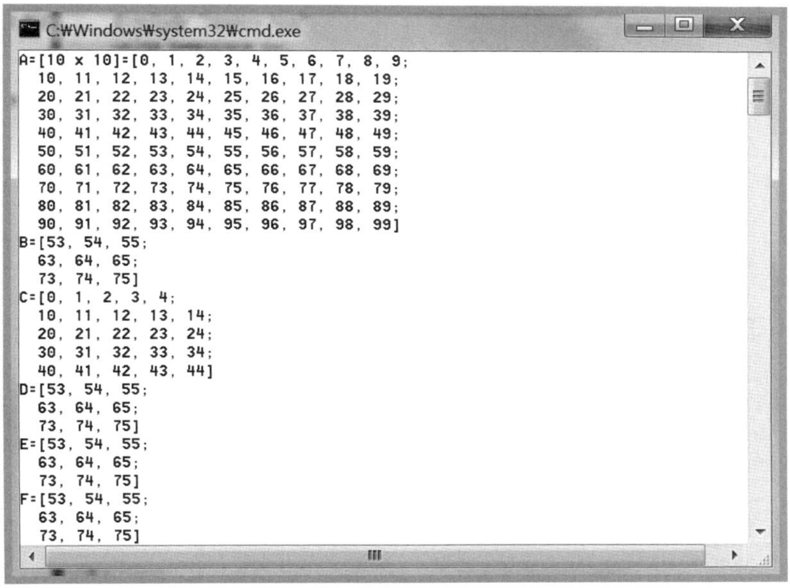

```
C:\Windows\system32\cmd.exe
A=[10 x 10]=[0, 1, 2, 3, 4, 5, 6, 7, 8, 9;
  10, 11, 12, 13, 14, 15, 16, 17, 18, 19;
  20, 21, 22, 23, 24, 25, 26, 27, 28, 29;
  30, 31, 32, 33, 34, 35, 36, 37, 38, 39;
  40, 41, 42, 43, 44, 45, 46, 47, 48, 49;
  50, 51, 52, 53, 54, 55, 56, 57, 58, 59;
  60, 61, 62, 63, 64, 65, 66, 67, 68, 69;
  70, 71, 72, 73, 74, 75, 76, 77, 78, 79;
  80, 81, 82, 83, 84, 85, 86, 87, 88, 89;
  90, 91, 92, 93, 94, 95, 96, 97, 98, 99]
B=[53, 54, 55;
  63, 64, 65;
  73, 74, 75]
C=[0, 1, 2, 3, 4;
  10, 11, 12, 13, 14;
  20, 21, 22, 23, 24;
  30, 31, 32, 33, 34;
  40, 41, 42, 43, 44]
D=[53, 54, 55;
  63, 64, 65;
  73, 74, 75]
E=[53, 54, 55;
  63, 64, 65;
  73, 74, 75]
F=[53, 54, 55;
  63, 64, 65;
  73, 74, 75]
```

[그림 2.33] Mat 행렬에서 ( ), CvMat(), IplImage() 연산자 메서드

3.12 Mat 행렬의 반복자(iterator)

Mat::begin() 메서드는 행렬의 시작 요소로의 반복자, Mat::end() 메서드는 행렬의 마지막 요소로의 반복자를 반환한다. MatIterator_는 읽기와 쓰기가 가능하고, MatConstIterator_는 읽기만 가능한 템플릿이다.

① template⟨typename _Tp⟩ MatIterator_⟨_Tp⟩ Mat:::begin()
② template⟨typename _Tp⟩ MatConstIterator_⟨_Tp⟩ Mat:::begin() const
③ template⟨typename _Tp⟩ MatIterator_⟨_Tp⟩ Mat:::end()
④ template⟨typename _Tp⟩ MatConstIterator_⟨_Tp⟩ Mat:::end() const

---

[예제 2-36]   Mat 클래스(행렬의 반복자, Mat:::begin(), Mat:::end())

```
001:  #include "opencv.hpp"
002:  using namespace cv;
003:  using namespace std;
004:  int main()
005:  {
006:      Mat A(10, 10, CV_32F);
007:      for(int i = 0; i < A.rows; i++)
008:          for(int j = 0; j < A.cols; j++)
009:              A.at<float>(i, j) = (float)(i * A.cols + j);
010:      cout << "A=" << A << endl;
011:      cout << "sum(A)=" << sum(A) << endl;
012:
013:      float sum2 = 0;
014:      MatConstIterator_<float> it = A.begin<float>();
015:      for(; it != A.end<float>(); it++)
016:          sum2 += *it;
017:      printf("sum2 = %f\n", sum2);
018:
019:      Mat B(10, 10, CV_32F);
020:      MatConstIterator_<float> itA = A.begin<float>();
021:      MatIterator_<float> itB = B.begin<float>();
022:      for(; itA != A.end<float>(); itA++, itB++)
023:          *itB = *itA;
024:      cout << "B=" << B << endl;
025:      return 0;
026:  }
```

◎ 프로그램 설명

① 6-11행
자료형이 CV_32F인 10×10, 1채널 행렬 A를 생성하고, Mat::at() 메서드로 행렬 A의 (i, j) 요소 값을 i * A.cols + j로 저장하고, 출력한다. 11행은 cv::sum(A) 함수로 행렬 A의 요소 합계를 계산하여 Scalar로 반환하여 출력한다.

② 13-17행
14행은 it = A.begin<float>()로 행렬 A의 시작 요소로의 반복자를 it에 저장한다. 15행에서 for 문의 조건 it != A.end<float>()을 만족하면, 즉 행렬의 마지막 요소가 아니면, 16행에서 요소 값인 *it를 sum2에 더하여 합계를 계산하고, 15행의 for 문에서 it++로 다음 요소로 이동한다. 즉, 반복자를 사용하면, for 문장 2개를 사용하여 행과 열을 이용하여 행렬 요소에 접근하지 않아도 된다. 17행의 sum2은 11행의 결과와 같다.

③ 19-24행

20행은 행렬 A의 시작 요소로의 읽기 전용 상수 반복자 itA를 생성한다. 21행은 행렬 B의 시작 요소로의 읽기 쓰기용 반복자 itB를 생성한다. 22-23행은 반복자 itA에 의해 행렬 A의 요소 값을 읽어 반복자 itB로 행렬 B의 요소 값에 저장한다. 즉 반복자를 이용하여 행렬 A에서 행렬 B로 요소 값을 복사한다. [그림 2.34]와 같이 24행의 행렬 B의 출력은 10행의 행렬 A의 내용과 같다.

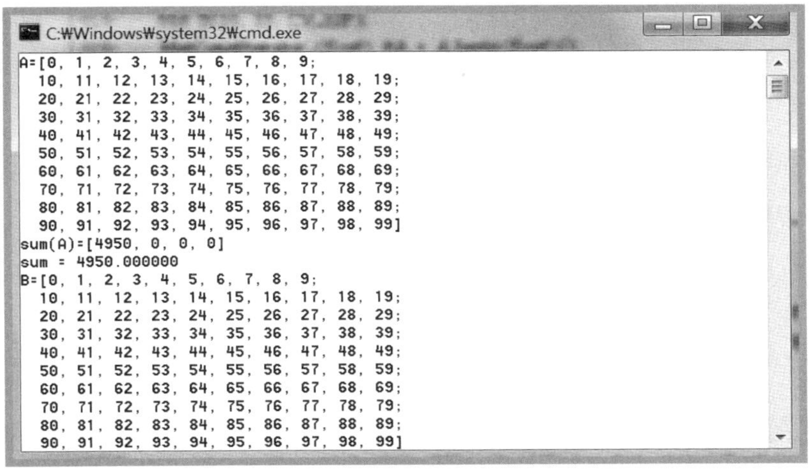

```
C:\Windows\system32\cmd.exe

A=[0, 1, 2, 3, 4, 5, 6, 7, 8, 9;
  10, 11, 12, 13, 14, 15, 16, 17, 18, 19;
  20, 21, 22, 23, 24, 25, 26, 27, 28, 29;
  30, 31, 32, 33, 34, 35, 36, 37, 38, 39;
  40, 41, 42, 43, 44, 45, 46, 47, 48, 49;
  50, 51, 52, 53, 54, 55, 56, 57, 58, 59;
  60, 61, 62, 63, 64, 65, 66, 67, 68, 69;
  70, 71, 72, 73, 74, 75, 76, 77, 78, 79;
  80, 81, 82, 83, 84, 85, 86, 87, 88, 89;
  90, 91, 92, 93, 94, 95, 96, 97, 98, 99]
sum(A)=[4950, 0, 0, 0]
sum = 4950.000000
B=[0, 1, 2, 3, 4, 5, 6, 7, 8, 9;
  10, 11, 12, 13, 14, 15, 16, 17, 18, 19;
  20, 21, 22, 23, 24, 25, 26, 27, 28, 29;
  30, 31, 32, 33, 34, 35, 36, 37, 38, 39;
  40, 41, 42, 43, 44, 45, 46, 47, 48, 49;
  50, 51, 52, 53, 54, 55, 56, 57, 58, 59;
  60, 61, 62, 63, 64, 65, 66, 67, 68, 69;
  70, 71, 72, 73, 74, 75, 76, 77, 78, 79;
  80, 81, 82, 83, 84, 85, 86, 87, 88, 89;
  90, 91, 92, 93, 94, 95, 96, 97, 98, 99]
```

[그림 2.34] Mat 행렬의 반복자, Mat::begin(), Mat::end()

[예제 2-37] Mat 클래스(Mat 행렬 반복자에 의한 영상 평균 계산)

```
001:  #include "opencv.hpp"
002:  using namespace cv;
003:  using namespace std;
004:  int main()
005:  {
006:      Mat srcImage = imread("lena.jpg", IMREAD_GRAYSCALE);
007:
008:      float sum = 0;
009:      MatConstIterator_<uchar> it = srcImage.begin<uchar>();
010:      for(; it != srcImage.end<uchar>(); it++)
011:          sum += *it;
012:      cout << "Avg = sum / total =" << sum/srcImage.total() << endl;
013:
014:      return 0;
015:  }
```

◎ 프로그램 설명

① 6행

imread 함수로 "lena.jpg" 영상을 1채널인 그레이스케일로 읽어 행렬 srcImage에 저장한다.

② 8-12행

9행은 상수 반복자 it에 "lena.jpg" 영상이 저장된 행렬 srcImage의 시작 위치, srcImage.begin<uchar>()를 저장한다. 1채널인 그레이스케일이므로 uchar을 사용한다. 10-11행은 반복자 it의 값이 행렬 srcImage의 마지막 위치인 srcImage.end<uchar>()가 아닐 때까지 반복문을 이용하여 sum 변수에 화소 값을 더한다. 12행은 sum / srcImage.total()에 의해 영상의 평균 화소 값을 계산하여, Avg = sum / total = 124.199를 출력한다. srcImage.total()는 행렬 srcImage의 전체 개수이다.

3.13 Mat 행렬의 push_back, pop_back

Mat::push_back() 메서드는 STL의 vector에 있는 push_back과 유사하게, 행렬의 마지막(back/bottom)에 요소(elem)를 추가한다. Mat::push_back(const T& elem) 메서드에 의한 추가일 때는 추가되는 elem의 모든 자료형이 일치해야 하며, 행렬은 열(column)이 1인 행렬이다. Mat::push_back(const Mat& m) 메서드에 의한 Mat 행렬을 추가 할 때는 추가되는 행렬(m)과 자료형과 열의 개수가 일치해야 한다.

Mat::pop_back() 메서드는 행렬의 후위(back/bottom)에 nelems 개수의 행을 제거하고, 제거된 행을 반환하지는 않는다.

    ① template⟨typename T⟩ void Mat::push_back(const T& elem)
    ② void Mat::push_back(const Mat& m)
    ③ template⟨typename T⟩ void Mat::pop_back(size_t nelems = 1)

[예제 2-38]   Mat 클래스(push_back, pop_back)

```
001:   #include "opencv.hpp"
002:   using namespace cv;
003:   using namespace std;
004:   int main()
005:   {
006:       Mat A;
007:       Mat row = Mat::ones(1, 3, CV_32F);
008:       A.push_back(row);
009:       cout << "A.size()=" << A.size() << endl;
010:       cout << "A.type()=" << A.type() << endl;
011:       cout << "A=" << A << endl;
012:
013:       A.push_back((Mat) Mat::zeros( 1, 3, CV_32F ));
014:       A.push_back((Mat) Mat::ones( 1, 3, CV_32F ) );
015:       A.push_back((Mat)Mat(Vec3f(10.0f, 20.0f, 30.0f)).t());
016:       cout << "A=" << A.size() << "=" << A << endl;
017:
018:       A.pop_back();
019:       cout << "A=" << A.size() << "=" << A << endl;
020:       A.pop_back(2);
021:       cout << "A=" << A.size() << "=" << A << endl;
022:
023:       Mat B;
024:       B.push_back(10);
025:       B.push_back(20);
026:       B.push_back(30);
027:       B.push_back(40);
028:       cout << "B.size()=" << B.size() << endl;
029:       cout << "B.type()=" << B.type() << endl;
030:       cout << "B=" << B << endl;
031:
032:       Mat C;
033:       C.push_back(10.0f);
034:       C.push_back(20.0f);
035:       C.push_back(30.0f);
```

```
036:         C.push_back(40.0f); // C.push_back(40); type error
037:         cout << "C.size()=" << C.size() << endl;
038:         cout << "C.type()=" << C.type() << endl;
039:         cout << "C=" << C << endl;
040:
041:         C.pop_back();
042:         cout << "C=" << C.size() << "=" << C << endl;
043:         C.pop_back(2);
044:         cout << "C=" << C.size() << "=" << C << endl;
045:         return 0;
046: }
```

◎ **프로그램 설명**

① 6-11행
6행은 Mat 행렬 A를 선언하고, 7행은 정적(static) 메서드 Mat::ones()으로 자료형이 CV_32F이며, 행렬 요소 값이 모두 1인 1×3 행렬을 생성하여 row에 저장한다. 8행은 Mat::push_back(const Mat& m) 메서드로 행렬 row를 행렬 A에 추가한다. 9행은 행렬 A의 크기 A.size() = [3×1] (행이 1, 열이 3)를 출력하며, 10행은 A.type() = CV_32F = 5를 출력하고, 11행은 행렬 A = [1, 1, 1]을 출력한다.

② 13-16행
13행은 행렬 A에 (Mat) Mat::zeros(1, 3, CV_32F)를 추가한다. 14행은 (Mat) Mat::ones(1, 3, CV_32F)를 추가한다. 정적(static) 메서드 Mat::zeros()와 Mat::ones()는 MatExpr 자료형을 반환한다. 그러므로 (Mat) Mat::zeros, (Mat) Mat::ones와 같이 형변환(type cast)을 하거나 또는 생성자를 사용하여 Mat(Mat::zeros(1, 3, CV_32F)), Mat(Mat::ones(1, 3, CV_32F))로 Mat 행렬을 생성해야 한다. 15행은 벡터 3개의 요소를 갖는 float 벡터 Vec3f를 사용하여 행렬 A에 한 행을 추가한다. Mat(Vec3f(10.0f, 20.0f, 30.0f))는 행이 3, 열이 1인 행렬을 생성한다. Mat::t() 메서드로 행이 1, 열이 3인 전치행렬을 계산하고, Mat::t() 메서드가 MatExpr 자료형을 반환하므로 (Mat)로 형변환하여 행렬 A의 마지막 행에 추가한다.

$$A = \begin{bmatrix} 1 & 1 & 1 \\ 0 & 0 & 0 \\ 1 & 1 & 1 \\ 10 & 20 & 30 \end{bmatrix}$$

③ 18-21행
18행은 행렬 A의 마지막 1행을 삭제(pop)한다.

$$A = \begin{bmatrix} 1 & 1 & 1 \\ 0 & 0 & 0 \\ 1 & 1 & 1 \end{bmatrix}$$

20행은 행렬 A의 마지막 2행을 삭제(pop)한다.

$$A = \begin{bmatrix} 1 & 1 & 1 \end{bmatrix}$$

④ 23-30행
23행은 Mat 행렬 B를 선언하고, 24-27행은 Mat::push_back(const T& elem) 메서드를 사용하여 정수 10, 20, 30, 40을 차례로 행렬 B에 추가한다. 이미 행렬 B에 정수를 추가한 후에, float, double 등의 다른 자료형을 행렬에 추가하면 오류가 발생한다. 28행은 행렬 B의 크기 B.size() = [1×4](행 4, 열 1)를 출력하며, 29행은 B.type() = CV_32S = 4를 출력하고, 30행은 정수 행렬 B=[10; 20; 30; 40]을 출력한다.

$$B = \begin{bmatrix} 10 \\ 20 \\ 30 \\ 40 \end{bmatrix}$$

⑤ 32-39행

32행은 Mat 행렬 C를 선언하고, 33-36행은 Mat::push_back(const T& elem) 메서드를 사용하여 float 실수 10.0f, 20.0f, 30.0f, 40.0f를 차례로 행렬 C에 추가한다. 이미 행렬 C에 float 실수를 추가한 다음, 36행의 주석에서처럼 C.push_back(40)로 정수 40을 추가하면 오류가 발생한다. 37행은 행렬 C의 크기 C.size() = [1×4](행 4, 열 1)를 출력하며, 38행은 C.type() = CV_32F = 5를 출력하고, 39행은 실수 행렬 C = [10; 20; 30; 40]을 출력한다.

⑥ 41-44행

41행은 행렬 C의 마지막 1행을 삭제(pop)한다.

$$C = \begin{bmatrix} 10 \\ 20 \\ 30 \end{bmatrix}$$

43행은 행렬 C의 마지막 2행을 삭제(pop)한다.

$$C = \begin{bmatrix} 10 \end{bmatrix}$$

⑦ [그림 2.35]는 Mat::push_back, Mat::pop_back의 실행 결과이다.

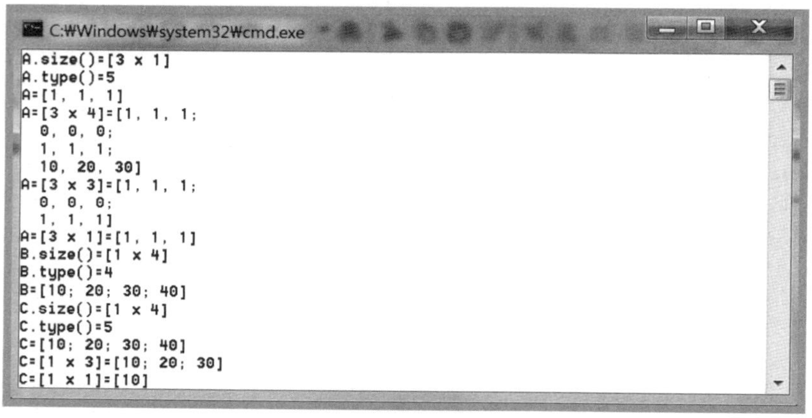

[그림 2.35] Mat 행렬의 Mat::push_back, Mat::pop_back

3.14 Mat 행렬의 행렬 연산 메서드

Mat::t() 메서드는 전치행렬(transpose matrix)을 계산하여 반환하고, Mat::inv() 메서드는 method에 주어진 방법에 따라 역행렬을 계산하여 반환한다. method = DECOMP_LU이면 역행렬이 존재하는 행렬에서 LU 분해 방법으로 역행렬을 계산하고, method = DECOMP_CHOLESKY이면 대칭 양확정행렬(symmetrical positively defined matrices)에 대해서만 가능하며 LLT 분해를 통해 역행렬을 빠르게 계산한다. method = DECOMP_SVD이면 SVD(singular value decomposition) 분해를 통해 역행렬을 계산한다. MatExpr 클래스로 반환되는 메서드는 행렬 연산 수식 속에서 사용할 수 있다.

Mat::mul() 메서드는 두 행렬의 각 요소 간(element-wise) 곱셈을 수행한다.

InputArray m은 *this 또는 행렬 수식과 같은 자료형이고, 같은 크기여야 한다. 행렬 곱셈이 아님에 주의한다. Mat::cross() 메서드는 3-요소의 실수를 갖는 벡터들의 외적 (cross-product)을 계산한다.

Mat::dot() 메서드는 두 벡터의 내적(dot-product, inner-product)을 계산한다. 행렬은 같은 자료형, 같은 크기이며, 1열 또는 1행을 갖는 행렬이 아니면, 위에서 아래(top-to-bottom), 좌에서 우(left-to-right)로 스캔한 순서로 1차원 벡터로 간주하여 내적을 계산한다. 1채널이 아닌 경우는 채널별로 계산한 다음 합계를 계산한다. Mat::zeros() 메서드는 type에 명시된 자료형으로 rows, cols, size에 명시된 크기의 요소값으로 0을 갖는 행렬을 반환한다. Mat::ones() 메서드는 type에 명시된 자료형으로 rows, cols, size, ndims, sz에 명시된 크기의 요소 값으로 1을 갖는 행렬을 반환한다. Mat::eye() 메서드는 type에 명시된 자료형으로 rows, cols, size에 명시된 크기의 단위행렬(identy matrix)을 반환한다. 정적(static) 메서드인 Mat::zeros(), Mat::ones(), Mat::eye()는 객체 없이 호출하여 사용한다.

① MatExpr Mat::t() const
② MatExpr Mat::inv(int method = DECOMP_LU) const
③ MatExpr Mat::mul(InputArray m, double scale = 1) const
④ Mat Mat::cross(InputArray m) const
⑤ double Mat::dot(InputArray m) const
⑥ static MatExpr Mat::zeros(int rows, int cols, int type)
   static MatExpr Mat::zeros(Size size, int type)
   static MatExpr Mat::zeros(int ndims, const int* sz, int type)
⑦ static MatExpr Mat::ones(int rows, int cols, int type)
   static MatExpr Mat::ones(Size size, int type)
⑧ static MatExpr Mat::eye(int rows, int cols, int type)
   static MatExpr Mat::eye(Size size, int type)

[예제 2-39] Mat 클래스 (행렬 연산 메서드)

```
001:   #include "opencv.hpp"
002:   using namespace cv;
003:   using namespace std;
004:   int main()
005:   {
006:       Mat A(Matx<float, 3, 3> (2, -1,  0,
007:                               -1,  2, -1,
008:                                0, -1,  2));
009:       cout << "A=" << A << endl;
010:
011:       Mat B = A.t();
012:       cout << "A=" << A << endl;
013:       cout << "B=" << B << endl;
014:
015:       Mat C = A.inv(); // DECOMP_LU
016:       cout << "C=" << C << endl;
017:
```

```
018:        Mat D = A * C;
019:        cout << "D=" << D << endl;
020:
021:        Mat X(Matx<float, 3, 1> (1, 0, 0));
022:        Mat Y(Matx<float, 3, 1> (0, 1, 0));
023:        Mat Z1 = X.cross(Y);
024:        cout << "Z1=" << Z1 << endl;
025:        Mat Z2 = Y.cross(X);
026:        cout << "Z2=" << Z2 << endl;
027:
028:        Mat V(Matx<float, 3, 1> (1, -1, -1));
029:        Mat W(Matx<float, 3, 1> (2, -1, 1));
030:
031:        double dot = V.dot(W);
032:        cout << "dot=" << dot << endl;
033:
034:        Mat M1 = Mat::zeros(3, 4, CV_8U);
035:        Mat M2 = Mat::zeros(Size(4, 3), CV_8U);
036:        cout << "M1=" << M1 << endl;
037:        cout << "M2=" << M2 << endl;
038:
039:        Mat M3 = Mat::ones(3, 4, CV_8U);
040:        Mat M4 = Mat::ones(Size(4, 3), CV_8U) * 10;
041:        cout << "M3=" << M3 << endl;
042:        cout << "M4=" << M4 << endl;
043:
044:        Mat M5 = Mat::eye(3, 3, CV_8U);
045:        Mat M6 = Mat::eye(Size(3, 3), CV_8U) * 100;
046:        cout << "M5=" << M5 << endl;
047:        cout << "M6=" << M6 << endl;
048:        return 0;
049:   }
```

◎ 프로그램 설명

① 6-9행

6-8행은 Matx<float, 3, 3>를 이용하여 3×3 행렬을 초기화하여 Mat 행렬 A를 생성한다.

$$A = \begin{bmatrix} 2 & -1 & 0 \\ -1 & 2 & -1 \\ 0 & -1 & 2 \end{bmatrix}$$

② 11-19행

11행은 행렬 A의 전치행렬, A.t()를 계산하여 행렬 B에 저장한다. 9행과 12행의 행렬 A의 출력은 동일하다. A.t()에 의해 행렬 A 자체가 변경되지는 않는다. 15행은 A.inv()에 의해 method = DECOMP_LU에 의해 A의 역행렬을 계산하여 행렬 C에 저장한다. 18행은 행렬 A * C에 의해 A와 행렬 A의 역행렬 C를 곱하여 행렬 D에 저장한다. 행렬 D는 단위행렬이 된다. D = A * A.inv()로 계산해도, 행렬 A가 역행렬이 존재하면 행렬 D는 단위행렬이다.

$$B = A^T = \begin{bmatrix} 2 & -1 & 0 \\ -1 & 2 & -1 \\ 0 & -1 & 2 \end{bmatrix}$$

$$C = A^{-1} = \begin{bmatrix} 0.75 & 0.5 & 0.25 \\ 0.5 & 1.0 & 0.5 \\ 0.25 & 0.5 & 0.75 \end{bmatrix}$$

$$D= A^* C= A^* A^{-1} = \begin{bmatrix} 1 & 0 & 0 \\ 0 & 1 & 0 \\ 0 & 0 & 1 \end{bmatrix}$$

③ 21-32행

21-22행은 Matx<float, 3, 1>를 이용하여 3×1 행렬을 생성하고, 초기화하여 X, Y 축으로의 단위 벡터인 열벡터 X, Y를 생성한다. 23행은 열벡터 X와 Y의 외적을 Z1에 계산한다. 25행은 열벡터 Y와 X의 외적을 Z2에 계산한다. 즉 외적은 교환법칙이 성립하지 않음을 보인다. 또한, X, Y 축으로의 단위 벡터를 시계 반대방향으로 외적을 계산하면 Z 축으로의 단위 벡터임을 확인할 수 있다.

$$X= \begin{bmatrix} 1 \\ 0 \\ 0 \end{bmatrix},\ Y= \begin{bmatrix} 0 \\ 1 \\ 0 \end{bmatrix},\ Z1 = X\times Y= \begin{bmatrix} 0 \\ 0 \\ 1 \end{bmatrix},\ Z2= Y\times X= \begin{bmatrix} 0 \\ 0 \\ -1 \end{bmatrix}$$

28-29행은 Matx<float, 3, 1>를 이용하여 3×1 행렬을 생성하고, 초기화하여 열벡터 V, W를 생성하고, 31행은 벡터 V와 W의 내적을 dot에 계산한다.

$$V= \begin{bmatrix} 1 \\ -1 \\ -1 \end{bmatrix},\ W= \begin{bmatrix} 2 \\ -1 \\ 1 \end{bmatrix},\ dot= V\cdot W= 1\times2+(-1)\times(-1)+(-1)\times1= 2$$

④ 34-47행

34-35행은 모두 CV_8U 자료형의 3×4 행렬의 요소가 모두 0인 행렬을 생성하여 M1, M2에 각각 저장한다. 39행은 CV_8U 자료형의 3×4 행렬의 요소가 모두 1인 행렬을 생성하여 M3에 각각 저장한다. 40행은 CV_8U 자료형의 3×4 행렬의 요소가 모두 1인 행렬을 생성하고, 각 요소에 스칼라 10을 곱하여, 요소 값이 모두 10인 행렬을 생성하여 M4에 저장한다. 44행은 CV_8U 자료형의 3×3 단위행렬을 생성하여 M5에 각각 저장한다. 45행은 CV_8U 자료형의 3×3 단위행렬에 스칼라 100을 곱한 행렬을 생성하여 M5에 각각 저장한다. [그림 2.36]은 Mat 행렬의 행렬 연산 메서드 실행 결과이다.

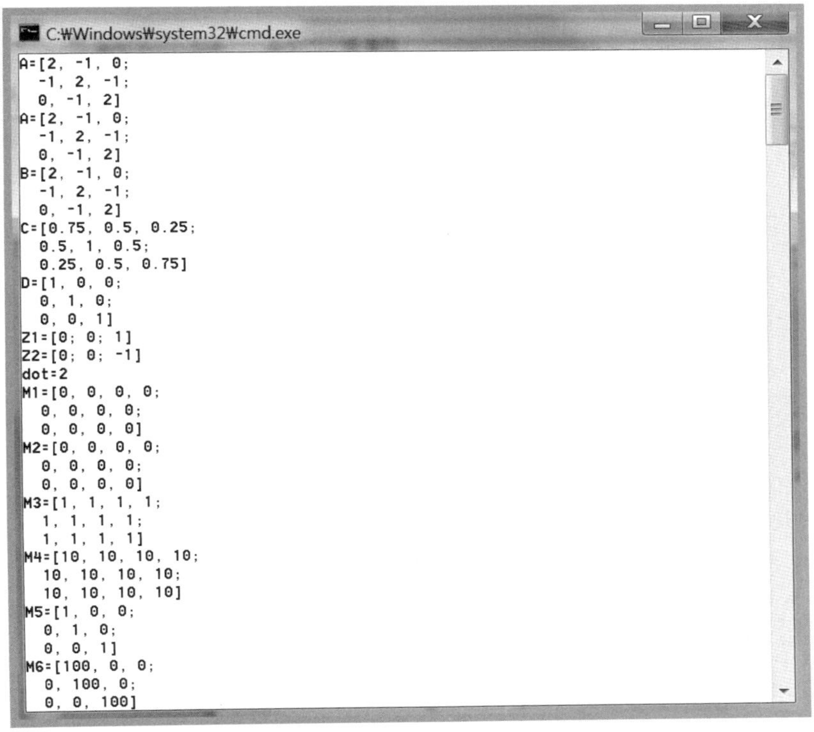

```
C:\Windows\system32\cmd.exe
A=[2, -1, 0;
  -1, 2, -1;
  0, -1, 2]
A=[2, -1, 0;
  -1, 2, -1;
  0, -1, 2]
B=[2, -1, 0;
  -1, 2, -1;
  0, -1, 2]
C=[0.75, 0.5, 0.25;
  0.5, 1, 0.5;
  0.25, 0.5, 0.75]
D=[1, 0, 0;
  0, 1, 0;
  0, 0, 1]
Z1=[0; 0; 1]
Z2=[0; 0; -1]
dot=2
M1=[0, 0, 0, 0;
  0, 0, 0, 0;
  0, 0, 0, 0]
M2=[0, 0, 0, 0;
  0, 0, 0, 0;
  0, 0, 0, 0]
M3=[1, 1, 1, 1;
  1, 1, 1, 1;
  1, 1, 1, 1]
M4=[10, 10, 10, 10;
  10, 10, 10, 10;
  10, 10, 10, 10]
M5=[1, 0, 0;
  0, 1, 0;
  0, 0, 1]
M6=[100, 0, 0;
  0, 100, 0;
  0, 0, 100]
```

[그림 2.36] Mat 행렬의 행렬 연산 메서드

04 Mat_ 클래스

Mat_ 클래스는 Mat 클래스로부터 상속된 템플릿 클래스이다. 데이터 멤버는 갖지 않고, 메서드만으로 존재한다. Mat 클래스를 감싸(wrap)서 사용한다. Mat_ 클래스와 Mat 클래스 사이의 레퍼런스(&)와 포인터(*)는 자유로이 사용할 수 있으나, Mat_ 클래스와 Mat 클래스 사이의 자료형 변환은 주의해서 사용한다. Mat_ 클래스의 많은 메서드가 Mat 클래스에도 대응되는 메서드가 있으나, Mat_ 클래스의 메서드가 짧고, 사용하기 편리하다.

예를 들면, Mat_::Mat_(int _rows, int _cols) 생성자는 Mat::Mat(_rows, _cols, DataType⟨_Tp⟩::type)와 같으며, Mat_⟨_Tp⟩::operator ()(int y, int x)와 Mat::at⟨_Tp⟩(int y, int x)는 동일하다. 프로그램을 작성할 때, 대부분 경우에는 Mat 클래스를 사용해도 충분하지만, 행렬 요소에 빈번히 접근하는 연산을 하거나 행렬의 자료형이 미리 결정되면 Mat_ 클래스를 사용하는 것이 편리하다.

```cpp
template<typename _Tp> class Mat_ : public Mat
{
public:
    typedef _Tp value_type;
    typedef typename DataType<_Tp>::channel_type channel_type;
    typedef MatIterator_<_Tp> iterator;
    typedef MatConstIterator_<_Tp> const_iterator;

    Mat_();
    // equivalent to Mat(_rows, _cols, DataType<_Tp>::type)
    Mat_(int _rows, int _cols);
    //..........
    // ! iterators; they are smart enough to skip gaps in the end of rows
    iterator begin();
    iterator end();
    const_iterator begin() const;
    const_iterator end() const;
    //..........
};
```

4.1 Mat_ 행렬 생성자

Mat_ 클래스는 다양한 생성자를 제공한다. explicit 키워드를 갖는 생성자는 명시적으로만 호출된다.

① Mat_::Mat_();

② Mat_::Mat_(int _rows, int _cols);

③ Mat_::Mat_(int _rows, int _cols, const _Tp& value);

④ Mat_::explicit Mat_(Size _size);

⑤ Mat_::Mat_(Size _size, const _Tp& value);

⑥ Mat_::Mat_(int _ndims, const int* _sizes);

⑦ Mat_::Mat_(int _ndims, const int* _sizes, const _Tp& value);

⑧ Mat_::Mat_(const Mat& m);

⑨ Mat_::Mat_(const Mat_& m);

⑩ Mat_::Mat_(int _rows, int _cols, _Tp* _data, size_t _step = AUTO_STEP);

⑪ Mat_::Mat_(int _ndims, const int* _sizes, _Tp* _data, const size_t* _steps = 0);

⑫ Mat_::Mat_(const Mat_& m, const Range& rowRange,
        const Range& colRange=Range::all());

⑬ Mat_::Mat_(const Mat_& m, const Rect& roi);

⑭ Mat_::Mat_(const Mat_& m, const Range* ranges);

⑮ Mat_::explicit Mat_(const MatExpr& e);

⑯ Mat_::explicit Mat_(const vector<_Tp>& vec, bool copyData = false);

⑰ Mat_::template<int n> explicit Mat_(const Vec<typename DataType<_Tp>
        ::channel_type, n>& vec, bool copyData = true);

⑱ Mat_::template<int m, int n> explicit Mat_(
        const Matx<typename DataType<_Tp>::channel_type, m, n>& mtx,
        bool copyData = true);

⑲ Mat_::explicit Mat_(const Point_<typename DataType<_Tp>::channel_type>& pt,
        bool copyData = true);

⑳ Mat_::explicit Mat_(const Point3_<typename DataType<_Tp>::channel_type>& pt,
        bool copyData = true);

㉑ Mat_::explicit Mat_(const MatCommaInitializer_<_Tp>& commainitializer);

[예제 2-40] Mat_ 클래스 (클래스 생성 및 초기화)

```
001:    #include "opencv.hpp"
002:    using namespace cv;
003:    using namespace std;
004:    int main()
005:    {
006:        Mat A(2,3,CV_32F);
007:        for(int i = 0; i < A.rows; i++)
008:        for(int j = 0; j < A.cols; j++)
009:            A.at<float>(i, j) = (float)(i * A.cols + j);
010:
011:        Mat_<float> B = (Mat_<float>)A;
012:        Mat_<float> & C = (Mat_<float> &)A;
013:
014:        B(0,0) = 10.0f;
015:        cout << "A=" << A << endl;
016:        cout << "B=" << B << endl;
017:        cout << "C=" << C << endl;
```

```
018:
019:        Mat_<float> D1(2,3);
020:        for(int i = 0; i < D1.rows; i++)
021:            for(int j = 0; j < D1.cols; j++)
022:                D1(i, j) = (float)(i * D1.cols + j);
023:        cout << "D1=" << D1 << endl;
024:
025:        Mat_<float> D2(2, 3, 10);
026:        cout << "D2=" << D2 << endl;
027:
028:        Mat_<float> E1 = (Mat_<float>(2, 3) << 1, 2, 3, 4, 5, 6);
029:        Mat E2 = (Mat_<float>(2, 3) << 1, 2, 3, 4, 5, 6);
030:        cout << "E1=" << E1 << endl;
031:        cout << "E2=" << E2 << endl;
032:        return 0;
033:    }
```

◎ 프로그램 설명

① 6-9행

6-9행은 자료형이 CV_32F인 2×3 Mat 행렬 A를 생성하고, Mat::at() 메서드를 사용하여 0에서 5까지의 값을 저장한다.

$$A = \begin{bmatrix} 0 & 1 & 2 \\ 3 & 4 & 5 \end{bmatrix}$$

② 11-17행

11행은 Mat 행렬 A를 (Mat_<float>)A에 의해 형변환하여 Mat_ 행렬 B에 저장한다. Mat 행렬 A의 자료형(CV_32F)과 Mat_<float> 행렬 B의 자료형(float)이 같아 행렬 요소를 저장하기 위한 메모리를 공유하고 레퍼런스 카운트만 1 증가시킨다. 만약 Mat_<double> B = (Mat_<double>)A로 형변환을 하면 Mat 행렬 A의 자료형(CV_32F)과 Mat_<double> 행렬 B의 자료형(double)이 같지 않으므로 행렬 B의 행렬 요소를 저장하기 위한 메모리가 별도로 할당된다. 12행은 레퍼런스 연산자(&)로 (Mat_<float> &)A에 의해 형변환을 하여 Mat_<float> & C에 저장하므로 &A, &C가 동일 주소가 되며, OpenCV 2.4.13에서 레퍼런스 카운트는 증가하지 않는다. 즉, *A.refcount = *B.refcount = *C.refcount = 2이다. 14행은 행렬 요소를 위한 메모리가 공유됨을 보이기 위하여, 연산자 메서드 Mat_::_Tp& operator ()(int idx0, int idx1)로 B(0, 0)의 값을 10.0으로 변경한다. 행렬 A(0, 0), C(0, 0)의 값도 10.0으로 변경됨을 확인할 수 있다. 만약 12번 행을 Mat_<double> B = (Mat_<double>)A로 형변환을 하면, 메모리가 별도로 할당되므로 B(0, 0) = 10이고, A(0, 0) = C(0, 0)= 0이다.

③ 19-26행

2×3 Mat_<float> 행렬 D1을 생성한다. 22행은 연산자 메서드 Mat_::_Tp& operator ()(int idx0, int idx1)로 i 행과 j 열의 요소에 i * D1.cols + j 수식의 값을 0부터 5까지 차례로 저장한다. 25행은 2×3 Mat_<float> 행렬 D2를 생성하고, 모든 행렬 요소 값을 10으로 초기화한다.

④ 28-31행

28행은 (Mat_<float>(2, 3)에 의해 2×3 행렬을 생성하고, <<와 콤마(,) 연산자로 행렬 요소 값을 1부터 6으로 초기화하여 Mat_<float> 행렬 E1에 저장한다. 29행은 (Mat_<float>(2, 3)에 의해 2×3 행렬을 생성하고, <<와 콤마(,) 연산자로 행렬 요소 값을 1부터 6으로 초기화하여 Mat 행렬 E2에 저장한다. [그림 2.37]은 Mat_ 행렬의 생성 및 초기화 결과이다.

[그림 2.37] Mat_ 행렬의 생성 및 초기화

[예제 2-41] Mat_ 클래스 (Mat_〈Vec3b〉의 행렬로 3-채널 영상 생성)

```
001:  #include "opencv.hpp"
002:  using namespace cv;
003:  using namespace std;
004:  int main()
005:  {
006:      Mat_<Vec3b> image(400, 400, Vec3b(255, 255, 255));
007:
008:      for(int i = 0; i < 400; i++)
009:          image(i, i) = Vec3b(0, 0, 0);
010:
011:      for(int i = 0; i < image.rows; i++)
012:          for(int j = 0; j < image.cols; j++)
013:              image(i, j)[0] = 0;
014:
015:      imshow("image", image);
016:      waitKey();
017:      return 0;
018:  }
```

◎ 프로그램 설명

① 6행

Mat_<Vec3b>로 자료형이 Vec3b인 400×400 3채널 Mat_ 행렬 image를 생성하고, Vec3b(255, 255, 255)로 초기화한다. 채널 순서는 BGR이다. Vec3b(255, 0, 0)은 파랑(blue), Vec3b(0, 255, 0)은 초록(green), Vec3b(0, 0, 255)은 빨강(red)이다.

② 8-9행

9행은 Vec3b(0, 0, 0)를 image(i, i)에 저장하여, 대각선의 화소 값을 검정색으로 변경한다.

③ 11-13행

13행은 image(i, j)[0]에 0을 저장하여, 각 화소의 0-채널 값을 0으로 변경하여 각 화소의 값을 노란 색인 (0, 255, 255)로 변경한다. 1-채널, 2-채널의 값은 image(i, j)[1], image(i, j)[2]로 접근한다. [그림 2.38]은 Mat_<Vec3b>의 행렬로 3-채널 영상을 생성하고 화소 값을 변경한 결과이다.

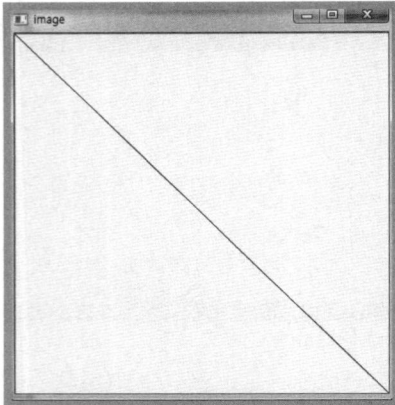

[그림 2.38] Mat_<Vec3b>의 행렬로 3-채널 영상을 생성

[예제 2-42]   Mat_ 클래스 (Mat 행렬에 의한 영상 평균 계산)

```
001:  #include "opencv.hpp"
002:  using namespace cv;
003:  using namespace std;
004:  int main()
005:  {
006:      Mat_<uchar> srcImage = imread("lena.jpg", IMREAD_GRAYSCALE);
007:
008:      float sum = 0;
009:      for(int i = 0; i < srcImage.rows; i++)
010:          for(int j = 0; j < srcImage.cols; j++)
011:              sum += srcImage(i, j);
012:      cout << "Avg = sum/total =" << sum/srcImage.total() << endl;
013:
014:      waitKey();
015:      return 0;
016:  }
```

◎ 프로그램 설명

① 6행
imread 함수로 "lena.jpg" 영상을 1채널인 그레이스케일로 읽어 Mat_<uchar> 행렬 srcImage에 저장한다. imread 함수의 반환 자료형 Mat에서 Mat_<uchar>로 자료형 변환이 일어난다.

② 8-12행
11행은 srcImage(i, j)에 의해 영상의 화소 값을 읽어 sum 변수에 더한다. 12행은 sum / srcImage. total()에 의해 영상의 평균 화소 값을 계산하여, Avg = sum / total = 124.199를 출력한다. srcImage.total()는 행렬 srcImage의 전체 개수이다.

4.2 Mat_ 행렬 생성

Mat_::create() 메서드는 _rows, _cols, _size, _ndims 등에 의해서 새로운 Mat_ 클래스 행렬을 생성한다. Mat_::create(int _rows, int _cols) 메서드는 Mat::create(_rows, _cols, DataType〈_Tp〉::type) 메서드와 같다. Mat_::create(Size _size) 메서드는 Mat::create(_size, DataType〈_Tp〉::type) 메서드와 같다. Mat_::create(int _ndims, const int* _sizes) 메서드는 Mat::create(_ndims, _sizes, DataType〈_Tp〉::type) 메서드와 같다. Mat_::create() 메서드는 DataType〈_Tp〉::type 부분은 기존 행렬과 동일하면서 다른 크기의 행렬을 생성할 때 사용한다. 행렬의 크기가 다를 경우, 행렬 요소들을 저장할 메모리는 해제되었다가, 다시 할당된다.

① void Mat_::create(int _rows, int _cols);
   // Mat::create(_rows, _cols, DataType〈_Tp〉::type)
② void Mat_::create(Size _size); // Mat::create(_size, DataType〈_Tp〉::type)
③ void Mat_::create(int _ndims, const int* _sizes);
   // Mat::create(_ndims, _sizes, DataType〈_Tp〉::type)

[예제 2-43] Mat_ 클래스(Mat_::create 메서드)

```
001: #include "opencv.hpp"
002: using namespace cv;
003: using namespace std;
004: int main()
005: {
006:     Mat_<float> A(2, 3, 0.0);
007:     cout << "A=" << A << endl;
008:
009:     A.create(3, 3);
010:     for(int i = 0; i < A.rows; i++)
011:         for(int j = 0; j < A.cols; j++)
012:             A(i, j) = (float)(i * A.cols + j);
013:     cout << "A=" << A << endl;
014:
015:     A.create(Size(3, 4));
016:     cout << "A=" << A << endl;
017:
018:     Mat_<uchar> B;
019:     int sizes[] = {3, 3};
020:     B.create(2, sizes);
021:     cout << "B=" << B << endl;
022:     return 0;
023: }
```

◎ **프로그램 설명**

① 6-16행
6행은 Mat_<float>로 2×3 행렬 A를 생성하고 0.0으로 초기화한다. 9행은 Mat_::create() 메서드로 행렬 A의 크기를 3×3로 변경하여 생성한다. 행렬 A의 요소를 위한 메모리가 다시 할당된다. 12행은 행렬 A(i, j)에 (float)(i * A.cols + j) 값을 저장한다. 15행은 행렬 A의 크기를 4×3로 변경하여 생성한다. 행렬 A의 요소를 위한 메모리가 다시 할당된다.

② 18-21행

20행은 Mat_<uchar>에 의해 행렬 B를 생성한다. 20행은 행렬 B를 2차원 3×3 행렬로 생성한다. [그림 2.39]는 Mat_::create() 메서드의 결과이다. 메모리가 다시 할당되고, 초기화가 되지 않아, 16행과 21행의 행렬 출력에서 임의 값이 출력된 것을 볼 수 있다.

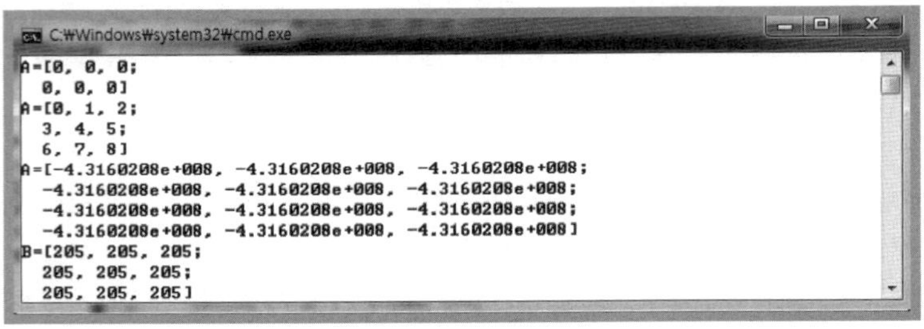

[그림 2.39] Mat_::create() 메서드

[예제 2-44] Mat_ 클래스(Mat_::create 메서드 3-채널 영상을 생성)

```
001:  #include "opencv.hpp"
002:  using namespace cv;
003:  using namespace std;
004:  int main()
005:  {
006:      Mat_<Vec3b> srcImage;
007:      srcImage.create(512, 512);
008:
009:      for(int i = 0; i < srcImage.rows; i++)
010:          for(int j = 0; j < srcImage.cols; j++)
011:              srcImage(i, j) = Vec3f(255, 255, 255);
012:
013:      imshow("srcImage", srcImage);
014:      waitKey();
015:      return 0;
016:  }
```

◎ **프로그램 설명**

① 6-7행

6행은 Mat_<Vec3b> 클래스로 3채널의 빈 행렬 srcImage를 생성하고, 7행은 Mat::create 메서드로 512×512 영상을 생성한다.

② 9-11행

행렬의 요소(영상의 화소)를 srcImage(i, j)로 접근하여 벡터 Vec3f(255, 255, 255)로 초기화한다.

③ imshow 함수로 영상 srcImage를 화면에 표시하면 하얀 색상의 배경을 갖는 영상이 표시된다.

4.3 Mat_ 행렬 정보

행렬의 정보를 위한 Mat 클래스의 메서드를 재정의(override)한 Mat_ 클래스 메서드들이 있다.

Mat_::elemSize() 메서드는 행렬 요소 하나의 바이트 크기를 반환한다. Mat_::elemSize1() 메서드는 채널 크기는 무시하고 한 채널에서의 하나의 행렬 요소의 바이트 개수, Mat_::type() 메서드는 행렬의 자료형, Mat_::depth() 메서드는 CV_8U, CV_8S, CV_16U, CV_16S, CV_32S, CV_32F, CV_64F 등의 행렬의 깊이를 반환하고, Mat_::channels() 메서드는 행렬의 채널 개수를 반환한다. Mat_::step1() 메서드는 Mat::step/Mat_::elemSize1()로 정규화된 행의 바이트 개수를 반환한다. Mat_::stepT() 메서드는 Mat::step/sizeof(_Tp) 바이트 개수를 반환한다.

① size_t Mat_::elemSize() const;
② size_t Mat_::elemSize1() const;
③ int Mat_::type() const;
④ int Mat_::depth() const;
⑤ int Mat_::channels() const;
⑥ size_t Mat_::step1(int i = 0) const;
⑦ size_t Mat_::stepT(int i = 0) const; //step/sizeof(_Tp)

[예제 2-45] Mat_ 행렬 정보

```
001: #include "opencv.hpp"
002: using namespace cv;
003: using namespace std;
004: int main()
005: {
006:     Mat_<Vec3f> A(4, 5, Vec3f(255, 255, 255));
007:     cout << "A.rows =" << A.rows << endl;
008:     cout << "A.cols =" << A.cols << endl;
009:     cout << "A.dims =" << A.dims << endl;
010:     cout << "A.size() =" << A.size() << endl;
011:     cout << "A.total() =" << A.total() << endl;
012:
013:     cout << "A.elemSize() =" << A.elemSize() << endl;
014:     cout << "A.elemSize1() =" << A.elemSize1() << endl;
015:     cout << "A.type() =" << A.type() << endl;
016:     cout << "A.depth() =" << A.depth() << endl;
017:     cout << "A.channels() =" << A.channels() << endl;
018:
019:     cout << "A.step =" << A.step << endl;
020:     cout << "A.step1() =" << A.step1() << endl;
021:     cout << "A.stepT() =" << A.stepT() << endl;
022:     return 0;
023: }
```

◎ **프로그램 설명**

① 6-11행
6행은 Mat_<Vec3f>로 4×5 행렬 A를 생성하고 Vec3f(255, 255, 255)로 초기화한다. 7-10행은 상위 클래스인 Mat 클래스의 멤버로 행의 개수 A.rows = 4, 열의 개수 A.cols=5, 차원 A.dims = 2, 크기 A.size() = [5×4], 행렬 요소 개수 A.total() = 20을 출력한다.

② 13-21행

상위 클래스인 Mat 클래스에서 상속받아 재정의한 메서드로 출력한다. 13행은 행렬 요소 하나의 바이트 크기가 A.elemSize() = sizeof(Vec3f) = 12바이트가 출력된다. 14행은 한 채널에서의 하나의 행렬 요소의 바이트 크기인 A.elemSize1() = sizeof(float) = 4바이트가 출력된다. 15-21행은 A.type() = 21(CV_32FC3), A.depth() = 5(CV_32F), A.channels() = 3, A.step == 5×12 = 60바이트, A.step1() = 60 / 4=15, A.stepT() = 60 / 12 = 5를 출력한다. [그림 2.40]은 Mat_ 행렬 정보의 출력 결과이다.

[그림 2.40] Mat_ 행렬 정보

4.4 Mat_ 행렬의 행, 열, 대각선 지정에 의한 부분 행렬 헤더 생성 및 복제

Mat_::row 메서드는 y-행에 대한 행렬 헤더를 생성하고, Mat_::col 메서드는 x-열에 대한 행렬 헤더를 생성한다. Mat_::diag 메서드는 대각선 요소에 대한 행렬 헤더를 생성한다. Mat_::clone 메서드는 행렬을 완전히 복제한다.

① Mat_ Mat_::row(int y) const;
② Mat_ Mat_::col(int x) const;
③ Mat_ Mat_::diag(int d = 0) const;
④ Mat_ Mat_::clone() const;

[예제 2-46] Mat_ 클래스(행, 열, 대각선 지정에 의한 부분 행렬 헤더 생성 및 복제)

```
001:    #include "opencv.hpp"
002:    using namespace cv;
003:    using namespace std;
004:    int main()
005:    {
006:        Mat_<float> A = (Mat_<float>(3, 3) << 1, 2, 3, 4, 5, 6, 7, 8, 9);
007:        cout << "A = " << A << endl;
008:
009:        Mat B = A.row(0);
010:        Mat C = A.col(0);
011:        Mat D0 = A.diag();
012:        Mat D1 = A.diag(1);
013:        Mat D2 = A.diag(-1);
014:        Mat E = A.clone();
015:
```

```
016:        cout << "A = " << A << endl;
017:        cout << "B = " << B << endl;
018:        cout << "C = " << C << endl;
019:        cout << "D0 = " << D0 << endl;
020:        cout << "D1 = " << D1 << endl;
021:        cout << "D2 = " << D2 << endl;
022:        cout << "E = " << E << endl;
023:        return 0;
024: }
```

◎ 프로그램 설명

① 6행

6행은 (Mat_<float>(3, 3)에 의해 3×3 행렬을 생성하고, <<와 콤마(,) 연산자로 행렬 요소값을 1부터 9로 초기화하여 Mat_<float> 행렬 A에 저장한다.

② 9~14행

9행은 B = A.row(0)으로 A의 0행의 헤더를 행렬 B에 저장한다. 행렬 B는 데이터를 행렬 A의 0행의 데이터와 메모리를 공유하며, 행렬 B는 1×3 행렬로 B = [1, 2, 3]이다. 10행은 C = A.col(0)으로 행렬 0열의 헤더를 행렬 C에 저장한다. 행렬 C 역시 데이터를 별도로 할당하지 않고, 행렬 A의 0-열의 데이터와 공유한다. 행렬 C는 3×1 행렬로 C = [1; 4; 7]이다. 11행은 D0 = A.diag()으로 d = 0에 의해 행렬 A의 대각선 요소에 의한 헤더를 행렬 D0에 저장한다. 행렬 D0도 데이터를 별도로 할당하지 않고, 행렬 A의 대각선의 데이터와 메모리를 공유하며, 행렬 D0는 3×1 행렬로 D0 = [1; 5; 9]이다. 12행은 D1 = A.diag(1)으로 d = 1에 의해 행렬 A의 대각선에서 위로 1만큼 떨어진(off-diagonal) 요소에 의한 헤더를 행렬 D1에 저장한다. 행렬 D1는 2×1 행렬로 D1 = [2; 6]이다. 13행은 D2 = A.diag(-1)로 d = -1에 의해 행렬 A의 대각선에서 아래로 1만큼 떨어진(off-diagonal) 요소에 의한 헤더를 행렬 D2에 저장한다. 행렬 D2는 2×1 행렬로 D2 = [4; 8]이다. A.diag(2) = [3]이고, A.diag(-2) = [7]이다. 14행은 E = A.clone()에 의해 행렬 A를 완전히 복제하여 행렬 E에 저장한다. 행렬 A를 완전히 복제하였기에 행렬 A의 값을 변경해도 행렬 A에 영향을 미치지 않는다. [그림 2.41]은 Mat_ 행렬의 행, 열, 대각선 지정에 의한 부분 행렬 헤더 생성 및 복제 실행 결과이다.

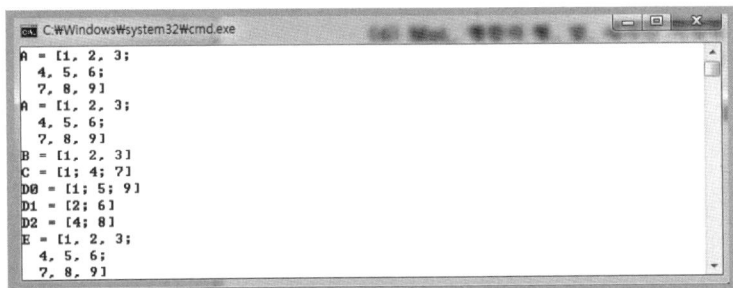

[그림 2.41] Mat_ 행렬의 행, 열, 대각선 지정에 의한 부분 행렬 헤더 생성 및 복제

4.5 Mat_ 행렬의 ROI 조정 및 영역 관련 ( ) 연산자 메서드

Mat_::adjustROI() 메서드는 부분 행렬(submatrix)에서 관심영역(Region Of Interest)의 크기 및 위치를 조정한다. dtop은 위로 이동, dbottom은 아래로 이동, dleft는 왼쪽 이동, dright는 오른쪽 이동으로 절대값이 아니라 상대값이다. 원본 행렬의 전체 크기를 벗어나는 경계에서 더 이상 이동할 수 없으면 이동이 일어나지 않으며, filter2D와 같

은 함수에서 내부적으로 사용한다. () 연산자 메서드는 Range, Rect에 의해 범위를 지정하여, 행렬의 부분 행렬의 헤더를 추출하는 연산자이다. Mat::row(), Mat::col(), Mat::rowRange(), and Mat::colRange() 등과 같이 부분 행렬을 지정한다.

① Mat_& Mat_::adjustROI(int dtop, int dbottom, int dleft, int dright);
② Mat_ Mat_::operator()(const Range& rowRange,
                        const Range& colRange) const;
③ Mat_ Mat_::operator()(const Rect& roi) const;
④ Mat_ Mat_::operator()(const Range* ranges) const;

[예제 2-47] Mat_ 클래스(ROI 조정 및 영역 관련 () 연산자 메서드)

```
001:   #include "opencv.hpp"
002:   using namespace cv;
003:   using namespace std;
004:   int main()
005:   {
006:       Mat_<uchar> A(10,10);
007:       for(int i = 0; i < A.rows; i++)
008:           for(int j = 0; j < A.cols; j++)
009:               A(i, j) = (uchar)(i * A.cols + j);
010:       cout << "A = " << A << endl;
011:
012:       Mat_<uchar> B = A(Range(5, 8), Range(3, 6));
013:       cout << "B = " << B << endl;
014:
015:       Mat_<uchar> C = B.adjustROI(1, 1, 1, 1);
016:       cout << "B = " << B << endl;
017:       cout << "C = " << C << endl;
018:
019:       Mat D = A(Rect(0, 0, 5, 5));
020:       cout << "D = " << D << endl;
021:
022:       Range ranges[2] = {Range(5, 8), Range(3, 6)};
023:       Mat E = A(ranges);
024:       cout << "E = " << E << endl;
025:       return 0;
026:   }
```

◎ **프로그램 설명**

① 6−10행
6행은 Mat_<uchar>로 uchar형의 10×10, 1채널 행렬 A를 생성한다. 9행은 행렬 A(i, j) 요소값을 i * A.cols + j로 저장한다.

② 12−23행
12행은 A(Range(5, 8), Range(3, 6))에 의해 지정된 행렬 A의 3×3 부분 행렬을 행렬 B에 저장한다. 15행은 부분 행렬 B의 원본 행렬 A에서의 크기를 상, 하, 좌, 우로 1씩 늘린 5×5 부분 행렬을 행렬 C에 저장한다. 이때 행렬 B로 행렬 C와 같이 5×5 부분 행렬로 조정된다. 19행은 A(Rect(0, 0, 5, 5))에 의해 지정된 행렬 A의 5×5 부분 행렬을 행렬 D에 저장한다. 23행은 ranges 배열에 지정된 범위를 이용하여 행렬 A의 3×3 부분 행렬을 행렬 E에 저장한다. [그림 2.42]는 Mat_ 클래스에서 ROI 조정 및 영역 관련 () 연산자 메서드 실행 결과이다.

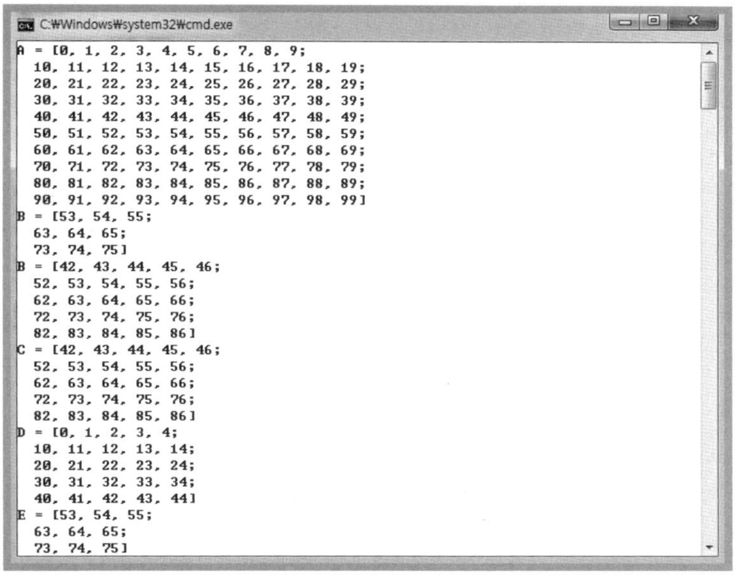

[그림 2.42] ROI 조정 및 영역 관련 () 연산자 메서드

4.6 Mat_ 행렬의 지정(=) 연산자 메서드 및 자료형 변환 () 연산자 메서드

Mat_ 클래스는 = 연산자 메서드를 사용하여 Mat 클래스 객체와 Mat_클래스 객체를 = 연산자 왼쪽에 사용하여 저장할 수 있으며, 상수를 행렬의 모든 요소값으로 저장할 수 있다. 행렬 수식(MatExpr)도 mat_ 행렬에 저장할 수 있다. Mat_⟨T2⟩() 연산자 메서드는 T2 자료형으로 변경하며, vector⟨_Tp⟩() 연산자 메서드는 행으로 이루어진 행렬을 std::vector로 변환하며, Vec⟨typename DataType⟨_Tp⟩::channel_type, n⟩() 연산자 메서드는 행 또는 열로 이루어진 행렬을 Vec 변환하며, operator Matx⟨typename DataType⟨_Tp⟩::channel_type, m, n⟩() 연산자 메서드는 Matx 행렬로 변환한다.

① Mat_& Mat_∷operator = (const Mat& m);
② Mat_& Mat_∷operator = (const Mat_& m);
③ Mat_& Mat_∷operator = (const _Tp& s);
④ Mat_& Mat_∷operator = (const MatExpr& e);
⑤ template⟨typename T2⟩ Mat_∷operator Mat_⟨T2⟩() const;
⑥ Mat_∷operator vector⟨_Tp⟩() const;
⑦ template⟨int n⟩ Mat_∷
        operator Vec⟨typenameDataType⟨_Tp⟩∷channel_type, n⟩() const;
⑧ template⟨int m, int n⟩ Mat_∷
        operator Matx⟨typename DataType⟨_Tp⟩∷channel_type, m, n⟩() const;

[예제 2-48] Mat_ 클래스 (연산자 메서드)

```
001:    #include "opencv.hpp"
002:    using namespace cv;
003:    using namespace std;
004:    int main()
005:    {
006:         Mat_<float> A(3, 4);
007:         A = 10;
008:         cout << "A = " << A << endl;
009:
010:         Mat B = A;
011:         cout << "B = " << B << endl;
012:
013:         Mat_<float> C(3, 4, 10.0f);
014:         cout << "C = " << C << endl;
015:
016:         Mat D = A * 0.5 + A / C;
017:         cout << "D = " << D << endl;
018:
019:         A = (Mat_<float>(3, 4) << 1, 2, 3, 4, 5, 6, 7, 8, 9, 10, 11, 12);
020:         cout << "A.type="<< A.type() << ",\n A = " << A << endl;
021:
022:         Mat A1 = (Mat_<uchar>)A;
023:         cout << "A1.type="<< A1.type() << ",\n A1 = " << A1 << endl;
024:
025:         Mat A2 = A.row(0);
026:         cout << "A2 = " << A2 << endl;
027:
028:    //   vector<float> V1 = (vector<float>)A2;
029:         vector<float> V1 = A2;
030:         V1[0] = 10000.0f;
031:
032:         cout << "V1 = " << (Mat)V1 << endl;
033:
034:    //   Vec<float, 4> V2 = (Vec<float, 4>)A2;
035:         Vec<float, 4> V2 = A2;
036:         cout << "V2 = " << (Mat)V2 << endl;
037:
038:         cout << "A2 = " << A2 << endl;
039:         Matx14f m1 = (Matx<float, 1, 4>)A2;
040:         cout << "m1 = " << (Mat)m1 << endl;
041:
042:         Mat A3 = A;
043:    //   Matx34f m2 = A3;
044:         Matx34f m2= (Matx<float, 3, 4>)A;
045:
046:         cout << "m2 = " << (Mat)m2 << endl;
047:         return 0;
048:    }
```

◎ **프로그램 설명**

① 6-16행

6행은 Mat_<float>로 float형의 3×4, 1채널 행렬 A를 생성한다. 7행은 행렬 A의 모든 요소값을 10으로 설정한다. 10행은 Mat_ 행렬 A를 형변환하여 Mat 행렬 B에 저장한다. 13행은 Mat_<float>로 float형의 3×4, 1채널 행렬 C를 생성하고, 10으로 초기화한다.

② 16-26행

16행은 행렬 A에 상수 0.5를 곱하면 모든 요소값이 5가 되고, 이 값에 행렬 연산 A / C에 의한 요소값 1을 더해 모든 요소값이 6이 되는 행렬 수식을 계산하여 Mat 행렬 D에 저장한다. 19행은 (Mat_<float>(3, 4) << 1, 2, 3, 4, 5, 6, 7, 8, 9, 10, 11, 12)에 의해 행렬 A의 값을 1에서 12까지로 변경한다. 22행은 (Mat_<uchar>)A에 의해 행렬 A의 자료형을 float에서 uchar로 변경한다. 요소값 역시 uchar에 의해 형변환된다. 25행은 A.row(0)에 의해 행렬 A의 0-행을 A2에 저장한다.

③ 28-32행

29행은 행렬 A2를 float 벡터 V1에 저장한다. 28행의 (vector<float>)A2와 같이 명시적으로 형변환하여 저장한 것과 같다. 30행은 벡터 V1[0]의 값을 10000.0f로 변경한다. 이때 행렬 A2의 값은 변경되지 않는다.

④ 34-36행

35행은 행렬 A2를 크기 4인 float 벡터 V2에 저장한다. 34행의 (Vec<float, 4>)A2와 같이 명시적으로 형변환하여 저장한 것과 같다. 행렬 A2의 내용이 30행에 의해 변경되지 않기 때문에 V1의 요소값은 1, 2, 3, 4가 된다.

⑤ 39-40행

행렬 A2의 내용이 30행에 의해 변경되지 않기 때문에 38행의 행렬 A2 = [1, 2, 3, 4]이다.
39행은 (Matx<float, 1, 4>)A2에 의해 행렬 A2를 Matx<float, 1, 4>로 형변환하여 Matx14f 자료형의 m1에 저장한다. Matx14f 자료형은 Matx<float, 1, 4>와 같다.

⑥ 42-46행

42행은 3×4 Mat_ 행렬 A를 Mat 행렬 A3에 저장한다. 44행은 행렬 A를 (Matx<float, 3, 4>) 자료형으로 형변환하여 Matx34f 자료형 m2에 저장한다. 43행과 같이 묵시적으로 형변환해도 된다. [그림 2.43]은 연산자 메서드의 실행 결과이다.

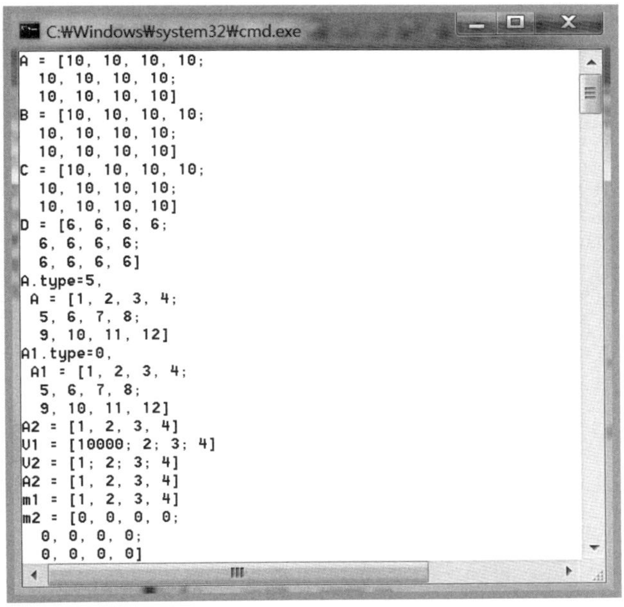

[그림 2.43] 연산자 메서드

4.7 Mat_ 행렬의 반복자(iterator)

Mat_::begin() 메서드는 행렬의 시작 요소로의 반복자, Mat_::end() 메서드는 행렬의 마지막 요소로의 반복자를 반환한다. Mat_::iterator 는 읽기와 쓰기가 가능하고, Mat_::const_iterator는 읽기만 가능한 iterator이다. 아래 [예제 2-49]는 [예제 2-36]에서 Mat 클래스의 반복자 예제를 Mat_ 클래스로 변경한 예제이다.

[예제 2-49]   Mat_ 클래스 (행렬 반복자, Mat_:::begin(), Mat_:::end())

```
001:   #include "opencv.hpp"
002:   using namespace cv;
003:   using namespace std;
004:   int main()
005:   {
006:        Mat_<float> A(10, 10);
007:
008:        for(int i = 0; i < A.rows; i++)
009:             for(int j = 0; j < A.cols; j++)
010:                  A(i, j) = (float)(i * A.cols + j);
011:
012:        cout << "A=" << A << endl;
013:        cout << "sum(A)=" << sum(A) << endl;
014:
015:        float sum2 = 0;
016:        Mat_<float>::iterator it = A.begin();
017:
018:        for(; it != A.end(); it++)
019:             sum2 += *it;
020:        printf("sum2 = %f\n", sum2);
021:
022:        Mat_<float> B(10, 10);
023:        Mat_<float>::const_iterator itA = A.begin();
024:        Mat_<float>::iterator itB = B.begin();
025:        for(; itA != A.end(); itA++, itB++)
026:             *itB = *itA;
027:        cout << "B=" << B << endl;
028:        return 0;
029:   }
```

◎ 프로그램 설명

① 6~13행

float형 10×10 Mat_ 행렬 A를 생성하고, 행렬 A의 (i, j) 요소값을 i * A.cols + j로 저장하고, 출력한다. 13행은 cv::sum(A) 함수로 행렬 A에서 요소들의 합계를 계산하여 Scalar로 반환하여 출력한다.

② 15~17행

16행은 it = A.begin()에 의해 행렬 A의 시작 요소로의 반복자를 it에 저장한다. 18행에서 for 문의 조건 it != A.end()을 만족하면, 즉 행렬의 마지막 요소가 아니면, 19행에서 요소값인 *it을 sum2에 더하여 합계를 계산하고, 18행의 for 문에서 it++로 다음 요소로 이동한다. 즉, 반복자를 사용하면 for 문장 2개를 사용하는 행과 열을 이용하여 행렬 요소에 접근하지 않아도 된다. 20행의 sum2은 13행의 sum 함수의 결과와 같음을 알 수 있다.

③ 22-27행

23행은 행렬 A의 시작 요소로의 읽기 전용 상수 반복자인 const_iterator itA를 생성한다. 24행은 행렬 B의 시작 요소로의 읽기 쓰기용 반복자 itB를 생성한다. 25-26행은 반복자 itA에 의해 행렬 A의 요소값을 읽어 반복자 itB로 행렬 B의 요소값에 저장한다. 즉, 반복자를 이용하여 행렬 A에서 행렬 B로 요소값을 복사한다. [그림 2-44]는 실행 결과로 27행의 행렬 B의 출력은 12행의 행렬 A의 내용과 같다.

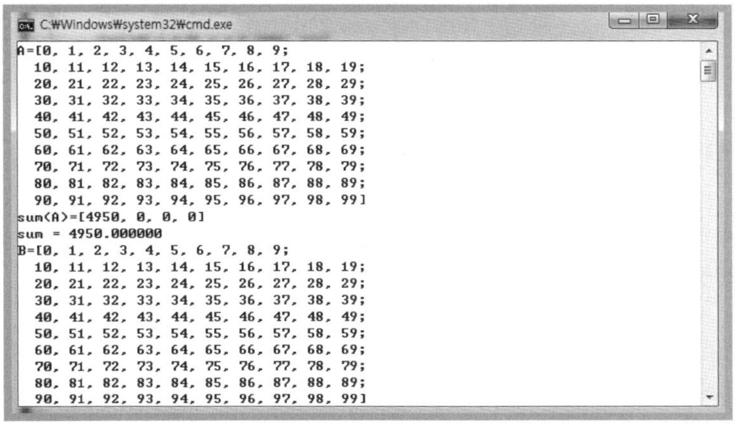

[그림 2.44] Mat_ 행렬의 반복자(iterator), Mat_::begin(), Mat_::end()

05　InputArray, OutputArray 클래스

mat.hpp에 정의되어 있는 InputArray, OutputArray, InputOutputArray 클래스는 OpenCV 함수, 클래스 메서드 등에서 벡터나 행렬을 인수로 전달할 때 사용한다. 일반 사용자가 프로그램에서 InputArray, OutputArray, InputOutputArray 클래스의 객체를 생성하여 사용하지는 않는다. Mat 인수를 대신하여 OpenCV 3.1.0에서 사용이 크게 확대되었다.

5.1 InputArray

InputArray 클래스는 OpenCV 함수의 입력으로 사용될 벡터나 행렬을 인수로 전달할 때 사용된다. InputArray 클래스인 인수는 읽기만 가능하며, Mat, Mat_⟨T⟩, Matx⟨T, m, n⟩, std::vector⟨T⟩, std::vector⟨std::vector⟨T⟩⟩, std::vector⟨Mat⟩ 또는 행렬 수식을 전달할 수 있다.

5.2 OutputArray

OutputArray 클래스는 InputArray 클래스에서 상속을 받은 클래스로 OpenCV 함수의 출력으로 사용될 벡터나 행렬을 인수로 전달할 때 사용된다. OutputArray 클래스인 인수는 읽기와 쓰기가 가능하며, Mat, Mat_⟨T⟩, Matx⟨T, m, n⟩, std::vector⟨T⟩, std::vector⟨std::vector⟨T⟩ ⟩, std::vector⟨Mat⟩, noArray() 등을 전달할 수 있다.

5.3 InputOutputArray

InputOutputArray 클래스는 OutputArray 클래스에서 상속을 받은 클래스로 OpenCV 함수의 입출력으로 사용될 벡터나 행렬을 인수로 전달할 때 사용된다.

```cpp
class CV_EXPORTS _InputArray
{
    //..........
};
class CV_EXPORTS _OutputArray : public _InputArray
{
    //..........
};
class CV_EXPORTS _InputOutputArray : public _OutputArray
{
    //..........
};
typedef const _InputArray& InputArray;
typedef InputArray InputArrayOfArrays;
typedef const _OutputArray& OutputArray;
typedef OutputArray OutputArrayOfArrays;
typedef const _InputOutputArray& InputOutputArray;
typedef InputOutputArray InputOutputArrayOfArrays;
CV_EXPORTS InputOutputArray noArray();
```

[예제 2-50] InputArray/OutputArray

```cpp
001:    #include "opencv.hpp"
002:    using namespace cv;
003:    void myThreshold(InputArray _src, OutputArray _dst, uchar thresh);
004:    int main()
005:    {
006:        Mat srcImage = imread("lena.jpg", IMREAD_GRAYSCALE);
007:        if( srcImage.empty() )
008:            return -1;
009:
010:        Mat dstImage;
011:        myThreshold(srcImage, dstImage, 128);
012:        imshow("dstImage", dstImage);
013:        waitKey();
```

```
014:        return 0;
015: }
016: void myThreshold(InputArray _src, OutputArray _dst, uchar thresh)
017: {
018:        Mat src = _src.getMat();
019:        _dst.create(src.size(), src.type());
020:        Mat dst = _dst.getMat();
021:
022:        for( int i = 0; i < src.rows; i++ )
023:             for( int j = 0; j < src.cols; j++ )
024:             {
025:                  if(src.at<uchar>(i, j) < thresh)
026:                       dst.at<uchar>(i, j) = 0;
027:                  else
028:                       dst.at<uchar>(i, j) = 255;
029:             }
030: }
```

◎ **프로그램 설명**

① 6-8행
imread 함수로 "lena.jpg" 영상을 그레이스케일로 읽어 Mat 행렬 srcImage에 저장한다.

② 10-13행
사용자 함수 myThreshold를 호출하여 입력영상 srcImage에 임계값 128을 적용한 출력영상 dstImage를 생성하고, imshow 함수로 윈도우 화면에 표시한다.

③ 16-30행
myThreshold 함수는 OpenCV의 cv::threshold 함수를 8비트 1채널 영상에서 임계값을 적용하도록 단순하게 구현하였다. _srcs는 InputArray 클래스 객체이고, _dst는 OutputArray 클래스 객체이다. 18행은 _src의 행렬을 Mat 행렬 src에 저장한다. 19행은 출력을 위한 _dst의 행렬을 생성하고, 20행은 Mat 행렬 dst에 저장한다. 22-29행은 src 행렬의 (i, j) 요소값을 읽어 임계값 thresh와 비교하여, dst 행렬의 (i, j) 요소값에 0 또는 255를 저장한다. dst 행렬의 요소를 변경하면, OutputArray의 _dst의 행렬이 변경된다. [그림 2.45]는 myThreshold 함수로 srcImage 영상에 임계값 128을 적용한 결과 영상 dstImage를 표시한다.

[그림 2.45] myThreshold(srcImage, dstImage, 128)

06 std::vector 클래스

vector 클래스는 C++의 표준 템플릿 라이브러리(STL: Standard Template Library)의 대표적인 시퀀스 컨테이너 클래스로 C/C++의 배열을 대신하여 사용하면 편리한 점이 많으며, OpenCV 내에서 빈번히 사용한다.

6.1 vector 생성자에 의한 초기화

vector 클래스 객체를 생성하고, 벡터 요소값을 초기화한다.

[예제 2-51] vector 클래스(vector 생성자에 의한 초기화)

```
001:  // #include <iostream>
002:  // #include <vector>
003:  #include "opencv.hpp"
004:  using namespace cv;
005:  using namespace std;
006:  int main()
007:  {
008:      vector<int> V1;
009:      cout << "V1 =" << (Mat)V1 << endl;
010:
011:      vector<int> V2(3, 0);
012:      cout << "V2 =" << (Mat)V2 << endl;
013:
014:      int arr[] = {1, 2, 3, 4, 5, 6, 7, 8, 9};
015:      vector<int> V3(arr, arr+sizeof(arr)/sizeof(arr[0]));
016:      cout << "V3 =" << (Mat)V3 << endl;
017:
018:      Point pts[] = {Point(100, 100), Point(200, 100),
019:                     Point(200, 200), Point(100, 200)};
020:      vector<Point> V4(pts, pts + sizeof(pts) / sizeof(pts[0]));
021:      cout << "V4 =" << (Mat)V4 << endl;
022:
023:      vector<Point> V5(V4.begin(), V4.end()); // V5(V4);
024:      cout << "V5 =" << (Mat)V5 << endl<< endl;
025:      return 0;
026:  }
```

◎ 프로그램 설명

① 1~2행
iostream, vector 헤더 파일은 OpenCV 헤더 파일에서 이미 포함되어 있으므로, 포함하지 않을 수 있다.

② 8-9행
8행은 int형 벡터 V1을 생성하고, 9행은 스트림 출력을 사용하기 위해 Mat 클래스로 형변환하여 V1 = []로 출력한다.

③ 11-12행
11행은 int형 벡터 V2는 벡터의 크기를 3으로 하고 각 요소값을 0으로 초기화하여 생성하고, 12행은 Mat 클래스로 형변환하여 V2 = [0; 0; 0]로 출력한다.

④ 14-16행
14행은 int형 배열 arr에 정수형 상수를 초기화하고, 15행은 int형 벡터 V3를 배열의 시작 주소 arr과 마지막 요소의 주소 arr + sizeof(arr) / sizeof(arr[0])를 사용하여, 배열 arr에 저장된 정수 값을 벡터 V3에 복사하여 초기화한다. 16행은 V3를 Mat 클래스로 형변환하여 V3 = [1; 2; 3; 4; 5; 6; 7; 8; 9]로 출력한다.

⑤18-21행
18-19행은 Point형 배열 pts에 4개의 좌표점을 초기화하고, 20행은 Point형 벡터 V4를 배열의 시작 주소 pts와 마지막 요소의 주소 pts+sizeof(pts)/sizeof(pts[0])를 사용하여, 배열 pts에 저장된 좌표 값을 벡터 V4에 복사하여 초기화한다. 21행은 V4를 Mat 클래스로 형변환하여 V3 = [100,100; 200, 100; 200, 200; 100, 200]으로 출력한다.

⑥ 23-24행
23행은 벡터 V4의 시작 요소와 마지막 요소의 주소를 반환하는 반복자 메서드 V4.begin()과 V4.end()를 사용하여 V4의 모든 요소를 벡터 V5에 복사한다. 이것은 V5(V4)와 같다. [그림 2.46]은 vector 생성자에 의한 초기화 결과이다.

```
C:\Windows\system32\cmd.exe
V1 =[]
V2 =[0; 0; 0]
V3 =[1; 2; 3; 4; 5; 6; 7; 8; 9]
V4 =[100, 100; 200, 100; 200, 200; 100, 200]
V5 =[100, 100; 200, 100; 200, 200; 100, 200]
```

[그림 2.46] vector 생성자에 의한 초기화

6.2 vector를 배열로 사용

vector 클래스를 사용하면 데이터의 크기를 지정하지 않고 vector::push_back() 멤버 함수로 데이터를 넣고, 사용할 때는 배열처럼 사용할 수 있으며, vector::size() 멤버 함수로 저장된 데이터의 크기를 알 수 있다. 각 데이터 요소들이 배열과 같이 연속으로 할당되어, 임의의 요소에 대한 접근 속도가 빠르고, 끝 지점에서 삽입과 삭제가 빠르다. 현재 할당된 용량은 vector::capacity() 멤버 함수를 통해 알 수 있다. 현재 할당된 용량보다 크게 삽입이 일어나면 메모리 재할당이 일어나며, 이러한 재할당은 vector 클래스의 성능 저하를 일으킬 수 있다. 그러나 vector::reserve() 멤버 함수로 미리 메모리 용량을 확보하고 사용하면 재할당이 빈번히 일어나는 것을 방지할 수 있다. vector 클래스를 사용하면 C/C++의 배열을 사용할 때 불편한 점을 해결할 수 있는 장점이 있다. vector 클래스는 Mat, Mat_ 클래스와 같이 자주 사용된다.

[예제 2-52] vector 클래스(vector를 1차원 배열로 사용)

```
001:  #include <iostream>
002:  #include <vector>
003:  using namespace std;
004:  int main()
005:  {
006:      vector<float> V1;
007:      V1.push_back(10.0f);
008:      V1.push_back(20.0f);
009:      V1.push_back(30.0f);
010:      V1.push_back(40.0f);
011:      cout << "V1.capacity() = " << V1.capacity() << endl;
012:      cout << "V1.size() = " << V1.size() << endl;
013:
014:      cout << "for:" << endl;
015:      for (int i = 0; i < V1.size(); i++)
016:      {
017:          cout << V1[i] << endl;
018:      }
019:
020:      V1.erase(V1.begin() + 2);            // 30 삭제
021:
022:      cout << endl << "it1:" << endl;
023:      vector<float>::iterator it1;
024:      for (it1 = V1.begin(); it1 != V1.end(); it1++)
025:      {
026:          cout << *it1 << endl;
027:      }
028:
029:      cout << endl << "reverse_iterator:" << endl;
030:
031:      V1.insert(V1.begin() + 2, 30.0f);    // 30 추가
032:
033:      vector<float>::reverse_iterator it2;
034:      for (it2 = V1.rbegin(); it2 != V1.rend(); it2++)
035:      {
036:          cout << *it2 << endl;
037:      }
038:      V1.clear();                          // V1 벡터내용 삭제
039:      cout << "V1.capacity() = " << V1.capacity() << endl;
040:      cout << "V1.size() = " << V1.size() << endl;
041:      return 0;
042:  }
```

◎ 프로그램 설명

① 1-2행

1행의 iostream은 cout을 사용하기 위해, 2행의 vector는 vector 클래스를 사용하기 위해 포함하는 헤더 파일이다.

② 6-12행

float 벡터 V1을 생성하고, vector::push_back() 멤버 함수를 사용하여 10.0f, 20.0f, 30.0f, 40.0f를 차례로 저장하여 V1 = [10.0f, 20.0f, 30.0f, 40.0f]이 된다. 11행의 V1.capacity() = 4, V1.size() = 4이다. vector::push_back() 멤버 함수를 호출할 때마다 메모리 재할당이 일어난다. 메모리 재할당이 매번 일어나지 않도록 vector::reserve() 멤버 함수를 사용하는 것이 좋다.

③ 14-18행

for 문장으로 벡터 V1의 요소를 출력한다. 17행의 V1[i]와 같이 배열과 같이 접근한다.

④ 20행

vector::erase() 멤버 함수로 V1.begin() + 2번째 요소값, 30.0f을 삭제한다. V1 = [10.0f, 20.0f, 40.0f]로 변경된다.

⑤22-27행

vector<float>::iterator 변수 t1을 사용하여 벡터의 요소값 *it1을 출력한다. V1.begin()은 V1의 시작 요소이고, V1.end()는 V1의 마지막 요소이다.

⑥ 31행

31행은 vector::insert() 멤버 함수로 V1.begin() + 2번째에 30.0f를 추가하여, V1 = [10.0f, 20.0f, 30.0f, 40.0f]이다.

⑦ 33-37행

vector<float>::reverse_iterator 변수 it2를 선언하고, for 문장을 사용하여 V1의 역순 처음(마지막) 요소인 V1.rbegin()에서 역순 마지막 요소인 V1.rend()까지 V1의 요소를 역순으로 출력한다.

⑧ 38-47행

38행은 vector::clear() 멤버 함수로 V1의 모든 요소값을 삭제한다. 39행의 V1.capacity() = 4, V1.size() = 0이다. [그림 2.47]은 vector를 1차원 배열로 사용한 실행 결과이다.

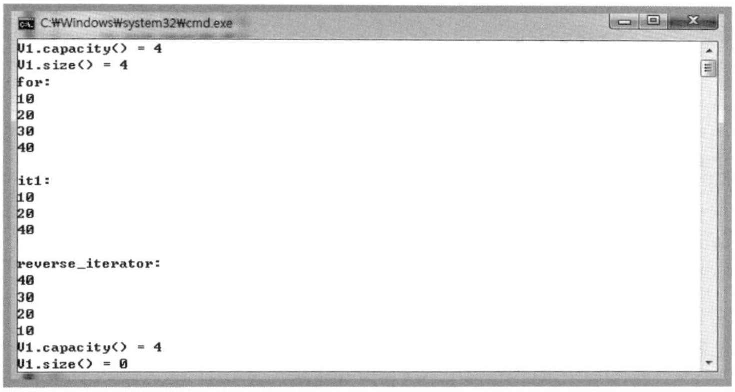

[그림 2.47] vector를 1차원 배열로 사용

[예제 2-53] vector 클래스 (vector를 2차원 배열로 사용)

```
001:  #include <iostream>
002:  #include <iomanip>
003:  #include <vector>
004:  using namespace std;
005:  int main()
006:  {
007:  //    vector<int> V1(3, 0);
008:  //    vector< vector<int> > M1(2, V1);
009:      vector< vector<int> > M1(2, vector<int>(3, 0) );
010:
011:      M1[0][0] = 10;
012:      M1[0][1] = 20;
013:      M1[0][2] = 30;
014:      M1[1][0] = 40;
015:      M1[1][1] = 50;
016:      M1[1][2] = 60;
017:
018:      cout << "M1.size() = " << M1.size() << endl;
```

```
019:        cout << "M1[0].size() = " << M1[0].size() << endl;
020:
021:        cout << endl << "for:" << endl;
022:        for (int i = 0; i < M1.size(); i++)
023:        {
024:            for (int j = 0; j < M1[i].size(); j++)
025:            {
026:                cout << setw(4) << M1[i][j] << " ";
027:            }
028:            cout << endl;
029:        }
030:
031:        vector< vector<int> >::iterator it1;
032:        vector<int>::iterator it2;
033:        cout << endl << "iterator:" << endl;
034:        for (it1 = M1.begin(); it1 != M1.end(); it1++)
035:        {
036:            for (it2 = (*it1).begin(); it2 != (*it1).end(); it2++)
037:            {
038:                cout << setw(4) << *it2 << " ";
039:            }
040:            cout << endl;
041:        }
042:        return 0;
043: }
```

◎ 프로그램 설명

① 1-3행
1행의 iostream은 cout을 사용하기 위해, 2행의 iomanip는 출력 간격을 맞추기 위한 setw를 위해, 3행의 vector는 vector 클래스를 사용하기 위해 포함하는 헤더 파일이다.

② 7-9행
9행은 vector 클래스를 사용하여 2×3 정수 행렬 M1을 생성한다. 주석 처리된 7-8행 역시 2×3 정수 행렬 M1을 생성한다.

③ 11-16행
행렬 M1을 2차원 배열과 같이 사용하여 값을 저장한다.

④ 18-29행
18행의 M1.size() = 2, M1[0].size() = 3이다. 22-29행은 for 문장을 사용하여 행렬 M1의 값을 출력한다. 26행의 setw(4)는 출력 자릿수를 4로 설정한다. 10을 4자리로 출력할 때 오른쪽 정렬하여 출력한다.

⑤31-41행
반복자를 사용하여 행렬 M1의 값을 출력한다. [그림 2.48]은 vector를 1차원 배열로 사용한 실행 결과이다.

[그림 2.48] vector를 2차원 배열로 사용

6.3 vector를 다른 자료형으로 변환

vector를 Mat 클래스로 변환 또는 Point 배열로 변환할 필요가 있다. vector를 Mat 클래스로 변환은 Mat 클래스 생성자 template⟨typename T⟩ explicit Mat::Mat(const vector⟨T⟩& vec, bool copyData = false)를 사용한다. vector를 cv::copy 함수를 배열로 복사하거나, C 언어 스타일로 사용자 정의 함수를 작성하여 복사하여 사용할 수 있다. 여기서는 함수 템플릿을 사용하여 배열로 복사하는 사용자 정의 함수를 작성하는 방법을 예제를 통해 설명한다.

[예제 2-54] vector와 Mat 사이의 변환

```
001:    #include "opencv.hpp"
002:    using namespace cv;
003:    using namespace std;
004:    int main()
005:    {
006:        vector< Point3f > V1;
007:        V1.push_back(Point3f(255, 0, 0));
008:        V1.push_back(Point3f(0, 255, 0));
009:        V1.push_back(Point3f(0, 0, 255));
010:        V1.push_back(Point3f(0, 255, 255));
011:
012:        Mat A(V1); // vector to mat
013: //     Mat A(4, 1, CV_32FC3);
014: //     memcpy(A.data, V1.data(), V1.size()*sizeof(Point3f)); // copy vector to mat
015:        cout << "A.channels()=" << A.channels() << endl;
016:        cout << "A.rows=" << A.rows << endl;
017:        cout << "A.cols=" << A.cols << endl;
018:        cout << "A=" << A << endl;
019:
020:        vector< Point3f > V2;
021:        A.copyTo(V2); // copy mat to vector
022: //     V2.assign((Point3f*)A.datastart, (Point3f*)A.dataend);
023:
024:        cout << "V2=";
025:        for(int i = 0 ; i < V2.size() ; ++i)
026:            cout << (Point3f)V2[i] << ";" ;
027:        cout << endl;
028:
029:        Mat B = A.reshape(1);
030:        Mat C = A.reshape(1).t(); //B.t()
031:
032:        cout << "B.channels()=" << B.channels() << endl;
033:        cout << "B.rows=" << B.rows << endl;
034:        cout << "B.cols=" << B.cols << endl;
035:        cout << "B=" << B << endl;
036:
037:        cout << "C.channels()=" << C.channels() << endl;
038:        cout << "C.rows=" << C.rows << endl;
039:        cout << "C.cols=" << C.cols << endl;
040:        cout << "C=" << C << endl;
041:        return 0;
042:    }
```

◎ 프로그램 설명

① 6-10행
Point3f 벡터 V1을 생성하고, vector::push_back() 메서드를 사용하여 Point3f(255, 0, 0), Point3f(0, 255, 0), Point3f(0, 0, 255), Point3f(0, 255, 255)를 추가한다.

② 12-18행
12행은 Mat 클래스의 생성자로 벡터 V1을 이용하여 행렬 A를 생성한다. 주석 처리된 13-14행과 같이 CV_32FC3의 실수 3채널의 4×1 행렬 A를 생성하고, memcpy 함수로 복사해도 된다. 15-18행에서 행렬 A의 채널수는 Point3f에 의해 A.channels() = 3이고, A.rows = 4, A.cols = 1이 출력된다. 즉 행렬 A는 3채널의 4×1 행렬이다.

③ 20-27행
20행은 Point3f 벡터 V2를 생성하고, 21행은 Mat::copyTo() 메서드로 Mat 행렬 A를 vector 벡터 V2f 복사한다. 주석 처리된 22행과 같이 vector::assign 메서드를 사용하여 복사해도 된다. 24-27행은 벡터 V2의 각 요소를 출력한다.

④ 29-40행
29행은 Mat::reshape() 메서드로 3채널인 행렬을 1채널로 모양을 변경하여, 1채널의 4×3 행렬을 Mat 행렬 B에 저장한다. 행렬 B의 B.channels() = 1이고, B.rows = 4, B.cols = 3이 출력된다. 즉, 행렬 B는 1채널의 4×3 행렬이다. 30행은 Mat::t() 메서드로 행과 열을 교환하는 전치(transpose) 행렬로 변경하여 Mat 행렬 C에 저장한다. 행렬 C의 C.channels() = 1이고, C.rows = 3, B.cols = 4가 출력된다. 즉 행렬 C는 1채널의 3×4 행렬이다. [그림 2.49]는 vector와 Mat 사이의 변환을 실행한 결과이다.

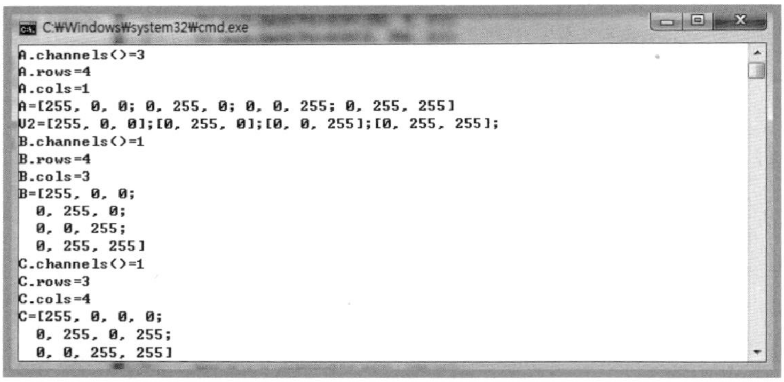

[그림 2.49] vector와 Mat 사이의 변환

[예제 2-55] vector를 1차원 Point 배열로 변환

```
001:  #include "opencv.hpp"
002:  using namespace cv;
003:  using namespace std;
004:
005:  template <class T>
006:  T* vec_to_arr(vector<T> v1) // 1D array
007:  {
008:      T* v2 = new T[v1.size()];
009:      for (int i = 0; i < v1.size() ; i++)
010:          v2[i] = v1[i]; // copy
011:      return v2;
012:  }
013:  template <class T>
014:  void delete_arr(T* arr)
015:  {
```

```
016:        delete [] arr;
017: }
018: int main()
019: {
020:        Mat dstImage(512, 512, CV_8UC3, Scalar(255, 255, 255));
021:
022:        vector<Point> contour;
023:        contour.push_back(Point(100, 100));
024:        contour.push_back(Point(200, 100));
025:        contour.push_back(Point(200, 200));
026:        contour.push_back(Point(100, 200));
027:
028:        int npts[] = {contour.size() };
029:        int i;
030:
031:        Point *P1 = &contour[0];
032:        for (i = 0; i < contour.size() ; i++)
033:            cout << "P1[" << i<<"]="<< P1[i] << endl;
034: //     polylines(dstImage, (const Point**)&P1, npts, 1, true, Scalar(0, 0, 255) );
035:
036:        Point *P2 = (Point*) Mat(contour).data;
037:        for(i = 0; i < contour.size() ; i++)
038:            cout << "P2[" << i<<"]="<< P2[i] << endl;
039: //     polylines(dstImage, (const Point**)&P2, npts, 1, true, Scalar(0, 0, 255) );
040:
041:        Point P3[4];
042:        copy( contour.begin(), contour.end(), P3);
043:        for (i = 0; i < contour.size() ; i++)
044:            cout << "P3[" << i<<"]="<< P3[i] << endl;
045: //     Point *ptrP3 = P3;
046: //     polylines(dstImage, (const Point**)&ptrP3, npts, 1, true, Scalar(0, 0, 255) );
047:
048:        Point *P4 = vec_to_arr<Point>(contour);
049:        for (i = 0; i < contour.size() ; i++)
050:            cout << "P4[" << i<<"]="<< P4[i] << endl;
051:        polylines(dstImage, (const Point**)&P4, npts, 1, true, Scalar(0, 0, 255) );
052:        delete_arr<Point>(P4);
053:
054:        imshow("dstImage", dstImage);
055:        waitKey();
056:
057:        return 0;
058: }
```

◎ 프로그램 설명

① 5-12행
사용자 정의 템플릿 함수 vec_to_arr는 vector<T> 자료형의 인수 v1을 입력받아, T 자료형의 메모리를 할당하고, 복사하여 T* 자료형으로 반환한다.

② 13-17행
사용자 정의 템플릿 함수 delete_arr는 T* 포인터에 할당된 메모리를 해제한다.

③ 22-28행
22행은 Point 벡터 contour를 생성하고, 23-26행은 vector::push_back() 멤버 함수로 4개의 Point 좌표점을 추가한다. 28행은 좌표점의 개수인 contour.size()를 npts 배열에 저장한다. npts 배열은 polylines 함수에서 다각형의 꼭짓점 개수로 사용된다.

④ 31-34행

31행은 contour 벡터에 저장된 좌표의 시작 위치의 주소 &contour[0]을 Point * 포인터 변수 P1에 저장한다. 32-33행은 반복문을 사용하여 각 좌표점을 배열과 같이 P1[i]로 접근하여 출력한다. 34행은 polylines 함수로 dstImage 영상에, P1에 저장된 좌표를 이용하여 다각형을 그린다. polylines 함수는 이중 포인터로 여러 개의 다각형을 입력으로 받기 때문에, (const Point**)&P1로 형변환 하고, npts 정수 배열에 좌표 점의 개수를 저장하고, 다각형의 개수 ncountours = 1, 닫힌 다각형 isClosed = true, Scalar(0, 0, 255) 색상으로 다각형을 표시한다. polylines 함수는 3장의 사용자 인터페이스에서 자세히 설명한다.

⑤ 36-39행

36행은 Mat 클래스의 생성자를 사용하여, Mat(contour).data로 좌표점이 저장된 주소에 접근하고, Point* 자료형으로 변환하여, Point* 포인터 변수 P2에 저장한다. 37-38행은 반복문을 사용하여 각 좌표점을 배열과 같이 P2[i]로 접근하여 출력한다. 39행은 polylines 함수로 dstImage 영상에, P2에 저장된 좌표를 (const Point**)&P2로 이중 포인터 형변환하여 다각형을 그린다.

⑥ 41-46행

41행은 Point 배열 P3을 선언하고, 42행은 cv::copy 함수로 contour.begin()에서 contour.end()까지를 배열 P3에 복사한다. 43-44행은 반복문을 사용하여 각 좌표점을 P3[i]로 접근하여 출력한다. 46행은 polylines 함수로 dstImage 영상에, 배열 P3에 저장된 좌표를, (const Point**)&ptrP3로 이중 포인터로 변환하여 다각형을 그린다.

⑦ 48-52행

사용자 템플릿 함수 vec_to_arr를 호출하여 contour에 저장된 좌표점을 포인터를 사용한 메모리할당 방법으로 1차원 배열을 생성, 복사 반환하여 Point*(포인터) P4에 저장한다. vec_to_arr<Point>(contour)로 호출하면 템플릿 함수 vec_to_arr에서 Point를 T로 전달받아 템플릿 함수가 구체화 된다. 49-50행은 반복문을 사용하여 각 좌표점을 배열과 같이 P4[i]로 접근하여 출력한다. 51행은 polylines 함수로 dstImage 영상에, P4에 저장된 좌표를 (const Point**)&P4로 형변환 전달하여 다각형을 그린다. 52행은 사용자 템플릿 함수 delete_arr는 P4에 할당된 메모리를 해제한다. delete_arr<Point>(P4)로 호출하면, delete_arr는 Point를 T로 전달받아 템플릿 함수가 구체화된다. [그림 2.50]은 vector를 1차원 Point 배열에 저장한 좌표들의 출력 결과이다. 예제에서는 4가지 방법으로 vector를 1차원 Point 배열로 변환한다. [그림 2.51]은 polylines 함수로 dstImage 영상에 Point 배열에 저장된 좌표를 이용하여 그린 다각형을 표시한다.

[그림 2.50] vector를 1차원 Point 배열로 변환

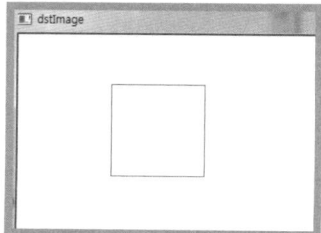

[그림 2.51] polylines 함수에 의한 다각형 출력

[예제 2-56] vector를 2차원 Point 배열로 변환

```
001:  #include "opencv.hpp"
002:  using namespace cv;
003:  using namespace std;
004:
005:  template <class T>
006:  T** vec_vec_to_arr_arr(vector<vector <T> > v1)
007:  {
008:      T** v2 = new T*[v1.size()];
009:      for (int i = 0; i < v1.size() ; i++)
010:      {
011:          v2[i] = new T[v1[i].size()];
012:          for (int j = 0; j < v1[i].size() ; j++)
013:              v2[i][j] = v1[i][j]; // copy
014:      }
015:      return v2;
016:  }
017:  template <class T>
018:  void delete_arr_arr(T** arr, int size)
019:  {
020:      for (int i = 0; i <size; i++)
021:          delete [] arr[i];
022:      delete [] arr;
023:  }
024:
025:  int main()
026:  {
027:      Mat dstImage(512, 512, CV_8UC3, Scalar(255, 255, 255));
028:
029:      vector<vector<Point> > contour(2, vector<Point>());
030:      contour[0].push_back(Point(100, 100));
031:      contour[0].push_back(Point(200, 100));
032:      contour[0].push_back(Point(200, 200));
033:      contour[0].push_back(Point(100, 200));
034:      contour[1].push_back(Point(300, 200));
035:      contour[1].push_back(Point(400, 100));
036:      contour[1].push_back(Point(400, 200));
037:
038:      int npts[2] = {contour[0].size(), contour[1].size()};
039:      int i, j;
040:
041:      Point *pts1, *pts2;
042:      pts1 = &contour[0][0];
043:      pts2 = &contour[1][0];
044:      Point *P1[] = { pts1, pts2};
045:      for (i = 0; i < contour.size() ; i++)
046:          for (j = 0; j < contour[i].size() ; j++)
047:              cout << "P1[" <<i <<"][" <<j<<"]=" << P1[i][j] << endl;
048:  //   polylines(dstImage, (const Point**)&P1, npts,2, true, Scalar(0, 0, 255) );
049:
050:      pts1 = (Point*) Mat(contour[0]).data;
051:      pts2 = (Point*) Mat(contour[1]).data;
052:      Point *P2[2] = {pts1, pts2};
053:      for (i = 0; i < contour.size() ; i++)
054:          for (j = 0; j < contour[i].size() ; j++)
055:              cout << "P2[" <<i <<"][" <<j<<"]=" << P2[i][j] << endl;
```

```
056:  //    polylines(dstImage, (const Point**)&P2, npts,2, true, Scalar(0, 0, 255) );
057:
058:        Point P3[2][4];
059:        copy( contour[0].begin(), contour[0].end(), P3[0]);
060:        copy( contour[1].begin(), contour[1].end(), P3[1]);
061:        for (i = 0; i < contour.size() ; i++)
062:            for (j = 0; j < contour[i].size() ; j++)
063:                cout << "P3[" <<i <<"][" <<j<<"]=" << P3[i][j] << endl;
064:
065:        Point *ptrP3[] = {P3[0], P3[1]};
066:  //    polylines(dstImage, (const Point**)&ptrP3, npts,2, true, Scalar(0, 0, 255) );
067:
068:        Point **P4 = vec_vec_to_arr_arr<Point>(contour);
069:        for (i = 0; i < contour.size() ; i++)
070:            for (j = 0; j < contour[i].size() ; j++)
071:                cout << "P4[" <<i <<"][" <<j<<"]=" << P4[i][j] << endl;
072:        polylines(dstImage, (const Point**)P4, npts,2, true, Scalar(0, 0, 255) );
073:        delete_arr_arr<Point>(P4, contour.size());
074:
075:        imshow("dstImage", dstImage);
076:        waitKey();
077:        return 0;
078:  }
```

◎ **프로그램 설명**

① 5-16행

사용자 정의 템플릿 함수 vec_vec_to_arr_arr는 vector<vector <T>> 자료형의 인수 v1을 입력받아, T* 포인터 배열의 메모리 할당으로 2차원 배열의 행을 만들고, 시작 주소를 T**의 이중 포인터 변수 v2에 저장한다. 포인터 배열인 각행, v2[i]에 T 자료형의 메모리 할당으로 열을 만들어, T**의 이중 포인터 v2를 반환한다. T**의 이중 포인터 v2는 2차원 배열같이 좌표점에 접근할 수 있다.

② 17-23행

사용자 정의 템플릿 함수 delete_arr_arr는 T** 포인터에 할당된 메모리를 해제한다. T에는 Point 가 전달되어 구체화 된다.

③ 29-38행

29행은 vector<vector<Point>> 자료형으로 벡터의 벡터(vector of vector) 형태로 contour 벡터를 선언하고, 배열 크기를 2로 초기화한다. contour 벡터는 contour[i][j]로 배열과 저장된 요소에 접근할 수 있다. 30-33행은 contour[0]에 vector::push_back() 멤버 함수로 4개의 Point형 좌표점을 추가한다. 34-36행은 contour[1]에 vector::push_back() 멤버 함수로 3개의 Point형 좌표를 추가한다. 38행은 contour[0], contour[1]의 좌표점의 개수를 npts 배열에 저장한다. npts 배열은 polylines 함수에서 다각형의 꼭짓점 개수로 사용된다.

④ 41-48행

41-44행은 contour[0], contour[1]의 시작 좌표점의 주소, &contour[0][0], &contour[1][0]를 각각 pts1, pts2에 저장하고, Point *(포인터) 배열 P1에 초기화한다. 즉, P1[0], P1[1]은 각각 contour[0], contour[1]의 시작 좌표점의 주소를 저장한다. 45-47행은 반복문을 사용하여 각 좌표점을 배열과 같이 P1[i][j]로 접근하여 출력한다.

48행은 polylines 함수로 dstImage 영상에, P1에 저장된 좌표를 이용하여 다각형을 그린다. polylines 함수는 이중 포인터로 여러 개의 다각형을 입력으로 받기 때문에, (const Point**)&P1 로 형변환하고, npts 정수 배열에 다각형의 꼭짓점 좌표의 개수를 저장하고, 다각형의 개수 ncountours = 2, 닫힌 다각형 isClosed = true, Scalar(0, 0, 255) 색상으로 2개의 다각형을 표시한다. polylines 함수는 3장의 사용자 인터페이스 부분에서 다룬다.

⑤ 50-56행

50-51행은 Mat 클래스의 생성자를 사용하여, Mat(contour[0]).data, Mat(contour[1]).data로

2개의 다각형 꼭짓점이 저장된 contour[0], contour[1]의 시작 좌표점의 주소를 pts1, pts2에 각각 저장하고, Point *(포인터) 배열 P2에 초기화한다. 즉, P2[0], P2[1]은 각각 contour[0], contour[1]의 시작 좌표점의 주소를 저장한다. 53-55행은 반복문을 사용하여 각 좌표점을 배열과 같이 P2[i][j]로 접근하여 출력한다. 56행은 polylines 함수로 dstImage 영상에, P2에 저장된 좌표를 (const Point**)&P2로 이중 포인터 형변환하여 2개의 다각형을 그린다.

⑥ 58-66행

58행은 2×4 Point 배열 P3를 선언하고, 59행은 cv::copy 함수로 contour[0].begin()에서 contour[0].end()까지를 P3[0]에 복사하고, 60행은 cv::copy 함수로 contour[1].begin()에서 contour[1].end()까지를 P3[1]에 복사한다. 61-63행은 반복문을 사용하여 각 좌표점을 P3[i][j]로 접근하여 출력한다. 65행은 Point *(포인터) 배열 ptrP3에 {P3[0], P3[1]}를 초기화하고, 66행은 polylines 함수로 dstImage 영상에, 배열 P3에 저장된 좌표를, (const Point**)&ptrP3로 이중 포인터로 변환하여 다각형을 그린다.

⑦ 68-73행

사용자 템플릿 함수 vec_vec_to_arr_arr를 호출하여 contour에 저장된 좌표점을 이중 포인터를 사용한 메모리 할당 방법으로 2차원 배열 생성, 복사 반환하여 Point **(이중 포인터) 변수 P4에 저장한다. vec_vec_to_arr_arr<Point>(contour)로 호출하면, 템플릿 함수 vec_vec_to_arr_arr는 Point를 T로 전달받아 템플릿 함수가 구체화 된다. 69-71행은 반복문을 사용하여 각 좌표점을 P4[i][j]로 접근하여 출력한다. 72행은 polylines 함수로 dstImage 영상에, P4에 저장된 좌표를 (const Point**)&P4로 형변환 뒤에 전달하여 다각형을 그린다. 73행은 사용자 템플릿 함수 delete_arr는 P4에 할당된 메모리를 해제한다. delete_arr<Point>(P4)로 호출하면, 템플릿 함수 delete_arr_arr는 Point를 T로 전달받아 템플릿 함수가 구체화 된다. 예제에서는 4가지 방법으로 vector를 2차원 Point 배열로 변환한다. [그림 2.52]는 vector를 2차원 Point 배열에 저장한 좌표점의 출력 결과이다. [그림 2.53]은 polylines 함수로 dstImage 영상에 Point 배열에 저장된 좌표점을 이용하여 다각형을 표시한다.

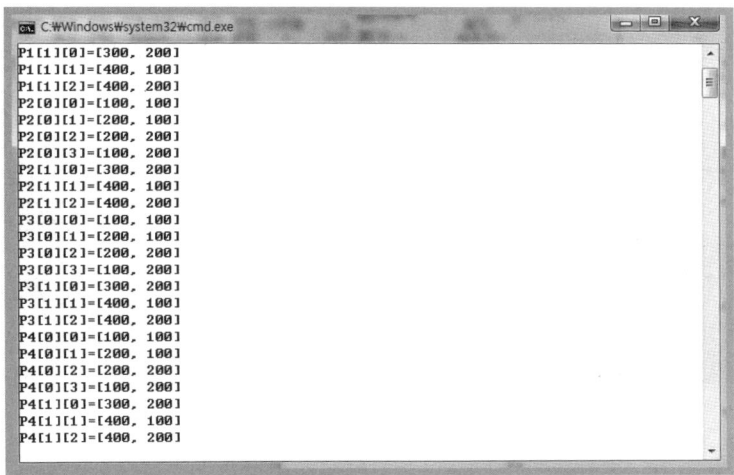

[그림 2.52] vector를 1차원 Point 배열로 변환

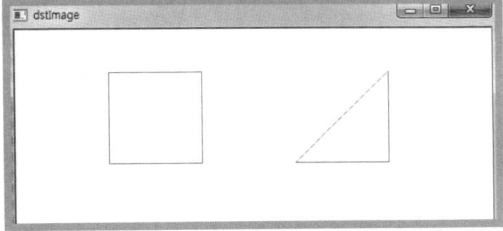

[그림 2.53] polylines 함수에 의한 다각형 출력

[예제 2-57]   vector로 여러 장의 영상 관리

```
001:    #include "opencv.hpp"
002:    using namespace cv;
003:    using namespace std;
004:    int main()
005:    {
006:        vector<Mat> images;
007:
008:        images.push_back(imread("Desert.jpg"));
009:        images.push_back(imread("Hydrangeas.jpg"));
010:        images.push_back(imread("Koala.jpg"));
011:        images.push_back(imread("Penguins.jpg"));
012:
013:        for(int i = 0 ; i < images.size() ; ++i)
014:        {
015:            imshow("images", images[i]);
016:            waitKey();
017:        }
018:        return 0;
019:    }
```

◎ 프로그램 설명

① 6-11행

Mat 벡터 images를 생성하고, imread 함수로 읽은 "Desert.jpg", "Hydrangeas.jpg", "Koala.jpg", "Penguins.jpg" 영상을 vector::push_back() 멤버 함수로 images 벡터에 추가한다.

② 13-17행

images.size() = 4개의 영상을 images[i]로 접근하여 "images" 창에 표시한다. 16행의 waitKey() 함수는 [그림 2.54]의 영상을 하나씩 보여 주기 위해 멈춘다.

(a)

(b)

(c)

(d)

[그림 2.54] (a) Desert.jpg, (b) Hydrangeas.jpg, (c) Koala.jpg, (d) Penguins.jpg

O7 XML, YAML 파일 저장 및 읽기

OpenCV는 FileStorage 클래스를 이용하여, 벡터, 행렬 등 OpenCV의 모든 자료구조를 XML 또는 YML/YAML 파일에 저장하고, 읽을 수 있다. XML, YML/YAML 파일은 계층적으로 구성되어 있다. 여기서는 FileStorage 클래스와 FileNode 클래스 그리고 FileNodeIterator 클래스의 주요 메서드를 설명하고 XML 또는 YML/YAML로 데이터를 저장하고 읽는 방법을 설명한다.

7.1 FileStorage 클래스

(1) 클래스 생성자

① FileStorage∷FileStorage()

FileStorage 클래스의 디폴트 생성자이다. FileStorage∷open 메서드를 호출하여 파일을 개방한다.

② FileStorage∷FileStorage(const string& source, int flags,
                          const string& encoding = string())

source는 개방할 파일 이름이다. 파일 확장자(.xml, .yml, .yaml)에 의해 XML, YML, YAML을 구별한다. 대용량 파일에 저장하는 경우 .gz 확장자를 추가하여 파일을 압축 저장(예, test.xml.gz)할 수 있다. flags는 개방 모드이다. flags = FileStorage∷READ이면, 읽기 모드, flags = FileStorage∷WRITE이면 쓰기 모드, flags = FileStorage∷APPEND이면 추가 모드, flags = FileStorage∷MEMORY는 데이터를 메모리 내부 버퍼로부터 읽거나, 저장할 때 사용한다. encoding은 파일 인코딩 방법으로 encoding = 'UTF-8' 등을 지정한다.

(2) 파일 개방 및 닫기

① bool FileStorage∷open(const string& filename, int flags,
                         const string& encoding = string())

FileStorage 클래스의 디폴트 생성자로 객체를 생성했을 때 FileStorage∷open 메서드를 호출하여 파일을 개방한다. source는 개방할 파일 이름, flags는 개방 모드, encoding은 파일 인코딩 방법이다.

② bool FileStorage∷isOpened() const

파일이 개방되었는지를 확인하여, 개방되었으면 true를 반환한다.

③ void FileStorage∷release()

파일을 닫고, 모든 메모리 버퍼를 해제한다.

7.2 FileNode 클래스

XML/YAML 파일을 FileStorage::READ, 읽기 모드로 개방하면 파일을 파싱하여, 트리
형태의 계층적 노드로 메모리에 저장한다. 각 노드는 숫자, 문자열을 포함하는 자식이 없
는 노드(leaf node)이거나 컬렉션 노드일 수 있다. 컬렉션 노드 종류는 크게 이름이 있는
매핑(mapping) 노드와 시퀀스(sequence)가 있다. 매핑은 이름으로 데이터에 접근하고,
시퀀스는 인덱스로 접근한다. 파일 노드는 FileStorage::READ인 경우만 사용한다.

(1) 노드 종류, 이름, 요소 개수

FileNode::type() 메서드는 노드의 종류를 반환한다. 노드의 종류에는
FileNode::NONE, FileNode::INT, FileNode::REAL/ FileNode::FLOAT,
FileNode::STR/FileNode::STRING, FileNode::REF, FileNode::SEQ,
FileNode::MAP, FileNode::USER, FileNode::EMPTY, FileNode::NAMED 등이 있
다. FileNode::name() 메서드는 노드 이름을 반환한다. FileNode::size() 메서드는 노
드의 요소 개수를 반환한다.

① int FileNode::type()
② string FileNode::name() const
③ size_t FileNode::size() const

(2) 노드 객체 확인 메서드

노드가 공백, NONE 객체, 시퀀스, 매핑, 정수, 실수, 문자열, 이름을 갖는 노드인지를
확인하는 메서드가 있다.

① bool FileNode::empty() const
② bool FileNode::isNone() const
③ bool FileNode::isSeq() const
④ bool FileNode::isMap() const
⑤ bool FileNode::isInt() const
⑥ bool FileNode::isReal() const
⑦ bool FileNode::isString() const
⑧ bool FileNode::isNamed() const

(3) 연산자 메서드

operator[] 연산자 함수는 매핑 또는 시퀀스 노드에서 이름 또는 인덱스에 맞는 요소를
반환한다. operator int(), operator float(), operator double(), operator string()은 노
드의 내용을 각각 int, float, double, string으로 반환한다.

① FileNode FileNode::operator[](const string& nodename) const
② FileNode FileNode::operator[](const char* nodename) const

③ FileNode FileNode::operator[](int i) const

④ FileNode::operator int() const

⑤ FileNode::operator float() const

⑥ FileNode::operator double() const

⑦ FileNode::operator string() const

(4) 파일 노드 반복자

FileNodeIterator를 사용하여 반복문을 사용하여 노드의 모든 요소를 방문하기 위해 사용한다. FileNode::begin()은 노드의 첫 번째 요소로의 반복자를 반환하고, FileNode::end()는 노드의 마지막 요소로의 반복자를 반환한다.

① FileNodeIterator FileNode::begin() const

② FileNodeIterator FileNode::end() const

7.3 FileNodeIterator 클래스

FileNodeIterator 클래스는 매핑 또는 시퀀스 노드의 모든 요소에 접근하기 위해 사용한다.

(1) FileNodeIterator 생성자

FileNodeIterator 생성자는 노드 반복자 객체를 생성한다. fs는 파일 스토리지 객체이고, node는 노드, ofs는 노드의 요소 인덱스, it는 이미 생성된 반복자이다.

① FileNodeIterator::FileNodeIterator()

② FileNodeIterator::FileNodeIterator(const CvFileStorage* fs,
　　　const CvFileNode* node, size_t ofs = 0)

③ FileNodeIterator::FileNodeIterator(const FileNodeIterator& it)

(2) 연산자 함수

operator*()는 현재 노드 반복의 요소를 반환하고, operator->()는 현재 요소와 관련된 메서드를 접근한다. operator++는 다음 노드로, operator--()는 이전 노드로, operator += (int ofs)는 ofs 만큼 앞으로, operator -= (int ofs)는 ofs 만큼 뒤로 반복자를 움직인다.

① FileNode FileNodeIterator::operator*() const

② FileNode FileNodeIterator::operator->() const

③ FileNodeIterator& FileNodeIterator::operator++()

④ FileNodeIterator& FileNodeIterator::operator--()

⑤ FileNodeIterator& FileNodeIterator::operator += (int ofs)

⑥ FileNodeIterator& FileNodeIterator::operator -= (int ofs)

7.4 XML/YAML 파일로 데이터 저장(Write)

XML/YAML 파일에 데이터를 저장하기 위해서는 FileStorage 클래스의 생성자로 객체를 FileStorage::WRITE 모드로 생성한다. 디폴트 생성자, FileStorage::FileStorage()로 생성한 경우는 FileStorage::open() 메서드를 호출하여 파일을 개방하고, 스트림 연산자 <<를 사용하여 데이터를 출력한 뒤에 FileStorage 클래스의 파괴자 또는 FileStorage::release() 메서드를 호출하여 파일을 닫는다. 스트림 연산자 <<에서 fs는 FileStorage::WRITE로 개방된 파일 FileStorage 객체이고 value는 저장할 값 그리고 vec는 저장할 벡터이다. 이름이 있는 매핑(mapping) 노드는 저장할 때 시작에 "{" 끝에 "}"을 출력하고, 사이에 키 이름과 값을 순서대로 출력한다. 시퀀스(sequence)는 저장할 때 시작에 "[", 끝에 "]"을 출력하고, 자료값을 차례로 출력한다. 매핑은 이름으로 데이터에 접근하고, 시퀀스는 인덱스로 접근한다.

```
① template<typename _Tp> FileStorage& operator<<(FileStorage& fs,
        const _Tp& value)
② template<typename _Tp> FileStorage& operator<<(FileStorage& fs,
        const vector<_Tp>& vec)
```

7.5 XML/YAML 파일에서 데이터 읽기(Read)

XML/YAML 파일에서 데이터를 읽기 위해서는 FileStorage 클래스의 생성자로 객체를 flags=FileStorage::READ 모드로 생성한다. 디폴트 생성자, FileStorage::FileStorage()로 생성한 경우는 FileStorage::open() 메서드를 호출하여 파일을 개방한다. FileStorage::operator [](), FileNode::operator [](), FileNodeIterator 등을 사용하여 데이터를 읽는다. FileStorage 클래스의 파괴자 또는 FileStorage::release() 메서드를 호출하여 파일을 닫는다. 스트림 연산자 메서드 >>를 사용하면 더욱 쉽게 데이터를 입력할 수 있다. 스트림 연산자 >>는 FileNode, FileNodeIterator로 스칼라 value 또는 벡터 vec에 읽는다. n은 데이터가 읽을 노드이고, it는 반복자이며, 스칼라는 value, 벡터는 vec 벡터에 읽힌다.

```
① template<typename _Tp> void operator>>(const FileNode& n, _Tp& value)
② template<typename _Tp> void operator>>(const FileNode& n, vector<_Tp>& vec)
③ template<typename _Tp> FileNodeIterator& operator >>
        (FileNodeIterator& it, _Tp& value)
④ template<typename _Tp> FileNodeIterator& operator>>
        (FileNodeIterator& it, vector<_Tp>& vec)
```

[예제 2-58] XML/YAML 파일로 데이터 저장

```
001:  #include "opencv.hpp"
002:  #include<time.h>
003:  using namespace cv;
004:  using namespace std;
005:  int main()
006:  {
007:        FileStorage fs("test.xml", FileStorage::WRITE);
008:  //    FileStorage fs("test.yml", FileStorage::WRITE);
009:  //    FileStorage fs("test.yaml", FileStorage::WRITE);
010:
011:        time_t date;
012:        time(&date);
013:        fs << "Date" << asctime(localtime(&date));
014:
015:        fs << "name" << "KDK" ;  // string
016:        fs << "age" << 25 ;  // int
017:
018:        fs << "Images" << "["; // Images - Sequence
019:        fs << "Apple.jpg" << "Banana.jpg" << "Orange.jpg";
020:        fs << "]";
021:
022:        fs << "Box";  // Box - Mapping
023:        fs << "{" << "Left" <<  100;
024:        fs <<    "Top" <<  200;
025:        fs <<    "Right" << 300;
026:        fs <<    "Bottom" << 400 << "}";
027:
028:        int arr[] = {1, 2, 3, 4, 5, 6, 7, 8, 9};
029:        vector<int> V1(arr, arr+sizeof(arr)/sizeof(arr[0]));
030:        fs << "V1" << V1;
031:
032:        Point2f ptCenter(256.0f, 256.0f);
033:        float angle = 45;
034:        double scale = 10.0;
035:        fs << "angle" << angle ;  // float
036:        fs << "scale" << scale ;  // double
037:        fs << "center" << ptCenter; // Point
038:
039:        Mat matR = getRotationMatrix2D(ptCenter, angle, scale);
040:        fs << "matR" << matR;
041:        fs.release();
042:        return 0;
043:  }
```

◎ **프로그램 설명**

① 7-9행

7행은 FileStorage 객체 fs를 source = "test.xml", flags = FileStorage::WRITE 쓰기 모드로 생성한다. 8행은 source = "test.yml", 9행은 source = "test.yaml" 파일로 쓰기 모드로 FileStorage 객체 fs를 생성한다.

② 11-13행

time, localtime, asctime 함수로 컴퓨터 설정 시간정보를 문자열로 얻어 "Date" 이름으로 스트림 연산자 <<에 의해 FileStorage 객체 fs에 연결된 source 파일에 출력한다.

③ 15-16행

15행은 "name" 이름으로 문자열 "KDK"를 파일에 저장한다. 16행은 "age" 이름으로 정수 25를 fs에 출력한다.

④ 18-20행

18행은 노드 이름에 "images"를 출력하고 시퀀스 컬렉션의 시작을 나타내는 문자 "["를 출력한다. 19행은 시퀀스의 요소인 문자열 "Apple.jpg", "Banana.jpg", "Orange.jpg"를 차례로 fs에 출력한다. 20행은 시퀀스의 마지막을 나타내는 문자 "]"를 fs에 출력한다.

⑤ 22-26행

요소값이 키와 값의 쌍인 이름이 "Box"인 매핑을 생성한다. 23행은 매핑 컬렉션 시작을 나타내는 문자 "{" fs에 출력하고, 키 이름 "Left"와 값 100을 fs에 출력한다. 24행은 키 이름 "Top"과 값 200, 25행은 키 이름 "Right"과 값 300, 26행은 키 이름 "Bottom"과 값 400을 fs에 출력하고, 매핑의 마지막을 나타내는 문자 "}"를 fs에 출력한다.

⑥ 28-30행

28행은 int형 배열 arr에 정수형 상수를 초기화하고, 29행은 int형 벡터 V1을 배열 arr에 저장된 정수 값을 벡터 V1에 복사하여 초기화한다. 30행은 벡터 V1을 fs에 출력한다.

⑦ 32-41행

35행은 "angle" 이름으로 float 변수 angle의 값을 fs에 출력하고, 36행은 "scale" 이름으로 double 변수 scale 값을 fs에 출력하고, 37행은 "center" 이름으로 Point2f 변수 ptCenter의 값을 fs에 출력한다. 39행은 ptCenter, angle, scale 변수값을 이용하여 getRotationMatrix2D 함수로 계산된 2차원 회전 행렬을 matR에 저장한다. 40행은 "matR" 이름으로 matR 객체를 fs에 출력한다. 41행은 FileStorage 객체 fs를 해제하여 파일을 닫는다. [그림 2.55], [그림 2.56]은 생성된 test.xml, test.yml 파일이다. 태그가 많이 들어 있는 XML 파일보다 YML 파일이 눈으로 읽기 편해 보인다. "test.yml" 파일과 "test.yaml" 파일의 출력 내용은 같다.

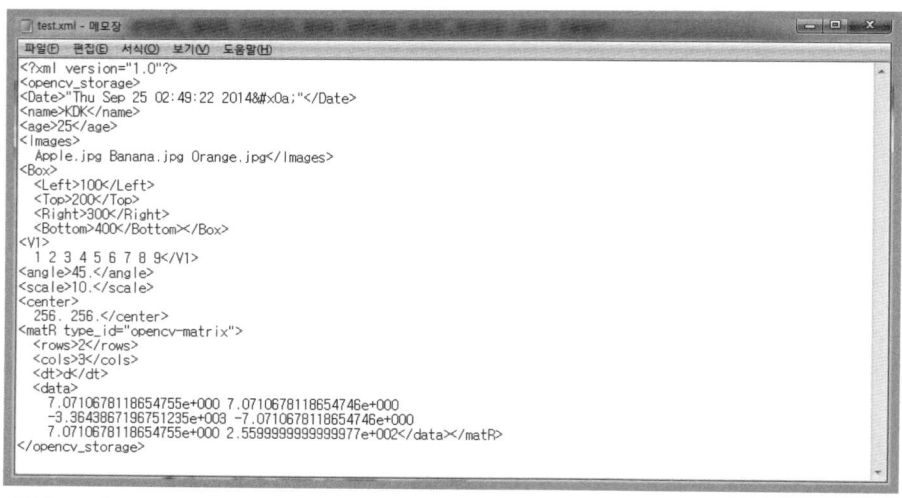

[그림 2.55] test.xml

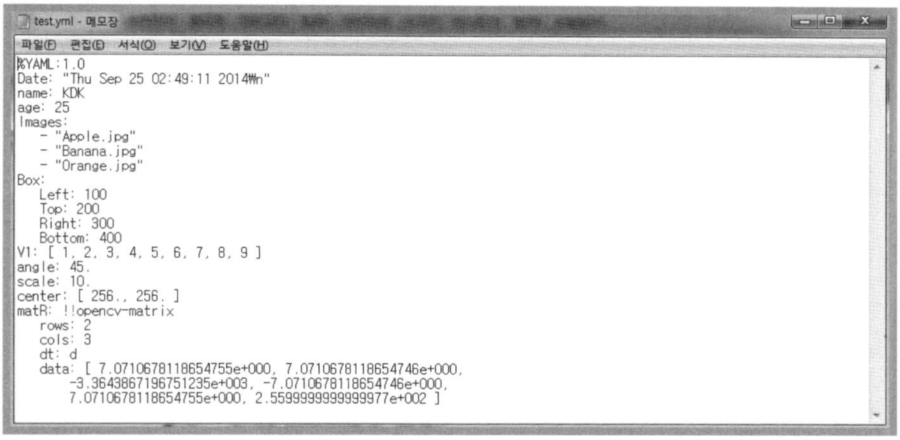

```
test.yml - 메모장
파일(F)  편집(E)  서식(O)  보기(V)  도움말(H)
%YAML:1.0
Date: "Thu Sep 25 02:49:11 2014₩n"
name: KDK
age: 25
Images:
   - "Apple.jpg"
   - "Banana.jpg"
   - "Orange.jpg"
Box:
   Left: 100
   Top: 200
   Right: 300
   Bottom: 400
V1: [ 1, 2, 3, 4, 5, 6, 7, 8, 9 ]
angle: 45.
scale: 10.
center: [ 256., 256. ]
matR: !!opencv-matrix
   rows: 2
   cols: 3
   dt: d
   data: [ 7.0710678118654755e+000, 7.0710678118654746e+000,
       -3.3643867196751235e+003, -7.0710678118654746e+000,
       7.0710678118654755e+000, 2.5599999999999977e+002 ]
```

[그림 2.56] test.yml

[예제 2-59] XML/YAML 파일로 데이터 저장

```cpp
001:  #include "opencv.hpp"
002:  using namespace cv;
003:  using namespace std;
004:  int main()
005:  {
006:      FileStorage fs("test.xml", FileStorage::READ);
007:  //  FileStorage fs("test.yml", FileStorage::READ);
008:  //  FileStorage fs("test.yaml", FileStorage::READ);
009:
010:      if(!fs.isOpened())
011:      {
012:          cerr << "The file is not oppend! FAIL" << endl;
013:          return 1;
014:      }
015:      string date;
016:      fs["Date"] >> date;
017:      cout << "Date:" << date << endl;
018:
019:      string sName;
020:      fs["name"] >> sName;
021:      cout << "name:" << sName << endl;
022:
023:      int nAge;
024:      fs["age"] >> nAge;
025:      cout << "age:" << nAge << endl;
026:
027:      float fAngle;
028:      fs["angle"] >> fAngle;
029:      cout << "angle:" << fAngle << endl;
030:
031:      double dScale;
032:      fs["scale"] >> dScale;
033:      cout << "scale:" << dScale << endl;
034:
035:      Point ptCenter;
036:      fs["center"] >> ptCenter;
```

```
037:        cout << "center:" << ptCenter << endl << endl;
038:
039:        FileNode node = fs["Images"];
040:        if (node.type() != FileNode::SEQ)
041:        {
042:            cerr << "It is not a sequence! FAIL" << endl;
043:            return 1;
044:        }
045:        cout << "node[0]:" << (string)node[0] << endl;
046:        cout << "node[1]:" << (string)node[1] << endl;
047:        cout << "node[2]:" << (string)node[2] << endl;
048:
049:        cout << node.name() << "=[";
050:        FileNodeIterator it;
051:        for (it = node.begin(); it != node.end(); ++it)
052:            cout << (string)*it << "; " ;
053:        cout << " ]" << endl<<endl;
054:
055:        node = fs["Box"];
056:        if (node.type() != FileNode::MAP)
057:        {
058:            cerr << "It is not a mapping! FAIL" << endl;
059:            return 1;
060:        }
061:        cout << node.name() << "={";
062:        cout << "Left :" << (int)(node["Left"]) << "; " ;
063:        cout << "Top :" << (int)(node["Top"]) << "; " ;
064:        cout << "Right:" << (int)(node["Right"]) << "; " ;
065:        cout << "Bottom:" << (int)(node["Bottom"]) << "}" << endl << endl;
066:
067:        vector<int> V1;
068:        fs["V1"] >> V1;
069:        cout << fs["V1"].name() << ":" << (Mat)V1 << endl << endl;
070:        Mat matR;
071:        fs["matR"] >> matR;
072:        cout << fs["matR"].name() << ":" << matR << endl << endl;
073:        fs.release();
074:        return 0;
075:  }
```

◎ 프로그램 설명

① 6-8행
6행은 FileStorage 객체 fs를 source = "test.xml", flags = FileStorage::READ 읽기 모드로 생성한다. 7행은 source = "test.yml", 8행은 source = "test.yaml" 파일로 읽기 모드로 FileStorage 객체 fs를 생성한다.

② 10-14행
fs.isOpened()로 fs가 개방되었는지를 판단하여, 개방되지 않았으면 오류 메시지를 출력하고 종료한다.

③ 15-17행
16행은 "Date" 이름을 갖는 노드, fs["Date"]를 검색하여 스트림 연산자 >>에 의해 fs로부터 읽어 string형 변수 date에 저장하고, 17행에서 cout으로 콘솔에 출력한다.

④ 19-21행
20행은 ""name" 노드, fs["name"]을 검색하여 스트림 연산자 >>에 의해 fs로부터 읽어 string형 변수 sName에 저장하고, 21행에서 cout으로 콘솔에 출력한다.

⑤ 23-25행

24행은 "age" 노드, fs["age"]을 검색하여 스트림 연산자 >>에 의해 fs로부터 읽어 int형 변수 nAge에 저장하고, 25행에서 cout으로 콘솔에 출력한다.

⑥ 27-29행

28행은 "angle" 노드, fs["fAngle"]을 검색하여 스트림 연산자 >>에 의해 fs로부터 읽어 float형 변수 fAngle에 저장하고, 29행에서 cout으로 콘솔에 출력한다.

⑦ 31-33행

32행은 "scale" 노드, fs["scale"]을 검색하여 스트림 연산자 >>에 의해 fs로부터 읽어 double형 변수 dScale에 저장하고, 33행에서 cout으로 콘솔에 출력한다.

⑧ 35-37행

36행은 "center" 노드, fs["center"]을 검색하여 스트림 연산자 >>에 의해 fs로부터 읽어 Point형 변수 ptCenter에 저장하고, 37행에서 cout으로 콘솔에 출력한다.

⑨ 39-53행

39행은 "images" 노드, fs["images"]를 검색하여 FileNode 객체 node에 저장한다. node.type() 이 FileNode::SEQ 시퀀스가 아니면 오류 메시지를 출력하고 종료한다. 45-47행은 시퀀스의 인덱스를 사용하여 각 요소에 접근하고, (string) 연산자로 형변환하여 출력한다. 51-52행은 FileNodeIterator it를 사용하여 node.begin()에서 node.end()까지를 순회하며 *it로 노드값을 접근하고 (string) 연산자로 형변환하여 출력한다.

⑪ 67-69행

int 벡터 V1 객체를 생성하고, "V1" 노드, fs["V1"]을 검색하여 벡터 V1에 저장한다. 69행의 fs["V1"]. name()은 "V1"이다.

⑫ 70-73행

70행은 Mat 행렬 matR를 생성하고, fs["matR"]을 검색하여 행렬 matR에 저장한다. fs["matR"]. name()은 "matR"이다. [그림 2.57]은 생성된 test.xml 파일로부터 데이터를 읽어 출력한 결과이다. "test.yml" 파일에서도 동일하게 출력된다.

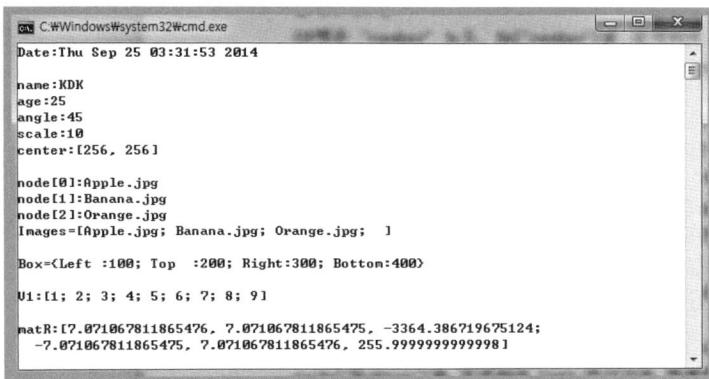

[그림 2.57] "test.xml" 파일에서 데이터 읽기

08 saturate_cast와 예외 처리

8.1 saturate_cast<_T>

OpenCV는 saturate_cast◇의 템플릿을 사용하여 uchar, schar, ushort, short, int, unsigned 자료형을 변환하면 변수 또는 연산 수식의 값이 자료형의 표현 범위에 있도록 보장한다. 예를 들면 saturate_cast⟨uchar⟩(−1)의 결과는 0이며, saturate_cast⟨uchar⟩(300)의 결과는 255이다. saturate_cast⟨int⟩는 float와 int 인수만을 입력으로 받는다.

```
// base.hpp in OpenCV 3.1.0
// operation.hpp in OpenCV 2.4.13
template<> inline uchar saturate_cast<uchar>(schar v)
template<> inline uchar saturate_cast<uchar>(ushort v)
template<> inline uchar saturate_cast<uchar>(int v)
template<> inline uchar saturate_cast<uchar>(short v)
template<> inline uchar saturate_cast<uchar>(unsigned v)
template<> inline uchar saturate_cast<uchar>(float v)
template<> inline uchar saturate_cast<uchar>(double v)

template<> inline schar saturate_cast<schar>(uchar v)
//........
template<> inline ushort saturate_cast<ushort>(schar v)
//........
template<> inline short saturate_cast<short>(double v)
//........
template<> inline int saturate_cast<int>(float v)
template<> inline int saturate_cast<int>(double v)
// we intentionally do not clip negative numbers, to make -1 become 0xffffffff etc.
template<> inline unsigned saturate_cast<unsigned>(float v) { return cvRound(v); }
template<> inline unsigned saturate_cast<unsigned>(double v) { return cvRound(v); }
```

[예제 2-60] saturate_cast

```
001:    #include "opencv.hpp"
002:    using namespace std;
003:    using namespace cv;
004:    int main()
005:    {
006:        Mat A(1, 3, CV_8U);
007:        int a = -1;
008:        float b = 2.6;
009:        double c = 300.4;
010:
```

```
011:        A.at<uchar>(0, 0) = a;
012:        A.at<uchar>(0, 1) = b;
013:        A.at<uchar>(0, 2) = c;
014:        cout << "A" << A << endl<< endl;
015:
016:        cout << "saturate_cast<uchar>" << endl;
017:        A.at<uchar>(0, 0) = saturate_cast<uchar>(a);
018:        A.at<uchar>(0, 1) = saturate_cast<uchar>(b);
019:        A.at<uchar>(0, 2) = saturate_cast<uchar>(c);
020:        cout << "A" << A << endl<< endl;
021:
022:        return 0;
023:  }
```

◎ 프로그램 설명

① 6~9행
CV_8U 자료형의 1×3 행렬 A를 생성하고, int 변수 a, float 변수 b, double 변수 c를 선언하고, 초
기화한다. CV_8U 자료형의 범위는 [0, 255]이다.

② 11~14행
행렬 A의 요소에 a = -1, b = 2.6, c = 300.4 변수 값을 저장하고, 출력한다. 변수 a와 c는 CV_8U의
범위 [0, 255]를 벗어난다.

③ 17~20행
행렬 A의 요소에 a = -1, b = 2.6, c = 300.4 변수값을 저장하고, 출력한다. saturate_cast<uchar>
로 캐스팅하여 저장하고, 출력한다.

④ [그림 2.58]은 실행 결과이다. 11~14행에 의한 행렬 A의 결과는 A = [255, 2, 44]로 출력된다. a =
-1과 c = 300.4의 값이 CV_8U의 범위 [0, 255]를 벗어나서, 전혀 다른 값인 255, 44로 저장되었고,
b = 2.6은 소숫점 이하를 버려서 2로 저장한 것을 알 수 있다. 17~20행의 saturate_cast<uchar>로
캐스팅한 결과는 A = [0, 3, 255]로 출력된다. a = -1은 CV_8U의 범위 [0, 255]에서 가장 가까운 값
인 0이 저장되었고, b = 2.6은 가까운 정수인 3으로 저장되었으며, c = 300.4는 CV_8U의 범위 [0,
255]에서 가장 가까운 255로 저장된다.

[그림 2.58] saturate_cast

8.2 예외 처리

OpenCV는 C++의 특징인 데이터 형식, 값의 범위 등에 대한 예외(exception)를 처리할
수 있다. try 구문에서 CV_Error, CV_Error_ , CV_Assert 매크로를 이용하여 예외를
발생시키고, catch 문장에서 cv::Exception 클래스로 처리할 수 있다. CV_Error, CV_
Error_ 는 조건문과 함께 사용해야 하며, CV_Assert는 예외 조건을 명시할 수 있어 사
용하기 편리하다.

① OpenCV 2.4.13은 에러 코드가 CV_StsDivByZero, CV_StsOutOfRange 등으로 "types_c.h" 파일에 정의되어 있다. OpenCV 3.1.0은 에러 코드가 cv::Error::Code 등으로 "base.hpp" 파일에 정의되어 있다. 에러 메시지는 stderr로 출력된다.

② CV_Error(code, msg)

CV_Error 매크로는 예외를 발생시킨다. code는 Error::Code에 정의된 에러 코드이며, msg는 에러 메시지 문자열이다.

③ CV_Error_(code, args)

CV_Error_ 매크로는 예외를 발생시킨다. code는 Error::Code에 정의된 에러 코드이며, args는 printf 스타일의 ("%d, %d", a, b) 출력 양식을 가진다.

④ CV_Assert(expr)

expr 조건식이 거짓(false)이면 예외를 발생시킨다. CV_Assert 매크로는 조건이 참(true) 임을 확인한다는 의미이다.

```
// base.hpp in OpenCV 3.1.0
namespace cv
{
  namespace Error {
   // error codes
   enum Code {
    StsOk =            0,    // everithing is ok
    StsBackTrace =    -1,    // pseudo error for back trace
    StsError =        -2,    // unknown /unspecified error
    StsInternal =     -3,    // internal error (bad state)
    StsNoMem =        -4,    // insufficient memory
    StsBadArg =       -5,    // function arg/param is bad
    StsBadFunc =      -6,    // unsupported function
    StsNoConv =       -7,    // iter. didn't converge
    StsAutoTrace =    -8,    // tracing
    HeaderIsNull =    -9,    // image header is NULL
    BadImageSize =    -10,   // image size is invalid
    BadOffset =       -11,   // offset is invalid
    //..........
    StsNullPtr =       -27,  // null pointer
    StsVecLengthErr = -28,   // incorrect vector length
    StsFilterStructContentErr =  -29,  // incorr. filter structure content
    StsKernelStructContentErr = -30,   // incorr. transform kernel content
    StsFilterOffsetErr = -31,      // incorrect filter ofset value
    StsBadSize =      -201,    // the input/output structure size is incorrect
    StsDivByZero =    -202,    // division by zero
    StsInplaceNotSupported = -203, // in-place operation is not supported
    StsObjectNotFound =      -204, // request can't be completed
    StsUnmatchedFormats =    -205, // formats of input/output arrays differ
    StsBadFlag =      -206,      // flag is wrong or not supported
    StsBadPoint =     -207,      // bad CvPoint
    StsBadMask =      -208,      // bad format of mask (neither 8uC1 nor 8sC1)
    StsUnmatchedSizes = -209,  // sizes of input/output structures do not match
    StsUnsupportedFormat =  -210, // the data format/type is not supported by the function
    StsOutOfRange =   -211,      //some of parameters are out of range
```

```
        StsParseError=        -212,   // invalid syntax/structure of the parsed file
        StsNotImplemented=    -213,   // the requested function/feature is not implemented
        StsBadMemBlock=       -214,   // an allocated block has been corrupted
        StsAssert=            -215,   // assertion failed
        //..........
    };
  } //Error
} //cv
```

[예제 2-61] Exception, CV_Error, CV_Assert에 의한 예외 처리

```
001:   #include "opencv.hpp"
002:   using namespace std;
003:   using namespace cv;
004:   int main()
005:   {
006:       Mat A(1, 3, CV_8U, 100);
007:       int a = 0; // 10
008:       int b = 2; // 3
009:       cout << "A = " << A << endl;
010:       try
011:       {
012: //        CV_Assert(a != 0);
013:           if( a == 0 )
014:           { // CV_StsDivByZero in OpenCV 2.4.13
015:               CV_Error( Error::StsDivByZero, " b is zero" );
016:           }
017:           A /= a;
018:           cout << "A1 = " << A << endl;
019:
020: //        CV_Assert(b >= 0 && b < 3);
021:           if( b < 0 || b> 3 )
022:           { // CV_StsOutOfRange in OpenCV 2.4.13
023:               CV_Error_(Error::StsOutOfRange, (" a = %d is out of range", b));
024:           }
025:           A.at<uchar>(b) = saturate_cast<uchar>(300);
026:           cout << "A2 = " << A << endl;
027:           CV_Assert(A.type() == CV_8UC3);
028:
029:       }
030:       catch( cv::Exception& e )
031:       {
032:           const char* err_msg = e.what();
033:           cout << "Exception(" << e.code << "):" << err_msg << endl;
034:       }
035:       return 0;
036:   }
```

◎ **프로그램 설명**

① 6-9행
100으로 초기화된 CV_8U 자료형의 1×3 행렬 A를 생성하고 출력하며, 변수 a, b를 선언하고, 초기
화한다.

② 10-29행

try 문장으로 예외 발생을 조사한다. 12행의 CV_Assert와 15행의 CV_Error은 a 값이 0이면 Error::StsDivByZero 예외를 발생시킨다. 17-18행은 행렬 A의 각 요소값을 a로 나눗셈한 값을 행렬 A에 다시 저장하고 출력한다.

③ 20-26행

20행의 CV_Assert와 22행의 CV_Error는 b < 0 || b> 3 조건이 참이면 Error::StsOutOf Range 예외를 발생시킨다. 25행은 행렬 b를 첨자로 하여 A.at<uchar>(b)에 saturate_cast<uchar>(300) 값인 255를 저장한다.

④ 27행

CV_Assert(A.type() == CV_8UC3)에 의해 예외를 발생시킨다. A.type()은 CV_8U이기 때문에 조건이 거짓이 되어 예외가 발생한다.

⑤ 변수 a, b의 값에 따라 예외가 발생하는 위치가 달라진다. [그림 2.59]는 OpenCV 3.1.0에서 예외 처리 결과이다. [그림 2.59](a)는 a = 0, b = 2에서, 15행의 CV_Error에 의해 발생한 예외이다. [그림 2.59](b)는 a = 10, b = 2에서, 27행의 CV_Assert에 의해 발생한 예외이다. [그림 2.59](c)는 a = 10, b=3에서, 23행의 CV_Error에 의해 발생한 예외이다.

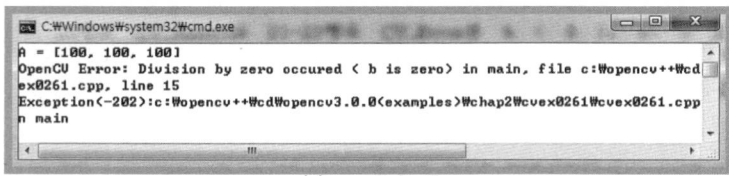

(a) a = 0, b=2

(b) a = 10, b=2

(c) a = 10, b=3

[그림 2.59] OpenCV 예외 처리

간단한 그래픽 및
영상 파일 입출력

OpenCV의 C++ API는 CxCore 라이브러리에서 Mat 행렬의 영상에 직선, 사각형, 원, 타원, 다각형, 텍스트 등의 간단한 2D 그래픽 그리기 함수를 지원한다.

01 영상에 간단한 그래픽 그리기

1.1 직선 그리기

void line(Mat& img, Point pt1, Point pt2, const Scalar& color,
        int thickness = 1, int lineType = 8, int shift = 0)

line 함수는 영상 mat에 Point 좌표점 pt1에서 pt2까지 연결하는 라인을 color 색상, thickness 두께로 라인을 그린다. line_type = 8, line_type = 4이면 8 또는 4픽셀 이웃을 사용하는 라인 알고리즘을, line_type = CV_AA이면 안티에일리징 라인을 생성한다. shift는 pt1과 pt2의 각 좌표의 비트 이동으로, 예를 들어 shift = 1이면 pt1과 pt2의 x, y 좌표를 오른쪽으로 1비트 시프트 연산(>>)을 한 결과(즉, 2로 나눈 효과)의 좌표에 직선을 그린다.

1.2 사각형 그리기

① void rectangle(Mat& img, Point pt1, Point pt2, const Scalar& color,
        int thickness = 1, int lineType = 8, int shift = 0);
rectangle 함수는 영상 img에 Point 좌표점 pt1, pt2에 의해 정의되는 직사각형을 color 색상, thickness 두께로 사각형을 그린다. thickness = −1이면 color 색상으로 채운 사각형을 그린다.

② void rectangle(Mat& img, Rect rec, const Scalar& color, int thickness = 1,
        int lineType = 8, int shift = 0);
rectangle 함수는 영상 img에 Rect 사각형 rec에 의해 정의되는 직사각형을 color 색상, thickness 두께로 사각형을 그린다. thickness = −1이면 color 색상으로 채운 사각형을 그린다.

[예제 3-1] 직선, 사각형 그리기

```
001:    #include "opencv.hpp"
002:    using namespace cv;
003:    using namespace std;
004:    int main()
005:    {
006:         Mat dstImage(512, 512, CV_8UC3, Scalar(255, 255, 255));
007:
008:         rectangle(dstImage, Point(100, 100), Point(400, 400), Scalar(0, 0, 255), 2);
009:
010:         line(dstImage, Point(400, 100), Point(100, 400), Scalar(0, 255, 0));
011:
012:         line(dstImage, Point(400, 100), Point(100, 400), Scalar(0, 255, 0), 2, 8, 1);
013: //      line(dstImage, Point(400/2, 100/2), Point(100/2, 400/2), Scalar(0, 255, 0), 2);
014:
015:         rectangle(dstImage, Point(400/2, 100/2), Point(100/2, 400/2),
016:                          Scalar(255, 0, 0));
017:         imshow("dstImage", dstImage);
018:         waitKey();
019:         return 0;
020:    }
```

◎ **프로그램 설명**

① 6행

512×512 크기의 3채널 컬러 영상 dstImage를 Mat 행렬로 생성하고, Scalar(255, 255, 255)로 초기화한다.

② 8행

영상 dstImage에 좌표점 Point(100, 100), Point(400, 400)를 모서리로 갖는 사각형을 color = Scalar(0, 0, 255) 색상, thickness = 2 두께로 그린다.

③ 10-15행

10행은 영상 dstImage에 양 끝점이 Point(400, 100), Point(100, 400)인 직선을 color = Scalar(0, 255, 0), thickness = 1 두께로 그린다. 12행은 영상 dstImage에 양 끝점이 Point(400, 100), Point(100, 400)인 직선을 color = Scalar(0, 255, 0), thickness = 2 두께, lineType = 8, int shift = 1로 그린다. 12행의 좌표점은 10행과 동일한 좌표점이지만, shift = 1이기 때문에 실제 좌표는 Point(400/2, 100/2), Point(100/2, 400/2)와 같다. 따라서 12의 직선은 13행의 직선과 동일한 직선이다. 12행의 직선의 양 끝점인 Point(400/2, 100/2)와 Point(100/2, 400/2)를 모서리로 하는 사각형을 Scalar(255, 0, 0) 색상으로 그린다. [그림 3.1]은 직선, 사각형 그리기의 결과이다.

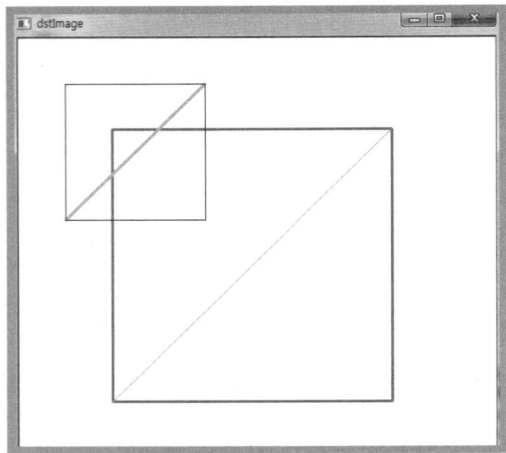

[그림 3.1] 직선, 사각형 그리기

1.3 직선 클리핑

① bool clipLine(Size imgSize, Point& pt1, Point& pt2)
② bool clipLine(Rect imgRect, Point& pt1, Point& pt2)

clipLine 함수는 좌표점 pt1에서 pt2까지 연결하는 라인이 imgSize 또는 imgRect로 정의되는 사각형에 의해 절단되는 좌표점을 pt1과 pt2에 계산한다. Size의 imgSize에 의해 정의되는 사각형은 Rect(0, 0, imgSize.width, imgSize.height)이다. 직선이 사각 영역 밖에 있으면 false를 반환한다.

[예제 3-2] 직선 클리핑

```
001:  #include "opencv.hpp"
002:  using namespace cv;
003:  using namespace std;
004:  int main()
005:  {
006:      Mat dstImage(512, 512, CV_8UC3, Scalar(255, 255, 255));
007:      if( dstImage.empty() )
008:          return -1;
009:
010:      Rect imgRect(100, 100, 300, 300);
011:      rectangle(dstImage, imgRect.tl(), imgRect.br(), Scalar(255, 0, 0), 2);
012:
013:      Point pt1(120, 50), pt2(300, 500);
014:      line(dstImage, pt1, pt2, Scalar(0, 255, 0), 2);
015:
016:      clipLine(imgRect, pt1, pt2);
017:      cout << "pt1 = " << pt1 << endl;
018:      cout << "pt2 = " << pt2 << endl;
019:
020:      circle(dstImage, pt1, 5, Scalar(0, 0, 255), 2);
021:      circle(dstImage, pt2, 5, Scalar(0, 0, 255), 2);
022:      line(dstImage, pt1, pt2, Scalar(255, 0, 0), 2);
```

```
023:
024:        imshow("dstImage", dstImage);
025:        waitKey();
026:        return 0;
027: }
```

◎ **프로그램 설명**

① 6행
512×512 크기의 3채널 컬러 영상 dstImage를 Mat 행렬로 생성하고, Scalar(255, 255, 255)로 초기화한다.

② 10-14행
10행은 사각형을 imgRect(100, 100, 300, 300)로 생성하고, 11행은 사각형의 두 모서리 좌표를 imgRect.tl(), imgRect.br()로 반환하고, CV_RGB(0, 0, 255) 색상, 두께 2인 사각형을 그린다. 13-14행은 좌표점 pt1(120, 50), pt2(300, 500)를 양 끝점으로 하는 직선을 Scalar(0, 255, 0) 색상, 두께 2로 그린다.

③ 16-22행
16행은 clipLine 함수로 좌표점 pt1과 pt2에 의한 직선이 사각형 imgRect에 의해 절단되는 좌표점을 pt1과 pt2에 다시 계산한다. 즉, 사각형과 직선의 교차점 pt1 = [140, 100], pt2 = [260, 399]를 계산한다. 20-21행은 clipLine 함수로 계산된 pt1과 pt2를 중심으로 하는 반지름이 5인 원을 그리고, 22행은 직선을 그린다. [그림 3.2]는 사각형에 의해 절단된 직선을 표시한 결과이다.

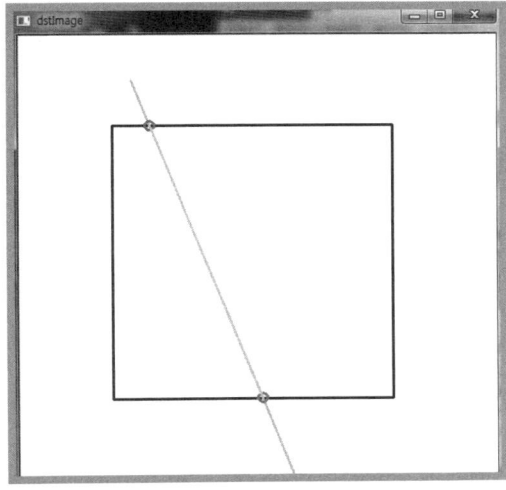

[그림 3.2] 직선 클리핑

1.4 직선 반복자(LineIterator)

LineIterator 클래스는 직선 위의 영상의 좌표점을 순차적으로 알 수 있는 반복자 클래스이다. LineIterator::count는 라인 위 좌표점의 개수, LineIterator::pos 메서드는 현재 위치의 좌표를 반환한다. leftToRight = false이면 iterator가 pt1, pt2의 순서와 상관없이 왼쪽에서 오른쪽으로 스캔한다.

```
class LineIterator
{
public:
        LineIterator(const Mat& img, Point pt1, Point pt2, int connectivity = 8,
            bool leftToRight = false);
        uchar* operator *();          // returns pointer to the current line pixel
        LineIterator& operator ++(); // move the iterator to the next pixel
        LineIterator operator ++(int);
        Point pos() const;           // the current position in the image
        int count; // number of pixels along the line
        ...... // 생략
};
```

[예제 3-3] 직선 반복자로 직선 위의 화소값 프로파일 그리기

```
001:  #include "opencv.hpp"
002:  using namespace cv;
003:  using namespace std;
004:  int main()
005:  {
006:      Mat srcImage = imread("lena.jpg", IMREAD_GRAYSCALE);
007:      if( srcImage.empty() )
008:          return -1;
009:
010:      Point pt1(10, 10), pt2(400, 400);
011:      LineIterator it(srcImage, pt1, pt2, 8);
012:
013:      vector<uchar> buffer(it.count);
014:  //    vector<Vec3b> buf(it.count);                    // 8 비트 3 채널인 경우
015:      for(int i = 0; i < it.count; i++, ++it)
016:      {
017:          buffer[i] = **it;
018:  //        buffer[i] = srcImage.at<uchar>(it.pos());
019:
020:  //        buffer[i] = *(const Vec3b)*it;              // 8 비트 3 채널인 경우
021:  //        buffer[i] = srcImage.at<Vec3b>(it.pos()); // 8 비트 3 채널인 경우
022:
023:      }
024:      cout << (Mat)buffer << endl;
025:      line(srcImage, pt1, pt2, Scalar(255), 2);
026:
027:  //    Draw profile using buffer
028:      Mat dstImage(512, 512, CV_8UC3, Scalar(255, 255, 255));
029:      pt1 = Point(0, dstImage.cols - buffer[0]);
030:      for(int i = 1; i < buffer.size(); i++, ++it)
031:      {
032:          pt2 = Point(i, dstImage.cols - buffer[i]);
033:          line(dstImage, pt1, pt2, Scalar(255), 2);
034:          pt1 = pt2;
035:      }
036:      imshow("srcImage", srcImage);
037:      imshow("dstImage", dstImage);
038:      waitKey();
039:      return 0;
040:  }
```

◎ 프로그램 설명

① 6행

imread 함수로 "lena.jpg" 영상을 행렬 srcImage에 그레이스케일로 로드한다.

② 10-25행

11행은 srcImage 영상에서 좌표점 pt1(10, 10), pt2(400, 400)를 연결하는 직선을 connectivity = 8 로 하는 직선 알고리즘을 사용하는 반복자를 생성한다. 13행은 직선 위의 좌표점의 개수 it.count 만큼의 화소값을 저장하기 위한 벡터 buffer를 생성한다. 만약 8비트 3채널 영상인 경우는 14행과 같이 벡터를 생성한다. 17행은 반복자 it를 사용하여 영상의 화소값, **it를 벡터 buffer[i]에 저장한다. 18행은 LineIterator::pos 메서드로 화소 위치를 접근하고 Mat::at 메서드로 화소값을 읽는다. 만약 8비트 3채널 영상인 경우는 20-21행과 같이 화소 위치와 화소값을 읽어 저장한다.

③ 24-35행

24행은 buffer에 저장된 화소값을 출력하고, 25행은 좌표점 pt1(10, 10), pt2(400, 400)를 연결하는 직선을 원본영상 srcImage에 흰 색상으로 표시한다. 28-35행은 512×512 크기의 3채널 컬러 영상 dstImage를 생성하고, line 함수를 사용하여 dstImage 영상에 buffer에 저장된 화소값을 이용하여 프로파일을 그린다. [그림 3.3]은 직선 반복자로 직선 위의 화소값 프로파일 그리기의 실행 결과이다.

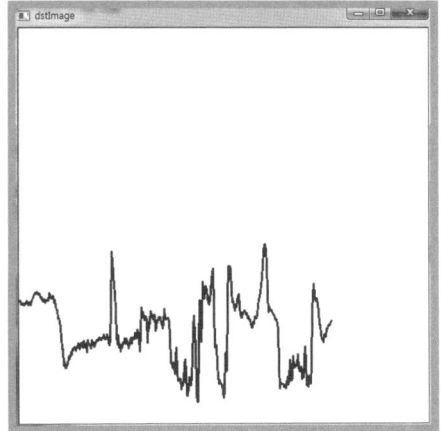

[그림 3.3] 직선 반복자로 직선 위의 화소값 프로파일 그리기

1.5 원 그리기

① void circle(Mat& img, Point center, int radius, const Scalar& color,
　　　　int thickness = 1, int lineType = 8, int shift = 0)

circle 함수는 영상 img에 center가 중심점인 radius 반지름의 원을 color 색상, thickness 두께로 그린다. thickness = −1이면 color 색상으로 채운 원을 그린다.

[예제 3-4]　원 그리기

```
001:  #include "opencv.hpp"
002:  using namespace cv;
003:  using namespace std;
004:  int main()
005:  {
```

```
006:        Mat dstImage(512, 512, CV_8UC3, Scalar(255, 255, 255));
007:
008:        rectangle(dstImage, Point(100, 100), Point(400, 400), Scalar(0, 0, 255));
009:        line(dstImage, Point(250, 100), Point(250, 400), Scalar(0, 0, 255));
010:        line(dstImage, Point(100, 250), Point(400, 250), Scalar(0, 0, 255));
011:        circle(dstImage, Point(250, 250), 150, Scalar(255, 0, 0));
012:
013:        circle(dstImage, Point(250, 250), 50, Scalar(0, 255, 0), -1);
014:
015:        imshow("dstImage", dstImage);
016:        waitKey();
017:        return 0;
018: }
```

◎ 프로그램 설명

① 6행
512×512 크기의 3채널 컬러 영상 dstImage를 Mat 행렬로 생성하고, Scalar(255, 255, 255)로 초기화한다.

② 8-13행
8행은 dstImage 영상에 Point(100, 100), Point(400, 400)에 의해 정의되는 사각형을 Scalar(0, 0, 255) 색상으로 그린다. 9-10행은 dstImage 영상에 사각형을 가로 세로 이등분하는 직선을 Scalar(0, 0, 255) 색상으로 그린다. 11행은 dstImage 영상에 중심점 Point(250, 250), 반지름 150인 8행의 사각형에 내접한 원을 Scalar(255, 0, 0) 색상으로 그린다. 13행은 dstImage 영상에 중심점 Point(250, 250), 반지름 50인 원을 Scalar(0, 255, 0) 색상으로 채운다. [그림 3.4]는 원 그리기의 실행 결과이다.

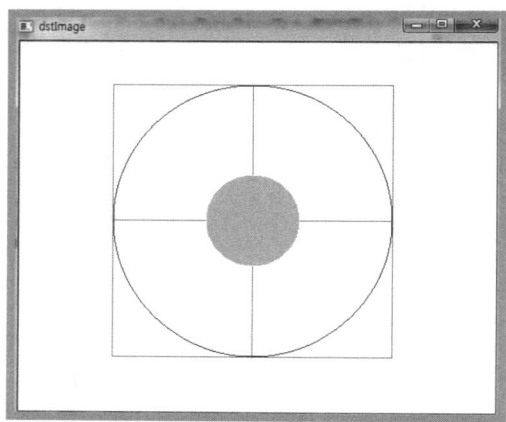

[그림 3.4] 원 그리기

1.6 타원 그리기

① void ellipse(Mat& img, Point center, Size axes, double angle,
                double startAngle, double endAngle, const Scalar& color,
                int thickness = 1, int lineType = 8, int shift = 0)

ellipse 함수는 영상 img에 중심점 center, 주축 크기의 절반 axes , 수평축과의 회전 각도 angle, 호(arc)의 시작과 끝의 각도는 startAngle, endAngle인 타원을 그린다.

startAngle = 0, endAngle = 360이면 닫힌 타원을 그린다. thickness = −1이면 color 색상으로 채운 타원을 그린다.

② void ellipse(Mat& img, const RotatedRect& box, const Scalar& color,
　　　　　　int thickness = 1, int lineType = 8)

ellipse 함수는 영상 img에 RotatedRect 클래스의 회전된 사각형 box에 내접하는 타원을 그린다.

RotatedRect 클래스 생성자에서 center는 중심점, size는 크기, angle은 수평축과의 각도 또는 C API의 CvBox2D 구조체에 의해 정의되는 회전된 사각형 박스를 생성한다. RotatedRect::points(Point2f pts[]) 메서드는 사각형 박스의 4 모서리 점을 pts 배열에 저장한다. RotatedRect::boundingRect() 메서드는 바운딩 사각형을 반환한다. RotatedRect 클래스는 연산자 함수에 의해 CvBox2D 구조체로 자료형을 변환할 수 있다.

```
class RotatedRect
{
public:
    RotatedRect();
    RotatedRect(const Point2f& center, const Size2f& size, float angle);
    RotatedRect(const CvBox2D& box);

    void points(Point2f pts[]) const; // returns 4 vertices of the rectangle
    Rect boundingRect() const;         // returns the minimal up-right rectangle
    operator CvBox2D() const;          // conversion to the old-style CvBox2D structure
    Point2f center;                    // the rectangle mass center
    Size2f size;                       // width and height of the rectangle
    float angle;                       // the rotation angle
};
```

③ void ellipse2Poly(Point center, Size axes, int angle, int arcStart,
　　　　　　　　int arcEnd, int delta, vector<Point>& pts)

ellipse2Poly 함수는 중심점 center, 축의 크기 axes, 각도 angle, 호의 시작과 끝 각도 arcStart, arcEndcenter에 의해 정의되는 타원 위의 좌표를 delta 각도 간격으로 계산하여 벡터 pts에 저장한다.

[예제 3-5] 타원 그리기

```
001: #include "opencv.hpp"
002: using namespace cv;
003: using namespace std;
004: int main()
005: {
006:     Mat dstImage(512, 512, CV_8UC3, Scalar(255, 255, 255));
007:
008:     Point center(250, 200);
009:     Size size(200, 100);
010:
```

```
011:        rectangle(dstImage, Point(center.x - size.width, center.y - size.height),
012:            Point(center.x + size.width, center.y + size.height), Scalar(255, 0, 0));
013:        line(dstImage, Point(center.x - size.width, center.y),
014:            Point(center.x + size.width, center.y), Scalar(0, 255, 0));
015:        line(dstImage, Point(center.x, center.y - size.height),
016:            Point(center.x, center.y + size.height),Scalar(0, 255, 0));
017:        ellipse(dstImage, center, size, 0, 0, 360, Scalar(0, 0, 250));
018:        ellipse(dstImage, center, size, 90, 45, 360, Scalar(0, 0, 250), 2);
019:
020:        RotatedRect box(center, size, 90);
021:        ellipse(dstImage, box, Scalar(255, 0, 0), 2);
022:
023:        vector<Point> pts;
024:        ellipse2Poly(center, size, 90, 0, 360, 45, pts);
025:        polylines(dstImage, pts, true, Scalar(0, 255, 0), 4);
026:
027:        Point pt1, pt2;
028:        for(int i = 0; i < pts.size(); i++)
029:        {
030:            pt1 = pts[i];
031:            if(i == pts.size() - 1)
032:                pt2 = pts[0];
033:            else
034:                pt2 = pts[i + 1];
035:            line(dstImage, pt1, pt2, Scalar(0, 0, 255));
036:        }
037:
038:        imshow("dstImage", dstImage);
039:        waitKey();
040:        return 0;
041:  }
```

◎ 프로그램 설명

① 6행

512×512 크기의 3채널 컬러 영상 dstImage를 Mat 행렬로 생성하고, Scalar(255, 255, 255)로 초기화한다.

② 8-24행

11-12행은 center 점을 중심으로 size의 2배가 되는 사각형을 Scalar(255, 0, 0) 색상으로 그린다. 13-16행은 사각형의 가로세로 중심선을 Scalar(0, 255, 0) 색상으로 그린다. 17행은 중심이 center 이고 축의 반지름 크기가 size인 11-12행의 사각형에 내접한 타원을 수평축과의 각도 angle = 0, startAngle = 0, endAngle = 360인 닫힌 타원을 Scalar(0, 0, 250) 색상으로 그린다. 18행은 중심이 center이고 축의 반지름 크기가 size인 타원을 수평축과의 각도 angle = 90, startAngle = 45, endAngle = 360인 열린 타원형 호를 두께 2, Scalar(0, 0, 250) 색상으로 그린다. 23-24행은 RotatedRect 클래스인 box에 의해 타원을 그린다. 18행의 타원과 동일한 크기의 size를 사용하지만, 18행의 타원에서 size는 타원 축의 크기의 절반으로 사용되고, 23-24행에서 size는 타원 축의 전체 크기이다.

③ 26-39행

27행은 ellipse2Poly 함수로 중심점 center, 크기 size, angle = 90, startAngle = 0, endAngle = 360인 닫힌 타원에서 delta = 45 각도 간격으로 샘플링한 좌표점을 벡터 pts에 계산한다. 28행은 polylines 함수로 영상 dstImage에 벡터에 저장된 좌표점 pts를 isClosed = true로 하는 닫힌 다각형을 두께 4, Scalar(0, 255, 0) 색상으로 그린다. 30-29행은 벡터 pts에 저장된 좌표를 이용하여 line 함수로 다각형을 두께 1, Scalar(0, 0, 255) 색상으로 그린다. 25행에 의한 다각형과 동일한 위치에 두께만 다른 다각형이 표시된다. [그림 3.5]는 타원 그리기의 실행 결과이다.

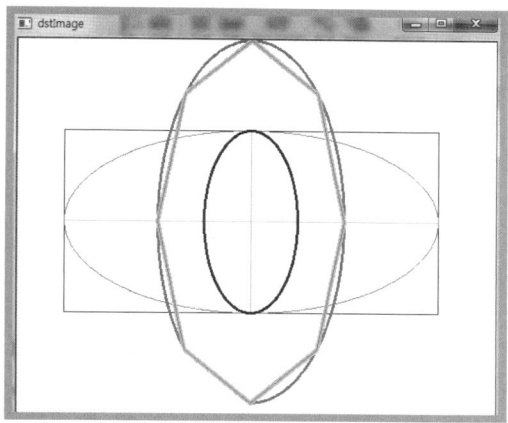

[그림 3.5] 타원 그리기

1.7 다각형 그리기 및 채우기

① void polylines(Mat& img, const Point** pts, const int* npts, int ncontours,
　　　　　　bool isClosed, const Scalar& color, int thickness = 1,
　　　　　　int lineType = 8, int shift = 0)

polylines 함수는 영상 img에 Point 배열 pts에 저장된 좌표점을 연결하는 다각형을 그린다. pts는 이중 포인터로 ncontours 개의 다각형을 저장할 수 있다. npts은 다각형의 꼭짓점의 개수(배열 pts의 크기), ncontours는 다각형의 개수, isClosed = true이면 닫힌 다각형을 그린다.

② void polylines(InputOutputArray img, InputArrayOfArrays pts, bool isClosed,
　　　　　　const Scalar& color, int thickness = 1, int lineType = 8, int shift = 0)

polylines 함수는 영상 img에 Mat 행렬 또는 vector 벡터 등의 pts에 저장된 좌표점을 연결하는 다각형을 그린다. isClosed = true이면 닫힌 다각형을 그린다.

③ void fillConvexPoly(Mat& img, const Point* pts, int npts, const Scalar& color,
　　　　　　int lineType = 8, int shift = 0)

fillConvexPoly 함수는 영상 img에 Point 배열 pts에 저장된 npts 개수의 좌표점로 구성된 볼록다각형(convex hull)을 color 색상으로 채운다. shift는 배열 pts의 좌표의 이동 비트수이다. 예를 들어 shift = 1이면 pts의 x, y 좌표값을 1비트 shift right 한 결과(즉 2로 나눈 효과)의 좌표이다. fillPoly 함수보다 빠르게 실행된다.

④ void fillPoly(Mat& img, const Point** pts, const int* npts, int ncontours,
　　　　　　const Scalar& color, int lineType = 8, int shift = 0, Point offset = Point())

fillPoly 함수는 영상 img에 Point의 이중 포인터 pts에 저장된 ncontours 개의 다각형을 color 색상으로 채워 그린다. 정수 배열 npts는 각 다각형의 좌표 개수를 가진다. shift는 배열 pts의 좌표점의 비트 이동이다. offset은 각 다각형의 모든 좌표 점에 더해지는 좌표이다.

[예제 3-6] 다각형 그리기 1 (Point 배열 사용)

```
001:  #include "opencv.hpp"
002:  using namespace cv;
003:  using namespace std;
004:  int main()
005:  {
006:        Mat dstImage(512, 512, CV_8UC3, Scalar(255, 255, 255));
007:
008:        Point pts1[4] = { Point(100, 100), Point(200, 100), Point(200, 200), Point(100, 200)};
009:        Point pts2[3] = { Point(300, 200), Point(400, 100), Point(400, 200) };
010:
011:        const Point *polygons[2] = { pts1, pts2};
012:        int npts[2] = {4, 3};
013:
014:        polylines(dstImage, polygon, npts, 2, true, Scalar(255, 0, 0));
015: //     polylines(dstImage, polygon, npts, 2, false, Scalar(255, 0, 0));
016: //     fillConvexPoly(dstImage, polygon[0], npts[0], Scalar(0, 0, 255));
017: //     fillConvexPoly(dstImage, polygon[1], npts[1], Scalar(255, 0, 0));
018: //     fillPoly(dstImage, contour, npts, 2, Scalar(0, 0, 255) );
019:
020:        imshow("dstImage", dstImage);
021:        waitKey();
022:        return 0;
023:  }
```

◎ **프로그램 설명**

① 6행

512×512 크기의 3채널 컬러 영상 dstImage를 Mat 행렬로 생성하고, Scalar(255, 255, 255)로 초기화한다.

② 8-12행

8-9행은 Point 배열 pts1에 4개의 좌표를 저장하고, Point 배열 pts2에 3개의 좌표를 저장한다. 11-12행은 Point 포인터 배열 polygon에 배열 pts1, pts2를 초기화하여 polygon은 2개의 다각형의 좌표를 가진다. npts 배열에 polygon에 저장된 2개의 다각형의 좌표 점의 개수를 저장한다.

③ 14-18행

14행은 polylines 함수로 dstImage 영상에 polygon, npts의 다각형 정보를 이용하여 ncontours = 2개의 닫힌 다각형을 Scalar(255, 0, 0) 색상으로 그린다. 15행은 isClosed = false로 열린 다각형을 그린다. 16-17행은 fillConvexPoly 함수로 polygon[0], polygon[1]의 다각형을 Scalar(0, 0, 255), Scalar(255, 0, 0)로 각각 채운다. 18행은 fillPoly 함수로 polygon의 2개의 다각형을 Scalar(0, 0, 255) 색상으로 채운다. [그림 3.6]은 다각형 채우기의 실행 결과이다.

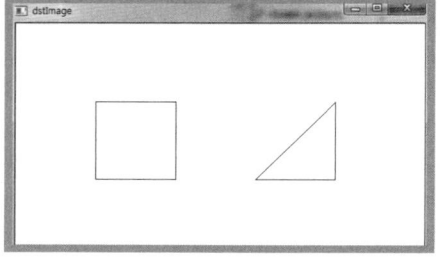
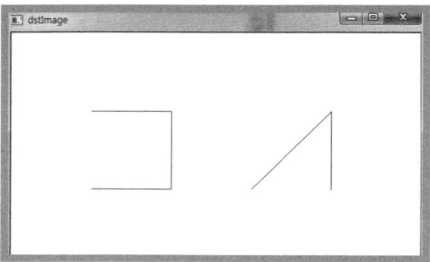

(a) polylines : isClosed = true   (b) polylines : isClosed = false

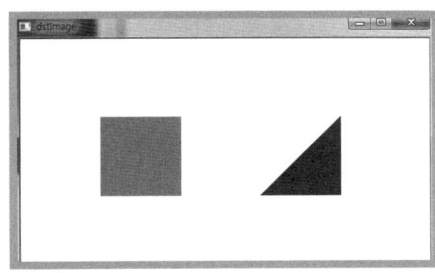
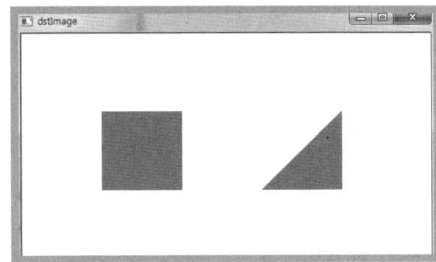

(c) fillConvexPoly : polygon[0], polygon[1]　　　　　(d) fillPoly : polygon

[그림 3.6] 다각형 채우기

[예제 3-7] 다각형 그리기 2 (Vector 사용)

```
001:  #include "opencv.hpp"
002:  using namespace cv;
003:  using namespace std;
004:  int main()
005:  {
006:      Mat dstImage(512, 512, CV_8UC3, Scalar(255, 255, 255));
007:
008:      vector<vector<Point> > contour(2, vector<Point>()) ;
009:      contour[0].push_back(Point(100, 100));
010:      contour[0].push_back(Point(200, 100));
011:      contour[0].push_back(Point(200, 200));
012:      contour[0].push_back(Point(100, 200));
013:      contour[1].push_back(Point(300, 200));
014:      contour[1].push_back(Point(400, 100));
015:      contour[1].push_back(Point(400, 200));
016:
017:      const cv::Point *pts1 = (const cv::Point*) Mat(contour[0]).data;
018:      const cv::Point *pts2 = (const cv::Point*) Mat(contour[1]).data;
019:
020:      const Point *polygon[2] = {pts1, pts2};
021:      int npts[2] = {contour[0].size(), contour[1].size()};
022:
023:      polylines(dstImage, polygon, npts, 2, true, Scalar(255, 0, 0));
024:  //    polylines(dstImage, polygon, npts, 2, 0, Scalar(255, 0, 0));   // Closed Polygon
025:  //    fillConvexPoly(dstImage, polygon[0], npts[0], Scalar(0, 0, 255));
026:  //    fillConvexPoly(dstImage, polygon[1], npts[1], Scalar(255, 0, 0));
027:  //    fillPoly(dstImage, polygon, npts, 2, Scalar(0, 0, 255) );
028:
029:      imshow("dstImage", dstImage);
030:      waitKey();
031:      return 0;
032:  }
```

◎ **프로그램 설명**

① [예제 3-6]의 Point 배열을 vector 클래스를 이용한 다각형 채우기로 변경한 예제이다.

② 8-15행
2개의 다각형 좌표점을 저장하기 위한 vector contour를 선언하고, contour[0], contour[1]에 다각형의 좌표점을 저장한다.

③ 17-21행

17-18행은 Mat 행렬을 이용하여 contour[0], contour[1]의 데이터로의 포인터를 pts1, pts2에 각각 저장한다. 20-21행은 Point 포인터 배열 polygon에 배열 pts1, pts2를 초기화하여 polygon은 2개의 다각형의 좌표를 갖는다. npts 배열에 polygon에 저장된 2개의 다각형의 좌표점 개수를 저장한다.

④ 23-27행

23행은 polylines 함수로 닫힌 다각형을 그리고, 24행은 열린 다각형을 그린다. 25-26행은 fillConvexPoly 함수로 polygon[0], polygon[1]의 다각형을 Scalar(0, 0, 255), Scalar(255, 0, 0)로 각각 채우고, 27행은 fillPoly 함수로 polygon의 2개의 다각형을 Scalar(0, 0, 255) 색상으로 채운다. 실행 결과는 [그림 3.6]과 같다.

1.8 문자열 출력

① Size getTextSize(const string& text, int fontFace, double fontScale,
          int thickness, int* baseLine)

getTextSize 함수는 입력 문자열 text의 putText 함수 출력을 위한 크기(width, height)를 계산한다. fontFace는 폰트 타입으로 FONT_HERSHEY_SIMPLEX, FONT_HERSHEY_PLAIN, FONT_HERSHEY_DUPLEX, FONT_HERSHEY_COMPLEX, FONT_HERSHEY_TRIPLEX, FONT_HERSHEY_COMPLEX_SMALL, FONT_HERSHEY_SCRIPT_SIMPLEX, FONT_HERSHEY_SCRIPT_COMPLEX 중에 하나로 설정한다. 각 폰트는 FONT_HERSHEY_ITALIC와 논리합으로 조합할 수 있다. fontScale은 폰트의 기본 크기에 곱해질 스케일, thickness는 출력 문자의 두께, 문자열이 출력될 사각 영역의 하단(bottom)으로부터의 상대적인 기준선의 y 좌표의 위치이다.

② void putText(Mat& img, const string& text, Point org, int fontFace,
          double fontScale, Scalar color, int thickness = 1,
          int lineType = 8, bool bottomLeftOrigin = false)

putTextSize 함수는 영상 img에 문자열 text를 출력한다. org는 문자열이 출력될 기준 위치가 된다. fontFace는 폰트 타입, fontScale은 폰트의 기본 크기에 곱해질 스케일, color는 출력 문자의 컬러, thickness는 출력 문자의 두께이다. bottomLeftOrigin = true이면 org의 위치가 출력될 사각형의 하단-좌측(bottom-left), bottomLeftOrigin = false이면 org의 위치가 출력될 사각형의 상단-우측(top-right)이다.

[예제 3-8] 문자열 출력

```
001:   #include "opencv.hpp"
002:   using namespace cv;
003:   using namespace std;
004:   int main()
005:   {
006:       Mat dstImage(512, 512, CV_8UC3, Scalar(255, 255, 255));
007:
008:       string text = "OpenCV Programming";
009:       int fontFace = FONT_HERSHEY_SIMPLEX;
010:       double fontScale =1.0;
```

```
011:        int  thickness = 1;
012:        int  baseLine;
013:        Point org(100, 100);
014:
015:        putText(dstImage, text, org, fontFace,fontScale, Scalar(0, 0, 0) );
016:        Size size = getTextSize(text, fontFace, fontScale, thickness, &baseLine);
017:        rectangle(dstImage, org, Point(org.x + size.width, org.y - size.height), Scalar(0, 0, 255));
018:        circle(dstImage, org, 3, Scalar(255, 0, 0), 2);
019:
020:        imshow("dstImage", dstImage);
021:        waitKey();
022:        return 0;
023:  }
```

◎ **프로그램 설명**

① 6행
512×512 크기의 3채널 컬러 영상 dstImage를 Mat 행렬로 생성하고, Scalar(255, 255, 255)로 초기화한다.

② 9-13행
8행은 출력을 위한 문자열 text = "OpenCV Programming", 폰트 이름 fontFace = FONT_HERSHEY_SIMPLEX, 폰트 스케일 fontScale = 1.0, 두께 thickness = 1, 출력 위치를 Point org(100, 100), baseLine으로 선언하고 초기화하고 준비한다.

③ 15-18행
15행은 putText 함수로 dstImage 영상에 text 문자열을 org, fontFace, fontScale을 이용하여 Scalar(0, 0, 0) 색상으로 출력한다. 16행은 getTextSize 함수로 text 문자열을 출력하기 위한 크기 size를 반환하고 baseLine 정보를 계산한다. 17행은 출력 위치 org와 getTextSize 함수로 계산한 text 문자열 출력을 위한 크기 size로 사각형을 표시한다. 18행은 출력 위치 org를 원으로 표시하여, 사각형의 하단-좌측(bottom-left)임을 확인한다. [그림 3.7]은 문자열 출력하기의 실행 결과이다.

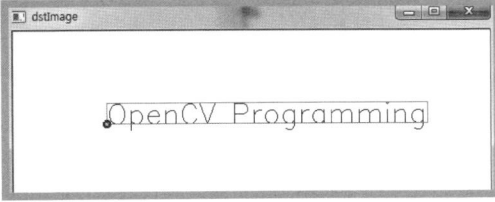

[그림 3.7] 문자열 출력하기

02 사용자 인터페이스(GUI)

OpenCV는 HighGUI 라이브러리 모듈에서 윈도우 생성, 윈도우 파괴, 영상 표시, 윈도우 이동, 크기 조정 등 윈도우 관련 함수와 키보드, 마우스, 트랙바 이벤트 처리 등의 간단한 사용자 인터페이스 함수를 지원한다.

2.1 윈도우 관련 함수

① **void namedWindow(const string& winname, int flags = WINDOW_AUTOSIZE)**
namedWindow 함수는 winname 문자열의 윈도우 캡션을 갖는 윈도우를 생성한다. flags = WINDOW_NORMAL이면, resizeWindow 함수로 윈도우 크기를 재조정할 수 있다. flags = WINDOW_AUTOSIZE이면, resizeWindcw 함수로 윈도우 크기를 재조정할 수 없다. flags = WINDOW_OPENGL이면 OpenGL를 지원하는 윈도우를 생성한다. winname 문자열이 동일한 윈도우가 이미 생성되어 있으면, namedWindow 함수는 아무 일도 하지 않는다. namedWindow 함수를 호출하지 않고 바로 imshow 함수로 영상을 표시하면 flags = WINDOW_AUTOSIZE인 윈도우를 자동으로 생성한다. 그러므로 간단한 프로그램을 작성할 때는, namedWindow 함수를 호출하지 않고 바로 imshow 함수로 영상을 표시한다.

② **void imshow(const string& winname, InputArray mat)**
imshow 함수는 영상 mat를 winname 캡션 이름을 갖는 윈도우에 표시한다. 윈도우가 flags = WINDOW_AUTOSIZE로 생성되었으면, 영상의 원본 크기에 맞게 윈도우가 조정되어 표시된다. WINDOW_AUTOSIZE가 없이 생성되었으면, 영상은 윈도우에 맞추기 위해 스케일된다. 영상이 부호가 없는 8비트(uchar) 영상이면 그대로 표시되고, 부호 없는 16비트 정수(unsigned int) 또는 32비트 정수(int)이면 화소값은 256으로 나누어 표시된다. 영상이 32비트 실수(float)이면 화소값에 255를 곱하여 표시된다. flags = WINDOW_OPENGL를 갖는 윈도우이면 imshow 함수는 ogl::Buffer, ogl::Texture2D, gpu::GpuMat을 입력으로 지원한다.

③ **void destroyWindow(const string& winname)**
destroyWindow 함수는 winname 캡션 이름을 갖는 윈도우를 파괴한다.

④ **void destroyAllWindows()**
destroyAllWindows 함수는 모든 윈도우를 파괴한다.

⑤ **void moveWindow(const string& winname, int x, int y)**
moveWindow 함수는 winname 캡션 이름을 갖는 윈도우의 좌측-상단(left-top) 위치 x, y 위치로 이동시킨다.

⑥ **void resizeWindow(const string& winname, int width, int height)**
resizeWindow 함수는 winname 캡션 이름을 갖는 윈도우를 클라이언트 영역의 크기를 width, height로 변경한다. namedWindow 함수에서 flags = WINDOW_AUTOSIZE로 생성한 윈도우는 크기를 재조정할 수 없다(윈도우즈에서는 윈도우 크기는 재조정은 되지만, 영상이 윈도우의 크기에 맞게 조정되어 출력되지 않는다.).

[예제 3-9] 윈도우 관련 함수

```
001:    #include "opencv.hpp"
002:    using namespace cv;
003:    using namespace std;
004:    int main()
005:    {
006:        Mat srcImage = imread("lena.jpg", IMREAD_GRAYSCALE);
007:        if( srcImage.empty() )
008:            return -1;
009:
010:        namedWindow("srcImage", WINDOW_NORMAL); //WINDOW_AUTOSIZE);
011:        imshow("srcImage", srcImage);
012:        waitKey();
013:
014:        resizeWindow("srcImage", 320, 240);
015:        waitKey();
016:        destroyAllWindows();
017:        return 0;
018:    }
```

◎ **프로그램 설명**

① 6행

imread 함수로 "lena.jpg" 영상을 그레이스케일로 읽어 Mat 행렬 srcImage에 저장한다.

② 10-12행

10행은 namedWindow 함수로 "srcImage" 이름을 갖는 윈도우를 flags = WINDOW_NORMAL로 생성한다. 11행은 imshow 함수로 "srcImage" 이름을 갖는 윈도우에 srcImage 영상을 표시한다. 12행은 waitKey() 함수에 의해 키 입력을 기다린다.

③ 14-16행

14행은 resizeWindow 함수로 flags = WINDOW_NORMAL로 생성된 "srcImage" 이름을 갖는 윈도우의 클라이언트 영역의 크기를 320×240으로 재조정한다. 윈도우에 표시된 srcImage 영상도 320×240 크기에 맞게 재조정되어 표시된다. 10행에서 flags = WINDOW_AUTOSIZE로 윈도우를 생성하면, 윈도우는 320×240 크기로 변경되지만, 윈도우에 표시된 srcImage 영상이 윈도우의 크기에 맞게 재조정되어 표시되지 않는다. 16행은 destroyAllWindows 함수로 모든 HighGUI 윈도우(여기서는 "srcImage" 윈도우 하나 뿐이다.)를 파괴한다. destroyAllWindows 함수를 사용하지 않아도 응용 프로그램이 종료될 때 윈도우 관련 자원이 모두 파괴되므로 사용하지 않아도 된다. flags = WINDOW_NORMAL로 생성한 윈도우는 마우스로 윈도우의 크기를 변경할 수 있다.

2.2 키보드 이벤트 처리

① int waitKey(int delay = 0)

waitKey 함수는 $delay \leq 0$이면 키보드에서 키(Key)가 눌러질 때까지 무한히 기다린다. 지금까지의 예제에서는 waitKey 함수를 키보드에서 사용자가 아무 키나 누르기 전까지 imshow 함수에 의해 영상이 계속 보이게 하려고 사용하였다. 이때 키가 눌러지면 해당 키의 코드 값을 반환한다. $delay > 0$이면 delay 밀리 초 동안 기다린다. delay 밀리 초 동안 키가 눌러지지 않았으면 -1을 반환한다. waitKey 함수는 윈도우 창이 없으면 동작하지 않는다.

[예제 3-10] 키보드 이벤트 처리

```
001:    #include "opencv.hpp"
002:    using namespace cv;
003:    using namespace std;
004:    int main()
005:    {
006:        Mat srcImage = imread("lena.jpg", IMREAD_GRAYSCALE);
007:        if( srcImage.empty() )
008:            return -1;
009:
010:        namedWindow("srcImage");
011:        imshow("srcImage", srcImage);
012:        int x = 100;
013:        int y = 100;
014:        moveWindow("srcImage", x, y);
015:
016:        int nKey;
017:        while(1)
018:        {
019:            nKey = waitKey(0);
020: //         printf("%x\n", nKey);
021:            if(nKey == 0x1B)
022:                break;
023:            switch(nKey)
024:            {
025:                case 0x250000:    // left
026:                    x -= 10;
027:                    break;
028:                case 0x270000:    // right
029:                    x += 10;
030:                    break;
031:                case 0x260000:    // up
032:                    y -= 10;
033:                    break;
034:                case 0x280000:    // down
035:                    y += 10;
036:                    break;
037:            }
038:            moveWindow("srcImage", x, y);
039:        }
040:        return 0;
041:    }
```

◎ **프로그램 설명**

① 6행

imread 함수로 "lena.jpg" 영상을 그레이스케일로 읽어 Mat 행렬 srcImage에 저장한다.

② 10-14행

10행은 namedWindow 함수로 "srcImage" 윈도우를 flags = WINDOW_AUTOSIZE로 생성한다. 11행은 imshow 함수로 "srcImage" 윈도우에 srcImage 영상을 표시한다. 14행은 moveWindow 함수로 "srcImage" 윈도우의 좌측-상단(left-top) 위치를 x = 100, y = 100으로 이동시킨다.

③ 16-39행

17행은 while 문을 무한 반복시키고, 19행은 키보드 입력을 받아 nKey 변수에 저장하며, 21행은 nKey == 0x1B 즉, 입력 키가 ⒺⓈⒸ 키이면 17행의 while 문을 빠져나와 프로그램을 종료한다.

23-37행은 nKey의 값이 4개의 방향키(←, →, ↑, ↓)에 따라 x, y 값을 10씩 증감하고, 38행은 moveWindow 함수로 "srcImage" 윈도우의 좌측-상단(left-top) 위치를 x, y로 이동시킨다. 방향키에 따라 윈도우가 이동된다.

2.3 마우스 이벤트 처리

cvSetMouseCallback 함수로 이벤트 처리 핸들러 함수를 지정하고, 핸들러 함수 안에서 이벤트를 처리한다.

① **void setMouseCallback(const string& winname, MouseCallback onMouse, void* userdata = 0)**

setMouseCallback 함수는 winname 이름을 갖는 윈도우에서 발생하는 마우스 이벤트를 처리할 핸들러 함수를 onMouse로 지정한다. 즉, window_name인 윈도우에서 마우스 이벤트가 발생할 때마다 핸들러로 지정된 onMouse 함수가 호출된다. userdata는 핸들러 함수로 전달될 사용자 정의 인수이다.

② **static void onMouse(int event, int x, int y, int flags, void* userdata);**

setMouseCallback 함수의 이벤트 핸들러 함수 이름은 사용자가 임의로 지정할 수 있다. 그러나 핸들러 함수의 인수 자료형과 의미는 미리 정해져 있다. event는 마우스 이벤트를 나타내며, [표 3.1]은 주요 마우스 이벤트를 나타낸다. flags는 마우스 이벤트가 발생했을 때 마우스 버튼, Ctrl, Shift, Alt 키를 눌렀는지 확인을 위해 사용된다. [표 3.2]는 주요 마우스 flags 상수 나타낸다. 각각의 마우스 이벤트 상수 및 flags 상수 앞에 CV_를 붙여 사용해도 동일한 의미이다. 예를 들면 EVENT_MOUSEMOVE, EVENT_FLAG_LBUTTON 등과 같이 사용할 수 있다. userdata은 사용자 정의 인수이다.

[표 3.1] 마우스 이벤트(event) 상수

event	의미
EVENT_MOUSEMOVE	마우스를 움직임
EVENT_LBUTTONDOWN	왼쪽 버튼 DOWN
EVENT_RBUTTONDOWN	오른쪽 버튼 DOWN
EVENT_LBUTTONUP	왼쪽 버튼 UP
EVENT_RBUTTONUP	오른쪽 버튼 UP
EVENT_LBUTTONDBLCLK	왼쪽 버튼 더블클릭
EVENT_RBUTTONDBLCLK	오른쪽 버튼 더블클릭

[표 3.2] 마우스 flags 상수

flags	의미
EVENT_FLAG_LBUTTON	왼쪽 버튼 누름
EVENT_FLAG_RBUTTON	오른쪽 버튼 누름
EVENT_FLAG_CTRLKEY	CTRL 키를 누름
EVENT_FLAG_SHIFTKEY	SHIFT 키를 누름
EVENT_FLAG_ALTKEY	ALT 키를 누름

[예제 3-11] 마우스 이벤트 처리

```
001:   #include "opencv.hpp"
002:   using namespace cv;
003:   using namespace std;
004:   void onMouse(int event, int x, int y, int flags, void* param);
005:   int main()
006:   {
007:       Mat dstImage(512, 512, CV_8UC3, Scalar(255, 255, 255));
008:
009:       imshow("dstImage", dstImage);
010:       setMouseCallback("dstImage", onMouse, (void *)&dstImage);
011:
012:       waitKey();
013:
014:       return 0;
015:   }
016:   void onMouse(int event, int x, int y, int flags, void* param)
017:   {
018:       Mat *pMat = (Mat *)param;
019:       Mat image = Mat(*pMat);
020:       switch(event)
021:       {
022:         case EVENT_LBUTTONDOWN:
023:           if(flags & EVENT_FLAG_SHIFTKEY)
024:              rectangle(image, Point(x - 5, y - 5), Point(x + 5, y + 5), Scalar(255, 0, 0));
025:           else
026:              circle(image, Point(x, y), 5, Scalar(0, 0, 255), 5);
027:              break;
028:         case EVENT_RBUTTONDOWN:
029:              circle(image, Point(x, y), 5, Scalar(255, 0, 0), 5);
030:              break;
031:         case EVENT_LBUTTONDBLCLK:
032:              image = Scalar(255, 255, 255);
033:              break;
034:       }
035:       imshow("dstImage", image);
036:   }
```

◎ **프로그램 설명**

① 6행

512×512 크기의 3채널 컬러 영상 dstImage를 Mat 행렬로 생성하고, Scalar(255, 255, 255)로 초기화한다.

② 9-10행

9행은 imshow 함수로 "dstImage" 윈도우에 dstImage 영상을 표시한다. 10행은 setMouseCallback 함수로 "dstImage" 윈도우에 마우스 이벤트 핸들러 함수 onMouse를 설정하고, 사용자 데이터로 (void *)&dstImage를 전달한다.

③ 16-36행

마우스 이벤트 핸들러 함수 onMouse를 구현한다. 18행은 사용자 데이터를 행렬 포인터 pMat에 저장하고, 19행은 image = Mat(*pMat)에 의해 행렬 image에 저장한다. 이때 데이터는 복사되지 않고 공유된다. 22-27행은 EVENT_LBUTTONDOWN에 의해 마우스 왼쪽 버튼 클릭을 처리한다. 23행은 flags & EVENT_FLAG_SHIFTKEY에 의해 Shift 키를 누르고 마우스 왼쪽 버튼이 클릭되었는지 체크하여, 참이면 24행에서 클릭한 위치에 사각형을 그리고, Shift 키를 누르지 않고 마우스 왼쪽 버튼을 클릭했으면 26행의 원을 그린다. 28행은 EVENT_RBUTTONDOWN에 의해 마우스 오른쪽 버튼을 클릭하면 29행의 원을 출력하고, 31행은 EVENT_LBUTTONDBLCLK에 의해 마우스 왼쪽 버튼을 더블클릭하면 32행에 의해 image의 모든 화소를 Scalar(255, 255, 255) 변경하여, 흰 색상으로 지운다. [그림 3.8]은 마우스 이벤트 처리의 예이다.

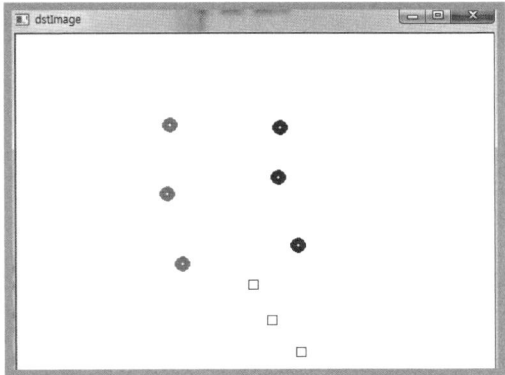

[그림 3.8] 마우스 이벤트 처리

2.4 트랙바 처리

윈도우에 트랙바를 붙여 지정된 윈도우에 트랙바를 생성한다.

① int createTrackbar(const string& trackbarname, const string& winname,
    int* value, int count, TrackbarCallback onChange = 0,
    void* userdata = 0)

createTrackbar 함수는 winname의 윈도우에 trackbarname의 트랙바를 생성한다. value는 트랙바가 생성될 때 슬라이더의 위치, count는 트랙바 슬라이더의 최대 위치 값, 최소 위치 값은 항상 0이다. onChange는 트랙바 슬라이더가 변경될 때마다 자동 호출되는 핸들러 함수이다.

② void onChange(int pos, void *userdata);

onChange 함수는 트랙바 슬라이더가 변경될 때마다 자동 호출되며, pos는 트랙바의 슬라이더 위치이다. userdata은 사용자 정의 인수이다.

③ int getTrackbarPos(const string& trackbarname, const string& winname)

getTrackbarPos 함수는 winname 윈도우의 trackbarname 트랙바의 슬라이더 위치 값을 반환한다.

④ void setTrackbarPos(const string& trackbarname,
    const string& winname, int pos)

setTrackbarPos 함수는 winname 윈도우의 trackbarname 트랙바의 슬라이더 위치를 pos로 새로 설정한다.

[예제 3-12] 트랙바 이벤트 처리

```cpp
001:  #include "opencv.hpp"
002:  using namespace cv;
003:  using namespace std;
004:  void onChange( int pos, void *param);
005:  int main()
006:  {
007:        Mat image[2];
008:        image[0] = imread("lena.jpg", IMREAD_GRAYSCALE);
009:        if( image[0].empty() )
010:            return -1;
011:        image[1].create(image[0].size(), CV_8U);
012:
013:  //    namedWindow("image");
014:        imshow("image", image[0]);
015:
016:        int pos = 128;
017:        onChange(pos, (void *)image);
018:        createTrackbar("threshold", "image", &pos, 255, onChange, (void *)image);
019:
020:        waitKey();
021:
022:        return 0;
023:  }
024:  // trackbar callback to threshold the image gray value
025:  void onChange( int pos, void *param)
026:  {
027:        Mat *pMat = (Mat *)param;
028:        Mat srcImage = Mat(pMat[0]);
029:        Mat dstImage = Mat(pMat[1]);
030:
031:        // Direct Thresholding
032:        int x, y, s, r;
033:        int nThreshold = pos;
034:        for(y = 0; y < srcImage.rows; y++)
035:            for(x = 0; x < srcImage.cols; x++)
036:            {
037:                r = srcImage.at<uchar>(y, x);
038:                if(r > nThreshold)
039:                    s = 255;
040:                else
041:                    s = 0;
042:                dstImage.at<uchar>(y, x) = s;
043:            }
044:        imshow("image", dstImage );
045:  }
```

◎ **프로그램 설명**

① 7-11행

6행은 크기 2인 Mat 행렬의 배열 image를 선언하고, 8행은 imread 함수로 "lena.jpg" 영상을 그레
이스케일로 읽어 image[0]에 저장한다. 11행은 임계값이 적용된 출력영상으로 사용할 image[1]에
입력영상과 같은 크기, 8비트 1채널로 생성한다.

② 14-18행

14행은 imshow 함수로 "image" 윈도우에 image[0] 영상을 표시한다. 17행은 프로그램을 실행하자 마자, onChange 트랙바 핸들러 함수를 호출하기 위하여 트랙바 핸들러 함수 onChange를 호출한 다. 18행은 createTrackbar 함수로 "threshold" 트랙바를 "image" 윈도우에 생성하고, 위치는 pos, 최대값은 255, 트랙바 핸들러 함수는 onChange 함수로 설정하고, 사용자 데이터는 (void *)image 를 전달한다.

③ 25-45행

트랙바 핸들러 함수 onChange에서 입력영상 image[0]의 화소값을 읽어, 임계값 nThreshold = pos로 적용하여 이진영상을 image[1]에 계산하여 "image" 윈도우에 표시한다. 27행은 사용자 데이 터 인수 param을 (Mat *)param로 형변환하여 행렬 포인터 pMat에 저장하고, 28-29은 pMat[0], pMat[1]을 Mat 행렬 생성자를 이용하여 srcImage와 dstImage에 저장한다. 이때 행렬 데이터는 복 사되지 않고 공유한다. 37행은 r = srcImage.at<uchar>(y, x)에 의해 srcImage 영상의 (y, x) 화소 의 값을 r에 저장한다. 38-41행은 r > nThreshold 조건에 의해 임계값을 적용하여 s를 계산한다. 42행은 dstImage.at<uchar>(y, x) = s에 의해 임계값을 적용하여 계산한 s를 dstImage 영상의 (y, x) 화소의 값으로 저장한다. 44행은 imshow 함수로 "image" 윈도우에 dstImage 영상을 표시한다. onChange 함수에서 srcImage는 main 함수의 image[0]과 같고, dstImage는 image[1]과 같다. [그 림 3.9]는 트랙바 이벤트 처리에 의한 임계값 적용 결과이다.

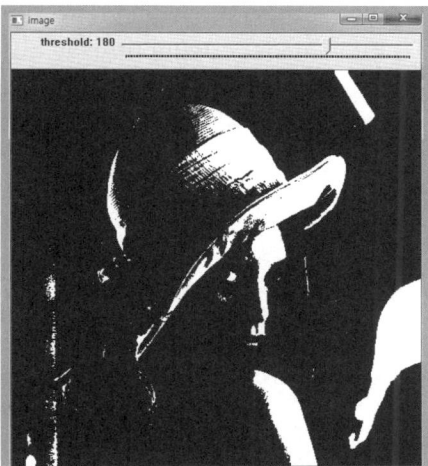

(a) pos = 128　　　　　　　　　(b) pos = 180

[그림 3.9] 트랙바 이벤트 처리

03 영상 파일 읽기 및 쓰기

OpenCV는 HighGUI 라이브러리 모듈에서 윈도우 생성, 윈도우 파괴, 영상 표시, 윈도 우 이동, 크기 조정 등 윈도우 관련 함수와 키보드, 마우스, 트랙바 이벤트 처리 등의 간 단한 사용자 인터페이스 함수를 지원한다.

3.1 영상 파일 읽기

① **Mat imread(const string& filename, int flags = 1)**

imread 함수는 filename에 주어진 파일로부터 flags에 지정된 컬러로 영상을 읽어 Mat 행렬로 반환한다. flags = IMREAD_ANYDEPTH = 2가 설정되면, 입력영상의 깊이에 따라 16비트 또는 32비트 영상을 반환한다. 설정되지 않으면 깊이를 8비트로 반환한다. flags = IMREAD_COLOR = 1로 설정되면, 영상을 항상 컬러 영상으로 변환하여 읽는 다. flags = IMREAD_GRAYSCALE = 0으로 설정되면, 영상을 항상 그레이스케일 영 상으로 변환하여 읽는다. flags > 0이면 3-채널 컬러 영상으로 반환하고, flags = 0이면 1-채널 그레이스케일 영상으로 반환하며, flags < 0이면 Alpha 채널 포함하여 영상의 상태 그대로 읽는다. flags에서 사용되는 IMREAD_ANYDEPTH, IMREAD_COLOR, IMREAD_GRAYSCALE 등은 imgcodecs.hpp에 열거형으로 정의되어 있다.

② **Mat imdecode(InputArray buf, int flags)**

③ **Mat imdecode(InputArray buf, int flags, Mat* dst)**

imdecode 함수는 메모리의 버퍼로부터 영상을 디코딩해 읽어서 Mat 행렬로 반환한다. buf는 배열이거나, 바이트 벡터이다. flags는 imread 함수와 같다. dst는 옵션으로 디코 딩된 영상을 저장한다.

3.2 영상 파일 쓰기

① **bool imwrite(const string& filename, InputArray img,**
const vector⟨int⟩& params = vector⟨int⟩())

imwrite 함수는 영상 img를 filename에 명시된 파일로 출력한다. 정수 벡터 params는 압축 양식에 사용되는 인수로 (paramId, paramValue)의 쌍으로 명시한다.

ⓐ JPEG 영상은 paramId = IMWRITE_JPEG_QUALITY에 대해, 값은 [0-100]의 범위가 제공 되며, 디폴트는 95이다. 높은 값일수록 영상의 질이 좋다.

ⓑ PNG 영상은 압축 단계를 지정하는 paramId = IMWRITE_PNG_COMPRESSION에 대해, [0, 9] 범위를 지원한다. 높은 값일수록 압축률이 높으며, 시간이 소요된다. 디폴트는 3이다.

ⓒ PPM, PGM, PBM 영상은 이진영상을 설정하는 paramId = IMWRITE_PXM_BINARY에 대 해, 값은 0, 1을 지원하며, 디폴트는 1이다.

② **bool imencode(const string& ext, InputArray img, vector⟨uchar⟩& buf,**
const vector⟨int⟩&params = vector⟨int⟩())

imencode 함수는 img 영상을 메모리 버퍼 buf로 인코딩한다. ext는 출력 양식을 지정하 는 파일 확장자다. img를 출력을 위한 영상이며, buf는 압축 영상에 적합하도록 크기가 변경된 출력 버퍼이다. params은 imwrite 함수와 같다.

[예제 3-13] imread, imwrite에 의한 영상 파일 입출력

```
001:  #include "opencv.hpp"
002:  using namespace cv;
003:  using namespace std;
004:  int main()
005:  {
006:      Mat srcImage1 = imread("lena.jpg", -1);
007:      if( srcImage1.empty() )
008:          return -1;
009:      cout << "srcImage1.type()="<< srcImage1.type() << endl;
010:      cout << "srcImage1.depth()="<< srcImage1.depth() << endl;
011:      cout << "srcImage1.channels()="<< srcImage1.channels() << endl << endl;
012:
013:      Mat srcImage2 = imread("lena.jpg", IMREAD_COLOR);
014:      if( srcImage2.empty() )
015:          return -1;
016:      cout << "srcImage2.type()="<< srcImage2.type() << endl;
017:      cout << "srcImage2.depth()="<< srcImage2.depth() << endl;
018:      cout << "srcImage2.channels()="<< srcImage2.channels() << endl << endl;
019:
020:      Mat srcImage3 = imread("lena.jpg", IMREAD_GRAYSCALE);
021:      if( srcImage3.empty() )
022:          return -1;
023:      cout << "srcImage3.type()="<< srcImage3.type() << endl;
024:      cout << "srcImage3.depth()="<< srcImage3.depth() << endl;
025:      cout << "srcImage3.channels()="<< srcImage3.channels() << endl << endl;
026:
027:      imwrite("lena.bmp", srcImage1);
028:
029:      vector<int> params;
030:      params.push_back(IMWRITE_JPEG_QUALITY);
031:      params.push_back(100);
032:      imwrite("lena2.jpg", srcImage2, params);
033:
034:      params.clear();
035:      params.push_back(IMWRITE_PNG_COMPRESSION);
036:      params.push_back(9);
037:      imwrite("lena.png", srcImage3, params);
038:
039:      imshow("srcImage1", srcImage1);
040:      imshow("srcImage2", srcImage2);
041:      imshow("srcImage3", srcImage3);
042:      waitKey();
043:      return 0;
044:  }
```

◎ **프로그램 설명**

① 6-16행

6행은 imread 함수에서 flags < 0이므로, "lena.jpg" 영상을 파일의 상태 그대로인 3-채널 컬러 영상으로 srcImage1에 읽는다. 그러므로 9-11행에서 srcImage1의 정보를 출력하면, srcImage1.type()은 CV_8UC3의 값인 16을 출력하고, srcImage1.depth()는 CV_8U의 값인 0을 출력하고, srcImage1.channels()은 3을 출력한다.

② 13-18행

13행은 imread 함수에서 flags = IMREAD_COLOR로 지정하여 "lena.jpg" 영상을 srcImage2
에 읽으면, 3-채널 컬러 영상으로 읽는다. 그러므로 16-18행에서 srcImage2의 정보를 출력하면,
srcImage2.type()은 CV_8UC3의 값인 16을 출력하고, srcImage2.depth()는 CV_8U의 값인 0을 출
력하고, srcImage2.channels()은 3을 출력한다.

③ 20-25행

20행은 imread 함수에서 flags = IMREAD_GRAYSCALE로 지정하여 "lena.jpg" 영상을 srcImage3
에 읽으면, 1-채널 그레이스케일 영상으로 읽는다. 그러므로 23-25행에서 srcImage3의 정보를 출
력하면, srcImage3.type()은 CV_8UC1의 값인 0을 출력하고, srcImage3.depth()는 CV_8U의 값인
0을 출력하고, srcImage3.channels()은 1을 출력한다.

④ 27-37행

27행은 imwrite 함수로 컬러 영상 srcImage1를 "lena.bmp" 파일에 출력한다. 29-32행은
IMWRITE_JPEG_QUALITY를 100으로 설정하여, imwrite 함수로 컬러 영상 srcImage2를 "lena.
jpg" 파일에 출력한다. 34-37행은 IMWRITE_PNG_COMPRESSION를 9로 설정하여, imwrite 함수
로 그레이스케일 영상 srcImage3을 "lena.png" 파일에 출력한다.

⑤ [그림 3.10]은 imread로 읽은 영상 srcImage1, srcImage2, srcImage3의 자료형, 깊이, 채널 수
등이다.

[그림 3.10] imread로 읽은 영상의 자료형, 깊이, 채널 수

[예제 3-14]   imdecode, imencode

```
001:   #include "opencv.hpp"
002:   #include <fstream>
003:   using namespace cv;
004:   using namespace std;
005:   int main()
006:   {
007:        Mat srcImage(512, 512, CV_8UC3, Scalar::all(255));
008:        rectangle(srcImage, Point(100, 100), Point(400, 400), Scalar(255, 0, 0), -1);
009:        // BMP
010:        vector<uchar> buf1;
011:        imencode(".bmp", srcImage, buf1);
012:        Mat dstImage1 = imdecode(buf1, IMREAD_COLOR);
013:   //   Mat dstImage1 = imdecode(buf1, IMREAD_GRAYSCALE);
014:
015:        imshow("dstImage1", dstImage1);
016:        ofstream outfile1("test.bmp", ios::binary) ;
017:        outfile1.write((const char*)buf1.data(), buf1.size());
018:        outfile1.close();
019:        // JPG
020:        vector<int> params;
021:        params.push_back(IMWRITE_JPEG_QUALITY);
022:        params.push_back(90);
023:
024:        vector<uchar> buf2;
```

```
025:        imencode(".jpg", srcImage, buf2, params);
026:
027:        Mat dstImage2 = imdecode(buf2, IMREAD_COLOR);
028: //     Mat dstImage2 = imdecode(buf2, IMREAD_GRAYSCALE);
029:        imshow("dstImage2", dstImage2);
030:
031:        ofstream outfile2("test.jpg", ios::binary) ;
032:        outfile2.write((const char*)buf2.data(), buf2.size());
033:        outfile2.close();
034:        // PNG
035:        params.clear();
036:        params.push_back(IMWRITE_PNG_COMPRESSION);
037:        params.push_back(9);
038:
039:        vector<uchar> buf3;
040:        imencode(".png", srcImage, buf3, params);
041:
042:        Mat dstImage3 = imdecode(buf3, IMREAD_COLOR);
043: //     Mat dstImage3 = imdecode(buf3, IMREAD_GRAYSCALE);
044:        imshow("dstImage3", dstImage3);
045:
046:        ofstream outfile3("test.png", ios::binary) ;
047:        outfile3.write((const char*)buf3.data(), buf3.size());
048:        outfile3.close();
049:        waitKey();
050:        return 0;
051: }
```

◎ **프로그램 설명**

① 2-8행
2행은 파일 스트림 입출력을 위한 헤더 파일 <fstream>를 포함한다. 7행은 srcImage 영상을 512×512 크기, 3-채널 컬러 영상, Scalar::all(255)로 초기화하여 생성한다. 8행은 rectangle 함수로 srcImage 영상에 Scalar(255, 0, 0) 색상으로 채워진 사각형을 표시한다.

② 9-18행
11행은 srcImage 영상을 ".bmp" 파일로 인코딩하여 바이트 벡터 buf1에 저장한다. 12행은 imdecode 함수로 buf1을 IMREAD_COLOR로 디코딩하여 행렬 dstImage1에 저장한다. 주석 처리된 13행은 imdecode 함수로 buf1을 IMREAD_GRAYSCALE로 디코딩하여 행렬 dstImage1에 저장한다. 15행은 imshow 함수로 dstImage1을 "dstImage1" 윈도우에 표시한다. 16-18행은 ofstream 클래스를 사용하여 buf1을 "test.bmp"에 이진 파일로 출력한다.

③ 19-33행
20-22행은 JPEG 파일의 질(quality)을 params를 설정하고, 25행은 srcImage 영상을 ".jpg" 파일로 인코딩하여 바이트 벡터 buf2에 저장한다. 27행은 imdecode 함수로 buf2를 IMREAD_COLOR로 디코딩하여 행렬 dstImage2에 저장한다. 주석 처리된 28행은 imdecode 함수로 buf2을 IMREAD_GRAYSCALE로 디코딩하여 행렬 dstImage2에 저장한다. 29행은 imshow 함수로 dstImage2를 "dstImage2" 윈도우에 표시한다. 31-33행은 ofstream 클래스를 사용하여 buf2을 "test.jpg"에 이진 파일로 출력한다.

④ 34-48행
35-37행은 PNG 파일의 압축 단계를 params를 설정하고, 40행은 srcImage 영상을 ".png" 파일로 인코딩하여 바이트 벡터 buf3에 저장한다. 42행은 imdecode 함수로 buf3을 IMREAD_COLOR로 디코딩하여 행렬 dstImage3에 저장한다. 주석 처리된 43행은 imdecode 함수로 buf3을 IMREAD_GRAYSCALE로 디코딩하여 행렬 dstImage3에 저장한다. 44행은 imshow 함수로 dstImage3를 "dstImage3" 윈도우에 표시한다. 46-48행은 ofstream 클래스를 사용하여 buf3을 "test.png"에 이진 파일로 출력한다.

⑤ [그림 3.11]은 imencode와 imdecode에 의한 결과이다. [그림 3.11](a)는 dstImage1이고, [그림 3.11](b)는 "test.bmp" 파일이다. dstImage2, dstImage3은 [그림 3.11](a)와 같이 출력되며, "test. jpg", "test.png" 파일에도 "test.bmp" 파일과 같이 사각형이 생성된다.

(a) dstImage1

(b) "test.bmp"

[그림 3.11] imdecode, imencode

OpenCV 기본 연산

OpenCV의 C++ API는 Mat, Mat_로 행렬을 생성하고 간단한 연산을 지원한다. 여기서 CXCORE 라이브러리에 구현되어 있고, cv 네임스페이스에서 함수 형태로 지원하는 행렬의 산술, 논리 및 비교연산, 통계, 선형대수 관련 함수와 RNG(random number generator) 함수 및 클래스, SVD(singular value decomposition) 클래스, PCA(principal component analysis) 클래스 등에 대해 설명한다.

01 Mat 클래스

Mat 클래스에 대해서는 2장에서 자세히 다루었으므로, 여기서는 행렬의 초기화, 관심영역, 복사, 행렬의 크기 및 채널 바꾸기 등 Mat 클래스의 주요 사용 예제를 [표 4.1]과 [표 4.2]에서 간단히 정리하였다. 예제는 2장을 참조한다.

[표 4.1] Mat 클래스의 주요 사용 예제 1

Mat 클래스 사용 예	설 명
Mat A(3, 3, CV_32F, Scalar(10)); Mat B(3, 3, CV_32F); B = Scalar(10); Mat C = Mat::ones(3, 3, CV_32F) * 10.; Mat D = Mat::zeros(3, 3, CV_32F) + 10.0;	스칼라 10으로 초기화된 행렬을 생성한다.
A.setTo(Scalar::all(10)); A = Scalar::all(10);	행렬 A의 모든 요소값을 변경한다.
Mat A = (Mat_<float>(2, 2) << 1, 2, 3, 4);	Mat_ 클래스와 스트림 연산자로 행렬을 초기화한다.
float data[] = {1, 2, 3, 4}; Mat A = Mat(2, 2, CV_32F, data).clone();	배열을 이용하여 행렬을 초기화한다.
vector<Point> pts1(3); Mat A(pts);	vector를 이용하여 행렬을 초기화한다. A는 3×1 CV_32SC2 행렬이다

IplImage* image =
cvCreateImage(cvSize(10, 10), IPL_DEPTH_8U,1);
Mat A = cvarrToMat(image);
IplImage image2 = A;
CvMat B = A;
Mat C = cvarrToMat(&B);
IplImage image3;
cvGetImage(&B, &image3);
	IplImage*, Mat, CvMat 사이의 자료형이 변환되며, 이때 헤더만 변환되고, 데이터는 복사되지 않고 공유한다.

Mat A = cvarrToMat(image).clone();	IplImage* 자료형이 Mat 자료형으로 변환되고, clone에 의해 데이터가 복사된다.
vector<Point2f> pts2 = Mat_<Point2f>(pts1);	Point 자료형 pts1을 Point2f 자료형 pts2로 복사

[표 4.2] Mat 클래스의 주요 사용 예제 2

Mat 클래스 사용 예	설 명
Mat A = Mat(3, 3, Vec3b(255, 255, 255)); Vec3b* row = A.ptr\<Vec3b\>(y); A\<Vec3b\>(y, x)[c] = 0; row[x][c] = 0;	A행렬의 y행으로의 포인터를 row에 저장 3차원 행렬의 요소 행렬의 접근 행렬 A의 y행, x열의 c 채널

Mat_\<Vec3b\>::iterator it1, it2;
it1 = A.begin\<Vec3b\>(),
it2 = A.end\<Vec3b\>();
for(; it != it2; ++it)
(*it)[c] = 0;
	반복자를 사용한 행렬의 접근. c 채널

src.copyTo(dst);	src를 dst로 복사
src.convertTo(dst, type, scale, shift);	src를 dst로 데이터형, 스케일을 변환
Mat dst = src.clone();	src를 dst로 복제
A.reshape(ch, nrows);	행렬 A를 ch 채널, nrows 개수의 행으로 변경
Mat B = B.row(y); Mat C = B.col(x); Mat D =m.rowRange(Range(y1, y2)); Mat E =m.colRange(Range(x1, x2));	행렬의 y행 x열 지정
Mat roi1 = A(Range(i1, i2),Range(j1, j2)); Mat roi2 = A(Rect(10, 10, 100, 100)); Size wholeSize; Point ofs; roi2.locateROI(wholeSize, ofs); Mat roi3 = roi2.adjustROI(1, 1, 1, 1);	행렬의 부분영역 지정

O2 cvarrToMat, flip, merge, split, repeat

2.1 cvarrToMat 함수

```
Mat cvarrToMat(const CvArr* arr, bool copyData = false,
               bool allowND = true, int coiMode = 0)
```

cvarrToMat 함수는 OpenCV의 C API의 구조체 자료형인 IplImage, CvMat의 입력 arr을 Mat 클래스 행렬로 변환하여 반환한다. copyData = false이면 입력 arr의 데이터를 복사하지 않고 공유하며, 새로운 클래스 헤더만을 생성한다. copyData = true이면 입력 arr의 데이터를 복사하며, 반환할 때, arr의 데이터는 파괴한다. cvarrToMat(arr, true)와 cvarrToMat(arr, false).clone() 함수는 모두 입력 원본 arr의 데이터를 복사한다(COI가 설정되지 않았을 때).

allowND = true이면 CvMatND를 2D Mat로 변환한다. 입력 arr이 IplImage 일 때, coiMode는 COI가 설정되어 있는지를 에러를 통해 알 수 있다. coiMode = 0이고 COI가 설정되어 있으면, 오류가 발생하고, coiMode = 1이면 오류는 발생하지 않고 arr의 헤더를 반환한다. 실제 채널은 Mat 클래스는 mixChannels 함수, C API의 CvArr 자료형은 extractImageCOI 함수로 추출할 수 있다.

2.2 flip 함수

void flip(InputArray src, OutputArray dst, int flipCode)

flip 함수는 수평, 수직으로 뒤집는다. src는 입력이고, dst는 출력으로 src와 같은 크기, 같은 자료형이다. flipCode = 0이면 수평(x) 방향으로 뒤집고, flipCode = 1(양수)이면 수직(y) 방향으로 뒤집고, flipCode = −1(음수)이면 수평(x), 수직(y) 방향으로 모두 뒤집는다. flipCode = 0이면, 윈도우즈에서 화면 좌표계의 원점을 위−왼쪽(top−left)와 아래−오른쪽(bottom−right) 사이를 전환한다.

[예제 4-1] cvarrToMat, flip 함수

```
001:    #include "opencv.hpp"
002:    using namespace cv;
003:    using namespace std;
004:    int main()
005:    {
006:        IplImage* image = cvLoadImage("lena.jpg", CV_LOAD_IMAGE_GRAYSCALE);
007:        Mat    matA = cvarrToMat(image);
008: //     Mat    matA = cvarrToMat(image).clone();
009:
010:        Mat matB;
011:        flip(matA, matB, 0);
012:        imshow("flip image1", matB);
013:
014: //     CvMat arrB1 = matB;
015: //     Mat  matC1 = cvarrToMat(&arrB1);
016:
017:        Mat matC;
018:        flip(matA, matC, 1);
019:        imshow("flip image2", matC);
020:
021: //     IplImage arrB2 = matC;
022: //     Mat  matC2 = cvarrToMat(&arrB2);
023:
024:        waitKey();
025:        return 0;
026:    }
```

◎ 프로그램 설명

① 6-8행
8행은 C API의 cvLoadImage 함수로 영상을 읽어서 IplImage* 변수 image에 저장한다. 7행은 cvarrToMat 함수로 IplImage 영상을 Mat 행렬로 변환하여 matA에 저장한다. 이때 데이터를 복사하지 않는다. 데이터까지 복사하려면, 8행과 같이 cvarrToMat(image).clone()으로 변환한다.

② 10-12행
11행은 flip 함수를 사용하여, matA 행렬을 flipCode = 0이면 수평(x) 방향으로 위아래를 뒤집어 matB에 저장한다.

③ 14-15행
Mat 행렬을 CvMat 자료형으로 저장하고, cvarrToMat 함수로 다시 mat 행렬로 변환하는 과정을 보여준다.

④ 17-19행
20행은 flip 함수를 사용하여, matA 행렬을 flipCode = 1이면 수직(y) 방향으로 좌우를 뒤집어 matC에 저장한다.

⑤ 21-22행
Mat 행렬을 IplImage 자료형으로 저장하고, cvarrToMat 함수로 다시 mat 행렬로 변환하는 과정을 보여준다. [그림 4.1]은 cvarrToMat 함수와 flip 함수의 실행 결과이다.

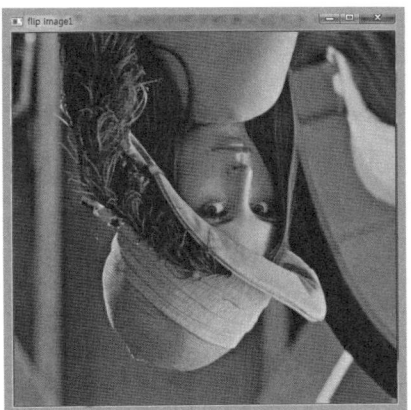

(a) flipCode = 0   (b) flipCode = 1

[그림 4.1] cvarrToMat, flip 함수

2.3 repeat 함수

① void repeat(InputArray src, int ny, int nx, OutputArray dst)
② Mat repeat(const Mat& src, int ny, int nx)
  repeat 함수는 입력 src를 수평으로 nx번, 수직으로 ny번 반복 복사하여 출력 dst를 생성한다. dst는 입력 src와 같은 자료형이다.

[예제 4-2] ROI, repeat 함수

```
001:   #include "opencv.hpp"
002:   using namespace cv;
003:   using namespace std;
004:   int main()
005:   {
006:       Mat srcImage = imread("lena.jpg", IMREAD_GRAYSCALE);
007:       if( srcImage.empty() )
008:           return -1;
009:
010:       Rect rtROI(0, 0, 256, 256);
011:       Mat roi = srcImage(rtROI);
012:       rectangle(srcImage, rtROI, Scalar::all(0));
013:       imshow("srcImage", srcImage);
014:
015:       Mat dstImage = repeat(roi, 2, 2);
016:       imshow("dstImage", dstImage);
017:       waitKey();
018:
019:       return 0;
020:   }
```

◎ **프로그램 설명**

① 10-13행

10행은 관심영역 (0, 0, 256, 256)을 사각형 rtROI에 초기화하고, 11행은 srcImage에서 관심영역인 rtROI 부분만을 Mat 행렬 roi에 저장한다. 12행은 srcImage 영상에 관심영역 rtROI를 사각형으로 표시하고, 13행은 srcImage 영상을 화면에 표시한다.

② 15-16행

15행은 repeat 함수로 srcImage 영상의 rtROI 사각영역의 관심영역 roi 행렬을 수평으로 2번, 수직으로 2번 반복 복사하여 출력 dstImage에 저장하고, 16행은 dstImage 영상을 화면에 표시한다. [그림 4.2]는 ROI와 repeat 함수에 의한 출력 결과이다.

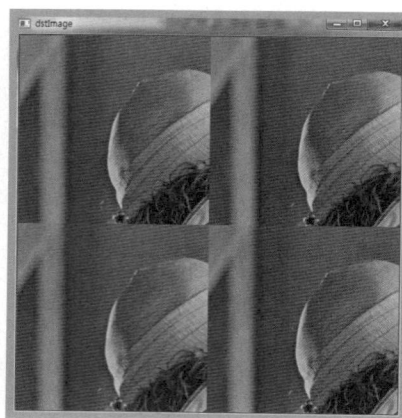

(a) srcImage   (b) dstImage

[그림 4.2] ROI, repeat 함수

[예제 4-3] ROI, 부분 영역 지정에 의한 블록 평균 영상

```
001:   #include "opencv.hpp"
002:   using namespace cv;
003:   using namespace std;
004:   int main()
005:   {
006:       Mat srcImage = imread("lena.jpg", IMREAD_GRAYSCALE);
007:       if( srcImage.empty() )
008:           return -1;
009:
010:       Mat dstImage = Mat::zeros(srcImage.rows, srcImage.cols, srcImage.type());
011:
012:       int N = 2; // 8 , 32, 64
013:       int nWidth = srcImage.cols / N;
014:       int nHeight= srcImage.rows / N;
015:       int x, y; // left, top
016:       Rect rtROI;
017:       Mat roi;
018:       for(int i = 0; i < N; i++)
019:           for(int j = 0; j < N; j++)
020:           {
021:               x = j * nWidth;
022:               y = i * nHeight;
023:               rtROI = Rect(x, y, nWidth, nHeight);
024:               roi = srcImage(rtROI);
025:               dstImage(rtROI) = mean(roi);
026:           }
027:       imshow("dstImage", dstImage);
028:       waitKey();
029:       return 0;
030:   }
```

◎ 프로그램 설명

① 6-10행

6행은 "lena.jpg" 영상을 imread 함수로 그레이스케일 영상으로 srcImage에 저장한다. 10행은 dstImage 영상을 srcImage 영상과 같은 크기, 같은 자료형, 0으로 초기화하여 생성한다.

② 12-26행

N×N 블록 평균 영상을 dstImage에 계산한다. 각 블록의 크기는 nWidth×nHeight이다. x, y는 각 블록의 왼쪽 상단(left-top) 좌표를 저장하기 위한 변수이고, rtROI는 블록 사각형을, roi는 관심영역의 행렬이다. 21-22행은 변수 x, y에 블록의 왼쪽 상단 좌표를 계산하고, 23행은 rtROI에 x, y와 각 사각형의 크기 nWidth×nHeight를 이용하여 블록 사각형을 설정한다. 24행은 srcImage(rtROI)에 의해 ROI에 지정된 부분 행렬을 roi에 저장하며, 25행은 mean 함수로 부분 영역 roi의 평균을 Scalar로 계산하여 dstImage 영상의 rtROI 영역의 화소값을 평균값으로 변경한다.

③ [그림 4.3]은 ROI, 부분 영역 지정에 의한 블록 평균 영상의 결과이다.

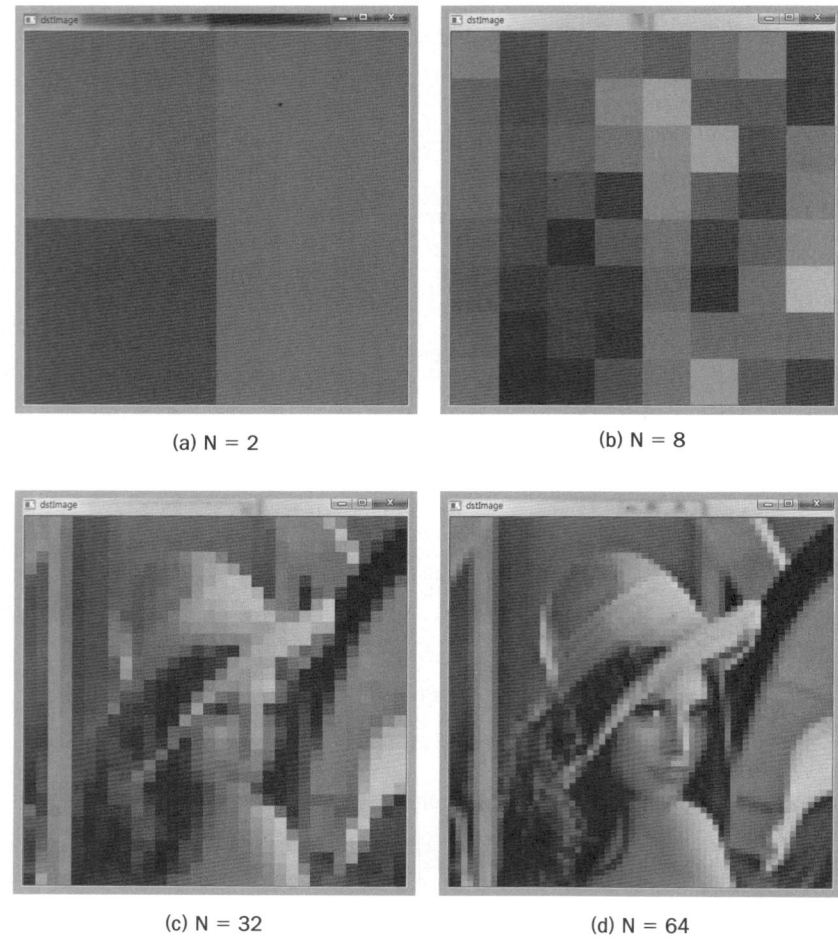

(a) N = 2   (b) N = 8

(c) N = 32   (d) N = 64

[그림 4.3] ROI, 부분영역 지정에 의한 블록 평균 영상

2.4 merge, split 함수

① void merge(const Mat* mv, size_t count, OutputArray dst)
② void merge(InputArrayOfArrays mv, OutputArray dst)
　　merge 함수는 여러 개의 단일 채널 입력 mv을 다중채널 출력 dst 행렬로 만든다. mv는 입력으로 행렬들의 벡터 또는 배열이다. mv의 모든 행렬과 dst는 같은 크기 및 깊이를 가진다. dst의 채널수는 mv의 채널 개수의 합과 같다.

③ void split(const Mat& src, Mat* mvbegin)
④ void split(InputArray m, OutputArrayOfArrays mv)
　　split 함수는 다중 채널 입력 행렬 src 또는 m을 1차원 행렬의 배열 mvbegin 또는 행렬의 벡터인 출력 mv로 분리한다.

[예제 4-4] split, merge 함수로 채널 분리 및 합성

```
001:   #include "opencv.hpp"
002:   using namespace cv;
003:   using namespace std;
004:   int main()
005:   {
006:       Mat srcImage = imread("lena.jpg"); // BGR-Color
007:       if( srcImage.empty() )
008:           return -1;
009:
010:       vector<Mat> planes;
011:       split(srcImage, planes);
012:
013:  //   imshow("srcImage", srcImage);
014:       imshow("planes[0]", planes[0]); //Blue
015:       imshow("planes[1]", planes[1]); //Green
016:       imshow("planes[2]", planes[2]); //Red
017:
018:  //   planes[0] = 0;
019:  //   Mat dstImage(srcImage.rows, srcImage.cols, srcImage.type());
020:       Mat dstImage;
021:       merge(planes, dstImage);
022:       imshow("dstImage", dstImage);
023:       waitKey();
024:       return 0;
025:   }
```

◎ **프로그램 설명**

① 6-8행

6행은 "lena.jpg" 영상을 imread 함수로 컬러 영상으로 읽어 srcImage에 저장한다. 컬러 채널 순서는 BGR 순서이다.

② 10-11행

Mat 행렬의 벡터 planes를 선언하고, split 함수로 srcImage 컬러 영상의 채널을 분리해 planes에 저장한다. planes[0]은 Blue 채널, planes[1]은 Green 채널, planes[2]는 Red 채널이 저장된다.

③ 18-21행

18행은 planes[0]의 모든 화소를 0으로 설정한다. 19행은 dstImage 영상을 srcImage 영상과 같은 크기, 같은 자료형으로 생성한다. 20행과 같이 메모리를 할당하지 않고 dstImage 객체만을 생성하여도 21행의 merge 함수 내에서 메모리를 할당한다. 21행은 merge 함수로 planes 벡터에 분리된 채널을 합성하여 dstImage 영상에 저장한다. [그림 4.4]는 split, merge 함수로 채널 분리 및 합성한 결과이다.

(a) Planes[0], Blue

(b) Planes[1], Green

(c) Planes[2], Red

(d) dstImage, BGR

[그림 4.4] split, merge함수로 채널 분리 및 합성

2.5 Channel 관련 함수

① void mixChannels(const vector⟨Mat⟩& src, vector⟨Mat⟩& dst,
      const int* fromTo, size_t npairs)

② void mixChannels(const Mat* src, size_t nsrcs, Mat* dst,
      size_t ndsts, const int* fromTo, size_t npairs)

    mixChannels 함수는 채널을 분리 및 합성할 수 있다. 입력 행렬 벡터 또는 배열인 src에서 출력 행렬 벡터 또는 배열인 dst로 fromTo 인덱스 배열에 명시된 입출력 채널 순서쌍에 의해 복사한다. fromTo[k*2]는 src의 채널 인덱스이고, fromTo[k*2+1]은 dst의 채널 인덱스이다. fromTo 배열의 값에서 사용하는 채널 번호는 연속으로 부여한다. 예를 들면 src[0], src[1]이 각각 4채널이면, src[0]의 채널 번호는 0에서 3까지고, src[1]의 채널 번호는 4에서 7까지이다. fromTo[k*2] 값이 음수이면 대응하는 출력 채널은 0으로 채워진다. nsrcs는 src의 행렬 개수, ndsts는 dst의 행렬 개수, npairs는 fromTo 배열의 쌍의 개수이다.

③ void insertImageCOI(InputArray coiimg, CvArr* arr, int coi = −1)

C++ 스타일 coiimg 행렬을 C API의 CvArr(IplImage, CvMat) 자료형의 arr의 coi 채널로 복사한다. coi가 음수이고, arr이 COI가 올바르게 설정된 IplImage이면, 설정된 COI로 복사된다.

④ void extractImageCOI(const CvArr* arr, OutputArray coiimg, int coi = −1)

extractImageCOI 함수는 C API의 CvArr(IplImage, CvMat) 자료형의 arr에서 coi에 명시된 채널을 C++ 스타일 coiimg 행렬로 추출한다. coiimg 행렬은 입력 arr과 같은 크기 같은 깊이를 갖는다. coi가 음수이고, arr이 COI가 올바르게 설정된 IplImage이면, 설정된 COI가 추출된다.

[예제 4-5] mixChannels 함수로 채널 분리 및 합성

```
001:  #include "opencv.hpp"
002:  using namespace cv;
003:  using namespace std;
004:  int main()
005:  {
006:      Mat srcImage = imread("lena.jpg"); // BGR-Color
007:      if( srcImage.empty() )
008:          return -1;
009:
010:      Mat imR(srcImage.rows, srcImage.cols, CV_8UC1);
011:      Mat imG(srcImage.rows, srcImage.cols, CV_8UC1);
012:      Mat imB(srcImage.rows, srcImage.cols, CV_8UC1);
013:
014:      Mat outImage[] = {imB, imG, imR};
015:      int fromTo[] = {0, 0, 1, 1, 2, 2};
016:  //    split(srcImage, outImage);
017:      mixChannels(&srcImage, 1, outImage, 3, fromTo, 3);
018:
019:  //    Mat dstImage;
020:  //    merge(outImage, 3, dstImage);
021:      Mat dstImage(srcImage.rows, srcImage.cols, srcImage.type());
022:      mixChannels(outImage, 3, &dstImage, 1, fromTo, 3);
023:      imshow("dstImage", dstImage);
024:      waitKey();
025:      return 0;
026:  }
```

◎ **프로그램 설명**

① 6–8행
6행은 "lena.jpg" 영상을 imread 함수로 컬러 영상으로 읽어 srcImage에 저장한다. 컬러 채널 순서는 BGR 순서이다.

② 10–17행
10-14행은 imR, imG, imB 행렬을 입력행렬과 같은 크기, 자료형은 CV_8UC1으로 생성하고, Mat 배열 outImage에 imR, imG, imB 행렬을 초기화하여 저장한다. 15행은 정수 배열 fromTo에 합성할 채널 순서쌍 (0, 0), (1, 1), (2, 2)의 정수를 차례로 초기화한다. 17행은 mixChannels 함수로 &srcImage에 저장된 1개의 영상에서, outImage 배열의 3개 영상으로 fromTo의 3개의 순서 채널 순서쌍에 따라 저장한다. 16행의 split와 동일한 결과를 갖는다. 정수 배열 fromTo의 채널 순서쌍이 변경되면 결과는 달라진다.

③ 19-23행

21행은 dstImage 영상을 srcImage 영상과 같은 크기, 같은 자료형으로 생성한다. 22행은 mixChannels 함수로 outImage에 저장된 3개의 영상에서, dstImage의 1개 영상으로 fromTo의 3개의 순서 채널 순서쌍에 따라 저장한다. 이것은 20행의 merge 함수와 동일한 결과를 갖고, 입력영상 srcImage와 내용이 같다. merge 함수는 메모리가 할당되지 않을 경우 메모리를 함수 내에서 할당하는 반면, mixChannels 함수는 21행에서 영상의 크기만큼 메모리를 할당하지 않으면 오류가 발생한다. 23행의 dstImage 영상을 imshow 함수로 보인 실행 결과는 [그림 4.4](d)와 같다.

[예제 4-6] mixChannels 함수에서 vector〈Mat〉 사용

```
001:   #include "opencv.hpp"
002:   using namespace cv;
003:   using namespace std;
004:   int main()
005:   {
006:       Mat srcImage = imread("lena.jpg"); // BGR-Color
007:       if( srcImage.empty() )
008:           return -1;
009:
010:       vector<Mat> images(1, srcImage);
011: //    images.push_back(srcImage);
012:
013:       vector<Mat> planes(1, Mat(srcImage.rows, srcImage.cols, srcImage.type()));
014:       int fromTo[] = {0, 0, 0, 1, 0, 2};
015:       mixChannels(images, planes, fromTo, 3);
016:
017:       Mat dstImage = planes[0];
018:       imshow("dstImage", dstImage);
019:       waitKey();
020:       return 0;
021:   }
```

◎ 프로그램 설명

① 6-8행

6행은 "lena.jpg" 영상을 imread 함수로 컬러 영상으로 읽어 srcImage에 저장한다. 컬러 채널 순서는 BGR 순서이다.

② 10-11행

10행은 Mat 자료형 벡터 images를 벡터 크기를 1로 하고 srcImage을 초기화한다. 11행의 vector::push_back 메서드를 사용한 것과 같다.

③ 13-18행

13행은 크기가 1인 Mat 자료형 벡터 planes에 srcImage 영상과 같은 크기, 같은 자료형으로 초기화한다. 14행은 정수 배열 fromTo에 합성할 채널 순서쌍 (0, 0), (0, 1), (0, 2)의 정수를 차례로 초기화한다. 15행은 mixChannels 함수로 벡터 images에서 벡터 planes로 fromTo의 3개의 채널 순서쌍에 따라 저장한다. fromTo의 채널 순서쌍에서 벡터 images에 있는 0번 채널을 벡터 planes의 0, 1, 2번 채널로 모두 복사한다. 17행은 planes[0] 영상을 dstImage에 저장한다. 그러므로 dstImage에 저장된 영상은 벡터 images에 있는 0번 채널인 srcImage의 B-채널이 3개의 채널 모두에 있게 되어 그레이스케일 영상이 된다.

[예제 4-7] insertImageCOI, extractImageCO 함수

```
001:  #include "opencv.hpp"
002:  using namespace cv;
003:  using namespace std;
004:  int main()
005:  {
006:
007:      Mat srcImage = imread("lena.jpg", IMREAD_GRAYSCALE);
008:      if( srcImage.empty() )
009:          return -1;
010:
011:      IplImage* arrImage = cvCreateImage(cvSize(512, 512), IPL_DEPTH_8U, 3);
012:
013:      insertImageCOI(srcImage, arrImage, 0);
014:      insertImageCOI(srcImage, arrImage, 1);
015:      insertImageCOI(srcImage, arrImage, 2);
016:
017:      Mat dstImage = cvarrToMat(arrImage);
018:      imshow("dstImage", dstImage);
019:
020:      Mat imR, imG, imB;
021:      extractImageCOI(arrImage, imB, 0);
022:      extractImageCOI(arrImage, imG, 1);
023:      extractImageCOI(arrImage, imR, 2);
024:
025:      imshow("imB", imB);
026:      imshow("imG", imG);
027:      imshow("imR", imR);
028:      waitKey();
029:      return 0;
030:  }
```

◎ **프로그램 설명**

① 7-18행

7행은 "lena.jpg" 영상을 imread 함수로 그레이스케일 영상으로 읽어 srcImage에 저장한다. 11행은 cvCreateImage 함수로 3-채널 512×512, IPL_DEPTH_8U 자료형의 arrImage 영상을 생성한다. 13-15행은 1-채널 그레이스케일 Mat 자료형 srcImage을 arrImage 영상의 0, 1, 2채널 각각에 삽입한다. 17행은 cvarrToMat 함수로 IplImage* 자료형인 arrImage을 Mat 자료형인 dstImage로 변환 저장하고, 18행은 imshow 함수로 dstImage 영상을 화면에 표시하면 arrImage는 3채널 각각에 같은 영상을 복사하여, 그레이스케일로 출력된다.

② 20-27행

21-23행은 extractImageCOI 함수로 3채널 arrImage 영상에서 0, 1, 2 채널을 imB, imG, imR 행렬에 추출한다. 13-15행에 의해 extractImageCOI 함수로 추출한 imB, imG, imR 행렬은 모두 srcImage와 같은 영상이 된다.

O3 행렬의 산술, 논리 및 비교연산

행렬 연산의 의미를 간단히 설명하기 위하여 src(i), dst(i)와 같이 표현하였다. src의 i번째 요소, dst의 i번째 요소를 의미한다. saturate_cast는 자료형의 정확한 범위 내에서의 변환표현을 위한 템플릿 함수이다. 예를 들면, uchar a = saturate_cast⟨uchar⟩(−1)이면 −1은 uchar의 범위 [0, 255]를 벗어나므로 a = 0이 저장된다. 함수의 인수인 InputArray, OutputArray의 자료형은 Mat, Mat_, Vec, Scalar 등 다양한 자료형이 전달될 수 있으나, 여기서는 행렬들 사이의 연산에 대하여 설명하므로, InputArray, OutputArray 자료형에 전달되는 자료형은 Mat 행렬이다. 다중 채널 행렬일 때 각 채널은 채널별로 독립적으로 수행된다.

3.1 LUT 함수

void LUT(InputArray src, InputArray lut, OutputArray dst, int interpolation=0)

함수 의미: dst(i) = lut(src(i) + d)
$$d = 0 \text{ if depth(src)} = CV\_8U$$
$$d = 128 \text{ if depth(src)} = CV\_8S$$

LUT 함수는 참조표(look-up table), lut을 이용하여, 입력 src를 출력 dst에 계산한다. src는 8비트 입력 행렬이고, lut는 256개의 요소를 갖는 참조표로, 단일 채널이면 모든 채널의 참조표가 동일하게 적용되고, src와 같은 수의 다중 채널일 수 있다.

[예제 4-8] LUT 함수를 이용한 반전 영상

```
001:   #include "opencv.hpp"
002:   using namespace cv;
003:   using namespace std;
004:   int main()
005:   {
006:   //    uchar dataA[] = {  0,  50, 100,
007:   //                      150, 200, 255 };
008:   //    Mat A(2, 3, CV_8U, dataA);
009:         Mat A = (Mat_<uchar>(2, 3) << 0, 50, 100, 150, 200, 255);
010:         cout << "A=" << A << endl;
011:
012:   //    Mat lut(1, 256, CV_8U);
013:   //    for(int i = 0; i < 256; i++)
014:   //        lut.at<uchar>(0, i)= 255 - i;
015:
016:         Mat_<uchar> lut(1, 256);
017:         for(int i = 0; i < 256; i++)
```

```
018:            lut(i) = 255 - i;
019:        cout << "lut=" << lut << endl;
020:
021:        Mat dst;
022:        LUT(A, lut, dst);
023:        cout << "dst=" << dst << endl;
024:        return 0;
025: }
```

◎ **프로그램 설명**

① 6-10행
6-8행은 배열 dataA를 이용하여 2×3 행렬을 생성하고, 9행은 Mat_ 로 2×3 행렬을 생성하고 값을 초기화하여 Mat 행렬 A에 저장한다.

② 12-19행
12-14행은 Mat 행렬로 CV_8U 자료형으로 1×256 행렬 lut를 생성하고 lut.at<uchar>(0, i)에 255 - i를 저장한다. 16-18행은 Mat_ 행렬 lut를 생성하고, lut(i)에 255 - i를 저장한다.

③ 21-23행
22행은 LUT 함수로 행렬 A에 lut 행렬을 적용하여 dst 행렬로 변환한다.

④ [그림 4.5]는 LUT 함수를 이용한 행렬 값을 반전한 결과이다.

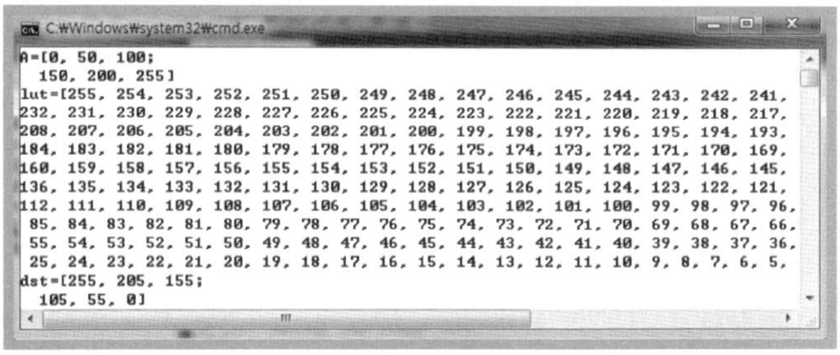
C:\Windows\system32\cmd.exe

```
A=[0, 50, 100;
  150, 200, 255]
lut=[255, 254, 253, 252, 251, 250, 249, 248, 247, 246, 245, 244, 243, 242, 241,
232, 231, 230, 229, 228, 227, 226, 225, 224, 223, 222, 221, 220, 219, 218, 217,
208, 207, 206, 205, 204, 203, 202, 201, 200, 199, 198, 197, 196, 195, 194, 193,
184, 183, 182, 181, 180, 179, 178, 177, 176, 175, 174, 173, 172, 171, 170, 169,
160, 159, 158, 157, 156, 155, 154, 153, 152, 151, 150, 149, 148, 147, 146, 145,
136, 135, 134, 133, 132, 131, 130, 129, 128, 127, 126, 125, 124, 123, 122, 121,
112, 111, 110, 109, 108, 107, 106, 105, 104, 103, 102, 101, 100, 99, 98, 97, 96,
 85, 84, 83, 82, 81, 80, 79, 78, 77, 76, 75, 74, 73, 72, 71, 70, 69, 68, 67, 66,
 55, 54, 53, 52, 51, 50, 49, 48, 47, 46, 45, 44, 43, 42, 41, 40, 39, 38, 37, 36,
 25, 24, 23, 22, 21, 20, 19, 18, 17, 16, 15, 14, 13, 12, 11, 10, 9, 8, 7, 6, 5,
dst=[255, 205, 155;
  105, 55, 0]
```

[그림 4.5] LUT 함수를 이용한 행렬 값 반전

3.2 행렬의 절대값

abs 함수는 행렬 또는 행렬수식 결과의 각 요소의 절대값을 반환하고, absdiff 함수는 두 행렬 사이의 차이의 절대값을 계산하여 MatExpr 형태로 반환한다. convertScaleAbs 함수는 행렬 요소값을 스케일링하고, 덧셈하여, 절대값을 계산한다. 절대값이 없는 선형 변환은 Mat::convertTo 메서드를 사용한다.

① MatExpr abs(const Mat& m)
함수 의미: return |m(i)|

② MatExpr abs(const MatExpr& e)
함수 의미: return |m(i)|

③ void absdiff(InputArray src1, InputArray src2, OutputArray dst)

함수 의미: $dst(i) = |\ src1(i) - src2(i)\ |$

④ void convertScaleAbs(InputArray src, OutputArray dst, double alpha = 1,
double beta = 0)

함수 의미: $dst(i) = saturate\_cast\langle uchar\rangle(|src(i) \times alpha + beta|)$

입력 행렬의 각 요소 src(i)에 alpha 값을 곱하여 스케일링하고, beta 값을 더한 다음, 결과에 절대값을 취한 후에 uchar 자료형으로 형변환하여 dst(i)에 저장한다. convertScaleAbs(src, dst)는 dst = abs(src)와 같고, dst = Mat_$\langle$Vec$\langle$uchar,n$\rangle\rangle$ (abs(src×alpha + beta))과도 같다. dst의 자료형이 CV_8U임에 주의한다.

[예제 4-9]   행렬의 절대값

```
001:   #include "opencv.hpp"
002:   using namespace cv;
003:   using namespace std;
004:   int main()
005:   {
006:       float dataA[] = { -2,  2, -3,
007:                         -1,  1,  3,
008:                          2,  0, -1 };
009:       Mat A(3, 3, CV_32F, dataA);
010:
011:       Mat B, C, D, E;
012:       B = abs(A);
013:       convertScaleAbs(A, C);
014:
015:       convertScaleAbs(A, D, 2.0, 1.0);
016:       E = abs(A * 2.0 + 1);
017:
018:       Mat dst;
019: //    absdiff(D, E, dst); // error: D.type() != E.type()
020:       absdiff(C, D, dst);
021:
022:       cout << "A=" << A << endl;
023:       cout << "B=" << B << endl;
024:       cout << "C=" << C << endl;
025:       cout << "D=" << D << endl;
026:       cout << "E=" << E << endl;
027:       cout << "dst=" << dst << endl;
028:       return 0;
029:   }
```

◎ **프로그램 설명**

① 6-16행

6-9행은 float 배열 dataA을 이용하여 3×3 행렬 A를 생성한다. 12행은 abs 함수로 행렬 A의 각 요소의 절대값을 행렬 B에 저장한다. 13행은 convertScaleAbs 함수에서 alpha = 1.0, beta = 0.0 디폴트값으로 행렬 A의 각 요소의 절대값을 CV_8U 자료형의 행렬 C에 저장한다. 15행은 convertScaleAbs 함수로 행렬 A의 각 요소값에 alpha = 2.0로 스케일링하고, beta = 1을 덧셈하고 절대값을 취한 결과를 CV_8U 자료형의 행렬 D에 저장한다. 16행은 행렬 A의 각 요소값을 2.0으로 스케일링하고, 1을 더한 결과를 행렬 D에 저장한다.

② 18-20행

19행의 주석의 absdiff 함수는 D.type() = CV_8U와 E.type() = CV_32F이 같지 않아서 실행 오류를 일으킨다. 20행은 absdiff 함수로 행렬 C-D의 절대값을 각 요소별로 계산하여 dst 행렬에 저장한다. dst.type()은 C.type(), D.type()과 같은 CV_8U이다. [그림 4.6]은 행렬에서 절대값의 실행 결과이다.

[그림 4.6] 행렬의 절대값

3.3 행렬의 사칙연산

add 함수, subtract 함수, multiply 함수, divide 함수는 src1(i)과 src2(i) 사이에 요소별 덧셈, 뺄셈, 곱셈, 나눗셈 연산 결과를 dst(i)에 저장한다. src1과 src2 중 하나가 Scalar 값이면 Scalar 값과 나머지 입력행렬의 모든 요소와 연산이 실행된다. mask 행렬이 지정되면, mask(i) ≠ 0인 요소에서만 연산이 실행되며, dtype은 출력행렬 dst의 깊이를 지정하는 인수로 dtype = −1이면, 출력 dst 행렬의 깊이 dst.depth()가 입력행렬의 깊이와 같다. scaleAdd 함수는 src1에 alpha를 곱하여 스케일링하고, scr2를 덧셈한다. addWeighted 함수는 src1과 src2의 가중평균을 계산한다.

① void add(InputArray src1, InputArray src2, OutputArray dst,
        InputArray mask = noArray(), int dtype = −1)
함수 의미: $dst(i) = saturate(src1(i) + src2(i))$ if $mask(i) \neq 0$

② void scaleAdd(InputArray src1, double alpha,
        InputArray src2, OutputArray dst)
함수 의미: $dst(i) = alpha \times src1(i) + src2(i)$

③ void addWeighted(InputArray src1, double alpha, InputArray src2,
        double beta, double gamma, OutputArray dst, int dtype = −1)
함수 의미: $dst(i) = saturate(src1(i) \times alpha + src2(i) \times beta + gamma)$

④ void subtract(InputArray src1, InputArray src2, OutputArray dst,
        InputArray mask = noArray(), int dtype = −1)
함수 의미: $dst(i) = saturate(scale - src2(i))$

⑤ void multiply(InputArray src1, InputArray src2, OutputArray dst,
   double scale = 1, int dtype = −1)

함수 의미: dst(i) = saturate(scale × src1(i) × src2(i))

⑥ void divide(InputArray src1, InputArray src2, OutputArray dst,
   double scale = 1, int dtype = −1)

함수 의미: dst(i) = saturate(src1(i) × scale/src2(i))

⑦ void divide(double scale, InputArray src2, OutputArray dst, int dtype = −1)

함수 의미: dst(i) = saturate(scale / src2(i))

[예제 4-10] 행렬의 사칙연산

```
001:  #include "opencv.hpp"
002:  using namespace cv;
003:  using namespace std;
004:  int main()
005:  {
006:        float dataA[] = { 1, 2, 3,
007:                          4, 5, 6};
008:        float dataB[] = { 10, 10, 10,
009:                          10, 10, 10};
010:        uchar dataC[] = { 0, 0, 0,
011:                          1, 1, 1};
012:
013:        Mat A(2, 3, CV_32F, dataA);
014:        Mat B(2, 3, CV_32F, dataB);
015:        Mat mask(2, 3, CV_8U, dataC);
016:        cout << "A=" << A << endl;
017:        cout << "B=" << B << endl;
018:        cout << "mask=" << mask << endl;
019:
020:        Mat dst1;
021:        add(A, B, dst1); // dst1 = A + B
022:        cout << "dst1=" << dst1 << endl;
023:
024:        Mat dst2;
025:        add(A, B, dst2, mask); // dst2 = A + B if mask !=0
026:        cout << "dst2=" << dst2 << endl;
027:
028:        Mat dst3;
029:        add(A, 100, dst3); // dst3 = A + 100
030:        cout << "dst3=" << dst3 << endl;
031:
032:        Mat dst4;
033:        add(A, Scalar(200), dst4); // dst4 = A + Scalar(200)
034:        cout << "dst4=" << dst4 << endl;
035:
036:        Mat dst5;
037:        scaleAdd(A, 2.0, B, dst5); // dst5 = A * 2.0 + B
038:        cout << "dst5=" << dst5 << endl;
039:
040:        Mat dst6;
```

```
041:        addWeighted(A, 1.0, B, 2.0, 10.0, dst6); // dst6 = A * 1.0 + B * 2.0 + 10.0
042:        cout << "dst6=" << dst6 << endl;
043:
044:        Mat dst7;
045:        subtract(A, B, dst7); // dst7 = A - B;
046:        cout << "dst7=" << dst7 << endl;
047:
048:        Mat dst8;
049:        multiply(A, B, dst8); // dst8 = A * B;
050:        cout << "dst8=" << dst8 << endl;
051:
052:        Mat dst9;
053:        divide(A, B, dst9); // dst9 = A / B;
054:        cout << "dst9=" << dst9 << endl;
055:
056:        Mat dst10;
057:        divide(A, 10, dst10); // dst10 = A / 10;
058:        cout << "dst10=" << dst10 << endl;
059:        return 0;
060: }
```

◎ 프로그램 설명

① 6-15행
배열 dataA, dataB, dataC를 이용하여 2×3 행렬 A, B, mask를 각각 생성한다.

② 20-34행
21행은 dst1 = A + B를 수행한다. 25행은 mask 행렬의 요소가 0인 곳에서만 dst2 = A + B를 수행한다. 29행은 dst3 = A + 100을 수행한다. 33행은 dst4 = A + Scalar(200)를 수행한다. 각 연산의 요소별로 연산을 수행한다.

③ 36-42행
37행은 scaleAdd 함수로 dst5 = A * 2.0 + B를 수행한다. 41행은 addWeighted 함수로 dst6 = A * 1.0 + B * 2.0 + 10.0을 수행한다.

④ 44-58행
45행은 subtract 함수로 dst7 = A - B를 수행한다. 49행은 multiply 함수로 dst8 = A * B를 수행한다. 53행은 divide 함수로 dst9 = A / B를 수행한다. 57행은 divide 함수로 dst10 = A / 10을 수행한다. 대부분 함수에서 피연산자에 Scalar 값이 가능하다. [그림 4.7]은 행렬의 사칙연산 실행 결과이다.

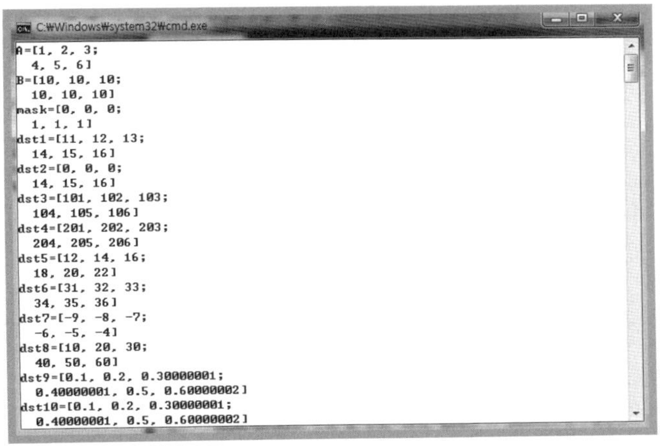

[그림 4.7] 행렬의 사칙연산

3.4 행렬의 비트 논리연산

bitwise_and 함수는 행렬 src1과 src2의 비트 단위 논리곱(and), bitwise_or 함수는 비트 단위 논리합(or), bitwise_not 함수는 src의 비트 단위 논리부정(not), bitwise_xor 함수는 배타적 논리합(xor)을 계산한다. mask 행렬의 값이 0인 위치에서는 연산을 하지 않는다. bitwise_and, bitwise_or, bitwise_xor 함수는 행렬과 행렬 사이의 연산뿐만 아니라 행렬과 스칼라값 사이의 비트 연산도 지원한다.

① void bitwise_and(InputArray src1, InputArray src2, OutputArray dst,
             InputArray mask = noArray())
     함수 의미: $dst(i) = src1(i) \& src2(i) \text{ if } mask(i) \neq 0$

② void bitwise_or(InputArray src1, InputArray src2, OutputArray dst,
             InputArray mask = noArray())
     함수 의미: $dst(i) = src1(i) \mid src2(i) \text{ if } mask(i) \neq 0$

③ void bitwise_xor(InputArray src1, InputArray src2, OutputArray dst,
             InputArray mask = noArray())
     함수 의미: $dst(i) = src1(i) \,\hat{}\, src2(i) \text{ if } mask(i) \neq 0$

④ void bitwise_not(InputArray src, OutputArray dst, InputArray mask=noArray())
     함수 의미: $dst(i) = \sim src1(i) \text{ if } mask(i) \neq 0$

[예제 4-11] 행렬의 비트 단위 논리연산

```
001:    #include "opencv.hpp"
002:    using namespace cv;
003:    using namespace std;
004:    int main()
005:    {
006:        uchar dataA[] = { 0x11, 0x12, 0x13,
007:                          0x14, 0x15, 0x16};
008:        uchar dataB[] = { 0x0F, 0x0F, 0x0F,
009:                          0x0F, 0x0F, 0x0F};
010:        uchar dataC[] = { 0, 0, 0,
011:                          1, 1, 1};
012:
013:        Mat A(2, 3, CV_8U, dataA);
014:        Mat B(2, 3, CV_8U, dataB);
015:        Mat mask(2, 3, CV_8U, dataC);
016:        cout << "A=" << A << endl;
017:        cout << "B=" << B << endl;
018:        cout << "mask=" << mask << endl;
019:
020:        Mat dst1;
021:        bitwise_and(A, B, dst1); // dst1 = A & B
022:        cout << "dst1=" << dst1 << endl;
023:
```

```
024:        Mat dst2;
025:        bitwise_and(A, B, dst2, mask); // dst2 = A & B if mask !=0
026:        cout << "dst2=" << dst2 << endl;
027:
028:        Mat dst3;
029:        bitwise_and(A, 0x0F, dst3); // dst3 = A & 0x0F
030:        cout << "dst3=" << dst3 << endl;
031:
032:        Mat dst4;
033:        bitwise_or(A, B, dst4); // dst4 = A | B
034:        cout << "dst4=" << dst4 << endl;
035:
036:        Mat dst5;
037:        bitwise_or(A, B, dst5, mask); // dst5 = A | B if mask !=0
038:        cout << "dst5=" << dst5 << endl;
039:
040:        Mat dst6;
041:        bitwise_or(A, 0x0F, dst6); // dst6 = A | 0x0F
042:        cout << "dst6=" << dst6 << endl;
043:
044:        Mat dst7;
045:        bitwise_xor(A, B, dst7); // dst7 = A ^ B
046:        cout << "dst7=" << dst7 << endl;
047:
048:        Mat dst8;
049:        bitwise_xor(A, B, dst8, mask); // dst8 = A ^ B if mask !=0
050:        cout << "dst8=" << dst8 << endl;
051:
052:        Mat dst9;
053:        bitwise_xor(A, 0x0F, dst9); // dst9 = A ^ 0x0F
054:        cout << "dst9=" << dst9 << endl;
055:
056:        Mat dst10;
057:        bitwise_not(A, dst10); // dst10 = ~A
058:        cout << "dst10=" << dst10 << endl;
059:        return 0;
060:  }
```

◎ 프로그램 설명

① 6–15행

배열 dataA, dataB, dataC를 이용하여 2×3 행렬 A, B, mask를 각각 생성한다.

② 20–30행

21행은 bitwise_and 함수로 dst1= A & B의 비트 단위 논리곱(AND)을 수행한다. 25행은 mask 행렬을 사용하여 비트 단위 AND를 수행한다. 29행은 bitwise_and 함수로 dst3 = A & 0x0F의 비트 단위 AND를 수행한다. AND는 두 비트가 1이면 1이고, 나머지는 0이다.

③ 32–42행

33행은 bitwise_or 함수로 dst4 = A | B의 비트 단위 논리합(OR)을 수행한다. 37행은 mask 행렬을 이용하여 비트 단위 OR 연산을 수행한다. 41행은 bitwise_or 함수로 dst6 = A | 0x0F의 비트 단위 OR 연산을 수행한다. OR 연산은 두 비트가 0이면 0이고, 나머지는 1이다.

④ 44–54행

45행은 bitwise_xor 함수로 dst7 = A ^ B의 비트 단위 배타적논리합(XOR) 연산을 수행한다. 49행은 mask 행렬을 이용하여 비트 단위 XOR 연산을 수행한다. 53행은 bitwise_xor 함수로 dst9 = A ^ 0x0F의 비트 단위 XOR 연산를 수행한다. XOR 연산은 두 비트가 같으면 0이고, 다르면 1이다.

⑤ 56-58행

57행은 bitwise_not 함수로 ds107 = ~A 의 비트 단위 논리부정(NOT) 연산을 수행한다. NOT 연산은 0은 1로, 1은 0으로 변경한다. [그림 4.8]은 행렬에서 비트 단위 논리연산의 실행 결과이다.

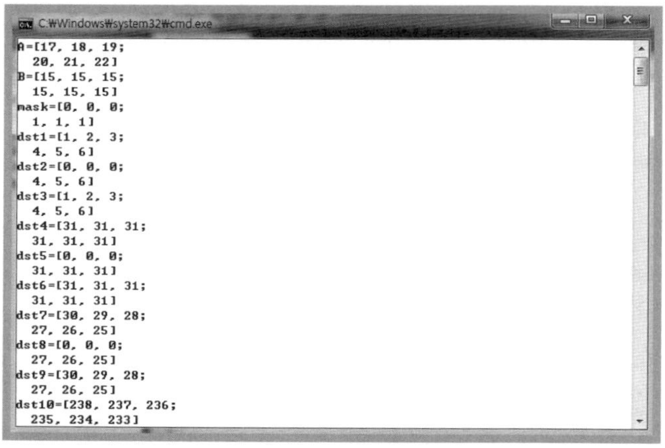

[그림 4.8] 행렬의 비트 단위 논리연산

3.5 행렬의 비교 및 범위 연산

① void compare(InputArray src1, InputArray src2, OutputArray dst, int cmpop)

함수 의미: dst(i) = src1(i) cmpop src2(i)

compare 함수는 행렬과 행렬 사이의 비교연산 또는 행렬과 스칼라, 스칼라와 스칼라 사이의 요소간 비교연산을 수행하여 결과를 dst에 저장한다. cmpop는 비교연산으로 CMP_EQ(equal to), CMP_GT(greater than), CMP_GE(greater than or equal to), CMP_LT(less than), CMP_LE(less than or equal to), CMP_NE(not equal to) 등을 지원한다.

② bool checkRange(InputArray src, bool quiet = true, Point* pos = 0,
double minVal = -DBL_MAX, double maxVal = DBL_MAX)

checkRange 함수는 입력행렬의 모든 요소값이 NaN 또는 무한대 값을 갖는지를 확인하며, 또한, 각 요소의 값이 $minVal \leq src(i) < maxVal$ 범위의 값인지를 확인한다. 범위 밖의 요소값이 하나라도 있으면, 함수는 예외를 발생하거나, quiet = true이면 false를 반환하고, pos에 첫 번째 아웃라이어(outlier)로의 포인터를 저장한다.

③ void inRange(InputArray src, InputArray lowerb, InputArray upperb,
OutputArray dst)

함수 의미: dst(i) = lowerb(i) $\leq$ src(i) $\leq$ upperb(i)

inRange 함수는 입력행렬 요소가 lowerb(i) $\leq$ src(i) $\leq$ upperb(i) 범위에 있으면 dst(i) = 255, 그렇지 않으면 dst(i) = 0이다. lowerb와 upperb는 Scalar도 가능하고, dst는 src와 같은 크기의 CV_8U 자료형이다. src가 다중 채널인 경우, 모든 채널에 대하여 범위를 만족해야 한다.

[예제 4-12] 행렬의 비교 및 범위 연산

```
001:    #include "opencv.hpp"
002:    using namespace cv;
003:    using namespace std;
004:    int main()
005:    {
006:         float dataA[] = { 10, 20, 30,
007:                             40, 50, 60};
008:         float dataB[] = { 10,   20,   30,
009:                             100, 200, 300};
010:
011:         Mat A(2, 3, CV_32F, dataA);
012:         Mat B(2, 3, CV_32F, dataB);
013:         cout << "A=" << A << endl;
014:         cout << "B=" << B << endl;
015:
016:         Mat dst1;
017:         compare(A, B, dst1, CMP_EQ);
018:         cout << "dst1=" << dst1 << endl;
019:
020:         Mat dst2;
021:         compare(A, B, dst2, CMP_GT);
022:         cout << "dst2=" << dst2 << endl;
023:
024:         Mat dst3;
025:         compare(A, B, dst3, CMP_GE);
026:         cout << "dst3=" << dst3 << endl;
027:
028:         Mat dst4;
029:         compare(A, 40, dst4, CMP_GE);
030:         cout << "dst4=" << dst4 << endl;
031:
032:         Point pt;
033:         checkRange(A, true, &pt, 10, 35);
034:         cout << "pt=" << pt << endl;
035:
036:         Mat dst5;
037:         inRange(A, 30, 50, dst5);
038:         cout << "dst6=" << dst5 << endl;
039:
040:         Mat dst6;
041:         inRange(A, Scalar(30), Scalar(50), dst6);
042:         cout << "dst6=" << dst6 << endl;
043:         return 0;
044:    }
```

◎ **프로그램 설명**

① 6-12행
배열 dataA, dataB를 이용하여 2×3 행렬 A, B를 각각 생성한다.

② 16-30행
17행은 compare 함수로 행렬 A, B의 대응되는 요소를 CMP_EQ , 즉 A == B 조건으로 비교하여, 요소값이 A == B이면 255를 행렬 dst1의 요소에 출력하고, 다르면 0을 출력한다. 21행은 compare 함수로 행렬 A, B의 대응 요소를 CMP_GT, 즉 A > B 조건으로 비교하여, A > B이면 255를 행렬 dst2의

요소에 출력하고, 그렇지 않으면 0을 출력한다. 25행은 compare 함수로 행렬 A, B의 대응 요소를 CMP_GE, 즉 A >= B 조건으로 비교하여, A >= B이면 255를 행렬 dst3의 요소에 출력하고, 그렇지 않으면 0을 출력한다. 29행은 compare 함수로 행렬 A와 상수 40을 CMP_GE, 즉 A >= B 조건으로 비교하여, A >= B이면 255를 행렬 dst4의 요소에 출력하고, 그렇지 않으면 0을 출력한다.

③ 32-34행
33행은 checkRange 함수로 행렬 A에서 quiet = true로, 범위 10에서 35를 벗어나는 첫 번째 아웃라이어(outlier)를 pos = [0, 1]에 저장한다. 즉, A의 1행 0열의 값 40이 범위를 벗어나는 첫 번째 아웃라이어이다.

④ 36-42행
37행은 inRange 함수로 30 ≤ A(i) ≤ 50 범위에 있으면, dst5(i) = 255를 저장하고, 그렇지 않으면 dst5(i) = 0을 저장한다. 41행은 inRange 함수로 Scalar(30) ≤ A(i) ≤ Scalar(50) 범위에 있으면 dst6(i) = 255를 저장하고, 그렇지 않으면 dst6(i) = 0을 저장한다. 행렬 dst5와 dst6은 동일한 결과를 갖는다. [그림 4.9]는 행렬에서 비교 및 범위 연산의 결과이다.

[그림 4.9] 행렬의 비교 및 범위 연산

3.6 min 함수

min 함수는 두 행렬 사이 또는 행렬과 스칼라 사이의 요소간 최소값을 계산한다.

① MatExpr min(const Mat& a, const Mat& b)
함수 의미: return min(a(i), b(i))

② MatExpr min(const Mat& a, double s)
함수 의미: return min(a(i), s)

③ MatExpr min(double s, const Mat& a)
함수 의미: return min(s, a(i))

④ void min(InputArray src1, InputArray src2, OutputArray dst)
함수 의미: dst(i) = min(src1(i), src2(i))

⑤ void min(const Mat& src1, const Mat& src2, Mat& dst)
함수 의미: dst(i) = min(src1(i), src2(i))

⑥ void min(const Mat& src1, double src2, Mat& dst)
함수 의미: dst(i) = min(src1(i), src2)

3.7 max 함수

max 함수는 두 행렬 사이 또는 행렬과 스칼라 사이의 요소간 최대값을 계산한다.

① MatExpr max(const Mat& a, const Mat& b)
함수 의미: return max(a(i), b(i))

② MatExpr max(const Mat& a, double s)
함수 의미: return max(a(i), s)

③ MatExpr max(double s, const Mat& a)
함수 의미: return max(s, a(i))

④ void max(InputArray src1, InputArray src2, OutputArray dst)
함수 의미: dst(i) = max(src1(i), src2(i))

⑤ void max(const Mat& src1, const Mat& src2, Mat& dst)
함수 의미: dst(i) = max(src1(i), src2(i))

⑥ void max(const Mat& src1, double src2, Mat& dst)
함수 의미: dst(i) = max(src1(i), src2)

[예제 4-13] 행렬의 min, max 함수

```
001:  #include "opencv.hpp"
002:  using namespace cv;
003:  using namespace std;
004:  int main()
005:  {
006:      float dataA[] = { 10, 20, 30,
007:                        40, 50, 60};
008:      float dataB[] = { 10,  20,  30,
009:                        100, 200, 300};
010:
011:      Mat A(2, 3, CV_32F, dataA);
012:      Mat B(2, 3, CV_32F, dataB);
013:      cout << "A=" << A << endl;
014:      cout << "B=" << B << endl;
015:
016:      Mat dst1;
017:      min(A, B, dst1);        // dst1 = min(A, B)
018:      cout << "dst1=" << dst1 << endl;
019:
020:      Mat dst2;
```

```
021:        min(A, 20, dst2); // dst2 = min(A, 20)
022:        cout << "dst2=" << dst2 << endl;
023:
024:        Mat dst3;
025:        max(A, B, dst3); // dst3 = max(A, B)
026:        cout << "dst3=" << dst3 << endl;
027:
028:        Mat dst4;
029:        max(A, 20, dst4); // dst4 = max(A, 20)
030:        cout << "dst4=" << dst4 << endl;
031:        return 0;
032: }
```

◎ 프로그램 설명

① 6–12행

배열 dataA, dataB를 이용하여 2×3 행렬 A, B를 각각 생성한다.

② 16–22행

17행은 min 함수로 행렬 A와 행렬 B의 각 요소를 비교하여 작은 값을 dst1에 저장한다. dst1 = min(A, B)와 동일한 결과를 갖는다. 21행은 min 함수로 행렬 A의 각 요소와 상수 20을 비교하여 작은 값을 dst2에 저장한다. dst2 = min(A, 20)과 동일한 결과를 갖는다.

③ 24–30행

25행은 max 함수로 행렬 A와 행렬 B의 각 요소를 비교하여 큰 값을 dst3에 저장한다. dst3 = max((A, B)와 동일한 결과를 갖는다. 29행은 max 함수로 행렬 A의 각 요소와 상수 20을 비교하여 큰 값을 dst4에 저장한다. dst4 = max(A, 20)와 같은 결과를 갖는다. [그림 4.10]은 min, max 함수의 결과이다.

[그림 4.10] min, max 함수

04 수학, 통계 함수

4.1 수치 관련 함수

exp 함수는 지수함수를 계산하고, log 함수는 절대값의 자연로그 함수를 각 요소별로 계산한다. 요소값이 0인 경우는 상수(−700)를 저장한다. pow 함수는 거듭제곱을 계산하고, sqrt 함수는 제곱근을 계산한다. magnitude 함수는 벡터의 크기를 계산하고, phase

는 위상각을 계산한다. 하나의 스칼라값에 대한 수학 함수 값이 필요하면 C/C++ 표준 라이브리 함수를 사용하거나 OpenCV C API 함수인 cvRound, cvFloor, cvCeil 등의 함수 또는 C++ API 함수인 fastAtan2, cubeRoot 등을 사용한다.

① void exp(InputArray src, OutputArray dst)
   함수 의미: dst(i) = exp(src(i))

② void log(InputArray src, OutputArray dst)
   함수 의미: dst(i) = log|src(i)| if src(i) ≠ 0
   $\qquad\qquad$ dst(i) = −700   o.w.

③ void pow(InputArray src, double p, OutputArray dst)
   함수 의미: dst(i) = src(i)^{power} if power is integer
   $\qquad\qquad$ dst(i) = |src(i)|^{power} o.w.

④ void sqrt(InputArray src, OutputArray dst)
   함수 의미: dst(i) = $\sqrt{src(i)}$

⑤ void magnitude(InputArray x, InputArray y, OutputArray mag)
   함수 의미: mag(i) = $\sqrt{x(i)^2 + y(i)^2}$

⑥ void phase(InputArray x, InputArray y, OutputArray angle,
       bool angleInDegrees = false)
   함수 의미: dst(i) = atan2(y(i), x(i))

⑦ void cartToPolar(InputArray x, InputArray y, OutputArray magnitude,
       OutputArray angle, bool angleInDegrees = false)

⑧ void polarToCart(InputArray magnitude, InputArray angle, OutputArray x,
       OutputArray y, bool angleInDegrees = false)

⑨ int solveCubic(InputArray coeffs, OutputArray roots)
   solveCubic 함수는 3차 방정식의 실근을 계산한다. coeffs는 3차 방정식의 계수 행렬로 3 또는 4개의 요소를 갖는다. roots는 1 또는 3개의 요소를 갖는 실근의 출력행렬이다.

$$coeffs[0]x^3 + coeffs[1]x^2 + coeffs[2]x + coeffs[3] = 0$$

$$x^3 + coeffs[0]x^2 + coeffs[1]x + coeffs[2] = 0$$

⑩ double solvePoly(InputArray coeffs, OutputArray roots, int maxIters=300)
   solvePoly 함수는 다항식의 실근, 복소수근을 계산한다. solveCubic 함수와 계수 순서가 반대이며, 출력행렬 roots는 2채널로 복소수를 저장한다.

$$coeffs[n]x^n + coeffs[n-1]x^{n-1} + ... + coeffs[1]x + coeffs[0] = 0$$

[예제 4-14] 행렬의 exp, log, pow, sqrt 함수

```
001:  #include "opencv.hpp"
002:  using namespace cv;
003:  using namespace std;
004:  int main()
005:  {
006:      double dataA[] = {0.0, 1.0, 2.0, 3.0};
007:      Mat A(1, 4, CV_64F, dataA);
008:      cout << "A=" << A << endl;
009:
010:      Mat dst1;
011:      exp(A, dst1);
012:      cout << "dst1=" << dst1 << endl;
013:
014:      Mat dst2;
015:      log(A, dst2);
016:      cout << "dst2=" << dst2 << endl;
017:
018:      Mat dst3;
019:      pow(A, 2.0, dst3);
020:      cout << "dst3=" << dst3 << endl;
021:
022:      Mat dst4;
023:      sqrt(A, dst4);
024:      cout << "dst4=" << dst4 << endl;
025:      return 0;
026:  }
```

◎ 프로그램 설명

① 6-8행
배열 dataA를 이용하여 1×4 행렬 A를 생성한다.

② 11행
행렬 A의 각 요소에 지수함수(exp)를 계산하여 dst에 저장한다.

$$A = [\, e^0 \ e^1 \ e^2 \ e^3 \,]$$

③ 15행
행렬 A의 각 요소에 자연로그 함수를 계산하여 dst에 저장한다.

$$A = [\, \log_e 0 \ \ \log_e 1 \ \ \log_e 2 \ \ \log_e 3 \,]$$

④ 19행
행렬 A의 각 요소에 거듭제곱 함수를 계산하여 dst에 저장한다.

$$A = [\, 0^2 \ 1^2 \ 2^2 \ 3^2 \,]$$

⑤ 23행
행렬 A의 각 요소에 제곱근 함수를 계산하여 dst에 저장한다.

$$A = [\, \sqrt{0} \ \sqrt{1} \ \sqrt{2} \ \sqrt{3} \,]$$

⑥ [그림 4.11]은 행렬의 exp, log, pow, sqrt 함수의 결과이다.

```
C:\Windows\system32\cmd.exe
A=[0, 1, 2, 3]
dst1=[1, 2.718281828459046, 7.389056098930649, 20.08553692318766]
dst2=[-709.0895657128241, 0, 0.6931471805599453, 1.09861228866811]
dst3=[0, 1, 4, 9]
dst4=[0, 1, 1.414213562373095, 1.732050807568877]
```

[그림 4.11] 행렬의 exp, log, pow, sqrt 함수

[예제 4-15] 극좌표 변환: magnitude, phase, cartToPolar, polarToCart 함수

```
001:  #include "opencv.hpp"
002:  using namespace cv;
003:  using namespace std;
004:  int main()
005:  {
006:      double dataX[] = {0.0, 10.0, 10.0, 0.0};
007:      double dataY[] = {0.0, 0.0, 10.0, 10.0};
008:
009:      Mat X(1, 4, CV_64F, dataX);
010:      Mat Y(1, 4, CV_64F, dataY);
011:      cout << "X=" << X << endl;
012:      cout << "Y=" << Y << endl;
013:
014:      Mat mag;
015:      magnitude(X, Y, mag);
016:      cout << "mag=" << mag << endl;
017:
018:      Mat angle1;
019:      phase(X, Y, angle1);
020:      cout << "angle1=" << angle1 << endl;
021:
022:      Mat angle2;
023:      phase(X, Y, angle2, true);
024:      cout << "angle2=" << angle2 << endl;
025:
026:      Mat mag3, angle3;
027:      cartToPolar(X, Y, mag3, angle3);
028:      cout << "mag3=" << mag3 << endl;
029:      cout << "angle3=" << angle3 << endl;
030:
031:      Mat X3, Y3;
032:      polarToCart(mag3, angle3, X3, Y3);
033:      cout << "X3=" << X3 << endl;
034:      cout << "Y3=" << Y3 << endl;
035:      return 0;
036:  }
```

◎ 프로그램 설명

① 6-12행

배열 dataX, dataY를 이용하여 1×4 행렬 X와 Y를 생성한다.

② 15행

행렬 X, Y에 저장된 4개의 좌표 (0, 0), (10, 0), (10, 10), (0, 10)의 극좌표에서의 크기(magnitude)를 계산하여 mag 행렬에 저장한다.

$$mag = [\ \sqrt{0^2+0^2}\ \ \sqrt{10^2+0^2}\ \ \sqrt{10^2+10^2}\ \ \sqrt{0^2+10^2}\ ]$$

③ 19행

행렬 X, Y에 저장된 4개의 좌표의 극좌표에서의 위상각(phase angle)을 라디안으로 계산하여 angle1 행렬에 저장한다.

$$angle1 = [\ atan(0.0)\ \ atan(0/10)\ \ atan(10/10)\ \ atan(10/0)\ ]$$

④ 23행

행렬 X, Y에 저장된 4개의 좌표의 극좌표에서의 위상각(phase angle)을 angleInDegrees = true로 하여, 각도로 계산하여 angle2 행렬에 저장한다.

$$angle2 = [\ atan(0.0)*(180/\pi)\ \ atan(0/10)*(180/\pi)$$
$$atan(10/10)*(180/\pi)\ \ atan(10/0)\ ]\ *(180/\pi)$$

⑤ 27행

cartToPolar 함수로 4개의 좌표를 극좌표로 변환하여 크기(magnitude)는 mag3 행렬에, 위상각 (phase angle)은 라디안으로 계산하여 angle3 행렬에 저장한다. mag3 행렬은 15행의 mag 행렬과 같고, angle3 행렬은 19행의 angle1 행렬과 같다.

⑥ 32행

polarToCart 함수로 27행의 결과인 극좌표의 크기와 위상각 행렬 mag3과 angle3을 직교좌표로 변환하여 X3, Y3 행렬에 저장한다. X3, Y3는 9-10행의 X, Y 행렬과 같아야 하지만 약간의 오차가 존재한다. [그림 4.12]는 극좌표 변환 결과이다.

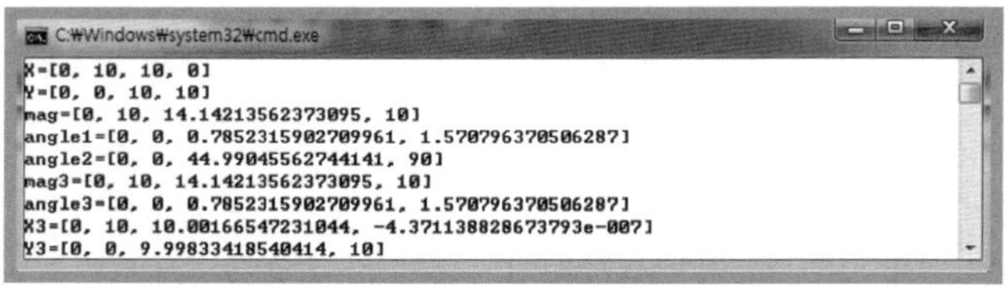

[그림 4.12] 극좌표 변환

[예제 4-16]   3차방정식의 근 계산: solveCubic, solvePoly

```
001:   #include "opencv.hpp"
002:   using namespace cv;
003:   using namespace std;
004:   int main()
005:   {
006:       double dataA[] = {1.0, -6.0, 11.0, -6.0};
007:       double dataB[] = {   -6.0, 11.0, -6.0};
008:
009:       Mat A(1, 4, CV_64F, dataA);
010:       Mat B(1, 3, CV_64F, dataB);
011:       cout << "A=" << A << endl;
012:       cout << "B=" << B << endl;
013:
014:       Mat X1;
015:       solveCubic(A, X1);
016:       cout << "X1=" << X1 << endl;
017:
018:       Mat X2;
019:       solveCubic(B, X2);
```

```
020:        cout << "X2=" << X2 << endl;
021:
022:        Mat A1, X3;
023:        flip(A, A1, 1);
024:        cout << "A1=" << A1 << endl;
025:
026:        solvePoly(A1, X3);
027:        cout << "X3.size()=" << X3.size() << endl;
028:        cout << "X3.channels()=" << X3.channels() << endl;
029:        cout << "X3=" << X3 << endl;
030:        return 0;
031:   }
```

◎ 프로그램 설명

① 6-12행

배열 dataA를 이용하여 1×4 행렬 A를 생성하고, 배열 dataB를 이용하여 1×3 행렬 B를 생성한다.

② 15행

solveCubic 함수로 1×4 행렬 A에 저장된 계수에 의한 3차 방정식의 근(roots)을 X1에 계산한다.

$$1x^3 - 6x^2 + 11x^2 - 6 = 0$$
$$(x-1)(x-2)(x-3) = 0$$

$$X1 = \begin{bmatrix} 1 & 2 & 3 \end{bmatrix}$$

③ 19행

solveCubic 함수로 3차의 계수가 1이라 가정하여 계수행렬의 크기가 1×3인 행렬 B에 저장된 계수에 의한 3차 방정식의 근을 X2에 계산한다.

$$x^3 - 6x^2 + 11x^2 - 6 = 0$$
$$(x-1)(x-2)(x-3) = 0$$

$$X2 = \begin{bmatrix} 1 & 2 & 3 \end{bmatrix}$$

④ 22-29행

23행은 solvePoly 함수는 계수의 저장 순서가 solveCubic 함수와 반대여서 flip 함수로 행렬 A에 저장된 3차 방정식의 계수의 순서를 뒤집어 A1에 저장한다. 26행은 solvePoly 함수로 행렬 A1에 저장된 3차 방정식의 근을 행렬 X3에 계산한다. 행렬 X3는 복소수를 저장하는 형태인 2채널의 1×3 행렬이다. 복소수의 실수부인 첫 번째 채널에 저장된 해는 15행, 19행의 결과인 X1, X2와 같다. [그림 4.13]은 3차 방정식의 근을 계산한 결과이다.

[그림 4.13] 3차방정식의 근 계산

4.2 통계 함수

① int countNonZero(InputArray src)

countNonZero 함수는 행렬 src에서 0이 아닌 요소의 개수를 반환한다.

② **Scalar sum(InputArray src)**

src의 합계를 계산하여 반환한다.

③ **Scalar mean(InputArray src, InputArray mask = noArray())**

함수 의미: return $\dfrac{\sum\limits_{i} src(i)}{N}$, $where\ \ mask(i) \neq 0$

mean 함수는 src의 평균을 계산하여 반환한다. mask 행렬이 지정되었으면, mask(i) ≠ 0인 요소들의 평균을 계산한다. N = countNonZero(mask)이다. mask 행렬 요소가 모두 0이면, Scalar:all(0)을 반환한다.

④ **void meanStdDev(InputArray src, OutputArray mean,**
   OutputArray stddev, InputArray mask = noArray())

함수 의미: $mean_c = \dfrac{\sum\limits_{i} src(i)_c}{N}$, $where\ \ mask(i) \neq 0$

$$stddev_c = \sqrt{\dfrac{\sum\limits_{i}(src(i)_c - mean_c)^2}{N}}\ \ ,\ \ where\ \ mask(i) \neq 0$$

mean 함수는 src의 평균과 표준편차를 채널별로 계산한다. mask 행렬이 지정되면, mask(i) ≠ 0인 요소들의 평균과 표준편차를 계산한다. N = countNonZero(mask)이다.

⑤ **void minMaxIdx(InputArray src, double* minVal, double* maxVal,**
   int minIdx = 0, int* maxIdx = 0, InputArray mask = noArray())

minMaxIdx 함수는 행렬 src에서 최소값 minVal, 최대값 maxVal을 계산하고 최소값의 위치를 정수 배열 minIdx에 저장하고, 최대값의 위치를 정수 배열 maxIdx에 저장한다. 정수 배열에서 행과 열의 첨자가 쌍으로 차례로 저장된다.

⑥ **void minMaxLoc(InputArray src, double* minVal, double* maxVal = 0,**
   Point* minLoc = 0, Point* maxLoc = 0, InputArray mask = noArray())

minMaxLoc 함수는 행렬 src에서 최소값 minVal, 최대값 maxVal, 최소값의 위치 minLoc, 최대값의 위치 maxLoc를 계산한다. mask 행렬이 지정되면, mask(i) ≠ 0인 요소들에서만 최소값, 최대값을 계산한다.

⑦ **void reduce(InputArray src, OutputArray dst, int dim, int rtype, int dtype=-1)**

reduce 함수는 src 행렬을 dim = 0이면 열 방향(수직 방향)으로 rtype 연산을 수행하여 결과를 행 벡터(row vector) dst에 저장하고, dim = 1이면 행 방향(수평 방향)으로 rtype 연산을 수행하여 결과를 열 벡터(column vector) dst에 저장한다. rtype은 연산의 종류를 나타내고, dtype은 출력행렬의 깊이다. dst 행렬의 채널수는 src의 채널수와 같으며, 깊이는 dtype= -1이면 src와 같고, dtype ≠ -1이면 깊이가 dtype이다.

rtype = REDUCE_SUM이면 합계를 계산한다.

rtype = REDUCE_AVG이면 평균을 계산한다.

rtype = REDUCE_MAX이면 최대값을 계산한다.

rtype = REDUCE_MIN이면 최소값을 계산한다.

⑧ void sort(InputArray src, OutputArray dst, int flags)

sort 함수는 행렬 src의 행 또는 열을 오름차순 또는 내림차순으로 정렬한다.
flags는 SORT_EVERY_ROW, SORT_EVERY_COLUMN와 SORT_ASCENDING,
SORT_DESCENDING을 조합하여 사용한다.

⑨ void sortIdx(InputArray src, OutputArray dst, int flags)

sortIdx 함수는 행렬 src의 행 또는 열을 오름차순 또는 내림차순으로 정렬한다. sortIdx
함수는 dst에 정렬된 요소의 값을 저장하는 대신, 정렬된 요소의 인덱스 첨자를 저장한다.

⑩ void randShuffle(InputOutputArray dst, double iterFactor = 1, RNG* rng = 0)

randShuffle 함수는 행렬의 요소를 난수에 의해 무작위로 섞는다. dst는 입출력을 위한
행렬로 1차원 행렬이다. iterFactor는 무작위로 섞는 연산의 회수를 결정하는 스케일 요
소이다. rng는 난수 발생 함수로 rng = 0이면 theRNG 함수이다.

[예제 4-17] countNonZero, sum, mean, meanStdDev, minMaxIdx, minMaxLoc

```
001:   #include "opencv.hpp"
002:   using namespace cv;
003:   using namespace std;
004:   int main()
005:   {
006:        float dataA[] = { 10,   0, 30,
007:                          40, 50, 60};
008:        Mat A(2, 3, CV_32F, dataA);
009:        cout << "A=" << A << endl;
010:
011:        int nCount = countNonZero(A);
012:        cout << "nCount=" << nCount << endl;
013:
014:        cout << "sum(A)=" << sum(A) << endl;
015:        cout << "mean(A)=" << mean(A) << endl;
016:
017:        Scalar avg, stddev;
018:        meanStdDev(A, avg, stddev);
019:        cout << "avg=" << avg << endl;
020:        cout << "stddev=" << stddev << endl;
021:
022:        double minVal, maxVal;
023:        int minIdx[2], maxIdx[2];
024:        minMaxIdx(A, &minVal, &maxVal, minIdx, maxIdx);
025:        cout<<"minVal=" << minVal << endl;
026:        cout<<"minIdx =["<<minIdx[0]<<","<<minIdx[1]<<"]"<< endl;
027:        cout<<"maxVal=" << maxVal << endl;
028:        cout<<"maxIdx =["<<maxIdx[0]<<","<<maxIdx[1]<<"]"<< endl;
029:
030:        Point minLoc, maxLoc;
```

```
031:        minMaxLoc(A, &minVal, &maxVal, &minLoc, &maxLoc);
032:        cout<<"minVal=" << minVal << endl;
033:        cout<<"minLoc ="<< minLoc << endl;
034:        cout<<"maxVal=" << maxVal << endl;
035:        cout<<"maxLoc ="<< maxLoc <<endl;
036:        return 0;
037:  }
```

◎ 프로그램 설명

① 6-20행
6-9행은 배열 dataA를 이용하여, 2×3 행렬 A를 생성한다. 11행은 countNonZero 함수로 행렬 A에서 0이 아닌 요소의 개수를 계산하여 nCount에 저장한다. 14행은 행렬 A의 합계를 sum(A)로 계산하고 출력하고, 15행은 행렬 A의 평균을 mean(A)로 계산하고 출력한다. 18행은 meanStdDev 함수로 평균을 avg에 계산하고, 표준편차를 stddev에 계산한다. mean(A)와 avg는 결과가 같다. 행렬 A가 1채널 행렬이므로 Scalar의 첫 번째 요소에 계산 결과가 저장된다.

② 22-28행
24행은 minMaxIdx 함수로 행렬 A에서 최소값을 minVal, 최대값을 maxVal에 계산하고, 각각의 위치의 첨자를 minIdx, maxIdx 정수 배열에 저장한다. minVal = 0이고, 위치는 0행 1열이다. maxVal = 60이고, 위치는 1행 2열이다.

③ 30-35행
minMaxLoc 함수로 행렬 A에서 최소값을 minVal, 최대값을 maxVal에 계산하고, 각각의 위치를 좌표 minLoc, maxLoc에 저장한다. minVal = 0이고, 위치는 0행 1열이다. maxVal = 60이고, 위치는 1행 2열이다. [그림 4.14]는 실행 결과이다.

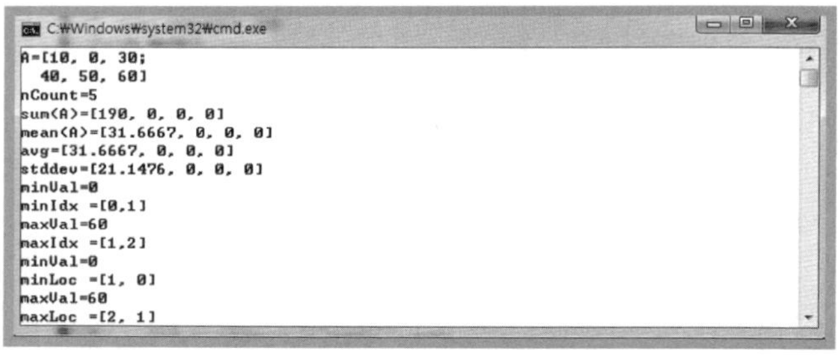

[그림 4.14] countNonZero, sum, mean, meanStdDev, minMaxIdx, minMaxLoc

[예제 4-18] reduce를 이용한 행 또는 열의 합계, 평균, 최소, 최대 계산

```
001:  #include "opencv.hpp"
002:  using namespace cv;
003:  using namespace std;
004:  int main()
005:  {
006:        float dataA[] = { 1, 2, 3,
007:                          4, 5, 6};
008:        Mat A(2, 3, CV_32F, dataA);
009:        cout << "A=" << A << endl;
010:
011:        Mat dst1;
012:        reduce(A, dst1, 0, REDUCE_SUM);    // CV_REDUCE_SUM in OpenCV 2.4.13
013:        cout << "dst1=" << dst1 << endl;
014:
015:        Mat dst2;
016:        reduce(A, dst2, 1, REDUCE_SUM);    // CV_REDUCE_SUM
017:        cout << "dst2=" << dst2 << endl;
```

```
018:
019:        Mat dst3;
020:        reduce(A, dst3, 0, REDUCE_AVG); //CV_REDUCE_AVG
021:        cout << "dst3=" << dst3 << endl;
022:
023:        Mat dst4;
024:        reduce(A, dst4, 1, REDUCE_AVG); //CV_REDUCE_AVG
025:        cout << "dst4=" << dst4 << endl;
026:
027:        Mat dst5;
028:        reduce(A, dst5, 0, REDUCE_MIN); //CV_REDUCE__MIN
029:        cout << "dst5=" << dst5 << endl;
030:
031:        Mat dst6;
032:        reduce(A, dst6, 1, REDUCE_MIN); //CV_REDUCE_MIN
033:        cout << "dst6=" << dst6 << endl;
034:
035:        Mat dst7;
036:        reduce(A, dst7, 0, REDUCE_MAX) ; //CV_REDUCE_MAX
037:        cout << "dst7=" << dst7 << endl;
038:
039:        Mat dst8;
040:        reduce(A, dst8, 1, REDUCE_MAX); //CV_REDUCE_MAX
041:        cout << "dst8=" << dst8 << endl;
042:        return 0;
043: }
```

◎ 프로그램 설명

① 6-17행
6-9행은 배열 dataA를 이용하여, 2×3 행렬 A를 생성한다. 12행은 reduce 함수에서 dim = 0, rtype = REDUCE_SUM으로 행렬 A의 열 방향(수직 방향) 합계를 계산한 결과를 행 벡터 dst1에 저장한다. 16행은 reduce 함수에서 dim = 1, rtype = REDUCE_SUM으로 행렬 A의 행 방향(수평 방향) 합계를 계산한 결과를 열 벡터 dst2에 저장한다.

② 19-25행
20행은 reduce 함수에서 dim = 0, rtype = REDUCE_AVG로 행렬 A의 열 방향(수직방향) 평균을 계산한 결과를 행 벡터 dst3에 저장한다. 24행은 reduce 함수에서 dim = 1, rtype = REDUCE_AVG로 행렬 A의 행 방향(수평 방향) 평균을 계산한 결과를 열 벡터 dst4에 저장한다.

③ 27-33행
28행은 reduce 함수에서 dim = 0, rtype = REDUCE_MIN으로 행렬 A의 열 방향(수직 방향) 최소값을 계산한 결과를 행 벡터 dst5에 저장한다. 32행은 reduce 함수에서 dim = 1, rtype = REDUCE_MIN으로 행렬 A의 행 방향(수평 방향) 최소값을 계산한 결과를 열 벡터 dst6에 저장한다.

④ 35-41행
36행은 reduce 함수에서 dim = 0, rtype = REDUCE_MAX로 행렬 A의 열 방향(수직 방향) 최대값을 계산한 결과를 행 벡터 dst7에 저장한다. 40행은 reduce 함수에서 dim = 1, rtype = REDUCE_MAX로 행렬 A의 행 방향(수평 방향) 최대값을 계산한 결과를 열 벡터 dst8에 저장한다. [그림 4.15]는 reduce 함수의 결과이다.

[그림 4.15] reduce 함수

[예제 4-19] sort, sortIdx

```
001:    #include "opencv.hpp"
002:    using namespace cv;
003:    using namespace std;
004:    int main()
005:    {
006:        float dataA[] = { 6, 7, 9, 8,
007:                          2, 1, 4, 3};
008:
009:        Mat A(2, 4, CV_32F, dataA);
010:        cout << "A=" << A << endl;
011:
012:        Mat dst1;
013:        cv::sort(A, dst1, SORT_EVERY_ROW + SORT_ASCENDING);
014:        cout << "dst1=" << dst1 << endl;
015:
016:        Mat dst2;
017:        sortIdx(A, dst2, SORT_EVERY_ROW + SORT_ASCENDING);
018:        cout << "dst2=" << dst2 << endl;
019:
020:        Mat dst3;
021:        cv::sort(A, dst3, SORT_EVERY_ROW + SORT_DESCENDING);
022:        cout << "dst3=" << dst3 << endl;
023:
024:        Mat dst4;
025:        sortIdx(A, dst4, SORT_EVERY_ROW + SORT_DESCENDING);
026:        cout << "dst4=" << dst4 << endl;
027:
028:        Mat dst5;
029:        cv::sort(A, dst5, SORT_EVERY_COLUMN + SORT_ASCENDING);
030:        cout << "dst5=" << dst5 << endl;
031:
032:        Mat dst6;
033:        sortIdx(A, dst6, SORT_EVERY_COLUMN + SORT_ASCENDING);
034:        cout << "dst6=" << dst6 << endl;
035:
036:        Mat dst7;
037:        cv::sort(A, dst7, SORT_EVERY_COLUMN + SORT_DESCENDING);
038:        cout << "dst7=" << dst7 << endl;
039:
040:        Mat dst8;
041:        sortIdx(A, dst8, SORT_EVERY_COLUMN + SORT_DESCENDING);
042:        cout << "dst8=" << dst8 << endl;
043:        return 0;
044:    }
```

◎ 프로그램 설명

① 6-18행

6-10행은 배열 dataA를 이용하여, 2×3 행렬 A를 생성한다. 13행은 cv::sort 함수로 행렬 A를 SORT_EVERY_ROW + SORT_ASCENDING으로 모든 행을 오름차순으로 정렬하여 dst1에 저장한다. 네임스페이스 지정 없이 sort 함수를 사용하면 컴파일러가 std::sort 함수로 생각하여 에러가 발생하기 때문에 네임스페이스와 함께 cv::sort로 사용한다. 17행은 sortIdx 함수로 행렬 A의 모든 행에서 오름차순으로 정렬할 때의 첨자를 dst2에 저장한다. 각 행에서 0은 그 행에서 가장 작은 값의 요소가 있는 위치가 된다.

② 20-26행

21행은 cv::sort 함수로 행렬 A를 SORT_EVERY_ROW + SORT_DESCENDING으로 모든 행을 내림차순으로 정렬하여 dst3에 저장한다. 25행은 sortIdx 함수로 행렬 A의 모든 행에서 내림차순으로 정렬할 때의 첨자를 dst4에 저장한다.

③ 28-34행

29행은 cv::sort 함수로 행렬 A를 SORT_EVERY_COLUMN + SORT_ASCENDING으로 모든 열을 오름차순으로 정렬하여 dst5에 저장한다. 33행은 sortIdx 함수로 행렬 A의 모든 열에서 오름차순으로 정렬할 때의 첨자를 dst6에 저장한다. 각 열에서 0은 그 열에서 가장 작은 값의 요소가 있는 위치가 된다.

④ 36-42행

37행은 cv::sort 함수로 행렬 A를 SORT_EVERY_COLUMN + SORT_DESCENDING으로 모든 열을 내림차순으로 정렬하여 dst7에 저장한다. 41행은 sortIdx 함수로 행렬 A의 모든 열에서 내림차순으로 정렬할 때의 첨자를 dst8에 저장한다.

⑤ [그림 4.16]은 cv::sort, sortIdx 함수의 실행 결과이다.

[그림 4.16] cv::sort, sortIdx 함수

[예제 4-20] randShuffle 함수

```
001:    #include "opencv.hpp"
002:    using namespace cv;
003:    using namespace std;
004:    int main()
005:    {
006:        float dataA[] = { 1, 2, 3, 4,
007:                          5, 6, 7, 8};
008:
009:        Mat A(2, 4, CV_32F, dataA);
010:        cout << "A=" << A << endl;
011:
012:        Mat dst1 = A.clone();
013:        randShuffle(dst1);
014:        cout << "dst1=" << dst1 << endl;
015:
016:        Mat dst2 = A.clone();
017:        randShuffle(dst2, 10);
018:        cout << "dst2=" << dst2 << endl;
019:        return 0;
020:    }
```

◎ **프로그램 설명**

① 6-18행

6-10행은 배열 dataA를 이용하여 2×4 행렬 A를 생성한다. 12행은 행렬 A를 복제하여 dst1에 저장한다. 13행은 randShuffle 함수로 dst1 행렬의 요소를 랜덤하게 섞어, dst1 행렬을 변경한다. 16-17행은 행렬 A를 dst2에 복제하고, randShuffle 함수에서 iterFactor = 10으로 하여 랜덤하게 섞어, dst2를 변경한다.

② [그림 4.17]은 randShuffle 함수의 실행 결과이다.

[그림 4.17] randShuffle 함수

05 선형대수 함수

5.1 단위행렬 및 대칭행렬

① **void setIdentity(InputOutputArray mtx, const Scalar& s = Scalar(1))**

함수 의미: $mtx(i, j) = s$ if $i = j$

$= 0$ o.w.

setIdentity 함수는 행렬 mtx의 행과 열의 첨자가 같은 대각 요소값을 스칼라 s로 초기화한다.

② **void completeSymm(InputOutputArray mtx, bool lowerToUpper = false)**

함수 의미: $mtx(i, j) = mtx(i, j)$ for $i > j$ if lowerToUpper = false

$mtx(i, j) = mtx(i, j)$ for $i < j$ if lowerToUpper = true

completeSymm 함수는 mtx 행렬을 대칭행렬로 만든다. lowerToUpper = false이면 대각선 위쪽(upper) 부분을 대각선 아래쪽(lower) 부분으로 복사한다. lowerToUpper = true이면 대각선 아래쪽(lower) 부분을 대각선 위쪽(upper) 부분으로 복사한다. 대각선 요소는 복사하지 않는다. mtx 행렬은 행과 열의 크기가 같은 정방행렬(square matrix)이다.

[예제 4-21] setIdentity, completeSymm 함수

```
001:  #include "opencv.hpp"
002:  using namespace cv;
003:  using namespace std;
004:  int main()
005:  {
006:       Mat A1(3, 3, CV_32F);
007:       setIdentity(A1);
008:       cout << "A1=" << A1 << endl;
009:
010:       Mat A2(3, 3, CV_32F);
011:       setIdentity(A2, 5);
012:       cout << "A2=" << A2 << endl;
013:
014:       Mat A3 = Mat::eye(3, 3, CV_32F) * 5;
015:       cout << "A3=" << A3 << endl;
016:
017:       float dataB[] = { 1, 2, 3,
018:                         4, 5, 6,
019:                         7, 8, 9};
020:       Mat B(3, 3, CV_32F, dataB);
021:       cout << "B=" << B << endl;
022:
023:       Mat B1 = B.clone();
024:       completeSymm(B1); // lowerToUpper = false
025:       cout << "B1=" << B1 << endl;
026:
027:       Mat B2 = B.clone();
028:       completeSymm(B2, true);
029:       cout << "B2=" << B2 << endl;
030:       return 0;
031:  }
```

◎ 프로그램 설명

① 6-15행

6행은 CV_32F 자료형으로 3×3 행렬 A1을 생성하고, 7행은 setIdentity 함수로 행렬 A1을 대각 요소가 1인 단위행렬로 설정한다. 11행은 setIdentity 함수로 3×3 행렬 A2의 대각 요소가 5인 행렬로 설정한다. 14행은 Mat::eye 메서드로 3×3 행렬의 대각 요소가 5인 행렬을 생성하여 A3에 저장한다. A3과 A2는 같다.

② 17-25행

20행은 배열 dataB 초기화된 값으로 3×3 행렬 B를 생성한다. 23행은 행렬 B를 복제하여 행렬 B1에 저장하고, 24행은 completeSymm 함수에서 lowerToUpper = false로 행렬 B의 대각선 윗부분 요소를 대각선 아래로 요소로 복사하여 대칭행렬 B1을 생성한다.

③ 27-29행

27행은 행렬 B를 복제하여 행렬 B2에 저장하고, 28행은 completeSymm 함수에서 lowerToUpper = true로 행렬 B의 대각선 윗부분 요소를 대각선 아래로 요소로 복사하여 대칭행렬 B2을 생성한다. [그림 4.18]은 setIdentity, completeSymm 함수의 실행 결과이다.

[그림 4.18] setIdentity, completeSymm 함수

5.2 행렬의 놈(norm)

① double norm(InputArray src1, int normType = NORM_L2,
            InputArray mask = noArray())

행렬 src1의 절대 놈을 normType에 따라 계산한다.

$$norm = \begin{cases} \|src1\|_{L\infty} = \max|src1(i)| & \text{if } norm\,Type = NORM\_INF \\ \|src1\|_{L1} = \sum|src1(i)| & \text{if } norm\,Type = NORM\_L1 \\ \|src1\|_{L2} = \sqrt{\sum sr1(i)^2} & \text{if } norm\,Type = NORM\_L2 \end{cases}$$

② double norm(InputArray src1, InputArray src2,
            int normType = NORM_L2, InputArray mask = noArray())

행렬 src1과 src2의 상대 놈을 normType에 따라 계산한다.

$$norm = \begin{cases} \|src1 - src2\|_{L\infty} = \max|src1(i) - src2(i)| & \text{if } norm\,Type = NORM\_INF \\ \|src1 - src2\|_{L1} = \sum|src1(i) - src2(i)| & \text{if } norm\,Type = NORM\_L1 \\ \|src1 - src2\|_{L2} = \sqrt{\sum(sr1(i) - src2(i)^2} & \text{if } norm\,Type = NORM\_L2 \end{cases}$$

$$norm = \begin{cases} \dfrac{\|src1 - src2\|_{L\infty}}{\|src2\|_{L\infty}} & \text{if } norm\,Type = NORM\_INF + NORM\_RELATIVE \\[2ex] \dfrac{\|src1 - src2\|_{L1}}{\|src2\|_{L1}} & \text{if } norm\,Type = NORM\_L1 + NORM\_RELATIVE \\[2ex] \dfrac{\|src1 - src2\|_{L2}}{\|src2\|_{L2}} & \text{if } norm\,Type = NORM\_L2 + NORM\_RELATIVE \end{cases}$$

③ void normalize(InputArray src, OutputArray dst, double alpha = 1,
　　　　　　 double beta = 0, int norm_type = NORM_L2, int dtype = −1,
　　　　　　 InputArray mask = noArray())

함수 의미:

$$\|dst\|_{L_p} = alpha, \ \ where \ \ p = Inf, 1, 2 \ \ \ if \ norm \, Type = NORM\_INF, NORM\_L1, NORM\_L2$$
$$\min\left(dst\,(i)\right) = alpha, \max\left(dst\,(i)\right) = beta \ \ \ if \ norm \, Type = NORM\_MINMAX$$

normalize 함수는 입력행렬 src의 놈(norm) 또는 값의 범위를 정규화 한다. alpha 는 normType = NORM_INF, NORM_L1, NORM_L2에 의한 놈 정규화(norm normalization)에서는 정규화 할 놈 값이고, normType = NORM_MINMAX의 범위 정 규화(range normalization)의 경우는 범위의 작은 값이며, beta는 범위 정규화의 경우 범위의 큰 값이다.

[예제 4-22]　행렬의 놈: norm, normalize 함수

```
001:    #include "opencv.hpp"
002:    using namespace cv;
003:    using namespace std;
004:    int main()
005:    {
006:        float dataA[] = { -1, -2, -3,
007:                           4,  5,  6};
008:        float dataB[] = { 1, 2, 3,
009:                          4, 5, 6};
010:        Mat A(2, 3, CV_32F, dataA);
011:        Mat B(2, 3, CV_32F, dataB);
012:        cout << "A=" << A << endl;
013:        cout << "B=" << B << endl;
014:
015:        double aNormL2 = norm(A); // normType = NORM_L2
016:        double aNormL1 = norm(A, NORM_L1);
017:        double aNormInf = norm(A, NORM_INF);
018:        cout << "aNormL1=" << aNormL1 << endl;
019:        cout << "aNormL2=" << aNormL2 << endl;
020:        cout << "aNormLInf=" << aNormInf << endl;
021:
022:        double bNormL2 = norm(B); // normType = NORM_L2
023:        double bNormL1 = norm(B, NORM_L1);
024:        double bNormInf = norm(B, NORM_INF);
025:        cout << "bNormL1=" << bNormL1 << endl;
026:        cout << "bNormL2=" << bNormL2 << endl;
027:        cout << "bNormLInf=" << bNormInf << endl;
028:
029:        double abNormL2 = norm(A, B);
030:        double abNormL1 = norm(A, B, NORM_L1);
031:        double abNormInf = norm(A, B, NORM_INF);
032:        cout << "abNormL1=" << abNormL1 << endl;
033:        cout << "abNormL2=" << abNormL2 << endl;
034:        cout << "abNormLInf=" << abNormInf << endl;
035:
036:        double rNormL1 = norm(A, B, NORM_L1 + NORM_RELATIVE);
037:        double rNormL2 = norm(A, B, NORM_L2 + NORM_RELATIVE);
038:        double rNormInf = norm(A, B, NORM_INF + NORM_RELATIVE);
```

```
039:        cout << "rNormL1=" << rNormL1 << endl;
040:        cout << "rNormL2=" << rNormL2 << endl;
041:        cout << "rNormLInf=" << rNormInf << endl;
042:
043:        Mat dst1;
044:        normalize(A, dst1); // NORM_L2
045:        cout << "dst1=" << dst1 << endl;
046:        double dstNorm1 = norm(dst1);
047:        cout << "dstNorm1=" << dstNorm1 << endl;
048:
049:        Mat dst2;
050:        normalize(A, dst2, 1.0, 2.0, NORM_MINMAX);
051:        cout << "dst2=" << dst2 << endl;
052:        return 0;
053:  }
```

◎ 프로그램 설명

① 6-13행
배열 dataA, dataB을 이용하여 2×3 행렬 A, B를 생성한다.

② 15-20행
15행은 norm 함수로 행렬 A에서 normType = NORM_L2 놈을 변수 aNormL2에 계산하고, 16행은 normType = NORM_L1 놈을 변수 aNormL1에 계산하고, 17행은 normType = NORM_INF 놈을 변수 aNormInf에 계산한다.

$$aNormL1 = |-1| + |-2| + |-3| + |4| + |5| + |6| = 21$$

$$aNormL2 = \sqrt{|-1|^2 + |-2|^2 + |-3|^2 + |4|^2 + |5|^2 + |6|^2} = 9.53939$$

$$aNormInf = \max(|-1|, |-2|, |-3|, |4|, |5|, |6|) = 6$$

③ 22-27행
15행은 norm 함수로 행렬 B에서 normType = NORM_L2 놈을 변수 bNormL2에 계산하고, 23행은 normType = NORM_L1 놈을 변수 bNormL1에 계산하고, 23행은 normType = NORM_INF 놈을 변수 bNormInf에 계산한다.

$$bNormL1 = |1| + |2| + |3| + |4| + |5| + |6| = 21$$

$$bNormL2 = \sqrt{|1|^2 + |2|^2 + |3|^2 + |4|^2 + |5|^2 + |6|^2} = 9.53939$$

$$bNormInf = \max(|1|, |2|, |3|, |4|, |5|, |6|) = 6$$

④ 29-34행
15행은 norm 함수로 행렬 B에서 normType = NORM_L2 놈을 변수 bNormL2에 계산하고, 23행은 normType = NORM_L1 놈을 변수 bNormL1에 계산하고, 23행은 normType = NORM_INF 놈을 변수 bNormInf에 계산한다.

$$abNormL1 = |-1-1| + |-2-2| + |-3-3| + |4-4| + |5-5| + |6-6| = 12$$

$$abNormL2 = \sqrt{|-1-1|^2 + |-2-2|^2 + |-3-3|^2 + |4-4|^2 + |5-5|^2 + |6-6|^2} = 7.48331$$

$$abNormInf = \max(|-1-1|, |-2-2|, |-3-3|, |4-4|, |5-4|, |6-6|) = 6$$

⑤ 36~41행

36행은 norm 함수로 행렬 A, B에서 normType = NORM_L1 + NORM_RELATIVE 상대 놈을 변수 rNormL1에 계산하고, 37행은 normType = NORM_L2 + NORM_RELATIVE 상대 놈을 변수 rNormL2에 계산하고, 38행은 normType =NORM_INF + NORM_RELATIVE 상대 놈을 변수 rNormInf에 계산한다.

$$rNormL1 = \frac{abNormL1}{bNormL1} = \frac{12}{21} = 0.571429$$

$$rNormL2 = \frac{abNormL2}{bNormL2} = \frac{7.48331}{9.53939} = 0.784465$$

$$rNormInf = \frac{abNormInf}{bNormInf} = \frac{6}{6} = 1$$

⑥ 43~51행

44행은 normalize 함수로 행렬 A의 normType = NORM_L2가 1이 되도록 정규화하여 행렬 dst1에 저장한다. 46행은 normType = NORM_L2 놈이 정규화된 행렬 dst1의 놈을 다시 계산하여 확인하면 dstNorm1 = 1이다. 50행은 행렬 A의 값을 normType = NORM_MINMAX로 alpha = 1, beta = 2의 범위로 정규화 하여 dst2에 저장한다. [그림 4.19]는 행렬의 놈 실행 결과이다.

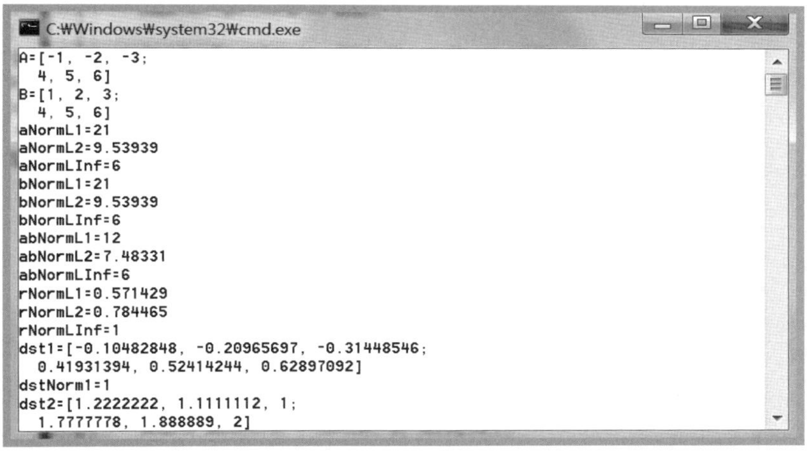

[그림 4.19] 행렬의 놈

5.3 행렬의 곱셈 및 변환

① void gemm(InputArray src1, InputArray src2, double alpha,
         InputArray src3, double gamma, OutputArray dst, int flags = 0)

함수 의미: $dst = alpha \times op(src1) \times op(src2) + gamma \times op(src3)$
$op(src1) = src1^t$ if $flags = GEMM\_1\_T$
$op(src2) = src2^t$ if $flags = GEMM\_2\_T$
$op(src3) = src3^t$ if $flags = GEMM\_3\_T$

gemm 함수는 일반화된 행렬 곱셈을 수행한다. op(A) = A 또는 At이다. flags에 따라 행렬 자체일 수도 있고, 전치(transpose) 행렬일 수 있다. 예를 들어, flags = GEMM_1_

T + GEMM_2_T이면, dst = alpha×src1t×src2t + gamma×src3을 계산한다. Mat::t() 메서드를 사용하여 dst = alpha×src1.t()×src2.t() + gamma×src3로 동일하게 계산할 수 있다. src3 행렬이 필요 없으면 src3 = noArray()를 사용한다.

② void transform(InputArray src, OutputArray dst, InputArray m)

함수 의미:
$$dst(i) = m \times src(i) \quad \text{if } m.cols = src.channels()$$
$$dst(i) = m \times src(i) \quad \text{if } m.cols = src.channels()+1$$

src는 입력 행렬로 채널수는 m.cols 또는 m.cols − 1과 같은 값으로 1에서 4채널을 갖는다. dst는 변환 결과를 저장할 출력 행렬로 src와 크기 및 깊이가 같고, 채널수는 m.rows와 같다. m은 2×2 또는 2×3 실수 값을 갖는 변환 행렬이다. N−채널을 갖는 행렬 src의 각 요소값을 N개의 요소를 갖는 벡터로 생각하여, M×N 또는 M×(N+1) 변환 행렬 m으로 변환한다.

③ void perspectiveTransform(InputArray src, OutputArray dst, InputArray m)

함수 설명: 2채널인 경우(m이 3×3)

$$(x, y) \rightarrow (x'/w, y'/w)$$

여기서, $(x', y', w') = m \times [x, y, 1]$

3채널인 경우(m이 4×4)

$$(x, y, z) \rightarrow (x'/w, y'/w, z'/w)$$

여기서, $(x', y', z', w') = m \times [x, y, z, 1]$

$$w = \begin{cases} w' & \text{if } w' \neq 0 \\ \infty & o.w. \end{cases}$$

perspectiveTransform 함수는 입력행렬 src에 투영 변환행렬 m을 적용하여 출력행렬 dst를 계산한다. src와 dst는 2채널 또는 3채널 실수행렬이고, m은 src와 dst가 2채널이면 3×3 실수 투영 변환행렬이고, 3채널이면 4×4 실수 투영 변환행렬이다.

④ void mulTransposed(InputArray src, OutputArray dst, bool aTa, InputArray delta = noArray(), double scale = 1, int dtype = −1)

함수 의미:
$$dst = scale \times (src - delta)^T - (src - delta) \quad \text{if } aTa = true$$

$$dst = scale \times (src - delta) - (src - delta)^T \quad o.w$$

mulTransposed 함수는 src와 src의 전치행렬을 곱셈 계산한다. aTa는 곱셈의 순서를 결정하고, scale은 행렬 곱셈 결과의 스케일이고, delta 행렬을 주면 곱셈을 수행하기 전에 뺄셈을 먼저 한다. dtype은 dst의 자료형을 결정하며, dtype = −1이면, src와 같은 자료형이며, dtype은 CV_32F 또는 CV_64F이다. mulTransposed 함수를 사용하여 공분산행렬을 계산할 수 있다.

[예제 4-23] 행렬의 곱셈: gemm 함수

```
001:    #include "opencv.hpp"
002:    using namespace cv;
003:    using namespace std;
004:    int main()
005:    {
006:         float dataA[] = { 2, -1,
007:                          -1,  1};
008:         float dataB[] = { 1, 1,
009:                           1, 2};
010:         Mat A(2, 2, CV_32F, dataA);
011:         Mat B(2, 2, CV_32F, dataB);
012:         cout << "A=" << A << endl;
013:         cout << "B=" << B << endl;
014:
015:         Mat dst1;
016:         gemm(A, B, 1.0, noArray(), 0, dst1);
017:         cout << "dst1=" << dst1 << endl;
018:
019:         Mat dst2;
020:         Mat C = Mat::eye(2, 2, CV_32F);
021:         gemm(A, B, 2.0, C, 3, dst2);
022:         cout << "dst2=" << dst2 << endl;
023:
024:         Mat dst3 = 2 * A * B + 3 * C;
025:         cout << "dst3=" << dst3 << endl;
026:         return 0;
027:    }
```

◎ 프로그램 설명

① 6-13행
배열 dataA, dataB를 이용하여 2×2 행렬 A, B를 생성한다.

② 15-17행
16행은 행렬 A와 행렬 B를 곱셈하여 dst1에 저장한다. 행렬 B는 행렬 A의 역행렬이므로 dst1은 2×2 단위행렬이다.

$$dst1 = 1.0\,A*B + 0*noArray()$$

$$= \begin{bmatrix} 2 & -1 \\ -1 & 1 \end{bmatrix} \begin{bmatrix} 1 & 1 \\ 1 & 2 \end{bmatrix} = \begin{bmatrix} 1 & 0 \\ 0 & 1 \end{bmatrix}$$

③ 19-22행
20행은 Mat::eye 메서드로 2×2 단위행렬을 생성하여 행렬 C에 저장하고, 21행은 행렬 2AB + 3C를 계산하여 행렬 dst2에 저장한다.

$$dst2 = 2.0\,AB + 3C$$

$$= 2\begin{bmatrix} 2 & -1 \\ -1 & 1 \end{bmatrix} \begin{bmatrix} 1 & 1 \\ 1 & 2 \end{bmatrix} + 3\begin{bmatrix} 1 & 0 \\ 0 & 1 \end{bmatrix} = \begin{bmatrix} 5 & 0 \\ 0 & 5 \end{bmatrix}$$

④ 24-25행

행렬 수식 2 * A * B + 3 * C을 계산하여 행렬 dst3에 저장한다. 21행과 같은 결과를 갖는다. [그림 4.20]은 행렬의 곱셈 결과이다.

[그림 4.20] 행렬의 곱셈

[예제 4-24] 물체 중심(cx, cy)을 기준으로 회전: transform 함수

```cpp
001:   #include "opencv.hpp"
002:   using namespace cv;
003:   using namespace std;
004:   #define RADIAN(x) ((x) * (3.14159265f / 180.0f))
005:   #define FLIP_Y(y) ((dstImage.size().height - 1) - (y))
006:   int main()
007:   {
008:       Point3f arrP[] = { Point3f(100, 200, 1),
009:                          Point3f(400, 200, 1),
010:                          Point3f(400, 300, 1),
011:                          Point3f(100, 300, 1)};
012:       Point3f arrQ[4];
013:       Mat P(1, 4, CV_32FC3, arrP);
014:       Mat Q(1, 4, CV_32FC3, arrQ);
015:       cout << "P=" << P << endl;
016:       cout << "P.size()=" << P.size() << endl;
017:       cout << "P.channels()=" << P.channels() << endl;
018:
019:       float theta = RADIAN(30.0f);
020:       float c = cos(theta);
021:       float s = sin(theta);
022:       float cx = 250.0f;
023:       float cy = 250.0f;
024:       float dataM[9] = { c, -s, -cx * c + cy * s + cx,
025:                          s,  c, -cx * s - cy * c + cy,
026:                          0,  0,  1 };
027:       Mat M(3, 3, CV_32F, dataM);
028:       cout << "M=" << M << endl;
029:
030:       transform(P, Q, M);
031:       cout << "Q=" << Q << endl;
032:       cout << "Q.size()=" << Q.size() << endl;
033:       cout << "Q.channels()=" << Q.channels() << endl;
034:
035:       // draw data
036:       Mat dstImage(512, 512, CV_8UC3, Scalar(255, 255, 255));
037:       Size size = dstImage.size();
038:       // draw the center (cx, cy)
039:       circle(dstImage, Point((int)cx, (int)FLIP_Y(cy)), 5, Scalar(0, 0, 255));
040:
041:       // draw axis
042:       line(dstImage, Point((int)cx, (int)FLIP_Y(cy) - 200),
```

```
043:              Point((int)cx, (int)FLIP_Y(cy) + 200), Scalar(0, 0, 0));
044:
045:          line(dstImage, Point((int)cx - 200, (int)FLIP_Y(cy)),
046:              Point((int)cx + 200, (int)FLIP_Y(cy)), Scalar(0, 0, 0));
047:          int fontFace = FONT_HERSHEY_SIMPLEX;
048:          putText(dstImage,"x'",Point(size.width - 50, size.height / 2), fontFace, 1, Scalar(0,0,0));
049:          putText(dstImage, "y'", Point(size.width / 2, 50), fontFace, 1, Scalar(0, 0, 0));
050:
051:          line(dstImage, Point(0, 0), Point(0, size.height - 1), Scalar(0, 0, 0), 2);
052:          line(dstImage, Point(0, size.height - 1),
053:              Point(size.width - 1, size.height - 1), Scalar(0, 0, 0), 2);
054:          putText(dstImage, "X", Point(size.width - 50, size.height - 50), fontFace,1, Scalar(0, 0, 0));
055:          putText(dstImage,"Y", Point(30, 50), fontFace, 1, Scalar(0, 0, 0));
056:          putText(dstImage, "(0,0)", Point(10, size.height -10), fontFace, 1, Scalar(0, 0, 0));
057:
058:          // draw the source points' matrix P using arrP
059:          // draw the rotated points' matrix Q using arrQ
060:          int i2;
061:          Point p1, p2;
062:          for(int i = 0; i < 4; i++)
063:          {
064:              i2 = (i + 1) % 4;
065:              p1 = Point(cvRound(arrP[i].x), FLIP_Y(cvRound(arrP[i].y)));
066:              p2 = Point(cvRound(arrP[i2].x), FLIP_Y(cvRound(arrP[i2].y)));
067:              line(dstImage, p1, p2, Scalar(255, 0, 0));
068:
069:              p1 = Point(cvRound(arrQ[i].x), FLIP_Y(cvRound(arrQ[i].y)));
070:              p2 = Point(cvRound(arrQ[i2].x), FLIP_Y(cvRound(arrQ[i2].y)));
071:              line(dstImage, p1, p2, Scalar(0, 0, 255));
072:          }
073:          imshow("dstImage", dstImage);
074:          waitKey();
075:          return 0;
076:  }
```

◎ 프로그램 설명

① 4-5행

4행은 각도 x를 라디안으로 변경하는 매크로 함수 RADIAN을 정의하고, 5행은 원점을 영상의 왼쪽 아래 모서리로 변경하고, Y축의 방향을 위쪽 방향으로 변경하기 위한 매크로 함수 FLIP_Y 를 정의한다.

② 8-17행

Point3f 자료형의 배열 arrP에 4개의 2차원 좌표를 Point3f(x, y, 1) 형태의 동차좌표(homogeneous coordinate)로 초기화하고, 3채널 1×4 행렬 P를 생성한다. 행렬 Q는 transform 함수에 의해 변환된 좌표를 저장할 3채널 1×4 행렬이다. 행렬 P, Q는 3채널 4×1 행렬도 가능하다.

③ 19-28행

theta는 회전 각도로 30도의 라디안 값으로 초기화되고, 변수, c, s는 회전행렬을 위한 코사인과 사인 값이다. 변수 cx, cy는 4개의 좌표의 중심점으로 회전 기준점이다. 2차원 평면에서 (cx, cy)를 중심으로 각도 θ만큼 회전시키기 위한 변환행렬 M은 T(-cx, -cy)로 중심점 (cx, cy)를 원점으로 이동시키고, R()로 회전을 하고, T(cx, cy)로 원래의 위치로 이동시켜 행렬을 얻는다. 배열 dataM에 초기화된 값으로 변환행렬 M을 생성한다.

$$M = T(cx, cy)\, R(\theta)\, T(-cx, -cy)$$

$$= \begin{bmatrix} 1 & 0 & cx \\ 0 & 1 & cy \\ 0 & 0 & 1 \end{bmatrix} \begin{bmatrix} \cos\theta & -\sin\theta & 0 \\ \sin\theta & \cos\theta & 0 \\ 0 & 0 & 1 \end{bmatrix} \begin{bmatrix} 1 & 0 & -cx \\ 0 & 1 & -cy \\ 0 & 0 & 1 \end{bmatrix}$$

④ 30-33행

transform 함수로 행렬 P에 저장된 좌표에 변환 M을 적용하여 Q 행렬에 저장한다. $P[i]_c$, $Q[i]_c$는 행렬 P, Q의 i번째 요소의 c 채널 값을 의미한다.

$$\begin{bmatrix} Q[i]_0 \\ Q[i]_1 \\ Q[i]_2 \end{bmatrix} = \begin{bmatrix} \cos\theta & -\sin\theta & -cx\cos\theta + cy\sin\theta + cx \\ \sin\theta & \cos\theta & -cx\sin\theta - cy\cos\theta + cy \\ 0 & 0 & 1 \end{bmatrix} \begin{bmatrix} P[i]_0 \\ P[i]_1 \\ P[i]_2 \end{bmatrix}$$

⑤ 36-56행

36행은 3채널 512×512 행렬 dstImage를 생성하고 초기화한다. 37행은 행렬 dstImage의 크기를 size에 저장한다. 39행은 중심점 (cx, cy)에 circle 함수로 원을 표시한다. 42-46행은 중심점을 지나는 수직, 수평축을 line 함수로 표시하고, 48-49행은 putText 함수로 축 이름을 표시한다. 51-56행은 512×512 행렬 dstImage의 좌표축을 표시하고, 원점을 표시한다.

⑥ 60-72행

행렬 P, Q에 연결된 배열 arrP, arrQ의 좌표를 line 함수로 표시한다. cvRound 함수는 가장 가까운 정수를 반환한다. 실수를 정수로 변환할 때, cvFloor(x) 함수는 x보다 작거나 같은 가장 큰 정수를 반환하고, cvCeil(x) 함수는 x보다 크거나 같은 가장 작은 정수를 반환한다. [그림 4.21]은 행렬 P, Q, M 등의 출력 결과이고, [그림 4.22]는 물체 중심(250, 250)을 기준으로 30도 회전시킨 사각형을 라인으로 표시한다.

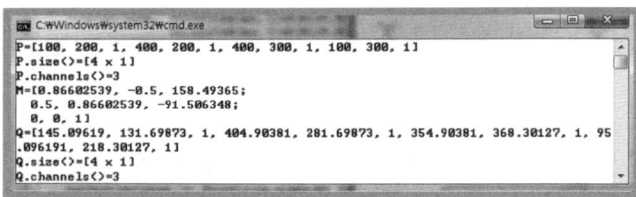

[그림 4.21] transform 함수: 행렬 P, Q, M

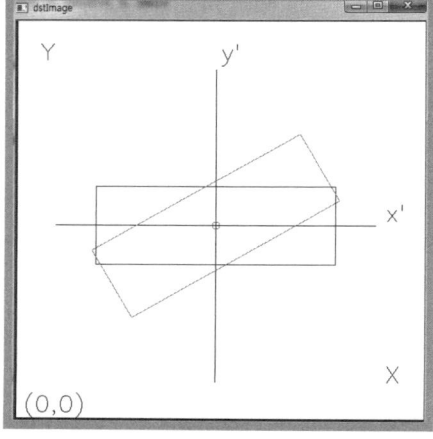

[그림 4.22] 물체 중심(250, 250)을 기준으로 30도 회전

[예제 4-25]　투영 변환: perspectiveTransform 함수

```
001:    #include "opencv.hpp"
002:    using namespace cv;
003:    using namespace std;
004:    int main()
005:    {
006:        // 2D
007:        float dataM1[] = { 1, 0, 0,
008:                           0, 1, 0,
009:                           0, 0, 2};
010:        Mat M1(3, 3, CV_32F, dataM1);
011:        cout << "M1=" << M1 << endl;
012:
013:        Point arr1 = Point(200, 100);
014:        Mat A1(1, 1, CV_32FC2, Scalar(arr1.x, arr1.y));
015:        cout << "A1=" << A1 << endl;
016:
017:        Mat dst1;
018:        perspectiveTransform(A1, dst1, M1);
019:        cout << "dst1=" << dst1 << endl;
020:
021:        // 3D
022:        Point3f arr2 = Point3f(200, 100, 1);
023:        Mat M2 = Mat::eye(4, 4, CV_32F);
024:        M2.at<float>(3, 3) = 2;
025:        cout << "M2=" << M2 << endl;
026:
027:        Mat A2(1, 1, CV_32FC3, Scalar(arr2.x, arr2.y, arr2.z));
028:        cout << "A2=" << A2 << endl;
029:
030:        Mat dst2;
031:        perspectiveTransform(A2, dst2, M2);
032:        cout << "dst2=" << dst2 << endl;
033:        return 0;
034:    }
```

◎ 프로그램 설명

① 7-19행

7-10행은 배열 dataM1을 이용하여 3×3 행렬 M1을 생성한다. 13-15행은 CV_32FC2 자료형인 2채널 1×1 행렬 A1을 생성하고, arr1의 좌표로 초기화한다. 17-19행은 perspectiveTransform 함수로 입력 A1에 변환행렬 M1을 적용하여 투영 변환한 결과를 dst1에 저장한다.

$$dst1 = A1 \times M1$$

$$= [200, 100, 1] \begin{bmatrix} 1 & 0 & 0 \\ 0 & 1 & 0 \\ 0 & 0 & 2 \end{bmatrix} = [200, 100, 2] = [200/2, 100/2] = [100, 50]$$

② 22~32행

22행은 Point3f 자료형의 arr2에 Point3f(200, 100, 1)를 초기화한다. 23행은 Mat::eye 메서드로 생성한 4×4 단위행렬을 M2에 초기화하고, 단위행렬 M2에서 M2(3, 3) = 2로 변경한다. 27행은 CV_32FC3 자료형인 3채널 1×1 행렬 A2를 생성하고, arr2의 좌표로 초기화한다. 31행은 perspectiveTransform 함수로 입력 A2에 변환행렬 M2를 적용하여 투영 변환한 결과를 dst2에 저장한다. [그림 4.23]은 perspectiveTransform 함수에 의한 투영 변환 결과이다.

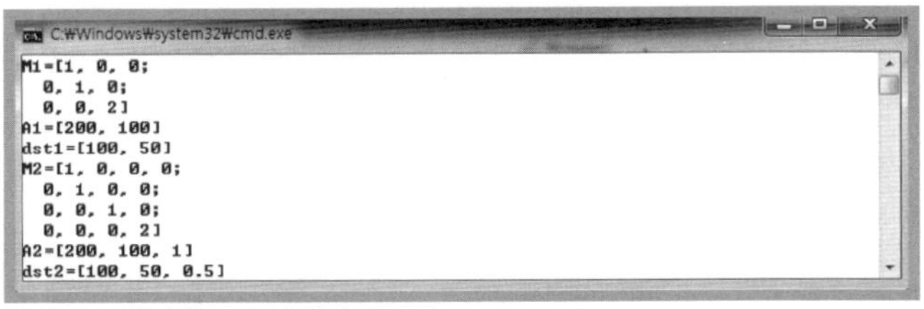

[그림 4.23] 투영 변환

[예제 4-26] mulTransposed 함수로 공분산행렬 계산

```
001:  #include "opencv.hpp"
002:  using namespace cv;
003:  using namespace std;
004:  int main()
005:  {
006:      float dataX[] = { 0, 0, 0,
007:                        1, 0, 0,
008:                        1, 1, 0,
009:                        1, 0, 1};
010:      Mat X(4, 3, CV_32F, dataX);
011:      cout << "X=" << X << endl;
012:
013:      Mat mX;
014:      reduce(X, mX, 0, REDUCE_AVG);
015:      cout << "mX=" << mX << endl;
016:
017:      Mat Cx;
018:      mulTransposed(X, Cx, true, mX, 1.0/X.rows);
019:      cout << "Cx=" << Cx << endl;
020:      return 0;
021:  }
```

◎ 프로그램 설명

① 6~11행

배열 dataX를 이용하여 4×3 행렬 X를 생성한다. 행렬 X는 행(row)에 3차원 벡터, $X_0 = (0, 0, 0)$, $X_1 = (1, 0, 0)$, $X_2 = (1, 1, 0)$, $X_3 = (1, 0, 1)$ 값이 저장된다.

② 13~15행

reduce 함수로 행렬 X에 저장된 4개의 벡터의 평균 $mX = [3/4, 1/4, 1/4]$을 계산한다.

③ 17~19행

mulTransposed 함수에서 행렬 X의 행(row)에 벡터가 저장되었으므로 aTa = true, delta = mX로 평균 벡터를 설정하고, scale = 1.0/X.rows = 1/4로 설정하면, 3×3 행렬 cX에 공분산행렬이 계산된다. [그림 4.24]는 mulTransposed 함수로 공분산행렬을 계산한 결과이다.

$$cX = \frac{1}{4}(X-mX)^T\,(X-mX) = \frac{1}{16}\begin{bmatrix} 3 & 1 & 1 \\ 1 & 3 & -1 \\ 1 & -1 & 3 \end{bmatrix}$$

[그림 4.24] mulTransposed 함수로 공분산행렬 계산

5.4 행렬의 트레이스, 전치행렬, 행렬식

① Scalar trace(InputArray mtx)

함수 의미: $trace(mat) = \sum_i mat(i,i)$

trace 함수는 행렬 mtx의 대각 요소의 합계인 행렬의 트레이스를 반환한다. 행렬의 트레이스는 행렬의 고유값(eigen value)의 합계와 같다.

② void transpose(InputArray src, OutputArray dst)

함수 의미: $dst(i,j) = src(j,i)$

transpose 함수는 src의 전치행렬(transpose matrix)을 dst에 계산한다.

③ double determinant(InputArray mtx)

determinant 함수는 행렬 mtx의 행렬식(determinant)을 반환한다. 행렬식을 계산하기 위해서는 mtx가 행과 열의 크기가 같은 정방행렬이어야 한다.

[예제 4-27] 트레이스, 전치행렬, 행렬식

```
001:    #include "opencv.hpp"
002:    using namespace cv;
003:    using namespace std;
004:    int main()
005:    {
006:        float dataA[] = {-2,  2, -3,
007:                         -1,  1,  3,
008:                          2,  0, -1};
009:
010:        Mat A(3, 3, CV_32F, dataA);
011:        cout << "A=" << A << endl;
012:        cout << "trace(A)=" << trace(A) << endl;
013:
014:        Mat tA;
015:        transpose(A, tA);
016:        cout << "tA=" << tA << endl;
```

```
017:
018:          double det = determinant(A);
019:          cout << "det(A)=" << det << endl;
020:          return 0;
021:    }
```

◎ 프로그램 설명

① 6-12행

6-10행은 배열 dataA를 이용하여 3×3 행렬 A를 생성하고, 12행은 행렬 A의 트레이스 trace(A) = -2를 출력한다. 행렬의 트레이스는 대각 요소의 합이다.

② 14-19행

15행은 transpose 함수로 행렬 A의 전치행렬 tA를 계산한다. 18행은 행렬 A의 행렬식을 determinant(A)로 계산한다. [그림 4.25]는 행렬 A의 트레이스, 전치행렬, 행렬식을 계산한 결과이다.

[그림 4.25] 트레이스, 전치행렬, 행렬식

5.5 역행렬과 연립방정식의 해 구하기

① double invert(InputArray src, OutputArray dst, int flags = DECOMP_LU)

src 행렬의 역행렬(inverse matrix) 또는 의사역행렬(pseudo inverse matrix)을 flags 방법에 의해 dst에 계산한다.

flags = DECOMP_LU이면, src가 역행렬이 존재하는 정방행렬(non-singular square matrix)에 대하여 가우스 소거법(Gaussian elimination)으로 역행렬을 계산하고, 역행렬이 존재하지 않으면(singular matrix) 0을 반환하고, 역행렬을 계산하면 0이 아닌 값을 반환한다.

flags = DECOMP_SVD이면, 특이값 분해(singular value decomposition) 방법을 사용하며, 역행렬이 존재하지 않으면 0을 반환하고, 역행렬을 계산하면 가장 작은 특이값과 가장 큰 특이값 사이의 비율인 src 행렬의 조건수(condition number)의 역수를 반환한다. flags = DECOMP_SVD인 경우, src는 M×N 행렬일 수 있으며 norm(src * dst - I)이 최소가 되는 N×M 의사역행렬을 dst에 계산한다.

flags = DECOMP_CHOLESKY이면, src가 대칭행렬이고, 모든 고유값이 양수인 양정의 행렬(positive definite matrix)인 역행렬이 존재하는 정방행렬(non-singular square matrix)인 경우에, Cholesky 분해로 역행렬을 계산하고, 0이 아닌 값을 반환하며, 역행렬이 존재하지 않으면 0을 반환한다.

② **bool solve(InputArray src1, InputArray src2, OutputArray dst,**
        int flags = DECOMP_LU)

함수 의미: $dst = \arg\min_X |src1\, X - src2|$

solve 함수는 연립방정식과 최소자승 문제를 해결한다. 선형대수 AX = B에서 A = src1, B = src2, X = dst이다. flags = DECOMP_LU는 가우스 소거법으로 계산하고, flags = DECOMP_CHOLESKY는 src1이 대칭행렬, 모든 고유값이 양수인 positive definite matrix인 역행렬이 존재하는 정방행렬(non-singular square matrix)에 대해 Cholesky 분해 방법으로 계산하고, flags = DECOMP_EIG는 src1이 대칭행렬일 때 고유값 분해 방법으로 계산하며, flags = DECOMP_SVD는 특이값 분해(SVD) 방법으로 미지수보다 방정식이 많은(overdetermined) 행렬 또는 역행렬이 존재하지 않는 행렬(singular matrix)일 경우도 가능하다.

flags = DECOMP_QR은 QR 분해 방법으로 미지수보다 방정식이 많은(overdetermined) 행렬 또는 역행렬이 존재하지 않는 행렬(singular matrix)일 경우도 가능하다. flags = DECOMP_NORMAL은 DECOMP_LU 등 위의 다른 방법과 함께 사용 가능하며, $src1\, dst = src2$ 의 양변에 $src1^T$를 곱한 $src1^T src1\, dst = src1^T src2$의 식을 만족하는 해인 dst를 찾는다. DECOMP_LU 또는 DECOMP_CHOLESKY 방법은 src1 또는 $src1^T src1$의 역행렬이 존재하면(non-singular) 1을 반환하고, 존재하지 않으면 (singular) 0을 반환한다. 다른 방법에서는 역행렬이 존재하지 않으면 의사역행렬에 의한 해를 계산한다.

[예제 4-28] invert 함수를 이용한 역행렬 계산 및 연립방정식의 해

```
001:    #include "opencv.hpp"
002:    using namespace cv;
003:    using namespace std;
004:    int main()
005:    {
006:        float dataA[] = { 2, -1,  1,
007:                          3,  3,  9,
008:                          3,  3,  5};
009:
010:        Mat A(3, 3, CV_32F, dataA);
011:        cout << "A=" << A << endl;
012:
013:        Mat invLU;
014:        double dRet1 = invert(A, invLU);
015:        cout << "invLU=" << invLU << endl;
016:        cout << "dRet=" << dRet1 << endl;
017:        cout << "A*invLU=" << A * invLU << endl;
018:
019:        Mat invSVD;
020:        double dRet2 = invert(A, invSVD, DECOMP_SVD);
021:        cout << "invSVD=" << invSVD << endl;
022:        cout << "dRet2=" << dRet2 << endl;
023:        cout << "A*invSVD=" << A * invSVD << endl;
024:
```

```
025:        // According to OpenCV document, in Cholesky decomposition,
026:        // the matrix must be symmetrical and positively defined.
027:        // But here A is not a symmetric matrix.
028:        Mat invCHO;
029:        double dRet3 = invert(A, invCHO, DECOMP_CHOLESKY);
030:        cout << "invCHO=" << invCHO << endl;
031:        cout << "dRet3=" << dRet3 << endl;
032:        cout << "A*invCHO=" << A * invCHO << endl;
033:
034:        float dataB[] = {-1, 0, 4};
035:        Mat B(3, 1, CV_32F, dataB);
036:        cout << "B=" << B << endl;
037:
038:        // solve the linear system
039:        Mat X1 = invLU * B;
040:        cout << "X1=" << X1 << endl;
041:
042:        Mat X2 = invSVD * B;
043:        cout << "X2=" << X2 << endl;
044:
045:        Mat X3 = invCHO * B;
046:        cout << "X3=" << X3 << endl;
047:        return 0;
048:    }
```

◎ 프로그램 설명

① 6-11행

배열 dataA의 값으로 3×3 행렬 A를 생성한다. 행렬 A는 아래의 연립방정식의 계수행렬이다.

$$E_0: 2x - y + z = -1$$
$$E_1: 2x + 3y + 9z = 0$$
$$E_2: 3x + 3y + 5z = 4$$

$$A \qquad X = B$$
$$\begin{bmatrix} 2 & -1 & 1 \\ 3 & 3 & 9 \\ 3 & 3 & 5 \end{bmatrix} \begin{bmatrix} x \\ y \\ z \end{bmatrix} = \begin{bmatrix} -1 \\ 0 \\ 4 \end{bmatrix}$$

$$=> x = 1, y = 2, z = -1$$

② 13-17행

14행은 invert 함수에서 디폴트로 설정된 flags = DECOMP_LU로 행렬 A의 역행렬을 invLU에 계산한다. 행렬 A는 역행렬이 존재하므로 dRet1 = 1로 0이 아닌 값을 반환한다. 17행은 행렬 수식 A*invLU를 출력한 결과 단위행렬이므로 역행렬 invLU는 올바르게 계산되었다.

③ 19-23행

20행은 invert 함수에서 flags = DECOMP_SVD로 행렬 A의 역행렬을 invSVD에 계산한다. 행렬 A는 역행렬이 존재하므로 dRet2는 0이 아닌 값을 반환한다. 23행은 행렬 수식 A * invSVD를 출력한 결과 오차는 있지만, 단위행렬이므로 역행렬 invSVD는 올바르게 계산되었다.

④ 25-32행

29행은 invert 함수에서 flags = DECOMP_CHOLESKY로 행렬 A의 역행렬을 invCHO에 계산한다. 행렬 A는 역행렬이 존재하므로 dRet3 = 1로 0이 아닌 값을 반환한다. 32행은 행렬 수식 A * invCHO를 출력한 결과 오차는 있지만, 단위행렬이므로 역행렬 invCHO는 올바르게 계산되었다. OpenCV 문서에 보면, 행렬 A가 대칭행렬이고, 양정의(positively defined) 정방행렬일 때만 flags = DECOMP_CHOLESKY로 역행렬을 구할 수 있다고 명시되어 있다. 예제에서는 행렬 A가 대칭행렬이 아님에도 역행렬이 invCHO에 올바르게 계산한 것으로 보이지만, 주의해서 사용할 필요가 있다.

⑤ 34-46행

34-35행은 주어진 연립방정식의 해를 구하기 위해 배열 dataB 초기화된 값으로 3×1 행렬 B를 생성한다. 39행은 invLU * B로 연립방정식의 해 X1을 계산하고, 42행은 invSVD * B로 연립방정식의 해 X2를 계산하고, 45행은 invCHO * B로 연립방정식의 해 X3을 계산한다. X1, X2, X3 모두 연립방정식의 해 x = 1, y = 2, z = -1을 올바르게 찾는다.

⑥ [그림 4.26]은 invert 함수를 이용한 역행렬 계산 및 연립방정식의 해의 결과이다.

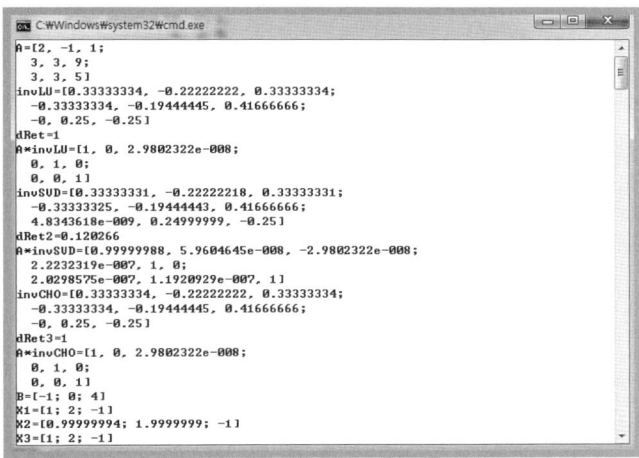

[그림 4.26] invert 함수를 이용한 역행렬 계산 및 연립방정식의 해

[예제 4-29] solve 함수를 이용한 연립방정식의 해

```
001:  #include "opencv.hpp"
002:  using namespace cv;
003:  using namespace std;
004:  int main()
005:  {
006:      float dataA[] = { 2, -1, 1,
007:                        3,  3, 9,
008:                        3,  3, 5};
009:      Mat A(3, 3, CV_32F, dataA);
010:      cout << "A=" << A << endl;
011:
012:      float dataB[] = {-1, 0, 4};
013:      Mat B(3, 1, CV_32F, dataB);
014:      cout << "B=" << B << endl;
015:
016:      // solve the linear system
017:      Mat X1;
018:      solve(A, B, X1); //DECOMP_LU
019:      cout << "X1=" << X1 << endl;
020:
021:      Mat X2;
022:      solve(A, B, X2, DECOMP_SVD);
023:      cout << "X2=" << X2 << endl;
024:
025:      Mat X3;
026:      solve(A, B, X3, DECOMP_CHOLESKY);
027:      cout << "X3=" << X3 << endl;
028:
```

```
029:        Mat X4; //not correct because of A is not a symmetric matric.
030:        solve(A, B, X4, DECOMP_EIG);
031:        cout << "X4=" << X4 << endl;
032:
033:        Mat X5;
034:        solve(A, B, X5, DECOMP_QR);
035:        cout << "X5=" << X5 << endl;
036:        return 0;
037: }
```

◎ 프로그램 설명

① 6-14행
주어진 연립방정식의 정확한 해는 x = 1, y = 2, z = -1이다. 연립방정식을 풀기 위한 3×3 행렬 A와
3×1 행렬 B를 생성한다.

$$2x - y + z = -1$$
$$2x + 3y + 9z = 0$$
$$3x + 3y + 5z = 4$$

$$A \qquad X = \qquad B$$

$$\begin{bmatrix} 2 & -1 & 1 \\ 3 & 3 & 9 \\ 3 & 3 & 5 \end{bmatrix} \begin{bmatrix} x \\ y \\ z \end{bmatrix} = \begin{bmatrix} -1 \\ 0 \\ 4 \end{bmatrix}$$

$$=> x = 1, y = 2, z = -1$$

② 17-35행
18행은 solve 함수에서 디폴트로 설정된 flags = DECOMP_LU로 연립방정식의 해를 X1에 계산한
다. 22행은 solve 함수에서 flags = DECOMP_SVD로 연립방정식의 해를 X2에 계산한다. 26행은
solve 함수에서 flags = DECOMP_CHOLESKY로 연립방정식의 해를 X3에 계산한다. 30행은 solve
함수에서 flags = DECOMP_EIG로 연립방정식의 해를 X4에 계산한다. 행렬 A가 대칭행렬이 아니
므로, flags = DECOMP_EIG로 계산한 연립방정식의 해 X4는 올바른 해가 아님에 주의한다. 34행은
solve 함수에서 flags = DECOMP_QR로 연립방정식의 해를 X5에 계산한다. [그림 4.27]은 solve 함
수를 이용한 연립방정식의 해의 결과이다.

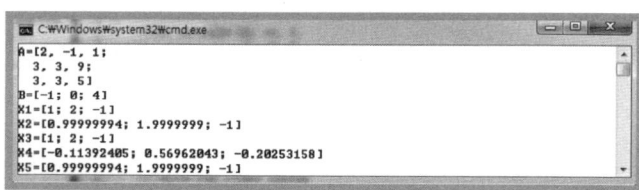

[그림 4.27] solve 함수를 이용한 연립방정식의 해

5.6 고유값과 고유벡터

① bool eigen(InputArray src, OutputArray eigenvalues, int lowindex = -1,
              int highindex = -1)
eigen 함수는 대칭행렬 src의 고유값 eigenvalues을 계산한다. src는 대칭행렬이고, 자
료형이 CV_32FC1 또는 CV_64FC1이어야 한다. eigenvalues는 src와 같은 자료형이
고 고유값이 내림차순으로 저장되는 행 또는 열 벡터이다. 현재 OpenCV 버전에서는
lowindex, highindex를 사용하지 않는다.

② bool eigen(InputArray src, OutputArray eigenvalues,

　　　　　OutputArray eigenvectors, int lowindex = -1, int highindex = -1)

eigen 함수는 대칭행렬 src의 고유값 eigenvalues와 고유벡터 eigenvectors을 계산한다. eigenvalues는 src와 같은 자료형이고 고유값이 내림차순으로 저장되는 행 또는 열 벡터 이다. eigenvectors는 src와 같은 자료형과 같은 크기의 행렬로, eigenvalues의 순서대 로 행 벡터에 고유벡터가 저장된다. 현재 OpenCV 버전에서는 lowindex, highindex를 사용하지 않는다.

[예제 4-30]　고유값과 고유벡터: eigen 함수

```
001:   #include "opencv.hpp"
002:   using namespace cv;
003:   using namespace std;
004:   int main()
005:   {
006:       float dataA[] = { 1,  0, -1,
007:                          0,  1,  0,
008:                         -1,  0,  1};
009:
010:       Mat A(3, 3, CV_32F, dataA);
011:       cout << "A=" << A << endl;
012:
013:       Mat eigenvalues;
014:       eigen(A, eigenvalues);
015:       cout << "eigenvalues=" << eigenvalues << endl;
016:
017:       Mat eigenvectors;
018:       eigen(A, eigenvalues, eigenvectors);
019:       cout << "eigenvalues=" << eigenvalues << endl;
020:       cout << "eigenvectors=" << eigenvectors << endl;
021:       return 0;
022:   }
```

◎ 프로그램 설명

① 6-11행
배열 dataA를 이용하여 3×3 행렬 A를 생성한다.

② 13-20행
14행은 eigen 함수로 행렬 A의 고유값 $eigenvalues = [2, 1, 0]^T$을 계산한다. 18행은 eigen 함수로 행렬 A의 고유값 eigenvalues와 고유벡터 eigenvectors를 계산한다.

$$AX = \lambda X$$

$$(A - \lambda I)X = 0$$

$$=> \det(A - \lambda I) = 0 : 특성방정식(characteristic equation)$$

$$\det(A-\lambda I) = \det\left(\begin{bmatrix} 1 & 0 & -1 \\ 0 & 1 & 0 \\ -1 & 0 & 1 \end{bmatrix} - \lambda I\right) = 0$$

$$= \det\left(\begin{bmatrix} (1-\lambda) & 0 & -1 \\ 0 & (1-\lambda) & 0 \\ -1 & 0 & (1-\lambda) \end{bmatrix}\right) = 0$$

$$= -\lambda^3 + 3\lambda^2 - 2\lambda = 0$$

$$= -\lambda(\lambda-1)(\lambda-2) = 0$$

$$=> \lambda = 2, 1, 0$$

$\lambda = 2$에 대한 고유벡터는 다음과 같이 계산된다.

$$AX = \lambda X$$

$$\begin{bmatrix} 1 & 0 & -1 \\ 0 & 1 & 0 \\ -1 & 0 & 1 \end{bmatrix}\begin{bmatrix} x \\ y \\ z \end{bmatrix} = 2\begin{bmatrix} x \\ y \\ z \end{bmatrix}$$

$$x - z = 2x \qquad x = -z$$

$$y = 2y \quad => \quad y = 0$$

$$-x + z = 2z \qquad -x = z$$

위의 관계를 만족하는 모든 벡터가 $\lambda = 2$에 대한 고유벡터이다. 위 관계를 만족하는 벡터 중에서 길이가 1인 단위 벡터는 $X = [-1/\sqrt{2}, 0, 1/\sqrt{2}]$ 또는 $X = [1/\sqrt{2}, 0, -1/\sqrt{2}]$이다. [그림 4.27]은 행렬 A의 고유값과 고유벡터 계산 결과로, $\lambda = 2$에 대한 고유벡터 $X = [-1/\sqrt{2}, 0, 1/\sqrt{2}]$은 행렬 eigenvectors의 첫 번째 행에 있다. 두 번째 행 $X = [0, 1, 0]$은 $\lambda = 1$에 대한 고유벡터이다. 마지막 $X = [1/\sqrt{2}, 0, 1/\sqrt{2}]$행 은 $\lambda = 0$에 대한 고유벡터이다. [그림 4.28]은 고유값, 고유벡터 계산 결과이다.

$$\sqrt{x^2 + y^2 + z^2} = \sqrt{2x^2} = x\sqrt{2} = 1$$

$$=> x = \frac{1}{\sqrt{2}} = 0.7071$$

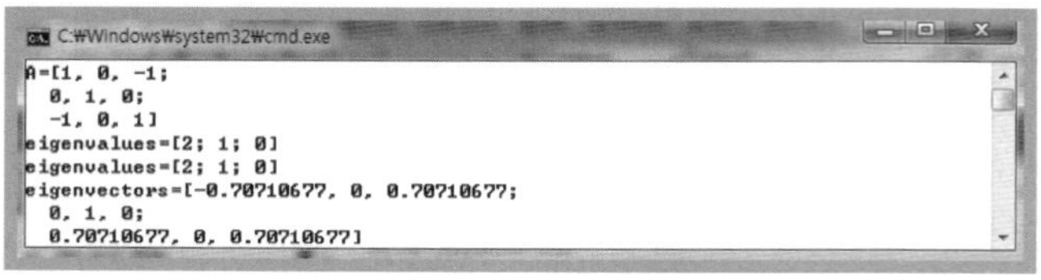

[그림 4.28] 고유값, 고유벡터 계산

5.7 공분산행렬과 통계적 거리

① void calcCovarMatrix(const Mat* samples, int nsamples, Mat& covar,
Mat& mean, int flags, int ctype = CV_64F)

calcCovarMatrix 함수는 Mat 행렬 samples에 저장된 nsamples 개의 벡터들의 공분산 행렬을 covar에 계산한다. mean은 입력 또는 출력으로 사용되는 평균 벡터이다. flags 는 COVAR_NORMAL와 COVAR_SCRAMBLED 중 하나는 반드시 지정해야 하고, 나머지 모드를 추가하여 사용한다.

ⓐ flags=COVAR_NORMAL

$$covar = scale*[X[0]-mean,...,X[M-1]-mean][X[0]-mean,...,X[M-1]-mean]^{T}$$

벡터의 크기가 N인 M = nsamples 개의 벡터로부터 N×N 공분산행렬 covar와 N×1 또는 1×N의 평균 벡터 mean이 계산된다. scale은 COVAR_SCALE이 사용되지 않으면 scale = 1이다. [그림 4.29]는 flags = COVAR_NORMAL+COVAR_COLS에서, 공분산 행렬 covar 계산과 eigen 함수로 계산한 공분산행렬의 고유값, 고유벡터 계산을 설명한 다. samples에 저장된 M 개의 벡터들이 행렬 X의 각 열에 위치한다. 아래에서 X_i는 행 렬 X의 i 열에 저장된 입력 벡터이다. 편차 벡터 A_i는 각 입력 벡터 X_i에서 평균 벡터의 차이를 계산한 열 벡터이고, 행렬 A는 N×M 크기의 행렬이다.

---

① 공분산행렬 covar은 calcCovarMatrix 함수, mulTransposed 함수 또는 행렬 수식으로 계산 한다.

입력 행렬: $X_{N \times M}$

평균 벡터: $mean_{N \times 1} = \dfrac{1}{M}\sum X_i$

편차 벡터: $A_i = X_i - mean$

공분산행렬: $covar_{N \times N} = scale \times AA^{T}$, 여기서 $A = [A_1, A_2, ..., A_M]$

② $covar_{N \times N}$의 고유값 λ_i, 고유벡터 u_i, $i = 1, ..., N$는 eigen 함수로 계산한다.

[그림 4.29] 공분산 행렬 계산 및 고유값, 고유벡터 계산 (flags = COVAR_NORMAL+COVAR_COLS)

ⓑ flags=COVAR_SCRAMBLED

$$covar = scale*[X[0]-mean,...,X[M-1]-mean]^{T}[X[0]-mean,...,X[M-1]-mean]$$

전치행렬을 앞쪽에서 수행해, M×M, 즉 nsamples×nsamples 공분산행렬 covar을 계산한다. M이 N보다 아주 작은 M ≪ N 일 때, 예들 들어, 얼굴 인식에서 벡터의 개 수보다 벡터의 크기가 아주 크면 PCA(Eigenfaces)를 계산할 때 사용한다. COVAR_ NORMAL로 계산한 공분산행렬과 COVAR_SCRAMBLED로 계산한 공분산행렬로부터 계산한 M 개의 고유값과 고유벡터가 동일하다.

flags = COVAR_SCRAMBLED + COVAR_COLS이라 가정하면 다음과 같다. samples 에 저장된 M 개의 벡터들이 행렬 X의 각 행에 위치한다. [그림 4.30]은 M $\ll$ N 일 때, flags = COVAR_SCRAMBLED + COVAR_COLS에 의한 공분산행렬 계산 및 고유값, 고유벡터 계산 방법을 설명한다.

---

① 공분산행렬 covar은 calcCovarMatrix 함수, mulTransposed 함수 또는 행렬 수식으로 계산한다.

- 입력 행렬: $X_{N \times M}$

- 평균 벡터: $mean_{N \times 1} = \dfrac{1}{M} \sum X_i$

- 편차 벡터: $A_i = X_i - mean$

- 공분산행렬: $covar_{M \times M} = scale \times A^T A$, 여기서 $A = [A_1, A_2, ..., A_M]$

② $covar_{M \times M}$의 고유값 γ_i, 고유벡터 $v_i, i = 1, ..., M$는 eigen 함수로 계산한다.

③ M << N일 때 (샘플의 개수보다, 벡터의 차원이 클 때), COVAR_NORMAL 모드로 계산한 공분산행렬의 고유값 λ_i와 COVAR_SCRAMBLED 모드로 계산한 공분산행렬의 고유값 γ_i은 M개의 고유값이 같다(오차는 있을 수 있다).

$$\lambda_i = \gamma_i, i = 1, ..., M$$

④ M << N일 때 (샘플의 개수보다, 벡터의 차원이 클 때), COVAR_NORMAL 모드로 계산한 고유벡터 $u_i, i = 1, ..., N$ 중에서 가장 큰 M개의 고유값을 COVAR_SCRAMBLED 모드로 계산한 고유값 $v_i, i = 1, ..., M$을 이용하여 계산할 수 있다 (오차는 있을 수 있다).

$$u_i = A v_i, i = 1, ..., M$$

⑤ 위의 방법은, 얼굴 인식을 연구하는 M. Turk의 "Eigenfaces for recognition" 논문에서 Eigenfaces를 생성하기 위하여 사용하였다. 예를 들어, 100×100 얼굴 영상 M = 300개를 가지고, Eigenfaces를 생성할 때, N = 10,000이 되어, AA^T 공분산 행렬의 크기가 10,000 ×10,000이 되고, 고유값, 고유벡터 $\lambda_i, u_i, i = 1, ..., 10,000$이 된다. 이때, 먼저 300×300 크기의 $A^T A$ 공분산행렬을 계산하고, 고유값, 고유벡터 $\gamma_i, v_i, i = 1, ..., 300$을 계산한다. $u_i = A v_i, i = 1, ..., 300$을 계산하여, 간단한 계산으로, 10,000개 중에서 고유값이 큰, 중요한 $\lambda_i, u_i, i = 1, ..., 300$을 계산할 수 있다.

[그림 4.30] M<<N 일 때, 공분산행렬 계산 및 고유값, 고유벡터 계산 (COVAR_SCRAMBLED+COVAR_COLS)

ⓒ flags = COVAR_USE_AVG
입력 samples에서 평균 벡터를 계산하지 않고, mean에 전달된 평균 벡터를 사용한다.

ⓓ flags = COVAR_SCALE
flags = COVAR_NORMAL이면, scale = 1 / M이고, flags = COVAR_SCRAMBLED 이면 scale = 1 / N이다.

ⓔ flags = COVAR_ROWS

모든 입력 벡터들이 samples 행렬에서 행으로 저장된 것을 의미한다. mean 벡터는 $1 \times$ N 행 벡터이다.

ⓕ flags = COVAR_COLS

모든 입력 벡터들이 samples 행렬에서 열로 저장된 것을 의미한다. mean 벡터는 $N \times 1$ 열 벡터이다.

② void calcCovarMatrix(InputArray samples, OutputArray covar,
                        OutputArray mean, int flags, int ctype = CV_64F)

calcCovarMatrix 함수는 samples에 저장된 벡터들의 공분산행렬을 계산한다. $M \times N$ sample 행렬의 행 또는 열에 입력 벡터를 저장하고 있다. mean은 입력 또는 출력으로 사용되는 평균 벡터이다. flags는 계산 모드이고 COVAR_NORMAL과 CV_COVAR_ SCRAMBLED는 반드시 하나를 지정해야 하며, 나머지 모드는 함께 지정 사용이 가능하다. flags = COVAR_ROWS이면, 모든 입력 벡터들이 samples 행렬에서 행으로 저장된 것을 의미한다. mean 벡터는 $1 \times N$의 행 벡터이다. flags = COVAR_COLS이면, 모든 입력벡터들이 samples 행렬에서 열로 저장된 것을 의미한다. mean 벡터는 $M \times 1$의 열 벡터이다.

③ double Mahalanobis(InputArray v1, InputArray v2, InputArray icovar)

함수 의미: $d(v1, v2) = \sqrt{(v1 - v2)^T \, icovar \, (v1 - v2)}$

Mahalanobis 함수는 두 벡터 v1과 v2의 통계적 거리인 마하라노비스 거리를 반환한다. icovar는 공분산행렬의 역행렬로 calcCovarMatrix 함수로 공분산행렬을 계산하고, invert 함수로 역행렬을 계산한다.

[예제 4-31]	공분산행렬1 : calcCovarMatrix 함수 (COVAR_NORMAL+COVAR_ROWS+COVAR_SCALE)

```
001:  #include "opencv.hpp"
002:  using namespace cv;
003:  using namespace std;
004:  int main()
005:  {
006:      float dataX[] = {0, 0, 0,
007:                       1, 0, 0,
008:                       1, 1, 0,
009:                       1, 0, 1};
010:      Mat X(4, 3, CV_32F, dataX);
011:      cout << "X=" << X << endl;
012:
013:      Mat covar, mean;
014:      calcCovarMatrix(X, covar, mean,
015:                      COVAR_NORMAL + COVAR_ROWS + COVAR_SCALE);
016:      cout << "mean=" << mean << endl;
017:      cout << "covar=" << covar << endl << endl;
018:
019:      Mat Y[4];
```

```
020:        for(int i = 0; i < X.rows; i++)
021:            Y[i] = X.row(i);
022:        Mat covar2, mean2;
023:        calcCovarMatrix(Y, X.rows, covar2, mean2,
024:                            COVAR_NORMAL + COVAR_ROWS + COVAR_SCALE);
025:        cout << "mean2=" << mean2 << endl;
026:        cout << "covar2=" << covar2 << endl;
027:        return 0;
028:   }
```

◎ 프로그램 설명

① 6-11행

배열 dataX의 값으로 4×3 행렬 X를 생성한다. 행렬 X의 각 행에 3차원 벡터 $X_i, i = 1, 2, 3$가 저장된다. $X_1 = [0, 0, 0], X_2 = [1, 0, 0], X_3 = [1, 1, 0], X_4 = [1, 0, 1]$

② 14-15행

calcCovarMatrix 함수에서 flags에 CV_COVAR_NORMAL, CV_COVAR_ROWS, CV_COVAR_SCALE를 설정하여 행렬 X의 3×3 공분산 행렬 covar과 1×3 평균 벡터 mean을 계산한다.

③ 19-26행

20-21행은 행렬 X의 i행, X.row(i)를 Y[i]에 저장하여 Mat 배열 Y에 저장한다. 23-24행은 calcCovarMatrix 함수에서 flags에 COVAR_NORMAL, COVAR_ROWS, COVAR_SCALE를 설정하여 배열 Y에 저장된 X.rows = 4개의 벡터의 3×3 공분산 행렬 covar2와 1×3 평균 벡터 mean2를 계산한다. 16-17행의 출력 결과와 25-26행의 출력 결과는 같다. [그림 4.31]은 공분산행렬 계산 결과이다. [예제 4-26]의 mulTransposed 함수로 계산한 공분산행렬과 같다.

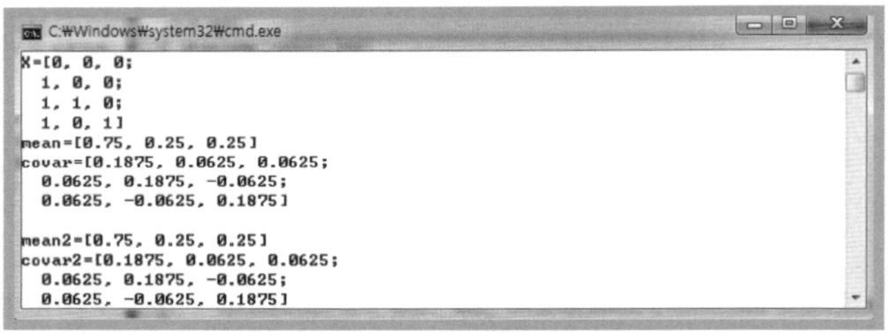

[그림 4.31] 공분산행렬1: calcCovarMatrix 함수(COVAR_NORMAL+COVAR_ROWS+COVAR_SCALE)

[예제 4-32]   공분산행렬2: calcCovarMatrix 함수
(COVAR_NORMAL + COVAR_COLS + COVAR_SCALE)

```
001:   #include "opencv.hpp"
002:   using namespace cv;
003:   using namespace std;
004:   int main()
005:   {
006:        float dataX[] = {0, 1, 1, 1,
007:                         0, 0, 1, 0,
008:                         0, 0, 0, 1};
009:
010:        Mat X(3, 4, CV_32F, dataX);
011:        cout << "X=" << X << endl;
012:
013:        Mat covar, mean;
014:        calcCovarMatrix(X, covar, mean,
015:                            COVAR_NORMAL + COVAR_COLS + COVAR_SCALE);
016:        cout << "mean=" << mean << endl;
017:        cout << "covar=" << covar << endl << endl;
```

```
018:
019:        Mat Y[4];
020:        for(int i = 0; i < X.cols; i++)
021:            Y[i] = X.col(i);
022:        Mat covar2, mean2;
023:        calcCovarMatrix(Y, X.cols, covar2, mean2,
024:                        COVAR_NORMAL + COVAR_COLS + COVAR_SCALE);
025:        cout << "mean2=" << mean2 << endl;
026:        cout << "covar2=" << covar2 << endl;
027:        return 0;
028:  }
```

◎ 프로그램 설명

① 6-11행

배열 dataX의 값으로 3×4 행렬 X를 생성한다. 행렬 X의 각 열에 3차원 벡터 $X_i, i = 1,2,3$이 저장된다. $X_1 = [0, 0, 0]^T, X_2 = [1, 0, 0]^T, X_3 = [1, 1, 0]^T, X_4 = [1,0,1]^T$

② 14-15행

calcCovarMatrix 함수에서 flags에 COVAR_NORMAL, COVAR_COLS, COVAR_SCALE를 설정하여 행렬 X의 3×3 공분산 행렬 covar과 3×1 평균 벡터 mean을 계산한다.

③ 19-26행

20-21행은 행렬 X의 i열, X.col(i)를 Y[i]에 저장하여 Mat 배열 Y에 저장한다. 23-24행은 calcCovarMatrix 함수에서 flags에 COVAR_NORMAL, COVAR_COLS, COVAR_SCALE를 설정하여 배열 Y에 저장된 X.cols = 4개의 벡터의 3×3 공분산 행렬 covar2와 3×1 평균 벡터 mean2를 계산한다. 16-17행의 출력 결과와 25-26행의 출력 결과는 같다. [그림 4.32]는 열에 저장된 벡터들의 공분산행렬 계산 결과이다. [예제 4-26]과 [예제 4-31]의 공분산행렬과 같다.

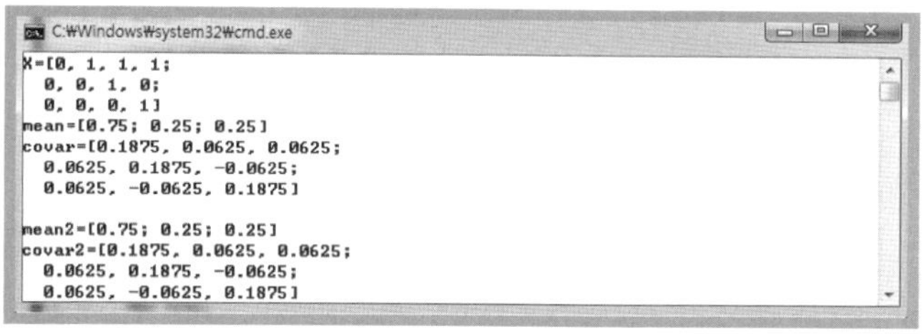

[그림 4.32] 공분산행렬2: calcCovarMatrix 함수(COVAR_NORMAL+COVAR_COLS+COVAR_SCALE)

[예제 4-33]	공분산행렬3: M < N 일 때, calcCovarMatrix 함수로 공분산행렬 및 고유값, 고유벡터 계산

```
001:  #include "opencv.hpp"
002:  using namespace cv;
003:  using namespace std;
004:  int main()
005:  {
006:      double dataX[] = {10,  0,  1,
007:                         1, 10,  0,
008:                        10, 10,  0,
009:                         1,  0, 10,
010:                         0,  1,  1};
011:      Mat X(5, 3, CV_64F, dataX);
012:      cout << "X=" << X << endl;
013:
014:      Mat cX, mX;
015:      calcCovarMatrix(X, cX, mX, COVAR_NORMAL + COVAR_COLS);
```

```
016:         cout << "mX=" << mX << endl;
017:         cout << "cX=" << cX << endl << endl;
018:
019:         Mat eVals;
020:         Mat eVects;
021:         eigen(cX, eVals, eVects);
022:         cout << "eVals=\n" << eVals << endl;
023:         cout << "eVects=\n" << eVects << endl << endl;
024:
025:         Mat cX2, mX2;
026:         calcCovarMatrix(X, cX2, mX2, COVAR_SCRAMBLED + COVAR_COLS);
027:         cout << "mX2=" << mX2 << endl;
028:         cout << "cX2=" << cX2 << endl << endl;
029:
030:         Mat eVals2;
031:         Mat eVects2;
032:         eigen(cX2, eVals2, eVects2);
033:         cout << "eVals2=" << eVals2 << endl;
034:         cout << "eVects2=" << eVects2 << endl << endl;
035:
036: //      Calculate some of eVects from eVects2
037:         Mat A(X.rows, X.cols, CV_64F); // 5 x 3
038:         for(int i = 0; i < A.cols; i++)
039:             A.col(i) = X.col(i) - mX;
040:         Mat eVects3 = A * eVects2.t();
041:
042:         Mat a;
043:         for(int i = 0; i < eVects3.cols; i++)
044:         {
045:             a = eVects3.col(i);
046:             normalize(a, a);
047:         }
048:         cout << "eVects3.t()=" << eVects3.t() << endl;
049:         return 0;
050: }
```

◎ 프로그램 설명

① 6-12행

배열 dataX를 이용하여 5×3 행렬 X를 생성한다. 행렬 X의 각 열에 3차원 벡터 $X_i, i = 1, 2, 3$이 저장된다.

$$X_1 = [10, 1, 10, 1, 0]^T$$
$$X_2 = [0, 10, 10, 0, 1]^T$$
$$X_3 = [1, 0, 0, 10, 1]^T$$

② 14-23행

15행은 calcCovarMatrix 함수에서 flags에 COVAR_NORMAL, COVAR_COLS를 설정하여 행렬 X에 저장되어 있는 벡터 3개의 스케일되지 않은 5×5 공분산 행렬 cX와 5×1 평균 벡터 mX을 계산한다. 21행은 eigen 함수로 공분산행렬 cX의 고유값 eVals과 고유벡터 eVects를 계산한다.

③ 25-34행

26행은 calcCovarMatrix 함수에서 flags에 COVAR_SCRAMBLED, COVAR_COLS를 설정하여 행렬 X에 저장되어 있는 벡터 3개의 스케일되지 않은 3×3 공분산행렬 cX2와 5×1 평균 벡터 mX2을 계산한다. mX와 mX2는 같은 결과를 갖는다. 32행은 eigen 함수로 공분산행렬 cX2의 고유값 eVals2과 고유벡터 eVects2를 계산한다. 고유값 eVals2는 22행의 eVals의 큰 고유값 3개와 같은, eVals2[0] = 159.5와 eVals2[1] = 89.8이고, eVals2[2]는 0에 가까운 값이다.

④ 36-48행

고유벡터 eVects2로부터 고유벡터 eVects1의 앞쪽 3개를 계산한다. eVals[2] = eVals2[2] = 0이기 때문에, 실제로는 2개의 고유벡터만을 계산할 수 있다. 37-39행은 행렬 X에 저장된 각 벡터에서 평균 벡터를 뺄셈하여 행렬 A를 생성한다. 40행은 행렬식 A * eVects2.t()에 의해 3×5 행렬 eVect3의 각 행에 고유벡터를 저장한다. eVects2.t() 같이 전치행렬을 곱하는 이유는 eVects2 행렬의 각 행에 고유벡터가 저장되어 있기 때문이다. 43-47행은 eVect3의 각 행에 계산된 고유 벡터를 단위 벡터가 되도록 정규화한다. 48행에서 eVects3.t()를 출력한 이유는 40행의 행렬 곱셈에 의해 행렬 eVects3의 열에 고유벡터가 저장되기 때문에, 23행의 eVects와 비교하기 위하여 전치행렬로 출력한다.

⑤ [그림 4.33]은 M < N일 때, calcCovarMatrix 함수로 공분산행렬을 계산하고, 고유값, 고유벡터 계산한 결과이다. eVects의 첫 번째 행과 eVects2의 첫 번째 행은 부호가 반대로 되어 있는데, 벡터의 방향만 정반대로 올바르게 계산된 것이다. eVects의 두 번째 행과 eVects2의 두 번째 행은 약간의 오차가 있지만 같은 벡터인 것을 확인 할 수 있다. eVects의 세 번째 행과 eVects2의 세 번째 행은 eVals[2] = eVals2[2] = 0이기 때문에 올바르게 계산된 결과가 아니다. 결과적으로 3×3 공분산행렬 cX2로부터 계산한 고유벡터 eVects2를 이용하여, 5×5 공분산행렬 cX의 고유벡터 eVects 중에서, 2개의 큰 고유값에 대응하는 고유벡터를 계산한 결과이다.

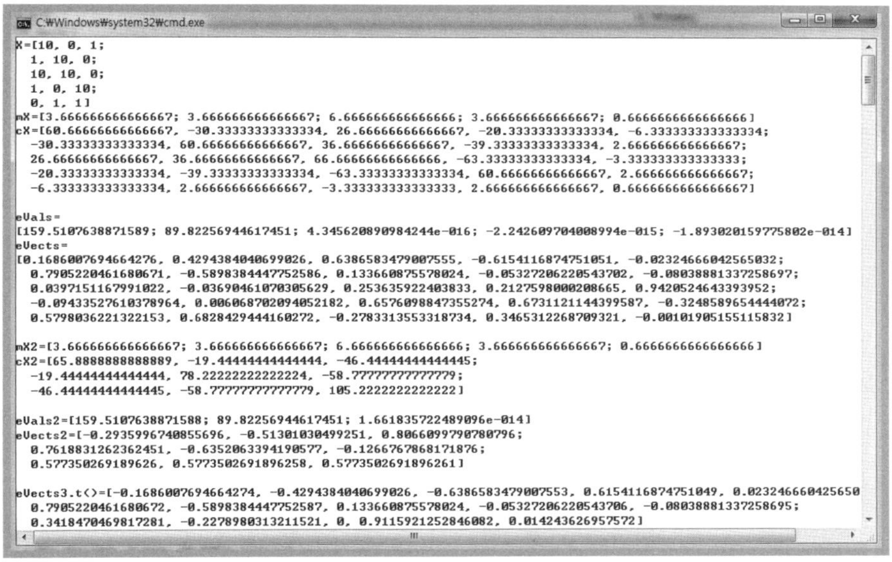

[그림 4.33] 공분산행렬3: M < N 일 때 고유벡터 계산

[예제 4-34]	공분산행렬4: M < N 일 때, AA^T, A^TA로 계산한 공분산행렬로부터 고유값, 고유벡터 계산

```
001:    #include "opencv.hpp"
002:    using namespace cv;
003:    using namespace std;
004:    int main()
005:    {
006:        double dataX[] = {10, 0, 1,
007:                           1, 10, 0,
008:                          10, 10, 0,
009:                           1, 0, 10,
010:                           0, 1, 1};
011:        Mat X(5, 3, CV_64F, dataX);
012:        cout << "X=" << X << endl;
013:
014:        Mat mX;
```

```
015:        reduce(X, mX, 1, REDUCE_AVG);
016:        cout << "mX=" << mX << endl;
017:
018:        Mat A(X.rows, X.cols, CV_64F);
019:        for(int i = 0; i < A.cols; i++)
020:            A.col(i) = X.col(i) - mX;
021:        Mat cX = A * A.t();
022:        cout << "cX=" << cX << endl << endl;
023:
024:        Mat eVals;
025:        Mat eVects;
026:        eigen(cX, eVals, eVects);
027:        cout << "eVals=\n" << eVals << endl;
028:        cout << "eVects=\n" << eVects << endl << endl;
029:
030:        Mat cX2 = A.t() * A;
031:        cout << "cX2=" << cX2 << endl << endl;
032:
033:        Mat eVals2;
034:        Mat eVects2;
035:        eigen(cX2, eVals2, eVects2);
036:        cout << "eVals2=" << eVals2 << endl;
037:        cout << "eVects2=" << eVects2 << endl<< endl;
038:
039: //     Calculate some of eVects from eVects2
040:        Mat A2(X.rows, X.cols, CV_64F); // 5 x 3
041:        for(int i = 0; i < A.cols; i++)
042:            A2.col(i) = X.col(i) - mX;
043:        Mat eVects3 = A * eVects2.t();
044:
045:        Mat a;
046:        for(int i = 0; i < eVects3.cols; i++)
047:        {
048:            a = eVects3.col(i);
049:            normalize(a, a);
050:        }
051:        cout << "eVects3.t()=" << eVects3.t() << endl;
052:        return 0;
053: }
```

◎ 프로그램 설명

① 6-12행
배열 dataX를 이용하여 5×3 행렬 X를 생성한다. 행렬 X의 각 열에 3차원 벡터 $X_i, i = 1, 2, 3$이 저장된다.

$$X_1 = [10, 1, 10, 1, 0]^T$$
$$X_2 = [0, 10, 10, 0, 1]^T$$
$$X_3 = [1, 0, 0, 10, 1]^T$$

② 14-28행
15행은 reduce 함수로 행렬 X의 열의 평균을 계산하여 5×1 평균 벡터 mX를 계산한다. 19-20행은 행렬 X에 저장된 각 벡터에서 평균 벡터를 뺄셈하여 행렬 A를 생성한다. 21행은 AA^T로 스케일링되지 않은 5×5 공분산행렬 cX을 계산한다. 26행은 eigen 함수로 공분산행렬 cX의 고유값 eVals와 고유벡터 eVects를 계산한다.

③ 30-37행

30행은 A^TA로 스케일링 되지 않은 3×3 공분산행렬 cX2를 계산한다. 35행은 eigen 함수로 공분산행렬 cX2의 고유값 eVals2과 고유벡터 eVects2를 계산한다.

④ 40-51행

고유벡터 eVects2로부터 고유벡터 eVects1의 앞쪽 3개를 계산한다. eVals[2] = eVals2[2] = 0이기 때문에, 실제로는 2개의 고유벡터만을 계산한다. 40-42행은 행렬 X에 저장된 각 벡터에서 평균 벡터를 뺄셈하여 행렬 A를 생성한다. 43행은 행렬수식 A * eVects2.t()에 의해 3×5 행렬 eVect3의 각 행에 고유벡터를 저장한다. eVects2.t() 같이 전치행렬을 곱하는 이유는 eVects2 행렬의 각 행에 고유벡터가 저장되어 있기 때문이다. 45-50행은 eVect3의 각 행에 계산된 고유벡터를 단위 벡터가 되도록 정규화한다. 51행에서 eVects3.t()를 출력한 이유는 43행의 행렬 곱셈에 의해 행렬 eVects3의 열에 고유벡터가 저장되기 때문에, 28행의 eVects와 비교하기 위하여 전치행렬로 출력한다.

⑤ 실행 결과는 [예제 4-34]의 결과인 [그림 4.33]과 같다. A^TA에 의한 3×3 공분산행렬 cX2로부터 계산한 고유벡터 eVects2를 이용하여, AA^T에 의한 5×5 공분산행렬 cX의 고유벡터 eVects 중에서, 2개의 큰 고유값에 대응하는 고유벡터를 계산한다.

[예제 4-35] Mahalanobis 함수에 의한 통계적 거리 계산

```
001:    #include "opencv.hpp"
002:    using namespace cv;
003:    using namespace std;
004:    #define FLIP_Y(y) ((dstImage.size().height - 1) - (y))
005:    int main()
006:    {
007:        double dataX[] = {0,   0,   0, 100, 100, 150, -100, -150,
008:                          0, 50, -50,   0,  30, 100,  -20, -100};
009:
010:        Mat X(2, 8, CV_64F, dataX);
011:        cout << "X=" << X << endl;
012:
013:        Mat cX, mX;
014:        calcCovarMatrix(X, cX, mX, COVAR_NORMAL + COVAR_COLS);
015:        cout << "mX=" << mX << endl;
016:        cout << "cX=" << cX << endl << endl;
017:
018:        Mat invCx;
019:        invert(cX, invCx);
020:        cout << "invCx=" << invCx << endl << endl;
021:        Mat vec1 = (Mat_<double>(2,1) << 0, 50);
022:        Mat vec2 = (Mat_<double>(2,1) << 0, 100);
023:
024:        double fDistance = Mahalanobis(vec1, vec2, invCx);
025:        cout << "fDistance=" << fDistance << endl;
026:
027:        Mat dstImage(512, 512, CV_8UC3, Scalar::all(255));
028:        Point ptCenter(dstImage.cols/2, dstImage.rows/2);
029:
030: //     cout << "mX.size()= "<< mX.size() << endl;
031: //     cout << "vec2.size()= "<< vec2.size() << endl;
032: //     cout << "invCx.size()= "<< invCx.size() << endl;
033:
034:        int x, y;
035:        for(y = 0; y < dstImage.rows; y++)
036:            for(x = 0; x < dstImage.cols; x++)
037:            {
038:                vec2.at<double>(0, 0) = x - ptCenter.x;
```

```
039:                    vec2.at<double>(1, 0) = y - ptCenter.y;
040:                    fDistance = Mahalanobis(mX, vec2, invCx);
041:                    if(fDistance < 0.1)
042:                            dstImage.at<Vec3b>(FLIP_Y(y), x) = Vec3b(50, 50, 50);
043:                    else if (fDistance<0.3)
044:                            dstImage.at<Vec3b>(FLIP_Y(y), x) = Vec3b(100, 100, 100);
045:                    else if (fDistance<0.8)
046:                            dstImage.at<Vec3b>(FLIP_Y(y), x) = Vec3b(200, 200, 200);
047:                    else
048:                            dstImage.at<Vec3b>(FLIP_Y(y), x) = Vec3b(255, 255, 255);
049:            }
050:        // draw points on the image
051:        Point pt;
052:        for(x = 0; x < X.cols; x++)
053:        {
054:            pt.x = X.at<double>(0, x) + ptCenter.x;
055:            pt.y = X.at<double>(1, x) + ptCenter.y;
056:            pt.y = FLIP_Y(pt.y);
057:            circle(dstImage, pt, 3, Scalar(0, 0, 255), 3);
058:        }
059:        // draw X, Y axes
060:        Point pt1, pt2;
061:        pt1 = Point(0, ptCenter.y);
062:        pt2 = Point(dstImage.cols - 1, ptCenter.y);
063:        line(dstImage, pt1, pt2, Scalar(0, 0, 0));
064:
065:        pt1 = Point(ptCenter.x, 0);
066:        pt2 = Point(ptCenter.x, dstImage.rows - 1);
067:        line(dstImage, pt1, pt2, Scalar(0, 0, 0));
068:
069:        // draw eigen vectors
070:        Mat eVals;
071:        Mat eVects;
072:        eigen(cX, eVals, eVects);
073:        cout << "eVals=" << eVals << endl;
074:        cout << "eVects=" << eVects << endl << endl;
075:
076:        double scale = sqrt(eVals.at<double>(0, 0));
077:        double x1, y1, x2, y2;
078:        // draw eVects(0)
079:        x1 = scale * eVects.at<double>(0, 0);
080:        y1 = scale * eVects.at<double>(0, 1);
081:        x2 = -x1; // symetric point
082:        y2 = -y1;
083:
084:        x1 += mX.at<double>(0, 0) + ptCenter.x;
085:        y1 += mX.at<double>(1, 0) + ptCenter.y;
086:        x2 += mX.at<double>(0, 0) + ptCenter.x;
087:        y2 += mX.at<double>(1, 0) + ptCenter.y;
088:
089:        pt1 = Point(cvRound(x1), FLIP_Y(cvRound(y1)));
090:        pt2 = Point(cvRound(x2), FLIP_Y(cvRound(y2)));
091:        line(dstImage, pt1, pt2, Scalar(255, 0, 0), 2);
092:
093:        // draw eVects(1)
094:        scale = sqrt(eVals.at<double>(1, 0));
095:        x1 = scale * eVects.at<double>(1, 0);
```

```
096:        y1 = scale * eVects.at<double>(1, 1);
097:        x2 = -x1; // symetric point
098:        y2 = -y1;
099:
100:        x1+= mX.at<double>(0, 0) + ptCenter.x;
101:        y1+= mX.at<double>(1, 0) + ptCenter.y;
102:        x2+= mX.at<double>(0, 0) + ptCenter.x;
103:        y2+= mX.at<double>(1, 0) + ptCenter.y;
104:
105:        pt1 = Point(cvRound(x1), FLIP_Y(cvRound(y1)));
106:        pt2 = Point(cvRound(x2), FLIP_Y(cvRound(y2)));
107:        line(dstImage, pt1, pt2, Scalar(255, 0, 0), 2);
108:        imshow("dstImage", dstImage);
109:        waitKey();
110:        return 0;
111:    }
```

◎ 프로그램 설명

① 7-11행

8개의 2차원 좌표점 (0, 0), (0, 50), (0, -50), (100, 0), (100, 30), (150, 100), (-100, 20), (-150, -100)
이 저장된 배열 dataX를 이용하여 2×8 행렬 X를 생성한다.

② 13-25행

14행은 calcCovarMatrix 함수로 행렬 X의 열에 저장된 좌표점들의 평균 mX와 공분산행렬 cX를
계산한다. 19행은 invert 함수로 공분산행렬 cX의 역행렬 invCx를 계산한다. 21-25행은 2×1 행렬
vec1 = (0, 50), vec2 = (0, 100)을 초기화하고, Mahalanobis 함수로 vec1과 vec2 사이의 마하라노
비스 거리를 계산한다. 유클리드 거리가 50인 vec1과 vec2 사이의 마하라노비스 거리 fDistance =
0.505185이다.

③ 27-49행

영상으로 사용할 행렬 dstImage의 중심좌표 ptCenter가 원점인 모든 좌표 vec2에서 좌표들의 평
균인 mX까지의 마하라노비스 거리를 계산하여 fDistance < 0.1이면 Vec3b(50, 50, 50)을 0.1 <=
fDistance < 0.3이면 Vec3b(100, 100, 100), 0.3 <= fDistance < 0.8이면 Vec3b(200, 200, 200),
fDistance >= 0.8이면 Vec3b(255, 255, 255)를 저장하여 중심 mX로부터 같은 거리의 좌표들을 동
일한 밝기로 표시한다.

④ 51-67행

51-58행은 행렬 X의 열에 저장된 8개의 좌표점을 circle 함수로 행렬 dstImage에 Scalar(0, 0, 255)
색상으로 출력한다. 60-67행은 line 함수를 사용하여 dstImage의 중심점 ptCenter를 지나는 가로
축과 세로축을 dstImage 영상에 표시한다.

⑤ 70-107행

72행은 eigen 함수로 공분산행렬 cX의 고유값 eVals, 고유벡터 eVects를 계산한다. 76-91행은
eVects의 0행에 저장된 고유 벡터를 dstImage 영상에 표시한다. 76행은 scale 값을 0행의 고유벡
터에 대한 고유값의 제곱근으로 초기화하고, 79-87행은 고유벡터를 scale로 스케일링하여 원점을
기준으로 대칭되는 고유벡터 상의 두 점 (x1, y1), (x2, y2)를 계산하고, 좌표들의 중심점 mX를 지나
도록 덧셈하여 이동시키고, 영상의 중심점 ptCenter가 원점이 되도록 덧셈하여 이동시킨다. 89-91
행은 FLIP_Y로 y좌표를 뒤집어 Y축의 방향을 위로 변경하여, line 함수로 좌표 pt1에서 pt2까지 직
선을 dstImage 영상에 표시한다. 94-107행은 eVects의 1행에 저장된 고유벡터를 dstImage 영상에
표시한다.

⑥ [그림 4.34]는 Mahalanobis 거리 계산 및 고유벡터 계산한 결과이고, [그림 4.35]는
Mahalanobis 거리 계산 및 고유벡터를 dstImage 영상에 표시한 결과이다.

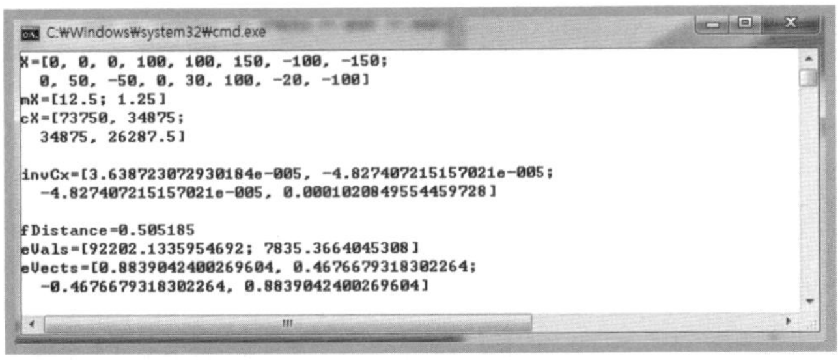

[그림 4.34] Mahalanobis 거리 계산 및 고유벡터 계산

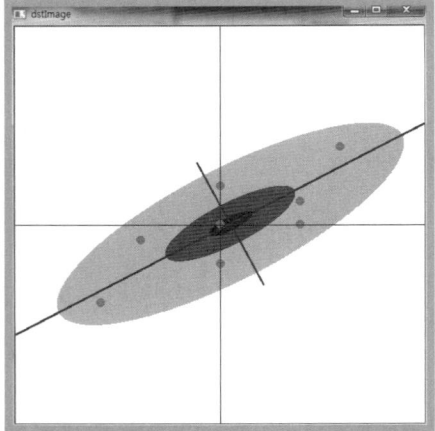

[그림 4.35] Mahalanobis 거리 계산 및 고유벡터 그리기

06 RNG 함수 및 클래스

정규/가우시안 분포(normal/Gaussian distribution) 또는 균등분포(uniform distribution)를 따르는 난수(random number)를 생성한다.

6.1 난수 발생 함수

① template〈typename _Tp〉_Tp randu()

randu 함수는 _Tp 자료형의 균등분포(uniform distribution) 난수(random number)를 발생시킨다. randu〈int〉()는 (int)theRNG()와 같다.

② **void randu(InputOutputArray dst, InputArray low, InputArray high)**

행렬 dst를 low와 high 사이의 균등분포 난수로 채운다. low와 high는 Scalar로 주어지고, 채널별로 난수가 계산된다.

③ **void randn(InputOutputArray dst, InputArray mean, InputArray stddev)**

randn 함수는 정규분포(normal distribution) 난수를 발행시킨다. mean은 평균이고, stddev는 표준편차로 벡터 또는 정방행렬이다.

[예제 4-36] randu 함수로 2차원 균등분포 난수 좌표 생성

```
001:    #include "opencv.hpp"
002:    #include <time.h>
003:    using namespace cv;
004:    using namespace std;
005:    int main()
006:    {
007:        Mat dstImage(512, 512, CV_8UC3, Scalar::all(255));
008:
009:        int nPoints = 100;
010:        Mat randPoints(1, nPoints, CV_32SC2);
011:        theRNG().state = time(NULL);
012:        randu(randPoints, Scalar::all(0), Scalar(dstImage.cols, dstImage.rows));
013: //     cout << randPoints << endl;
014:        for(int x = 0; x < randPoints.cols; x++)
015:        {
016:            Point pt = randPoints.at<Point>(0, x);
017:            circle(dstImage, pt, 3, Scalar(0, 0, 0));
018:        }
019:        imshow("dstImage", dstImage);
020:        waitKey();
021:        return 0;
022:    }
```

◎ **프로그램 설명**

① 2행
time 함수를 사용하기 위해 포함한다.

② 7행
512×512 영상으로 사용할 행렬 dstImage를 CV_8UC3 자료형으로 생성하고 Scalar::all(255)로 초기화한다.

③ 9-12행
10행은 nPoints = 100개의 난수로 발생시킬 좌표점을 저장할 행렬 randPoints를 2채널 정수 자료형인 CV_32SC2로 생성하고, 11행은 디폴트 난수 발생기의 상태를 time 함수로 초기화하여 프로그램을 실행시킬 때마다 다른 난수를 발생하도록 한다. 11행을 주석 처리하면 항상 같은 난수열이 발생한다. 12행은 randu 함수로 Scalar::all(0)에서 Scalar(dstImage.cols, dstImage.rows)) 범위에서 균등분포인 난수를 2채널 행렬 randPoints에 채워 생성한다.

④ 14-18행
2채널 행렬 randPoints에 생성된 난수를 1채널은 x 좌표, 2채널은 y 좌표로 하여 dstImage에 원으로 표시한다. [그림 4.36]은 100개의 균등분포 좌표를 표시한 결과이다.

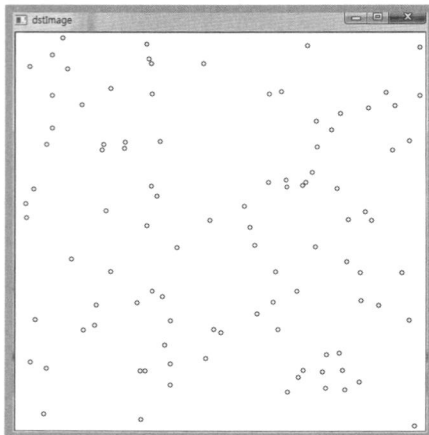

[그림 4.36] 100개의 균등분포 짝표

[예제 4-37] randn 함수로 2차원 균등분포 난수 좌표 생성

```
001:  #include "opencv.hpp"
002:  #include <time.h>
003:  using namespace cv;
004:  using namespace std;
005:  int main()
006:  {
007:       Mat dstImage(512, 512, CV_8UC3, Scalar::all(255));
008:
009:       int nPoints = 100;
010:       Mat randPoints(1, nPoints, CV_32SC2);
011:       theRNG().state = time(NULL);
012:       Scalar mean = Scalar(256, 256);
013:       Scalar stddev = Scalar(50, 50);
014:       randn(randPoints, mean, stddev);
015:  //   cout << randPoints << endl;
016:       for(int x = 0; x < randPoints.cols; x++)
017:       {
018:            Point pt = randPoints.at<Point>(0, i);
019:            circle(dstImage, pt, 3, Scalar(0, 0, 0));
020:       }
021:       circle(dstImage, Point(mean.val[0], mean.val[1]), 3, Scalar(0, 0, 255), 3);
022:       imshow("dstImage", dstImage);
023:       waitKey();
024:       return 0;
025:  }
```

◎ **프로그램 설명**

① 2-7행

2행은 time 함수를 사용하기 위해 포함한다. 7행은 512×512 dstImage 영상을 CV_8UC3 자료형으로 생성하고 Scalar::all(255)로 초기화한다.

② 9-12행

10행은 nPoints = 100개의 난수로 발생시킬 좌표점을 저장할 행렬 randPoints를 2채널 정수 자료형인 CV_32SC2로 생성하고, 11행은 디폴트 난수 발생기의 상태를 time 함수로 초기화하여 프로그램을 실행시킬 때마다 다른 난수를 발생하도록 한다. 11행을 주석 처리하면 항상 같은 난수열이 발생한다. 12-13행은 정규분포의 평균과 표준편차를 mean, stddev에 초기화한다. 14행은 randn 함수로 평균이 meanPt, 표준편차가 stddev인 정규분포인 난수를 2채널 행렬 randPoints에 채워 생성한다.

③ 16-20행
2채널 행렬 randPoints에 생성된 난수를 1채널은 x 좌표, 2채널은 y 좌표로 하여 dstImage에 원으로 표시한다. [그림 4.37]은 100개의 정규분포 좌표를 표시한 결과이다.

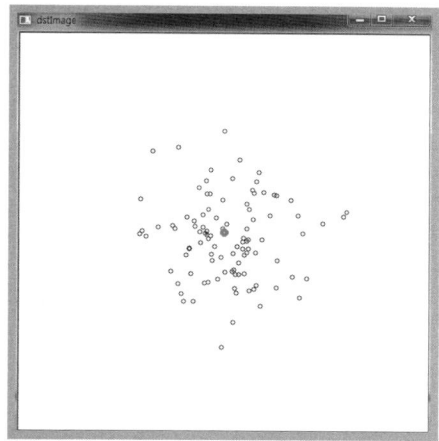

[그림 4.37] 100개의 정규분포 좌표

6.2 RNG 클래스 난수 발생

RNG는 MWC(multiply-with-carry) 알고리즘으로 균등분포(uniform distribution)와 정규분포(normal distribution)로부터 난수를 발생하는 클래스이다.

```
class RNG
{
public:
        enum { UNIFORM = 0,
                NORMAL  = 1
        };
        RNG();              // 32-bit value used to initialize the RNG.
        RNG(uint64 state);  // 64-bit value used to initialize the RNG.
        unsigned next();    // using the MWC algorithm, next 32-bit random number
        operator uchar();   // next random number of unsigned char
        operator schar();   // next random number of char
        operator ushort();  // next random number of unsigned short
        operator short();   // next random number of unsigned
        operator unsigned(); // next random number of unsigned int
        operator int();     // next random number of int
        operator float();   // next random number of float range, [0,1)
        operator double();  // next random number of double range, [0,1)
        unsigned operator ()();           // the same as next()
        unsigned operator ()(unsigned N); // the same as next()%N
        int uniform(int a, int b);
        float uniform(float a, float b);
```

```
        double uniform(double a, double b);
        void fill(InputOutputArray mat, int distType, InputArray a, InputArray b,
            bool saturateRange = false );
        double gaussian(double sigma);
        uint64 state;
    };
    RNG& theRNG();
```

① **int RNG::uniform(int a, int b)**

$a \leq RNG < b$ 사이의 균등분포를 하는 정수형 난수를 반환한다.

② **float RNG::uniform(float a, float b)**

$a \leq RNG < b$ 사이의 균등분포를 하는 float형 난수를 반환한다.

③ **double RNG::uniform(double a, double b)**

$a \leq RNG < b$ 사이의 균등분포를 하는 double형 난수를 반환한다.

④ **double RNG::gaussian(double sigma)**

평균이 0이고, 표준편차가 sigma인 가우시안 분포 N(0, sigma)를 갖는 double형 난수를 반환한다.

⑤ **void RNG::fill(InputOutputArray mat, int distType, InputArray a, InputArray b, bool saturateRange = false)**

행렬 mat을 distType에 따라 난수로 채운다. distType = RNG::UNIFORM이면 $a \leq RNG < b$ 사이의 균등 분포를 하는 난수로 mat 행렬을 채우고, distType = RNG::NORMAL이면 평균이 a이고, 표준편차가 b인 정규분포를 갖는 난수로 mat 행렬을 채운다. saturateRange는 distType = RNG::UNIFORM일 때만 사용되며, saturateRange = true이면, mat 행렬의 자료형에 따라 $a \leq RNG < b$ 범위를 mat 행렬의 자료형의 범위에 맞게 $saturate(a) \leq RNG < saturate(b)$ 범위로 조정한 난수를 생성한다. saturateRange = false이면, $a \leq RNG < b$ 범위의 난수를 발생한 다음, 난수 값을 mat 행렬의 자료형에 맞게 조정한다.

[예제 4-38] RNG 클래스로 2차원 균등분포 난수 좌표 생성

```
001:  #include "opencv.hpp"
002:  #include <time.h>
003:  using namespace cv;
004:  using namespace std;
005:  int main()
006:  {
007:      Mat dstImage(512, 512, CV_8UC3, Scalar::all(255));
008:
009:      int nPoints = 100;
010:      Mat randPoints(1, nPoints, CV_32SC2);
011:
012:      RNG &rng = theRNG();
```

```
013:        rng.state = time(NULL);
014:
015:        Scalar a = Scalar::all(0);
016:        Scalar b = Scalar(dstImage.cols, dstImage.rows);
017:        rng.fill(randPoints, RNG::UNIFORM,a, b);
018: /*
019:        for(int i = 0; i < randPoints.cols; i++)
020:        {    Point pt;
021:             pt.x = rng.uniform(a.val[0], b.val[0]);
022:             pt.y = rng.uniform(a.val[0], b.val[1]);
023:             randPoints.at<Point>(0, i) = pt;
024:        }
025: */
026:        // draw points
027:        for(int x = 0; x < randPoints.cols; x++)
028:        {
029:             Point pt = randPoints.at<Point>(0, x);
030:             circle(dstImage, pt, 3, Scalar(0, 0, 0));
031:        }
032:        imshow("dstImage", dstImage);
033:        waitKey();
034:        return 0;
035: }
```

◎ 프로그램 설명

① [예제 4-36]의 randu 함수를 사용한 2차원 균등분포 난수 좌표 생성을 RNG 클래스의 RNG::fill 메서드 또는 RNG::uniform 메서드로 작성한다.

② 15−17행
RNG::fill 메서드에서 distType = RNG::UNIFORM로 균등분포를 설정하고, 구간 a, b 사이의 난수를 발생시켜 행렬 randPoints의 요소를 채운다.

③ 19−24행
RNG::uniform 메서드를 사용하여, 행렬 randPoints의 요소 개수만큼의 난수를 발생시킨다.

④ 27−31행
2채널 행렬 randPoints에 생성된 난수를 1채널은 x 좌표, 2채널은 y 좌표로 하여 dstImage에 원으로 표시한다. 실행 결과는 [그림 4.36]과 유사하게 표시된다.

[예제 4-39] RNG 클래스를 사용한 난수 발생

```
001:   #include "opencv.hpp"
002:   #include <time.h>
003:   using namespace cv;
004:   using namespace std;
005:   int main()
006:   {
007:        Mat dstImage(512, 512, CV_8UC3, Scalar::all(255));
008:
009:        int nPoints = 100;
010:        Mat randPoints(1, nPoints, CV_32SC2);
011:
012:        RNG &rng = theRNG();
013:        rng.state = time(NULL);
014:
015:        Scalar mean = Scalar(256, 256);
```

```
016:        Scalar stddev = Scalar(50, 50);
017:        rng.fill(randPoints, RNG::NORMAL, mean, stddev);
018: /*
019:        for(int i = 0; i < randPoints.cols; i++)
020:        {     Point pt;
021:              pt.x = rng.gaussian(stddev.val[0]);
022:              pt.x += mean.val[0];
023:              pt.y = rng.gaussian(stddev.val[1]);
024:              pt.y += mean.val[1];
025:              randPoints.at<Point>(0, i) = pt;
026:        }
027: */
028:        // draw points
029:        for(int x = 0; x < randPoints.cols; x++)
030:        {
031:              Point pt = randPoints.at<Point>(0, x);
032:              circle(dstImage, pt, 3, Scalar(0, 0, 0));
033:        }
034:        circle(dstImage, Point(mean.val[0], mean.val[1]), 3, Scalar(0, 0, 255), 3);
035:        imshow("dstImage", dstImage);
036:        waitKey();
037:        return 0;
038: }
```

◎ 프로그램 설명

① [예제 4-38]의 randn 함수를 사용한 2차원 정규분포 난수 좌표 생성을 RNG 클래스의 RNG::fill 메서드 또는 RNG::gaussian 메서드로 작성한다.

② 12-17행
디폴트 난수 발생기인 theRNG() 함수의 참조 변수를 rng에 저장하고, 난수의 상태를 time 함수로 설정하여 난수의 seed 값을 설정한다. RNG::fill 메서드에서 distType = RNG::NORMAL로 정규분포를 설정하고, 평균 mean, 표준편차 stddev인 정규분포 난수를 발생시켜 행렬 randPoints의 요소를 채운다.

③ 19-26행
RNG::gaussian 메서드를 사용하여, 0인 표준편차가 stddev인 난수를 발생시키고 평균 mean을 덧셈하여 정규분포를 갖는 난수를 행렬 randPoints의 요소 개수만큼 발생시킨다.

④ 29-34행
2채널 행렬 randPoints에 생성된 난수를 1채널은 x 좌표, 2채널은 y 좌표로 하여 dstImage에 원으로 표시한다. 실행 결과는 [그림 4.36]과 유사하게 표시된다.

07 SVD 클래스

SVD 클래스는 실수 행렬의 특이값 분해(singular value decomposition), $A = UWV^T$ 을 계산하는 클래스이다. SVD는 최소 자승 문제, 미지수보다 방정식이 적은 선형 방정식(under-determined linear systems)의 해, 역행렬 계산 등에 사용된다.

```
class SVD
{
public:
    enum Flags { MODIFY_A = 1, NO_UV = 2, FULL_UV = 4 };
    SVD();
    SVD( InputArray src, int flags = 0 );
    SVD& operator ()( InputArray src, int flags = 0 );
    static void compute( InputArray src, OutputArray w,
                    OutputArray u, OutputArray vt, int flags = 0 );
    static void backSubst( InputArray w, InputArray u,
                    InputArray vt, InputArray rhs,
                    OutputArray dst );
    static void solveZ( InputArray src, OutputArray dst );
    void backSubst( InputArray rhs, OutputArray dst ) const;
    template<typename _Tp, int m, int n, int nm> static
    void compute( const Matx<_Tp, m, n>& a, Matx<_Tp, nm, 1>& w,
                Matx<_Tp, m, nm>& u, Matx<_Tp, n, nm>& vt );
    template<typename _Tp, int m, int n, int nm> static
    void compute( const Matx<_Tp, m, n>& a, Matx<_Tp, nm, 1>& w );
    template<typename _Tp, int m, int n, int nm, int nb> static
    void backSubst( const Matx<_Tp, nm, 1>& w, const Matx<_Tp, m, nm>& u,
                const Matx<_Tp, n, nm>& vt, const Matx<_Tp, m, nb>& rhs,
                Matx<_Tp, n, nb>& dst );
    Mat u, w, vt;
};
```

① **SVD::SVD(InputArray src, int flags = 0)**

src는 분해될 입력 행렬이고, flags는 연산 모드를 지정한다. flags = SVD::MODIFY_A이면 입력행렬이 계산하는 동안 변경 가능하다. flags = SVD::NO_UV이면 특이값 행렬 w만 계산하고, u와 vt는 공백행렬로 설정한다. flags = SVD::FULL_UV이면 u, vt가 정방 직교행렬로 계산된다. 분해되는 행렬은 SVD::u, SVD::w, SVD::vt의 멤버로 접근 가능하며, SVD::w는 정방행렬 형태가 아니라, 대각 요소의 값만을 열 벡터 형태로 계산된다.

② **SVD& SVD::operator()(InputArray src, int flags = 0)**

입력 행렬 src를 flags 모드로 SVD를 수행한다. flags는 SVD::MODIFY_A, SVD::NO_UV, SVD::FULL_UV 등이 있다.

③ **static void SVD::compute(InputArray src, OutputArray w, OutputArray u, OutputArray vt, int flags = 0)**

함수 의미: $src = u \cdot w \cdot vt$

입력 행렬 src를 flags 모드로 SVD를 수행한다. flags는 SVD::MODIFY_A, SVD::NO_UV, SVD::FULL_UV 등이 있다. w는 특이값 행렬, u는 좌측 특이벡터(left singular vector), vt는 우측 특이벡터(right singular vector)의 전치행렬이다.

④ **static void SVD::compute(InputArray src, OutputArray w, int flags = 0)**

입력 행렬 src를 flags 모드로 SVD를 수행하여 특이값 행렬 w만을 계산한다. flags는 SVD::MODIFY_A, SVD::NO_UV, SVD::FULL_UV 등이 있다.

⑤ **static void SVD::solveZ(InputArray src, OutputArray dst)**

함수 의미: $dst = \arg\min_{\|X\|=1} \| src \cdot dst \|$

미지수보다 방정식이 적은 선형방정식(under-determined linear systems), $AX = 0$의 해(solution) 중에서 길이가 1인 X를 계산한다. $A = src$이고, $X = dst$이다. 해가 없을 수도 있고, 해가 하나일 수도 있고, 무한히 많은 해를 가질 수 있다.

⑥ **void SVD::backSubst(InputArray rhs, OutputArray dst) const**

함수 의미: $X = dst = vt^T \cdot diag(w)^{-1} \cdot u^T \cdot rhs$

rhs는 (u * w * vt) * dst =rhs 형태의 선형방정식의 오른쪽의 계수행렬이다. src는 SVD로 이미 특이값 분해를 수행한 상태이다.

⑦ **static void SVD::backSubst(InputArray w, InputArray u, InputArray vt, InputArray rhs, OutputArray dst)**

함수 의미: $X = dst = vt^T \cdot diag(w)^{-1} \cdot u^T \cdot rhs$

$$
\begin{aligned}
AX &= B \\
(UWV^T)X &= B & &: SVD \\
X &= VW^1 U^T B & &: U, V \text{ orthogonal}, U^{-1} = U^T, V^{-1} = V^T
\end{aligned}
$$

rhs는 수식에서 B로 선형방정식의 오른쪽의 계수행렬이다. 일반적인 선형방정식 또는 미지수보다 방정식이 많은 선형방정식(over-determined linear system), AX = B의 최소 자승해(least square solution)를 계산한다.

[예제 4-40] SVD 클래스 1: $A = UWV^T$ 분해

```
001:   #include "opencv.hpp"
002:   using namespace cv;
003:   using namespace std;
004:   int main()
005:   {
006:       double dataA[] = {1, 0, 0, 0, 2,
007:                         0, 0, 3, 0, 0,
008:                         0, 0, 0, 0, 0,
009:                         0, 4, 0, 0, 0};
010:       Mat A(4, 5, CV_64F, dataA);
011:       cout << "A=" << A << endl;
012:
013:       Mat A1 = A.clone();
014:       SVD svd(A1, SVD::MODIFY_A + SVD::FULL_UV);
015:       cout << "svd.u =" << svd.u << endl;
016:       cout << "svd.w =" << svd.w << endl;
017:       cout << "svd.vt =" << svd.vt << endl;
018:
019:       Mat W = Mat::zeros(A.size(), A.type());
020:       for(int i = 0; i < svd.w.rows; i++)
021:           W.at<double>(i, i) = svd.w.at<double>(i, 0);
022:       cout << "W=" << W << endl;
023: //    cout << "svd.u.size()=" << svd.u.size() << endl;
```

```
024:  //    cout << "W.size()=" << W.size() << endl;
025:  //    cout << "svd.vt.size()=" << svd.vt.size() << endl;
026:
027:        Mat A2 = svd.u * W * svd.vt;
028:        cout << "A2=" << A2 << endl; // A == A2
029:        return 0;
030:  }
```

◎ **프로그램 설명**

① 6-17행

6-9행은 배열 dataA를 사용하여 4×5 행렬 A를 생성한다. 13행은 행렬 A를 복제하여 행렬 A1에 저장하고, 14행은 SVD 클래스 객체 svd를 행렬 A1, flags = SVD::MODIFY_A + SVD::FULL_UV 모드로 생성한다. SVD::MODIFY_A에 의해 행렬 A가 변경 가능하며, SVD::FULL_UV에 의해 행렬 u, vt가 정방 직교행렬로 계산된다. 15-17행은 분해된 4×5 행렬 SVD::u, 4×1 행렬 SVD::w, 5×5 행렬 SVD::vt를 출력한다.

② 19-21행

대각 요소만 저장된 4×1 행렬 SVD::w를 이용하여, 행렬 곱셈이 가능하도록 4×5 행렬 W를 생성한다.

③ 27-28행

분해된 행렬을 차례로 곱셈한 svd.u * W * svd.vt를 행렬 A2에 저장한다. SVD가 적절히 수행되었다면 행렬 A2는 행렬 A와 같아야 한다. [그림 4.38]은 SVD 분해의 결과이다.

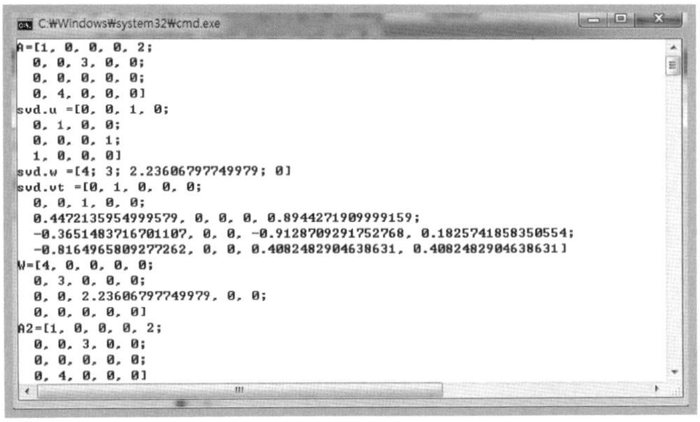

[그림 4.38] SVD 분해: $A = UWV^T$

[예제 4-41] SVD 클래스 2: 연립방정식의 해 구하기, $X = VW^{-1}u^TB$

```
001:  #include "opencv.hpp"
002:  using namespace cv;
003:  using namespace std;
004:  int main()
005:  {
006:        double dataA[] = {2, -1,  1,
007:                          3,  3,  9,
008:                          3,  3,  5};
009:        Mat A(3, 3, CV_64F, dataA);
010:        cout << "A=" << A << endl;
011:
012:        Mat B = (Mat_<double>(3,1) << -1, 0, 4);
013:        cout << "B=" << B << endl;
```

```
014:
015:        SVD svd(A, SVD::MODIFY_A + SVD::FULL_UV);
016:        cout << "svd.u =" << svd.u << endl;
017:        cout << "svd.w =" << svd.w << endl;
018:        cout << "svd.vt =" << svd.vt << endl;
019:
020:        Mat X;
021:        svd.backSubst(B, X);
022:        cout << "X=" << X << endl;
023:        return 0;
024: }
```

◎ 프로그램 설명

① [예제 4-29]의 solve 함수를 이용한 연립방정식의 해를 SVD로 해를 계산한다.

② 6-13행

6-9행은 연립방정식을 풀기 위한 3×3 행렬 A를 생성하고, 12행은 3×1 행렬 B를 생성한다.

$$2x - y + z = -1$$
$$2x + 3y + 9z = 0$$
$$3x + 3y + 5z = 4$$

$$\begin{matrix} A & X & = & B \end{matrix}$$

$$\begin{bmatrix} 2 & -1 & 1 \\ 3 & 3 & 9 \\ 3 & 3 & 5 \end{bmatrix} \begin{bmatrix} x \\ y \\ z \end{bmatrix} = \begin{bmatrix} -1 \\ 0 \\ 4 \end{bmatrix}$$

③ 15-18행

15행은 SVD 클래스 생성자로 행렬 A를 flags = SVD::MODIFY_A+SVD::FULL_UV 모드로 SVD 분해하는 객체 svd를 생성한다. SVD::MODIFY_A에 의해 행렬 A가 변경 가능하며, SVD::FULL_UV에 의해 행렬 u, vt가 정방 직교행렬로 계산된다. 16-18행은 분해된 4×5 행렬 SVD::u, 4×1 행렬 SVD::w, 5×5 행렬 SVD::vt를 출력한다.

④ 20-22행

svd.backSubst(B, X)로 해 X를 계산한다. 주어진 연립방정식의 정확한 해는 x = 1, y = 2, z = -1이다. [그림 4.39]는 SVD로 연립방정식의 해를 계산한 결과이다.

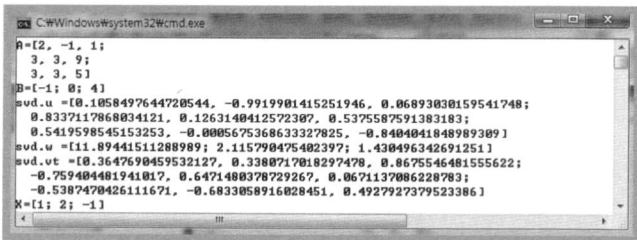

[그림 4.39] SVD로 연립방정식의 해 구하기, $X = VW^{-1}u^TB$

08 PCA 클래스

PCA는 주성분 분석(principal component analysis) 관련 클래스이다. 주어진 입력 벡터들로부터 계산된 공분산행렬(covariance matrix)의 고유벡터(eigen vectors)에 의해 고차원 벡터를 낮은 차원으로 차원을 줄이는 문제(dimension reduction)에 사용된다.

8.1 PCA 기초

여기서는 입력 데이터를 이용하여 PCA를 수행하고, 투영(projection)하고, 역투영 (backprojection)을 간단히 순서대로 설명한다.

① n-차원 벡터 $X = (x_1, x_2, ..., x_n)^T$ 형태의 M개의 입력 벡터, $X_k, k = 1, ..., M$가 data 행렬의 행에 주어져 있다고 가정한다.

$$data = \begin{bmatrix} x_{11} & x_{12,} & ....x_{1n} \\ x_{21} & x_{22,} & ....x_{2n} \\ .... & & \\ x_{m1} & x_{m2,} & ....x_{mn} \end{bmatrix}$$

② calcCovarMatrix 함수를 사용하면 1×n 평균 벡터 m_X와 n×n 공분산 행렬, C_X을 계산할 수 있다.

$$mX = E(X) = \frac{1}{M}\sum_{k=1}^{M} X_k$$

$$C_X = E[(X - m_X)(X - m_X)^T]$$
$$= \frac{1}{M}\sum_{k=1}^{M} X_k X_k^T - -m_X m_X^T$$

③ 공분산 행렬 C_X로부터 고유값(eigen value) λ_i와 고유벡터(eigen vector) e_i를 계산한다. 고유값, 고유벡터는 큰 값부터 작은 값 순으로 내림차순(descending order), $\lambda_j \geq \lambda_{j+1}, j = 1, 2, ..., n-1$으로 정렬하고, 대응하는 고유벡터를 계산한다. eigen 함수를 사용하면 고유값과 고유벡터를 계산할 수 있다.

$$C_X e_i = \lambda_i e_i, i = 1, 2, ..., n$$

④ 공분산 행렬 C_X의 고유벡터(eigen vector) $e_i = (e_{i1}, e_{i2}, ..., e_{in}), i = 1, .., n$를 가지고 변환행렬 A를 생성한다. 고유벡터로 구성된 행렬 A는 직교행렬(orthogonal matrix)이다.

$$A = \begin{bmatrix} e_{11} & e_{12,} & ....e_{1n} \\ e_{21} & e_{22,} & ....e_{2n} \\ .... & & \\ e_{n1} & e_{n2,} & ....e_{nn} \end{bmatrix}$$

⑤ n-차원 벡터 $X = (x_1, x_2, ..., x_n)^T$ 형태의 벡터를 다음과 같이 변환행렬 A와 평균 벡터 m_X로 변환하여 y 벡터를 얻는 것을 PCA 투영이라 하며, PCA::project 메서드로 수행한다.

$$Y = A(X - m_X) \; : \; PCA \; projecton$$

⑥ PA 투영된 y 벡터를 이용하여 벡터 X를 복구(reconstruction)하는 과정을 역투영(back projection)이라 한다. 행렬 A는 직교행렬이므로 역행렬은 전치행렬과 같다.

$$y = A(X - m_X)$$
$$A^{-1}y = A^{-1}A(X - m_X)$$
$$A^T y = X - m_X$$
$$X = A^T y + m_X \qquad\qquad : \; PCA \; back \, projection$$
$$여기서, \; A^{-1} = A^T$$

⑦ 공분산 행렬 C_X의 고유벡터(eigen vector) 중 n보다 작은 K개의 큰 고유벡터에 대응되는 고유벡터 $e_i = (e_{i1}, e_{i2}, ..., e_{in}), i = 1, .., K$만을 가지고 변환행렬 A_K를 가지고 PCA를 수행하여, PA 투영을 수행하면 y 벡터는 K-차원의 벡터로 차원이 줄고, 역투영을 수행하면 근사 벡터 $\hat{X}$를 얻는다.

$$A_k = \begin{bmatrix} e_{11} & e_{12, \; .... }e_{1n} \\ e_{21} & e_{22, \; .... }e_{2n} \\ .... \\ e_{K1} & e_{K2, \; .... }e_{Kn} \end{bmatrix}$$
$$\hat{X} = A_K^T y + m_X$$

⑧ PCA 클래스에서 PCA 클래스 생성자, PCA::operator(), PCA::computeVar 메서드로 평균 벡터, 공분산행렬, 고유값, 고유벡터 등을 계산하여 행렬 A를 계산한다. 고유벡터는 PCA::eigenvectors 행렬에 계산된다. PCA::project, PCA::backProject 메서드에 의해 PCA 투영과 역투영을 계산한다. K는 maxComponents 또는 retainedVariance에 의해 결정된다.

8.2 PCA 클래스

```
class PCA
{
public:
        enum Flags { DATA_AS_ROW = 0, DATA_AS_COL = 1, USE_AVG = 2 };
        PCA();
        PCA(InputArray data, InputArray mean, int flags, int maxComponents = 0);
        PCA(InputArray data, InputArray mean, int flags, double retainedVariance);
        PCA& operator()(InputArray data, InputArray mean, int flags,
                        int maxComponents = 0);
        PCA& operator()(InputArray data, InputArray mean, int flags,
                        double retainedVariance);
        Mat project(InputArray vec) const;
        void project(InputArray vec, OutputArray result) const;
        Mat backProject(InputArray vec) const;
```

```
        void write(FileStorage& fs ) const;
        void read(const FileNode& fs);
        Mat eigenvectors; // eigenvectors of the covariation matrix
        Mat eigenvalues;   // eigenvalues of the covariation matrix
        // mean value subtracted before the projection and added
        // after the back projection
        Mat mean;
    };
```

① PCA::PCA(InputArray data, InputArray mean, int flags,
            int maxComponents = 0)

flags = PCA::DATA_AS_ROW이면 입력 데이터가 data 행렬의 행에 저장되어 있고,
flags = PCA::DATA_AS_COL이면 data 행렬의 열에 저장되어 있다. mean은 평균 벡
터이고, mean = noArray()로 공백 행렬이면, 입력 행렬인 data 행렬로부터 평균 벡터
를 계산한다. maxComponents는 PCA가 유지해야 하는 최대요소 개수로, 내림차순으로
정렬된 고유값(eigen value)의 유지 개수, 고유값에 대응하는 고유벡터(eigen vectors)의
개수와 같다. 묵시적으로, 즉 maxComponents = 0이면 입력 벡터의 차원(요소의 개수)
와 같다.

고유값은 PCA::eigenvalues에 계산되고, 고유벡터는 PCA::eigenvectors 행렬의 행에
고유값이 큰 순서로 내림차순으로 maxComponents개수의 고유벡터가 저장된다.

② PCA::PCA(InputArray data, InputArray mean, int flags,
            double retainedVariance)

flags에 따라 입력 data 행렬의 행 또는 열에 저장된 벡터들의 공분산의 고유벡터를 계산
하여 PCA 변환행렬을 계산한다. retainedVariance는 PCA가 유지해야 하는 분산의 퍼
센트이다. 최소 2개의 요소는 유지한다.

③ PCA& PCA::operator()(InputArray data, InputArray mean, int flags,
            int maxComponents = 0)

flags에 따라 입력 data 행렬의 행 또는 열에 저장된 벡터들의 공분산의 고유벡터를 계산
하여 PCA 변환행렬을 계산한다. PCA 클래스의 디폴트 생성자로 객체를 생성한 경우 호
출하여 사용한다. maxComponents는 PCA가 유지해야 하는 최대 요소 개수이다.

④ PCA& PCA::computeVar(InputArray data, InputArray mean,
            int flags, double retainedVariance)

flags에 따라 입력 data 행렬의 행 또는 열에 저장된 벡터들의 공분산의 고유벡터를 계산
하여 PCA 변환행렬을 계산한다. PCA 클래스의 디폴트 생성자로 객체를 생성한 경우 호
출하여 사용한다. retainedVariance는 PCA가 유지해야 하는 분산의 퍼센트이다. 최소
2개의 요소는 유지한다.

⑤ Mat PCA::project(InputArray vec) const

PCA::project 메서드는 vec 벡터를 PCA 공간으로 투영(projection)한 결과를 행렬로 반환한다. vec는 PCA 생성자, PCA::operator(), PCA::computeVar에 의한 PCA 수행할 때의 입력 데이터와 같은 차원(dimension, number of components), 같은 flags 방향(열 또는 행)이어야 한다. vec는 하나의 벡터일 수도 있고, 행렬의 행 또는 열에 저장된 벡터들을 투영시킨 결과를 행렬로 반환한다. 반환된 행렬의 열은 입력 벡터들의 개수이고, 행은 maxComponents 또는 retainedVariance에 의해 결정된다.

⑥ void PCA::project(InputArray vec, OutputArray result) const

vec 벡터를 PCA 공간으로 투영(projection)한 결과를 result 행렬로 반환한다. PCA를 계산할 때, flags = PCA::DATA_AS_COL이면, result.cols = vec.cols이고, result.rows = maxComponents이다.

⑦ Mat PCA::backProject(InputArray vec) const

PCA::backProject 메서드는 PCA::project 메서드로 투영된 벡터를 역투영하여 행렬로 반환한다. vec는 PCA::project 메서드의 출력 벡터이다. 역투영된 반환행렬은 PCA::project 메서드의 입력과 크기가 같고, 행 또는 열에 저장된 구조가 같다.

⑧ void PCA::backProject(InputArray vec, OutputArray result) const

PCA::backProject 메서드는 PCA::project 메서드로 투영된 벡터를 역투영하여 result 행렬로 반환한다. 역투영된 result 행렬은 PCA::project 메서드의 입력과 크기가 같고, 행 또는 열에 저장된 구조가 같다.

[예제 4-42] $y = A(X - m_X)$, $X = A^T y + m_X$에 의한 PCA 투영 및 역투영

```
001:   #include "opencv.hpp"
002:   using namespace cv;
003:   using namespace std;
004:   #define FLIP_Y(y) ((dstImage.size().height - 1) - (y))
005:   int main()
006:   {
007:       double dataX[] = {0,  0,   0, 100, 100, 150, -100, -150,
008:                         0, 50, -50,   0,  30, 100,  -20, -100};
009:
010:       Mat X(2, 8, CV_64F, dataX);
011:       cout << "X=" << X << endl;
012:
013:       Mat cX, mX;
014:       calcCovarMatrix(X, cX, mX, COVAR_NORMAL + COVAR_COLS);
015:       cout << "mX=" << mX << endl;
016:       cout << "cX=" << cX << endl << endl;
017:
018:       Mat eValsX;
019:       Mat eVectsX;
020:       eigen(cX, eValsX, eVectsX);
021:       cout << "eValsX=" << eValsX << endl;
022:       cout << "eVectsX=" << eVectsX << endl << endl;
023:
```

```
024:        // PCA projection : start
025:        Mat X1 = X.clone();
026:        for(int x = 0; x < X1.cols; x++)
027:              X1.col(x) = X.col(x) - mX;
028:        Mat A = eVectsX.clone();
029:        Mat Y = A * X1;
030:        cout << "Y=" << Y << endl;
031:        // PCA projection : end
032:
033:        // PCA backprojection : start
034:        Mat X2 = A.t() * Y;
035:        for(int x = 0; x < X2.cols; x++)
036:              X2.col(x) = X2.col(x) + mX;
037:        cout << "X2=" << X2 << endl;
038:        // PCA backprojection : end
039:
040:        Mat cY, mY;
041:        calcCovarMatrix(Y, cY, mY, COVAR_NORMAL + COVAR_COLS);
042:        cout << "mY=" << mY << endl;
043:        cout << "cY=" << cY << endl << endl;
044:
045:        Mat eValsY;
046:        Mat eVectsY;
047:        eigen(cY, eValsY, eVectsY);
048:        cout << "eValsY=" << eValsY << endl;
049:        cout << "eVectsY=" << eVectsY << endl << endl;
050:
051:        // for Mahalanobis distance
052:        Mat invCx;
053:        invert(cX, invCx);
054:        Mat invCy;
055:        invert(cY, invCy);
056:
057:        // draw points and axis
058:        Mat dstImage(512, 512, CV_8UC3, Scalar::all(255));
059:        Point ptCenter(dstImage.cols/2, dstImage.rows/2);
060:
061:        int x, y;
062:        Mat vec2(2, 1, CV_64F);
063:        double fDistance1, fDistance2;
064:        for(y = 0; y < dstImage.rows; y++)
065:              for(x = 0; x < dstImage.cols; x++)
066:              {
067:                    vec2.at<double>(0, 0) = x - ptCenter.x;
068:                    vec2.at<double>(1, 0) = y - ptCenter.y;
069:                    fDistance1 = Mahalanobis(mX, vec2, invCx);
070:                    if(0.7 <= fDistance1 && fDistance1 <= 0.8)
071:                          dstImage.at<Vec3b>(FLIP_Y(y), x) = Vec3b(0, 0, 255);
072:
073:                    fDistance2 = Mahalanobis(mY, vec2, invCy);
074:                    if(0.7 <= fDistance2 && fDistance2 <= 0.8)
075:                          dstImage.at<Vec3b>(FLIP_Y(y), x) = Vec3b(255, 0, 0);
076:              }
077:        // draw points on the image
078:        Point pt1, pt2;
079:        for(x = 0; x < X.cols; x++)
080:        {
```

```
081:          // draw X
082:          pt1.x = X.at<double>(0, x) + ptCenter.x;
083:          pt1.y = X.at<double>(1, x) + ptCenter.y;
084:          pt1.y = FLIP_Y(pt1.y);
085:          circle(dstImage, pt1, 3, Scalar(0, 0, 255), 3);
086:
087:          // draw Y
088:          pt2.x = Y.at<double>(0, x) + ptCenter.x;
089:          pt2.y = Y.at<double>(1, x) + ptCenter.y;
090:          pt2.y = FLIP_Y(pt2.y);
091:          circle(dstImage, pt2, 3, Scalar(255, 0, 0), 3);
092:      }
093:      // draw mX
094:      pt1.x = cvRound(mX.at<double>(0, 0)) + ptCenter.x;
095:      pt1.y = cvRound(mX.at<double>(1, 0)) + ptCenter.y;
096:      pt1.y = FLIP_Y(pt1.y);
097:      circle(dstImage, pt1, 3, Scalar(255, 0, 255), 3);
098:
099:      // draw mY
100:      pt2.x = cvRound(mY.at<double>(0, 0)) + ptCenter.x;
101:      pt2.y = cvRound(mY.at<double>(1, 0)) + ptCenter.y;
102:      pt2.y = FLIP_Y(pt2.y);
103:      circle(dstImage, pt2, 3, Scalar(0, 0, 0), 3);
104:
105:      // draw X, Y axes
106:      pt1 = Point(0, ptCenter.y);
107:      pt2 = Point(dstImage.cols - 1, ptCenter.y);
108:      line(dstImage, pt1, pt2, Scalar(0, 0, 0), 2);
109:
110:      pt1 = Point(ptCenter.x, 0);
111:      pt2 = Point(ptCenter.x, dstImage.rows - 1);
112:      line(dstImage, pt1, pt2, Scalar(0, 0, 0), 2);
113:
114:      // draw eigen vectors for X
115:      double scale = sqrt(eValsX.at<double>(0, 0));
116:      double x1, y1, x2, y2;
117:      // draw eVectsX(0)
118:      x1 = scale * eVectsX.at<double>(0, 0);
119:      y1 = scale * eVectsX.at<double>(0, 1);
120:      x2 = -x1; // symmetric point
121:      y2 = -y1;
122:
123:      x1 += mX.at<double>(0, 0) + ptCenter.x;
124:      y1 += mX.at<double>(1, 0) + ptCenter.y;
125:      x2 += mX.at<double>(0, 0) + ptCenter.x;
126:      y2 += mX.at<double>(1, 0) + ptCenter.y;
127:
128:      pt1 = Point(cvRound(x1), FLIP_Y(cvRound(y1)));
129:      pt2 = Point(cvRound(x2), FLIP_Y(cvRound(y2)));
130:      line(dstImage, pt1, pt2, Scalar(0, 0, 255), 2);
131:
132:      // draw eVectsX(1)
133:      scale = sqrt(eValsX.at<double>(1, 0));
134:      x1 = scale * eVectsX.at<double>(1, 0);
135:      y1 = scale * eVectsX.at<double>(1, 1);
136:      x2 = -x1; // symmetric point
```

```
137:        y2 = -y1;
138:
139:        x1 += mX.at<double>(0, 0) + ptCenter.x;
140:        y1 += mX.at<double>(1, 0) + ptCenter.y;
141:        x2 += mX.at<double>(0, 0) + ptCenter.x;
142:        y2 += mX.at<double>(1, 0) + ptCenter.y;
143:
144:        pt1 = Point(cvRound(x1), FLIP_Y(cvRound(y1)));
145:        pt2 = Point(cvRound(x2), FLIP_Y(cvRound(y2)));
146:        line(dstImage, pt1, pt2, Scalar(0, 0, 255), 2);
147:        imshow("dstImage", dstImage);
148:        waitKey();
149:        return 0;
150: }
```

◎ 프로그램 설명

① [예제 4-35]의 마하라노비스 거리 계산 예제에서 사용한 8개의 좌표점에 대하여,
calcCovarMatrix 함수로 공분산행렬을 계산하고, eigen 함수로 고유벡터를 계산하고,
$y= A(X-mX)$에 의해 PCA 투영을 계산하고, $X= A^Ty+mX$에 의해 역투영을 계산한다.

② 7-22행
7-11행은 8개의 2차원 좌표점 (0, 0), (0, 50), (0, -50), (100, 0), (100, 30), (150, 100), (-100, 20),
(-150, -100)이 저장된 배열 dataX를 이용하여 2×8 행렬 X를 생성하고, 14행은 calcCovarMatrix
함수로 행렬 X의 열에 저장된 좌표점들의 평균 mX와 공분산행렬 cX를 계산한다. 20행은 eigen 함
수로 공분산행렬 cX의 고유값 eValsX과 고유벡터 eVectsX를 계산한다. cX는 스케일링이 되어 있
지 않은 공분산행렬이다.

③ 25-30행
25행은 행렬 X를 X1에 복제하고, 26-27행은 행렬 X1의 각 열에서 평균 벡터 mX를 뺄셈하
고, 28행은 고유벡터 eVectsX를 행렬 A에 복제하고, 29행은 Y = A * X1에 의해 PCA 투영
$Y= A(X-mX)$을 계산한다. 행렬 Y의 각 열에 PCA 투영 좌표들이 저장된다.

④ 34-37행
$X2= A^TY+mX$에 의해 역투영 행렬 X2를 계산한다. PCA 투영과 역투영이 올바르게 계산되었
다면 X2는 원본 데이터인 10행의 행렬 X와 같아야 한다.

⑤ 40-49행
41행은 PCA 투영 행렬 Y의 평균 mY와 공분산행렬 cY를 계산하고, 47행은 eigen 함수로 공분산행
렬 cY의 고유값 eValsY과 고유벡터 eVectsY를 계산한다. cY는 스케일링이 되어 있지 않은 공분산
행렬이다.

⑥ 52-55행
마하라노비스 거리를 계산을 위해 invert 함수로 공분산행렬 cX, cY의 역행렬 invCx, invCy를 각
각 계산한다.

⑦ 61-76행
영상으로 사용할 행렬 dstImage의 중심좌표 ptCenter가 원점인 모든 좌표 vec2에서 mX까지의 마
하라노비스 거리, fDistance1을 계산하여 0.7 <= fDistance1 && fDistance1 <= 0.8이면 Vec3b(0,
0, 255)의 빨강 색상으로 표시하고, vec2에서 mY까지의 마하라노비스 거리, fDistance2를 계산하
여 0.7 <= fDistance2 && fDistance1 <= 0.8이면 Vec3b(255, 0, 0)의 파랑 색상으로 표시하여, 원본
행렬 X의 공분산행렬의 형태와, PCA 투영된 행렬 Y의 공분산행렬의 형태를 구별하여 표시한다.

⑧ 78-92행
82-85행은 행렬 X의 열에 저장된 좌표점을 circle 함수로 행렬 dstImage에 Scalar(0, 0, 255) 색상
으로 출력하고, 88-91행은 행렬 Y의 열에 저장된 PCA 투영 좌표점을 circle 함수로 행렬 dstImage
에 Scalar(255, 0, 0) 색상으로 출력한다.

⑨ 94-103행

94-97행은 원본 데이터의 중심점 mX를 원으로 표시하고, 100-103행은 PCA 변환 중심점 mY를 원으로 표시한다.

⑩ 106-112행

line 함수를 사용하여 dstImage의 중심점 ptCenter를 지나는 가로축과 세로축을 dstImage 영상에 표시한다.

⑪ 115-146행

115-130행은 행렬 X의 고유벡터 eVectsX의 0행을 직선으로 표시한다. 133-146행은 행렬 X의 고유벡터 eVectsX의 1행을 직선으로 표시한다. 행렬 Y의 고유벡터 eVectsY도 유사하게 표시할 수 있다. [그림 4.40]은 행렬 X의 평균 mX, 공분산행렬 cX, 고유값 eValsX, 고유벡터 eVectsX와 PCA 투영에 의해 변환된 좌표들의 행렬 Y의 평균 mY, 공분산행렬 cY, 고유값 eValsY, 고유벡터 eVectsY를 출력 결과로 보인다. 역투영된 행렬 X2은 X와 약간의 오차 내에서 같은 결과임을 확인할 수 있다. PCA 투영 전의 공분산행렬의 고유값 eValsX와 투영된 좌표들에 대한 공분산행렬의 고유값 eValsY가 같은 것을 알 수 있다. 또한, 투영 후의 공분산행렬 cY의 대각 요소값이 고유값 eValsY와 같은 것을 확인할 수 있고, 투영 후의 고유벡터 eVectsY를 보면 [1, 0], [0, 1]로 변환된 것을 알 수 있다. 행렬 Y의 중심점 $mY = [0, 0]^T$이며, 고유벡터 eVectsY를 사용하여 115-146행과 같이 직선을 그리면 106-112행에서 그린 직선과 방향이 정확히 일치한다. 즉, PCA 투영은 고유벡터가 축(axis)이 되게 정규화하는 변환이다. [그림 4.41]은 PCA 투영을 화면에 표시한다.

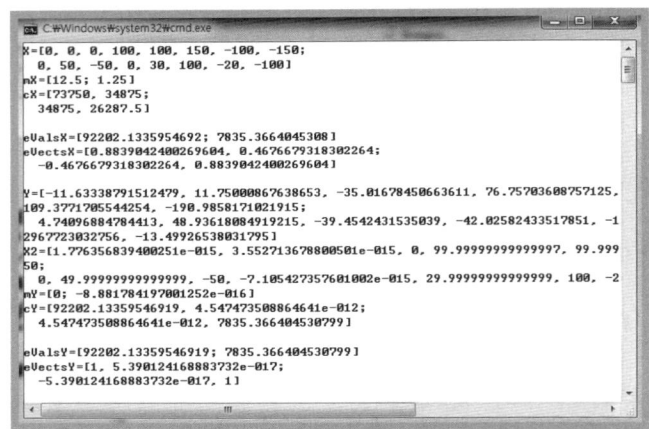

[그림 4.40] $y = A(X - mX)$, $X = A^T y + mX$에 의한 PCA 투영 및 역투영

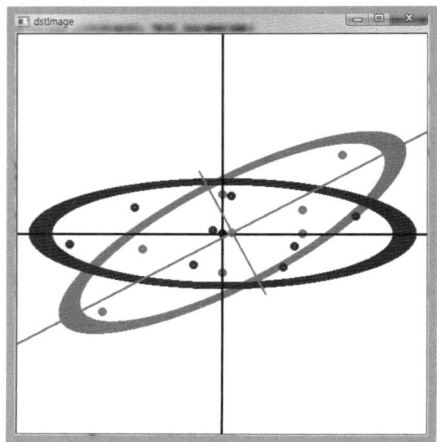

[그림 4.41] $y = A(X - mX)$에 의한 PCA 투영

[예제 4-43] PCA 클래스를 이용한 PCA 투영 및 역투영

```
001:  #include "opencv.hpp"
002:  using namespace cv;
003:  using namespace std;
004:  #define FLIP_Y(y) ((dstImage.size().height - 1) - (y))
005:  int main()
006:  {
007:      double dataX[] = { 0,   0,   0, 100, 100, 150, -100, -150,
008:                         0, 50, -50,   0,  30, 100,  -20, -100};
009:
010:      Mat X(2, 8, CV_64F, dataX);
011:      cout << "X=" << X << endl;
012:      Mat  mX;
013:      reduce(X, mX, 1, REDUCE_AVG); //CV_REDUCE_AVG
014:      cout << "mX=" << mX << endl;
015:
016:      PCA pca(X, mX, DATA_AS_COL);   // CV_PCA_DATA_AS_COL in OpenCV 2.4.13
017:      Mat Y;
018:      pca.project(X, Y);
019:      cout << "Y=" << Y << endl;
020:      Mat  mY;
021:      reduce(Y, mY, 1, REDUCE_AVG);
022:      cout << "mY=" << mY << endl;
023:
024:      Mat X2;
025:      pca.backProject(Y, X2);
026:      cout << "X2=" << X2 << endl;
027:
028:      cout << "pca.mean=" << pca.mean << endl;
029:      cout << "pca.eigenvalues=" << pca.eigenvalues << endl;
030:      cout << "pca.eigenvectors=" << pca.eigenvectors << endl;
031:
032:      // draw points and axis
033:      Mat dstImage(512, 512, CV_8UC3, Scalar::all(255));
034:      Point ptCenter(dstImage.cols/2, dstImage.rows/2);
035:
036:      // draw points on the image
037:      Point pt1, pt2;
038:      for(int x = 0; x < X.cols; x++)
039:      {
040:          // draw X
041:          pt1.x = X.at<double>(0, x) + ptCenter.x;
042:          pt1.y = X.at<double>(1, x) + ptCenter.y;
043:          pt1.y = FLIP_Y(pt1.y);
044:          circle(dstImage, pt1, 3, Scalar(0, 0, 255), 3);
045:
046:          // draw Y
047:          pt2.x = Y.at<double>(0, x) + ptCenter.x;
048:          pt2.y = Y.at<double>(1, x) + ptCenter.y;
049:          pt2.y = FLIP_Y(pt2.y);
050:          circle(dstImage, pt2, 3, Scalar(255, 0, 0), 3);
051:      }
052:      // draw mX
053:      pt1.x = cvRound(mX.at<double>(0, 0)) + ptCenter.x;
054:      pt1.y = cvRound(mX.at<double>(1, 0)) + ptCenter.y;
055:      pt1.y = FLIP_Y(pt1.y);
```

```
056:        circle(dstImage, pt1, 3, Scalar(255, 0, 255), 3);
057:
058:        // draw mY
059:        pt2.x = cvRound(mY.at<double>(0, 0)) + ptCenter.x;
060:        pt2.y = cvRound(mY.at<double>(1, 0)) + ptCenter.y;
061:        pt2.y = FLIP_Y(pt2.y);
062:        circle(dstImage, pt2, 3, Scalar(0, 0, 0), 3);
063:
064:        // draw X, Y axes
065:        pt1 = Point(0, ptCenter.y);
066:        pt2 = Point(dstImage.cols - 1, ptCenter.y);
067:        line(dstImage, pt1, pt2, Scalar(0, 0, 0));
068:
069:        pt1 = Point(ptCenter.x, 0);
070:        pt2 = Point(ptCenter.x, dstImage.rows - 1);
071:        line(dstImage, pt1, pt2, Scalar(0, 0, 0));
072:
073:        // draw eigen vectors for X
074:        double scale = sqrt(pca.eigenvalues.at<double>(0, 0) * X.cols);
075:        double x1, y1, x2, y2;
076:        // draw pca.eigenvectors(0)
077:        x1 = scale * pca.eigenvectors.at<double>(0, 0);
078:        y1 = scale * pca.eigenvectors.at<double>(0, 1);
079:        x2 = -x1; // symmetric point
080:        y2 = -y1;
081:
082:        x1 += mX.at<double>(0, 0) + ptCenter.x;
083:        y1 += mX.at<double>(1, 0) + ptCenter.y;
084:        x2 += mX.at<double>(0, 0) + ptCenter.x;
085:        y2 += mX.at<double>(1, 0) + ptCenter.y;
086:
087:        pt1 = Point(cvRound(x1), FLIP_Y(cvRound(y1)));
088:        pt2 = Point(cvRound(x2), FLIP_Y(cvRound(y2)));
089:        line(dstImage, pt1, pt2, Scalar(0, 0, 255), 2);
090:
091:        // draw pca.eigenvectors(1)
092:        scale = sqrt(pca.eigenvalues.at<double>(1, 0) * X.cols);
093:        x1 = scale * pca.eigenvectors.at<double>(1, 0);
094:        y1 = scale * pca.eigenvectors.at<double>(1, 1);
095:        x2 = -x1; // symmetric point
096:        y2 = -y1;
097:
098:        x1+= mX.at<double>(0, 0) + ptCenter.x;
099:        y1+= mX.at<double>(1, 0) + ptCenter.y;
100:        x2+= mX.at<double>(0, 0) + ptCenter.x;
101:        y2+= mX.at<double>(1, 0) + ptCenter.y;
102:
103:        pt1 = Point(cvRound(x1), FLIP_Y(cvRound(y1)));
104:        pt2 = Point(cvRound(x2), FLIP_Y(cvRound(y2)));
105:        line(dstImage, pt1, pt2, Scalar(0, 0, 255), 2);
106:        imshow("dstImage", dstImage);
107:        waitKey();
108:        return 0;
109:  }
```

◎ 프로그램 설명

① [예제 4-42]의 8개의 좌표점에 대한 PCA 투영은 PCA 클래스의 PCA::project 메서드로 역투영은 PCA::backProject로 수행한다.

② 7-26행

7-11행은 8개의 2차원 좌표점 (0, 0), (0, 50), (0, -50), (100, 0), (100, 30), (150, 100), (-100, 20), (-150, -100)이 저장된 배열 dataX를 이용하여 2×8 행렬 X를 생성한다. 13행은 reduce 함수로 행렬 X의 평균 벡터 mX를 계산한다. 16행은 PCA 클래스 객체 pca를 행렬 X, 평균 벡터 mX, flags = PCA::DATA_AS_COL로 생성한다.

③ 28-30행

PCA 클래스 객체 pca의 평균 pca.mean, 고유값 pca.eigenvalues, 고유벡터 pca.eigenvectors를 출력한다. pca.mean = mX이고, pca.eigenvalues는 [예제 4-42]의 eValsX / 8이다. 이것은 [예제 4-42]에서 calcCovarMatrix 함수로 공분산행렬을 계산할 때 스케일링을 하지 않았기 때문이다.

④ 33-71행

41-44행은 행렬 X의 열에 저장된 좌표점을 circle 함수로 행렬 dstImage에 Scalar(0, 0, 255) 색상으로 출력하고, 47-50행은 행렬 Y의 열에 저장된 PCA 투영 좌표점을 circle 함수로 행렬 dstImage에 Scalar(255, 0, 0) 색상으로 출력한다. 53-56행은 원본 데이터의 중심점 mX를 원으로 표시하고, 59-62행은 PCA 변환 중심점 mY를 원으로 표시한다. 65-71행은 line 함수를 사용하여 dstImage의 중심점 ptCenter를 지나는 가로축과 세로축을 dstImage 영상에 표시한다.

⑤ 74-105행

74-89행은 행렬 X의 고유벡터 pca.eigenvectors의 0행을 직선으로 표시한다. 92-105행은 행렬 X의 고유벡터 pca.eigenvectors의 1행을 직선으로 표시한다. [예제 4-42]와 같은 크기로 축을 표시하기 위하여 74행과 92행에서 고유값을 X.cols = 8로 스케일링한다.

⑥ [그림 4.42]는 PCA 클래스에 의한 투영 및 역투영 결과이다. PCA 변환 행렬 Y, 평균 벡터 mY, 역투영 행렬 X2가 [예제 4-42]의 결과인 [그림 4.40]과 일치하는 것을 알 수 있다. 고유값 pca.eigenvalues는 [예제 4-42]의 eValsX의 1 / 8이며 이것은 공분산행렬을 계산할 때 PCA 클래스 내에서는 스케일링을 수행했기 때문이다. 고유벡터 pca.eigenvectors는 [예제 4-42]의 eVectsX와 같다. [그림 4.43]은 PCA 클래스에 의한 투영행렬 X2 및 역투영 행렬 Y를 표시한 결과이며, [그림 4.41]의 좌표점과 고유값 pca.eigenvalues와 고유벡터 pca.eigenvectors를 사용하여 표시한 축의 크기 및 방향이 같다. pca 객체를 이용하여 공분산행렬에 접근할 수 없어 마하라노비스 거리는 출력하지 않았다.

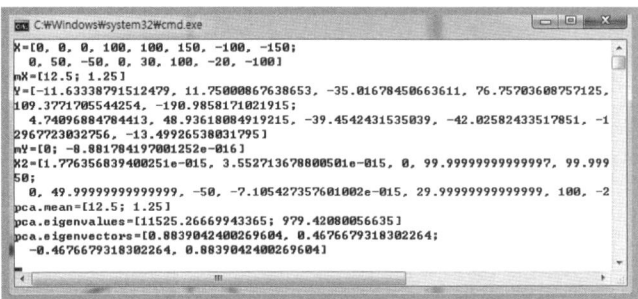

[그림 4.42] PCA 클래스에 의한 투영 및 역투영

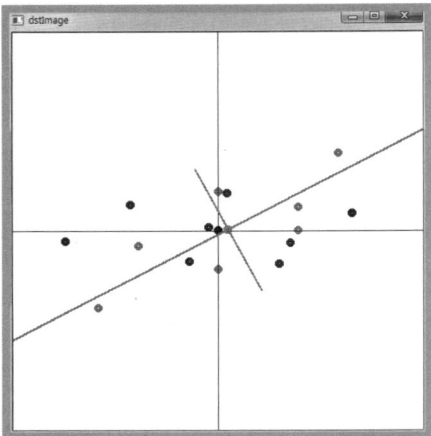

[그림 4.43] PCA 클래스에 의한 투영행렬 X2 및 역투영 행렬 Y

[예제 4-44] PCA 클래스를 이용한 3채널 컬러 영상의 PCA 투영

```cpp
001:  #include "opencv.hpp"
002:  using namespace cv;
003:  using namespace std;
004:  int main()
005:  {
006:      Mat srcImage = imread("lena.jpg");
007:      if( srcImage.empty() )
008:          return -1;
009:      cout << "srcImage.type()=" << srcImage.type() << endl; //CV_8UC3
010:      vector<Mat> bgrPlanes;
011:      split(srcImage, bgrPlanes);
012:      imshow("bgrPlanes[0]", bgrPlanes[0]);
013:      imshow("bgrPlanes[1]", bgrPlanes[1]);
014:      imshow("bgrPlanes[2]", bgrPlanes[2]);
015:
016:      Mat X = srcImage.reshape(1, srcImage.rows * srcImage.cols);
017:      cout << "X.size()=" << X.size() << endl;
018:      // CV_PCA_DATA_AS_ROW in OpenCV 2.4.13
019:      PCA pca(X, noArray(), PCA::DATA_AS_ROW);
020:
021:      Mat Y;
022:      pca.project(X, Y);
023:      cout << "Y.size()=" << Y.size() << endl;
024:
025:      Mat Y2 = Y.reshape(3, srcImage.rows);
026:      cout << "Y2.size()=" << Y2.size() << endl;
027:
028:      vector<Mat> yPlanes;
029:      split(Y2, yPlanes);
030:      cout << "yPlanes[0].type()=" << yPlanes[0].type() << endl; // CV_32F = 5
031:
032:      yPlanes[0].convertTo(yPlanes[0], CV_8U);
033:      yPlanes[1].convertTo(yPlanes[1], CV_8U);
034:      yPlanes[2].convertTo(yPlanes[2], CV_8U);
035:      cout << "yPlanes[0].type()=" << yPlanes[0].type() << endl; // CV_8U = 0
036:  //  yPlanes[0] *= 1.0/255.0;
037:  //  yPlanes[1] *= 1.0/255.0;
```

```
038:  //    yPlanes[2] *= 1.0 / 255.0;
039:
040:        imshow("yPlanes[0]", yPlanes[0]);
041:        imshow("yPlanes[1]", yPlanes[1]);
042:        imshow("yPlanes[2]", yPlanes[2]);
043:  //    imshow("srcImage", srcImage);
044:        waitKey();
045:        return 0;
046:  }
```

◎ 프로그램 설명

① 6-14행

lena.jpg 영상을 3-채널 컬러로 읽어 행렬 srcImage에 저장하고, 10-11행은 split 함수로 3-채널 컬러 영상 srcImage를 bgrPlanes에 채널을 분리해 저장한다. 12-14행은 Blue 채널(채널-0) bgrPlanes[0], Green 채널 bgrPlanes[1], Red 채널 bgrPlanes[2]를 표시한다. srcImage.type() = CV_8UC3 = 16이다.

② 16-17행

srcImage.reshape 메서드로 1-채널 srcImage.rows * srcImage.cols 행의 행렬로 변형하여 X에 저장한다. 행렬 X의 열은 X.cols = 3, 행은 X.rows = srcImage.rows * srcImage.cols로 변경되어 3채널 행렬 srcImage의 각 요소가 행렬 X의 각 행에 저장된다.

③ 19-26행

19행은 PCA 클래스 객체 pca를 행렬 X, mean = noArray(), flags = PCA::DATA_AS_ROW로 생성한다. mean = noArray()이므로 평균 벡터를 내부에서 계산한다. 22행은 pca.project(X, Y)로 행렬 X를 PCA 투영시켜 Y에 저장한다. 25행은 Y를 3채널 Y.rows = srcImage.rows, Y.cols = srcImage.cols로 변경한다.

④ 28-30행

29행은 split 함수로 PCA 투영된 Y2를 yPlanes에 채널을 분리해 저장한다. 30행은 yPlanes[0].type() = CV_32F = 5를 출력한다. 32-34행은 imshow 함수로 화면에 표시하기 위하여 Mat::convertTo 메서드를 사용하여 CV_8U 자료형으로 변환한다. 33행은 yPlanes[0].type() = CV_8U = 0을 출력한다. 32-34행과 같이 CV_8U 자료형으로 변환하는 대신, CV_32F 자료형인 경우 imshow 함수로 영상을 표시하기 위해서, 36-38행과 같이 스케일링하여 [0, 1] 사이의 값으로 스케일링해도 imshow 함수에 의해 정상적으로 표시된다. imshow 함수는 실수형(CV_32F, CV_64F)일 때는 화소값의 범위를 [0, 1]로 간주하여 255로 스케일링하여 표시한다.

⑤ [그림 4.44]는 3-채널 컬러 영상의 PCA 투영에서 행렬의 자료형 및 크기의 출력 결과이다. [그림 4.45]는 원본 영상의 BGR 채널 분리 영상 bgrPlanes와 PCA 투영영상 yPlanes를 표시한다. PCA 투영된 yPlanes[0], yPlanes[1], yPlanes[2]는 고유값이 큰 순서에 대응되는 고유벡터에 의해 변환된 영상이다. 그러므로 yPlanes[0]에 정보가 가장 많고, yPlanes[2]에 정보가 가장 적다.

[그림 4.44] 3채널 컬러 영상의 PCA 투영에서 행렬의 자료형 및 크기

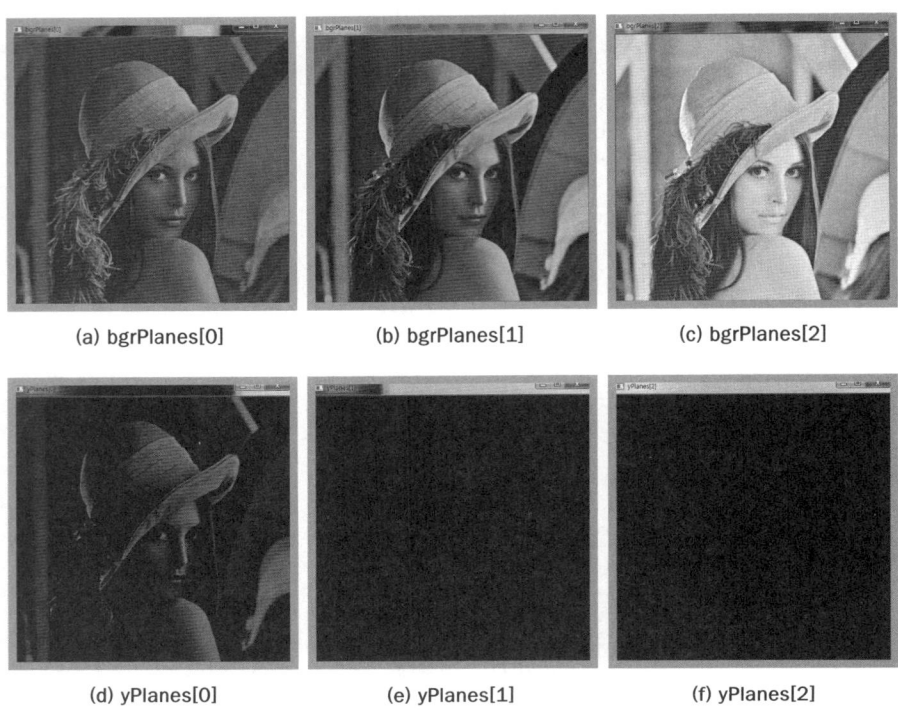

(a) bgrPlanes[0]   (b) bgrPlanes[1]   (c) bgrPlanes[2]

(d) yPlanes[0]   (e) yPlanes[1]   (f) yPlanes[2]

[그림 4.45] PCA 클래스를 이용한 3채널 컬러 영상의 PCA 투영

포인트 프로세싱

포인트 프로세싱(point processing)은 [그림 5.1]과 같이 입력영상, srcImage(x, y)의 각 화소(x, y) 주위의 이웃(neighbourhood) 화소를 고려하지 않고, 입력영상의 화소의 값 r 을 변환 함수 T에 의해 변환시켜 출력영상 dstImage(x, y)의 화소값 s를 얻는 영상처리 방법이다.

이 장에서는 1채널의 그레이스케일 영상에서 변환 함수 T로 반전영상, 임계값 영상, 선형 변환, 로그 변환, 거듭제곱 변환, 히스토그램 평활화 등에 대하여 다룬다. 지금부 터는 대부분의 예제에서 영상을 사용하므로, Mat, Mat_ 행렬 객체를 사용하는 의미 에 맞게 행렬 또는 영상으로 혼용하여 설명한다. 그림 또는 수식에서는 편의상 좌표를 (x, y)로 설명하지만, 실제 Mat::at 메서드에서 영상의 화소에 접근할 때는 srcImage. at⟨uchar⟩(y, x)로 Mat_ 행렬에서는 dstImage(y, x)와 같이 행(row)−열(column) 순서 로 접근함에 주의한다.

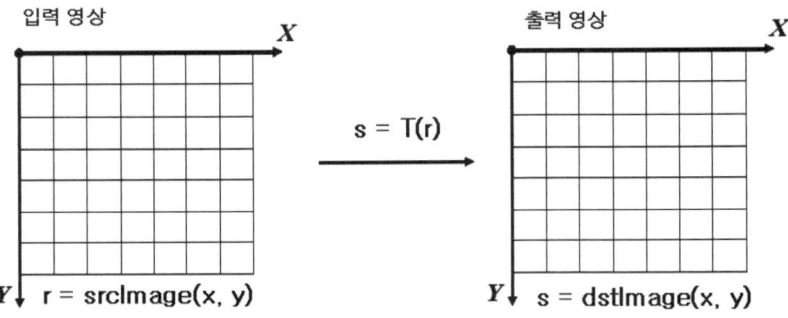

[그림 5.1] 입력영상 srcImage(x,y)와 출력영상 srcImage(x,y)

01 포인트 처리에 의한 화소값의 변환

1.1 반전영상

반전영상(negative image)은 입력영상의 밝기값 최대값(255)에서 입력영상 srcImage(x, y)의 화소(x, y) 밝기값 r의 뺄셈으로 변환영상 dstImage(x, y)의 화소값 s 를 계산한다. 8 비트 영상에서 최대값(max_value)은 255이므로 s = 255 − r로 반전 영 상을 계산할 수 있다.

[예제 5-1] 반전영상

```
001:   #include "opencv.hpp"
002:   using namespace cv;
003:   using namespace std;
004:   int main()
005:   {
006:       Mat srcImage = imread("lena.jpg", IMREAD_GRAYSCALE);
007:       if( srcImage.empty() )
008:           return -1;
009:
010:       Mat_<uchar>image(srcImage);
011:       Mat_<uchar>dstImage(srcImage.size());
012:
013:       for(int y = 0; y < image.rows; y++)
014:           for(int x = 0; x < image.cols; x++)
015:           {
016:               uchar r = image(y, x);
017:               dstImage(y, x) = 255 - r;
018:           }
019:       imshow("dstImage", dstImage);
020:       waitKey();
021:       return 0;
022:   }
```

◎ **프로그램 설명**

① 6-11행

imread 함수로 "lena.jpg" 영상을 1 채널인 그레이스케일 영상으로 읽어 srcImage에 저장한다. 10행은 Mat_<uchar>의 행렬 image를 srcImage로 초기화하여 생성한다. 11행은 출력으로 사용할 영상 dstImage를 Mat_<uchar> 자료형과 srcImage.size() 크기로 생성한다.

② 13-18행

입력영상 image(x, y)를 r에 저장하고, 255 - r을 계산하여 dstImage(y, x)에 저장한다. [그림 5.2]는 실행 결과인 반전영상이다.

[그림 5.2] 반전영상

[예제 5-2] LUT 함수를 이용한 반전영상

```
001:    #include "opencv.hpp"
002:    using namespace cv;
003:    using namespace std;
004:    int main()
005:    {
006:        Mat srcImage = imread("lena.jpg", IMREAD_GRAYSCALE);
007:        if( srcImage.empty() )
008:            return -1;
009:
010:    //    Mat lut(1, 256, CV_8U);
011:    //    for(int i = 0; i < 256; i++)
012:    //        lut.at<uchar>(0, i) = 256 - i;
013:
014:        Mat_<uchar> lut(1, 256);
015:        for(int i = 0; i < 256; i++)
016:            lut(i) = 256 - i;
017:
018:        Mat dstImage;
019:        LUT(srcImage, lut, dstImage);
020:        imshow("dstImage", dstImage);
021:        waitKey();
022:        return 0;
023:    }
```

◎ **프로그램 설명**

① 10-16행

10-12행은 CV_8U 자료형의 1×256 크기의 Mat 행렬 lut를 생성하고 lut.at<uchar>(0, i)에 255 - i 를 저장한다. 14-16행은 Mat_<uchar> 행렬로 lut 행렬을 생성한다.

② 18-19행

19행은 LUT 함수로 srcImage에 lut 행렬을 적용하여 출력 반전영상 dstImage로 변환한다. LUT 함수를 이용한 반전영상의 결과는 앞의 [그림 5.2]와 같다.

1.2 임계값 영상

임계값 영상(threshold image)은 입력영상의 밝기값 r이 주어진 임계값(threshold)보다 크면 max_value, 그렇지 않으면 0으로 출력영상의 밝기값 s를 설정한다. threshold 함 수는 다양한 임계값 종류를 제공한다. 임계값 영상은 영상을 분할하는 가장 간단한 방법 이다.

$$s = T(r)$$

$$= \begin{cases} max\_value & \text{if } r > threshold \\ 0 & o.w \end{cases}$$

① double threshold(InputArray src, OutputArray dst, double thresh,
double maxval, int type);

src는 단일 채널의 CV_8U 또는 CV_32F의 입력영상이고, dst는 src와 같은 자료형, 같은 크기의 출력영상이다. thresh는 임계값, type은 임계값의 종류를 나타낸다. max_value는 THRESH_BINARY, THRESH_BINARY_INV에서 사용할 최대값이다. type에 THRESH_OTSU를 함께 사용하면 주어진 임계값 thresh와 관계없이 Otsu 알고리즘으로 최적 임계값을 계산한다. Otsu 방법은 8비트에서 구현되어 있다.

ⓐ THRESH_BINARY

$$dst(y,x) = \begin{cases} max\_value & \text{if } src(y,x) > thresh \\ 0 & o.w \end{cases}$$

ⓑ THRESH_BINARY_INV

$$dst(y,x) = \begin{cases} 0 & \text{if } src(y,x) > thresh \\ max\_value & o.w \end{cases}$$

ⓒ THRESH_TRUNC

$$dst(y,x) = \begin{cases} thresh & \text{if } src(y,x) > thresh \\ src(y,x) & o.w \end{cases}$$

ⓓ THRESH_TOZERO

$$dst(y,x) = \begin{cases} src(y,x) & \text{if } src(y,x) > thresh \\ 0 & o.w \end{cases}$$

ⓔ THRESH_TOZERO_INV

$$dst(y,x) = \begin{cases} 0 & \text{if } src(y,x) > thresh \\ src(y,x) & o.w \end{cases}$$

[예제 5-3] threshold 함수를 사용한 임계치 영상

```
001:  #include "opencv.hpp"
002:  using namespace cv;
003:  using namespace std;
004:  int main()
005:  {
006:      Mat srcImage = imread("lena.jpg", IMREAD_GRAYSCALE);
007:      if( srcImage.empty() )
008:          return -1;
009:
010:      Mat dstImage1;
011:      double th1 = threshold(srcImage, dstImage1, 100, 255, THRESH_BINARY);
012:      cout << "th1 = " << th1 << endl;
013:
014:      Mat dstImage2;
015:      double th2 = threshold(srcImage, dstImage2, 100, 255,
```

```
016:                        THRESH_BINARY + THRESH_OTSU);
017:        cout << "th2 = " << th2 << endl;
018:
019:        imshow("dstImage1", dstImage1);
020:        imshow("dstImage2", dstImage2);
021:        waitKey();
022:
023:        return 0;
024: }
```

◎ **프로그램 설명**

① 11행

threshold 함수로 srcImage 영상에 임계값 thresh = 100, maxval = 255, type = THRESH_BINARY을 적용하여 이진영상 dstImage1을 얻는다. 반환값 th1 = 100이다.

② 15-16행

threshold 함수로 srcImage 영상에 임계값 thresh = 100, maxval = 255, type = THRESH_BINARY + THRESH_OTSU을 적용하여 이진영상 dstImage2를 얻는다. THRESH_OTSU가 지정되면 임계값 thresh와 관계없이 임계값을 Otsu 알고리즘을 적용하여 계산하고 반환하여 th2 = 117이다. [그림 5.3]은 threshold 함수를 사용한 임계값 영상이다.

(a) THRESH_BINARY　　　　　(b) THRESH_BINARY+THRESH_OTSU

[그림 5.3] threshold 함수를 사용한 임계값 영상

② **void adaptiveThreshold(InputArray src, OutputArray dst, double maxValue,**
　　　　　int adaptiveMethod, int thresholdType, int blockSize, double C);

adaptiveThreshold 함수는 하나의 임계값이 영상 전체 화소에 동일하게 적용하는 것이 아니라, 각각의 화소마다 이웃을 고려하여 개별적으로 임계값을 계산하여 적용한다. adaptiveThreshold 함수는 화소의 이웃을 사용하므로 포인트 프로세싱을 하는 것이 아니지만, threshold 함수와 관련 있기 때문에 이곳에서 설명한다.

ⓐ 입력영상 src는 8비트 단일 채널 영상이며, blockSize×blockSize 크기의 이웃에서 계산한 평균 또는 가중평균에서 C 값을 뺄셈하여 임계값을 계산하고, thresholdType에 따라 출력 dst를 계산한다.

ⓑ adaptiveMethod는 적응형 임계값의 종류이다. ADAPTIVE_THRESH_MEAN_C이면,

blockSize×blockSize 크기의 이웃에서 평균을 계산한 다음 C 뺄셈한 값이 임계값, T(x, y)이 된다. ADAPTIVE_THRESH_GAUSSIAN_C이면 blockSize×blockSize 크기의 이웃에서 가우시안 가중 평균을 계산한 다음 C 뺄셈한 값이 임계값, T(x, y)이 된다. block_size는 이웃의 크기로, 3, 5, 7, 9 등과 같이 홀수이다.

ⓒ thresholdType = THRESH_BINARY

$$dst(x,y) = \begin{cases} max\_value & \text{if } src(x,y) > T(x,y) \\ 0 & o.w \end{cases}$$

ⓓ thresholdType = THRESH_BINARY_INV

$$dst(x,y) = \begin{cases} 0 & \text{if } src(x,y) > T(x,y) \\ maxValue & o.w \end{cases}$$

[예제 5-4] adaptiveThreshold를 사용한 적응형 임계값 영상

```
001:   #include "opencv.hpp"
002:   using namespace cv;
003:   using namespace std;
004:   int main()
005:   {
006:       Mat srcImage = imread("lena.jpg", IMREAD_GRAYSCALE);
007:       if( srcImage.empty() )
008:           return -1;
009:
010:       Mat dstImage1;
011:       adaptiveThreshold(srcImage, dstImage1, 255,
012:                   ADAPTIVE_THRESH_MEAN_C, THRESH_BINARY, 21, 5);
013:
014:       Mat dstImage2;
015:       adaptiveThreshold(srcImage, dstImage2, 255,
016:                   ADAPTIVE_THRESH_GAUSSIAN_C, THRESH_BINARY, 21, 5);
017:
018:       imshow("dstImage1", dstImage1);
019:       imshow("dstImage2", dstImage2);
020:       waitKey();
021:
022:       return 0;
023:   }
```

◎ **프로그램 설명**

① 10-12행
adaptiveThreshold 함수에서 maxValue = 255, adaptiveMethod = ADAPTIVE_THRESH_MEAN_C, thresholdType = THRESH_BINARY, blockSize = 21, C = 5를 적용하여 입력영상 srcImage에 적용하여 출력 임계값 출력영상 dstImage1을 계산한다. 출력 결과는 [그림 5.4](a)이다.

② 14-16행
adaptiveThreshold 함수에서 maxValue = 255, adaptiveMethod = ADAPTIVE_THRESH_GAUSSIAN_C, thresholdType = THRESH_BINARY, blockSize = 21, C = 5를 적용하여 입력영상 srcImage에 적용하여 출력 임계값 출력영상 dstImage2를 계산한다. 출력 결과는 [그림 5.4](b)이다.

(a) ADAPTIVE_THRESH_MEAN_C   (b) ADAPTIVE_THRESH_GAUSSIAN_C

[그림 5.4] adaptiveThreshold 함수를 사용한 임계값 영상

1.3 선형 변환, 로그 변환, 거듭제곱

Mat∷convertTo, log, pow 함수를 사용하여 입력영상을 선형 변환, 로그 변환, 거듭제곱변환 출력영상으로 변환한다.

① 선형 변환

선형 변환은 입력영상의 값 r을 기울기 scale, y절편 shift인 직선의 방정식에 의해 변환한 s를 출력영상에 저장한다. Mat∷convertTo 메서드로 선형 변환한다.

$$s = T(r) = r \times scale + shift$$

② 로그 변환

로그 변환은 입력값 r에 대한 s = log(r)값을 출력영상에 저장한다. log(0)은 음수, log(1) = 0이기 때문에 log(1 + |r|)의 로그 변환을 사용한다. 로그 변환은 입력값 r의 범위가 매우 넓을 때 효과적이다.

$$s = T(r) = \log_e (1 + |r|)$$

③ 거듭제곱

거듭제곱 변환은 지수의 값에 의해 다양하게 입력영상을 변환시킬 수 있는 일반적인 변환 함수이다. p = 1이면 입력 r과 출력 s가 동일하며, p < 1이면 로그 변환과 유사하고, p > 1이면 역로그(inverse log) 변환과 유사하다.

$$s = T(r) = (r)^p$$

[예제 5-5]　선형 변환

```
001:   #include "opencv.hpp"
002:   using namespace cv;
003:   using namespace std;
004:    int main()
005:   {
006:        Mat srcImage = imread("lena.jpg", IMREAD_GRAYSCALE);
007:        if( srcImage.empty() )
008:            return -1;
009:        double minVal, maxVal;
010:        Point minLoc, maxLoc;
011:        minMaxLoc(srcImage, &minVal, &maxVal, &minLoc, &maxLoc);
012:        cout << "In srcImage" << endl;
013:        cout << "minVal=" << minVal << endl;
014:        cout << "maxVal=" << maxVal << endl;
015:        cout << "minLoc=" << minLoc << endl;
016:        cout << "maxLoc=" << maxLoc << endl;
017:
018:        Mat dstImage;
019:        double scale = 100.0 / (maxVal - minVal);
020:        srcImage.convertTo(dstImage, -1, scale, -scale * minVal);
021:  //    normalize(srcImage, dstImage, 0, 100, NORM_MINMAX);
022:
023:        minMaxLoc(dstImage, &minVal, &maxVal, &minLoc, &maxLoc);
024:        cout << "In dstImage" << endl;
025:        cout << "minVal=" << minVal << endl;
026:        cout << "maxVal=" << maxVal << endl;
027:        cout << "minLoc=" << minLoc << endl;
028:        cout << "maxLoc=" << maxLoc << endl;
029:        imshow("dstImage", dstImage);
030:        waitKey();
031:        return 0;
032:   }
```

◎ 프로그램 설명

① 9-16행

11행은 minMaxLoc 함수로 srcImage 영상의 최소값 minVal, 최대값 maxVal, 최소값 위치 minLoc, 최대값 위치 maxLoc를 찾는다.

② 18-21행

srcImage 영상의 화소값 범위 [min_val, max_val]를 출력영상 dstImage에서 [0, 100]으로 선형 변환하여 출력한다. 직선의 방정식에 의해 다음과 같이 유도할 수 있다. 20행은 Mat::convertTo 메서드로 [0, 100] 범위로 선형 변환한다. 21행은 normalize 함수로 NORM_MINMAX에 의해 [0, 100] 범위로 선형 변환한다.

$$dstImage(y,x) = \frac{(100-0)}{(maxVal - minVal)}(srcImage(y,x) - minVal) + 0$$

$$= \frac{100}{(maxVal - minVal)} srcImage(y,x) - \frac{100}{(maxVal - min\_val)} minVal$$

$$= scale \times srcImage(y,x) - scale \times minVal$$

$$여기서, \ scale = \frac{100}{(maxVal - minVal)}$$

③ 23-28행

minMaxLoc 함수로 선형 변환된 dstImage 영상의 최소값 minVal, 최대값 maxVal, 최소값 위치 minLoc, 최대값 위치를 찾고 출력하여 확인한다. [그림 5.5]는 선형 변환에 의한 화소값의 최소값, 최대값의 출력 결과이고, [그림 5.6]은 선형 변환된 dstImage 영상을 표시한다.

[그림 5.5] 선형 변환에 의한 minVal, maxVal

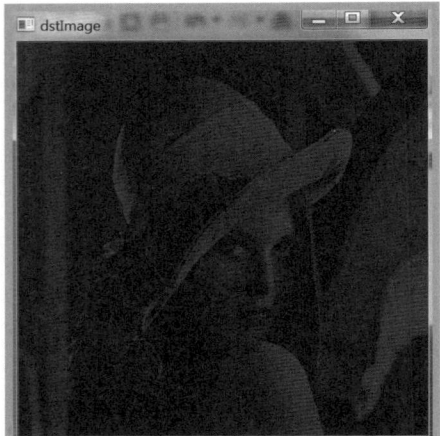

[그림 5.6] [0,100] 범위의 선형 변환

[예제 5-6] 로그(log) 변환

```
001:  #include "opencv.hpp"
002:  using namespace cv;
003:  using namespace std;
004:  int main()
005:  {
006:      Mat srcImage = imread("lena.jpg", IMREAD_GRAYSCALE);
007:      if( srcImage.empty() )
008:          return -1;
009:
010:      Mat fImage;
011:      srcImage.convertTo(fImage, CV_32F);
012:      add(fImage, Scalar(1), fImage);
013:
014:      Mat logImage;
015:      log(fImage, logImage);
016:
017:      double minVal, maxVal;
018:      minMaxLoc(logImage, &minVal, &maxVal);
019:      cout << "Before normalizing in logImage" << endl;
020:      cout << "minVal=" << minVal << endl;
```

```
021:        cout << "maxVal=" << maxVal << endl;
022:
023:        normalize(logImage, logImage, 0, 1.0, NORM_MINMAX);
024:        minMaxLoc(logImage, &minVal, &maxVal);
025:        cout << "After normalizing in logImage" << endl;
026:        cout << "minVal=" << minVal << endl;
027:        cout << "maxVal=" << maxVal << endl;
028:        imshow("logImage", logImage);
029:        waitKey();
030:        return 0;
031: }
```

◎ 프로그램 설명

① 10-12행

log 함수 연산을 위하여, Mat::convertTo 메서드로 CV_8U 자료형의 srcImage를 CV_32F 자료형의 fImage로 변환한다. 영상에서 가장 작은 값은 0이다. log(0)은 음수이다. 이것을 방지하기 위하여 add 함수로 fImage 영상의 모든 화소값에 1을 더하여 최소값을 log(1) = 0이 되도록 한다. add 함수 결과는 행렬 수식연산 fImage += Scalar(1)의 결과와 같다.

② 14-21행

15행은 log 함수로 fImage 영상의 각 화소에 로그를 취하여 logImage 영상을 계산한다. 18-21행은 minMaxLoc 함수로 logImage 영상의 최소값 minVal, 최대값 maxVal을 계산하고 출력한다.

③ 23-27행

23행은 normalize 함수로 logImage 영상의 화소값을 범위 [0, 1] 사이의 값으로 정규화한다. 24-27행은 minMaxLoc 함수로 logImage 영상의 minVal, maxVal을 계산하고 출력하여, 화소값의 범위가 [0, 1]으로 정규화되었는지 확인한다.

④ 28행

imshow 함수로 화소값의 범위가 [0, 1]으로 정규화된 logImage 영상을 표시한다. imshow 함수는 실수(CV_32F, CV_64F)인 경우, 화소값이 정규화되어 있어야 올바르게 표시된다. [그림 5.7]은 로그 변환한 logImage의 최소값, 최대값을 minVal = 2.94444, maxVal = 5.51745로 출력하고, 정규화한 후에는 minVal = 0, maxVal = 1을 출력한다. [그림 5.8]은 로그 변환된 영상이다. 로그 변환은 영상을 밝게 한다.

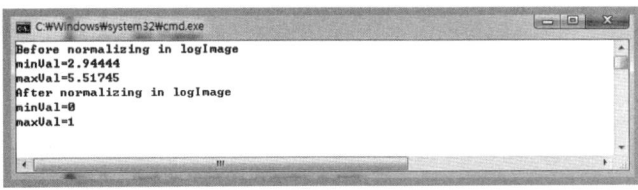

[그림 5.7] 로그 변환 minVal, maxVal

[그림 5.8] 로그 변환 영상

[예제 5-7] 거듭제곱 변환

```
001:  #include "opencv.hpp"
002:  using namespace cv;
003:  using namespace std;
004:  int main()
005:  {
006:        Mat srcImage = imread("lena.jpg", IMREAD_GRAYSCALE);
007:        if( srcImage.empty() )
008:              return -1;
009:
010:        Mat fImage;
011:        srcImage.convertTo(fImage, CV_32F);
012:
013:        double power = 4; // power = 0.2
014:        Mat powImage;
015:        pow(fImage, power, powImage);
016:
017:        double minVal, maxVal;
018:        minMaxLoc(powImage, &minVal, &maxVal);
019:        cout << "Before normalizing in powImage" << endl;
020:        cout << "minVal=" << minVal << endl;
021:        cout << "maxVal=" << maxVal << endl;
022:
023:        normalize(powImage, powImage, 0, 1.0, NORM_MINMAX);
024:        minMaxLoc(powImage, &minVal, &maxVal);
025:        cout << "After normalizing in powImage" << endl;
026:        cout << "minVal=" << minVal << endl;
027:        cout << "maxVal=" << maxVal << endl;
028:        imshow("powImage", powImage);
029:        waitKey();
030:        return 0;
031:  }
```

◎ 프로그램 설명

① 10-12행

pow 함수 연산을 위하여, Mat::convertTo 메서드로 CV_8U 자료형의 srcImage를 CV_32F 자료형의 fImage로 변환한다.

② 13-21행

15행은 pow 함수로 fImage 영상의 각 화소에 power 거듭제곱을 취하여 powImage 영상을 계산한다. 17-21행은 minMaxLoc 함수로 powImage 영상의 최소값 minVal, 최대값 maxVal을 계산하고 출력한다.

③ 23-27행

23행은 normalize 함수로 powImage 영상의 화소값을 범위 [0, 1] 사이의 값으로 정규화한다. 24-27행은 minMaxLoc 함수로 powImage 영상의 minVal, maxVal을 계산하고 출력하여, 화소값의 범위가 [0, 1]으로 정규화되었는지 확인한다.

④ 28행

imshow 함수로 화소값의 범위가 [0, 1]으로 정규화된 powImage 영상을 표시한다. imshow 함수는 실수(CV_32F, CV_64F)인 경우, 화소값이 정규화되어 있어야 올바르게 표시된다. [그림 5.9], [그림 5.10]은 각각 power = 0.2, power = 4에서 거듭제곱 변환의 minVal, maxVal 출력 결과이다. [그림 5.11]은 거듭제곱 변환된 영상이다.

거듭제곱 변환 영상은 power 값에 따라 다음과 같은 특징이 있다.
power < 1 이면, 거듭제곱 변환 영상은 cvLog 함수와 유사하게 밝은 영상이 된다.
power = 1 이면, 거듭제곱 변환 영상은 srcImage 영상과 동일한 화소값을 갖는다.
power > 1 이면, 거듭제곱 변환 영상은 어두운 영상이 된다.

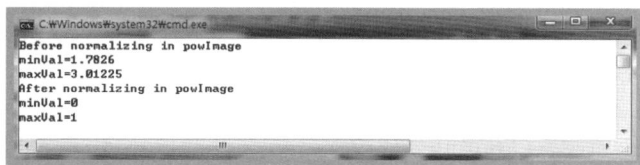

[그림 5.9] 거듭제곱 변환 minVal, maxVal, power = 0.2

[그림 5.10] 거듭제곱 변환 minVal, maxVal, power = 4

(a)power = 0.2　　　　　　　　　　　(b)power = 4

[그림 5.11] 거듭제곱 변환

02   히스토그램 처리

통계학에서 히스토그램(histogram)은 관찰 데이터의 빈도수(frequency)를 막대그래프로 표시한 것으로, 데이터의 확률밀도 함수(probability density function)를 추정할 수 있다. 영상처리에서 영상의 히스토그램은 영상 화소의 분포에 대한 매우 중요한 정보이다. 여기서는 히스토그램 계산, 히스토그램을 이용한 역투영, 히스토그램 비교, 히스토그램 평활화(equalization) 등에 대하여 설명한다.

2.1 히스토그램 생성

① void calcHist(const Mat* images, int nimages, const int* channels,
         InputArray mask, OutputArray hist, int dims, const int* histSize,
     const float** ranges, bool uniform = true, bool accumulate = false);

② void calcHist(const Mat* images, int nimages, const int* channels,
         InputArray mask, SparseMat& hist, int dims, const int* histSize,
     const float** ranges, bool uniform = true, bool accumulate = false);

ⓐ images는 히스토그램을 계산할 영상의 배열로, 같은 깊이의 CV_8U 또는 CV_32F 자료형의 같은 크기이다. 채널수는 같지 않을 수 있다. nimages는 배열의 크기, 즉 영상의 개수이다.

ⓑ channels는 히스토그램을 계산할 채널 번호를 갖는 정수형 배열이다. 채널 번호는 0, 1, ..., images[0].channels() − 1, images[0].channels(), images[0].channels() + 1,..., images[0].channels() + images[1].channels() − 1, ... 과 같이 번호가 부여된다.

ⓒ mask는 image[i]와 같은 크기의 8비트 영상으로, mask(y, x) != 0인 image[i](y, x)만을 히스토그램 계산에 사용한다. mask = Mat() 또는 noArray()이면 마스크를 사용하지 않고, 모든 화소가 히스토그램 계산에 사용한다.

ⓓ hist는 dims−차원의 계산되는 출력 히스토그램으로, Mat 또는 SparseMat 자료형이다. dims은 히스토그램의 차원으로 CV_MAX_DIMS = 32 이하로 구현되었다.

ⓔ histSize는 히스토그램 hist의 각 차원의 크기, 즉 빈(bin)의 크기에 대한 정수 배열이다.

ⓕ ranges는 히스토그램의 각 차원 빈의 경계값의 배열의 배열이다. uniform = true이면, 등간격 히스토그램으로, ranges[i]는 2개의 요소 [lower, upper) 값으로 구성된 배열이다. uniform = false 이면, 비등간격 히스토그램으로, ranges[i]는 histSize[i] + 1개의 요소값으로 구성된 배열이다.

ⓖ accumulate = true이면, calcHist 함수를 수행할 때 히스토그램을 초기화하지 않고, 이전 값을 계속 누적한다.

③ dims = 1, uniform = true인 경우, histSize, ranges 설정

```
int  histSize[ ] = { 4 };
float valueRange[ ] = {0, 8};
const float* ranges[ ] = {valueRange};
```

히스토그램 빈의 개수는 histSize[0] = 4, 범위는 valueRange[0] = {0, 8}로 0은 포함, 8
은 포함하지 않는 [0, 8) 범위를 등간격으로 나눈 4개의 히스토그램 빈의 구간은 [0,1],
[2,3], [4,5], [6,7]이다.

④ dims=1, uniform=false인 경우, histSize, ranges 설정

```
int  histSize[ ] = { 4 };
float valueRange[ ] = {0, 1, 4, 5, 8};
const float* ranges[ ] = {valueRange};
```

히스토그램 빈의 개수는 histSize[0] = 4, ranges[0] = valueRange의 요소 개수는
histSize[0] + 1 = 5개이다. valueRange[0] = {0, 1, 4, 5, 8}에 의해 나누어지는 4개의
히스토그램 빈의 범위는 [0,1), [1,4), [4,5), [5,8)로 구간이 등간격이 아니다.

[예제 5-8] 행렬에서의 등간격(uniform) 히스토그램

```
001:   #include "opencv.hpp"
002:   using namespace cv;
003:   using namespace std;
004:   int main()
005:   {
006:       uchar dataA[16] = { 0, 0, 0, 0,
007:                           1, 1, 3, 5,
008:                           6, 1, 1, 3,
009:                           4, 3, 1, 7 };
010:       Mat A(4, 4, CV_8U, dataA);
011:       cout << "A=" << A << endl;
012:
013:       int  histSize[ ] = { 4 };
014:       float valueRange[ ] = {0, 8};
015:       const float* ranges[ ] = {valueRange};
016:       int channels[] = {0};
017:       int dims = 1;
018:
019:       Mat hist;
020:       calcHist(&A, 1, channels, Mat(), hist,
021:                   dims, histSize, ranges, true);
022:       cout << "hist=" << hist << endl;
023:
024:       Mat pdf;
025:       normalize(hist, pdf, 1, 0, NORM_L1);
026:       cout << "pdf=" << pdf << endl;
027:       return 0;
028:   }
```

◎ 프로그램 설명

① 6-22행

6-11행은 배열 dataA를 이용하여 CV_8U 자료형의 4×4 행렬 A를 생성한다. 13-22행은 히스토그램 빈의 개수는 histSize[0] = 4, 범위는 valueRange[0] = {0, 8}로 4개의 히스토그램 빈은 [0, 1], [2, 3], [4, 5], [6, 7]이다. channels[0] = 0번 채널, dims = 1 차원, uniform = true인 등간격 히스토그램을 calcHist 함수로 행렬 hist에 계산한다.

② 24-26행

normalize 함수로 hist를 NORM_L1으로 합계가 1이 되도록 정규화하여 pdf 행렬에 저장한다.

③ [그림 5.12]는 행렬에서의 등간격 히스토그램을 계산한 결과이다. hist(0) = 9는 [0, 1]에 속하는 0, 1의 빈도수이다. hist(1) = 3은 [2, 3]에 속하는 2, 3의 빈도수이다. pdf(0) = 6 / 16 = 0.5625이고, pdf(1) = 3 / 16 = 0.1875이다. pdf 행렬의 합계는 1이다.

[그림 5.12] 행렬에서의 등간격 히스토그램 계산

[예제 5-9]   행렬에서의 비등간격(nonuniform) 히스토그램

```
001:  #include "opencv.hpp"
002:  using namespace cv;
003:  using namespace std;
004:  int main()
005:  {
006:        uchar dataA[16] = { 0, 0, 0, 0,
007:                            1, 1, 3, 5,
008:                            6, 1, 1, 3,
009:                            4, 3, 1, 7 };
010:        Mat A(4, 4, CV_8U, dataA);
011:        cout << "A=" << A << endl;
012:
013:        int  histSize[ ] = { 4 };
014:        float valueRange[ ] = {0, 1, 4, 5, 8};
015:        const float* ranges[ ] = {valueRange};
016:        int channels[] = {0};
017:        int dims = 1;
018:
019:        Mat hist;
020:        calcHist(&A, 1, channels, Mat(), hist,
021:                        dims, histSize, ranges, false);
022:        cout << "hist=" << hist << endl;
023:
024:        Mat pdf;
025:        normalize(hist, pdf, 1, 0, NORM_L1);
026:        cout << "pdf=" << pdf << endl;
027:        return 0;
028:  }
```

◎ 프로그램 설명

① 6−22행

6-11행은 배열 dataA로 4×4 행렬 A를 생성한다. 13-22행은 히스토그램 빈의 개수는 histSize[0] = 4, ranges[0] = valueRange의 요소 개수는 histSize[0] + 1 = 5개이다. valueRange[0] = {0, 1, 4, 5, 8}에 의해 나누어지는 4개의 히스토그램 빈의 범위는 [0, 1), [1, 4), [4, 5), [5, 8)로 구간이 등간격이 아니다. channels[0] = 0번 채널, dims = 1 차원, uniform = false인 비등간격 히스토그램을 calcHist 함수로 행렬 hist에 계산한다.

② 24−26행

normalize 함수로 hist를 NORM_L1으로 합계가 1이 되도록 정규화하여 pdf 행렬에 저장한다.

③ [그림 5.13]은 행렬에서의 비등간격 히스토그램을 계산한 결과이다. hist(0) = 4는 [0,1)에 속하는 0의 빈도수이다. hist(1) = 8은 [1,4)에 속하는 1, 2, 3의 빈도수이다. pdf(0) = 6 / 16 = 0.25이고, pdf(1) = 8 / 16 = 0.5이다. pdf 행렬의 합계는 1이다.

[그림 5.13] 행렬에서의 비등간격 히스토그램 계산

[예제 5-10] 그레이스케일 영상의 히스토그램

```
001:  #include "opencv.hpp"
002:  using namespace cv;
003:  using namespace std;
004:  int main()
005:  {
006:      Mat srcImage = imread("lena.jpg", IMREAD_GRAYSCALE);
007:      if( srcImage.empty() )
008:          return -1;
009:
010:      int histSize = 32;        // 64
011:      float valueRange[ ] = {0, 256};
012:      const float* ranges[ ] = {valueRange};
013:      int channels = 0;
014:      int dims = 1;
015:
016:      Mat hist;
017:      calcHist(&srcImage, 1, &channels, Mat(), hist, 1, &histSize, ranges);
018:
019:      Mat histImage(512, 512, CV_8U);
020:      normalize(hist, hist, 0, histImage.rows, NORM_MINMAX, CV_32F);
021:
022:      histImage = Scalar(255);
023:      int binW = cvRound((double)histImage.cols/histSize);
024:      int x1, y1, x2, y2;
025:      for( int i = 0; i < histSize; i++ )
026:      {
027:          x1 = i * binW;
028:          y1 = histImage.rows;
029:          x2 = (i + 1) * binW;
030:          y2 = histImage.rows - cvRound(hist.at<float>(i));
031:          rectangle(histImage, Point(x1, y1), Point(x2, y2),
032:          Scalar(0), -1); // fill black
```

```
033:       }
034:       imshow("histImage", histImage);
035:       waitKey();
036:       return 0;
037: }
```

◎ 프로그램 설명

① 6-8행
imread 함수로 "lena.jpg" 영상을 1 채널인 그레이스케일 영상으로 읽어 srcImage에 저장한다.

② 10-17행
1차원 히스토그램 빈의 개수는 histSize = 32, 범위는 valueRange[0] = {0, 256}, channels = 0번 채널, dims = 1 차원, uniform = true인 등간격 히스토그램을 calcHist 함수로 nimages = 1개의 영상 srcImage에서 1차원 행렬 hist에 계산한다.

③ 19-34행
19행은 CV_8U 자료형의 512×512 영상 histImage를 생성한다. 20행은 normalize 함수로 hist를 NORM_MINMAX로 범위 [0, histImage.rows]가 되도록 정규화하여, 히스토그램의 최소값은 0, 최대값은 histImage.rows이 되도록 한다. 22행은 histImage 영상을 255로 설정하고, 25-33행은 hist[i]의 값을 사각형으로 표시한다.

④ [그림 5.14]는 그레이스케일 영상의 히스토그램이다. [그림 5.14](a)는 histSize = 32의 빈으로 히스토그램을 계산한 결과이고, [그림 5.14](b)는 histSize =64의 빈으로 히스토그램을 계산한 결과이다.

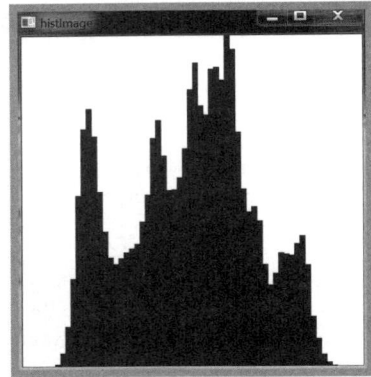

(a) histSize =32   (b) histSize =64

[그림 5.14] 그레이스케일 영상의 히스토그램

[예제 5-11]   RGB 컬러 영상의 2채널 히스토그램

```
001: #include "opencv.hpp"
002: using namespace cv;
003: using namespace std;
004: int main()
005: {
006:       Mat srcImage = imread("lena.jpg");
007:       if( srcImage.empty() )
008:            return -1;
009:
010:       int histSize[] = {64, 64}; //{32, 64}
011:       float range1[ ] = {0, 256};
012:       float range2[ ] = {0, 256};
013:
```

```
014:        const float* ranges[ ] = {range1, range2};
015:        const int channels[] = {0, 1}; //{0, 2}, {1, 2}
016:        int dims = 2;
017:
018:        Mat hist;
019:        calcHist(&srcImage, 1, channels, Mat(), hist, dims, histSize, ranges);
020:        cout << "hist.size()=" << hist.size() << endl;
021:        normalize(hist, hist, 0, 255, NORM_MINMAX, CV_32F);
022:
023:        Mat histImage(512, 512, CV_8U, Scalar(255));
024:        int binW = cvRound((double)histImage.cols / histSize[1]);
025:        int binH = cvRound((double)histImage.rows / histSize[0]);
026:
027:        int x, y;
028:        Rect rtROI;
029:        Mat roi;
030:        for( int i = 0; i < histSize[1]; i++ )
031:            for( int j = 0; j < histSize[0]; j++ )
032:            {
033:                float hValue = hist.at<float>(j, i);
034:                x = i * binW;
035:                y = j * binH;
036:                rtROI = Rect(x, y, binW, binH);
037:                histImage(rtROI) = hValue;
038:            }
039:        imshow("histImage", histImage);
040:        waitKey();
041:        return 0;
042:  }
```

◎ 프로그램 설명

① 6-8행
imread 함수로 "lena.jpg" 영상을 3 채널 BGR 컬러 영상으로 읽어 srcImage에 저장한다.

② 10-21행
10-19행은 2차원 히스토그램 빈의 개수를 histSize[] = {64, 64}, 범위는 ranges[] = {range1, range2}, range1[] = {0, 256}, range2[] = {0, 256}, 채널은 channels[] = {0, 1}으로, Blue-Green 채널, dims = 2 차원, uniform = true인 등간격 히스토그램을 calcHist 함수로 nimages = 1개의 영상 srcImage에서 2차원 행렬 hist에 계산한다. 20행은 histSize 배열에 의해 hist.size() = [64×64]를 출력한다. 21행은 normalize 함수로 hist를 NORM_MINMAX로 범위 [0, 255]가 되도록 정규화하여, 히스토그램의 최소값은 0, 최대값이 255가 되도록 한다.

③ 23-39행
64×64 크기의 히스토그램 행렬 hist를 512×512의 histImage 영상을 생성한다. 23행은 CV_8U 자료형의 512×512 영상 histImage를 생성하고, Scalar(255)로 초기화한다.
24-25행은 512×512 영상 histImage에서 빈의 가로세로 크기 binW, binH를 계산한다. 27-38행은 64×64 크기의 2차원 히스토그램 hist(j, i)의 hValue를 histImage의 Rect(x, y, binW, binH) 사각형 영역의 값으로 설정하여, 빈도수가 높은 곳은 밝게, 낮은 곳은 어둡게 표시한다.

④ [그림 5.15](a)-(c)는 히스토그램 빈의 크기를 histSize[] = {64, 64}로 설정하고, [그림 5.15](d)는 histSize[] = {32, 32}로 설정한다. [그림 5.15](a)는 channels[] = {0, 1}로 Blue-Green 채널, [그림 5.15](b)는 channels[] = {0, 2}로 Blue-Red 채널, [그림 5.15](c), 5.15](d)는 channels[] = {1, 2}로 Green-Red 채널의 히스토그램을 계산한 결과이다.

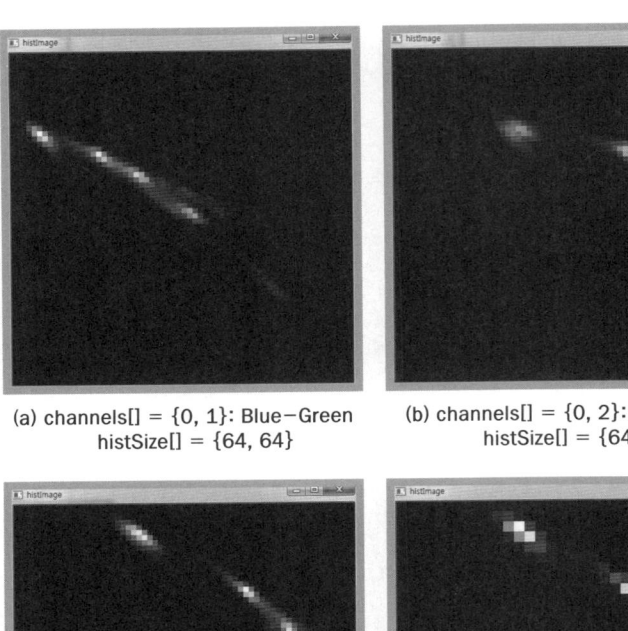

(a) channels[] = {0, 1}: Blue−Green
histSize[] = {64, 64}

(b) channels[] = {0, 2}: Blue−Red
histSize[] = {64, 64}

(c) channels[] = {1, 2}: Green−Red
histSize[] = {64, 64}

(d) channels[] = {1, 2}: Green−Red
histSize[] = {32, 32}

[그림 5.15] RGB 컬러 영상의 2채널 히스토그램

2.2 히스토그램 평활화(equalization)

히스토그램 평활화는 입력영상의 화소값 r_k을 누적분포 함수(cumulative distribution function)를 사용하여 출력영상의 화소값 s_k를 계산하는 영상개선(image enhancement) 방법이다. 히스토그램 평활화를 수행하면 화소값의 범위가 좁은 저대비(low contrast) 입력영상을 화소값의 범위가 넓은 고대비(high contrast)의 출력영상을 얻는다. 결과적으로 영상이 눈으로 보기에 더 선명하게 보인다.

$$s_k = T(r_k),\ k = 0, 1, \cdots, L-1$$

$$= cdf(r_k) \times (L-1)$$

$$= (\ \sum_{j=0}^{k} pdf(r_k)\ ) \times (L-1)$$

$$= (\ \sum_{j=0}^{k} \frac{n_j}{N}\ ) \times (L-1)$$

여기서 $cdf()$: 누적분포함수($cumulative\ distribution\ function$), $0 \le cdf() \le 1.0$

$pdf()$: 확률밀도함수($probability\ density\ function$), $0 \le pdf() \le 1.0$

$pdf(r_k) = \dfrac{n_j}{N}$: 화소 r_k의 확률

n_j : 화소값 j의 개수

N : 전체 화소수

L : 화소값의 단계수 $[0, 1, \cdots, L-1]$, 8비트 영상인 경우 $L = 256$

① void equalizeHist(InputArray src, OutputArray dst)
src는 1채널 8비트 입력영상이고, dst는 src와 같은 크기, 같은 종류의 히스토그램 평활화된 출력영상이다. L = 256이다.

ⓐ src 영상에서 히스토그램 H를 계산한다.
ⓑ 히스토그램 빈의 합계가 255가 되도록 정규화하여, $H(i) = H(i) \times 255$을 생성한다.
ⓒ 히스토그램 누적 합계 $H'(i) = \sum\limits_{0 \le j \le i} H(j)$를 계산한다.
ⓓ H'을 변환 참조표로 사용하여, $dst(x,y) = H'(src(x,y))$을 계산한다.
    단, $dst(x,y) = 0$ if $src(x,y) = 0$로 한다.

[예제 5-12] 행렬에서 calcHist를 이용한 히스토그램 평활화

```
001:    #include "opencv.hpp"
002:    using namespace cv;
003:    using namespace std;
004:    #define L 256
005:    int main()
006:    {
007:        uchar dataA[16] = { 0, 0, 0, 0,
008:                            1, 1, 3, 5,
009:                            6, 1, 1, 3,
010:                            4, 3, 1, 7 };
011:        Mat A(4, 4, CV_8U, dataA);
012:        cout << "A=" << A << endl;
013:
014:        int  histSize[ ] = { L };
015:        float valueRange[ ] = {0, L};
016:        const float* ranges[ ] = {valueRange};
017:        int channels[] = {0};
018:        int dims = 1;
019:
020:        Mat hist;
021:        calcHist(&A, 1, channels, Mat(), hist,
022:                     dims, histSize, ranges, true);
023:        cout << "hist=" << hist << endl;
024:
025:        Mat pdf;
026:        normalize(hist, pdf, L-1, 0, NORM_L1); // sum of pdf  = L - 1
027:        cout << "pdf=" << pdf << endl;
028:        cout << "pdf.size()=" << pdf.size() << endl;
```

```
029:        cout << "pdf.type()=" << pdf.type() << endl;
030:
031:        Mat cdf(pdf.size(), pdf.type());
032:        cdf.at<float>(0) = pdf.at<float>(0); // (0, 0)
033:        for(int i = 1; i < pdf.rows; i++)
034:            cdf.at<float>(i) = cdf.at<float>(i - 1) + pdf.at<float>(i); // (i, 0)
035:        cout << "cdf=" << cdf << endl;
036:
037:        Mat table(cdf.size(), CV_8U);
038:        table.at<uchar>(0) = 0;
039:        for(int i = 1; i < pdf.rows; i++)
040:            table.at<uchar>(i) = cvRound(cdf.at<float>(i)); // (i, 0)
041:        cout << "table=" << table << endl;
042:
043:        Mat dst;
044:        LUT(A, table, dst);
045:        cout << "dst=" << dst << endl;
046: /*
047:        Mat dst(A.size(), A.type());
048:        MatConstIterator_<uchar> itA = A.begin<uchar>();
049:        MatIterator_<uchar> itDst = dst.begin<uchar>();
050:        for( ; itA != A.end<uchar>(); itA++, itDst++)
051:        {
052:            int r = *itA;
053:            *itDst= table.at<uchar>(r); //(r, 0)
054:        }
055:        cout << "dst=" << dst << endl;
056: */
057:        return 0;
058: }
```

◎ **프로그램 설명**

① 4-12행

최대 밝기값의 단계 L을 256으로 정의한다. 배열 dataA로 4×4 행렬 A를 생성한다.

② 14-23행

히스토그램 빈의 개수는 histSize[ ] = { L }, 범위는 valueRange[ ] = {0, L}로 L 개의 히스토그램 빈을 갖는다. 그레이스케일 영상이므로 channels[0] = 0번 채널, dims = 1차원, uniform = true인 등간격 히스토그램을 calcHist 함수로 행렬 hist에 계산한다.

③ 25-29행

normalize 함수로 hist를 NORM_L1으로 합계가 L - 1이 되도록 정규화하여 pdf 행렬에 저장한다. pdf 행렬을 열 벡터로 pdf.size() = [1×256]으로 출력하고, pdf.type() = 5로 CV_32F이다.

④ 31-35행

pdf 행렬과 같은 크기, 같은 자료형으로 cdf 행렬을 생성하고, cdf[i] = cdf[i - 1] + pdf[i]로 pdf를 누적시킨다.

⑤ 37-41행

cdf 행렬과 같은 크기, CV_8U 자료형으로 table 행렬을 생성한다. cdf[i]에 cvRound를 적용하여 가장 가까운 정수를 취해, table[i]에 저장한다. 38행에서 equalizeHist 함수의 결과와 같도록 table[0] = 0으로 저장한다.

⑥ 43-56행

43-45행은 LUT 함수로 입력 행렬 A에 점좌표 table을 적용하여 출력 행렬 dst를 생성한다. 주석 처리된 47-55행은 LUT 함수의 결과와 같다. 행렬 A의 반복자 itA로 값을 변수 r에 읽고, table(r) 값을 출력 행렬 dst의 반복자 itDst의 값에 저장한다. [그림 5.16]은 입력 행렬 A에서 calcHist를 이용한

히스토그램 평활화 출력인 dst 행렬을 표시한다. 입력 행렬 A의 값은 범위는 [0, 7]의 좁은 범위인 반면, 히스토그램 평활화된 dst 출력 행렬의 값의 범위는 [0, 255]의 넓은 범위로 변경되었다.

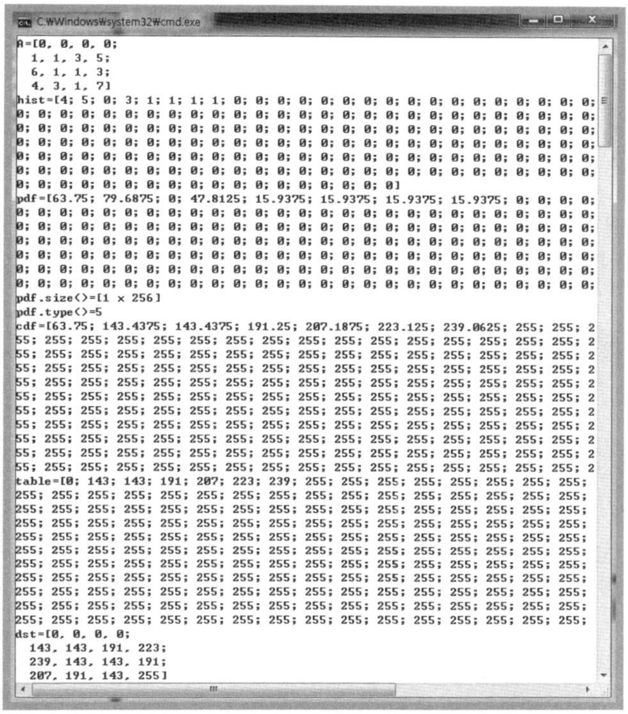

[그림 5.16] 행렬에서 calcHist를 이용한 히스토그램 평활화

[예제 5-13] 행렬에서 equalizeHist를 이용한 히스토그램 평활화

```
001:   #include "opencv.hpp"
002:   using namespace cv;
003:   using namespace std;
004:   int main()
005:   {
006:       uchar dataA[ ] = { 0, 0,  0, 0,
007:                          1, 1,  3, 5,
008:                          6, 1,  1, 3,
009:                          4, 3,  1, 7 };
010:       Mat A(4, 4, CV_8U, dataA);
011:       cout << "A=" << A << endl;
012:
013:       Mat dst;
014:       equalizeHist(A, dst);
015:       cout << "dst=" << dst << endl;
016:
017:       CvMat pSrcMat = A;
018:       CvMat *pDstMat = cvCreateMat(4, 4, CV_8U);
019:       cvEqualizeHist(&pSrcMat, pDstMat);
020:       Mat dst2 = cvarrToMat(pDstMat);
021:       cout << "dst2=" << dst2 << endl;
022:       return 0;
023:   }
```

◎ 프로그램 설명

① 13-15행
equalizeHist 함수로 행렬 A를 히스토그램을 평활화하여 dst 행렬에 출력한다.

② 17-21행
OpenCV의 C API를 사용하여 히스토그램을 평활화한다. Mat 행렬 A를 CvMat 행렬 pSrcMat에 저장하고, 출력을 위한 pDstMat 행렬을 생성하며, cvEqualizeHist 함수로 pDstMat에 히스토그램 평활화하여 저장하고, cvarrToMat(pDstMat)에 의해 Mat 행렬로 변환하여 dst2에 저장한다. dst2는 equalizeHist 함수로 히스토그램 평활화한 dst와 같다.

③ [그림 5.17]은 행렬에서 equalizeHist를 이용한 히스토그램 평활화이다. OpenCV 2.4.13과 OpenCV 3.1.0의 문서에 있는 히스토그램 평활화 알고리즘을 구현한 [예제 5-12]의 calcHist를 이용한 히스토그램 평활화의 결과가 다르다.

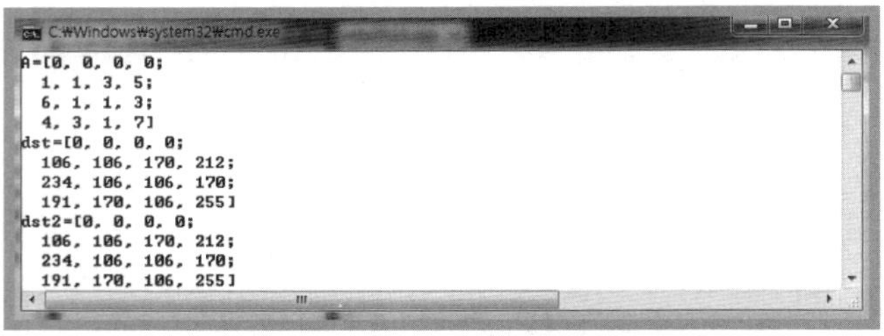

[그림 5.17] 행렬에서 equalizeHist를 이용한 히스토그램 평활화

[예제 5-14] 영상에서 calcHist를 이용한 히스토그램 평활화

```cpp
001:  #include "opencv.hpp"
002:  using namespace cv;
003:  using namespace std;
004:  #define L 256
005:  int main()
006:  {
007:      Mat srcImage = imread("lena.jpg", IMREAD_GRAYSCALE);
008:      if( srcImage.empty() )
009:          return -1;
010:
011:      int  histSize[ ] = { L };
012:      float valueRange[ ] = {0, L};
013:      const float* ranges[ ] = {valueRange};
014:      int channels[] = {0};
015:      int dims = 1;
016:
017:      Mat hist;
018:      calcHist(&srcImage, 1, channels, Mat(), hist,
019:                      dims, histSize, ranges, true);
020:      Mat pdf;
021:      normalize(hist, pdf, L - 1, 0, NORM_L1); // sum of pdf = L - 1
022:
023:      Mat cdf(pdf.size(), pdf.type());
024:      cdf.at<float>(0) = pdf.at<float>(0); // (0, 0)
025:      for(int i = 1; i < pdf.rows; i++)
026:          cdf.at<float>(i) = cdf.at<float>(i - 1) + pdf.at<float>(i); //(i, 0)
027:  //    cout << "cdf=" << cdf << endl;
028:
029:      Mat table(cdf.size(), CV_8U);
030:      table.at<uchar>(0) = 0;
```

```
031:        for(int i = 1; i < pdf.rows; i++)
032:            table.at<uchar>(i) = cvRound(cdf.at<float>(i)); //(i, 0)
033:  //    cout << "table=" << table << endl;
034:
035:        Mat dstImage;
036:        LUT(srcImage, table, dstImage);
037:
038:        vector<int> params;
039:        params.push_back(IMWRITE_JPEG_QUALITY);
040:        params.push_back(100);
041:        imwrite("imageEq1.jpg", dstImage, params);
042:
043:        imshow("dstImage", dstImage);
044:        waitKey();
045:        return 0;
046:  }
```

◎ 프로그램 설명

① [예제 5-12]의 행렬 A에서 calcHist를 이용한 히스토그램 평활화를, 영상 srcImage에 대한 히스토그램 평활화로 변경한다. 11-36행에서 srcImage 영상에 히스토그램을 계산하고, 정규화하고, pdf, cdf 행렬을 계산하여 히스토그램 평활화한 영상 dstImage를 계산한다. [그림 5.18]은 [예제 5-15]의 equalizeHist를 이용한 히스토그램 평활화 결과인 [그림 5.19]와 육안으로는 유사해 보인다.

② 38-41행
imwrite 함수로 히스토그램 평활화한 dstImage를 JPEG 파일 "imageEq1.jpg"을 IMWRITE_JPEG_QUALITY = 100으로 설정하여 저장한다.

[그림 5.18] 영상에서 calcHist를 이용한 히스토그램 평활화

[예제 5-15]　영상에서 equalizeHist를 이용한 히스토그램 평활화

```
001:  #include "opencv.hpp"
002:  using namespace cv;
003:  using namespace std;
004:  int main()
005:  {
006:      Mat srcImage = imread("lena.jpg", IMREAD_GRAYSCALE);
007:      if( srcImage.empty() )
008:          return -1;
009:
```

```
010:        Mat dstImage;
011:        equalizeHist(srcImage, dstImage);
012:
013:        vector<int> params;
014:        params.push_back(IMWRITE_JPEG_QUALITY);
015:        params.push_back(100);
016:        imwrite("imageEq2.jpg", dstImage, params);
017:
018:        imshow("dstImage", dstImage);
019:        waitKey();
020:        return 0;
021: }
```

◎ **프로그램 설명**

① [예제 5-13]의 행렬 A에서 equalizeHist를 이용한 히스토그램 평활화를 영상 srcImage에 대한 히스토그램 평활화로 변경한다. 10-11행에서 equalizeHist 함수로 srcImage 영상을 히스토그램 평활화하여 dstImage 영상을 계산한다. [그림 5.19]는 영상에서 equalizeHist를 이용한 히스토그램 평활화 결과인 [그림 5.18]과 유사해 보인다.

② 13-16행
imwrite 함수로 히스토그램 평활화한 dstImage를 "imageEq2.jpg" 파일로 IMWRITE_JPEG_QUALITY = 100으로 출력한다.

[그림 5.19] 영상에서 equalizeHist를 이용한 히스토그램 평활화

2.3 히스토그램 비교

① double compareHist(InputArray H1, InputArray H2, int method)
② double compareHist(const SparseMat& H1, const SparseMat& H2,
          int method)

두 개의 히스토그램 H1과 H2를 method 방법으로 비교하여, $d(H_1, H_2)$을 반환한다. OpenCV 3.1.0은 히스토그램 비교 방법 method로 HISTCMP_CORREL, HISTCMP_CHISQR, HISTCMP_INTERSECT, HISTCMP_BHATTACHARYYA 또는 HISTCMP_HELLINGER를 사용한다. [표 5.1]은 OpenCV 2.4.13에서의 히스토그램 비교 방법 상

수이다.

① method = HISTCMP_CORREL

$$d(H_1, H_2) = \frac{\sum_i (H_1(i) - \overline{H_1})\,(H_2(i) - \overline{H_2})}{\sqrt{\sum_i (H_1(i) - \overline{H_1}) \sum_i (H_2(i) - \overline{H_2})}}$$

여기서 $\overline{H_k} = \dfrac{1}{N} \sum_j H_k(j)$, N= 히스토그램 빈의 수

$-1 \leq d(H_1, H_2) \leq 1$, $d(H_1, H_2)$의 절대값이 크면 두 히스토그램은 유사한 히스토그램이다.

② method = HISTCMP_CHISQR

$$d(H_1, H_2) = \sum_i \frac{(H_1(i) - H_2(i))^2}{H_1(i)}$$

$d(H_1, H_2)$ 값은 히스토그램 크기에 의존하며, 값이 작으면 두 히스토그램은 유사한 히스토그램이다.

③ method = HISTCMP_INTERSECT

$$d(H_1, H_2) = \sum_i \min(H_1(i), H_2(i))$$

$d(H_1, H_2)$ 값이 크면 두 히스토그램은 유사한 히스토그램이다. 두 히스토그램이 정규화되어 있으면 $0 \leq d(H_1, H_2) \leq 1$이다.

④ method = HISTCMP_BHATTACHARYYA 또는 HISTCMP_HELLINGER

$$d(H1, H_2) = \sqrt{1 - \frac{1}{\sqrt{\overline{H_1}\,\overline{H_2}\,N^2}} \sum_i \sqrt{H_1(i)\,H_2(i)}}$$

Bhattacharyya distance는 정규화된 히스토그램에서만 적용 가능하다. $0 \leq d(H_1, H_2) \leq 1$, $d(H_1, H_2)$ 값이 작으면 두 히스토그램은 유사한 히스토그램이다.

[표 5.1] OpenCV 2.4.13에서의 히스토그램 비교 방법 상수

헤더 파일	히스토그램 비교 방법(method)
types_c.h	CV_COMP_CORREL = 0 CV_COMP_CHISQR = 1 CV_COMP_INTERSECT = 2 CV_COMP_BHATTACHARYYA = 3 CV_COMP_HELLINGER = CV_COMP_BHATTACHARYYA

```
001:   #include "opencv.hpp"
002:   using namespace cv;
003:   using namespace std;
004:   void drawHistogram(Mat &image, Mat hist);
005:   int main()
006:   {
007:       Mat srcImage1 = imread("imageEq1.jpg", IMREAD_GRAYSCALE);
008:       if( srcImage1.empty() )
009:           return -1;
010:
011:       Mat srcImage2 = imread("imageEq2.jpg", IMREAD_GRAYSCALE);
012:       if( srcImage2.empty() )
013:           return -1;
014:       int histSize = 256;
015:       float valueRange[ ] = {0, 256};
016:       const float* ranges[ ] = {valueRange};
017:       int channels = 0;
018:       int dims = 1;
019:
020:       Mat H1;
021:       calcHist(&srcImage1, 1, &channels, Mat(), H1, dims, &histSize, ranges);
022:       normalize(H1, H1, 1, 0, NORM_L1, CV_32F);
023: //    cout << "H1 = " << H1 << endl;
024:
025:       Mat H2;
026:       calcHist(&srcImage2, 1, &channels, Mat(), H2, dims, &histSize, ranges);
027:       normalize(H2, H2, 1, 0, NORM_L1, CV_32F);
028: //    cout << "H2 = " << H2 << endl;
029:
030:       double dist1 = compareHist(H1, H2, HISTCMP_CORREL); //CV_COMP_CORREL
031:       cout << "dist1=" << dist1 << endl;
032:
033:       double dist2 = compareHist(H1, H2, HISTCMP_CHISQR); //CV_COMP_CHISQR
034:       cout << "dist2=" << dist2<< endl;
035: //    CV_COMP_INTERSECT
036:       double dist3 = compareHist(H1, H2, HISTCMP_INTERSECT);
037:       cout << "dist3=" << dist3 << endl;
038: //    CV_COMP_BHATTACHARYYA
039:       double dist4 = compareHist(H1, H2, HISTCMP_BHATTACHARYYA);
040:       cout << "dist4=" << dist4 << endl;
041:
042:       Mat histImage1;
043:       drawHistogram(histImage1, H1);
044:       imshow("histImage1", histImage1);
045:
046:       Mat histImage2;
047:       drawHistogram(histImage2, H2);
048:       imshow("histImage2", histImage2);
049:       waitKey();
050:       return 0;
051:   }
052:   void drawHistogram(Mat &image, Mat hist)
053:   {
054:       if(image.empty())
```

```
055:           image.create(512, 512, CV_8U);
056:
057:     normalize(hist, hist, 0, image.rows, NORM_MINMAX, CV_32F);
058:
059:     image = Scalar(255);
060:     int binW = cvRound((double)image.cols/hist.rows);
061:     int x1, y1, x2, y2;
062:     for( int i = 0; i < hist.rows; i++ )
063:     {
064:         x1 = i * binW;
065:         y1 = image.rows;
066:         x2 = (i + 1) * binW;
067:         y2 = image.rows - cvRound(hist.at<float>(i));
068:         rectangle(image, Point(x1, y1), Point(x2, y2),
069:         Scalar(0), -1); // fill black
070:     }
071: }
```

◎ **프로그램 설명**

① [예제 5-14]의 calcHist 함수로 계산한 히스토그램을 이용하여 직접 평활화한 영상 imageEq1.jpg와 [예제 5-15]의 equalizeHist 함수로 평활화한 영상 imageEq2.jpg의 히스토그램을 compareHist 함수로 비교한다. OpenCV 2.4.13을 사용하기 위해서는 히스토그램 매칭 방법 상수로 CV_COMP_CORREL, CV_COMP_CHISQR, CV_COMP_INTERSECT, CV_COMP_BHATTACHARYYA 등을 사용한다.

② 7-13행
8-13행은 imread 함수로 imageEq1.jpg 영상을 srcImage1에 그레이스케일로 읽고, imageEq2.jpg 영상을 srcImage2에 그레이스케일로 읽는다.

③ 14-28행
21행은 calcHist 함수로 srcImage1에서 히스토그램 H1을 계산한다. 26행은 calcHist 함수로 srcImage2에서 히스토그램 H2를 계산한다. 22행, 27행은 히스토그램 H1, H2 각각의 합이 1인 확률이 되도록 정규화한다.

④ 30-40행
30행은 compareHist 함수로 히스토그램 H1과 H2를 method = HISTCMP_CORREL로 비교하여 dCorrel에 저장한다. 33행은 compareHist 함수로 히스토그램 H1과 H2를 method = HISTCMP_CHISQR로 비교하여 dCorre2에 저장한다. 36행은 compareHist 함수로 히스토그램 H1과 H2를 method = HISTCMP_INTERSECT로 비교하여 dCorre3에 저장한다. 39행은 compareHist 함수로 히스토그램 H1과 H2를 method = HISTCMP_BHATTACHARYYA로 비교하여 dCorre4에 저장한다.

⑤ 42-48행
사용자 정의 함수 drawHistogram으로 히스토그램 H1, H2를 histImage1, histImage2 영상에 각각 그래프로 표시한다.

⑥ 52-71행
히스토그램 hist를 image 영상에 사각형을 이용한 막대그래프로 표시하는 사용자 정의 함수 drawHistogram을 정의한다.

⑦ [그림 5.20]은 lena.jpg로부터 계산한 두 영상, imageEq1.jpg와 imageEq2.jpg의 정규화된 히스토그램을 비교한 결과이다. HISTCMP_CORREL로 비교한 dist1 = 1, HISTCMP_CHISQR로 비교한 dist2 = 0, HISTCMP_INTERSECT로 비교한 dist3 = 1, HISTCMP_BHATTACHARYYA로 비교한 dist4 = 0으로 두 히스토그램이 정확히 일치한다. [그림 5.21]은 Desert.jpg로부터 계산한 두 영상, Desert_imageEq1.jpg과 Desert_imageEq2.jpg의 정규화된 히스토그램을 비교한 결과이다. HISTCMP_CORREL로 비교한 dist1 = 0.33694, HISTCMP_CHISQR로 비교한 dist2 = 0.25647, HISTCMP_INTERSECT로 비교한 dist3 = 0.866149, HISTCMP_BHATTACHARYYA로 비교한 dist4 = 0.248786로 육안으로 보기에는 두 히스토그램이 유사하지만, 정확히 일치하지는 않는다.

23행과 28행의 H1, H2를 출력하면, lena.jpg 영상을 처리할 때는 히스토그램이 같고, Desert.jpg 영상을 처리할 때는 히스토그램이 다른 것을 알 수 있다.

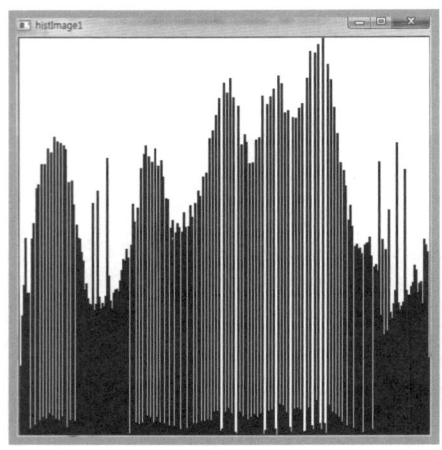

    (a) H1의 히스토그램   (b) H2의 히스토그램

(c) compareHist 함수 출력

[그림 5.20] lena.jpg로부터 계산한 두 영상의 히스토그램 비교

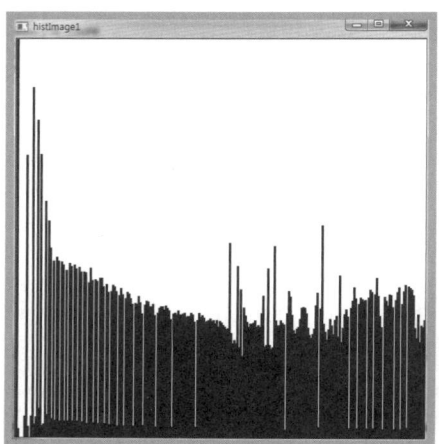
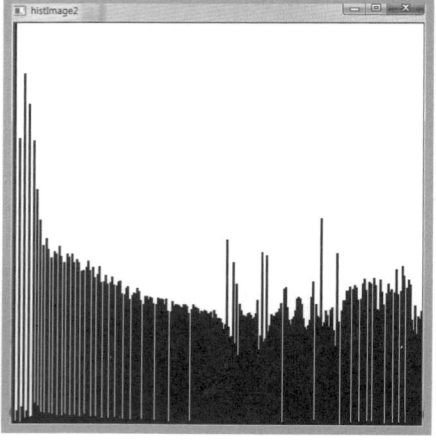

    (a) H1의 히스토그램   (b) H2의 히스토그램

(c) compareHist 함수 출력

[그림 5.21] Desert.jpg로부터 계산한 두 영상의 히스토그램 비교

2.4 EMD에 의한 히스토그램 비교

EMD(earth mover distance)는 두 개의 분포 사이에서 최소일(minimal work)을 측정하는 방법으로 Rubner 등의 논문 "The Earth Mover's Distance as a Metric for Image Retrieval"에서 소개되었다. EMD는 두 개의 분포 사이의 거리를 계산할 수 있으며, 거리는 분포(distribution) P, Q가 주어질 때, 분포 P를 Q로 변경하는 데 소요되는 최소비용이다. 이러한 문제는 [그림 5.22]의 수송 문제(transportation problem)로 생각할 수 있다.

$P = \{(p_i, w_{pi})\}, i = 1, 2, ..., m$, $Q = \{(q_j, w_{qj})\}, j = 1, 2, ..., n$에서, p_i 위치에 가중치 w_{pi}만큼의 상품(a given amount of goods)이 있고, q_i 위치에 가중치 w_{pi}만큼의 제한된 용량(a given limited capacity)을 갖는 창고가 있다. P에서 Q로 상품을 최소비용으로 운송하는 문제가 수송 문제이다.

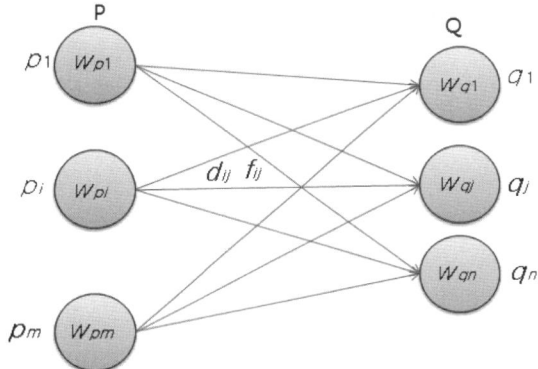

[그림 5.22] 수송 문제(transportation problem)

일(work) W는 위치 p_i에서 q_i로의 수송 비용인 거리 d_{ij}와 화물(가중치)의 이동하는 량(flow) f_{ij}에 의해 정의되며, 4가지 제약조건을 갖는 W를 최소화하는 f_{ij}을 구하는 문제이다. 거리 d_{ij}는 입력으로 주어지거나, 위치 p_i, q_i로부터 계산할 수 있다. 그러므로 최적화 변수는 f_{ij}가 된다.

$$W(P, Q, F) = \sum_{i=1}^{m} \sum_{j=1}^{n} d_{ij} f_{ij}$$

제약조건 1) $f_{ij} \geqq 0, \quad 1 \leqq i \leqq m, 1 \leqq j \leqq n$

제약조건 2) $\sum_{j=1}^{n} f_{ij} < w_{pi}, \ 1 \leqq i \leqq m$

제약조건 3) $\sum_{i=1}^{m} f_{ij} < w_{qj}, \ 1 \leqq j \leqq n$

제약조건 4) $\sum_{i=1}^{m} \sum_{j=1}^{n} f_{ij} = \min(\sum_{i=1}^{m} w_{pi}, \sum_{j=1}^{n} w_{qj})$

제약조건 1)은 P에서 Q로의 수송 문제임을 의미하고, 역방향은 만족하지 않는다. 제약조건 2)는 p_i에 있는 짐(w_{pi})보다 더 보낼 수는 없음을 의미하고, 제약조건 3)는 q_j의 창고의 용량(w_{qj})보다 더 받을 수는 없음을 의미하고, 제약조건 4)는 가능한 한 최대한의 짐을 수송해야 함을 의미한다. 수송 문제가 해결되어, $F = \{f_{i,j}\}$을 알고 있다면, EMD(earth mover distance)는 총 이동되는 수송량(가중치)의 합계(total flow)로 정규화된 일(work)로 정의되며, OpenCV의 EMD 함수로 계산할 수 있다.

$$EMD(P, Q) = \frac{\sum_{i=1}^{m}\sum_{j=1}^{n} d_{ij}f_{ij}}{\sum_{i=1}^{m}\sum_{j=1}^{n} f_{ij}}$$

① float EMD(InputArray signature1, InputArray signature2, int distType, InputArray cost = noArray(), float* lowerBound= 0, OutputArray flow=noArray())
EMD 함수는 2개의 가중치를 갖는 좌표인 시그니처(signature)의 최소일(minimal work)을 계산한다. 시그니처 입력 signature1, signature2는 CV_32F 자료형이며, [그림 5.21]의 수송 문제에서 P, Q이다. 행렬의 각 행에 가중치가 가장 먼저 오고, 이어서 위치정보가 따라온다. distType = DIST_USER인 경우는 가중치만을 열에 가지는 열 벡터(column vector)이다. distType은 거리 계산 DIST_L1, DIST_L2, DIST_C, DIST_USER 등이 있다. [그림 5.21]의 수송 문제에서 위치정보를 이용하여 d_{ij}을 계산하는 척도(metric)이다. [표 5.2]는 OpenCV 2.4.13에서의 거리 계산 방법(distType) 상수이다.

    ⓐ DIST_L1 // distance = |x1 − x2| + |y1 − y2|
    ⓑ DIST_L2 // distance = sqrt((x1 − x2) * (x1 − x2) + (x1 − x2) * (x1 − x2))
    ⓒ DIST_C // distance = max(|x1 − x2|, |y1 − y2|)

distType = DIST_USER인 경우에 cost는 주어진 d_{ij}이다. lowerBound는 두 좌표의 중심(mass) 사이의 거리이며 입출력 변수이다. cost가 주어지거나, 두 분포의 가중치 합이 다르면 lowerBound는 계산하지 않는다. lowerBound는 항상 두 개의 무게 중심 사이의 계산된 거리를 반환한다. lowerBound를 임의의 값으로 초기화하고 EMD를 호출할 때, 계산된 중심 사이의 거리가 lowerBound보다 크거나 같으면, 즉, 충분히 멀리 떨어져 있으면, EMD를 계산하지 않는다.

[표 5.2] OpenCV 2.4.13에서의 거리 계산 방법(distType) 상수

OpenCV 버전	헤더 파일	distType
OpenCV 2.4.13	types_c.h	CV_DIST_USER = −1 CV_DIST_L1 = 1 CV_DIST_L2 = 2 CV_DIST_C = 3 CV_DIST_L12 = 4 CV_DIST_FAIR = 5 CV_DIST_WELSCH = 6 CV_DIST_HUBER = 7

[예제 5-17] EMD1 : http://ai.stanford.edu/~rubner/emd/example1.c의 구현

```
001:  #include "opencv.hpp"
002:  using namespace cv;
003:  using namespace std;
004:  int main()
005:  {
006:  // http://ai.stanford.edu/~rubner/emd/example1.c
007:        float dataP[] = { 0.4, 100,  40,  22,
008:                          0.3, 211,  20,   2,
009:                          0.2,  32, 190, 150,
010:                          0.1,   2, 100, 100};
011:
012:        float dataQ[] = { 0.5,   0,   0,   0,
013:                          0.3,  50, 100,  80,
014:                          0.2, 255, 255, 255};
015:
016:        Mat S1(4, 4, CV_32F, dataP);
017:        Mat S2(3, 4, CV_32F, dataQ);
018:        cout << "S1 = " << S1 << endl;
019:        cout << "S2 = " << S2 << endl;
020:
021:        float emdDist = EMD(S1, S2, DIST_L2); // CV_DIST_L2
022:        cout << "emdDist = " << emdDist << endl;
023:
024:        // lowerBound and EMD
025:        Mat flow2;
026:        float lowerBound = 100;
027:        float emdDist2 = EMD(S1, S2, DIST_L2, noArray(), &lowerBound, flow2);
028:        cout << "emdDist2 = " << emdDist2 << endl;
029:        cout << "lowerBound = " << lowerBound << endl;
030:        cout << "flow2 = " << flow2 << endl;
031:
032:        // DIST_USER
033:        Mat cost(4, 3, CV_32F, Scalar(0)); // d_ij
034:        float x1, y1, z1;
035:        float x2, y2, z2;
036:        float dx, dy, dz;
037:        double dist;
038:        double maxValue;
039:        for(int i = 0; i < S1.rows; i++)
040:        {
041:              x1 = S1.at<float>(i, 1);
042:              y1 = S1.at<float>(i, 2);
043:              z1 = S1.at<float>(i, 3);
044:
045:              for(int j = 0; j < S2.rows; j++)
046:              {
047:                    x2 = S2.at<float>(j, 1);
048:                    y2 = S2.at<float>(j, 2);
049:                    z2 = S2.at<float>(j, 3);
050:                    dx = (x1 - x2);
051:                    dy = (y1 - y2);
052:                    dz = (z1 - z2);
053:                    cost.at<float>(i, j) = sqrt(dx * dx + dy * dy + dz * dz); //DIST_L2
054:  //                cost.at<float>(i, j)=abs(x1 - x2) + abs(y1 - y2) + abs(z1 - z2); //DIST_L1
055:
```

```
056:  //              maxValue = (abs(x1 - x2) > abs(y1 - y2))? abs(x1 - x2): abs(y1 - y2);
057:  //              maxValue = (abs(z1 - z2) > maxValue)? abs(z1 - z2): maxValue;
058:  //              cost.at<float>(i, j) = maxValue; // DIST_C
059:            }
060:        }
061:        cout << "cost = " << cost << endl;
062:
063:        Mat SS1 = S1.col(0).clone();
064:        Mat SS2 = S2.col(0).clone();
065:        cout << "SS1 = " << SS1 << endl;
066:        cout << "SS2 = " << SS2 << endl;
067:
068:        Mat flow3;
069:        float emdDist3 = EMD(SS1, SS2, DIST_USER, cost, 0, flow3);
070:        cout << "emdDist3 = " << emdDist3 << endl;
071:        cout << "flow3 = " << flow3 << endl;
072:        return 0;
073:  }
```

◎ 프로그램 설명

① 스탠포드의 인공지능 실험실의 박사과정이었던 Rubner의 EMD 소스 코드 emd.c의 예제 프로그램 example1.c에 주어진 데이터를 OpenCV의 EMD 함수에 적용하여 계산한다.

② 7-19행
example1.c에 주어진 데이터가 초기화된 배열을 dataP, dataQ로 시그니처 행렬, S1, S2 의 각 행에 초기화한다. 행렬의 각 행은 가중치(w)가 먼저 오고, 위치(x, y, z)가 따라 저장된다.

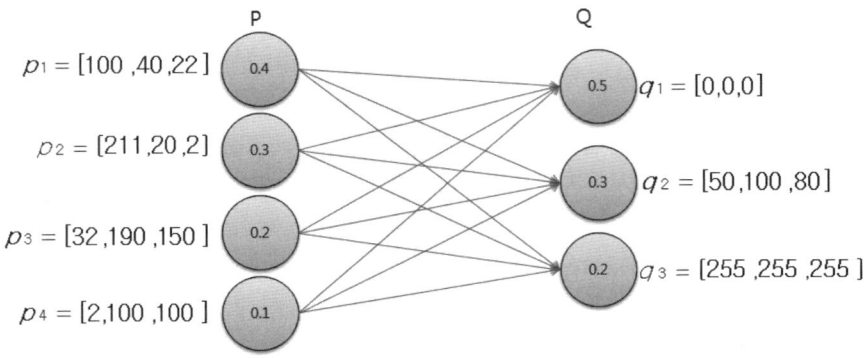

[그림 5.23] S1, S2 행렬에 저장된 시그니처

③ 21-22행
시그니처 S1에서 S2로의 *lowerBound = 0, distType = CV_DIST_L2인 유클리드 거리로 EMD를 emdDist = 160.543으로 계산한다. 사용자 계산 거리 행렬 cost를 참고하여 EMD(P,Q)의 값을 계산하여 확인한다.

$$EMD(P, Q) = \frac{\sum_{i=1}^{m}\sum_{j=1}^{n}d_{ij}f_{ij}}{\sum_{i=1}^{m}\sum_{j=1}^{n}f_{ij}} = \frac{\sum_{i=1}^{m}\sum_{j=1}^{n}d_{ij}f_{ij}}{1}$$

$$= \sum_{i=1}^{m}\sum_{j=1}^{n}d_{ij}f_{ij}$$

$$= 0.4*109.92725 +$$
$$0.1*211.95518 + 0.2*195.97194 +$$
$$0.2*254.90979 +$$
$$0.1*52$$
$$\models 160.543$$

④ 25-30행

lowerBound = 100으로 초기화하고, distType = DIST_L2인 유클리드 거리로 EMD를 emdDist2 = 160.543, 무게 중심 사이의 거리 lowerBound = 51.9959, 가중치의 이동 흐름을 4×3 행렬 flow2에 계산한다. [그림 5.24]는 계산된 화물(가중치)의 이동량의 흐름 행렬 flow2를 표시한다. 선과 겹치는 곳이 가중치를 표시하고, 표시되지 않은 선의 가중치는 0.0이다.

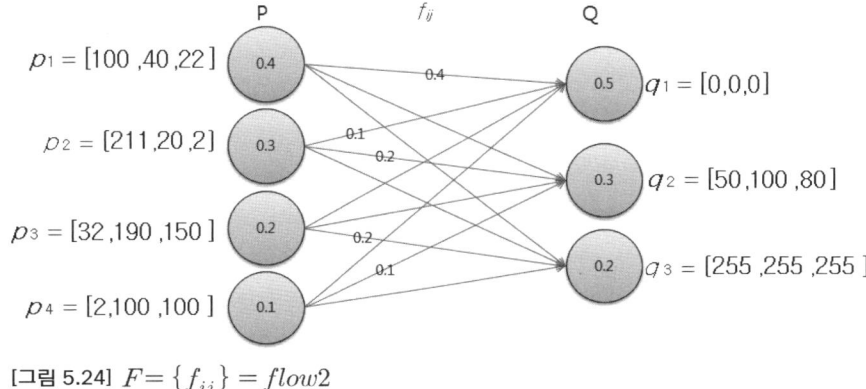

[그림 5.24] $F = \{f_{ij}\} = flow2$

⑤ 33-71행

33-61행은 distType = DIST_USER으로 EMD를 계산하기 위하여, 3차원 위치 좌표 사이의 거리 d_{ij} 을 4×3 행렬 cost에 계산한다. 53행은 DIST_L2의 유클리드 거리를 계산하고, 주석 처리된 54행은 DIST_L1 거리를 계산하고, 56-58행은 DIST_C 거리를 계산한다. 63-66행은 cost가 주어지는 경우 시그니처는 가중치만을 갖는 열 벡터이므로, 행렬 S1, S2에서 가중치를 갖는 0-열만을 SS1, SS2에 복제한다. 69행은 EMD 함수로 SS1에서 SS2로의 distType = DIST_USER에 의해 사용자 계산 거리 cost 행렬로 EMD와 가중치의 흐름을 flow3에 계산한다. EMD 거리인 emdDist3 = 160.543로 emdDist, emdDist2와 같은 값이며, flow3는 [그림 5.24]의 flow2와 같다. [그림 5.25]는 구현 결과이다. 54-58행의 주석 처리된 3차원 위치에서의 주석을 해제하여, 적절한 거리로 cost 행렬을 계산하고, 54-58행에서 계산한 거리에 따라, 21 또는 27행에서 DIST_L1 또는 DIST_C로 변경하고 EMD 거리를 계산하여 확인하면, 사용자 거리 계산 행렬 cost를 사용한 결과와 같음을 확인할 수 있다.

[그림 5.25] EMD1: http://ai.stanford.edu/~rubner/emd/example1.c 구현 결과

[예제 5-18]   EMD 2 : 정규분포 난수로 생성한 1채널 행렬의 1차원 히스토그램 비교

```cpp
001:    #include "opencv.hpp"
002:    using namespace cv;
003:    using namespace std;
004:    void drawHistogram(Mat &image, Mat hist);
005:    int main()
006:    {
007:        Mat srcImage1(512, 512, CV_8U);
008:        Mat srcImage2(512, 512, CV_8U);
009:
010:        Scalar mean1 = Scalar(128);
011:        Scalar stddev1 = Scalar(10); // Scalar(20);
012:        RNG &rng1 = theRNG();
013:        rng1.fill(srcImage1, RNG::NORMAL, mean1, stddev1);
014:
015:        Scalar mean2 = Scalar(110);
016:        Scalar stddev2 = Scalar(10); // Scalar(20);
017:        RNG &rng2 = theRNG();
018:        rng2.fill(srcImage2, RNG::NORMAL, mean2, stddev2);
019:
020:        int histSize = 256;
021:        float valueRange[ ] = {0, 256};
022:        const float* ranges[ ] = {valueRange};
023:        int channels = 0;
024:        int dims = 1;
025:
026:        Mat H1;
027:        calcHist(&srcImage1, 1, &channels, Mat(), H1, dims, &histSize, ranges);
028:        normalize(H1, H1, 1, 0, NORM_L1, CV_32F);
029: //     cout << "H1 = " << H1 << endl;
030:
031:        Mat H2;
032:        calcHist(&srcImage2, 1, &channels, Mat(), H2, dims, &histSize, ranges);
033:        normalize(H2, H2, 1, 0, NORM_L1, CV_32F);
034: //     cout << "H2 = " << H2 << endl;
035:
036:        Mat S1(H1.rows, 2, CV_32F);
037:        Mat S2(H2.rows, 2, CV_32F);
038:
039:        for(int i = 0; i <  H1.rows; i++)
040:        {
041:            S1.at<float>(i, 0) = H1.at<float>(i);
042:            S1.at<float>(i, 1) = i + 1;
043:        }
044:        for(int i = 0; i < H2.rows; i++)
045:        {
046:            S2.at<float>(i, 0) = H2.at<float>(i);
047:            S2.at<float>(i, 1) = i + 1;
048:        }
049:        float emdDist = EMD(S1, S2, DIST_L2); // CV_DIST_L2
050:        cout << "emdDist = " << emdDist << endl;
051:
052:        Mat histImage1;
053:        drawHistogram(histImage1, H1);
054:        imshow("histImage1", histImage1);
055:
```

```
056:        Mat histImage2;
057:        drawHistogram(histImage2, H2);
058:        imshow("histImage2", histImage2);
059:        waitKey();
060:        return 0;
061: }
062: void drawHistogram(Mat &image, Mat hist)
063: {
064:        if(image.empty())
065:              image.create(512, 512, CV_8U);
066:
067:        normalize(hist, hist, 0, image.rows, NORM_MINMAX, CV_32F);
068:
069:        image = Scalar(255);
070:        int binW = cvRound((double)image.cols / hist.rows);
071:        int x1, y1, x2, y2;
072:        for( int i = 0; i < hist.rows; i++ )
073:        {
074:              x1 = i * binW;
075:              y1 = image.rows;
076:              x2 = (i + 1) * binW;
077:              y2 = image.rows-cvRound(hist.at<float>(i));
078:              rectangle(image, Point(x1, y1), Point(x2, y2),
079:              Scalar(0), -1); // fill black
080:        }
081: }
```

◎ **프로그램 설명**

① **7-18행**

7-8행은 1채널 CV_8U 자료형의 512×512 행렬 srcImage1, srcImage2를 생성하고, 10-13행은 행렬 srcImage1을 평균 mean1 = Scalar(128), 표준편차 stddev1 = Scalar(10)을 갖는 정규분포 난수를 RNG::fill 메서드로 채운다. 15-18행은 행렬 srcImage2를 평균 mean2 = Scalar(110), 표준편차 stddev2 = Scalar(10)을 갖는 정규분포 난수를 RNG::fill 메서드로 채운다.

② **20-34행**

20-24행은 히스토그램 빈의 개수 histSize = 256, 범위는 valueRange[ ] = {0, 256}, ranges[ ] = {valueRange}, 1채널 행렬이므로 channels = 0번 채널, dims=1차원으로 설정하고, 27행은 calcHist 함수로 정규분포의 난수로 초기화된 행렬 srcImage1의 히스토그램을 행렬 H1에 계산하고, 28행은 히스토그램 H1의 합이 1이 되도록 정규화한다. 32행은 calcHist 함수로 정규분포의 난수로 초기화된 행렬 srcImage2의 히스토그램을 행렬 H2에 계산하고, 33행은 히스토그램 H2의 합이 1이 되도록 정규화한다.

③ **36-50행**

히스토그램 H1, H2를 이용하여 시그니처 행렬 S1, S2를 생성한다. 시그니처 행렬 S1, S2의 0-열을 히스토그램 값을 가중치로 저장하고, 1-열은 히스토그램의 위치 첨자를 저장한다. 49행은 EMD 함수로 S1에서 S2로의 EMD 거리를 DIST_L2로 계산한다. S1과 S2에 저장된 히스토그램 가중치가 평균은 다르고 표준편차가 같기 때문에, EMD는 두 히스토그램의 평균 mean1과 mean2 사이의 거리 18에 가까운 emdDist = 18.0086을 계산한다. DIST_L1, DIST_C 거리를 사용해도, 1차원에서의 거리이기 때문에 결과는 모두 동일하다.

④ **52-58행**

52-54행은 히스토그램 H1을 drawHistogram 함수로, 영상 histImage1에 표시한다. 56-58행은 히스토그램 H2를 drawHistogram 함수로, 영상 histImage2에 표시한다.

⑤ **62-81행**

히스토그램 hist를 image 영상에 사각형을 이용한 막대그래프로 표시하는 사용자 정의 함수 drawHistogram을 정의한다.

⑤ 62-81행

히스토그램 hist를 image 영상에 사각형을 이용한 막대그래프로 표시하는 사용자 정의 함수 drawHistogram을 정의한다.

⑥ [그림 5.26]은 mean1 = Scalar(128), stddev1 = Scalar(10)의 정규분포를 난수로 계산한 히스토그램 H1과 mean2 = Scalar(110), stddev2 = Scalar(10) 정규분포를 난수로 계산한 히스토그램 H2를 비교한 결과이다. 두 평균이 다르고, 표준편차가 같은 두 개의 정규분포의 EMD는 평균 사이의 거리이다. [그림 5.27]은 mean1 = Scalar(128), stddev1 = Scalar(20)의 정규분포를 난수로 계산한 히스토그램 H1과 mean2 = Scalar(110), stddev2 = Scalar(10) 정규분포를 난수로 계산한 히스토그램 H2를 비교한 결과이다. 두 평균과 표준편차가 약간 다른 두 개의 정규분포의 EMD는 [그림 5.26]의 EMD보다 약간 크다. 28행과 33행의 정규화를 수행하지 않아도 EMD는 같게 계산된다.

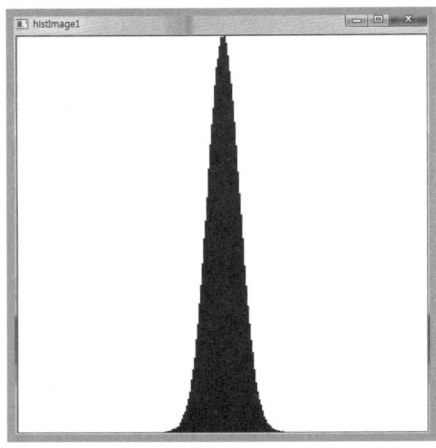
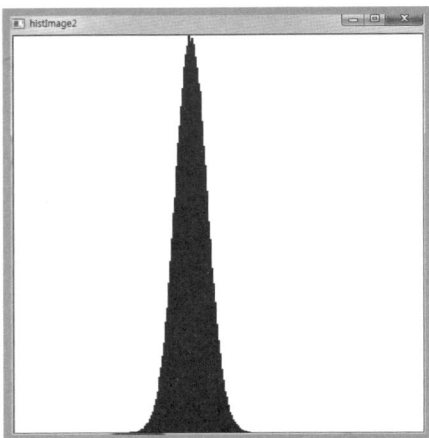

(a) H1: mean1 = Scalar(128)
stddev1 = Scalar(10)

(b) H2: mean2 = Scalar(110)
stddev2 = Scalar(10)

(c) emdDist = EMD(S1, S2, CV_DIST_L2)

[그림 5.26] EMD 2: 평균은 다르고, 표준편차가 같은 두 개의 정규분포

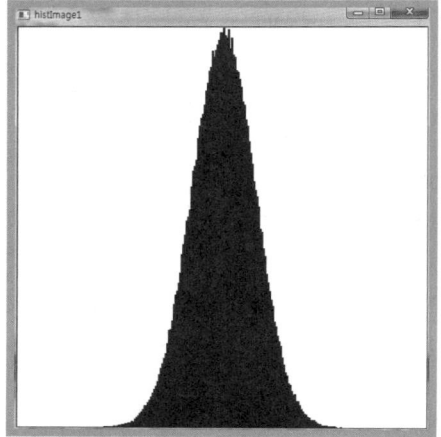
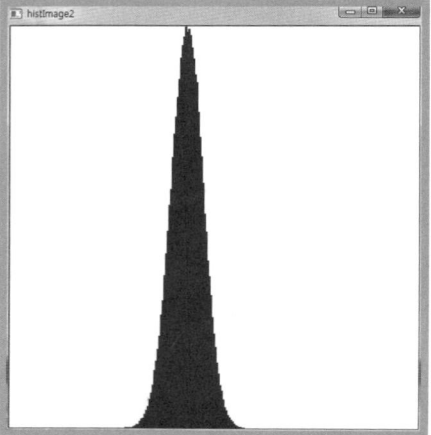

(a) H1: mean1 = Scalar(128)
stddev1 = Scalar(20)

(b) H2: mean2 = Scalar(110)
stddev2 = Scalar(10)

(c) emdDist = EMD(S1, S2, DIST_L2)

[그림 5.27] EMD 2: 평균과 표준편차가 약간 다른 두 개의 정규분포

[예제 5-19] EMD 3:정규분포 난수로 생성한 2채널 행렬의 2차원 히스토그램 비교

```
001:   #include "opencv.hpp"
002:   using namespace cv;
003:   using namespace std;
004:   void drawHistogram2D(Mat &image, Mat hist);
005:   int main()
006:   {
007:        Mat srcImage1(512, 512, CV_8UC2);
008:        Mat srcImage2(512, 512, CV_8UC2);
009:
010:        Scalar mean1 = Scalar(128, 128);
011:        Scalar stddev1 = Scalar(20, 20);
012:        RNG &rng1 = theRNG();
013:        rng1.fill(srcImage1, RNG::NORMAL, mean1, stddev1);
014:
015:        Scalar mean2 = Scalar(110, 128);
016:        Scalar stddev2 = Scalar(20, 20);
017:        RNG &rng2 = theRNG();
018:        rng2.fill(srcImage2, RNG::NORMAL, mean2, stddev2);
019:
020:        int histSize[] = {32, 32};
021:        float range1[ ] = {0, 256};
022:        float range2[ ] = {0, 256};
023:        const float* ranges[ ] = {range1, range2};
024:        int channels[] = {0, 1};
025:        int dims = 2;
026:
027:        Mat H1;
028:        calcHist(&srcImage1, 2, channels, Mat(), H1, dims, histSize, ranges);
029:        normalize(H1, H1, 1, 0, NORM_L1, CV_32F);
030: //     cout << "H1 = " << H1 << endl;
031: //     cout << "H1.size() = " << H1.size() << endl;
032:
033:        Mat H2;
034:        calcHist(&srcImage2, 1, channels, Mat(), H2, dims, histSize, ranges);
035:        normalize(H2, H2, 1, 0, NORM_L1, CV_32F);
036: //     cout << "H2 = " << H2 << endl;
037: //     cout << "H2.size() = " << H2.size() << endl;
038:
039:        int nRows1 = H1.rows * H1.cols;
040:        Mat S1(nRows1, 3, CV_32F, Scalar(0));
041:        for(int y = 0; y < H1.rows; y++)
042:             for(int x = 0; x < H1.cols; x++)
043:             {
044:                  int n = H1.cols * y + x;
045:                  S1.at<float>(n, 0) = H1.at<float>(y, x);
046:                  S1.at<float>(n, 1) = y;
047:                  S1.at<float>(n, 2) = x;
048:             }
```

```
049:          cout << "S1.size() = " << S1.size() << endl;
050:
051:          int nRows2 = H2.rows * H2.cols;
052:          Mat S2(nRows2, 3, CV_32F,Scalar(0));
053:          for(int y = 0; y < H2.rows; y++)
054:              for(int x = 0; x < H2.cols; x++)
055:              {
056:                  int n = H2.cols * y + x;
057:                  S2.at<float>(n, 0) = H2.at<float>(y, x);
058:                  S2.at<float>(n, 1) = y;
059:                  S2.at<float>(n, 2) = x;
060:              }
061:          cout << "S2.size() = " << S2.size() << endl;
062:
063:          float emdDist = EMD(S1, S2, DIST_L2); //CV_DIST_L2
064:          cout << "emdDist = " << emdDist << endl;
065:
066:          float lowerBound = 100;
067:          float emdDist2 = EMD(S1, S2, DIST_L2, noArray(), &lowerBound);
068:          cout << "emdDist2 = " << emdDist2 << endl;
069:          cout << "lowerBound = " << lowerBound << endl;
070:
071:          Mat histImage1;
072:          drawHistogram2D(histImage1, H1);
073:          imshow("histImage1", histImage1);
074:
075:          Mat histImage2;
076:          drawHistogram2D(histImage2, H2);
077:          imshow("histImage2", histImage2);
078:
079:          waitKey();
080:          return 0;
081: }
082: void drawHistogram2D(Mat &image, Mat hist)
083: {
084:          if(image.empty())
085:              image.create(512, 512, CV_8U);
086: //       image = Scalar(255);
087:
088:          normalize(hist, hist, 0, 255, NORM_MINMAX, CV_32F);
089:          int binW = cvRound((double)image.cols / hist.cols);
090:          int binH = cvRound((double)image.rows / hist.rows);
091:
092:          int x, y;
093:          Rect rtROI;
094:          Mat roi;
095:          for( int i = 0; i < hist.cols; i++ )
096:              for( int j = 0; j < hist.rows; j++ )
097:              {
098:                  float hValue = hist.at<float>(j, i);
099:                  x = i * binW;
100:                  y = j * binH;
101:                  rtROI = Rect(x, y, binW, binH);
102:                  image(rtROI) = cvRound(hValue);
103:              }
104: }
```

◎ 프로그램 설명

① 7-18행
7-8행은 2채널 CV_8UC2 자료형의 512×512 행렬 srcImage1, srcImage2를 생성하고, 10-13행은 행렬 srcImage1을 평균 mean1 = Scalar(128, 128), 표준편차 stddev1 = Scalar(20, 20)을 갖는 정규분포 난수를 RNG::fill 메서드로 채운다. 15-18행은 행렬 srcImage2를 평균 mean2 = Scalar(110, 128), 표준편차 stddev2 = Scalar(20, 20)을 갖는 정규분포 난수를 RNG::fill 메서드로 채운다.

② 20-37행
20-25행은 히스토그램 빈의 개수 histSize = [32, 32], 범위는 range1[ ] = {0, 256}, range2[ ] = {0, 256}, ranges[ ] = {range1, range2}, 2채널 행렬이므로 channels = {0, 1} 채널, dims = 2차원으로 설정하고, 28행은 calcHist 함수로 정규분포의 난수로 초기화된 행렬 srcImage1의 히스토그램을 행렬 H1에 계산하고, 29행은 히스토그램 H1의 합이 1이 되도록 정규화한다. 34행은 calcHist 함수로 정규분포의 난수로 초기화된 행렬 srcImage2의 히스토그램을 행렬 H2에 계산하고, 35행은 히스토그램 H2의 합이 1이 되도록 정규화한다.

③ 36-61행
히스토그램 H1, H2를 이용하여 시그니처 행렬 S1, S2를 생성한다. 시그니처 행렬 S1, S2의 0-열을 히스토그램 값을 가중치로 저장하고, 1-열, 2-열은 히스토그램의 위치 첨자 y, x를 저장한다.

④ 63-69행
63행은 EMD 함수로 S1에서 S2로의 EMD 거리를 DIST_L2로 계산한다. S1과 S2에 저장된 히스토그램 가중치가 평균만 다르고 표준편차가 같기 때문에, 계산된 EMD, emdDist = 2.26136은 두 히스토그램의 평균 mean1과 mean2 사이의 거리이다. 히스토그램 빈의 크기가 32×32이므로, S1, S2에 저장된 위치 값의 범위는 $0 \leq x \leq 31$, $0 \leq y \leq 31$이다. EMD 함수에 의해 계산된 거리 emdDist = 2.26136에 256 / 32 = 8배 하면 평균과 표준편차로 난수를 발생했을 때의 거리가 계산된다. 즉, 2.26136 * 8 = 18.09088은 평균은 다르고 표준편차가 같은 분포에서 EMD는 평균 사이의 거리이다. 평균 mean1과 mean2 사이의 거리는 18이다. 67행은 EMD를 emdDist2 = 2.26136, 무게 중심 사이의 거리인 lowerBound = 2.24704를 계산한다. 63행의 EMD 계산결과 emdDist와 67행의 EMD 계산 결과 emdDist2는 같다.

⑤ 71-77행
71-73행은 히스토그램 H1을 drawHistogram2D 함수로, 영상 histImage1에 표시한다. 75-77행은 히스토그램 H2를 drawHistogram2D 함수로, 영상 histImage2에 표시한다.

⑥ 82-104행
히스토그램 hist를 image 영상에 밝기값을 이용하여 표시하는 사용자 정의 함수 drawHistogram2D을 정의한다. 88행은 히스토그램 값을 그레이스케일 밝기값으로 표시하기 위하여 범위 [0, 255]로 정규화한다. 989-90행은 히스토그램 빈 하나에 대응하는 image 영상에서의 크기를 계산한다. 95-103행은 각 히스토그램 빈 (j,i)의 값 hValue를 image 영상의 대응하는 사각 영역 rtROI의 밝기값으로 설정한다.

⑦
[그림 5.28]은 mean1 = Scalar(128, 128), stddev1 = Scalar(20, 20)의 정규분포를 난수로 계산한 히스토그램 H1과 mean2 = Scalar(110, 128), stddev2 = Scalar(20, 20)의 정규분포를 난수로 계산한 히스토그램 H2를 비교한 결과이다. [그림 5.28](c)는 histSize[] = {32, 32}에서 두 개의 정규분포의 EMD 계산거리 emdDist = 2.26136을 보인다.
평균은 다르고 표준편차는 같은 두 분포에서, EMD는 평균 사이의 거리이다. 실제 두 평균 사이의 거리는 18이다. emdDist = 2.26136에 256 / 32 = 8을 곱하면 2.26136 * 8 = 18.09088로 실제 거리와 비슷한 값이 계산된다. [그림 5.28](d)는 histSize[] = {64, 64}에서 두 개의 정규분포의 EMD 계산거리 emdDist = 4.53252를 보인다. 4.53252 * (256 / 64) = 17.813008로 실제 거리와 비슷한 값이 계산된다.

⑧
히스토그램 빈의 크기를 크게 하면, 예를 들어 128×128이면, 프로그램이 중지된다. 이유는 EMD 함수가 구현된 emd.cpp 파일의 icvInitEMD 함수에서 new 연산자에 의한 메모리 할당 크기가 너무 커서 오류가 발생한다.

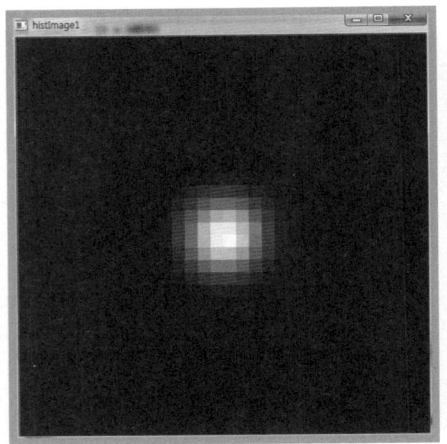 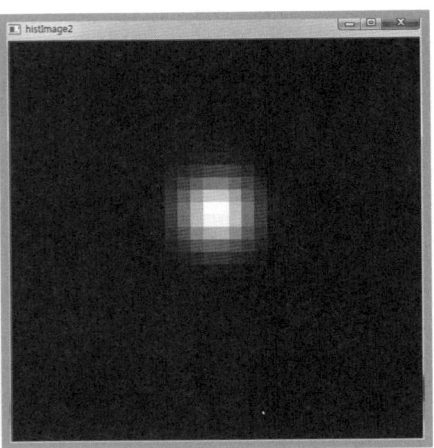

(a) H1: mean1 = Scalar(128, 128)
stddev1 = Scalar(20, 20)

(b) H2: mean2 = Scalar(110, 128)
stddev2 = Scalar(20, 20)

```
C:\Windows\system32\cmd.exe
S1.size() = [3 x 1024]
S2.size() = [3 x 1024]
emdDist = 2.26136
emdDist2 = 2.26136
lowerBound = 2.24704
```

(c) S1에서 S2로의 EMD, histSize[] ={32, 32}

```
C:\Windows\system32\cmd.exe
S1.size() = [3 x 4096]
S2.size() = [3 x 4096]
emdDist = 4.53252
emdDist2 = 4.53252
lowerBound = 4.49754
```

(d) S1에서 S2로의 EMD, histSize[] ={64, 64}

[그림 5.28] EMD 3: 정규분포 난수로 생성한 2채널 행렬의 2차원 히스토그램 비교

2.5 히스토그램 역투영

calcBackProject 함수는 히스토그램 hist의 역투영을 backProject에 계산한다. 얼굴 인식에서 얼굴 영역 분할을 위해 피부 색상을 이용할 때, 샘플 영상을 피부 영역의 히스토그램을 계산한 후에 역투영하면, 손, 얼굴 등의 영역을 분할할 수 있다. 또한, 물체 추적에서, 추적할 물체를 관심영역으로 지정한 후에, 컬러 정보(hue)를 히스토그램으로 계산하고, 추적할 때 계산된 히스토그램을 비디오에 역투영하고 임계치를 적용하면, 추적을 위한 영상과 컬러 정보가 비슷한 영역만을 검출할 수 있다. findContours 함수를 사용하여 물체의 경계를 검출한다. 비디오에서 물체 추적 방법인 meanShift, CamShift 함수에서 히스토그램 역투영을 사용한다.

① void calcBackProject(const Mat* images, int nimages,
    const int* channels, const SparseMat& hist, OutputArray backProject,
    const float** ranges, double scale = 1, bool uniform = true)
함수 의미: backProject(i) = hist(images(i))

대부분의 인수는 calcHist 함수의 인수와 같다. images는 입력영상으로 모두 같은 깊이 CV_8U 또는 CV_32F와 같은 크기를 갖는 영상의 배열이다. 각각의 영상은 서로 다른 채널을 가질 수 있다. nimages는 영상 배열 images의 크기이다. channels는 역투영을 계산하기 위하여 사용된 채널의 정수형 배열이다.

채널 번호는 0, 1, ..., images[0].channels() − 1, images[0].channels(), images[0].channels() + 1 ,..., images[0].channels()+images[1].channels() − 1, ... 과 같이 번호가 부여된다.

hist는 입력으로 사용되는 히스토그램으로, Mat 또는 SparseMat 자료형이다. 역투영 행렬 backProject는 출력 행렬로 images 배열의 영상과 같은 크기, 같은 깊이를 갖는 1-채널 역투영 행렬이다. ranges는 각각 차원에서 히스토그램 빈 경계값(histogram bin boundaries)의 배열의 배열(array of arrays)이다. scale은 출력 역투영 행렬에 적용될 스케일 값으로 디폴트 스케일은 scale = 1이다. uniform = true이면, 히스토그램 hist가 등간격 히스토그램이다. 역투영한 행렬 backProject에서 높은 값을 갖는 요소는 입력 행렬에서 해당 위치의 화소의 값이 히스토그램의 빈도수가 높은 값임을 알 수 있다. 역투영 행렬에 임계값을 적용하여, 임계값 이상의 화소는 255, 그렇지 않으면 0인 이진영상을 생성하여, 입력영상의 영역을 분할(segmentation)할 수 있다.

[예제 5-20] 1-채널 행렬의 히스토그램 역투영

```
001:   #include "opencv.hpp"
002:   using namespace cv;
003:   using namespace std;
004:   int main()
005:   {
006:       uchar dataA[16] = {  0, 0,  0, 0,
007:                            1, 1,  3, 5,
008:                            6, 1,  1, 3,
009:                            4, 3,  1, 7 };
010:       Mat A(4, 4, CV_8U, dataA);
011:       cout << "A=" << A << endl;
012:
013:       int  histSize[ ] = { 8 }; // histSize[ ] = { 4 };
014:       float valueRange[ ] = {0, 8};
015:       const float* ranges[ ] = {valueRange};
016:       int channels[] = {0};
017:       int dims = 1;
018:
019:       Mat hist;
020:       calcHist(&A, 1, channels, Mat(), hist,
021:                       dims, histSize, ranges, true);
022:       cout << "hist=" << hist << endl;
023:
```

```
024:        Mat backProject;
025:        calcBackProject(&A, 1, channels, hist, backProject, ranges);
026:        cout << "backProject=" << backProject << endl;
027:        return 0;
028: }
```

◎ 프로그램 설명

① 6-11행
배열 dataA로 초기화된 1-채널, CV_8U 자료형의 4×4 행렬 A를 생성한다.

② 13-22행
히스토그램 빈의 개수는 histSize[0] = 8, 범위는 valueRange[0] = {0, 8}로 8개의 히스토그램 빈을 갖는다. histSize[0] = 4이면 4개의 빈은 [0, 1], [2, 3], [4, 5], [6, 7]이다. channels[0] = 0번 채널, 1차원, uniform = true인 등간격 히스토그램을 calcHist 함수로 행렬 hist에 계산한다.

③ 24-26행
calcBackProject 함수로 행렬 A의 히스토그램 hist를 이용하여 역투영한 backProject 행렬을 계산한다. [그림 5.29]는 histSize[ ] = { 8 }로 히스토그램 역투영한 결과이고, [그림 5.30]은 histSize[ ] = { 4 }로 히스토그램 역투영한 결과이다. [그림 5.29]에서, 역투영의 결과를 예를 들면 행렬 A에서 요소값이 0인 요소가 4개이다. 즉, hist(0) = 4이다. backProject 행렬을 보면, 행렬 A의 요소값이 0인 위치에 대응되는 backProject 행렬의 요소값이 hist(0) = 4인 것을 확인할 수 있다. 이처럼 역투영한 행렬에서 높은 값을 갖는 요소는 입력 행렬에서 해당 위치의 화소의 값이 히스토그램에서 빈도수가 높은 값임을 알 수 있다.

[그림 5.29] 1-채널 히스토그램 역투영, histSize[ ] = { 8 }

[그림 5.30] 1-채널 히스토그램 역투영, histSize[ ] = { 4 }

[예제 5-21] 2-채널 행렬의 히스토그램 역투영

```
001:   #include "opencv.hpp"
002:   using namespace cv;
003:   using namespace std;
004:   int main()
005:   {
006:        uchar dataA[16] = { 0, 0,  0, 0,
007:                            1, 1,  1, 1,
008:                            1, 1,  1, 2,
009:                            1, 2,  1, 3 };
010:        Mat A(4, 2, CV_8UC2, dataA);
011:        cout << "A=" << A << endl;
012:
```

```
013:        int  histSize[ ] = { 4, 4 };
014:        float range1[ ] = {0, 4};
015:        float range2[ ] = {0, 4};
016:        const float* ranges[ ] = {range1, range2};
017:        int channels[] = {0, 1};
018:        int dims = 2;
019:
020:        Mat hist;
021:        calcHist(&A, 1, channels, Mat(), hist,
022:                        dims, histSize, ranges, true);
023:        cout << "hist=" << hist << endl;
024:
025:        Mat backProject;
026:        calcBackProject(&A, 1, channels, hist, backProject, ranges);
027:        cout << "backProject=" << backProject << endl;
028:        return 0;
029:  }
```

◎ 프로그램 설명

① 6-11행
배열 dataA로 초기화된 2-채널, CV_8UC2 자료형의 4×2 행렬 A를 생성한다.

② 13-23행
히스토그램 빈의 개수는 histSize[ ] = { 4, 4 }, 범위는 range1[] = {0, 4}, range2[ ] = {0, 4}, ranges[] = {range1, range2}로 16개의 히스토그램 빈을 갖는다. channels[] = {0, 1} 채널인 2 차원, uniform = true인 등간격 히스토그램을 calcHist 함수로 4×4 행렬 hist에 계산한다. hist(0, 0) = 2는 (0-채널, 1-채널)의 값이 (0, 0)인 빈도수를 의미한다.

③ 25-27행
calcBackProject 함수로 행렬 A의 히스토그램 hist를 이용하여 역투영한 backProject 행렬을 계산한다. [그림 5.31]은 2-채널 행렬의 히스토그램 역투영 결과이다. 예를 들면, 행렬 A에서 (0-채널, 1-채널)의 값이 (0, 0)인 요소가 2개이다. 즉, hist(0, 0) = 2이다. backProject 행렬을 보면, 행렬 A의 요소값이 (0, 0)인 위치에 대응되는 backProject 행렬의 요소값이 hist(0, 0) = 2인 것을 확인할 수 있다. 이처럼 역투영한 행렬에서 높은 값을 갖는 요소는 입력 행렬에서 해당 위치의 화소의 값이 히스토그램에서 빈도수가 높은 값임을 알 수 있다.

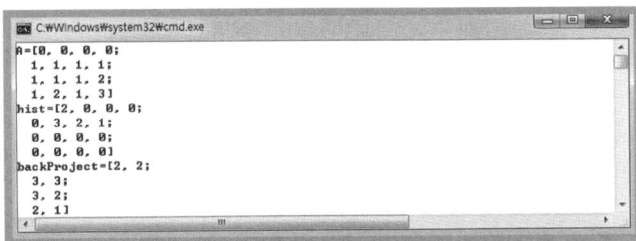

[그림 5.31] 2-채널 행렬의 히스토그램 역투영

[예제 5-22] Hue-채널 영상의 관심영역 히스토그램 역투영

```
001:  #include "opencv.hpp"
002:  using namespace cv;
003:  using namespace std;
004:  int main()
005:  {
006:        Mat srcImage = imread("fruits.jpg");
007:        if( srcImage.empty() )
```

```
008:            return -1;
009:
010:        Mat hsvImage;
011:        cvtColor(srcImage, hsvImage, COLOR_BGR2HSV);
012:        vector<Mat> planes;
013:        split(hsvImage, planes);
014:        Mat hueImage = planes[0];
015:
016:        Rect roi(100, 100, 100, 100); // yellow orange
017: //     Rect roi(400, 150, 100, 100); // green kiwi
018:        rectangle(srcImage, roi, Scalar(0, 0, 255), 2);
019:        Mat roiImage = hueImage(roi);
020:
021:        int histSize = 256;
022:        float hValue[ ] = {0, 256};
023:        const float* ranges[ ] = {hValue};
024:        int channels = 0;
025:        int dims = 1;
026:
027:        Mat hist;
028:        calcHist(&roiImage, 1, &channels, Mat(), hist, dims, &histSize, ranges);
029: //     cout << "hist=" << hist << endl;
030:
031:        Mat hueImage2;
032:        hueImage.convertTo(hueImage2, CV_32F);
033:
034:        Mat backProject;
035:        calcBackProject(&hueImage2, 1, &channels, hist, backProject, ranges);
036:
037:        double minVal, maxVal;
038:        minMaxLoc(backProject, &minVal, &maxVal);
039:        cout << "minVal=" << minVal << endl;
040:        cout << "maxVal=" << maxVal << endl;
041:
042:        Mat backProject2;
043:        normalize(backProject, backProject2, 0, 255, NORM_MINMAX, CV_8U);
044:
045: //     Mat dstImage;
046: //     int th = threshold(backProject, dstImage, maxVal * 0.6, 255, THRESH_BINARY);
047: //     int th=threshold(backProject2,dstImage,120,255,THRESH_BINARY + THRESH_OTSU);
048: //     cout << "th = " << th << endl;
049:
050:        imshow("backProject2", backProject2);
051:        imshow("srcImage", srcImage);
052: //     imshow("dstImage", dstImage);
053:        waitKey();
054:        return 0;
055: }
```

◎ 프로그램 설명

① RGB 컬러 영상에서 HSV 영상으로 변경한 후에, Hue 색상 채널에서 특정 관심영역의 히스토그램을 계산한 후에, 역투영하여 관심영역과 비슷한 색상을 갖는 영역을 표시한다.

② 6-14행

6행은 fruits.jpg 영상을 srcImage에 읽고, 10-11행은 cvtColor 함수로 srcImage 영상을 COLOR_
BGR2HSV 모드로 변환하여 hsvImage 영상에 저장한다. 12-14행은 split 함수로 HSV 영상을 채널
분리해, 0번 채널인 Hue-채널을 hueImage에 저장한다.

③ 16-29행

16-19행은 roi에 관심영역을 설정하고, 원본영상 srcImage에 사각형으로 표시하고,
hueImage(roi)로 Hue-채널 영상에서 히스토그램을 계산할 관심영역을 roiImage에 저장한다.
21-29행은 Hue-채널의 관심영역 roiImage에서 calcHist 함수로 히스토그램 hist를 계산한다.

④ 31-43행

32행은 CV_8U인 hueImage를 CV_32F인 hueImage2 영상으로 변경한다. 35행은
calcBackProject 함수로 Hue-채널 영상의 CV_32F 자료형의 영상 hueImage2을 히스토그램 hist
를 사용하여 backProject에 역투영한다. backProject는 hueImage2와 같은 자료형인 CV_32F
이다. 38행은 backProject에서 최대값 minVal, 최대값 maxVal을 계산한다. 43행은 normalize
함수로 backProject를 범위 [0, 255]로 정규화하여 backProject2에 저장한다. 45-48행과 같이
threshold 함수로 임계값을 적용하여, 역투영 영상에서 비슷한 영역을 분할 할 수 있다. [그림 5.32]
는 Hue-채널 영상의 관심영역 히스토그램 역투영 결과이다. [그림 5.32](a)의 오렌지 부근의 사각영
역 roi(100, 100, 100, 100)의 Hue-채널에서 계산한 히스토그램으로 역투영한 결과가 [그림 5.32](b)
로, 노란색인 오렌지와 바나나 부근 영역이 밝게 표시된 것을 알 수 있다. [그림 5.32](c)의 키위 부근
의 사각영역 roi(400, 150, 100, 100)의 Hue-채널에서 계산한 히스토그램으로 역투영한 결과가 [그
림 5.32](d)로, 녹색인 키위 부근 영역이 밝게 표시된 것을 알 수 있다.

(a) roi(100, 100, 100, 100)

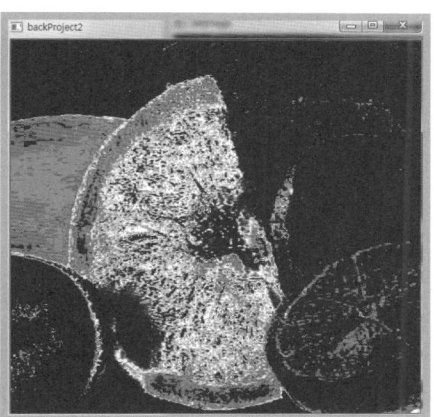

(b) roi(100, 100, 100, 100) 역투영

(c) roi(400, 150, 100, 100)

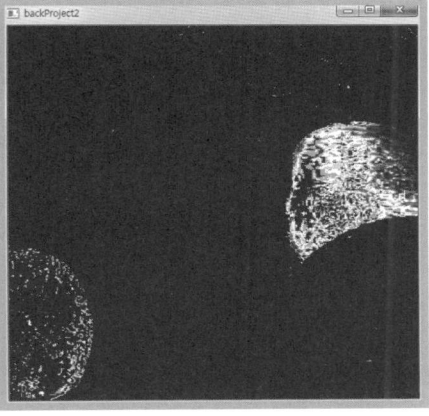

(d) roi(400, 150, 100, 100) 역투영

[그림 5.32] Hue-채널 영상의 관심영역 히스토그램 역투영

03 컬러 변환

cvtColor 함수는 RGB, GRAY, CIE XYZ, CIE Lab, YCrCb, HLS, HSV 등의 컬러 모델을 변경한다. imread 함수에서 디폴트로 영상을 컬러로 읽으면 BGR 채널 순서로 읽는다.

3.1 cvtColor 함수

void cvtColor(const CvArr* src, CvArr* dst, int code, int dstCn = 0);

src는 CV_8U, CV_8S, CV_16U, CV_16S 또는 CV_32의 입력영상이다. dst는 src와 같은 크기 같은 깊이를 가지며, 채널의 수는 다를 수 있는 출력영상이다.
code는 COLOR_src_color2dst_color의 형태로 입력 src의 컬러인 src_color에서 출력 dst의 컬러dst_color로의 변환을 명시한다. dstCn은 dst영상의 채널수이다. dstCn = 0 이면 src와 code에 의해 자동으로 계산한다.

① RGB 〈 - 〉 GRAY

COLOR_BGR2GRAY는 BGR 채널 순서로 표현된 src 영상을 dst에 GRAY 영상으로 변환한다. GRAY2BGR은 GRAY로 표현된 src 영상을 dst에 BGR 영상으로 변환한다. RGB 값의 범위는 8비트이면 0에서 255이고, 16비트이면 0에서 65535이고, 실수영상이면 0에서 1 사이의 값이다. 유사하게 COLOR_RGB2GRAY, COLOR_GRAY2BGR, COLOR_GRAY2RGB 등의 변환 코드가 있다.

$$Y = 0.299R + 0.587G + 0.114B$$

$$R = Y, \ G = Y, B = Y$$

② RGB 〈 - 〉 YCrCb

COLOR_BGR2YCrCb는 src의 BGR 컬러 모델을 YCrCb로 변환하여 dst에 저장한다. 유사하게 COLOR_RGB2YCrCb, COLOR_YCrCb2BGR, COLOR_YCrCb2RGB 등의 변환 코드가 있다.

$$Y = 0.299R + 0.587G + 0.114B$$

$$Cr = (R - Y)0.713 + delta$$

$$R = Y + 1.403(Cr - delta)$$

$$G = Y - 0.344(Cr - delta) - 0.714(Cb - delta)$$

$$B = Y + 1.773(Cb - delta)$$

$$여기서,\ delta = \begin{cases} 128 & \text{if } 8bit\ 영상 \\ 32768 & \text{if } 16bit\ 영상 \\ 0.5 & \text{if } 실수영상 \end{cases}$$

③ RGB ⟨ - ⟩HSV

COLOR_BGR2HSV는 src의 BGR 컬러 모델을 HSV로 변환하여 dst에 저장한다. 유사하게 COLOR_RGB2HSV, COLOR_HSV2BGR, COLOR_HSV2RGB 등이 있다.

$$V = \max(R, G, B)$$

$$S = \begin{cases} \dfrac{V - \min(R, G, B)}{V} & \text{if } V \neq 0 \\ 0 & o.w. \end{cases}$$

$$H = \begin{cases} 60(G - B)/(V - \min(R, G, B)) & \text{if } V = R \\ 120 + 60(B - R)/(V - \min(R, G, B)) & \text{if } V = G \\ 240 + 60(R - G)/(V - \min(R, G, B)) & \text{if } V = B \end{cases}$$

if $H < 0$ then $H = H + 360$. HSV의 범위는 $0 \leq V \leq 1,\ 0 \leq S \leq 1,\ 0 \leq H \leq 360$ 이다. dst 영상이 CV_8U면, V = 255V, S = 255S, H = H / 2로 스케일링하여 $0 \leq V \leq 255,\ 0 \leq S \leq 255,\ 0 \leq H \leq 180$ 범위로 출력한다. dst 영상이 CV_32F면 $0 \leq V \leq 1,\ 0 \leq S \leq 1,\ 0 \leq H \leq 360$ 그대로 출력한다.

④ RGB ⟨ - ⟩ CIE XYZ 변환

COLOR_BGR2XYZ은 src의 BGR 컬러 모델을 XYZ로 변환하여 dst에 저장한다. 유사하게 COLOR_RGB2XYZ, COLOR_XYZ2BGR, COLOR_XYZ2RGB 등이 있다.

⑤RGB ⟨ - ⟩HLS

COLOR_BGR2HLS는 src의 BGR 컬러 모델을 HLS로 변환하여 dst에 저장한다. 유사하게 COLOR_RGB2HLS, COLOR_HLS2BGR, COLOR_HLS2RGB 등이 있다.

⑥ RGB⟨-⟩CIE L*u*v*

COLOR_BGR2Luv는 src의 BGR 컬러 모델을Luv로 변환하여 dst에 저장한다. 유사하게 COLOR_RGB2Luv, COLOR_Luv2BGR, COLOR_Luv2RGB 등이 있다.

⑦ Bayer⟨-⟩RGB

Bayer 컬러 모델은 CMOS 또는 CCD 컬러 모델에서 R, G, B 컬러를 특정 패턴으로 사이사이 끼워 넣어 주변의 값과 함께 컬러를 이루는 방법으로 CV_BayerBG2BGR, COLOR_BayerGB2BGR, COLOR_BayerRG2BGR, COLOR_BayerGR2BGR, COLOR_BayerBG2RGB, COLOR_BayerGB2RGB, COLOR_BayerRG2RGB, COLOR_BayerGR2RGB 등이 있다.

[예제 5-23] cvCvtColor에 의한 컬러 변환

```
001:  #include "opencv.hpp"
002:  using namespace cv;
003:  using namespace std;
004:  int main()
005:  {
006:      Mat srcImage = imread("lena.jpg");
007:      if( srcImage.empty() )
008:          return -1;
009:      imshow("srcImage", srcImage);
010:
011:      Mat grayImage;
012:      cvtColor(srcImage, grayImage, COLOR_BGR2GRAY);
013:      imshow("grayImage", grayImage);
014:
015:      Mat hsvImage;
016:      cvtColor(srcImage, hsvImage, COLOR_BGR2HSV);
017:      imshow("hsvImage", hsvImage);
018:
019:      Mat yCrCbImage;
020:      cvtColor(srcImage, yCrCbImage, COLOR_BGR2YCrCb);
021:      imshow("yCrCbImage", yCrCbImage);
022:
023:      Mat luvImage;
024:      cvtColor(srcImage, luvImage, COLOR_BGR2Luv);
025:      imshow("luvImage", luvImage);
026:      waitKey();
027:
028:      return 0;
029:  }
```

◎ **프로그램 설명**

① 6-9행
imread 함수로 Lena.jpg 영상을 컬러로 srcImage에 읽는다. srcImage의 채널 순서는 BGR이다.

② 11-13행
cvtColor 함수에서 code = COLOR_BGR2GRAY로 채널 순서가 BGR인 srcImage를 GRAY로 변환하여 grayImage에 저장한다.

③ 15-17행
cvtColor 함수에서 code = COLOR_BGR2HSV로 채널 순서가 BGR인 srcImage를 HSV로 변환하여 hsvImage에 저장한다.

④ 19-21행
cvtColor 함수에서 code = COLOR_BGR2YCrCb로 채널 순서가 BGR인 srcImage를 YCrCb로 변환하여 yCrCbImage에 저장한다.

⑤ 23-25행
cvtColor 함수에서 code = COLOR_BGR2Luv로 채널 순서가 BGR인 srcImage를 Luv로 변환하여 luvImage에 저장한다.

⑥ [그림 5.33]은 cvtColor 함수를 이용한 컬러 변환의 실행 결과이다.

(a) COLOR_BGR2GRAY

(b) COLOR_BGR2HSV

(c) COLOR_BGR2YCrCb

(d) COLOR_BGR2Luv

[그림 5.33] cvtColor 함수에 의한 컬러 변환

이웃을 고려한
공간영역 필터링

이 장에서는 입력영상 화소의 주변 이웃(neighbors)을 고려하여 처리하는 공간영역 (spatial domain) 영상처리 필터링에 대하여 설명한다. 영상처리에서 일반적인 공간 영역 처리 방법은 입력영상 srcImage(x, y)의 화소 (x, y)뿐만 아니라 주위의 이웃(neighbourhood) 화소 W(x, y)를 고려하여, 변환/연산 함수 T에 의해 출력영상 dstImage(x, y)의 (x, y) 위치에서 화소값 s를 계산하는 영상처리 방법이다. 이웃 W(x, y)를 필터(filter) 또는 윈도우(window)라하며, 3×3, 5×5, 7×7, 11×11과 같이 대칭인 크기를 주로 사용한다.

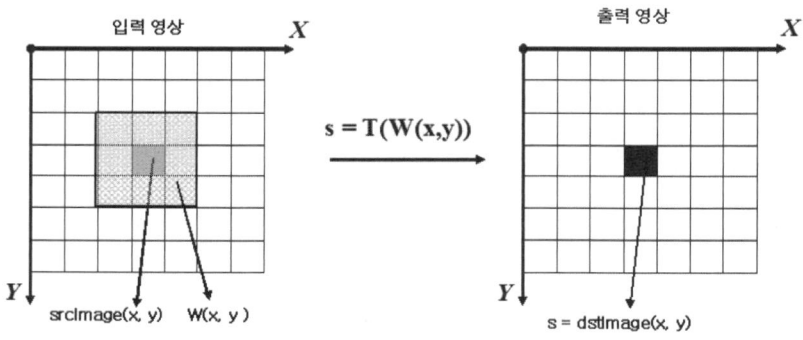

[그림 6.1] 공간 영역 필터링에서 입력영상과 출력영상

01 경계값 채우기, boxFilter

1.1 경계값 채우기(padding)

이웃을 정의하는 필터 W(x, y)의 크기가 3×3이면, 첫 번째와 마지막 행과 열에서는 이웃 중 일부가 영상 및 행렬을 벗어나게 된다. 따라서 경계에서 벗어나는 이웃을 처리하는 방법이 있어야 한다. 일반적으로는 0으로 채우거나, 경계에 있는 값을 확장 복사하여 사용한다.

① void copyMakeBorder(InputArray src, OutputArray dst, int top, int bottom,
                int left, int right, int borderType, const Scalar& value = Scalar())
입력영상 src를 top, bottom, left, right를 고려하여 dst에 복사하고, bordertype에 따라 dst의 나머지 요소값을 채워 넣는다. 출력영상 dst는 src와 같은 자료형이고, 크기는 Size(src.cols+left+right, src.rows+top+bottom)이다. [표 6.1]은 경계값 채우기 방식(bordertype)을 설명한다. borderType = BORDER_CONSTANT이면 value 값으로 채워놓고, borderType = BORDER_REPLICATE이면 value 값은 의미가 없으며, 원

본 src의 상하좌우의 경계 값으로 복사하여 채워 넣는다. borderType으로 BORDER_
REFLECT, BORDER_REFLECT_101, BORDER_WRAP 등이 있다. copyMakeBorder
함수는 OpenCV의 필터링 함수 내부에서 사용한다. 많은 필터링 관련 함수에서, 디폴트
경계 채우기 방식으로 설정된 BORDER_DEFAULT = 4는 BORDER_REFLECT101이다.

[표 6.1] 경계값 채우기 방식(bordertype)

bordertype	left padding (border=3)	Mat	right padding (border=3)
BORDER_CONSTANT, value=0	000	123456	000
BORDER_REPLICATE	111	123456	111
BORDER_REFLECT	321	123456	654
BORDER_REFLECT101	234	123456	543
BORDER_WRAP	456	123456	123

② **int borderInterpolate(int p, int len, int borderType)**

borderInterpolate 함수는 borderType에 따라, p 위치에 대한 원본영상의 좌표를 계산
한다. len은 행렬의 행 또는 열의 길이이다. 주어진 행렬 밖의 값을 알고 싶을 때 사용한다.

[예제 6-1] cvCopyMakeBorder에 의한 경계값 채우기(padding)

```
001:  #include "opencv.hpp"
002:  using namespace cv;
003:  using namespace std;
004:  int main()
005:  {
006:      uchar dataA[ ] = { 1, 2, 4, 5, 2, 1,
007:                         3, 6, 6, 9, 0, 3,
008:                         1, 8, 3, 7, 2, 5,
009:                         2, 9, 8, 9, 9, 1,
010:                         3, 9, 8, 8, 7, 2,
011:                         4, 9, 9, 9, 9, 3 };
012:      Mat A(6, 6, CV_8U, dataA);
013:      cout << "A = " << A << endl;
014:
015:      int border = 2;
016:      Mat B;
017:      copyMakeBorder(A, B, border, border, border, border, BORDER_CONSTANT, 0);
018:      cout << "B = " << B << endl;
019:
020:      Mat C;
021:      copyMakeBorder(A, C, border, border, border, border, BORDER_REPLICATE);
022:      cout << "C = " << C << endl;
023:
024:      Mat D;
025:      copyMakeBorder(A, D, border, border, border, border, BORDER_REFLECT);
026:      cout << "D = " << D << endl;
027:
028:      Mat E;
029:      copyMakeBorder(A, E, border, border, border, border, BORDER_REFLECT101);
030:      cout << "E = " << E << endl;
031:
```

```
032:        Mat F;
033:        copyMakeBorder(A, F, border, border, border, border, BORDER_WRAP);
034:        cout << "F = " << F << endl;
035:
036:        waitKey();
037:        return 0;
038: }
```

◎ **프로그램 설명**

① 6-13행
uchar 배열 dataA를 이용하여 6×6 행렬 A를 생성한다.

② 15-34행
17행은 행렬 A를 top, bottom, left, right를 모두 border = 2만큼 확장하여 borderType = BORDER_CONSTANT, value = 0으로 채워 8×8 행렬 B에 저장한다. 21행은 행렬 A를 top, bottom, left, right를 모두 border = 2만큼 확장하여 borderType = BORDER_REPLICATE로 채워 8×8 행렬 C에 저장한다. 25행은 행렬 A를 top, bottom, left, right를 모두 border = 2 만큼 확장하여 borderType = BORDER_REFLECT로 채워 8×8 행렬 D에 저장한다. 29행은 행렬 A를 top, bottom, left, right를 모두 border = 2만큼 확장하여 borderType = BORDER_REFLECT101로 채워 8×8 행렬 E에 저장한다. 33행은 행렬 A를 top, bottom, left, right를 모두 border = 2만큼 확장하여 borderType = BORDER_WRAP로 채워 8×8 행렬 F에 저장한다.

③ [그림 6.2]는 copyMakeBorder에 의한 경계값 채우기의 결과이다.

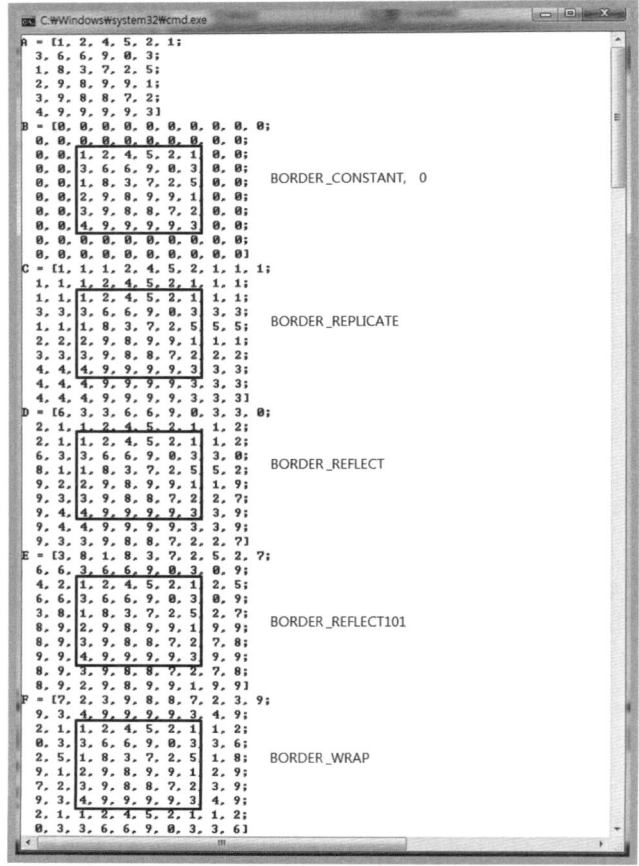

[그림 6.2] copyMakeBorder에 의한 경계값 채우기(padding)

[예제 6-2] borderInterpolate에 의한 경계값 외삽(extrapolation)

```
001:  #include "opencv.hpp"
002:  using namespace cv;
003:  using namespace std;
004:  int main()
005:  {
006:      uchar dataA[ ] = { 1, 2, 4, 5, 2, 1,
007:                         3, 6, 6, 9, 0, 3,
008:                         1, 8, 3, 7, 2, 5,
009:                         2, 9, 8, 9, 9, 1,
010:                         3, 9, 8, 8, 7, 2,
011:                         4, 9, 9, 9, 9, 3 };
012:      Mat A(6, 6, CV_8U, dataA);
013:      cout << "A = " << A << endl;
014:
015:      int border = 2;
016:      Mat B;
017:      copyMakeBorder(A, B, border, border, border, border, BORDER_REPLICATE);
018:      cout << "B = " << B << endl;
019:
020:      cout << "borderInterpolate" << endl;
021:      for(int y = -border; y < A.rows + border; y++)
022:      {
023:          for(int x = -border; x < A.cols + border; x++)
024:          {
025:              float val = A.at<uchar>(borderInterpolate(y, A.rows, BORDER_REPLICATE),
026:                          borderInterpolate(x, A.cols, BORDER_REPLICATE));
027:              cout << val << ", ";
028:          }
029:          cout << endl;
030:      }
031:      waitKey();
032:      return 0;
033:  }
```

◎ 프로그램 설명

① 6-13행
uchar 배열 dataA를 이용하여 6×6 행렬 A를 생성한다.

② 15-18행
행렬 A를 top, bottom, left, right를 모두 border = 2만큼 확장하여 borderType = BORDER_CONSTANT, value = 0으로 채워 8×8 행렬 B에 저장한다.

③ 20-30행
for 문장을 사용하여 x, y를 border = 2만큼 확장된 행렬의 첨자 범위, $-border \leq y < A.rows + border, -border \leq x < A.cols + border$에서 borderInter polate (y, A.rows,BORDER_REPLICATE)와 borderInterpolate(x, A.cols, BORDER_REPLICATE)로 계산한 위치의 행렬 A 값을 출력하면, 17행에서 BORDER_REPLICATE로 경계값을 채운 행렬 B와 같다.

④ [그림 6.3]은 borderInterpolate에 의한 경계값 외삽보간의 실행 결과이다.

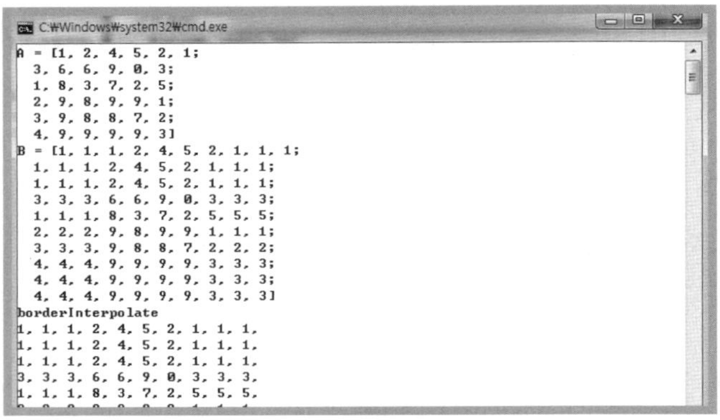

[그림 6.3] borderInterpolate에 의한 경계값 외삽보간

O2 2D 필터 연산

공간 필터링은 영상처리에서 가장 기본적인 연산이다. 부드러운 필터링(smoothing filtering)은 영상에서 잡음 또는 세밀한 부분을 제거 또는 약화시킨다. 날카로운 필터링 (sharping filtering)은 영상에서 에지 또는 세밀한 부분을 강조시킨다.

2.1 상관관계(correlation)

(1) 일반적인 표현

2차원 입력영상 src(x, y)에서, $(2 \times size+1) \times (2 \times size+1)$ 크기의 필터 윈도우 또는 커널로 불리는 w(s, t)의 상관관계는 아래 식과 같이 이웃에 속하는 대응되는 위치의 값을 곱셈하여 합계를 출력영상 dst(x, y)에 저장한다. 여기에서 상관관계는 표준편차에 의해 정규화하는 통계에서의 상관관계와 같지 않다.

$$dst(x,y) = \sum_{s=-size}^{size} \sum_{t=-size}^{size} w(s,t)\, src(x+s, y+t)$$

예를 들어, 3×3 필터 커널 w(x, y)와 src(x, y)의 상관관계를 풀어쓰면 다음 수식 그리고 [그림 6.4]와 같다. 입력영상 src(x, y)의 모든 화소 (x, y)에 대하여 아래의 연산을 수행해야 하므로, size가 크면 계산 속도가 느려진다.

$$
\begin{aligned}
dst(x,y) = & \sum_{s=-1}^{1} \sum_{t=-1}^{1} w(s,t)\ src(x+s, y+t) \\
= & \ w(-1,-1)\,src(x-1, y-1) + w(0,-1)\,src(x, y-1) + w(1,-1)\,src(x+1,\ y-1) \\
& + w(-1,\ \ 0)\,src(x-1, y\ \ \ \ \ ) + w(0,\ \ 0)\,src(x, y\ \ \ \ \ ) + w(1,\ \ 0)\,src(x+1,\ y\ \ \ \ \ ) \\
& + w(-1,\ \ 1)\,src(x-1, y+1) + w(0,\ \ 1)\,src(x, y+1) + w(1,\ \ 1)\,src(x+1,\ y+1)
\end{aligned}
$$

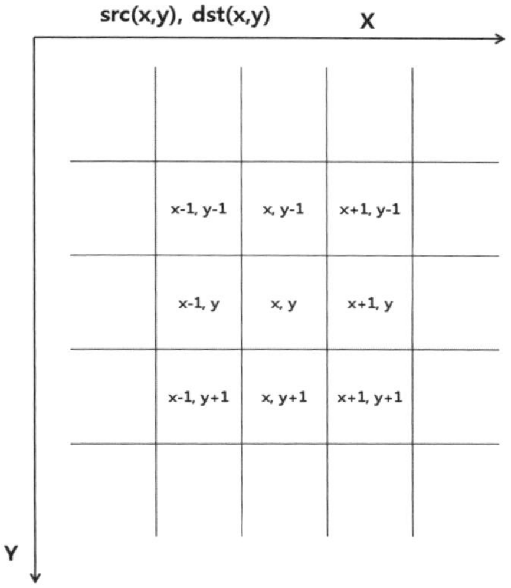

w(-1, -1)	w(0, -1)	w(1, -1)
w(-1, 0)	w(0, 0)	w(1, 0)
w(-1, 1)	w(0, 1)	w(1, 1)

[그림 6.4] 일반적인 표현, src(x, y), dst(x,y), 3×3 커널 w(x, y)

(2) OpenCV 표현

2차원 입력영상 src(x, y)에서, 커널 w(s, t)의 상관관계는 이웃에 속하는 대응되는 위치의 값을 곱셈하여 합계를 출력영상 dst(x, y)에 저장한다. 여기에서 상관관계는 표준편차에 의해 정규화되는 통계에서의 상관관계와 같지 않다. OpenCV에서의 상관관계 수식은 다음과 같다.

$$
dst(x,y) = \sum_{s=0}^{kernel.cols-1} \sum_{t=0}^{kernel.rows-1} w(s,t)\ src(x+s-anchor.x, y+t-anchor.y)
$$

예를 들어, 앵커점이 anchor = Point(1, 1)인 3×3 필터 커널 w(x, y)와 src(x, y)의 상관관계는 다음과 같다. [그림 6.5]는 src(x, y), dst(x, y), 3×3 커널 w(x, y)의 OpenCV 표현이다.

$$
dst(x,y) = \sum_{s=0}^{2} \sum_{t=0}^{2} w(s,t)\ src(x+s-1, y+t-1)
$$

$$
\begin{aligned}
= & \ w(0,0)\,src(x-1, y-1) + w(1,0)\,src(x, y-1) + w(2,0)\,src(x+1,\ y-1) \\
& + w(0,1)\,src(x-1, y\ \ \ \ \ ) + w(1,1)\,src(x, y\ \ \ \ \ ) + w(2,1)\,src(x+1,\ y\ \ \ \ \ ) \\
& + w(0,2)\,src(x-1, y+1) + w(1,2)\,src(x, y+1) + w(2,2)\,src(x+1,\ y+1)
\end{aligned}
$$

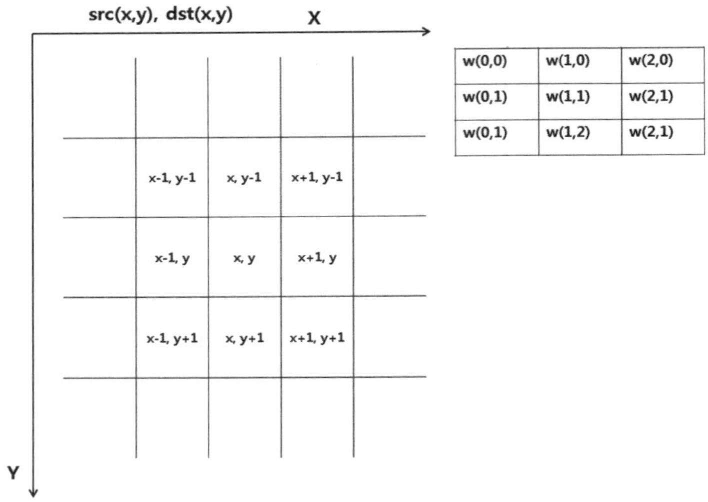

[그림 6.5] OpenCV 표현, src(x, y), dst(x,y), 3×3 커널 w(x, y)

2.2 회선(convolution)

(1) 일반적인 표현

2차원에서 입력영상 src(x, y)에서, $(2 \times size+1) \times (2 \times size+1)$ 크기의 필터 윈도우 또는 커널로 불리는 w(s, t)의 회선은 아래 식과 같이 윈도우를 180도 회전시켜(상하 좌우로 뒤집어) 대응되는 위치의 값을 곱셈하여 합계를 출력 dst(x, y)에 저장한다. 커널 w(s, t)의 값이 대칭이면 회선과 상관관계는 결과가 같다. 영상처리, 컴퓨터 비전에서 사용하는 대부분의 커널 w(s, t)는 대칭이다. 회선은 $w_1 * (w_2 * src) = (w_1 * w_2) * src$와 같이 결합법칙(associative rule)이 성립한다. 여기서 w_1, w_2는 윈도우이다. $w = w_1 * w_2$이면, 필터 w는 분리 가능한 필터(separable filter)라 한다. 특히, w_1, w_2 중 하나는 행 필터고, 다른 하나는 열 필터면 분리 가능한 선형 필터(separable linear filter)라 한다. 회선은 DFT(Discrete Fourier Transform)로 계산할 수 있다.

$$dst(x, y) = w * src$$

$$= \sum_{s=-size}^{size} \sum_{t=-size}^{size} w(s, t)\, src(x-s, y-t)$$

예를 들어, 3×3 필터 윈도우 w(x, y)와 src의 회선을 풀어쓰면 다음과 같다.

$$dst(x, y)$$

$$= \sum_{s=-1}^{1} \sum_{t=-1}^{1} w(s, t)\, src(x-s, y-t)$$

$$= w(1,\ 1)\, src(x-1, y-1) + w(0,\ 1)\, src(x, y-1) + w(-1,\ 1)\, src(x+1, y-1)$$
$$+ w(1,\ 0)\, src(x-1, y\ \ \ ) + w(0,\ 0)\, src(x, y\ \ \ ) + w(-1,\ 0)\, src(x+1, y\ \ \ )$$
$$+ w(1, -1)\, src(x-1, y+1) + w(0, -1)\, src(x, y+1) + w(-1, -1)\, src(x+1, y+1)$$

(2) OpenCV 표현

앵커점 anchor를 사용하는 OpenCV 표현으로 회선은 다음과 같다.

$$dst(x,y) = \sum_{s=0}^{kernel.cols-1} \sum_{t=0}^{kernel.rows-1} w(s,t) *$$

$$src(x-s+(kernel.cols-1)-anchor.x, y-t+(kernel.rows-1)-anchor.y)$$

예를 들어, 앵커점이 anchor = Point(1, 1)인 3×3 필터 커널 w(x, y)와 src(x, y)의 회선을 풀어 쓰면 아래 수식과 같다.

$$
\begin{aligned}
dst(x,y) &= \sum_{s=0}^{2} \sum_{t=0}^{2} w(s,t)\, src(x-s+(2)-1, y-t+(2)-1) \\
&= \sum_{s=0}^{2} \sum_{t=0}^{2} w(s,t)\, src(x-s+1, y-t+1) \\
&= w(0,0)\,src(x+1,y+1) + w(1,0)\,src(x,y+1) + w(2,0)\,src(x-1,y+1) \\
&\quad + w(0,1)\,src(x+1,y\ \ \ ) + w(1,1)\,src(x,y\ \ \ ) + w(2,1)\,src(x-1,y\ \ \ ) \\
&\quad + w(0,2)\,src(x+1,y-1) + w(1,2)\,src(x,y-1) + w(2,2)\,src(x-1,y-1)
\end{aligned}
$$

flip 함수에서 flipCode = −1로 kernel을 상하 좌우를 뒤집어 회전시키고, Point newAnchor = (kernel.cols − anchor.x − 1, kernel.rows − anchor.y − 1) 설정하면, 상관관계를 계산하는 filter2D 함수로 실제 회선을 계산할 수 있다. 실제로 newAnchor는 회전 커널의 중앙점이다. 즉, kernel.size() = 3×3이면 newAnchor = Point(1, 1)이고, kernel.size() = 5×5이면 newAnchor = Point(2, 2)이다.

2.3 2D 필터링 함수

① void filter2D(InputArray src, OutputArray dst, int ddepth,
　　　　InputArray kernel, Point anchor = Point(−1,−1),
　　　　double delta = 0, int borderType = BORDER_DEFAULT)

filter2D 함수는 입력 src에 윈도우 kernel을 이용하여 회선을 계산하여 dst에 저장한다. ddepth는 dst의 깊이로 ddepth = −1이면 dst.depth() = src.depth()이다. [표 6.2]는 filter2D 함수에서 src.depth()와 가능한 dst.depth()이다.

[표 6.2] filter2D 함수에서 src.depth()와 dst.depth()

src.depth()	가능한 dst.depth()
CV_8U	ddepth = −1(CV_8U), CV_16S, CV_32F, CV_64F
CV_16U, CV_16S	ddepth = −1(CV_16U, CV_16S), CV_32F, CV_64F
CV_32F	ddepth = −1(CV_32F), CV_64F
CV_32F	ddepth = −1(CV_64F)

kernel은 1−채널 float 행렬로, 모든 채널에 동일하게 적용된다. anchor는 커널의 중

심점으로 kernel 내의 위치이다. anchor = Point(−1, −1)이면, OpenCV 소스 파일 filtering.cpp의 인라인 함수인 normalizeAnchor 함수에 의해, 오른쪽으로 1비트 이동 (shift right 1비트)에 의해 anchor는 kernel 중심, 즉 anchor = Point(kernel.cols / 2, kernel.rows / 2)이다. delta는 필터링 결과에 더해지는 값이다. borderType은 경계값 처리 방식으로, 디폴트 값 BORDER_DEFAULTc = c4는 BORDER_REFLECT101와 같다. filter2D 함수는 회선(convolution)으로 동작하지 않고, 상관관계(correlation)로 필터링한다. 그러나 일반적으로 영상처리에서 사용하는 대부분의 윈도우 커널이 대칭이므로 filter2D로 필터링할 때 회선 한다고 말한다.

filter2D 함수는 kernel에 따라서 잡음을 제거하고, 영상을 부드럽게 하는 스무딩 (smoothing) 필터링도 가능하고, 미분 연산에 의한 영상을 선명한 샤프닝(sharpening) 필터링도 가능한 일반적인 공간 필터링 연산 함수이다.

② void sepFilter2D(InputArray src, OutputArray dst, int ddepth,
   InputArray kernelX, InputArray kernelY, Point anchorc=cPoint(−1,−1),
   double deltac=c0, int borderTypec=cBORDER_DEFAULT)
sepFilter2D 함수는 분리 가능한 선형 필터를 적용한다. 입력 src의 각 행에 커널 kernelX를 적용한 후, 그 결과의 각 열에 커널 kernelY를 적용하여 회선(실제는 상관관계)을 계산하고, delta를 덧셈하여 dst에 저장한다. ddepth는 dst의 깊이로 ddepth = −1이면 dst.depth() = src.depth()이다. anchor는 커널의 kernel의 기준점 위치로, anchor = Point(−1,−1)이면, anchor는 kernel 중심점이다. borderType은 경계값 처리 방식으로, 디폴트 값 BORDER_DEFAULT = 4는 BORDER_REFLECT101과 같다. sepFilter2D 함수로 행에 대해 처리하고, 처리 결과를 열에 대해 처리하는 분리 가능한 선형 필터 방식은 연산 속도를 높여준다.

[예제 6-3] 행렬에서 filter2D를 사용한 3×3 평균 필터링

```
001:  #include "opencv.hpp"
002:  using namespace cv;
003:  using namespace std;
004:  int main()
005:  {
006:      uchar dataA[ ] = { 1, 2, 4, 5, 2, 1,
007:                         3, 6, 6, 9, 0, 3,
008:                         1, 8, 3, 7, 2, 5,
009:                         2, 9, 8, 9, 9, 1,
010:                         3, 9, 8, 8, 7, 2,
011:                         4, 9, 9, 9, 9, 3 };
012:      Mat A(6, 6, CV_8U, dataA);
013:      cout << "A = " << A << endl;
014:
015:      Mat avgKernel = (Mat_<float>(3, 3) << 1./9., 1./9., 1./9.,
016:                                            1./9., 1./9., 1./9.,
017:                                            1./9., 1./9., 1./9.);
018:
019:      Point anchor(-1, -1); // the same as anchor(1,1)
020:      Mat B;
```

```
021:        filter2D(A, B, -1, avgKernel, anchor);
022:        cout << "B = " << B << endl;
023:
024:        anchor = Point(1, 1);
025:        Mat C;
026:        filter2D(A, C, -1, avgKernel, anchor);
027:        cout << "C = " << C << endl;
028:
029:        // convolution
030:        Point newAnchor = Point(avgKernel.cols - anchor.x - 1, avgKernel.rows - anchor.y-1 );
031:        Mat D;
032:        Mat flipKernel;
033:        flip(avgKernel, flipKernel, -1);
034:        filter2D(A, D, -1, flipKernel, anchor);
035:        cout << "D = " << D << endl;
036:        waitKey();
037:        return 0;
038:  }
```

◎ 프로그램 설명

① 6-13행
uchar 배열 dataA에 초기화된 값으로, 6×6 행렬 A를 생성한다.

② 15-17행
3×3 행렬 Mat_<float>(3,3) 행렬로 생성하고, 모든 요소를 1. / 9.으로 생성하여 평균 필터로 사용한다.

③ 19-22행
앵커점을 anchor(-1, -1)로 설정하고, filter2D 함수로 행렬 A에 필터 커널 avgKernel을 적용하여 행렬 B에 저장한다. 앵커점 anchor(-1, -1)은 커널이 3×3 행렬이므로 anchor(1, 1)과 같다. 경계값 처리방식 borderType은 디폴트 값인 borderType=BORDER_DEFAULT로, 이 값은 BORDER_REFLECT101과 같다.

④ 24-27행
앵커점을 anchor(1, 1)로 설정하고, filter2D 함수로 행렬 A에 필터 커널 avgKernel을 적용하여 행렬 C에 저장한다. 21행의 앵커점 anchor(-1, -1)로 필터링한 결과인 행렬 B와 앵커점 anchor(1, 1)로 필터링한 결과인 행렬 C는 같다. 경계값 처리방식 borderType은 디폴트 값인 borderType=BORDER_DEFAULT로, 이 값은 BORDER_REFLECT101과 같다.

⑤ 30-35행
newAnchor = Point(avgKernel.cols-anchor.x -1, avgKernel.rows-anchor.y -1) = Point(1, 1)로 하고, flip 함수로 커널 avgKernel을 상하 좌우를 뒤집어 flipKernel로 회전시키고, filter2D 함수로 행렬 A에 회전된 커널 flipKernel을 적용하여 행렬 D에 저장한다. avgKernel이 대칭이기 때문에 상하 좌우를 뒤집어 회전시킨 flipKernel도 avgKernel과 같다. 그러므로 행렬 D는 행렬 B, C와 같다. [그림 6.6]은 행렬에서 filter2D를 사용한 3×3 평균 필터링 결과이다.

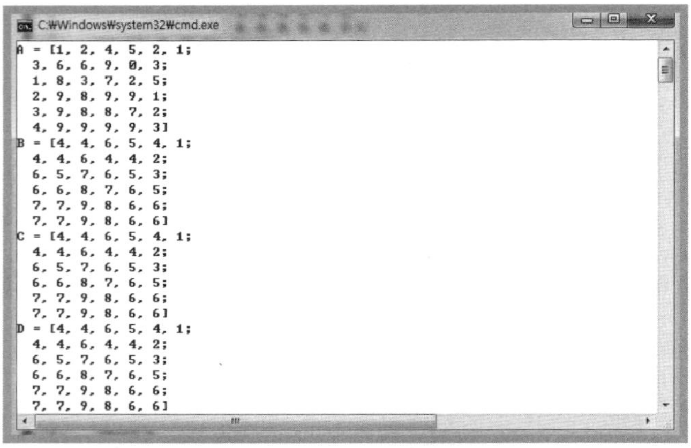

[그림 6.6] 행렬에서 filter2D를 사용한 3×3 평균 필터링

[예제 6-4] 행렬에서 sepFilter2D를 사용한 3×3 평균 필터링

```
001:  #include "opencv.hpp"
002:  using namespace cv;
003:  using namespace std;
004:  int main()
005:  {
006:      uchar dataA[ ] = { 1, 2, 4, 5, 2, 1,
007:                         3, 6, 6, 9, 0, 3,
008:                         1, 8, 3, 7, 2, 5,
009:                         2, 9, 8, 9, 9, 1,
010:                         3, 9, 8, 8, 7, 2,
011:                         4, 9, 9, 9, 9, 3 };
012:      Mat A(6, 6, CV_8U, dataA);
013:      cout << "A = " << A << endl;
014:
015:      Mat avgX = (Mat_<float>(1, 3) << 1./3., 1./3., 1./3.);
016:      Mat avgY = (Mat_<float>(3, 1) << 1./3., 1./3., 1./3.);
017:
018:      Mat B, C;
019:      filter2D(A, B, -1, avgX);
020:      cout << "B = " << B << endl;
021:      filter2D(B, C, -1, avgY);
022:      cout << "C = " << C << endl;
023:
024:      Mat D;
025:      sepFilter2D(A, D, -1, avgX, avgY);
026:      cout << "D = " << D << endl;
027:
028:      waitKey();
029:      return 0;
030:  }
```

◎ **프로그램 설명**

① 6 −13행
uchar 배열 dataA에 초기화된 값으로, 6×6 행렬 A를 생성한다.

② 15−16행
선형 필터, 1×3 행렬 avgX, 3×1 행렬 avgY를 초기화한다.

$$avgKernel = \begin{bmatrix} \dfrac{1}{9} & \dfrac{1}{9} & \dfrac{1}{9} \\[2mm] \dfrac{1}{9} & \dfrac{1}{9} & \dfrac{1}{9} \\[2mm] \dfrac{1}{9} & \dfrac{1}{9} & \dfrac{1}{9} \end{bmatrix} = avgY \times avgX = \begin{bmatrix} \dfrac{1}{3} \\[2mm] \dfrac{1}{3} \\[2mm] \dfrac{1}{3} \end{bmatrix} \begin{bmatrix} \dfrac{1}{3} & \dfrac{1}{3} & \dfrac{1}{3} \end{bmatrix}$$

③ 18-22행

18행은 filter2D 함수로 행렬 A에 커널 avgX을 적용하여 행렬 B에 저장하고, 21행은 filter2D 함수로 행렬 B 커널 avgY을 적용하여 행렬 C에 저장하면, 행렬 C는 3×3 평균필터 avgkernel을 적용한 결과와 같다. 경계값 처리방식 borderType은 디폴트 값인 borderType = BORDER_DEFAULT로, 이 값은 BORDER_REFLECT101과 같다.

④ 24-26행

sepFilter2D 함수로 입력 행렬 A의 각행에 커널 kernelX 적용한 결과의 각 열에 커널 kernelY를 적용하여 회선(실제는 상관관계)을 계산하고 행렬 D에 저장한다. ddepth = -1로 src.depth()와 같은 dst.depth() = CV_8U이다. 앵커는 디폴트인 anchor = Point(-1,-1)를 사용하여 커널의 중심점을 사용한다. 경계값 처리방식 borderType은 디폴트 값인 borderType = BORDER_DEFAULT로, 이 값은 BORDER_REFLECT101과 같다. 행렬 C와 행렬 D는 같다. sepFilter2D(A, E, -1, avgY, avgX)로 필터링해도 결과는 같다. [그림 6.7]은 행렬에서 sepFilter2D를 사용한 3×3 평균 필터링의 결과이다.

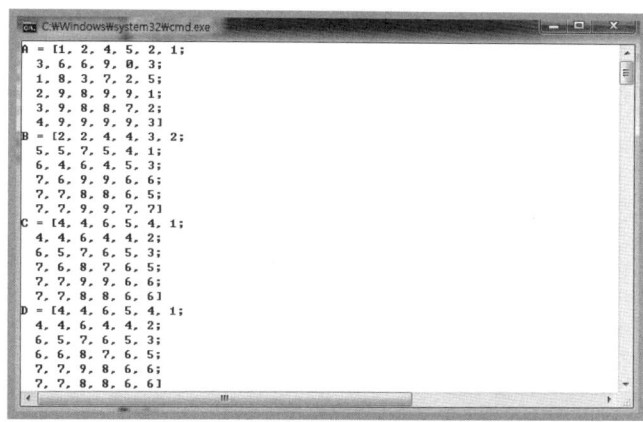

[그림 6.7] 행렬에서 sepFilter2D를 사용한 3×3 평균 필터링

[예제 6-5] 영상에서 filter2D , sepFilter2D를 사용한 평균 필터링

```
001:  #include "opencv.hpp"
002:  using namespace cv;
003:  using namespace std;
004:  int main()
005:  {
006:      Mat srcImage = imread("lena.jpg", IMREAD_GRAYSCALE);
007:      if( srcImage.empty() )
008:          return -1;
009:
010:      Size ksize(7, 7); // ksize(21, 21)
011:      Mat avgKernel = Mat::ones(ksize, CV_32F);
012:      avgKernel /= avgKernel.total();
013: //   cout << "avgKernel.total() =" << avgKernel.total() << endl;
014: //   cout << "avgKernel =" << avgKernel << endl;
015:
```

```
016:          Mat avgImage;
017:          filter2D(srcImage, avgImage, -1, avgKernel);
018:          imshow("avgImage", avgImage);
019:
020:
021:          Mat avgX = Mat::ones(1, ksize.width, CV_32F);
022:          Mat avgY = Mat::ones(ksize.height, 1, CV_32F);
023:          avgX /= avgX.total();
024:          avgY /= avgY.total();
025:  //      cout << "avgX =" << avgX << endl;
026:  //      cout << "avgY =" << avgY << endl;
027:
028:          Mat avgImage2;
029:          sepFilter2D(srcImage, avgImage2, -1, avgX, avgY);
030:          imshow("avgImage2", avgImage2);
031:
032:          waitKey();
033:          return 0;
034:  }
```

◎ 프로그램 설명

① 10 - 18행
10-12행은 Mat::ones 메서드로 필터 크기 ksize(7, 7), CV_32F 자료형으로 모든 요소가 1인 행렬을 생성하여 avgKernel 행렬에 저장한다. avgKernel의 요소값을 총 요소수인 avgKernel.total()로 정규화한 2D 평균 필터 커널을 생성한다. 17행은 filter2D로 입력영상 srcImage에 필터 커널 avgKernel을 적용하고, ddepth = -1로 하여 srcImage와 같은 깊이를 갖는 출력영상 avgImage을 생성한다.

② 21-30행
21행은 Mat::ones 메서드로 필터 크기 1×ksize.width, CV_32F 자료형으로 모든 요소가 1인 행 커널 avgX를 생성하고, 22행은 Mat::ones 메서드로 필터 크기 ksize.height×1, CV_32F 자료형으로 모든 요소가 1인 열 커널 avgY를 생성한다. 23-24행은 총 요소수로 정규화한 1D 평균 필터 커널을 생성한다. 29행은 sepFilter2D로 입력영상 srcImage에 행 필터 avgX, 열 필터 avgY를 적용하고, ddepth = -1로 하여 srcImage와 같은 깊이를 갖는 출력영상 avgImage2를 생성한다. [그림 6.8]은 영상에서 filter2D, sepFilter2D를 사용한 평균 필터링 결과이다. [그림 6.8](a), [그림 6.8](b)는 필터 크기를 ksize(7, 7)로 filter2D 함수와 sepFilter2D 함수로 수행한 결과이다. [그림 6.8](c), [그림 6.8](d)는 필터 크기를 ksize(21, 21)로 filter2D 함수와 sepFilter2D 함수로 수행한 결과이다. 필터 크기가 크면 클수록 영상이 부드러워진다.

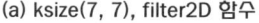
(a) ksize(7, 7), filter2D 함수   (b) ksize(7, 7), sepFilter2D 함수

(c) ksize(21, 21), filter2D 함수   (d) ksize(21, 21), sepFilter2D 함수

[그림 6.8] 영상에서 filter2D, sepFilter2D를 사용한 평균 필터링

03 영상을 부드럽게 하는 스무딩 연산

OpenCV의 C API 함수인 cvSmooth 함수는 smoothtype에 따라 CV_BLUR_NO_
SCALE, CV_BLUR, CV_GAUSSIAN, CV_MEDIAN, CV_BILATERAL 등의 다양한
영상을 부드럽게 하는 필터링을 제공한다. 반면, C++ API는 boxFilter, bilateralFilter,
medianBlur, blur, GaussianBlur 함수로 각각 별도로 제공한다. 영상을 부드럽게 하
는 함수는 잡음(noise)을 제거하며, 영상을 부드럽게 한다. adaptiveBilateralFilter는
OpenCV 3.1.0에서 지원하지 않는다.

3.1 박스 필터와 양방향 필터

① void boxFilter(InputArray src, OutputArray dst, int ddepth, Size ksize,
            Point anchor = Point(−1,−1), bool normalize = true,
            int borderType = BORDER_DEFAULT)

src는 입력영상, dst는 src와 같은 크기, 같은 자료형의 ddepth 깊이의 필터링된 출력영
상이다. ddepth = −1이면 src와 같은 깊이다. 디폴트로 anchor = Point(−1, −1)이며,
이는 커널 중심이 anchor임을 의미한다. normalize = true이면, 커널 크기로 정규화되
어 평균 필터와 같다. borderType은 영상 밖의 화소를 취급하는 방법을 결정하며, 디폴
트값 BORDER_DEFAULT = 4는 BORDER_REFLECT101와 같다. 박스 필터의 커널
K는 영상을 부드럽게 한다.

$$K = \alpha \begin{bmatrix} 1 & 1 & 1\dots & 1 & 1 \\ 1 & 1 & 1\dots & 1 & 1 \\ & & \dots\dots & & \\ 1 & 1 & 1\dots & 1 & 1 \end{bmatrix}$$

$$\text{여기서}, \alpha = \begin{cases} \dfrac{1}{ksize.width * ksize.height} & \text{if } normalize = true \\ 1 & o.w. \end{cases}$$

② void bilateralFilter(InputArray src, OutputArray dst, int d, double sigmaColor, double sigmaSpace, int borderType = BORDER_DEFAULT)

bilateralFilter 함수는 가우시안 함수를 사용하여 에지를 덜 약화시키며 양방향 필터링을 한다. src는 8비트 또는 32비트 float 자료형의 1-채널 또는 3-채널 입력영상이고, dst는 src와 같은 크기, 같은 자료형인 출력영상이다. d는 필터링 동안 사용될 각 화소의 이웃을 결정할 지름으로 필터 크기로 실시간 처리를 위해서는 d = 5가 적합하다. 만약 d < 0이면 sigmaSpace에 의해 계산된다. 가우시안은 ±3σ 내에 99.7%가 놓이므로, $d = 2 \times 3 \times sigmaSpace + 1$로 계산할 수 있다. sigmaColor는 컬러 공간에서 필터 표준편차이다. sigmaColor가 큰 값을 가지면, 이웃화소 내의 화소 중에서 색상 공간에서 멀리 떨어진 색상을 혼합하여 유사한 색상으로 뭉개서 큰 영역으로 만든다. sigmaSpace는 좌표 공간에서의 필터 표준편차이다. sigmaSpace 값이 크면, sigmaColor에 의해 색상이 충분히 가까우면서, 위치가 멀리 떨어진 이웃화소가 영향을 준다. d <= 0이면 이웃의 크기가 sigmaSpace에 의해 결정된다. borderType은 영상 밖의 화소를 취급하는 방법을 결정하며, 디폴트값 BORDER_DEFAULT = 4는 BORDER_REFLECT101과 같다.

$$dst(x,y) = \frac{1}{\sum\limits_{s=-param1/2}^{param1/2} \sum\limits_{t=-param2/2}^{param2/2} w(s,t)} \left(\sum\limits_{s=-param1/2}^{param1/2} \sum\limits_{t=-param2/2}^{param2/2} w(s,t)\, src(x-s, y-t) \right)$$

$$w(s,t) = w_s(s,t)\, w_r(s,t)$$

$$w_s(s,t) = \exp\left[-\frac{s^2 + t^2}{2\sigma_s^2} \right]$$

$$w_r(s,t) = \exp\left[-\frac{(src(x,y) - src(s,t))^2}{2\sigma_r^2} \right]$$

$$\sigma_s : sigmaColor$$

$$\sigma_r : sigmaSpace$$

[예제 6-6]　행렬에서 박스 필터와 양방향 필터

```
001:  #include "opencv.hpp"
002:  using namespace cv;
003:  using namespace std;
004:  int main()
005:  {
```

```
006:        uchar dataA[ ] = { 1, 2, 4, 5, 2, 1,
007:                           3, 6, 6, 9, 0, 3,
008:                           1, 8, 3, 7, 2, 5,
009:                           2, 9, 8, 9, 9, 1,
010:                           3, 9, 8, 8, 7, 2,
011:                           4, 9, 9, 9, 9, 3 };
012:        Mat A(6, 6, CV_8U, dataA);
013:        cout << "A = " << A << endl;
014:
015:        int border = 1;
016:        Mat B;
017:        copyMakeBorder(A, B, border, border, border, border, BORDER_REFLECT101);
018:        cout << "B = " << B << endl;
019:
020:        Size ksize(border * 2 + 1,border * 2 + 1); // ksize(3, 3);
021:        Point anchor(-1, -1);
022:        Mat dst1;
023:        boxFilter(A, dst1, -1, ksize, anchor, false);
024:        cout << "dst1 = " << dst1 << endl;
025:
026:        Mat dst2;
027:        boxFilter(A, dst2, -1, ksize, anchor, true);
028:        cout << "dst2 = " << dst2 << endl;
029:
030:        Mat dst3;
031:        int d = ksize.width;
032:        double sigmaColor = 2.0;
033:        double sigmaSpace = 2.0;
034:        bilateralFilter(A, dst3, 3, d, sigmaColor, sigmaSpace);
035:        cout << "dst3 = " << dst3 << endl;
036:
037:        Mat dst4;
038:        bilateralFilter(A, dst4, 3, -1, sigmaColor, sigmaSpace);
039:        cout << "dst4 = " << dst4 << endl;
040:        waitKey();
041:        return 0;
042:  }
```

◎ **프로그램 설명**

① 6-18행

6-13행은 uchar 배열 dataA에 초기화된 값으로, 6×6 행렬 A를 생성한다. 15-18행은 행렬 A를 top, bottom, left, right를 모두 border = 1 만큼 확장하여 borderType = BORDER_REFLECT101로 채워 8×8 행렬 B에 저장한다. boxFilter, bilateralFilter, adaptiveBilateralFilter 함수에서 디폴트 경계 채우기 방식으로 BORDER_REFLECT101을 사용하기 때문에, 경계에서 어떻게 필터링이 되는지를 보기 위해 행렬 B를 생성하고, 출력한다.

② 20-28행

23행은 행렬 A에 boxFilter를 적용한다. 필터크기는 ksize(border * 2 + 1, border * 2 + 1)로 계산한다. border = 1이면, ksize(3, 3)이다. 앵커는 필터의 중심이고, normalize = false로 필터 결과를 정규화하지 않고, dst1에 저장한다. dst1는 3×3 이웃의 합계를 계산한 결과이다. 27행은 normalize = true로 필터 결과를 정규화하여 dst2에 저장한다. dst2는 [예제 6-3]과 [예제 6-4]의 filter2D, sepFilter2D를 사용한 평균 필터링 결과와 같다.

③ 30-39행

34행은 d = ksize.width, sigmaColor = 2, sigmaSpace = 2로 설정하여, bilateralFilter 함수로 행렬 A를 양방향 필터링하여 dst3에 저장한다. 38행은 d = -1로, 이웃의 크기가 sigmaSpace에 의해 결정되도록 설정하여, bilateralFilter 함수로 행렬 A를 양방향 필터링하여 dst4에 저장한다.

④ [그림 6.9]는 행렬에서 박스 필터와 양방향 필터의 결과이다.

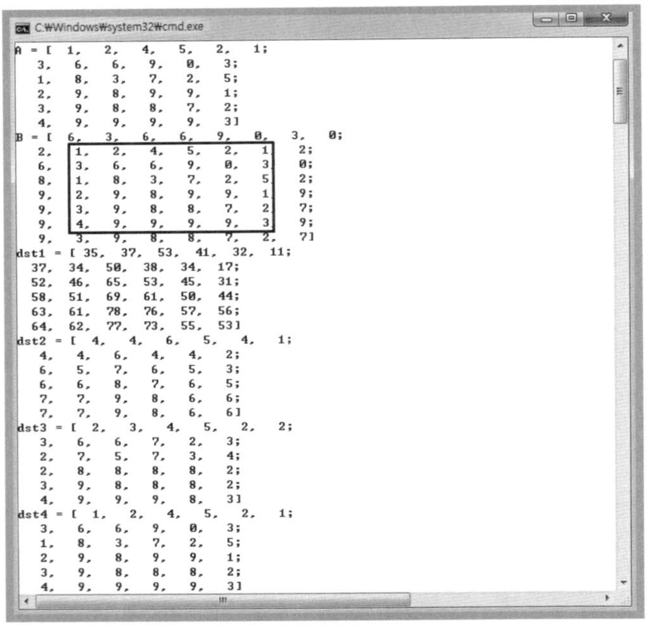

[그림 6.9] 행렬에서 박스 필터와 양방향 필터

[예제 6-7] 영상에서 박스 필터와 양방향 필터

```
001:    #include "opencv.hpp"
002:    using namespace cv;
003:    using namespace std;
004:    int main()
005:    {
006:        Mat srcImage = imread("lena.jpg", IMREAD_GRAYSCALE);
007:        if( srcImage.empty() )
008:            return -1;
009:        imshow("srcImage", srcImage);
010:
011:        int border = 3;        // 7x7
012:        Size ksize(border * 2 + 1, border * 2 + 1);
013:
014:        Mat dstImage1;
015:        boxFilter(srcImage, dstImage1, -1, ksize);
016:        imshow("dstImage1", dstImage1);
017:
018:        Mat dstImage2;
019:        int d = ksize.width;
020:        double sigmaColor = 10.0;
021:        double sigmaSpace = 10.0;
022:        bilateralFilter(srcImage, dstImage2, d, sigmaColor, sigmaSpace);
023:        imshow("dstImage2", dstImage2);
024:
025:        Mat dstImage3;
026:        bilateralFilter(srcImage, dstImage3, -1, sigmaColor, sigmaSpace);
027:        imshow("dstImage3", dstImage3);
028:
029:        waitKey();
```

```
030:        return 0;
031: }
```

◎ 프로그램 설명

① 11-16행

15행은 영상 srcImage에 boxFilter를 적용하여 dstImage1에 저장한다. 필터 크기는 ksize(border * 2 + 1, border * 2 + 1)로 계산한다. border = 3이면, ksize(7, 7)이다. 앵커는 필터의 중심이고, normalize = true로 필터 결과를 정규화하여, dstImage1에 저장한다. dstImage1는 [예제 6-5]의 filter2D, sepFilter2D를 사용한 평균 필터링 결과와 같다.

② 18-27행

22행은 d = ksize.width, sigmaColor = 10, sigmaSpace = 10로 설정하여, bilateralFilter 함수로 영상 srcImage를 양방향 필터링하여 dstImage2에 저장한다. 26행은 d = -1로, 이웃의 크기가 sigmaSpace에 의해 결정되도록 설정하여, bilateralFilter 함수로 영상 srcImage를 양방향 필터링하여 dstImage3에 저장한다.

③ [그림 6.10]은 영상에서 박스 필터와 양방향 필터의 결과이다.

(a) srcImage

(b) ksize(7, 7), boxFilter, normalize = true

(c) d = 3, 7×7, bilateralFilter

(d) d = -1, 7×7, bilateralFilter

[그림 6.10] 영상에서 박스 필터와 양방향 필터

3.2 블러 필터(blur filter)

medianBlur, blur, GaussianBlur 함수 등의 잡음을 제거하고, 영상을 부드럽고, 흐리게 블러링하는 필터 함수가 있다.

① void medianBlur(InputArray src, OutputArray dst, int ksize)
medianBlur 함수는 src 영상에서 ksize×ksize의 필터 윈도우를 사용하여 미디언/중위수를 계산하여 dst에 저장한다. 미디언 필터링의 결과 값은 원본 src에 있는 값이며, 소금이나 후추가 뿌려져 있는 듯한 점잡음(salt and pepper noise)의 경우에 평균 필터나, 가우시안 필터링 보다 효과적으로 제거된다. src는 1, 3, 4채널 영상이고, ksize = 3 또는 5일 때는 src의 깊이가 CV_8U, CV_16U, CV_32F가 가능하고, ksize가 크면, CV_8U만 가능하다. dst는 src와 같은 크기, 같은 자료형이다. 경계 처리방식은 BORDER_REPLICATE이다.

② void blur(InputArray src, OutputArray dst, Size ksize,
        Point anchor = Point(-1,-1), int borderType = BORDER_DEFAULT)
blur 함수는 커널 크기 ksize 내의 합계를 계산하고, 커널 크기로 정규화된 박스 필터이다. src는 입력영상으로 모든 채널이 가능하며, 깊이는 CV_8U, CV_16U, CV_16S, CV_32F, CV_64F가 가능하다. dst는 src와 같은 크기, 같은 자료형이다. blur 함수는 normalize = true로 다음의 boxFilter와 같다. 디폴트 경계 채우기 방식인 BORDER_DEFAULT는 BORDER_REFLECT101이다.

    boxFilter(src, dst, -1, ksize, anchor, true, borderType)

③ Mat getGaussianKernel(int ksize, double sigma, int ktype = CV_64F)
getGaussianKernel 함수는 ksize×1의 1D 가우시안 커널을 행렬로 반환한다. ksize는 커널 크기로 3, 5, 7, 9 등의 홀수이다. sigma는 가우시안 표준편차이며, sigma <= 0이면, sigma = 0.3 × ((ksize − 1) × 0.5 − 1) + 0.8로 계산한다. ktype은 필터의 자료형으로 CV_32f 또는 CV_64F이다.

$$G_i = \alpha \times \exp[\frac{-(i-(ksize-1)/2)^2}{(2\times\sigma)^2}, \, i=0,1,...ksize-1,$$

여기서, $\sum_i G_i = 1$이 되도록 스케일 상수 α를 선택한다.

smooth.cpp 파일을 보면 ksize = 1, 3, 5, 7일 때는, 가우시안 커널 행렬의 계수를 small_gaussian_tab 배열에 미리 계산하여 가지고 있다.

```
// OpenCV 소스의 smooth.cpp
const int SMALL_GAUSSIAN_SIZE = 7;
static const float small_gaussian_tab[][SMALL_GAUSSIAN_SIZE] =
```

```
{
    {1.f},
    {0.25f, 0.5f, 0.25f},
    {0.0625f, 0.25f, 0.375f, 0.25f, 0.0625f},
    {0.03125f, 0.109375f, 0.21875f, 0.28125f, 0.21875f, 0.109375f, 0.03125f}
};
```

④ void GaussianBlur(InputArray src, OutputArray dst, Size ksize,
    double sigmaX, double sigmaY = 0, int borderType = BORDER_DEFAULT)

ksize 크기의 2차원 가우시안(Gaussian) 커널과 회선(convolution)을 수행한다. sigmaX는 X-축 방향으로의 가우시안 커널 표준편차, sigmaY는 Y-축 방향으로의 가우시안 커널 표준편차이다. $sigmaX \neq 0$, sigmaY = 0이면, sigmaY = sigmaX이다. sigmaX = 0, sigmaY = 0이면, ksize.width, ksize.height를 가지고 계산한다. 커널 크기 n은 가우시안은 $\pm 3\sigma$ 내에 99.7%가 놓이므로 $n = 2 \times 3\sigma + 1$이다. 디폴트 경계 채우기 방식인 BORDER_DEFAULT는 BORDER_REFLECT101이다.

sigmaX = 0.3((ksize.width − 1) / 2 − 1) + 0.8
sigmaY = 0.3((ksize.height − 1) / 2 − 1) + 0.8

getGaussianKernel 함수로 X-축 방향과 Y-축 방향의 1D 선형 가우시안 커널을 얻어, sepFilter2D 함수로 가우시안 필터링을 할 수 있으며, 두 선형 필터를 곱하여 2D 필터를 계산하여 filter2D 함수로 가우시안 필터링을 할 수 있다.

Mat kx = getGaussianKernel(ksize, sigmaX);
Mat ky = getGaussianKernel(ksize, sigmaY);
Mat kxy = gx*gy.t();

[예제 6-8] 행렬에서 medianBlur, blur 함수

```
001:  #include "opencv.hpp"
002:  using namespace cv;
003:  using namespace std;
004:  int main()
005:  {
006:      uchar dataA[ ] = { 1, 2, 4, 5, 2, 1,
007:                         3, 6, 6, 9, 0, 3,
008:                         1, 8, 3, 7, 2, 5,
009:                         2, 9, 8, 9, 9, 1,
010:                         3, 9, 8, 8, 7, 2,
011:                         4, 9, 9, 9, 9, 3 };
012:      Mat A(6, 6, CV_8U, dataA);
013:      cout << "A = " << A << endl;
014:
015:      int border = 1;
016:      Mat B;
017:      copyMakeBorder(A, B, border, border, border, border, BORDER_REPLICATE);
018:      cout << "B = " << B << endl;
019:
```

```
020:          int ksize = border * 2 + 1; // ksize = 3 if border = 1
021:          Mat dst1;
022:          medianBlur(A, dst1, ksize);
023:          cout << "dst1 = " << dst1 << endl;
024:
025:          Mat dst2;
026:          blur(A, dst2, Size(ksize, ksize));
027:          cout << "dst2 = " << dst2 << endl;
028:
029:          waitKey();
030:          return 0;
031: }
```

◎ **프로그램 설명**

① 6-18행

6-13행은 uchar 배열 dataA에 초기화된 값으로, 6×6 행렬 A를 생성한다. 15-18행은 행렬 A를 top, bottom, left, right를 모두 border = 1 만큼 확장하여 borderType = BORDER_REPLICATE로 채워 8×8 행렬 B에 저장한다. medianBlur 함수에서 경계 채우기 방식으로 BORDER_REPLICATE을 사용하기 때문에, 경계에서 어떻게 미디언 필터링이 되는지를 보기위해 행렬 B를 생성하고 출력한다.

② 20-23행

ksize = border * 2 + 1의 필터 윈도우 크기로 설정하고, medianBlur 함수로 행렬 A에서 미디언 필터링을 수행하여 dst1에 저장한다. 다음은 [그림 6.11]에 표시된 두 사각형의 미디언 필터링 계산 예제이다.

$$dst1(2,2) = median \begin{bmatrix} 6 & 6 & 9 \\ 8 & 3 & 7 \\ 9 & 8 & 9 \end{bmatrix} = median \lfloor 3,6,6,7,8,8,9,9,9 \rfloor = 8$$

$$dst1(5,5) = median \begin{bmatrix} 7 & 2 & 2 \\ 9 & 3 & 3 \\ 9 & 3 & 3 \end{bmatrix} = median \lfloor 2,2,3,3,3,3,7,9,9 \rfloor = 3$$

③ 25-27행

Size(ksize, ksize)의 필터 윈도우 크기로 설정하고, blur 함수로 행렬 A에서 블러링을 수행하여 dst2에 저장한다. 다음은 [그림 6.11]에 표시된 두 사각형의 blur 함수를 적용한 계산 예제이다. 주의할 점은, 경계에서의 blur의 계산은 BORDER_REPLICATE로 확장한 8×8 행렬 B에서 계산하면 안 된다. blur 함수의 경계값 처리 방식은 디폴트로 BORDER_REFLECT101 방식을 사용한다. 아래의 dst2(5, 5) 계산을 보면 BORDER_REFLECT101 방식으로 확장된 값을 사용하여 계산한다.

$$dst2(2,2) = \frac{1}{9} \sum \begin{bmatrix} 6 & 6 & 9 \\ 8 & 3 & 7 \\ 9 & 8 & 9 \end{bmatrix} = \frac{1}{9}(\ 65\ ) = cvRound(7.22) = 7$$

$$dst2(5,5) = \frac{1}{9} \sum \begin{bmatrix} 7 & 2 & 7 \\ 9 & 3 & 9 \\ 7 & 2 & 7 \end{bmatrix} = \frac{1}{9}(\ 53\ )\rfloor = cvRound(5.88) = 6$$

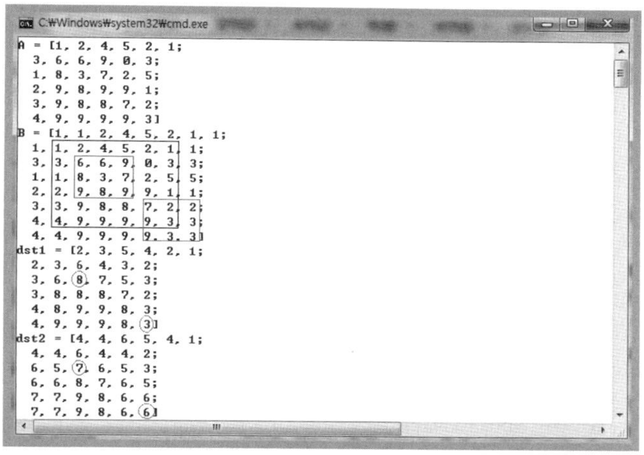

[그림 6.11] 행렬에서 medianBlur, blur 함수

[예제 6-9] 행렬에서 가우시안 필터링

```
001:    #include "opencv.hpp"
002:    using namespace cv;
003:    using namespace std;
004:    int main()
005:    {
006:        uchar dataA[ ] = { 1, 2, 4, 5, 2, 1,
007:                           3, 6, 6, 9, 0, 3,
008:                           1, 8, 3, 7, 2, 5,
009:                           2, 9, 8, 9, 9, 1,
010:                           3, 9, 8, 8, 7, 2,
011:                           4, 9, 9, 9, 9, 3 };
012:        Mat A(6, 6, CV_8U, dataA);
013:        cout << "A = " << A << endl;
014:
015:        int ksize = 3;
016: //     double sigma = 0.3 * ((ksize - 1) * 0.5 - 1) + 0.8;    // when ksize >= 9
017:        double sigma = 0.0;
018:        Mat kx = getGaussianKernel(ksize, sigma);
019:        cout << "kx = " << kx << endl;
020:
021:        Mat ky = getGaussianKernel(ksize, sigma);
022:        cout << "ky = " << ky << endl;
023:
024:        Mat kxy = ky * kx.t();
025:        cout << "kxy = " << kxy << endl;
026:        cout << "sum(kxy)=" << sum(kxy) << endl;
027:
028:        Mat dst1;
029:        sepFilter2D(A, dst1, -1, kx, ky);
030:        cout << "dst1 = " << dst1 << endl;
031:
032:        Mat dst2;
033:        filter2D(A, dst2, -1, kxy);
034:        cout << "dst2 = " << dst2 << endl;
035:
036:        Mat dst3;
037:        GaussianBlur(A, dst3, Size(ksize, ksize), 0.0, 0.0);
```

```
038:        cout << "dst3 = " << dst3 << endl;
039:
040:        waitKey();
041:        return 0;
042: }
```

◎ **프로그램 설명**

① 15-26행

15-19행은 ksize = 3, sigma = 0.0으로 설정하여 getGaussianKernel 함수로 ksize×1 가우시안 커널을 생성하여 행렬 kx에 저장한다. sigma = 0.0이면, 표준편차 sigma를 ksize에 따라 계산해야 하지만, OpenCV 소스 파일 "smooth.cpp"를 보면 ksize = 1, 3, 5, 7일 때는, 가우시안 커널 행렬의 계수를 small_gaussian_tab 배열에 미리 계산해 가지고 있다. ksize >= 9일 때는 18행과 같이 표준편차 sigma를 계산한다. 21행은 getGaussianKernel 함수로 ksize×1 가우시안 커널을 생성하여 행렬 ky에 저장한다. kx와 ky는 내용이 같은 행렬이다. 24-26행은 ky * kx.t()로 계산한 ksize×ksize의 2D 가우시안 커널을 행렬 kxy에 저장한다. 가우시안 함수가 대칭행렬이므로 kx * ky.t()도 같은 결과를 갖는다. 26행은 가우시안 커널 kxy의 합계가 1인지를 확인한다.

② 28-30행

1D 필터, kx, ky를 이용하여 sepFilter2D 함수로 행렬 A를 선형분할 필터링하여 행렬 dst1에 저장한다. ddepth = -1로 dst1.depth() = A.depth()이다. 행 필터는 1×ksize, 열 필터는 ksize×1일 것 같으나, 모두 ksize×1 행렬이어도 가능하다.

③ 32-34행

ky * kx.t()에 의해 계산된 ksize×ksize의 2D 가우시안 커널을 행렬 kxy를 이용하여, filter2D 함수로 행렬 A를 필터링하여 행렬 dst2에 저장한다.

④ 36-38행

커널 크기는 Size(ksize, ksize), sigmaX = 0.0, sigmaX = 0.0로 설정하여 커널 크기에 맞게 표준편차를 계산하여, GaussianBlur 함수로 행렬 A를 필터링하여 행렬 dst3에 저장한다.

⑤ [그림 6.12]는 행렬에서 가우시안 필터링 결과이다. 행렬 A를 각기 다른 함수로 가우시안 필터링한 결과인 dst1, dst2, dst3는 모두 같은 결과를 갖는다.

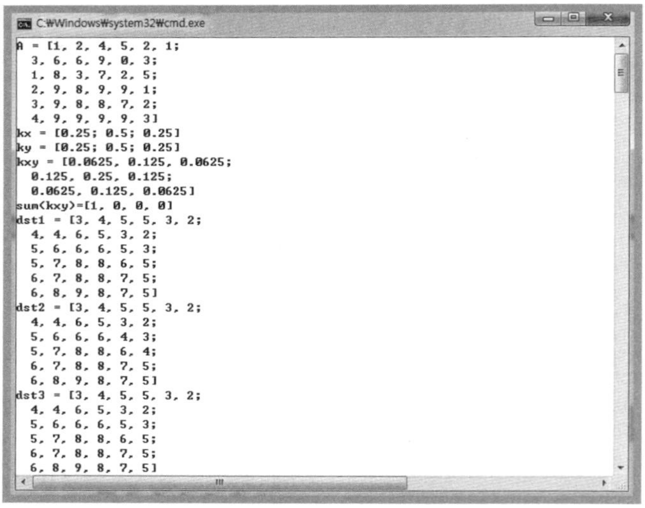

[그림 6.12] 행렬에서 가우시안 필터링

[예제 6-10] 영상에서 가우시안 필터링

```
001:   #include "opencv.hpp"
002:   using namespace cv;
003:   using namespace std;
004:   int main()
005:   {
006:        Mat srcImage = imread("lena.jpg", IMREAD_GRAYSCALE);
007:        if( srcImage.empty() )
008:             return -1;
009:
010:        int ksize = 7;
011:        Mat dstImage1;
012:        medianBlur(srcImage, dstImage1, ksize);
013:        imshow("dstImage1", dstImage1);
014:
015:        Mat dstImage2;
016:        blur(srcImage, dstImage2, Size(ksize, ksize));
017:        imshow("dstImage2", dstImage2);
018:
019:        Mat dstImage3;
020:        GaussianBlur(srcImage, dstImage3, Size(ksize, ksize), 0.0);
021:        imshow("dstImage3", dstImage3);
022:
023:        ksize = 11;
024:        Mat dstImage4;
025:        GaussianBlur(srcImage, dstImage4, Size(ksize, ksize), 0.0);
026:        imshow("dstImage4", dstImage4);
027:
028:        Mat kx = getGaussianKernel(ksize, 0.0);
029:        Mat ky = getGaussianKernel(ksize, 0.0);
030:        Mat kxy = kx * ky.t();
031:
032:        Mat dstImage5;
033:        sepFilter2D(srcImage, dstImage5, -1, kx, ky);
034:        imshow("dstImage5", dstImage5);
035:
036:        Mat dstImage6;
037:        filter2D(srcImage, dstImage6, -1, kxy);
038:        imshow("dstImage6", dstImage6);
039:
040:        waitKey();
041:        return 0;
042:   }
```

◎ 프로그램 설명

① 10-17행
10행은 필터 윈도우의 크기를 ksize = 7로 설정한다. 12행은 medianBlur 함수로 입력영상 srcImage를 7×7 미디안 필터링하여 출력영상 dstImage1에 저장한다. 16행은 blur 함수로 입력영 상 srcImage에 Size(7, 7)의 윈도우로 평균 필터링하여 출력영상 dstImage2에 저장한다.

② 19-26행
20행은 GaussianBlur 함수로 입력영상 srcImage를 Size(7, 7)의 윈도우, sigmaX = 0.0, sigmaY = 0.0로 설정하여 윈도우 크기에 따라 표준편차를 계산하여 가우시안 필터링하여 출 력영상 dstImage3에 저장한다. 23행은 필터 윈도우의 크기를 ksize = 11로 변경한다. 25행은 GaussianBlur 함수로 입력영상 srcImage를 Size(11, 11)의 윈도우 크기에 따라 표준편차를 계산하 여 가우시안 필터링하여 출력영상 dstImage4에 저장한다.

③ 28-38행

28-30행은 getGaussianKernel 함수로 11×1 가우시안 커널을 생성하여 행렬 kx, ky에 저장하고, kx * ky.t()에 의해 11×11의 2D 가우시안 커널을 kxy에 저장한다. 33행은 1D 필터인 kx, ky를 이용하여 sepFilter2D 함수로 입력영상 srcImage를 선형분할 필터링하여 출력영상 dstImage5에 저장한다. 37행은 filter2D 함수로 입력영상 srcImage를 11×11의 2D 가우시안 커널 kxy을 적용하여 출력영상 dstImage6에 저장한다. [그림 6.13]은 영상에서 가우시안 필터링 결과이다.

(a) medianBlur, ksize = 7

(b) blur, Size(7, 7)

(c) GaussianBlur, Size(7, 7)

(d) GaussianBlur, Size(11, 11)

(e) sepFilter2D, kx, ky, ksize = 11

(f) filter2D, kxy, ksize = 11

[그림 6.13] 영상에서 가우시안 필터링

04 영상을 날카롭게 하는 샤프닝 연산

4.1 미분 연산

샤프닝(sharpening) 연산은 미분 연산으로 이루어진다. 함수에서 미분은 변화율을 측정한다. 1차원 함수 $f(x)$에서 1차 미분, $f'(x)$을 컴퓨터로 근사적으로 계산하는 한 가지 방법은 아래와 같이 인접한 값의 차분(difference)에 의해 계산할 수 있다.

$$f'(x) = \frac{\partial f(x)}{\partial x} = \lim_{h \to 0} \frac{f(x+h) - f(x)}{h}$$

$$= f(x+1) - f(x) \ , \text{if} \ \ h = 1$$

2차 미분, $f''(x)$은 다음과 같이 계산할 수 있다.

$$f''(x) = \frac{\partial^2 f(x)}{\partial^2 x} = f(x+1) + f(x-1) - 2f(x)$$

2차원 함수인 영상 $f(x,y)$의 그래디언트 $\nabla f(x,y)$는 x-축 방향으로의 편미분 g_x, y-축 방향으로의 편미분 g_y에 의한 2×1 벡터이며, 이 벡터의 크기는 $mag(\nabla f(x,y))$, 방향은 θ이다. $mag(\nabla f(x,y))$가 큰 값을 갖는 화소는 에지(edge) 화소이다.

$$\nabla f(x,y) = \begin{bmatrix} g_x \\ g_y \end{bmatrix} = \begin{bmatrix} \dfrac{\partial f(x,y)}{\partial x} \\ \dfrac{\partial f(x,y)}{\partial y} \end{bmatrix}$$

$$mag(\nabla f(x,y)) = \sqrt{(g_x^2 + g_y^2)} = \sqrt{(\frac{\partial f(x,y)}{\partial x})^2 + (\frac{\partial f(x,y)}{\partial y})^2}$$

$$\approx |\frac{\partial f(x,y)}{\partial x}| + |\frac{\partial f(x,y)}{\partial y}|$$

$$\theta = angle(\nabla f(x,y)) = atan(\frac{g_y}{g_x})$$

4.2 1차 미분 필터링

영상처리에서 x-축 방향으로의 편미분 g_x, y-축 방향으로의 편미분 g_y를 계산하는 방법으로, Sobel, Robert, Prewitt 등의 방법이 있다. 여기서 주의 할 것은 축의 정의에 따라 g_x, g_y가 서로 바뀔 수 있다는 것이다. 이 책에서는 영상 및 행렬에서 왼쪽 상단(left-top)을 원점으로 오른쪽으로 가로 방향을 x-축, 아래쪽으로 세로 방향을 y-축으로 정의한다. 3×3 필터 윈도우 w(x, y)에서 Sobel 1차 미편분인 g_x, g_y는 다음과 같다. [그림 6.14]와 같이 Sobel 1차 편미분을 3×3 윈도우 w(x, y)로 표현하고 filter2D 함수의 kernel 인수로 전달하면 미분을 계산할 수 있다.

$$g_x = \frac{\partial f(x,y)}{\partial x} = [f(x+1, y-1) + 2f(x+1, y) + f(x+1, y+1)]$$

$$- [f(x-1, y-1) + 2f(x-1, y) + f(x-1, y+1)]$$

$$g_y = \frac{\partial f(x,y)}{\partial y} = [f(x-1, y+1) + 2f(x, y+1) + f(x+1, y+1)]$$

$$- [f(x-1, y-1) + 2f(x, y-1) + f(x+1, y-1)]$$

-1	0	1
-2	0	2
-1	0	1

g_x

-1	-2	-1
0	0	0
1	2	1

g_y

[그림 6.14] 3×3 Sobel 윈도우 커널 w(x, y)

① void getDerivKernels(OutputArray kx, OutputArray ky, int dx,
            int dy, int ksize, bool normalize = false, int ktype = CV_32F)

getDerivKernels 함수는 영상에서 미분을 계산하기 위한 1D 선형 필터를 반환한다. kx, ky는 행과 열의 dx, dy 미분 필터계수를 위한 출력 행렬이다. normalize = true이면 정규화한다. ktype은 kx, ky의 자료형으로 CV_32f 또는 CV_64F이다. ksize는 커널의 크기로, ksize = CV_SCHARR(-1)이면, Scharr 3×3 커널이 생성되고, ksize = 1, 3, 5, 또는 7이면 Sobel 커널이 생성된다. sepFilter2D 함수에서 생성된 커널을 사용하여 필터링한다. 2D 필터는 ky * kx.t()로 얻을 수 있다.

② void Sobel(InputArray src, OutputArray dst, int ddepth, int dx, int dy, int ksize = 3,
            double scale = 1, double delta = 0, int borderType = BORDER_DEFAULT)

함수 의미: $dst(x,y) = \dfrac{\partial^{dx+dy} src(x,y)}{\partial x^{dx} \partial y^{dy}}$

입력영상 src에 대해 Sobel 미분을 적용하여 출력영상 dst에 저장한다. dst는 src와 같은 채널, 같은 크기이다. ddepth = -1이면, dst.depth() = src.depth()이다. src.depth()에 따른 가능한 dst.depth()는 [표 6.2]의 filter2D 함수에서 src.depth()와 가능한 dst.depth()와 같다. borderType는 경계값 처리 방식을 결정하며, 디폴트인 borderType=BORDER_DEFAULT = 4로 BORDER_REFLECT101 방식을 사용한다. dx는 x축 미분 차수 , dy는 y축 미분 차수, ksize는 소벨 윈도우 커널의 크기로 1, 3, 5, 7이다. dx = 1, dy = 0, ksize = 3이면 [그림 6.14]의 g_x이고, dx = 0, dy = 1, ksize = 3이면 [그림 6.14]의 g_y이다. ksize = 1이면 3×1 또는 1×3 커널이 적용되고, x-축, y-축으로의 1차 또는 2차 미분만을 위해 사용한다. ksize ≠ 1이면, ksize× ksize 커널을 생성한다. ksize = -1이면, Scharr 3×3 커널이 적용된다. [그림 6.15]는 getDerivKernels, Sobel 함수에서 dx, dy의 필터 커널이다. 8비트 입력영상 src에 대하여 Sobel 미분을 적용하여 8비트의 출력영상 dst에 저장하면, 결과가 잘리는 (truncation) 것에 주의한다.

−3	0	3
−10	0	10
−3	0	3

dx = 1, dy = 0

−3	−10	−3
0	0	0
3	10	3

dx = 0, dy = 1

(a) ksize = −1

−1	0	1
−2	0	2
−1	0	1

dx = 1, dy = 0

−1	−2	−1
0	0	0
1	2	1

dx = 0, dy = 1

1	−10	−1
0	0	0
−1	10	1

dx = 1, dy = 1

(b) ksize = 3, 1차 미분 필터 커널

1	−2	1
2	−4	2
1	−2	1

dx = 2, dy = 0

1	2	1
−2	−4	−2
1	2	1

dx = 0, xy = 2

1	−2	1
−2	4	−2
1	−2	1

dx = 2, dy = 2

(c) ksize = 3에서 2차 미분 필터 커널

[그림 6.15] getDerivKernels, Sobel에서 dx, dy의 필터 커널

③ void Scharr(InputArray src, OutputArray dst, int ddepth, int dx,
                int dy, double scale = 1, double delta = 0,
                int borderType = BORDER_DEFAULT)

입력영상 src에 Scharr 연산자를 사용한 x-축, y-축 방향으로의 미분을 적용하여 출력 영상 dst에 저장한다. 미분 계산하고, 저장하기 전에 scale에 의한 스케일링과 delta에 의한 덧셈을 계산하여 dst에 저장한다. borderType은 경계값 처리 방식으로 디폴트는 BORDER_REFLECT101 방식을 사용한다. Sobel 함수에서 ksize = -1로 필터링한 것과 같은 결과를 갖는다.

[예제 6-11] 행렬에서 dx=1, dy=0, 3×3으로 x-방향 Sobel 필터링

```
001:   #include "opencv.hpp"
002:   using namespace cv;
003:   using namespace std;
004:   int main()
005:   {
006:       uchar dataA[ ] = { 1, 1, 1, 1, 1, 1,
```

```
007:                         1, 1, 1, 1, 1, 1,
008:                         1, 1, 9, 9, 1, 1,
009:                         1, 1, 9, 9, 1, 1,
010:                         1, 1, 1, 1, 1, 1,
011:                         1, 1, 1, 1, 1, 1 };
012:     Mat A(6, 6, CV_8U, dataA);
013:     cout << "A = " << A << endl;
014:
015:     int dx = 1, dy = 0;
016:     int ksize = 3;
017:     Mat kx, ky;
018:     getDerivKernels(kx, ky, dx, dy, ksize);
019:     cout << "kx = " << kx << endl;
020:     cout << "ky = " << ky << endl;
021:
022:     Mat kxy = ky * kx.t();
023:     cout << "kxy = " << kxy << endl;
024:
025:     int ddepth = CV_16S; // the dst?s will be truncated if ddepth = -1
026:     Mat dst1;
027:     sepFilter2D(A, dst1, ddepth, kx, ky);
028:     cout << "dst1 = " << dst1 << endl;
029:
030:     Mat dst2;
031:     filter2D(A, dst2, ddepth, kxy);
032:     cout << "dst2 = " << dst2 << endl;
033:
034:     Mat dst3;
035:     Sobel(A, dst3, ddepth, dx, dy, ksize);
036:     cout << "dst3 = " << dst3 << endl;
037:
038:     Mat dst4;
039:     Sobel(A, dst4, ddepth, dx, dy, -1); // CV_SCHARR
040:     cout << "dst4 = " << dst4 << endl;
041:
042:     Mat dst5;
043:     Scharr(A, dst5, ddepth, dx, dy);
044:     cout << "dst5 = " << dst5 << endl;
045:
046:     waitKey();
047:     return 0;
048: }
```

◎ **프로그램 설명**

① 15-36행

18행은 getDerivKernels 함수로 dx = 1, dy = 0, ksize = 3으로 x-방향 dx-차 미분 커널 kx, dy-차 미분 커널 ky를 생성한다. 22행은 ky * kx.t()에 의해 2D 미분 필터 kxy를 생성한다. 25-28행은 1D 선형 미분필터 커널 kx, ky를 가지고 sepFilter2D 함수로 행렬 A를 필터링하여 결과를 ddepth = CV_16S의 깊이를 갖는 행렬 dst1에 저장한다. ddepth = -1로 설정하면 A의 깊이에 따라 dst1. depth() = CV_8U가 되어 결과에 음수가 없게 된다. 31행은 2D 선형 미분필터 커널 kxy를 가지고 filter2D 함수로 행렬 A를 필터링하여 결과를 ddepth = CV_16S의 깊이를 갖는 행렬 dst2에 저장한다. 35행은 Sobel 함수로 행렬 A를 dx, dy, ksize에 따라 미분 필터링하여 ddepth = CV_16S의 깊이를 갖는 행렬 dst3에 저장한다. 결과 행렬인 dst1, dst2, dst3이 모두 같은 결과를 갖는다.

② 38-44행

39행은 Sobel 함수로 행렬 A를 dx, dy, ksize = -1에 따라 미분 필터링하여 ddepth = CV_16S
의 깊이를 갖는 행렬 dst4에 저장한다. 43행은 Scharr 함수로 dx, dy 미분 필터링하여 ddepth =
CV_16S의 깊이를 갖는 행렬 dst5에 저장한다.

③ [그림 6.16]은 행렬에서 dx = 1, dy = 0, 3×3으로 x-방향으로 Sobel 필터링한 결과이다. ddepth
= -1로 설정하면 dst1, dst2, dst3, dst4, dst5의 깊이가 행렬 A의 깊이인 CV_8U와 같아져 미분 필
터링의 결과에 음수가 없게 되는 것에 주의한다.

[그림 6.16] 행렬에서 dx=1, dy=0, 3×3으로 x-방향 Sobel 필터링

[예제 6-12] 영상에서 cvSobel로 3×3 윈도우 커널의 Sobel 필터링

```
001:  #include "opencv.hpp"
002:  using namespace cv;
003:  using namespace std;
004:  int main()
005:  {
006:      Mat srcImage = imread("rect.jpg", IMREAD_GRAYSCALE);
007:  //  Mat srcImage = imread("lena.jpg", IMREAD_GRAYSCALE);
008:      if( srcImage.empty() )
009:          return -1;
010:      imshow("srcImage", srcImage);
011:
012:      int ksize = 3;
013:      int ddepth = CV_32F;
014:      Mat dstGx, dstGy;
015:      Sobel(srcImage, dstGx, ddepth, 1, 0, ksize);
016:      Sobel(srcImage, dstGy, ddepth, 0, 1, ksize);
017:
018:      int dtype = CV_8U;
019:      Mat dstImageGx;
020:      normalize(abs(dstGx), dstImageGx, 0, 255, NORM_MINMAX, dtype);
```

```
021:
022:  //    int thresh = 100;
023:  //    threshold(abs(dstGx), dstImageGx, thresh, 255, THRESH_BINARY);
024:        imshow("dstImageGx", dstImageGx);
025:
026:        Mat dstImageGy;
027:        normalize(abs(dstGy), dstImageGy, 0, 255, NORM_MINMAX, dtype);
028:  //    threshold(abs(dstGy), dstImageGy, thresh, 255, THRESH_BINARY);
029:        imshow("dstImageGy", dstImageGy);
030:
031:        Mat dstMag;
032:        magnitude(dstGx, dstGy, dstMag);
033:        Mat dstImageGxy;
034:        normalize(dstMag, dstImageGxy, 0, 255, NORM_MINMAX, dtype);
035:  //    threshold(dstMag, dstImageGxy, thresh, 255, THRESH_BINARY);
036:        imshow("dstImageGxy", dstImageGxy);
037:
038:        waitKey();
039:        return 0;
040:  }
```

◎ **프로그램 설명**

① **6-10행**

6행은 rect.jpg 영상을 그레이스케일로 srcImage에 저장한다. 주석 처리된 7행은 lena.jpg 영상을 그레이스케일로 srcImage에 저장한다.

② **12-16행**

ksize = 3, ddepth = CV_32F로 설정하고, Sobel 함수로 srcImage 영상을 x-방향으로 1차 미분 필터링하여 dstGx에 저장하고, y-방향으로 1차 미분 필터링하여 dstGy에 저장한다.

③ **18-29행**

20행은 normalize 함수로 dstGx의 절대값을 범위 [0, 255]로 정규화하여, dtype = CV_8U의 dstImageGx에 저장한다. 27행은 normalize 함수로 dstGy의 절대값을 범위 [0, 255]로 정규화하여, dtype = CV_8U의 dstImageGy에 저장한다.

④ **31-36행**

magnitude 함수로 dstGx와 dstGy의 각 요소의 제곱합계의 제곱근을 dstMag에 계산한다. 34행은 normalize 함수로 dstMag의 절대값을 범위 [0, 255]로 정규화하여, dtype = CV_8U의 dstImageGxy에 저장한다.

⑤ 주석 처리된 22-23행은 threshold 함수로 abs(dstGx)에서 임계값 thresh = 100보다 작으면 0, 크면 255로 이진영상을 dstImageGx에 저장한다. 28행은 abs(dstGy)에서 임계값 thresh = 100보다 작으면 0, 크면 255로 이진영상을 dstImageGy에 저장한다. 35행은 dstMag에서 임계값 thresh=100보다 작으면 0, 크면 255로 이진영상을 dstImageGxy에 저장한다.

⑥ [그림 6.17]은 rect.jpg를 3×3으로 Sobel 필터링한 결과이다. [그림 6.17](b)의 dstImageGx를 보면 x-방향으로 변한, 사각형의 세로 에지를 검출함을 보이고, [그림 6.17](c)의 dstImageGy를 보면 y-방향으로 변한, 사각형의 가로 에지를 검출함을 보이고, [그림 6.17](d)의 dstImageGxy를 보면 x-방향과 y-방향으로 변한, 사각형의 테두리의 에지 위치를 검출함을 확인할 수 있다. [그림 6.18]은 lena.jpg를 3×3으로 Sobel 필터링한 결과이다. [그림 6.18](a), [그림 6.18](c), [그림 6.18](e)는 미분 필터링을 수행하고, 결과의 크기(magnitude)를 normalize 함수로 범위 [0, 255]로 정규화하여, dtype = CV_8U의 출력영상 dstImageGx, dstImageGy, dstImageGxy에 저장한 결과이다. [그림 6.18](b), [그림 6.18](d), [그림 6.18](f)는 threshold 함수로 임계값 thresh = 100보다 작으면 0, 크면 255로 계산한 이진영상이다.

(a) srcImage

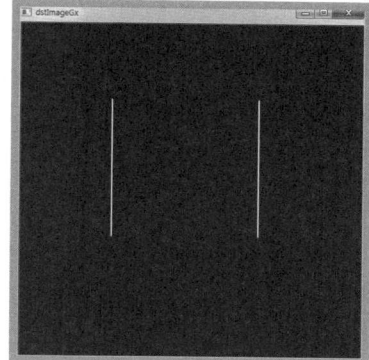

(b) dstImageGx

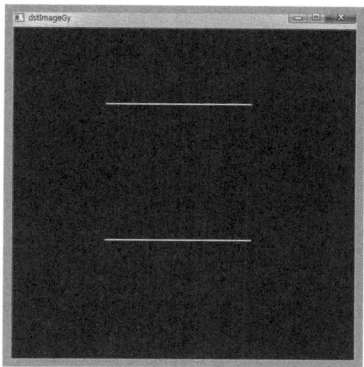

(c) dstImageGy

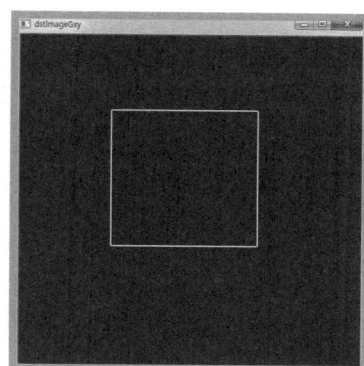

(d) dstImageGxy

[그림 6.17] rect.jpg을 3×3으로 Sobel 필터링

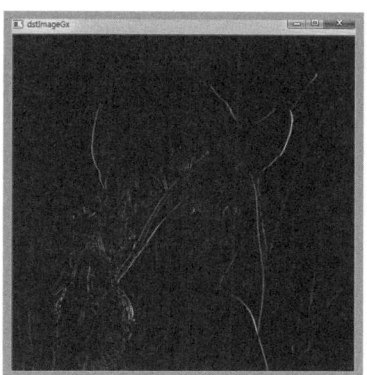

(a) dstImageGx

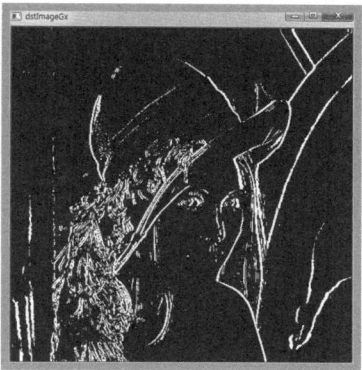

(b) dstImageGx

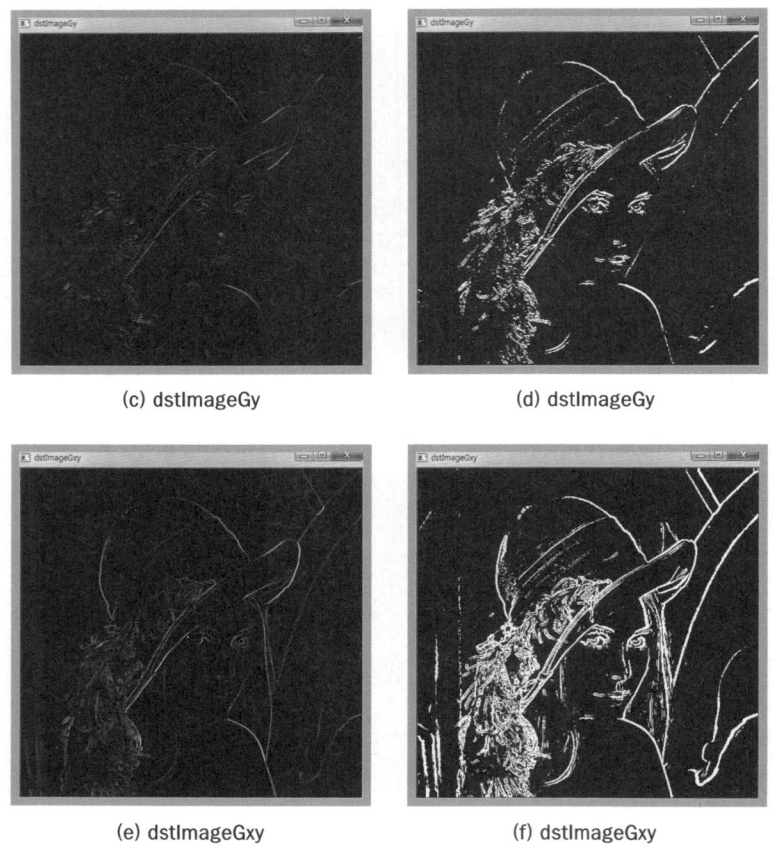

(c) dstImageGy　　　　　　　　(d) dstImageGy

(e) dstImageGxy　　　　　　　　(f) dstImageGxy

[그림 6.18] lena.jpg을 3×3으로 Sobel 필터링

4.3 2차 미분 필터링

2차원 함수 $f(x,y)$의 라플라시안(Laplacian) $\nabla^2 f(x,y)$는 아래와 같이 x, y 축 방향으로의 2차 편미분의 합으로 정의된다. 에지(edge) 화소는 라플라시안 필터링된 영상에서 부호가 (+, −) 또는 (−, +)로 바뀌어, 0-교차(zero-crossing)한다.

$$\nabla^2 f(x,y) = \frac{\partial^2 f(x,y)}{\partial^2 x} + \frac{\partial^2 f(x,y)}{\partial^2 y}$$

$$= [f(x+1,y) + f(x-1,y) - 2f(x,y)] + [f(x,y+1) + f(x,y-1) - 2f(x,y)]$$

$$\text{여기서,} \quad \frac{\partial^2 f(x,y)}{\partial^2 x} = f(x+1,y) + f(x-1,y) - 2f(x,y)$$

$$\frac{\partial^2 f(x,y)}{\partial^2 y} = f(x,y+1) + f(x,y-1) - 2f(x,y)$$

① void Laplacian(InputArray src, OutputArray dst, int ddepth, int ksize = 1,
  double scale = 1, double delta = 0, int borderType = BORDER_DEFAULT)

src에 대하여 라플라시안을 적용한 후에 scale로 스케일링하고 delta 값을 더해 ddepth 깊이의 dst에 저장한다. borderType은 경계값 처리 방식을 결정한다. ksize는 라플라시안 크기를 결정하며, [그림 6.19]는 ksize = 1 또는 ksize = 3일 때 3×3 라플라시안 필터이다. 라플라시안 필터링 후에 에지는 0-교차하는 위치이다.

0	1	0
1	−4	1
0	1	0

ksize = 1

2	0	2
0	−8	0
2	0	2

ksize = 3

[그림 6.19] 3×3 라플라시안 필터

[예제 6-13] 행렬에서 cvLaplace 함수로 Laplacian 필터링

```
001:  #include "opencv.hpp"
002:  using namespace cv;
003:  using namespace std;
004:  int main()
005:  {
006:      uchar dataA[ ] = { 1, 1, 1, 1, 1, 1,
007:                         1, 1, 1, 1, 1, 1,
008:                         1, 1, 9, 9, 1, 1,
009:                         1, 1, 9, 9, 1, 1,
010:                         1, 1, 1, 1, 1, 1,
011:                         1, 1, 1, 1, 1, 1 };
012:      Mat A(6, 6, CV_8U, dataA);
013:      cout << "A = " << A << endl;
014:
015:      int ksize = 1; //ksize = 3
016:      float K[2][9] =
017:          { { 0, 1, 0, 1, -4, 1, 0, 1, 0 },
018:            { 2, 0, 2, 0, -8, 0, 2, 0, 2 } };
019:      Mat kernel(3, 3, CV_32F, K[ksize == 3]);
020:
021:      int ddepth = CV_16S;
022:      Mat dst1;
023:      filter2D(A, dst1, ddepth, kernel);
024:      cout << "dst1 = " << dst1 << endl;
025:
026:      Mat dst2;
027:      Laplacian(A, dst2, ddepth, ksize);
028:      cout << "dst2 = " << dst2 << endl;
029:
030:      waitKey();
031:      return 0;
032:  }
```

◎ **프로그램 설명**

① 15-24행

19행은 ksize = 1 또는 3일 때, 3×3 라플라시안 커널을 행렬 K를 이용하여 kernel에 생성한다. 23

행은 filter2D 함수로 행렬 A를 라플라시안 커널 kernel을 적용하여 필터링하여 ddepth = CV_16S의 dst1에 저장한다.

② 26-28행
Laplacian 함수로 행렬 A를 ksize = 1로 설정하여 라플라시안 필터링하여 ddepth = CV_16S의 dst2에 저장한다. 23행에서 filter2D 함수로 필터링한 결과와 같다. [그림 6.20]은 행렬에서 3×3 라플라시안 필터링 결과이다.

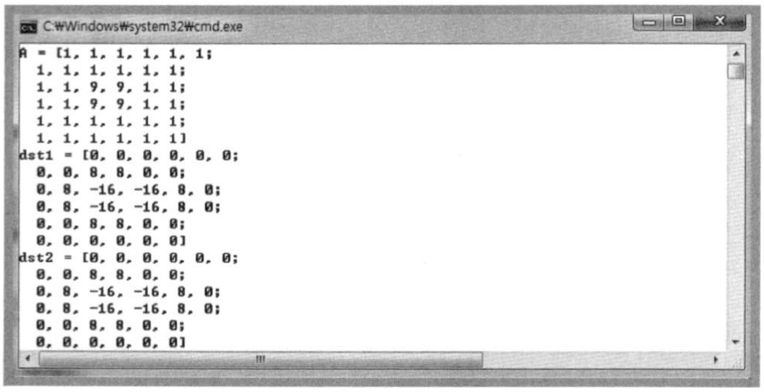

[그림 6.20] 행렬에서 3×3 라플라시안 필터링

② LoG(Laplacian of Gaussian) 필터링

라플라시안 필터링은 2차 미분을 사용하여 잡음(noise)에 민감하다. 잡음을 줄이기 위한 방법으로 입력영상을 가우시안 필터링하여 잡음을 제거한 후에 라플라시안을 적용하는 방법을 사용할 수 있다. 또는 가우시안 함수에 대한 라플라시안을 계산하여 윈도우 필터 커널을 생성하여 필터링할 수 있다. 이러한 필터링을 LoG(Laplacian of Gaussian)라 한다. 윈도우 커널의 크기는 $n = 2 \times 3 \times \sigma + 1$ 또는 $\sigma = 0.3(n/2 - 1) + 0.8$로 계산할 수 있다. 에지는 LoG 필터링된 결과에서 0-교차하는 위치이다.

$$LoG(x,y) = -\frac{1}{\pi\sigma^4}[1 - \frac{x^2+y^2}{2\sigma^2}]\exp(-\frac{x^2+y^2}{2\sigma^2})$$

[예제 6-14] 영상에서 가우시안 필터링, 라플라시안, 0-교차점 검출

```
001:  #include "opencv.hpp"
002:  using namespace cv;
003:  using namespace std;
004:  void ZeroCrossing(Mat &src, Mat &dst, int threshold);
005:  int main()
006:  {
007:      Mat srcImage = imread("rect.jpg", IMREAD_GRAYSCALE);
008:  //  Mat srcImage = imread("lena.jpg", IMREAD_GRAYSCALE);
009:      if( srcImage.empty() )
010:          return -1;
011:
012:      int ksize = 11;
013:      Mat blurImage;
014:      GaussianBlur(srcImage, blurImage, Size(ksize, ksize), 0.0);
015:
016:      Mat lapImage;
017:      Laplacian(blurImage, lapImage, CV_32F, ksize);
018:      Mat dstImage;
019:      ZeroCrossing(lapImage, dstImage, 10);
```

```
020:
021:        imshow("dstImage", dstImage);
022:        waitKey();
023:        return 0;
024:   }
025:   void ZeroCrossing(Mat &src, Mat &dst, int th)
026:   {
027:        int x, y;
028:        double a, b;
029:
030:        Mat zeroCrossH(src.size(), CV_32F, Scalar::all(0));
031:        Mat_<float> _src(src);
032:        for(y = 1; y < src.rows-1; y++)
033:            for(x = 1; x < src.cols-1; x++)
034:            {
035:                a = _src(y, x );
036:                b = _src(y, x + 1);
037:                if(a == 0)
038:                    a = _src(y, x - 1);
039:                if(a * b < 0)
040:                    zeroCrossH.at<float>(y, x) = fabs(a) + fabs(b);
041:                else
042:                    zeroCrossH.at<float>(y, x) = 0;
043:            }
044:
045:        Mat zeroCrossV(src.size(), CV_32F, Scalar::all(0));
046:        for(y = 1; y < src.rows-1; y++)
047:            for(x = 1; x < src.cols-1; x++)
048:            {
049:                a = _src(y, x );
050:                b = _src(y + 1, x);
051:                if(a == 0)
052:                    a = _src(y - 1, x);
053:                if(a * b < 0)
054:                    zeroCrossV.at<float>(y, x) = fabs(a) + fabs(b);
055:                else
056:                    zeroCrossV.at<float>(y, x) = 0;
057:            }
058:        Mat zeroCross(src.size(), CV_32F, Scalar::all(0));
059:        add(zeroCrossH, zeroCrossV, zeroCross);
060:        threshold(zeroCross, dst, th, 255, THRESH_BINARY);
061:   }
```

◎ 프로그램 설명

① 7-10행

imread 함수로 rect.jpg 영상을 srcImage에 읽는다. 주석 처리된 8행은 imread 함수로 lena.jpg 영상을 srcImage에 읽는다.

② 12-19행

14행은 GaussianBlur 함수로 입력영상 srcImage를 sigmaX = 0.0으로 Size(ksize, ksize) 크기에 맞는 표준편차를 갖는 가우시안 필터링을 수행하여 출력영상 blurImage에 저장한다. 17행은 Laplacian 함수로 가우시안 필터링된 영상 blurImage에 ksize의 라플라시안 필터링을 적용하여 CV_32F의 출력영상 lapImage에 저장한다. 19행은 사용자 정의 함수 ZeroCrossing 함수로 라플라시안 필터링 영상 lapImage에서 0-교차 위치를 계산하고, 크기를 임계값 10을 적용하여, 0-교차 화소에서 255를 갖는 이진영상 dstImage을 계산한다.

③ 25−61행

사용자 정의 함수 ZeroCrossing 함수로 라플라시안 필터링된 입력영상 src에서 가로 방향과 세로 방향의 이웃을 조사하여 부호가 변경되는 0-교차 위치를 검출하고 변경되는 차이를 절대값으로 저장한 다음, threshold 함수로 임계값 이상의 큰 값으로 부호가 변경되는 위치를 에지로 dst 영상에 반환한다. 30-43행은 zeroCrossH 행렬에 가로 방향(x 축)으로의 0-교차를 검출하기 위하여 a = _src(y, x)와 다음 화소인 b = _src(y, x + 1)의 부호가 서로 다른지를 조건 (a * b < 0)으로 확인한다. a == 0이면 a = _src(y, x - 1)를 다시 읽는다. 이것은 (+, 0, -) 또는 (-, 0, +)인 경우를 검출하기 위한 것이다. 만약 (a * b < 0)를 만족하여 0-교차하면 절대값의 합 fabs(a) + fabs(b)를 zeroCrossH에 저장하고 교차하지 않으면 0을 저장한다. 가로 방향으로 (+, -), (-, +), (+, 0, -), (-, 0, +)인 경우를 검출하여 교차하는 정도를 zeroCrossH에 저장한다. 45-57행은 zeroCrossV 행렬에 세로 방향(y 축)으로의 0-교차를 검출하기 위하여 a = _src(y, x)와 다음 화소인 b = _src(y + 1, x)의 부호가 서로 다른지를 조건 (a * b < 0)으로 확인한다. a == 0이면 a = _src(y - 1, x)를 다시 읽는다. 이것은 (+, 0, -) 또는 (-, 0, +)인 경우를 검출하기 위한 것이다. 만약 (a * b < 0)를 만족하여 0-교차하면 절대값의 합 fabs(a) + fabs(b)를 zeroCrossV에 저장하고 교차하지 않으면 0을 저장한다. 세로 방향으로 (+, -), (-, +), (+, 0, -), (-, 0, +)인 경우를 검출하여 교차하는 정도를 zeroCrossV에 저장한다. 58-60행은 add 함수로 가로 방향으로 0-교차하는 정도를 저장한 zeroCrossH와 세로 방향으로 0-교차하는 정도를 저장한 zeroCrossV를 더하여 zeroCross에 저장한다. 0-교차 정도를 저장한 zeroCross에 임계값 th 이상인 화소는 255, 이하인 화소는 0으로 하여 에지를 검출하여 dst에 저장하여 반환한다.

④ [그림 6.21]은 영상에서 가우시안 필터링하고, 라플라시안 필터링 적용한 후에, 0-교차점을 검출한 결과이다.

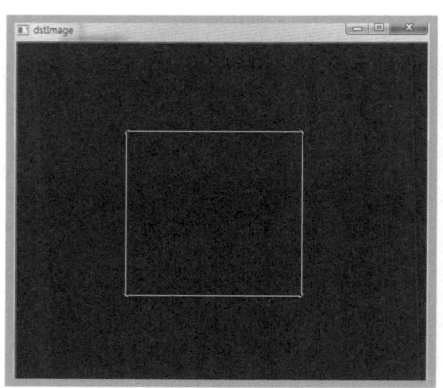
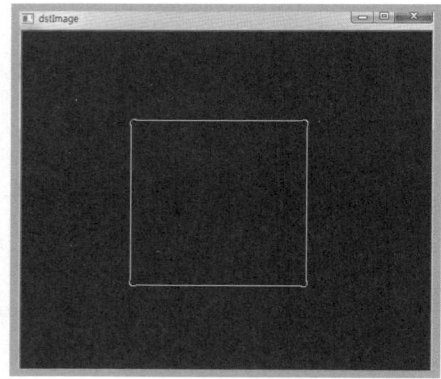

(a) ksize = 9, rect.jpg   (b) ksize = 15, rect.jpg

(c) ksize = 9, lena.jpg   (d) ksize = 15, lena.jpg

[그림 6.21] 영상에서 가우시안 필터링, 라플라시안, 0-교차점 검출

[예제 6-15] LoG 필터링 후에 0-교차점 검출

```
001:    #include "opencv.hpp"
002:    using namespace cv;
003:    using namespace std;
004:    void ZeroCrossing(Mat &src, Mat &dst, int threshold);
005:    int main()
006:    {
007:         Mat srcImage = imread("rect.jpg", IMREAD_GRAYSCALE);
008:    //   Mat srcImage = imread("lena.jpg", IMREAD_GRAYSCALE);
009:         if( srcImage.empty() )
010:              return -1;
011:
012:         const int ksize = 9;
013:         float logArr[ksize * ksize];
014:         int  s, t, k = 0;
015:         float g;
016:    //   float sigma= 1.4f;
017:         float sigma= 0.3f * (ksize / 2 - 1.0f) + 0.8f;
018:         for(s= -ksize/2; s<=ksize / 2; s++)
019:              for(t= -ksize/2; t<=ksize / 2; t++)
020:              {
021:                   g = exp(-((float)s * s + (float)t * t) / (2 * sigma * sigma));
022:                   g *= (1 -((float)s * s + (float)t * t) / (2 * sigma * sigma));
023:                   g /= (3.141592f * sigma * sigma * sigma * sigma);
024:                   logArr[k++] = -g;
025:              }
026:         Mat logKernel(ksize, ksize, CV_32F, logArr);
027:         cout << "logKernel=" << logKernel << endl;
028:
029:         Mat logImage;
030:         filter2D(srcImage, logImage, CV_32F, logKernel);
031:
032:         Mat dstImage;
033:         ZeroCrossing(logImage, dstImage, 1);
034:
035:         imshow("dstImage", dstImage);
036:         waitKey();
037:         return 0;
038:    }
039:    void ZeroCrossing(Mat &src, Mat &dst, int th)
040:    {
041:         int x, y;
042:         double a, b;
043:
044:         Mat zeroCrossH(src.size(), CV_32F, Scalar::all(0));
045:         Mat_<float> _src(src);
046:         for(y = 1; y < src.rows - 1; y++)
047:              for(x = 1; x < src.cols - 1; x++)
048:              {
049:                   a = _src(y, x );
050:                   b = _src(y, x + 1);
051:                   if(a == 0)
052:                        a = _src(y, x - 1);
053:                   if(a * b < 0)
054:                        zeroCrossH.at<float>(y, x) = fabs(a) + fabs(b);
055:                   else
```

```
056:                         zeroCrossH.at<float>(y, x) = 0;
057:                 }
058:
059:         Mat zeroCrossV(src.size(), CV_32F, Scalar::all(0));
060:         for(y = 1; y < src.rows - 1; y++)
061:             for(x = 1; x < src.cols - 1; x++)
062:             {
063:                     a = _src(y, x );
064:                     b = _src(y + 1, x);
065:                     if(a == 0)
066:                         a = _src(y - 1, x);
067:                     if(a*b < 0)
068:                         zeroCrossV.at<float>(y, x) = fabs(a) + fabs(b);
069:                     else
070:                         zeroCrossV.at<float>(y, x) = 0;
071:             }
072:         Mat zeroCross(src.size(), CV_32F, Scalar::all(0));
073:         add(zeroCrossH, zeroCrossV, zeroCross);
074:         threshold(zeroCross, dst, th, 255, THRESH_BINARY);
075: }
```

◎ 프로그램 설명

① 12-27행
ksize×ksize 크기의 LoG 필터 커널 logKernel 행렬을 생성한다.

$$logKernel(x,y) = -\frac{1}{\pi\sigma^4}[1 - \frac{x^2+y^2}{2\sigma^2}]\exp(-\frac{x^2+y^2}{2\sigma^2})$$

② 29-33행
30행은 filter2D 함수로 입력영상 srcImage에 LoG 필터 커널 logKernel 행렬을 적용하여 출력영상 logImage에 저장한다. 33행은 사용자 정의 함수 ZeroCrossing 함수로 LoG 필터링된 logImage에서 가로 방향과 세로 방향의 이웃을 조사하여 부호가 변경되는 0-교차위치를 검출하고 변경되는 차이를 절대값으로 저장한 다음, 임계값 th 이상의 큰 값으로 부호가 변경되는 위치를 에지로 dstImage 영상에 반환한다.

③ 39-75행
44-57행은 zeroCrossH 행렬에 가로 방향(x 축)으로의 0-교차를 검출하기 위하여 a = _src(y, x)와 다음 화소인 b = _src(y, x + 1)의 부호가 서로 다른지를 조건 (a * b < 0)으로 확인한다. a == 0이면 a = _src(y, x - 1)를 다시 읽는다. 이것은 (+, 0, -) 또는 (-, 0, +)인 경우를 검출하기 위한 것이다. 만약 (a * b < 0)를 만족하여 0-교차하면 절대값의 합 fabs(a) + fabs(b)를 zeroCrossH에 저장하고 교차하지 않으면 0을 저장한다. 가로 방향으로 (+, -), (-, +), (+, 0, -), (-, 0, +)인 경우를 검출하여 교차하는 정도를 zeroCrossH에 저장한다. 59-71행은 zeroCrossV 행렬에 세로 방향(y 축)으로의 0-교차를 검출하기 위하여 a = _src(y, x)와 다음 화소인 b = _src(y + 1, x)의 부호가 서로 다른지를 조건 (a * b < 0)으로 확인한다. a == 0이면 a = _src(y - 1, x)를 다시 읽는다. 이것은 (+, 0, -) 또는 (-, 0, +)인 경우를 검출하기 위한 것이다. 만약 (a * b < 0)를 만족하여 0-교차하면 절대값의 합 fabs(a) + fabs(b)를 zeroCrossV에 저장하고 교차하지 않으면 0을 저장한다. 세로 방향으로 (+, -), (-, +), (+, 0, -), (-, 0, +)인 경우를 검출하여 교차하는 정도를 zeroCrossV에 저장한다. 72-74행은 add 함수로 가로 방향으로 0-교차하는 정도를 저장한 zeroCrossH와 세로 방향으로 0-교차하는 정도를 저장한 zeroCrossV를 더하여 zeroCross에 저장한다. 0-교차 정도를 저장한 zeroCross에 임계값 th 이상인 화소는 255, 이하인 화소는 0으로 하여 에지를 검출하여 dst에 저장하여 반환한다.

④ [그림 6.22]는 영상에서 sigma = 1.4f, ksize = 9로 설정하여 LoG 필터링 후에 0-교차점 검출한 결과이다.

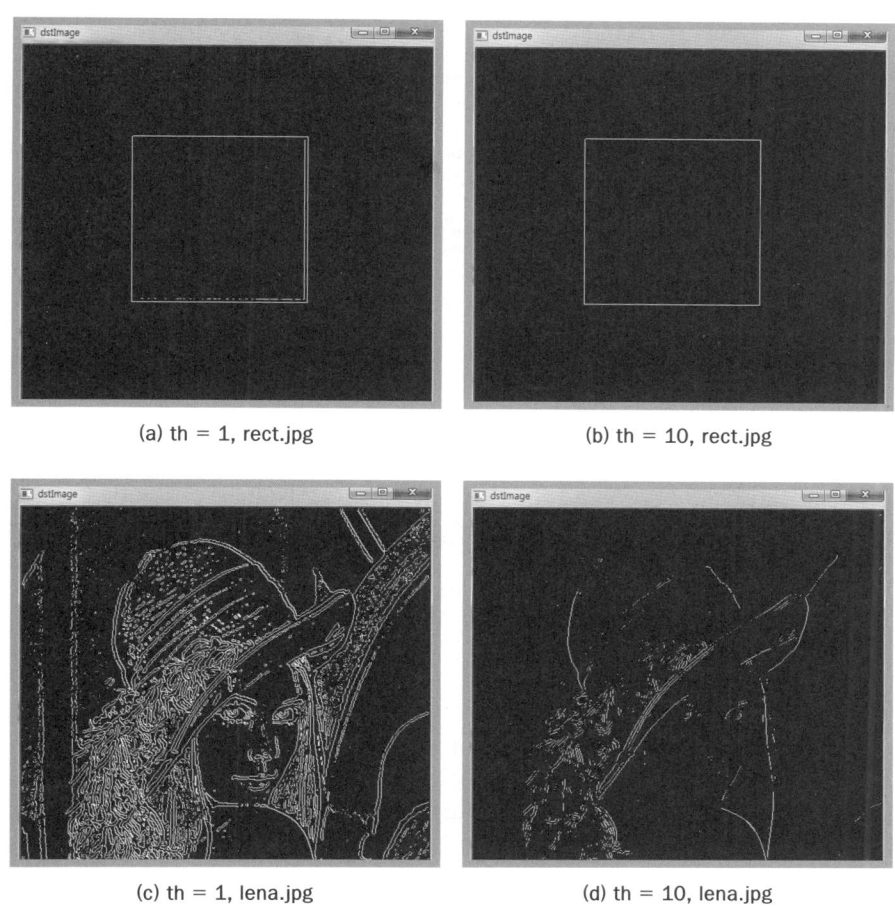

(a) th = 1, rect.jpg   (b) th = 10, rect.jpg

(c) th = 1, lena.jpg   (d) th = 10, lena.jpg

[그림 6.22] 영상에서 LoG 필터링 후에 0-교차점 검출(sigma = 1.4f, ksize = 9)

05 모폴로지 연산

모폴로지 연산(morphological operation)은 구조 요소(structuring element)를 이용하여 반복적으로 영역을 확장시켜 떨어진 부분 또는 구멍을 채우거나, 잡음을 축소하여 제거하는 등의 연산으로 침식(erode), 팽창(dilate), 열기(opening), 닫기(closing) 등이 있다.

5.1 모폴로지 연산의 구조 요소

getStructuringElement 함수로 모폴로지 연산에 사용하는 사각형, 타원, 십자형 등의 구조 요소의 모양이 있다.

① **Mat getStructuringElement(int shape, Size ksize, Point anchor = Point(−1,−1))**
모폴로지 연산을 위한 크기 ksize, 모양 shape의 구조 요소를 반환한다. anchor는 기준 점으로 Point(−1, −1)이면 kernel의 중심점이 앵커점이 된다. 구조 요소에 해당하는 위 치의 요소값이 1인 행렬을 반환한다.

    ⓐ shape = MORPH_RECT
      사각형 구조 요소를 갖는다.
    ⓑ shape = MORPH_ELLIPSE
      ksize의 사각형에 내접한 타원 모양을 갖는 구조 요소를 갖는다.
    ⓒ shape = MORPH_CROSS
      anchor.x와 anchor.y를 중심으로 십자형 모양을 갖는 구조 요소를 갖는다.

5.2 모폴로지 연산

① **void erode(InputArray src, OutputArray dst, InputArray kernel,**
        Point anchor = Point(−1,−1), int iterations =1,
        int borderType = BORDER_CONSTANT,
        const Scalar& borderValue =morphologyDefaultBorderValue())
입력영상 src에 이웃을 결정하는 구조 요소 kernel를 적용하여 모폴로지 침식(erode) 연 산을 iterations 만큼 반복하여 dst에 저장한다. kernel = Mat()이면 3×3 사각형 구 조 요소를 사용한다. borderType은 경계값 채우기 방식이며, borderValue는 디폴트 경 계값 채우기 방식인 borderType = BORDER_CONSTANT에서, 채워지는 상수이다. anchor는 기준점으로 Point(−1,−1)이면 kernel의 중심점이 앵커점이 된다. 입력영상 src는 CV_8U, CV_16U, CV_16S, CV_32F, CV_64F의 깊이를 가지며, 채널수는 제한 이 없다. 그레이스케일 영상에서는 반복적인 min 필터링과 같다. erode 함수를 사용하 여 지역 극소(local minima) 값을 계산할 수 있다.

$$dst(x,y) = \min\ src(x+x', y+y'),$$

$$where\ (x', y') 은 kernel 에서 0이 아닌 위치의 이웃$$

② **void dilate(InputArray src, OutputArray dst, InputArray kernel,**
        Point anchor = Point(−1,−1), int iterations = 1,
        int borderType = BORDER_CONSTANT,
        const Scalar& borderValue = morphologyDefaultBorderValue())
입력영상 src에 이웃을 결정하는 구조 요소 kernel를 적용하여 모폴로지 팽창(dilate) 연산을 iterations만큼 반복하여 dst에 저장한다. kernel = Mat()이면 3×3 사각형 구조요소를 사용한다. borderType은 경계값 채우기 방식이며, borderValue는 디폴트 경계값 채우기 방식인 borderType = BORDER_CONSTANT에서, 채워지는 상수값이다. anchor는 기준점으로 Point(−1, −1)이면 kernel의 중심점이 앵커점이 된다. 입력영상 src는 CV_8U, CV_16U, CV_16S, CV_32F, CV_64F의 깊이를 가지며, 채널수는 제한이 없다. 그레이스케일 영상에서는 반복적인 max 필터링과 같다. dilate 함수를 사용하여 지역 극대(local maxima) 값을 계산할 수 있다.

$$dst(x, y) = \max \; src(x + x', \, y + y'),$$

$$where \; (x', y') 은 \; kernel 에서 \, 0 이 \; 아닌 \; 위치의 \; 이웃$$

③ void morphologyEx(InputArray src, OutputArray dst,
    int op, InputArray kernel, Point anchor = Point(−1, −1),
    int iterations = 1, int borderType = BORDER_CONSTANT,
    const Scalar& borderValue = morphologyDefaultBorderValue())

입력 src에 구조 요소 kernel을 적용하여 모폴로지 op 연산을 iterations만큼 반복하여 dst에 저장한다. borderType은 경계값 채우기 방식이며, borderValue는 디폴트 경계값 채우기 방식인 borderType = BORDER_CONSTANT에서, 채워지는 상수이다. anchor는 기준점으로 Point(−1, −1)이면 kernel의 중심점이 앵커점이 된다. 입력영상 src는 CV_8U, CV_16U, CV_16S, CV_32F, CV_64F의 깊이를 가지며, 채널수는 제한이 없다. op는 모폴로지 연산 방식을 결정한다.

ⓐ op = MORPH_OPEN : $dst = dilate(erode(src, kernel), kernel)$

ⓑ op = MORPH_CLOSE : $dst = erode(dilate(src, kernel), kernel)$

ⓒ op = MORPH_GRADIENT : $dst = dilate(src, kernel) - erode(src, kernel)$

ⓓ op = MORPH_TOPHAT : $dst = src - open(src, kernel)$

ⓔ op = MORPH_BLACKHAT : $dst = close(src, kernel) - src$

[예제 6-16] erode와 dilate 모폴로지 연산

```
001:  #include "opencv.hpp"
002:  using namespace cv;
003:  using namespace std;
004:  int main()
005:  {
006:      Mat srcImage = imread("morphology.jpg", IMREAD_GRAYSCALE);
007:      if( srcImage.empty() )
008:          return -1;
009:      imshow("srcImage", srcImage);
010:
011:      Size size(5, 5);
012:      Mat rectKernel = getStructuringElement(MORPH_RECT, size);
013:      cout << "rectKernel=" << rectKernel << endl;
014:
```

```
015:        int iterations = 3;
016:        Point anchor(-1, -1);
017:        Mat erodeImage;
018:        erode(srcImage, erodeImage, rectKernel, anchor, iterations);
019:        imshow("erodeImage", erodeImage);
020:
021:        Mat dilateImage;
022:        dilate(srcImage, dilateImage, rectKernel, anchor, iterations);
023:        imshow("dilateImage", dilateImage);
024:
025:        Mat ellipseKernel = getStructuringElement(MORPH_ELLIPSE, size);
026:        cout << "ellipseKernel=" << ellipseKernel << endl;
027:
028:        Mat erodeImage2;
029:        erode(srcImage, erodeImage2, ellipseKernel, anchor, iterations);
030:        imshow("erodeImage2", erodeImage2);
031:
032:        Mat dilateImage2;
033:        dilate(srcImage, dilateImage2, ellipseKernel, anchor, iterations);
034:        imshow("dilateImage2", dilateImage2);
035:
036:        Mat crossKernel = getStructuringElement(MORPH_CROSS, size);
037:        cout << "crossKernel=" << crossKernel << endl;
038:
039:        Mat erodeImage3;
040:        erode(srcImage, erodeImage3, crossKernel, anchor, iterations);
041:        imshow("erodeImage3", erodeImage3);
042:
043:        Mat dilateImage3;
044:        dilate(srcImage, dilateImage3, crossKernel, anchor, iterations);
045:        imshow("dilateImage3", dilateImage3);
046:        waitKey();
047:        return 0;
048:  }
```

◎ 프로그램 설명

① 11-23행
12행은 size(5, 5) 크기로 shape = MORPH_RECT 모양으로 rectKernel을 생성한다. 18행은 erode 함수로 입력영상 srcImage에 rectKernel 구조 요소를 적용하여 iterations = 3회 침식 연산을 수행하여 erodeImage 영상에 저장한다. 22행은 dilate함수로 입력영상 srcImage에 rectKernel 구조 요소를 적용하여 iterations=3회 팽창 연산을 수행하여 dilateImage 영상에 저장한다.

② 25-34행
25행은 size(5, 5) 크기로 shape = MORPH_ELLIPSE 모양으로 ellipseKernel을 생성한다. 29행은 erode 함수로 입력영상 srcImage에 ellipseKernel 구조 요소를 적용하여 iterations = 3회 침식 연산을 수행하여 erodeImage2 영상에 저장한다. 33행은 dilate 함수로 입력영상 srcImage에 ellipseKernel 구조 요소를 적용하여 iterations = 3회 팽창 연산을 수행하여 dilateImage2 영상에 저장한다.

③ 36-45행
36행은 size(5, 5) 크기로 shape = MORPH_CROSS 모양으로 crossKernel을 생성한다. 40행은 erode 함수로 입력영상 srcImage에 crossKernel 구조 요소를 적용하여 iterations = 3회 침식 연산을 수행하여 erodeImage3 영상에 저장한다. 44행은 dilate함수로 입력영상 srcImage에 crossKernel 구조 요소를 적용하여 iterations = 3회 팽창 연산을 수행하여 dilateImage3 영상에 저장한다.

④ [그림 6.23]은 erode와 dilate 모폴로지 연산 결과이다. [그림 6.23](a)는 size(5, 5) 크기에서 rectKernel, ellipseKernel, crossKernel 행렬의 출력 결과이다. [그림 6.23](b)는 입력영상이고, [그림 6.23](c)는 MORPH_RECT 모양에서 침식 연산에 의해 물체 밖의 작은 흰색 잡음은 제거되고, 물체 안은 검은색 잡음은 커지고, 흰색 물체 영역이 줄어든다. [그림 6.23](d)는 MORPH_RECT 모양에서 팽창 연산에 의해 물체 밖의 작은 흰색 잡음은 커지고, 물체 안의 검은색 잡음은 흰색 영역이 팽창되어 제거되고, 흰색 물체 영역이 팽창된다. [그림 6.23](e)는 MORPH_ELLIPSE 모양에서 침식 연산에 의해 물체 밖의 작은 흰색 잡음은 제거되고, 물체 안의 검은색 잡음은 커지고, 흰색 물체 영역이 줄어든다. [그림 6.23](f)는 MORPH_ELLIPSE 모양에서 팽창 연산에 의해 물체 밖의 작은 흰색 잡음은 커지고, 물체 안의 검은색 잡음은 흰색 영역이 팽창되어 제거되고, 흰색 물체 영역이 팽창된다. [그림 6.23](g)는 MORPH_CROSS 모양에서 침식 연산 결과이고, [그림 6.23](h)는 MORPH_CROSS 모양에서 팽창 연산에 의한 모폴로지 연산 결과이다.

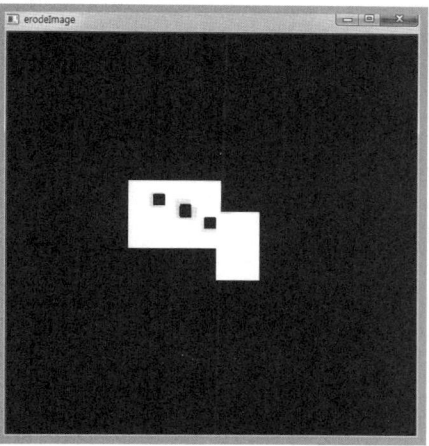

(a) 실행 결과

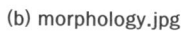

(b) morphology.jpg

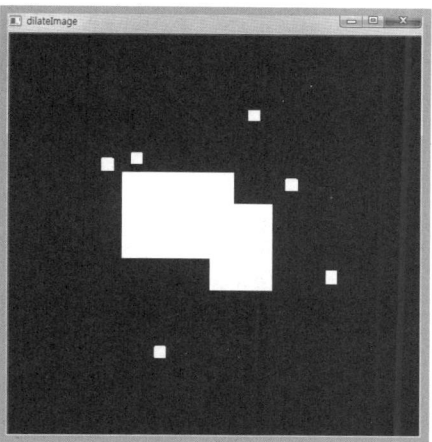

(c) erode, MORPH_RECT

(d) dilate, MORPH_RECT

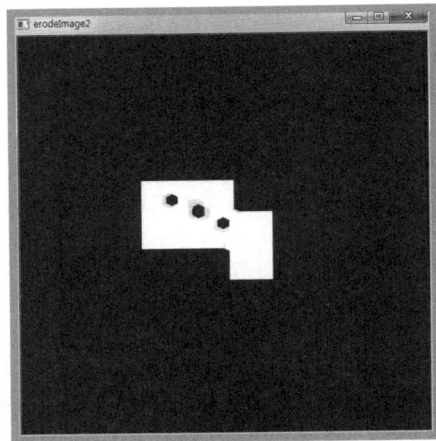

(e) erode, MORPH_ELLIPSE

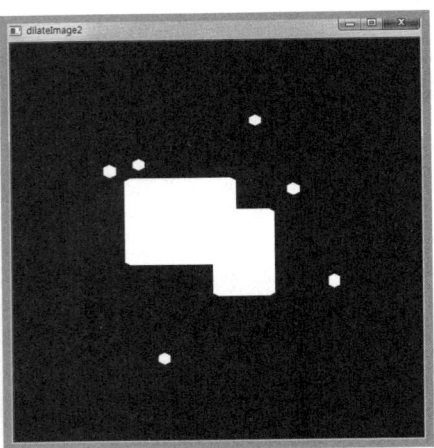

(f) dilate, MORPH_ELLIPSE

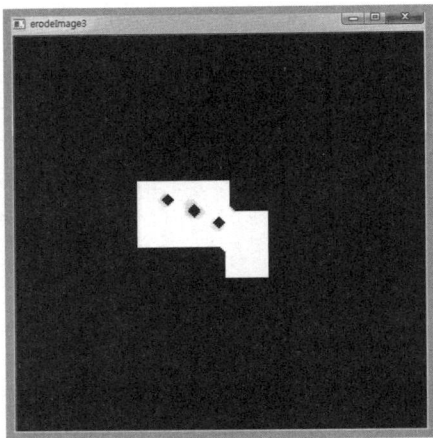

(g) erode, MORPH_CROSS

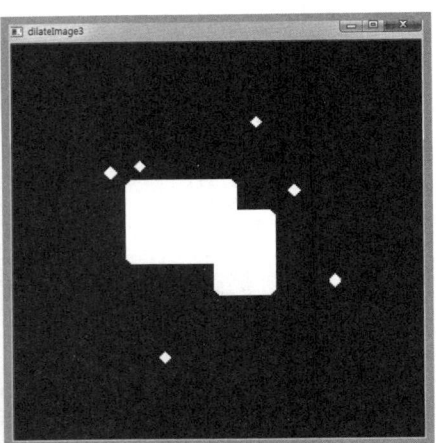

(h) dilate, MORPH_CROSS

[그림 6.23] erode와 dilate 모폴로지 연산

[예제 6-17] morphologyEx에 의한 모폴로지 연산

```
001:    #include "opencv.hpp"
002:    using namespace cv;
003:    using namespace std;
004:    int main()
005:    {
006:        Mat srcImage = imread("morphology.jpg", IMREAD_GRAYSCALE);
007:    // Mat srcImage = imread("lena.jpg", IMREAD_GRAYSCALE);
008:        if( srcImage.empty() )
009:                return -1;
010:    // imshow("srcImage", srcImage);
011:
012:        Size size(5, 5);
013:        Mat rectKernel = getStructuringElement(MORPH_RECT, size);
014:        cout << "rectKernel=" << rectKernel << endl;
015:
016:        int iterations = 5;
017:        Point anchor(-1, -1);
```

```
018:        Mat openImage;
019:        morphologyEx(srcImage, openImage, MORPH_OPEN,
020:                      rectKernel, anchor, iterations);
021:        imshow("openImage", openImage);
022:
023:        Mat closeImage;
024:        morphologyEx(srcImage, closeImage, MORPH_CLOSE,
025:                      rectKernel, anchor, iterations);
026:        imshow("closeImage", closeImage);
027:
028:  //  iterations = 1;
029:        Mat gradientImage;
030:        morphologyEx(srcImage, gradientImage, MORPH_GRADIENT,
031:                      rectKernel, anchor, iterations);
032:        imshow("gradientImage", gradientImage);
033:
034:        Mat tophatImage;
035:        morphologyEx(srcImage, tophatImage, MORPH_TOPHAT,
036:                      rectKernel, anchor, iterations);
037:        imshow("tophatImage", tophatImage);
038:
039:        Mat blackhatImage;
040:        morphologyEx(srcImage, blackhatImage, MORPH_BLACKHAT,
041:                      rectKernel, anchor, iterations);
042:        imshow("blackhatImage", blackhatImage);
043:
044:        waitKey();
045:        return 0;
046:  }
```

◎ 프로그램 설명

① 12-14행
15행은 size(5, 5) 크기로 shape = MORPH_RECT 모양으로 rectKernel을 생성한다.

② 16-21행
morphologyEx 함수로 입력영상 srcImage에 rectKernel 구조 요소를 사용, op = MORPH_OPEN 연산을 iterations = 5회 수행하여 openImage 영상에 저장한다.

③ 23-26행
morphologyEx 함수로 입력영상 srcImage에 rectKernel 구조 요소를 사용, op = MORPH_CLOSE 연산을 iterations = 5회 수행하여 openImage 영상에 저장한다.

④ 28-32행
morphologyEx 함수로 입력영상 srcImage에 rectKernel 구조 요소를 사용, op = MORPH_GRADIENT 연산을 iterations = 5회 수행하여 openImage 영상에 저장한다.

⑤ 34-37행
morphologyEx 함수로 입력영상 srcImage에 rectKernel 구조 요소를 사용, op = MORPH_TOPHAT 연산을 iterations = 5회 수행하여 openImage 영상에 저장한다.

⑥ 39-42행
morphologyEx 함수로 입력영상 srcImage에 rectKernel 구조 요소를 사용, op = MORPH_BLACKHAT 연산을 iterations = 5회 수행하여 openImage 영상에 저장한다.

⑦ [그림 6.24]는 morphology.jpg 영상에서 morphologyEx 함수에 의한 모폴로지 연산 결과이다. [그림 6.24](a)는 op = MORPH_OPEN 연산으로 침식 연산을 수행한 결과에, 팽창을 수행하여 검정색 배경에 있는 작은 흰색 영역을 없애고, 원래의 크기로 복구한다.

[그림 6.24](b)는 op = MORPH_CLOSE 연산으로 팽창을 수행한 결과에, 침식을 수행하여 팽창 연산으로 물체 내의 검은색 영역이 제거되고, 원래의 크기로 복구한다. [그림 6.24](c)는 op = MORPH_GRADIENT 연산으로 iterations = 5회 수행하여 물체의 테두리를 계산한다. [그림 6.24](d)는 op = MORPH_GRADIENT 연산으로 iterations = 1회 수행하여 물체의 테두리를 가늘게 계산한다. [그림 6.24](e)는 op = MORPH_TOPHAT 연산으로 검정색 영역에 있는 흰색 영역을 검출하고, [그림 6.24](f)는 op = MORPH_BLACKHAT 연산으로 흰색 영역에 있는 검은색 영역을 검출한다. [그림 6.25]는 그레이스케일 영상 lena.jpg에서 morphologyEx 함수에 의한 모폴로지 연산 결과이다.

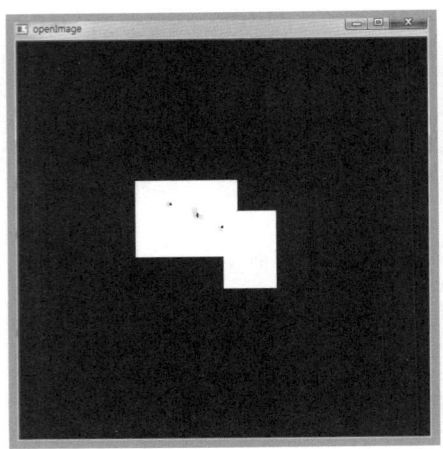

(a) op = MORPH_OPEN

(b) op = MORPH_CLOSE

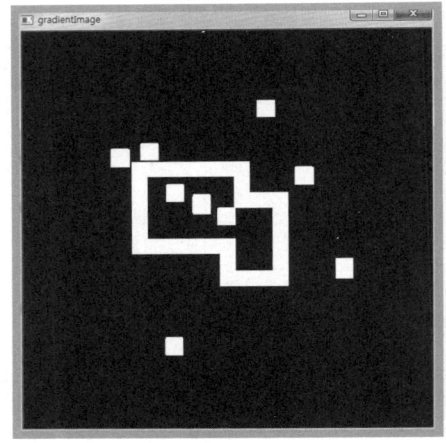

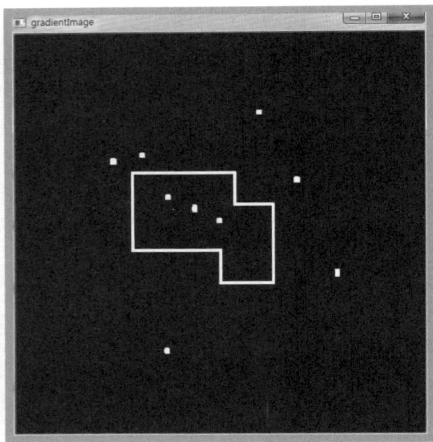

(c) op = MORPH_GRADIENT, iterations = 5

(d) op = MORPH_GRADIENT, iterations = 1

(e) op = MORPH_TOPHAT

(f) op = MORPH_BLACKHAT

[그림 6.24] morphology.jpg 영상에서 morphologyEx에 의한 모폴로지 연산

(a) op = MORPH_OPEN

(b) op = MORPH_CLOSE

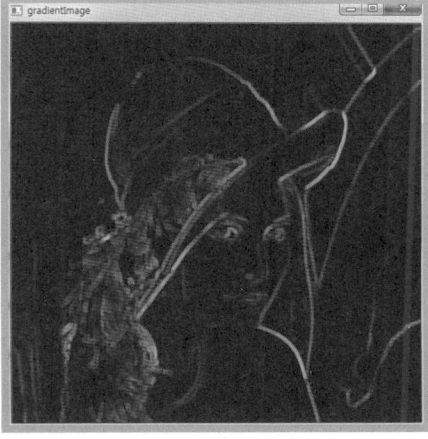

(c) op = MORPH_GRADIENT, iterations = 5

(d) op = MORPH_GRADIENT, iterations = 1

(e) op = MORPH_TOPHAT   (f) op = MORPH_BLACKHAT,

[그림 6.25] lena.jpg 영상에서 morphologyEx에 의한 모폴로지 연산

06 템플릿 매칭

템플릿 매칭(template matching)은 참조 영상(reference image)에서 템플릿(template) 영상과 매칭되는 위치를 탐색하는 방법이다. 템플릿 매칭은 물체 인식, 스테레오 영상에서 대응점 검출 등에 사용될 수 있다. 일반적으로 템플릿 매칭은 이동(translation) 문제는 해결할 수 있는 반면, 회전 및 스케일링된 물체를 매칭은 템플릿을 회전 및 스케일링 해가며 여러 개의 템플릿을 이용한 매칭 방법도 있으나, 어려운 문제이다. 템플릿 매칭에서 영상의 밝기를 그대로 사용할 수도 있고, 에지, 코너점, 주파수 변환 등의 특징 공간으로 변환하여 템플릿 매칭을 수행할 수 있으며, 영상의 밝기 등에 덜 민감하도록 정규화 과정이 필요하다.

매칭 방법은 상관관계(correlation), SAD(Sum of absolute differences) 등을 사용한다. [그림 6.26]은 템플릿 매칭을 나타낸다. 템플릿을 영상 I(x, y)에서 이동시키며, 매칭 방법에 따라 계산하여 결과를 R(x, y)에 저장하고, 매칭 결과 R(x, y)을 탐색하여 템플릿의 위치를 찾는다. 상관관계를 이용하는 방법은 최대값의 위치에서, SAD를 이용하는 방법은 최소값의 위치에서 템플릿의 위치를 찾는다.

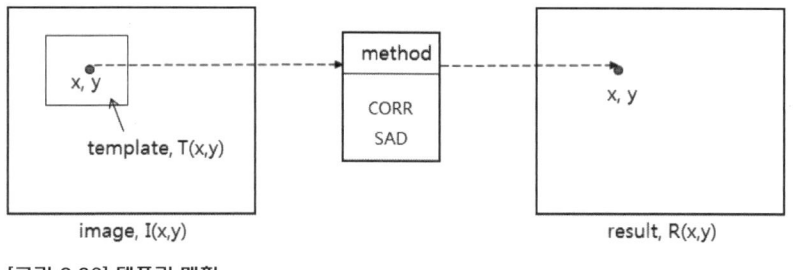

[그림 6.26] 템플릿 매칭

6.1 matchTemplate 함수

void matchTemplate(InputArray image, InputArray templ,
OutputArray result, int method)

matchTemplate 함수는 참조 영상 image에서 templ을 method의 방법에 따라 템플릿 매칭을 계산하여 result에 반환한다. image는 8비트 또는 32비트 실수이며, templ은 image에서 찾으려는 작은 영역의 템플릿으로, 자료형은 image와 같고, 크기는 image와 같거나 작아야 한다. result는 결과를 저장할 32비트 실수 행렬로, image의 크기가 W× H, templ의 크기가 w×h이면 result의 크기는 (W−w+1)×(H−h+1)이다. method는 비교하는 방법을 지정한다.

최종적으로 템플릿의 매칭 위치를 찾기 위해서는 minMaxLoc 함수를 사용하여, matchTemplate 함수의 결과인 result에서 method에 따라서 최소값(TM_SQDIFF)의 위치 또는 최대값(TM_CCORR, TM_CCOEFF)의 위치를 찾아 템플릿의 매칭 위치를 찾는다. 주의할 것은 minMaxLoc 함수는 같은 값의 최대값, 최소값이 있을 경우 처음 위치만 찾는다. matchTemplate 함수는 컬러 영상에 대해서도 처리하며, 컬러 영상의 결과 행렬인 result는 1-채널 행렬이다. 템플릿 영상의 크기가 큰 경우는 계산 속도가 느릴 수 있으며, 7장의 주파수 영역에서의 위상 상관관계에 의한 매칭을 하면 계산 속도를 높일 수 있다. 다음의 각 방법에서 I는 탐색영역의 영상, T는 템플릿, R은 method에 의해 계산한 결과 행렬이다.

① method=TM_SQDIFF
템플릿 T을 탐색 영역 I에서 이동시켜가며 차이의 제곱의 합계를 계산한다. 매칭되는 위치에서 작은 값을 갖는다.

$$R_{SQDIFF}(x,y) = \sum_{s=0}^{w-1} \sum_{t=0}^{h-1} (T(s,t) - I(x+s, y+t))^2$$

② method=TM_SQDIFF_NORMED
$R_{SQDIFF}(x,y)$을 $D(x,y)$로 나누어 정규화한다.

$$R_{SQDIFF\_NORMED}(x,y) = \frac{R_{SQDIFF}(x,y)}{D(x,y)}$$

$$D(x,y) = \sqrt{\sum_{s=0}^{w-1}\sum_{t=0}^{h-1} T(s,t)^2 \cdot \sum_{s=0}^{w-1}\sum_{t=0}^{h-1} I(x+s,y+}$$

③ method=TM_CCORR

템플릿 T를 탐색 영역 I에서 이동시켜가며 곱의 합계를 계산한다. 매칭되는 위치에서 큰 값을 갖는다.

$$R_{CCORR}(x,y) = \sum_{s=0}^{w-1}\sum_{t=0}^{h-1} (T(s,t) \cdot I(x+s,y+t))$$

④ method=TM_CCORR_NORMED

$R_{CCORR}(x,y)$을 $D(x,y)$로 나누어 정규화한다.

$$R_{CCORR\_NORMED}(x,y) = \frac{R_{CCORR}(x,y)}{D(x,y)}$$

⑤ method=TM_CCOEFF

T'은 템플릿 T의 각 요소값에서 평균을 뺄셈한 변환 템플릿이며, I'은 템플릿과 대응되는 위치에서 I의 각 요소값에서 평균을 뺄셈한 영상이다. 즉, 각 평균값으로 보정하여 비교한다. 매칭되는 위치에서 큰 값을 갖는다.

$$R_{CCOEFF}(x,y) = \sum_{s=0}^{w-1}\sum_{t=0}^{h-1} (T'(s,t) \cdot I'(x+s,y+t))$$

$$T'(s,t) = T(s,t) - \frac{\sum_{s'=0}^{w-1}\sum_{t'=0}^{h-1} T(s',t')}{(w \cdot h)}$$

$$I'(x+s,y+t) = I(x+s,y+t) - \frac{\sum_{s'=0}^{w-1}\sum_{t'=0}^{h-1} I(x+s',y+t')}{(w \cdot h)}$$

⑥ method=TM_CCOEFF_NORMED

$R_{CCOEFF}(x,y)$을 $D(x,y)$로 나누어 정규화한다.

$$R_{CCOEFF\_NORMED}(x,y) = \frac{R_{CCOEFF}(x,y)}{D(x,y)}$$

[예제 6-18] 행렬에서 matchTemplate를 사용한 템플릿 매칭

```
001:    #include <iomanip>
002:    #include "opencv.hpp"
003:    using namespace cv;
004:    using namespace std;
005:    void Printmat(const char *strName, Mat m);
006:    int main()
```

```
007:  {
008:         float dataA[ ] = { 1, 1, 1, 1, 1, 1,
009:                            1, 1, 1, 1, 1, 1,
010:                            1, 1, 9, 9, 1, 1,
011:                            1, 1, 9, 9, 1, 1,
012:                            1, 1, 1, 1, 1, 1,
013:                            1, 1, 1, 1, 1, 1 };
014:         float dataB[] = { 9, 9, 1,
015:                           9, 9, 1,
016:                           1, 1, 1};
017:
018:         Mat A(6, 6, CV_32F, dataA);
019:         Printmat("A=", A);
020:
021:         Mat B(3, 3, CV_32F, dataB);
022:         Printmat("B=", B);
023:
024:         double minVal, maxVal;
025:         Point minLoc, maxLoc;
026:         Mat result;
027:
028:         // TM_SQDIFF
029:         matchTemplate(A, B, result, TM_SQDIFF); // CV_TM_SQDIFF
030:         Printmat("result:TM_SQDIFF =", result);
031:         minMaxLoc(result, &minVal, NULL, &minLoc, NULL);
032:         cout << "minVal = " << minVal << endl;
033:         cout << "minLoc = " << minLoc << endl;
034:
035:         // TM_SQDIFF_NORMED
036:         matchTemplate(A, B, result, TM_SQDIFF_NORMED); // CV_TM_SQDIFF_NORMED
037:         Printmat("result:TM_SQDIFF_NORMED =", result);
038:         minMaxLoc(result, &minVal, NULL, &minLoc, NULL);
039:         cout << "minVal = " << minVal << endl;
040:         cout << "minLoc = " << minLoc << endl;
041:
042:         // TM_CCORR
043:         matchTemplate(A, B, result, TM_CCORR); // CV_TM_CCORR
044:         Printmat("result:TM_CCORR =", result);
045:         minMaxLoc(result, NULL, &maxVal, NULL, &maxLoc);
046:         cout << "maxVal = " << maxVal << endl;
047:         cout << "maxLoc = " << maxLoc << endl;
048:
049:         // TM_CCORR_NORMED
050:         matchTemplate(A, B, result, TM_CCORR_NORMED); // CV_TM_CCORR_NORMED
051:         Printmat("result:TM_CCORR_NORMED =", result);
052:         minMaxLoc(result, NULL, &maxVal, NULL, &maxLoc);
053:         cout << "maxVal = " << maxVal << endl;
054:         cout << "maxLoc = " << maxLoc << endl;
055:
056:         // TM_CCOEFF
057:         matchTemplate(A, B, result, TM_CCOEFF); // CV_TM_CCOEFF
058:         Printmat("result:TM_CCOEFF =", result);
059:         minMaxLoc(result, NULL, &maxVal, NULL, &maxLoc);
060:         cout << "maxVal = " << maxVal << endl;
061:         cout << "maxLoc = " << maxLoc << endl;
062:
063:         // TM_CCOEFF_NORMED
```

```
064:        matchTemplate(A, B, result, TM_CCOEFF_NORMED); // CV_TM_CCOEFF_NORMED
065:        Printmat("result:TM_CCOEFF_NORMED =", result);
066:        minMaxLoc(result, NULL, &maxVal, NULL, &maxLoc);
067:        cout << "maxVal = " << maxVal << endl;
068:        cout << "maxLoc = " << maxLoc << endl;
069:
070:        return 0;
071: }
072: void Printmat(const char *strName, Mat m)
073: {
074:        int x, y;
075:        float fValue;
076:        cout << endl << strName << endl;
077:        cout << setiosflags(ios::fixed);
078:        for(y = 0; y < m.rows; y++)
079:        {
080:             for(x = 0; x < m.cols; x++)
081:             {
082:                  fValue = m.at<float>(y, x);
083:                  cout << setprecision(2) << setw(8) << fValue;
084:             }
085:             cout << endl;
086:        }
087:        cout << endl;
088: }
```

◎ **프로그램 설명**

① 8−22행
18행은 배열 dataA로 초기화한 CV_32F 자료형의 6×6 행렬 A를 생성하고, 21행은 배열 dataB로 초기화한 CV_32F 자료형의 3×3 행렬 B를 생성한다.

② 28−33행
29행은 matchTemplate 함수로 행렬 A에서 행렬 B를 TM_SQDIFF 방법으로 템플릿 매칭하여 결과를 result에 저장한다. 31행은 minMaxLoc 함수로 result에서 최소값 minVal = 0.0과 최소값의 위치 minLoc = (2, 2)를 찾는다.

③ 35−40행
36행은 matchTemplate 함수로 행렬 A에서 행렬 B를 TM_SQDIFF_NORMED 방법으로 템플릿 매칭하여 결과를 result에 저장한다. TM_SQDIFF_NORMED 방법은 result 행렬을 정규화한다. 38행은 minMaxLoc 함수로 result에서 최소값 minVal = 0.0과 최소값의 위치 minLoc = (2, 2)를 찾는다.

④ 42−47행
43행은 matchTemplate 함수로 행렬 A에서 행렬 B를 TM_CCORR 방법으로 템플릿 매칭하여 결과를 result에 저장한다. 45행은 minMaxLoc 함수로 result에서 최대값 maxVal = 329.0과 최대값의 위치 maxLoc = (2, 2)를 찾는다.

⑤ 49−54행
50행은 matchTemplate 함수로 행렬 A에서 행렬 B를 TM_CCORR_NORMED 방법으로 템플릿 매칭하여 결과를 result에 저장한다. 59행은 minMaxLoc 함수로 result에서 최대값 maxVal = 1.0과 최대값의 위치 maxLoc = (2, 2)를 찾는다.

⑥ 56−61행
57행은 matchTemplate 함수로 행렬 A에서 행렬 B를 TM_CCOEFF 방법으로 템플릿 매칭하여 결과를 result에 저장한다. 59행은 minMaxLoc 함수로 result에서 최대값 maxVal = 142.22과 최대값의 위치 maxLoc = (2, 2)를 찾는다.

⑦ 63-68행

64행은 matchTemplate 함수로 행렬 A에서 행렬 B를 TM_CCOEFF_NORMED 방법으로 템플릿 매칭하여 결과를 result에 저장한다. 66행은 minMaxLoc 함수로 result에서 최대값 maxVal = 1.0과 최대값의 위치 maxLoc = (2, 2)를 찾는다.

⑧ [그림 6.27]은 행렬에서 템플릿 매칭 결과이다. 모든 방법에서 템플릿의 위치를 (2, 2)로 찾았다. (2, 2)는 행렬 A에서 템플릿 행렬 B의 왼쪽-상단 모서리 위치이다. TM_SQDIFF 방법은 최소값의 위치가 템플릿의 위치이며, TM_CCORR, TM_CCOEFF 방법은 최대값의 위치가 템플릿의 위치이다. 정규화 방법인 TM_SQDIFF_NORMED, TM_CCORR_NORMED, TM_CCOEFF_NORMED는 result 행렬이 [0, 1]로 정규화된 것을 알 수 있다. 7장의 위상 상관관계를 사용한 매칭 [예제 7-14]와 같은 결과를 갖는다.

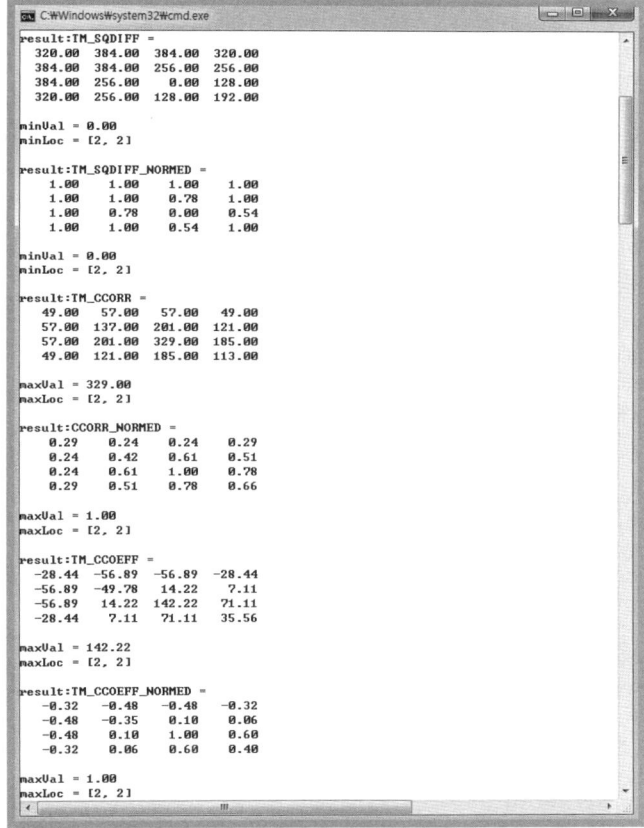

[그림 6.27] 행렬에서 템플릿 매칭

[예제 6-19] 영상에서 matchTemplate를 사용한 템플릿 매칭

```
001:    #include "opencv.hpp"
002:    using namespace cv;
003:    using namespace std;
004:    int main()
005:    {
006:        Mat srcImage = imread("alphabet.bmp", IMREAD_GRAYSCALE);
007:        if( srcImage.empty() )
008:            return -1;
009:        Mat tImage1 = imread("A.bmp", IMREAD_GRAYSCALE);
010:        Mat tImage2 = imread("S.bmp", IMREAD_GRAYSCALE);
011:        Mat tImage3 = imread("b.bmp", IMREAD_GRAYSCALE);
```

```
012:        Mat tImage4 = imread("m.bmp", IMREAD_GRAYSCALE);
013:        if( tImage1.empty() || tImage2.empty() ||
014:                tImage2.empty() || tImage4.empty() )
015:            return -1;
016:
017:        Mat dstImage;
018:        cvtColor(srcImage, dstImage, COLOR_GRAY2BGR );
019:
020:        double minVal, maxVal;
021:        Point minLoc, maxLoc;
022:        Mat result;
023:
024:        // TM_SQDIFF
025:        matchTemplate(srcImage, tImage1, result, TM_SQDIFF);
026:        minMaxLoc(result, &minVal, NULL, &minLoc, NULL);
027:        rectangle(dstImage,minLoc,
028:        Point(minLoc.x + tImage1.cols, minLoc.y + tImage1.rows), Scalar(255, 0, 0), 2);
029:
030:        // TM_SQDIFF_NORMED
031:        matchTemplate(srcImage, tImage2, result, TM_SQDIFF_NORMED);
032:        minMaxLoc(result, &minVal, NULL, &minLoc, NULL);
033:        rectangle(dstImage, minLoc,
034:        Point(minLoc.x + tImage2.cols, minLoc.y + tImage2.rows), Scalar(0, 255, 0), 2);
035:
036:        // TM_CCORR_NORMED
037:        matchTemplate(srcImage, tImage3, result, TM_CCORR_NORMED);
038:        minMaxLoc(result, NULL, &maxVal, NULL, &maxLoc);
039:        rectangle(dstImage, maxLoc,
040:        Point(maxLoc.x + tImage3.cols, maxLoc.y + tImage3.rows), Scalar(0, 0, 255), 2);
041:
042:        // TM_CCOEFF_NORMED
043:        matchTemplate(srcImage, tImage4, result, TM_CCOEFF_NORMED);
044:        minMaxLoc(result, NULL, &maxVal, NULL, &maxLoc);
045:        rectangle(dstImage, maxLoc,
046:        Point(maxLoc.x + tImage4.cols, maxLoc.y + tImage4.rows), Scalar(255, 0, 255), 2);
047:
048:        imshow("dstImage", dstImage);
049:        waitKey();
050:        return 0;
051: }
```

◎ **프로그램 설명**

① 참조 영상(reference image)으로 사용할 alphabet.bmp는 그림판에서 알파벳 문자를 생성하였다. 템플릿 영상(template image)으로 사용한 A.bmp, S.bmp, b.bmp, m.bmp는 alphabet.bmp에서 마우스로 각 글자의 영역을 선택하여 저장하여 생성하였다. 7장의 위상 상관관계를 사용한 매칭 [예제 7-16]과 같은 결과를 갖는다.

② 6-18행

6행은 alphabet.bmp 파일을 srcImage에 그레이스케일로 읽는다. 9-12행은 A.bmp, S.bmp, b.bmp, m.bmp를 템플릿 영상 tImage1, tImage2, tImage3, tImage4에 읽는다. 18행은 화면 표시를 위해 cvtColor 함수로 그레이스케일 영상 srcImage를 컬러 영상 dstImage로 변환한다.

③ 24-28행

25행은 matchTemplate 함수로 참조 영상 srcImage에서 템플릿 영상 tImage1을 TM_SQDIFF 방법으로 매칭하여 결과를 result에 저장하고, 26행은 minMaxLoc 함수로 최소값 minVal와 최소값의 위치 minLoc를 찾는다. 27-28행은 rectangle 함수로 minLoc와 tImage1의 크기를 이용하여, dstImage 영상에 Scalar(255, 0, 0) 색상의 사각형으로 표시한다.

④ 30-34행

31행은 matchTemplate 함수로 참조 영상 srcImage에서 템플릿 영상 tImage2를 TM_SQDIFF_ NORMED 방법으로 매칭하여 결과를 result에 저장하고, 32행은 minMaxLoc 함수로 최소값 minVal와 최소값의 위치 minLoc를 찾는다. 33-34행은 rectangle 함수로 minLoc와 tImage2의 크기를 이용하여, dstImage 영상에 Scalar(0, 255, 0) 색상의 사각형으로 표시한다.

⑤ 36-40행

37행은 matchTemplate 함수로 참조 영상 srcImage에서 템플릿 영상 tImage3을 TM_CCORR_ NORMED 방법으로 매칭하여 결과를 result에 저장하고, 38행은 minMaxLoc 함수로 최대값 maxVal와 최대값의 위치 maxLoc를 찾는다. 39-40행은 rectangle 함수로 maxLoc와 tImage3의 크기를 이용하여, dstImage 영상에 Scalar(0, 0, 255) 색상의 사각형으로 표시한다.

⑥ 42-46행

43행은 matchTemplate 함수로 참조 영상 srcImage에서 템플릿 영상 tImage4를 TM_CCOEFF_ NORMED 방법으로 매칭하여 결과를 result에 저장하고, 44행은 minMaxLoc 함수로 최대값 maxVal와 최대값의 위치 maxLoc를 찾는다. 45-46행은 rectangle 함수로 maxLoc와 tImage4의 크기를 이용하여, dstImage 영상에 Scalar(255, 0, 255) 색상의 사각형으로 표시한다.

⑦ [그림 6.28]은 영상에서 템플릿 매칭 결과이다. 모든 템플릿에 대하여 정확히 매칭되는 문자를 찾는다. 이것은 템플릿을 원본 영상의 부분 영상을 저장하여 생성하였기 때문에 정확히 매칭된 것을 의미한다. 영상에서 글자의 크기가 다르거나 영상에서 회전이 있으면 잘못된 매칭 결과를 반환할 수 있다.

[그림 6.28] 영상에서 템플릿 매칭

주파수 영역 필터링

이 장에서는 푸리에 변환(Fourier transform)과 영상을 주파수 영역(frequency domain) 으로 변환하여 필터링하는 방법 그리고 푸리에 변환에 의한 회선, 상관관계, 위상 상관관 계에 의한 매칭, 이산 코사인 변환(discrete cosine transform)에 대해 설명한다.

01 푸리에 변환

푸리에 변환은 [그림 7.1]과 같이 입력영상 $f(x, y)$를 서로 다른 주파수의 사인과 코사인 함 수로 분해하고, 역변환에 의해 분해된 주파수 영역에서 원래의 입력으로 합성할 수 있다.

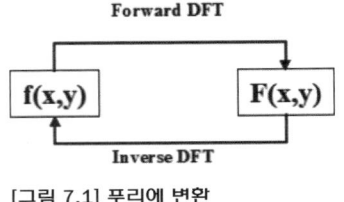

Forward DFT

f(x,y) F(x,y)

Inverse DFT

[그림 7.1] 푸리에 변환

1.1 이산 푸리에 변환(discrete Fourier transform)

$M \times N$ 크기의 입력영상 $f(x, y)$의 정방향 이산 푸리에 변환(forward DFT)하여 $M \times N$ 크기의 주파수 영역 $F(u,v)$를 계산하고, $F(u,v)$를 역방향 푸리에 변환(inverse DFT) 하여 $f(x, y)$을 계산한다. 아래의 식을 사용하여 직접 푸리에 변환을 계산하는 것은 매 우 느리다. DFT와 $IDFT$는 변수 $f(x, y)$와 $F(u,v)$의 역할과 x, y와 u, v의 역할과 지 수함수 exp에서 부호만 다르고 유사하기 때문에 대부분의 구현에서 dft 함수와 같이 하나의 함수로 구현되고 인수에 의해 DFT와 $IDFT$로 구별한다. FFT(Fast Fourier Transform)는 DFT, $IDFT$ 계산을 빠르게 구현하는 방법이다.

Forward DFT:
$$F(u, v) = DFT(f(x, y))$$

$$= \sum_{x=0}^{M-1}\sum_{y=0}^{N-1} f(x, y) \exp[-j2\pi(ux/M + vy/N)]$$

여기서, $j = \sqrt{-1}$, $u = 0, 1, 2, ..., M-1$, $v = 0, 1, 2, ..., N-1$

$$\exp[-j2\pi(ux/M + vy/N)] = \cos[2\pi(ux/M + vy/N)] - j\sin[2\pi(ux/M + vy/N)]$$

Inverse DFT:

$$f(x,y) = IDFT(F(u,v))$$

$$= \frac{1}{MN}\sum_{u=0}^{M-1}\sum_{v=0}^{N-1}F(u,v)\exp[j2\pi(ux/M+vy/N)]$$

여기서, $x = 0, 1, 2, ..., M-1, y = 0, 1, 2, ..., N-1$

1.2 푸리에 변환의 특성

① 푸리에 스펙트럼(spectrum)과 위상각(phase angle)

$F(u,v)$는 실수부 $R(u,v)$, 허수부 $I(u,v)$인 복소수 값을 갖는다. $F(u,v)$를 지수 형태로 표현할 수 있다. $|F(u,v)|$는 푸리에 스펙트럼(spectrum), $|F(u,v)|^2$는 파워 스펙트럼 (power spectrum), $\Phi(u,v)$는 위상각(phase angle)이다.

$$F(u,v) = R(u,v) + jI(u,v)$$

$$= |F(u,v)|\exp(j\Phi(u,v))$$

여기서, $|F(u,v)| = \sqrt{R(u,v)^2 + I(u,v)^2}$

$$\Phi(u,v) = \tan^{-1}(\frac{I(u,v)}{R(u,v)})$$

영상에서의 푸리에 스펙트럼(spectrum) $|F(u,v)|$는 매우 큰 값이기 때문에 로그 변환에 의해 값을 스케일하여 화면에 표시한다.

$$D(u,v) = c\,\log(1+|F(u,v)|)$$

② 이동(translation/shift)

입력영상 $f(x,y)$에 $\exp[j2\pi(u_0x/M+v_0y/N)]$에 곱한 $f(x,y)\exp[j2\pi(u_0x/M+v_0y/N)]$ 을 푸리에 변환(DFT)하면 $F(u-u_0,v-v_0)$가 된다. 즉, 주파수 영역의 원점이 (u_0,v_0) 로 이동한다. 유사하게 $F(u,v)$에 $\exp[-j2\pi(u_0x/M+v_0y/N)]$을 곱하여 역 푸리에 변환 (IDFT)을 하면 입력영상의 원점이 (x_0,y_0)로 이동한다.

$$DFT(f(x,y)\exp[j2\pi(u_0x/M+v_0y/N)]) = F(u-u_0,v-v_0)$$

$$DFT(f(x-x_0,y-y_0)) = F(u,v)\exp[-j2\pi(ux_0/M+vy_0/N)]$$

위의 식에서 $(u_0 = M/2, v_0 = N/2)$로 하여 입력영상 $f(x,y)$에 $\exp[j2\pi(\frac{M}{2}x/M+\frac{N}{2}y/N)] = \exp[j\pi(x+y)] = (-1)^{x+y}$ 을 곱하여 푸리에 변환(DFT)을 하면, 주파수 영역의 중앙인 $F(M/2,N/2)$이 원점이 된다. 주파수 중앙에서 저주파가 되고, 중앙에서 거리가 멀어지면서 고주파가 된다.

$$DFT(f(x,y)(-1)^{x+y}) = F(u-M/2,v-N/2)$$

③ 회전(rotation)

$f(x,y)$를 θ_0회전하여 푸리에 변환하면, $F(u,v)$을 θ_0회전한 결과와 같다. 주파수 영역에서 θ_0회전하면 $f(x,y)$도 역시 θ_0회전된다. 극좌표로 표현된 $f(r,\theta)$에 대한 푸리에 변환은 $F(w,\Phi)$이다.

$$DFT(f(r,\theta+\theta_0)) = F(w,\Phi+\theta)$$

여기서, $x = r\cos(\theta), y = r\sin(\theta),\ \ u = w\cos(\Phi), v = w\sin(\Phi)$

④ 스케일링(scaling)

$f(x,y)$의 값을 a로 스케일링하여 푸리에 변환하면 $aF(u,v)$와 같다. 또한, $f(ax,by)$로 영상을 확대 축소하여 푸리에 변환하면 $F(u/a,v/b)$과 같다.

$$DFT(af(x,y)) = a\,F(u,v)$$

$$DFT(f(ax,by)) = \frac{1}{|ab|}F(u/a,v/b)$$

⑤ 평균

$f(x,y)$의 평균값은 $avg(f(x,y))$는 주파수 영역의 원점 $F(0,0)$을 크기 MN으로 나누어 계산할 수 있다.

$$F(0,0) = \sum_{x=0}^{M-1}\sum_{y=0}^{N-1} f(x,y)\exp[-j2\pi(0x/M+0y/N)]$$

$$= \sum_{x=0}^{M-1}\sum_{y=0}^{N-1} f(x,y)$$

$$= avg(f(x,y))/(MN)$$

⑥ 회선(convolution)

$f(x,y)$와 $g(x,y)$의 회선을 푸리에 변환하면 $F(u,v)$와 $G(u,v)$의 곱셈과 같다. *는 회선 연산을 의미한다. 즉, $f(x,y)$와 $g(x,y)$의 회선인 $f(x,y)*g(x,y)$은 푸리에 변환 $F(u,v)$와 $G(u,v)$을 곱한 $F(u,v)G(u,v)$을 역 푸리에 변환으로 계산할 수 있다. 주의할 것은 $F(u,v)G(u,v)$와 $f(x,y)g(x,y)$에서의 곱셈은 행렬 곱셈이 아니라, 대응되는 위치의 요소사이의 곱셈이다. 회선은 $f(x,y)*[g(x,y)*h(x,y)] = [f(x,y)*g(x,y)]*h(x,y)$와 같이 결합법칙이 성립한다.

$$DFT(f(x,y)*g(x,y)) = F(u,v)\ G(u,v)$$
$$DFT(f(x,y)\,g(x,y)) = F(u,v)*G(u,v)$$
$$f(x,y)*g(x,y) = IDFT(F(u,v)\ G(u,v))$$

⑦ 상관관계(correlation)

$f(x,y)$와 $g(x,y)$의 상관관계를 푸리에 변환하면 $F(u,v)$와 $G(u,v)$의 곱셈과 같다. ∘는 상관관계 연산을 의미한다. $F^*(u,v)$는 $F(u,v)$의 켤레복소수(complex conjugate)이다.

$F(u,v) = R(u,v) + jI(u,v)$에 대한 켤레복소수는 $F^*(u,v) = R(u,v) - jI(u,v)$이다. 주의할 것은 $F(u,v)^* \, G(u,v)$와 $f(x,y)^* \, g(x,y)$에서의 곱셈은 행렬 곱셈이 아니라, 대응되는 위치끼리의 곱셈이다.

$$DFT(f(x,y) \circ g(x,y)) = F^*(u,v) \, G(u,v)$$

$$DFT(f^*(x,y)\,g(x,y)) = F(u,v) \circ G(u,v)$$

$$f(x,y) \circ g(x,y) = IDFT(F^*(u,v) \, G(u,v))$$

⑧ 미분(differentiation)

푸리에 변환을 이용하여 미분을 계산할 수 있다. 잡음과 같은 고주파 성분이 너무 강조되므로 일반적으로 $f(x,y)$을 가우시안 함수로 필터링하고, 미분을 계산한다. 함수 $f(x,y)$의 미분과 주파수 변환은 다음과 같은 관계를 갖는다.

$$DFT\left(\frac{\partial^n f(x,y)}{\partial^n x}\right) = (j2\pi u)^n F(u,v)$$

$$DFT\left(\frac{\partial^n f(x,y)}{\partial^n y}\right) = (j2\pi v)^n F(u,v)$$

그러므로 2차 미분에 의해 정의되는 $f(x,y)$의 라플라시안(Laplacian), $\nabla^2 f(x,y)$의 푸리에 변환은 다음과 같은 관계를 갖는다.

$$DFT(\nabla^2 f(x,y)) = -(2\pi)^2(u^2+v^2)F(u,v)$$

$$\nabla^2 f(x,y) = IDFT[-(2\pi)^2(u^2+v^2)F(u,v)]$$

1.3 OpenCV DFT 함수

① void dft(InputArray src, OutputArray dst, int flags = 0, int nonzeroRows = 0)

dft 함수는 1D 또는 2D 영상의 정방향(forward) 푸리에 변환(DFT) 및 역방향(inverse) 푸리에 변환(IDFT)을 수행한다. 입력 src는 1채널로 표현되는 실수 또는 2채널로 표현되는 복소수이다. 2채널인 경우는 채널 1에 실수부와 채널 2에 허수부가 따로 모든 u, v에 대하여 저장된다. dft 함수 내부에서 임시로 메모리를 할당해서 사용하므로 메모리 할당을 최소화하기 위하여 src와 dst를 같은 행렬 또는 영상으로 사용할 수 있다. 그러나 이 책 대부분의 예제에서는 설명을 위하여 가능한 한 src와 dst를 구분하여 사용한다. 출력 dst의 크기와 자료형은 flags에 의존한다.

R(0,0)	R(0,1)	I(0,1)	R(0,2)	I(0,2)	.	R(0, N/2−1)	I(0, N/2−1)	R(0, N/2)
R(1,0)	R(1,1)	I(1,1)	R(1,2)	I(1,2)	.	R(1, N/2−1)	I(1, N/2−1)	R(1, N/2)
I(1,0)	R(2,1)	I(2,1)	R(2,2)	I(2,2)	.	R(2, N/2−1)	I(2, N/2−1)	I(1, N/2)
.	.	.	.	.	.	.	.	.
.	.	.	.	.	.	.	.	.
R(M/2−1,0)	R(M−3,1)	I(M−3,1)	R(M−3,2)	I(M−3,2)	...	R(M−3, N/2−1)	I(M−3, N/2−1)	R(M/2−1, N/2)
I(M/2−1,0)	R(M−2,1)	I(M−2,1)	R(M−2,2)	I(M−2,2)	...	R(M−2, N/2−1)	I(M−2, N/2−1)	I(M/2−1, N/2)
R(M/2, 0)	R(M−1,1)	I(M−1,1)	R(M−1,2)	I(M−1,2)	...	R(M−1, N/2−1)	I(M−1, N/2−1)	R(M/2, N/2)

[그림 7.2] 정방향 푸리에 변환에서 dst의 CCS 패킹 구조

ⓐ 디폴트인 flags = 0이면 정방향 푸리에 변환(DFT)을 수행한다.

Forward DFT:
$$F(u,v) = \sum_{x=0}^{M-1}\sum_{y=0}^{N-1} f(x,y)\exp[-j2\pi(ux/M+vy/N)]$$

여기서, $j=\sqrt{-1}$, $u=0,1,2,...,M-1$, $v=0,1,2,...,N-1$

$$\exp[-j2\pi(ux/M+vy/N)] = \cos[2\pi(ux/M+vy/N)] - j\sin[2\pi(ux/M+vy/N)]$$

ⓑ flags = DFT_INVERSE이면 역방향 푸리에 변환(IDFT)을 수행한다.

Inverse DFT:
$$f(x,y) = \sum_{u=0}^{M-1}\sum_{v=0}^{N-1} F(u,v)\exp[j2\pi(ux/M+vy/N)]$$

여기서, $x=0,1,2,...,M-1$, $y=0,1,2,...,N-1$

ⓒ flags = DFT_SCALE이면 결과를 1/MN로 스케일링하여 반환한다. 일반적으로 역방향 푸리에 변환과 같이 DFT_INVERSE|DFT_SCALE로 사용한다.

Inverse DFT:
$$f(x,y) = \frac{1}{MN}\sum_{u=0}^{M-1}\sum_{v=0}^{N-1} F(u,v)\exp[j2\pi(ux/M+vy/N)]$$

여기서, $x=0,1,2,...,M-1$, $y=0,1,2,...,N-1$

ⓓ flags = DFT_ROWS이면 각 행 단위로 정방향 푸리에 변환과 역방향 푸리에 변환을 사용한다.

ⓔ flags = DFT_COMPLEX_OUTPUT이면, 결과는 2채널의 복소수 행렬이 된다.

ⓕ flags = DFT_REAL_OUTPUT이면, 출력 행렬이 1채널의 실수 행렬이 된다. 전방 푸리에 변환의 경우 [그림 7.2]와 같은 1채널의 실수 행렬에 실수부와 허수부가 패킹되어 있는 CCS(complex-conjugate symmetry) 형태를 갖는다. 예를 들어 dst(0,0)는 R(0,0)이므로 주파수 영역(u = 0, v = 0)의 실수부 값이고, dst(0, 1)는 R(0, 1)이므로 주파수 영역 (u = 0, v = 1)의 실수부 값이 저장되고, dst(0, 2)는 I(0,1)이므로 주파수 영역 (u = 0, v = 1)의 허수부 값을 저장하는 방식으로 모든 u, v에 대하여 저장하지 않고 패킹하여 저장한다. [그림 7.2]에서 N이 짝수인 경우만 마지막 열이 존재하고, M이 짝수인 경우만 마지막 행이 존재한다.

ⓖ nonzero_rows는 DFT_INVERSE가 설정되지 않았으면, src의 처음 행에서 0이 아닌 행의 개수

이다. DFT_INVERSE가 설정되었으면, dst의 처음 행에서 0이 아닌 행의 개수이다. 2D 영상에서 푸리에 변환을 이용한 회선과 상관관계를 계산할 때 원본보다 큰 행렬 또는 영상으로 복사한 후에 0으로 패딩된 경우에 계산 속도를 높인다.

ⓗ 입력 src가 1채널 실수이고, DFT_INVERSE가 설정되지 않으면, dft 함수는 정방향 푸리에 변환 (DFT)을 수행한다. 이때 DFT_COMPLEX_OUTPUT이 설정되면, 출력 dst는 입력과 같은 크기의 복소수 행렬이 된다. DFT_COMPLEX_OUTPUT이 설정되지 않으면, 출력 dst는 입력과 같은 크기의 1채널 실수 행렬이 되며 [그림 7.2]와 같은 CCS(complex-conjugate-symmetrical) 구조로 패킹되어 저장한다.

ⓘ 입력 src가 복소수이고, DFT_INVERSE 또는 DFT_REAL_OUTPUT가 설정되지 않았으면, 출력 dst는 복소수 행렬이다.

ⓙ 입력 src가 1채널 실수이고, DFT_INVERSE가 설정되거나 입력이 복소수이고, DFT_REAL_ OUTPUT이 설정되면 출력 dst는 1채널 실수이다.

② **void idft(InputArray src, OutputArray dst, int flags = 0, int nonzeroRows = 0)**
idft 함수는 역방향 푸리에 변환을 한다. dft(src, dst, flags | DFT_INVERSE)와 같다.

③ **int getOptimalDFTSize(int vecsize)**
vecsize와 같거나 큰 정수 중에 DFT를 계산하기에 최적의 크기인 N을 계산하여 반환한다. 대부분의 FFT 알고리즘은 최적의 크기는 $N = 2^n$인 경우이지만, OpenCV의 dft 함수는 임의의 정수 p, q, r에 대하여 $N = 2^p 3^q 5^r$인 vecsize와 같거나 큰 정수 중에 만족하는 최소 정수로 계산한다. 예를 들어 N = getOptimalDFTSize(6)는 N = 6이고, N = getOptimalDFTSize(7)는 N = 8이다. DCT에서의 최적의 크기는 getOptimalDFTSize((vecsize+1)/2)*2로 계산한다.

④ **void mulSpectrums(InputArray a, InputArray b, OutputArray c, int flags, bool conjB = false)**
a, b는 dft 함수에 의해 전방 푸리에 변환된 주파수 영역이다. flags = DFT_ROWS이면 a, b의 각 행이 독립적으로 푸리에 변환된 것을 의미한다. conjB = false이면 회선 (convolution)을 계산할 때 사용하며, a와 b의 대응되는 위치끼리 곱한 결과를 dst에 저장한다. conjB = true이면 상관관계(correlation)를 계산할 때 사용하며, a과 b의 켤레복소수(complex conjugate), b^*을 곱한다. 주의할 것은 행렬 곱셈이 아니라, 대응되는 위치끼리의 곱셈이다.

[예제 7-1] 1채널 행렬의 dft에 의한 푸리에 변환
(DFT:flags=DFT_REAL_OUTPUT, IDFT: flags=DFT_REAL_OUTPUT)

```
001:  #include <iomanip>
002:  #include "opencv.hpp"
003:  using namespace cv;
004:  using namespace std;
005:  void Printmat(const char *strName, Mat m);
006:  int main()
007:  {
008:      float dataA[ ] = { 1, 2, 4, 5, 2, 1,
009:                         3, 6, 6, 9, 0, 3,
```

```
010:                         1, 8, 3, 7, 2, 5,
011:                         2, 9, 8, 9, 9, 1,
012:                         3, 9, 8, 8, 7, 2,
013:                         4, 9, 9, 9, 9, 3 };
014:        Mat A(6, 6, CV_32F, dataA);
015:        cout << "A=" << A << endl;
016:
017:        Mat dftA;
018:        dft(A, dftA);
019:  //    dft(A, dftA, DFT_REAL_OUTPUT);
020:  //    dft(A, dftA, DFT_REAL_OUTPUT, A.rows);
021:
022:        cout << "dftA.channels()=" << dftA.channels() << endl;
023:  //    cout << "dftA=" << endl << dftA << endl;
024:    Printmat("dftA=", dftA);
025:
026:        Mat dftB;
027:        dft(dftA, dftB, DFT_INVERSE | DFT_SCALE);
028:  //    dft(dftA, dftB, DFT_INVERSE | DFT_SCALE|DFT_REAL_OUTPUT);
029:  //    dft(dftA, dftB, DFT_INVERSE | DFT_SCALE, dftA.rows);
030:  //    dft(dftA, dftB, DFT_INVERSE | DFT_SCALE|DFT_REAL_OUTPUT, dftA.rows);
031:        dft(dftA, dftB, DFT_INVERSE|DFT_SCALE|DFT_COMPLEX_OUTPUT, dftA.rows);
032:
033:  //    idft(dftA, dftB, DFT_SCALE | DFT_REAL_OUTPUT, dftA.rows);
034:  //    idft(dftA, dftB, DFT_SCALE, dftA.rows);
035:  //    idft(dftA, dftB, DFT_SCALE);
036:  //    idft(dftA, dftB, DFT_SCALE | DFT_COMPLEX_OUTPUT, dftA.rows);
037:
038:        cout << "dftB.channels()=" << dftB.channels() << endl;
039:  //    cout << "dftB=" << endl << dftB << endl;
040:        Printmat("dftB=", dftB);
041:
042:        return 0;
043:  }
044:  void Printmat(const char *strName, Mat m)
045:  {
046:        int x, y;
047:        float fValue;
048:        cout << endl << endl << strName << endl;
049:        cout << setiosflags(ios::fixed);
050:        for(y = 0; y < m.rows; y++)
051:        {
052:            for(x = 0; x < m.cols; x++)
053:            {
054:                fValue = m.at<float>(y, x);
055:                cout << setprecision(2) << setw(8) << fValue;
056:            }
057:            cout << endl;
058:        }
059:        cout << endl;
060:  }
```

◎ 프로그램 설명

① 1행

iomanip 헤더 파일은 사용자 정의 함수 Printmat 함수에서 setiosflags, setprecision, setw에 의해 포맷 출력을 위해 포함한다.

② 17-24행

18행은 dft 함수로 1채널 CV_32F 행렬 A를 정방향 푸리에 변환하여 dftA에 저장한다. dftA. channels() = 1로 출력되며, [그림 7.2]와 같이 실수부와 허수부가 패킹되어 저장된다. 주석 처리된 19-20행은 모두 같은 결과를 갖는다. 주파수 영역의 원점은 dftA(0, 0)이다. 23행으로 출력하면 자릿수가 맞지 않게 출력한다. 24행은 Printmat 함수에서 포맷 출력을 한다.

③ 26-40행

27행은 dft 함수에 의해 주파수 영역으로 변환된 dftA를 DFT_INVERSE | DFT_SCALE로 설정하여 dft 함수로 역방향 푸리에 변환하고 스케일링하여 dftB에 저장한다. dftB는 1-채널 실수 행렬이 되며, 약간의 오차가 존재하지만, 원본 입력 행렬 A와 같은 것을 확인할 수 있다. 주석 처리된 28-36행의 각각의 행은 27행의 결과와 정확히 같다. 31행과 36행에서 DFT_COMPLEX_OUTPUT 옵션을 설정함에도 불구하고, DFT_INVERSE 설정에 의해 dft 함수의 역방향 푸리에 변환과 idft 함수에 의한 역방향 변환에서 입력 행렬 dftA가 1채널이므로 출력 행렬 dftB는 모두 1-채널 실수 행렬이 된다.

④ 44-60행

사용자 정의 함수 Printmat 함수는 setiosflags, setprecision, setw에 의해 전체 8자리, 소수점 이하 2자리로 포맷 출력한다.

⑤ [그림 7.3]은 1채널 행렬에서 정방향 푸리에 변환(DFT)에서 flags = DFT_REAL_OUTPUT, 역방향 푸리에 변환(IDFT)에서 flags = DFT_REAL_OUTPUT에 의한 푸리에 변환 결과이다. dftA(0, 0)이 주파수 공간의 원점이다. dftA(0, 0) = 186은 행렬 A의 합계이다.

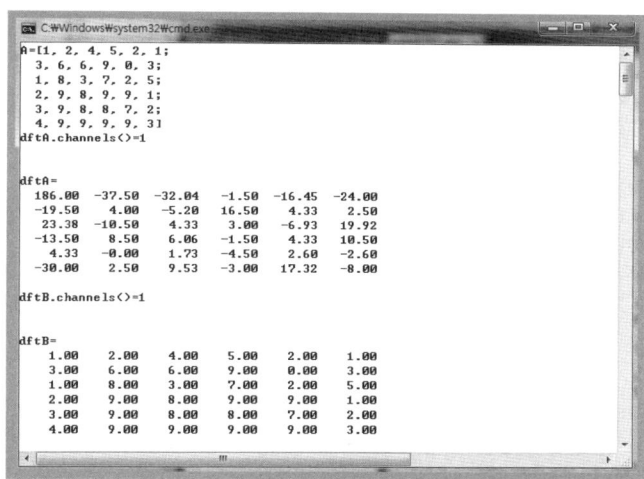

```
C:\Windows\system32\cmd.exe
A=[1, 2, 4, 5, 2, 1;
  3, 6, 6, 9, 0, 3;
  1, 8, 3, 7, 2, 5;
  2, 9, 8, 9, 9, 1;
  3, 9, 8, 8, 7, 2;
  4, 9, 9, 9, 9, 3]
dftA.channels()=1


dftA=
   186.00  -37.50  -32.04   -1.50  -16.45  -24.00
   -19.50    4.00   -5.20   16.50    4.33    2.50
    23.38  -10.50    4.33    3.00   -6.93   19.92
   -13.50    8.50    6.06   -1.50    4.33   10.50
     4.33   -0.00    1.73   -4.50    2.60   -2.60
   -30.00    2.50    9.53   -3.00   17.32   -8.00

dftB.channels()=1


dftB=
     1.00    2.00    4.00    5.00    2.00    1.00
     3.00    6.00    6.00    9.00    0.00    3.00
     1.00    8.00    3.00    7.00    2.00    5.00
     2.00    9.00    8.00    9.00    9.00    1.00
     3.00    9.00    8.00    8.00    7.00    2.00
     4.00    9.00    9.00    9.00    9.00    3.00
```

[그림 7.3] DFT, flags = DFT_REAL_OUTPUT
IDFT, flags = DFT_REAL_OUTPUT

[예제 7-2] 1채널 행렬의 dft에 의한 푸리에 변환
(DFT: flags=DFT_COMPLEX_OUTPUT)

```
001:   #include <iomanip>
002:   #include "opencv.hpp"
003:   using namespace cv;
004:   using namespace std;
005:   void Printmat(const char *strName, Mat m);
006:   int main()
007:   {
008:       float dataA[ ] = { 1, 2, 4, 5, 2, 1,
009:                          3, 6, 6, 9, 0, 3,
010:                          1, 8, 3, 7, 2, 5,
011:                          2, 9, 8, 9, 9, 1,
012:                          3, 9, 8, 8, 7, 2,
```

```
013:                           4, 9, 9, 9, 9, 3 };
014:        Mat A(6, 6, CV_32F, dataA);
015:        cout << "A=" << A << endl;
016:
017:        Mat dftA;
018:        dft(A, dftA, DFT_COMPLEX_OUTPUT);
019:  //    dft(A, dftA, DFT_COMPLEX_OUTPUT, A.rows);
020:
021:        Mat dftA2[2];
022:        split(dftA,dftA2);
023:        cout << "dftA.channels()=" << dftA.channels() << endl;
024:        Printmat("dftA2[0](Re)=", dftA2[0]);
025:        Printmat("dftA2[1](Im)=", dftA2[1]);
026:
027:        Mat dftB;
028:        dft(dftA, dftB, DFT_INVERSE | DFT_SCALE);
029:  //    dft(dftA, dftB, DFT_INVERSE | DFT_SCALE, dftA.rows);
030:  //    dft(dftA, dftB, DFT_INVERSE|DFT_SCALE|DFT_COMPLEX_OUTPUT, dftA.rows);
031:  //    idft(dftA, dftB, DFT_SCALE);
032:  //    idft(dftA, dftB, DFT_SCALE, dftA.rows);
033:  //    idft(dftA, dftB, DFT_SCALE | DFT_COMPLEX_OUTPUT, dftA.rows);
034:
035:        Mat dftB2[2];
036:        split(dftB, dftB2);
037:        cout << "dftB.channels()=" << dftB.channels() << endl;
038:        Printmat("dftB2[0](Re)=", dftB2[0]);
039:        Printmat("dftB2[1](Im)=", dftB2[1]);
040:  /*
041:        dft(dftA, dftB, DFT_INVERSE | DFT_SCALE|DFT_REAL_OUTPUT);
042:  //    dft(dftA, dftB, DFT_INVERSE | DFT_SCALE|DFT_REAL_OUTPUT, dftA.rows);
043:  //    idft(dftA, dftB, DFT_SCALE | DFT_REAL_OUTPUT, dftA.rows);
044:        cout << "dftB.channels()=" << dftB.channels() << endl;
045:        Printmat("dftB=", dftB);
046:  */
047:        return 0;
048:  }
049:  void Printmat(const char *strName, Mat m)
050:  {
051:        int x, y;
052:        float fValue;
053:        cout << endl << strName << endl;
054:        cout << setiosflags(ios::fixed);
055:        for(y = 0; y < m.rows; y++)
056:        {
057:            for(x = 0; x < m.cols; x++)
058:            {
059:                fValue = m.at<float>(y, x);
060:                cout << setprecision(2) << setw(8) << fValue;
061:            }
062:            cout << endl;
063:        }
064:        cout << endl;
065:  }
```

◎ 프로그램 설명

① 1행

iomanip 헤더 파일은 사용자 정의 함수 Printmat 함수에서 setiosflags, setprecision, setw에 의해 포맷 출력을 위해 포함한다.

② 17-25행

18행은 dft 함수로 1채널 CV_32F 행렬 A를 flags = DFT_COMPLEX_OUTPUT로 설정하여, 정방향 푸리에 변환하여 dftA에 저장한다. dftA.channels() = 2로 출력되며, 2개의 채널 각각에 복소수의 실수부와 허수부가 저장된다. 주석 처리된 19행도 같은 결과이다. 주파수 영역의 원점은 dftA(0, 0)이다. 22행은 split 함수로 2-채널인 dftA를 배열 dftA2에 채널을 분리하여 저장하면, dftA2[0]은 복소수의 실수부가 저장되고, dftA2[1]은 허수부가 저장된다. dftA.channels() = 2로 출력된다.

③ 27-39행

28행은 dft 함수에 의해 주파수 영역으로 변환된 2-채널의 dftA를 DFT_INVERSE | DFT_SCALE로 설정하여 dft 함수로 역방향 푸리에 변환하고 스케일링하여 dftB에 저장한다. dftB는 2-채널 행렬이 된다. 주석 처리된 29-33행의 dft 함수 또는 idft 함수의 결과도 28행과 같다. 36행은 split 함수로 2-채널인 dftB를 배열 dftB2에 채널을 분리하여 저장하면, dftB2[0]은 복소수의 실수부가 저장되고, dftB2[1]은 허수부가 저장된다. dftB.channels() = 2로 출력되며, 복소수의 실수부인 dftB2[0]는 약간의 오차가 존재하지만, 원본 입력 행렬 A와 같은 것을 확인할 수 있다. 허수부 dftB2[1]은 모든 요소값이 0이다.

④ 41-45행

27-39행 대신에 41-43행에서처럼 DFT_REAL_OUTPUT을 설정하여 역방향 푸리에 변환을 수행하면 dftB는 1-채널 실수 행렬이 된다. 41-43행은 모두 같은 결과를 갖는다.

⑤ [그림 7.4]는 1채널 행렬의 정방향 푸리에 변환(DFT)에서 flags = DFT_COMPLEX_OUTPUT, 역방향 푸리에 변환(IDFT)은 27-39행에서 flags = DFT_COMPLEX_OUTPUT에 의한 푸리에 변환 결과이다. [그림 7.5]는 1채널 행렬의 정방향 푸리에 변환(DFT)은 flags = DFT_COMPLEX_OUTPUT, 역방향 푸리에 변환(IDFT)은 41-45행에서 flags = DFT_REAL_OUTPUT에 의한 푸리에 변환 결과이다.

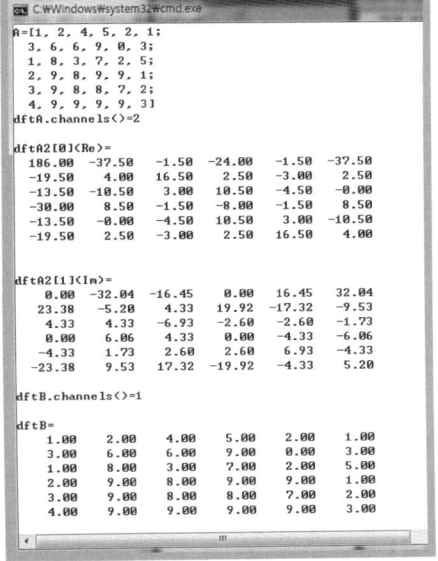

[그림 7.4] DFT, flags = DFT_COMPLEX_OUTPUT IDFT, flags = DFT_COMPLEX_OUTPUT

[그림 7.5] DFT, flags = DFT_COMPLEX_OUTPUT IDFT, flags = DFT_REAL_OUTPUT

[예제 7-3]   행렬에서 DFT 주파수 중심을 F(M/2, N/2)로 이동 1
(4개의 부분영역을 재배치)

```
001:  #include <iomanip>
002:  #include "opencv.hpp"
003:  using namespace cv;
004:  using namespace std;
005:  void MakeOriginToCenterUsingRearranging(Mat &src, Mat &dst);
006:  void Printmat(const char *strName, Mat m);
007:  int main()
008:  {
009:      float dataA[ ] = { 1, 2, 4, 5, 2, 1,
010:                         3, 6, 6, 9, 0, 3,
011:                         1, 8, 3, 7, 2, 5,
012:                         2, 9, 8, 9, 9, 1,
013:                         3, 9, 8, 8, 7, 2,
014:                         4, 9, 9, 9, 9, 3 };
015:      Mat A(6, 6, CV_32F, dataA);
016:      cout << "A=" << A << endl;
017:
018:      Mat dftA;
019:      dft(A, dftA, DFT_COMPLEX_OUTPUT);
020:      MakeOriginToCenterUsingRearranging(dftA, dftA);
021:      Mat dftA2[2];
022:      split(dftA, dftA2);
023:
024:      cout << "dftA.channels()=" << dftA.channels() << endl;
025:      Printmat("dftA2[0](Re)=", dftA2[0]);
026:      Printmat("dftA2[1](Im)=", dftA2[1]);
027:
028:      Mat dftB;
029:      dft(dftA, dftB, DFT_INVERSE | DFT_SCALE|DFT_REAL_OUTPUT);
030:      cout << "dftB.channels()=" << dftB.channels() << endl;
031:      Printmat("dftB=", dftB);
032:      return 0;
033:  }
034:  void MakeOriginToCenterUsingRearranging(Mat &src, Mat &dst)
035:  {
036:      int cX, cY;
037:      cX = src.cols / 2;
038:      cY = src.rows / 2;
039:      Mat src1 = src(Rect(0, 0, cX, cY));
040:      Mat src2 = src(Rect(cX, 0, cX, cY));
041:      Mat src3 = src(Rect(0, cY, cX, cY));
042:      Mat src4 = src(Rect(cX, cY, cX, cY));
043:
044:      Mat dst1 = dst(Rect(0, 0, cX, cY));
045:      Mat dst2 = dst(Rect(cX, 0, cX, cY));
046:      Mat dst3 = dst(Rect(0, cY, cX, cY));
047:      Mat dst4 = dst(Rect(cX, cY, cX, cY));
048:
049:      if(&src != &dst)
050:      {
051:          src1.copyTo(dst4);
052:          src4.copyTo(dst1);
053:          src2.copyTo(dst3);
054:          src3.copyTo(dst2);
055:      }
```

```
056:        else
057:        {
058:                Mat tmp(cX, cY, src.type());
059:                src1.copyTo(tmp); // swap src1 <-> src4
060:                src4.copyTo(src1);
061:                tmp.copyTo(src4);
062:
063:                src2.copyTo(tmp); // swap src2 <-> src3
064:                src3.copyTo(src2);
065:                tmp.copyTo(src3);
066:        }
067: }
068: void Printmat(const char *strName, Mat m)
069: {
070:        int x, y;
071:        float fValue;
072:        cout << endl << strName << endl;
073:        cout << setiosflags(ios::fixed);
074:        for(y = 0; y < m.rows; y++)
075:        {
076:                for(x = 0; x < m.cols; x++)
077:                {
078:                        fValue = m.at<float>(y, x);
079:                        cout << setprecision(2) << setw(8) << fValue;
080:                }
081:                cout << endl;
082:        }
083:        cout << endl;
084: }
```

◎ **프로그램 설명**

① 19행

dft 함수로 1채널 CV_32F 행렬 A를 flags = DFT_COMPLEX_OUTPUT로 설정하여, 정방향 푸리에 변환하여 dftA에 저장한다. dftA.channels() = 2로 출력되며, 2개의 채널 각각에 복소수의 실수부와 허수부가 저장된다. 주파수 영역의 원점은 dftA(0, 0)이다.

② 20-26행

20행은 사용자 정의 함수 MakeOriginToCenterUsingRearranging로 dftA를 같은 크기로 4등분하여 [그림 7.6]과 같이 재배치하여 다시 dftA에 저장한다. 재배치를 마치면 주파수 영역의 원점은 행렬의 중심인 dftA(3, 3)이다. 22행은 split 함수로 2-채널인 dftA를 배열 dftA2에 채널을 분리하여 저장하면, dftA2[0]은 복소수의 실수부가 저장되고, dftA2[1]은 허수부가 저장된다. dftA를 채널 분리한 것이므로 dftA2에서도 주파수 영역의 원점은 행렬의 중심인 dftA2(3, 3)이다.

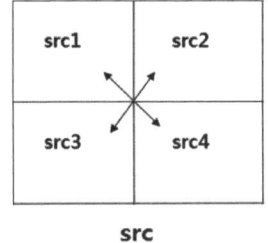 

[그림 7.6] 행렬 src의 4개의 부분영역을 대각선 방향으로 교환하여 dst에 저장

③ 28-31행

29행은 dft 함수에 의해 주파수 영역으로 변환되고, 사용자 정의 함수 MakeOriginToCenterUsing Rearranging에 의해 원점을 행렬의 중심인 dftA(3, 3)으로 이동시킨 2-채널 행렬 dftA를 DFT_INVERSE | DFT_SCALE|DFT_REAL_OUTPUT로 설정하여 dft 함수로 역방향 푸리에 변환하고 스케일링하여 1-채널 실수 행렬 dftB에 저장하면, 입력 행렬 A와 다르게 행과 열의 첨자의 합이 홀수인 곳에서 부호가 음수인 것을 알 수 있다. 이것은 푸리에 변환의 이동(translation) 성질과 관련 있다. 다음 [예제 7-4]의 사용자 정의함수 ChangeSignOddPositionInXY를 사용하면 해결할 수 있다.

④ 34-67행

사용자 정의 함수 MakeOriginToCenterUsingRearranging은 행렬 src를 같은 크기로 4등분하여 [그림 7.6]과 같이 재배치하여 dst에 저장한다. 39-42행은 src에서 가로로 2등분, 세로로 2등분한 cX, cY 크기의 4개의 부분영역 src1, src2, src3, src4에 지정한다. 44-47행은 dst에서 가로로 2등분, 세로로 2등분한 cX, cY 크기의 4개의 부분영역 dst1, dst2, dst3, dst4에 지정한다. 49-55행은 src와 dst가 서로 다른 행렬이면, [그림 7.6]과 같이 src를 dst에 복사한다. 56-66행은 src와 dst가 같은 행렬이면, cX, cY 크기의 tmp 행렬을 이용하여 src1과 src4를 교환하고, src2와 src3을 교환한다. src와 dst가 같은 행렬이므로 dst 행렬도 교환된다. [그림 7.7]은 4개의 부분영역을 [그림 7.6]과 같이 재배치하여 행렬에서 DFT 주파수 중심을 F(M/2, N/2)로 이동시킨 결과이다.

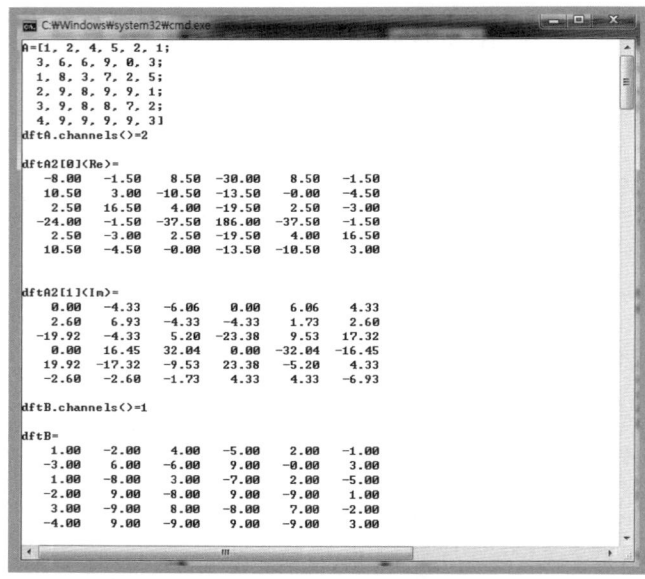

[그림 7.7] 행렬에서 DFT 주파수 중심을 F(M/2, N/2) 이동
(4개의 부분영역을 재배치)

[예제 7-4]	행렬에서 DFT 주파수 중심을 F(M/2, N/2)로 이동 2 (translation/shift 특성)

```
001:   #include <iomanip>
002:   #include "opencv.hpp"
003:   using namespace cv;
004:   using namespace std;
005:   void ChangeSignOddPositionInXY(Mat &m);
006:   void Printmat(const char *strName, Mat m);
007:   int main()
008:   {
009:       float dataA[ ] = { 1, 2, 4, 5, 2, 1,
010:                          3, 6, 6, 9, 0, 3,
011:                          1, 8, 3, 7, 2, 5,
012:                          2, 9, 8, 9, 9, 1,
```

```
013:                        3, 9, 8, 8, 7, 2,
014:                        4, 9, 9, 9, 9, 3 };
015:        Mat A(6, 6, CV_32F, dataA);
016:        cout << "A=" << A << endl;
017:
018:        ChangeSignOddPositionInXY(A); // centering
019:        Mat dftA;
020:        dft(A, dftA, DFT_COMPLEX_OUTPUT);
021:
022:        Mat dftA2[2];
023:        split(dftA, dftA2);
024:
025:        cout << "dftA.channels()=" << dftA.channels() << endl;
026:        Printmat("dftA2[0](Re)=", dftA2[0]);
027:        Printmat("dftA2[1](Im)=", dftA2[1]);
028:
029:        Mat dftB;
030:        dft(dftA, dftB, DFT_INVERSE | DFT_SCALE|DFT_REAL_OUTPUT);
031:        ChangeSignOddPositionInXY(dftB); // centering
032:
033:        cout << "dftB.channels()=" << dftB.channels() << endl;
034:        Printmat("dftB=", dftB);
035:
036:        return 0;
037: }
038: void ChangeSignOddPositionInXY(Mat &m)
039: {
040:        int x, y;
041:        float fValue;
042:        for(y = 0; y < m.rows; y++)
043:             for(x = 0; x < m.cols; x++)
044:             {
045:                   fValue = m.at<float>(y, x);
046: //                 if((x + y) % 2 == 1 && fValue != 0)
047:                   if((x + y) % 2 == 1) // odd number
048:                        m.at<float>(y, x) = -fValue;
049:             }
050: }
051: void Printmat(const char *strName, Mat m)
052: {
053:        int x, y;
054:        float fValue;
055:        cout << endl << strName << endl;
056:        cout << setiosflags(ios::fixed);
057:        for(y = 0; y < m.rows; y++)
058:        {
059:             for(x = 0; x < m.cols; x++)
060:             {
061:                   fValue = m.at<float>(y, x);
062:                   cout << setprecision(2) << setw(8) << fValue;
063:             }
064:             cout << endl;
065:        }
066:        cout << endl;
067: }
```

◎ 프로그램 설명

① 18-27행

18행은 사용자 정의 함수 ChangeSignOddPositionInXY는 푸리에 변환의 이동(translation/shift) 특성인 $A(x,y)(-1)^{x+y}$에 의한 주파수 영역의 원점을 변경한다. (x + y)가 짝수면 1, (x + y)가 홀수면 -1이므로, (x + y)가 홀수인 위치에서만 부호를 반대로 변경한다. 20행은 (x + y)가 홀수인 위치에서 부호가 반대로 변경된 행렬 A를 DFT_COMPLEX_OUTPUT으로 설정하고 dft 함수로 정방향 푸리에 변환을 수행하면 dftA의 중심인 dftA(3, 3)이 주파수 영역의 원점이 되어 가장 저주파가 되고, 원점에서 멀어질수록 고주파 영역이 된다. 23행은 split 함수로 2-채널인 dftA의 채널을 분해하여 배열 dftA2에 저장한다. dftA2[0]는 복소수인 주파수 영역의 실수부가 되고, dftA2[1]는 주파수 영역의 허수부가 된다. [예제 7-3]에서 dft 변환 후에 사용자 정의 함수 MakeOriginToCenterUsingRearranging에 의해 재배치한 결과와 같다.

② 29-34행

30행은 dft 함수로 행렬의 중심이 주파수 영역의 중점인 행렬 dftA를 DFT_INVERSE | DFT_SCALE|DFT_REAL_OUTPUT로 역방향 푸리에 변환을 수행하여 1-채널 실수 행렬 dftB에 저장하고, 31행은 사용자 정의 함수 ChangeSignOddPositionInXY에 의해 (x + y)가 홀수인 위치에서 부호가 반대로 변경하면, dftB는 약간의 오차가 있지만 입력 행렬 A와 같다.

③ 26-27행에서 Printmat 함수로 복소수인 주파수 영역의 실수부 dftA2[0]와 허수부 dftA2[1]을 출력하면, [예제 7-3]과 같이 출력된다. 30행에서 사용자 정의 함수 ChangeSignOddPositionInXY를 호출하지 않으면, 34행의 dftB 출력은 [예제 7-3]과 같게 출력된다. [그림 7.8]은 푸리에 변환의 이동 (translation/shift) 특성을 이용하여 주파수 중심을 행렬의 중심 위치로 이동시킨 결과이다.

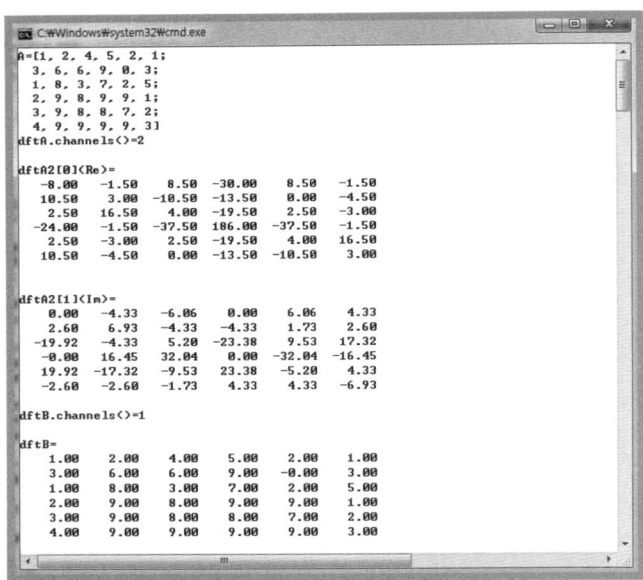

[그림 7.8] 행렬에서 DFT 주파수 중심 이동 2(translation/shift 특성)

[예제 7-5] 입력 행렬보다 큰 영역으로 복사하여 DFT 변환(0-패딩)

```
001:  #include <iomanip>
002:  #include "opencv.hpp"
003:  using namespace cv;
004:  using namespace std;
005:  void ChangeSignOddPositionInXY(Mat &m);
006:  void Printmat(const char *strName, Mat m);
007:  int main()
008:  {
009:      float dataA[ ] = { 1, 2, 4, 5, 2, 1,
```

```
010:                     3, 6, 6, 9, 0, 3,
011:                     1, 8, 3, 7, 2, 5,
012:                     2, 9, 8, 9, 9, 1,
013:                     3, 9, 8, 8, 7, 2,
014:                     4, 9, 9, 9, 9, 3 };
015:     Mat A(6, 6, CV_32F, dataA);
016:     cout << "A=" << A << endl;
017:
018:     Mat A2(8, 8, CV_32F, Scalar::all(0));
019:     A.copyTo(A2(Rect(0, 0, A.cols, A.rows)));
020:     cout << "A2=" << A2 << endl;
021:
022:     ChangeSignOddPositionInXY(A2); // centering
023:     Mat dftA;
024:     dft(A2, dftA, DFT_COMPLEX_OUTPUT);
025:
026:     Mat dftA2[2];
027:     split(dftA, dftA2);
028:
029:     cout << "dftA.channels()=" << dftA.channels() << endl;
030:     Printmat("dftA2[0](Re)=", dftA2[0]);
031:     Printmat("dftA2[1](Im)=", dftA2[1]);
032:
033:     Mat dftB;
034:     dft(dftA, dftB, DFT_INVERSE | DFT_SCALE|DFT_REAL_OUTPUT);
035:     ChangeSignOddPositionInXY(dftB); // centering
036:
037:     cout << "dftB.channels()=" << dftB.channels() << endl;
038:     Printmat("dftB(Rect(0, 0, A.cols, A.rows)=",
039:              dftB(Rect(0, 0, A.cols, A.rows)));
040:     return 0;
041: }
042: void ChangeSignOddPositionInXY(Mat &m)
043: {
044:     int x, y;
045:     float fValue;
046:     for(y = 0; y < m.rows; y++)
047:         for(x = 0; x < m.cols; x++)
048:         {
049:             fValue = m.at<float>(y, x);
050: //          if((x + y) % 2 == 1 && fValue != 0)
051:             if((x + y) % 2 == 1) // odd number
052:                 m.at<float>(y, x) = -fValue;
053:         }
054: }
055: void Printmat(const char *strName, Mat m)
056: {
057:     int x, y;
058:     float fValue;
059:     cout << endl << strName << endl;
060:     cout << setiosflags(ios::fixed);
061:     for(y = 0; y < m.rows; y++)
062:     {
063:         for(x = 0; x < m.cols; x++)
064:         {
065:             fValue = m.at<float>(y, x);
066:             cout << setprecision(2) << setw(8) << fValue;
067:         }
068:         cout << endl;
```

```
069:         }
070:         cout << endl;
071: }
```

◎ 프로그램 설명

① 9-20행

15행은 6×6 CV_32F 행렬 A를 배열 dataA로 초기화한다. 18행은 8×8 CV_32F 행렬 A2를 생성하고, Scalar::all(0)로 초기화한다. 19행은 6×6 행렬 A를 행렬 A2의 Rect(0, 0, A.cols, A.rows) 영역에 복사한다. 행렬 A2는 행렬 A로 채워지고, 나머지는 0-패딩된 행렬로 생각할 수 있다.

② 22-31행

22행은 사용자 정의 함수 ChangeSignOddPositionInXY는 푸리에 변환의 이동(translation/shift) 특성인 $A2(x,y)(-1)^{x+y}$에 의한 주파수 영역의 원점을 변경한다. (x + y)가 짝수면 1, (x + y)가 홀수면 -1이므로, (x + y)가 홀수인 위치에서만 부호를 반대로 변경한다. 24행은 (x + y)가 홀수인 위치에서 부호가 반대로 변경된 행렬 A2를 DFT_COMPLEX_OUTPUT로 설정하고 dft 함수로 정방향 푸리에 변환을 수행하면 dftA의 중심인 dftA(4, 4)가 주파수 영역의 원점이 되어 가장 저주파가 되고, 원점에서 멀어질수록 고주파 영역이 된다. 27행은 split 함수로 2-채널인 dftA의 채널을 분해하여 배열 dftA2에 저장한다. dftA2[0]는 복소수인 주파수 영역의 실수부가 되고, dftA2[1]는 주파수 영역의 허수부가 된다.

③ 33-39행

34행은 dft 함수로 행렬의 중심이 주파수 영역의 중점인 행렬 dftA를 DFT_INVERSE | DFT_SCALE|DFT_REAL_OUTPUT로 역방향 푸리에 변환을 수행하여 1-채널 실수 행렬 dftB에 저장하고, 35행은 사용자 정의 함수 ChangeSignOddPositionInXY에 의해 (x + y)가 홀수인 위치에서 부호가 반대로 변경하고, 38행에서 dftB(Rect(0, 0, A.cols, A.rows))를 출력하면 약간의 오차가 있지만 입력 행렬 A와 같다. [그림 7.9]는 입력 행렬을 큰 영역으로 복사하고 나머지 요소들은 0-패딩하여 DFT 변환한 결과를 보인다.

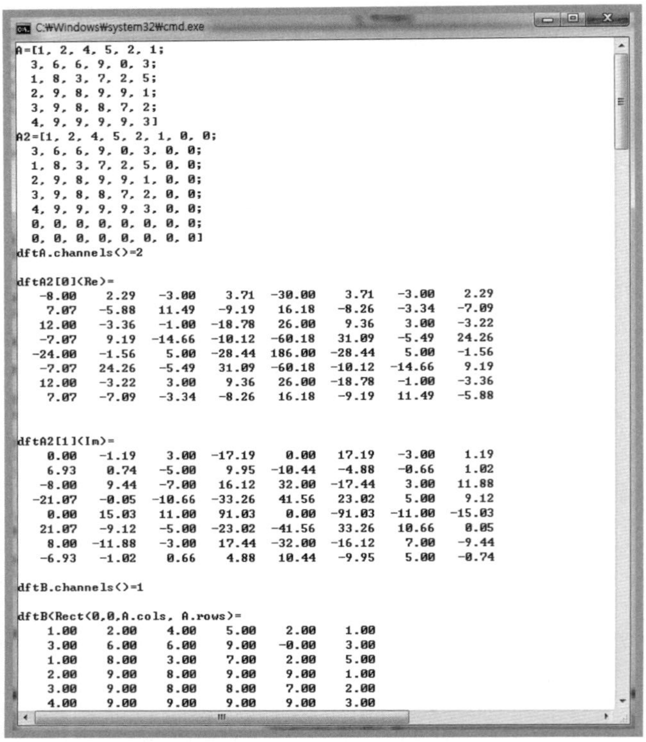

```
C:\Windows\system32\cmd.exe
A=[1, 2, 4, 5, 2, 1;
  3, 6, 6, 9, 0, 3;
  1, 8, 3, 7, 2, 5;
  2, 9, 8, 9, 9, 1;
  3, 9, 8, 8, 7, 2;
  4, 9, 9, 9, 9, 3]
A2=[1, 2, 4, 5, 2, 1, 0, 0;
  3, 6, 6, 9, 0, 3, 0, 0;
  1, 8, 3, 7, 2, 5, 0, 0;
  2, 9, 8, 9, 9, 1, 0, 0;
  3, 9, 8, 8, 7, 2, 0, 0;
  4, 9, 9, 9, 9, 3, 0, 0;
  0, 0, 0, 0, 0, 0, 0, 0;
  0, 0, 0, 0, 0, 0, 0, 0]
dftA.channels()=2

dftA2[0](Re)=
   -8.00    2.29   -3.00    3.71  -30.00    3.71   -3.00    2.29
    7.07   -5.88   11.49   -9.19   16.18   -8.26   -3.34   -7.09
   12.00   -3.36   -1.00  -18.78   26.00    9.36    3.00   -3.22
   -7.07    9.19  -14.66  -10.12  -60.18   31.09   -5.49   24.26
  -24.00   -1.56    5.00  -28.44  186.00  -28.44    5.00   -1.56
   -7.07   24.26   -5.49   31.09  -60.18  -10.12  -14.66    9.19
   12.00   -3.22    3.00    9.36   26.00  -18.78   -1.00   -3.36
    7.07   -7.09   -3.34   -8.26   16.18   -9.19   11.49   -5.88


dftA2[1](Im)=
    0.00   -1.19    3.00  -17.19    0.00   17.19   -3.00    1.19
    6.93    0.74   -5.00    9.95  -10.44   -4.88   -0.66    1.02
   -8.00    9.44   -7.00   16.12   32.00  -17.44    3.00   11.88
  -21.07   -0.05  -10.66  -33.26   41.56   23.02    5.00    9.12
    0.00   15.03   11.00   91.03    0.00  -91.03  -11.00  -15.03
   21.07   -9.12   -5.00  -23.02  -41.56   33.26   10.66    0.05
    8.00  -11.88   -3.00   17.44  -32.00  -16.12    7.00   -9.44
   -6.93   -1.02    0.66    4.88   10.44   -9.95    5.00   -0.74

dftB.channels()=1

dftB(Rect(0,0,A.cols, A.rows)=
    1.00    2.00    4.00    5.00    2.00    1.00
    3.00    6.00    6.00    9.00   -0.00    3.00
    1.00    8.00    3.00    7.00    2.00    5.00
    2.00    9.00    8.00    9.00    9.00    1.00
    3.00    9.00    8.00    8.00    7.00    2.00
    4.00    9.00    9.00    9.00    9.00    3.00
```

[그림 7.9] 입력 행렬을 큰 영역으로 복사하고 하고 나머지 요소들은 0-패딩하여 DFT 변환한 결과 DFT 변환(0-패딩)

[예제 7-6] 영상에서 푸리에 스펙트럼(spectrum)과 위상각(phase angle)

```cpp
001:  #include "opencv.hpp"
002:  using namespace cv;
003:  using namespace std;
004:  void ChangeSignOddPositionInXY(Mat &m);
005:  int main()
006:  {
007:      Mat srcImage = imread("lena.jpg", IMREAD_GRAYSCALE);
008:      if( srcImage.empty() )
009:          return -1;
010:
011:      Mat fImage;
012:      srcImage.convertTo(fImage, CV_32F);
013:      ChangeSignOddPositionInXY(fImage); // centering
014:
015:      Mat dftA;
016:      dft(fImage, dftA, DFT_COMPLEX_OUTPUT);
017:
018:      Mat dftA2[2];
019:      split(dftA, dftA2);
020:
021:      Mat magF;
022:      magnitude(dftA2[0], dftA2[1], magF);
023:      magF += Scalar(1);
024:      log(magF, magF);
025:
026:      double  minValue, maxValue;
027:      minMaxLoc(magF, &minValue, &maxValue);
028:      cout << "minValue=" << minValue << endl;
029:      cout << "maxValue=" << maxValue << endl;
030:
031:      Mat magImage;
032:      normalize(magF, magImage, 0, 255, NORM_MINMAX, CV_8U);
033:      imshow("magImage", magImage);
034:
035:      Mat angleF;
036:      phase(dftA2[0], dftA2[1], angleF);
037:
038:      Mat angleImage;
039:      normalize(angleF, angleImage, 0, 255, NORM_MINMAX, CV_8U);
040:      imshow("angleImage", angleImage);
041:      waitKey();
042:
043:      return 0;
044:  }
045:  void ChangeSignOddPositionInXY(Mat &m)
046:  {
047:      int x, y;
048:      float fValue;
049:      for(y = 0; y < m.rows; y++)
050:          for(x = 0; x < m.cols; x++)
051:          {
052:              fValue = m.at<float>(y, x);
053:  //            if((x + y) % 2 == 1) // odd number
054:              if((x + y) % 2 == 1 && fValue != 0)
055:                  m.at<float>(y, x) = -fValue;
```

```
056:            }
057: }
```

◎ 프로그램 설명

① 7-13행
7행은 imread 함수로 lena.jpg 영상을 그레이스케일로 로드하여 srcImage에 저장한다. 12행은 srcImage를 CV_32F인 fImage 영상으로 변환한다. 13행은 ChangeSignOddPositionInXY 함수로 fImage의 (x + y)가 홀수인 위치에서 부호를 반대로 변경하여, dft 함수 후에, 주파수 공간의 원점이 중심으로 이동하게 한다.

② 15-33행
16행은 dft 함수에서 DFT_COMPLEX_OUTPUT로 설정하여, fImage를 주파수 공간으로 변환하여 dftA에 저장한다. dftA는 2-채널이고, 주파수 공간의 복소수의 실수부와 허수부를 각각의 채널에 저장하고, dftA의 중심 위치가 주파수 공간의 원점이 된다. 19행은 split 함수로 2-채널인 dftA를 배열 dftA2에 분리하면, dftA2[0]은 복소수인 주파수 공간의 실수부를 저장하고, dftA2[1]은 허수부를 저장한다. 22행은 magnitude 함수로 실수부 dftA2[0]와 허수부 dftA2[1]을 이용하여 스펙트럼 크기를 magF에 계산한다. 23행은 log(1) = 0이 최소값이 되도록 magF에 Scalar(1)을 더한다. 24행은 스케일을 줄이기 위하여 magF에 log 함수를 적용한다. 27행은 minMaxLoc 함수로 magF에서 최소값과 최대값을 minValue, maxValue에 계산한다. 32행은 normalize 함수로 magF의 범위 [minValue, maxValue]를 [0, 255]의 범위로 정규화하여 CV_8U의 magImage에 저장한다.

③ 35-40행
36행은 phase 함수로 실수부 dftA2[0]와 허수부 dftA2[1]을 이용하여 위상각을 angleF에 계산한다. 39행은 normalize 함수로 angleF의 범위를 [0, 255]의 범위로 정규화하여 CV_8U의 angleImage에 저장한다.

④ [그림 7.10]은 영상에서 푸리에 스펙트럼과 위상각 계산 결과이다. [그림 7.10](a)와 [그림 7.10](b)는 13행의 ChangeSignOddPositionInXY 함수를 수행하여, 푸리에 함수에 의한 주파수 공간 변환에서 주파수 공간의 원점이 행렬의 중심점으로 이동한 결과이다. [그림 7.10](c)와 [그림 7.10](d)는 13행의 ChangeSignOddPositionInXY 함수를 주석 처리하여, 주파수 공간의 원점이 (0, 0)이고, 네모서리 부근이 저주파인 결과이다.

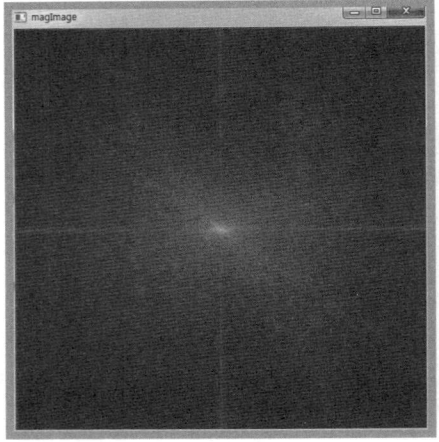

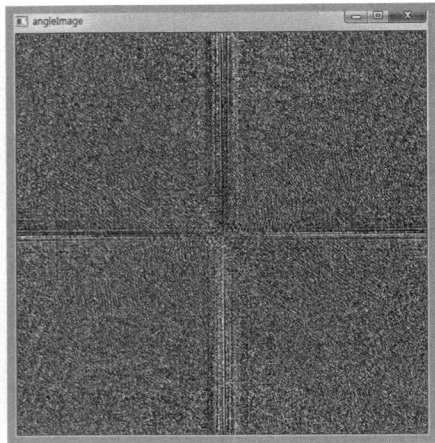

(a) 13행 수행, 푸리에 스펙트럼   (b) 13행 수행, 푸리에 위상각

(c) 13행 주석 처리, 푸리에 스펙트럼   (d) 13행 주석 처리, 푸리에 위상각

[그림 7.10] 영상에서 푸리에 스펙트럼과 위상각

02 푸리에 변환에 의한 필터링

주파수 영역 필터링은 [그림 7.11]과 같이 공간영역의 영상 $f(x, y)$을 푸리에 변환(DFT)에 의해 주파수 영역 $F(u, v)$로 변환하고, 주파수 영역에서 저주파 통과 필터와 고주파 필터 $H(u, v)$을 수행한 후에, 역푸리에 변환($IDFT$)하여 필터링한 영상 $g(x, y) = IDFT(H(u,v)F(u,v))$을 얻는다. $H(u, v)F(u, v)$는 대응되는 위치 (u, v)에서의 곱셈이다. $H(u, v)$와 $F(u, v)$의 크기는 같다. 그러나 구현에서는 $H(u, v)$을 $F(u, v)$와 같은 크기의 영상 또는 행렬로 생성하지 않고 $F(u, v)$의 u, v에 따라 $H(u, v)$의 스칼라값을 계산하여 $F(u, v)$에 곱하는 방식을 사용한다.

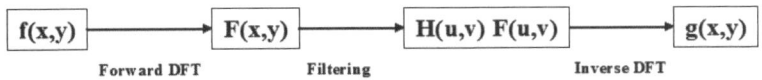

[그림 7.11] 푸리에 변환에 의한 필터링

2.1 저주파 통과 필터(lowpass filtering)

저주파 통과 필터는 $F(u, v)$의 저주파 영역은 통과시키고 고주파 영역은 0으로 만들어 통과시키지 않는 필터를 말한다. 저주파 통과 필터는 영상에서 잡음을 제거 또는 약화시키고 블러링하여 에지 등의 세밀한 부분을 부드럽게 만든다.

주파수 영역에서의 필터링은 $f(x,y)(-1)^{x+y}$에 의해 주파수 영역에서 원점이 $F(M/2, N/2)$의 중앙으로 이동되었다고 가정한다. 중앙으로의 이동은 직관적으로 이해하는 데 도움이 되며, 원점으로부터의 떨어진 거리 $D(u,v)$의 계산이 편리하다.

① 이상적인 저주파 통과 필터(ideal lowpass filtering)

이상적인 저주파 통과 필터는 주파수 영역의 원점 $F(M/2, N/2)$로부터의 거리 $D(u,v)$가 절단(cut-off) 주파수 D_0 미만이면 통과시키고, 그렇지 않으면 통과시키지 않도록 한다. $D(u,v) \leq D_0$ 이면 $H(u,v) = 1$이 되어 $H(u,v) F(u,v) = 1 \times F(u,v) = F(u,v)$가 된다. 즉 $D(u,v) \leq D_0$이면 $F(u,v)$가 통과된다. $D(u,v) > D_0$이면 $H(u,v) = 0$이 되어 $H(u,v) F(u,v) = 0 \times F(u,v) = 0$이 된다. 즉, $D(u,v) > D_0$이면 $F(u,v)$는 통과되지 못하고 0이 된다.

$$H(u,v) = \begin{cases} 1 & \text{if } D(u,v) \leq D_0 \\ 0 & o.w \end{cases}$$

$$D(u,v) = \sqrt{(u - M/2)^2 + (u - N/2)^2}$$

② 버터워스(Butterworth) 저주파 통과 필터

버터워스 필터는 절단 주파수 D_0와 정수 n을 사용하여 필터 $H(u,v)$가 완만하게 0에서 1 사이의 실수 값을 갖도록 한다. 영상의 중심에서는 $H(u,v) = 1$을 갖고, 멀어질수록 0에 가까운 값을 갖는다.

$$H(u,v) = \frac{1}{1 + [D(u,v)/D_0]^{2n}}$$

③ 가우시안 저주파 통과 필터

D_0을 표준편차로 갖는 가우시안 함수에 의해 $H(u,v)$가 완만하게 0에서 1 사이의 실수 값을 갖는다. 중심에서는 $H(u,v) = 1$을 갖고, 중심에서 멀어질수록 0에 가까운 값을 갖는다.

$$H(u,v) = \exp(- D(u,v)^2/2D_0^2)$$

[예제 7-7] 이상적인 저주파 통과 필터링

```
001:  #include "opencv.hpp"
002:  using namespace cv;
003:  using namespace std;
004:  void ChangeSignOddPositionInXY(Mat &m);
005:  void IdealLowpassFilteringH(Mat F, double D0);
006:  int main()
007:  {
008:      Mat srcImage = imread("lena.jpg", IMREAD_GRAYSCALE);
009:      if( srcImage.empty() )
010:          return -1;
011:
012:      Mat fImage;
013:      srcImage.convertTo(fImage, CV_32F);
```

```
014:        ChangeSignOddPositionInXY(fImage); // centering
015:
016:        Mat dftA;
017:        dft(fImage, dftA, DFT_COMPLEX_OUTPUT);
018:
019:        double D0 = 5.0; // 30, 80, 200
020:        IdealLowpassFilteringH(dftA, D0);
021:        Mat dftB;
022:        dft(dftA, dftB, DFT_INVERSE | DFT_SCALE|DFT_REAL_OUTPUT);
023:        ChangeSignOddPositionInXY(dftB);
024:
025:        Mat dstImage;
026:        dftB.convertTo(dstImage, CV_8U);
027:        imshow("dstImage", dstImage);
028:        waitKey();
029:
030:        return 0;
031: }
032: void IdealLowpassFilteringH(Mat F, double D0)
033: {
034:        int u, v;
035:        double D; // distance
036:        double H;
037:        double centerU = F.cols / 2;
038:        double centerV = F.rows / 2;
039:        Vec2f cmplxValue;
040:
041:        // ideal filter H
042:        for(v = 0; v < F.rows; v++)
043:            for(u = 0; u < F.cols; u++)
044:            {
045:                D = sqrt((u - centerU) * (u - centerU) + (v - centerV) * (v - centerV));
046:                if(D <= D0)
047:                    H = 1.0;
048:                else
049:                    H = 0.0;
050:                cmplxValue = F.at<Vec2f>(v, u);
051:
052:                cmplxValue.val[0] *= H;
053:                cmplxValue.val[1] *= H;
054:                F.at<Vec2f>(v, u) = cmplxValue;
055:            }
056: }
057: void ChangeSignOddPositionInXY(Mat &m)
058: {
059:        int x, y;
060:        float fValue;
061:        for(y = 0; y < m.rows; y++)
062:            for(x = 0; x < m.cols; x++)
063:            {
064:                fValue = m.at<float>(y, x);
065: //             if((x + y) % 2 == 1 && fValue != 0)
066:                if((x + y) % 2 == 1) // odd number
067:                    m.at<float>(y, x) = -fValue;
068:            }
069: }
```

◎ **프로그램 설명**

① **8-14행**

8행은 imread 함수로 lena.jpg 영상을 그레이스케일로 로드하여 srcImage에 저장한다. 13행은 srcImage를 CV_32F인 fImage 영상으로 변환한다. 14행은 ChangeSignOddPositionInXY 함수로 fImage의 (x + y)가 홀수인 위치에서 부호를 반대로 변경한다. dft 함수에 의한 주파수 공간의 원점이 행렬의 중심점으로 이동하게 한다.

② **16-27행**

17행은 dft 함수에서 DFT_COMPLEX_OUTPUT로 설정하여, fImage를 주파수 공간으로 변환하여 dftA에 저장한다. dftA는 2-채널이고, 주파수 공간의 복소수의 실수부와 허수부를 각각의 채널에 저장하고, dftA의 중심 위치가 주파수 공간의 원점이 된다.

20행은 사용자 정의 함수 IdealLowpassFilteringH로 절단(cut-off) 주파수 D0에 의해, D0 미만이면 통과시키고, 그렇지 않으면 통과시키지 않는 이상적인 저주파 통과 필터링을 수행한다. 22행은 dft 함수로 dftA를 DFT_INVERSE | DFT_SCALE | DFT_REAL_OUTPUT로 설정하여 역방향 푸리에 변환하여 이상적인 저주파 필터링된 결과를 1-채널인 dftB에 저장한다. 23행은 (x + y)가 홀수인 화소에서 부호를 변경하여, 주파수 영역에서의 원점을 이동시키기 위해 부호를 변경시킨 것을 원상 복구시킨다.

③ **32-56행**

IdealLowpassFilteringH 함수는 이상적인 저주파 통과 필터링을 구현한다. 46-49행은 조건 D <= D0이 참이면 H = 1.0, 거짓이면 H = 0.0으로 필터 H를 설정하고, 50-54행은 푸리에 변환에 의한 주파수 공간의 값과 필터 H를 곱하여 다시 저장한다.

④ [그림 7.12]는 이상적인 저주파 통과 필터링 결과이다. [그림 7.12](a)는 절단 주파수를 D0 = 5로 설정한 결과로 가장 블러링이 심하고, [그림 7.12](b)는 절단 주파수를 D0 = 30로 설정한 결과로 원본에는 없는 물결 모양이 보인다. [그림 7.12](c)는 절단 주파수를 D0 = 80으로 설정한 결과이며, [그림 7.12](d)는 절단 주파수를 D0 = 200로 설정한 결과로 원본영상과 거의 같아 보인다.

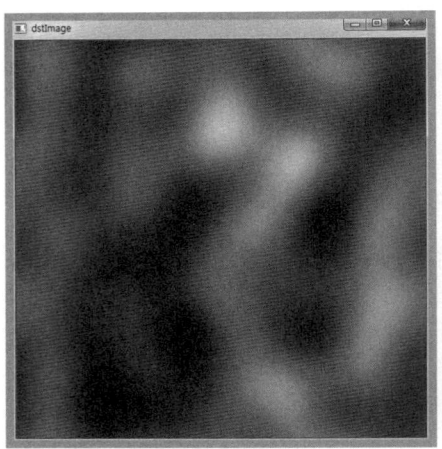

(a) D0 = 5   (b) D0 = 30

(c) D0 = 80　　　　　　　　　　　(d) D0 = 200

[그림 7.12] 이상적인 저주파 통과 필터링

[예제 7-8] 버터워스(Butterworth) 저주파 통과 필터링

```
001:  #include "opencv.hpp"
002:  using namespace cv;
003:  using namespace std;
004:  void ChangeSignOddPositionInXY(Mat &m);
005:  void ButterworthLowpassFilteringH(Mat F, double D0, int n);
006:  int main()
007:  {
008:      Mat srcImage = imread("lena.jpg", IMREAD_GRAYSCALE);
009:      if( srcImage.empty() )
010:          return -1;
011:
012:      Mat fImage;
013:      srcImage.convertTo(fImage, CV_32F);
014:      ChangeSignOddPositionInXY(fImage); // centering
015:
016:      Mat dftA;
017:      dft(fImage, dftA, DFT_COMPLEX_OUTPUT);
018:
019:      double D0 = 5.0; //30, 80, 200
020:      int n = 2;
021:      ButterworthLowpassFilteringH(dftA, D0, n);
022:      Mat dftB;
023:      dft(dftA, dftB, DFT_INVERSE | DFT_SCALE|DFT_REAL_OUTPUT);
024:      ChangeSignOddPositionInXY(dftB);
025:
026:      Mat dstImage;
027:      dftB.convertTo(dstImage, CV_8U);
028:      imshow("dstImage", dstImage);
029:
030:      waitKey();
031:      return 0;
032:  }
033:  void ButterworthLowpassFilteringH(Mat F, double D0, int n)
034:  {
035:      int u, v;
```

```
036:        double D; // distance
037:        double H;
038:        double centerU = F.cols / 2;
039:        double centerV = F.rows / 2;
040:        Vec2f cmplxValue;
041:
042:        // filter H
043:        for(v = 0; v < F.rows; v++)
044:            for(u = 0; u < F.cols; u++)
045:            {
046:                D = sqrt((u - centerU) * (u - centerU) + (v - centerV) * (v - centerV));
047:                H = 1.0/( 1.0 + pow(D / D0, 2 * n) );
048:
049:                cmplxValue = F.at<Vec2f>(v, u);
050:                cmplxValue.val[0] *= H;
051:                cmplxValue.val[1] *= H;
052:                F.at<Vec2f>(v, u) = cmplxValue;
053:            }
054:    }
055:    void ChangeSignOddPositionInXY(Mat &m)
056:    {
057:        int x, y;
058:        float fValue;
059:        for(y = 0; y < m.rows; y++)
060:            for(x = 0; x < m.cols; x++)
061:            {
062:                fValue = m.at<float>(y, x);
063: //             if((x + y) % 2 == 1) // odd number
064:                if((x + y) % 2 == 1 && fValue != 0)
065:                    m.at<float>(y, x) = -fValue;
066:            }
067:    }
```

◎ 프로그램 설명

① 8-14행

8행은 imread 함수로 lena.jpg 영상을 그레이스케일로 로드하여 srcImage에 저장한다. 13행은 srcImage를 CV_32F인 fImage 영상으로 변환한다. 14행은 ChangeSignOddPositionInXY 함수로 fImage의 (x + y)가 홀수인 위치에서 부호를 반대로 변경한다. dft 함수에 의한 주파수 공간의 원점 이 행렬의 중심점으로 이동하게 한다.

② 16-28행

17행은 dft 함수에서 DFT_COMPLEX_OUTPUT로 설정하여, fImage를 주파수 공간으로 변환하여 dftA에 저장한다. dftA는 2-채널이고, 주파수 공간의 복소수의 실수부와 허수부를 각각의 채널에 저장하고, dftA의 중심 위치가 주파수 공간의 원점이 된다.
21행은 사용자 정의 함수 ButterworthLowpassFilteringH로 n과 절단(cut-off) 주파수 D0에 의 해, 버터워스 저주파 통과 필터링을 수행한다. 23행은 dft 함수로 dftA를 DFT_INVERSE | DFT_ SCALE | DFT_REAL_OUTPUT로 설정하여 역방향 푸리에 변환하여 버터워스 저주파 필터링된 결 과를 1-채널인 dftB에 저장한다. 24행은 (x + y)가 홀수인 화소에서 부호를 변경하여, 주파수 영역에 서의 원점을 이동시키기 위해 부호를 변경시킨 것을 원상 복구시킨다.

③ 33-54행

ButterworthLowpassFilteringH 함수는 버터워스 저주파 통과 필터링을 구현한다. 47행은 H = 1.0/(1.0 + pow(D / D0, 2 * n))로 필터 H를 계산하고, 49-52행은 푸리에 변환에 의한 주파수 공간 의 값과 필터 H를 곱하여 다시 저장한다.

④ [그림 7.13]은 n = 2로 버터워스 저주파 통과 필터링 결과이다. [그림 7.13](a)는 절단 주파수를 D0 = 5로 설정한 결과로 가장 블러링이 심하고, [7.13](b)는 절단 주파수를 D0 = 30로 설정한 결과로 이상적인 필터링에서 보였던 물결 같은 현상이 없어 보여 결과가 좀 더 부드럽게 필터링된 것처럼 보인다. [그림 7.13](c)는 절단 주파수를 D0 = 80으로 설정한 결과이며, [그림 7.13](d)는 절단 주파수를 D0 = 200로 설정한 결과로 원본영상과 거의 같아 보인다.

(a) D0 = 5　　　　　　　　　　　(b) D0 = 30

(c) D0 = 80　　　　　　　　　　　(d) D0 = 200

[그림 7.13] 버터워스(Butterworth) 저주파 통과 필터링, n = 2

[예제 7-9]　가우시안 저주파 통과 필터링

```
001:   #include "opencv.hpp"
002:   using namespace cv;
003:   using namespace std;
004:   void ChangeSignOddPositionInXY(Mat &m);
005:   void GaussianLowpassFilteringH(Mat F, double D0);
006:   int main()
007:   {
008:       Mat srcImage = imread("lena.jpg", IMREAD_GRAYSCALE);
009:       if( srcImage.empty() )
010:           return -1;
011:
012:       Mat fImage;
013:       srcImage.convertTo(fImage, CV_32F);
```

```
014:          ChangeSignOddPositionInXY(fImage); // centering
015:
016:          Mat dftA;
017:          dft(fImage, dftA, DFT_COMPLEX_OUTPUT);
018:
019:          double D0 = 5.0; // 30, 80, 200
020:          GaussianLowpassFilteringH(dftA, D0);
021:          Mat dftB;
022:          dft(dftA, dftB, DFT_INVERSE | DFT_SCALE|DFT_REAL_OUTPUT);
023:          ChangeSignOddPositionInXY(dftB);
024:
025:          Mat dstImage;
026:          dftB.convertTo(dstImage, CV_8U);
027:          imshow("dstImage", dstImage);
028:
029:          waitKey();
030:          return 0;
031:  }
032:  void GaussianLowpassFilteringH(Mat F, double D0)
033:  {
034:          int u, v;
035:          double D; // distance
036:          double H;
037:          double centerU = F.cols / 2;
038:          double centerV = F.rows / 2;
039:          Vec2f cmplxValue;
040:
041:          // filter H
042:          for(v = 0; v < F.rows; v++)
043:              for(u = 0; u < F.cols; u++)
044:              {
045:                  D = sqrt((u - centerU) * (u - centerU) + (v - centerV) * (v - centerV));
046:                  H = exp(-D * D / (2.0 * D0 * D0));
047:
048:                  cmplxValue = F.at<Vec2f>(v, u);
049:                  cmplxValue.val[0] *= H;
050:                  cmplxValue.val[1] *= H;
051:                  F.at<Vec2f>(v, u) = cmplxValue;
052:              }
053:  }
054:  void ChangeSignOddPositionInXY(Mat &m)
055:  {
056:          int x, y;
057:          float fValue;
058:          for(y = 0; y < m.rows; y++)
059:              for(x = 0; x < m.cols; x++)
060:              {
061:                  fValue = m.at<float>(y, x);
062:  //                if((x + y) % 2 == 1) // odd number
063:                  if((x + y) % 2 == 1 && fValue != 0)
064:                      m.at<float>(y, x) = -fValue;
065:              }
066:  }
```

◎ 프로그램 설명

① 8-14행
8행은 imread 함수로 lena.jpg 영상을 그레이스케일로 로드하여 srcImage에 저장한다. 13행은 srcImage를 CV_32F인 fImage 영상으로 변환한다. 14행은 ChangeSignOddPositionInXY 함수로 fImage의 (x + y)가 홀수인 위치에서 부호를 반대로 변경한다. dft 함수에 의한 주파수 공간의 원점이 행렬의 중심점으로 이동하게 한다.

② 16-27행
17행은 dft 함수에서 DFT_COMPLEX_OUTPUT로 설정하여, fImage를 주파수 공간으로 변환하여 dftA에 저장한다. dftA는 2-채널이고, 주파수 공간의 복소수의 실수부와 허수부를 각각의 채널에 저장하고, dftA의 중심 위치가 주파수 공간의 원점이 된다.
20행은 사용자 정의 함수 GaussianLowpassFilteringH로 절단(cut-off) 주파수 D0에 의해, 가우시안 저주파 통과 필터링을 수행한다. 22행은 dft 함수로 dftA를 DFT_INVERSE | DFT_SCALE | DFT_REAL_OUTPUT로 설정하여 역방향 푸리에 변환하여 가우시안 저주파 필터링된 결과를 1-채널인 dftB에 저장한다. 23행은 (x + y)가 홀수인 화소에서 부호를 변경하여, 주파수 영역에서의 원점을 이동시키기 위해 부호를 변경시킨 것을 원상 복구시킨다.

③ 32-53행
GaussianLowpassFilteringH 함수는 가우시안 저주파 통과 필터링을 구현한다. 46행은 H = exp(-D * D / (2.0 * D0 * D0))로 필터 H를 계산하고, 48-51행은 푸리에 변환에 의한 주파수 공간의 값과 필터 H를 곱하여 다시 저장한다.

④ [그림 7.14]는 가우시안 저주파 통과 필터링 결과이다. [그림 7.14](a)는 절단 주파수를 D0 = 5로 설정한 결과로 가장 블러링이 심하고, [7.14](b)는 절단 주파수를 D0 = 30으로 설정한 결과로 이상적인 필터링에서 보였던 물결 같은 현상이 없어 보여 결과가 좀 더 부드럽게 필터링된 것처럼 보인다. [그림 7.14](c)는 절단 주파수를 D0 = 80으로 설정한 결과이며, [그림 7.14](d)는 절단 주파수를 D0 = 200으로 설정한 결과로 원본영상과 거의 같아 보인다. [그림 7.14]는 가우시안 저주파 통과 필터링 결과와 [그림 7.13]의 버터워스 저주파 통과 필터링 결과와 [그림 7.14]의 가우시안 저주파 통과 필터링 결과는 유사해 보인다. 가우시안 필터는 절단 주파수를 D0만을 필요로 하는 반면, 버터워스 저주파 통과 필터는 절단 주파수를 D0와 n을 필요로 하여, 대부분의 영상처리에서 가우시안 저주파 통과 필터를 선호한다.

(a) D0 = 5　　　　　(b) D0 = 30

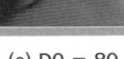

(c) D0 = 80   (d) D0 = 200

[그림 7.14] 가우시안 저주파 통과 필터링

2.2 고주파 통과 필터(high pass filtering)

고주파 통과 필터는 $F(u, v)$의 고주파 영역은 통과시키고 저주파 영역은 0으로 만들어 통과시키지 않는 필터를 말한다. 고주파 통과 필터는 영상을 날카롭게 강조하는 샤프닝 효과를 일으킨다. 입력영상에 고주파 통과 필터링하여 $IDFT$하면 변화가 없는 영역은 0 의 값을, 변화가 심한 에지 영역은 양수(positive value) 또는 음수(negative value)의 값을 갖는다. 저주파 통과 필터링된 결과를 화면에 보이기 위하여 $IDFT$후에 스펙트럼을 구하고, cvMinMaxLoc 함수를 이용하여 최대값을 계산하고, cvScale 함수로 최대값이 25가 되도록 스케일링하였다.

$$H_{highpass}(u, v) = 1 - H_{lowpass}(u, v)$$

① 이상적인 고주파 통과 필터
이상적인 고주파 통과 필터는 주파수 영역의 원점 $F(M/2, N/2)$로부터의 거리 $D(u,v)$가 절단(cut-off) 주파수 D_0 이상이면 통과시키고, 그렇지 않으면 통과시키지 않도록 한다.

$$H(u, v) = \begin{cases} 0 & if\ D(u, v) \leq D_0 \\ 1 & o.w \end{cases}$$

$$D(u, v) = \sqrt{(u - M/2)^2 + (u - N/2)^2}$$

② 버터워스(Butterworth) 고주파 통과 필터링
버터워스 필터는 절단 주파수 D_0와 정수 n을 사용하여 필터 $H(u, v)$가 완만하게 0 에서 1사이의 실수값을 갖도록 한다. 영상의 중심에서 멀어질수록 $D(u,v)$가 커지면 $[D_0/\ D(u,v)]^{2n}$값은 0에 가까이 가므로 $H(u, v) = 1$에 가까운 값을 갖는다. 주파수 영역의 원점인 중심에서는 $D(u,v)$이 되므로 0으로 나누는 것을 방지하기 위하여 여기서는 $D(u,v) = 0.1$로 정하였다.

$$H(u,v) = \frac{1}{1 + [D_0/D(u,v)]^{2n}}$$

③ 가우시안 고주파 통과 필터링

가우시안 고주파 통과 필터는 1에서 가우시안 저주파 통과 필터를 뺄셈하여 계산한다. 중심에서는 낮은 값을 갖고 중심에서 멀어질수록 1에 가까운 값을 갖는다.

$$H(u,v) = 1 - \exp(-D(u,v)^2/2D_0^2)$$

[예제 7-10]　이상적인 고주파 통과 필터링

```
001:  #include "opencv.hpp"
002:  using namespace cv;
003:  using namespace std;
004:  void ChangeSignOddPositionInXY(Mat &m);
005:  void IdealHighpassFilteringH(Mat F, double D0);
006:  int main()
007:  {
008:      Mat srcImage = imread("lena.jpg", IMREAD_GRAYSCALE);
009:      if( srcImage.empty() )
010:          return -1;
011:
012:      Mat fImage;
013:      srcImage.convertTo(fImage, CV_32F);
014:      ChangeSignOddPositionInXY(fImage); // centering
015:
016:      Mat dftA;
017:      dft(fImage, dftA, DFT_COMPLEX_OUTPUT);
018:
019:      double D0 = 5.0; // 30, 80, 200
020:      IdealHighpassFilteringH(dftA, D0);
021:
022:      Mat dftB;
023:      dft(dftA, dftB, DFT_INVERSE | DFT_SCALE|DFT_REAL_OUTPUT);
024:      ChangeSignOddPositionInXY(dftB);
025:
026:      Mat dstImage;
027:      dftB.convertTo(dstImage, CV_8U);
028:      imshow("dstImage", dstImage);
029:
030:      waitKey();
031:      return 0;
032:  }
033:  void IdealHighpassFilteringH(Mat F, double D0)
034:  {
035:      int u, v;
036:      double D; // distance
037:      double H;
038:      double centerU = F.cols / 2;
039:      double centerV = F.rows / 2;
040:      Vec2f cmplxValue;
041:
```

```
042:        // filter H
043:        for(v = 0; v < F.rows; v++)
044:            for(u = 0; u < F.cols; u++)
045:            {
046:                D = sqrt((u - centerU) * (u - centerU) + (v - centerV) * (v - centerV));
047:                if(D >= D0)
048:                    H = 1.0;
049:                else
050:                    H = 0.0;
051:                cmplxValue = F.at<Vec2f>(v, u);
052:                cmplxValue.val[0] *= H;
053:                cmplxValue.val[1] *= H;
054:                F.at<Vec2f>(v, u) = cmplxValue;
055:            }
056:    }
057:    void ChangeSignOddPositionInXY(Mat &m)
058:    {
059:        int x, y;
060:        float fValue;
061:        for(y = 0; y < m.rows; y++)
062:            for(x = 0; x < m.cols; x++)
063:            {
064:                fValue = m.at<float>(y, x);
065: //             if((x + y) % 2 == 1 && fValue != 0)
066:                if((x + y) % 2 == 1) // odd number
067:                    m.at<float>(y, x) = -fValue;
068:            }
069:    }
```

◎ 프로그램 설명

① 8-14행
8행은 imread 함수로 lena.jpg 영상을 그레이스케일로 로드하여 srcImage에 저장한다. 13행은 srcImage를 CV_32F인 fImage 영상으로 변환한다. 14행은 ChangeSignOddPositionInXY 함수로 fImage의 (x + y)가 홀수인 위치에서 부호를 반대로 변경한다. dft 함수에 의한 주파수 공간의 원점이 행렬의 중심점으로 이동하게 한다.

② 16-28행
17행은 dft 함수에서 DFT_COMPLEX_OUTPUT로 설정하여, fImage를 주파수 공간으로 변환하여 dftA에 저장한다. dftA는 2-채널이고, 주파수 공간의 복소수의 실수부와 허수부를 각각의 채널에 저장하고, dftA의 중심 위치가 주파수 공간의 원점이 된다. 20행은 사용자 정의 함수 IdealHighpassFilteringH로 절단(cut-off) 주파수 D0에 의해, 이상적인 고주파 통과 필터링을 수행한다. 23행은 dft 함수로 dftA를 DFT_INVERSE | DFT_SCALE | DFT_REAL_OUTPUT로 설정하여 역방향 푸리에 변환하여 이상적인 고주파 필터링된 결과를 1-채널인 dftB에 저장한다. 24행은 (x + y)가 홀수인 화소에서 부호를 변경하여, 주파수 영역에서의 원점을 이동시키기 위해 부호를 변경시킨 것을 원상 복구시킨다.

③ 32-53행
IdealHighpassFilteringH 함수는 이상적인 고주파 통과 필터링을 구현한다. 47-50행은 조건 D >= D0이 참이면 H = 1.0, 거짓이면 H = 0.0으로 필터 H를 설정하고, 51-54행은 푸리에 변환에 의한 주파수 공간의 값과 필터 H를 곱하여 다시 저장한다.

④ [그림 7.15]는 이상적인 고주파 통과 필터링 결과이다. [그림 7.15](a)는 절단 주파수를 D0 = 5로 설정한 결과이며, [그림 7.15](b)는 절단 주파수를 D0 = 30로 설정한 결과이고, [그림 7.15](c)는 절단 주파수를 D0 = 80으로 설정한 결과이며, [그림 7.15](d)는 절단 주파수를 D0 = 200으로 설정한 결과이다. 어두운 부분은 변화가 적은 저주파 부분이고, 밝은 부분은 변화가 있는 에지 부분이다. [그림 7.15](d)는 거의 모든 주파수 성분이 차단되어 검은 색상으로 출력된 것이다. 필터링된 결과에서

minMaxLoc 함수로 최소값과 최대값을 계산하고, normalize 함수로 범위 [0, 255]로 스케일링하면 조금 더 밝고 선명하게 볼 수 있다.

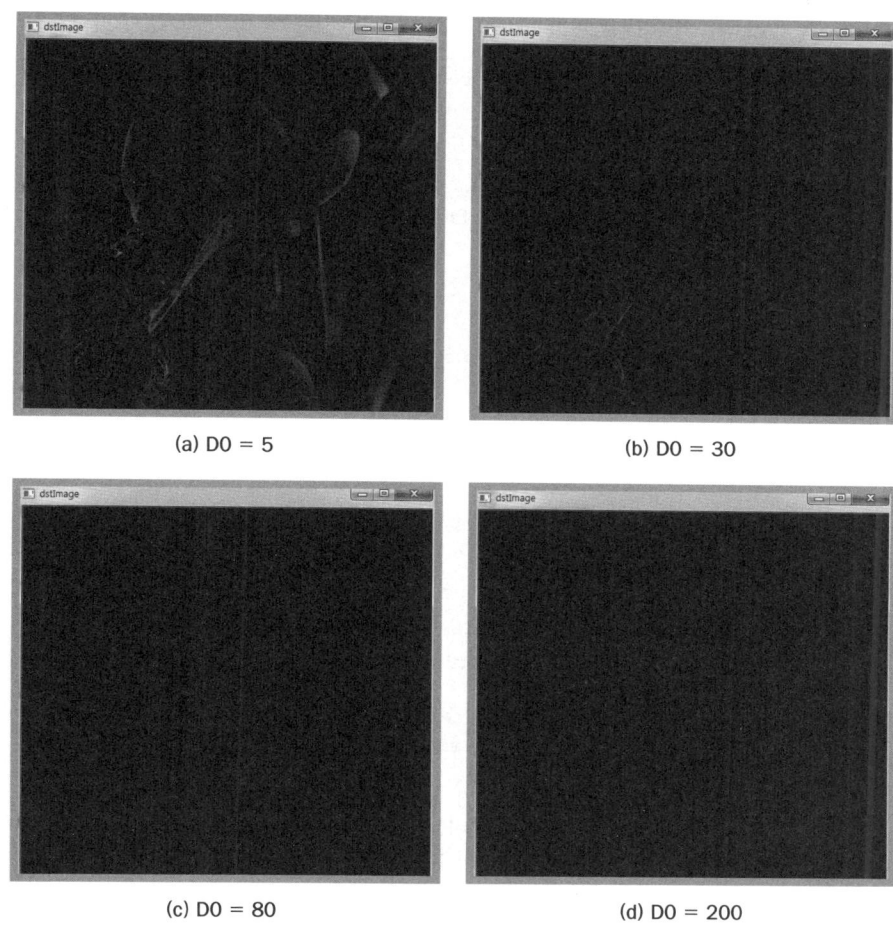

(a) D0 = 5   (b) D0 = 30

(c) D0 = 80   (d) D0 = 200

[그림 7.15] 이상적인 고주파 통과 필터링

[예제 7-11] 버터워스(Butterworth) 고주파 통과 필터링

```
001:  #include "opencv.hpp"
002:  using namespace cv;
003:  using namespace std;
004:  void ChangeSignOddPositionInXY(Mat &m);
005:  void ButterworthHighpassFilteringH(Mat F, double D0, int n);
006:  int main()
007:  {
008:      Mat srcImage = imread("lena.jpg", IMREAD_GRAYSCALE);
009:      if( srcImage.empty() )
010:          return -1;
011:
012:      Mat fImage;
013:      srcImage.convertTo(fImage, CV_32F);
014:      ChangeSignOddPositionInXY(fImage); // centering
015:
016:      Mat dftA;
017:      dft(fImage, dftA, DFT_COMPLEX_OUTPUT);
```

```
018:
019:        double D0 = 200.0; // 30, 80, 200
020:        int n = 2;
021:        ButterworthHighpassFilteringH(dftA, D0, n);
022:        Mat dftB;
023:        dft(dftA, dftB, DFT_INVERSE | DFT_SCALE|DFT_REAL_OUTPUT);
024:        ChangeSignOddPositionInXY(dftB);
025:
026:        Mat dstImage;
027:        dftB.convertTo(dstImage, CV_8U);
028:        imshow("dstImage", dstImage);
029:
030:        waitKey();
031:        return 0;
032: }
033: void ButterworthHighpassFilteringH(Mat F, double D0, int n)
034: {
035:        int u, v;
036:        double D; // distance
037:        double H;
038:        double centerU = F.cols / 2;
039:        double centerV = F.rows / 2;
040:        Vec2f cmplxValue;
041:
042:        // filter H
043:        for(v = 0; v < F.rows; v++)
044:             for(u = 0; u < F.cols; u++)
045:             {
046:                  D = sqrt((u - centerU) * (u - centerU) + (v - centerV) * (v-centerV));
047:                  if(D == 0) // center point
048:                       D = 0.1;
049:                  H = 1.0 / ( 1.0 + pow(D0 / D, 2 * n) );
050:                  cmplxValue = F.at<Vec2f>(v, u);
051:                  cmplxValue.val[0] *= H;
052:                  cmplxValue.val[1] *= H;
053:                  F.at<Vec2f>(v, u) = cmplxValue;
054:             }
055: }
056: void ChangeSignOddPositionInXY(Mat &m)
057: {
058:        int x, y;
059:        float fValue;
060:        for(y = 0; y < m.rows; y++)
061:             for(x = 0; x < m.cols; x++)
062:             {
063:                  fValue = m.at<float>(y, x);
064: //               if((x + y) % 2 == 1) // odd number
065:                  if((x + y) % 2 == 1 && fValue != 0)
066:                       m.at<float>(y, x) = -fValue;
067:             }
068: }
```

◎ 프로그램 설명

① 8-14행

8행은 imread 함수로 lena.jpg 영상을 그레이스케일로 로드하여 srcImage에 저장한다. 13행은 srcImage를 CV_32F인 fImage 영상으로 변환한다. 14행은 ChangeSignOddPositionInXY

함수로 fImage의.(x + y)가 홀수인 위치에서 부호를 반대로 변경한다. dft 함수에 의한 주파수 공간의 원점이 행렬의 중심점으로 이동하게 한다.

② 16-28행

17행은 dft 함수에서 DFT_COMPLEX_OUTPUT로 설정하여, fImage를 주파수 공간으로 변환하여 dftA에 저장한다. dftA는 2-채널이고, 주파수 공간의 복소수의 실수부와 허수부를 각각의 채널에 저장하고, dftA의 중심 위치가 주파수 공간의 원점이 된다. 21행은 사용자 정의 함수 ButterworthHighpassFilteringH로 n과 절단(cut-off) 주파수 D0에 의해, 버터워스 고주파 통과 필터링을 수행한다. 23행은 dft 함수로 dftA를 DFT_INVERSE | DFT_SCALE | DFT_REAL_OUTPUT로 설정하여 역방향 푸리에 변환하여 버터워스 고주파 필터링된 결과를 1-채널인 dftB에 저장한다. 24행은 (x + y)가 홀수인 화소에서 부호를 변경하여, 주파수 영역에서의 원점을 이동시키기 위해 부호를 변경시킨 것을 원상 복구시킨다.

③ 33-55행

ButterworthHighpassFilteringH 함수는 버터워스 고주파 통과 필터링을 구현한다. 47행은 D == 0일 때 D = 0.1로 설정하고, 49행은 H = 1.0 / (1.0 + pow(D0 / D, 2 * n))로 필터 H를 계산하고, 50-53행은 푸리에 변환에 의한 주파수 공간의 값과 필터 H를 곱하여 다시 저장한다.

④ [그림 7.16]은 n = 2로 버터워스(Butterworth) 고주파 통과 필터링한 결과이다. [그림 7.16](a)는 절단 주파수를 D0 = 5로 설정한 결과이고, [그림 7.16](b)는 절단 주파수를 D0 = 30으로 설정한 결과이며, [그림 7.16](c)는 절단 주파수를 D0 = 80으로 설정한 결과이고, [그림 7.16](d)는 절단 주파수를 D0 = 200으로 설정한 결과이다. 필터링된 결과에서 minMaxLoc 함수로 최소값과 최대값을 계산하고, normalize 함수로 범위 [0, 255]로 스케일링하면 조금 더 밝고 선명하게 볼 수 있다.

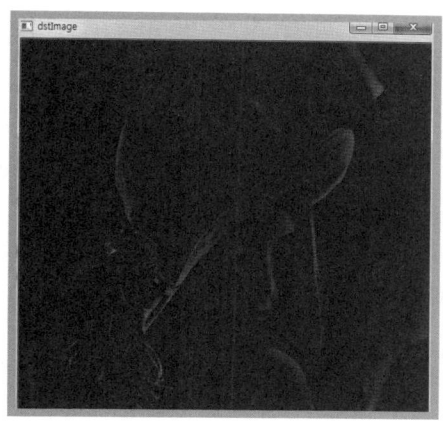

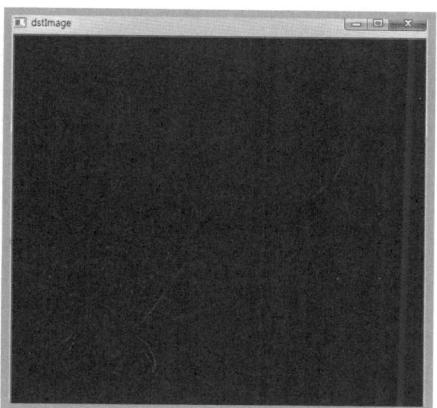

(a) D0 = 5

(b) D0 = 30

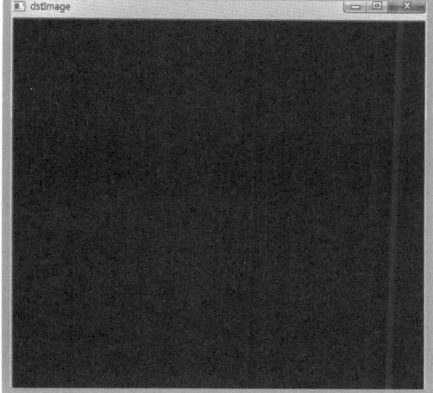

(c) D0 = 80

(d) D0 = 200

[그림 7.16] 버터워스(Butterworth) 고주파 통과 필터링, n=2

[예제 7-12] 가우시안 고주파 통과 필터링

```cpp
001:   #include "opencv.hpp"
002:   using namespace cv;
003:   using namespace std;
004:   void ChangeSignOddPositionInXY(Mat &m);
005:   void GaussianHighpassFilteringH(Mat F, double D0);
006:   int main()
007:   {
008:       Mat srcImage = imread("lena.jpg", IMREAD_GRAYSCALE);
009:       if( srcImage.empty() )
010:           return -1;
011:
012:       Mat fImage;
013:       srcImage.convertTo(fImage, CV_32F);
014:       ChangeSignOddPositionInXY(fImage); // centering
015:
016:       Mat dftA;
017:       dft(fImage, dftA, DFT_COMPLEX_OUTPUT);
018:
019:       double D0 = 5.0; // 30, 80, 200
020:       GaussianHighpassFilteringH(dftA, D0);
021:
022:       Mat dftB;
023:       dft(dftA, dftB, DFT_INVERSE | DFT_SCALE|DFT_REAL_OUTPUT);
024:       ChangeSignOddPositionInXY(dftB);
025:
026:       Mat dstImage;
027:       dftB.convertTo(dstImage, CV_8U);
028:       imshow("dstImage", dstImage);
029:
030:       waitKey();
031:       return 0;
032:   }
033:   void GaussianHighpassFilteringH(Mat F, double D0)
034:   {
035:       int u, v;
036:       double D; // distance
037:       double H;
038:       double centerU = F.cols / 2;
039:       double centerV = F.rows / 2;
040:       Vec2f cmplxValue;
041:
042:       // filter H
043:       for(v = 0; v < F.rows; v++)
044:           for(u = 0; u < F.cols; u++)
045:           {
046:               D = sqrt((u - centerU) * (u - centerU) + (v - centerV) * (v - centerV));
047:               H = 1.0 - exp(-D * D / (2.0 * D0 * D0));
048:
049:               cmplxValue = F.at<Vec2f>(v, u);
050:               cmplxValue.val[0] *= H;
051:               cmplxValue.val[1] *= H;
052:               F.at<Vec2f>(v, u) = cmplxValue;
053:           }
054:   }
055:   void ChangeSignOddPositionInXY(Mat &m)
```

```
056: {
057:        int x, y;
058:        float fValue;
059:        for(y = 0; y < m.rows; y++)
060:            for(x = 0; x < m.cols; x++)
061:            {
062:                    fValue = m.at<float>(y, x);
063: //                 if((x + y) % 2 == 1 && fValue != 0)
064:                    if((x + y) % 2 == 1) // odd number
065:                        m.at<float>(y, x) = -fValue;
066:            }
067: }
```

◎ 프로그램 설명

① 8-14행

8행은 imread 함수로 lena.jpg 영상을 그레이스케일로 로드하여 srcImage에 저장한다. 13행은 srcImage를 CV_32F인 fImage 영상으로 변환한다. 14행은 ChangeSignOddPositionInXY 함수로 fImage의 (x + y)가 홀수인 위치에서 부호를 반대로 변경한다. dft 함수에 의한 주파수 공간의 원점이 행렬의 중심점으로 이동하게 한다.

② 16-28행

17행은 dft 함수에서 DFT_COMPLEX_OUTPUT로 설정하여, fImage를 주파수 공간으로 변환하여 dftA에 저장한다. dftA는 2-채널이고, 주파수 공간의 복소수의 실수부와 허수부를 각각의 채널에 저장하고, dftA의 중심 위치가 주파수 공간의 원점이 된다. 20행은 사용자 정의 함수 GaussianHighpassFilteringH로 절단(cut-off) 주파수 D0에 의해, 가우시안 고주파 통과 필터링을 수행한다. 23행은 dft 함수로 dftA를 DFT_INVERSE | DFT_SCALE | DFT_REAL_OUTPUT로 설정하여 역방향 푸리에 변환하여 가우시안 고주파 필터링된 결과를 1-채널인 dftB에 저장한다. 24행은 (x + y)가 홀수인 화소에서 부호를 변경하여, 주파수 영역에서의 원점을 이동시키기 위해 부호를 변경시킨 것을 원상 복구시킨다.

③ 33-54행

GaussianHighpassFilteringH 함수는 가우시안 고주파 통과 필터링을 구현한다. 47행은 H =1.0 - exp(-D * D / (2.0 * D0 * D0))로 필터 H를 계산하고, 49-52행은 푸리에 변환에 의한 주파수 공간의 값과 필터 H를 곱하여 다시 저장한다.

④ [그림 7.17]은 가우시안 고주파 통과 필터링 결과로 버터워스 필터링 결과와 유사한 결과를 얻는다. 영상처리에서는 가우시안 고주파 통과 필터링을 선호한다. 필터링된 결과에서 minMaxLoc 함수로 최소값과 최대값을 계산하고, normalize 함수로 범위 [0, 255]로 스케일링하면 조금 더 밝고, 선명하게 볼 수 있다.

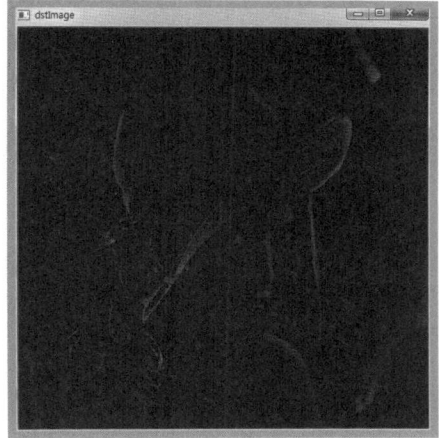

(a) D0 = 5   (b) D0 = 30

(c) D0 = 80   (d) D0 = 200

[그림 7.17] 가우시안 고주파 통과 필터링

O3 푸리에 변환에 의한 회선, 상관관계, 미분

3.1 DFT를 이용한 회선(convolution)

$f(x,y)$와 $g(x,y)$의 회선, $f(x,y)*g(x,y)$는 각각의 푸리에 변환 $F(u,v)$와 $G(u,v)$의 곱셈을 수행한 결과를 역방향 푸리에 변환을 적용하여 계산한다.

$$f(x,y)*g(x,y) = IDFT(F(u,v)\ G(u,v))$$

3.2 DFT를 이용한 상관관계(correlation)

$f(x,y)$와 $g(x,y)$의 상관관계, $f(x,y) \circ g(x,y)$는 푸리에 변환 $F(u,v)$와 $G^*(u,v)$의 곱셈을 역푸리에 변환을 하여 계산한다. $G^*(u,v)$는 $G(u,v)$의 켤레복소수(complex conjugate)이다.

$G(u,v) = R(u,v) + jI(u,v)$에 대한 켤레복소수는 $G^*(u,v) = R(u,v) - jI(u,v)$이다.

$$f(x,y) \circ g(x,y) = IDFT(F(u,v)\ G^*(u,v)) : correlation$$

위상 상관관계(phase correlation)는 스펙트럼 $|F(u, v) \ G^*(u,v)|$에 의해 정규화하여 계산한다.

$$phase\,correlation\,(f(x,y),\,g(x,y) = IDFT(\frac{F(u,v)\ G^*(u,v)}{|F(u,v)\ G^*(u,v)|})$$

① Point2d phaseCorrelate(InputArray src1, InputArray src2,
       InputArray window = noArray())   // OpenCV 2.4.13
② Point2d phaseCorrelateRes(InputArray src1, InputArray src2,
       InputArray window, double* response = 0)   // OpenCV 2.4.13
③ Point2d phaseCorrelate(InputArray src1, InputArray src2,
       InputArray window, double* response = 0)   // OpenCV 3.1.0

phaseCorrelate 함수와 phaseCorrelateRes 함수는 src1과 src2의 위상 상관관계를 부화소(subpixel) 수준으로 계산하고, 상관관계가 최대값인 위치를 이용하여 영상의 중심으로부터의 이동(shift) 위치를 반환한다. src1, src2는 1-채널의 CV_32FC1, CV_64FC1 행렬이며, 크기가 같아야 하고, 필요에 따라 getOptimalDFTSize 함수로 크기를 재조정하여 0-패딩한다. response는 최대값 주변의 5×5 이웃값을 가지고 근사시킨 0과 1 사이의 상관계수 값이다. window는 경계 부분에서 에지를 약화시키기 위해 사용하는 윈도우로, createHanningWindow 함수에 의해 윈도우를 생성하여 사용한다. phaseCorrelate 함수와 phaseCorrelateRes 함수는 내부적으로 1채널의 실수 행렬에 실수부와 허수부가 패킹되어 있는 CCS(complex-conjugate symmetry) 형태로 dft를 계산한다. 정방향 dft를 계산할 때 스케일링을 수행하지 않으며, 상관관계 값은 역방향 dft를 수행한 후에 스케일링을 수행한다.

주의할 것은 최종 역방향 푸리에 변환을 수행하고, fftShift 함수로 [그림 7.6]과 같이 위상 상관관계 행렬의 4개의 부분영역을 대각선 방향으로 교환하여 저장하고, minMaxLoc 함수로 찾은 최대값의 위치 peakLoc을 weightedCentroid 함수로 부화소 수준의 위치 t로 계산하고, 영상의 중심에 대한 상대 위치인 (center - t)를 반환한다.

[예제 7-13]   행렬에서 dft를 이용한 회선 및 상관관계 계산

```
001:    #include <iomanip>
002:    #include "opencv.hpp"
003:    using namespace cv;
004:    using namespace std;
005:    void ChangeSignOddPositionInXY(Mat &m);
006:    void Printmat(const char *strName, Mat m);
007:    int main()
008:    {
009:        float dataA[ ] = { 1, 1, 1, 1, 1, 1,
010:                           1, 1, 1, 1, 1, 1,
011:                           1, 1, 9, 9, 1, 1,
012:                           1, 1, 9, 9, 1, 1,
013:                           1, 1, 1, 1, 1, 1,
014:                           1, 1, 1, 1, 1, 1 };
015:        float lap[] = { 0,  1, 0,
016:                        1, -4, 1,
```

```
017:                    0,  1, 0};
018:
019:        Mat _A(6, 6, CV_32F, dataA);
020: //     Printmat("", _A);
021:
022:        Mat _B(3, 3, CV_32F, lap);
023: //     Printmat("_B", _B);
024:
025: //     Mat dstLap;
026: //     filter2D(_A, dstLap, CV_32F, _B, Point(-1, -1), 0.0 , BORDER_CONSTANT);
027: //     Printmat("dstLap = ", dstLap);
028:
029:        // calculate convolution and correlation by DFT
030:        int nW = getOptimalDFTSize(_A.cols + _B.cols - 1);
031:        int nH = getOptimalDFTSize(_A.rows + _B.rows - 1);
032: //     cout << "nW = " << nW << endl;
033: //     cout << "nH = " << nH << endl;
034:
035:        Mat A(nW, nH, CV_32F, Scalar::all(0));
036:        _A.copyTo(A(Rect(0, 0, _A.cols, _A.rows)));
037: //     Printmat("A = ", A);
038:
039:        Mat B(nW, nH, CV_32F,Scalar::all(0));
040:        _B.copyTo(B(Rect(0, 0, _B.cols, _B.rows)));
041: //     Printmat("B = ", B);
042:
043:        Mat dftA;
044:        dft(A, dftA, DFT_COMPLEX_OUTPUT);
045:        Mat dftB;
046:        dft(B, dftB, DFT_COMPLEX_OUTPUT);
047:
048:        // convolution
049:        Mat dftC;
050:        mulSpectrums(dftA, dftB, dftC, 0); // conjB = false
051:        dft(dftC, dftC, DFT_INVERSE | DFT_SCALE|DFT_REAL_OUTPUT);
052:        Printmat("dftC = IDFT(DFT(A) * DFT(B))=", dftC);
053:        Printmat("dftC = dftC(Rect(1, 1, _A.cols - 1, _A.rows - 1))",
054:                              dftC(Rect(1, 1, _A.cols - 1, _A.rows - 1)));
055:        Printmat("dftC = dftC(Rect(2, 2, _A.cols - 2, _A.rows - 2))",
056:                              dftC(Rect(2, 2, _A.cols - 2, _A.rows - 2)));
057:        // correlation
058:        Mat dftD;
059:        mulSpectrums(dftA, dftB, dftD, 0, true); // conjB = true
060:        dft(dftD, dftD, DFT_INVERSE | DFT_SCALE|DFT_REAL_OUTPUT);
061:        Printmat("dftD = IDFT(DFT(A) * conj(DFT(B)))=", dftD);
062:        Printmat("dftD = dftD(Rect(0, 0, _A.cols - 2, _A.rows - 2))",
063:                              dftD(Rect(0, 0, _A.cols - 2, _A.rows - 2)));
064:        return 0;
065: }
066: void Printmat(const char *strName, Mat m)
067: {
068:        int x, y;
069:        float fValue;
070:        cout << endl << strName << endl;
071:        cout << setiosflags(ios::fixed);
072:        for(y = 0; y < m.rows; y++)
073:        {
```

```
074:            for(x = 0; x < m.cols; x++)
075:            {
076:                fValue = m.at<float>(y, x);
077:                cout << setprecision(2) << setw(6) << fValue;
078:            }
079:            cout << endl;
080:        }
081:        cout << endl;
082:    }
```

◎ **프로그램 설명**

① 9-23행

19행은 배열 dataA로 초기화한 CV_32F 자료형의 6×6 행렬 _A를 생성하고, 22행은 배열 lap로 초기화한 CV_32F 자료형의 3×3 행렬 _B를 생성한다. 행렬 _B는 3×3 라플라시안 필터이다.

② 25-27행

주파수 공간에서의 회선과 상관관계 결과와 비교하기 위해서, filter2D 함수로 행렬 _A에 라플라시안 필터 행렬 _B를 적용하여 dstLap 행렬을 생성한다. 경계 처리 방식은 BORDER_CONSTANT로 설정하여 0으로 채워지게 한다. [그림 7.18]은 filer2D 함수로 3×3 라플라시안 필터링한 결과이다. [그림 7.19]는 공간영역에서의 필터링과의 관계를 보인다. 예를 들어, [그림 7.18]의 A 위치 dstLap(1, 1) = 0.0, B의 위치 dstLap(4, 4) = 0.0의 값은 [그림 7.19]의 A 위치와 B 위치의 필터 계산 결과이다.

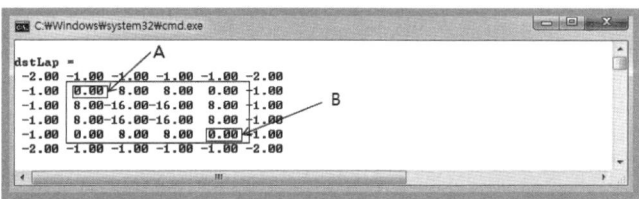

[그림 7.18] filer2D 함수로 3×3 라플라시안 필터링

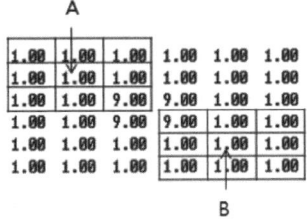

[그림 7.19] 공간영역에서의 필터링과의 관계

③ 30-46행

30-31행은 getOptimalDFTSize 함수로 행렬 _A, _B를 같은 크기로 확장하여 dft를 계산할 최적의 크기 nW = 8, nH = 8을 계산한다. 35-36행은 행렬 A를 8×8 크기로 생성하고, 모두 0으로 초기화한 후에, 행렬 _A를 행렬 A의 Rect(0, 0, _A.cols, _A.rows)로 복사한다. 행렬 A는 _A 행렬이 0-패딩된 것이다. [그림 7.20]은 _A 행렬이 0-패딩되어 확장된 행렬 A의 결과이다. 39-40행은 행렬 B를 nH×nW 크기로 생성하고, 모두 0으로 초기화한 후에, 행렬 _B를 행렬 B의 Rect(0, 0, _B.cols, _B.rows)로 복사한다. 행렬 B는 _B 행렬이 0-패딩된 것이다. [그림 7.21]은 _B 행렬이 0-패딩되어 확장된 행렬 B의 결과이다. 44행은 행렬 A를 정방향 푸리에 변환하여 2-채널 실수로 dftA에 저장하고, 46행은 행렬 B를 정방향 푸리에 변환하여 2-채널 실수로 dftB에 저장한다.

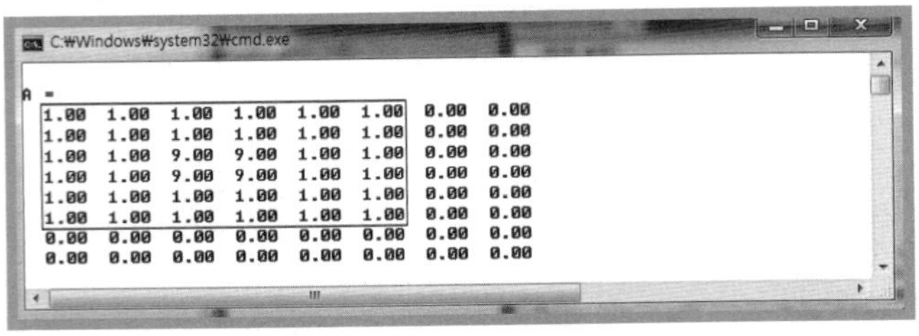

[그림 7.20] _A 행렬이 0-패딩되어 확장된 8×8 행렬 A

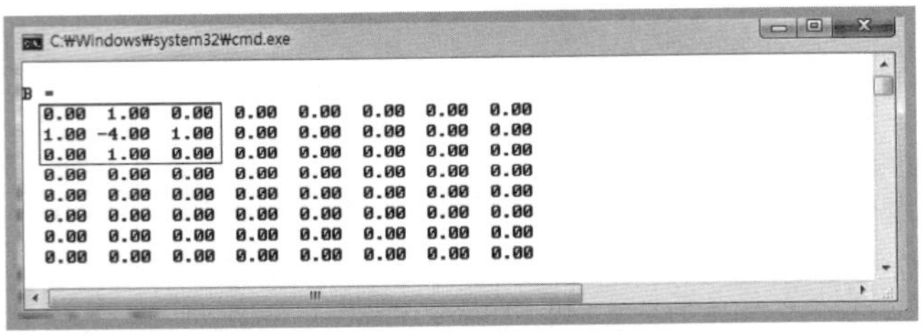

[그림 7.21] B 행렬이 0-패딩되어 확장된 8×8 행렬 B

④ 49-56행

50행은 mulSpectrums 함수로 conjB = false로 하여 dftA와 dftB를 복소수 곱셈하여 dftC에 저장한다. 51행은 dft 함수에서 DFT_INVERSE | DFT_SCALE|DFT_REAL_OUTPUT로 설정하여 dftC를 역방향 푸리에 변환하여, [그림 7.22]와 같은 행렬 _A와 행렬 _B의 회선(convolution)을 계산한다. [그림 7.22]의 A, B 위치는 [그림 7.18], [그림 7.19]의 A, B 위치와 같다. [그림 7.22]의 6×6 사각형의 결과는 [그림 7.18]의 filer2D 함수에 의한 결과 6×6과 정확히 같다. 이것은 필터 커널의 크기가 클 경우, filer2D 함수로 회선을 계산하는 대신 푸리에 변환에 의해 계산할 수 있다는 의미이다.

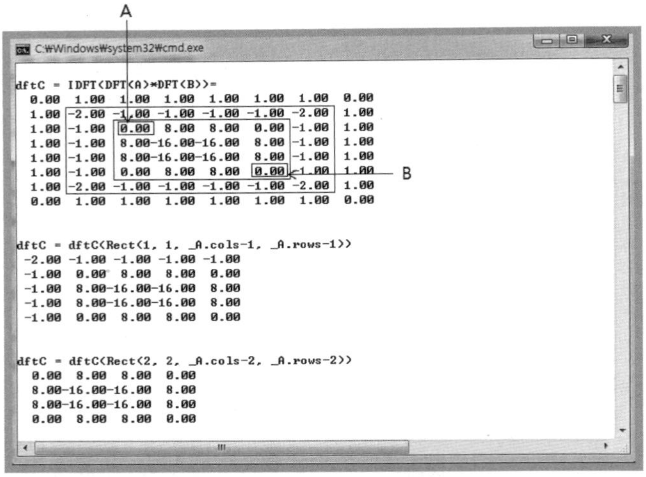

[그림 7.22] dftC = IDFT(dftA * dftB)에 의한 회선

⑤ 58-63행

59행은 mulSpectrums 함수로 conjB = true로 하여 dftA와 dftB의 켤레복소수를 복소수 곱셈하여 dftD에 저장한다. 60행은 dft 함수에서 DFT_INVERSE | DFT_SCALE | DFT_REAL_OUTPUT로 설정하여 dftD를 역방향 푸리에 변환하여 [그림 7.23]의 행렬 _A와 행렬 _B의 상관관계(correlation)를 계산한다. [그림 7.23]의 A, B 위치는 [그림 7.18], [그림 7.19]의 A, B 위치와 같다. [그림 7.23]의 4×4 사각형의 결과는 filer2D 함수에 의한 결과인 [그림 7.18]의 4×4 사각형, 회선 결과인 [그림 7.22]의 4×4 사각형의 결과와 정확히 같다. 주파수 공간에서 dft 함수에 의해 빠른 시간에 상관관계를 계산할 수 있음을 알 수 있다. 이것은 라플라시안 필터와 같이 필터가 대칭이면 회선과 상관관계가 동

일하다는 것을 의미한다. 다만, [그림 7.22]와 [그림 7.23]의 결과에서 알 수 있듯이, 필터가 경계를 벗어나지 않는 부분에서 결과가 동일하며 위치가 이동된 것에 주의한다.

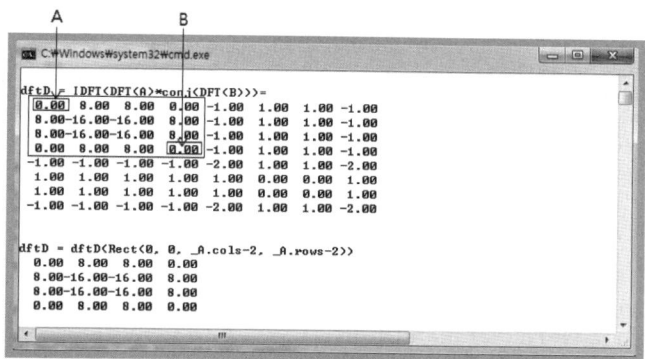

[그림 7.23] dftD = IDFT(dftA * conj(dftB))에 의한 상관관계

[예제 7-14]	행렬에서 위상 상관관계(phase correlation)에 의한 템플릿 매칭 1 (사용자 정의 함수 : PhaseCorr(Mat &_A, Mat &_B, Point *maxloc))

```
001: #include <iomanip>
002: #include "opencv.hpp"
003: using namespace cv;
004: using namespace std;
005: Point PhaseCorr(Mat &_A, Mat &_B, double *maxloc);
006: void Printmat(const char *strName, Mat m);
007: int main()
008: {
009:     float dataA[ ] = { 1, 1, 1, 1, 1, 1,
010:                        1, 1, 1, 1, 1, 1,
011:                        1, 1, 9, 9, 1, 1,
012:                        1, 1, 9, 9, 1, 1,
013:                        1, 1, 1, 1, 1, 1,
014:                        1, 1, 1, 1, 1, 1 };
015:     float dataB1[] = { 9, 9, 1,
016:                        9, 9, 1,
017:                        1, 1, 1};
018:
019:     float dataB2[] = { 1, 1, 1,
020:                        1, 9, 9,
021:                        1, 9, 9};
022:
023:     Mat A(6, 6, CV_32F, dataA);
024:     Printmat("A=", A);
025:     Mat B(3, 3, CV_32F, dataB1);
026: //  Mat B(3, 3, CV_32F, dataB2);
027:     Printmat("B=", B);
028:
029:     double phaseCorr;
030:     Point peakLoc = PhaseCorr(A, B, &phaseCorr);
031:     cout << "phaseCorr = " << phaseCorr << endl;
032:     cout << "peakLoc = " << peakLoc << endl;
033:     return 0;
034: }
035: Point PhaseCorr(Mat &_A, Mat &_B, double *maxValue)
036: {    // calculate convolution and correlation by DFT
```

```
037:          int nW = getOptimalDFTSize(_A.cols + _B.cols - 1);
038:          int nH = getOptimalDFTSize(_A.rows + _B.rows - 1);
039:
040:          Mat A;
041:          copyMakeBorder(_A, A, 0, nH - (_A.rows), 0, nW - (_A.cols), BORDER_CONSTANT, 0);
042:          Mat B;
043:          copyMakeBorder(_B, B, 0, nH - (_B.rows), 0, nW - (_B.cols), BORDER_CONSTANT, 0);
044:
045: //       Mat A(nW, nH, CV_32F, Scalar::all(0));
046: //       _A.copyTo(A(Rect(0, 0, _A.cols, _A.rows)));
047: //       Mat B(nW, nH, CV_32F,Scalar::all(0));
048: //       _B.copyTo(B(Rect(0, 0, _B.cols, _B.rows)));
049:
050:          // correlation: magF = IDFT(DFT(A) * conj(DFT(B)))
051:          Mat dftA;
052:          dft(A, dftA, DFT_COMPLEX_OUTPUT);
053:          Mat dftB;
054:          dft(B, dftB, DFT_COMPLEX_OUTPUT);
055:
056:          Mat dftD;
057:          mulSpectrums(dftA, dftB, dftD, 0, true); // conjB = true
058:
059:          Mat matCmplx[2];
060:          split(dftD, matCmplx);
061:          // normalize by magnitude
062:          Mat magF;
063:          magnitude(matCmplx[0], matCmplx[1], magF);
064:          divide(matCmplx[0], magF, matCmplx[0]);
065:          divide(matCmplx[1], magF, matCmplx[1]);
066: //       matCmplx[0] /= magF;
067: //       matCmplx[1] /= magF;
068:          merge(matCmplx, 2, dftD);
069:
070:          dft(dftD, magF, DFT_INVERSE | DFT_SCALE|DFT_REAL_OUTPUT);
071:          // magF : phase correlation
072:          Printmat("Corr=", magF);
073:
074:          Point peakLoc;
075:          minMaxLoc(magF, NULL, maxValue, NULL, &peakLoc);
076:          return peakLoc;
077: }
078: void Printmat(const char *strName, Mat m)
079: {
080:          int x, y;
081:          float fValue;
082:          cout << endl << strName << endl;
083:          cout << setiosflags(ios::fixed);
084:          for(y = 0; y < m.rows; y++)
085:          {
086:              for(x = 0; x < m.cols; x++)
087:              {
088:                  fValue = m.at<float>(y, x);
089:                  cout << setprecision(2) << setw(8) << fValue;
090:              }
091:              cout << endl;
092:          }
093:          cout << endl;
094: }
```

◎ **프로그램 설명**

① 9-23행

사용자 정의 함수 PhaseCorr로 행렬 A에서 행렬 B를 위상 상관관계가 가장 큰 위치를 peakLoc에 찾고, 위상 상관관계 값을 반환하여 phaseCorr에 저장한다.

② 35-77행

주파수 공간에서의 위상 상관관계를 계산하여 반환하고, 위상 상관관계 값이 가장 큰 위치를 찾는다. 37-38행은 getOptimalDFTSize 함수로 행렬 _A, _B를 같은 크기로 확장하여 dft를 계산할 최적의 크기 nW = 8, nH = 8을 계산하고, 40-43행은 copyMakeBorder 함수로 행렬 _A, _B를 8×8 크기의 행렬 A, B로 0-패딩을 통해 확장한다. 주석 처리된 45-48행은 Mat::copyTo 메서드로 8×8 크기의 행렬 A, B로 0-패딩하는 40-43행과 같은 결과를 갖는다. 52행은 행렬 A를 정방향 푸리에 변환하여 2-채널 실수로 dftA에 저장하고, 54행은 행렬 B를 정방향 푸리에 변환하여 2-채널 실수로 dftB에 저장한다. 57행은 mulSpectrums 함수로 conjB = true로 하여 dfA와 dftB의 켤레복소수를 복소수 곱셈하여 dftD에 저장한다. 59-68행은 2-채널의 dftD를 채널 분리하여 스펙트럼을 계산하고, 실수부 채널과 허수부 채널을 스펙트럼으로 나누어 스펙트럼이 1이 되도록 정규화한 후에 다시, 2-채널 dftD 행렬로 합성한다. 70행은 dft 함수에서 DFT_INVERSE | DFT_SCALE | DFT_REAL_OUTPUT로 설정하여 dftD를 역방향 푸리에 변환하면, magF 행렬에 위상 상관관계가 계산된다. 72행은 Printmat 함수로 위상 상관관계가 계산된 행렬 magF를 출력한다. 74-76행은 minMaxLoc 함수로 위상 상관관계 magF에서 최대값을 maxValue에 계산하고, 최대값의 위치를 peakLoc에 저장하고 반환한다.

③ [그림 7.24]는 행렬 A와 25행의 배열 dataB1로 생성한 템플릿 행렬 B의 위상 상관관계에 의한 매칭을 보인다. 위상 상관관계의 최대값은 phaseCorr = 0.76이고, 템플릿 매칭 위치 peakLoc = (2, 2)는 행렬 A에 그려진 사각형의 왼쪽 위 모서리 좌표이다. 매칭 영역은 템플릿 행렬 B의 크기 3×3으로 정확히 알 수 있다. [그림 7.25]는 행렬 A와 26행의 배열 dataB2로 생성한 템플릿 행렬 B의 위상 상관관계에 의한 매칭을 보인다.

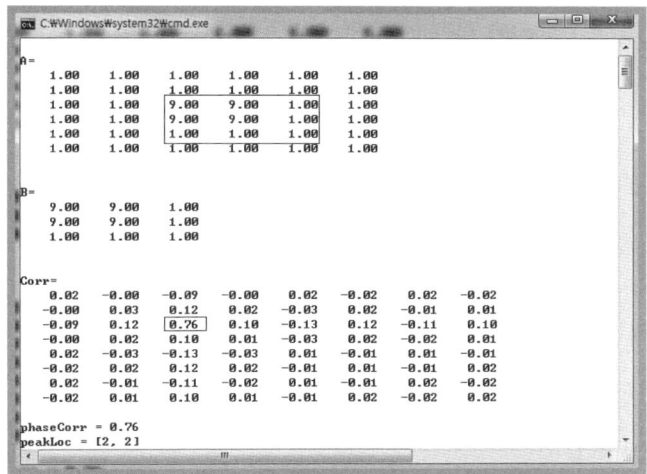

[그림 7.24] 행렬에서 위상 상관관계에 의한 템플릿(dataB1) 매칭

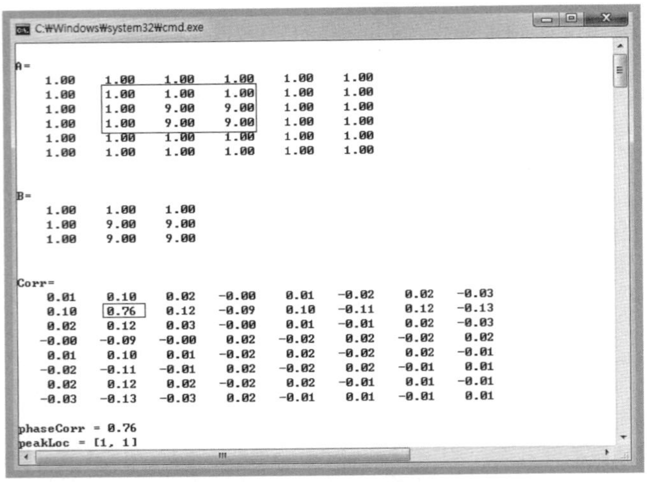

[그림 7.25] 행렬에서 위상 상관관계에 의한 템플릿(dataB2) 매칭

[예제 7-15]	행렬에서 위상 상관관계(phase correlation)에 의한 템플릿 매칭 2 (MyphaseCorrelateRes)

```
001:  #include <iomanip>
002:  #include "opencv.hpp"
003:  using namespace cv;
004:  using namespace std;
005:  void Printmat(const char *strName, Mat m);
006:  // source : /sources/modules/imgproc/src/phasecorr.cpp
007:  static void magSpectrums( InputArray _src, OutputArray _dst)
008:  {
009:      // 생략 ----------
010:  }
011:  static void divSpectrums( InputArray _srcA, InputArray _srcB,
012:                                  OutputArray _dst, int flags, bool conjB)
013:  {
014:      // 생략 --------------
015:  }
016:  static Point2d weightedCentroid(InputArray _src, cv::Point peakLocation,
017:                              cv::Size weightBoxSize, double *response)
018:  {
019:      // 생략 ------------------
020:  }
021:  // Point2d phaseCorrelateRes(InputArray _src1, InputArray _src2,
022:  //                              InputArray _window, double *response)
023:  Point2d MyphaseCorrelateRes(InputArray _src1, InputArray _src2,
024:                              InputArray _window, double *response)
025:  {
026:      Mat src1 = _src1.getMat();
027:      Mat src2 = _src2.getMat();
028:      Mat window = _window.getMat();
029:
030:      CV_Assert( src1.type() == src2.type());
031:      CV_Assert( src1.type() == CV_32FC1 || src1.type() == CV_64FC1 );
032:      CV_Assert( src1.size == src2.size);
033:
034:      if(!window.empty())
035:      {
```

```
036:              CV_Assert( src1.type() == window.type());
037:              CV_Assert( src1.size == window.size);
038:        }
039:
040:        int M = getOptimalDFTSize(src1.rows);
041:        int N = getOptimalDFTSize(src1.cols);
042:
043:        Mat padded1, padded2, paddedWin;
044:
045:        if(M != src1.rows || N != src1.cols)
046:        {
047:              copyMakeBorder(src1, padded1, 0, M - src1.rows, 0, N - src1.cols,
048:                          BORDER_CONSTANT, Scalar::all(0));
049:              copyMakeBorder(src2, padded2, 0, M - src2.rows, 0, N - src2.cols,
050:                          BORDER_CONSTANT, Scalar::all(0));
051:
052:              if(!window.empty())
053:              {
054:                    copyMakeBorder(window, paddedWin, 0, M - window.rows, 0,
055:                          N - window.cols,BORDER_CONSTANT, Scalar::all(0));
056:              }
057:        }
058:        else
059:        {
060:              padded1 = src1;
061:              padded2 = src2;
062:              paddedWin = window;
063:        }
064:
065:        Mat FFT1, FFT2, P, Pm, C;
066:
067:        // perform window multiplication if available
068:        if(!paddedWin.empty())
069:        {
070:              // apply window to both images before proceeding...
071:              multiply(paddedWin, padded1, padded1);
072:              multiply(paddedWin, padded2, padded2);
073:        }
074:
075:        // execute phase correlation equation
076:        // Reference: http://en.wikipedia.org/wiki/Phase_correlation
077:        dft(padded1, FFT1, DFT_REAL_OUTPUT);
078:        dft(padded2, FFT2, DFT_REAL_OUTPUT);
079:
080:        mulSpectrums(FFT1, FFT2, P, 0, true);
081:
082:        magSpectrums(P, Pm);
083:        divSpectrums(P, Pm, C, 0, false); // FF* / | FF* |
084:
085:        idft(C, C); // gives us the nice peak shift location...
086:        // KDK: C = IDFT(FF* / | FF* |)
087:        // (phase correlation equation completed here...)
088:
089:        // modify by KDK
090:        // fftShift(C); // shift the energy to the center of the frame.
091:
092:        // locate the highest peak
```

```
093:        Point peakLoc;
094:        minMaxLoc(C, NULL, NULL, NULL, &peakLoc);
095:
096:        // get the phase shift with sub-pixel accuracy,
097:        // 5x5 window seems about right here...
098:        Point2d t;
099:        t = weightedCentroid(C, peakLoc, Size(5, 5), response);
100:
101:
102:        // max response is M * N
103:        // (not exactly, might be slightly larger due to rounding errors)
104:        if(response)
105:        *response /= M * N;
106:
107:        // adjust shift relative to image center...
108:        Point2d center((double)padded1.cols / 2.0, (double)padded1.rows / 2.0);
109:
110:        // modify by KDK
111:        // return (center - t);
112:        return peakLoc;
113: }
114: // end of phasecorr.cpp
115: int main()
116: {
117:        float dataA[ ] = { 1, 1, 1, 1, 1, 1,
118:                           1, 1, 1, 1, 1, 1,
119:                           1, 1, 9, 9, 1, 1,
120:                           1, 1, 9, 9, 1, 1,
121:                           1, 1, 1, 1, 1, 1,
122:                           1, 1, 1, 1, 1, 1 };
123:        float dataB1[] = { 9, 9, 1,
124:                           9, 9, 1,
125:                           1, 1, 1};
126:        float dataB2[] = { 1, 1, 1,
127:                           1, 9, 9,
128:                           1, 9, 9};
129:
130:        float dataB3[] = { 1, 1, 1,
131:                           9, 9, 1,
132:                           9, 9, 1};
133:
134:        Mat A(6, 6, CV_32F, dataA);
135:        Printmat("A=", A);
136: //     Mat B(3, 3, CV_32F, dataB1);
137: //     Mat B(3, 3, CV_32F, dataB2);
138:        Mat B(3, 3, CV_32F, dataB3);
139:        Printmat("B=", B);
140:
141:        int nW = getOptimalDFTSize(A.cols + B.cols - 1);
142:        int nH = getOptimalDFTSize(A.rows + B.rows - 1);
143: //     cout << "nW = " << nW << endl;
144: //     cout << "nH = " << nH << endl;
145:
146:        Mat A2;
147:        copyMakeBorder(A, A2, 0, nH - A.rows, 0, nW - A.cols, BORDER_CONSTANT, 0);
148: //     Printmat("A2=", A2);
149:
```

```
150:        Mat B2;
151:        copyMakeBorder(B, B2, 0, nH - B.rows, 0, nW - B.cols, BORDER_CONSTANT, 0);
152:
153:        double phaseCorr1;
154:
155:        // OpenCV 2.4.13
156:        Point2d peakLoc1 = phaseCorrelateRes(A2, B2, noArray(), &phaseCorr1);
157:
158:        // OpenCV 3.1.0
159:        Point2d peakLoc1 = phaseCorrelate(A2, B2, noArray(), &phaseCorr1);
160:        cout << "phaseCorr1 = " << phaseCorr1 << endl;
161:        cout << "peakLoc1 = " << peakLoc1 << endl << endl;
162:
163:        double phaseCorr2;
164:        Point2d peakLoc2 = MyphaseCorrelateRes(A2, B2, noArray(), &phaseCorr2);
165:        cout << "phaseCorr2 = " << phaseCorr2 << endl;
166:        cout << "peakLoc2 = " << peakLoc2 << endl << endl;
167:        return 0;
168: }
169: void Printmat(const char *strName, Mat m)
170: {
171:        int x, y;
172:        float fValue;
173:        cout << endl << strName << endl;
174:        cout << setiosflags(ios::fixed);
175:        for(y = 0; y < m.rows; y++)
176:        {
177:            for(x = 0; x < m.cols; x++)
178:            {
179:                fValue = m.at<float>(y, x);
180:                cout << setprecision(2) << setw(8) << fValue;
181:            }
182:            cout << endl;
183:        }
184:        cout << endl;
185: }
```

◎ **프로그램 설명**

① OpenCV 2.4.13의 phaseCorrelateRes 함수 또는 OpenCV 3.1.0의 phaseCorrelate 함수를 약
간 수정한다. fftShift를 수행하지 않고, 위상 상관관계의 최대값의 위치를 부화소 정확도로 계산을
하지 않으며, 영상의 중심에 대한 상대적인 위치도 계산하지 않는 방법으로 [예제 7-14]의 사용자
정의 함수 PhaseCorr와 같게 출력하는 MyphaseCorrelateRes 함수를 작성한다.

② phasecorr.cpp 파일에서 magSpectrums, divSpectrums, weightedCentroid,
phaseCorrelateRes 함수를 복사한다. fftShift, createHanningWindow, phaseCorrelate 함수 등
은 사용하지 않는다.

③ 7-20행
magSpectrums, divSpectrums, weightedCentroid 함수의 소스 코드는 변경하지 않고, 그대로
사용하기 때문에 지면을 줄이기 위해 생략한다. magSpectrums 함수는 [그림 7.2]와 같이 1-채
널 실수 행렬에 CCS 구조로 푸리에 변환의 복소수가 패킹된 행렬에서 스펙트럼 크기를 계산한다.
divSpectrums 함수는 스펙트럼 크기로 나눗셈을 하여 정규화한다. weightedCentroid 함수는 부
화소 정확도로 위치를 계산하고, 위상 상관관계 값을 계산한다.

④ 21-114행

21-24행은 기존 phaseCorrelateRes 함수를 MyphaseCorrelateRes 이름으로 변경하여 함수를 정의한다. 85행의 idft 함수에 의한 역푸리에 변환을 마치면 행렬 C는 실수로 위상 상관관계 값이 C 행렬로 저장된다. 94행은 위상 상관관계 행렬 C에서 minMaxLoc 함수로 최대값 위치를 peakLoc에 찾는다. 99행은 weightedCentroid 함수로 행렬 C에서 최대값 위치, peakLoc와 이웃크기 Size(5, 5)로 부화소 정확도로 최대 상관관계 위치를 계산하여 t에 저장하고, 상관관계 값을 *response에 저장한다. 물론 여기서는 부화소 정확도의 최대 상관관계 위치 t를 사용하지 않기 때문에, weightedCentroid 함수를 사용하지 않고, 94행의 minMaxLoc 함수에서 최대 상관관계 값을 계산할 수 있다. 110-112행은 기존의 반환값 (center - t)를 반환하는 대신, minMaxLoc 함수로 찾은 위상 상관관계 최대값 위치, peakLoc를 반환한다.

⑤ 117-139행

134행은 배열 dataA로 초기화된 6×6 행렬 A를 생성하고, 136-138행은 배열 dataB1, dataB2, dataB2 중 하나로 템플릿 행렬 B를 생성한다.

⑥ 141-151행

141-142행은 getOptimalDFTSize 함수로 푸리에 변환에 사용할 확장 행렬의 행과 열의 크기, nH, nW를 계산한다. 146-151행은 copyMakeBorder 함수로 행렬 A, B를 nH×nW 크기의 행렬 A2, B2로 0-패딩을 통해 확장한다.

⑦ 153-166행

156행은 OpenCV 2.4.13에서 phaseCorrelateRes 함수로 행렬 A2와 행렬 B2의 위상 상관관계에 의한 매칭을 계산한다. 위상 상관관계의 최대값 phaseCorr1과 위치 peakLoc1를 계산한다. 159행은 OpenCV 3.1.0에서 phaseCorrelate 함수로 행렬 A2와 행렬 B2의 위상 상관관계에 의한 매칭을 계산한다. 위상 상관관계의 최대값 phaseCorr1과 위치 peakLoc1를 계산한다. 164행은 수정된 MyphaseCorrelateRes 함수로 위상 상관관계의 최대값 phaseCorr2과 위치 peakLoc2를 계산한다.

⑧ [그림 7.26]은 행렬 A와 dataB1 배열로 초기화한 행렬 B를 OpenCV의 phase CorrelateRes, phaseCorrelate, MyphaseCorrelateRes 함수로 매칭한 결과이다. phaseCorrelateRes, phaseCorrelate 함수로 계산한 매칭 위치, peakLoc1 = [-2.29, -2.29]은 MyphaseCorrelateRes 함수로 계산한 매칭 위치 peakLoc2 = [2, 2]와 다르다. MyphaseCorrelateRes 함수로 계산한 매칭 결과는 [예제 7-14]의 사용자 정의 함수 PhaseCorr 함수로 계산한 결과와 같다. [그림 7.27]은 행렬 A와 dataB2 배열로 초기화한 행렬 B의 매칭 결과이다. [그림 7.28]은 행렬 A와 dataB3 배열로 초기화한 행렬 B의 매칭 결과이다. OpenCV 함수 phaseCorrelateRes, phaseCorrelate와 수정된 함수 MyphaseCorrelateRes의 위상 상관관계 스케일링 차이로 다른 값을 갖는다.

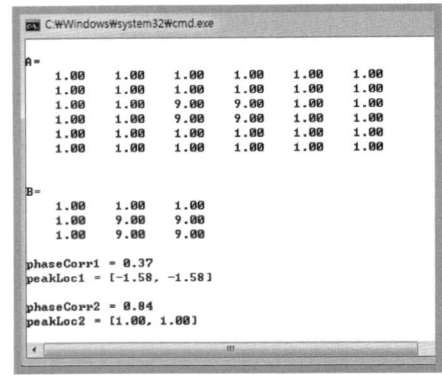

[그림 7.26] 행렬에서 위상 상관관계에 의한 템플릿(dataB1) 매칭

[그림 7.27] 행렬에서 위상 상관관계에 의한 템플릿(dataB2) 매칭

[예제 7-16]	영상에서 위상 상관관계(phase correlation)에 의한 템플릿 매칭 3 (phaseCorrelate , phaseCorrelateRes 함수)

```
001:    #include "opencv.hpp"
002:    using namespace cv;
003:    using namespace std;
004:
005:    int main()
006:    {
007:        Mat srcImage = imread("alphabet.bmp", IMREAD_GRAYSCALE);
008:        if( srcImage.empty() )
009:            return -1;
010:        String tName[] = {"A.bmp", "s.bmp", "b.bmp", "m.bmp"};
011:
012:        Mat dstImage;
013:        cvtColor(srcImage, dstImage, COLOR_GRAY2BGR );
014:
015:        Mat src32f;
016:        srcImage.convertTo(src32f, CV_32F);
017:        cout << "src32f.size()=" << src32f.size() << endl;
018:        for(int i = 0; i < 4; i++)
019:        {
020:            Mat tImage = imread(tName[i], IMREAD_GRAYSCALE);
021:            if( tImage.empty() )
022:                return -1;
023:            cout << "template :" << tName[i] << endl;
024:            Mat tmpl32f;
025:            tImage.convertTo(tmpl32f, CV_32F);
026:            copyMakeBorder(tmpl32f, tmpl32f, 0, src32f.rows - tmpl32f.rows,
027:                            0, src32f.cols - tmpl32f.cols, BORDER_CONSTANT, 0);
028:            cout << "tmpl32f.size()=" << tmpl32f.size() << endl;
029:
030:            double phaseCorr;
031:            // OpenCV 2.4.13
032:        // Point2d peakLoc = phaseCorrelateRes(src32f, tmpl32f, noArray(), &phaseCorr);
033:
034:            // OpenCV 3.1.0
035:            Point2d peakLoc = phaseCorrelate(src32f, tmpl32f, noArray(), &phaseCorr);
036:            cout << "phaseCorr = " << phaseCorr << endl;
037:        //  Point2d peakLoc = phaseCorrelate(src32f, tmpl32f);
038:        //  cout << "peakLoc = " << peakLoc << endl;
039:
040:            Point2d center(src32f.cols / 2.0, src32f.rows / 2.0);
041:            /////////////////////////
042:            // region1 // region2 //
043:            /////////////////////////
044:            // region3 // region4 //
045:            /////////////////////////
046:            peakLoc = (center -peakLoc); // inverse of peakLoc = (center - t)
047:            // inverse of fftShift
048:            if(peakLoc.x < center.x)
049:            {
050:                if(peakLoc.y < center.y) // region 1
051:                    peakLoc += center; // to region 4
052:                else // region 3
053:                {
054:                    peakLoc.x += center.x; // to region 2
```

```
055:                         peakLoc.y -= center.y;
056:                     }
057:                 }
058:             else
059:             {
060:                 if(peakLoc.y < center.y) // region 2
061:                 {
062:                     peakLoc.x -= center.x; // to region 3
063:                     peakLoc.y += center.y;
064:                 }
065:                 else // region 4
066:                     peakLoc -= center; // to region 1
067:             }
068:             cout << "peakLoc = " << peakLoc << endl;
069:             rectangle(dstImage, Point((int)peakLoc.x, (int)peakLoc.y),
070:             Point(peakLoc.x + tImage.cols,peakLoc.y + tImage.rows), Scalar(255, 0, 0), 2);
071:         }
072:         imshow("dstImage", dstImage);
073:         waitKey();
074:         return 0;
075:     }
```

◎ 프로그램 설명

① OpenCV 2.4.13에서는 phaseCorrelateRes 함수를 사용하고, OpenCV 3.1.0에서는 phaseCorrelate 함수를 사용하여 위상 상관관계(phase correlation)에 의한 템플릿 매칭을 수행한다.

② 참조 영상(reference image)으로 사용할 alphabet.bmp는 그림판에서 알파벳 문자를 생성하였다. 템플릿으로 사용한 A.bmp, S.bmp, b.bmp, m.bmp는 alphabet.bmp에서 마우스로 각 글자의 영역을 선택하여 저장하여 생성하였다.

③ 7-17행
7행은 "alphabet.bmp" 파일을 srcImage에 그레이스케일로 읽어 저장한다. 10행은 템플릿 영상의 파일 이름을 tName 문자열 배열에 초기화한다. 16행은 CV_8U인 srcImage 영상을 CV_32F인 src32f 영상으로 변환한다.

④ 18-71행
20행은 tName[i] 영상 파일을 tImage에 로드하고, 25행은 CV_8U인 tImage 영상을 CV_32F인 tmpl32f 영상으로 변환한다. 26-27행은 copyMakeBorder 함수로 작은 크기의 템플릿 영상 tmpl32f을 참조 영상의 크기로 확장하고, BORDER_CONSTANT를 사용하여 0으로 채운다. src32f, tmpl32f 영상의 크기는 모두 512×512이다. OpenCV 2.4.13은 32행의 phaseCorrelateRes 함수를 호출하고, OpenCV 3.1.0은 35행의 phaseCorrelate 함수를 호출하여 참조 영상 src32f에서 템플릿 영상 tmpl32f을 위상 상관관계로 매칭하여 위치를 peakLoc에 저장하고, 상관관계 값을 phaseCorr에 저장한다. phaseCorrelateRes 또는 phaseCorrelate 함수는 [예제 7-15]에서 설명한 것처럼 fftShift 수행하고, 위상 상관관계의 최대값의 위치를 부화소 정확도로 계산하며, 영상의 중심에 대한 상대적인 위치를 계산한다. 40행은 src32f 영상의 중심을 center에 계산한다. 46행은 phaseCorrelateRes 또는 phaseCorrelate 함수가 peakLoc = (center - t)을 반환하기 때문에, peakLoc = (center - peakLoc)를 수행하면 원래의 위치 t가 된다. t는 상관관계가 가장 큰 값을 갖는 위치이다. 47-67행은 fftShift 함수에 의해 대각선 방향으로 교환된 영역을 다시 교환하는 작업이다. 69-70행은 rectangle 함수로 srcImage 영상에 매칭좌표 Point((int)peakLoc.x, (int)peakLoc.y)와 템플릿 영상의 크기를 이용하여, dstImage 영상에 사각형을 표시한다. [그림 7.28]은 phaseCorrelateRes 함수를 사용한 위상 상관관계에 의한 템플릿 매칭 결과를 표시한다. [예제 6-19]의 matchTemplate을 사용한 템플릿 매칭 결과와 같다.

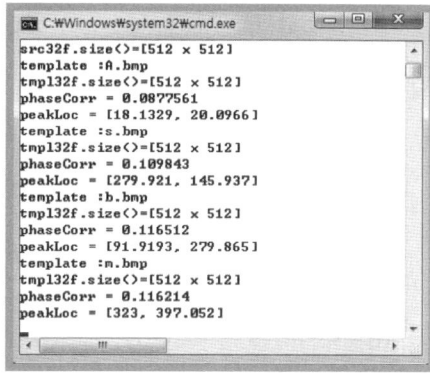

(a)　　　　　　　　　　　　　　(b)

[그림 7.28] 영상에서 phaseCorrelateRes 함수에 의한 템플릿 매칭

[예제 7-17]　영상에서 위상 상관관계(phase correlation)에 의한 템플릿 매칭 4
(사용자 정의 함수 : PhaseCorr(Mat &_A, Mat &_B, Point *maxloc))

```
001:  #include "opencv.hpp"
002:  using namespace cv;
003:  using namespace std;
004:  Point PhaseCorr(Mat &_A, Mat &_B, double *maxloc);
005:  int main()
006:  {
007:      Mat srcImage = imread("alphabet.bmp", IMREAD_GRAYSCALE);
008:      if( srcImage.empty() )
009:          return -1;
010:      String tName[] = {"A.bmp", "s.bmp", "b.bmp", "m.bmp"};
011:
012:      Mat dstImage;
013:      cvtColor(srcImage, dstImage, COLOR_GRAY2BGR );
014:
015:      Mat src32f;
016:      srcImage.convertTo(src32f, CV_32F);
017:      cout << "src32f.size()=" << src32f.size() << endl;
018:      for(int i = 0; i < 4; i++)
019:      {
020:          Mat tImage = imread(tName[i], IMREAD_GRAYSCALE);
021:          if( tImage.empty() )
022:              return -1;
023:          cout << "template :" << tName[i] << endl;
024:          Mat tmpl32f;
025:          tImage.convertTo(tmpl32f, CV_32F);
026:
027:          double phaseCorr;
028:          Point peakLoc = PhaseCorr(src32f, tmpl32f, &phaseCorr);
029:          cout << "phaseCorr = " << phaseCorr << endl;
030:          cout << "peakLoc = " << peakLoc << endl;
031:          rectangle(dstImage, Point((int)peakLoc.x, (int)peakLoc.y),
032:              Point(peakLoc.x + tImage.cols, peakLoc.y + tImage.rows), Scalar(255, 0, 0), 2);
033:      }
034:      imshow("dstImage", dstImage);
035:      waitKey();
036:      return 0;
037:  }
```

```
038:   Point PhaseCorr(Mat &_A, Mat &_B, double *maxValue)
039:   {       // calculate convolution and correlation by DFT
040:           int nW = getOptimalDFTSize(_A.cols + _B.cols - 1);
041:           int nH = getOptimalDFTSize(_A.rows + _B.rows - 1);
042:
043:           Mat A;
044:           copyMakeBorder(_A, A, 0, nH - (_A.rows), 0, nW - (_A.cols),BORDER_CONSTANT, 0);
045:           Mat B;
046:           copyMakeBorder(_B, B, 0, nH - (_B.rows), 0, nW - (_B.cols), BORDER_CONSTANT, 0);
047:
048:           // correlation: magF = IDFT(DFT(A) * conj(DFT(B)))
049:           Mat dftA;
050:           dft(A, dftA, DFT_COMPLEX_OUTPUT);
051:           Mat dftB;
052:           dft(B, dftB, DFT_COMPLEX_OUTPUT);
053:
054:           Mat dftD;
055:           mulSpectrums(dftA, dftB, dftD, 0, true); // conjB = true
056:
057:           Mat matCmplx[2];
058:           split(dftD, matCmplx);
059:           // normalize by magnitude
060:           Mat magF;
061:           magnitude(matCmplx[0], matCmplx[1], magF);
062:           divide(matCmplx[0], magF, matCmplx[0]);
063:           divide(matCmplx[1], magF, matCmplx[1]);
064:   //      matCmplx[0] /= magF;
065:   //      matCmplx[1] /= magF;
066:           merge(matCmplx, 2, dftD);
067:
068:           dft(dftD, magF, DFT_INVERSE | DFT_SCALE|DFT_REAL_OUTPUT);
069:           // magF : phase correlation
070:           // Printmat("Corr=", magF);
071:
072:           Point peakLoc;
073:           minMaxLoc(magF, NULL, maxValue, NULL, &peakLoc);
074:           return peakLoc;
075:   }
```

◎ **프로그램 설명**

① [예제 7-14]의 사용자 정의 함수 PhaseCorr를 사용하여, [예제 7-16]의 위상 상관관계를 사용한 참조 영상 "alphabet.bmp"에서 템플릿 매핑을 다시 작성한다.

② 7-17행

7행은 "alphabet.bmp" 파일을 srcImage에 그레이스케일로 읽어 저장한다. 10행은 템플릿 영상의 파일 이름을 tName 문자열 배열에 초기화한다. 16행은 CV_8U인 srcImage 영상을 CV_32F인 src32f 영상으로 변환한다.

③ 18-33행

20-25행은 tName[i] 영상 파일을 tImage에 로드하고, CV_32F인 tmpl32f 영상으로 변환한다. 28행은 PhaseCorr 함수로 참조 영상 src32f에서 템플릿 영상 tmpl32f을 위상 상관관계로 매칭하여 위치 peakLoc와, 상관관계 값을 phaseCorr을 계산한다. 31-32행은 rectangle 함수로 srcImage 영상에 매칭 좌표 Point((int)peakLoc.x, (int)peakLoc.y)와 템플릿 영상의 크기를 이용하여 dstImage 영상에 사각형을 표시한다. 실행 결과는 [그림 7.28]의 phaseCorrelateRes 함수에 의한 템플릿 매칭 결과와 같다.

3.3 주파수 영역에서의 미분

푸리에 변환의 특성에서 설명한 바와 같이 푸리에 변환을 이용하여 미분을 계산할 수 있다. 그러나 고주파 성분이 너무 강조되어, 푸리에 변환의 특성에 있는 수식을 그대로 사용하지 않는다. $f(x,y)$을 가우시안 함수로 필터링한 다음 미분을 계산하거나, 가우시안 함수의 푸리에 변환이 가우시안 함수가 특성과, 주파수 영역에서의 회선을 이용하여 계산한다.

(1) 가우시안 함수의 푸리에 변환

가우시안 함수는 공간영역 필터링에서 영상을 부드럽게 하는 스무딩 필터로 사용한다. 주파수 영역 필터링에서도 영상을 부드럽게 하는 저주파 통과 필터로 사용할 수 있으며, 영상을 날카롭게 하는 고주파 통과 필터링에서도 사용할 수 있다. 또한, 스케일 공간(scale space) 표현에 사용한다. 가우시안 함수, $g(x,y)$의 푸리에 변환, $G(u,v)$는 가우시안 함수이다.

$$g(x,y) = \frac{1}{2\pi\sigma^2}exp(-\frac{1}{2}\frac{x^2+y^2}{\sigma^2})$$

$$= g_1(x)g_1(y)$$

$$g_1(x) = \frac{1}{\sqrt{2\pi}\,\sigma}exp(-\frac{1}{2}(\frac{x}{\sigma})^2)$$

$$DFT(g(x,y)) = G(u,v) = \exp(-\frac{1}{2}(2\pi\sigma)^2(u^2+v^2))$$

$$= \exp(-2\pi^2\sigma^2(u^2+v^2))$$

(2) 가우시안 함수의 푸리에 변환, $G(u,v)$를 이용한 스무딩

가우시안 함수, $g(x,y)$의 푸리에 변환인 $DFT(g(x,y)) = G(u,v)$와 회선을 이용하여 영상 $f(x,y)$을 부드럽게 스무딩한다.

$$f(x,y) * g(x,y) = IDFT(F(u,v)\,G(u,v))$$

$$= IDFT(F(u,v)\exp(-2\pi^2\sigma^2(u^2+v^2)))$$

주파수 공간의 중심을 $F(M/2, N/2)$로 이동시키면, $U = u - M/2$, $V = v - N/2$로 좌표를 변환하면, 영상 $f(x,y)$와 가우시안 함수, $g(x,y)$의 회선은 다음과 같다.

$$f(x,y) * g(x,y) = IDFT(F(U,V)\exp(-2\pi^2\sigma^2\,(U^2+V^2)))$$

(3) 가우시안 함수의 푸리에 변환, $G(u,v)$를 이용한 미분

영상 $f(x,y)$와 가우시안 함수 $g(x,y)$의 회선(convolution)의 미분은 다음과 같다.

$$\frac{\partial}{\partial x}(f(x,y) * g(x,y)) = \frac{\partial}{\partial x}f(x,y) * g(x,y) = f(x,y) * \frac{\partial}{\partial x}g(x,y)$$

영상 $f(x,y)$ 미분의 푸리에 변환 $DFT(\frac{\partial}{\partial x}f(x,y))$은 가우시안 함수 $g(x,y)$의 푸리에 변환, $G(u,v)$이 가우시안 함수인 것을 이용하여 다음과 같이 계산한다.

$$\frac{\partial}{\partial x}(f(x,y)*g(x,y)) = \frac{\partial}{\partial x}f(x,y)*g(x,y)$$

$$= IDFT(DFT(\frac{\partial}{\partial x}f(x,y))\,DFT(g(x,y)))$$

$$= IDFT(j2\pi u\,F(u,v)\,G(u,v))$$

$$= IDFT(j2\pi u\,G(u,v)\,F(u,v))$$

$$= IDFT(j2\pi u\,(\exp(-2\pi^2\sigma^2(u^2+v^2)))\,F(u,v))$$

$$\frac{\partial}{\partial y}(f(x,y)*g(x,y)) = \frac{\partial}{\partial y}f(x,y)*g(x,y)$$

$$= IDFT(DFT(\frac{\partial}{\partial y}f(x,y))\,DFT(g(x,y)))$$

$$= IDFT(j2\pi v\,(\exp(-2\pi^2\sigma^2(u^2+v^2)))\,F(u,v))$$

주파수 공간의 중심을 $F(M/2, N/2)$로 이동시키고, $U=u-M/2$, $V=v-N/2$로 좌표를 변환하여 계산한다.

(4) 가우시안 함수의 푸리에 변환, $G(u,v)$를 이용한 LoG(Laplacian of Gaussian)

영상 $f(x,y)$의 라플라시안의 푸리에 변환과 가우시안 함수, $g(x,y)$의 회선을 이용하여, 주파수 영역에서 LoG 필터링을 다음과 같이 계산한다.

$$\nabla^2 f(x,y)*g(x,y) = IDFT(DFT(\nabla^2 f(x,y))\,G(u,v))$$

$$= IDFT(-(2\pi)^2(u^2+v^2)F(u,v)\,G(u,v))$$

$$= IDFT(-4\pi^2(u^2+v^2)\,\exp(-2\pi^2\sigma^2(u^2+v^2))\,F(u,v))$$

주파수 공간의 중심을 $F(M/2, N/2)$로 이동시키고, $U=u-M/2$, $V=v-N/2$로 좌표를 변환하여 계산한다. 주파수 공간의 중심을 $F(M/2, N/2)$로 이동시키는 것은 [예제 7-3]의 MakeOriginToCenterUsingRearranging 함수 또는 [예제 7-4]의 ChangeSignOddPositionInXY 함수를 사용한다.

[예제 7-18] 가우시안 함수의 푸리에 변환을 이용한 스무딩

```
001:  #include "opencv.hpp"
002:  using namespace cv;
003:  using namespace std;
004:  void ChangeSignOddPositionInXY(Mat &m);
005:  void GaussianSmoothDFT(Mat &src, Mat &dst, double sigma);
006:  int main()
007:  {
```

```
008:        Mat srcImage = imread("rect.jpg", IMREAD_GRAYSCALE);
009:        // Mat srcImage = imread("lena.jpg", IMREAD_GRAYSCALE);
010:        if( srcImage.empty() )
011:            return -1;
012:        imshow("srcImage", srcImage);
013:
014:        Mat src32f;
015:        srcImage.convertTo(src32f, CV_32F);
016:
017:        Mat dstGauss;
018:
019:        double sigma = 0.1; // 0.1, 0.05, 0.01, 0.005
020:        GaussianSmoothDFT(src32f, dstGauss, sigma);
021:
022:        Mat magImage;
023:        dstGauss.convertTo(magImage, CV_8U);
024:        imshow("magImage", magImage);
025:        waitKey();
026:        return 0;
027:    }
028:    void GaussianSmoothDFT(Mat &src, Mat &dst, double sigma)
029:    {
030:        int nW = getOptimalDFTSize(src.cols);
031:        int nH = getOptimalDFTSize(src.rows);
032:
033:        Mat A;
034:        copyMakeBorder(src, A, 0, nH - (src.rows), 0, nW - (src.cols), BORDER_CONSTANT, 0);
035:
036:        ChangeSignOddPositionInXY(A); // centering
037:        Mat dftA;
038:        dft(A, dftA, DFT_COMPLEX_OUTPUT);
039:
040:        int u, v;
041:        Vec2f cmplxValue;
042:        double centerU = dftA.cols / 2;
043:        double centerV = dftA.rows / 2;
044:        double d = -2 * (CV_PI * CV_PI) * sigma * sigma;
045:        double U, V, D, G;
046:
047:        for(v = 0; v < dftA.rows; v++)
048:            for(u = 0; u < dftA.cols; u++)
049:            {
050:                U = (u - centerU);
051:                V = (v - centerV);
052:                D = U * U + V * V;
053:                cmplxValue = dftA.at<Vec2f>(v, u);
054:
055:                G = exp(d * D);
056:                cmplxValue[0] *= G;
057:                cmplxValue[1] *= G;
058:                dftA.at<Vec2f>(v, u) = cmplxValue;
059:            }
060:        dst.create(src.size(), CV_32F);
061:        idft(dftA, dst, DFT_SCALE|DFT_REAL_OUTPUT, dftA.rows);
062:        ChangeSignOddPositionInXY(dst); // centering
063:    }
064:    void ChangeSignOddPositionInXY(Mat &m)
```

```
065: {
066:     int x, y;
067:     float fValue;
068:     for(y = 0; y < m.rows; y++)
069:         for(x = 0; x < m.cols; x++)
070:         {
071:             fValue = m.at<float>(y, x);
072: //          if((x + y) % 2 == 1) // odd number
073:             if((x + y) % 2 == 1 && fValue != 0)
074:                 m.at<float>(y, x) = -fValue;
075:         }
076: }
```

◎ **프로그램 설명**

① **8-15행**
8행은 입력영상 "rect.jpg"를 로드하여 srcImage에 저장한다. 15행은 CV_8U인 srcImage 영상을 CV_32F인 src32f 영상으로 변환한다.

② **17-24행**
20행은 가우스 함수의 표준편차 sigma = 0.1로 설정하여, GaussianSmoothDFT 함수로 src32f 를 스무딩하여 dstGauss에 저장한다. 23행은 imshow 함수에서 영상을 표시하기 위해, CV_32F인 dstGauss 영상을 CV_8U인 magImage 영상으로 변환한다.

③ **28-63행**
30-38행은 src 영상의 dft를 위한 최적의 크기를 계산하고, copyMakeBorder 함수로 입력 src를 행렬 A로 0-패딩하여 확장한다. ChangeSignOddPositionInXY 함수로 주파수 공간의 중심이 영상 의 중심으로 이동하고, dft 함수로 행렬 A를 푸리에 변환하여 dftA에 저장한다. 40-59행은 주파수 공간의 중심이 centerU, centerV인 $dftA(U, V)$와 가우스함수의 푸리에 변환 $G(U, V)$의 주파수 영역에서의 곱셈을 하여 $dftA(U, V)$에 저장한다.

$$dftA(U, V) = dftA(U, V)\exp(-2\pi^2\sigma^2(U^2 + V^2))$$

60행은 dst에 src와 같은 크기의 행렬을 CV_32F로 생성하고, 61행은 idft 함수로 dftA의 역방향 푸리에 변환을 dst에 저장한다. 62행은 ChangeSignOddPositionInXY 함수로 주파수 공간의 중심이 영상의 중심으로 이동한 것을 되돌린다.

④ [그림 7.29]는 "rect.jpg" 영상에서 표준편차 값을 변경하여 가우시안 함수의 푸리에 변환을 이용한 스무딩 결과이다. [그림 7.30]은 "lena.jpg" 영상에서 표준편차 값을 변경하여 가우시안 함수의 푸리에 변환을 이용한 스무딩 결과이다. 이와 같이, 서로 다른 표준편차 값을 변경한 가우시안 함수에 의한 회선 영상을 가우시안 스케일 공간(Gaussian scale space) 영상이라 한다.

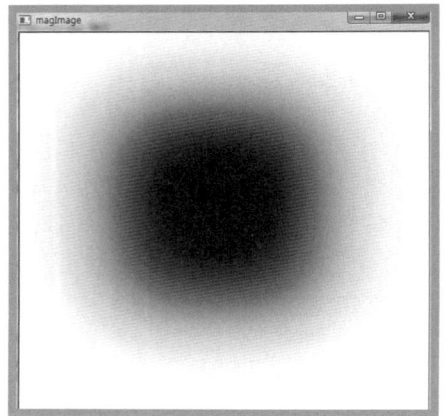 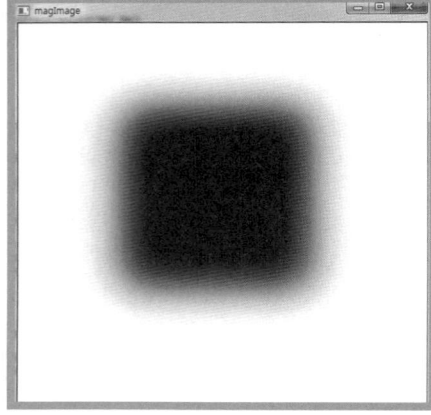

(a) sigma = 0.1   (b) sigma = 0.05

(c) sigma = 0.01　　　　　　　　　　　(d) sigma = 0.005

[그림 7.29] 가우시안 함수의 푸리에 변환을 이용한 스무딩("rect.jpg")

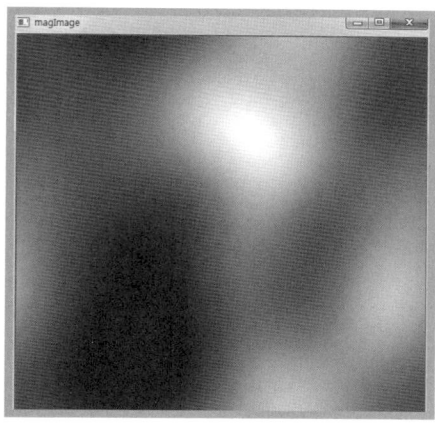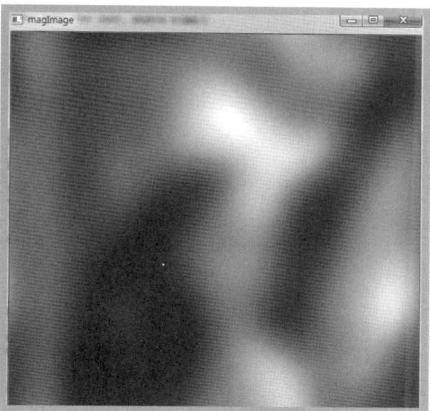

(a) sigma = 0.1　　　　　　　　　　　(b) sigma = 0.05

(c) sigma = 0.01　　　　　　　　　　　(d) sigma = 0.005

[그림 7.30] 가우시안 함수의 푸리에 변환을 이용한 스무딩("lena.jpg")

[예제 7-19] 가우시안 함수의 푸리에 변환을 이용한 1차 미분(그래디언트)

```
001:  #include "opencv.hpp"
002:  using namespace cv;
003:  using namespace std;
004:  void FirstDerivativeGauss(Mat &src, Mat &dst, double sigma, int dir);
005:  void ChangeSignOddPositionInXY(Mat &m);
006:  int main()
007:  {
008:      Mat srcImage = imread("rect.jpg", IMREAD_GRAYSCALE);
009:      // Mat srcImage = imread("lena.jpg", IMREAD_GRAYSCALE);
010:      if( srcImage.empty() )
011:          return -1;
012:      imshow("srcImage", srcImage);
013:
014:      Mat src32f;
015:      srcImage.convertTo(src32f, CV_32F);
016:
017:      double sigma = 0.01; // 0.05, 0.03, 0.01, 0.005
018:      Mat dX;
019:      FirstDerivativeGauss(src32f, dX, sigma, 0);
020:
021:      Mat dY;
022:      FirstDerivativeGauss(src32f, dY, sigma, 1);
023:
024:      // Mat zeros = Mat::zeros(src32f.size(), CV_32F);
025:      Mat mag32f;
026:      // magnitude(dX, zeros, mag32f);
027:      mag32f = abs(dX);
028:      Mat magX;
029:      normalize(mag32f, magX, 0, 255, NORM_MINMAX, CV_8U);
030:      imshow("magX", magX);
031:
032:      // magnitude(zeros, dY, mag32f);
033:      mag32f = abs(dY);
034:      Mat magY;
035:      normalize(mag32f, magY, 0, 255, NORM_MINMAX, CV_8U);
036:      imshow("magY", magY);
037:
038:
039:      magnitude(dX, dY, mag32f);
040:      Mat magXY;
041:      normalize(mag32f, magXY, 0, 255, NORM_MINMAX, CV_8U);
042:      imshow("magXY", magXY);
043:
044:      waitKey();
045:      return 0;
046:  }
047:  void FirstDerivativeGauss(Mat &src, Mat &dst, double sigma, int dir)
048:  {
049:      int nW = getOptimalDFTSize(src.cols);
050:      int nH = getOptimalDFTSize(src.rows);
051:
052:      Mat A;
053:      copyMakeBorder(src, A, 0, nH - (src.rows), 0, nW - (src.cols), BORDER_CONSTANT,0);
054:
055:      ChangeSignOddPositionInXY(A); // centering
```

```
056:        Mat dftA;
057:        dft(A, dftA, DFT_COMPLEX_OUTPUT);
058:
059:        int u, v;
060:        Vec2f aValue, cValue1, cValue2;
061:        const double phi2 = 2 * CV_PI;
062:
063:        double centerU = dftA.cols / 2;
064:        double centerV = dftA.rows / 2;
065:        double D, G;
066:        double d = -2 * (CV_PI * CV_PI) * sigma * sigma;
067:        double U, V;
068:
069:        for(v = 0; v < dftA.rows; v++)
070:        for(u = 0; u < dftA.cols; u++)
071:        {
072:            U = (u - centerU);
073:            V = (v - centerV);
074:            D = U * U + V * V;
075:            cValue1 = dftA.at<Vec2f>(v, u);
076:            if(dir == 0)
077:                G = exp(d * D) * phi2 * U;
078:            else
079:                G = exp(d * D) * phi2 * V;
080:
081:            cValue2[0] = 0.0;
082:            cValue2[1] = G;
083:            aValue[0] = (cValue1[0] * cValue2[0] - cValue1[1] * cValue2[1]);
084:            aValue[1] = (cValue1[0] * cValue2[1] + cValue1[1] * cValue2[0]);
085:            dftA.at<Vec2f>(v, u) = aValue;
086:        }
087:        dst.create(src.size(), CV_32F);
088:        idft(dftA, dst, DFT_SCALE|DFT_REAL_OUTPUT);//, dftA.rows);
089:        ChangeSignOddPositionInXY(dst); // centering
090: }
091: void ChangeSignOddPositionInXY(Mat &m)
092: {
093:        int x, y;
094:        float fValue;
095:        for(y = 0; y < m.rows; y++)
096:            for(x = 0; x < m.cols; x++)
097:            {
098:                fValue = m.at<float>(y, x);
099:                // if((x + y) % 2 == 1)      // odd number
100:                if((x + y) % 2 == 1 && fValue != 0)
101:                    m.at<float>(y, x) = -fValue;
102:            }
103: }
```

◎ 프로그램 설명

① 8-15행

8행은 입력영상 "rect.jpg"를 로드하여 srcImage에 저장한다. 15행은 CV_8U인 srcImage 영상을 CV_32F인 src32f 영상으로 변환한다.

② 17-22행

19행은 가우스 함수의 표준편차 sigma = 0.01, dir = 0로 설정하여, FirstDerivativeGauss 함수로 x-축으로의 편미분을 dX에 계산한다. 22행은 가우스 함수의 표준편차 sigma = 0.1, dir = 1로 설정하여, FirstDerivativeGauss 함수로 y-축으로의 편미분을 dY에 계산한다.

③ 24-42행

25-30행은 abs 함수로 dX의 절대값을 계산하고, normalize 함수로 [0, 255]로 정규화하여 x-방향 편미분의 크기를 표시한다. abs 함수 대신 y-축을 zeros 행렬로 하여 magnitude 함수로 계산할 수도 있다. 32-36행은 abs 함수로 dY의 절대값을 계산하고, normalize 함수로 [0, 255]로 정규화하여 y-방향 편미분의 크기를 표시한다. 39-42행은 dX, dY를 이용하여 magnitude 함수로 그래디언트의 크기를 계산하고, normalize 함수로 [0, 255]로 정규화하여 그래디언트의 크기를 표시한다.

④ 47-90행

49-57행은 src 영상의 dft를 위한 최적의 크기를 계산하고, copyMakeBorder 함수로 입력 src를 행렬 A로 0-패딩하여 확장한다. ChangeSignOddPositionInXY 함수로 주파수 공간의 중심이 영상의 중심으로 이동하고, dft 함수로 행렬 A를 푸리에 변환하여 dftA에 저장한다. 59-86행은 주파수 공간의 중심이 centerU, centerV인 $dftA(U, V)$와 가우스함수의 푸리에 변환 $G(U, V)$의 주파수 영역에서의 곱셈을 하여, dir = 0이면 x축 방향으로 1차 편미분을 위해, 가우스 함수의 푸리에 변환과 영상의 푸리에 변환의 미분 특성을 이용하여 다음과 같이 곱셈을 계산한다.

$$dftA(U, V) = j2\pi U(\exp(-2\pi^2\sigma^2(U^2 + V^2)))\, dftA(U, V), \text{ if dir = 0}$$

$$dftA(U, V) = j2\pi V(\exp(-2\pi^2\sigma^2(U^2 + V^2)))\, dftA(U, V), \text{ if dir = 1}$$

87행은 dst에 src과 같은 크기의 행렬을 CV_32F로 생성하고, 88행은 idft 함수로 dftA의 역방향 푸리에 변환을 dst에 저장한다. 89행은 ChangeSignOddPositionInXY 함수로 주파수 공간의 중심이 영상의 중심으로 이동한 것을 되돌린다.

⑤ [그림 7.31]은 sigma = 0.005로 가우시안 함수의 푸리에 변환을 이용한 1차 미분의 결과이다. 에지 부분에서 높은 값인 것을 확인할 수 있다. [그림 7.31](a)-(c)는 입력영상을 "rect.jpg"로 실행한 결과로, [그림 7.31](a)는 x-축 방향의 편미분의 크기, [그림 7.31](b)는 y-축 방향의 편미분의 크기, [그림 7.31](c)는 그래디언트의 크기 결과이고, [그림 7.31](d)는 입력영상을 "lena.jpg"로 실행한 그래디언트의 크기 결과이다.

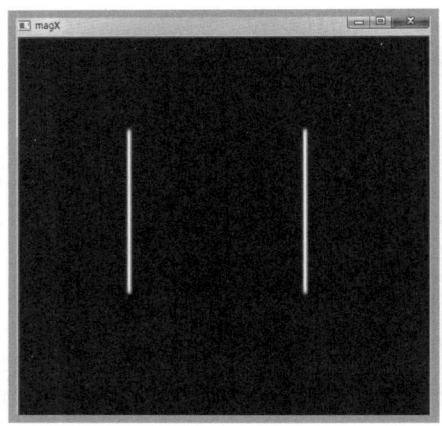
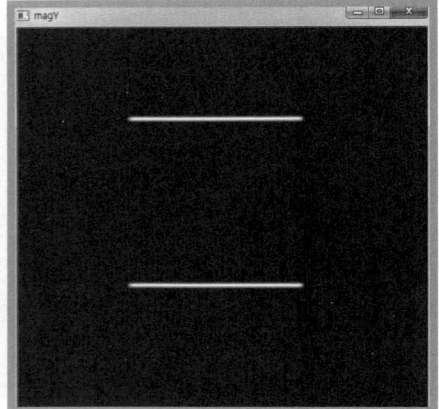

(a) magX = abs(dX)   (b) magY = abs(dY)

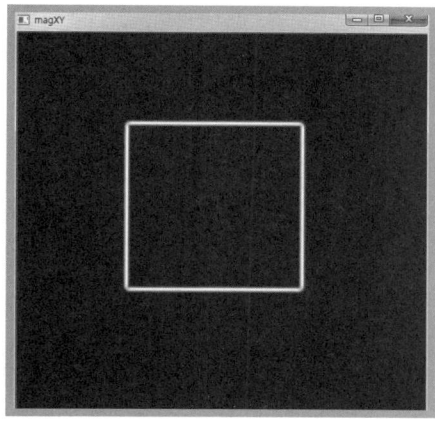 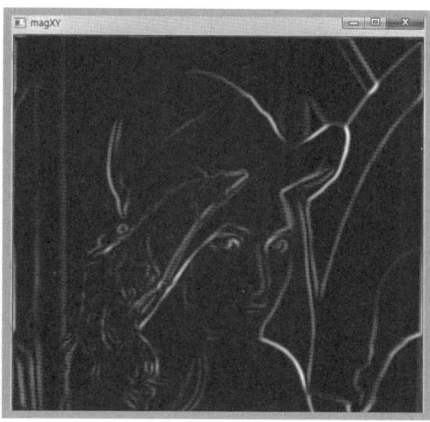

(c) magXY = $\sqrt{(dX^2 + dY^2)}$ (d) magXY = $\sqrt{(dX^2 + dY^2)}$

[그림 7.31] 가우시안 함수의 푸리에 변환을 이용한 1차 미분(그래디언트)

[예제 7-20] 가우시안 함수의 푸리에 변환을 이용한 LoG(Laplacian of Gaussian)

```
001:   #include "opencv.hpp"
002:   using namespace cv;
003:   using namespace std;
004:   void LOG_DFT(Mat &src, Mat &dst, double sigma);
005:   void ZeroCrossing(Mat &src, Mat &dst, int th);
006:   void ChangeSignOddPositionInXY(Mat &m);
007:   int main()
008:   {
009:       Mat srcImage = imread("rect.jpg", IMREAD_GRAYSCALE);
010:       // Mat srcImage = imread("lena.jpg", IMREAD_GRAYSCALE);
011:       if( srcImage.empty() )
012:           return -1;
013:       imshow("srcImage", srcImage);
014:
015:       Mat src32f;
016:       srcImage.convertTo(src32f, CV_32F);
017:
018:       double sigma = 0.01;      // 0.05, 0.01
019:       Mat logDst;
020:       LOG_DFT(src32f, logDst, sigma);
021:
022:       Mat zeroDest;
023:       ZeroCrossing(logDst, zeroDest, 1);
024:       imshow("zeroDest", zeroDest);
025:
026:       waitKey();
027:       return 0;
028:   }
029:   void LOG_DFT(Mat &src, Mat &dst, double sigma)
030:   {
031:       int nW = getOptimalDFTSize(src.cols);
032:       int nH = getOptimalDFTSize(src.rows);
033:
034:       Mat A;
035:       copyMakeBorder(src, A, 0, nH - (src.rows), 0, nW - (src.cols), BORDER_CONSTANT,0);
036:
```

```
037:         ChangeSignOddPositionInXY(A); // centering
038:         Mat dftA;
039:         dft(A, dftA, DFT_COMPLEX_OUTPUT);
040:
041:         int u, v;
042:         Vec2f cValue;
043:         const double phi4 = -4 * CV_PI * CV_PI;
044:
045:         double centerU = dftA.cols / 2;
046:         double centerV = dftA.rows / 2;
047:         double D, G;
048:         double d = -2 * (CV_PI * CV_PI) * sigma * sigma;
049:         double U, V;
050:
051:         for(v = 0; v < dftA.rows; v++)
052:             for(u = 0; u < dftA.cols; u++)
053:             {
054:                 U = (u - centerU);
055:                 V = (v - centerV);
056:                 D = U * U + V * V;
057:                 cValue = dftA.at<Vec2f>(v, u);
058:
059:                 G = phi4 * D * exp(d * D);
060:
061:                 cValue[0] *= G;
062:                 cValue[1] *= G;
063:                 dftA.at<Vec2f>(v, u) = cValue;
064:             }
065:         dst.create(src.size(), CV_32F);
066:         idft(dftA, dst, DFT_SCALE|DFT_REAL_OUTPUT); // dftA.rows
067:         ChangeSignOddPositionInXY(dst); // centering
068: }
069: void ZeroCrossing(Mat &src, Mat &dst, int th)
070: {
071:         int x, y;
072:         double a, b;
073:
074:         Mat zeroCrossH(src.size(), CV_32F, Scalar::all(0));
075:         Mat_<float> _src(src);
076:         for(y = 1; y < src.rows - 1; y++)
077:             for(x = 1; x < src.cols - 1; x++)
078:             {
079:                 a = _src(y, x );
080:                 b = _src(y, x + 1);
081:                 if(a == 0)
082:                     a = _src(y, x - 1);
083:                 if(a*b < 0)
084:                     zeroCrossH.at<float>(y, x) = fabs(a) + fabs(b);
085:                 else
086:                     zeroCrossH.at<float>(y, x) = 0;
087:             }
088:         Mat zeroCrossV(src.size(), CV_32F, Scalar::all(0));
089:         for(y = 1; y < src.rows - 1; y++)
090:             for(x = 1; x < src.cols - 1; x++)
091:             {
092:                 a = _src(y, x );
093:                 b = _src(y + 1, x);
```

```
094:                    if(a == 0)
095:                        a = _src(y - 1, x);
096:                    if(a*b < 0)
097:                        zeroCrossV.at<float>(y, x) = fabs(a) + fabs(b);
098:                    else
099:                        zeroCrossV.at<float>(y, x) = 0;
100:            }
101:        Mat zeroCross(src.size(), CV_32F, Scalar::all(0));
102:        add(zeroCrossH, zeroCrossV, zeroCross);
103:
104:        dst.create(src.size(), CV_8U);
105:        threshold(zeroCross, dst, th, 255, THRESH_BINARY);
106: }
107: void ChangeSignOddPositionInXY(Mat &m)
108: {
109:        int x, y;
110:        float fValue;
111:        for(y = 0; y < m.rows; y++)
112:            for(x = 0; x < m.cols; x++)
113:            {
114:                fValue = m.at<float>(y, x);
115:                // if((x + y) % 2 == 1)      // odd number
116:                if((x + y) % 2 == 1 && fValue != 0)
117:                    m.at<float>(y, x) = -fValue;
118:            }
119: }
```

◎ **프로그램 설명**

① 9~16행
9행은 입력영상 "rect.jpg"를 로드하여 srcImage에 저장한다. 16행은 CV_8U인 srcImage 영상을 CV_32F인 src32f 영상으로 변환한다.

② 18~24행
20행은 가우스 함수의 표준편차 sigma = 0.01로 설정하여, LOG_DFT 함수로 가우시안 함수의 푸리에 변환과 영상의 푸리에 변환의 라플라시안과의 회선을 logDst에 계산한다. 23행은 ZeroCrossing 함수로 logDst에서 0-교차점을 검사하여 zeroDest에 이진영상으로 계산한다. ZeroCrossing 함수는 6장에서 공간 영역에서 LoG을 계산할 때 구현하였다.

③ 29~68행
LOG_DFT 함수는 가우시안 함수의 푸리에 변환과 영상의 푸리에 변환의 라플라시안과의 회선을 계산한다. 31~39행은 src 영상의 dft를 위한 최적의 크기를 계산하고, copyMakeBorder 함수로 입력 src를 행렬 A로 0-패딩하여 확장한다. ChangeSignOddPositionInXY 함수로 주파수 공간의 중심이 영상의 중심으로 이동하고, dft 함수로 행렬 A를 푸리에 변환하여 dftA에 저장한다. 41~64행은 주파수 공간의 중심을 centerU, centerV로 설정하고, 행렬 A의 주파수 공간에서의 라플라시안과 가우스 함수의 푸리에 변환의 주파수 영역에서의 곱셈 계산한다.

$$dftA(U, V) = -4\pi^2(U^2 + V^2)\exp(-2\pi^2\sigma^2(U^2 + V^2))\,dftA(U, V)$$

65행은 dst에 src와 같은 크기의 행렬을 CV_32F로 생성하고, 66행은 idft 함수로 dftA의 역방향 푸리에 변환을 dst에 저장한다. 68행은 ChangeSignOddPositionInXY 함수로 주파수 공간의 중심이 영상의 중심으로 이동한 것을 되돌린다.

④ 69~106행
ZeroCrossing 함수는 LOG_DFT 함수로 계산한 라플라시안 회선 행렬 src에서 0-교차점을 계산하여, 크기가 임계값 th에 의해 이진영상으로 에지를 검출하여 dst에 저장한다.

⑤ [그림 7.32] LoG(Laplacian of Gaussian) 회선을 가우시안 함수의 푸리에 변환으로 구현하여 에지를 검출한 결과이다. [그림 7.32](a)-(b)는 입력영상을 "rect.jpg"로 실행한 결과이고, [그림 7.32] (c)-(d)는 입력영상을 "lena.jpg"로 실행한 결과이다. [그림 7.32](a)와 [그림 7.32](c)는 sigma = 0.05 로 설정한 결과이고, [그림 7.32](b)와 [그림 7.32](d)는 sigma = 0.01로 설정한 결과이다.

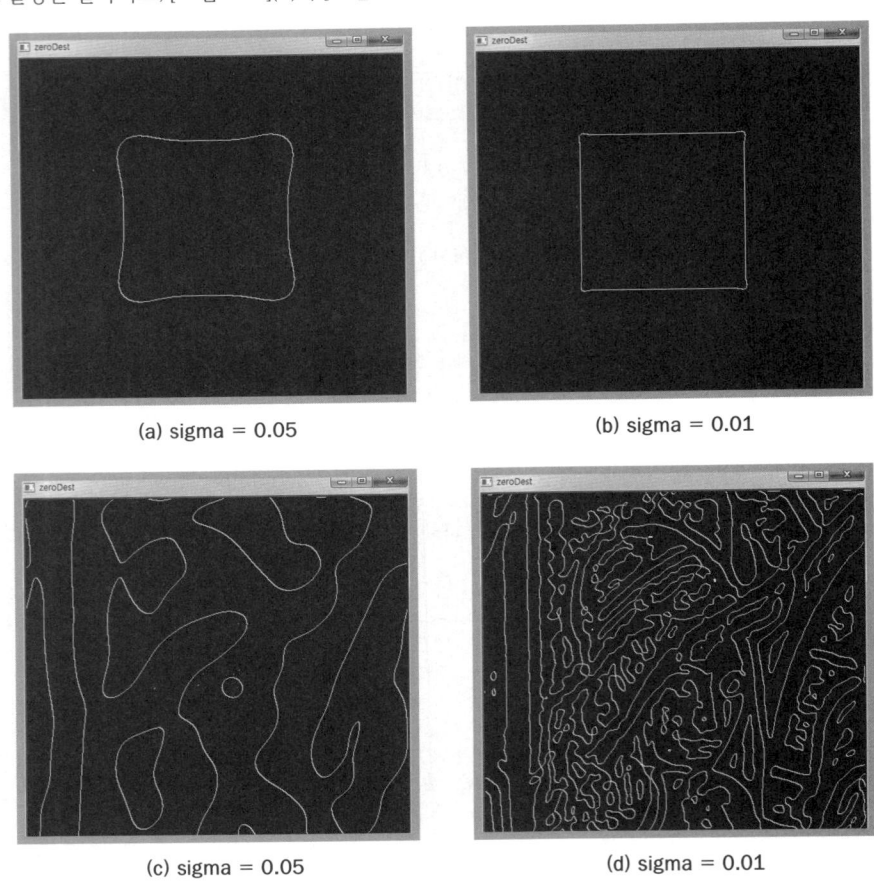

(a) sigma = 0.05   (b) sigma = 0.01

(c) sigma = 0.05   (d) sigma = 0.01

[그림 7.32] 가우시안 함수의 푸리에 변환을 이용한 LoG(Laplacian of Gaussian)

04 DCT 변환

4.1 DCT 변환

DCT(discrete cosine transform) 변환은 서로 다른 주파수의 코사인 함수의 합으로 데이터를 표현한다. DCT는 DFT(discrete Fourier transform)에서 실수부만을 고려한 것이라 생각할 수 있으며, JPEG, MP3 등의 손실 압축(lossy compression) 등에서 변환으로 사용한다.

M×N 크기의 입력영상 $f(x, y)$의 정방향 이산 코사인 변환(DCT)하여 M×N 크기의 주파수 영역 $F(u, v)$을 계산하고, $F(u, v)$을 역방향 코사인 변환(IDCT)하여 $f(x, y)$을 계산한다. $F(0, 0)$는 가장 저주파 성분이며, DC(direct current) 성분이라 부른다. 나머지는 AC(alternating current) 성분이라 한다. JPEG에서는 저주파에서 고주파 순서로 2차원 주파수 공간을 DC를 기준으로 AC 값을 양자화한 후에 Zig-zag 스캔하여 1차원으로 데이터를 나열하여 엔트로피 코딩을 한다.

$$Forward\,1-DDCT : F(u) = \sqrt{\frac{2}{N}}\ C(u) \sum_{x=0}^{N-1} f(x) \cos\left(\frac{(2x+1)u\pi}{2N}\right)$$

$$where\ \ C(u) = \begin{cases} \dfrac{1}{\sqrt[r]{2}} & \text{if}\ \ u = 0 \\ 1 & o.w. \end{cases}$$

$$Inverse\,1-DDCT : f(x) = \sqrt{\frac{2}{N}} \sum_{u=0}^{N-1} F(u)\ C(u) \cos\left(\frac{(2x+1)u\pi}{2N}\right)$$

$$where\ \ C(u) = \begin{cases} \dfrac{1}{\sqrt{2}} & \text{if}\ \ u = 0 \\ 1 & o.w. \end{cases}$$

$$Forward\,2-DDCT :$$
$$F(u, v) = \sqrt{\frac{2}{MN}}\ C(u) C(v) \sum_{y=0}^{M-1} \sum_{x=0}^{N-1} f(x, y) \cos\left(\frac{(2x+1)\pi u}{2N}\right)\cos\left(\frac{(2x+1)\pi v}{2N}\right)$$

$$where\ \ C(u) = \begin{cases} \dfrac{1}{\sqrt{2}} & \text{if}\ \ u = 0 \\ 1 & o.w. \end{cases}, \quad C(v) = \begin{cases} \dfrac{1}{\sqrt{2}} & \text{if}\ \ v = 0 \\ 1 & o.w. \end{cases}$$

$$Inverse\,2-DDCT :$$
$$f(x, y) = \sqrt{\frac{2}{MN}} \sum_{v=0}^{M-1} \sum_{u=0}^{N-1} F(u, v)\ C(u) C(v) \cos\left(\frac{(2x+1)\pi u}{2N}\right)\cos\left(\frac{(2x+1)\pi v}{2N}\right)$$

$$where\ \ C(u) = \begin{cases} \dfrac{1}{\sqrt{2}} & \text{if}\ \ u = 0 \\ 1 & o.w. \end{cases}, \quad C(v) = \begin{cases} \dfrac{1}{\sqrt{2}} & \text{if}\ \ v = 0 \\ 1 & o.w. \end{cases}$$

4.2 OpenCV DCT 변환

① void dct(InputArray src, OutputArray dst, int flags=0)

src는 입력인 실수 행렬이며, dst는 src와 같은 크기, 같은 자료형의 출력이다. dct 함수는 flags에 따라 정방향 또는 역방향 DCT를 수행한다. 디폴트로 flags = 0이면 정방향 DCT 변환을 수행하고, flags = DCT_INVERSE이면 역방향 DCT를 수행한다. flags = DCT_ROWS가 추가되면 src의 각 행에 대하여 별도로 DCT를 수행한다. src가 1행, 또는 1열이면 1-D DCT를 수행한다. DCT 함수의 크기는 짝수이며, 2 * getOptimalDFTSize((N + 1) / 2)로 계산할 수 있다.

② **void idct(InputArray src, OutputArray dst, int flags = 0)**

idct 함수는 역방향 DCT를 수행한다. src는 입력인 실수 행렬이며, dst는 src와 같은 크기, 같은 자료형의 출력이다. dct(src, dst, flags | DCT_INVERSE)와 같다.

[예제 7-21]   8×8 행렬의 DCT 변환

```
001:   #include <iomanip>
002:   #include "opencv.hpp"
003:   using namespace cv;
004:   using namespace std;
005:   void lowPassFilterDCT(Mat &A, int n);
006:   void Printmat(const char *strName, Mat m);
007:   int main()
008:   {
009:       float dataA[ ] = { 56, 55, 61,  66,  70,  61, 64, 73,
010:                          63,  59, 55,  90, 109,  85, 69, 72,
011:                          62,  59, 68, 113, 144, 104, 66, 73,
012:                          63,  58, 71, 122, 154, 106, 70, 69,
013:                          67,  61, 68, 104, 126,  88, 68, 70,
014:                          79,  65, 60,  70,  77,  68, 58, 75,
015:                          85,  71, 64,  59,  55,  61, 65, 83,
016:                          87,  79, 69,  68,  65,  76, 78, 94};
017:       Mat A(8, 8, CV_32F, dataA);
018:       Printmat("A=", A);
019:
020:       Mat dctA;
021:       dct(A, dctA);
022:       Printmat("dctA=", dctA);
023:
024:       lowPassFilterDCT(dctA, 5); // 5, 10, 20, 50
025:       Printmat("dctA=", dctA);
026:
027:       Mat B;
028:       idct(dctA, B);
029:       // dct(dctA, B, DCT_INVERSE);
030:       Printmat("B=", B);
031:
032:       return 0;
033:   }
034:   void lowPassFilterDCT(Mat &A, int n)
035:   {
036:       uchar zigZag[] = {0,  1,  5,  6, 14, 15, 27, 28,
037:                         2,  4,  7, 13, 16, 26, 29, 42,
038:                         3,  8, 12, 17, 25, 30, 41, 43,
039:                         9, 11, 18, 24, 31, 40, 44, 53,
040:                        10, 19, 23, 32, 39, 45, 52, 54,
041:                        20, 22, 33, 38, 46, 51, 55, 60,
042:                        21, 34, 37, 47, 50, 56, 59, 61,
043:                        35, 36, 48, 49, 57, 58, 62, 63};
044:       Mat M(8, 8, CV_8U, zigZag);
045:       // cout << "M=" << M << endl;
046:       int k;
047:       for(int v = 0; v < A.rows; v++)
048:           for(int u = 0; u < A.cols; u++)
049:           {
050:               k = M.at<uchar>(v, u);
```

```
051:                    if(k > n)
052:                         A.at<float>(v, u) = 0;
053:               }
054: }
055: void Printmat(const char *strName, Mat m)
056: {
057:      int x, y;
058:      float fValue;
059:      cout << endl << endl << strName << endl;
060:      cout << setiosflags(ios::fixed);
061:      for(y = 0; y < m.rows; y++)
062:      {
063:           for(x = 0; x < m.cols; x++)
064:           {
065:                fValue = m.at<float>(y, x);
066:                cout << setprecision(2) << setw(8) << fValue;
067:           }
068:           cout << endl;
069:      }
070:      cout << endl;
071: }
```

◎ 프로그램 설명

① 9~22행

17행은 배열 dataA로 초기화된 CV_32F 자료형의 8×8 행렬 A를 생성한다. 21행은 dct 함수로 행렬 A를 정방향 이산 코사인 변환을 수행하여 행렬 dctA에 저장한다.

② 24~30행

24행은 lowPassFilterDCT 함수로 행렬 dctA를 Zig-zag 스캔하여 스캔 첨자 k가 n = 5보다 큰 고주파 성분을 0으로 한다. 28행은 idct 함수로 dctA를 역방향 이산 코사인 변환을 하여 행렬 B에 저장한다.

③ 34~54행

lowPassFilterDCT 함수는 행렬 M에 Zig-zag 스캔 첨자를 저장하고, dctA를 Zig-zag 스캔하여 스캔 첨자 [0, n]까지의 요소는 통과시키고, 나머지 고주파 성분은 0으로 설정한다.

④ [그림 7.33]은 8×8 행렬의 DCT에서, n=5로 설정하여, Zig-zag 스캔의 첨자 k가 n = 5보다 큰 고주파 성분을 0으로 설정하여 저주파 통과 필터링한 결과로, 행렬 B가 행렬 A와 차이가 나는 것을 확인할 수 있다. [그림 7.34]는 8×8 행렬의 DCT에서, n = 50으로 설정하여, 저주파 통과 필터링한 결과로, 행렬 B가 행렬 A와 거의 같음을 알 수 있다.

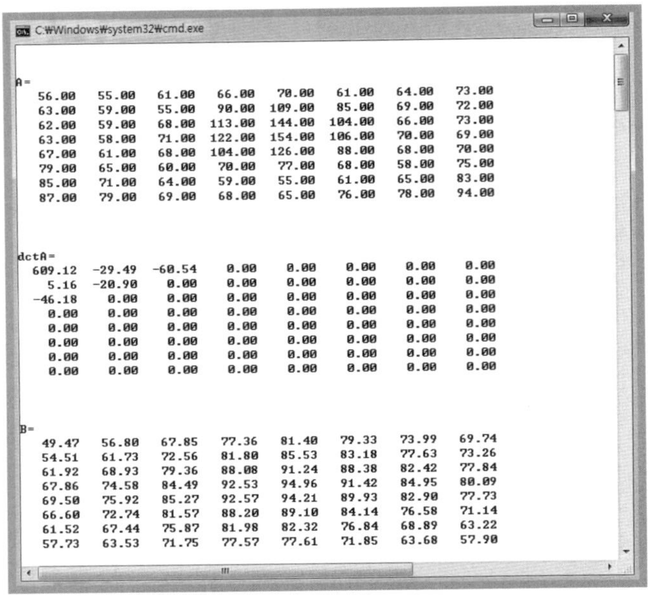

[그림 7.33] 8×8 행렬의 DCT(n = 5)

[그림 7.34] 8×8 행렬의 DCT(n = 50)

[예제 7-22]   영상을 8×8 블록으로 분할하여 DCT 변환

```
001:  #include "opencv.hpp"
002:  using namespace cv;
003:  using namespace std;
004:  void lowPassFilterDCT(Mat &A, int n);
005:  void Printmat(const char *strName, Mat m);
006:  int main()
007:  {
008:      Mat srcImage = imread("lena.jpg", IMREAD_GRAYSCALE);
009:      if( srcImage.empty() )
```

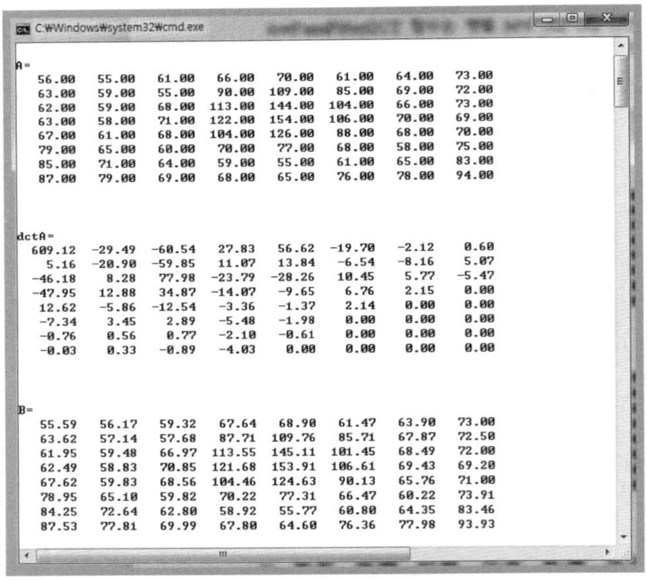

```
010:            return -1;
011:
012:        int nWidth = 8;
013:        int nHeight= 8;
014:        int M = srcImage.rows / nHeight;
015:        int N = srcImage.cols / nWidth;
016:        int x, y; // left, top
017:        Rect rtROI;
018:        Mat roi;
019:        Mat A, dctA;
020:        Mat B, dst;
021:        int n = 1; // 1, 5, 10, 20
022:        Mat dstImage(srcImage.size(), srcImage.type());
023:
024:        for(int i = 0; i < M; i++)
025:            for(int j = 0; j < N; j++)
026:            {
027:                x = j * nWidth;
028:                y = i * nHeight;
029:                rtROI = Rect(x, y, nWidth, nHeight);
030:                roi = srcImage(rtROI);
031:                roi.convertTo(A, CV_32F);
032:                dct(A, dctA);
033:                lowPassFilterDCT(dctA, n);
034:                idct(dctA, B);
035:
036:                B.convertTo(dst, CV_8U);
037:                dst.copyTo(dstImage(rtROI));
038:            }
039:        imshow("dstImage", dstImage);
040:        waitKey();
041:        return 0;
042: }
043: void lowPassFilterDCT(Mat &A, int n)
044: {
045:        uchar zigZag[] = {   0,  1,  5,  6, 14, 15, 27, 28,
046:                             2,  4,  7, 13, 16, 26, 29, 42,
047:                             3,  8, 12, 17, 25, 30, 41, 43,
048:                             9, 11, 18, 24, 31, 40, 44, 53,
049:                            10, 19, 23, 32, 39, 45, 52, 54,
050:                            20, 22, 33, 38, 46, 51, 55, 60,
051:                            21, 34, 37, 47, 50, 56, 59, 61,
052:                            35, 36, 48, 49, 57, 58, 62, 63};
053:        Mat M(8, 8, CV_8U, zigZag);
054:        int k;
055:        for(int v = 0; v < A.rows; v++)
056:            for(int u = 0; u < A.cols; u++)
057:            {
058:                k = M.at<uchar>(v, u);
059:                if(k > n)
060:                    A.at<float>(v, u) = 0;
061:            }
062: }
```

◎ 프로그램 설명

① 12-22행

12-13행은 nWidth = 8, nHeight = 8로 초기화하여 8×8 블록 크기를 설정한다. 14-15행은 서로 방향의 블록의 개수를 M, 가로 방향의 블록의 개수를 N에 저장한다. 21행의 n은 lowPassFilterDCT 함수의 Zig-zag 스캔에서 [0, n]까지의 요소를 통과시키기 위한 변수 n의 값을 초기화한다. 22행은 출력영상 dstImage을 srcImage와 같은 크기, 같은 자료형으로 생성한다.

② 24-38행

각 8×8 블록을 dct 변환을 수행하고, lowPassFilterDCT 함수로 Zig-zag 스캔하여 [0, n]까지의 요소를 통과시켜 idct 변환한 후에, dstImage의 블록에 복사한다. 27-29행은 8×8 블록을 rtROI에 저장하고, 30행은 srcImage의 rtROI 블록의 영상을 roi에 저장하고, 31행은 dct 함수를 위해 실수 행렬 A로 변환한다. 32행은 dct 함수로 실수 행렬 A에 정방향 이산 코사인 변환을 수행하여 dctA에 저장한다. 33행은 lowPassFilterDCT 함수로 dctA를 Zig-zag 스캔하여 [0, n]까지의 요소를 통과시키고, 34행은 idct 함수로 dctA를 역방향 이산 코사인 변환을 수행하여 행렬 B에 저장한다. 36행은 실수 행렬 B를 CV_8U의 dst 행렬로 변환하고, 37행은 dst를 dstImage의 rtROI 블록으로 복사한다.

③ [그림 7.35]는 영상을 8×8 블록으로 분할하여 DCT 변환한 결과이다. [그림 7.35](a)는 n = 1로 설정한 결과로, 각 8×8 블록에서 2개의 요소만을 남겨 놓고, 나머지는 모두 0으로 설정하여 역방향 DCT 변환한 결과로, 블록 효과가 나는 것을 볼 수 있다. [그림 7.35](b)는 n = 5로 설정한 결과이며, [그림 7.35](c)는 n = 20으로 설정한 결과이며, [그림 7.35](d)는 n = 50으로 설정한 결과로 육안으로는 차이를 구별할 수 없을 정도로 유사한 결과를 갖는다.

(a) n = 1

(b) n = 5

(c) n = 20

(d) n = 50

[그림 7.35] 영상을 8×8 블록으로 분할하여 DCT 변환

영상 분할

영상 분할(image segmentation)은 영상을 의미 있는 영역 또는 관심 있는 화소들의 그룹으로 분리하는 과정이다. 이러한 영상 분할은 영상을 이용한 분석, 인식, 추적 등 대부분의 고수준 영상처리에서 필수적인 단계이다. 영상 분할은 포인트 프로세싱, 히스토그램 처리, 공간 필터링, 주파수 필터링에서 설명한 많은 방법을 적용하여 관심 영역을 검출할 수 있다.

이 장에서는 Canny 에지 검출, 허브 변환에 의한 직선 검출, 원 검출 등을 다루고, 4장에서 설명한 inRange 함수로 주어진 화소의 밝기 또는 컬러 범위의 영역 분할과 5장에서 설명한 threshold, adaptiveThreshold 함수에 의한 임계값을 적용한 영역 분할 방법, 윤곽선 검출 및 그리기, 거리 계산, 영역 채우기, 인페인트 및 워터쉐드, 피라미드 기반 분할, 클러스터링 기반 분할에 대하여 설명한다.

01 에지, 직선, 원 검출

1.1 Canny 에지 검출

에지(edge)는 영상의 물체와 물체 사이 또는 물체와 배경 사이의 경계에서 발생한다. 6장의 공간 필터링에서 1차 미분의 그래디언트 크기를 사용하여 에지를 검출하는 Sobel 함수와 2차 미분 필터링 함수인 Laplacian 또는 LoG(Laplacian of Gaussian)로 필터링한 후에 0-교차점을 찾아 에지를 검출하는 방법에 대하여 설명하였다. 여기서는 Canny 함수를 사용한 에지 검출에 대하여 설명한다.

① void Canny(InputArray image, OutputArray edges, double threshold1, double threshold2, int apertureSize=3, bool L2gradient=false)

1채널 8비트 입력영상 image에서 에지를 검출하여 edges에 저장한다. apertureSize는 그래디언트를 계산하기 위한 Sobel 필터의 크기로 사용하고, 히스테리시스 임계값에 사용되는 두 임계값 threshold1, threshold2 (threshold1 < threshold2)를 사용하여 에지를 연결한다. L2gradient = true이면 그래디언트의 크기를 $\sqrt{((dI/dx)^2 + (dI/dy)^2)}$ 로 계산하고, L2gradient = false이면 $|dI/dx| + |dI/dy|$로 계산한다.

Canny 에지 검출 알고리즘은 다음과 같다. Canny 함수는 단계 1인 가우시안 필터링을 하지는 않으므로, 영상에서 잡음을 제거하기 위해서는 직접 Smooth 함수를 호출하여 영상을 부드럽게 해야 한다. 단계 2의 그래디언트 계산은 cvSobel(src, dx, 1, 0, apertureSize), cvSobel(src, dy, 0, 1, apertureSize)로 그래디언트를 계산한다.

Canny 에지 검출 알고리즘

단계 1. 가우시안 필터링을 하여 영상을 부드럽게 한다.
단계 2. Sobel 연산자를 사용하여 그래디언트 벡터의 크기(magnitude)를 계산한다.
단계 3. 가느다란 에지(thin edges)를 얻기 위해 3×3 창을 사용하여 그래디언트 벡터 방향에서 그래디언트 크기가 최대값인 화소만 남기고 나머지는 0으로 억제(non-maximum suppression)한다.
단계 4. 연결된 에지를 얻기 위하여 두 개의 임계값(threshold1, threshold2)을 사용한다. 먼저 높은 값의 임계값(threshold2)을 사용하여 그래디언트 방향에서 낮은 값의 임계값(threshold1)이 나올 때까지 추적하며 에지를 연결하는 히스테리시스 임계값(hysteresis thresholding) 방식을 사용한다.

[예제 8-1] Canny 함수로 에지 검출

```
001:  #include "opencv.hpp"
002:  using namespace cv;
003:  using namespace std;
004:  int main()
005:  {
006:      Mat srcImage = imread("lena.jpg", IMREAD_GRAYSCALE);
007:      if(srcImage.empty())
008:          return -1;
009:      Mat edges;
010:      Canny(srcImage, edges, 50, 100);
011:      // Canny(srcImage, edges, 50, 200);
012:      imshow("edges", edges);
013:      waitKey();
014:      return 0;
015:  }
```

◎ 프로그램 설명

① 10행
Canny 함수로 [그림 8.1](a)와 같이 입력영상 srcImage에서 threshold1 = 50, threshold2 = 100, apertureSize = 3으로 에지를 edges에 검출한다. Sobel 함수만을 사용하여 검출한 에지보다 에지가 가늘어진 것을 볼 수 있다.

② 11행
Canny 함수로 [그림 8.1](b)와 같이 입력영상 srcImage에서 threshold1 = 50, threshold2 = 200, apertureSize = 3으로 에지를 edges에 검출한다.

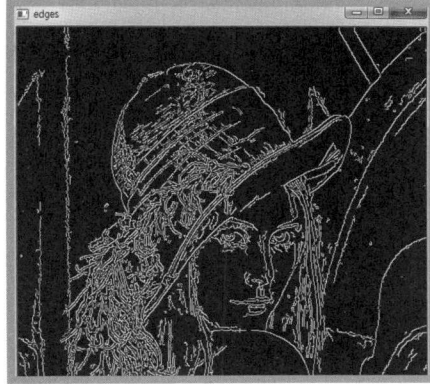

(a) threshold1 = 50, threshold2 = 100   (b) threshold1 = 50, threshold2 = 200

[그림 8.1] 영상에서 Canny 함수로 에지 검출

1.2 허프 변환에 의한 직선(line) 및 원(circle) 검출

Sobel, Canny 함수로 얻은 에지(edges)는 단순히 화소들의 집합이지 연결된 직선, 사각형, 원, 곡선 등의 구조적 정보를 갖지 않는다. 허프 변환(Hough transform)을 사용하면, 에지에서 직선 또는 원의 방정식의 파라미터를 검출할 수 있다.

① 허프 변환에 의한 직선 검출

HoughLines 함수는 [그림 8.2]와 같이 (ρ, θ)에 의한 극좌표에 의한 직선의 방정식을 사용하여 구현되어 있다.

$$\rho = x\cos(\theta) + y\sin(\theta)$$

직선 검출을 위한 허프 변환 알고리즘은 각 에지 점 (x, y)에 대하여, 이산격자 간격에서 점 (x, y)를 지나가는 가능한 모든 직선의 방정식의 파라미터 (ρ_k, θ_h)을 계산하여, 대응하는 정수 배열 $A(k, h)$을 1씩 증가시킨다. 모든 에지 점을 이와 같이 처리하면 $A(k, h)$에는 (ρ_k, θ_h)인 직선 위에 있는 에지의 개수가 누적된다. $A(k, h) > threshold$인 모든 (k, h)중에서 지역극값(local maxima)인 직선을 찾는다. 배열 $A(k, h)$의 각 위치는 하나의 직선의 방정식 $\rho_k = x\cos(\theta_h) + y\sin(\theta_h)$을 표현한다.

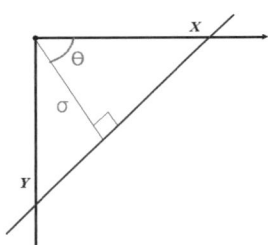

$$\sigma = x\cos(\theta) + y\sin(\theta)$$

[그림 8.2] 극좌표 표현의 직선 방정식

직선 검출을 위한 허프 변환 알고리즘

입력영상: $E(x, y)$: $M \times N$ 이진 영상(에지 영상)

$$E(x, y)\begin{cases} \neq 0 & \text{if } (x,y) \, is \, an \, edge \ \ pixel \\ = 0 & o.w \end{cases}$$

단계 1. (ρ, θ) 공간을 일정 간격의 격자 배열 $A(k, h)$로 이산화한다.

$$\rho_k \in [0, \ \sqrt{M^2 + N^2}] , k = 0, ..., K-1$$
$$\theta_h \in [0, \pi], h = 0, ..., H-1$$

단계 2. $A(k, h)$을 0으로 초기화한다.

단계 3. 모든 에지 화소, $E(x, y) \neq 0$에 대하여,

```
for h=0, …, H−1
    (a) ρ = x cos(θ_h) + y sin(θ_h)
    (b) ρ에 가장 가까운 ρ_k의 첨자 k를 찾는다.
    (c) A(k, h) = A(k, h) + 1
end for
```

단계 4. $A(k, h) > threshold$인 모든 (k, h) 중에서 지역극값(local maxima)인 직선만을 찾는다. 배열 $A(k, h)$의 각 위치는 하나의 직선의 방정식$\rho_k = x\cos(\theta_h) + y\sin(\theta_h)$을 표현한다.

② void HoughLines(InputArray image, OutputArray lines, double rho,
　　　　　　double theta, int threshold, double srn = 0, double stn = 0)

8비트 단일 채널 이진 입력영상 image에서 직선을 검출한다. lines는 CV_32FC2 자료형의 행렬로 검출된 직선의 (ρ, θ)가 저장된다. ρ는 영상의 왼쪽-위(top-left)를 원점으로 하는 거리이고, θ는 회전각도이다.

rho는 원점으로부터 거리의 간격이며, theta는 x축과의 각도로 라디안 간격이고, threshold는 직선을 검출하기 위한 어큐뮬레이터(accumulator)의 임계값이다. srn은 다중 스케일 Hough 변환에서 rho/srn의 어큐뮬레이터 간격이다. stn은 다중 스케일 Hough 변환에서 theta/stn의 어큐뮬레이터 간격이다. 만약 srn = 0, stn = 0이면 표준 Hough 변환이 사용되고, 그렇지 않으면 coarse-fine의 다중 스케일(multi-scale) 방식으로 직선을 검출한다. 처음에는 rho, theta를 이용하여 거친(coarse) 스케일로 직선을 검출하고, 더욱 자세한(fine) 스케일에서 rho/srn, theta/stn의 정밀도로 계산한다.

③ void HoughLinesP(InputArray image, OutputArray lines,
　　　　　　double rho, double theta, int threshold,
　　　　　　double minLineLength = 0, double maxLineGap = 0)

probabilistic Hough 변환을 이용하여 직선의 양 끝점이 있는 선분(line segment)을 검출한다. 출력인 lines 행렬은 선분의 양 끝점(x1, y1, x2, y2)을 저장하기 위한 CV_32SC4 자료형의 행렬이다. rho는 원점으로부터의 거리 간격이며, theta는 x축과의 각도로 라디안 간격이고, threshold는 직선을 검출하기 위한 어큐뮬레이터(accumulator)의 임계값이다. minLineLength는 검출할 최소 직선의 길이이며, maxLineGap은 직선 위에서 에지점들의 최대 허용 간격이다.

④ void HoughCircles(InputArray image, OutputArray circles,
　　　　　　int method, double dp, double minDist, double param1 = 100,
　　　　　　double param2 = 100, int minRadius = 0, int maxRadius = 0)

8비트 단일 채널 그레이 스케일 영상 image에서 원을 찾아, 원의 파라미터 (cx, cy, r)를 저장할 수 있는 3-요소 실수 벡터 또는 CV_32FC3인 circles에 저장한다. 현재는 method = HOUGH_GRADIENT (OpenCV 2.4.13은 CV_HOUGH_GRADIENT) 방법만이 구현되어 있고, dp는 어큐뮬레이터 간격에서 영상 간격으로의 역 비율로 dp = 1이면 어큐뮬레이터가 입력영상과 같은 해상도를 갖고, dp = 2이면 어큐뮬레이터의 크기가 영상 가로 크기의 반, 세로 크기의 반을 의미한다. minDist는 검출된 원의 중심 사이의 최소 거리로, 너무 작으면 실제 원 주위에 너무 많은 원이 검출되고, 너무 크면 검출하지 못하는 원이 있을 수 있다. param1은 Canny 에지 검출 함수의 높은 임계값인 threshold2이다. 낮은 임계값인 threshold1 = param1 / 2이다. param2는 원 검출을 위한 어큐뮬레이터의 임계값으로 낮으면 너무 많은 원이 검출되고, 너무 크면 찾지 못하는 원이 있을 수 있다. minRadius는 원의 최소 반지름, maxRadius는 원의 최대 반지름이다.

$$(x - c_x)^2 + (y - c_y)^2 = r^2$$

[예제 8-2] HoughLines 함수로 직선 검출

```
001:  #include "opencv.hpp"
002:  using namespace cv;
003:  using namespace std;
004:  int main()
005:  {
006:      Mat srcImage = imread("line.jpg", IMREAD_GRAYSCALE);
007:      if(srcImage.empty())
008:          return -1;
009:
010:      Mat edges;
011:      Canny(srcImage, edges, 50, 100);
012:      imshow("edges", edges);
013:      // Mat lines;
014:      vector<Vec2f> lines;
015:      HoughLines(edges, lines, 1, CV_PI/180.0, 100);
016:
017:      Mat dstImage(srcImage.size(), CV_8UC3);
018:      cvtColor(srcImage, dstImage, COLOR_GRAY2BGR);
019:      cout << "lines.size()=" << lines.size() << endl;
020:
021:      Vec2f params;
022:      float rho, theta;
023:      float c, s;
024:      float x0, y0;
025:      // for(int k = 0; k < lines.cols; k++)
026:      for(int k = 0; k < lines.size(); k++)
027:      {
028:          // params = lines.at<Vec2f>(0, k);
029:          params = lines[k];
030:
031:          rho  = params[0];
032:          theta = params[1];
033:          printf("lines[%2d]= (rho, theta) = (%f, %f)\n", k, rho, theta);
034:
035:          // drawing a line
036:          c = cos(theta);
037:          s = sin(theta);
038:          x0 = rho * c;
039:          y0 = rho * s;
040:
041:          Point pt1, pt2;
042:          pt1.x = cvRound(x0 + 1000 * (-s));
043:          pt1.y = cvRound(y0 + 1000 * (c));
044:
045:          pt2.x = cvRound(x0 - 1000 * (-s));
046:          pt2.y = cvRound(y0 - 1000 * (c));
047:          line(dstImage, pt1, pt2, Scalar(0, 0, 255), 2);
048:      }
049:      imshow("dstImage", dstImage);
050:      waitKey();
051:
```

```
052:
053:        return 0;
054: }
```

◎ 프로그램 설명

① 10-12행
Canny 함수로 입력영상 srcImage에서 threshold1 = 50, threshold2 = 100으로 edges 영상에 에지를 검출한다.

② 13-15행
HoughLines 함수로 edges 영상에서, rho = 1, theta = CV_PI / 180.0, threshold = 100으로 설정하여 직선을 lines 벡터에 검출한다. lines는 13행과 같이 Mat 행렬로 선언하면 CV_32FC2 행렬이며, 14행은 vector<Vec2f> 벡터로 선언한다.

③ 17-19행
dstImage 영상은 컬러로 검출된 직선을 표시하기 위하여, 영상의 크기는 입력영상인 srcImage 영상과 같으며, 3-채널인 CV_8UC3 자료형이다. 18행은 1-채널 입력영상 srcImage을 3-채널 컬러영상인 dstImage에 cvtColor 함수로 COLOR_GRAY2BGR로 변환하여 저장한다. lines.size()는 검출된 직선의 개수이다.

④ 21-49행
13행의 Mat 행렬의 lines로 선언하면, 반복문은 25행을 사용하고, 첨자 k의 직선은 28행과 같이 접근하고, 14행의 vector<Vec2f> 벡터로 선언하면, 반복문은 26행을 사용하고, 첨자 k의 직선은 29행과 같이 접근한다. 31-32행은 params에 저장된 직선의 파라미터를 rho, theta에 저장한다. 36-47행은 rho, theta를 이용하여 직선을 그리기 위하여, 원점에서 (rho, theta)에 의한 직선과 수직으로 만나는 좌표 점(x0, y0)을 x0 = rho * c, y0 = rho * s로 계산한다. 직선 방향으로의 단위 벡터는 (cos(theta), - sin(theta))이 된다. 이 단위 벡터를 +, - 방향으로 스케일링하고, x0, y0에 더하여 선분의 양 끝점 pt1, pt2를 계산하여 line 함수로 dstImage 영상에 직선을 표시한다.

⑤ [그림 8.3](a)는 Canny 함수로 검출한 edges 영상이고, [그림 8.3](b)는 HoughLines 함수로 lines에 검출한 4개의 직선을 표시하고, [그림 8.3](c)는 직선의 파라미터(rho, theta)이다.

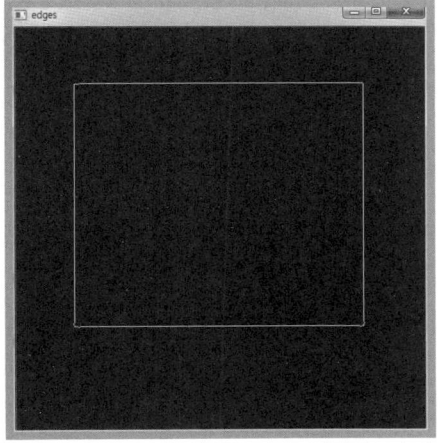

(a) edges

(b) lines

```
C:\Windows\system32\cmd.exe
lines.size()=4
lines[ 0]=<rho, theta> = <380.000000, 1.570796>
lines[ 1]=<rho, theta> = <71.000000, 1.570796>
lines[ 2]=<rho, theta> = <435.000000, 0.000000>
lines[ 3]=<rho, theta> = <73.000000, 0.000000>
```

(c) rho, theta

[그림 8.3] HoughLines 함수로 검출한 직선

[예제 8-3] HoughLinesP 함수로 선분 검출

```
001:   #include "opencv.hpp"
002:   using namespace cv;
003:   using namespace std;
004:   int main()
005:   {
006:       Mat srcImage = imread("line.jpg", IMREAD_GRAYSCALE);
007:       if(srcImage.empty())
008:           return -1;
009:
010:       Mat edges;
011:       Canny(srcImage, edges, 50, 100);
012:       imshow("edges", edges);
013:
014:       // Mat lines;
015:       vector<Vec4i> lines;
016:       HoughLinesP(edges, lines, 1, CV_PI/180.0, 10, 30, 10);
017:
018:       Mat dstImage(srcImage.size(), CV_8UC3);
019:       cvtColor(srcImage, dstImage, COLOR_GRAY2BGR);
020:       Vec4i params;
021:       int x1, y1, x2, y2;
022:       // for(int k = 0; k < lines.cols; k++)
023:       for(int k = 0; k < lines.size(); k++)
024:       {
025:           // params = lines.at<Vec4i>(0, k);
026:           params = lines[k];
027:           x1  = params[0];
028:           y1  = params[1];
029:           x2  = params[2];
030:           y2  = params[3];
031:           printf("lines[%2d] = P1(%4d, %4d) = P2(%4d, %4d)\n",
032:                      k, x1, y1, x2, y2);
033:
034:           // drawing a line segment
035:           Point pt1(x1, y1), pt2(x2, y2);
036:           line(dstImage, pt1, pt2, Scalar(0, 0, 255), 2);
037:       }
038:       imshow("dstImage", dstImage);
039:       waitKey();
040:
041:       return 0;
042:   }
```

◎ 프로그램 설명

① 10-12행

Canny 함수로 입력영상 srcImage에서 threshold1 = 50, threshold2 = 100으로 edges 영상에 에지를 검출한다.

② 14-16행

HoughLinesP 함수로 edges 영상에서, rho = 1, theta = CV_PI/180.0, threshold = 10, minLineLength = 30, maxLineGap = 10으로 설정하여 선분을 lines 벡터에 검출한다. lines 는 선분의 양 끝점(x1, y1, x2, y2)을 저장한다. 14행과 같이 Mat 행렬로 선언하면 4-채널 정수인 CV_32SC4 행렬이며, 15행은 vector<Vec4i> 벡터로 선언한다.

③ 18-19행

dstImage 영상은 컬러로 검출된 선분을 표시하기 위하여, 영상의 크기는 입력영상인 srcImage 영상과 같으며, 3-채널인 CV_8UC3 자료형이다. 19행은 1-채널 입력영상 srcImage을 3-채널 컬러 영상인 dstImage에 cvtColor 함수로 COLOR_GRAY2BGR로 변환하여 저장한다. lines.size()는 검출된 선분의 개수이다.

④ 20-38행

14행의 Mat 행렬의 lines으로 선언하면, 반복문은 22행을 사용하고, 첨자 k의 선분은 25행과 같이 접근한다. 15행의 vector<Vec4i> 벡터로 선언하면, 반복문은 23행을 사용하고, 첨자 k의 선분은 26행과 같이 접근한다. 27-30행은 params에 저장된 선분의 양 끝점을 x1, y1, x2, y2에 저장한다. 35-36행은 pt1과 pt2를 이용하여 line 함수로 dstImage 영상에 선분을 표시한다.

⑤ [그림 8.4](a)는 Canny 함수로 검출한 edges 영상이고, [그림 8.4](b)는 HoughLinesP 함수로 lines에 검출한 4개의 선분을 표시하고, [그림 8.4](c)는 선분의 양 끝점 파라미터(x1, y1, x2, y2)이다.

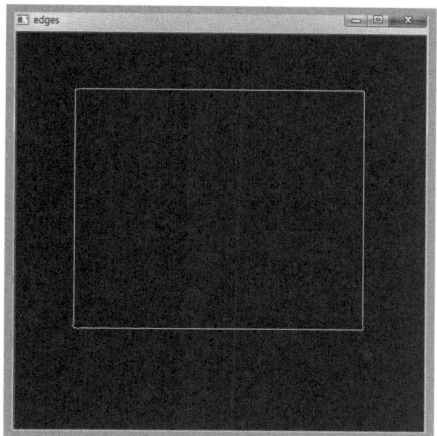

(a) edges

(b) lines

```
C:\Windows\system32\cmd.exe
lines[ 0]=P1(  75,   71) = P2( 434,   71)
lines[ 1]=P1( 435,  380) = P2( 435,   72)
lines[ 2]=P1(  73,  380) = P2( 434,  380)
lines[ 3]=P1(  73,  379) = P2(  73,   72)
```

(c) p1, p2

[그림 8.4] HoughLinesP 함수로 검출한 선분

[예제 8-4] HoughCircles 함수로 원 검출

```
001: #include "opencv.hpp"
002: using namespace cv;
003: using namespace std;
004: int main()
005: {
006:     Mat srcImage = imread("circle.jpg", IMREAD_GRAYSCALE);
007:     if(srcImage.empty())
008:         return -1;
009:
010:     // Mat circles;
011:     vector<Vec3f> circles;    // CV_HOUGH_GRADIENT in OpenCV 2.4.13
012:     HoughCircles(srcImage, circles, HOUGH_GRADIENT, 1, 50);
013:     cout << "circles.size()=" << circles.size() << endl;
```

```
014:
015:        Mat dstImage(srcImage.size(), CV_8UC3);
016:        cvtColor(srcImage, dstImage, COLOR_GRAY2BGR);
017:
018:        Vec3f params;
019:        int cx, cy, r;
020:        // for(int k = 0; k < circles.cols; k++)
021:        for(int k = 0; k < circles.size(); k++)
022:        {
023:            // params = circles.at<Vec3f>(0, k);
024:            params = circles[k];
025:            cx  = cvRound(params[0]);
026:            cy  = cvRound(params[1]);
027:            r   = cvRound(params[2]);
028:            printf("circles[%2d]: (cx, cy) = (%d, %d), r = %d\n",
029:                        k, cx, cy, r);
030:
031:            // drawing a line segment
032:            Point center(cx, cy);
033:            circle(dstImage, center, r, Scalar(0, 0,255), 2);
034:        }
035:        imshow("dstImage", dstImage);
036:        waitKey();
037:
038:        return 0;
039:    }
```

◎ 프로그램 설명

① 10-13행

HoughCircles 함수로 입력 그레이스케일 영상 srcImage에서, method = HOUGH_GRADIENT, dp = 1, minDist = 50으로 설정하여 원을 circles 벡터에 검출한다. circles는 원의 파라미터(cx, cy, r)를 저장한다. 10행과 같이 Mat 행렬로 선언하면 3-채널 실수인 CV_32FC3 행렬이며, 11행은 vector<Vec3f> 벡터로 선언한다. 13행의 circles.size()는 검출된 원의 개수이다.

② 15-16행

dstImage 영상은 컬러로 검출된 선분을 표시하기 위하여, 영상의 크기는 입력영상인 srcImage 영상과 같으며, 3-채널인 CV_8UC3 자료형이다. 16행은 1-채널 입력영상 srcImage을 3-채널 컬러 영상인 dstImage에 cvtColor 함수로 COLOR_GRAY2BGR로 변환하여 저장한다.

③ 18-35행

10행의 Mat 행렬의 circles로 선언하면, 반복문은 20행을 사용하고, 첨자 k의 원은 23행으로 접근하고, 11행의 vector<Vec3f> 벡터로 선언하면, 반복문은 21행을 사용하고, 첨자 k의 원은 24행과 같이 접근한다. 25-27행은 params에 저장된 원의 파라미터를 cx, cy, r에 저장한다. 32-33행은 center(cx, cy)와 반지름 r을 이용하여 circle 함수로 dstImage 영상에 원을 표시한다.

④ [그림 8.5]는 HoughCircles 함수로 검출한 원의 결과이다. [그림 8.5](a)는 HoughCircles 함수로 검출한 3개의 원을 표시하고, [그림 8.5](b)는 원의 파라미터(cx, cy, r)이다.

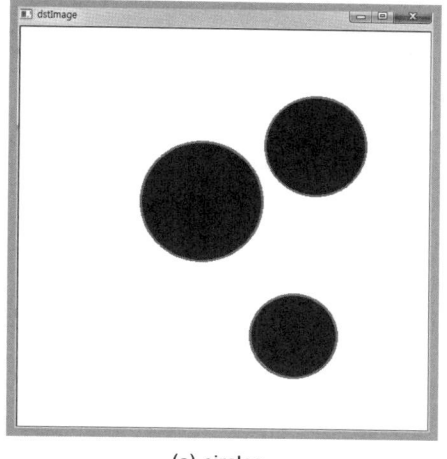

(a) circles

circles.size()=3
circles[0]: (cx,cy)=(228, 220), r=76
circles[1]: (cx,cy)=(370, 148), r=63
circles[2]: (cx,cy)=(344, 392), r=54

(b) (cx, cy, r)

[그림 8.5] HoughCircles 함수로 검출한 원

02 임계값 및 범위에 의한 영상 분할

이 절에서는 4장에서 설명한 inRange 함수로 주어진 화소의 밝기 또는 컬러 범위의 영역 분할과 5장에서 설명한 threshold, adaptiveThreshold 함수에 의한 임계값 적용 영역 분할을 다시 설명한다.

2.1 임계값 결정 방법

임계값 영상(threshold image)은 입력영상의 밝기값 r이 주어진 임계값(threshold)보다 크면 max_value, 그렇지 않으면 0으로 출력하여 배경과 물체를 분리하는 이진영상을 생성한다. 임계값 영상은 가장 간단한 영상 분할 방법이다.

① double threshold(InputArray src, OutputArray dst, double thresh,
                    double maxval, int type);
src는 단일 채널의 CV_8U 또는 CV_32F의 입력영상이고, dst는 src와 같은 자료형, 같은 크기의 출력영상이다. thresh는 임계값, type은 임계값의 종류를 나타낸다. maxvalue은 THRESH_BINARY, THRESH_BINARY_INV에서 사용할 최대값이다. type에 THRESH_OTSU를 사용하면 주어진 임계값 thresh와 관계없이 Otsu 알고리즘으로 최적 임계값을 계산한다. Otsu 방법은 8비트에서 구현되어 있다.

ⓐ THRESH_BINARY

$$dst(y,x) = \begin{cases} max\_value & \text{if } src(y,x) > thresh \\ 0 & o.w \end{cases}$$

ⓑ THRESH_BINARY_INV

$$dst(y,x) = \begin{cases} 0 & \text{if } src(y,x) > thresh \\ max\_value & o.w \end{cases}$$

ⓒ THRESH_TRUNC

$$dst(y,x) = \begin{cases} thresh & \text{if } src(y,x) > thresh \\ src(y,x) & o.w \end{cases}$$

ⓓ THRESH_TOZERO

$$dst(y,x) = \begin{cases} src(y,x) & \text{if } src(y,x) > thresh \\ 0 & o.w \end{cases}$$

ⓔ THRESH_TOZERO_INV

$$dst(y,x) = \begin{cases} 0 & \text{if } src(y,x) > thresh \\ src(y,x) & o.w \end{cases}$$

② void adaptiveThreshold(InputArray src, OutputArray dst, double maxValue,
int adaptiveMethod, int thresholdType, int blockSize, double C);

adaptiveThreshold 함수는 영상의 화소에서 주변의 이웃 화소값에 따라 임계값을 적응적으로 결정한다. 하나의 임계값이 영상 전체 화소에 동일하게 적용되는 것이 아니라, 각각의 화소마다 개별적으로 임계값을 이웃을 고려하여 계산한다.

ⓐ 입력영상 src는 8비트 1-채널 영상이며, blockSize×blockSize 크기의 이웃에서 계산한 평균 또는 가중평균에서 C 값을 뺄셈하여 임계값을 계산하고, thresholdType에 따라 출력 dst를 계산한다.

ⓑ adaptiveMethod = ADAPTIVE_THRESH_MEAN_C이면, blockSize×blockSize 크기의 이웃에서 평균을 계산한 다음 C만큼 뺄셈한 값이 임계값, T(y, x)가 된다. adaptiveMethod = ADAPTIVE_THRESH_GAUSSIAN_C이면 blockSize×blockSize 크기의 이웃에서 가우시안 가중평균을 계산한 다음 C만큼 뺄셈한 값이 임계값, T(y, x)이 된다. block_size는 이웃의 크기로, 3, 5, 7, 9 등과 같이 홀수이다. blockSize가 작으면 물체의 경계에서 테두리가 검출된다.

ⓒ thresholdType = THRESH_BINARY

$$dst(y,x) = \begin{cases} max\_value & \text{if } src(y,x) > T(y,x) \\ 0 & o.w \end{cases}$$

ⓓ thresholdType = THRESH_BINARY_INV

$$dst(y,x) = \begin{cases} 0 & \text{if } src(y,x) > T(y,x) \\ max\,Value & o.w \end{cases}$$

[예제 8-5] threshold와 adaptiveThreshold 함수에 의한 영상 분할

```
001:    #include "opencv.hpp"
002:    using namespace cv;
003:    using namespace std;
004:    int main()
005:    {
006:        Mat srcImage = imread("heart10.jpg", IMREAD_GRAYSCALE);
007:        // Mat srcImage = imread("testImage.bmp", IMREAD_GRAYSCALE);
008:
009:        GaussianBlur(srcImage, srcImage, Size(7, 7), 0.0, 0.0);
010:        imshow("srcImage", srcImage);
011:
012:        Mat dstImage1;
013:        double th1 = threshold(srcImage, dstImage1, 128, 255,
014:                                    THRESH_BINARY_INV+THRESH_OTSU);
015:        cout << "th1 = " << th1 << endl;
016:
017:        int blockSize = 71; // 7, 31, 71
018:        int C = 5;
019:        Mat dstImage2;
020:        adaptiveThreshold(srcImage, dstImage2, 255,
021:                ADAPTIVE_THRESH_MEAN_C, THRESH_BINARY_INV, blockSize, C);
022:
023:        Mat dstImage3;
024:        adaptiveThreshold(srcImage, dstImage3, 255,
025:                ADAPTIVE_THRESH_GAUSSIAN_C, THRESH_BINARY_INV, blockSize, C);
026:
027:        imshow("THRESH_OTSU", dstImage1);
028:        imshow("MEAN_C", dstImage2);
029:        imshow("GAUSSIAN_C", dstImage3);
030:        waitKey();
031:        return 0;
032:    }
```

◎ **프로그램 설명**

① 6-10행

6행은 영상 전체에서의 조명이 일정하고, 물체와 배경의 구분이 명확한 "heart10.jpg" 영상을 그레이스케일로 읽어 srcImage에 저장한다. 7행은 영상의 오른쪽 윗부분에서 그림자가 있어, 조명이 일정하지 않은 "testImage.bmp" 영상을 그레이스케일로 읽어 srcImage에 저장한다. 9행은 GaussianBlur 함수로 Size(7, 7) 커널을 사용하여 srcImage 영상을 블러링시킨다.

② 12-15행

threshold 함수로 srcImage 영상에 type = THRESH_BINARY_INV + THRESH_OTSU를 적용한 이진영상 dstImage1을 얻는다. 영상에서 물체가 검은색이므로 반전시키기 위하여 THRESH_BINARY_INV를 설정하였다. THRESH_OTSU을 설정하면 thresh = 128은 의미가 없다. 계산된 치적의 임계값은 th1 = 178이다. [그림 8.6](a)는 "heart10.jpg" 영상이며, [그림 8.6](b)는 THRESH_BINARY_INV + THRESH_OTSU를 적용한 이진영상 dstImage1으로 전역 임계값(global threshold)에 의해 물체를 배경으로부터 잘 분할하였다.

③ 17-21행

adaptiveThreshold 함수에서 adaptiveMethod = ADAPTIVE_THRESH_MEAN_C, thresholdType = THRESH_BINARY_INV, maxValue = 255, blockSize, C를 설정하여 입력영상 srcImage에서 적응형 임계값 영상 dstImage2을 계산한다. [그림 8.7](a)는 (a) blockSize = 7로 블록 크기를 작게 설정하여 물체의 경계가 표시되고, [그림 8.7](b)는 blockSize = 71로 블록 크기를 크게 설정하여 물체의 내부가 채워졌다.

④ 23~25행

adaptiveThreshold 함수에서 adaptiveMethod = ADAPTIVE_THRESH_GAUSSIAN_C, thresholdType = THRESH_BINARY, maxValue = 255, blockSize, C를 설정하여 입력영상 srcImage에서 적응형 임계값 영상 dstImage2을 계산한다. [그림 8.8](a)는 (a) blockSize = 7로 블록 크기를 작게 설정하여 물체의 경계가 표시되고, [그림 8.8](b)는 blockSize = 71로 블록 크기를 크게 설정하여 물체의 내부가 거의 채워졌으나, 약간의 홀이 있다. 이것은 모폴로지 연산 등으로 채울수 있다.

⑤ [그림 8.9]는 7행의 조명이 일정하지 않은 "testImage.bmp" 영상에서 적응형 임계값을 적용한 이진영상을 표시한다. [그림 8.9](b)는 전역 임계값 방식인 THRESH_OTSU을 설정하여 계산한 이진영상으로 물체가 올바르게 분할되지 않았다. [그림 8.9](c)와 [그림 8.9](d)의 ADAPTIVE_THRESH_MEAN_C와 ADAPTIVE_THRESH_GAUSSIAN_C에 의한 적응형 임계값 영상은 더 잘 물체를 구분한 것을 볼 수 있다. 결론적으로 조명이 일정한 영상에서는 전역 임계값에 의해 이진영상을 계산하고, 조명이 일정하지 않은 영상에서는 적응형 임계값 방식에 의한 지역 임계값에 의해 이진영상을 계산해야 한다. 또는 영상을 부분영역으로 분할하여 각 영역에 임계값을 적용하는 방법을 고려할 수 있다.

(a) srcImage = "heart10.jpg"

(b) THRESH_BINARYINV + THRESH_OTSU

[그림 8.6] THRESH_OTSU에 의한 최적 임계값 영상("heart10.jpg")

(a) blockSize = 7, C = 5

(b) blockSize = 71, C = 5

[그림 8.7] ADAPTIVE_THRESH_MEAN_C에 의한 적응형 임계값 영상("heart10.jpg")

(a) blockSize = 7, C = 5　　　　　(b) blockSize = 71, C = 5

[그림 8.8] ADAPTIVE_THRESH_GAUSSIAN_C에 의한 적응형 임계값 영상("heart10.jpg")

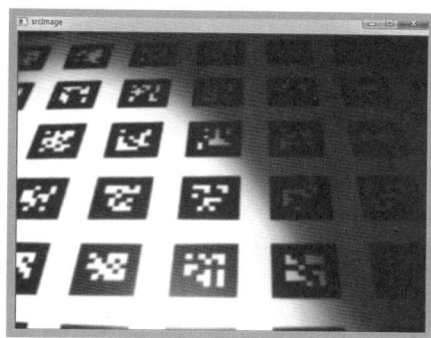 

(a) srcImage = "image.bmp"　　　　　(b) THRESH_OTSU

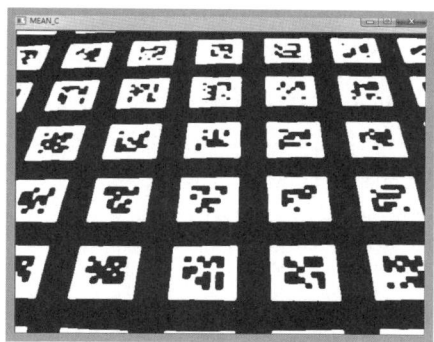 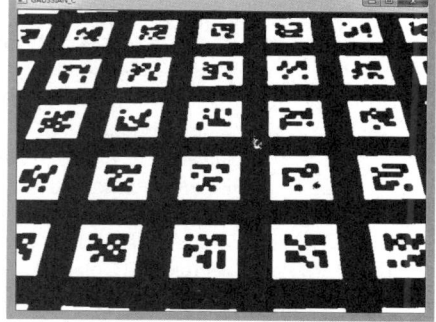

(c) ADAPTIVE_THRESH_MEAN_C　　　　　(d) ADAPTIVE_THRESH_GAUSSIAN_C

[그림 8.9] ADAPTIVE_THRESH_GAUSSIAN_C에 의한 적응형 임계값 영상("heart10.jpg")

2.2 inRange 함수에 의한 분할

① void inRange(InputArray src, InputArray lowerb, InputArray upperb,
　　　　　　　　OutputArray dst)

inRange 함수는 입력 행렬 요소가 lowerb(i) ≤ src(i) ≤ upperb(i) 범위에 있으면 dst(i) = 255, 그렇지 않으면 dst(i) = 0이다. lowerb와 upperb는 Scalar도 가능하고, dst는 src와 같은 크기의 CV_8U 자료형이다. src가 다중 채널인 경우, 모든 채널에 대하여 범위를 만족해야 한다. 3-채널 컬러 영상에서, 피부 검출과 같이, HSV 색상으로 변환한 후에, 특정 색상 범위를 지정하여 손, 얼굴 등을 분할할 때 유용하다.

[예제 8-6] inRange 함수에 의한 영상 분할

```
001:  #include "opencv.hpp"
002:  using namespace cv;
003:  using namespace std;
004:  int main()
005:  {
006:      Mat rgbImage = imread("hand.jpg");
007:      // Mat rgbImage = imread("flower.jpg");
008:
009:      imshow("rgbImage", rgbImage);
010:
011:      Mat hsvImage;
012:      cvtColor(rgbImage, hsvImage, COLOR_BGR2HSV);
013:      imshow("hsvImage", hsvImage);
014:
015:      // hand.jpg
016:      Scalar lowerb(0, 40, 0);
017:      Scalar upperb(20, 180, 255);
018:
019:      // flower.jpg
020:      // Scalar lowerb(150, 100, 100);
021:      // Scalar upperb(180, 255, 255);
022:
023:      Mat dstImage;
024:      inRange(hsvImage, lowerb, upperb, dstImage);
025:      imshow("dstImage1", dstImage);
026:
027:      // check HSV range in object(hand or flower)
028:      vector<Mat> planes;
029:      split(hsvImage, planes);
030:      // imshow("planes[0]", planes[0]);
031:      // imshow("planes[1]", planes[1]);
032:      // imshow("planes[2]", planes[2]);
033:
034:      double minH, maxH;
035:      minMaxLoc(planes[0], &minH, &maxH, NULL, NULL, dstImage);
036:      cout << "minH =" << minH << ", maxH =" << maxH << endl;
037:
038:      double minS, maxS;
039:      minMaxLoc(planes[1], &minS, &maxS, NULL, NULL, dstImage);
040:      cout << "minS =" << minS << ", maxS =" << maxS << endl;
041:
042:      double minV, maxV;
```

```
043:        minMaxLoc(planes[2], &minV, &maxV, NULL, NULL, dstImage);
044:        cout << "minV =" << minV << ", maxV =" << maxV << endl;
045:
046:        waitKey();
047:        return 0;
048: }
```

◎ 프로그램 설명

① 6-13행

6행은 "hand.jpg" 영상을 3-채널 컬러로 읽어 srcImage에 저장한다. 주석 처리된 7행은 "flower. jpg" 영상을 3-채널 컬러로 읽어 srcImage에 저장한다. 12행은 cvtColor 함수로 rgbImage 영상을 code = COLOR_BGR2HSV로 설정하여 변환하여 hsvImage 영상으로 저장한다.

② 15-25행

16-17행은 6행의 "hand.jpg" 영상에서 손을 검출할 때, 사용하는 HSV 컬러 범위, lowerb(0, 40, 0)와 upperb(20, 180, 255)이다. 20-21행은 7행의 "flower.jpg" 영상에서 꽃을 검출할 때, 사용하는 HSV 컬러 범위, lowerb(150, 100, 100)와 upperb(180, 255, 255)이다. 24행은 inRange 함수로 hsvImage에서 HSV 컬러 범위 [lowerb, upperb]의 화소를 255로 설정하여 dstImage 영상에 저장한다.

③ 27-44행

28-28행은 split 함수로 3-채널 영상 hsvImage를 planes 벡터로 채널 분리한다. 30-32행은 각 채널을 보여주고, 35행은 H-채널 영상, planes[0]에서 최소값 minH, 최대값 maxH을 inRange 함수로 검출한 dstImage 영상을 마스크로 설정하여 계산한다. 39행은 S-채널 영상, planes[1]에서 최소값 minS, 최대값 maxS을 inRange 함수로 검출한 dstImage 영상을 마스크로 설정하여 계산한다. 43행은 V-채널 영상, planes[2]에서 최소값 minV, 최대값 maxV을 inRange 함수로 검출한 dstImage 영상을 마스크로 설정하여 계산한다.

④ [그림 8.10](c)는 "hand.jpg" 영상에서 inRange 함수로 손을 배경으로 분리한 결과이다. [그림 8.10](d)는 dstImage를 마스크로 설정하여 분할된 손 영역의 HSV 값의 범위를 출력한다. [그림 8.11](c)는 "flower.jpg" 영상에서 inRange 함수로 꽃을 배경으로 분리한 결과이다. [그림 8.11](d)는 dstImage를 마스크로 설정하여 분할된 꽃 영역의 HSV 값의 범위를 출력한다.

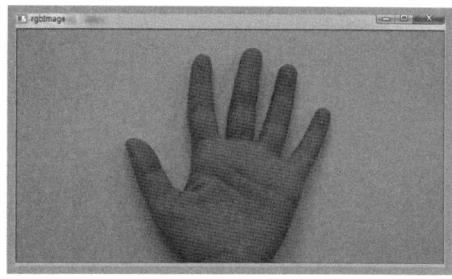

(a) srcImage = "hand.jpg"

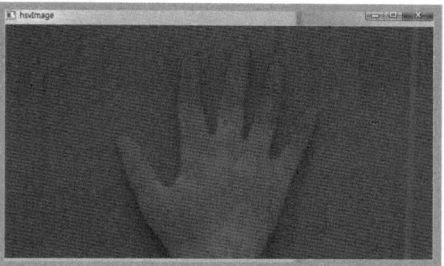

(b) hsvImage

(c) dstImage

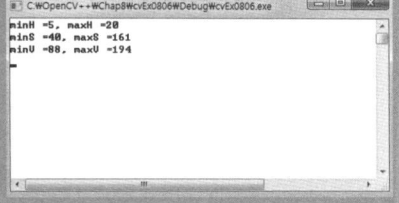

(d) ADAPTIVE_THRESH_GAUSSIAN_C

[그림 8.10] inRange 함수에 의한 영상 분할("hand.jpg")

(a) srcImage = "flower.jpg"

(b) hsvImage

(c) dstImage

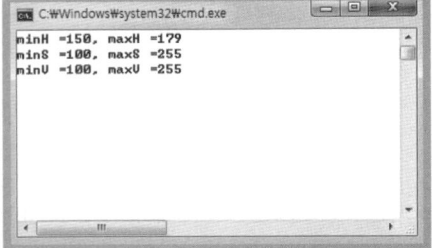

(d) dstImage를 마스크로 HSV 값의 범위

[그림 8.11] inRange 함수에 의한 영상 분할("flower.jpg")

03 윤곽선 검출 및 그리기

물체의 경계를 이루고 있는 윤곽선(contour)을 검출하는 findContours 함수와 검출된 윤곽선을 영상에 그리는 drawContours 함수가 있다. 입력영상은 inRange 함수, threshold 함수, adaptiveThreshold 함수, Canny 함수 등을 사용하여 얻은 이진영상이다.

3.1 윤곽선(contour) 검출

① void findContours(InputOutputArray image, OutputArrayOfArrays contours,
　　　　OutputArray hierarchy, int mode, int method, Point offset = Point())
② void findContours(InputOutputArray image, OutputArrayOfArrays contours,
　　　　int mode, int method, Point offset = Point())

findContours 함수는 8비트 1채널 영상 image에서 윤곽선을 검출한다. image는 0이 아닌 값은 1로 하여 이진영상으로 취급한다. image는 compare 함수, inRange 함수, threshold 함수, adaptiveThreshold 함수, Canny 함수 등의 결과로 이진영상을 얻는다. 윤곽선을 검출하는 동안 image는 수정되므로, 필요하면 Mat::clone 메서드로 복제하여 사용한다. contours는 검출된 윤곽선들로, vector⟨vector⟨Point⟩⟩ 자료형이다. 각각 윤곽선은 vector⟨Point⟩ 자료형이다. hierarchy는 vector⟨Vec4i⟩ 자료형의 윤곽선의 계층 구조에 관한 옵션인 출력 벡터이다. contour[i]에 대해, hierarchy[i][0]와 hiearchy[i][1]는 같은 계층구조 레벨에서 다음(next) 윤곽선과 이전(previous)이다. hiearchy[i][2]와 hiearchy[i][3]는 첫 번째 자식(child) 윤곽선과 부모(parent) 윤곽선이다. 대응하는 윤곽선이 없으면 음수 값을 갖는다. mode는 [표 8.1]의 윤곽선의 검색 모드를 갖는다. method는 [표 8.2]의 윤곽선의 근사 방법을 설정한다. offset은 윤곽선 좌표의 옵셋 이동이다. offset에 주어진 좌표만큼 윤곽선의 모든 좌표를 이동시킨다.

[표 8.1] findContours 함수의 mode

mode	설 명
RETR_EXTERNAL	가장 외곽의 윤곽선만을 찾는다. hierarchy[i][2] = hierarchy[i][3] = −1
RETR_LIST	모든 윤곽선을 검색한다. 계층관계를 설정하지 않는다. hierarchy[i][0] = hierarchy[i][2] = −1 hierarchy[i][2] = hierarchy[i][3] = −1
RETR_CCOMP	2 레벨 계층구조로 모든 윤곽선을 가져온다. 최상위(top) 레벨에는 가장 외곽 윤곽선을 찾으며, 낮은 레벨은 구멍(hole)의 윤곽선을 찾는다. 구멍 내에 또 다른 윤곽선이 있으면, 최상위 레벨로 설정한다.
RETR_TREE	모든 윤곽선을 계층적 트리 형태로 찾는다.

[표 8.2] findContours 함수의 method

method	설 명
CHAIN_APPROX_NONE	체인 코드로 표현된 윤곽선을 좌표로 번역한다.
CHAIN_APPROX_SIMPLE	수평, 수직, 대각 세그먼트는 압축하고 양 끝만을 남겨 놓는다.
CHAIN_APPROX_TC89_L1 CHAIN_APPROX_TC89_KCOS	Teh–Chin의 알고리즘으로 근사한다.

3.2 윤곽선(contour) 그리기

① void drawContours(InputOutputArray image, InputArrayOfArrays contours,
                int contourIdx, const Scalar& color, int thickness = 1,
                int lineType = 8, InputArray hierarchy = noArray(),
                int maxLevel = INT_MAX, Point offset = Point())

drawContours 함수는 영상 image에 윤곽선 contour를 color 색상으로 그린다. 각 윤곽선 contour는 Point 벡터이다. contourIdx는 그릴 윤곽선 첨자로, contourIdx < 0이면 모든 윤곽선을 그린다. thickness는 윤곽선의 두께이며, thickness = -1이면 윤곽선 내부를 채운다. lineType은 라인의 형태로 8, 4, -1 중 하나이다. hierarchy는 윤곽선의 계층 구조로 maxLevel에 의해 주어진 계층구조를 그릴 때 사용된다. maxLevel = 0이면 명시된 contour만을 그리고, maxLevel = 1이면 contour를 그리고, contour에 내포(nested)된 윤곽선을 그린다. offset에 주어진 좌표만큼 윤곽선의 모든 좌표를 이동시킨다.

[예제 8-7] 윤곽선 검출 및 그리기 1(RETR_EXTERNAL, RETR_LIST)

```
001:  #include "opencv.hpp"
002:  using namespace cv;
003:  using namespace std;
004:  int main()
005:  {
006:        // create an input image
007:        Mat srcImage = Mat::zeros(512, 512, CV_8UC1);
008:        rectangle(srcImage, Point(50, 100), Point(200, 400), Scalar::all(255), -1);
009:        rectangle(srcImage, Point(80, 150), Point(180, 350), Scalar::all(0), -1);
010:
011:        rectangle(srcImage, Point(250,100), Point(450,400), Scalar::all(255), -1);
012:        rectangle(srcImage, Point(280,150), Point(420,350), Scalar::all(0), -1);
013:        rectangle(srcImage, Point(320,200), Point(380,300), Scalar::all(255), -1);
014:
015:        Mat dstImage(srcImage.size(), CV_8UC3);
016:        cvtColor(srcImage, dstImage, COLOR_GRAY2BGR);
017:
018:        int mode = RETR_EXTERNAL;
019:        // int mode = RETR_LIST;
020:
021:        int method = CHAIN_APPROX_SIMPLE;
022:        // int method = CHAIN_APPROX_NONE;
023:
024:        vector<vector<Point> > contours;
025:        findContours(srcImage, contours, noArray(), mode, method);
026:        cout << "contours.size()=" << contours.size() << endl;
027:
028:        // drawContours(dstImage, contours, -1, Scalar(0, 0, 255), 2);
029:        for(int k = 0 ; k < contours.size(); k++)
030:        {
031:              Scalar color(rand()&255, rand()&255, rand()&255);
032:              drawContours(dstImage, contours, k, color, 4);
033:
034:              cout << " contours[" << k << "].size()=" << contours[k].size() << endl;
035:              for(int j = 0 ; j < contours[k].size(); j++)
036:              {
```

```
037:                  Point pt = contours[k][j];
038:                  cout << " pt[" << j << "] = " << pt << endl;
039:              }
040:          }
041:          imshow("dstImage", dstImage);
042:          waitKey();
043:          return 0;
044: }
```

◎ 프로그램 설명

① 7−16행

7행은 Mat::zeros 메서드로 0으로 초기화된 512×512 크기의 1-채널 그레이스케일 입력영상 srcImage을 생성한다. 8-13행은 rectangle 함수로 srcImage 영상에 Scalar::all(255) 또는 Scalar::all(0)으로 채워진 사각형을 표시하여, findContours 함수를 위한 입력영상으로 사용한다. 15-16행은 1-채널 입력영상 srcImage을 3-채널 컬러 영상인 dstImage에 cvtColor 함수로 COLOR_GRAY2BGR로 변환하여 저장한다.

② 18−26행

24행은 윤곽선을 위한 vector<vector<Point>> 자료형의 벡터 contours를 선언한다. 25행은 findContours 함수로 입력영상 srcImage에서 mode, method를 설정하여 윤곽선을 contours에 검출한다. hierarchy = noArray()로 설정하여 윤곽선의 계층구조는 사용하지 않는다. contours.size()는 윤곽선의 개수로, mode = RETR_EXTERNAL이면 contours.size() = 2이고, mode = RETR_LIST이면 contours.size() = 5이다.

③ 28−40행

주석 처리된 28행은 drawContours 함수에서 contourIdx = -1로 설정하여 contours의 모든 윤곽선을 Scalar(0, 0, 255) 색상으로 dstImage 영상에 표시한다. 32행은 drawContours 함수로 윤곽선 contours[k]을 난수로 초기화된 color, 두께 4로 dstImage 영상에 표시한다. 35-39 행은 윤곽선 contours[k]의 좌표를 출력한다. method = CHAIN_APPROX_NONE으로 윤곽선을 검출하면 출력되는 좌표가 많아진다.

④ [그림 8.12](a)는 findContours 함수에서 mode = RETR_EXTERNAL로 검출한 가장 외곽의 윤곽선을 drawContours 함수로 표시한 결과를 보인다. [그림 8.12](b)는 findContours 함수에서 mode = RETR_LIST로 검출한 모든 윤곽선을 drawContours 함수로 표시한 결과를 보인다.

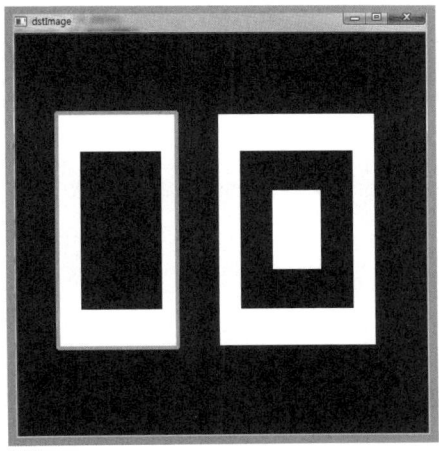

(a) mode = RETR_EXTERNAL

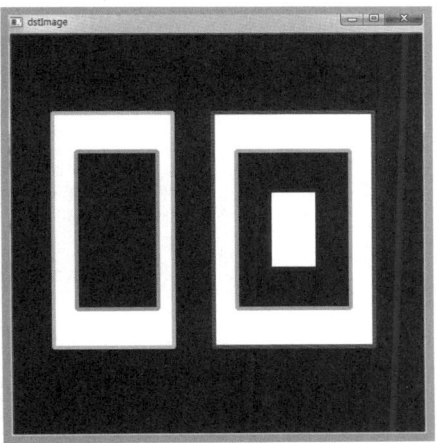

(b) mode = RETR_LIST

[그림 8.12] 윤곽선 검출 및 그리기

[예제 8-8] 윤곽선 검출 및 그리기 2 (RETR_CCOMP, RETR_TREE)

```cpp
001:  #include "opencv.hpp"
002:  using namespace cv;
003:  using namespace std;
004:  int main()
005:  {
006:      Mat srcImage = imread("ContourTest.jpg", IMREAD_GRAYSCALE);
007:      if(srcImage.empty())
008:          return -1;
009:      threshold(srcImage, srcImage, 128, 255, THRESH_BINARY);
010:
011:      Mat srcImage2 = srcImage.clone();
012:      Mat dstImage(srcImage2.size(), CV_8UC3);
013:      cvtColor(srcImage2, dstImage, COLOR_GRAY2BGR);
014:
015:      vector<vector<Point> > contours;
016:      vector<Vec4i> hierarchy;
017:
018:      // int mode = RETR_CCOMP;
019:      int mode = RETR_TREE;
020:      int method = CHAIN_APPROX_SIMPLE;
021:
022:      findContours(srcImage, contours, hierarchy, mode, method);
023:      cout << "contours.size()=" << contours.size() << endl;
024:
025:      // drawContours(dstImage, contours, -1, Scalar(2, 0, 255),
026:      //                  4, 8, hierarchy, 3);    // maxLevel = 0, 1, 2, 3
027:      // imshow("dstImage", dstImage);
028:      // waitKey();
029:
030:      Scalar color[4] = { Scalar(255, 0, 0),      // next
031:                          Scalar(0, 255, 0),      // previous
032:                          Scalar(255, 0, 255),   // the first child
033:                          Scalar(0, 255, 255)};  // parent
034:      for(int k = 0 ; k < contours.size(); k++)
035:      {
036:          cvtColor(srcImage2, dstImage, COLOR_GRAY2BGR);
037:          cout << " hierarchy[" << k << "][0] = " << hierarchy[k][0] << endl;
038:          cout << " hierarchy[" << k << "][1] = " << hierarchy[k][1] << endl;
039:          cout << " hierarchy[" << k << "][2] = " << hierarchy[k][2] << endl;
040:          cout << " hierarchy[" << k << "][3] = " << hierarchy[k][3] << endl;
041:
042:          drawContours(dstImage, contours, k, Scalar(0, 0, 255), 2);
043:          for(int j = 0 ; j < 4; j++)
044:          {
045:              if(hierarchy[k][j] < 0)
046:                  continue;
047:              drawContours(dstImage, contours, hierarchy[k][j], color[j], 2);
048:          }
049:          imshow("dstImage", dstImage);
050:          waitKey();
051:      }
052:      return 0;
053:  }
```

◎ 프로그램 설명

① 6-13행

6행은 imread 함수로 "ContourTest.jpg" 영상을 그레이스케일로 읽어 srcImage에 저장한다. 9행은 threshold 함수로 srcImage에서 임계값 128을 적용하여 이진영상을 생성하여 srcImage에 다시 저장한다. 11행은 srcImage 영상을 srcImage2에 복제한다. 13행은 1-채널 영상 srcImage2를 3-채널 컬러 영상인 dstImage에 cvtColor 함수로 COLOR_GRAY2BGR로 변환하여 저장한다.

② 15-24행

15행은 윤곽선을 위한 vector<vector<Point>> 자료형의 벡터 contours를 선언하고, 16행은 윤곽선 계층구조를 위해 vector<Vec4i> 자료형으로 hierarchy 벡터를 선언한다. 22행은 findContours 함수로 입력영상 srcImage에서 mode, method를 설정하여 윤곽선을 contours에 검출한다. hierarchy에 윤곽선의 계층구조를 윤곽선의 첨자를 이용하여 저장한다. contours.size()는 윤곽선의 개수로, mode = RETR_CCOMP와 RETR_TREE 모두에서 contours.size() = 6이다.

③ 25-28행

25-26행은 drawContours 함수에서 contourIdx = -1로 하여 모든 윤곽선을 대상으로, maxLevel을 이용하여 contours 윤곽선을 표시한다. [그림 8.13]은 findContours 함수에서 mode = RETR_TREE로 검출한 윤곽선 중에서, drawContours 함수에서 contourIdx = -1로 모든 윤곽선에서 maxLevel별로 윤곽선을 표시한 결과이다.

④ 30-51행

36행은 1-채널 영상 srcImage2를 3-채널 컬러 영상인 dstImage에 cvtColor 함수로 COLOR_GRAY2BGR로 변환하여 저장하여 dstImage 초기화한다. 42행은 윤곽선 contours[k]를 Scalar(0, 0, 255) 색상으로 표시한다. 43-48행은 윤곽선의 계층구조 hierarchy를 이용하여, hierarchy[k][j] >= 0으로 윤곽선의 다음(next), 이전(previous), 첫 번째 자식(child), 부모(parent) 윤곽선이 있는 경우, 각 윤곽선 contours[k]의 다음 윤곽선, hierarchy[k][1]은 color[1] = Scalar(0, 255, 0)인 초록색으로 표시하고, 첫 번째 자식(child) 윤곽선, hierarchy[k][2]은 color[2] = Scalar(255, 0, 255)인 분홍색으로 표시하고, 부모(parent) 윤곽선, hierarchy[k][3]은 color[3] = Scalar(0, 255, 255)인 노란색으로 표시한다.

[그림 8.14]는 findContours 함수에서 mode = RETR_TREE로 검출한 윤곽선 중에서, drawContours 함수에서 윤곽선의 계층구조 hierarchy를 이용하여 윤곽선을 표시한 결과이다. 예를 들어, [그림 8.14](a)에서 contours[0]은 빨간색으로 표시되고, contours[0]의 다음 윤곽선은 hierarchy[0][0] = 3이고, contours[3]은 파란색으로 표시된다. 첫 번째 자식(child) 윤곽선, hierarchy[0][2] = 1이고, 분홍색으로 표시된다. hierarchy[0][1] = -1로 이전 윤곽선은 없고, hierarchy[0][3] = -1로 부모 윤곽선도 없다.

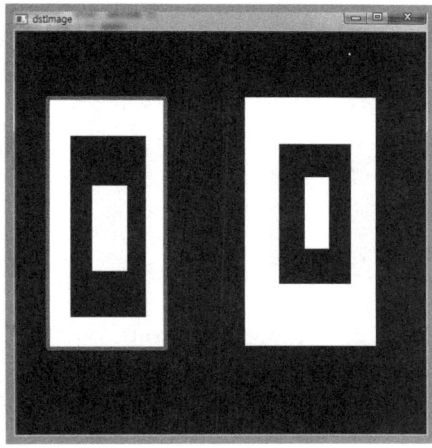

(a) maxLevel = 0

(b) maxLevel = 1

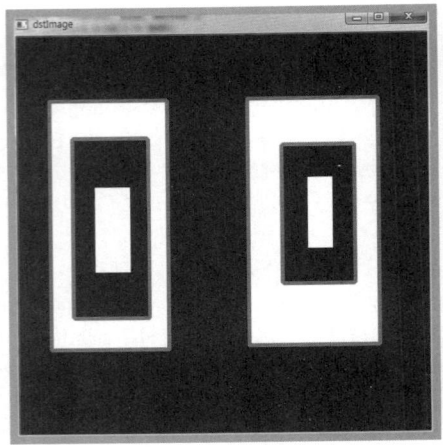

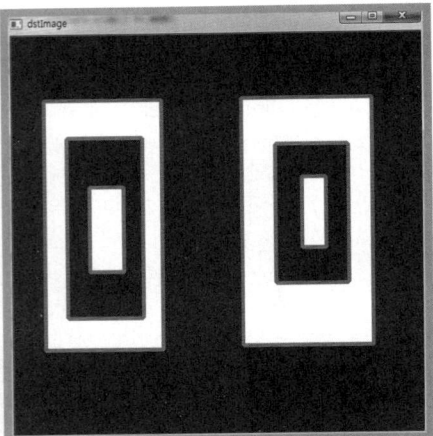

| (c) maxLevel = 2 | (d) maxLevel = 3 |

[그림 8.13] 25-28행에 의한 윤곽선 그리기(RETR_TREE, contourIdx = -1)

| (a) k = 0 | (b) k = 1 |

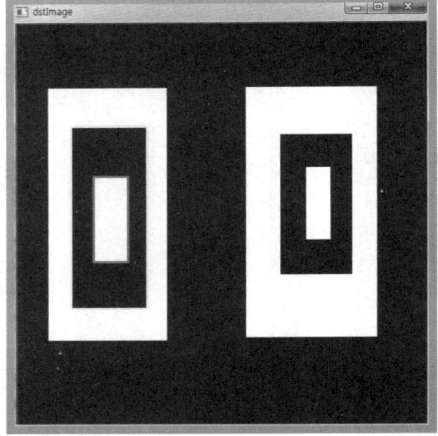

| (c) k = 2 | (d) k = 3 |

(e) k = 4

(f) k = 5

```
C:₩OpenCV++₩Chap8₩cvEx0813₩Debug₩cvEx0813.exe
hierarchy[0][0] = 3
hierarchy[0][1] = -1
hierarchy[0][2] = 1
hierarchy[0][3] = -1
hierarchy[1][0] = -1
hierarchy[1][1] = -1
hierarchy[1][2] = 2
hierarchy[1][3] = 0
hierarchy[2][0] = -1
hierarchy[2][1] = -1
hierarchy[2][2] = -1
hierarchy[2][3] = 1
hierarchy[3][0] = -1
hierarchy[3][1] = 0
hierarchy[3][2] = 4
hierarchy[3][3] = -1
hierarchy[4][0] = -1
hierarchy[4][1] = -1
hierarchy[4][2] = 5
hierarchy[4][3] = 3
hierarchy[5][0] = -1
hierarchy[5][1] = -1
hierarchy[5][2] = -1
hierarchy[5][3] = 4
```

(g) hierarchy

[그림 8.14] 30−51행에 의한 그리기(RETR_TREE)

04 영역 채우기, 인페인트, 거리 계산, 워터쉐드

floodFill 함수는 물체의 내부를 특정 값으로 채우고, inpaint 함수는 영상에서 부분영역을 삭제하고 주변의 화소값을 이용하여 채우며, distanceTransform은 영상 영역의 내부의 0이 아닌 화소에서, 가장 가까운 0인 화소까지의 거리를 계산한다. watershed 함수는 마커 기반 영상 분할을 수행한다.

4.1 영역 채우기

① int floodFill(InputOutputArray image, Point seedPoint, Scalar newVal,
    Rect* rect = 0, Scalar loDiff = Scalar(), Scalar upDiff = Scalar(), int flags = 4)
② int floodFill(InputOutputArray image, InputOutputArray mask,
    Point seedPoint, Scalar newVal, Rect* rect = 0,
    Scalar loDiff = Scalar(), Scalar upDiff = Scalar(), int flags = 4)

floodFill 함수는 1-채널 또는 3-채널의 8비트 또는 실수 입력영상 image에서 시작점 seedPoint에서 시작하여, flags에 지정된 이웃(4 또는 8) 화소 (x', y')를 반복적으로 조사해가며 $image(x', y') - loDiff <= image(x, y) <= image(x', y') + upDiff$에 있는 (x, y)를 새로운 값 newVal로 채워 넣는다. masks는 8비트 단일 채널이며, 크기는 입력영상 image보다 가로와 세로 각각 2만큼씩 크다. rect는 채워진 화소들의 최소 바운딩 사각형을 반환한다. flags의 하위 비트(lower bits)에는 이웃 연결방법(4 또는 8)을 지정하고, 상위 비트(upper bits)에는 FLOODFILL_FIXED_RANGE 또는 FLOODFILL_MASK_ONLY를 지정한다. FLOODFILL_FIXED_RANGE가 설정되면 현재 화소와 seedPoint 사이의 차이를 고려하고, FLOODFILL_FIXED_RANGE가 설정되지 않으면 이웃 화소들 사이의 차이를 고려한다. FLOODFILL_MASK_ONLY가 설정되면 image를 채우지 않고, mask를 채운다.

[예제 8-9] floodFill 함수로 영역 채우기

```
001:  #include "opencv.hpp"
002:  using namespace cv;
003:  using namespace std;
004:  int main()
005:  {
006:      Mat dstImage(Size(512, 512), CV_8UC3, Scalar::all(255));
007:
008:      rectangle(dstImage, Point(50, 50), Point(200, 200), Scalar(0, 0, 255), 2);
009:      circle(dstImage, Point(300, 300), 100, Scalar(0, 0, 255), 2);
010:
011:      Scalar loDiff = Scalar::all(10);
012:      Scalar upDiff = Scalar::all(10);
013:      int floodFlags = 8 | FLOODFILL_FIXED_RANGE;
014:      Rect boundRect;
015:
016:      // fill in the rectangle
017:      floodFill(dstImage, Point(100, 100), Scalar(255, 0, 0),
018:                      &boundRect, loDiff, upDiff, floodFlags);
019:      rectangle(dstImage, boundRect, Scalar(0, 255, 0), 2);
020:
021:      // fill in the circle
022:      floodFill(dstImage, Point(300, 300), Scalar(255, 0, 0),
023:                      &boundRect, loDiff, upDiff, floodFlags);
024:      rectangle(dstImage, boundRect, Scalar(0, 255, 0), 2);
025:
026:      imshow("dstImage", dstImage);
027:      waitKey();
028:      return 0;
029:  }
```

◎ 프로그램 설명

① 6행
자료형이 CV_8UC3인 3-채널 컬러 출력영상 dstImage을 512×512 크기로 생성하고, Scalar::all(255)로 초기화한다.

② 8-9행
8행은 출력영상 dstImage에 rectangle 함수로 두 모서리 좌표점이 Point(50, 50), Point(200, 200)이고, 색상이 Scalar(0, 0, 255)인 두께 2의 사각형을 그린다. 9행은 circle 함수로 중심점이 Point(300, 300)이고, 반지름이 100이며, Scalar(0, 0, 255) 색상인 두께 2의 원을 그린다.

③ 11-19행
17-18행은 floodFill 함수로 8행에서 그린 사각형을 채운다. 시작점을 seedPoint = Point(100, 100)로 설정하고, loDiff = Scalar::all(10), upDiff = Scalar::all(10), floodFlags = 8 | FLOODFILL_FIXED_RANGE로 설정하여 Scalar(255, 0, 0) 색상으로 채운다. 새로 채운 화소들의 바운딩 사각형을 boundRect에 계산한다. 19행은 바운딩 사각형 boundRect를 Scalar(0, 255, 0) 색상, 두께 2로 사각형을 그린다.

④ 22-24행
22-23행은 floodFill 함수로 9행에서 그린 원을 채운다. 시작점을 seedPoint=Point(300, 300)로 설정하고, loDiff = Scalar::all(10), upDiff = Scalar::all(10), floodFlags = 8 | CV_FLOODFILL_FIXED_RANGE로 설정하여 Scalar(255, 0, 0) 색상으로 채운다. 새로 채운 화소들의 바운딩 사각형을 boundRect에 계산한다. 24행은 바운딩 사각형 boundRect을 Scalar(0, 255, 0) 색상, 두께 2로 사각형을 그린다.

⑤ [그림 8.15](a)는 8-9행에서 사각형과 원을 표시한 결과이다. [그림 8.15](b)는 floodFill 함수로 영역을 채우고, 바운딩 사각형을 표시한 결과이다.

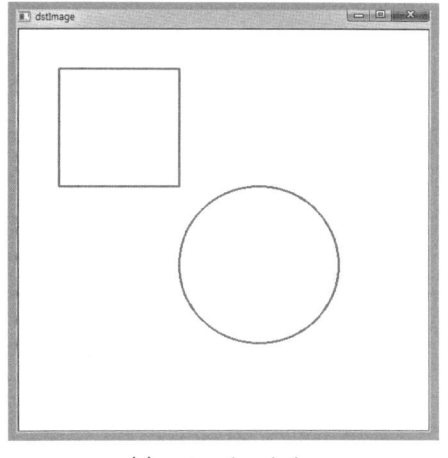
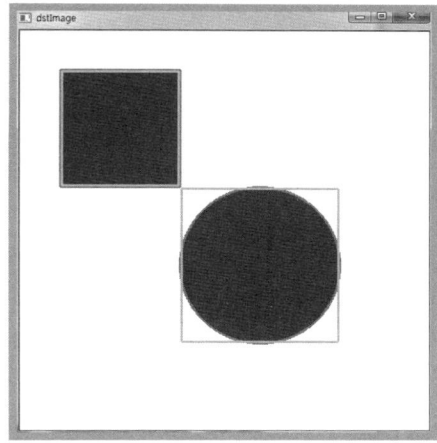

(a) rectangle, circle   (b) floodFill

[그림 8.15] floodFill 함수로 영역 채우기

4.2 inpaint 함수

void inpaint(InputArray src, InputArray inpaintMask, OutputArray dst,
        double inpaintRadius, int flags)

inpaint 함수는 영상에서 흠집이 생기거나, 원하지 않은 부분영역을 삭제하고 주변의 화소값을 이용하여 채워 넣는다. src는 8 비트 1-채널 또는 3-채널 입력영상이고, inpaintMask는 8비트 1-채널의 인페인팅 마스크로, 0이 아닌 화소를 인페인팅하여,

src와 같은 자료형, 같은 크기를 갖는 출력영상 dst에 저장한다. inpaintRadius는 인페인팅될 화소의 이웃을 결정하는 반지름이다. flags = INPAINT_NS이면 Navier-Stokes 방법, flags = INPAINT_TELEA이면 Alexandru Telea 방법으로 인페인팅한다. inpaint 함수는 OpenCV 2.4.13 버전에서는 opencv_photo2413 라이브러리 모듈에 있다.

[예제 8-10]　inpaint 함수에 의한 인페인팅

```
001:   #include "opencv.hpp"
002:   using namespace cv;
003:   using namespace std;
004:   typedef struct _DATA{
005:       Mat image;
006:       Mat mask;
007:   } DATA;
008:   void onMouse(int event, int x, int y, int flags, void* param);
009:   int main()
010:   {
011:       Mat srcImage = imread("lena.jpg", IMREAD_GRAYSCALE);
012:       // Mat srcImage = imread("lena.jpg");
013:       if(srcImage.empty())
014:           return -1;
015:
016:       Mat dstImage = srcImage.clone();
017:       Mat mask = Mat::zeros(srcImage.size(), CV_8U);
018:       imshow("dstImage", dstImage);
019:
020:       DATA data = { dstImage, mask};
021:       setMouseCallback("dstImage", onMouse, (void *)&data);
022:
023:       double inpaintRadius = 5;
024:       // int flags = INPAINT_NS;
025:       int flags =INPAINT_TELEA ;
026:
027:       bool bEscKey = false;
028:       int nKey;
029:       while(!bEscKey)
030:       {
031:           nKey = waitKey(0);
032:           switch(nKey)
033:           {
034:               case 27:
035:                   bEscKey = true;
036:                   break;
037:               case 'r':
038:                   mask = 0;
039:                   srcImage.copyTo(dstImage);
040:                   imshow("dstImage", dstImage);
041:                   break;
042:               case ' ':
043:                   inpaint(dstImage, mask, dstImage, inpaintRadius, flags);
044:                   imshow("dstImage", dstImage);
045:                   break;
046:           }
```

```
047:        }
048:        return 0;
049:  }
050:  void onMouse(int event, int x, int y, int flags, void* param)
051:  {
052:        DATA *data = (DATA *)param;
053:        Mat mask = data->mask;
054:        Mat dstImage = data->image;
055:        switch(event)
056:        {
057:            case EVENT_MOUSEMOVE:
058:                if(flags & EVENT_FLAG_LBUTTON)
059:                {
060:                    circle(mask, Point(x, y), 10, Scalar::all(255), -1);
061:                    circle(dstImage, Point(x, y), 10, Scalar::all(255), -1);
062:                }
063:        }
064:        imshow("dstImage", dstImage);
065:  }
```

◎ 프로그램 설명

① 4-7행
마우스 이벤트 처리 핸들러에 인수로 전달하기 위한 DATA 자료형을 정의한다.

② 16-21행
16행은 입력영상 srcImage를 복제하여 dstImage에 저장한다. Mat::zeros 메서드로 srcImage와 같은 크기, CV_8U 자료형의 0으로 초기화된 행렬을 mask에 저장한다.
20행은 DATA 자료형의 data에 {dstImage, mask}를 초기화한다. 21행은 setMouseCallback 함수로 "dstImage" 윈도우에 마우스 이벤트 핸들러 함수 onMouse를 설정하고, 인수로 (void *)&data)를 전달한다. 23-25행은 inpaintRadius = 5, flags = INPAINT_TELEA를 설정한다.

③ 27-47행
키보드 이벤트를 처리한다. 키를 입력받아 nKey에 저장하고, Esc 키를 누르면 bEscKey = true로 하여 while 문을 탈출하여 프로그램을 종료시킨다. nKey = 'r'이면 mask = 0으로 mask의 모든 화소를 0으로 초기화하고, srcImage 영상을 dstImage에 복사하고 "dstImage" 윈도우에 표시한다. nKey = ' ', 즉 스페이스바를 누르면 inpaint 함수로 dstImage의 mask에 0이 아닌 화소값을 flags에 명시된 방법으로 dstImage 영상에 인페인팅하고, "dstImage" 윈도우에 표시한다.

④ 50-65행
onMouse 함수는 마우스 이벤트 핸들러이다. 마우스 왼쪽 버튼을 누르면서 움직일 때, circle 함수를 사용하여 Scalar::all(255)의 흰색으로 내부가 채워진 원을 mask과 dstImage에 그리고, "dstImage" 윈도우에 표시한다.

⑤ [그림 8.16]은 inpaint 함수에 의한 인페인팅 결과이다. [그림 8.16](a)는 입력영상으로 검정색 선이 표시되어 있다. [그림 8.16](b)는 검정색 선을 마우스로 지운 영상이다. [그림 8.16](c)는 그레이스케일에서 지운 부분을 인페인팅으로 채운 결과이고, 8.16](d)는 컬러 영상에서 인페인팅으로 채운 결과이다.

(a) 입력영상

(b) 마우스로 지운 영상

(c) 그레이스케일에서 인페인팅된 영상

(d) 컬러 영상에서 인페인팅된 영상

[그림 8.16] inpaint 함수에 의한 인페인팅

4.3 거리 계산 함수

① void distanceTransform(InputArray src, OutputArray dst,
    int distanceType, int maskSize)

② void distanceTransform(InputArray src, OutputArray dst, OutputArray labels,
    int distanceType, int maskSize, int labelType = DIST_LABEL_CCOMP)

distanceTransform 함수는 src에서 0이 아닌 화소에서 가장 가까운 0인 화소까지의 거리를 계산하여 실수형 행렬 dst에 반환한다. src는 1-채널 8비트의 이진영상이며, dst는 1-채널 32비트 실수 행렬이다. distanceType은 거리 계산 종류로 DIST_L1, DIST_L2, DIST_C 중 하나이다. maskSize는 마스크 크기로, 3, 5, 또는 DIST_MASK_PRECISE가 가능하며, labels은 CV_32SC1의 2차원 정수 레이블 행렬로, src와 같은 크기이다.

labelType = DIST_LABEL_CCOMP이면, src에서 0인 화소들의 연결 요소(connected component)는 같은 레이블을 갖으며, 0이 아닌 화소들은 가장 가까운 연결 요소의 레이블을 갖는다. labelType = DIST_LABEL_PIXEL이면, 각각의 0인 화소들이 자신의 개별 레이블을 갖고, 0이 아닌 화소는 가장 가까운 0인 화소의 레이블을 갖는다.

[예제 8-11] 행렬에서 distanceTransform

```
001:   #include <iomanip>
002:   #include "opencv.hpp"
003:   using namespace cv;
004:   using namespace std;
005:   void Printmat(const char *strName, Mat A);
006:   int main()
007:   {
008:       uchar dataA[ ] = { 0, 0, 0, 0, 0, 0, 0,
009:                          0, 1, 1, 1, 1, 1, 0,
010:                          0, 1, 1, 1, 1, 1, 0,
011:                          0, 1, 1, 1, 1, 1, 0,
012:                          0, 1, 1, 1, 1, 1, 0,
013:                          0, 1, 1, 1, 1, 1, 0,
014:                          0, 0, 0, 0, 0, 0, 0};
015:       Mat A(7, 7, CV_8U, dataA);
016:       Printmat("A=", A);
017:
018:       int distanceType = DIST_L1; // CV_DIST_L1
019:       int maskSize = 5;
020:       Mat labels;
021:       Mat distance;
022:       // distanceTransform(A, distance, distanceType, maskSize);
023:       // distanceTransform(A, distance, labels, distanceType,
024:       //                     maskSize, DIST_LABEL_CCOMP);
025:       distanceTransform(A, distance, labels, distanceType,
026:                           maskSize, DIST_LABEL_PIXEL);
027:       Printmat("distance=", distance);
028:       Printmat("labels=", labels);
029:
030:       waitKey();
031:       return 0;
032:   }
033:   void Printmat(const char *strName, Mat A)
034:   {
035:       int x, y;
036:       uchar uValue;
037:       float fValue;
038:       double dValue;
039:       int iValue;
040:
041:       cout << endl << endl << strName << endl;
042:       cout << setiosflags(ios::fixed);
043:       for(y = 0; y < A.rows; y++)
044:       {
045:           for(x = 0; x < A.cols; x++)
046:           {
047:               switch(A.type())
048:               {
```

```
049:                        case CV_8U:
050:                            uValue = A.at<uchar>(y, x);
051:                            cout << setw(4) << (int)uValue;
052:                            break;
053:                        case CV_32S:
054:                            iValue = A.at<int>(y, x);
055:                            cout << setw(4) << iValue;
056:                            break;
057:                        case CV_32F:
058:                            fValue = A.at<float>(y, x);
059:                            cout << setprecision(1) << setw(5) << fValue;
060:                            break;
061:                        case CV_64F:
062:                            dValue = A.at<double>(y, x);
063:                            cout << setprecision(1) << setw(5) << dValue;
064:                            break;
065:                    }
066:                }
067:                cout << endl;
068:            }
069:            cout << endl;
070: }
```

◎ 프로그램 설명

① 8-28행

8-16행은 배열 dataA로 초기화된 7×7 행렬 A를 생성한다. 18-28행은 22행은 distanceTransform 함수로 행렬 A에서 거리 변환을 distanceType, maskSize로 설정하여 distance 행렬에 계산한다. 23-24행은 distanceTransform 함수로 행렬 A에서 거리 변환을 distance 행렬에 계산하고, DIST_LABEL_CCOMP로 레이블링을 labels 행렬에 계산한다. 25-26행은 distanceTransform 함수로 행렬 A에서 거리 변환을 distance 행렬에 계산하고, DIST_LABEL_PIXEL로 레이블링을 labels 행렬에 계산한다.

② [그림 8.17]은 행렬에서 distanceTransform의 결과이다. [그림 8.17](a)는 distanceType = DIST_L1, maskSize = 5로 설정하여 행렬 A의 거리 계산 결과이다. [그림 8.17](b)는 DIST_LABEL_CCOMP로 레이블링한 labels 행렬로 행렬 A에서 0인 화소가 모두 연결되어 있으므로 레이블은 1로만 구성되어 있다. [그림 8.17](c)는 DIST_LABEL_PIXEL로 레이블링한 labels 행렬로 행렬 A에서 0인 화소의 레이블은 새로운 레이블이다. 0인 화소의 개수는 24이다. 0이 아닌 화소의 레이블은 가장 가까운 0인의 레이블과 같다.

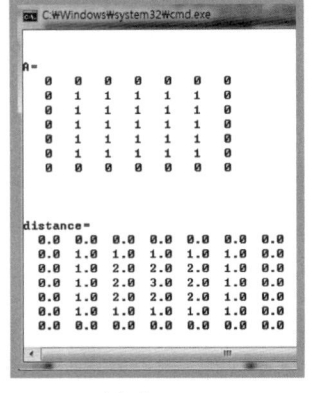

(a) distance

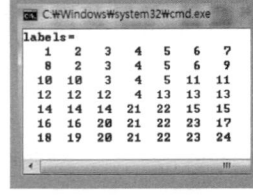

(b) DIST_LABEL_CCOMP로 레이블링한 labels

(c) DIST_LABEL_PIXEL로 레이블링을 labels

[그림 8.17] 행렬에서 distanceTransform

[예제 8-12] 영상에서 distanceTransform

```
001:   #include "opencv.hpp"
002:   using namespace cv;
003:   using namespace std;
004:   int main()
005:   {
006:       Mat srcImage = imread("DistTest.jpg", IMREAD_GRAYSCALE); // "DistTest2.jpg"
007:       if(srcImage.empty())
008:           return -1;
009:       threshold(srcImage, srcImage, 200, 255, THRESH_BINARY);
010:       int distanceType = DIST_L1; // CV_DIST_L1
011:       int maskSize = 3;
012:
013:       Mat distance;
014:       distanceTransform(srcImage, distance, distanceType, maskSize);
015:
016:       Mat dstImage;
017:       normalize(distance, dstImage, 0, 255, NORM_MINMAX, CV_8U);
018:       imshow("dstImage", dstImage);
019:
020:       waitKey();
021:       return 0;
022:   }
```

◎ 프로그램 설명

① 9행

threshold 함수로 입력영상 srcImage에 임계값 200을 적용한 이진영상을 srcImage에 다시 저장
한다.

② 10-14행

14행은 distanceTransform 함수로 distanceType = DIST_L1, maskSize = 3으로 설정하여
srcImage 영상에서 거리 변환을 distance에 계산한다.

③ 16-18행

normalize 함수로 거리 계산 실수형 행렬 distance를 범위 [0, 255]로 정규화하여, CV_8U 자료형
으로 변경한 distance 행렬에 저장한다.

④ [그림 8.18](a), [그림 8.18](b)는 "DistTest.jpg" 영상의 distanceTransform 변환 결과이다.
[그림 8.18](c), [그림 8.18](d)는 "DistTest2.jpg" 영상의 distanceTransform 변환 결과이다. 거
리 변환은 물체의 중심축 변환(medial axis transform)과 골격화(skeletonization)와 관련이
있다.

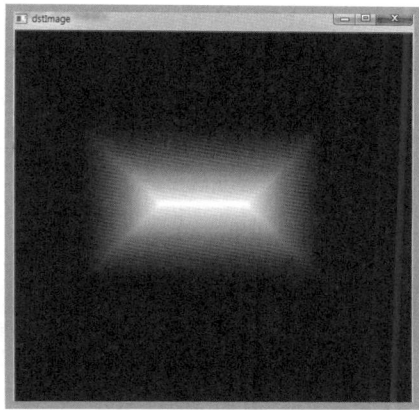

(a) srcImage, "DistTest.jpg"   (b) dstImage, "DistTest.jpg"

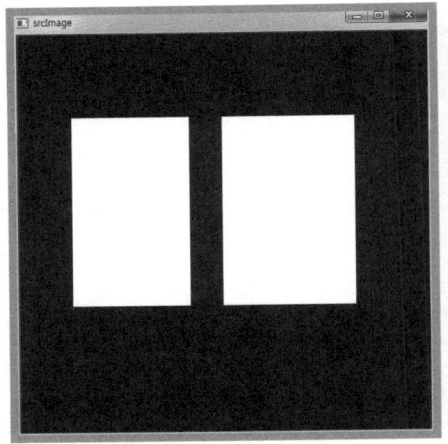

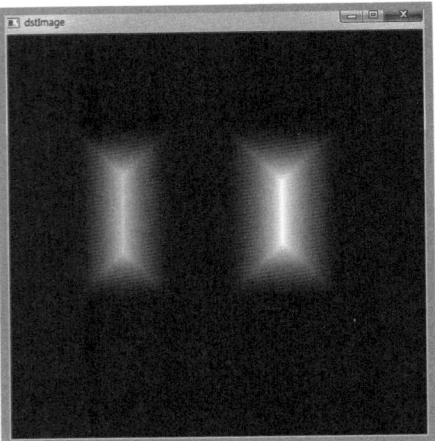

(c) srcImage, "DistTest2.jpg"   (d) dstImage, "DistTest2.jpg"

[그림 8.18] 영상에서 distanceTransform

4.4 watershed 함수

void watershed(InputArray image, InputOutputArray markers)

watershed 함수는 마커 기반 영상 분할을 수행한다. CV_8UC3인 8비트 3-채널 컬러
영상 image에 사용자가 대략적으로 32비트 정수 1-채널 markers에 부분영역을 설정하
면 영상을 분할하여 markers 행렬에 저장한다. 초기에 markers에 주어진 영역의 값을
씨앗(seed)으로 하여 나머지 영역을 분할한다. 함수가 반환될 때 markers에 1 이상의 값
을 가지며 markers의 값이 같으면 동일 특성을 갖는 분할 영역이며, 영역의 경계부분은
-1을 갖는다.

[예제 8-13] watershed 함수에 의한 영상 분할

```
001:  #include "opencv.hpp"
002:  using namespace cv;
003:  using namespace std;
004:  typedef struct _DATA{
005:      Mat image;
006:      Mat mask;
007:  } DATA;
008:  void onMouse(int event, int x, int y, int flags, void* param);
009:  int main()
010:  {
011:      // Mat srcImage = imread("flower.jpg");
012:      Mat srcImage = imread("hand.jpg");
013:      if(srcImage.empty())
014:          return -1;
015:
016:      Mat dstImage = srcImage.clone();
017:      imshow("dstImage", dstImage);
018:
```

```
019:          Mat mask  = Mat::zeros(srcImage.size(), CV_8U);
020:          Mat markers = Mat::zeros(srcImage.size(), CV_32S);
021:
022:          DATA data = { dstImage, mask};
023:          setMouseCallback("dstImage", onMouse, (void *)&data);
024:
025:          int mode = CV_RETR_LIST;
026:          int method = CV_CHAIN_APPROX_SIMPLE;
027:          vector<vector<Point> > contours;
028:
029:          bool bEscKey = false;
030:          int nKey;
031:          while(!bEscKey)
032:          {
033:              nKey = cvWaitKey(0);
034:              switch(nKey)
035:              {
036:                  case 27:
037:                      bEscKey = true;
038:                      break;
039:                  case 'r':
040:                      mask = 0;
041:                      srcImage.copyTo(dstImage);
042:                      imshow("dstImage", dstImage);
043:                      break;
044:                  case ' ':
045:                      findContours(mask, contours, noArray(), mode, method);
046:                      if(contours.size() < 1)
047:                          break;
048:                      markers = 0;
049:                      for(int k = 0 ; k < contours.size(); k++)
050:                      {
051:                          drawContours(markers, contours, k, k + 1, -1); // fill in
052:                      }
053:                      watershed(srcImage, markers);
054:
055:                      // make color tables for displaying objects
056:                      Mat colorTable(contours.size(), 1, CV_8UC3);
057:                      Vec3b color;
058:                      for(int k = 0 ; k < contours.size(); k++)
059:                      {
060:                          color[0] = rand()&180 + 50;
061:                          color[1] = rand()&180 + 50;
062:                          color[2] = rand()&180 + 50;
063:                          colorTable.at<Vec3b>(k, 0) = color;
064:                      }
065:                      // display objects using markers
066:                      for(int y = 0 ; y < markers.rows; y++)
067:                          for(int x = 0 ; x < markers.cols; x++)
068:                          {
069:                              int k = markers.at<int>(y, x);
070:                              if(k == -1) // boundary
071:                                  color[0] = color[1] = color[2] = 255;
072:                              else if (k <= 0 || k > contours.size())
073:                                  color[0] = color[1] = color[2] = 0;
074:                              else{
075:                                  color = colorTable.at<Vec3b> (k - 1, 0);
```

```
076:                                          dstImage.at<Vec3b>(y, x) = color;
077:                                      }
078:                                  }
079:                              addWeighted(dstImage, 0.5, srcImage, 0.5, 0, dstImage);
080:                              imshow("dstImage", dstImage);
081:                              break;
082:                      }
083:          }
084:          return 0;
085:  }
086:  void onMouse(int event, int x, int y, int flags, void* param)
087:  {
088:          DATA *data = (DATA *)param;
089:          Mat mask = data->mask;
090:          Mat dstImage = data->image;
091:          switch(event)
092:          {
093:              case EVENT_MOUSEMOVE:
094:                  if(flags & EVENT_FLAG_LBUTTON)
095:                  {
096:                      circle(mask, Point(x, y), 10, Scalar::all(255), -1);
097:                      circle(dstImage, Point(x, y), 10, Scalar::all(255), -1);
098:                  }
099:          }
100:          imshow("dstImage", dstImage);
101:  }
```

◎ 프로그램 설명

① 4-27행

4-7행은 마우스 이벤트 처리 핸들러에 인수로 전달하기 위한 DATA 자료형을 정의한다. 12행은 "hand.jpg"를 srcImage에 컬러로 읽는다. 16행은 srcImage를 복제하여 dstImage에 저장한다. 19행은 Mat::zeros 메서드로 srcImage와 같은 크기, CV_8U 자료형의 0으로 초기화된 행렬을 mask에 저장한다. 20행은 Mat::zeros 메서드로 srcImage와 같은 크기, CV_32S 자료형의 0으로 초기화된 행렬을 markers에 저장한다. 22행은 DATA 자료형의 data에 {dstImage, mask}를 초기화하고, 23행은 setMouseCallback 함수로 "dstImage" 윈도우에 마우스 이벤트 핸들러 함수 onMouse를 설정하고, 인수로 (void *)&data)를 전달한다. 25-27행은 findContours 함수에서 모든 윤곽선을 검출하기 위해, mode = CV_RETR_LIST, method = CV_CHAIN_APPROX_SIMPLE로 설정하고, 검출된 윤곽선을 저장하기 위한 벡터 contours를 선언한다.

② 29-83행

키보드 이벤트를 처리한다. 키를 입력받아 nKey에 저장하고, Esc키를 누르면 bEscKey = true로 하여 while 문을 탈출하여 프로그램을 종료시킨다. nKey = 'r'이면 mask = 0으로 mask의 모든 화소를 0으로 초기화하고, srcImage 영상을 dstImage에 복사하고 "dstImage" 윈도우에 표시한다. nKey = ' ', 즉 스페이스바를 누르면, 45행에서 mask 행렬에서 윤곽선을 검출하고, 48행은 markers 행렬을 0으로 초기화하고, 51행은 drawContours 함수로 markers 행렬에 k-번째 윤곽선을 k+1 값으로 채워 넣는다. 즉, 사용자가 마우스를 이용하여 mask 행렬에 표시한 영역이 markers 행렬에 1부터 k까지의 레이블을 갖는 영역으로 채워 넣어져, watershed 함수의 입력으로 사용한다. 53행은 watershed 함수로 srcImage 영상에서 markers에 표시된 마커 정보를 이용하여 k개의 물체를 markers에 분할한다. 55-64행은 k 개의 물체를 표시할 색상을 난수를 이용하여 colorTable 행렬에 생성한다. 66-78행은 markers에 표시된 물체의 레이블에 따라 dstImage에 색상을 설정한다. 물체의 경계는 흰색으로, 범위를 벗어나면 검은색으로, 나머지는 colorTable 행렬을 이용하여 색상을 저장한다. 79행은 addWeighted 함수로 dstImage와 srcImage를 섞어 다시 dstImage에 저장한다.

③ 86-101행

onMouse 함수는 마우스 이벤트 핸들러이다. 마우스 왼쪽 버튼을 누르면서 움직일 때, circle 함수를 사용하여 Scalar::all(255)의 흰색으로 내부가 채워진 원을 mask과 dstImage에 그리고, "dstImage" 원도우에 표시한다.

④ [그림 8.19]는 "hand.jpg" 영상에서 watershed 함수에 의한 영상 분할한 결과이다. [그림 8.19] (a)는 마우스를 이용하여 손과 배경에 각각 생성한 마커를 표시한 결과이고, [그림 8.19](b)는 watershed 함수로 영상을 2개의 영역으로 분할한 결과이다. [그림 8.20]은 "flower.jpg" 영상에서 watershed 함수에 의한 영상 분할한 결과이다.

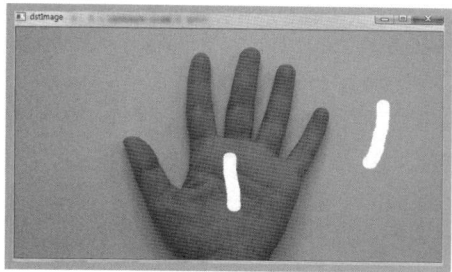
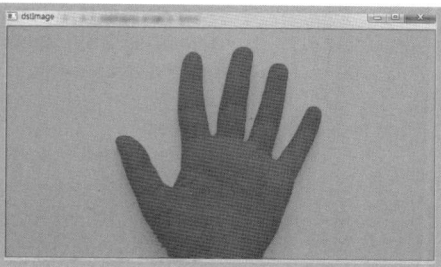

(a) 마커 영역   (b) 분할 영상

[그림 8.19] watershed 함수에 의한 영상 분할("hand.jpg")

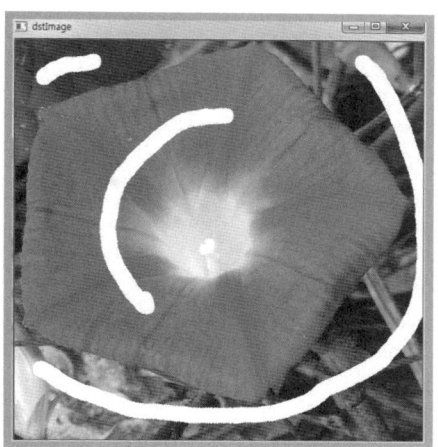
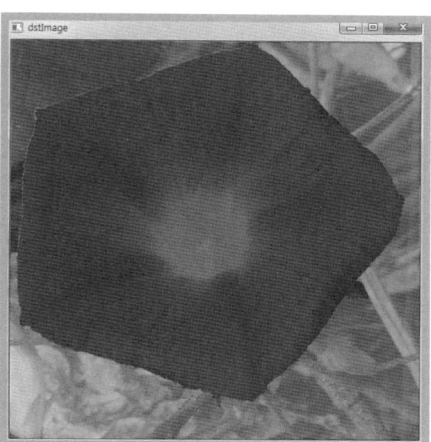

(a) 마커 영역   (b) 분할 영상

[그림 8.20] watershed 함수에 의한 영상 분할("flower.jpg")

[예제 8-14] distanceTransform과 watershed 함수에 의한 영상 분할

```
001:    #include "opencv.hpp"
002:    using namespace cv;
003:    using namespace std;
004:    #define TH 10 // for heart10.jpg
005:    //#define TH 40  // for circle.jpg
006:    int main()
007:    {
008:        Mat srcImage = imread("heart10.jpg");
009:        // Mat srcImage = imread("circle.jpg");
010:        if(srcImage.empty())
011:            return -1;
012:        imshow("srcImage", srcImage);
```

```
013:
014:        Mat srcImage8;
015:        cvtColor(srcImage, srcImage8, CV_BGR2GRAY);
016:
017:        Mat dstImage8;
018:        threshold(srcImage8, dstImage8, 0, 255, THRESH_BINARY_INV + THRESH_OTSU);
019:        imshow("dstImage8", dstImage8);
020:
021:        // find markers by using distanceTransform and threshold
022:        Mat distance, distImage8;
023:        distanceTransform(dstImage8, distance, CV_DIST_L1, 3);
024:        normalize(distance, distImage8, 0, 255, NORM_MINMAX, CV_8U);
025:        imshow("distance", distImage8);
026:
027:        Mat mask;
028:        // threshold(dstImage8, mask, TH, 255, THRESH_BINARY);
029:        mask = distance > TH;
030:        imshow("mask", mask);
031:
032:        vector<vector<Point> > contours;
033:        findContours(mask, contours, noArray(),
034:                            CV_RETR_LIST, CV_CHAIN_APPROX_SIMPLE);
035:        if(contours.size() < 1)
036:            return 0;
037:
038:        Mat markers = Mat::zeros(srcImage.size(), CV_32S);
039:        // markers = 0;
040:        for(int k = 0 ; k < contours.size(); k++)
041:        {
042:            drawContours(markers, contours, k, k + 1, -1); // fill in
043:        }
044:        // create a background marker
045:        circle(markers, Point(5, 5), 3, Scalar::all(contours.size() + 1), -1);
046:
047:        // segment objects by using markers
048:        Mat dstImage = srcImage.clone();
049:        watershed(dstImage, markers);
050:
051:        // make color tables for displaying objects
052:        Mat colorTable(contours.size() + 1, 1, CV_8UC3);
053:        Vec3b color;
054:        for(int k = 0 ; k < contours.size() + 1; k++)
055:        {
056:            color[0] = theRNG().uniform(0, 180) + 50;
057:            color[1] = theRNG().uniform(0, 180) + 50;
058:            color[2] = theRNG().uniform(0, 180) + 50;
059:            colorTable.at<Vec3b>(k, 0) = color;
060:        }
061:        // display objects using markers
062:        for(int y = 0 ; y < markers.rows; y++)
063:            for(int x = 0 ; x < markers.cols; x++)
064:            {
065:                int k = markers.at<int>(y, x);
066:                if(k == -1)       // boundary
067:                    color[0] = color[1] = color[2] = 255;
068:                else if (k <= 0 || k > contours.size() + 1)
069:                    color[0] = color[1] = color[2] = 0;
```

```
070:                       else{
071:                            color = colorTable.at<Vec3b>(k - 1, 0);
072:                            dstImage.at<Vec3b>(y, x) = color;
073:                       }
074:                   }
075:          addWeighted(dstImage, 0.5, srcImage, 0.5, 0, dstImage);
076:          imshow("dstImage", dstImage);
077:          waitKey();
078:          return 0;
079:  }
```

◎ 프로그램 설명

① 4-5행

TH는 distanceTransform 함수로 계산한 거리 행렬 distance에 임계값으로 사용한다. 4행은 "heart10.jpg" 영상에서 하트를 검출하기 위한 임계값 TH를 10으로 정의한다. 숫자 영역까지 분리를 위해서는 TH를 1로 설정한다. 5행은 "circle.jpg" 영상에서 겹쳐진 원을 분리하기 위한 임계값 TH를 40으로 정의한다. 임계값 TH는 25행에서 distance > TH로 사용하여, 거리 행렬 distance에서 TH보다 크면 255 그렇지 않으면 0으로 설정하여 이진영상을 생성한다. 임계값 TH는 검출하고자 하는 물체에서의 거리 값에 의존한다.

② 14-19행

15행은 cvtColor 함수로 컬러 영상 srcImage를 그레이스케일 영상 srcImage8로 변환한다. 18행은 threshold 함수에서 THRESH_BINARY_INV + THRESH_OTSU로 설정하여 자동으로 임계치를 설정하여, 물체 영역은 흰색이고 배경은 검은색인 이진영상 dstImage8을 생성한다.

③ 21-45행

입력영상의 그레이스케일 영상에 자동 임계값을 적용하여 계산한 이진영상 dstImage8에 거리 계산을 이용하여 마커를 생성한다. 23행은 distanceTransform 함수로 이진영상 dstImage8에서 거리 계산 행렬 distance를 생성한다. 24행은 화면 표시를 위해 distance를 CV_8U 자료형의 distImage8로 정규화한다. 29행은 거리 계산 행렬 distance에서 물체의 중심에서 높은 값을 가지는 것을 이용하여, 임계값 TH보다 큰 영역을 mask에 물체의 중심 영역으로 검출한다. 주석 처리된 28행은 threshold 함수로 dstImage8에서 물체의 중심 영역을 검출한다. 33-34행은 findContours 함수로 mask 영상에서 윤곽선 contours를 찾는다. 38행은 0으로 초기화된 markers 행렬을 생성하고, 42행은 drawContours 함수로 markers 행렬에 k번째 윤곽선 contours[k]을 k + 1 값으로 마커를 채워 표시한다. 45행은 배경 영상을 위한 마커를 circle 함수로 Point(5,5) 위치에 contours.size() + 1로 채워진 원으로 표시한다. 이때 주의할 것은 Point(5, 5) 위치에 원으로 그려지는 영역이 물체와 겹쳐지지 않는 배경이어야 한다.

④ 48-49행

48행은 srcImage 영상을 복제하여 dstImage 영상에 저장하고, 49행은 watershed 함수로 srcImage 영상에서 markers에 표시된 마커 정보를 이용하여 contours.size() + 1개의 물체를 markers에 분할한다. 51-60행은 contours.size() + 1개의 물체를 표시할 색상을 난수를 이용하여 colorTable 행렬에 생성한다. 61-74행은 markers에 표시된 물체의 레이블에 따라 dstImage에 색상을 설정한다. 물체의 경계는 흰색으로, 범위를 벗어나면 검정색으로, 나머지는 colorTable 행렬을 이용하여 색상을 저장한다. 75행은 addWeighted 함수로 dstImage와 srcImage를 섞어 다시 dstImage에 저장한다.

⑤ [그림 8.21]은 "heart10.jpg" 영상에서 watershed 함수에 의한 영상 분할 결과이다. [그림 8.21](a)는 자동 임계값에 의한 이진 영상 dstImage8이고, [그림 8.21](b)는 distanceTransform 함수에 의해 계산된 거리 계산 행렬을 화면 표시를 위해 CV_8U 행렬로 정규화한 distImage8이며, [그림 8.21](c)는 거리 계산 행렬 distance에서 물체의 중심 영역을 찾기 위한 TH를 10으로 임계값을 적용한 이진 영상 mask이고, [그림 8.21](d)는 TH가 10일 때 watershed 함수로 영상을 배경을 포함하여 13개의 영역으로 분할한 결과를 표시하는 dstImage 영상이다. [그림 8.21](e)는 거리 계산 행렬 distance에서 물체의 중심 영역을 찾기 위한 TH를 1로 임계값을 적용한 이진 영상 mask이고, [그림 8.21](f)는 TH가 1일 때 watershed 함수로 영상을 배경과 숫자 영역을 포함하여 17개의 영역으로 분할한 결과를 표시하는 dstImage 영상이다.

⑥ [그림 8.22]는 "circle.jpg" 영상에서 watershed 함수에 의한 영상 분할한 결과이다. "circle.jpg" 영상은 6개의 원의 일부가 겹쳐져 있다. [그림 8.22](a)는 자동 임계값에 의한 이진영상 dstImage8 이고, [그림 8.22](b)는 distanceTransform 함수에 의해 계산된 거리 계산 행렬을 화면 표시를 위해 CV_8U 행렬로 정규화한 distImage8이며, [그림 8.22](c)는 거리 계산 행렬 distance에서 물체의 중심 영역을 찾기 위한 TH를 40으로 임계값을 적용한 이진영상 mask이고, [그림 8.22](d)는 TH가 40일 때 watershed 함수로 영상을 배경을 포함하여 7개의 영역으로 분할한 결과를 표시하는 dstImage 영상이다. TH를 40으로 임계값을 적용한 이진영상 mask에서 물체의 중심이 분리된 것이 중요하다. 물체의 일부가 겹쳐져 있어도 distanceTransform 함수와 임계값 설정에 의해 물체의 중심을 잘 분리해내고, watershed 함수로 물체 영역을 분할한 것을 볼 수 있다.

(a) dstImage8

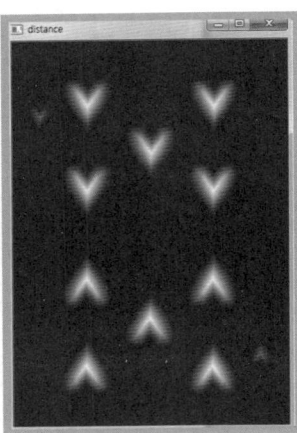
(b) distImage8

(a) dstImage8

(b) distImage8

(e) mask, TH = 1   (f) dstImage, TH = 1

[그림 8.21] watershed 함수에 의한 영상 분할("heart10.jpg")

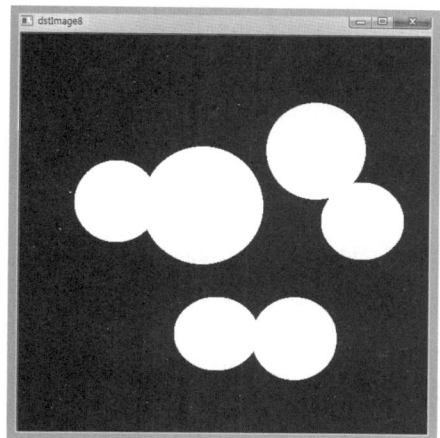 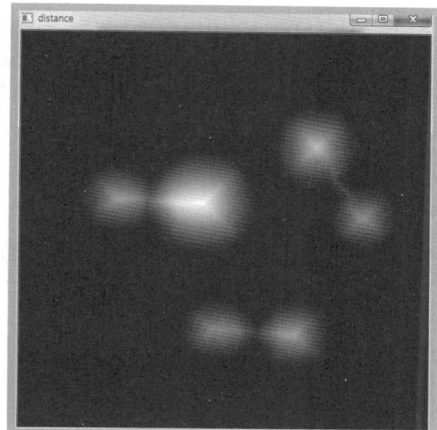

(a) dstImage8   (b) distImage8

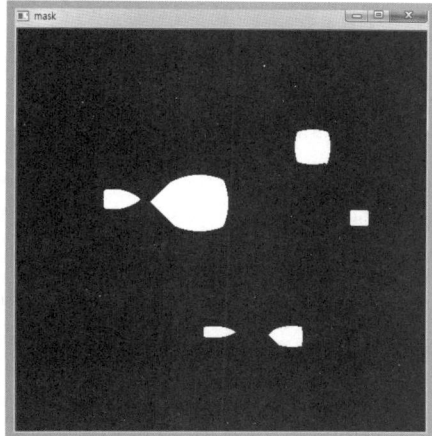 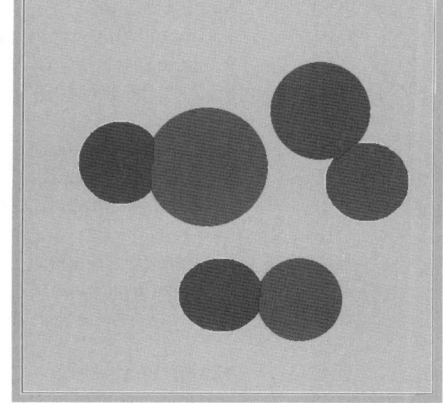

(c) mask, TH=40   (d) dstImage, TH=40

[그림 8.22] watershed 함수에 의한 영상 분할("circle.jpg")

05 피라미드 기반 분할

5.1 피라미드 영상

① void pyrDown(InputArray src, OutputArray dst,
          const Size& dstsize = Size(), int borderType = BORDER_DEFAULT)

영상 src에 가우시안 필터링을 한 후에, dstsize에 주어진 크기로 dst에 축소한다. 디폴트는 가로, 세로 각각을 1/2배 크기로 축소한다. dstsize의 디폴트 크기는 Size((src.cols + 1) / 2, (src.rows + 1) / 2)이다.

② void pyrUp(InputArray src, OutputArray dst, const Size& dstsize = Size(),
          int borderType = BORDER_DEFAULT)

영상 src에 가우시안 필터링을 적용하여, dstsize에 주어진 크기로 dst에 확대한다. 디폴트는 가로, 세로 각각을 2배 크기로 확대한다. dstsize의 디폴트 크기는 Size(src.cols * 2, src.rows * 2)이다.

[예제 8-15] pyrDown, pyrUp에 의한 피라미드 영상

```
001:  #include "opencv.hpp"
002:  using namespace cv;
003:  using namespace std;
004:  int main()
005:  {
006:      Mat srcImage = imread("lena.jpg", IMREAD_GRAYSCALE);
007:      if(srcImage.empty())
008:          return -1;
009:
010:      Mat pyrImageD[3];
011:      pyrImageD[0] = srcImage.clone();
012:      imshow("pyrImageD[0]", pyrImageD[0]);
013:      cout << "pyrImageD[0].size()="<< pyrImageD[0].size() << endl;
014:
015:      pyrDown(pyrImageD[0], pyrImageD[1]);
016:      imshow("pyrImageD[1]", pyrImageD[1]);
017:      cout << "pyrImageD[1].size()="<< pyrImageD[1].size() << endl;
018:
019:      pyrDown(pyrImageD[1], pyrImageD[2]);
020:      imshow("pyrImageD[2]", pyrImageD[2]);
021:      cout << "pyrImageD[2].size()="<< pyrImageD[2].size() << endl;
022:
023:      Mat pyrImageU[2];
024:      pyrUp(pyrImageD[1], pyrImageU[0]);
025:      imshow("pyrImageU[0]", pyrImageU[0]);
026:      cout << "pyrImageU[0].size()="<< pyrImageU[0].size() << endl;
027:
028:      pyrUp(pyrImageD[2], pyrImageU[1]);
```

```
029:          imshow("pyrImageU[1]", pyrImageU[1]);
030:          cout << "pyrImageU[1].size()="<< pyrImageU[1].size() << endl;
031:
032:          waitKey();
033:          return 0;
034:  }
```

◎ 프로그램 설명

① 10-21행

11행은 srcImage 영상을 pyrImageD[0]에 복제한다. pyrImageD[0]의 크기는 512×512이다. 15행
은 pyrDown 함수로 pyrImageD[0]을 축소하여 pyrImageD[1]에 저장한다. pyrImageD[1]의 크기
는 256×256이다. 19행은 pyrDown 함수로 pyrImageD[1]을 축소하여 pyrImageD[2]에 저장한다.
pyrImageD[2]의 크기는 128×128이다.

② 23-30행

24행은 pyrUp 함수로 pyrImageD[1]을 확대하여 pyrImageU[0]에 저장한다. pyrImageU[0]의 크
기는 512×512이다. 28행은 pyrUp 함수로 pyrImageD[2]를 확대하여 pyrImageU[1]에 저장한다.
pyrImageU[1]의 크기는 256×256이다.

③ [그림 8.23]은 pyrDown 함수에 의한 피라미드 축소 영상이다. [그림 8.23](a)는 pyrImageD[0]로
512×512 크기의 원본영상을 복제한 것이며, [그림 8.23](b)는 pyrImageD[1]로 256×256 크기이고,
[그림 8.23](c)는 pyrImageD[2]로 128×128 크기이다. [그림 8.24]는 pyrUp 함수에 의한 피라미드
확대 영상이다. [그림 8.24](a)는 pyrImageD[1]을 확대한 pyrImageU[0]로 512×512 크기이고, [그
림 8.24](b)는 pyrImageD[2]을 확대한 pyrImageU[1]로 256×256 크기이다.

　　　　　(a)　　　　　　　　　　　　　　　　　(b)　　　　　　(c)

[그림 8.23] pyrDown 함수에 의한 피라미드 영상

(a)

(b)

[그림 8.24] pyrUp 함수에 의한 피라미드 영상

5.2 cvPyrSegmentation에 의한 피라미드 기반 영상 분할

① void cvPyrSegmentation(IplImage* src, IplImage* dst,
　　CvMemStorage* storage, CvSeq** comp, int level, double threshold1,
　　double threshold2)

입력영상 src에 피라미드 최대 레벨 level, 연결(link)을 위한 임계값 threshold1, 세그먼트 클러스터링을 위한 임계값 threshold2를 이용하여 피라미드 영상 분할을 수행하여 결과를 dst에 저장한다. 피라미드의 k번째 레벨에 있는 임의 화소 a와 피라미드의 인접레벨(k − 1, k + 1)에 있는 화소 b가 dist_cost(c(a), c(b)) < threshold1이면 링크를 연결한다. 링크에 따른 연결 요소 세그먼트를 검출한 다음, dist_cost(c(A), c(B)) < threshold2 이면 같은 클러스터로 분류한다. 단일 채널이면 dist_cost(c1, c2)= |c1 − c1| 로 정의하고, 3채널 영상이면 각 채널에 가중치를 부여한 거리 비용 함수이다. comp는 분할된 영역의 정보를 갖는다. CvConnectedComp의 멤버 중에서 분할 영역의 면적 area, 평균 색상 value, 바운딩 사각형 rect 만을 계산해서 반환하고, 사각형 내의 윤곽선 정보를 얻기 위해서는 findContours 함수에 의한 추가적인 작업이 필요하다.

cvPyrSegmentation 함수는 C API 함수로, OpenCV 2.4.13 버전에서는 legacy 라이브러리로 밀려나서, C++ API 함수는 지원하지 않는다. OpenCV 2.4.13 버전에서 cvPyrSegmentation 함수를 사용하려면, "opencv2/legacy/legacy.hpp" 헤더 파일을 추가하고, OpenCV 2.4.13 버전에서 디버그 모드는 opencv_legacy2413d.lib, 릴리즈 모드는 opencv_legacy2413.lib를 링크한다.

② OpenCV 3.1.0에서 cvPyrSegmentation 함수 사용
OpenCV 3.1.0에서 cvPyrSegmentation 함수를 사용하기 위하여 OpenCV 2.4.13 버전

의 '/sources/modules/legacy/src/' 폴더에서 prysegmentation.cpp 파일을 프로젝트에 복사하고, 응용 프로그램 프로젝트에 추가하고, 앞부분에서 다음과 같이 수정(소스 파일에 KDK로 주석 처리된 부분)한다. "precomp.hpp" 헤더 파일은 주석으로 처리하고, "cv.h" 파일을 포함하고, OpenCV 3.1.0의 "opencv2/core/private.hpp" 헤더 파일에서 CvStatus 자료형과 매크로를 복사하고, cv, std 네임스페이스 사용 등을 설정한다.

```
// prysegmentation.cpp
// KDK -----------------------------------------
//#include "precomp.hpp"
#include "cv.h"
// copy some code from : "opencv2/core/private.hpp"
typedef enum CvStatus
{
    // 생략
}
CvStatus;
#define cvUnsupportedFormat "Unsupported format"
#define CV_Error(code, msg) cv::error(code, msg, CV_Func, __FILE__, __LINE__)
#define IPPI_CALL(func) CV_Assert((func) >= 0)
using namespace cv;
using namespace std;
// KDK -----------------------------------------------
```

[예제 8-16] cvPyrSegmentation에 의한 영상 분할

```
001:  #include "opencv.hpp"
002:  //#include "opencv2/legacy/legacy.hpp" // for CV2.4.13, and opencv_legacy2413d.lib
003:  using namespace cv;
004:  using namespace std;
005:
006:  // OpenCV 3.1.0
007:  CV_IMPL void cvPyrSegmentation(IplImage * src,
008:          IplImage * dst,
009:          CvMemStorage * storage,
010:          CvSeq ** comp, int level, double threshold1, double threshold2);
011:  vector<Rect> PyrSegmentation(Mat &src, Mat &dst, int level, int th1, int th2);
012:  int main()
013:  {
014:      Mat srcImage = imread("SegmentTest.jpg", IMREAD_GRAYSCALE);
015:      if(srcImage.empty())
016:      return -1;
017:
018:      int level = 4;
019:      int th1 = 100;
020:      int th2 = 30 ;
021:      vector<Rect> rects;
022:      Mat dstImage;
023:      rects = PyrSegmentation(srcImage, dstImage, level, th1, th2);
024:      cout << "rects.size()=" << rects.size() << endl;
025:
026:      Mat dstImageColor;
027:      cvtColor(dstImage, dstImageColor, COLOR_GRAY2BGR);
028:      for(int i = 0; i < rects.size(); i++)
```

```
029:        {
030:               rectangle(dstImageColor, rects[i], Scalar(0, 0, 255), 2);
031:        }
032:        imshow("srcImage",srcImage);
033:        imshow("dstImageColor",dstImageColor);
034:
035:        waitKey();
036:        return 0;
037: }
038: vector<Rect> PyrSegmentation(Mat &src, Mat &dst, int level, int th1, int th2)
039: {
040:        CvMemStorage* storage = cvCreateMemStorage(0);
041:        CvSeq *components = 0;
042:
043:        IplImage srcImage = src;
044:        dst.release();
045:        dst.create(src.size(), src.type());
046:        IplImage segImage = dst;
047:        cvPyrSegmentation(&srcImage, &segImage, storage, &components,
048:                                    level, (double)th1, (double)th2);
049:        vector<Rect> rects;
050:        CvSeq *first_contour = 0;
051:        for(int i = 0; i < components->total; i++)
052:        {
053:            CvConnectedComp* comp =
054:               (CvConnectedComp*) cvGetSeqElem(components, i);
055:            if(cvRound(comp->value.val[0]) == 0)        // background cluster
056:               continue;
057:            Rect r = comp->rect;
058:            rects.push_back(r);
059:        }
060:        cvReleaseMemStorage(&storage);
061:         return rects;
062: }
```

◎ 프로그램 설명

① 1−11행

2행은 OpenCV 2.4.13에서 cvPyrSegmentation 함수를 사용하기 위해서 "opencv2/legacy/legacy.hpp" 헤더 파일을 추가한다. OpenCV 2.4.13의 legacy 모듈을 사용하려면 디버그 모드는 opencv_legacy2413d.lib, 릴리즈 모드는 opencv_legacy2413.lib를 링크해야 한다. OpenCV 2.4.13을 사용하면, prysegmentation.cpp 파일을 프로젝트에 포함하지 않아도 되며, 6−10행이 필요 없다. 6−10행은 OpenCV 3.1.0에서 cvPyrSegmentation 함수를 사용하기 위해서 사용한다. 소스 파일에서 prysegmentation.cpp 파일을 프로젝트에 복사하여 수정한 파일에 있는 cvPyrSegmentation 함수를 위한 함수 원형이다. 11행은 38−62행의 cvPyrSegmentation 함수를 랩핑한 사용자 정의 함수 PyrSegmentation의 함수 원형이다.

② 18−31행

23행은 PyrSegmentation 함수로 영상 srcImage에서 level = 4, th1 = 100, th2 = 30으로 설정하여 출력영상 dstImage와 바운딩 사각형 정보를 rects 벡터에 반환하여 저장한다. 27행은 검출된 사각형 표시를 위해, cvtColor 함수로 CV_8U 자료형의 출력영상 dstImage를 CV_8UC3의 컬러 영상 dstImageColor로 변환한다. 28−31행은 rectangle 함수로 dstImageColor 영상에 검출된 사각형 rects[i]을 Scalar(0, 0, 255) 색상으로 표시한다.

③ 38-62행

cvPyrSegmentation 함수를 랩핑하여 영상 src에서 level, th1, th2를 이용하여 출력영상 dst와 바운딩 사각형 정보를 vector<Rect> 자료형의 벡터로 반환한다. 43행은 Mat 영상 src를 IplImage 영상 srcImage에 저장한다. 44-45행은 dst 행렬을 해제하고, src와 같은 크기, 같은 자료형으로 생성한다. 46행은 Mat 영상 dst를 IplImage 영상 segImage에 저장한다. 47-48행은 cvPyrSegmentation 함수를 호출하여 segImage와 시퀀스 components를 계산한다. 53-54행은 시퀀스 components에서 i번째 영역에 대한 주소를 CvConnectedComp* 포인터 comp에 저장한다. comp에 의해 검출된 요소의 면적 comp->area, 평균 밝기 comp->value, 바운딩 사각형 comp->rect의 정보를 알 수 있다. "SegmentTest.jpg" 영상은 배경의 밝기가 0이다. 55-56행은 배경 영역의 사각형을 검출하지 않기 위하여 cvRound(comp->value.val[0]) == 0 조건을 비교하여, rects 벡터에 추가하지 않는다. 58행은 rects 벡터에 바운딩 사각형을 추가한다. 61행은 rects 벡터를 반환한다.

④ [그림 8.25]는 cvPyrSegmentation에 의한 영상 분할 결과이다.

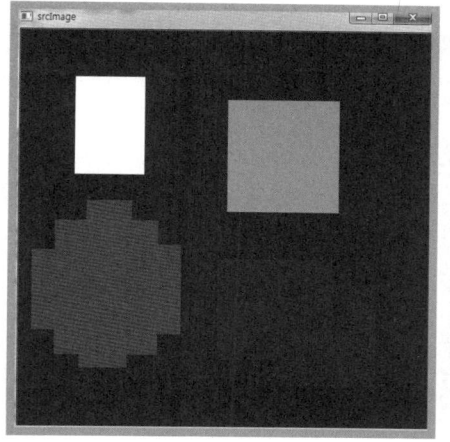

(a) srcImage = "SegmentTest.jpg"

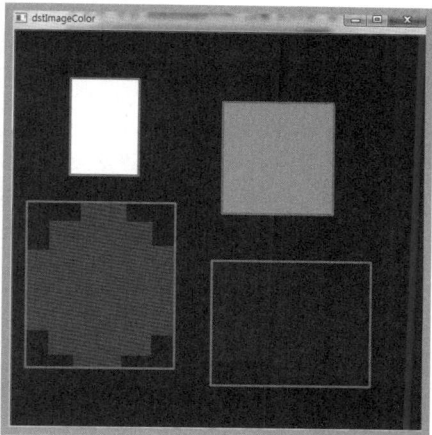

(b) dstImageColor

[그림 8.25] cvPyrSegmentation에 의한 영상 분할

5.3 pyrMeanShiftFiltering에 의한 피라미드 기반 영상 분할

① void pyrMeanShiftFiltering(InputArray src, OutputArray dst,
　　　double sp, double sr, intmaxLevel = 1, TermCriteria termcrit =
　　　TermCriteria(TermCriteria::MAX_ITER + TermCriteria::EPS,5,1))

영상 src에서 피라미드 기반 평균 이동(meanshift) 필터링에 의한 영상 분할 초기 단계를 수행한다. src는 CV_8UC3의 8비트 3채널의 입력 컬러 영상이고, dst는 src와 자료형과 크기가 같은 결과 영상으로, 평균 이동 알고리즘에 의해 유사한 컬러 값을 갖는 화소가 같은 값을 갖게 된다. $sp \geq 1$는 공간 윈도우의 반지름, sr은 컬러 윈도우의 반지름, maxLevel은 피라미드의 최대 레벨, termcrit는 종료를 위한 최대 반복 횟수와 오류 조건이다.

입력영상 src의 화소 (X, Y)에 대하여, 공간 윈도우와 컬러 윈도우를 사용하여 반복적으로 meanshift를 수행한다. (x, y)는 공간 윈도우 내의 이웃 좌표이다. RGB 컬러 모델

등, 3-개의 요소를 갖는 컬러 모델이면 모두 가능하다.

ⓐ 공간 윈도우와 컬러 윈도우에 의한 이웃, (x, y)

$$X - sp \leq x \leq X + sp$$
$$Y - sp \leq y \leq Y + sp$$

$$\|(R, G, B) - (r, g, b)\| \leq sr$$

여기서, (R, G, B)는 (X, Y)에서의 컬러 벡터이고, (r, g, b)는 (x, y)의 컬러 벡터이다.

ⓑ meanshift 수행

화소 (X, Y)의 이웃에서 공간 평균 값, (X', Y')를 계산하고, 컬러 평균 값 (R', G', B')값을 계산하여 다음 반복에서 이웃의 중심으로 설정한다. 반복이 종료되면, 반복의 시작 화소 (X, Y)의 값을 meanshift 수행의 마지막 컬러 평균값, (R*, G*, B*)로 저장한다.

$$dst(X, Y) = (R^*, G^*, B^*)$$

ⓒ maxLevel > 0이면 maxLevel + 1의 가우시안 피라미드가 생성된다. meanshift를 하위 계층의 가우시안 피라미드에서 먼저 계산한 뒤에, 결과를 상위 계층의 가우시안 피라미드로 전달한다. 하위 계층의 피라미드에서 컬러가 sr 이상 차이가 나면, 상위 계층의 피라미드에서 다시 반복하여 계산한다.

② **TermCriteria 클래스**

TermCriteria 클래스는 pyrMeanShiftFiltering, kmeans, findCornerSubPix 함수 등의 반복적인 알고리즘에서 종료 조건을 위한 클래스이다.

```
class CV_EXPORTS TermCriteria
{
public:
    enum
    {
        COUNT = 1, //the maximum number of iterations or elements to compute
        MAX_ITER=COUNT,
        EPS = 2 // the desired accuracy or change in parameters
        // at which the iterative algorithm stops
    };
    //! default constructor
    TermCriteria();
    //! full constructor
    TermCriteria(int type, int maxCount, double epsilon);
    // omit ...
    int type; // the type of termination criteria: COUNT, EPS or COUNT + EPS
    int maxCount; // the maximum number of iterations/elements
    double epsilon; // the desired accuracy
};
```

다음은 TermCriteria 클래스는 설정 예제이다.

ⓐ TermCriteria criteria(TermCriteria::COUNT + TermCriteria::EPS, 10, 0.01)
　　최대 반복 횟수는 criteria.maxCount = 10, 정확도는 criteria.epsilon = 0.01로 설정한다.
ⓑ TermCriteria(TermCriteria::COUNT + TermCriteria::EPS, 100, DBL_EPSILON)
　　최대 반복 횟수는 maxCount = 100, 정확도는 epsilon = DBL_EPSILON로 설정한다.
ⓒ TermCriteria(CV_TERMCRIT_EPS | CV_TERMCRIT_ITER, 10, 1)
　　최대 반복 횟수는 maxCount = 100, 정확도는 epsilon = DBL_EPSILON로 설정한다.

[예제 8-17] pyrMeanShiftFiltering

```
001:    #include "opencv.hpp"
002:    using namespace cv;
003:    using namespace std;
004:    void floodFillPostprocess(Mat& img, const Scalar& colorDiff);
005:    int main()
006:    {
007:        // Mat srcImage = imread("SegmentTest.jpg");
008:        Mat srcImage = imread("lena.jpg");
009:        if(srcImage.empty())
010:            return -1;
011:
012:        int maxLevel = 4;
013:        double sp = 10;
014:        double sr = 40 ;
015:
016:        Mat dstImage;
017:        pyrMeanShiftFiltering(srcImage, dstImage, sp, sr, maxLevel);
018:        floodFillPostprocess(dstImage, Scalar::all(2));
019:        imshow("srcImage",srcImage);
020:        imshow("dstImage",dstImage);
021:        waitKey();
022:        return 0;
023:    }
024:    // sources/samples/cpp/meanshift_segmentation.cpp
025:    void floodFillPostprocess(Mat& img, const Scalar& colorDiff = Scalar::all(1))
026:    {
027:        RNG rng = theRNG();
028:        Mat mask(img.rows + 2, img.cols + 2, CV_8U, Scalar::all(0));
029:        for(int y = 0; y < img.rows; y++)
030:            for(int x = 0; x < img.cols; x++)
031:            {
032:                if(mask.at<uchar>(y + 1, x + 1) == 0)
033:                {
034:                    Scalar newVal(rng(256), rng(256), rng(256));
035:                    floodFill(img, mask, Point(x,y), newVal, 0, colorDiff, colorDiff);
036:                }
037:            }
038:    }
```

◎ 프로그램 설명

① 12−18행

17행은 pyrMeanShiftFiltering 함수로 컬러 영상 srcImage에서 sp = 10, sr = 40, maxLevel = 4로 설정하여, 피라미드 기반 평균 이동 필터링의 결과를 dstImage에 저장한다. 18행은 floodFillPostprocess 함수로 피라미드 기반 평균 이동 필터링의 결과인 dstImage에서 floodFill 함수로 Scalar::all(2) 차이 내의 화소를 난수로 생성한 색상으로 채워서 영상을 분할한다.

② 25−38행

floodFillPostprocess 함수는 img 영상에서 mask 행렬과 colorDiff 차이를 가지고 영상을 분할한다. floodFillPostprocess 함수는 OpenCV 샘플 폴터의 sources/samples/cpp/meanshift_segmentation.cpp 파일에 구현된 사용자 정의 함수이다. mask 행렬은 CV_8U 자료형으로, img 행렬보다 가로, 세로로 2만큼 큰 행렬이고, 0인 화소, Point(x, y)를 찾아, floodFill 함수로 채우면, Point(x, y)의 화소값과 위아래로 colorDiff 차이가 나지 않으면 img의 해당 화소는 newVal로 채워지고, mask는 1로 채워진다.

③ [그림 8.26]은 "SegmentTest.jpg" 영상에서 pyrMeanShiftFiltering에 의한 영상 분할 결과이다. [그림 8.26](a)는 입력영상이고, [그림 8.26](b)는 floodFillPostprocess 함수로 물체 영역에 난수로 생성한 컬러를 채워 넣은 결과이다. [그림 8.27]은 "lena.jpg" 영상에서 pyrMeanShiftFiltering에 의한 영상 분할 결과이다. [그림 8.27](a)는 pyrMeanShiftFiltering 함수로 피라미드 기반 평균이동 필터링만을 하고, floodFillPostprocess 함수를 호출하지 않은 상태의 dstImage 영상, 즉, 18행을 주석 처리한 결과이고, [그림 8.27](b)는 floodFillPostprocess 함수로 물체 영역에 난수로 생성한 컬러를 채워 넣은 결과이다.

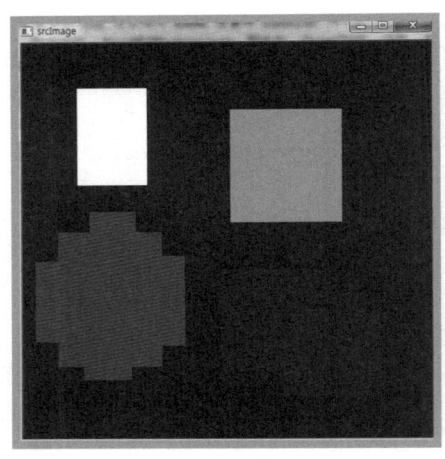 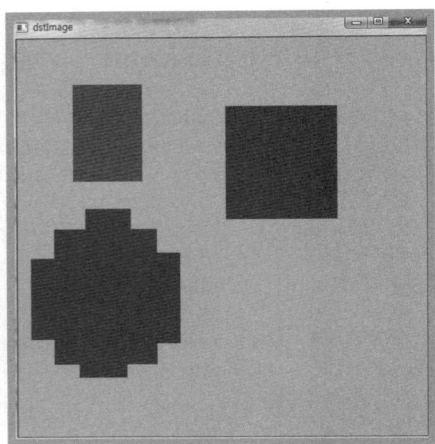

(a) srcImage   (b) dstImage

[그림 8.26] pyrMeanShiftFiltering에 의한 영상 분할("SegmentTest.jpg")

(a) dstImage

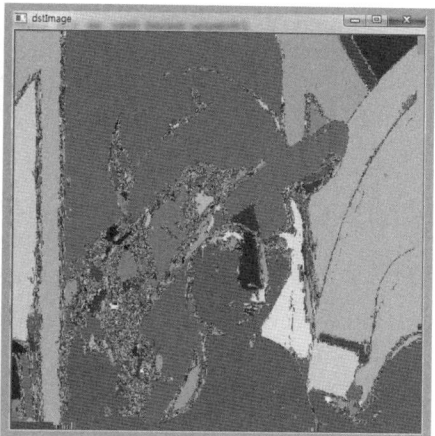
(b) dstImage

[그림 8.27] pyrMeanShiftFiltering에 의한 영상 분할("lena.jpg")

06 클러스터링 기반 분할

6.1 K-Means 클러스터링

K-Means 클러스터링 알고리즘은 M개의 데이터를 클러스터의 평균까지의 거리가 최소인 K개의 클러스터에 속하도록 분류한 다음, 각 클러스터의 평균을 다시 계산하는 과정을 반복적으로 수행한다. K-Means 클러스터링 알고리즘은 다음과 같이 반복적으로 클러스터의 중심을 계산한다.

K-Means 클러스터링 알고리즘

단계 1. 클러스터 개수 K를 고정하고, t = 0으로 초기화한다. K 개의 클러스터 $C_i^0, i = 1, ..., K$의 평균 $m_i^0, i = 1, ..., K$을 임의로 선택한다.

단계 2. 클러스터링하려는 데이터 $x_j, j = 1, ..., M$ 각각에 K 개의 클러스터 평균과의 최소 거리가 되는 클러스터 C_p^t로 x_j을 분류한다.
$$p = \arg\min_i |x_j - m_i^t|, i = 1, ..., K$$

단계 3. 각 클러스터 $C_i^t, i = 1, ..., K$속한 데이터를 이용하여 새로운 클러스터 평균 $m_i^{t+1}, i = 1, ..., K$을 계산한다.
$$m_i^{t+1} = \frac{1}{|C_i^t|} \sum_{x_j \in C_i^t} x_j, \ i = 1, ..., K$$

단계 4. t = t + 1로 증가시키고,

만약 t)MAX_ITER 또는 $err = \sum_{i=1}^{K} |m_i^{t+1} - m_i^{t+1}| < EPS$ 이면

중지하고, 그렇지 않으면 단계2, 단계3을 반복한다.

① double kmeans(InputArray data, int K, InputOutputArray bestLabels,
    　　TermCriteria criteria, int attempts, int flags,
    　　OutputArray centers = noArray())

data는 클러스터링을 위한 데이터로, 각 샘플 데이터는 data 행렬의 행에 저장된다. K 는 클러스터의 개수이고, bestLabels는 각 샘플의 클러스터 번호를 labels에 저장한다. criteria는 종료 조건으로 최대 반복 횟수(termcrit.maxCount)와 각 클러스터의 중심 이 허용오차(criteria.epsilon) 이내로 움직이면, 즉 더 이상의 이동이 없으면 종료한다. attempts는 알고리즘을 시도하는 횟수로, 서로 다른 시도 횟수 중에서 최적을 레이블링 결과를 bestLabels에 저장한다. centers는 클러스터의 중심을 각 행에 저장한다. flags 는 K 개의 클러스터 중심을 초기화는 방법을 명시한다.

flags = KMEANS_RANDOM_CENTERS이면 난수를 사용하여 임의로 설정한다. flags = KMEANS_PP_CENTERS이면, Arthur and Vassilvitskii에 의해 제안 방법을 사용한 다. flags = KMEANS_USE_INITIAL_LABELS이면, 처음 시도에서는 사용자가 제공한 레이블을 사용하고, 다음 시도부터는 난수를 이용하여 임의로 설정한다. 함수는 클러스 터링 밀집도(compactness)를 다음과 같이 계산하여 반환한다.

$$\sum_i \|data[i] - center(label(i))\|^2$$

[예제 8-18] K-Means 클러스터링을 이용한 2차원 좌표 클러스터링

```
001:  #include "opencv.hpp"
002:  using namespace cv;
003:  using namespace std;
004:  #define MAX_CLUSTERS 4
005:  void onMouse(int event, int x, int y, int flags, void* param);
006:  vector<Point> g_points;
007:  int main()
008:  {
009:      Scalar colorTable[MAX_CLUSTERS] =
010:              { Scalar(255,0,0),Scalar(0, 255, 0),
011:                Scalar(100,100, 255), Scalar(255, 0, 255) };
012:
013:      Mat dstImage(512, 512, CV_8UC3, Scalar::all(255));
014:
015:      imshow("dstImage", dstImage);
016:      setMouseCallback("dstImage", onMouse, (void *)&dstImage);
017:
018:      int K = 2;
019:      int attempts = 2;
020:      int flags = KMEANS_RANDOM_CENTERS;
021:      TermCriteria criteria(TermCriteria::COUNT+TermCriteria::EPS, 10, 1.0);
022:      bool bEscKey = false;
023:      int nKey;
```

```
024:          while(!bEscKey)
025:          {
026:              nKey = waitKey(0);
027:              switch(nKey)
028:              {
029:                  case 27:
030:                      bEscKey = true;
031:                      break;
032:                  case 'r':
033:                      g_points.clear();
034:                      dstImage = Scalar::all(255);
035:                      imshow("dstImage", dstImage);
036:                      break;
037:                  case ' ':
038:                      if(g_points.size() < 1)
039:                          break;
040:                      Mat labels, centers;
041:                      Mat samples(g_points.size(), 1, CV_32FC2);
042:                      for(int i = 0 ; i < g_points.size(); i++)
043:                      {
044:                          Point pt = g_points[i];
045:                          samples.at<Point2f>(i, 0) = Point2f(pt.x, pt.y);
046:                      }
047:                      kmeans(samples, K, labels, criteria, attempts, flags, centers);
048:
049:                      // display clusters
050:                      for(int i = 0 ; i < g_points.size(); i++)
051:                      {
052:                          int k = labels.at<int>(i);
053:                          Point pt = g_points[i];
054:                          circle(dstImage, pt, 10, colorTable[k], -1);
055:                      }
056:                      // display centers
057:                      for(int i = 0 ; i < K; i++)
058:                      {
059:                          Point pt = centers.at<Point2f>(i, 0);
060:                          circle(dstImage, pt, 8, colorTable[i], -1);
061:                          circle(dstImage, pt, 10, Scalar(0, 0, 255), 2);
062:                      }
063:                      imshow("dstImage", dstImage);
064:                      break;
065:              }
066:          }
067:          return 0;
068: }
069: void onMouse(int event, int x, int y, int flags, void* param)
070: {
071:      Mat *data = (Mat *)param;
072:      Mat dstImage = *data;
073:      switch(event)
074:      {
075:          case EVENT_FLAG_LBUTTON:
076:              circle(dstImage, Point(x, y), 10, Scalar::all(0), -1);
077:              g_points.push_back(Point(x, y));
078:              break;
079:      }
080:      imshow("dstImage", dstImage);
081: }
```

◎ 프로그램 설명

① 4-6행

4행은 MAX_CLUSTERS를 4로 정의한다. MAX_CLUSTERS는 colorTable 배열의 크기로 사용한다. 5행은 마우스 핸들러 함수 onMouse의 함수 원형을 선언하고, 6행은 마우스 왼쪽 버튼을 누른 위치를 저장하기 위한 vector<Point> 자료형의 g_points 벡터를 선언한다.

② 9-11행

배열 colorTable은 클러스터를 구분하기 위한 색상을 저장한다.

③ 13-16행

13행은 자료형이 CV_8UC3이고, Scalar::all(255)로 초기화된 512×512 크기의 dstImage 영상을 생성한다. 16행은 "dstImage" 이름의 윈도우에 마우스 이벤트 핸들러 onMouse 함수를 설정하고, dstImage의 주소를 인수로 전달한다.

④ 18-21행

kmeans 함수의 인수에 사용할 변수를 선언하고 초기화한다. 클러스터의 개수는 K = 2, 시도 횟수는 attempts = 2, flags = KMEANS_RANDOM_CENTERS로 설정한다.

⑤ 29-70행

chKey = 27, 즉 Esc 키를 누르면 프로그램을 중단하고, chKey = 'r'이면 srcImage를 0으로 초기화하고, 시퀀스 g_seqPoints의 내용을 지워 초기화한다. chKey = ' ', 즉, 스페이스바를 누르면 시퀀스 g_seqPoints에 저장된 좌표를 행렬 points로 저장하고, cvKMeans2 함수로 행렬 points에 저장된 좌표를 종료조건 termcrit에 따라 cluster_count개의 클러스터로 분류하여 행렬 clusters에 클러스터 번호를 저장한다. 행렬 clusters에 저장된 클러스터 번호를 colorTable의 첨자로 하여 g_seqPoints의 좌표를 cvCircle로 표시한다. 종료 조건은 criteria(TermCriteria::COUNT + TermCriteria::EPS, 10, 1.0)로 설정한다.

⑥ 22-66행

키보드 이벤트를 처리한다. 32-36행은 [r] 키를 처리하여, g_points.clear()로 입력 좌표를 모두 삭제하고, dstImage = Scalar::all(255)으로 영상을 흰색으로 초기화한다. 37-64행은 스페이스바를 처리하여, kmeans 함수로 클러스터링을 수행하고, 클러스터를 표시한다. 41-46행은 g_points에 각 좌표를 CV_32FC2 자료형의 samples 행렬의 각 행에 복사한다. 47행은 kmeans 함수로 criteria, attempts, flags 설정에 따라, samples 행렬의 각 행에 저장된 좌표점을 K개의 클러스터로 클러스터링을 수행하여 레이블을 labels 행렬에 저장하고, 클러스터의 중심점을 centers 행렬에 저장한다. 49-55행은 입력 데이터의 각 좌표점을 레이블의 색상으로 원을 채워 그린다. 52행은 i-번째 좌표의 레이블을 k에 저장하고, 색상 colorTable[k]로 좌표점 g_points[i]를 원으로 채워 그린다. 56-62행은 클러스터의 중심점 centers를 60행에서 클러스터의 색상, colorTable[i]로 원으로 채워 그리고, 61행에서 Scalar(0, 0, 255) 색상의 테두리로 클러스터 중심임을 표시한다.

⑦ 69-81행

마우스 이벤트 핸들러 함수 onMouse 함수는 event = CV_EVENT_FLAG_LBUTTON이면, 즉, 마우스 왼쪽 버튼을 누르면 마우스의 위치 (x, y)에 원을 그리고, 전역변수 벡터 g_points에 좌표를 저장한다.

⑧

[그림 8.28]은 K-Means 클러스터링을 이용한 2차원 좌표 클러스터링 결과이다. [그림 8.28](a)는 마우스로 생성한 입력 데이터, g_points를 표시한 결과이고, [그림 8.28](b)는 K = 2로 K-Means 클러스터링한 결과로 같은 컬러 색상으로 표시된 원은 같은 클러스터이다. 빨강색으로 테두리가 표시된 원은 클러스터의 중심을 나타낸다.

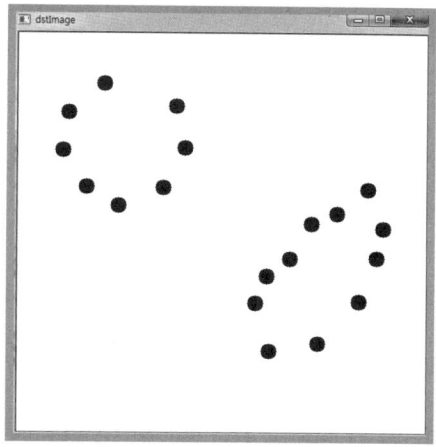 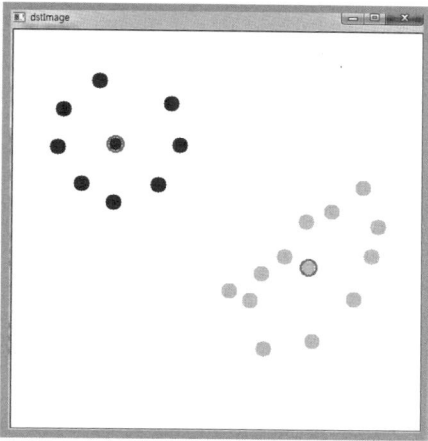

(a) 마우스로 생성한 입력데이터　　　　　(b) K = 2로 클러스터링한 결과

[그림 8.28] K-Means 클러스터링을 이용한 2차원 좌표 클러스터링

[예제 8-19] K-Means 클러스터링을 이용한 컬러 영상 클러스터링

```
001:  #include "opencv.hpp"
002:  using namespace cv;
003:  using namespace std;
004:  int main()
005:  {
006:      Mat srcImage = imread("hand.jpg");
007:      // Mat srcImage = imread("flower.jpg");
008:      if(srcImage.empty())
009:          return -1;
010:      int K = 2; // # of clusters, 2, 3, 4,
011:      // make color tables for displaying objects
012:      Mat colorTable(K, 1, CV_8UC3);
013:      Vec3b color;
014:      for(int k = 0 ; k < K; k++)
015:      {
016:          color[0] = rand()&180 + 50;
017:          color[1] = rand()&180 + 50;
018:          color[2] = rand()&180 + 50;
019:          colorTable.at<Vec3b>(k, 0) = color;
020:      }
021:      Mat dstImage(srcImage.size(), srcImage.type());
022:
023:      int attempts = 1;
024:      int flags = KMEANS_RANDOM_CENTERS;
025:      TermCriteria criteria(TermCriteria::COUNT + TermCriteria::EPS, 10, 1.0);
026:
027:      Mat samples = srcImage.reshape(3, srcImage.rows * srcImage.cols);
028:      samples.convertTo(samples, CV_32FC3);
029:
030:      Mat labels;
031:      kmeans(samples, K, labels, criteria, attempts, flags);
032:
033:      // display clusters using labels
034:      for(int y = 0, k=0 ; y < srcImage.rows; y++)
035:          for(int x = 0 ; x < srcImage.cols; x++, k++)
036:          {
```

```
037:                    // int k = y * srcImage.cols + x;
038:                    int idx = labels.at<int>(k, 0);
039:                    color = colorTable.at<Vec3b>(idx, 0);
040:                    dstImage.at<Vec3b>(y, x) = color;
041:             }
042:        imshow("dstImage", dstImage);
043:        waitKey();
044:
045:        return 0;
046: }
```

◎ 프로그램 설명

① 10-21행

10행은 클러스터의 개수를 K = 2로 설정한다. 11-20행은 난수를 이용하여 클러스터의 개수 K 만큼의 컬러 저장할 colorTable 행렬을 생성한다. 21행은 클러스터 출력을 표시할 dstImage 영상을 입력영상 srcImage와 같은 크기, 같은 자료형으로 생성한다.

② 23-25행

kmeans 함수의 인수에 사용할 변수를 선언하고 초기화한다. 시도 횟수는 attempts = 2, flags = KMEANS_RANDOM_CENTERS로 설정한다.

③ 27-28행

Mat::reshape 메서드를 사용하여 CV_8UC3 자료형의 컬러 영상 srcImage를 3-채널, (srcImage.rows*srcImage.cols)×1 행렬로 변경하여 samples 행렬에 저장하고, samples 행렬을 CV_32FC3 자료형으로 변경한다.

④ 30-31행

입력 컬러 영상 srcImage를 변환한 samples 행렬을 클러스터 개수 K = 2, 종료 조건 criteria, 시도 횟수 attempts, 초기화 방법 flags 설정에 따라, kmeans 함수로 클러스터링하여 클러스터 레이블을 labels 행렬에 저장한다.

⑤ 33-41행

클러스터링 결과인 레이블 값을 읽어, colorTable의 첨자로 사용하여 color 값을 읽어, 출력영상 dstImage에 저장한다.

⑥ [그림 8.29](a)와 [그림 8.29](b)는 "hand.jpg" 영상에서 K = 2, K = 3으로 컬러 영상을 클러스터링한 결과이고, [그림 8.29](c)와 [그림 8.29](d)는 "flower.jpg" 영상에서 K = 2, K = 4로 컬러 영상을 클러스터링한 결과이다.

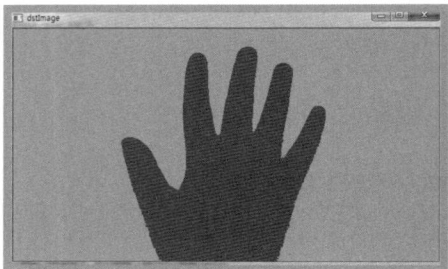
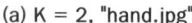
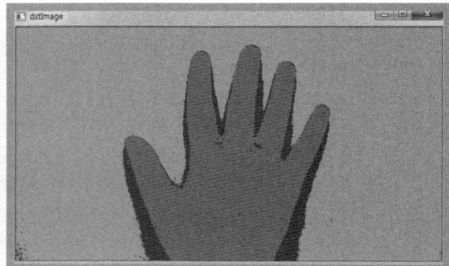

(a) K = 2, "hand.jpg"　　　　　　　　　　(b) K = 3, "hand.jpg"

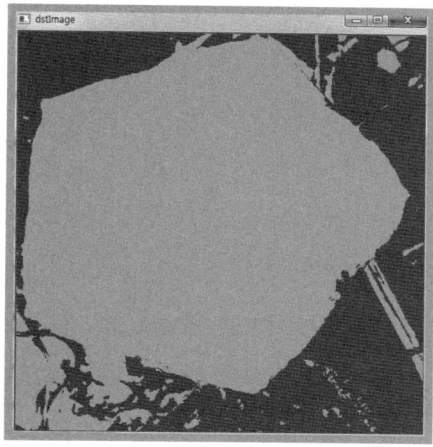 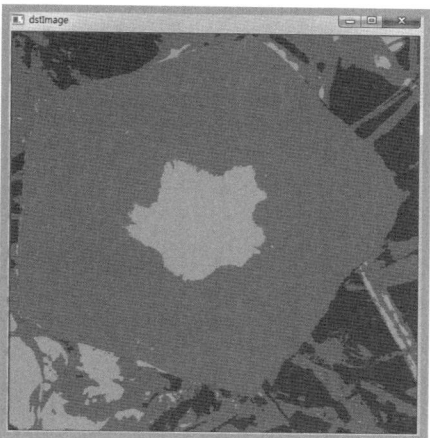

(c) K = 2, "flower.jpg"   (d) K = 4, "flower.jpg

[그림 8.29] K-Means 클러스터링을 이용한 컬러 영상 클러스터링

6.2 partition에 의한 클러스터링

① template〈typename _Tp, class _EqPredicate〉 int partition(
                    const vector〈_Tp〉& vec, vector〈int〉& labels,
                    _EqPredicate predicate = _EqPredicate())

vec는 벡터로 저장된 요소들의 집합이고, labels에 레이블링(0부터 시작)하여 동치 클래스(equivalence classes)를 저장한다. labels[i]는 vec[i]의 레이블이다. predicate는 2개의 인수를 갖는 불리안 함수이거나, bool operator()(const _Tp& a, const _Tp&b)) 메서드를 갖는 클래스의 인스턴스 객체여야 한다. 두 개의 요소가 같은 클래스에 속하면 true를 반환하고, 그렇지 않으면 false를 반환한다. partition 함수의 반환 값은 동치 클래스의 개수, 즉 클러스터의 수이다.

② predicate 클래스 예제: ClosePoints 클래스

다음의 ClosePoints 클래스는 seam_finders.hpp에 있는 클래스로 두 개의 Point 좌표가 minDist_ 보다 작으면 true, 그렇지 않으면 false를 갖는 연산자 함수 ()를 갖는다.

```cpp
class ClosePoints
{
public:
    ClosePoints(int minDist) : minDist_(minDist) {}
    bool operator() (const Point &p1, const Point &p2) const
    {
        int dist2 = (p1.x - p2.x) * (p1.x - p2.x) + (p1.y - p2.y) * (p1.y - p2.y);
        return dist2 < (minDist_ * minDist_);
    }
private:
    int minDist_;
};
```

[예제 8-20] partition 함수를 이용한 2차원 좌표 클러스터링

```
001:  #include "opencv.hpp"
002:  using namespace cv;
003:  using namespace std;
004:
005:  class ClosePoints
006:  {
007:  public:
008:      ClosePoints(int minDist) : minDist_(minDist) {}
009:
010:      bool operator() (const Point &p1, const Point &p2) const
011:      {
012:          int dist2 = (p1.x - p2.x) * (p1.x - p2.x) + (p1.y - p2.y) * (p1.y - p2.y);
013:          return dist2 < (minDist_ * minDist_);
014:      }
015:  private:
016:      int minDist_;
017:  };
018:
019:  void onMouse(int event, int x, int y, int flags, void* param);
020:  vector<Point> g_points;
021:  int main()
022:  {
023:
024:      Mat dstImage(512, 512, CV_8UC3, Scalar::all(255));
025:
026:      imshow("dstImage", dstImage);
027:      setMouseCallback("dstImage", onMouse, (void *)&dstImage);
028:
029:      bool bEscKey = false;
030:      int nKey;
031:      while(!bEscKey)
032:      {
033:          nKey = waitKey(0);
034:          switch(nKey)
035:          {
036:              case 27:
037:                  bEscKey = true;
038:                  break;
039:              case 'r':
040:                  g_points.clear();
041:                  dstImage = Scalar::all(255);
042:                  imshow("dstImage", dstImage);
043:                  break;
044:              case ' ':
045:                  if(g_points.size() < 1)
046:                      break;
047:
048:                  vector<int> labels;
049:                  int K;      // # of cluster
050:                  K = partition(g_points, labels, ClosePoints(100));
051:                  cout << "#of clusters, K=" << K << endl;
052:                  // make color tables for displaying objects
053:                  Mat colorTable(K, 1, CV_8UC3);
054:                  Vec3b color;
055:                  for(int k = 0 ; k < K; k++)
```

```
056:                     {
057:                         color[0] = rand()&180 + 50;
058:                         color[1] = rand()&180 + 50;
059:                         color[2] = rand()&180 + 50;
060:                         colorTable.at<Vec3b>(k, 0) = color;
061:                     }
062:                     // display clusters
063:                     for(int i = 0 ; i < g_points.size(); i++)
064:                     {
065:                         int k = labels[i];
066:                         Point pt = g_points[i];
067:                         color = colorTable.at<Vec3b>(k, 0);
068:                         circle(dstImage, pt, 10, Scalar(color), -1);
069:                     }
070:                     imshow("dstImage", dstImage);
071:                     break;
072:             }
073:         }
074:         return 0;
075: }
076: void onMouse(int event, int x, int y, int flags, void* param)
077: {
078:     Mat *data = (Mat *)param;
079:     Mat dstImage = *data;
080:     switch(event)
081:     {
082:         case EVENT_FLAG_LBUTTON:
083:             circle(dstImage, Point(x, y), 10, Scalar::all(0), -1);
084:             g_points.push_back(Point(x, y));
085:             break;
086:     }
087:     imshow("dstImage", dstImage);
088: }
```

◎ **프로그램 설명**

① 5-17행

partition 함수에서 사용할, ClosePoints 클래스를 정의한다. 8행은 생성자로 minDist를 minDist_에 저장한다. 10-14행은 두 좌표점 p1과 p2 사이의 거리가 minDist_보다 작으면 true를 반환하고, 그렇지 않으면 false를 반환하는 () 연산자 함수를 정의한다.

② 19-20행

19행은 마우스 핸들러 함수 onMouse의 함수 원형을 선언하고, 20행은 마우스 왼쪽 버튼을 누른 위치를 저장하기 위한 vector<Point> 자료형의 g_points 벡터를 선언한다.

③ 29-73행

키보드 이벤트를 처리한다. 3-43행은 ⓡ 키를 처리하여, g_points.clear()로 입력 좌표를 모두 삭제하고, dstImage = Scalar::all(255)로 영상을 흰색으로 초기화한다.
44-71행은 스페이스바를 처리하여, partition 함수로 클러스터링을 수행하고, 클러스터를 표시한다. 48행은 클러스터 레이블을 위한 정수 벡터를 선언하고, 50행은 partition 함수로 좌표 벡터 g_points를 ClosePoints(100) 기준으로 클러스터링하여 레이블을 labels 벡터에 저장한다. ClosePoints(100)은 () 연산자 함수에 의해 두 점 사이의 거리가 100보다 작으면 같은 클러스터로 분류하기 위해 true를 반환하고, 그렇지 않으면 다른 클러스터로 분류하기 위해 false를 반환한다. partition 함수의 반환값을 클러스터의 개수를 위한 변수 K에 저장한다. 52-61행은 각 클러스터를 표시할 컬러 색상을 colorTable 행렬에 난수를 이용하여 생성한다. 62-69행은 partition 함수로 계산한 클러스터 레이블 행렬 labels를 이용하여 colorTable의 컬러를 읽어서 좌표점을 채워진 원으로 표시한다.

④ 76-88행

마우스 이벤트 핸들러 함수 onMouse 함수는 event = EVENT_FLAG_LBUTTON이면, 즉 마우스 왼쪽 버튼을 누르면 마우스의 위치 (x, y)에 원을 그리고, 전역변수 벡터 g_points에 좌표를 저장한다.

⑤ [그림 8.30]은 partition 함수를 이용한 2차원 좌표 클러스터링 결과이다. [그림 8.30](a)는 마우스로 생성한 입력데이터, g_points를 표시한 결과이고, [그림 8.30](b)는 partition 함수로 클러스터링한 결과로 같은 컬러로 표시된 원은 같은 클러스터이다.

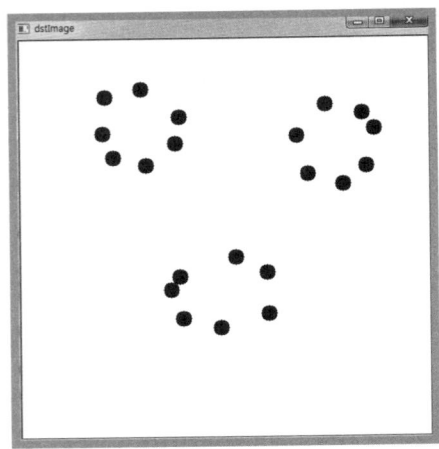 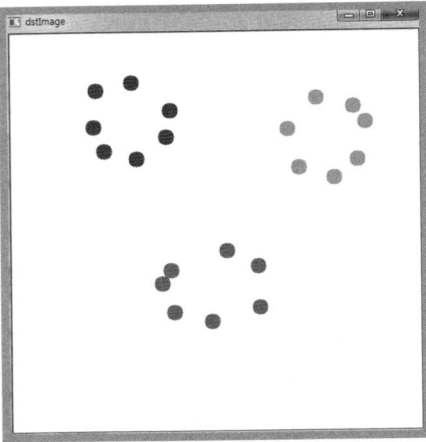

(a) 마우스로 생성한 입력데이터   (b) 클러스터링 결과

[그림 8.30] partition 함수를 이용한 2차원 좌표 클러스터링

영상 특징 검출

영상의 특징(feature)은 영상으로부터 계산할 수 있는 정보로 매우 다양한 특징이 있다. 예들 들어 에지(edges), 라인(lines), 원(circles), 코너점(corner points), 사각형(rectangle) 등의 구조적인 특징과 밝기값 또는 컬러 색상의 평균(averages), 분산(variances), 히스토그램(histograms), 분포(distributions), 그래디언트(gradients)의 크기 및 방향 등의 화소값과 관련된 특징이 있다. 또한, 화소 주변의 이웃에서 계산하는 지역 특징(local features)과 영상 전체에서 계산하는 전역 특징(global features)이 있다.

주어진 특징점으로부터 관심영역이 추출되면, 매칭(matching)을 위해 적절한 기술자(descriptors)로 표현하는 것이 필요하다. 대표적인 영상 기술자로는 영상 모멘트(moments), 푸리에 모양 기술자(Fourier shape descriptors), HOG(Histogram of Oriented Gradients), SIFT(Scale Invariant Feature Transform), SURF(Speeded-Up Robust Features) 기술자 등이 있다. 이 장에서는 코너점 검출, 모멘트, 윤곽선 관련 특징, 적분 영상 등 간단한 특징 검출 및 기술자에 대하여 설명한다.

01 코너점 검출

영상에서 코너점은 매우 중요한 특징점이다. 코너점은 에지의 방향을 이용하여 검출할 수 있다. 일정 크기의 윈도우 마스크를 사용하여 에지의 그래디언트 방향의 공분산 행렬을 계산하여 코너점을 계산한다.

1.1 preCornerDetect 함수

```
void preCornerDetect(InputArray src, OutputArray dst, int ksize,
    int borderType=BORDER_DEFAULT)
```

영상 src에서 코너점 검출을 위한 특징 맵 dst를 Sobel 미분 연산자를 이용하여 계산한다. ksize는 Sobel 연산자의 마스크 크기이다. borderType은 borderInterpolate 함수에서 사용한 경계값 처리 방식으로, BORDER_REFLECT, BORDER_REFLECT_101, BORDER_WRAP 등이 있다. 디폴트 경계 채우기 방식으로 설정된 BORDER_DEFAULT = 4는 BORDER_REFLECT101이다. 코너점은 dst에서 지역극값(local maxima/minima)에서 검출된다. 아래에서 수식에서 $I(x,y)$은 preCornerDetect 함수의 파라미터에서 src이다.

$$dst(x,y) = D_x^2 \, D_{yy} + D_y^2 D_{xx} - 2D_x D_y D_{xy}$$

$$\text{여기서}, D_x = \frac{\partial \, I(x,y)}{\partial x} \,, D_y = \frac{\partial \, I(x,y)}{\partial y}$$

$$D_{xx} = \frac{\partial^2 \, I(x,y)}{\partial^2 x} \,, D_{yy} = \frac{\partial^2 \, I(x,y)}{\partial^2 y} \,, D_{xy} = \frac{\partial^2 \, I(x,y)}{\partial x \, \partial y}$$

[예제 9-1] preCornerDetect 함수로 코너점 검출

```
001:  #include "opencv.hpp"
002:  using namespace cv;
003:  using namespace std;
004:  vector<Point> FindLocalMaxima(Mat &src);
005:  int main()
006:  {
007:      Mat srcImage = imread("CornerTest.jpg", IMREAD_GRAYSCALE);
008:      if(srcImage.empty())
009:          return -1;
010:
011:      Mat cornerMap;
012:      preCornerDetect(srcImage, cornerMap, 3);
013:
014:      cornerMap = abs(cornerMap);
015:      threshold(cornerMap, cornerMap, 0.01, 0, THRESH_TOZERO);
016:
017:      vector<Point> cornerPoints = FindLocalMaxima(cornerMap);
018:      cout << "cornerPoints.size() = " << cornerPoints.size() << endl;
019:
020:      Mat dstImage(srcImage.size(), CV_8UC3);
021:      cvtColor(srcImage, dstImage, COLOR_GRAY2BGR);
022:
023:      vector<Point>::const_iterator it;
024:      for(it = cornerPoints.begin(); it != cornerPoints.end(); ++it)
025:          circle(dstImage, *it, 5, Scalar(0, 0, 255), 2);
026:
027:      imshow("dstImage", dstImage);
028:      waitKey();
029:
030:      return 0;
031:  }
032:  vector<Point> FindLocalMaxima(Mat &src)
033:  {
034:      Mat dilated;
035:      Mat localMax;
036:      Size size(11, 11);
037:      Mat rectKernel = getStructuringElement(MORPH_RECT, size);
038:
039:      dilate(src, dilated, rectKernel); // local max, if Mat() -> 3x3
040:      // compare(src, dilated, localMax, CMP_EQ);
041:      localMax = (src == dilated);
042:      // imshow("localMax", localMax);
043:
044:      Mat eroded;
045:      Mat localMin;
046:      erode(src, eroded, rectKernel); // local min, if Mat() -> 3x3
```

```
047:        // compare(src, eroded, localMin, CMP_GT);
048:        localMin = (src > eroded);
049:        // imshow("localMin", localMin);
050:
051:        // bitwise_and(localMax, localMin, localMax);
052:        localMax = (localMax & localMin);
053:        // imshow("localMax = (localMax & localMin)", localMax);
054:
055:        vector<Point> points;
056:        for(int y = 0; y < localMax.rows; y++)
057:            for(int x = 0; x < localMax.cols; x++)
058:            {
059:                uchar uValue = localMax.at<uchar>(y, x);
060:                if (uValue)
061:                    points.push_back(Point(x, y));
062:            }
063:        return points;
064:  }
```

◎ 프로그램 설명

① 11-18행

12행은 preCornerDetect 함수로 srcImage 영상에서 ksize = 3으로 설정하여 코너점 검출을 위한 특징 맵을 cornerMap에 계산한다. 14행은 코너점을 찾기 위하여 특징 맵 cornerMap의 극소값과 극대값의 위치를 찾는 대신, abs 함수로 절대값을 취하여 극대값만을 찾아 코너점을 검출하도록 한다. 15행은 threshold 함수로 임계값 th = 0.01보다 작은 값을 0으로 변경한다. 17행은 사용자 정의 함수 FindLocalMaxima로 특징 맵 cornerMap에서 극대값을 검출하는 방법으로 코너점을 검출하여 vector<Point> 자료형의 cornerPoints 벡터에 저장한다.

② 20-25행

dstImage 영상은 검출된 코너점을 컬러 원으로 표시하기 위한 영상으로 크기는 입력영상인 srcImage 영상과 같으며, 3-채널인 CV_8UC3 자료형이다. 21행은 cvtColor 함수로 1-채널 srcImage 영상을 COLOR_GRAY2BGR로 변환하여 3-채널 컬러 영상 dstImage에 저장한다. 23-25행은 반복자를 사용하여 cornerPoints 벡터에 검출된 코너점을 원으로 표시한다.

③ 32-64행

FindLocalMaxima 함수는 행렬 src에서 dilate와 erode를 이용하여 지역 극대값을 검출하여, 좌표를 vector<Point> 자료형의 벡터로 반환한다. 36-37행은 size 크기의 사각형 이웃 커널 행렬 rectKernel을 생성한다. 39행은 dilate 함수로 src에서 rectKernel의 이웃에서 최대값을 dilated 행렬에 계산한다. rectKernel 대신 Mat()를 사용하면 3×3 사각형 이웃이다. 41행은 화소별 비교 연산 (src == dilated)에 의해, dilated(x, y)에 계산된 최대값이 원본영상 src(x, y)와 같은 경우는 localMax의 화소에 255로 설정하고, 다른 경우는 0으로 설정한다. 비교연산을 40행의 compare 함수로 수행해도 같은 결과이다.

[그림 9.1](a)의 코너점 주위의 검은 사각형 중심에 최대값에 의한 흰색점(255)이 하나씩 있고, 검정색(0) 점은 최대값인 흰색점 때문에 커널 크기에서 최대값의 위치와 중심 좌표가 일치하지 않은 경우이다. 검정색 사각형의 크기는 커널의 크기 size에 의해 결정된다. dilate 함수와 비교연산에 의해 계산한 localMax 행렬로 코너점을 바로 찾을 수 없다. 46행은 erode 함수로 src에서 rectKernel의 이웃에서 최소값을 eroded 행렬에 계산한다. 48행은 화소별 비교연산 (src > eroded)을 계산하여 localMin 행렬에 저장하면, [그림 9.1](b)와 같이 입력 src의 화소값이 커널 크기의 이웃에 계산된 최소값보다 큰 위치만 흰색(255)이고, 나머지는 검정색(0)이 된다. 값의 변화가 없는 위치에서 검정색(0)이다. 52행은 화소별 비교연산 (localMax & localMin)에 의해, [그림 9.1](c)와 같이 localMax과 localMin 모두 흰색(255)인 화소만을 localMax에 검출한다. 55-63행은 행렬 localMax에서 흰색(255)인 화소의 좌표를 points 벡터에 저장하여 반환한다. [그림 9.1](d)는 points 벡터에 검출된 8개의 코너점을 원으로 표시한 결과이다.

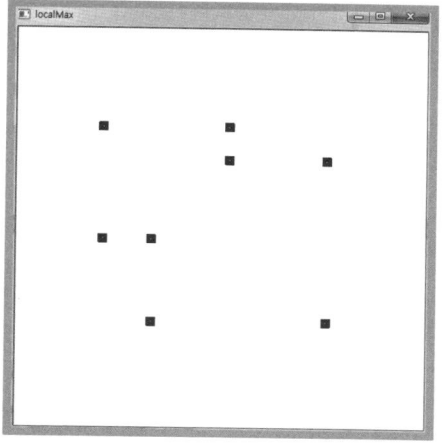
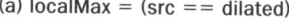

(a) localMax = (src == dilated)

(b) localMin = (src > eroded)

(c) localMax = (localMax & localMin)

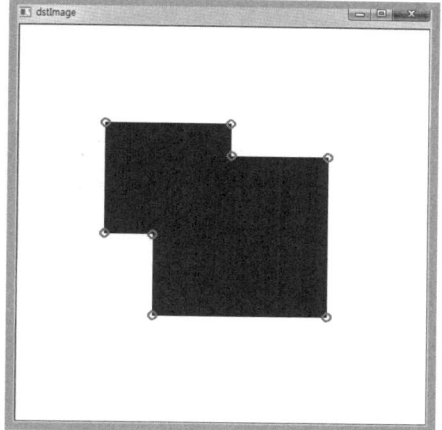

(d) points

[그림 9.1] preCornerDetect 함수로 코너점 검출

1.2 cornerEigenValsAndVecs 함수

void cornerEigenValsAndVecs(InputArray src, OutputArray dst,
        int blockSize, int ksize, int borderType = BORDER_DEFAULT)

단일 채널 8비트 또는 실수 입력영상 src에서 코너점 검출을 위한 영상 블록의 고유값과 고유벡터를 CV_32FC6 자료형의 dst에 계산한다. ksize는 Sobel 미분 연산자의 마스크 크기이다. 영상의 모든 화소에 대하여, blockSize×blockSize의 이웃에 있는 미분 값을 이용하여 2×2 크기의 그래디언트를 이용한 공분산 행렬 M을 계산하고, M의 고유값 λ_1, λ_2 고유벡터 $(x_1, y_1), (x_2, y_2)$를 계산하여 dst에 저장한다. 고유값 λ_1, λ_2이 모두 작은 곳은 평평한(flat) 영역에 있는 점이며, 고유값 λ_1, λ_2 중에서 하나는 크고, 하나는 작으면 에지(edge)이며, 두 고유값 λ_1, λ_2이 모두 큰 곳이 코너점이다.

$$M = \begin{bmatrix} \sum_{Nbd(x,y)} I_x^2 & \sum_{Nbd(x,y)} I_x I_y \\ \\ \sum_{Nbd(x,y)} I_x I_y & \sum_{Nbd(x,y)} I_y^2 \end{bmatrix}$$

여기서, $I_x = \dfrac{\partial I(x,y)}{\partial x}$, $I_y = \dfrac{\partial I(x,y)}{\partial y}$

[예제 9-2]   cornerEigenValsAndVecs 함수로 코너점 검출

```
001:  #include "opencv.hpp"
002:  using namespace cv;
003:  using namespace std;
004:  int main()
005:  {
006:      Mat srcImage = imread("CornerTest.jpg", IMREAD_GRAYSCALE);
007:      if(srcImage.empty())
008:          return -1;
009:
010:      int blockSize = 5;
011:      int ksize = 3;
012:      Mat cornerMap;
013:      cornerEigenValsAndVecs(srcImage, cornerMap, blockSize, ksize);
014:
015:      Mat dstImage(srcImage.size(), CV_8UC3);
016:      cvtColor(srcImage, dstImage, COLOR_GRAY2BGR);
017:
018:      Vec6f element;
019:      for(int y = 0; y < cornerMap.rows; y++)
020:          for(int x = 0; x < cornerMap.cols; x++)
021:          {
022:              element = cornerMap.at<Vec6f>(y, x);
023:
024:              if(element[0] > 0.2 && element[1] > 0.2) // corner points
025:              {
026:                  circle(dstImage, Point(x, y), 5, Scalar(0, 0, 255), 2);
027:                  cout << "eval(" << x << ", " <<y << ")= "
028:                      << element[0] << ", " << element[1] << endl;
029:              }
030:  /*
031:              if(element[0] > 0.2) // edges
032:              {
033:                  circle(dstImage, Point(x, y), 1, Scalar(255, 0, 0), 1);
034:              }
035:  */
036:          }
037:      imshow("dstImage", dstImage);
038:      waitKey();
039:
040:      return 0;
041:  }
```

◎ 프로그램 설명

① 10-13행

cornerEigenValsAndVecs 함수에서, blockSize = 5, ksize = 3으로 설정하여, srcImage 입력영상에서 코너점 검출을 위한 영상 블록의 고유값과 고유벡터를 CV_32FC6 자료형의 cornerMap 행렬에 계산한다.

② 18-36행

cornerMap.at<Vec6f>(y, x)를 element에 저장하면, element[0] =, element[1] = 의 고유값이고, λ_1에 대한 고유벡터는 element[2] = x1, element[3] = y1이고, λ_2에 대한 고유벡터는 element[4] = x2, element[5] = y2이다. 24-29행은 고유값 element[0] > 0.2이고 element[1] > 0.2이면, 코너점으로 판단하여 dstImage 영상에 [그림 9.2](a)와 같이 원으로 표시하고, [그림 9.2](c)와 같이 8개의 코너점의 좌표를 출력한다. 31-34행은 element[0] > 0.2 조건으로 에지 점을 [그림 9.2](b)와 같이 Scalar(255, 0, 0) 색상으로 원으로 표시한다.

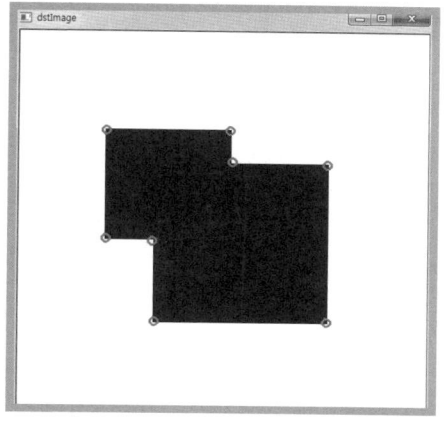
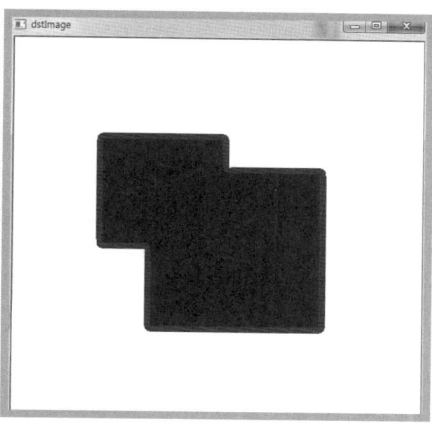

(a) element[0] > 0.2 && element[1] > 0.2　　　(b) element[0] > 0.2

```
eval(109,127)= 0.329493,0.249607
eval(264,127)= 0.329961,0.25
eval(267,167)= 0.329259,0.249959
eval(386,170)= 0.329689,0.249686
eval(109,268)= 0.329767,0.249882
eval(167,271)= 0.329375,0.249999
eval(170,374)= 0.33,0.25
eval(386,374)= 0.33,0.25
```

(c) 코너점에서의 고유값

[그림 9.2] cornerEigenValsAndVecs 함수로 코너점 검출

1.3 cornerMinEigenVal 함수

void cornerMinEigenVal(InputArray src, OutputArray dst, int blockSize,
                        int ksize = 3, int borderType = BORDER_DEFAULT)

단일 채널 8비트 또는 실수 입력영상 src에서 코너점 검출을 위한 영상 블록의 최소 고유값을 CV_32FC6 자료형의 dst에 계산한다. ksize는 Sobel 미분 연산자의 마스크 크기이다. 영상의 모든 화소에 대하여, blockSize×blockSize의 이웃에 있는 미분 값을 이용하여 2×2 크기의 그래디언트를 이용한 공분산 행렬 M을 계산하여 고유값을 계산한다.

cornerMinEigenVal 함수는 cornerEigenValsAndVecs 함수와 유사하다. 다만, 공분산 행렬 M으로부터 계산한 최소 고유값 $\min(\lambda_1, \lambda_2)$을 출력 행렬 dst에 저장한다. 두 고유값 중에서 작은 고유값이 주어진 임계값 크다면 큰 고유값은 더 크기 때문에, 작은 고유값이 임계값 보다 큰 화소가 코너점이 된다.

[예제 9-3] cornerMinEigenVal 함수로 코너점 검출

```
001:    #include "opencv.hpp"
002:    using namespace cv;
003:    using namespace std;
004:    int main()
005:    {
006:         Mat srcImage = imread("CornerTest.jpg", IMREAD_GRAYSCALE);
007:         if(srcImage.empty())
008:              return -1;
009:
010:         int blockSize = 5;
011:         int ksize = 3;
012:         Mat eigenVal;
013:         cornerMinEigenVal(srcImage, eigenVal, blockSize, ksize);
014:
015:         Mat dstImage(srcImage.size(), CV_8UC3);
016:         cvtColor(srcImage, dstImage, COLOR_GRAY2BGR);
017:
018:         float eval;
019:         for(int y = 0; y < eigenVal.rows; y++)
020:              for(int x = 0; x < eigenVal.cols; x++)
021:              {
022:                   eval = eigenVal.at<float>(y, x);
023:
024:                   if(eval > 0.2) // corner points
025:                   {
026:                        circle(dstImage, Point(x, y), 5, Scalar(0, 0, 255), 2);
027:                        cout << "eval(" << x << ", " <<y << ")= "
028:                             << eval << endl;
029:                   }
030:              }
031:         imshow("dstImage", dstImage);
032:         waitKey();
033:
034:         return 0;
035:    }
```

◎ **프로그램 설명**

① 10-13행
cornerMinEigenVal 함수에서, blockSize = 5, ksize = 3으로 설정하여, srcImage 입력영상에서 코너점 검출을 위한 영상 블록의 고유값과 고유벡터를 CV_32FC1 자료형의 eigenVal 행렬에 계산한다.

② 18-30행
최소 고유값 행렬 eigenVal의 k-번째 최소 고유값을 eval에 저장한다. 24-29행은 최소 고유값이 eval > 0.2이면, 코너점으로 판단하여 dstImage 영상에 Scalar(0, 0, 255) 색상으로 원으로 표시하고, 8개의 코너점의 좌표와 최소 고유값을 출력한다. [그림 9.3]은 cornerMinEigenVal 함수로 검출된 8개의 코너점의 좌표와 최소 고유값을 보인다. 코너점의 좌표와 최소 고유값은 [그림 9.2](c)의 두 고유값 중에서 작은 고유값이다. 26행에서 circle 함수로 dstImage 영상에 코너점에 원을 표시한 결과는 [그림 9.2](a)와 같다.

[그림 9.3] cornerMinEigenVal 함수로 코너점 검출

1.4 cornerHarris 함수

void cornerHarris(InputArray src, OutputArray dst, int blockSize,
　　int ksize, double k, int borderType = BORDER_DEFAULT)

단일 채널 8비트 또는 실수 입력영상 src에서 Harris 코너 검출 반응값(Harris detector responses)을 위한 CV_32FC1 자료형의 dst에 계산한다. ksize는 Sobel 미분 연산자의 마스크 크기이다. 영상의 모든 화소에 대하여, blockSize×blockSize의 이웃에 있는 미분 값을 이용하여 2×2 크기의 그래디언트를 이용한 공분산 행렬 M을 계산하고, M으로부터 Harris 코너 검출 반응값을 계산한다. k는 Harris 코너 검출 상수이다. Harris 코너 검출 반응값의 행렬 dst에서 지역 극대값(local maxima)이 코너점이 된다. 임계값을 적용하여 너무 많은 코너점이 검출되는 것을 방지한다.

$$dst(x,y) = \det(M(x,y)) - k\,trace(M(x,y))^2$$

[예제 9-4]　cornerHarris 함수로 코너점 검출

```
001:  #include "opencv.hpp"
002:  using namespace cv;
003:  using namespace std;
004:  vector<Point> FindLocalMaxima(Mat &src);
005:  int main()
006:  {
007:      Mat srcImage = imread("CornerTest.jpg", IMREAD_GRAYSCALE);
008:      if(srcImage.empty())
009:          return -1;
010:
011:      int blockSize = 5;
012:      int ksize = 3;
013:      double k = 0.01;
014:
015:      Mat R;
016:      cornerHarris(srcImage, R, blockSize, ksize, k);
017:      threshold(R, R, 0.01, 0, THRESH_TOZERO);
018:
019:      vector<Point> cornerPoints = FindLocalMaxima(R);
020:      cout << "cornerPoints.size() = " << cornerPoints.size() << endl;
021:
022:      Mat dstImage(srcImage.size(), CV_8UC3);
023:      cvtColor(srcImage, dstImage, COLOR_GRAY2BGR);
024:
```

```
025:          vector<Point>::const_iterator it;
026:          for(it = cornerPoints.begin(); it != cornerPoints.end(); ++it)
027:          {
028:               circle(dstImage, *it, 5, Scalar(0, 0, 255), 2);
029:               int x = (*it).x;
030:               int y = (*it).y;
031:               float fvalue = R.at<float>(y, x);
032:               cout << "cornerPoints(" << (*it).x << ", " << (*it).y << ")= "
033:                    << fvalue << endl;
034:          }
035:          imshow("dstImage", dstImage);
036:          waitKey();
037:
038:          return 0;
039: }
040: vector<Point> FindLocalMaxima(Mat &src)
041: {
042:      Mat dilated;
043:      Mat localMax;
044:      // Size size(5, 5);
045:      // Mat rectKernel = getStructuringElement(MORPH_RECT, size);
046:
047:      dilate(src, dilated, Mat()); // local max
048:      // compare(src, dilated, localMax, cv::CMP_EQ);
049:      localMax = (src == dilated);
050:      // imshow("localMax", localMax);
051:
052:      Mat eroded;
053:      Mat localMin;
054:      erode(src, eroded, Mat()); // local min
055:      // compare(src, eroded, localMin, CMP_GT);
056:      localMin = (src > eroded);
057:      // imshow("localMin", localMin);
058:
059:      // bitwise_and(localMax, localMin, localMax);
060:      localMax = (localMax & localMin);
061:      // imshow("localMax = (localMax & localMin)", localMax);
062:
063:      vector<Point> points;
064:      for(int y = 0; y < localMax.rows; y++)
065:          for(int x = 0; x < localMax.cols; x++)
066:          {
067:               uchar uValue = localMax.at<uchar>(y, x);
068:               if (uValue)
069:                    points.push_back(Point(x,y));
070:          }
071:      return points;
072: }
```

◎ 프로그램 설명

① 11-17행

16행은 cornerHarris 함수에서, blockSize = 5, ksize =3, k = 0.01로 설정하여, srcImage 입력영상에서 Harris 코너 검출 반응값을 위한 CV_32FC1 자료형의 행렬 R을 계산한다. 17행은 threshold 함수로 행렬 R의 각 요소에서 임계값 0.01보다 작으면 0으로 변경하여 너무 많은 코너점이 검출되지 않게 한다.

② 19−35행

19행은 FindLocalMaxima 함수로 Harris 코너 검출 반응값 행렬 R에서 지역극값의 위치인 코너점을 cornerPoints 벡터에 계산한다. 22-23행은 1-채널 입력영상 srcImage를 3-채널 컬러 영상인 dstImage에 cvtColor 함수로 COLOR_GRAY2BGR로 변환하여 저장한다. 25-34행은 반복자를 사용하여 cornerPoints 벡터에 검출된 코너점을 원으로 표시하고, 코너점의 좌표 (x, y)와 코너 검출 반응값 fvalue = R.at<float>(y, x)을 출력한다.

③ 40−72행

FindLocalMaxima 함수는 행렬 src에서 dilate와 erode를 이용하여 지역 극대값을 검출하여, 좌표를 vector<Point> 자료형의 벡터로 반환한다. 47행은 dilate 함수로 src에서 Mat()에 의해 3×3 사각형 이웃에서 최대값을 dilated 행렬에 계산한다. 다른 크기의 이웃을 설정하려면, Mat() 대신 주석처리된 45행의 이웃 커널 행렬 rectKernel을 사용한다.

49행은 화소별 비교연산 (src == dilated)에 의해, dilated(x, y)에 계산된 최대값이 원본영상 src(x, y)와 같은 경우는 localMax의 화소에 255로 설정하고, 다른 경우는 0으로 설정한다. 비교연산을 48행의 compare 함수로 수행해도 같은 결과이다. 54행은 erode 함수로 src에서 Mat()에 의해 3×3 사각형 이웃에서 최소값을 eroded 행렬에 계산한다. 56행은 화소별 비교연산 (src > eroded)을 계산하여 localMin 행렬에 저장하고, 60행은 화소별 비교연산 (localMax & localMin)에 의해, localMax과 localMin 모두 흰색(255)인 화소만을 localMax에 검출한다. 63-71행은 행렬 localMax에서 흰색(255)인 화소의 좌표를 points 벡터에 저장하여 반환한다.

④ [그림 9.4]은 cornerHarris 함수로 검출한 코너점의 좌표와 코너 검출 반응값이다. 28행에서 circle 함수로 dstImage 영상에 코너점에 원을 표시한 결과는 [그림 9.2](a)와 같다.

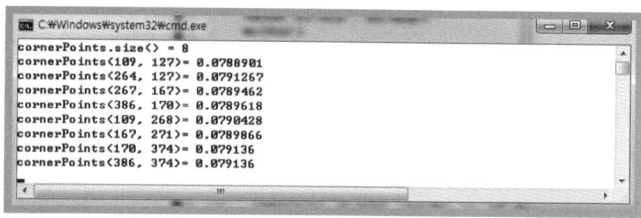

[그림 9.4] cornerHarris 함수로 코너점 검출

1.5 cornerSubPix 함수

void cornerSubPix(InputArray image, InputOutputArray corners,
　　　　　　　　Size winSize, Size zeroZone, TermCriteria criteria)

입력영상 image에서 검출된 코너점 corners를 입력으로 하여 코너점의 위치를 부화소 단위로 계산하여 다시 corners로 저장하여 반환한다. winSize는 탐색 영역의 크기를 정의하며, 예를 들어 winSize = (3, 3)이면, 탐색 영역은 (3×2+1)×(3×2+1) 크기가 된다. zeroZone을 설정하면 winSize 영역 내에서 해당 영역을 마스크 처리하여 탐색 영역에서 계산하지 않는다. zeroZone=(−1, −1)이면 zeroZone이 없음을 나타낸다. criteria는 최대 반복 횟수인criteria.maxCount와 요구되는 정밀도 criteria.epsilon을 나타내는 종료조건이다.

코너점 q의 이웃에 있는 화소 p 방향으로의 벡터와 화소 p점에서의 영상 그래디언트 벡터의 방향은 직각(orthogonal)인 점을 이용하여 계산한다. 모든 이웃점 p_i에 대하여 $\epsilon_i = DI_{p_i}(q - p_i)$을 최소화하도록 q를 아래와 같이 찾아 조건에 만족할 때까지 반복한다. DI_{p_i}는 p_i에서의 영상 그래디언트이다.

$$q = G^{-1}b$$

$$여기서, \ G = \sum_i (DI_{p_i} \cdot DI_{p_i}{}^T), \ \ b = -\sum_i (DI_{p_i} \cdot DI_{p_i}{}^T \cdot p_i)$$

[예제 9-5] cornerSubPix 함수로 부화소 단위로 코너점 검출

```
001:   #include "opencv.hpp"
002:   using namespace cv;
003:   using namespace std;
004:   vector<Point2f> FindLocalMaximaF(Mat &src);
005:   int main()
006:   {
007:       Mat srcImage = imread("CornerTest.jpg", IMREAD_GRAYSCALE);
008:       if(srcImage.empty())
009:           return -1;
010:
011:       int blockSize = 5;
012:       int ksize = 3;
013:       double k = 0.01;
014:
015:       Mat R;
016:       cornerHarris(srcImage, R, blockSize, ksize, k);
017:       threshold(R, R, 0.01, 0, THRESH_TOZERO);
018:
019:       vector<Point2f> cornerPoints = FindLocalMaximaF(R);
020:       cout << "cornerPoints.size() = " << cornerPoints.size() << endl;
021:
022:       Size winSize(3, 3);
023:       Size zeroZone(-1, -1);
024:       TermCriteria criteria(TermCriteria::COUNT+TermCriteria::EPS, 10, 0.01);
025:       cornerSubPix(srcImage, cornerPoints, winSize, zeroZone, criteria);
026:
027:       Mat dstImage(srcImage.size(), CV_8UC3);
028:       cvtColor(srcImage, dstImage, COLOR_GRAY2BGR);
029:
030:       vector<Point2f>::const_iterator it;
031:       for(it = cornerPoints.begin(); it != cornerPoints.end(); ++it)
032:       {
033:           circle(dstImage, *it, 5, Scalar(0, 0, 255), 2);
034:           int x = cvRound((*it).x);
035:           int y = cvRound((*it).y);
036:           float fvalue = R.at<float>(y, x);
037:           cout << "cornerPoints(" << (*it).x << ", " << (*it).y << ")= "
038:               << fvalue << endl;
039:       }
040:       imshow("dstImage", dstImage);
041:       waitKey();
042:
043:       return 0;
044:   }
045:   vector<Point2f> FindLocalMaximaF(Mat &src)
046:   {
047:       Mat dilated;
048:       Mat localMax;
049:       // Size size(5, 5);
050:       // Mat rectKernel = getStructuringElement(MORPH_RECT, size);
```

```
051:
052:        dilate(src, dilated, Mat()); // local max
053:        // compare(src, dilated, localMax, cv::CMP_EQ);
054:        localMax = (src == dilated);
055:        // imshow("localMax", localMax);
056:
057:        Mat eroded;
058:        Mat localMin;
059:        erode(src, eroded, Mat()); // local min
060:        // compare(src, eroded, localMin, CMP_GT);
061:        localMin = (src > eroded);
062:        // imshow("localMin", localMin);
063:
064:        // bitwise_and(localMax, localMin, localMax);
065:        localMax = (localMax & localMin);
066:        // imshow("localMax = (localMax & localMin)", localMax);
067:
068:        vector<Point2f> points;
069:        for(int y = 0; y < localMax.rows; y++)
070:            for(int x = 0; x < localMax.cols; x++)
071:            {
072:                    uchar uValue = localMax.at<uchar>(y, x);
073:                    if (uValue)
074:                        points.push_back(Point2f(x, y));
075:            }
076:        return points;
077: }
```

◎ 프로그램 설명

① 11-20행

16행은 cornerHarris 함수에서, blockSize = 5, ksize = 3, k = 0.01로 설정하여, srcImage 입력영상에서 Harris 코너 검출 반응값을 위한 CV_32FC1 자료형의 행렬 R을 계산한다. 17행은 threshold 함수로 행렬 R의 각 요소에서 임계값 0.01보다 작으면 0으로 변경하여 너무 많은 코너점이 검출되지 않게 한다. 19행은 FindLocalMaximaF 함수로 Harris 코너 검출 반응값 행렬 R에서 지역극값의 위치인 코너점을 cornerPoints 벡터에 계산한다.

② 22-25행

25행은 cornerSubPix 함수로 srcImage 영상에서, cornerHarris 함수와 FindLocalMaximaF 함수로 검출한 코너점 벡터 cornerPoints에서, winSize(3, 3), zeroZone(-1, -1), criteria(TermCriteria::COUNT + TermCriteria::EPS, 10, 0.01)로 부화소 단위로 코너점의 위치를 cornerPoints에 계산한다.

③ 27-39행

27-28행은 1-채널 입력영상 srcImage을 3-채널 컬러 영상인 dstImage에 cvtColor 함수로 COLOR_GRAY2BGR로 변환하여 저장한다. 30-39행은 반복자를 사용하여 cornerPoints 벡터에 검출된 코너점을 원으로 표시하고, 코너점의 부화소 단위 실수 좌표 (x, y)와 코너 검출 반응값 fvalue = R.at<float>(y, x)을 출력한다.

④ 45-77행

FindLocalMaximaF 함수는 행렬 src에서 dilate와 erode를 이용하여 지역 극대값을 검출하여, 좌표를 vector<Point2f> 자료형의 벡터로 반환한다. [예제 9-1]과 [예제 9-4]의 FindLocalMaxima 함수와 [예제 9-5]의 FindLocalMaximaF 함수는 알고리즘이 같다. FindLocalMaxima 함수는 벡터의 요소가 Point(x, y)가 저장되어, vector<Point>의 벡터를 반환한다. 그러나 FindLocalMaximaF 함수는 벡터의 요소가 Point2f(x, y)가 저장되어, vector<Point2f>의 벡터를 반환한다.

⑤ [그림 9.5]는 cornerSubPix 함수로 부화소 단위로 코너점을 검출한 결과이다.

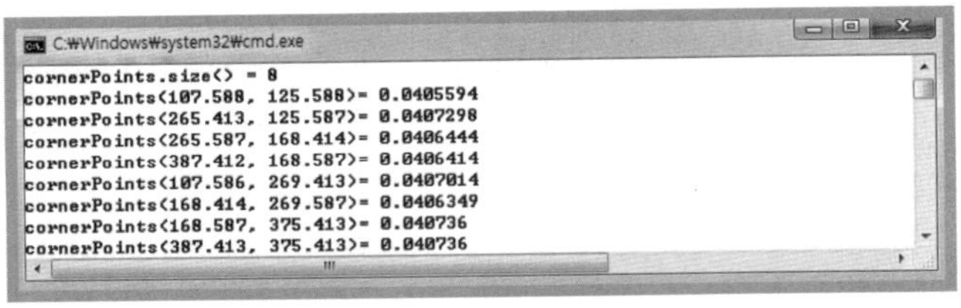

[그림 9.5] cornerSubPix 함수로 부화소 단위로 코너점 검출

1.6 goodFeaturesToTrack 함수

void goodFeaturesToTrack(InputArray image, OutputArray corners,
    int maxCorners, double qualityLevel, double minDistance,
    InputArray mask = noArray(), int blockSize = 3,
    bool useHarrisDetector = false, double k = 0.04)

영상 image에서 뚜렷한 코너점을 검출한다. image는 8비트 또는 32비트 실수의 단일 채널 영상이며, corners에 최대 maxCorners 개수만큼 코너점이 검출된다. qualityLevel는 최소 코너점의 질(quality)을 결정하는 값으로, cornerMinEigenVal 함수에 의한 최소 고유값에 곱해지거나 cornerHarris 함수에 의한 Harris 코너 검출 반응값에 곱해진다. minDistance는 코너점들 사이의 최소 거리이다. mask는 코너점이 검출될 영역을 지정하며, mask = noArray()이면 영상 전체에서 코너점을 계산한다. blockSize는 블록의 크기이며, useHarrisDetector = false이면 cornerMinEigenVal 함수를 사용하고, useHarrisDetector = true이면 cornerHarris 함수를 사용한다. k는 해리스 코너점 검출에 사용되는 상수이다. goodFeaturesToTrack 함수는 물체의 포인트 기반 추적에서 초기화하기 사용한다.

다음은 goodFeaturesToTrack 함수가 코너점을 검출하는 순서이다.
  ⓐ useHarrisDetector에 따라, cornerMinEigenVal 함수 또는 cornerHarris 함수를 사용하여 image의 모든 화소에서 코너점 측정값, cornerMap(x, y)를 계산한다.
  ⓑ 3×3 윈도우를 사용하여, non-maximum suppression에 의해 국부지역 극값(maxima)이 아닌 값은 0으로 한다.
  ⓒ cornerMap(x, y) < qualityLevel×max(cornerMap(x, y))이면, cornerMap(x, y) = 0으로 한다.
  ⓓ 남아 있는 코너점을 cornerMap(x, y)에 의해 내림차순으로 정렬한다.
  ⓔ minDistance 이내에서 가장 강한 코너점 하나만 갖도록 한다.

[예제 9-6]　goodFeaturesToTrack 함수로 코너점 검출

```
001:  #include "opencv.hpp"
002:  using namespace cv;
003:  using namespace std;
004:  int main()
005:  {
```

```
006:        Mat srcImage = imread("CornerTest.jpg", IMREAD_GRAYSCALE);
007:        if(srcImage.empty())
008:            return -1;
009:
010:        int maxCorners = 8;
011:        double qualityLevel = 0.001;
012:        double minDistance = 10;
013:        int  blockSize = 3;
014:        bool  useHarrisDetector = true; // false
015:        double k = 0.04;
016:
017:        vector<Point> cornerPoints;
018:        goodFeaturesToTrack(srcImage, cornerPoints, maxCorners, qualityLevel,
019:                            minDistance, noArray(), blockSize, useHarrisDetector, k);
020:        cout << "cornerPoints.size() = " << cornerPoints.size() << endl;
021:
022:        Mat dstImage(srcImage.size(), CV_8UC3);
023:        cvtColor(srcImage, dstImage, COLOR_GRAY2BGR);
024:
025:        vector<Point>::const_iterator it;
026:        for(it = cornerPoints.begin(); it != cornerPoints.end(); ++it)
027:        {
028:            circle(dstImage, *it, 5, Scalar(0, 0, 255), 2);
029:            cout << "cornerPoints(" << (*it).x << ", " << (*it).y << ") " << endl;
030:        }
031:        imshow("dstImage", dstImage);
032:        waitKey();
033:
034:        return 0;
035: }
```

◎ 프로그램 설명

① 10-20행
18-19행은 goodFeaturesToTrack 함수에서, maxCorners = 8, qualityLevel = 0.001, minDistance = 10, blockSize = 3, k = 0.04, useHarrisDetector = true로 설정하여, srcImage 입력영상에서 Harris 코너 검출기로 cornerPoints 벡터에 최대 maxCorners = 8개의 코너점을 검출한다.

② 22-30행
22-23행은 1-채널 입력영상 srcImage를 3-채널 컬러 영상인 dstImage에 cvtColor 함수로 COLOR_GRAY2BGR로 변환하여 저장한다. 25-30행은 반복자를 사용하여 cornerPoints 벡터에 검출된 코너점을 원으로 표시하고, 코너점의 좌표 (x, y)를 출력한다.

③ [그림 9.6](a)는 useHarrisDetector = true로 설정하여, goodFeaturesToTrack 함수에서 cornerHarris 함수를 사용하여 코너점을 검출한다. [그림 9.6](b)는 useHarrisDetector = false로 설정하여, goodFeaturesToTrack 함수에서 cornerMinEigenVal 함수를 사용하여 코너점을 검출한다.

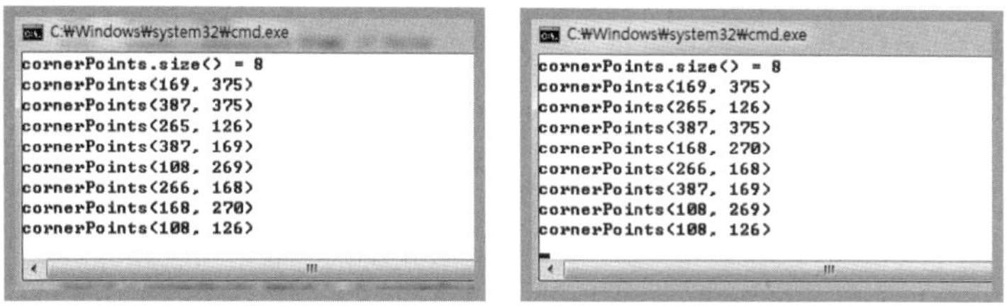

(a) useHarrisDetector = true   (b) useHarrisDetector = false

[그림 9.6] goodFeaturesToTrack 함수로 코너점 검출

02 모멘트(moments)

영상의 모멘트는 영상 화소의 가중평균으로 물체 인식 및 식별을 위해 사용할 수 있는 기술자(descriptors)이다. 영상에서 분할(segmentation)을 수행한 후에, 관심 물체로부터 영상 모멘트를 계산하면, 물체의 면적(area), 무게 중심(centroid), 물체의 기울어진 방향(orientation) 등을 계산할 수 있다. 대표적인 모멘트는 중심 모멘트(central moments)와 Hu 모멘트가 있다.

2.1 모멘트

① **Moments moments(InputArray array, bool binaryImage=false)**
moments 함수는 경계선을 나타내는 다각형 또는 영상의 3-차 모멘트까지 계산한다. array는 래스터 영상이면 1-채널의 8비트 또는 실수 2차원 영상이고, 경계선을 나타내는 다각형일 때는 Point 또는 Point2f 자료형의 $1 \times N$ 또는 $N \times 1$ 행렬이다. binaryImage = true이면, array가 영상일 때 사용하며, 모든 0이 아닌 화소값을 1로 취급한다.

② **Moments 클래스**
moments 함수는 계산된 모멘트를 Moments 클래스 객체로 반환한다. 공간 모멘트(spatial moments), 중심 모멘트(central moments), 정규화된 중심 모멘트(central normalized moments)가 계산된다.

```
class Moments
{
public:
    Moments();
    Moments(double m00, double m10, double m01, double m20, double m11,
            double m02, double m30, double m21, double m12, double m03);
    Moments(const CvMoments& moments);
    operator CvMoments() const;

    // spatial moments
    double m00, m10, m01, m20, m11, m02, m30, m21, m12, m03;

    // central moments
    double mu20, mu11, mu02, mu30, mu21, mu12, mu03;
    // mu00 = m00, mu10 = 0, mu01 = 0

    // central normalized moments
```

```
    double nu20, nu11, nu02, nu30, nu21, nu12, nu03;
    // nu00 = 1, nu10 = 0, nu01 = 0
}
```

ⓐ 공간 모멘트(spatial moments)

m_{ji}는 공간 모멘트이다. $j >= 0$, $i >= 0$이고 $i + j <= 3$이다. 영상 모멘트는 영상 화소값과 좌표를 이용하여 계산하고, 경계선 모멘트는 경계선 위의 좌표만을 가지고 모멘트를 계산한다. m_{00}는 이진영상에서는 면적이고, 그레이스케일 영상에서는 밝기값의 합이다.

$$m_{ji} = \sum_{x,y} [array(x,y)\ x^j\ y^i]: 영상 모멘트$$

$$m_{ji} = \sum [\ x^j\ y^i]: 경계선 모멘트$$

ⓑ 중심 모멘트(central moments)

(x_c, y_c)는 무게 중심(mass center)이다. 중심 모멘트 중에서 mu00 = m00, mu10 = 0, mu01 = 0이기 때문에, Moments 클래스의 멤버에 제공되지 않는다.

$$mu_{ji} = \sum_{x,y} [array(x,y)\ (x-x_c)^j\ (y-y_c)^i]: 영상 모멘트$$

$$mu_{ji} = \sum_{x,y} [\ (x-x_c)^j\ (y-y_c)^i]: 경계선 모멘트$$

$$여기서 \quad x_c = \frac{m_{10}}{m_{00}},\ y_c = \frac{m_{01}}{m_{00}}$$

ⓒ 정규화된 중심 모멘트(central normalized moments)

정규화된 중심 모멘트 중에서 nu00 = 1, nu10 = 0, nu01 = 0이기 때문에, Moments 클래스의 멤버에 제공되지 않는다.

$$nu_{ji} = \frac{\mu_{ji}}{m_{00}^{((i+j)/2\ +1)}}$$

2.2 Hu 모멘트

① void HuMoments(const Moments& m, OutputArray hu)

② void HuMoments(const Moments& moments, double hu[7])

HuMoments 함수는 Hu의 7 모멘트를 계산한다. moments 함수로 계산한 모멘트, m 또는 moments에서 Hu의 이동(translation), 스케일(scaling), 회전(rotation)에 불변인 모멘트 hu는 정규화된 중심 모멘트를 이용하여 다음과 같이 계산한다. 아래에서 $\eta_{ji} = nu_{ji}$이다. 제한된 해상도의 물체 영상의 Hu 모멘트와 이동, 스케일, 회전의 변환 영상에서 계산된 Hu 모멘트는 약간 다를 수 있다.

$$hu[0] = \eta_{20} + \eta_{02}$$

$$hu[1] = (\eta_{20} - \eta_{02})^2 + 4\eta_{11}^2$$

$$hu[2] = (\eta_{30} - 3\eta_{12})^2 + (3\eta_{21} - \eta_{03})^2$$

$$hu[3] = (\eta_{30} + \eta_{12})^2 + (\eta_{21} + \eta_{03})^2$$

$$hu[4] = (\eta_{30} - 3\eta_{12})(\eta_{30} + \eta_{12})[(\eta_{30} + \eta_{12})^2 - 3(\eta_{21} + \eta_{03})^2]$$
$$+ (3\eta_{21} - \eta_{03})(\eta_{21} + \eta_{03})[3(\eta_{30} + \eta_{12})^2 - (\eta_{21} + \eta_{03})^2]$$

$$hu[5] = (\eta_{20} - \eta_{02})[(\eta_{30} + \eta_{12})^2 - (\eta_{21} + \eta_{03})^2] + 4\eta_{11}(\eta_{30} + \eta_{21})(\eta_{21} + \eta_{03})$$

$$hu[6] = (3\eta_{21} - \eta_{03})(\eta_{30} + \eta_{12})[(\eta_{30} + \eta_{12})^2 - 3(\eta_{21} + \eta_{03})^2]$$
$$+ (3\eta_{12} - \eta_{30})(\eta_{21} + \eta_{03})[3(\eta_{30} + \eta_{12})^2 - (\eta_{21} + \eta_{03})^2]$$

[예제 9-7] 영상 모멘트 계산

```
001:   #include "opencv.hpp"
002:   using namespace cv;
003:   using namespace std;
004:   int main()
005:   {
006:       Mat srcImage = imread("momentTest.jpg", IMREAD_GRAYSCALE);
007:       if(srcImage.empty())
008:           return -1;
009:       Moments M = moments(srcImage, true);
010:       cout << "spatial moments" << endl;
011:       cout << "M.m00 = " << M.m00 << endl;
012:       cout << "M.m10 = " << M.m10 << endl;
013:       cout << "M.m20 = " << M.m20 << endl;
014:       cout << "M.m30 = " << M.m30 << endl;
015:
016:       cout << "M.m01 = " << M.m01 << endl;
017:       cout << "M.m11 = " << M.m11 << endl;
018:       cout << "M.m21 = " << M.m21 << endl;
019:
020:       cout << "M.m02 = " << M.m02 << endl;
021:       cout << "M.m12 = " << M.m12 << endl;
022:       cout << "M.m03 = " << M.m03 << endl;
023:
024:       Point2f center;
025:       center.x = M.m10 / M.m00;
026:       center.y = M.m01 / M.m00;
027:       cout << "mass center="<< center << endl;
028:
029:       Mat dstImage;
030:       cvtColor(srcImage, dstImage, COLOR_GRAY2BGR);
031:       circle(dstImage, center, 5, Scalar(0, 0, 255), -1);
032:       imshow("dstImage", dstImage);
033:
034:       cout << "central moments" << endl;
035:       cout << "M.mu00 = " << M.m00 << endl;
```

```
036:        cout << "M.mu10 = " << 0 << endl;
037:        cout << "M.mu20 = " << M.mu20 << endl;
038:        cout << "M.mu30 = " << M.mu30 << endl;
039:
040:        cout << "M.mu01 = " << 0 << endl;
041:        cout << "M.mu11 = " << M.mu11 << endl;
042:        cout << "M.mu21 = " << M.mu21 << endl;
043:
044:        cout << "M.mu02 = " << M.mu02 << endl;
045:        cout << "M.mu12 = " << M.mu12 << endl;
046:        cout << "M.mu03 = " << M.mu03 << endl;
047:
048:        cout << "central normalized moments" << endl;
049:        cout << "M.nu00 = " << 1 << endl;
050:        cout << "M.nu10 = " << 0 << endl;
051:        cout << "M.nu20 = " << M.nu20 << endl;
052:        cout << "M.nu30 = " << M.nu30 << endl;
053:
054:        cout << "M.nu01 = " << 0 << endl;
055:        cout << "M.nu11 = " << M.nu11 << endl;
056:        cout << "M.nu21 = " << M.nu21 << endl;
057:
058:        cout << "M.nu02 = " << M.nu02 << endl;
059:        cout << "M.nu12 = " << M.nu12 << endl;
060:        cout << "M.nu03 = " << M.nu03 << endl;
061:
062:        Mat hu;
063:        HuMoments(M, hu);
064:        cout << "Hu's 7 moments = " << endl;
065:        for(int i = 0; i < hu.rows; i++)
066:        {
067:            cout << "hu[" << i << "] = ";
068:            cout << hu.at<double>(i) << endl;
069:        }
070:        waitKey();
071:        return 0;
072:  }
```

◎ 프로그램 설명

① 9-22행
9행은 moments 함수로 영상 srcImage에서, binaryImage = true로 하여, 모든 0이 아닌 화소값을
1로 취급하여 모멘트를 계산하여 M에 저장한다. 10-22행은 공간 모멘트(spatial moments)를 출력
한다.

② 24-32행
24-27행은 공간 모멘트를 이용하여 무게 중심점 center를 계산하고 출력한다. 30행은
cvtColor 함수로 CV_8U 자료형의 그레이스케일 영상 srcImage를 CV_8UC3의 컬러 영상
dstImage로 변환한다. 31행은 dstImage 영상에 무게 중심점 center를 Scalar(0, 0, 255) 색상
으로 채워 표시한다.

③ 34-60행
34-46행은 중심 모멘트(central moments)를 출력하고, 48-60행은 정규화된 중심 모멘트(central
normalized moments)를 출력한다.

④ 62-69행
63행은 HuMoments 함수로 모멘트 M에서 Hu의 7-모멘트를 계산한다. 64-69행은 Hu의 7-모멘트
를 출력한다.

⑤ [그림 9.7]은 입력영상 srcImage의 흰색영역의 공간 모멘트로 계산한 중심좌표 center(248.546, 151.296)를 컬러 영상 dstImage에 원으로 표시한다. [그림 9.8]은 영상으로부터 계산한 모멘트를 출력한 결과이다.

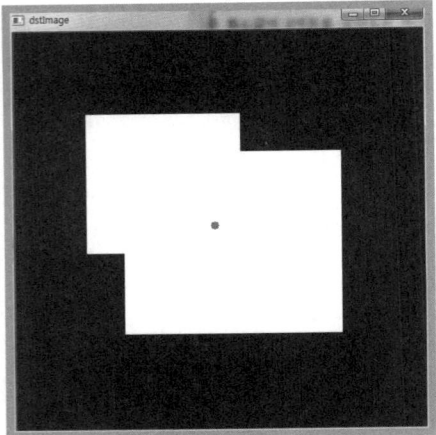

[그림 9.7] 무게 중심점 center

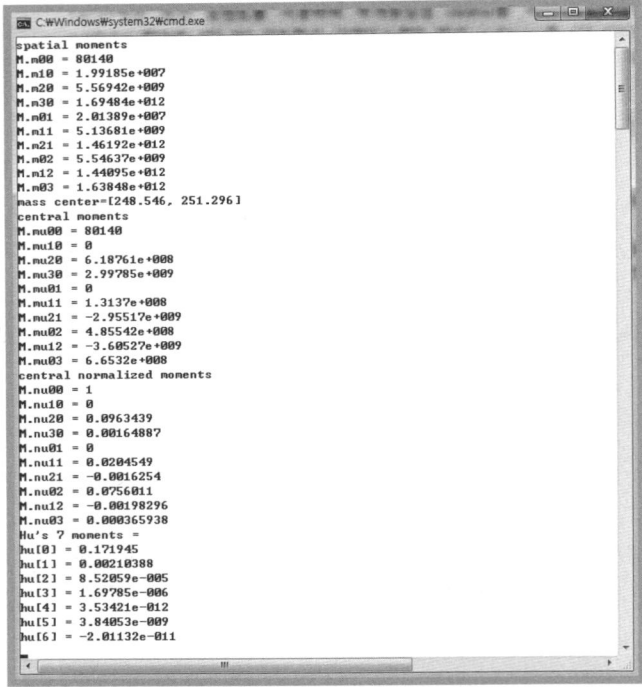

[그림 9.8] 영상으로부터 계산한 모멘트

[예제 9-8]   경계선 모멘트 계산

```
001:  #include "opencv.hpp"
002:  using namespace cv;
003:  using namespace std;
004:  int main()
005:  {
006:      Mat srcImage = imread("momentTest.jpg", IMREAD_GRAYSCALE);
```

```
007:         if(srcImage.empty())
008:             return -1;
009:
010:         Mat dstImage;
011:         cvtColor(srcImage, dstImage, COLOR_GRAY2BGR);
012:
013:         threshold(srcImage, srcImage, 200, 255, THRESH_BINARY);
014:
015:         int mode = RETR_LIST;
016:         int method = CHAIN_APPROX_SIMPLE;
017:         // int method = CHAIN_APPROX_NONE;
018:
019:         vector<vector<Point> > contours;
020:         findContours(srcImage, contours, noArray(), mode, method);
021:         cout << "contours.size()=" << contours.size() << endl;
022:
023:         for(int k = 0 ; k < contours.size(); k++)
024:         {
025:             Scalar color(rand()&255, rand()&255, rand()&255);
026:             drawContours(dstImage, contours, k, color, 4);
027:             cout << "contours["<<k<<"]'s boundary moments"<<endl;
028:
029:             Moments M = moments(contours[k]);
030:             cout << "spatial moments" << endl;
031:             cout << "M.m00 = " << M.m00 << endl;
032:             cout << "M.m10 = " << M.m10 << endl;
033:             cout << "M.m20 = " << M.m20 << endl;
034:             cout << "M.m30 = " << M.m30 << endl;
035:
036:             cout << "M.m01 = " << M.m01 << endl;
037:             cout << "M.m11 = " << M.m11 << endl;
038:             cout << "M.m21 = " << M.m21 << endl;
039:
040:             cout << "M.m02 = " << M.m02 << endl;
041:             cout << "M.m12 = " << M.m12 << endl;
042:             cout << "M.m03 = " << M.m03 << endl;
043:
044:             Point2f center;
045:             center.x = M.m10 / M.m00;
046:             center.y = M.m01 / M.m00;
047:             cout << "mass center="<< center << endl;
048:
049:             circle(dstImage, center, 5, Scalar(0, 0, 255), -1);
050:             imshow("dstImage", dstImage);
051:
052:             cout << "central moments" << endl;
053:             cout << "M.mu00 = " << M.m00 << endl;
054:             cout << "M.mu10 = " << 0 << endl;
055:             cout << "M.mu20 = " << M.mu20 << endl;
056:             cout << "M.mu30 = " << M.mu30 << endl;
057:
058:             cout << "M.mu01 = " << 0 << endl;
059:             cout << "M.mu11 = " << M.mu11 << endl;
060:             cout << "M.mu21 = " << M.mu21 << endl;
061:
062:             cout << "M.mu02 = " << M.mu02 << endl;
063:             cout << "M.mu12 = " << M.mu12 << endl;
```

```
064:            cout << "M.mu03 = " << M.mu03 << endl;
065:
066:            cout << "central normalized moments" << endl;
067:            cout << "M.nu00 = " << 1 << endl;
068:            cout << "M.nu10 = " << 0 << endl;
069:            cout << "M.nu20 = " << M.nu20 << endl;
070:            cout << "M.nu30 = " << M.nu30 << endl;
071:
072:            cout << "M.nu01 = " << 0 << endl;
073:            cout << "M.nu11 = " << M.nu11 << endl;
074:            cout << "M.nu21 = " << M.nu21 << endl;
075:
076:            cout << "M.nu02 = " << M.nu02 << endl;
077:            cout << "M.nu12 = " << M.nu12 << endl;
078:            cout << "M.nu03 = " << M.nu03 << endl;
079:
080:            Mat hu;
081:            HuMoments(M, hu);
082:            cout << "Hu's 7 moments = " << endl;
083:            for(int i = 0; i < hu.rows; i++)
084:            {
085:                cout << "hu[" << i << "] = ";
086:                cout << hu.at<double>(i) << endl;
087:            }
088:        }
089:        waitKey();
090:        return 0;
091: }
```

◎ **프로그램 설명**

① 10-21행

11행은 cvtColor 함수로 CV_8U 자료형의 그레이스케일 영상 srcImage를 CV_8UC3의 컬러 영상 dstImage로 변환한다. 13행은 그레이스케일 영상 srcImage에 임계값 200을 적용하여 이진영상을 얻는다. 20행은 findContours 함수로 이진영상 srcImage에서, method = CHAIN_APPROX_SIMPLE, mode = RETR_LIST로 모든 윤곽선을 contours에 검출한다.

② 23-88행

각 윤곽선 contour[k]에 대하여 경계선 모멘트를 계산한다. 26행은 drawContours(함수로 윤곽선 contour[k]를 dstImage 영상에 표시하고, 29행은 윤곽선 contour[k]의 경계선 모멘트를 M에 계산한다. 30-42행은 공간 모멘트(spatial moments)를 출력한다. 44-47행은 공간 모멘트를 이용하여 무게 중심점 center를 계산하고 출력하고, 49-50행은 dstImage 영상에 무게 중심점 center를 Scalar(0, 0, 255) 색상으로 채워 표시한다. 52-64행은 중심 모멘트(central moments)를 출력하고, 66-78행은 정규화된 중심 모멘트(central normalized moments)를 출력한다. 81행은 HuMoments 함수로 모멘트 M에서 Hu의 7-모멘트를 계산하고, 82-87행은 Hu의 7-모멘트를 출력한다.

③ [그림 9.9]는 findContours 함수로 검출한 경계선과 무게 중심점 center = (248.804, 251.635)을 표시한다. [그림 9.10]은 경계선으로부터 계산한 모멘트를 출력한 결과로, 영상으로부터 계산한 모멘트와 약간의 차이가 있지만 유사한 것을 알 수 있다.

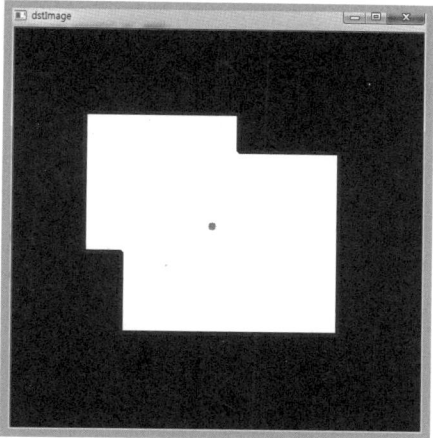

[그림 9.9] 경계선과 무게 중심점 center

```
contours.size()=1
contours[0]'s boundary moments
spatial moments
M.m00 = 78662
M.m10 = 1.95714e+007
M.m20 = 5.47025e+009
M.m30 = 1.66313e+012
M.m01 = 1.97942e+007
M.m11 = 5.05238e+009
M.m21 = 1.43712e+012
M.m02 = 5.44607e+009
M.m12 = 1.41555e+012
M.m03 = 1.60502e+012
mass center=[248.804, 251.635]
central moments
M.mu00 = 78662
M.mu10 = 0
M.mu20 = 6.00815e+008
M.mu30 = 3.1418e+009
M.mu01 = 0
M.mu11 = 1.27525e+008
M.mu21 = -2.8435e+009
M.mu02 = 4.6516e+008
M.mu12 = -3.63043e+009
M.mu03 = 4.96737e+008
central normalized moments
M.nu00 = 1
M.nu10 = 0
M.nu20 = 0.0970981
M.nu30 = 0.00181036
M.nu01 = 0
M.nu11 = 0.0206093
M.nu21 = -0.00163848
M.nu02 = 0.0751749
M.nu12 = -0.00209192
M.nu03 = 0.000286229
Hu's 7 moments =
hu[0] = 0.172273
hu[1] = 0.0021796
hu[2] = 9.24429e-005
hu[3] = 1.90785e-006
hu[4] = 1.11978e-012
hu[5] = -6.96325e-009
hu[6] = -2.53122e-011
```

[그림 9.10] 경계선으로부터 계산한 모멘트

[예제 9-9]	Hu의 불변 모멘트(invariant moment) (이동(translation), 스케일(scaling), 회전(rotation))

```
001:  #include "opencv.hpp"
002:  using namespace cv;
003:  using namespace std;
004:  int main()
005:  {
006:      Mat srcImage = imread("momentTest.jpg", IMREAD_GRAYSCALE);
007:      if(srcImage.empty())
008:          return -1;
009:      Mat dstImage;
```

```
010:        cvtColor(srcImage, dstImage, COLOR_GRAY2BGR);
011:        threshold(srcImage, srcImage, 200, 255, THRESH_BINARY);
012:
013:        int mode = RETR_LIST;
014:        int method = CHAIN_APPROX_SIMPLE;
015:        // int method = CHAIN_APPROX_NONE;
016:
017:        vector<vector<Point> > contours;
018:        findContours(srcImage, contours, noArray(), mode, method);
019:        cout << "contours.size()=" << contours.size() << endl;
020:
021:        for(int k = 0 ; k < contours.size(); k++)
022:        {
023:            drawContours(dstImage, contours, k, Scalar(0, 0, 255), 4);
024:            cout << "contours["<<k<<"]'s boundary moments"<<endl;
025:
026:            Moments M = moments(contours[k]);
027:            Point2f center;
028:            center.x = M.m10 / M.m00;
029:            center.y = M.m01 / M.m00;
030:            cout << "mass center="<< center << endl;
031:            circle(dstImage, center, 5, Scalar(0, 0, 255), -1);
032:
033:            Mat hu;
034:            HuMoments(M, hu);
035:            cout << "Hu's 7 moments(contours[k])= " << endl;
036:            for(int i = 0; i < hu.rows; i++)
037:            {
038:                cout << "hu[" << i << "] = ";
039:                cout << hu.at<double>(i) << endl;
040:            }
041:
042:            cout << endl << "contour2=transform(contours[k])" << endl;
043:            double angle = 45.0; // rotation, angle = -45.0
044:            double scale = 0.5; // scaling, scale =1.2
045:            Point t(0, 0);    // translation, t(20, 30), (-20, -30)
046:            cout << "angle = " << angle << endl;
047:            cout << "scale = " << scale << endl;
048:            cout << "translation = " << t << endl;
049:
050:            Mat rot = getRotationMatrix2D(center, angle, scale); // 2 x 3 matrix
051:            // cout << "rot.size() =" <<rot.size() << endl;
052:            rot.col(2).at<double>(0) += t.x; // translation
053:            rot.col(2).at<double>(1) += t.y;
054:
055:            Mat points(contours[k]);
056:            transform(points, points, rot);
057:
058:            vector<Point> contour2;
059:            points.copyTo(contour2);
060:            drawContours(dstImage, vector<vector<Point>>(1, contour2), 0,
061:                                        Scalar(0, 255, 0), 4);
062:
063:            Moments M2 = moments(contour2);
064:            Point2f center2;
065:            center2.x = M2.m10 / M2.m00;
066:            center2.y = M2.m01 / M2.m00;
067:            cout << "mass center2="<< center2 << endl;
```

```
068:                circle(dstImage, center2, 5, Scalar(0, 255, 0), -1);
069:
070:                Mat hu2;
071:                HuMoments(M2, hu2);
072:                cout << endl << "Hu's 7 moments(contour2) = " << endl;
073:                for(int i = 0; i < hu2.rows; i++)
074:                {
075:                    cout << "hu2[" << i << "] = ";
076:                    cout << hu2.at<double>(i) << endl;
077:                }
078:                double distError = norm(hu, hu2); // NORM_L2
079:                cout << endl << "distError=" << distError << endl;
080:                imshow("dstImage", dstImage);
081:        }
082:        waitKey();
083:        return 0;
084:    }
```

◎ 프로그램 설명

① 9-19행

10행은 cvtColor 함수로 CV_8U 자료형의 그레이스케일 영상 srcImage를 CV_8UC3의 컬러 영상 dstImage로 변환한다. 11행은 그레이스케일 영상 srcImage에 임계값 200을 적용하여 이진영상을 얻는다. 18행은 findContours 함수로 이진영상 srcImage에서, method = CV_CHAIN_APPROX_SIMPLE, mode = CV_RETR_LIST로 모든 윤곽선을 contours에 검출한다.

② 21-81행

각 윤곽선 contour[k]에 대하여 Hu의 경계선 모멘트 hu와 윤곽선 contour[k]를 무게 중심을 center를 중심으로 회전, 스케일링, 이동시켜 경계선 contour2를 생성하고, 경계선 contour2에 대한 Hu의 경계선 모멘트 hu2를 계산하여, hu와 hu2 사이의 차이를 distError에 계산한다.

23행은 contour[k]를 dstImage 영상에 Scalar(0, 0,255) 색상으로 표시한다. 26-40행은 contour[k]의 모멘트 M을 계산하고, 중심점 center를 계산하고, dstImage 영상에 표시하며, Hu의 경계선 모멘트 hu를 계산하고 출력한다. 50행은 getRotationMatrix2D 함수를 사용하여, center를 중심으로 회전각도 angle = 45.0, 스케일링 값 scale = 0.5로의 2×3 변환 행렬 rot를 계산한다. 52-53행은 rot.col(2) 열에 이동벡터 t를 변환 행렬에 적용하기 위해 더한다. 55행은 벡터 contours[k]를 행렬 points로 변환하고, 56행은 transform 함수로 points 행렬에 저장된 좌표점을 이동, 회전, 스케일링이 반영된 변환 행렬 rot를 적용하여 좌표점을 이동시킨다. 59행은 행렬 points를 벡터 contour2로 변환하고, 60-61행은 drawContours 함수를 사용하여 contour2를 dstImage 영상에 표시한다. drawContours 함수가 Point 벡터의 벡터인 vector<vector<Point> > 자료형을 인수로 취하기 때문에, 1개의 Point 벡터인 contour2를 출력하기 위하여 vector<vector<Point>>(1, contour2)와 같이 인수를 전달하고, 0번째 윤곽선을 표시한다. 63-77행은 contour2의 모멘트 M2를 계산하고, 중심점 center2를 계산하고, dstImage 영상에 표시하며, Hu의 경계선 모멘트 hu2를 계산하고 출력한다. 78행은 norm 함수로 hu와 hu2 사이의 유클리드 거리 차이를 distError에 계산한다.

③ [그림 9.11](a)는 윤곽선 contours[k]와 중심점 center를 Scalar(0, 0,255) 색상으로 표시하고, angle = 45.0, scale = 0.5, t(0, 0)로 변환된 윤곽선 contour2와 중심점 center2를 Scalar(0, 255, 0) 색상으로 표시한 dstImage 영상이다.

[그림 9.11](b)는 윤곽선 contours[k]와 중심점 center를 Scalar(0, 0,255) 색상으로 표시하고, angle = 45.0, scale = 0.5, t(20, 30)로 변환된 윤곽선 contour2와 중심점 center2를 Scalar(0, 255, 0) 색상으로 표시한 dstImage 영상이다.

④ [그림 9.12]는 [그림 9.12](a)의 2개의 윤곽선에 대한 Hu의 불변 모멘트, hu, hu2와 오차 distError의 결과이다. hu, hu2의 값이 매우 유사하며, 오차 distError 값이 아주 작은 것을 알 수 있다. [그림 9.13]은 [그림 9.12](b)의 2개의 윤곽선에 대한 Hu의 불변 모멘트, hu, hu2와 오차 distError의 결과이다. hu, hu2의 값이 매우 유사하다.

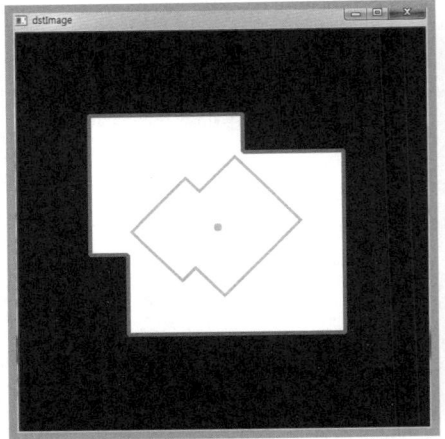 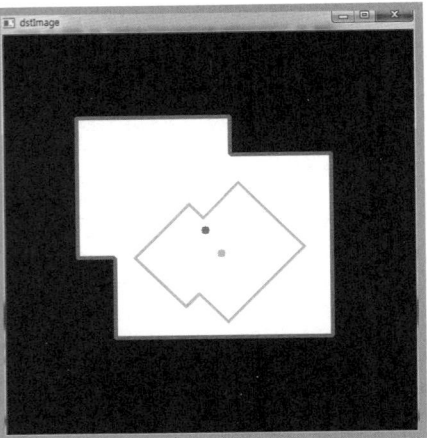

(a) (angle = 45.0, scale = 0.5, t(0, 0))   (b) (angle = 45.0, scale = 0.5, t(20, 30))

[그림 9.11] Hu의 불변 모멘트: (contours[k], center), (contour2, center2)

```
contours.size()=1
contours[0]'s boundary moments
mass center=[248.804, 251.635]
Hu's 7 moments(contours[k])=
hu[0] = 0.172273
hu[1] = 0.0021796
hu[2] = 9.24429e-005
hu[3] = 1.90785e-006
hu[4] = 1.11978e-012
hu[5] = -6.96325e-009
hu[6] = -2.53122e-011

contour2=transform(contours[k])
angle = 45
scale = 0.5
translation = [0, 0]
mass center2=[248.554, 251.596]

Hu's 7 moments(contour2) =
hu2[0] = 0.172342
hu2[1] = 0.00220831
hu2[2] = 9.31628e-005
hu2[3] = 1.89684e-006
hu2[4] = -8.6705e-013
hu2[5] = -1.38606e-008
hu2[6] = -2.52006e-011

distError=7.51768e-005
```

[그림 9.12] Hu의 불변 모멘트(angle = 45.0, scale = 0.5, t(0, 0))

```
contours.size()=1
contours[0]'s boundary moments
mass center=[248.804, 251.635]
Hu's 7 moments(contours[k])=
hu[0] = 0.172273
hu[1] = 0.0021796
hu[2] = 9.24429e-005
hu[3] = 1.90785e-006
hu[4] = 1.11978e-012
hu[5] = -6.96325e-009
hu[6] = -2.53122e-011

contour2=transform(contours[k])
angle = 45
scale = 0.5
translation = [20, 30]
mass center2=[268.554, 281.596]

Hu's 7 moments(contour2) =
hu2[0] = 0.172342
hu2[1] = 0.00220831
hu2[2] = 9.31628e-005
hu2[3] = 1.89684e-006
hu2[4] = -8.6705e-013
hu2[5] = -1.38606e-008
hu2[6] = -2.52006e-011

distError=7.51768e-005
```

[그림 9.13] Hu의 불변 모멘트(angle = 45.0, scale = 0.5, t(20, 30))

03 윤곽선 관련 특징 및 매칭

연속된 좌표들로 주어지는 윤곽선에 의한 물체의 모양과 관련된 길이, 면적, 바운딩 사각형, 최소 면적 사각형, 최소 면적 원, 직선 근사, 다각형 근사, 다각형의 내부점 확인, 볼록 껍질 등 윤곽선(경계선)과 관련된 특징과 모양 매칭(shape matching)에 대하여 설명한다.

3.1 길이, 면적, 바운딩 사각형, 최소 면적 사각형, 최소 면적 원

① double arcLength(InputArray curve, bool closed)
곡선 또는 윤곽선의 길이 계산한다. curve는 vector 또는 Mat 행렬로 저장되는 2D 좌표들의 벡터 또는 행렬이다. closed = true이면 닫힌 곡선이다.

② double contourArea(InputArray contour, bool oriented = false)
윤곽선 내부의 면적을 계산한다. contour는 vector 또는 Mat 행렬로 저장되는 2D 좌표들의 벡터 또는 행렬이다. oriented = true이면, contour의 방향(시계방향, 반시계방향)에 따라 부호를 갖는 면적을 반환한다. oriented = false이면, 절대값을 취한 면적을 반환한다.

③ Rect boundingRect(InputArray points)
points에 주어진 좌표점들의 바운딩 직사각형을 계산해 반환한다. points는 vector 또는 Mat 행렬로 저장되는 2D 좌표들의 벡터 또는 행렬이다.

④ RotatedRect minAreaRect(InputArray points)
points에 주어진 좌표들을 둘러싸는 면적이 최소인 회전이 고려된 사각형을 반환한다. boundingRect는 회전이 없는 바운딩 사각형인 반면, minAreaRect는 회전을 고려한 최소 바운딩 사각형이다.

⑤ void minEnclosingCircle(InputArray points, Point2f& center, float& radius)
points에 주어진 좌표들을 둘러싸는 면적이 최소인 원을 중심점 center, 반지름 radius로 반환한다.

[예제 9-10] 길이, 면적, 바운딩 사각형, 최소 면적 사각형, 최소 면적 원

```
001: #include "opencv.hpp"
002: using namespace cv;
003: using namespace std;
004: void onMouse(int event, int x, int y, int flags, void* param);
005: vector<Point> g_points;
006: int main()
007: {
```

```
008:        Mat dstImage(512, 512, CV_8UC3, Scalar::all(255));
009:        imshow("dstImage", dstImage);
010:        setMouseCallback("dstImage", onMouse, (void *)&dstImage);
011:
012:        bool closed = false;
013:        bool bEscKey = false;
014:        while(!bEscKey)
015:        {
016:            int nKey = waitKey(0);
017:            switch(nKey)
018:            {
019:                case 27:
020:                    bEscKey = true;
021:                    break;
022:                case 'r':
023:                    g_points.clear();
024:                    dstImage = Scalar::all(255);
025:                    break;
026:                case ' ':
027:                    if(g_points.size() < 1)
028:                        break;
029:                    cout << "g_points.size()=" << g_points.size() << endl;
030:                    // const Point *pts = (const Point*) Mat(g_points).data;
031:                    const Point *pts = (const Point*) g_points.data();
032:
033:                    int npts = g_points.size(); // Mat(g_points).rows
034:                    polylines(dstImage, &pts, &npts, 1, closed, Scalar(255, 0, 0), 2);
035:
036:                    // double length = arcLength(Mat(g_points), closed);
037:                    double length = arcLength(g_points, closed);
038:                    cout << "arcLength=" << length << endl;
039:
040:                    double area = contourArea(g_points, true) ;
041:                    cout << "contourArea=" << area << endl;
042:
043:                    Rect  rect = boundingRect(g_points);
044:                    rectangle(dstImage, rect, Scalar(0, 0, 255), 2);
045:
046:                    Point2f center;
047:                    float radius;
048:                    minEnclosingCircle(g_points, center, radius);
049:                    circle(dstImage, center, radius, Scalar(0, 255, 0), 2);
050:                                                    .
051:                    RotatedRect minRect = minAreaRect(g_points);
052:                    Point2f rectPoints[4]; minRect.points(rectPoints);
053:                    for(int j = 0; j < 4; j++)
054:                        line(dstImage, rectPoints[j], rectPoints[(j + 1) % 4],
055:                                    Scalar(255, 0, 255), 2);
056:                        break;
057:            }
058:            imshow("dstImage", dstImage);
059:        }
060:        return 0;
061: }
062: void onMouse(int event, int x, int y, int flags, void* param)
063: {
064:        Mat *data = (Mat *)param;
```

```
065:        Mat dstImage = *data;
066:        switch(event)
067:        {
068:            case EVENT_MOUSEMOVE:
069:                if(flags & EVENT_FLAG_LBUTTON)
070:                {
071:                    circle(dstImage, Point(x, y), 2, Scalar::all(0), -1);
072:                    g_points.push_back(Point(x, y));
073:                }
074:                break;
075:        }
076:        imshow("dstImage", dstImage);
077: }
```

◎ 프로그램 설명

① 4-5행

4행은 마우스 이벤트 핸들러 함수 onMouse의 함수 원형 선언이다. 5행은 이벤트 핸들러 함수 onMouse에서 왼쪽 마우스 버튼을 누른 채로 이동할 때의 마우스 위치 좌표를 저장할 vector<Point> 자료형의 g_points 벡터 선언이다.

② 22-25행

ⓡ 키를 누르면, 23행은 g_points.clear()로 좌표를 모두 삭제하고, 24행은 dstImage = Scalar::all(255)로 dstImage 영상을 흰 색상으로 채워 지운다.

③ 26-56행

스페이스바를 누르면, g_points 벡터의 좌표로 다각형을 그리고, 길이, 면적, 바운딩 사각형, 최소 면적 사각형, 최소 면적 원을 찾아 표시한다. 30-31행은 벡터 g_points에 저장된 좌표의 시작 주소를 포인터 pts에 저장한다. 30행은 Mat 행렬로 변환하여 포인터를 저장하고, 31행은 벡터에서 포인터를 저장한다. 33-34행은 polylines 함수로 좌표로의 포인터 pts를 이용하여 dstImage 영상에 closed= false이므로 열린 다각형을 Scalar(255, 0, 0), 2) 색상으로 표시한다. 37행은 arcLength 함수로 g_points의 길이를 계산한다. 40행은 contourArea 함수로 g_points의 면적을 계산한다. 시계방향이면 양수로, 반시계방향이면 음수로 계산한다. 43-44행은 boundingRect 함수로 바운딩 사각형을 rect에 계산하고, rectangle 함수로 dstImage 영상에 rect를 Scalar(0, 0, 255) 색상으로 표시한다. 46-49행은 minEnclosingCircle 함수로 g_points의 최소 면적의 원을 중심점 center, 반지름 radius에 계산하고, circle 함수로 dstImage 영상에 Scalar(0, 255, 0), 2) 색상으로 표시한다. 51-55행은 minAreaRect 함수로 g_points의 최소 면적 바운딩 사각형을 minRect에 계산하고, RotatedRect::points 메서드로 minRect의 좌표점을 rectPoints 배열에 저장한 다음, line 함수로 dstImage 영상에 rect를 Scalar(0, 0, 255) 색상으로 표시한다.

④ 62-77행

마우스 이벤트 핸들러 함수 onMouse를 정의한다. 왼쪽 마우스 버튼을 누른 채로 이동할 때의 마우스 위치 좌표를 circle 함수로 dstImage 영상에 원을 Scalar::all(0) 색상으로 표시하고, vector<Point> 자료형의 전역변수 g_points 벡터에 저장한다.

⑤ [그림 9.14]는 길이, 면적, 바운딩 사각형, 최소 면적 사각형, 최소 면적 원의 결과이다. [그림 9.14](a)는 마우스 이벤트 핸들러 함수 onMouse에 의한 왼쪽 마우스 버튼을 누른 채로 이동할 때의 마우스 위치 좌표를 circle 함수로 dstImage 영상에 원을 표시한 결과이다. [그림 9.14](b)는 Scalar(255, 0, 0) 색상의 polylines에 의한 열린 다각형, Scalar(0, 0, 255) 색상의 바운딩 사각형, Scalar(255, 0, 255) 색상의 최소 면적 사각형, Scalar(0, 255, 0) 색상의 최소 면적 원을 표시한다. g_points.size() = 379, arcLength = 738.286, contourArea = 24193.5이다.

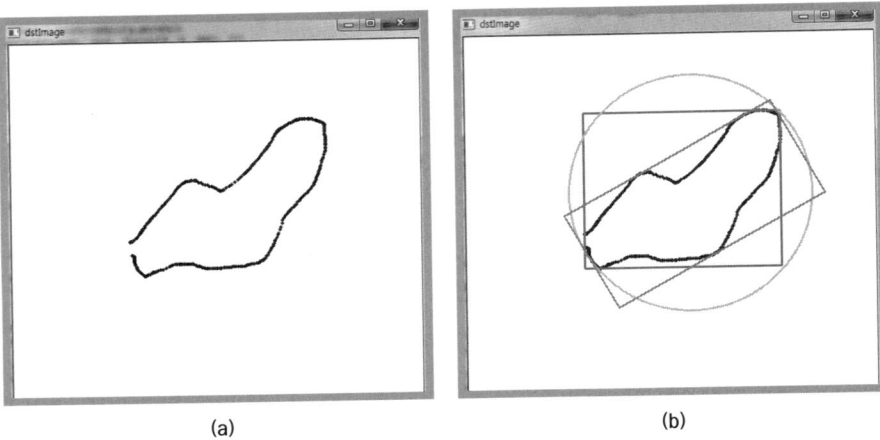

(a)   (b)

[그림 9.14] 길이, 면적, 바운딩 사각형, 최소 면적 사각형, 최소 면적 원

3.2 직선 근사, 다각형 근사, 타원 근사, 다각형 내부점 확인

① void fitLine(InputArray points, OutputArray line, int distType,
　　　　　　　　　　double param, double reps, double aeps)

points에 주어진 vector 또는 Mat 행렬로 저장되는 2D 또는 3D 좌표들을 가중치 방식의 최소자승법에 의한 M-추정 기법으로 직선 근사시켜 line에 저장한다. 2D인 경우, line은 (vx, vy, x0, y0)의 직선 요소를 저장하는 vector⟨Vec4f⟩ 자료형의 벡터이다. (vx, vy)는 직선의 정규화된 방향 벡터이고, (x0, y0)는 직선 위의 한 점이다. 3D인 경우, line은 (vx, vy, vz, x0, y0, z0)의 직선 요소를 저장하는 vector⟨Vec6f⟩ 자료형의 벡터이다. (vx, vy, vz)는 직선의 정규화된 방향 벡터이고, (x0, y0, z0)는 직선 위의 한 점이다. param은 distTyp에서 사용되는 상수 C로, param = 0이면 최적의 값을 계산하여 사용한다. reps와 aeps는 반지름과 각도의 충분한 정확도로, 문서에서는 0.01을 제시한다. distType은 직선 근사를 위해 사용하는 거리 계산 방법으로, DIST_L2, DIST_L1, DIST_L12, DIST_FAIR, DIST_WELSCH, DIST_HUBER 등이 있다. distType = DIST_L2일 때 최소자승법에 의한 직선 근사가 가장 빠르게 계산된다.

ⓐ distType = DIST_L2

$$\rho(r) = r^2/2$$

ⓑ distType = DIST_L1

$$\rho(r) = r$$

ⓒ distType = DIST_L12

$$\rho(r) = 2\left(\sqrt{1 + \frac{r^2}{2}} - 1\right)$$

② **void approxPolyDP(InputArray curve, OutputArray approxCurve,**
double epsilon, bool closed)

approxPolyDP 함수는 curve에 주어진 다각형, 윤곽선, 경계선을 epsilon에 주어진 정확도로 근사시켜 좌표의 개수를 줄여, curve와 같은 자료형의 approxCurve에 저장한다. curve는 vector 또는 Mat 행렬로 저장되는 2D 좌표들의 벡터 또는 행렬이다. epsilon은 다각형의 직선과의 허용 거리로, epsilon이 크면 approxCurve에 저장되는 좌표점의 개수가 적어진다. closed = true이면 curve를 닫힌 곡선, 다각형으로 취급한다.

③ **RotatedRect fitEllipse(InputArray points)**

fitEllipse 함수는 points에 주어진 vector 또는 Mat 행렬로 저장되는 2D 좌표들을 최소자승법으로 직선 근사시켜 타원을 둘러싸는 RotatedRect 자료형의 회전이 고려된 사각형을 반환한다. ellipse 함수로 타원을 표시한다.

④ **double pointPolygonTest(InputArray contour, Point2f pt, bool measureDist)**

좌표 pt가 contour에 의해 주어지는 다각형 안에 있는지를 검사한다. measureDist = false이면, 좌표 pt가 다각형 내부에 있으면 1, 외부에 있으면 −1, 다각형 위에 있으면 0을 반환한다. measureDist = true이면 좌표에서 contour의 가장 가까운 다각형의 에지까지의 부호를 갖는 거리를 반환한다.

[예제 9-11] 직선, 다각형, 타원 근사

```
001:  #include "opencv.hpp"
002:  using namespace cv;
003:  using namespace std;
004:  void onMouse(int event, int x, int y, int flags, void* param);
005:  vector<Point> g_points;
006:  int main()
007:  {
008:      Mat dstImage(512, 512, CV_8UC3, Scalar::all(255));
009:      imshow("dstImage", dstImage);
010:      setMouseCallback("dstImage", onMouse, (void *)&dstImage);
011:
012:      int npts;
013:      const Point *pts;
014:      Point ptStart, ptEnd;
015:      float s = 1000;
016:      int distType = DIST_L2; // CV_DIST_L2
017:      Vec4f lineFit;
018:
019:      vector<Point> approxCurve;
020:      double epsilon = 50;
021:      bool closed = false;
022:      bool bEscKey = false;
023:      while(!bEscKey)
024:      {
025:          int nKey = waitKey(0);
026:          switch(nKey)
027:          {
028:              case 27:
029:                  bEscKey = true;
```

```
030:                        break;
031:                    case 'r':
032:                        g_points.clear();
033:                        dstImage = Scalar::all(255);
034:                        break;
035:                    case '1':
036:                        if(g_points.size() < 1)
037:                            break;
038:                        dstImage = Scalar::all(255);
039:                        npts = g_points.size();
040:                        pts = (Point*)g_points.data();
041:                        polylines(dstImage, &pts, &npts, 1, closed, Scalar(0, 255, 0), 2);
042:
043:                        fitLine(g_points, lineFit, distType, 0, 0.01, 0.01);
044:                        ptStart.x = cvRound(s*lineFit[0] + lineFit[2]);
045:                        ptStart.y = cvRound(s*lineFit[1] + lineFit[3]);
046:                        ptEnd.x  = cvRound(-s*lineFit[0] + lineFit[2]);
047:                        ptEnd.y  = cvRound(-s*lineFit[1] + lineFit[3]);
048:                        line(dstImage, ptStart, ptEnd, Scalar(255, 0, 0), 2);
049:                        break;
050:                    case '2':
051:                        if(g_points.size() < 1)
052:                            break;
053:                        dstImage = Scalar::all(255);
054:                        cout << " g_points.size()=" << g_points.size() << endl;
055:                        npts = g_points.size();
056:                        pts = (Point*)g_points.data();
057:                        polylines(dstImage, &pts, &npts, 1, closed, Scalar(0, 255, 0), 2);
058:
059:                        approxPolyDP(g_points, approxCurve, epsilon, closed);
060:                        cout << " approxCurve.size()=" << approxCurve.size() << endl;
061:                        // drawContours(dstImage, vector<vector<Point>>(1, approxCurve),
062:                        //                         0, Scalar(0, 0, 255), 2);
063:                        pts = (const Point*)approxCurve.data();
064:                        npts = approxCurve.size();
065:                        polylines(dstImage, &pts, &npts, 1, closed, Scalar(0, 0, 255), 2);
066:                        break;
067:                    case '3':
068:                        if(g_points.size() < 1)
069:                            break;
070:                        dstImage = Scalar::all(255);
071:                        cout << " g_points.size()=" << g_points.size() << endl;
072:                        npts = g_points.size();
073:                        pts = (Point*)g_points.data();
074:                        polylines(dstImage, &pts, &npts, 1, closed, Scalar(0, 255, 0), 2);
075:
076:                        RotatedRect rect;
077:                        rect = fitEllipse(g_points);
078:                        ellipse(dstImage, rect, Scalar(0, 0, 255), 2);
079:                        break;
080:
081:             }
082:             imshow("dstImage", dstImage);
083:        }
084:        return 0;
085: }
086: void onMouse(int event, int x, int y, int flags, void* param)
087: {
```

```
088:        Mat *data = (Mat *)param;
089:        Mat dstImage = *data;
090:
091:        switch(event)
092:        {
093:            case EVENT_MOUSEMOVE:
094:                if(flags & EVENT_FLAG_LBUTTON)
095:                {
096:                    circle(dstImage, Point(x, y), 4, Scalar::all(0), -1);
097:                    g_points.push_back(Point(x, y));
098:                }
099:                break;
100:        }
101:        imshow("dstImage", dstImage);
102: }
```

◎ **프로그램 설명**

① 4-5행

4행은 마우스 이벤트 핸들러 함수인 onMouse의 함수 원형 선언이다. 5행은 이벤트 핸들러 함수 onMouse에서 왼쪽 마우스 버튼을 누른 채로 이동할 때의 마우스 위치 좌표를 저장할 vector<Point> 자료형의 g_points 벡터 선언이다.

② 12-22행

npts는 벡터에 저장된 좌표의 개수를 저장할 변수이고, pts는 vector<Point> 벡터에 저장된 첫 좌표의 주소를 저장할 포인터이다. ptStart와 ptEnd는 직선 근사 후에, line 함수로 그리기 위해 직선 위의 두 점을 저장할 변수이고, s는 직선의 방향 벡터를 스케일링하기 위한 상수이고, 직선 근사에서 거리 계산을 위한 방법은 distType = DIST_L2로 설정하고, 17행은 직선 근사의 결과를 저장할 Vec4f 자료형의 변수 lineFit를 선언한다. 19-21행은 다각형 근사의 결과 좌표를 저장하기 위한 vector<Point> 자료형의 approxCurve 변수를 선언하고, 근사오차를 epsilon = 50으로 설정하고, closed = false로 설정하여 열린 다각형으로 취급한다.

③ 31-34행

ⓡ 키를 누르면, 23행은 g_points.clear()로 좌표를 모두 삭제하고, 24행은 dstImage = Scalar::all(255)로 dstImage 영상을 흰 색상으로 채워 지운다.

④ 35-49행

'1' 키를 누르면, g_points 벡터에 저장된 좌표들을 이용하여 직선 근사를 수행하고, 결과 파라미터를 이용하여 직선 위의 두 점을 계산하여 직선으로 표시한다. 38행은 dstImage = Scalar::all(255)로 dstImage 영상을 흰 색상으로 채워 지운다. 39-41행은 npts에 g_points 벡터의 크기를 저장하고, pts에 g_points 벡터에 저장된 좌표의 시작 주소를 저장하고, polylines 함수로 dstImage 영상에 closed = false 이므로 열린 다각형을 Scalar(0, 255, 0) 색상으로 표시한다. 43-48행은 fitLine 함수로 g_points 벡터에 저장된 좌표를 직선으로 근사시켜 직선의 파라미터를 lineFit에 저장하고, 직선 위의 두 점 ptStart와 ptEnd를 계산하여 line 함수로 dstImage 영상에 직선을 Scalar(255, 0, 0) 색상으로 표시한다.

⑤ 50-66행

'2' 키를 누르면, g_points 벡터에 저장된 좌표들을 이용하여 다각형 근사를 수행하고, 벡터에 저장된 결과 좌표를 이용하여 다각형을 표시한다. 53행은 dstImage = Scalar::all(255)로 dstImage 영상을 흰 색상으로 채워 지운다. 55-57행은 npts에 g_points 벡터의 크기를 저장하고, pts에 g_points 벡터에 저장된 좌표의 시작 주소를 저장하고, polylines 함수로 dstImage 영상에 closed = false이므로 열린 다각형을 Scalar(0, 255, 0) 색상으로 표시한다. 59행은 approxPolyDP 함수로 벡터 g_points에 저장된 좌표를 다각형의 직선과의 허용거리 epsilon을 사용하여 다각형으로 근사시켜, approxCurve에 저장한다. 63-65행은 polylines 함수로 dstImage 영상에 approxCurve 벡터에 저장된 좌표를 Scalar(0, 0, 255) 색상의 열린 다각형으로 표시한다. 주석 처리된 61-62행은

drawContours 함수로 dstImage 영상에 approxCurve 벡터에 저장된 좌표를 닫힌 다각형으로 표시한다.

⑥ 67-79행
'3' 키를 누르면, g_points 벡터에 저장된 좌표들을 이용하여 타원 근사를 수행하고, 벡터에 저장된 결과 좌표를 이용하여 타원을 표시한다. 70행은 dstImage = Scalar::all(255)로 dstImage 영상을 흰 색상으로 채워 지운다. 72-74행은 npts에 g_points 벡터의 크기를 저장하고, pts에 g_points 벡터에 저장된 좌표의 시작주소를 저장하고, polylines 함수로 dstImage 영상에 closed = false 이므로 열린 다각형을 Scalar(0, 255, 0) 색상으로 표시한다. 76-78행은 fitEllipse 함수로 벡터 g_points에 저장된 좌표를 타원으로 근사시켜, RotatedRect 자료형의 rect에 저장하고, ellipse 함수로 dstImage 영상에 타원을 표시한다.

⑦ 86-102행
마우스 이벤트 핸들러 함수 onMouse를 정의한다. 79-85행은 왼쪽 마우스 버튼을 누른 채로 이동할 때의 마우스 위치 좌표를 circle 함수로 dstImage 영상에 원을 Scalar::all(0) 색상으로 표시하고, vector<Point> 자료형의 전역변수 g_points 벡터에 저장한다.

⑧ [그림 9.15]는 직선 근사와 다각형 근사의 결과이다. [그림 9.15](a)는 마우스 이벤트 핸들러 함수 onMouse에 의한 왼쪽 마우스 버튼을 누른 채로 이동할 때의 마우스 위치 좌표를 circle 함수로 dstImage 영상에 원을 표시한 결과이다. [그림 9.15](b)에서 Scalar(0, 255, 0) 색상의 곡선은 g_points 벡터에 저장된 좌표를 polylines 함수로 표시한 결과이고, Scalar(255, 0, 0) 색상의 직선은 [그림 9.15](a)를 fitLine 함수로 직선 근사한 결과이다. [그림 9.15](c)에서 Scalar(0, 0, 255) 색상의 열린 다각형은 [그림 9.15](a)를 approxPolyDP 함수로 근사한 결과이다. g_points.size() = 358이고, 근사된 다각형의 크기는 approxCurve.size() = 2이다. [그림 9.15](d)는 마우스 이벤트 핸들러 함수 onMouse에 의한 왼쪽 마우스 버튼을 누른 채로 이동할 때의 마우스 위치 좌표를 circle 함수로 dstImage 영상에 원을 표시한 결과이다. [그림 9.15](e)에서 Scalar(0, 0, 255) 색상의 열린 다각형은 [그림 9.15](d)를 approxPolyDP 함수로 근사한 결과이다. g_points.size() = 178이고, 근사된 다각형의 크기는 approxCurve.size() = 5이다. [그림 9.15](f)에서 Scalar(0, 0, 255) 색상의 타원은 [그림 9.15](d)를 fitEllipse 함수로 근사한 결과이다.

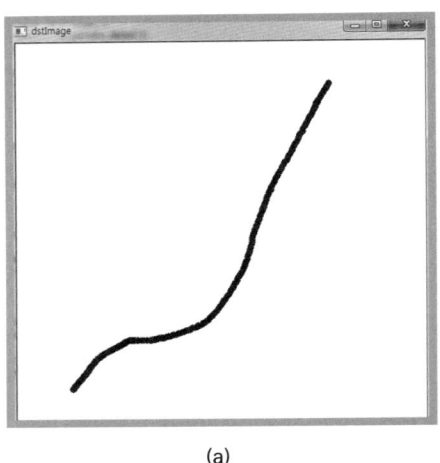

(a)   (b)

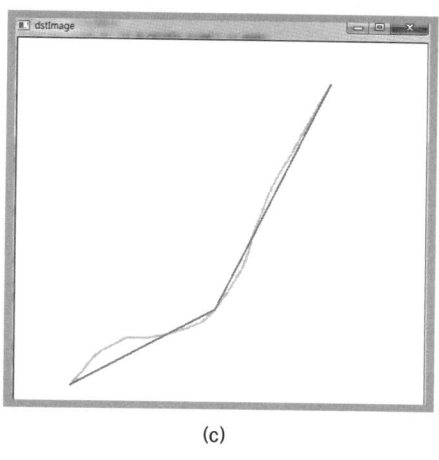

(c)

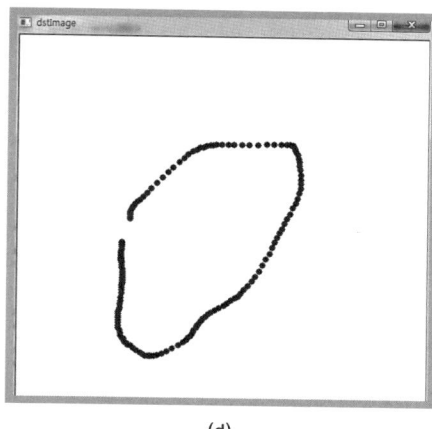

(d)

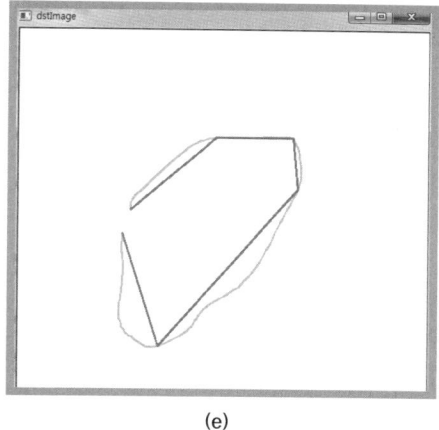

(e)

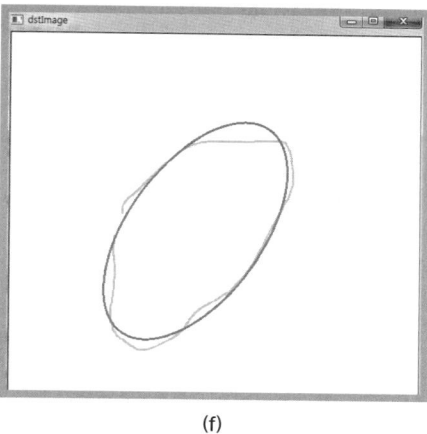

(f)

[그림 9.15] 직선, 다각형, 타원 근사

[예제 9-12] 다각형 내부점 확인

```
001:  #include "opencv.hpp"
002:  using namespace cv;
003:  using namespace std;
004:  void onMouse(int event, int x, int y, int flags, void* param);
005:  vector<Point> g_points;
006:  int main()
007:  {
008:      Mat dstImage(512, 512, CV_8UC3, Scalar::all(255));
009:      imshow("dstImage", dstImage);
010:      setMouseCallback("dstImage", onMouse, (void *)&dstImage);
011:
012:      bool bEscKey = false;
013:      while(!bEscKey)
014:      {
015:          int nKey = waitKey(0);
016:          switch(nKey)
017:          {
018:              case 27:
019:                  bEscKey = true;
020:                  break;
```

```
021:                  case 'r':
022:                      g_points.clear();
023:                      dstImage = Scalar::all(255);
024:                      break;
025:
026:              }
027:              imshow("dstImage", dstImage);
028:          }
029:      return 0;
030: }
031: void onMouse(int event, int x, int y, int flags, void* param)
032: {
033:      Mat *data = (Mat *)param;
034:      Mat dstImage = *data;
035:
036:      int  npts;
037:      const Point *pts;
038:      double dist;
039:      switch(event)
040:      {
041:          case EVENT_MOUSEMOVE:
042:              if(flags & EVENT_FLAG_LBUTTON)
043:              {
044:                  circle(dstImage, Point(x, y), 4, Scalar::all(0), -1);
045:                  g_points.push_back(Point(x, y));
046:              }
047:              break;
048:          case EVENT_FLAG_RBUTTON:
049:              dstImage = Scalar::all(255);
050:              circle(dstImage, Point(x, y), 4, Scalar::all(0), -1);
051:
052:              npts = g_points.size();
053:              pts = (Point*)g_points.data();
054:              polylines(dstImage, &pts, &npts, 1, true, Scalar(255, 0, 0), 2);
055:              dist = pointPolygonTest(g_points, Point(x, y), true);
056:              cout << " dist =" << dist << endl;
057:              if(dist > 0)            // inside
058:                  circle(dstImage, Point(x, y), 5, Scalar(0, 255, 0), 4);
059:              else if (dist < 0)      // outside
060:                  circle(dstImage, Point(x, y), 5, Scalar(0, 0, 255), 4);
061:              else                    // onside
062:                  circle(dstImage, Point(x, y), 5, Scalar(255, 255, 0), 4);
063:              break;
064:      }
065:      imshow("dstImage", dstImage);
066: }
```

◎ **프로그램 설명**

① 4–5행

4행은 마우스 이벤트 핸들러 함수 onMouse의 함수 원형 선언이다. 5행은 이벤트 핸들러 함수 onMouse에서 왼쪽 마우스 버튼을 누른 채로 이동할 때의 마우스 위치 좌표를 저장할 vector<Point> 자료형의 g_points 벡터 선언이다.

② 21–24행

ⓡ 키를 누르면, 23행은 g_points.clear()로 좌표를 모두 삭제하고, 24행은 dstImage = Scalar::all(255)로 dstImage 영상을 흰 색상으로 채워 지운다.

③ 31-66행

마우스 이벤트 핸들러 함수 onMouse를 정의한다. 41-47행은 왼쪽 마우스 버튼을 누른 채로 이동할 때의 마우스 위치 좌표를 circle 함수로 dstImage 영상에 원을 Scalar::all(0) 색상으로 표시하고, vector<Point> 자료형의 전역변수 g_points 벡터에 저장한다. 48-63행은 마우스 오른쪽 버튼을 누르면, 누른 위치를 원으로 표시하고, g_points 벡터에 저장된 좌표를 이용하여 닫힌 다각형을 표시하고, 마우스 오른쪽 버튼을 누른 위치가 다각형의 내부, 외부, 또는 다각형 위에 있는지를 판단한다. 55행은 pointPolygonTest 함수로 오른쪽 마우스 버튼을 누른 위치 Point(x, y)가 g_points에 의한 다각형의 내부, 외부, 또는 다각형 위에 있는지를 판단하여, 다각형까지의 거리를 dist에 저장한다. measureDist = true이므로, 마우스 좌표에서 다각형의 가장 가까운 에지까지의 부호를 갖는 거리를 반환한다. 57-62행은 dist > 0이면 Point(x, y)가 다각형의 내부위치에 있음을 표시하기 위해, circle 함수로 dstImage 영상에 Point(x, y)를 중심으로 반지름 5인 원을 Scalar(0, 255, 0) 색상으로 표시한다. dist<0이면 Point(x, y)가 다각형의 외부위치에 있음을 표시하기 위해, circle 함수로 dstImage 영상에 원을 Scalar(0, 0, 255) 색상으로 표시한다. 그렇지 않으면 dist == 0으로 다각형 위에 있음을 표시하기 위하여, circle 함수로 dstImage 영상에 원을 Scalar(255, 255, 0) 색상으로 표시한다.

④ [그림 9.16]은 다각형 내부점 확인 결과이다. [그림 9.16](a)는 마우스 이벤트 핸들러 함수 onMouse에 의한 왼쪽 마우스 버튼을 누른 채로 이동할 때의 마우스 위치 좌표를 circle 함수로 dstImage 영상에 원을 표시한 결과이다. [그림 9.16](b)는 오른쪽 마우스 버튼을 다각형 내부에서 누른 결과로 다각형까지의 거리가 dist = 108.467이다. [그림 9.16](c)는 오른쪽 마우스 버튼을 다각형 외부에서 누른 결과로 다각형까지의 거리가 dist = -34.4093이다. [그림 9.16](d)는 오른쪽 마우스 버튼을 다각형 위에서 누른 결과로 다각형까지의 거리가 dist = 0이다.

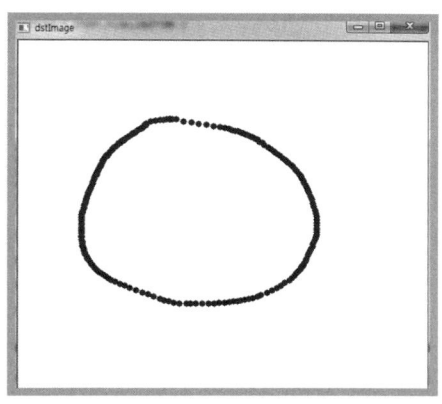

(a) g_points

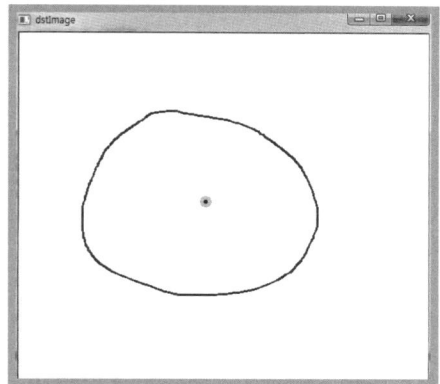

(b) dist = 108.467

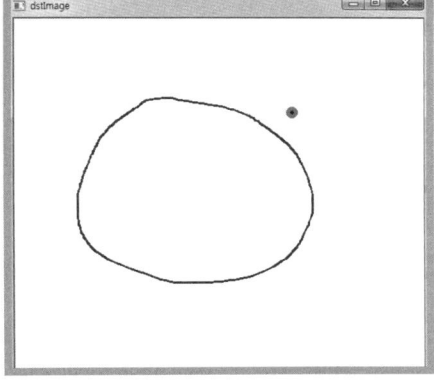

(c) dist = −34.4093

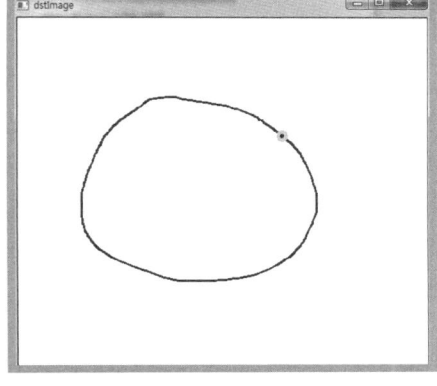

(d) dist = 0

[그림 9.16] 다각형 내부점 확인

3.3 볼록껍질(convex hull)

① void convexHull(InputArray points, OutputArray hull, bool clockwise = false,
    bool returnPoints = true)

points에 주어진 좌표점들의 볼록껍질(convex hull)을 계산해 hull에 반환한다. points는 vector 또는 Mat 행렬로 저장되는 2D 좌표들의 벡터 또는 행렬이다. hull은 points의 첨자를 갖는 정수 벡터이거나, 볼록껍질을 이루는 좌표들의 벡터이다. clockwise = true이면, hull의 좌표들이 시계방향으로 출력되고, 그렇지 않으면, 반시계방향을 의미한다. returnPoints = true이면, hull이 볼록껍질의 좌표를 갖고, 그렇지 않으면 points의 첨자를 갖는다. hull의 자료형이 vector이면, returnPoints는 무시하고, hull의 자료형에 따라 저장한다.

② bool isContourConvex(InputArray contour)

vector 또는 Mat 행렬로 저장되는 2D 좌표들의 벡터 또는 행렬인 contour가 볼록한지 검사한다. contour에 의한 곡선, 다각형은 교차(self−intersections)하지 않는 단순곡선이다.

③ void convexityDefects(InputArray contour, InputArray convexhull,
    OutputArray convexityDefects)

vector 또는 Mat 행렬로 저장되는 2D 좌표들의 벡터 또는 행렬인 contour에서 볼록결함(convexity defects)을 검출한다. convexhull은 입력으로 주어지는 convexHull 함수로 계산한 볼록껍질로, 주의할 것은 첨자를 갖는 정수 벡터이어야 한다.

convexityDefects는 볼록결함을 저장하기 위한 vector〈Vec4i〉 자료형의 벡터이다. 각각의 볼록결함은 (start_index, end_index, farthest_pt_index, fixpt_depth)로 표현된다. start_index와 end_index는 볼록결함의 시작과 끝을 나타내는 contour에서 첨자이다. farthest_pt_index는 볼록결함에서 가장 멀리 떨어진 좌표의 contour에서 첨자이고, fixpt_depth는 가장 멀리 떨어진 좌표와의 거리의 근사값으로, 실수값을 얻기 위해서는 fixpt_depth / 256.0으로 계산한다.

[예제 9-13] convexHull에 의한 볼록껍질

```
001: #include "opencv.hpp"
002: using namespace cv;
003: using namespace std;
004: void onMouse(int event, int x, int y, int flags, void* param);
005: vector<Point> g_points;
006: int main()
007: {
008:     Mat dstImage(512, 512, CV_8UC3, Scalar::all(255));
009:     imshow("dstImage", dstImage);
010:     setMouseCallback("dstImage", onMouse, (void *)&dstImage);
011:
012:     bool bEscKey = false;
013:     while(!bEscKey)
```

```
014:       {
015:           int nKey = waitKey(0);
016:           switch(nKey)
017:           {
018:               case 27:
019:                   bEscKey = true;
020:                   break;
021:               case 'r':
022:                   g_points.clear();
023:                   dstImage = Scalar::all(255);
024:                   break;
025:               case ' ':
026:                   if(g_points.size() < 1)  break;
027:                   cout <<"isContourConvex(g_points)="
028:                       <<isContourConvex(g_points)<<endl;
029:                   vector<Point> hull;
030:                   convexHull(g_points, hull);
031:                   cout << " g_points.size()=" << g_points.size() << endl;
032:                   cout << " hull.size()=" << hull.size() << endl;
033:                   drawContours(dstImage, vector<vector<Point>>(1, hull), 0,
034:                               Scalar(255, 0, 0), 2);
035:                   cout<<"isContourConvex(hull)="<<isContourConvex(hull)<<endl;
036:                   break;
037:           }
038:           imshow("dstImage", dstImage);
039:       }
040:       return 0;
041: }
042: void onMouse(int event, int x, int y, int flags, void* param)
043: {
044:     Mat *data = (Mat *)param;
045:     Mat dstImage = *data;
046:     switch(event)
047:     {
048:         case EVENT_MOUSEMOVE:
049:         if(flags & EVENT_FLAG_LBUTTON)
050:         {
051:             circle(dstImage, Point(x, y), 4, Scalar::all(0), -1);
052:             g_points.push_back(Point(x, y));
053:         }
054:         break;
055:     }
056:     imshow("dstImage", dstImage);
057: }
```

◎ **프로그램 설명**

① 4-5행

4행은 마우스 이벤트 핸들러 함수 onMouse의 함수 원형 선언이다. 5행은 이벤트 핸들러 함수 onMouse에서 왼쪽 마우스 버튼을 누른 채로 이동할 때의 마우스 위치 좌표를 저장할 vector<Point> 자료형의 g_points 벡터 선언이다.

② 21-24행

ⓡ 키를 누르면, 23행은 g_points.clear()로 좌표를 모두 삭제하고, 24행은 dstImage = Scalar::all(255)로 dstImage 영상을 흰 색상으로 채워 지운다.

③ 25-36행

스페이스 바(Space Bar) 키를 누르면, g_points 벡터에 저장된 좌표들의 볼록껍질을 hull에 계산하고, drawContours 함수로 dstImage 영상에 표시한다. 27-28행은 isContourConvex 함수로 g_points가 볼록 다각형인지를 확인한다. 27-30행은 convexHull 함수로 g_points의 볼록껍질을 hull에 계산한다. hull의 자료형이 vector<Point>이므로 hull에는 returnPoints에 관계없이 Point 자료형으로 좌표가 저장된다. 좌표의 순서는 clockwise=false이므로 반시계방향으로 저장된다.

④ 42-57행

마우스 이벤트 핸들러 함수 onMouse를 정의한다. 48-54행은 왼쪽 마우스 버튼을 누른 채로 이동할 때의 마우스 위치 좌표를 circle 함수로 dstImage 영상에 원을 Scalar::all(0) 색상으로 표시하고, vector<Point> 자료형의 전역변수 g_points 벡터에 저장한다.

⑤ [그림 9.17]은 convexHull에 의한 볼록껍질 결과이다. [그림 9.17](a)에서는 isContourConvex(g_points) = 0, g_points.size() = 317, hull.size() = 47, isContourConvex(hull) = 1이다. [그림 9.17](b)에서는 isContourConvex(g_points) = 0, g_points.size() = 750, hull.size() = 43, isContourConvex(hull) = 1이다.

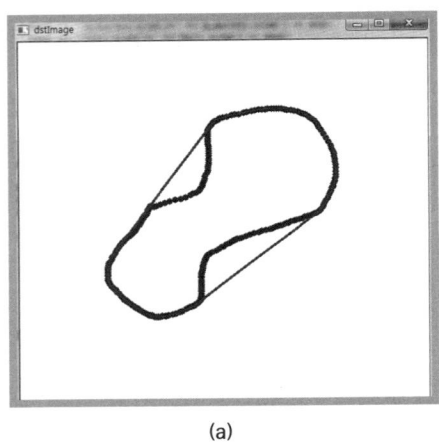
(a)

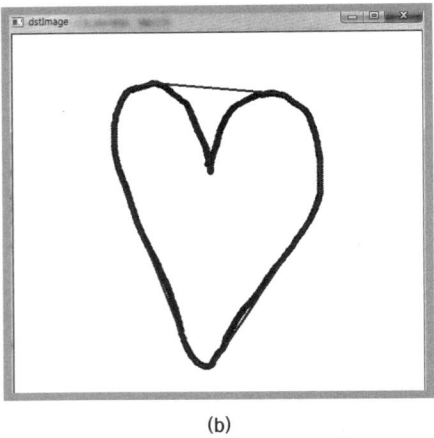
(b)

[그림 9.17] convexHull에 의한 볼록껍질

[예제 9-14] convexityDefects에 의한 볼록결함

```
001:  #include "opencv.hpp"
002:  using namespace cv;
003:  using namespace std;
004:  void onMouse(int event, int x, int y, int flags, void* param);
005:  vector<Point> g_points;
006:  int main()
007:  {
008:      Mat dstImage(512, 512, CV_8UC3, Scalar::all(255));
009:      imshow("dstImage", dstImage);
010:      setMouseCallback("dstImage", onMouse, (void *)&dstImage);
011:
012:      vector<int> hull;
013:      vector<Point> ptsHull;
014:      vector<Vec4i> defects;
015:      bool bEscKey = false;
016:      while(!bEscKey)
017:      {
018:          int nKey = waitKey(0);
019:          switch(nKey)
```

```
020:                {
021:                    case 27:
022:                        bEscKey = true;
023:                        break;
024:                    case 'r':
025:                        g_points.clear();
026:                        dstImage = Scalar::all(255);
027:                        break;
028:                    case ' ':
029:                        if(g_points.size() < 1)
030:                            break;
031:                        cout << " g_points.size()=" << g_points.size() << endl;
032:
033:                        convexHull(g_points, hull);
034:                        cout << " hull.size()=" << hull.size() << endl;
035:
036:                        ptsHull.clear();
037:                        for(int k = 0; k < hull.size(); k++)
038:                        {
039:                            int i = hull[k];
040:                            ptsHull.push_back(g_points[i]);
041:                        }
042:                        drawContours(dstImage, vector<vector<Point>>(1, ptsHull), 0,
043:                                        Scalar(255, 0, 0), 2);
044:
045:                        convexityDefects(g_points, hull, defects);
046:                        for(int k = 0; k < defects.size(); k++)
047:                        {
048:                            Vec4i v = defects[k];
049:                            Point ptStart = g_points[v[0]];
050:                            Point ptEnd = g_points[v[1]];
051:                            Point ptFar = g_points[v[2]];
052:                            float depth = v[3] / 256.0;
053:                            if(depth > 10)
054:                            {
055:                                line(dstImage, ptStart, ptFar, Scalar(0, 255, 0), 2);
056:                                line(dstImage, ptEnd, ptFar, Scalar(0, 255, 0), 2);
057:                                circle(dstImage, ptStart, 6, Scalar(0, 0, 255), 2);
058:                                circle(dstImage, ptEnd, 6, Scalar(0, 0, 255), 2);
059:                                circle(dstImage, ptFar, 6, Scalar(255, 0, 255), 2);
060:                            }
061:                        }
062:                        cout << " defects.size()=" << defects.size() << endl;
063:                        break;
064:                }
065:                imshow("dstImage", dstImage);
066:        }
067:        return 0;
068: }
069: void onMouse(int event, int x, int y, int flags, void* param)
070: {
071:        Mat *data = (Mat *)param;
072:        Mat dstImage = *data;
073:        switch(event)
074:        {
075:            case EVENT_MOUSEMOVE:
076:                if(flags & EVENT_FLAG_LBUTTON)
```

```
077:                    {
078:                        circle(dstImage, Point(x, y), 2, Scalar::all(0), -1);
079:                        g_points.push_back(Point(x, y));
080:                    }
081:                    break;
082:            }
083:            imshow("dstImage", dstImage);
084:  }
```

◎ 프로그램 설명

① 4-5행

4행은 마우스 이벤트 핸들러 함수 onMouse의 함수 원형 선언이다. 5행은 이벤트 핸들러 함수 onMouse에서 왼쪽 마우스 버튼을 누른 채로 이동할 때의 마우스 위치 좌표를 저장할 vector<Point> 자료형의 g_points 벡터 선언이다.

② 12-14행

vector<int> 자료형의 hull은 convexHull 함수로 g_points의 볼록껍질을 계산하여 저장할 벡터로, g_points의 첨자를 저장한다. vector<Point> 자료형의 ptsHull은 첨자를 갖고 있는 hull을 이용하여 g_points의 좌표를 저장할 벡터이다. vector<Vec4i> 자료형의 defects는 볼록결함을 저장할 벡터이다.

③ 24-27행

ⓡ 키를 누르면, 25행은 g_points.clear()로 좌표를 모두 삭제하고, 26행은 dstImage = Scalar::all(255)로 dstImage 영상을 흰 색상으로 채워 지운다.

④ 28-63행

스페이스바 키를 누르면, g_points 벡터에 저장된 좌표들의 볼록껍질을 hull에 계산하고, convexityDefects 함수로 볼록껍질을 계산하여 dstImage 영상에 표시한다. 33행은 convexHull 함수로 g_points의 볼록껍질을 hull에 계산한다. hull의 자료형이 vector<int>이므로 hull에는 returnPoints에 관계없이 g_points 벡터의 첨자가 저장된다. 좌표의 순서는 clockwise = false이므로 반시계방향으로 저장된다. 36-43행은 hull에 저장된 g_points 벡터의 첨자를 이용하여 g_points 벡터의 좌표를 ptsHull 벡터에 저장하고, drawContours 함수로 dstImage 영상에 표시한다. hull의 자료형을 vector<int>로 하는 이유는 convexityDefects 함수 때문이다.

⑤ 45-61행

45행은 convexityDefects 함수로 경계선 벡터 g_points와 볼록껍질 벡터 hull를 이용하여 볼록결함 defects 벡터를 계산한다. 48행은 k-번째 볼록결함 defects[k]를 v에 저장하고, 49행은 볼록결함의 시작좌표를 ptStart에 저장하고, 50행은 볼록결함의 끝 좌표를 ptEnd에 저장하고, 51행은 볼록결함에서 가장 멀리 떨어져 있는 좌표를 ptFar에 저장하고, 52행은 ptFar까지의 거리를 계산하여 depth에 저장한다. 53-60행은 depth > 10 조건을 만족하는 볼록결함에서 line 함수로 dstImage 영상에 ptStart에서 ptFar까지, ptEnd에서, ptFar까지 직선을 그리고, ptStart, ptEnd, ptFar에 원으로 표시한다.

⑥ 69-84행

마우스 이벤트 핸들러 함수 onMouse를 정의한다. 75-81행은 왼쪽 마우스 버튼을 누른 채로 이동할 때의 마우스 위치 좌표를 circle 함수로 dstImage 영상에 원을 Scalar::all(0) 색상으로 표시하고, vector<Point> 자료형의 전역변수 g_points 벡터에 저장한다.

⑦ [그림 9.18]은 convexityDefects 함수에 의한 볼록결함 결과이다. [그림 9.18](a)는 OpenCV 2.4.13의 볼록껍질과 볼록결함을 보인다. [그림 9.18](b)는 OpenCV 3.1.0의 결과로 현재 구현에는 defects[0]의 결과에 차이가 있다. defects[0]를 제외하면 유사한 결과를 갖는다.

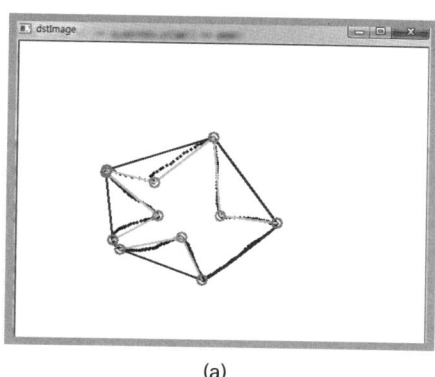 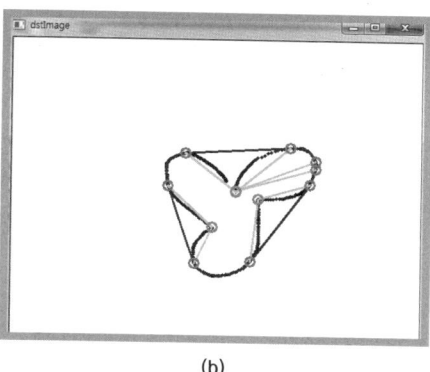

(a)   (b)

[그림 9.18] convexityDefects에 의한 볼록결함

[예제 9-15] 손(hand) 영상에서 convexityDefects에 의한 볼록결함

```
001:  #include "opencv.hpp"
002:  using namespace cv;
003:  using namespace std;
004:  int main()
005:  {
006:        Mat srcImage = imread("hand.jpg");
007:        Mat dstImage = srcImage.clone();
008:        GaussianBlur(srcImage, srcImage, Size(3, 3), 0.0);
009:
010:        Mat hsvImage;
011:        cvtColor(srcImage, hsvImage, COLOR_BGR2HSV);
012:        imshow("hsvImage", hsvImage);
013:
014:        Mat bImage;
015:        Scalar lowerb(0, 40, 0);
016:        Scalar upperb(20, 180, 255);
017:        inRange(hsvImage, lowerb, upperb, bImage);
018:        // imshow("bImage", bImage);
019:
020:        erode(bImage, bImage, Mat());
021:        dilate(bImage, bImage, cv::Mat(), Point(-1, -1), 2);
022:        imshow("bImage", bImage);
023:
024:        vector<vector<Point> > contours;
025:        findContours(bImage, contours, noArray(),
026:                              RETR_EXTERNAL, CHAIN_APPROX_SIMPLE);
027:        cout << "contours.size()=" << contours.size() << endl;
028:        if(contours.size() < 1)
029:              return 0;
030:
031:        int maxK = 0;
032:        double maxArea = contourArea(contours[0]);
033:        for(int k = 1; k < contours.size(); k++)
034:        {
035:              double area = contourArea(contours[k]);
036:              if(area > maxArea)
037:              {
038:                    maxK = k;
039:                    maxArea = area;
```

```
040:               }
041:           }
042:           vector<Point> handContour= contours[maxK];
043:           // vector<Point> handContour(contours[maxK].size());
044:           // copy(contours[maxK].begin(),contours[maxK].end(),handContour.begin());
045:
046:           vector<int> hull;
047:           convexHull(handContour, hull);
048:           cout << " hull.size()=" << hull.size() << endl;
049:
050:           vector<Point> ptsHull;
051:           for(int k = 0; k < hull.size(); k++)
052:           {
053:               int i = hull[k];
054:               ptsHull.push_back(handContour[i]);
055:           }
056:           drawContours(dstImage, vector<vector<Point>>(1, ptsHull), 0,
057:                            Scalar(255, 0, 0), 2);
058:
059:           vector<Vec4i> defects;
060:           convexityDefects(handContour, hull, defects);
061:           for(int k = 0; k < defects.size(); k++)
062:           {
063:               Vec4i v = defects[k];
064:               Point ptStart = handContour[v[0]];
065:               Point ptEnd = handContour[v[1]];
066:               Point ptFar = handContour[v[2]];
067:               float depth = v[3] / 256.0;
068:               if(depth > 10)
069:               {
070:                   line(dstImage, ptStart, ptFar, Scalar(0, 255, 0), 2);
071:                   line(dstImage, ptEnd, ptFar, Scalar(0, 255, 0), 2);
072:                   circle(dstImage, ptStart, 6, Scalar(0, 0, 255), 2);
073:                   circle(dstImage, ptEnd, 6, Scalar(0, 0, 255), 2);
074:                   circle(dstImage, ptFar, 6, Scalar(255, 0, 255), 2);
075:               }
076:           }
077:           cout << " defects.size()=" << defects.size() << endl;
078:           imshow("dstImage", dstImage);
079:           waitKey(0);
080:           return 0;
081: }
```

◎ 프로그램 설명

① 6-12행
6행은 "hand.jpg" 영상을 읽어 srcImage에 저장하고, 7행은 srcImage 영상을 복제하여 dstImage에 저장한다. 8행은 GaussianBlur 함수로 srcImage를 부드럽게 필터링한다. 11행은 cvtColor 함수로 RGB 컬러 영상 srcImage를 COLOR_BGR2HSV로 변환하여 HSV 컬러 영상 hsvImage에 저장한다.

② 14-22행
17행은 inRange 함수를 사용하여 HSV 컬러 영상인 hsvImage에서 색상 범위를 [lowerb, upperb]로 하여 이진영상 bImage로 손 영역을 검출한다. [예제 8-6]에서의 손 영역 검출 결과와 같다. 20행은 erode 함수로 이진영상 bImage에서 축소하여 조그만 구멍을 메우고, 21행은 dilate 함수로 확대하여 원래의 크기로 되돌린다.

③ 24-44행

25행은 findContours 함수로 이진영상 bImage에서 윤곽선을 RETR_EXTERNAL, CHAIN_APPROX_SIMPLE로 설정하여 찾아 contours에 저장한다. 31-41행은 contourArea 함수로 윤곽선의 면적을 계산하여 contours[k] 중에서 면적이 가장 큰 윤곽선의 첨자 maxK를 찾는다. 42행은 면적이 가장 큰 윤곽선 contours[maxK]를 handContour에 저장한다. 주석 처리된 43-44행은 copy로 데이터를 복사한다. "hand.jpg" 영상은 배경 영역이 단순하여 실제로 윤곽선이 손 영역에서 하나밖에 없다.

④ 46-57행

47행은 convexHull 함수로 handContour의 볼록껍질을 hull에 계산한다. hull의 자료형이 vector<int>이므로 hull에는 returnPoints에 관계없이 handContour 벡터의 첨자가 저장된다. 좌표의 순서는 clockwise = false이므로 반시계방향으로 저장된다. 50-55행은 hull에 저장된 handContour 벡터의 첨자를 이용하여 handContour 벡터의 좌표를 ptsHull 벡터에 저장하고, 56-57행은 drawContours 함수로 dstImage 영상에 표시한다. hull의 자료형을 vector<int>로 하는 이유는 convexityDefects 함수 때문이다.

⑤ 59-76행

60행은 convexityDefects 함수로 손의 경계선 벡터 handContour와 볼록껍질 벡터 hull를 이용하여 볼록결함 defects 벡터를 계산한다. 63행은 k-번째 볼록결함 defects[k]를 v에 저장하고, 64행은 볼록결함의 시작 좌표를 ptStart에 저장하고, 65행은 볼록결함의 끝좌표를 ptEnd에 저장하고, 66행은 볼록결함에서 가장 멀리 떨어져 있는 좌표를 ptFar에 저장하고, 67행은 ptFar까지의 거리를 계산하여 depth에 저장한다. 68-75행은 depth > 10 조건을 만족하는 볼록결함에서 line 함수로 dstImage 영상에 ptStart에서 ptFar까지, ptEnd에서, ptFar까지 직선을 그리고, ptStart, ptEnd, ptFar에 원으로 표시한다.

⑥ [그림 9.19]는 손(hand) 영상에서 convexityDefects에 의한 볼록결함 결과이다. g_points.size() = 1, hull.size() = 28, defects.size() = 22이다. 22개의 볼록결함 중에서 깊이가 10보다 큰 4개의 볼록결함만 표시되었다. [그림 9.19](a)는 OpenCV 2.4.13의 결과이고, [그림 9.19](b)는 OpenCV 3.1.0 버전의 결과로, defects[0]에서 오검출이 있다.

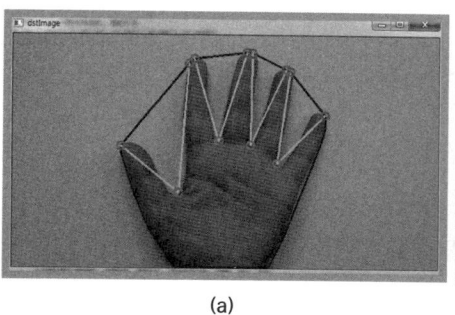
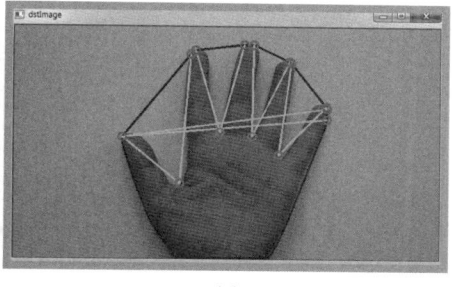

(a)   (b)

[그림 9.19] 손(hand) 영상에서 convexityDefects에 의한 볼록결함

3.4 matchShapes 함수에 의한 모양 매칭

double matchShapes(InputArray contour1, InputArray contour2,
                   int method, double parameter)

matchShapes 함수는 Hu의 이동, 스케일, 회전에 불변인 모멘트를 사용하여 contour1과 contour2를 method에 주어진 방식으로 매칭을 수행한다. parameter는 사용되지 않는다. contour1과 contour2는 윤곽선이거나 그레이스케일 영상이다.

method는 매칭 방법으로 1, 2, 3이 가능하다. 아래에서 A = contour1, B = contour2이다. 값이 0에 가까울수록 매칭이 잘 이루어진 것이다. 물체의 모양에 따라, 특히 X, Y 축으로 같은 스케일 값에 의한 확대 축소가 아닌 경우, 매칭이 잘 이루어지지 않는다. CV_CONTOURS_MATCH_I1, CV_CONTOURS_MATCH_I2, CV_CONTOURS_MATCH_I3 은 types_c.h 헤더 파일에 열거형으로 1, 2, 3으로 정의된다.

ⓐ method = 1

$$I_1(A, B) = \sum_{i=0}^{6} \mid \frac{1}{m_i^A} - \frac{1}{m_i^B} \mid$$

ⓑ method = 2

$$I_1(A, B) = \sum_{i=0}^{6} \mid m_i^A - m_i^B \mid$$

ⓒ method = 3

$$I_1(A, B) = \max \left(\frac{\mid m_i^A - m_i^B \mid}{\mid m_i^A \mid} \right)$$

$$여기서, m_i^A = sign(hu(i)^A) \cdot \log(hu(i)^A)$$

$$m_i^B = sign(hu(i)^B) \cdot \log(hu(i)^B)$$

[예제 9-16] matchShapes 함수에 의한 모양 매칭

```
001:  #include "opencv.hpp"
002:  using namespace cv;
003:  using namespace std;
004:  vector<vector<Point> > myFindContours(Mat &srcImage);
005:  int main()
006:  {
007:      Mat refImage = imread("refShapes.jpg", IMREAD_GRAYSCALE);
008:      if(refImage.empty())
009:          return -1;
010:      Mat testImage = imread("testShapes1.jpg", IMREAD_GRAYSCALE);
011:      if(testImage.empty())
012:          return -1;
013:
014:      Scalar colorTable[] = { Scalar(0, 0, 255),
015:                              Scalar(0, 255, 0),
016:                              Scalar(255, 0, 0)};
017:      vector<vector<Point> > refContours = myFindContours(refImage);
018:      cout << "refContours.size()=" << refContours.size() << endl;
019:      cout << "testContours.size()=" << testContours.size() << endl;
020:
021:      if(refContours.size() < 1 || testContours.size() < 1)
022:          return 0;
023:
024:      Mat refRGB;
025:      cvtColor(refImage, refRGB, COLOR_GRAY2BGR);
026:      for(int k = 0; k < refContours.size(); k++)
027:          drawContours(refRGB, refContours, k, colorTable[k], 2);
```

```
028:        imshow("refRGB", refRGB);
029:
030:        Mat testRGB;
031:        cvtColor(testImage, testRGB, COLOR_GRAY2BGR);
032:
033:        int minK;
034:        double minD;
035:        int method = 3;        // CV_CONTOURS_MATCH_I3 in "types_c.h"
036:        for(int i = 0; i < testContours.size(); i++) // matching testContours
037:        {
038:            // find matches
039:            minK = 0;
040:            minD = matchShapes(refContours[0], testContours[i], method, 0);
041:            for(int k = 1; k < refContours.size(); k++)
042:            {
043:                double d = matchShapes(refContours[k], testContours[i], method, 0);
044:                // cout << " K = " << k << ", d = " << d << endl;
045:                if(d < minD)
046:                {
047:                    minD = d;
048:                    minK = k;
049:                }
050:            }
051:            drawContours(testRGB, testContours, i, colorTable[minK], 2);
052:            cout << "minK=" << minK << endl;
053:            // imshow("testRGB", testRGB);
054:            // waitKey(0);
055:        }
056:        imshow("testRGB", testRGB);
057:        waitKey(0);
058:        return 0;
059: }
060:
061: vector<vector<Point> > myFindContours(Mat &srcImage)
062: {
063:        GaussianBlur(srcImage, srcImage, Size(3, 3), 0.0);
064:        Mat bImage;
065:        threshold(srcImage, bImage, 128, 255,
066:                        THRESH_BINARY_INV+THRESH_OTSU);
067:        erode(bImage, bImage, Mat(), Point(-1, -1), 1);
068:        vector<vector<Point> > testContours = myFindContours(testImage);
069:
070:        dilate(bImage, bImage, cv::Mat(), Point(-1, -1), 2);
071:
072:        vector<vector<Point> > contours;
073:        findContours(bImage, contours, noArray(),
074:                        RETR_EXTERNAL, CHAIN_APPROX_NONE);
075:        return contours;
076: }
```

◎ 프로그램 설명

① 7-12행
7행은 모양 매칭을 위한 3가지 기준 모양(원, 삼각형, 직사각형)을 물체로 갖고 있는 "refShapes.jpg" 영상을 그레이스케일로 읽어 refImage에 저장한다. 10행은 물체의 모양 판별을 위한 "testShapes1.jpg" 영상을 그레이스케일로 읽어 testImage에 저장한다. testImage에 있는 8개의 모양은 3가지 기준 모양(원, 직사각형, 삼각형)을 이동, 스케일링, 회전시켜 만든 모양이다.

② 14-16행

Scalar 자료형의 colorTable 배열에 3가지 기준 모양을 구별하여 표시하기 위한 색상을 Scalar(0, 0, 255), Scalar(0, 255, 0), Scalar(255, 0, 0)로 초기화한다.

③ 17-18행

17행은 사용자 정의 함수 myFindContours 함수로 refImage 영상에서 윤곽선을 검출하여 refContours에 저장한다. 18행은 사용자 정의 함수 myFindContours 함수로 testImage 영상에서 윤곽선을 검출하여 testContours에 저장한다.

④ 26-30행

27행은 cvtColor 함수로 그레이스케일 영상 refImage를 COLOR_GRAY2BGR로 변환하여 컬러 영상 refRGB에 저장한다. 28-29행은 drawContours 함수로 refRGB 영상에 윤곽선 refContours[k]를 colorTable[k] 색상으로 표시한다.

⑤ 32-57행

matchShapes 함수를 사용하여 testImage 영상에 있는 각 물체의 모양에 대한 윤곽선 testContours[i]와 가장 매칭이 잘되는 refContours에 있는 윤곽선의 첨자 minK를 검출하여, drawContours 함수로 testRGB 영상에 윤곽선 testContours[i]를 colorTable[minK]색상으로 표시한다.

41-42행은 minK = 0으로 하고, matchShapes 함수로 refContours[0]와 testContours[i]의 매칭값을 minD에 저장한다. 43-52행은 testContours[i]와 매칭이 잘되는 refContours에 있는 윤곽선의 첨자 minK를 검출한다. 53행은 drawContours 함수로 testRGB 영상에 윤곽선 testContours[i]를 colorTable[minK]색상으로 표시한다.

⑥ 63-76행

사용자 정의 함수 myFindContours는 srcImage 영상에서 윤곽선을 검출하여 반환한다. 65행은 srcImage 영상에 가우시안 필터링을 적용하고, 67-68행은 임계값을 적용하여 이진영상 bImage를 생성하고, 69-70행은 모폴로지 연산을 적용하고, 73-74행은 findContours 함수로 이진영상 bImage에서 윤곽선 contours를 검출한다.

⑦ [그림 9.20]은 matchShapes 함수에 의한 모양 매칭의 결과이다. [그림 9.20](a)는 "refShapes.jpg" 영상에서 윤곽선, refContours를 검출하여 colorTable의 색상으로 표시한 결과이다. [그림 9.20](b)는 "testShapes1.jpg" 영상에서 윤곽선 testContours를 검출하고, 윤곽선 testContours[i]에 매칭되는 refContours에 있는 윤곽선을 검출하여 refContours의 윤곽선과 같은 색상으로 정확히 매칭되어 표시되었다. [그림 9.20](c)는 "testShapes2.jpg" 영상에서 매칭 결과로 모든 도형에 대하여 정확히 매칭되어 표시되었다. [그림 9.20](d)는 "testShapes3.jpg" 영상에서 매칭 결과로 사각형 중 하나는 삼각형으로 잘못 매칭되고, 하나는 원으로 잘못 매칭되었다. [그림 9.20](b)와 [그림 9.20](c)는 가로와 세로 스케일링 비율이 같기 때문에, 직사각형이 정확히 매칭되었지만, [그림 9.20](d)는 임의로 스케일링하여 가로와 세로 스케일링 비율이 같지 않아 모양 매칭에 실패했다.

(a) "refShapes.jpg"　　　　　　　　　(b) "testShapes1.jpg"

(c) "testShapes2.jpg"   (d) "testShapes3.jpg"

[그림 9.20] matchShapes 함수에 의한 모양 매칭

[예제 9-17] matchShapes 함수에 의한 마우스 입력 모양 매칭

```
001:   #include "opencv.hpp"
002:   using namespace cv;
003:   using namespace std;
004:   vector<vector<Point> > myFindContours(Mat &srcImage);
005:   void onMouse(int event, int x, int y, int flags, void* param);
006:   vector<Point> g_points;
007:   int main()
008:   {
009:       Mat refImage = imread("refShapes.jpg", IMREAD_GRAYSCALE);
010:       if(refImage.empty())
011:           return -1;
012:       Scalar colorTable[] = { Scalar(0, 0, 255),
013:                               Scalar(0, 255, 0),
014:                               Scalar(255, 0, 0) };
015:
016:       Mat dstImage(512, 512, CV_8UC3, Scalar::all(255));
017:       imshow("dstImage", dstImage);
018:       setMouseCallback("dstImage", onMouse, (void *)&dstImage);
019:
020:       vector<vector<Point> > refContours = myFindContours(refImage);
021:       if(refContours.size() < 1)
022:           return 0;
023:
024:       Mat refRGB;
025:       cvtColor(refImage, refRGB, COLOR_GRAY2BGR);
026:       for(int k = 0; k < refContours.size(); k++)
027:           drawContours(refRGB, refContours, k, colorTable[k], 2);
028:       imshow("refRGB", refRGB);
029:
030:       int npts;
031:       const Point *pts;
032:       vector<Point> approxCurve;
033:
034:       int method = 3; // CV_CONTOURS_MATCH_I3 in "types_c.h"
035:       int  minK;
```

```
036:        double minD;
037:        bool bEscKey = false;
038:        while(!bEscKey)
039:        {
040:            int nKey = waitKey(0);
041:            switch(nKey)
042:            {
043:                case 27:
044:                    bEscKey = true;
045:                    break;
046:                case 'r':
047:                    g_points.clear();
048:                    dstImage = Scalar::all(255);
049:                    break;
050:                case ' ':
051:                    if(g_points.size() < 1)
052:                        break;
053:                    // cout << " g_points.size()=" << g_points.size() << endl;
054:
055:                    approxCurve = g_points;
056:                    // approxPolyDP(g_points, approxCurve, 10, true);
057:
058:                    // matches
059:                    minD = matchShapes(refContours[0], approxCurve, method, 0);
060:                    minK = 0;
061:                    for(int k = 1; k < refContours.size(); k++)
062:                    {
063:                        double d = matchShapes(refContours[k], approxCurve, method, 0);
064:                        if(d < minD)
065:                        {
066:                            minD = d;
067:                            minK = k;
068:                        }
069:                    }
070:                    pts = (const Point*)approxCurve.data();
071:                    npts = approxCurve.size();
072:                    polylines(dstImage, &pts, &npts, 1, true, colorTable[minK], 4);
073:                    // cout << "minK=" << minK << endl;
074:                    break;
075:            }
076:            imshow("dstImage", dstImage);
077:        }
078:        waitKey(0);
079:        return 0;
080: }
081: vector<vector<Point> > myFindContours(Mat &srcImage)
082: {
083:        GaussianBlur(srcImage, srcImage, Size(3, 3), 0.0);
084:        Mat bImage;
085:        threshold(srcImage, bImage, 128, 255,
086:                        THRESH_BINARY_INV + THRESH_OTSU);
087:        erode(bImage, bImage, Mat(), Point(-1, -1), 1);
088:        dilate(bImage, bImage, cv::Mat(), Point(-1, -1), 2);
089:
090:        vector<vector<Point> > contours;
091:        findContours(bImage, contours, noArray(),
092:                        RETR_EXTERNAL, CHAIN_APPROX_NONE);
```

```
093:          return contours;
094:   }
095:   void onMouse(int event, int x, int y, int flags, void* param)
096:   {
097:          Mat *data = (Mat *)param;
098:          Mat dstImage = *data;
099:          switch(event)
100:          {
101:              case EVENT_MOUSEMOVE:
102:              if(flags & EVENT_FLAG_LBUTTON)
103:              {
104:                  circle(dstImage, Point(x, y), 5, Scalar::all(0), -1);
105:                  g_points.push_back(Point(x, y));
106:              }
107:              break;
108:          }
109:          imshow("dstImage", dstImage);
110:   }
```

◎ 프로그램 설명

① [예제 9-16]의 matchShapes 함수에 의한 모양 매칭에서 3가지 기준 모양(원, 삼각형, 직사각형)을 물체로 갖는 "refShapes.jpg" 영상을 사용하여, 마우스로 그린 물체의 모양을 3가지 모양과 매칭한다.

② 9-18행
9행은 모양 매칭을 위한 3가지 기준 모양(원, 삼각형, 직사각형)을 물체로 갖는 "refShapes.jpg" 영상을 그레이스케일로 읽어 refImage에 저장한다. 12-13행은 Scalar 자료형의 colorTable 배열에 3가지 기준 모양을 구별하여 표시하기 위한 색상을 Scalar(0, 0, 255), Scalar(0, 255, 0), Scalar(255, 0, 0)로 초기화한다. 16-18행은 dstImage 영상을 생성하고, setMouseCallback 함수로 마우스 콜백 함수로 onMouse를 설정한다.

③ 20-28행
20행은 사용자 정의 함수 myFindContours 함수로 refImage 영상에서 윤곽선을 검출하여 refContours에 저장한다. 25행은 cvtColor 함수로 그레이스케일 영상 refImage를 COLOR_GRAY2BGR로 변환하여 컬러 영상 refRGB에 저장한다. 26-27행은 drawContours 함수로 refRGB 영상에 윤곽선 refContours[k]를 colorTable[k] 색상으로 표시한다.

④ 50-74행
마우스로 저장한 좌표 벡터를 refImage 영상의 윤곽선과 매칭한다. 55행은 단순히 g_points를 approxCurve에 저장한다. 56행은 approxPolyDP 함수로 g_points를 근사시켜 approxCurve에 저장한다. 59-69행은 matchShapes 함수를 사용하여 마우스로 입력된 approxCurve와 가장 매칭이 잘되는 refContours에 있는 윤곽선의 첨자 minK를 검출한다. 70-72행은 polylines 함수로 testRGB 영상에 마우스로 입력된 approxCurve를 colorTable[minK] 색상으로 표시하여, 매칭 결과를 나타낸다.

⑤ 81-94행
사용자 정의 함수 myFindContours는 srcImage 영상에서 윤곽선을 검출하여 반환한다. 83행은 srcImage 영상에 가우시안 필터링을 적용하고, 85-86행은 임계값을 적용하여 이진영상 bImage를 생성하고, 87-88행은 모폴로지 연산을 적용하고, 91-92행은 findContours 함수로 이진영상 bImage에서 윤곽선 contours를 검출한다.

⑥ 95-110행
마우스 이벤트 핸들러 함수 onMouse를 정의한다. 101-107행은 왼쪽 마우스 버튼을 누른 채로 이동할 때의 마우스 위치 좌표를 circle 함수로 dstImage 영상에 원을 Scalar::all(0) 색상으로 표시하고, vector<Point> 자료형의 전역변수 g_points 벡터에 저장한다.

⑦ [그림 9.21]은 matchShapes 함수에 의한 마우스 입력 모양 매칭의 결과이다. [그림 9.21](a)는 "refShapes.jpg" 영상에서 윤곽선, refContours를 검출하여 colorTable의 색상으로 표시한 결과이다. [그림 9.21](b)는 마우스로 사각형을 그려서 매칭한 결과이고, [그림 9.21](c)는 마우스로 원을 그려서 매칭한 결과이며, [그림 9.21](d)는 마우스로 삼각형을 그려서 매칭한 결과이다.

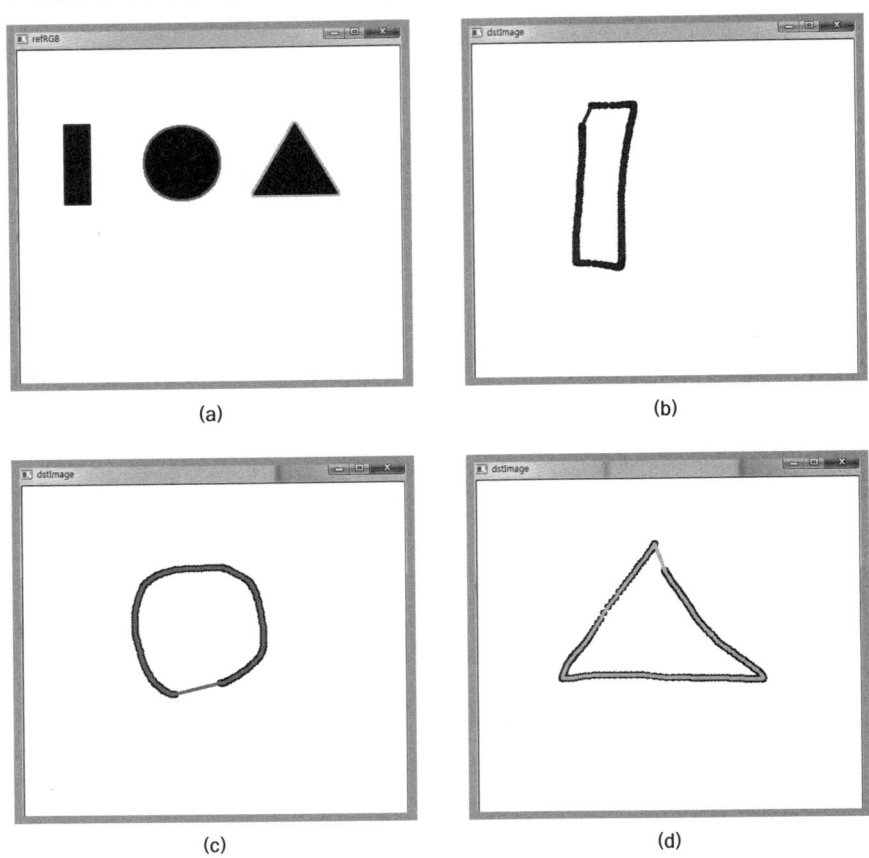

(a)   (b)

(c)   (d)

[그림 9.21] matchShapes 함수에 의한 마우스 입력 모양 매칭

04 적분 영상

적분(integral) 영상은 Haar-like 특징, SURF 등에서 사각 영역의 합계를 크기에 상관 없이 빠르게 계산하기 위해 사용한다.

4.1 적분 영상

① void integral(InputArray src, OutputArray sum, int sdepth = −1)
② void integral(InputArray src, OutputArray sum, OutputArray sqsum,
                    int sdepth = −1)
③ void integral(InputArray src, OutputArray sum,
                    OutputArray sqsum, OutputArray tilted, int sdepth = −1)

src는 W×H 크기, CV_8U, CV_32F 또는 CV_64F의 실수 영상이다. 적분 영상 sum은 현 위치 (x, y)까지의 합계를 저장한다. sqsum은 현 위치까지의 제곱합계를 저장한다. tilted_sum은 45도 대각선 방향으로의 합계를 저장한다. sum, sqsum, tilted 크기는 모두 (W+1)×(H+1)이다. sum, tilted은 CV_32S 정수, CV_32F 또는 CV_64F의 실수 영상이고, sqsum은 CV_64F의 실수 영상이다. sdepth는 적분 영상의 깊이로, CV_32S, CV_32F, 또는 CV_64F이다.

적분 영상을 사용하면 사각 영역의 합계, 평균, 표준편차 등을 빠르게 계산할 수 있다. [그림 9.22](a)와 같이 적분 영상 sum을 이용한 사각형의 4개의 모서리 점을 이용하여 A 영역의 면적을 빠르게 계산할 수 있다. [그림 9.22](b)와 같이 적분 영상 tilted서 45도 기울어진 사각형의 4개의 모서리 점을 이용하여 B 영역의 면적을 빠르게 계산할 수 있다. [그림 9.22](a)에서 면적을 계산할 때 (x1, x2)와 (y1, y2)의 직선 위에 있는 값은 포함되지 않는다. 유사하게 [그림 9.22](b)에서 면적을 계산할 때는 (a, c)과 (a, d)의 직선 위에 있는 값은 포함되지 않는 점에 주의한다.

$$sum(X, Y) = \sum_{y \leq Y} \sum_{x \leq X} src(x, y)$$

$$sqsum(X, Y) = \sum_{y \leq Y} \sum_{x \leq X} src(x, y)^2$$

$$tilted(X, Y) = \sum_{y < Y} \sum_{abs(x-X) \leq y} src(x, y)$$

$$Area(A) = \sum_{y1 \leq y \leq y2} \sum_{x1 \leq x \leq x2} src(x, y)$$

$$= sum(x2, y2) + sum(x1, y1) - sum(x1, y2) - sum(x2, y1)$$

$$Area(B) = a + d - b - c$$

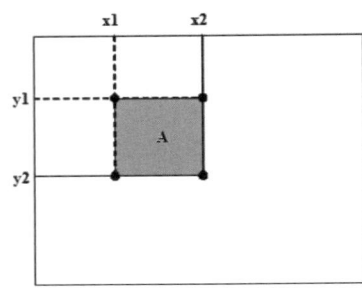 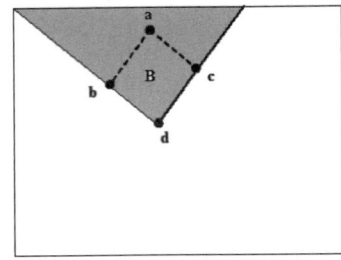

(a) sum을 이용한 A 영역의 면적   (b) tilted에서 B 영역의 면적

[그림 9.22] 적분 영상 계산

[예제 9-18] 행렬에서 integral에 의한 적분 영상

```
001:    #include <iomanip>
002:    #include "opencv.hpp"
003:    using namespace cv;
004:    using namespace std;
005:    void Printmat(const char *strName, Mat A);
006:    int main()
007:    {
008:        uchar dataA[16] = { 1,  2,  3,  4,
009:                            5,  6,  7,  8,
010:                            9, 10, 11, 12,
011:                           13, 14, 15, 16 };
012:        Mat A(4, 4, CV_8U, dataA);
013:        Printmat("A=", A);
014:
015:        Mat sumA, sqsumA, tiltedSumA;
016:        integral(A, sumA, sqsumA, tiltedSumA);
017:
018:        Printmat("sumA=", sumA);
019:        Printmat("sqsumA=", sqsumA);
020:        Printmat("tiltedSumA=", tiltedSumA);
021:        return 0;
022:    }
023:    void Printmat(const char *strName, Mat A)
024:    {
025:        int x, y;
026:        uchar uValue;
027:        float fValue;
028:        double dValue;
029:        int iValue;
030:
031:        cout << endl << endl << strName << endl;
032:        cout << setiosflags(ios::fixed);
033:        for(y = 0; y < m.rows; y++)
034:        {
035:            for(x = 0; x < A.cols; x++)
036:            {
037:                switch(A.type())
038:                {
039:                    case CV_8U:
040:                        uValue = A.at<uchar>(y, x);
041:                        cout << setw(8) << (int)uValue;
```

```
042:                          break;
043:                     case CV_32S:
044:                          iValue = A.at<int>(y, x);
045:                          cout << setw(8) << iValue;
046:                          break;
047:                     case CV_32F:
048:                          fValue = A.at<float>(y, x);
049:                          cout << setprecision(2) << setw(8) << fValue;
050:                          break;
051:                     case CV_64F:
052:                          dValue = A.at<double>(y, x);
053:                          cout << setprecision(2) << setw(8) << dValue;
054:                          break;
055:                }
056:           }
057:           cout << endl;
058:      }
059:      cout << endl;
060: }
```

◎ 프로그램 설명

① 8-20행

8-13행은 배열 dataA를 이용하여 CV_8U 자료형의 4×4 행렬 A를 생성하고, 출력한다. 16행은 행렬 A에서 적분 영상 sumA, sqsumA, tiltedSumA를 계산한다. sumA.type() = CV_32S, sqsumA.type() = CV_64F, tiltedSumA.type() = CV_32S이다. sdepth = CV_32F로 integral 함수를 호출하면 sumA.type() = CV_32F, tiltedSumA.type() = CV_32F이다.

$$sumA(2,\ 2)\ = 1+2+5+6$$
$$= 14$$
$$sqsumA(2,\ 2)\ = 1^2+2^2+5^2+6^2$$
$$= 66$$
$$tiltedSumA(2,\ 2)\ = 1+2+3+6$$
$$= 12$$

② 23-60행

Printmat 함수는 행렬 A를 출력한다. 행렬 A의 자료형인 A.type()에 따라 행렬 A의 값을 읽어 자릿수를 맞추어 출력한다. [그림 9.23]은 행렬에서 integral에 의한 적분 영상의 결과이다.

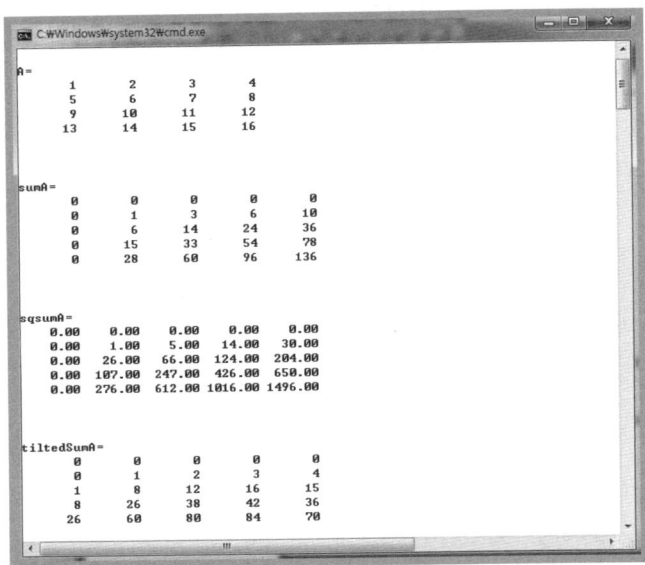

[그림 9.23] 행렬에서 integral에 의한 적분 영상

4.2 Haar-like 특징

Viola Jones에 의한 "Rapid object detection using a boosted cascade of simple features" 논문에서 얼굴 인식을 위해 4종류의 Haar-like 특징을 사용하였다. 이러한 Haar-like 특징은 integral에 의한 적분 영상에 의해 어떤 크기의 사각형에 대하여도, 상수 시간 내에 빠르게 특징을 계산할 수 있다. [그림 9.24]는 4종류의 Haar-like 특징이다. 흰색 사각 영역의 합계에서 검은색 사각 영역의 합계를 뺄셈하여 특징을 계산한다.

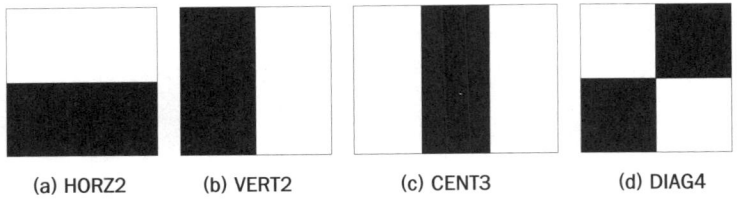

| (a) HORZ2 | (b) VERT2 | (c) CENT3 | (d) DIAG4 |

[그림 9.24] 4종류의 Haar-like 특징

[예제 9-19] 적분 영상을 이용한 Haar-like 특징 계산

```
001:    #include <iomanip>
002:    #include "opencv.hpp"
003:    using namespace cv;
004:    using namespace std;
005:    typedef enum {HORZ2, VERT2, CENT3, DIAG4} HAAR_TYPE;
006:    double HaarLikeFfeature(Mat &sumA, Size windowSize, HAAR_TYPE HaarType);
007:    void Printmat(const char *strName, Mat A);
008:    int main()
009:    {
010:        uchar dataA[36] = {  1,  2,  3,  4,   5,   6,
011:                             7,  8,  9, 10,  11,  12,
012:                            13, 14, 15, 16,  17,  18,
013:                            19, 20, 21, 22,  23,  24,
014:                            25, 26, 27, 28,  29,  30,
015:                            31, 32, 33, 34,  35,  36};
016:        Mat A(6, 6, CV_8U, dataA);
017:        Printmat("A=", A);
018:
019:        Mat sumA;
020:        integral(A, sumA);
021:        Printmat("sumA=", sumA);
022:
023:        Size windowSize = A.size();
024:        double fH = HaarLikeFfeature(sumA, windowSize, HORZ2);
025:        double fV = HaarLikeFfeature(sumA, windowSize, VERT2);
026:        double fC = HaarLikeFfeature(sumA, windowSize, CENT3);
027:        double fD = HaarLikeFfeature(sumA, windowSize, DIAG4);
028:
029:        cout << "fH = " << fH << endl;
030:        cout << "fV = " << fV << endl;
031:        cout << "fC = " << fC << endl;
032:        cout << "fD = " << fD << endl;
033:
034:        return 0;
035:    }
036:    double rectSum(Mat &sumA, Rect r)
037:    {
038:        Mat_<int> tmpSum(sumA);
039:        double a, b, c, d;
040:        a = tmpSum(r.y, r.x);
041:        b = tmpSum(r.y, r.x + r.width);
042:        c = tmpSum(r.y + r.height, r.x);
043:        d = tmpSum(r.y + r.height, r.x + r.width);
044:        return (a + d - b - c);
045:    }
046:    double HaarLikeFfeature(Mat &sumA, Size windowSize, HAAR_TYPE HaarType)
047:    {
048:        double sum1, sum2, sum3, sum4;
049:        double fValue;
050:
051:        Rect r1, r2, r3, r4;
052:        int width2 = windowSize.width / 2;
053:        int width3 = windowSize.width / 3;
054:        int height2 = windowSize.height / 2;
055:
```

```
056:        switch(HaarType)
057:        {
058:            case HORZ2:
059:                // White Rect
060:                r1 = Rect(0, 0, windowSize.width, height2);
061:                sum1 = rectSum(sumA, r1);
062:
063:                // Black Rect
064:                r2 = Rect(0, height2, windowSize.width, height2);
065:                sum2 = rectSum(sumA, r2);
066:                fValue = sum1 - sum2;
067:                break;
068:            case VERT2:
069:                // Black Rect
070:                r1 = Rect(0, 0, width2, windowSize.height);
071:                sum1 = rectSum(sumA, r1);
072:
073:                // White Rect
074:                r2 = Rect(width2, 0, width2, windowSize.height);
075:                sum2 = rectSum(sumA, r2);
076:                fValue = sum2 - sum1;
077:                break;
078:            case CENT3:
079:                r1 = Rect(0, 0, width3, windowSize.height);
080:                sum1 = rectSum(sumA, r1);
081:
082:                r2 = Rect(width3, 0, width3, windowSize.height);
083:                sum2 = rectSum(sumA, r2);
084:
085:                r3 = Rect(width3 * 2, 0, width3, windowSize.height);
086:                sum3 = rectSum(sumA, r3);
087:                fValue = sum1 + sum3 - sum2;
088:                break;
089:            case DIAG4:
090:                r1 = Rect(0, 0, width2, height2);
091:                sum1 = rectSum(sumA, r1);
092:
093:                r2 = Rect(width2, 0, width2, height2);
094:                sum2 = rectSum(sumA, r2);
095:
096:                r3 = Rect(0, height2, width2, height2);
097:                sum3 = rectSum(sumA, r3);
098:
099:                r4 = Rect(width2, height2, width2, height2);
100:                sum4 = rectSum(sumA, r4);
101:                fValue = sum2 + sum3 - sum1 - sum4;
102:                break;
103:        }
104:        return fValue;
105: }
106: void Printmat(const char *strName, Mat A)
107: {
108:        int x, y;
109:        uchar uValue;
110:        float fValue;
111:        double dValue;
112:        int iValue;
```

```
113:
114:            cout << endl << endl << strName << endl;
115:            cout << setiosflags(ios::fixed);
116:            for(y = 0; y < A.rows; y++)
117:            {
118:                for(x = 0; x < A.cols; x++)
119:                {
120:                    switch(A.type())
121:                    {
122:                        case CV_8U:
123:                            uValue = A.at<uchar>(y, x);
124:                            cout << setw(8) << (int)uValue;
125:                            break;
126:                        case CV_32S:
127:                            iValue = A.at<int>(y, x);
128:                            cout << setw(8) << iValue;
129:                            break;
130:                        case CV_32F:
131:                            fValue = A.at<float>(y, x);
132:                            cout << setprecision(2) << setw(8) << fValue;
133:                            break;
134:                        case CV_64F:
135:                            dValue = A.at<double>(y, x);
136:                            cout << setprecision(2) << setw(8) << dValue;
137:                            break;
138:                    }
139:                }
140:                cout << endl;
141:            }
142:            cout << endl;
143: }
```

◎ **프로그램 설명**

① 10-21행

10-17행은 배열 dataA를 이용하여 CV_8U 자료형의 6×6 행렬 A를 생성하고, 출력한다. 20행은 행렬 A에서 적분 영상 sumA를 계산한다. sumA.type() = CV_32S이다.

② 23-32행

HaarLikeFfeature 함수를 사용하여 HORZ2, VERT2, CENT3, DIAG4 형태의 Haar-like 특징을 계산한다.

③ 36-45행

rectSum 함수는 행렬 sumA의 사각형 r의 합계를 계산한다. 38행은 정수인 적분 영상 sumA를 쉽게 접근하기 위하여, Mat_<int> 클래스의 tmpSum 인스턴스를 생성한다. 적분 영상에서 사각영역의 합계는 a + d - b - c와 같이 계산한다.

④ 46-105행

HaarLikeFfeature 함수는 HORZ2, VERT2, CENT3, DIAG4 형태의 Haar-like 특징을 계산한다. 58-67행은 [그림 9.25]와 같이 HORZ2의 Haar-like 특징을 계산한다. 68-77행은 [그림 9.26]과 같이 VERT2의 Haar-like 특징을 계산한다. 78-88행은 [그림 9.27]과 같이 CENT3의 Haar-like 특징을 계산한다. 89-102행은 [그림 9.28]과 같이 DIAG4의 Haar-like 특징을 계산한다. [그림 9.29]는 적분 영상을 이용한 Haar-like 특징 계산 결과를 보인다.

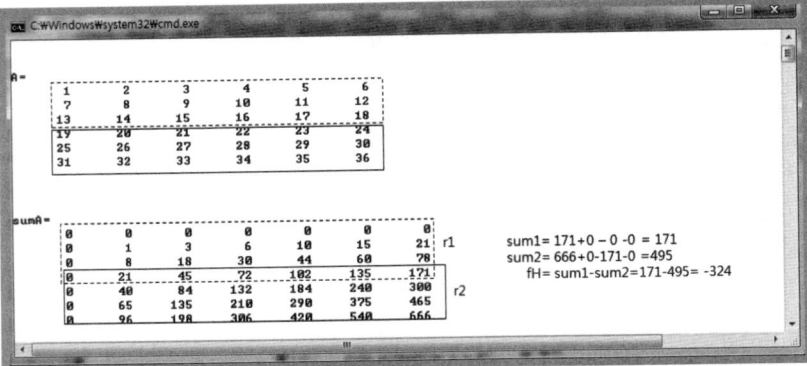

[그림 9.25] HORZ2의 Haar-like 특징

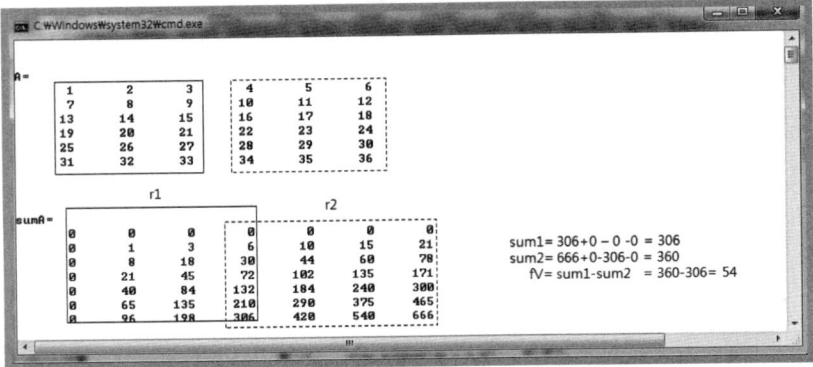

[그림 9.26] VERT2의 Haar-like 특징

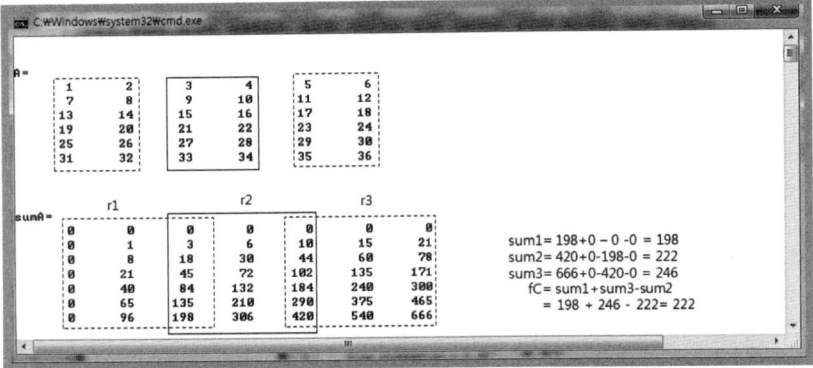

[그림 9.27] CENT3의 Haar-like 특징

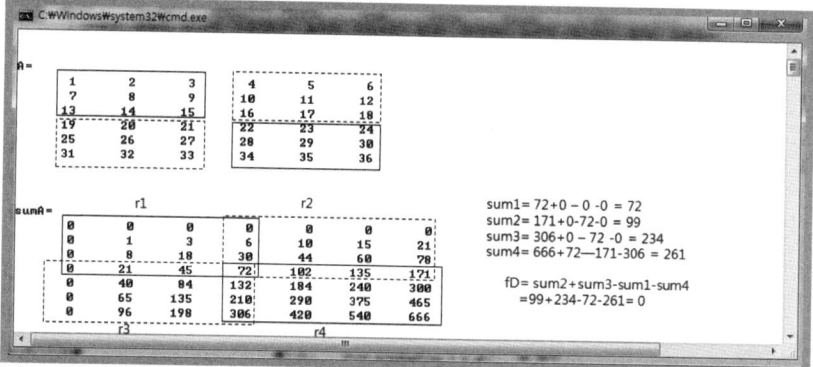

[그림 9.28] DIAG4의 Haar-like 특징

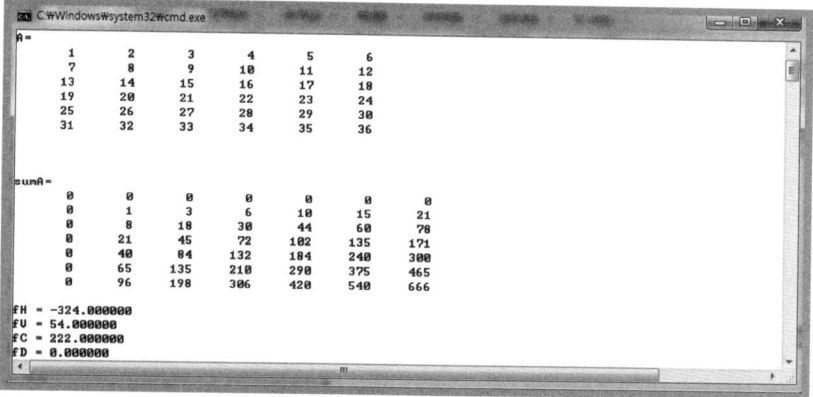

[그림 9.29] 적분 영상을 이용한 Haar-like 특징 계산

CHAPTER

10

Keypoint 특징 검출기와 기술자

특징 검출(feature detection)은 영상에서 관심 있는 화소, 영역, 물체 등을 찾는 과정이고, 특징 기술(feature description)은 검출된 특징점 주위의 밝기, 색상, 그래디언트 방향 등의 정보를 계산하는 과정으로 매칭 또는 인식을 위해 사용된다. OpenCV는 'features2d' 모듈에 특징 검출기(feature detector)와 기술자 추출기(descriptor extractor)를 구현한다.

OpenCV 2.4.13의 특징 검출기는 FAST, MSER, SimpleBlobDetector, GFTTDetector, StarFeatureDetector, DenseFeatureDetector 등이 있다. OpenCV 3.1.0은 FAST, MSER , SimpleBlobDetector, GFTTDetector 등의 특징 검출기가 구현되어 있다.

OpenCV 2.4.13의 기술자 추출기는 BriefDescriptorExtractor, FREAK 등이 구현되어 있으며, ORB, BRISK, SIFT, SURF 등의 특징 검출기와 기술자 추출기 모두 구현되어 있다. 대부분의 특징 검출기와 기술자 추출기는 'opencv_features2d' 모듈에 구현되어 있고, 특허권이 있는 SIFT, SUR는 'opencv_nonfree' 모듈에 구현되어 있다.

 OpenCV 3.1.0은 'opencv_features2d' 모듈에 특징 검출기와 기술자 추출기를 모두 가지고 있는 ORB, BRISK, KAZE, AKAZE 등이 구현되어 있으며, SIFT, SURF는 'opencv_contrib/xfeatures2d' 모듈에 있다.

OpenCV 2.4.13에서 특징 검출기, 기술자, 기술자 매칭 계산 관련 클래스 등의 정의는 'opencv2/features2d.hpp'에 있으며, SIFT와 SURF는 'opencv2/nonfree/nonfree. hpp' 헤더 파일에 있다. OpenCV 3.1.0은 KeyPoint, DMatch 등의 클래스 정의가 'opencv2/core/types.hpp' 헤더 파일로 이동하고, KeyPointsFilter, Feature2D와 특징 검출기, 기술자, 기술자 매칭 계산 관련 클래스 등의 정의는 여전히 'features2d.hpp' 파일에 있으며, SIFT와 SURF는 'opencv2/xfeatures2d.hpp' 헤더 파일에 있다.

01 KeyPoint와 KeyPointsFilter 클래스

특징 검출기(feature detector)에 의해 검출된 특징은 KeyPoint 클래스 객체에 저장되고, KeyPointsFilter 클래스의 정적 메서드를 이용하여 검출된 특징점을 필터링하여 제거한다.

1.1 KeyPoint 클래스

특징 검출기에 의해 검출된 특징점은 KeyPoint 클래스 객체의 벡터로 반환된다. KeyPoint는 특징의 좌표 KeyPoint::pt, 특징점 주위의 의미 있는 이웃 크기 KeyPoint ::size, 방향 각도 KeyPoint::angle, 특징점의 반응 세기 KeyPoint::response, 특징점 이 추출된 옥타브 KeyPoint::octave, 특징점이 속한 객체 번호 KeyPoint::class_id 등 의 멤버 변수가 있다.

```
class KeyPoint
{
    // 생성자
    KeyPoint::KeyPoint()
    KeyPoint::KeyPoint(Point2f _pt, float _size, float _angle = -1,
                    float _response = 0, int _octave = 0, int _class_id = -1)
    KeyPoint::KeyPoint(float x, float y, float _size, float _angle = -1,
                    float _response = 0, int _octave = 0, int _class_id = -1)
    // 생략...............
    // converts vector of keypoints to vector of points
    static void convert(const vector<KeyPoint>& keypoints,
                    CV_OUT vector<Point2f>& points2f,
                    const vector<int>& keypointIndexes=vector<int>());
    // converts vector of points to the vector of keypoints
    static void convert(const vector<Point2f>& points2f,
                    CV_OUT vector<KeyPoint>& keypoints,
                    float size = 1, float response = 1, int octave = 0, int class_id = -1);
    Point2f pt;        // keypoint 좌표
    float size;        // 의미있는 keypoint 이웃의 지름(diameter)
    float angle;       // keypoint 방향각도 [0, 360], -1이면 의미 없음, 영상 좌표계, 시계방향
    float response;    // keypoint 의 반응 세기
    int octave;        // keypoint가 검출된 피라미드 옥타브(pyramid layer)
    int class_id;      // 물체 id, 같은 id는 같은 물체
};
```

1.2 KeyPointsFilter 클래스

KeyPointsFilter 클래스는 검출된 특징점을 필터링하여 제거하는 정적 메서드를 제공한 다. 예를 들어 KeyPointsFilter::removeDuplicated 메서드는 특징점의 좌표(py), 크기 (size), 방향 각도(angle)가 동일한 특징점을 제거한다. KeyPointsFilter::retainBest 메 서드는 npoints 개의 높은 반응 값을 갖는 특징점만을 남기고 나머지는 제거한다.

```
class KeyPointsFilter
{
    // Remove keypoints within borderPixels of an image edge.
    static void runByImageBorder(vector<KeyPoint>&keypoints, Size imageSize,
                                 int borderSize);
    // Remove keypoints of sizes out of range.
    static void runByKeypointSize(vector<KeyPoint>& keypoints, float minSize,
                                  float maxSize = FLT_MAX);
    // Remove keypoints from some image by mask for pixels of this image.
    static void runByPixelsMask(vector<KeyPoint>&keypoints, const Mat& mask);

    // Remove duplicated keypoints.
    static void removeDuplicated(vector<KeyPoint>& keypoints);

    // Retain the specified number of the best keypoints (according to the response)
    static void retainBest(vector<KeyPoint>& keypoints, int npoints);
};
```

02 OpenCV 2.4.13 특징 검출기 및 기술자 클래스

[그림 10.1]은 OpenCV 2.4.13의 특징 검출기 및 기술자 클래스의 개략적인 구조이다. 특징 검출기(feature detector)는 FAST, MSER, StartDetector, SimpleBlobDetector, DenseFeatureDetector, GFTTDetector 등이 있다.

기술자 추출기(descriptor extractor)는 FREAK, BriefDescriptorExtractor, Opponent ColorDescriptorExtractor 등이 구현되어 있으며, 다른 특징 검출기로 검출된 특징점의 기술자를 계산할 수 있다.

SIFT, SURF, ORB, BRISK 등은 특징 검출기와 기술자를 모두 제공한다. 특징 검출을 위한 FeatureDetector 추상 클래스(abstract class), 기술자 계산을 위한 DescriptorExtractor 추상 클래스, 특징 검출 및 기술자 계산을 위한 Feature2D 추상 클래스 등이 있다. 특징 검출기 및 기술자 관련 클래스는 features2d.hpp 헤더 파일에 클래스 선언이 있다.

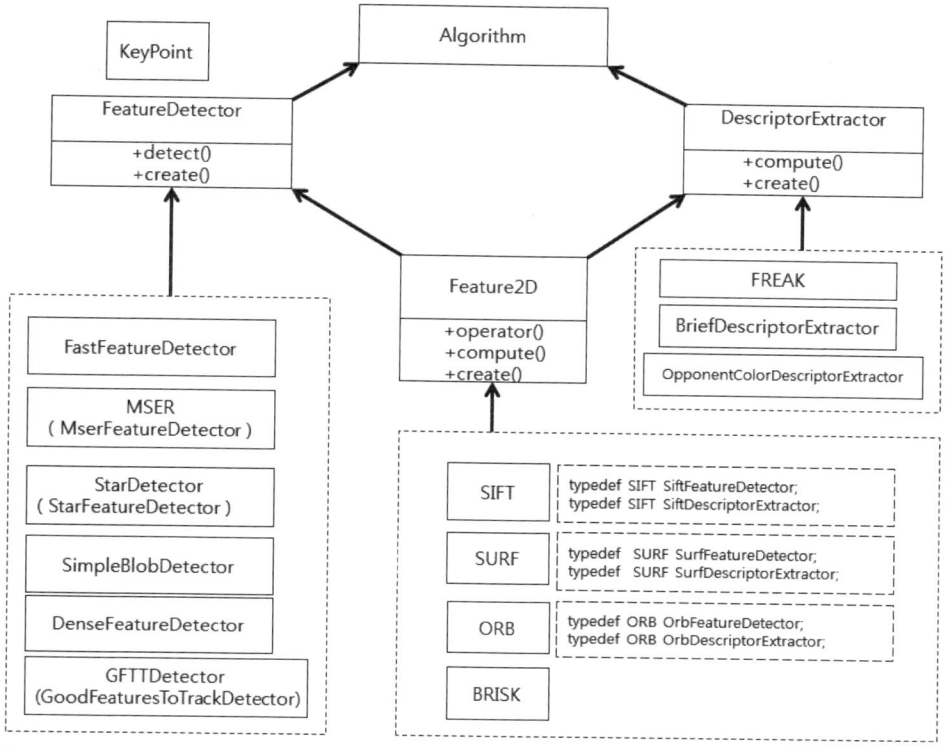

[그림 10.1] OpenCV 2.4.13의 특징 검출기와 기술자 클래스 구조

2.1 FeatureDetector 클래스

FeatureDetector는 영상의 특징 검출을 위한 추상 클래스이다. FeatureDetector::detect 메서드에 의해 영상 image로부터 특징을 keypoints에 검출한다. 옵션 mask 행렬을 이용하여, 관심영역에서만 특징을 검출할 수 있다. 정적 메서드 FeatureDetector::create는 detectorType에 "FAST", "STAR", "SIFT", "SURF", "ORB", "BRISK", "MSER", "GFTT", "HARRIS", "Dense", "SimpleBlob" 등의 특징 검출기 이름을 문자열로 지정하여 생성할 수 있다. FeatureDetector::detect 메서드는 FeatureDetector 클래스로 부터 상속받은 하위클래스의 특징 검출기 클래스에 특징 검출을 위한 실제 코드가 구현된 detectImpl 메서드를 호출한다.

```
// OpenCV 2.4.13
// Abstract base class for 2D image feature detectors.
class FeatureDetector : public virtual Algorithm
{
public:
    /*
     * 하나의 영상에서 특징점 검출
     * image  : 입력영상.
```

```
        * keypoints : 출력 특징점
        * mask   : 관심영역 지정 마스크 행렬, 0이 아닌 화소에서만 특징 검출, 옵션, CV_8U
        */
        CV_WRAP void detect(const Mat& image, CV_OUT vector<KeyPoint>& keypoints,
                        const Mat& mask=Mat()) const;

        /*
        * 여러 개의 영상에서 특징 검출
        * images : 입력영상 벡터
        * keypoints : keypoints[i]는 images[i]에서의 특징
        * masks : masks[i]는 images[i]의 마스크 행렬
        */
        void detect(const vector<Mat>& images, vector<vector<KeyPoint> >& keypoints,
                const vector<Mat>& masks = vector<Mat>()) const;
        // Create feature detector by detector name.
            CV_WRAP static Ptr<FeatureDetector> create(const string& detectorType);
    };
```

2.2 DescriptorExtractor 클래스

DescriptorExtractor 클래스는 영상과 특징 검출기로부터 찾은 특징, keypoints를 이용하여 기술자를 계산하기 위한 추상 클래스이다. DescriptorExtractor::compute 메서드는 영상 image와 특징 keypoints를 사용하여 기술자를 계산한다. 기술자를 계산할 수 없는 특징점은 삭제한다. 정적 메서드 DescriptorExtractor::create는 descriptorExtractorType에 "SIFT", "SURF", "BRIEF", "BRISK", "ORB", "FRRAK" 등의 기술자 이름을 문자열로 지정하여 생성할 수 있다. 실제 각 기술자의 계산은 DescriptorExtractor::compute 메서드에 의해 호출되는 각 기술자 클래스의 computeImpl 메서드에 의해 계산된다. 기술자는 특징점마다 계산되고, 대부분 패킹되어 있으며, 파일로 입출력하기 위한 read, write 메서드가 재정의되어 있다.

```
// OpenCV 2.4.13
class DescriptorExtractor : public virtual Algorithm
{
public:
        virtual ~DescriptorExtractor();
        /*
        * 영상에서 keypoints에 대한 기술자 계산
        * image   : 입력영상
        * keypoints : 입력 특징점
        * descriptors : 출력 기술자, i-행은 keypoint i의 기술자
        */
        CV_WRAP void compute(const Mat& image, CV_OUT CV_IN_OUT
                vector<KeyPoint>& keypoints, CV_OUT Mat& descriptors) const;
        /*
        * 입력영상 벡터의 디스트립터 벡터를 계산
```

```
      * images  : 입력영상 벡터
      * keypoints : 입력 특징점 벡터, keypoints[i]는 images[i]에서 검출된 특징점
      * descriptors: 출력기술자 벡터, descriptors[i]는 keypoints[i]에서 계산된 기술자
      */
    void compute(const vector<Mat>& images,
                 vector<vector<KeyPoint> >& keypoints,
                 vector<Mat>& descriptors) const;
    CV_WRAP virtual int descriptorSize() const = 0;
    CV_WRAP virtual int descriptorType() const = 0;
    CV_WRAP virtual bool empty() const;
    CV_WRAP static Ptr<DescriptorExtractor> create(
                        const string& descriptorExtractorType);

    // 생략
};
```

2.3 Feature2D 클래스

Feature2D 클래스는 FeatureDetector 클래스와 DescriptorExtractor 클래스로부터
상속받아 특징 검출과 기술자 계산을 동시에 할 수 있는 추상 클래스이다. 연산자 함
수 Feature2D::operator()는 영상 image의 mask에 지정된 관심영역에서, 출력으로
특징점 keypoints와 기술자 descriptors를 계산한다. useProvidedKeypoints=true이
면, 특징점을 입력으로 제공하고, 기술자를 계산한다. Feature2D::compute 메서드
는 영상 image에서 특징점 keypoints와 기술자 descriptors를 계산한다. 정적 메서드
Feature2D::create에서 이름에 의해 특징점과 기술자를 계산한다.

```
// OpenCV 2.4.13
// Abstract base class for simultaneous 2D feature detection descriptor extraction.
class Feature2D : public FeatureDetector, public DescriptorExtractor
{
    CV_WRAP_AS(detectAndCompute) virtual void operator()(InputArray image,
        InputArray mask,
        CV_OUT vector<KeyPoint>& keypoints,
        OutputArray descriptors,
        bool useProvidedKeypoints = false) const = 0;

    CV_WRAP void compute(const Mat& image, CV_OUT CV_IN_OUT
            std::vector<KeyPoint>& keypoints, CV_OUT Mat& descriptors) const;

    // Create feature detector and descriptor extractor by name.
    CV_WRAP static Ptr<Feature2D> create(const string& name);
};
```

03 OpenCV 3.1.0 특징 검출기 및 기술자 클래스

OpenCV 3.1.0은 BRISK, MSER, GFTT, SimpleBlob 등의 특징 검출기(feature detector)가 있다. 특허권이 있는 SURF, SIFT는 features2d 모듈에서 분리되어 'opencv_contrib/xfeatures2d' 모듈로 재배치되고, 공식 다운로드 버전에는 없으며 "http://github.com/opencv/opencv_contrib"에서 opencv_contrib-master.zip 파일을 다운로드하여 빌드하면 사용할 수는 있다. [그림 10.2]는 OpenCV 3.1.0의 특징 검출기와 기술자 클래스 구조이다. 특징 검출기는 FastFeatureDetector, MSER, GFTTDetector, SimpleBlobDetector 등이 있으며, 특징 검출기와 기술자 계산 모두 할수 있는 BRISK, ORB, KAZE, AKAZE 등이 있다.

BRISK, MSER, GFTT, SimpleBlob, BRISK, ORB, KAZE, AKAZE 등의 특징 검출기 및 기술자 클래스에서 생성자를 제거하고, Ptr 클래스를 통한 포인터를 반환하는 정적 (static) 메소드 create를 사용하도록 변경되었다. 편의상 KAZE, AKAZE 는 별도로 설명한다.

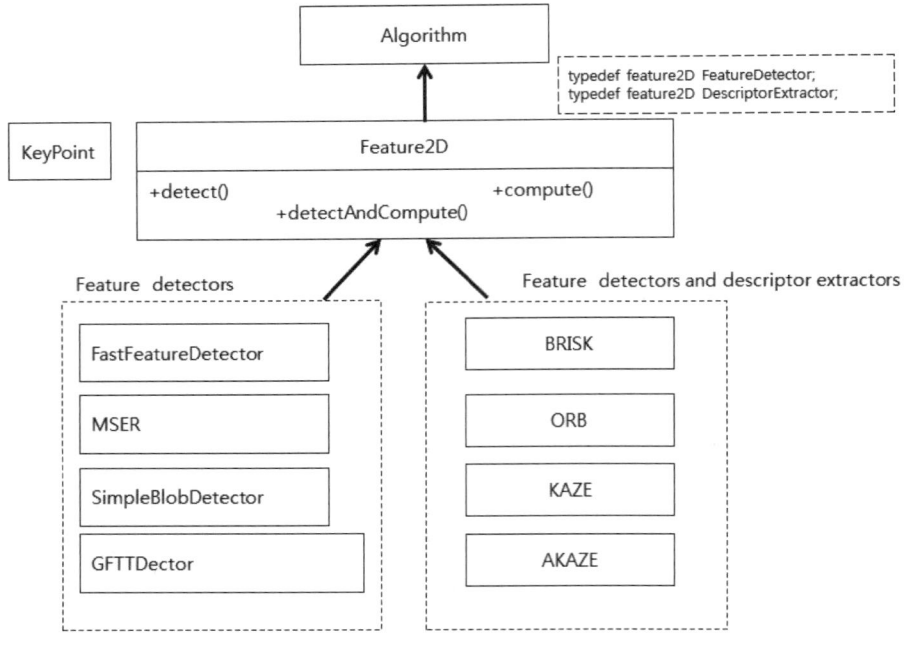

[그림 10.2] OpenCV 3.1.0의 특징 검출기와 기술자 클래스 구조

3.1 Feature2D 클래스

OpenCV 3.1.0의 Feature2D 클래스는 Algorithm으로부터 상속받은 특징 검출기
와 기술자 추출기의 추상 기반 클래스이다. OpenCV 3.1.0에서 FeatureDetector,
DescriptorExtractor는 typedef에 의해 Feature2D와 같은 클래스이다.
Feature2D::detect 메서드는 특징을 검출하고, Feature2D::compute 메서드는 기술자
를 계산한다. Feature2D::detectAndCompute 메서드는 특징 검출과 기술자 계산을 같
이 한다. 각각의 특징 검출기와 기술자에서 detect, compute 또는 detectAndCompute
메서드를 재정의하여 구현한다.

```
// OpenCV 3.1.0
// Abstract base class for 2D image feature detectors and descriptor extractors
class Feature2D : public virtual Algorithm
{
public:
    virtual ~Feature2D();
    // Detects keypoints in an image or image set
    CV_WRAP virtual void detect(InputArray image,
            CV_OUT std::vector<KeyPoint>& keypoints,
            InputArray mask = noArray());
    virtual void detect(InputArrayOfArrays images,
            std::vector<std::vector<KeyPoint> >& keypoints,
            InputArrayOfArrays masks = noArray());
    // Computes the descriptors for a set of keypoints detected
    // in an image or image set
    CV_WRAP virtual void compute(InputArray image,
            CV_OUT CV_IN_OUT std::vector<KeyPoint>& keypoints,
            OutputArray descriptors);
    virtual void compute(InputArrayOfArrays images,
            std::vector<std::vector<KeyPoint> >& keypoints,
            OutputArrayOfArrays descriptors);

    /** Detects keypoints and computes the descriptors */
    CV_WRAP virtual void detectAndCompute(InputArray image, InputArray mask,
            CV_OUT std::vector<KeyPoint>& keypoints,
            OutputArray descriptors,
            bool useProvidedKeypoints = false);
    CV_WRAP virtual int descriptorSize() const;
    CV_WRAP virtual int descriptorType() const;
    CV_WRAP virtual int defaultNorm() const;
    // Return true if detector object is empty
    CV_WRAP virtual bool empty() const;
};
typedef Feature2D FeatureDetector;
typedef Feature2D DescriptorExtractor;
```

04 특징점 검출기

OpenCV 2.4.13과 OpenCV 3.1.0에 구현된 특징 검출기(feature detector)에 대하여 설명한다. FAST, MSER , SimpleBlobDetector, GFTTDetector는 OpenCV 2.4.13과 OpenCV 3.1.0에 구현된 특징 검출기이다. StarFeatureDetector, DenseFeatureDetector는 OpenCV 2.4.13에만 구현된 특징 검출기이다.

4.1 FAST 특징 검출기

FAST 특징 검출기는 Rosten의 FAST(Features from Accelerated Segment Test) 알고리즘에 의해 빠르게 특징점을 검출한다. FAST는 OpenCV 2.4.13과 OpenCV 3.1.0에 모두에 구현된 특징 검출기이다.

(1) OpenCV 2.4.13의 FAST 특징 검출

① void FASTX(InputArray image, vector⟨KeyPoint⟩& keypoints,
    int threshold, bool nonmaxSupression, int type)
② void FAST(InputArray image, vector⟨KeyPoint⟩& keypoints,
    int threshold, bool nonmaxSupression, int type)

OpenCV 2.4.13의 FASTX 함수는 입력영상 image에서 코너점을 keypoints에 검출한다. threshold는 중앙의 화소와 이웃 화소와의 차이의 임계값, nonmaxSupression = true이면, 3×3 윈도우를 사용하여, 최대값이 아닌 값을 억제하여 특징점의 개수를 줄인다. type은 이웃을 결정하는 패턴 크기로, FastFeatureDetector::TYPE_9_16, FastFeatureDetector::TYPE_7_12, FastFeatureDetector::TYPE_5_8 중에 하나이다. FAST 함수는 FASTX 함수에서 type = FastFeatureDetector::TYPE_9_16와 같다.

③ FastFeatureDetector

OpenCV 2.4.13의 FastFeatureDetector 클래스는 FAST 함수를 랩핑한 클래스이다. 생성자 함수로 객체를 초기화하고, 상위 클래스인 FeatureDetector 클래스의 FeatureDetector::detect 메서드로 특징점을 계산한다.

```
// OpenCV 2.4.13
class FastFeatureDetector : public FeatureDetector
{
public:
    enum{ TYPE_5_8 = 0, TYPE_7_12 = 1, TYPE_9_16 = 2 };
    CV_WRAP FastFeatureDetector(int threshold=10, bool nonmaxSuppression=true);
    // 생략......................
};
```

(2) OpenCV 3.1.0의 FAST 특징 검출

① void FAST(InputArray image, vector<KeyPoint>& keypoints,
　　　int threshold, bool nonmaxSupression, int type)

　OpenCV 3.1.0의 FAST 함수는 OpenCV 2.4.13의 FASTX 함수와 같다.

② FastFeatureDetector

　OpenCV 3.1.0의 FastFeatureDetector 클래스는 Feature2D 클래스에서 상속받는다.
생성자로 객체를 초기화할 수 없고, 정적 메서드인 create로 Ptr<FastFeatureDetector>
포인터를 생성하고, 상위 클래스인 Feature2D 클래스의 FeatureDetector::detect 메서
드로 특징점을 계산한다.

```
// OpenCV 3.1.0
class FastFeatureDetector : public Feature2D
{
public:
    enum
    {
        TYPE_5_8 = 0, TYPE_7_12 = 1, TYPE_9_16 = 2, THRESHOLD = 10000,
                    NONMAX_SUPPRESSION = 10001, FAST_N = 10002,
    };
    CV_WRAP static Ptr<FastFeatureDetector> create(int threshold = 10,
                    bool nonmaxSuppression = true,
                    int type=FastFeatureDetector::TYPE_9_16);
    // 생략......................
};
```

[예제 10-1]　FAST 특징점 검출(OpenCV 2.4.13, OpenCV 3.1.0)

```
001:  #include "opencv.hpp"
002:  using namespace cv;
003:  using namespace std;
004:   int main()
005:  {
006:      Mat srcImage = imread("cornerTest.jpg", IMREAD_GRAYSCALE);
007:      if(srcImage.empty())
008:          return -1;
009:      GaussianBlur(srcImage, srcImage, Size(5, 5), 0.0);
010:
011:      vector<KeyPoint> keypoints;
012:
013:      // OpenCV 2.4.13
014:      // int type = FastFeatureDetector::TYPE_9_16; //TYPE_7_12, TYPE_5_8
015:      // FASTX(srcImage, keypoints, 10, true, type);
016:      // FAST(srcImage, keypoints, 10, true);
017:
018:      // FastFeatureDetector fastF(10, true); // true, false
019:      // fastF.detect(srcImage, keypoints);
020:      // cout << "keypoints.size()=" << keypoints.size() << endl;
021:
022:      // OpenCV 3.1.0
023:      // FAST(srcImage, keypoints, 10, true);
```

```
024:        Ptr<FastFeatureDetector> fastF = FastFeatureDetector::create(10);
025:        fastF->detect(srcImage, keypoints);
026:        cout << "keypoints.size()=" << keypoints.size() << endl;
027:
028:        //
029:        KeyPointsFilter::removeDuplicated(keypoints);
030:        cout << "keypoints.size()=" << keypoints.size() << endl;
031:
032:        // KeyPointsFilter::runByKeypointSize(keypoints, 10);
033:        // cout << "keypoints.size()=" << keypoints.size() << endl;
034:
035:        // KeyPointsFilter::retainBest(keypoints, 10);
036:        // cout << "keypoints.size()=" << keypoints.size() << endl;
037:
038:        Mat dstImage(srcImage.size(), CV_8UC3);
039:        cvtColor(srcImage, dstImage, COLOR_GRAY2BGR);
040:
041:        KeyPoint element;
042:        for(int k = 0; k < keypoints.size(); k++)
043:        {
044:            element = keypoints[k];
045:            cout << element.pt << ", " << element.response ;
046:            cout << ", " << element.angle ;
047:            cout << ", " << element.size  ;
048:            cout << ", " << element.class_id << endl;
049:            circle(dstImage, element.pt, cvRound(element.size / 2), Scalar(0, 0, 255), 2);
050:        }
051:        // drawKeypoints(srcImage, keypoints, dstImage);
052:        imshow("dstImage", dstImage);
053:        waitKey();
054:        return 0;
055: }
```

◎ **프로그램 설명**

① 13-20행
OpenCV 2.4.13으로 FAST 특징을 검출한다. 15행은 FASTX 함수로 srcImage 영상에서 threshold = 10, nonmaxSupression = true, type = FastFeatureDetector::TYPE_9_16로 설정하여 특징점을 keypoints 벡터에 검출한다. 16행은 FAST 함수로 특징점을 검출한다. 18-19행은 FastFeatureDetector 클래스를 사용하여 특징점을 검출한다.

② 22-26행
OpenCV 3.1.0으로 FAST 특징을 검출한다. 23행은 FAST 함수로 srcImage 영상에서 특징점을 keypoints 벡터에 검출한다. 24행은 FastFeatureDetector::create 정적 메서드를 이용하여 생성한 객체 포인터를 Ptr<FastFeatureDetector> 자료형 포인터 fastF에 저장한다.

③ 29-36행
29행은 정적 메서드 KeyPointsFilter::removeDuplicated로 keypoints에서 중복된 특징점을 제거한다. 32행은 정적 메서드 KeyPointsFilter::runByKeypointSize로 특징점 keypoints에서, minSize = 10보다 작은 크기의 특징은 삭제한다. 35행은 정적 메서드 KeyPointsFilter::retainBest로 특징점 keypoints에서, 반응 세기 값이 큰 최대 npoints = 10의 특징만을 남겨놓고 나머지는 삭제한다.

④ 38-51행
검출된 특징점 벡터 keypoints의 각 특징점 정보를 출력하고, circle 함수로 특징점을 dstImage 영상에 두께 2, Scalar(0,0,255) 색상으로 표시한다. 51행의 drawKeypoints 함수는 특징점 벡터 keypoints를 영상에 표시한다.

⑤ [그림 10.3]은 threshold=10으로 설정하여 FAST 특징점 검출 결과이다. [그림 10.3](a)는 nonmaxSupression=false로 설정하여, keypoints.size()=216이고 중복으로 제거된 특징점은 없다. [그림 10.3](b)는 nonmaxSupression=true로 설정하여, keypoints.size()=8이고, 중복으로 제거된 특징점은 없다.

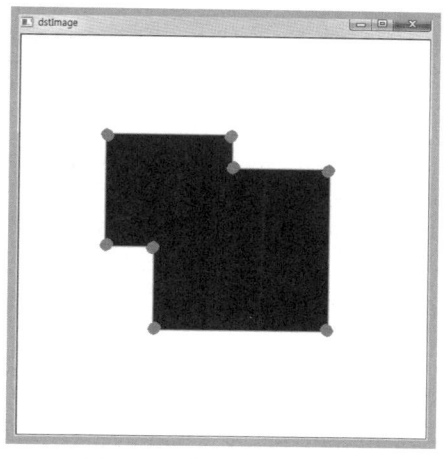

(a) nonmaxSupression=false   (b) nonmaxSupression=true

[그림 10.3] FAST 특징점 검출

4.2 MSER 특징점 검출

MSER 클래스는 MSER(Maximally Stable Extremal Regions) 알고리즘을 구현한 클래스로 OpenCV 2.4.13과 OpenCV 3.1.0에서 모두 제공한다.

그레이스케일 영상은 Linear Time Maximally Stable Extremal Regions을 구현하고, 컬러 영상에서는 Maximally Stable Colour Regions for Recognition and Matching을 구현하여 특징 영역을 검출한다. MSER 영역은 주변보다 더 밝거나 더 어두운 영역으로, 임계값의 범위에서 안정적인 영역이다. _data는 안정적인 그레이 레벨의 단계의 간격으로, _data가 크면 보다 적은 개수의 영역이 검출된다. _min_area, _max_area는 검출된 영역을 면적으로 필터링한다.

(1) OpenCV 2.4.13에서 MSER

OpenCV 2.4.13에서 MSER 클래스는 생성자로 객체를 초기화하고, operator() 연산자 함수에 의해, vector〈vector〈Point〉〉 자료형의 msers에 특징 영역의 좌표를 검출한다. 특징 영역 msers[i]는 윤곽선이 아니라, 영역 내의 좌표를 저장하고 있으므로, fitEllipse 함수로 타원으로 근사시켜 보일 수 있다. _max_variation는 첫 번째 특징점으로부터 최대 밝기 변화, _max_variation 값을 작게 하면 적은 개수의 영역이 검출된다. _min_diversity는 유사 영역을 제거하기 위한 값으로, 값을 크게 하면 적은 개수의 영역이 검출된다. _max_evolution는 컬러 영상에서 반복횟수, _area_threshold는 영역 임계값이고, _min_margin는 최소 마진, _edge_blur_size는 에지 블러링 크기이다.

```
// OpenCV 2.4.13
class MSER : public FeatureDetector
{
public:
  // ! the full constructor
  CV_WRAP explicit MSER(int _delta = 5, int _min_area = 60, int _max_area = 14400,
      double _max_variation = 0.25, double _min_diversity = .2,
      int _max_evolution = 200, double _area_threshold = 1.01,
      double _min_margin = 0.003, int _edge_blur_size = 5);
  //! the operator that extracts the MSERs from the image or the specific part of it
  CV_WRAP_AS(detect) void operator()(const Mat& image,
      CV_OUT vector<vector<Point> >& msers, const Mat& mask = Mat()) const;
  // 생략 ..................
};
typedef MSER MserFeatureDetector;
```

(2) OpenCV 3.1.0에서 MSER

OpenCV 3.1.0의 MSER 클래스는 Feature2D 클래스에서 상속받는다. 생성자로 객체를 초기화할 수 없고, 정적 메서드인 create로 Ptr〈FastFeatureDetector〉 포인터를 생성한다.

detectRegions 메서드로 vector〈vector〈Point〉〉 자료형의 msers에 특징 영역의 좌표를 검출하여, 특징 영역의 좌표를 fitEllipse 함수로 타원으로 근사시켜 보일 수 있다. vector〈Rect〉& bboxes에는 각 특징 영역의 바운딩 사각형이 저장된다. 상위 클래스인 Feature2D 클래스의 FeatureDetector::detect 메서드로 검출한 특징점은 바운딩 박스의 중심점이 저장된다. 밝기값 0인 검정 영역은 배경으로 생각하여 검출하지 않는다.

```
// OpenCV 3.1.0
class MSER : public Feature2D
{
public:
  //! the full constructor
  CV_WRAP static Ptr<MSER> create(int _delta = 5, int _min_area = 60,
      int _max_area = 14400,
      double _max_variation = 0.25, double _min_diversity = .2,
      int _max_evolution = 200, double _area_threshold = 1.01,
      double _min_margin = 0.003, int _edge_blur_size = 5);
  CV_WRAP virtual void detectRegions(InputArray image,
      std::vector<std::vector<Point> >& msers,
      std::vector<Rect>& bboxes) = 0;
  // 생략 ..................
};
```

[예제 10-2] MSER 특징점 검출 (OpenCV 2.4.13, OpenCV 3.1.0)

```
001:    #include "opencv.hpp"
002:    using namespace cv;
003:    using namespace std;
004:    int main()
005:    {
006:        Mat srcImage = imread("shapes.jpg", IMREAD_GRAYSCALE);
007:        // Mat srcImage = imread("pattern.jpg", IMREAD_GRAYSCALE);
008:        // Mat srcImage = imread("lena.jpg", IMREAD_GRAYSCALE);
009:        // Mat srcImage = imread("book.jpg", IMREAD_GRAYSCALE);
010:        if(srcImage.empty())
011:            return -1;
012:        GaussianBlur(srcImage, srcImage, Size(5, 5), 0.0);
013:
014:        vector<vector<Point>> msers;
015:
016:        // OpenCV 2.4.13
017:        // MSER(10)(srcImage, msers); // 5, 10, 20
018:        // cout << "msers.size()=" << msers.size() << endl;
019:
020:        // OpenCV 3.1.0
021:        Ptr<MSER> mserF = MSER::create(10); // 5, 10, 20
022:        vector<Rect> bboxes;
023:        mserF->detectRegions(srcImage, msers, bboxes);
024:        cout << "msers.size()=" << msers.size() << endl;
025:        cout << "bboxes.size()=" << bboxes.size() << endl;
026:
027:        vector<KeyPoint> keypoints; //center points in bboxes
028:        mserF->detect(srcImage, keypoints);
029:        cout << "keypoints.size()=" << keypoints.size() << endl;
030:
031:        Mat dstImage(srcImage.size(), CV_8UC3);
032:        cvtColor(srcImage, dstImage, COLOR_GRAY2BGR);
033:        // drawKeypoints(srcImage, keypoints, dstImage);
034:
035:        for(int k = 0; k < msers.size(); k++)
036:        {
037:            // rectangle(dstImage, Point(bboxes[k].x, bboxes[k].y),
038:            // Point(bboxes[k].x + bboxes[k].width, bboxes[k].y + bboxes[k].height),
039:            //          Scalar(255, 0, 0), 1);
040:            RotatedRect box = fitEllipse(msers[k]);
041:            ellipse(dstImage, box, Scalar(rand() % 256, rand() % 256, rand() % 256), 2);
042:        }
043:        imshow("dstImage", dstImage);
044:        waitKey();
045:        return 0;
046:    }
```

◎ **프로그램 설명**

① 14-18행

14행은 검출된 각 특징 영역의 특징점을 저장하기 위한 vector<vector<Point>> 자료형 벡터 msers를 선언한다. 17행은 OpenCV 2.4.13에서 MSER 클래스 생성자에서 _delta = 10으로 설정하고, 연산자 함수 ()를 호출하여, srcImage 영상의 특징 영역을 msers에 검출한다.

② 20-29행

OpenCV 3.1.0에서 MSER 특징을 검출한다. 21행은 MSER::create 정적 메서드에서 _delta = 10으로 설정하여 생성한 객체 포인터를 Ptr<MSER> mserF에 저장하고, 23행은 detectRegions 메서드로 srcImage, 특징 영역 msers와 각 특징 영역의 바운딩 사각형을 bboxes에 검출한다. 28행은 detect 메서드로 특징 영역의 바운딩 사각형의 중심점을 특징점 keypoints에 검출한다.

③ 31-42행

40행은 각 영역의 좌표점 벡터 msers[k]를 fitEllipse 함수로 타원 적합하고, 42행은 타원으로 dstImage 영상에 난수로 생성한 색상으로 표시한다.

④ [그림 10.4]는 OpenCV 2.4.13에서 _delta = 10으로 설정하여 MSER 특징 영역 검출 결과이다. _delta를 크게 설정하면 검출되는 영역의 개수는 줄어든다. 주위와 구분되는 검정 영역도 함께 검출된다. [그림 10.5]는 OpenCV 3.1.0에서 _delta = 10으로 설정하여 MSER 특징 영역 검출 결과로 drawKeypoints 함수로 바운딩 사각형의 중심점과 특징 영역을 타원으로 표시한다. "shapes.jpg"에서는 밝기값 0인 검정 영역은 배경으로 생각하여 검출하지 않는다. "shapes.jpg"를 반전한 영상인 "shapes2.jpg"에서는 영역이 검출됨을 알 수 있다. OpenCV 2.4.13에 비해 적은 특징 영역이 검출된다.

(a) "shapes.jpg"

(b) "pattern.jpg"

(c) "lena.jpg"

(d) "book.jpg"

[그림 10.4] OpenCV 2.4.13에서 MSER 특징 영역 검출

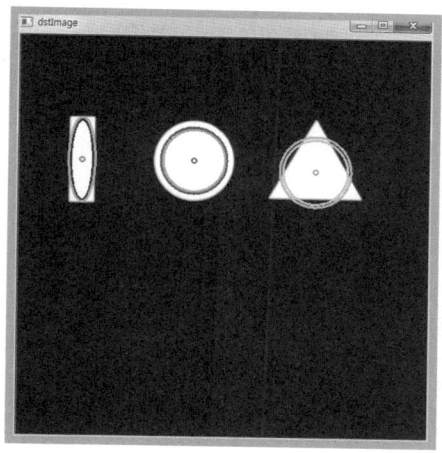

(a) "shapes2.jpg"

(b) "pattern.jpg"

(c) "lena.jpg"

(d) "book.jpg"

[그림 10.5] OpenCV 3.1.0에서 MSER 특징 영역 검출

4.3 SimpleBlobDetector 특징점 검출

SimpleBlobDetector 클래스는 OpenCV 2.4.13과 OpenCV 3.1.0 모두에 있는 특징 검출기로, 원(circle)으로 blob(binary large objects)를 검출한다. 영상을 임계값 범위 minThreshold, maxThreshold에서 간격 thresholdStep을 적용하여 이진영상을 생성 하고, findContours 함수로 연결된 윤곽선을 검출하고, 중심점을 계산한다. 중심점 사이 의 최소간격 minDistBetweenBlobs에 의해 인접한 중심점을 그룹핑하여, 중심점을 다시 계산하여 특징점을 계산하고, 그룹의 반지름을 특징의 크기로 반환한다. 검출된 특징점 을 필터링하기 위한 다양한 방법을 제공한다. blobColor는 이진영상의 밝기를 비교한다. blobColor = 0이면 검정색 blob를 검출하고, blobColor = 255이면 흰색 blob를 검출한 다. minArea, maxArea는 면적 크기로 필터링하며, minCircularity, maxCircularity

는 원형 정도(circularity) = (4 * pi * Area) / (perimeter * perimeter)를 필터링한다. minConvexity, maxConvexity는 볼록 다각형 면적 비율(convexity) = (area/area of blob convex hull)을 필터링한다. SimpleBlobDetector::Params::Params() 메서드에 초기화되어 있다.

(1) OpenCV 2.4.13에서 SimpleBlobDetector

OpenCV 2.4.13은 SimpleBlobDetector 클래스 생성자로 객체를 초기화하고, 상위 클래스인 FeatureDetector 클래스의 FeatureDetector::detect 메서드로 특징점을 계산한다. KeyPoint::pt는 검출된 특징점의 위치, KeyPoint::size가 원의 반지름이다.

```
// OpenCV 2.4.13
class SimpleBlobDetector : public FeatureDetector
{
public:
     struct CV_EXPORTS_W_SIMPLE Params
     {
          CV_WRAP Params();
          CV_PROP_RW float thresholdStep;  // default 10
          CV_PROP_RW float minThreshold; // 50
          CV_PROP_RW float maxThreshold; // 220
           CV_PROP_RW size_t minRepeatability; // 2
          CV_PROP_RW float minDistBetweenBlobs; // 10
          CV_PROP_RW bool filterByColor; // true
          CV_PROP_RW uchar blobColor; // 0
          CV_PROP_RW bool filterByArea; // true
          CV_PROP_RW float minArea, maxArea; // minArea = 25, maxArea = 5000
          CV_PROP_RW bool filterByCircularity; // false
          CV_PROP_RW float minCircularity,maxCircularity;
          // 0.8, numeric_limits<float>::max()
          CV_PRO P_RW bool filterByInertia; // true
          CV_PROP_RW float minInertiaRatio, maxInertiaRatio; // 0.1, max()
          CV_PROP_RW bool filterByConvexity; // true
          CV_PROP_RW float minConvexity, maxConvexity; // 0.98, max()
          void read(const FileNode& fn);
          void write(FileStorage& fs) const;
     };
     CV_WRAP SimpleBlobDetector(const SimpleBlobDetector::Params &parameters
               = SimpleBlobDetector::Params());
     virtual void read(const FileNode& fn);
     virtual void write(FileStorage& fs) const;
     // 생략 .................
};
```

(2) OpenCV 3.1.0에서 SimpleBlobDetector

OpenCV 3.1.0의 SimpleBlobDetector 클래스는 Feature2D 클래스에서 상속받는다. 생성자로 객체를 초기화할 수 없고, 정적 메서드인 create로 Ptr〈SimpleBlobDetector〉 포인터를 생성한다. 상위 클래스인 Feature2D 클래스의 FeatureDetector::detect 메서

드로 특징점을 검출한다. KeyPoint::pt는 검출된 특징점의 위치, KeyPoint::size가 원의 지름이다.

```
// OpenCV 3.1.0
class SimpleBlobDetector : public Feature2D
{
public:
    struct CV_EXPORTS_W_SIMPLE Params
    {
    // 생략 : OpenCV 2.4.13과 같음
    };
    CV_WRAP static Ptr<SimpleBlobDetector>
            create(const SimpleBlobDetector::Params &parameters =
                SimpleBlobDetector::Params());
};
```

[예제 10-3] SimpleBlobDetector 특징점 검출 (OpenCV 2.4.13, OpenCV 3.1.0)

```
001:    #include "opencv.hpp"
002:    using namespace cv;
003:    using namespace std;
004:    int main()
005:    {
006:        Mat srcImage = imread("shapes.jpg", IMREAD_GRAYSCALE);
007:        // Mat srcImage = imread("pattern.jpg", IMREAD_GRAYSCALE);
008:        // Mat srcImage = imread("lena.jpg", IMREAD_GRAYSCALE);
009:        // Mat srcImage = imread("book.jpg", IMREAD_GRAYSCALE);
010:        if(srcImage.empty())
011:            return -1;
012:        GaussianBlur(srcImage, srcImage, Size(5, 5), 0.0);
013:
014:        vector<KeyPoint> keypoints;
015:
016:        SimpleBlobDetector ::Params params = SimpleBlobDetector ::Params() ;
017:        params.blobColor = 0;
018:        params.thresholdStep = 5;
019:        params.minThreshold = 20;
020:        params.maxThreshold = 100;
021:        params.minDistBetweenBlobs = 5;
022:
023:        params.filterByColor = true;  // "shapes.jpg", "pattern.jpg"
024:        // params.filterByColor = false; // "lena.jpg", "book.jpg"
025:        params.filterByArea = false;
026:        params.filterByInertia = false;
027:        params.filterByCircularity = false;
028:        params.filterByConvexity = false;
029:
030:        // OpenCV 2.4.13
031:        // SimpleBlobDetector blobF(params);
032:        // blobF.detect(srcImage, keypoints);
033:        // cout << "keypoints.size()=" << keypoints.size() << endl;
034:
035:        // OpenCV 3.1.0
036:        Ptr<SimpleBlobDetector> blobF = SimpleBlobDetector::create(params);
037:        blobF->detect(srcImage, keypoints);
```

```
038:        cout << "keypoints.size()=" << keypoints.size() << endl;
039:
040:        // draw keypoints
041:        Mat dstImage(srcImage.size(), CV_8UC3);
042:        cvtColor(srcImage, dstImage, COLOR_GRAY2BGR);
043:        drawKeypoints(srcImage, keypoints, dstImage);
044:
045:        // filtering key points
046:        KeyPointsFilter::removeDuplicated(keypoints);
047:        // cout << "keypoints.size()=" << keypoints.size() << endl;
048:
049:        KeyPointsFilter::runByKeypointSize(keypoints, 10);
050:        // cout << "keypoints.size()=" << keypoints.size() << endl;
051:
052:        KeyPointsFilter::retainBest(keypoints, 50);
053:        cout << "keypoints.size()=" << keypoints.size() << endl;
054:
055:        KeyPoint element;
056:        for(int k = 0; k < keypoints.size(); k++)
057:        {
058:            element = keypoints[k];
059:            /*
060:            cout << element.pt << ", " << element.response ;
061:            cout << ", " << element.angle ;
062:            cout << ", " << element.size ;
063:            cout << ", " << element.class_id << endl;
064:            */
065:            // radius : cvRound(element.size) = OpenCV 2.4.13
066:            // radius : cvRound(element.size/2) = OpenCV 3.1.0
067:            // circle(dstImage, element.pt, cvRound(element.size), Scalar(0, 0, 255), 2);
068:            circle(dstImage, element.pt, cvRound(element.size/2), Scalar(0, 0, 255), 2);
069:        }
070:        imshow("dstImage", dstImage);
071:
072:        waitKey();
073:        return 0;
074:  }
```

◎ 프로그램 설명

① 14-28행
14행은 특징점을 저장할 벡터, keypoints를 선언하고, 16행은 SimpleBlobDetector ::Params()를 호출하여 params를 디폴트 값으로 초기화하고, 17-28행에서 인수를 변경한다. 대부분의 필터링을 수행하지 않기 위해 인수를 false로 설정한다. 23행은 "shapes.jpg", "pattern.jpg"이 입력영상일 때는, params.filterByColor = true로 설정하여, 17행에서 params.blobColor = 0으로 설정된 검정색 영역을 검출한다.

② 30-33행
OpenCV 2.4.13에서 SimpleBlobDetector 클래스로 params를 전달하여 생성자로 blobF 객체를 생성하고, FeatureDetector::detect 메서드로 영상 srcImage에서 특징점을 keypoints에 검출한다.

③ 35-38행
OpenCV 3.1.0에서 36행은 SimpleBlobDetector::create 정적 메서드에 params를 전달하여 생성한 객체 포인터를 Ptr<SimpleBlobDetector> 자료형 포인터 blobF에 저장한다. Feature2D::detect 메서드로 특징점을 keypoints에 검출한다.

④ 40-43행
dstImage 영상을 cvtColor 함수로 그레이스케일 영상 srcImage를 COLOR_GRAY2BGR로 변환하여 3-채널 컬러 dstImage 영상을 생성하고, drawKeypoints 함수를 사용하여 특징점 벡터 keypoints를 dstImage 영상에 표시한다. drawKeypoints 함수는 난수로 서로 다른 특징점의 색상을 구별하지만, 특징점의 크기에 따라 원의 크기를 다르게 표시하지는 않는다.

⑤ 45-53행
46행은 정적 메서드 KeyPointsFilter::removeDuplicated로 keypoints에서 중복된 특징점을 제거한다. 49행은 정적 메서드 KeyPointsFilter::runByKeypointSize로 특징점 keypoints에서, minSize = 10보다 작은 크기의 특징은 삭제한다. 52행은 정적 메서드 KeyPointsFilter::retainBest로 특징점 keypoints에서, 최대 npoints = 50개의 최적의 특징만을 남겨놓고 나머지는 삭제한다.

⑥ 55-69행
검출된 특징점 벡터 keypoints의 각 특징점 정보를 출력하고, circle 함수로 특징점을 dstImage 영상에 두께 2, Scalar(0,0,255) 색상으로 표시한다. OpenCV 2.4.13에서는 특징 영역인 원의 반지름이 cvRound(element.size)이며, OpenCV 3.1.0은 cvRound(element.size/2)이다.

⑦ [그림 10.6]은 SimpleBlobDetector의 특징점 검출 결과이다. [그림 10.6](a)는 "shapes.jpg"에서 params.filterByColor = true, params.blobColor = 0으로 설정하여 검정색 영역 윤곽선의 중심을 특징점으로 검출한 결과로, 필터링 전후 모두 keypoints.size() = 3이다. drawKeypoints 함수는 필터링 전의 특징점을 작은 크기의 원으로 표시한다. [그림 10.6](b)는 "pattern.jpg"에서 params.filterByColor = true, params.blobColor = 0으로 설정하여 검정색 영역 윤곽선의 중심을 특징점으로 검출한 결과이다. [그림 10.6](c)와 [그림 10.6](d)는 각각 "lena.jpg"와 "book.jpg"에서 params.filterByColor = false로 설정하여 특징을 검출한 결과이다.

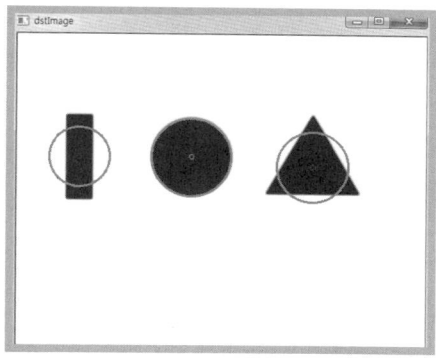

(a) "shapes.jpg"

(b) "pattern.jpg"

(c) "lena.jpg"

(d) "book.jpg"

[그림 10.6] SimpleBlobDetector 특징점 검출

4.4 GFTTDetector 특징점 검출

GFTTDetector는 클래스는 OpenCV 2.4.13과 OpenCV 3.1.0 모두에 있는 특징 검출기로, goodFeaturesToTrack 함수를 래핑하여 특징을 검출한다. maxCorners는 최대 코너점 개수이고, qualityLevel은 cornerHarris 함수 또는 cornerMinEigenVal 함수로 계산한 코너점 측정값 중에서 최대값(maxQuality)에 곱해져, 코너점 측정값이 qualityLevel*maxQuality 보다 작은 모든 코너점을 제거한다. minDistance는 코너점 사이의 최소 거리이며, blockSize는 코너점 계산을 위한 블록의 크기로, 검출되는 특징점의 크기로 설정된다. useHarrisDetector = true이면 cornerHarris 함수로 코너점을 계산하고, useHarrisDetector = false이면, cornerMinEigenVal 함수를 사용한다.

(1) OpenCV 2.4.13에서 GFTTDetector

OpenCV 2.4.13은 GFTTDetector 클래스 생성자로 객체를 초기화하고, 상위 클래스인 FeatureDetector 클래스의 FeatureDetector::detect 메서드로 특징점을 계산한다.

```
// OpenCV 2.4.13
class GFTTDetector : public FeatureDetector
{
public:
        CV_WRAP GFTTDetector(int maxCorners = 1000, double qualityLevel = 0.01,
                    double minDistance = 1, int blockSize = 3,
                    bool useHarrisDetector = false, double k = 0.04);
        // 생략 .................
};
typedef GFTTDetector GoodFeaturesToTrackDetector;
```

(2) OpenCV 3.1.0에서 GFTTDetector

OpenCV 3.1.0의 GFTTDetector 클래스는 Feature2D 클래스에서 상속받는다. 생성자로 객체를 초기화할 수 없고, 정적 메서드인 create로 Ptr⟨GFTTDetector⟩ 포인터를 생성한다. 상위 클래스인 Feature2D 클래스의 FeatureDetector::detect 메서드로 특징점을 검출한다.

```
// OpenCV 3.1.0
class GFTTDetector : public Feature2D
{
public:
        CV_WRAP static Ptr<GFTTDetector> create(int maxCorners = 1000,
                    double qualityLevel = 0.01, double minDistance = 1,
                    int blockSize = 3, bool useHarrisDetector = false, double k = 0.04);
        // 생략 .................
};
```

[예제 10-4] GFTTDetector 특징점 검출(OpenCV 2.4.13, OpenCV 3.1.0)

```
001:    #include "opencv.hpp"
002:    using namespace cv;
003:    using namespace std;
004:    int main()
005:    {
006:        Mat srcImage = imread("shapes.jpg", IMREAD_GRAYSCALE);
007:        // Mat srcImage = imread("pattern.jpg", IMREAD_GRAYSCALE);
008:        // Mat srcImage = imread("lena.jpg", IMREAD_GRAYSCALE);
009:        // Mat srcImage = imread("book.jpg", IMREAD_GRAYSCALE);
010:        if(srcImage.empty())
011:            return -1;
012:        GaussianBlur(srcImage, srcImage, Size(5, 5), 0.0);
013:
014:        vector<KeyPoint> keypoints;
015:        // OpenCV 2.4.13
016:        // GFTTDetector goodF(200, 0.01, 1, 5, true);
017:        // goodF.detect(srcImage, keypoints);
018:        // cout << "keypoints.size()=" << keypoints.size() << endl;
019:
020:        // OpenCV 3.1.0
021:        Ptr<GFTTDetector> goodF = GFTTDetector::create(200, 0.01, 1, 5, true);
022:        goodF->detect(srcImage, keypoints);
023:        cout << "keypoints.size()=" << keypoints.size() << endl;
024:
025:        Mat dstImage(srcImage.size(), CV_8UC3);
026:        cvtColor(srcImage, dstImage, COLOR_GRAY2BGR);
027:        // drawKeypoints(srcImage, keypoints, dstImage);
028:
029:        KeyPoint element;
030:        for(int k = 0; k < keypoints.size(); k++)
031:        {
032:            element = keypoints[k];
033:            /*
034:             cout << element.pt << ", " << element.response;
035:            cout << ", " << element.angle ;
036:            cout << ", " << element.size ;
037:            cout << ", " << element.class_id << endl;
038:            */
039:            circle(dstImage, element.pt, cvRound(element.size / 2), Scalar(0, 0, 255), 2);
040:        }
041:        imshow("dstImage", dstImage);
042:
043:        waitKey();
044:        return 0;
045:    }
```

◎ **프로그램 설명**

① 14-18행

14행은 특징점을 저장할 keypoints 벡터를 선언하고, 16-17행은 OpenCV 2.4.13에서 maxCorners = 200, qualityLevel = 0.01, minDistance = 1, blockSize = 5, useHarrisDetector = true, k = 0.04로 설정한 GFTTDetector 클래스 객체 goodF를 생성하고, detect 메서드로 srcImage 영상에서 특징점을 keypoints에 검출한다.

② 20-23행

OpenCV 3.1.0에서 36행은 GFTTDetector::create 정적 메서드에 특징점을 검출할 인수를 전달하여 생성한 객체 포인터를 Ptr<GFTTDetector> 자료형 포인터 goodF에 저장한다. Feature2D::detect 메서드로 srcImage 영상에서 특징점을 keypoints에 검출한다.

③ 25-40행

dstImage 영상을 cvtColor 함수로 그레이스케일 영상 srcImage를 COLOR_GRAY2BGR로 변환하여 3-채널 컬러 dstImage 영상을 생성하고, 특징점 벡터 keypoints를 dstImage 영상에 표시한다. 비지역 극값 억제 및 반응값에 따른 정렬 등으로 중복된 특징점이 없고, 검출된 모든 특징의 크기가 blockSize이기 때문에, KeyPointsFilter 클래스에 의한 필터링을 하지 않았다.

④ [그림 10.7]은 GFTTDetector로 특징점을 검출한 결과이다. [그림 10.7](a)는 "shapes.jpg"에서 특징점을 검출한 결과로 가운데의 원에서는 코너점이 검출되지 않았다. [그림 10.7](b), [그림 10.7](c), [그림 10.7](d)는 각각 "pattern.jpg", "lena.jpg", "book.jpg"에서 특징점을 검출한 결과이다.

(a) "shapes.jpg"

(b) "pattern.jpg"

(c) "lena.jpg"

(d) "lena.jpg"

[그림 10.7] GoodFeaturesToTrackDetector 특징점 검출

4.5 StarDetector 특징점 검출

StarDetector는 OpenCV 2.4.13에만 있는 특징 검출기이다. Agrawal의 CenSurE(Center Surround Extremas for Realtime Feature Detection and Matching) 논문에 기반하여 특징점을 검출한다. [그림 10.8]과 같이 똑바로 세워진 사각형과 기울어진 사각형을 포개어 겹쳐 8개의 꼭짓점을 갖는 필터를 사용하여 라플라시안을 근사적으로 계산한다. 스케일 공간에서 일정 거리 내부는 +1, 외부는 −1을 갖는 2 레벨(bi-level) 필터링을 적분 영상(integral image)으로 효율적으로 계산하고, 윈도우를 사용하여 지역극값을 계산하고, 헤리스 코너 검출기의 반응값이 작은 극값은 제거하는 방법으로 스케일 및 회전에 불변인 특징점을 검출한다.

StarDetector 클래스 생성자의 _maxSize는 검출된 특징의 최대크기로 1, 2, 3, 4, 6, 8, 11, 12, 16, 22, 23, 32, 45, 46, 64, 90, 128 등이 사용되고, 디폴트는 45를 사용한다. _responseThreshold는 반응값이 작은 특징을 제거할 라플라시안의 임계값, _lineThresholdProjected는 에지를 제거할 라플라시안의 임계값, _lineThresholdBinarized는 에지를 제거할 특징 스케일에서의 임계값, _suppressNonmaxSize는 지역극값이 아닌 화소를 제거하기 위한 이웃크기이다. StarDetector::operator() 함수에 의해 특징점을 검출한다.

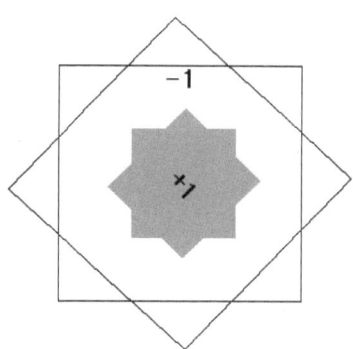

[그림 10.8] StarDetector 특징 검출기의 2-레벨 필터

```
// OpenCV 2.4.13
class StarDetector : public FeatureDetector
{
public:
    CV_WRAP StarDetector(int _maxSize = 45, int _responseThreshold = 30,
            int _lineThresholdProjected = 10,
            int _lineThresholdBinarized = 8,
            int _suppressNonmaxSize = 5);
    // finds the keypoints in the image
    CV_WRAP_AS(detect) void operator()(const Mat& image,
            CV_OUT vector<KeyPoint>& keypoints) const;
    // 생략 .................
};
typedef StarDetector StarFeatureDetector;
```

[예제 10-5] StarDetector 특징점 검출 (OpenCV 2.4.13)

```
001:  #include "opencv.hpp"
002:  using namespace cv;
003:  using namespace std;
004:  int main()
005:  {
006:      Mat srcImage = imread("shapes.jpg", IMREAD_GRAYSCALE);
007:      // Mat srcImage = imread("pattern.jpg", IMREAD_GRAYSCALE);
008:      // Mat srcImage = imread("lena.jpg", IMREAD_GRAYSCALE);
009:      // Mat srcImage = imread("book.jpg", IMREAD_GRAYSCALE);
010:      if(srcImage.empty())
011:          return -1;
012:      GaussianBlur(srcImage, srcImage, Size(5, 5), 0.0);
013:
014:      vector<KeyPoint> keypoints;
015:      StarDetector()(srcImage, keypoints);
016:      // StarDetector starF;
017:      // starF.detect(srcImage, keypoints);
018:
019:      cout << "keypoints.size()=" << keypoints.size() << endl;
020:
021:      Mat dstImage(srcImage.size(), CV_8UC3);
022:      cvtColor(srcImage, dstImage, COLOR_GRAY2BGR);
023:      drawKeypoints(srcImage, keypoints, dstImage);
024:
025:      KeyPointsFilter::removeDuplicated(keypoints);
026:      cout << "keypoints.size()=" << keypoints.size() << endl;
027:
028:      KeyPointsFilter::runByKeypointSize(keypoints, 30);
029:      cout << "keypoints.size()=" << keypoints.size() << endl;
030:
031:      KeyPointsFilter::retainBest(keypoints, 100);
032:      cout << "keypoints.size()=" << keypoints.size() << endl;
033:
034:      KeyPoint element;
035:      for(int k = 0; k < keypoints.size(); k++)
036:      {
037:          element = keypoints[k];
038:          cout << element.pt << ", " << element.response ;
039:          cout << ", " << element.angle ;
040:          cout << ", " << element.size ;
041:          cout << ", " << element.class_id << endl;
042:          circle(dstImage, element.pt, cvRound(element.size / 2), Scalar(0, 0, 255), 2);
043:      }
044:
045:      imshow("dstImage", dstImage);
046:
047:      waitKey();
048:      return 0;
049:  }
```

◎ **프로그램 설명**

① 14-17행

14행은 검출할 특징점을 저장할 keypoints 벡터를 선언한다. 15행은 StarDetector 클래스 생성
자에서, 연산자 함수 ()를 호출하여, 특징점을 keypoints에 계산한다. 주석 처리된 16-17행과 같이

StarDetector 클래스 객체 starF를 생성하고, FeatureDetector::detect 메서드로 특징점을 계산할 수 있다.

② 21-23행

dstImage 영상을 cvtColor 함수로 그레이스케일 영상 srcImage를 COLOR_GRAY2BGR로 변환하여 3-채널 컬러 dstImage 영상을 생성하고, drawKeypoints 함수를 사용하여 특징점 벡터 keypoints를 dstImage 영상에 표시한다. drawKeypoints 함수는 난수로 서로 다른 특징점의 색상을 구별하지만, 특징점의 크기에 따라 원의 크기를 다르게 표시하지는 않는다.

③ 25-32행

25행은 정적 메서드 KeyPointsFilter::removeDuplicated로 keypoints에서 중복된 특징점을 제거한다. 28행은 정적 메서드 KeyPointsFilter::runByKeypointSize로 특징점 keypoints에서, minSize = 30보다 작은 크기의 특징은 삭제한다. 31행은 정적 메서드 KeyPointsFilter::retainBest로 특징점 keypoints에서, 반응 세기 값이 큰 최대 npoints = 100의 특징만을 남겨놓고 나머지는 삭제한다.

④ 34-43행

검출된 특징점 벡터 keypoints의 각 특징점 정보를 출력하고, circle 함수로 특징점을 dstImage 영상에 두께 2, Scalar(0, 0, 255) 색상으로 표시한다.

⑤ [그림 10.9]는 StarFeatureDetector 특징점 검출 결과이다. [그림 10.9](a)는 "shapes.jpg"에서 특징점 검출 결과이다. 19행의 필터링 전의 특징점의 개수는 keypoints.size() = 18이고, 23행에서 drawKeypoints 함수로 필터링 전의 특징점을 표시하기 위한 원은 작은 크기의 원으로 표시된다. KeyPointsFilter 클래스로 필터링한 후의 특징점의 개수는 keypoints.size() = 6이고, 42행에 의해 Scalar(0, 0, 255) 색상으로 특징점의 크기에 따라 표시되었다. [그림 10.9](b)는 "pattern.jpg"에서 특징 검출 결과이다. [그림 10.9](c)는 "lena.jpg"에서 특징 검출 결과이다. [그림 10.9](d)는 "book. jpg"에서 특징 검출 결과이다.

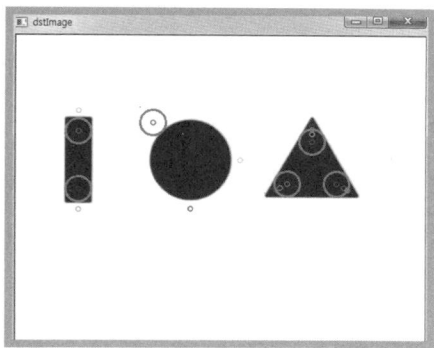

(a) "shapes.jpg"

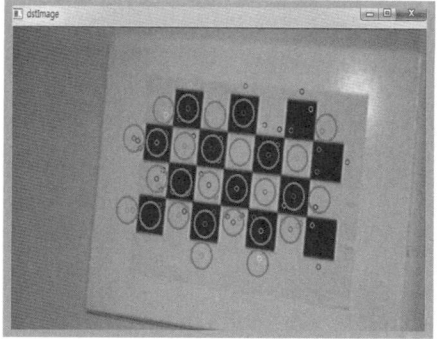

(b) "pattern.jpg"

(c) "lena.jpg"

(d) "book.jpg"

[그림 10.9] StarDetector 특징점 검출

4.6 DenseFeatureDetector 특징점 검출

DenseFeatureDetector는 OpenCV 2.4.13에만 있는 특징 검출기이다. 영상에서 조밀하게 규칙적으로 분포한 영상의 특징을 생성한다. 생성자로 객체를 초기화하고, 상위 클래스인 FeatureDetector 클래스의 FeatureDetector::detect 메서드로 특징점을 계산한다.

initXyStep은 특징점의 간격으로 curStep = initXyStep에 의해 초기화되고, featureScaleLevels 〉 1에 의해 다중 단계로 설정되면, 반복문에 의해, 단계가 증가할 때마다, curStep = curStep*featureScaleMul + 0.5f에 의해 간격이 재설정된다.

initImgBound는 curBound = initImgBound에 의해 영상의 경계에서 여백을 설정한다. featureScaleLevels 〉 1에 의해 다중 단계로 설정되고, varyImgBoundWithScale = true이면, curBound = curBound * featureScaleMul + 0.5f에 의해 여백이 재설정된다.

initFeatureScale은 특징점의 크기로 curScale = initFeatureScale로 설정되며, featureScaleLevels 〉 1에 의해 다중 단계로 설정되면, 반복문에 의해, 단계가 증가할 때마다, curScale = curScale * featureScaleMul에 의해 특징점의 크기가 재설정된다.

featureScaleMul 〈 1 이면, featureScaleLevels〉1에 의해 다중 단계에서, 초기 설정보다 특징의 크기(curScale))도 작아지고, 간격(curStep)도 작아지며, 여백(curBound)도 작아진다. 특징점을 표현하는 KeyPoint 자료형에서 특징점의 위치와 특징의 크기만 설정된다.

```
// OpenCV 2.4.13
class DenseFeatureDetector : public FeatureDetector
{
public:
    explicit DenseFeatureDetector(float initFeatureScale = 1.f,
            int featureScaleLevels = 1, float featureScaleMul = 0.1f,
            int initXyStep = 6, int initImgBound = 0,
            bool varyXyStepWithScale = true,
            bool varyImgBoundWithScale = false);
    // 생략 ..................
};
```

[예제 10-6] DenseFeatureDetector 특징점 검출 (OpenCV 2.4.13)

```
001:  #include "opencv.hpp"
002:  using namespace cv;
003:  using namespace std;
004:  int main()
005:  {
006:      Mat srcImage = imread("pattern.jpg", IMREAD_GRAYSCALE);
007:      if(srcImage.empty())
008:          return -1;
```

```
009:
010:        vector<KeyPoint> keypoints;
011:        // DenseFeatureDetector denseF;
012:        DenseFeatureDetector denseF(20, 2, 0.2, 50);
013:        denseF.detect(srcImage, keypoints);
014:        cout << "keypoints.size()=" << keypoints.size() << endl;
015:
016:        Mat dstImage(srcImage.size(), CV_8UC3);
017:        cvtColor(srcImage, dstImage, COLOR_GRAY2BGR);
018:        // drawKeypoints(srcImage, keypoints, dstImage);
019:
020:        KeyPoint element;
021:        for(int k = 0; k < keypoints.size(); k++)
022:        {
023:            element = keypoints[k];
024:            Scalar color;
025:            if(element.size == 20)
026:                color = Scalar(0, 0, 255);
027:            else
028:                color = Scalar(255, 0, 0);
029:            circle(dstImage, element.pt, cvRound(element.size / 2), color, 2);
030:        }
031:        imshow("dstImage", dstImage);
032:
033:        waitKey();
034:        return 0;
035: }
```

◎ 프로그램 설명

① 10-14행

주석 처리된 11행은 DenseFeatureDetector 클래스 객체 denseF를 initFeatureScale = 1, featureScaleLevels = 1, featureScaleMul = 0.1f, initXyStep = 6, initImgBound = 0, varyXyStepWithScale = true, varyImgBoundWithScale = false로 설정하여 생성한다. 즉, 단계는 1단계이며, 특징점의 간격은 initXyStep = 6, 모든 특징점의 크기는 initFeatureScale = 1이다. 12행은 DenseFeatureDetector 클래스 객체 denseF를 initFeatureScale = 20, featureScaleLevels = 2, featureScaleMul = 0.2, initXyStep = 50, initImgBound = 0, varyXyStepWithScale = true, varyImgBoundWithScale = false로 설정하여 생성한다. 즉, 1단계의 특징점 간격은 initXyStep = 50, 모든 특징점의 크기는 initFeatureScale = 20이다. 2단계의 특징점 간격은 curStep = 50 * 0.2 = 10, 특징점의 크기는 curScale = 20 * 0.2 = 4이다.

② 16-30행

16-18행은 dstImage 영상을 cvtColor 함수로 그레이스케일 영상 srcImage를 COLOR_GRAY2BGR로 변환하여 3-채널 컬러 dstImage 영상을 생성하고, 주석 처리된 18행은 drawKeypoints 함수를 사용하여 특징점 벡터 keypoints를 dstImage 영상에 표시한다. 20-30행은 검출된 특징점 벡터 keypoints의 특징점의 크기가 20이면 color = Scalar(0, 0, 255), 그렇지 않으면, color = Scalar(255, 0, 0)로 설정하여, circle 함수로 특징점을 dstImage 영상에 특징점의 크기를 원의 반지름, 두께 2, color 색상으로 표시한다.

③ [그림 10.10]은 DenseFeatureDetector로 특징점을 검출한 결과이다. [그림 10.10](a)는 11행의 DenseFeatureDetector 클래스의 디폴트 생성자로 조밀하게 생성한 keypoints.size() = 8560개의 특징점이다. [그림 10.10](b)는 12행에 의해 2단계로 조밀하게 생성한 keypoints.size() = 3202개의 특징점이다.

(a)　　　　　　　　　　　　　　　　(b)

[그림 10.10] DenseFeatureDetector 특징점 검출

05 기술자 추출기

기술자(descriptor)는 특징 검출기(feature detector)로 검출된 특징점 주위의 밝기, 색상, 그래디언트 방향 등의 정보를 계산하여 물체 인식 및 매칭에 사용한다.

OpenCV 2.4.13과 OpenCV 3.1.0에 구현된 기술자 추출기(descriptor extractor)에 대하여 설명한다. OpenCV 2.4.13의 BriefDescriptorExtractor, FREAK 등은 기술자를 추출할 수 있다. SURF, SIFT, BRISK, ORB 등은 특징 검출기와 기술자 추출기를 모두 제공한다.

OpenCV 3.1.0은 특허권이 있는 SURF, SIFT는 features2d 모듈에서 분리되어 'opencv_contrib/xfeatures2d' 모듈로 재배치되고, 공식 다운로드 버전에는 없으며 "http://github.com/opencv/opencv_contrib"에서 opencv_contrib-master.zip 파일을 다운로드하여 빌드하면 사용할 수는 있다. 특징 검출기와 기술자 추출기를 모두 할 수 있는 BRISK, ORB, KAZE, AKZE 등이 있다. 편의상 KAZE, AKZE는 10.6절에 별도로 설명한다.

기술자의 특징 중 하나는 다른 샘플링 패턴을 사용한다. BRIEF, ORB는 랜덤 패턴을 사용하고, BRISK는 동심원이 규칙적으로 배열된 원형 패턴을 사용한다. FREAK은 동심원을 겹치게 배치하는 방법으로 사람 눈의 망막(retina) 구조와 유사한 샘플링 패턴을 사용한다.

5.1 BriefDescriptorExtractor 기술자

BriefDescriptorExtractor 기술자는 OpenCV 2.4.13에만 구현되어 있다. Michael Calonder 등의 논문 "BRIEF:Binary Robust Independent Elementary Features"을 구현한 기술자이다. BriefDescriptorExtractor는 특징점의 방향(orientation)을 고려한 기술자를 계산하지 않는다. 따라서 회전된 물체의 매칭은 실패한다. 방향을 고려하도록 개선된 기술자가 ORB(oriented BRIEF)이다.

(1) BRIEF 계산

BRIEF는 영상 패치를 스무딩한 후에, S×S의 패치 p에서 이진 테스트 함수 $\tau(p;x, y)$로부터 이진 비트 벡터를 생성한다.

$$\tau(p;x, y) = \begin{cases} 1 & if \ p(x) < p(y) \\ 0 & o.w \end{cases}$$

위에서 $p(x)$는 $x = (u, v)^T$에서 p의 스무딩된 영상의 화소 밝기값이다. 이진 반응검사 집합을 유일하게 정의하는 n 개의 (x, y) 위치 쌍의 집합을 정의하여, n-차원의 이진 비트 스트링, $f_n(p)$ BRIEF 기술자를 계산한다. BRIEF 기술자 매칭은 서로 다른 비트의 개수인 해밍 거리(Hamming distance)를 사용하여 빠르게 계산할 수 있다.

$$f_n(p) = \sum_{1 \le i \le nd} 2^{i-1} \tau(p;x_i, y_i)$$

논문에서는 n = 128, 256, 512를 제시하며, BRIEF-k로 표현되며, k = n / 8 바이트로, 16, 32, 64바이트이다. BRIEF 기술자를 계산하기 위한 패치의 크기(PATCH_SIZE)는 S = 48로 설정하고, 패치를 스무딩하기 위한 가우시안 커널의 크기는 KERNEL_SIZE = 9를 사용한다.

(2) n 개의 테스트 위치쌍(location pairs) 생성 방법

Michael Calonder 등의 논문에서는 [그림 10.11]과 같은 S×S의 패치 p에서, n 개의 (x, y) 위치쌍을 생성하는 5가지 방법을 제시한다. 아래의 4가지 방법은 랜덤샘플링 방법이다. OpenCV는 16, 32, 64바이트에 따라 generated_16.i, generated_32.i, generated_64.i에 비교를 위한 테스트가 있다.

① (X, Y)~ iid(independent identically distributed) Uniform(-S / 2, S / 2)

② (X, Y)~ iid Gaussian(0, $\frac{1}{25}S^2$)

③ X~ iid Gaussian(0, $\frac{1}{25}S^2$), Y~ iid Gaussian(x_i, $\frac{1}{100}S^2$)

④ (x_i, y_i)를 이산 극좌표계에서 랜덤하게 샘플링

⑤ 이산 극좌표계에서, $x_i = (0,0)^T$, y_i는 모든 가능한 좌표

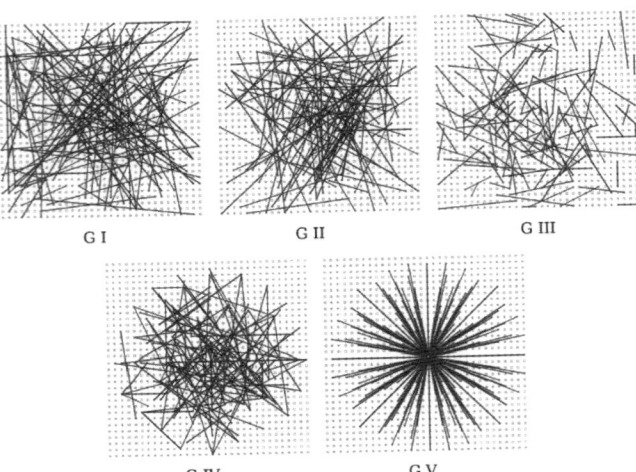

GI GII GIII

GIV GV

[그림 10.11] BRIEF 위치쌍(location pairs) 생성 방법

(3) BriefDescriptorExtractor 기술자

BriefDescriptorExtractor 기술자는 생성자에서 바이트 수를 지정하여 초기화하고, BriefDescriptorExtractor의 실제 구현은 BriefDescriptorExtractor::compute Impl 메서드에 있고, 사용자는 DescriptorExtractor::compute 메서드를 호출하여 BriefDescriptorExtractor 기술자를 계산한다. 기술자는 특징점마다 계산되고, 바이트로 패킹되어 있으며, 파일로 입출력하기 위한 read, write 메서드가 재정의되어 있다.

```cpp
// OpenCV 2.4.13
class BriefDescriptorExtractor : public DescriptorExtractor
{
public:
    static const int PATCH_SIZE = 48;
    static const int KERNEL_SIZE = 9;
    // bytes is a length of descriptor in bytes. It can be equal 16, 32 or 64 bytes.
    BriefDescriptorExtractor(int bytes = 32);
    virtual void read(const FileNode&);
    virtual void write(FileStorage&) const;
    virtual int descriptorSize() const;
    virtual int descriptorType() const;
    // 생략 ................
};
```

[예제 10-7] BriefDescriptorExtractor 기술자 계산 및 파일 출력 (OpenCV 2.4.13)

```cpp
001: #include "opencv.hpp"
002: using namespace cv;
003: using namespace std;
004: int main()
005: {
006:     Mat srcImage = imread("cornerTest.jpg", IMREAD_GRAYSCALE);
007:     // Mat srcImage = imread("book.jpg", IMREAD_GRAYSCALE);
008:     if(srcImage.empty())
```

```
009:            return -1;
010:        GaussianBlur(srcImage, srcImage, Size(5, 5), 0.0);
011:
012:        vector<KeyPoint> keypoints;
013:        FastFeatureDetector fastF(10, true); // false
014:        fastF.detect(srcImage, keypoints);
015:        cout << "keypoints.size()=" << keypoints.size() << endl;
016:
017:        KeyPointsFilter::removeDuplicated(keypoints);
018:        KeyPointsFilter::retainBest(keypoints, 10);
019:        cout << "keypoints.size()=" << keypoints.size() << endl;
020:
021:        BriefDescriptorExtractor brief(16);
022:        Mat descriptor;
023:        brief.compute(srcImage, keypoints, descriptor);
024:
025:        FileStorage fs("Keypoints.yml", FileStorage::WRITE);
026:        write(fs, "keypoints", keypoints);
027:        write(fs, "descriptors", descriptor);
028:        fs.release();
029:
030:        Mat dstImage(srcImage.size(), CV_8UC3);
031:        cvtColor(srcImage, dstImage, COLOR_GRAY2BGR);
032:        // drawKeypoints(srcImage, keypoints, dstImage);
033:
034:        KeyPoint element;
035:        for(int k = 0; k < keypoints.size(); k++)
036:        {
037:            element = keypoints[k];
038:            circle(dstImage, element.pt, cvRound(element.size / 2), Scalar(0, 0, 255), 2);
039:        }
040:        imshow("dstImage", dstImage);
041:        waitKey();
042:        return 0;
043: }
```

◎ 프로그램 설명

① FastFeatureDetector로 특징점을 검출하고, BriefDescriptorExtractor로 이진 기술자를 계산한다.

② 12-19행
12-15행은 FastFeatureDetector 클래스를 사용하여 특징점을 keypoints에 검출한다. 17-19행은 KeyPointsFilter::removeDuplicated로 keypoints에서 중복된 특징점을 제거하고, KeyPointsFilter::retainBest로 특징점 keypoints에서, 반응세기 값이 큰 최대 npoints = 10의 특징만을 남겨놓고 나머지는 삭제한다.

③ 21-23행
BriefDescriptorExtractor 클래스로 k = 16바이트, 즉 n = 128 크기의 기술자 brief 객체를 생성하고, DescriptorExtractor::compute 메서드를 호출하여 descriptor 행렬에 기술자를 계산한다.

④ 25-28행
"Keypoints.yml" 파일에 특징점 벡터 keypoints와 기술자 행렬 descriptors를 출력한다.

⑤ [그림 10.12]는 "cornerTest.jpg" 영상에서 생성된 "Keypoints.yml" 파일이다. keypoints 벡터는 KeyPoint 클래스에 의해 특징점 좌표(pt), 크기(size), 각도(angle), 반응값(response), 옥타브

(octave), 클래스 식별번호(class_id)에 의해 7개씩 쌍이 되어 하나의 특징점 정보를 갖는다. 8×16 행렬 descriptors는 각 행에 특징점의 기술자가 바이트로 패킹되어 저장된다. 기술자는 16바이트 × 8 비트 = 128비트의 이진 테스트 결과의 128-차원의 이진 비트 스트링이다.

```
%YAML:1.0
keypoints: [ 109., 127., 7., -1., 143., 0., -1, 264., 127., 7., -1., 143.,
    0., -1, 267., 167., 7., -1., 143., 0., -1, 386., 170., 7., -1., 143.,
    0., -1, 109., 268., 7., -1., 143., 0., -1, 167., 271., 7., -1., 143.,
    0., -1, 170., 374., 7., -1., 143., 0., -1, 386., 374., 7., -1., 143.,
    0., -1 ]
descriptors: !!opencv-matrix
    rows: 8
    cols: 16
    dt: u
    data: [ 24, 5, 40, 204, 44, 169, 161, 213, 150, 90, 88, 8, 74, 140,
    22, 157, 56, 4, 110, 60, 15, 50, 76, 8, 17, 227, 18, 208, 182,
    224, 73, 8, 72, 0, 4, 190, 39, 55, 86, 97, 25, 194, 19, 0, 179,
    168, 1, 40, 56, 4, 110, 60, 15, 50, 76, 8, 17, 227, 18, 208, 182,
    224, 73, 8, 182, 57, 251, 65, 200, 200, 33, 146, 226, 44, 100,
    239, 12, 17, 126, 215, 198, 187, 144, 0, 160, 205, 177, 246, 206,
    12, 108, 47, 9, 12, 54, 247, 182, 57, 251, 65, 200, 200, 33, 146,
    226, 44, 100, 239, 12, 17, 126, 215, 228, 248, 71, 10, 18, 100,
    86, 34, 153, 237, 21, 199, 143, 112, 223, 180 ]
```

[그림 10.12] "cornerTest.jpg" 영상에서 생성된 "Keypoints.yml"

5.2 FREAK 기술자 계산

FREAK 기술자는 OpenCV 2.4.13에만 구현되어 있다. Alexandre Alahi 등의 논문 "FREAK: Fast Retina Keypoint"을 구현한다. FREAK은 샘플링 패턴으로, 특징점에 가까울수록 동심원을 많이 배치하고, 동심원을 겹치게 배치하는 방법으로 사람 눈의 망막(retina) 구조와 유사한 [그림 10.13]과 같은 샘플링 패턴을 사용하여 영상 밝기를 비교하는 방법으로 연속적인 이진 스트링의 기술자를 계산한다. 논문에서는 SIFT, SURF, BRISK보다 메모리를 적게 사용하고 강인한 방법으로 임베디드 응용에 적합한 기술자 계산방법이라 주장한다.

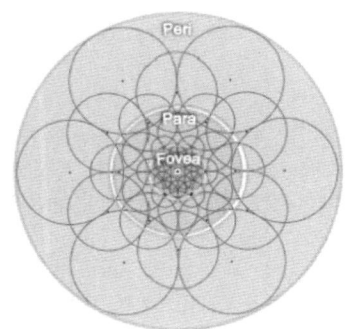

[그림 10.13] FREAK 샘플링 패턴

① 이진 기술자 F 계산

FREAK은 이진 기술자 F를 연속적인 1-비트 DoG(Difference of Gaussians)에 의해 계산한다.

$$F= \sum_{0 \leq \alpha < N} 2^{\alpha} \, T(P_{\alpha})$$

$$T(P_{\alpha}) = \begin{cases} 1 & \text{if } (I(P_{\alpha}^{r1}) - I(P_{\alpha}^{r1})) > 0 \\ 0 & o.w. \end{cases}$$

여기서, P_{α}는 동심원의 쌍(pairs)이고, N은 기술자의 크기이다. $I(P_{\alpha}^{r1})$은 동심원 쌍 P_{α}의 첫 번째 동심원의 스무딩된 밝기값, $I(P_{\alpha}^{r2})$은 동심원 쌍 P_{α}의 두 번째 동심원의 스무딩된 밝기값이다. 수십 개의 동심원으로 수천 개의 쌍이 가능한데, 이들 쌍으로부터 최적의 쌍을 찾는 휴리스틱 알고리즘을 coarse-to-fine 순서로 수행하고 그룹핑하여 쌍을 선택한다. FREAK 기술자의 매칭 방법은 안구운동(saccadic) 매칭으로, 대략적(coarse)인 정보를 갖는 처음 16바이트의 기술자를 먼저 매칭하고, 거리가 임계값보다 작으면 다음 바이트를 매칭하는 방법을 사용한다. 특징점의 회전을 추정하기 위해서는 BRISK와 유사하게, 선택된 쌍의 지역 그래디언트의 합을 사용한다. 전역 방향을 찾기 위해서 동심원 거리가 먼 쌍을 사용한다.

$$O= \frac{1}{M} \sum_{P_o \in G} (I(P_o^{r1}) - I(P_o^{r2})) \frac{I(P_o^{r1}) - I(P_o^{r2})}{\| I(P_o^{r1}) - I(P_o^{r2}) \|}$$

여기서 G는 지역 그래디언트를 계산하기 위한 모든 쌍의 집합이고, M은 G의 상의 개수이다. P_o^{r1}, P_o^{r2}은 선택된 두 동심원의 중심 위치이다. 논문에서는 45개의 동심원 쌍을 사용하여 특징점의 회전을 추정한다.

② DescriptorExtractor 클래스로부터 상속받은 FREAK은 생성자로 초기화한다. orientationNormalized은 방향(orientation) 정규화 설정을 하고, scaleNormalized은 크기 정규화 설정하며, patternScale은 기술자 패턴의 스케일을 지정하고, nbOctave는 검출된 특징점이 커버하는 피라미드 옥타브 개수이고, selectedPairs는 옵션으로 사용자 정의 선택 특징점 쌍이다.

③ FREAK::selectPairs 메서드는 입력영상 집합으로부터 최적의 기술자 계산을 위한 512 좌표쌍의 첨자를 반환한다. images는 입력영상 벡터이고, keypoints[i]는 images[i]에서 검출된 특징점 벡터이다. corrThresh는 상관관계 임계값으로 낮게 설정하면 많은 쌍의 특징점 쌍이 선택된다. verbose = true이면 특징점 쌍의 정보가 출력된다.

④ FREAK의 실제 구현은 FREAK::computeImpl 메서드에 있고, 사용자는 DescriptorExtractor::compute 메서드를 호출하여 FEARK 기술자를 계산한다.

```
// OpenCV 2.4.13
class FREAK : public DescriptorExtractor
{
public:
    /** Constructor
    * orientationNormalized: 방향 정규화 설정
```

```
    * scaleNormalized   : 크기 정규화 설정
    * patternScale     : 기술자 패턴의 스케일
    * nbOctave       : 검출된 특징점이 커버하는 피라미드 옥타브 개수
    * selectedPairs    : 사용자 정의 선택 특징점 쌍
    */
    explicit FREAK(bool orientationNormalized = true,
    bool scaleNormalized = true, float patternScale = 22.0f,
    int nOctaves = 4, const vector<int>& selectedPairs = vector<int>());
    // 생략 .....................
    /** returns the descriptor length in bytes */
    virtual int descriptorSize() const;
    /** returns the descriptor type */
    virtual int descriptorType() const;

    /** select the 512 "best description pairs"
    * images : 입력영상 벡터
    * keypoints: 검출된 특징점 벡터의 벡터
    * corrThresh: 상관관계 임계값
    * verbose: 정보 출력
    * 최적의 특징점 쌍의 첨자의 벡터를 반환함
    */
    vector<int> selectPairs(const vector<Mat>& images,
             vector<vector<KeyPoint> >& keypoints,
             const double corrThresh = 0.7, bool verbose = true);
    // 생략 .....................
};
```

[예제 10-8] FREAK 기술자 계산 및 파일 출력 (OpenCV 2.4.13)

```
001:  #include "opencv.hpp"
002:  using namespace cv;
003:  using namespace std;
004:  int main()
005:  {
006:      Mat srcImage = imread("cornerTest.jpg", IMREAD_GRAYSCALE);
007:      // Mat srcImage = imread("book.jpg", IMREAD_GRAYSCALE);
008:      if(srcImage.empty())
009:          return -1;
010:      GaussianBlur(srcImage, srcImage, Size(5, 5), 0.0);
011:
012:      vector<KeyPoint> keypoints;
013:      FastFeatureDetector fastF(10, true); // false
014:      fastF.detect(srcImage, keypoints);
015:      // cout << "keypoints.size()=" << keypoints.size() << endl;
016:
017:      KeyPointsFilter::removeDuplicated(keypoints);
018:      KeyPointsFilter::retainBest(keypoints, 10);
019:      cout << "keypoints.size()=" << keypoints.size() << endl;
020:
021:      Mat dstImage(srcImage.size(), CV_8UC3);
022:      cvtColor(srcImage, dstImage, COLOR_GRAY2BGR);
023:      drawKeypoints(srcImage, keypoints, dstImage);
024:      imshow("dstImage", dstImage);
025:
```

```
026:        FileStorage fs1("Keypoints1.yml", FileStorage::WRITE);
027:        write(fs1, "keypoints", keypoints);
028:        fs1.release();
029:
030:        FREAK freak;
031:        Mat descriptors;
032:        freak.compute(srcImage, keypoints, descriptors);
033:
034:        FileStorage fs("Keypoints2.yml", FileStorage::WRITE);
035:        write(fs, "keypoints", keypoints);
036:        write(fs, "descriptors", descriptors);
037:        fs.release();
038:
039:        waitKey();
040:        return 0;
041:  }
```

◎ 프로그램 설명

① FastFeatureDetector로 특징점을 검출하고, FREAK으로 이진 기술자를 계산한다.

② 12-28행
12-15행은 FastFeatureDetector 클래스를 사용하여 특징점을 keypoints에 검출한다. 17-19행은 KeyPointsFilter::removeDuplicated로 keypoints에서 중복된 특징점을 제거하고, KeyPointsFilter::retainBest로 특징점 keypoints에서, 반응세기 값이 큰 최대 npoints = 10의 특징만을 남겨놓고 나머지는 삭제한다. 26-28행은 "Keypoints1.yml" 파일에 기술자를 계산하기 전의 특징점 벡터 keypoints를 출력한다.

③ 30-32행
FREAK 클래스로 orientationNormalized = true, scaleNormalized = true, patternScale = 22.0f, nOctaves = 4의 디폴트로 설정한 freak 객체를 생성하고, DescriptorExtractor::compute 메서드를 호출하여 descriptors 행렬에 기술자를 계산한다.

④ 34-37행
"Keypoints2.yml" 파일에 기술자 계산 후의 특징점 벡터 keypoints와 기술자 행렬 descriptors를 출력한다.

⑤ [그림 10.14]는 "cornerTest.jpg" 영상에서 기술자 계산전의 특징점을 출력한 "Keypoints1.yml" 파일이다. keypoints 벡터는 KeyPoint 클래스에 의해 특징점 좌표(pt), 크기(size), 각도(angle), 반응값(response), 옥타브(octave), 클래스 식별번호(class_id)에 의해 7개씩 쌍이 되어 하나의 특징점 정보를 갖는다. [그림 10.15]는 "cornerTest.jpg" 영상에서 기술자 계산 후의 특징점과 기술자를 출력한 "Keypoints2.yml" 파일이다. "Keypoints1.yml" 파일과 비교해보면, 특징점의 각도가 계산되어 출력된 것을 확인할 수 있다. 8×64 행렬 descriptors는 각 행에 특징점의 기술자가 바이트로 패킹되어 저장된다. 기술자는 64바이트 × 8비트 = 512비트의 이진 테스트 결과의 512-차원의 이진 비트 스트링이다.

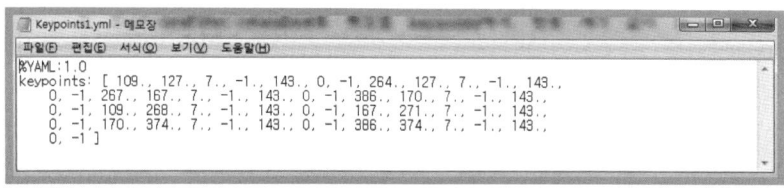

[그림 10.14] "cornerTest.jpg" 영상에서 기술자 계산 전의 특징점 "Keypoints1.yml"

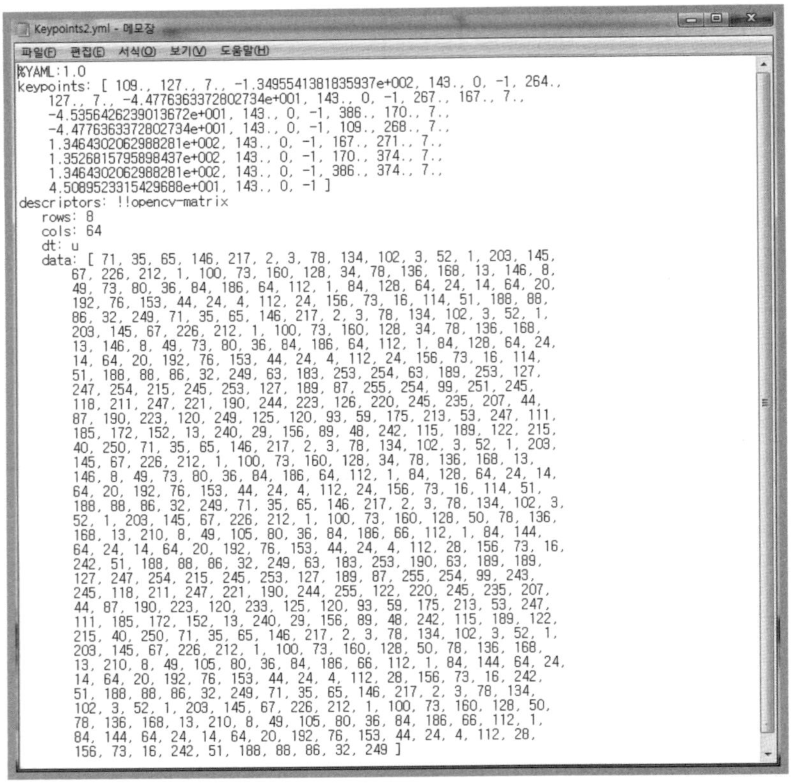
Keypoints2.yml - 메모장

파일(F) 편집(E) 서식(O) 보기(V) 도움말(H)


```
%YAML:1.0
keypoints: [ 109., 127., 7., -1.3495541381835937e+002, 143., 0, -1, 264.,
    127., 7., -4.4776363372802734e+001, 143., 0, -1, 267., 167., 7.,
    -4.5356426239013672e+001, 143., 0, -1, 386., 170., 7.,
    -4.4776363372802734e+001, 143., 0, -1, 109., 268., 7.,
    1.3464302062988281e+002, 143., 0, -1, 167., 271., 7.,
    1.3526815795898437e+002, 143., 0, -1, 170., 374., 7.,
    1.3464302062988281e+002, 143., 0, -1, 386., 374., 7.,
    4.5089523315429688e+001, 143., 0, -1 ]
descriptors: !!opencv-matrix
   rows: 8
   cols: 64
   dt: u
   data: [ 71, 35, 65, 146, 217, 2, 3, 78, 134, 102, 3, 52, 1, 203, 145,
       67, 226, 212, 1, 100, 73, 160, 128, 34, 78, 136, 168, 13, 146, 8,
       49, 73, 80, 36, 84, 186, 64, 112, 1, 84, 128, 64, 24, 14, 64, 20,
       192, 76, 153, 44, 24, 4, 112, 24, 156, 73, 16, 114, 51, 188, 88,
       86, 32, 249, 71, 35, 65, 146, 217, 2, 3, 78, 134, 102, 3, 52, 1,
       203, 145, 67, 226, 212, 1, 100, 73, 160, 128, 34, 78, 136, 168,
       13, 146, 8, 49, 73, 80, 36, 84, 186, 64, 112, 1, 84, 128, 64, 24,
       14, 64, 20, 192, 76, 153, 44, 24, 4, 112, 24, 156, 73, 16, 114,
       51, 188, 88, 86, 32, 249, 63, 183, 253, 254, 63, 189, 253, 127,
       247, 254, 215, 245, 253, 127, 189, 87, 255, 254, 99, 251, 245,
       118, 211, 247, 221, 190, 244, 223, 126, 220, 245, 235, 207, 44,
       87, 190, 223, 120, 249, 125, 120, 93, 59, 175, 213, 53, 247, 111,
       185, 172, 152, 13, 240, 29, 156, 89, 48, 242, 115, 189, 122, 215,
       40, 250, 71, 35, 65, 146, 217, 2, 3, 78, 134, 102, 3, 52, 1, 203,
       145, 67, 226, 212, 1, 100, 73, 160, 128, 34, 78, 136, 168, 13,
       146, 8, 49, 73, 80, 36, 84, 186, 64, 112, 1, 84, 128, 64, 24, 14,
       64, 20, 192, 76, 153, 44, 24, 4, 112, 24, 156, 73, 16, 114, 51,
       188, 88, 86, 32, 249, 71, 35, 65, 146, 217, 2, 3, 78, 134, 102, 3,
       52, 1, 203, 145, 67, 226, 212, 1, 100, 73, 160, 128, 50, 78, 136,
       168, 13, 210, 8, 49, 105, 80, 36, 84, 186, 66, 112, 1, 84, 144,
       64, 24, 14, 64, 20, 192, 76, 153, 44, 24, 4, 112, 28, 156, 73, 16,
       242, 51, 188, 88, 86, 32, 249, 63, 183, 253, 190, 63, 189, 189,
       127, 247, 254, 215, 245, 253, 127, 189, 87, 255, 254, 99, 243,
       245, 118, 211, 247, 221, 190, 244, 255, 122, 220, 245, 235, 207,
       44, 87, 190, 223, 120, 233, 125, 120, 93, 59, 175, 213, 53, 247,
       111, 185, 172, 152, 13, 240, 29, 156, 89, 48, 242, 115, 189, 122,
       215, 40, 250, 71, 35, 65, 146, 217, 2, 3, 78, 134, 102, 3, 52, 1,
       203, 145, 67, 226, 212, 1, 100, 73, 160, 128, 50, 78, 136, 168,
       13, 210, 8, 49, 105, 80, 36, 84, 186, 66, 112, 1, 84, 144, 64, 24,
       14, 64, 20, 192, 76, 153, 44, 24, 4, 112, 28, 156, 73, 16, 242,
       51, 188, 88, 86, 32, 249, 71, 35, 65, 146, 217, 2, 3, 78, 134,
       102, 3, 52, 1, 203, 145, 67, 226, 212, 1, 100, 73, 160, 128, 50,
       78, 136, 168, 13, 210, 8, 49, 105, 80, 36, 84, 186, 66, 112, 1,
       84, 144, 64, 24, 14, 64, 20, 192, 76, 153, 44, 24, 4, 112, 28,
       156, 73, 16, 242, 51, 188, 88, 86, 32, 249 ]
```


[그림 10.15] "cornerTest.jpg" 영상에서 기술자 계산 후의 특징점 및 기술자 "Keypoints2.yml"

5.3 ORB 특징 검출 및 기술자 계산

ORB는 OpenCV 2.4.13과 OpenCV 3.1.0에 모두에 구현되어 있다. Ethan Rublee 등의 논문 "ORB: an efficient alternative to SIFT or SURF"를 구현한다. ORB(oriented BRIEF)는 특징점 검출의 위해 FAST 특징 검출기를 사용하며, 기술자 계산은 BRIEF를 사용한다. 회전을 고려하지 않은 기존의 FAST와 BRIEF에 특징점의 방향, 회전을 추가하였다.

(1) 특징점 검출

기존 FAST는 중앙의 화소와 이웃 화소와의 차이의 임계값, threshold 하나만 인수로 가진다. 코너점의 정도를 판단하는 수단이 없어, FAST에 의한 특징점을 정렬할 수단이 없다. ORB는 다중 스케일 피라미드의 각 단계에서 Harris 코너 측정값을 사용하여 필터링된 특징점을 계산한다.

특징점의 방향을 패치에서 밝기값의 모멘트를 사용하여 $\theta = atan2(m_{01}, m_{10})$로 단순하게 계산한다. 이것은 코너점, O의 밝기가 모멘트 계산에 의한 밝기값의 중심 $C = (m_{10}/m_{00}, m_{01}/m_{00})$으로부터 떨어져, O에서 C로의 벡터의 방향을 특징점의 방향으로 계산한 것이다. ORB는 특징점을 검출하기 위하여 이웃을 결정하는 반지름이 9인 FAST-9을 사용한다.

(2) 기술자 계산

ORB는 특징점의 방향에 따라 BRIEF를 조정(steer)하여 계산하는 방법을 사용한다. 패치 p에서, n 개의 (x, y) 위치쌍에서, 위치 $(x_i, y_i), i = 1, ..., n$에서, n개의 이진 테스트에 의한 이진 비트열을 생성하기 위한 2×n 행렬 $S = (x_i, y_i)^T, i = 1, ..., n$을 정의한다. 패치의 회전각도 θ에 대응하는 회전행렬 R_θ를 사용하여, S의 회전 조정(steered) 버전 $S_\theta = R_\theta S$을 계산한다. 회전각도 θ에 의한 특징 집합 S의 n-차원의 이진 비트 스트링, $g_n(p, \theta)$을 계산한다.

$$g_n(p, \theta) = f_n(p)|(x_i, y_i) \in S_\theta$$

$$여기서, f_n(p) = \sum_{1 \leq i \leq nd} 2^{i-1} \tau(p; x_i, y_i)$$

$$\tau(p; x, y) = \begin{cases} 1 & \text{if } p(x) < p(y) \\ 0 & o.w \end{cases}$$

회전각도 θ는 특징점 검출에서 계산한 값이다. 논문에서는 회전각도 θ를 12도 간격으로 디지타이징하여, 미리 계산된 BRIEF 패턴에서 참조표를 구성해 놓고 사용한다.

300k개의 특징점 집합에서, 31×31의 패치의 각 이진 테스트를 5×5 윈도우 쌍으로 할 때, $N = (31-5)^2$개의 가능한 윈도우가 가능하고, 가능한 모든 가능한 N개에서 2개를 뽑는 이진 테스트 조합에서, 겹치는 영역을 제거하면 M = 205590개의 테스트가 가능하고, 이들 각 테스트에 대하여 가우시안 평균이 0.5 근처인 상관관계가 없는 n = 256개의 테스트 집합을 Greedy 탐색을 사용하여 찾는다.

(3) OpenCV 2.4.13에서 ORB

Feature2D에서 상속받은 ORB 클래스는 특징점을 검출하기 위하여 피라미드에서 FAST를 사용하고, FAST 또는 Harris 반응값을 사용하여 반응값의 세기가 큰 특징점을 선택한다. 1-차 모멘트를 사용하여 방향(orientation)을 계산하고, BRIEF를 사용하여 기술자를 계산한다. 클래스 생성자로 파라미터를 설정하고, ORB::operator() 연산자 함수로 특징점 또는 기술자를 계산한다. Feature2D::detect 메서드로 특징점을 검출할 수 있다. DescriptorExtractor::compute 메서드를 호출하여 ORB 기술자를 계산할 수 있다.

ORB 클래스의 생성자에서, 현재 구현에서 firstLevel = 0이고, WTA_K는 기술자에서 임의 좌표 쌍의 개수로, 예를 들어 WTA_K = 2이면, 임의로 2개 좌표를 생성하여, 밝기 값을 비교하여, 최대 밝기값을 갖는 좌표의 첨자 0 또는 1이 반응 값이 된다. scoreType는 ORB::HARRIS_SCORE 또는 FAST_SCORE에 따라 반응값의 세기를 계산한다. patchSize는 기술자에서 사용하는 패치 크기이다.

```
// OpenCV 2.4.13
class ORB : public Feature2D
{
public:
    // the size of the signature in bytes
    enum { kBytes = 32, HARRIS_SCORE=0, FAST_SCORE = 1 };
    CV_WRAP explicit ORB(int nfeatures = 500, float scaleFactor = 1.2f,
            int nlevels = 8, int edgeThreshold = 31, int firstLevel = 0, int WTA_K = 2,
            int scoreType=ORB::HARRIS_SCORE, int patchSize = 31);

    // Compute the ORB features and descriptors on an image
    void operator()(InputArray image, InputArray mask,
                    vector<KeyPoint>& keypoints) const;
    // Compute the ORB features and descriptors on an image
    void operator()(InputArray image, InputArray mask,
            vector<KeyPoint>& keypoints,
            OutputArray descriptors, bool useProvidedKeypoints=false) const;
    // 생략 ..........
};
```

(4) OpenCV 3.1.0에서 ORB

Feature2D에서 상속받은 ORB 클래스는 Ptr〈ORB〉 자료형을 반환하는 정적 메서드 create로 파라미터를 설정하고, 객체 포인터를 생성한다.

Feature2D::detect 메서드로 특징점을 검출하고, Feature2D::compute 메서드로 기술자를 계산한다. Feature2D::detectAndCompute 메서드는 특징점 검출과 기술자를 계산한다.

```
// OpenCV 3.1.0
class ORB : public Feature2D
{
public:
    enum { kBytes = 32, HARRIS_SCORE=0, FAST_SCORE = 1 };
    CV_WRAP static Ptr<ORB> create(int nfeatures = 500, float scaleFactor = 1.2f,
            int nlevels = 8, int edgeThreshold = 31, int firstLevel = 0, int WTA_K = 2,
            int scoreType = ORB::HARRIS_SCORE,
            int patchSize = 31, int fastThreshold = 20);
    // 생략 ..........
};
```

[예제 10-9] ORB 특징검출 및 기술자 계산 (OpenCV 2.4.13, OpenCV 3.1.0)

```
001:  #include "opencv.hpp"
002:  using namespace cv;
003:  using namespace std;
004:  int main()
005:  {
006:      Mat srcImage = imread("cornerTest.jpg", IMREAD_GRAYSCALE);
007:      // Mat srcImage = imread("book.jpg", IMREAD_GRAYSCALE);
```

```
008:          if(srcImage.empty())
009:              return -1;
010:          GaussianBlur(srcImage, srcImage, Size(5, 5), 0.0);
011:
012:          vector<KeyPoint> keypoints;
013:          Mat descriptors;
014:
015:          // OpenCV 2.4.13
016:          ORB(10)(srcImage, noArray(), keypoints, descriptors);
017:          cout << "keypoints.size()=" << keypoints.size() << endl;
018:          /*
019:          orbF.detect(srcImage, keypoints);
020:          KeyPointsFilter::removeDuplicated(keypoints);
021:          KeyPointsFilter::retainBest(keypoints, 10);
022:          cout << "keypoints.size()=" << keypoints.size() << endl;
023:          orbF.compute(srcImage, keypoints, descriptors);
024:          */
025:
026:          // OpenCV 3.1.0
027:          Ptr<ORB> orbF = ORB::create();
028:          orbF->detectAndCompute(srcImage, noArray(), keypoints, descriptors);
029:          cout << "keypoints.size()=" << keypoints.size() << endl;
030:          /*
031:          orbF->detect(srcImage, keypoints);
032:          KeyPointsFilter::removeDuplicated(keypoints);
033:          KeyPointsFilter::retainBest(keypoints, 10);
034:          cout << "keypoints.size()=" << keypoints.size() << endl;
035:          orbF->compute(srcImage, keypoints, descriptors);
036:          */
037:
038:          FileStorage fs("Keypoints.yml", FileStorage::WRITE);
039:          write(fs, "keypoints", keypoints);
040:          write(fs, "descriptors", descriptors);
041:          fs.release();
042:
043:          Mat dstImage(srcImage.size(), CV_8UC3);
044:          cvtColor(srcImage, dstImage, COLOR_GRAY2BGR);
045:          drawKeypoints(srcImage, keypoints, dstImage);
046:
047:          KeyPoint element;
048:          for(int k = 0; k < keypoints.size(); k++)
049:          {
050:              element = keypoints[k];
051:              RotatedRect rRect = RotatedRect(element.pt,
052:                  Size2f(element.size, element.size), element.angle);
053:              Point2f vertices[4];
054:              rRect.points(vertices);
055:              for (int i = 0; i < 4; i++)
056:                  line(dstImage, vertices[i], vertices[(i + 1) % 4], Scalar(0, 255, 0), 2);
057:
058:              circle(dstImage, element.pt, cvRound(element.size/2),
059:                  Scalar(rand() % 256, rand() % 256, rand() % 256), 2);
060:          }
061:          imshow("dstImage", dstImage);
062:          waitKey();
063:          return 0;
064: }
```

◎ 프로그램 설명

① 12-24행

12-13행은 특징점을 저장할 keypoints 벡터와 기술자를 저장할 descriptors 행렬을 선언한다.

15-24행은 OpenCV 2.4.13에서 ORB 클래스를 사용하여 특징점과 기술자를 계산한다. 16행은 ORB 클래스 생성자에 검출할 특징점의 개수를 nfeatures = 10으로 전달하여 객체를 생성하고, () 연산자 함수로 srcImage 영상에서 특징점은 keypoints 벡터에, 기술자는 descriptors 행렬에 계산한다.

19행은 ORB 클래스 객체, orbF를 이용하여, FeatureDetector::detect 메서드로 특징점을 keypoints 벡터에 검출한다. 20-21행은 KeyPointsFilter::removeDuplicated로 keypoints 에서 중복된 특징점을 제거하고, KeyPointsFilter::retainBest로 특징점 keypoints에 서, 반응 세기 값이 큰 최대 npoints = 10의 특징만을 남겨놓고 나머지는 삭제한다. 23행은 DescriptorExtractor::compute 메서드로 descriptor 행렬에 기술자를 계산한다.

② 26-36행

OpenCV 3.1.0에서 ORB 클래스를 사용하여 특징점과 기술자를 계산한다. 27행은 ORB::create 메 서드로 생성한 객체 포인터를 Ptr<ORB> 자료형의 포인터 orbF에 저장한다.

28행은 Feature2D::detectAndCompute 메서드로 srcImage 영상에서 특징점은 keypoints 벡터 에, 기술자는 descriptors 행렬에 계산한다.

31행은 Feature2D::detect 메서드로 특징점을 keypoints 벡터에 검출한다. 32-33행은 특징점을 필터링한다. 35행은 Feature2D::compute 메서드로 descriptor 행렬에 기술자를 계산한다.

③ 38-41행

"Keypoints.yml" 파일에 특징점 벡터 keypoints와 기술자 행렬 descriptors를 출력한다.

④ 43-60행

45행은 drawKeypoints 함수로 특징점 벡터 keypoints에 저장된 특징점을 dstImage 영상에 표시 한다. 50-52행은 RotatedRect 함수로 특징점 keypoints[k]의 위치, 크기, 각도를 사용하여 회전된 사각형을 정의하여 rRect에 저장한다. 53-54행은 rRect.points로 4개의 모서리 점을 배열 vertices 에 저장하고, 직선으로 표시한다. 58-59행은 특징점의 위치와 크기를 이용하여 원으로 표시한다.

⑤ [그림 10.16]은 OpenCV 3.1.0에서 ORB 특징 검출의 결과이다. [그림 10.16](a)는 "cornerTest. jpg" 영상에서 검출한 10개의 특징점이다. [그림 10.16](b)는 "book.jpg" 영상에서 검출한 10개 의 특징점이다. [그림 10.17]은 "cornerTest.jpg" 영상에서 검출된 특징점과 기술자의 계산의 "Keypoints.yml" 파일에 저장한 결과이다. keypoints 벡터는 KeyPoint 클래스에 의해 특징점 좌표 (pt), 크기(size), 각도(angle), 반응값(response), 옥타브(octave), 클래스 식별번호(class_id)에 의 해 7개씩 쌍이 되어 하나의 특징점 정보를 갖는다. 10×32 행렬 descriptors는 각 행에 특징점의 기 술자가 바이트로 패킹되어 저장된다. 기술자는 32 × 8비트 = 256비트의 이진 테스트 결과인 256- 차원의 이진 비트 스트링이다.

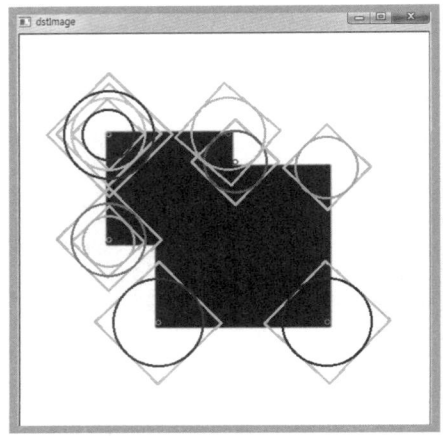

(a) "cornerTest.jpg"

(b) "book.jpg"

[그림 10.16] ORB 특징점 검출

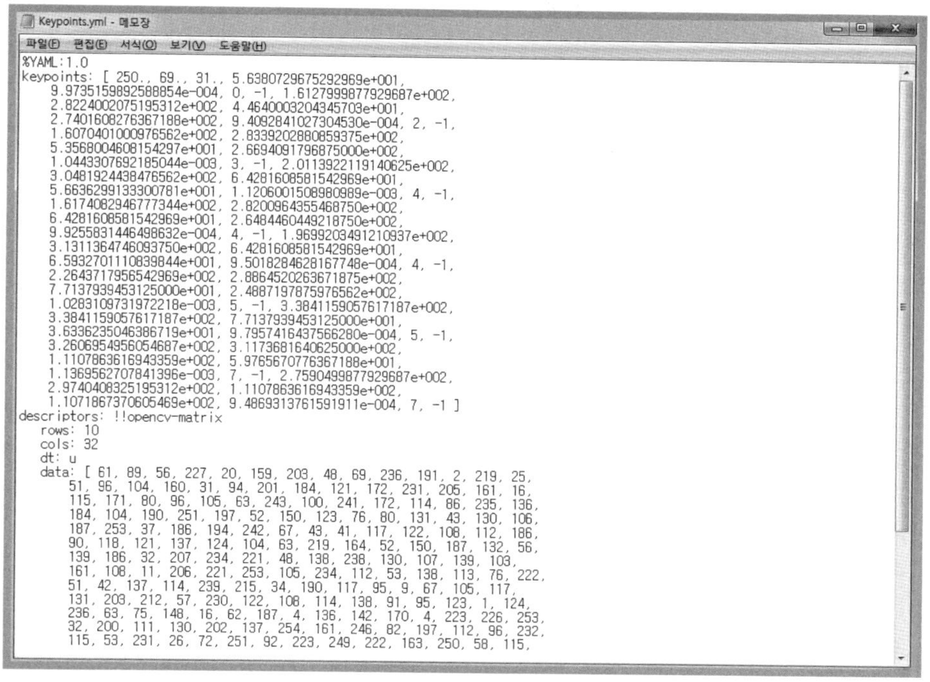


```
%YAML:1.0
keypoints: [ 250., 69., 31., 5.6380729675292969e+001,
    9.9735159892588854e-004, 0, -1, 1.6127999877929687e+002,
    2.8224002075195312e+002, 4.4640003204345703e+001,
    2.7401608276367188e+002, 9.4092841027304530e-004, 2, -1,
    1.6070401000976562e+002, 2.8339202880859375e+002,
    5.3568004608154297e+001, 2.6694091796875000e+002,
    1.0443307692185044e-003, 3, -1, 2.0113922119140625e+002,
    3.0481924438476562e+002, 6.4281608581542969e+001,
    5.6636299133300781e+001, 1.1206001508980989e-003, 4, -1,
    1.6174082946777344e+002, 2.8200964355468750e+002,
    6.4281608581542969e+001, 2.6484460449218750e+002,
    9.9255831446498632e-004, 4, -1, 1.9699203491210937e+002,
    3.1311364746093750e+002, 6.4281608581542969e+001,
    6.5932701110839844e+001, 9.5018284628167748e-004, 4, -1,
    2.2643717956542969e+002, 2.8864520263671875e+002,
    7.7137939453125000e+001, 2.4887197875976562e+002,
    1.0283109731972218e-003, 5, -1, 3.3841159057617187e+002,
    3.3841159057617187e+002, 7.7137939453125000e+001,
    3.6336235046386719e+001, 9.7957416437566280e-004, 5, -1,
    3.2606954956054687e+002, 3.1173681640625000e+002,
    1.1107863616943359e+002, 5.9765670776367188e+001,
    1.1369562707841396e-003, 7, -1, 2.7590499877929687e+002,
    2.9740408325195312e+002, 1.1107863616943359e+002,
    1.1071867370605469e+002, 9.4869313761591911e-004, 7, -1 ]
descriptors: !!opencv-matrix
   rows: 10
   cols: 32
   dt: u
   data: [ 61, 89, 56, 227, 20, 159, 203, 48, 69, 236, 191, 2, 219, 25,
       51, 96, 104, 160, 31, 94, 201, 184, 121, 172, 231, 205, 161, 16,
       115, 171, 80, 96, 105, 63, 243, 100, 241, 172, 114, 86, 235, 136,
       184, 104, 190, 251, 197, 52, 150, 123, 76, 80, 131, 43, 130, 106,
       187, 253, 37, 186, 194, 242, 67, 43, 41, 117, 122, 108, 112, 186,
       90, 118, 121, 137, 124, 104, 63, 219, 164, 52, 150, 187, 132, 56,
       139, 186, 32, 207, 234, 221, 48, 138, 238, 130, 107, 139, 103,
       161, 108, 11, 206, 221, 253, 105, 234, 112, 53, 138, 113, 76, 222,
       51, 42, 137, 114, 239, 215, 34, 190, 117, 95, 9, 67, 105, 117,
       131, 203, 212, 57, 230, 122, 108, 114, 138, 91, 95, 123, 1, 124,
       236, 63, 75, 148, 16, 62, 187, 4, 136, 142, 170, 4, 223, 226, 253,
       32, 200, 111, 130, 202, 137, 254, 161, 246, 82, 197, 112, 96, 232,
       115, 53, 231, 26, 72, 251, 92, 223, 249, 222, 163, 250, 58, 115,
```


[그림 10.17] ORB 기술자 계산("cornerTest.jpg")

5.4 BRISK 특징 검출 및 기술자 계산

BRISK는 OpenCV 2.4.13과 OpenCV 3.1.0에 모두에 구현되어 있다. Stefan Leutenegger 등의 논문 "BRISK(Binary Robust Invariant Scalable Keypoints)"를 구현한다. BRISK는 FAST((Features from Accelerated Segment Test) 또는 AGIST(Adaptive and generic corner detection based on the accelerated segment test)에 기반하여 스케일 공간에서 피라미드 기반으로 특징점을 검출하고, 기술자 계산은 특징점 근처에서 동심원 기반의 샘플링 패턴을 이용하여 이진 기술자를 계산한다.

(1) 특징점 검출

BRISK는 영상에서뿐만 아니라, 스케일 공간에서 FAST 특징값을 가지고 최대값을 탐색하는 단계를 추가했다. 스케일 공간 피라미드는 [그림 10.18]과 같이 n 개의 옥타브 c_i, $i=0,...,n-1$와 n 개의 인트라-옥타브 d_i, $i=0,...,n-1$로 구성된다. 일반적으로 n = 4를 사용한다. c_i는 가로와 세로 1/2씩 줄어드는 파라미드 다운 샘플링으로 구성한다. c_0는 원본영상이다. 인트라-옥타브 d_i는 c_i와 c_{i+1} 사이에 위치한다. d_0는 원본영상 c_0를 1.5로 스케일 다운 샘플링하여 계산한다. 스케일 t는 $t(c_i)=2^i$, $t(d_i)=2^i\times 1.5$이다.

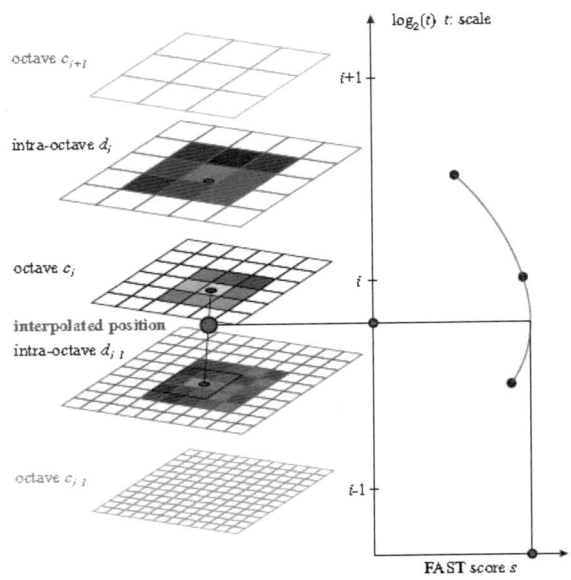

[그림 10.18] BRISK의 스케일 공간 관심점 검출
(옥타브 c_i, 인트라-옥타브 d_i, 스케일 t)

ⓐ FAST 9-16(FastFeatureDetector::TYPE_9_16) 특징 검출기를 각 옥타브 c_i와 인트라 옥타브 d_i에 같은 임계값 T를 적용하여 관심영역을 검출한다.

ⓑ 같은 계층에서 8개의 이웃과 아래위 계층의 대응하는 측정값 패치에서도 FAST 측정값 s가 최대값인 특징점을 검출한다. 3-계층에서 최대값을 검출하기 위하여, 스케일 축을 보간하고, 특징값의 위치도 부화소 단위로 최소자승법을 사용하여 보간하여 계산한다. 특징점은 부화소 단위로 위치가 계산되며, 피라미드에서의 보간된 실수 스케일 값을 갖는다.

(2) 기술자 계산

BRISK는 [그림 10.19]와 같은 특징점 근처에서 동심원 기반의 샘플링 패턴을 이용하여 이진 기술자를 계산한다.

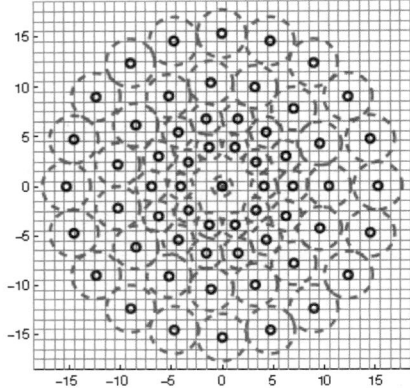

[그림 10.19] BRISK 샘플링 패턴
(N = 60, t = 1 스케일)

$N(N-1)/2$개의 전체 샘플링 패턴에서의 위치쌍 (p_i, p_j)의 집합 A를, 임계값, $\delta_{\max} = 9.75t$ 에 의해 가까운 거리의 집합 S와 임계값, $\delta_{\min} = 13.67t$ 에 의해 먼 거리의 쌍의 집합 L로 구분한다. 여기서, t는 특징점 k의 스케일이다.

$$A = \{ (p_i, p_j) \in R^2 \times R^2 | (i < N) \wedge (i < i) \wedge i, j \in N \}$$

$$S = \{ (p_i, p_j) \in A \mid \|p_i - p_j\| < \delta_{\max} \} \subseteq A$$

$$L = \{ (p_i, p_j) \in A \mid \|p_i - p_j\| > \delta_{\min} \} \subseteq A$$

먼 거리의 쌍의 집합 L에 속한 샘플링 위치 쌍 (p_i, p_j)에서, 스무드된 화소값, $I(p_i, \sigma_i)$, $I(p_j, \sigma_j)$을 이용하여, 그래디언트 g와 특징점 k의 방향을 계산한다.

$$g = (g_x, g_y)^T = \frac{1}{L} \sum_{(p_i, p_j) \in L} g(p_i, p_j)$$

$$\text{여기서, } g(p_i, p_j) = (p_j - p_i) \frac{I(p_j, \sigma_j) - I(p_i, \sigma_i)}{\|p_j - p_i\|^2}$$

특징점, k의 방향을 $\alpha = \arctan2(g_x, g_y)$로 회전 정규화하고, 비트 벡터 기술자 d_k를 S에 속한 위치 쌍의 밝기값, $I(p_i, \sigma_i)$, $I(p_j, \sigma_j)$을 비교하여 계산한다. BRIEF-64는 64바이트에 패킹되어 있는 512 길이의 이진 비트 벡터 기술자이다.

$$b = \begin{cases} 1 & \text{if} \quad I(p_j^\alpha, \sigma_j) < I(p_i^\alpha, \sigma_i) \\ 0 & o.w. \end{cases}$$

$$\forall (p_i^\alpha, p_j^\alpha) \in S$$

(3) OpenCV 2.4.13의 BRISK 클래스

Feature2D에서 상속받은 BRISK 클래스는 스케일 스페이스에서 FAST 기반 특징점을 검출하고, 동심원 모양의 원들로 이루어진 샘플링 패턴과 단순 밝기 비교에 의한 이진 스트링 디스크립터를 계산한다. 생성자로 파라미터를 설정하고, BRISK::operator() 연산자 함수로 특징점 및 기술자를 계산하거나, FeatureDetector::detect 메서드로 특징점을 검출하고, DescriptorExtractor::compute 메서드로 기술자를 계산한다.

생성자에서 thresh는 FAST 또는 AGIST를 이용한 특징 검출을 위한 임계값이다. octaves는 스케일 스페이스에서 특징 검출을 위한 옥타브 개수로, octaves = 0이면 단일 스케일을 사용한다. patternScale은 기술자 계산을 위해 특징점 이웃을 샘플링하는 패턴에 사용되는 스케일 값이다. OpenCV는 각 특징점에 대하여 64바이트로 패킹된, 512비트 길이의 이진 비트 벡터 기술자를 계산한다.

```
// OpenCV 2.4.13
class BRISK : public Feature2D
{
public:
    CV_WRAP explicit BRISK(int thresh = 30, int octaves = 3, float patternScale = 1.0f);
    virtual ~BRISK();
    // returns the descriptor size in bytes
    int descriptorSize() const;
    // returns the descriptor type
    int descriptorType() const;

    // Compute the BRISK features on an image
    void operator()(InputArray image, InputArray mask,
            vector<KeyPoint>& keypoints) const;

    // Compute the BRISK features and descriptors on an image
    void operator()(InputArray image, InputArray mask, vector<KeyPoint>& keypoints,
            OutputArray descriptors, bool useProvidedKeypoints = false) const;

    // 생략 ..................
};
```

(4) OpenCV 3.1.0의 BRISK 클래스

Feature2D에서 상속받은 BRISK 클래스는 Ptr〈BRISK〉 자료형을 반환하는 정적 메서드 create로 파라미터를 설정하고, 객체 포인터를 생성한다. 커스텀 패턴을 설정할 수 있는 정적 메서드 create를 제공한다. radiusList는 특징점 주위의 샘플링 원의 반지름 크기, numberList는 샘플링 원에서 샘플의 개수, dMax, dMin은 가까운 거리 위치 쌍과, 먼 거리 위치 쌍의 임계치이고, indexChange 이진 기술자 비트들의 첨자 변경 벡터이다.

Feature2D::detect 메서드로 특징점을 검출하고, Feature2D::compute 메서드로 기술자를 계산한다. Feature2D::detectAndCompute 메서드는 특징점 검출과 기술자를 계산한다.

[예제 10-10] BRISK 특징 검출 및 기술자 계산(OpenCV 2.4.13, OpenCV 3.1.0)

```
001:  #include "opencv.hpp"
002:  using namespace cv;
003:  using namespace std;
004:  int main()
005:  {
006:      Mat srcImage = imread("cornerTest.jpg", IMREAD_GRAYSCALE);
007:      // Mat srcImage = imread("book.jpg", IMREAD_GRAYSCALE);
008:      if(srcImage.empty())
009:          return -1;
010:      GaussianBlur(srcImage, srcImage, Size(5, 5), 0.0);
011:
012:      vector<KeyPoint> keypoints;
013:      Mat descriptors;
014:
015:      // OpenCV 2.4.13
```

```
016:        /*
017:        BRISK briskF;
018:        // briskF(srcImage, noArray(), keypoints, descriptors);
019:        // BRISK()(srcImage, noArray(), keypoints, descriptors);
020:        // cout << "keypoints.size()=" << keypoints.size() << endl;
021:
022:        briskF.detect(srcImage, keypoints);
023:        KeyPointsFilter::removeDuplicated(keypoints);
024:        KeyPointsFilter::retainBest(keypoints, 20);
025:        cout << "keypoints.size()=" << keypoints.size() << endl;
026:        briskF.compute(srcImage, keypoints, descriptors);
027:        */
028:        // OpenCV 3.1.0
029:        Ptr<BRISK> briskF = BRISK::create();
030:        // briskF->detectAndCompute(srcImage, noArray(), keypoints, descriptors);
031:        // cout << "keypoints.size()=" << keypoints.size() << endl;
032:
033:        briskF->detect(srcImage, keypoints);
034:        KeyPointsFilter::removeDuplicated(keypoints);
035:        KeyPointsFilter::retainBest(keypoints, 20);
036:        cout << "keypoints.size()=" << keypoints.size() << endl;
037:        briskF->compute(srcImage, keypoints, descriptors);
038:        //
039:        FileStorage fs("Keypoints.yml", FileStorage::WRITE);
040:        write(fs, "keypoints", keypoints);
041:        write(fs, "descriptors", descriptors);
042:        fs.release();
043:
044:        Mat dstImage(srcImage.size(), CV_8UC3);
045:        cvtColor(srcImage, dstImage, COLOR_GRAY2BGR);
046:        drawKeypoints(srcImage, keypoints, dstImage);
047:
048:        KeyPoint element;
049:        for (int k = 0; k < keypoints.size(); k++)
050:        {
051:            element = keypoints[k];
052:            RotatedRect rRect = RotatedRect(element.pt,
053:                    Size2f(element.size, element.size), element.angle);
054:            Point2f vertices[4];
055:            rRect.points(vertices);
056:            for (int i = 0; i < 4; i++)
057:                line(dstImage, vertices[i], vertices[(i + 1) % 4], Scalar(0, 255, 0), 2);
058:
059:            circle(dstImage, element.pt, cvRound(element.size / 2),
060:                    Scalar(rand() % 256, rand() % 256, rand() % 256), 2);
061:        }
062:        imshow("dstImage", dstImage);
063:        waitKey();
064:        return 0;
065: }
```

◎ 프로그램 설명

① 12-27행

12-13행은 특징점을 저장할 keypoints 벡터와 기술자를 저장할 descriptors 행렬을 선언한다. 17행은 BRISK 클래스의 디폴트 생성자로 briskF 객체를 생성하고, 18행은 briskF 객체로

() 연산자 함수를 호출하여 srcImage 영상에서 특징점은 keypoints 벡터에, 기술자는 descriptors 행렬에 계산한다. 19행은 BRISK 클래스의 생성자와 () 연산자 함수를 같이 사용하여 srcImage 영상에서 특징점은 keypoints 벡터에, 기술자는 descriptors 행렬에 계산한다. 22행은 FeatureDetector::detect 메서드로 특징점을 keypoints 벡터에 검출한다. 하고, 23-24행은 KeyPointsFilter::removeDuplicated로 keypoints에서 중복된 특징점을 제거하고, KeyPointsFilter::retainBest로 특징점 keypoints에서, 반응세기 값이 큰 최대 npoints = 20의 특징만을 남겨놓고 나머지는 삭제한다. 26행은 DescriptorExtractor::compute 메서드로 descriptor 행렬에 기술자를 계산한다.

② 28-37행
OpenCV 3.1.0에서 BRISK 클래스를 사용하여 특징점과 기술자를 계산한다. 29행은 BRISK::create 메서드로 생성한 객체 포인터를 Ptr<BRISK> 자료형의 포인터 briskF에 저장한다. 30행은 Feature2D::detectAndCompute 메서드로 srcImage 영상에서 특징점은 keypoints 벡터에, 기술자는 descriptors 행렬에 계산한다. 33행은 Feature2D::detect 메서드로 특징점을 keypoints 벡터에 검출한다. 34-35행은 특징점을 최대 20개의 특징만을 구하도록 필터링한다. 37행은 Feature2D::compute 메서드로 descriptor 행렬에 기술자를 계산한다.

③ 39-42행
"Keypoints.yml" 파일에 특징점 벡터 keypoints와 기술자 행렬 descriptors를 출력한다.

④ 44-61행
46행은 drawKeypoints 함수로 특징점 벡터 keypoints에 저장된 특징점을 dstImage 영상에 표시한다. 52-53행은 RotatedRect 함수로 특징점 keypoints[k]의 위치, 크기, 각도를 사용하여 회전된 사각형을 정의하여 rRect에 저장한다. 54-57행은 rRect.points로 4개의 모서리점을 배열 vertices에 저장하고, 직선으로 표시한다. 59-60행은 특징점의 위치와 크기를 이용하여 원으로 표시한다.

⑤ [그림 10.20]은 BRISK로 검출한 20개의 특징점 검출의 결과이다. [그림 10.20](a)는 "cornerTest.jpg" 영상, [그림 10.21](b)는 "book.jpg" 영상에서 검출한 결과다. [그림 10.19]는 "cornerTest.jpg" 영상에서 검출된 특징점과 기술자의 계산을 "Keypoints.yml" 파일에 출력한 결과의 일부분이다. keypoints 벡터는 KeyPoint 클래스에 의해 특징점 좌표(pt), 크기(size), 각도(angle), 반응값(response), 옥타브(octave), 클래스 식별번호(class_id)에 의해 7개씩 쌍이 되어 하나의 특징점 정보를 갖는다. 20×64 행렬 descriptors는 각 행에 특징점의 기술자가 바이트로 패킹되어 저장된다. 각 특징의 기술자는 64 바이트 × 8 비트 = 512 비트의 이진 테스트 결과의 512-차원의 이진 비트 스트링이다.

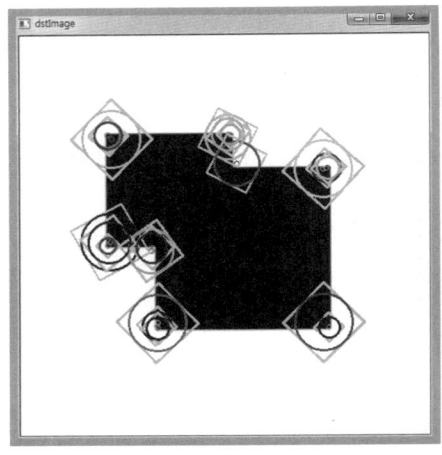

(a) "cornerTest.jpg"

(b) "book.jpg"

[그림 10.20] BRISK 특징점 검출

```
📄 Keypoints.yml - 메모장
파일(F)  편집(E)  서식(O)  보기(V)  도움말(H)
       2.0288409423828125e+002, 2, -1, 1.0935018920898437e+002,
       2.6766009521484375e+002, 21,, 3.1530792236328125e+002,
       1.7337500000000000e+002, 1, -1 ]
descriptors: !!opencv-matrix
    rows: 20
    cols: 64
    dt: u
    data: [ 254, 255, 239, 241, 112, 0, 0, 0, 193, 199, 31, 255, 176, 67,
       14, 56, 168, 224, 132, 49, 140, 227, 16, 6, 0, 0, 32, 227, 25, 39,
       60, 225, 0, 1, 0, 64, 0, 0, 128, 112, 198, 25, 147, 49, 0, 0, 0,
       0, 0, 96, 50, 63, 159, 199, 193, 195, 225, 112, 248, 125, 27, 13,
       0, 0, 248, 255, 255, 247, 243, 224, 0, 0, 0, 134, 31, 255, 255,
       255, 254, 243, 143, 127, 252, 253, 143, 255, 61, 142, 131, 3, 0,
       0, 0, 108, 252, 227, 15, 29, 240, 128, 7, 220, 254, 128, 135, 16,
       18, 49, 51, 6, 0, 0, 218, 239, 50, 17, 0, 12, 0, 8, 0, 130, 64,
       32, 0, 0, 0, 0, 128, 255, 207, 227, 0, 0, 0, 0, 0, 0, 224, 112,
       231, 159, 127, 190, 249, 192, 1, 0, 0, 0, 0, 0, 0, 0, 0, 0, 0,
```

[그림 10.21] BRISK 특징 검출 및 기술자 계산("cornerTest.jpg")

5.5 SIFT 특징 검출 및 기술자 계산

SIFT는 D.Lowe의 논문 "Distinctive Image Features from Scale-Invariant Keypoints"를 구현하며, 스케일에 불변인 특징 변환, SIFT(Scale Invariant Feature Transform)로 특징점을 검출하고, 기술자를 계산한다. SIFT는 특허권이 설정된 알고리즘으로, 상업적으로 이용할 때는 이용이 제한될 수 있다. OpenCV 2.4.13은 'opencv_nonfree' 모듈에 구현되어 있으며, OpenCV 3.1.0은 'opencv_contrib/xfeatures2d' 모듈로 이동되었다.

(1) 특징점 검출

① DoG로 특징 후보점 계산

스케일과 방향에 무관한 후보점을 검출하기 위하여 DoG(Difference of Gaussian)를 사용하여, 안정성 있는 측정값에 기반하여 특징점을 검출한다. 지역 영상 그래디언트를 이용하여 특징점의 방향을 계산한다. [그림 10.22]는 스케일 공간에서 가우시안 옥타브와 DoG의 관계를 나타낸다.

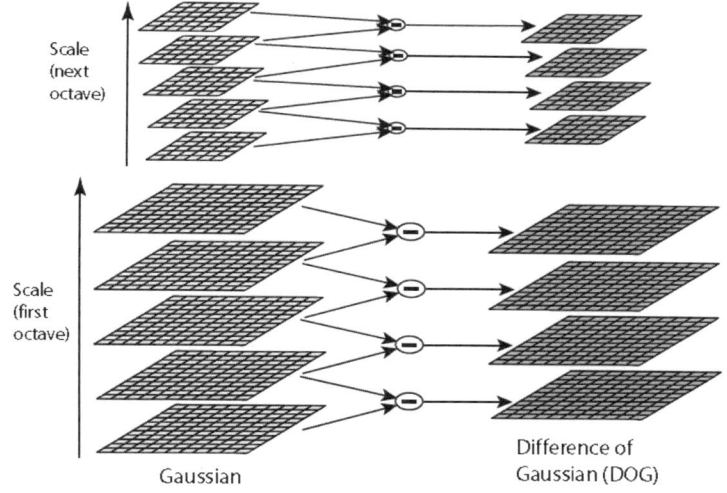

[그림 10.22] 스케일 공간에서 가우시안 옥타브와 DoG

스무딩 영상 $L(x,y,\sigma)$는 가우시안 커널 $G(x,y,\sigma)$와 영상 $I(x,y)$의 회선에 의해 계산된다.

$$D(x,y,\sigma) = (G(x,y,k\sigma) - G(x,y,\sigma)) * I(x,y)$$

$$= L(x,y,k\sigma) - L(x,y,\sigma)$$

각 옥타브의 영상에 대해 서로 다른 스케일, k의 집합으로 스무딩된 영상을 생성한다. DoG 영상은 인접한 가우시안 영상의 차이로 계산한다. 옥타브가 증가하면, 영상을 피라미드 다운 샘플링을 수행한다. 논문에서는 스케일 공간 각 옥타브를 $k = 2^{1/s}$가 되도록 정수 s개로 나누고, 각 옥타브에 s+3개의 블러링 영상을 생성한다. $D(x,y,\sigma)$에서의 지역극값(local maxima, minima)을 현재의 스케일에서는 8개의 이웃점과, 위, 아래 스케일에서 각각 9개의 이웃을 합하여 총 26개의 이웃을 조사하여 검출하여 특징점의 후보점으로 한다.

② 후보점 제거

저대비(low contrast) 또는 약한 에지 반응값을 갖는 후보점을 걸러낸다. $D(x,y,\sigma)$를 2차 항까지 테일러 확장(Taylor expansion)한 후에, 미분을 계산하여 지역극값 $\hat{x}$을 3×3 선형 방정식으로 계산하고, 영상의 화소값의 범위가 [0, 1]로 정규화되었을 때, $\|D(\hat{x})\| < 0.03$ 인 모든 특징 후보점은 안정적이지 않은 저대비 값으로 판단하여 제거한다.

$$D(\hat{x}) = D + \frac{1}{2} \frac{\partial D^T}{\partial x} \hat{x}$$

$$\text{여기서, } \hat{x} = -\frac{\partial^2 D^{-1}}{\partial x^2} \frac{\partial D}{\partial x}$$

특징점 후보점의 위치와 스케일에서, 2×2 헤시안(Hessian) 행렬을 계산한다. 미분값은 인접한 좌표의 차이를 이용하여 계산한다.

$$H = \begin{bmatrix} D_{xx} & D_{xy} \\ D_{xy} & D_{yy} \end{bmatrix}$$

$\frac{Tr(H)^2}{Det(H)} < \frac{(r+1)^2}{r}$ 을 검사하여 특징점을 제거한다. 논문에서는 가장 큰 고유값과 가장 작은 고유값의 비율인 r은 r = 10을 사용한다.

③ 특징점의 방향

특징점의 스케일을 이용하여 가우시안 스무딩 영상 $L(x,y)$을 선택하여, 영상 그래디언트의 크기와 방향을 계산한다.

$$m(x,y) = \sqrt{g_x^2 + g_y^2}$$

$$\theta(x,y) = \tan^{-1}(\frac{g_y}{g_x})$$

여기서, $g_x = L(x+1, y) - L(x-1, y)$, $g_y = L(x, y+1) - L(x, y-1)$이다. 특징점 주위의 일정 윈도우 영역 내의 그래디언트 방향을 계산하여, 히스토그램을 사용하여, 전체적인 특징점의 방향을 결정한다.

(2) 기술자 계산

특징점 주위의 영역에서 영상 그래디언트와 크기와 방향을 계산하고, 가우시안 함수로 가중 필터링, 4×4 영역으로 나누어 방향에 따라 크기를 히스토그램으로 계산한다. 이들 그래디언트의 크기와 방향을 기술자로 사용한다. [그림 10.23]은 8×8 영역으로부터 계산한 2×2 SIFT 기술자이다. 논문에서는 16×16 영역으로부터 계산한 4×4 SIFT 기술자를 제시한다. 방향 히스토그램 빈의 크기가 8방향일 때, 4×4 SIFT 기술자는 $4 \times 4 \times 8$ = 128의 특징 벡터 요소를 갖는다.

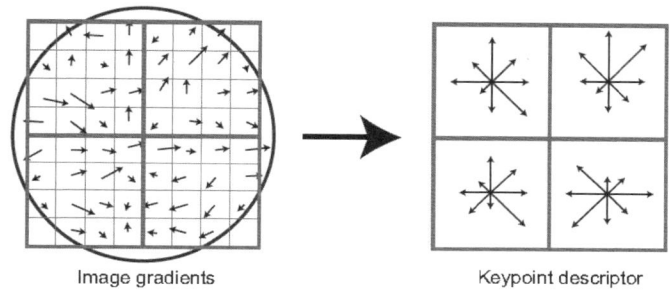

Image gradients   Keypoint descriptor

[그림 10.23] 8×8 영역으로부터 계산한 2×2 SIFT 기술자

(3) OpenCV 2.4.13의 SIFT 클래스

SIFT는 typedef으로 SiftFeatureDetector와 SiftDescriptorExtractor로 정의되어 특징 검출기와 기술자 계산을 위한 각각의 용도로 사용할 수 있다. SIFT 클래스 생성자 함수의 인수를 설정하여 객체를 생성하고, SIFT::operator() 연산자 함수를 사용하여 특징점 벡터와 기술자를 계산하거나, FeatureDetector::detect 메서드로 특징점을 검출하고, DescriptorExtractor::compute 메서드로 기술자를 계산한다.

SIFT는 특허권이 설정된 알고리즘이다. 프로그램 소스에서 opencv2/nonfree/nonfree. hpp 헤더 파일을 포함하고, 디버그 모드이면 opencv_nonfree2413d.lib 임포트 라이브러리를 포함해서 링크하면, 실행할 때 opencv_nonfree2413d.dll이 호출되어 사용된다.

① SIFT::SIFT(int nfeatures = 0, int nOctaveLayers = 3, double contrastThreshold = 0.04, double edgeThreshold = 10, double sigma = 1.6)
SIFT 클래스의 생성자이다. nfeatures는 보유할 최적 특징의 개수이다. nOctaveLayers는 각 옥타브(octave) 계층수로, 논문에서는 3을 사용한다. 옥타브의 개수는 영상의 해상도에 따라 자동으로 계산된다. contrastThreshold는 저대비 영역에서 약한 특징을 걸러내기 위한 임계값으로, contrastThreshold 값을 크게 하면, 더욱 적은 특징이 검출된다. edgeThreshold는 에지 특징을 걸러내기 위한 임계값으로, edgeThreshold 값을 크게 하면 할수록, 더 많은 에지가 보유된다. sigma는 옥타브 0의 입력영상에 적용될 가우시안 함수의 표준편차이다.

② **void operator()(InputArray img, InputArray mask, vector〈KeyPoint〉& keypoints)**
img는 8비트 그레이스케일 영상이고, mask는 특징을 검출할 영역을 지정한다.
keypoints는 특징(keypoints)의 출력 벡터이다.

③ **void SIFT::operator()(InputArray img, InputArray mask, vector〈KeyPoint〉&**
keypoints, OutputArray descriptors, bool useProvidedKeypoints = false)
img는 8비트 그레이스케일 영상이고, mask는 특징을 검출할 영역을 지정한다.
keypoints는 특징(keypoints)의 입력 또는 출력 벡터이다. descriptors는 기술자를 위한
출력 행렬로, 필요 없으면 descriptors = noArray()를 지정한다. useProvidedKeypoints
= true이면, keypoints에 특징 벡터를 입력으로 주고, 기술자를 계산한다. SIFT 기술자
는 128개의 특징을 갖는다.

```cpp
// OpenCV 2.4.13
class SIFT : public Feature2D
{
public:
    CV_WRAP explicit SIFT(int nfeatures = 0, int nOctaveLayers = 3,
        double contrastThreshold = 0.04, double edgeThreshold = 10,
        double sigma = 1.6);
    // ! returns the descriptor size in floats (128)
    CV_WRAP int descriptorSize() const;
    // ! returns the descriptor type
    CV_WRAP int descriptorType() const;
    // ! finds the keypoints using SIFT algorithm
    void operator()(InputArray img, InputArray mask,
        vector<KeyPoint>& keypoints) const;
    // ! finds the keypoints and computes descriptors for them using SIFT algorithm.
    // ! Optionally it can compute descriptors for the user-provided keypoints
    void operator()(InputArray img, InputArray mask,
        vector<KeyPoint>& keypoints,
        OutputArray descriptors,
        bool useProvidedKeypoints = false) const;
    // AlgorithmInfo* info() const;
    void buildGaussianPyramid(const Mat& base, vector<Mat>& pyr,
                              int nOctaves) const;
    void buildDoGPyramid(const vector<Mat>& pyr, vector<Mat>& dogpyr) const;
    void findScaleSpaceExtrema(const vector<Mat>& gauss_pyr,
            const vector<Mat>& dog_pyr, vector<KeyPoint>& keypoints) const;
    // 생략..........
};
typedef SIFT SiftFeatureDetector;
typedef SIFT SiftDescriptorExtractor;
```

[예제 10-11] SIFT 특징 검출 및 기술자 계산(OpenCV 2.4.13)

```cpp
001:  #include "opencv.hpp"
002:  #include <opencv2/nonfree/nonfree.hpp>
003:  using namespace cv;
004:  using namespace std;
```

```
005:  int main()
006:  {
007:      Mat srcImage = imread("cornerTest.jpg", IMREAD_GRAYSCALE);
008:      // Mat srcImage = imread("book.jpg", IMREAD_GRAYSCALE);
009:      if(srcImage.empty())
010:          return -1;
011:      GaussianBlur(srcImage, srcImage, Size(5, 5), 0.0);
012:
013:      vector<KeyPoint> keypoints;
014:      Mat descriptors;
015:
016:      // SiftFeatureDetector siftF;
017:      SIFT siftF(500, 5);
018:      siftF.detect(srcImage, keypoints);
019:      cout << "keypoints.size()=" << keypoints.size() << endl;
020:
021:      // SiftDescriptorExtractor extractor;
022:      // siftF.compute(srcImage, keypoints, descriptors);
023:
024:      FileStorage fs("Keypoints.yml", FileStorage::WRITE);
025:      write(fs, "keypoints", keypoints);
026:      write(fs, "descriptors", descriptors);
027:      fs.release();
028:
029:      Mat dstImage(srcImage.size(), CV_8UC3);
030:      cvtColor(srcImage, dstImage, COLOR_GRAY2BGR);
031:      drawKeypoints(srcImage, keypoints, dstImage);
032:
033:      KeyPoint element;
034:      for (int k = 0; k < keypoints.size(); k++)
035:      {
036:          element = keypoints[k];
037:          RotatedRect rRect = RotatedRect(element.pt,
038:                  Size2f(element.size, element.size), element.angle);
039:          Point2f vertices[4];
040:          rRect.points(vertices);
041:          for (int i = 0; i < 4; i++)
042:              line(dstImage, vertices[i], vertices[(i + 1) % 4], Scalar(0, 255, 0), 2);
043:
044:          circle(dstImage, element.pt, cvRound(element.size / 2),
045:                  Scalar(rand() % 256, rand() % 256, rand() % 256), 2);
046:      }
047:      imshow("dstImage", dstImage);
048:      waitKey();
049:      return 0;
050:  }
```

◎ 프로그램 설명

① 2행

OpenCV 2.4.13에서 SIFT 클래스를 사용하기 위하여 opencv2/nonfree/nonfree.hpp 헤더 파일을 포함한다. OpenCV 2.4.13은 디버그 모드이면 opencv_nonfree2413d.lib 임포트 라이브러리를 포함해서 링크한다.

② 13-27행

13-14행은 특징점을 저장할 keypoints 벡터와 기술자를 저장할 descriptors 행렬을 선언한다. 주석 처리된 16행은 SiftFeatureDetector 클래스의 디폴트 생성자로 nfeatures = 0, nOctaveLayers = 3, contrastThreshold = 0.04, edgeThreshold = 10, sigma = 1.6을 설정하여, siftF 객체를 생성하고, 17행은 SIFT 클래스 생성자로 nfeatures = 500, nOctaveLayers = 5로 설정하여 siftF 객체를 생성한다. 18행은 siftF 객체로, FeatureDetector::detect 메서드를 호출하여 특징점을 keypoints 벡터에 검출한다. 22행은 siftF 객체로 DescriptorExtractor::compute 메서드를 호출하여 descriptor 행렬에 기술자를 계산한다. SIFT, SiftFeatureDetector, SiftDescriptorExtractor 클래스는 모두 같은 클래스 이름이다. 특징 검출기로만 사용할 때는 SiftFeatureDetector, 기술자 추출기로 사용할 때는 SiftDescriptorExtractor로 사용하도록 typedef로 정의되어 있지만, 클래스 이름 SIFT를 사용하면 된다.

③ 24~27행
"Keypoints.yml" 파일에 특징점 벡터 keypoints와 기술자 행렬 descriptors를 출력한다.

④ 29~47행
31행은 drawKeypoints 함수로 특징점 벡터 keypoints에 저장된 특징점을 dstImage 영상에 표시한다. 37-38행은 RotatedRect 함수로 특징점 k의 위치, 크기, 각도를 사용하여 회전된 사각형을 정의하여 rRect에 저장한다. 39-40행은 rRect.points로 4개의 모서리점을 배열 vertices에 저장하고, 41-42행에서 직선으로 표시한다. 44-45행은 특징점의 위치와 크기를 이용하여 원으로 표시한다.

⑤ [그림 10.24]는 SIFT 특징점 검출의 결과이다. [그림 10.24](a)는 "cornerTest.jpg" 영상에서 검출한 500개의 특징점이다. [그림 10.24](b)는 "book.jpg" 영상에서 검출한 500개의 특징점이다. [그림 10.25]는 "cornerTest.jpg" 영상에서 검출된 특징점과 기술자의 계산을 "Keypoints.yml" 파일에 출력한 결과의 일부분이다. keypoints 벡터는 KeyPoint 클래스에 의해 특징점 좌표(pt), 크기(size), 각도(angle), 반응값(response), 옥타브(octave), 클래스 식별번호(class_id)에 의해 7개씩 쌍이 되어 하나의 특징점 정보를 갖는다. 20×128 행렬 descriptors는 각 행에 특징점의 기술자가 128개의 실수로 저장된다.

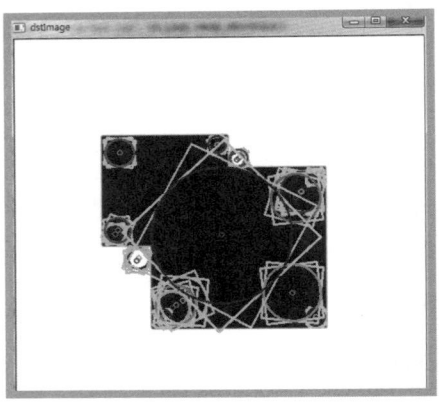

(a) "cornerTest.jpg"

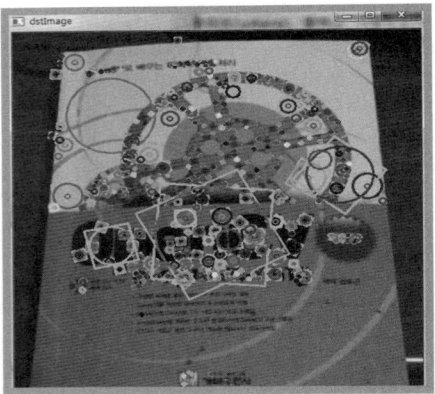

(b) "book.jpg"

[그림 10.20] BRISK 특징점 검출

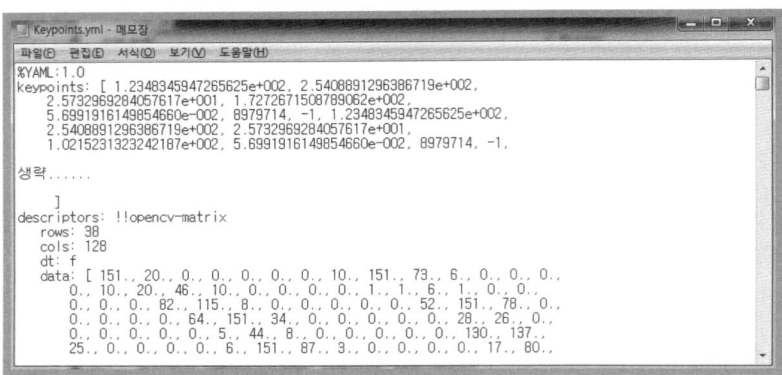

[그림 10.25] SIFT 특징 검출 및 기술자 계산("cornerTest.jpg")

5.6 SURF 특징 검출 및 기술자 계산

SURF 클래스는 Herbert Bay의 논문 "SURF: Speeded Up Robust Features"을 구현한 클래스이다. SURF는 속도를 높이기 위해 적분 영상을 사용하여 헤시안을 계산하고, 기술자 계산에서도 적분 영상을 사용한다. SURF는 특허권이 설정된 알고리즘으로, 상업적으로 이용할 때는 이용이 제한될 수 있다. OpenCV 2.4.13은 'opencv_nonfree' 모듈에 구현되어 있으며, OpenCV 3.1.0은 'opencv_contrib/xfeatures2d' 모듈로 이동되었다.

(1) 특징점 검출

① 적분 영상으로 계산한 근사 헤시안 행렬의 행렬식으로 특징점 검출

SURF는 SIFT에 영향을 받아 유사한 단계를 특징을 검출 및 기술자를 계산하지만, 각 단계에서 사용하는 기법은 다르다. 관심 있는 특징점을 검출하기 위하여, 스케일 σ에서의 헤시안(Hessian) 행렬, $H(x,y,\sigma)$를 사용한다.

$$H(x,y,\sigma) = \begin{bmatrix} H_{xx}(x,y,\sigma) & H_{xy}(x,y,\sigma) \\ H_{xy}(x,y,\sigma) & H_{yy}(x,y,\sigma) \end{bmatrix}$$

여기서, $H_{xx}(x,y,\sigma) = G_{xx}(x,y,\sigma) * I(x,y) = \dfrac{\partial^2}{\partial x^2} G(x,y,\sigma) * I(x,y)$

$H_{yy}(x,y,\sigma) = G_{yy}(x,y,\sigma) * I(x,y) = \dfrac{\partial^2}{\partial y^2} G(x,y,\sigma) * I(x,y)$,

$H_{xy}(x,y,\sigma) = G_{xy}(x,y,\sigma) * I(x,y) = \dfrac{\partial^2}{\partial x \partial y} G(x,y,\sigma) * I(x,y)$

$G_{xx}(x,y,\sigma)$, $G_{yy}(x,y,\sigma)$, $G_{xy}(x,y,\sigma)$은 가우시안 함수 $G(x,y,\sigma)$의 2차 미분으로, [그림 10.26]과 같은 가우시안 박스 필터로 근사되며, 적분 영상(integral image)을 사용하여 빠르게 계산한다. 근사화된 가우시안 박스 필터로 계산한 H_{xx}, H_{yy}, H_{xy}를 D_{xx}, D_{yy}, D_{xy}라 할 때, 가중치 0.9를 사용하여 근사된 헤시안의 행렬식은 다음과 같이 계산하면, 마스크 크기에 관해 정규화되고, 필터 크기에 무관하게 Frobenius 놈이 상수가 된다.

$$\det(H(x,y,\sigma)) = H_{xx}(x,y,\sigma) H_{yy}(x,y,\sigma) - H_{xy}(x,y,\sigma)^2$$

$$\det(H_{approx}) = D_{xx}D_{yy} - (0.9D_{xy})^2$$

스케일 공간은 일반적으로 가우시안 스무딩을 수행하고, 다운 샘플링을 통하여 가우시안 피라미드로 구현된다. SURF는 박스 필터를 적분 영상으로 계산하기 때문에, 적분 영상은 필터 크기에 상관없이 상수 시간에 합계를 계산하는 특징이 있으므로, 영상을 다운 샘플링하는 대신에, 필터 크기를 키우는 방식으로 스케일 공간을 구현한다. 필터 크기를 9×9, 15×15, 21×21, 27×27 등으로 사용하여 스케일 영상을 생성한다. $\sigma = 1.2$의 9×9 박스 필터의 출력은 시작 계층이며, 스케일은 $s = 1.2$이다. 27×27 박스 필터는 $\sigma = 3 \times 1.2 = 3.6 = s$ 스케일이다.

영상의 특징점은 스케일 공간에서 이웃한 스케일 계층을 포함하여, $3\times3\times3$ 이웃에서 최대값이 아닌 값을 억제(non-maximum suppression)를 적용하고, 근사 헤시안 행렬식의 최대값을 스케일 공간과 영상에서 보간한다.

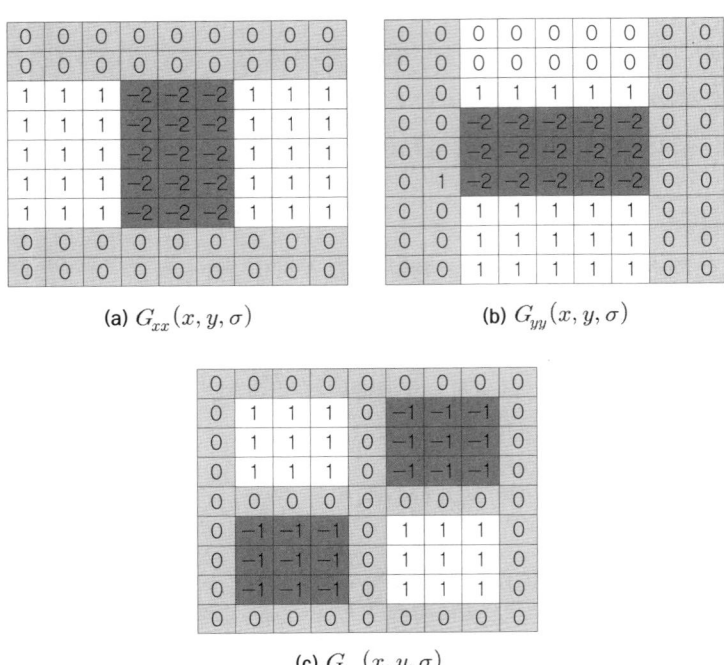

(a) $G_{xx}(x, y, \sigma)$ (b) $G_{yy}(x, y, \sigma)$

(c) $G_{xy}(x, y, \sigma)$

[그림 10.26] 가우시안 함수 $G(x, y, \sigma = 1.2)$의 2차 미분을 근사화한 9×9 박스 필터

② 특징점의 방향 계산

특징점이 검출된 스케일 s를 이용하여 반지름 6s의 원형 이웃에서 x-축, y-축의 Haar 웨이블릿을 적분 영상을 사용하여 웨이블릿의 길이를 4s로 하여 계산한다. 웨이블릿 반응 값이 계산되면, 특징점을 중심으로 한 가우시안 함수로 가중 필터링하고, 특징점 주위의 영역에서의 웨이블릿 반응값을 수평, 수축 방향으로 $\pi/3$를 커버하는 영역까지를 포함하는 윈도우 영역 내의 반응값의 합계를 계산하여, 특징점의 방향으로 계산한다.

(2) 기술자 계산

특징점의 방향에 따라, 특징점을 중심으로, 스케일 s에 의존하는 20s 크기의 사각영역을 4×4 영역으로 분할하고, 수평방향 Haar 웨이블릿 값 d_x, 수직 Haar 웨이블릿 값 d_y를 이용하여, 각 부분영역에서 extended = false이면 4개 v[0], v[1], v[2], v[3]의 특징을 생성하고, extended = true이면 8개의 특징, v[0]에서 v[7]을 생성한다. 각 영역에서 특징은 다음과 같이 부분영역 내에서의 합계로 계산한다. 기술자를 계산하기 위한 합계 역시 적분 영상을 사용한다.

① extended = false인 경우

$$v[0] = \sum d_x, \; v[1] = \sum d_y, \; v[2] = \sum |d_x|, \; v[3] = \sum |d_y|$$

② extended = true인 경우

$$v[0] = \sum_{d_y \geq 0} d_x,\ v[1] = \sum_{d_y \geq 0} |d_x|,\ v[2] = \sum_{d_y < 0} d_x,\ v[3] = \sum_{d_y < 0} |d_x|$$

$$v[4] = \sum_{d_x \geq 0} d_y,\ v[5] = \sum_{d_x \geq 0} |d_y|,\ v[6] = \sum_{d_x < 0} d_y,\ v[7] = \sum_{d_x < 0} |d_y|$$

(3) OpenCV 2.4.13의 SURF 클래스

SURF는 typedef으로 SurfFeatureDetector와 SurfDescriptorExtractor로 정의되어 특징 검출기와 기술자 계산을 위한 각각의 용도로 사용할 수 있다. SURF 클래스 생성자 함수의 인수를 설정하여 객체를 생성하고, SURF::operator() 연산자 함수를 사용하여 특징점 벡터와 기술자를 계산하거나, FeatureDetector::detect 메서드로 특징점을 검출하고, DescriptorExtractor::compute 메서드로 기술자를 계산한다.

SURF는 특허권이 설정된 알고리즘이다. 프로그램 소스에서 opencv2/nonfree/nonfree.hpp 헤더 파일을 포함하고, 디버그 모드이면 opencv_nonfree2413d.lib 임포트 라이브러리를 포함해서 링크한다. 실행할 때 동적 라이브러리 opencv_nonfree2413d.dll 파일이 사용된다.

① SURF::SURF()
SURF 클래스의 디폴트 생성자이다.

② SURF::SURF(double hessianThreshold, int nOctaves = 4,
        int nOctaveLayers = 2, bool extended = true, bool upright = false)
SURF 클래스의 생성자이다. hessianThreshold는 SURF에서 사용하는 헤시안 특징 검출기의 임계값이고, nOctaves는 피라미드 옥타브의 개수이고, nOctaveLayers는 각 옥타브에서의 계층(layer)의 개수이다. extended = true이면 128개의 기술자를 계산하고, extended = false이면 64개의 기술자를 계산한다. upright=false이면 회전된 특징을 계산하고, upright = true이면 회전된 특징을 계산하지 않는다.

③ void SURF::operator()(InputArray img, InputArray mask,
        vector<KeyPoint>& keypoints) const
() 연산자 함수는 8비트 그레이스케일 image 영상에서 SURF(Speeded Up Robust Features)의 특징점을 keypoints 벡터에 계산한다.

④ void SURF::operator()(InputArray img, InputArray mask, vector<KeyPoint>&
        keypoints, OutputArray descriptors, bool useProvidedKeypoints = false)
img는 8비트 그레이스케일 영상이고, mask는 특징을 검출할 영역을 지정한다. keypoints는 SURF 특징(keypoints)의 입력 또는 출력 벡터이다. descriptors는 기술자를 위한 출력 행렬로, 필요 없으면 descriptors = noArray()를 지정한다. useProvidedKeypoints = true이면, keypoints에 특징 벡터를 입력으로 주고, SURF 기술자를 계산한다.

```
// OpenCV 2.4.13
class SURF : public Feature2D
{
public:
    CV_WRAP SURF(); // the default constructor
    // the full constructor taking all the necessary parameters
    explicit CV_WRAP SURF(double hessianThreshold,
                    int nOctaves = 4, int nOctaveLayers = 2,
                    bool extended = true, bool upright = false);
    // returns the descriptor size in float's (64 or 128)
    // 생략
    // ! finds the keypoints using fast hessian detector used in SURF
    void operator()(InputArray img, InputArray mask,
                CV_OUT vector<KeyPoint>& keypoints) const;
    // ! finds the keypoints and computes their descriptors.
    // Optionally it can compute descriptors for the user-provided keypoints
    void operator()(InputArray img, InputArray mask,
            CV_OUT vector<KeyPoint>& keypoints,
            OutputArray descriptors,
            bool useProvidedKeypoints = false) const;
    // 생략.....
};
typedef SURF SurfFeatureDetector;
typedef SURF SurfDescriptorExtractor;
```

[예제 10-12] SURF 특징 검출 및 기술자 계산 (OpenCV 2.4.13)

```
001:  #include "opencv.hpp"
002:  #include <opencv2/nonfree/nonfree.hpp>
003:  using namespace cv;
004:  using namespace std;
005:  int main()
006:  {
007:      Mat srcImage = imread("cornerTest.jpg", IMREAD_GRAYSCALE);
008:      // Mat srcImage = imread("book.jpg", IMREAD_GRAYSCALE);
009:      if(srcImage.empty())
010:          return -1;
011:
012:      vector<KeyPoint> keypoints;
013:      Mat descriptors;
014:
015:      SurfFeatureDetector surF(1000);
016:      surF.detect(srcImage, keypoints);
017:
018:      KeyPointsFilter::retainBest(keypoints, 100);
019:      cout << "keypoints.size()=" << keypoints.size() << endl;
020:
021:      // SurfDescriptorExtractor extractor;
022:      // extractor.compute(srcImage, keypoints, descriptors);
023:      surF.compute(srcImage, keypoints, descriptors);
024:
```

```
025:        FileStorage fs("Keypoints.yml", FileStorage::WRITE);
026:        write(fs, "keypoints", keypoints);
027:        write(fs, "descriptors", descriptors);
028:        fs.release();
029:
030:        Mat dstImage(srcImage.size(), CV_8UC3);
031:        cvtColor(srcImage, dstImage, COLOR_GRAY2BGR);
032:        drawKeypoints(srcImage, keypoints, dstImage);
033:
034:        KeyPoint element;
035:        for (int k = 0; k < keypoints.size(); k++)
036:        {
037:            element = keypoints[k];
038:            RotatedRect rRect = RotatedRect(element.pt,
039:                        Size2f(element.size, element.size), element.angle);
040:            Point2f vertices[4];
041:            rRect.points(vertices);
042:            for (int i = 0; i < 4; i++)
043:                line(dstImage, vertices[i], vertices[(i + 1) % 4], Scalar(0, 255, 0), 2);
044:
045:            circle(dstImage, element.pt, cvRound(element.size / 2),
046:                    Scalar(rand() % 256, rand() % 256, rand() % 256), 2);
047:        }
048:        imshow("dstImage", dstImage);
049:        waitKey();
050:        return 0;
051:  }
```

◎ 프로그램 설명

① 2행

OpenCV 2.4.13에서 SURF 클래스를 사용하기 위하여 opencv2/nonfree/nonfree.hpp 헤더 파일을 포함한다. 디버그 모드이면 opencv_nonfree2413d.lib를 포함해서 링크한다.

② 12-28행

12-13행은 특징점을 저장할 keypoints 벡터와 기술자를 저장할 descriptors 행렬을 선언한다. 15행은 SurfFeatureDetector(SURF) 클래스의 생성자에서 hessianThreshold = 3000으로 설정하고, 나머지 인수는 디폴트 값인 nOctaves = 4, nOctaveLayers = 2, extended = true, upright = false로 설정하여, surF 객체를 생성한다. 16행은 surF 객체로, FeatureDetector::detect 메서드를 호출하여 특징점을 keypoints 벡터에 검출한다. 18행은 KeyPointsFilter::retainBest 메서드로 keypoints에서 반응강도가 높은 특징점을 최대 100개만을 남겨놓고 나머지는 제거한다. 23행은 surF 객체로, DescriptorExtractor::compute 메서드를 호출하여 descriptor 행렬에 기술자를 계산한다. 주석 처리된 21-22행은 SiftDescriptorExtractor 클래스 객체 extractor를 생성하고, DescriptorExtractor::compute 메서드를 호출하여 descriptor 행렬에 기술자를 계산한다.

③ 25-28행

"Keypoints.yml" 파일에 특징점 벡터 keypoints와 기술자 행렬 descriptors를 출력한다.

④ 30-48행

32행은 drawKeypoints 함수로 특징점 벡터 keypoints에 저장된 특징점을 dstImage 영상에 표시한다. 38-39행은 RotatedRect 함수로 특징점 k의 위치, 크기, 각도를 사용하여 회전된 사각형을 정의하여 rRect에 저장한다. 40-41행은 rRect.points로 4개의 모서리점을 배열 vertices에 저장하고, 42-43행에서 직선으로 표시한다. 45-46행은 특징점의 위치와 크기를 이용하여 원으로 표시한다.

⑤ [그림 10.27]은 SURF 특징점 검출의 결과이다. [그림 10.27](a)는 "cornerTest.jpg" 영상에서 검출한 27개의 특징점이다. [그림 10.27](b)는 "book.jpg" 영상에서 검출한 100개의 특징점이다.

[그림 10.28]은 "cornerTest.jpg" 영상에서 검출된 특징점과 기술자의 계산을 "Keypoints.yml" 파일에 출력한 결과의 일부분이다. keypoints 벡터는 KeyPoint 클래스에 의해 특징점 좌표(pt), 크기(size), 각도(angle), 반응값(response), 옥타브(octave), 클래스 식별번호(class_id)에 의해 7개씩 쌍이 되어 하나의 특징점 정보를 갖는다. 27×128 행렬 descriptors는 extended = true이므로, 각 행에 특징점의 기술자가 128개의 실수로 저장된다.

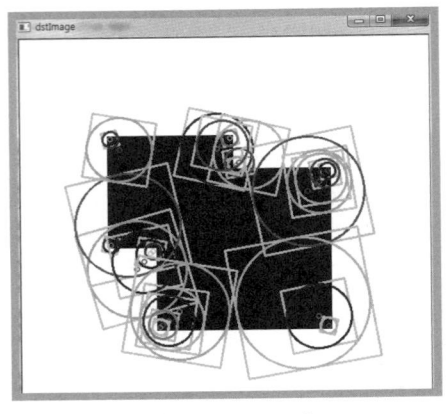

(a) "cornerTest.jpg"   (b) "book.jpg"

[그림 10.27] SURF 특징점 검출(hessianThreshold=3000)

[그림 10.28] SURF 특징 검출 및 기술자 계산("cornerTest.jpg")

06 기술자를 이용한 매칭

영상에서 검출된 특징점과 계산된 기술자를 이용하여, 두 영상 사이 또는 하나의 영상과 여러 영상 사이에 대응되는 매칭을 계산한다. [그림 10.29]는 특징을 위한 매칭 클래스 구조이다. DMatch는 특징점 기술자 매칭결과를 저장하기 위한 구조체이다. DescriptorMatcher 클래스는 특징점 기술자 매칭을 위한 추상 기반클래스

(abstract base class)이다. BFMatcher(Brute-force descriptor matcher) 클래스는 DescriptorMatcher 클래스에서 상속받아 각 기술자에 대하여, 대응하는 기술자를 일일이 하나씩 모두 검사하여 가장 가까운 기술자를 찾는 방법을 구현한다. FlannBasedMatcher는 Flann(Fast library for Approximate Nearest Neighbors)에 기반하여 매칭 특징점 수가 많을 때 효율적인 방법을 제공한다. OpenCV 2.4.13과 OpenCV 3.1.0의 기술자 매칭을 위한 클래스 구조는 대부분 유사하다.

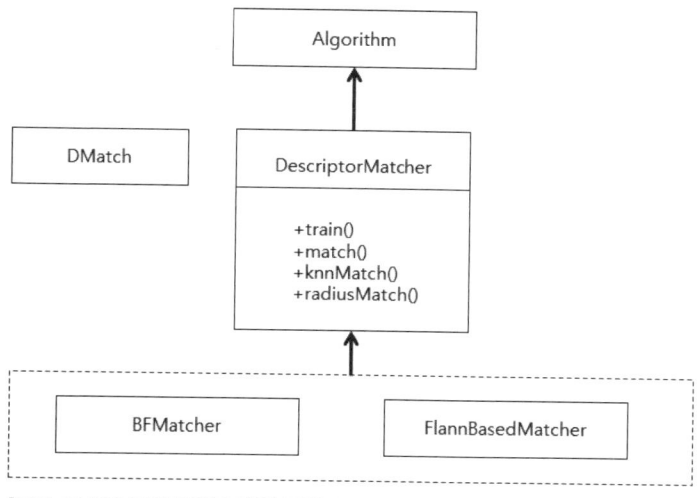

[그림 10.29] 특징 기술자 매칭 클래스 구조

6.1 OpenCV 2.4.13의 DMatch 구조체 및 클래스

OpenCV 2.4.13의 DMatch 구조체는 특징점 기술자 매칭 결과를 저장하기 위한 구조체이다. 모든 특징점의 매칭은 vector〈 DMatch 〉 벡터에 저장된다. distance는 기술자 매칭 방법에 의해 계산된 거리로 적을수록 좋은 매칭 결과이다. queryIdx는 첫 번째 영상에서의 특징점의 첨자, trainIdx는 매칭에 의해 대응되는 두 번째 영상에서의 특징점의 첨자, imgIdx은 대응되는 영상 집합에서의 영상 첨자이다. DMatch 구조체 정의는 'opencv2/features2d.hpp' 파일에 있다.

```
// OpenCV 2.4.13
// Struct for matching: query descriptor index, train descriptor index,
//        train image index and distance between descriptors.
struct DMatch
{
    CV_WRAP DMatch() : queryIdx(-1), trainIdx(-1), imgIdx(-1), distance(FLT_MAX) {}
    CV_WRAP DMatch(int _queryIdx, int _trainIdx, float _distance) :
        queryIdx(_queryIdx), trainIdx(_trainIdx), imgIdx(-1), distance(_distance) {}
    CV_WRAP DMatch(int _queryIdx, int _trainIdx, int _imgIdx, float _distance) :
        queryIdx(_queryIdx), trainIdx(_trainIdx), imgIdx(_imgIdx), distance(_distance) {}
```

```
    CV_PROP_RW int queryIdx; // query descriptor index
    CV_PROP_RW int trainIdx; // train descriptor index
    CV_PROP_RW int imgIdx;  // train image index

    CV_PROP_RW float distance;

    // less is better
    bool operator<(const DMatch &m) const
    {
        return distance < m.distance;
    }
};
```

6.2 OpenCV 3.1.0의 DMatch 클래스

OpenCV 3.1.0은 특징점 기술자 매칭 결과를 저장하기 위한 DMatch를 클래스로 정의한다. DMatch 클래스 정의는 'opencv2/core/types.hpp' 파일에 있다. 모든 특징점의 매칭은 vector< DMatch > 벡터에 저장된다. distance는 기술자 매칭 방법에 의해 계산된 거리로 적을수록 좋은 매칭 결과이다. queryIdx는 첫 번째 영상에서의 특징점의 첨자, trainIdx는 매칭에 의해 대응되는 두 번째 영상에서의 특징점의 첨자, imgIdx은 대응되는 영상 집합에서의 영상 첨자이다.

```
// OpenCV 3.1.0
class CV_EXPORTS_W_SIMPLE DMatch
{
public:
    CV_WRAP DMatch();
    CV_WRAP DMatch(int _queryIdx, int _trainIdx, float _distance);
    CV_WRAP DMatch(int _queryIdx, int _trainIdx, int _imgIdx, float _distance);

    CV_PROP_RW int queryIdx;        // query descriptor index
    CV_PROP_RW int trainIdx;        // train descriptor index
    CV_PROP_RW int imgIdx;          // train image index

    CV_PROP_RW float distance;

    // less is better
    bool operator<(const DMatch &m) const;
};
```

6.3 특징점 및 매칭 결과 그리기

특징점과 매칭 결과를 영상에 표시하는 drawKeypoints 함수와 drawMatches 함수가 있다. OpenCV 2.4.13과 OpenCV 3.1.0에서 같은 방식으로 사용할 수 있다. 차이점은 OpenCV 3.1.0의 함수 선언 인수에서 Mat 대신, 인수의 입출력 용도에 따라 InputArray, InputOutputArray로 변경되었다.

(1) 특징점을 영상에 그리기

drawKeypoints 함수는 특징점 keypoints를 color 색상으로 outImage에 표시한다. color=Scalar::all(-1)이면 랜덤하게 색상을 생성한다. flags는 drawMatches 함수의 DrawMatchesFlags와 의미가 같다.

① void drawKeypoints(const Mat& image, const vector〈KeyPoint〉& keypoints,
      Mat& outImage, const Scalar& color = Scalar::all(-1),
      int flags = DrawMatchesFlags::DEFAULT); // OpenCV 2.4.13

② void drawKeypoints(InputArray image, const std::vector〈KeyPoint〉& keypoints,
      InputOutputArray outImage, const Scalar& color = Scalar::all(-1),
      int flags = DrawMatchesFlags::DEFAULT); // OpenCV 3.1.0

(2) 매칭 결과 그리기

drawMatches 함수는 두 영상 img1과 img2 사이의 특징점 매칭 결과 matches1to2를 이용하여 출력영상 outImg에 직선을 연결하여 표시한다.

matches1to2는 img1의 특징점 백터 keypoints1에서 img2의 특징점 벡터 keypoints2 로의 매칭이다. keypoints1[i]는 keypoints2[matches[i]]에 매칭한다. matchColor는 매 칭을 표시할 색상으로 matchColor == Scalar::all(-1)이면 색상을 랜덤하게 생성한다. singlePointColor는 매칭되지 않는 특징을 원으로 표시할 색상으로, singlePointColor = Scalar::all(-1)이면 색상을 랜덤하게 생성한다. matchesMask는 매칭의 마스크 로, 공백이면, 모든 매칭을 표시한다. flags 비트는 DrawMatchesFlags 구조체의 열거 형에 의해 정의된다. flags = DrawMatchesFlags::DEFAULT이면 출력 행렬 outImg 가 새로 생성되며, 두 개의 입력영상, 매칭, 매칭이 없는 특징점을 모두 표시한다. DrawMatchesFlags::DRAW_OVER_OUTIMG = 1이면 출력영상이 새로 생성되지 않 으며, 매칭이 그려진다. DrawMatchesFlags::NOT_DRAW_SINGLE_POINTS = 2 이면, 매칭이 없는 특징점을 표시하지 않는다. DrawMatchesFlags::DRAW_RICH_ KEYPOINTS = 4이면 크기와 방향을 갖는 특징점 주위에 원을 표시한다. 출력영상 outImg는 flags 비트 값 설정에 의존한다.

① void drawMatches(const Mat& img1, const vector〈KeyPoint〉& keypoints1,
      const Mat& img2, const vector〈KeyPoint〉& keypoints2,
      const vector〈DMatch〉& matches1to2, Mat& outImg,
      const Scalar& matchColor = Scalar::all(-1),
      const Scalar& singlePointColor = Scalar::all(-1),
      const vector〈char〉& matchesMask = vector〈char〉(),
      int flags = DrawMatchesFlags::DEFAULT);   // OpenCV 2.4.13

② void drawMatches(InputArray img1,
   const std::vector⟨KeyPoint⟩& keypoints1, InputArray img2,
   const std::vector⟨KeyPoint⟩& keypoints2,
   const std::vector⟨DMatch⟩& matches1to2,
   InputOutputArray outImg, const Scalar& matchColor = Scalar::all(−1),
   const Scalar& singlePointColor = Scalar::all(−1),
   const std::vector⟨char⟩& matchesMask = std::vector⟨char⟩(),
   int flags = DrawMatchesFlags:: DEFAULT); // OpenCV 3.1.0

6.4 DescriptorMatcher 클래스

DescriptorMatcher 클래스는 특징점 기술자 매칭을 위한 추상 기반 클래스(abstract base class)로, OpenCV 2.4.13과 OpenCV 3.1.0에서 비슷하게 정의되어 있다. 차이점은 OpenCV 3.1.0의 메서드 Mat 대신, 인수의 입출력 용도에 따라 InputArray, OutputArray, InputOutputArray로 변경되었다.

```
// OpenCV 2.4.13
// Abstract base class for matching two sets of descriptors.
class DescriptorMatcher : public Algorithm
{
public:
  virtual ~DescriptorMatcher();
  CV_WRAP virtual void add(const vector<Mat>& descriptors);
  CV_WRAP const vector<Mat>& getTrainDescriptors() const;
  CV_WRAP virtual void clear();
  CV_WRAP virtual void train();
  // Find one best match for each query descriptor (if mask is empty).
  CV_WRAP void match(const Mat& queryDescriptors, const Mat& trainDescriptors,
      CV_OUT vector<DMatch>& matches, const Mat& mask = Mat()) const;
  // Find k best matches for each query descriptor (in increasing order of distances).
  CV_WRAP void knnMatch(const Mat& queryDescriptors,
          const Mat& trainDescriptors,
          CV_OUT vector<vector<DMatch> >& matches, int k,
          const Mat& mask = Mat(), bool compactResult = false) const;
  // Find best matches for each query descriptor which have distance less than
  // maxDistance (in increasing order of distances).
  void radiusMatch(const Mat& queryDescriptors, const Mat& trainDescriptors,
          vector<vector<DMatch> >& matches, float maxDistance,
          const Mat& mask = Mat(), bool compactResult = false) const;
  // 생략 ..........
  virtual void read(const FileNode&);
  virtual void write(FileStorage&) const;
  virtual Ptr<DescriptorMatcher> clone(bool emptyTrainData = false) const = 0;
  CV_WRAP static Ptr<DescriptorMatcher>
          create(const string& descriptorMatcherType);
  // 생략 .............................
};
```

```
// OpenCV 3.1.0
// Abstract base class for matching two sets of descriptors.
class DescriptorMatcher : public Algorithm
{
public:
    virtual ~DescriptorMatcher();
    CV_WRAP virtual void add(InputArrayOfArrays descriptors);
    CV_WRAP const std::vector<Mat>& getTrainDescriptors() const;
    CV_WRAP virtual void clear();
    CV_WRAP virtual void train();
    // 생략 ..................
    // Finds the best match for each descriptor from a query set.
    CV_WRAP void match(InputArray queryDescriptors, InputArray trainDescriptors,
        CV_OUT std::vector<DMatch>& matches, InputArray mask = noArray()) const;
    // Finds the k best matches for each descriptor from a query set.
    CV_WRAP void knnMatch(InputArray queryDescriptors,
        InputArray trainDescriptors,
        CV_OUT std::vector<std::vector<DMatch> >& matches, int k,
        InputArray mask = noArray(), bool compactResult = false) const;
    // For each query descriptor, finds the training descriptors not farther than
    // the specified distance.
    void radiusMatch(InputArray queryDescriptors, InputArray trainDescriptors,
        std::vector<std::vector<DMatch> >& matches, float maxDistance,
        InputArray mask = noArray(), bool compactResult = false) const;
    // 생략..................
    virtual void read(const FileNode&);
    virtual void write(FileStorage&) const;
    virtual Ptr<DescriptorMatcher> clone(bool emptyTrainData = false) const = 0;
    CV_WRAP static Ptr<DescriptorMatcher>
    create(const string& descriptorMatcherType);
    // 생략.............................
};
```

① DescriptorMatcher::add, DescriptorMatcher::clear, DescriptorMatcher::train

DescriptorMatcher::add 메서드는 학습을 위한 기술자 descriptors를 DescriptorMatcher::trainDescCollection 멤버에 추가하고, DescriptorMatcher::clear 메서드는 학습을 위한 기술자 집합인 trainDescCollection 멤버에 추가된 모든 기술자를 모두 삭제한다. DescriptorMatcher::train 메서드는 기술자 집합에 추가된 기술자 집합 trainDescCollection을 학습시킨다. BruteForceMatcher는 train 메서드에 공백으로 구현되어 있고, FlannBasedMatcher는 flann::Index를 사용하여 학습한다.

② DescriptorMatcher::match

DescriptorMatcher::match 메서드는 queryDescriptors에 있는 각 기술자에 대한 trainDescriptors의 하나의 매칭을 matches에 저장한다. matches 벡터의 크기는 매칭이 없을 수 있기 때문에 queryDescriptors의 크기보다 작을 수 있다. mask 행렬에서 mask.at⟨uchar⟩(i, j)값이 0이 아니면 queryDescriptors[i]와 trainDescriptors[j] 사이

의 매칭이 가능하다. 하나의 queryDescriptors만 주어진 DescriptorMatcher::match 메서드는 DescriptorMatcher::add 메서드에 의해 추가된 DescriptorMatcher::trainD escCollection 멤버를 FlannBasedMatcher::train() 메서드로 학습한 flannIndex를 사용하여 매칭한다.

③ DescriptorMatcher::knnMatch

DescriptorMatcher::knnMatch 메서드는 queryDescriptors에 있는 각 기술자에 대한 trainDescriptors의 k개의 매칭을 matches에 저장한다. compactResult는 마스크가 Mat() 또는 noArray()로 주어질 때 사용하며, compactResult = false이면, matches 벡터의 크기가 queryDescriptors의 행의 크기와 같다. compactResult = true이면, mask 행렬에서 제외되는 매칭은 matches 벡터에 포함하지 않는다.

④ DescriptorMatcher::radiusMatch

DescriptorMatcher::radiusMatch 메서드는 queryDescriptors에 있는 각 기술자에 대하여, 거리 임계값 maxDistance 보다 같거나 작은 trainDescriptors의 매칭을 matches에 저장한다.

⑤ static Ptr⟨DescriptorMatcher⟩ DescriptorMatcher::create

정적 메서드 DescriptorMatcher::create는 [표 10.1]에 주어진 descriptorMatcher Type에 주어진 문자열로 기술자 매칭기(matcher)를 생성한다.

[표 10.1] descriptorMatcherType

Matcher	descriptorMatcherType	normType
FlannBasedMatcher	"FlannBased"	
BFMatcher	"BruteForce"	NORM_L2
	"BruteForce-SL2"	NORM_L2SQR (Squared L2)
	"BruteForce-L1"	NORM_L1
	"BruteForce-Hamming"	NORM_HAMMING
	"BruteForce-Hamming(2)"	NORM_HAMMING2

6.5 BruteForce 매칭

Brute-force 매칭은 두 개의 특징 기술자 벡터에서, 첫 번째 기술자 벡터의 각 특징점 기술자에 대하여, 두 번째 기술자 벡터의 각각과 normType에 따른 거리를 비교하여 가장 가까운 특징점의 기술자를 찾는 방법이다. BFMatcher 클래스는 OpenCV 2.4.13과 OpenCV 3.1.0에서 같다.

① BFMatcher 클래스의 생성자에서, normType은 기술자 사이의 거리를 계산하는 방법

이다. NORM_HAMMING은 ORB, BRISK, BRIEF 등의 이진 기술자 매칭에 사용한다. NORM_HAMMING2는 ORB에서 WTA_K가 3 또는 4일 때 사용한다. SIFT와 SURF로 계산한 기술자는 NORM_L1, NORM_L2를 사용한다.

② crossCheck = false이면 첫 번째 기술자 벡터의 각 특징점 기술자에 대하여, 두 번째 기술자 벡터를 찾고, crossCheck = true이면, 역방향을 찾은 결과가 일치할 때만 매칭되는 쌍을 반환한다. crossCheck = true일 때, 매칭 오류인 아웃라이어의 개수가 최소가 된다.

```
// OpenCV 2.4.13, OpenCV 3.1.0
class BFMatcher : public DescriptorMatcher
{
public:
    CV_WRAP BFMatcher(int normType = NORM_L2, bool crossCheck = false);
    virtual ~BFMatcher() {}
    virtual Ptr<DescriptorMatcher> clone(bool emptyTrainData = false) const;
    AlgorithmInfo* info() const;
    // 생략 .........................
};
```

6.6 FlannBased 매칭

FlannBasedMatcher는 Flann(Fast library for Approximate Nearest Neighbors)에 기반하여 매칭 특징점 수가 많을 때 효율적인 방법을 제공한다. Flann은 'opencv_flann' 모듈에 구현되어 있다. FlannBasedMatcher 클래스는 OpenCV 2.4.13과 OpenCV 3.1.0에서 유사하게 정의되어 있다. 차이점은 OpenCV 3.1.0에서 Mat 클래스가 인수 용도에 따라 InputArray, InputOutputArray를 사용하고, new 연산자가 makePtr로 변경되었다.

OpenCV 2.4.13와 OpenCV 3.1.0에 구현된 FlannBasedMatcher 클래스에서 기술자의 자료형은 실수로 구현되어 있다. 그러므로 ORB, BRISK 등으로 계산한 이진 기술자를 사용하여 FlannBasedMatcher 클래스에 의한 매칭을 적용할 수 없다. 한 가지 방법은, 기술자를 CV_32F 자료형으로 변환하여 사용할 수 있으나, 이것은 해밍 거리에 의한 매칭이 아니라, L2 놈에 의한 매칭이 된다. 또 다른 방법은 [예제 10-19]와 같이 flann::Index 클래스를 사용하여 이진 기술자의 특징인, 서로 다른 비트 개수에 의한 해밍 거리(Hamming distance)로 LSH(locality-sensitive hashing)으로 인덱싱을 수행하고, Index::knnSearch 메서드로 매칭되는 k개의 기술자를 탐색할 수 있다.

(1) OpenCV 2.4.13의 FlannBased 매칭

① opencv.hpp 헤더 파일에 Flann을 사용하기 위한 'opencv2/flann/miniflann.hpp' 헤더 파일이 포함되어 있다. 프로젝트가 디버그 모드이면 opencv_flann2413d.lib를 포함해서 링크한다.

② FlannBasedMatcher 클래스 생성자에서, indexParams = new KDTreeIndexParams(int trees = 4)에서 trees는 flann::Index_ 클래스에서 데이터 집합을 최근거리 이웃 탐색 인덱스 (nearest neighbor search index) 구축하기 위한 병렬 kd-tree의 개수이다.

③ FlannBasedMatcher 클래스 생성자에서, searchParams = new flann::Search Params()에서 checks는 void flann::Index_<T>::knnSearch 또는 int flann::Index_<T>::radiusSearch 메서드에서 인덱스에 있는 트리를 반복적으로 탐색하는 횟수로, 큰 값을 사용하면 정확도는 높지만, 속도가 느려진다.

```
class FlannBasedMatcher : public DescriptorMatcher
{
public:
    CV_WRAP FlannBasedMatcher(const Ptr<flann::IndexParams>& indexParams =
            new flann::KDTreeIndexParams(),
            const Ptr<flann::SearchParams>& searchParams =
            new flann::SearchParams());
    virtual void add(const vector<Mat>& descriptors);
    // 생략 ...........................
};
// miniflann.hpp
struct KDTreeIndexParams : public IndexParams
{
    KDTreeIndexParams(int trees = 4);
};
struct SearchParams : public IndexParams
{
    SearchParams(int checks = 32, float eps = 0, bool sorted = true);
};
```

(2) OpenCV 3.1.0의 FlannBased 매칭

① opencv.hpp 헤더 파일은 'opencv2/features2d.hpp'를 포함하고, 'features2d.hpp'에서 'opencv2/flann/miniflann.hpp' 헤더 파일을 포함하고 있다. 프로젝트가 디버그 모드이면 opencv_flann310d.lib를 포함해서 링크하거나, 통합 라이브러인 opencv_world310d.lib를 사용한다.

```
class FlannBasedMatcher : public DescriptorMatcher
{
public:
    CV_WRAP FlannBasedMatcher(const Ptr<flann::IndexParams>& indexParams =
            makePtr<flann::KDTreeIndexParams>(),
            const Ptr<flann::SearchParams>& searchParams =
            makePtr<flann::SearchParams>());
    virtual void add(InputArrayOfArrays descriptors);
    // 생략 ...........................
};
// miniflann.hpp
struct KDTreeIndexParams : public IndexParams
{
```

```
        KDTreeIndexParams(int trees = 4);
};
struct SearchParams : public IndexParams
{
        SearchParams(int checks = 32, float eps = 0, bool sorted = true);
};
```

[예제 10-13]	이진 기술자를 사용한 BruteForce 매칭 1 (OpenCV 2.4.13) ① Feature Detector : FastFeatureDetector ② Descriptor : BriefDescriptorExtractor, FREAK ③ Matcher : BruteForce (NORM_HAMMING) ④ DescriptorMatcher::match

```
001:  #include "opencv.hpp"
002:  using namespace cv;
003:  using namespace std;
004:  int main()
005:  {
006:        Mat srcImage1 = imread("cup1.jpg", IMREAD_GRAYSCALE);
007:        Mat srcImage2 = imread("cup2_1.jpg", IMREAD_GRAYSCALE);
008:        // Mat srcImage1 = imread("book1.jpg", IMREAD_GRAYSCALE);
009:        // Mat srcImage2 = imread("book2.jpg", IMREAD_GRAYSCALE);
010:        if(srcImage1.empty() || srcImage2.empty())
011:                return -1;
012:        // OpenCV 2.4.13
013:        // Step 1: detect the keypoints
014:        vector<KeyPoint> keypoints1, keypoints2;
015:
016:        FastFeatureDetector fastF(10, true); // false
017:        fastF.detect(srcImage1, keypoints1);
018:        fastF.detect(srcImage2, keypoints2);
019:        // KeyPointsFilter::retainBest(keypoints1, 1000);
020:        // KeyPointsFilter::retainBest(keypoints2, 1000);
021:        cout << "keypoints1.size()=" << keypoints1.size() << endl;
022:        cout << "keypoints1.size()=" << keypoints2.size() << endl;
023:
024:        // Step 2: calculate descriptors
025:        Mat descriptors1, descriptors2;
026:
027:        BriefDescriptorExtractor extractor;
028:        // FREAK extractor;
029:        extractor.compute(srcImage1, keypoints1, descriptors1);
030:        extractor.compute(srcImage2, keypoints2, descriptors2);
031:
032:        // Step 3: Matching descriptor vectors
033:        vector< DMatch > matches;
034:        BFMatcher matcher(NORM_HAMMING);
035:        matcher.match(descriptors1, descriptors2, matches);
036:
037:        // Ptr<DescriptorMatcher> matcher;
038:        // matcher = DescriptorMatcher::create("BruteForce-Hamming");
039:        // matcher->match(descriptors1, descriptors2, matches);
040:
041:        cout << "matches.size()=" << matches.size() << endl;
042:        if(matches.size() < 4)
043:                return 0;
```

```
044:
045:        // find goodMatches such that matches[i].distance <= 4 * minDist
046:        double minDist, maxDist;
047:        minDist = maxDist = matches[0].distance;
048:        for (int i = 1; i < matches.size(); i++)
049:        {
050:            double dist = matches[i].distance;
051:            if(dist < minDist) minDist = dist;
052:            if(dist > maxDist) maxDist = dist;
053:        }
054:        cout << "minDist=" << minDist << endl;
055:        cout << "maxDist=" << maxDist << endl;
056:
057:        vector< DMatch > goodMatches;
058:        double fTh = 2 * minDist;
059:        for (int i = 0; i < matches.size(); i++)
060:        {
061:            if(matches[i].distance <= max(fTh, 0.02))
062:                goodMatches.push_back(matches[i]);
063:        }
064:        cout << "goodMatches.size()=" << goodMatches.size() << endl;
065:        if(goodMatches.size() < 4)
066:            return 0;
067:
068:        // draw good_matches
069:        Mat imgMatches;
070:        drawMatches(srcImage1, keypoints1, srcImage2, keypoints2,
071:                goodMatches, imgMatches, Scalar::all(-1), Scalar::all(-1),
072:                vector<char>(), DrawMatchesFlags::NOT_DRAW_SINGLE_POINTS);
073:        // imshow("Good Matches", imgMatches);
074:
075:        /*
076:        for(int i = 0; i < goodMatches.size(); i++)
077:        {
078:            cout << "Good Matches [" << i << "] Keypoint 1:";
079:            cout << goodMatches[i].queryIdx;
080:            cout << "--> Keypoint 2:";
081:            cout << goodMatches[i].trainIdx << endl;
082:        }
083:        */
084:
085:        // find Homography between keypoints1 and keypoints2
086:        vector<Point2f> obj;
087:        vector<Point2f> scene;
088:        for (int i = 0; i < goodMatches.size(); i++)
089:        {
090:            // Get the keypoints from the good matches
091:            obj.push_back(keypoints1[ goodMatches[i].queryIdx ].pt);
092:            scene.push_back(keypoints2[ goodMatches[i].trainIdx ].pt);
093:        }
094:        Mat H = findHomography(obj, scene, CV_RANSAC);
095:
096:        vector<Point2f> objP(4);
097:        objP[0] = cvPoint(0, 0);
098:        objP[1] = cvPoint(srcImage1.cols, 0);
099:        objP[2] = cvPoint(srcImage1.cols, srcImage1.rows);
100:        objP[3] = cvPoint(0, srcImage1.rows);
101:
```

```
102:        vector<Point2f> sceneP(4);
103:        perspectiveTransform(objP, sceneP, H);
104:
105:        // draw sceneP in imgMatches
106:        for (int i = 0; i < 4; i++)
107:            sceneP[i] += Point2f(srcImage1.cols, 0);
108:        for (int i = 0; i < 4; i++)
109:            line(imgMatches, sceneP[i], sceneP[(i + 1) % 4], Scalar(255, 0, 0), 4);
110:        imshow("imgMatches", imgMatches);
111:
112:        waitKey();
113:        return 0;
114: }
```

◎ **프로그램 설명**

① FastFeatureDetectorfh 특징점을 검출하고, 이진 기술자 BriefDescriptorExtractor 또는 FREAK을 사용하여 기술자를 계산하고, BruteForce(NORM_HAMMING)로 매칭하여 템플릿으로 주어진 srcImage1의 매칭되는 위치를 srcImage2 영상에서 찾아서 사각영역으로 표시한다.

② 13-22행
FastFeatureDetector로 srcImage1, srcImage2 영상에서 keypoints1, keypoints2 벡터에 특징점을 검출한다.

③ 24-30행
srcImage1, srcImage2 영상에서 검출된 keypoints1, keypoints2 벡터를 이용하여 기술자를 계산한다. 27행은 BriefDescriptorExtractor 클래스로 extractor 객체를 선언하고, 29-30행은 srcImage1, srcImage2 영상에서 keypoints1, keypoints2 특징점 벡터를 사용하여, 기술자 행렬 descriptors1, descriptors2를 계산한다. 주석 처리된 28행은 FREAK 클래스로 extractor 객체를 선언한다.

④ 32-39행
34행은 BFMatcher 클래스로 matcher 객체를 normType = NORM_HAMMING으로 생성하고, 35행은 descriptors1에서 descriptors2로의 매칭을 matches 벡터에 계산한다. 주석 처리된 37-39행은 DescriptorMatcher를 사용하여 "BruteForce-Hamming" 매칭을 계산한다.

⑤ 45-66행
46-53행은 matches 벡터에서 최소 거리와 최대 거리를 minDist, maxDist에 계산하고, 57-63행은 fTh = 4 * minDist로 설정하여, matches[i].distance <= max(fTh, 0.02) 조건을 만족하는 매칭만을 goodMatches 벡터에 저장한다.

⑥ 68-83행
69-72행은 drawMatches 함수를 사용하여 srcImage1 영상의 특징점 벡터 keypoints1와 srcImage2 영상의 특징점 벡터 keypoints2의 매칭 정보 goodMatches를 이용하여 imgMatches 영상에 매칭을 원과 직선으로 표시한다. 주석 처리된 75-83행은 매칭되는 특징점 벡터의 첨자를 출력한다.

⑦ 85-110행
86-93행은 매칭 정보 goodMatches를 이용하여, 매칭되는 특징점 벡터 keypoints1의 좌표를 obj 벡터에 추가하고, 특징점 벡터 keypoints2의 좌표를 scene 벡터에 추가한다. 94행은 findHomography 함수로 obj에서 scene으로 RANSAC 방법으로 호모그래피 변환 H를 계산한다. 96-100행은 srcImage1 영상의 전체 영역의 4-코너점을 objP 벡터에 저장하고, 103행은 perspectiveTransform 함수로 objP 벡터에 저장된 좌표를 호모그래피 변환 H로 변환하여, sceneP 벡터에 저장한다. 106-107행은 sceneP 벡터에 저장된 좌표에 Point2f(srcImage1.cols, 0)를 더하여 imgMatches 영상의 좌표를 계산한다. imgMatches 영상의 왼쪽에 srcImage1 영상이 복사되고, 이어서 오른쪽에 srcImage2 영상이 복사되기 때문이다. 108-109행은 imgMatches 영상에 sceneP 벡터에 저장된 4개의 좌표점을 직선으로 표시한다. srcImage1 영상에 해당하는 영역이 Scalar(255, 0, 0) 색상, 두께 4로 표시된다.

(a) srcImage1 = "cup1.jpg", srcImage2 = "cup2_1.jpg"

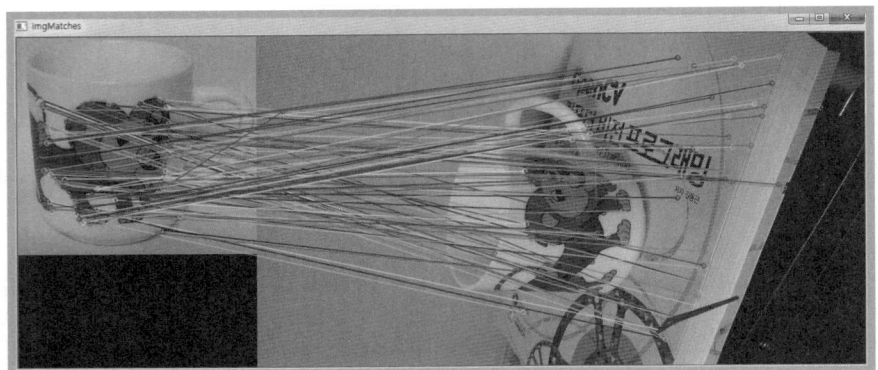

(b) srcImage1 = "cup1.jpg", srcImage2 = "cup2_2.jpg"

(c) srcImage1 = "book1.jpg", srcImage2 = "book2.jpg"

[그림 10.30] 이진 기술자, BriefDescriptorExtractor를 사용한 BruteForce 매칭

⑧ [그림 10.30]은 FastFeatureDetector로 특징점을 검출하고, 이진 기술자인 BriefDescriptorExtractor 기술자를 계산하여, 해밍 거리(NORM_HAMMING)를 매칭거리로 사용한 BruteForce 매칭으로 srcImage1 영상에 주어진 물체를 srcImage2 영상에서 찾은 결과이다. [그림 10.30](a)는 영상에서 물체인 컵이 회전이 거의 없는 상태로, BriefDescriptorExtractor 기술자를 사용한 매칭에서 컵의 위치를 검출하였다. 그러나 [그림 10.30](b)와 [그림 10.30](c)는 찾고자하는 물체(컵, 책)가 회전되어 있어서, BriefDescriptorExtractor 기술자를 사용한 매칭은 실패한다.

⑨ [그림 10.31]은 특징점을 FastFeatureDetector로 검출하고, 특징점의 회전을 고려하는 이진 기술자인 FREAK 기술자를 계산하고, 해밍 거리(NORM_HAMMING)를 매칭 거리로 사용한 BruteForce 매칭결과로, 모두 srcImage1 영상에 주어진 물체를 srcImage2 영상에서 검출한다.

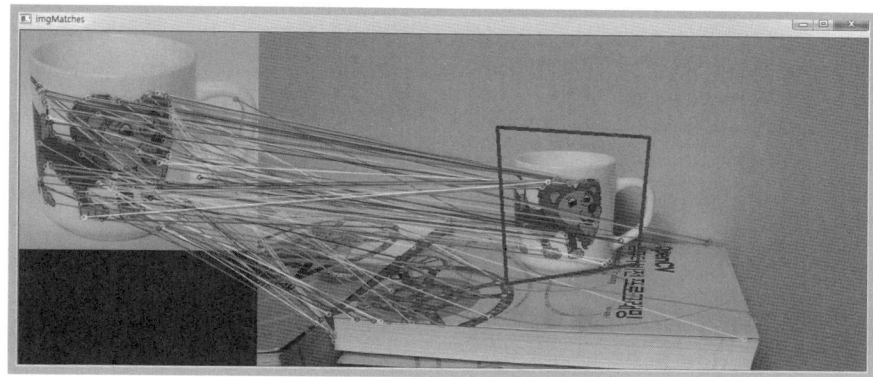

(a)srcImage1 = "cup1.jpg", srcImage2 = "cup2_1.jpg"

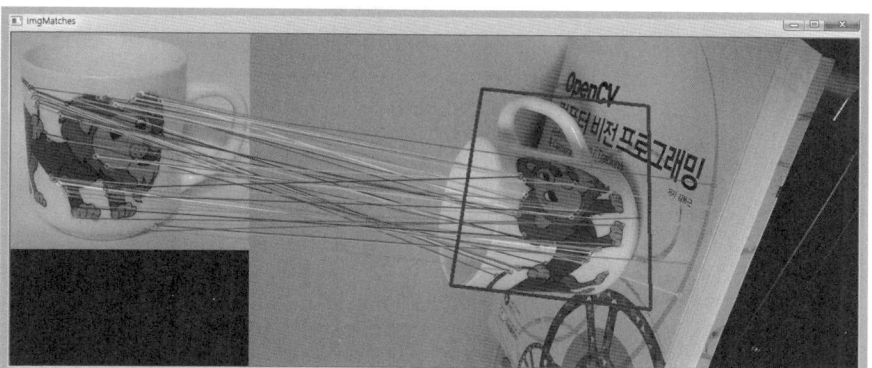

(b) srcImage1 = "cup1.jpg", srcImage2 = "cup2_2.jpg"

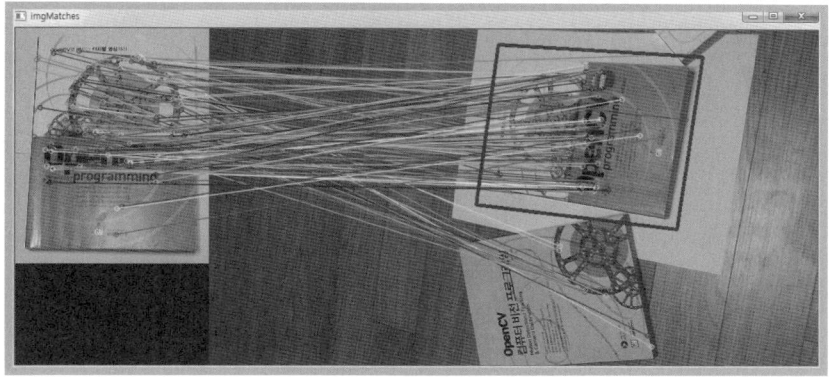

(c) srcImage1 = "book1.jpg", srcImage2 = "book2.jpg"

[그림 10.31] 이진 기술자, FREAK를 사용한 BruteForce 매칭

<table>
<tr>
<td rowspan="5">[예제 10-14]</td>
<td>이진 기술자를 사용한 BruteForce 매칭 2
(OpenCV 2.4.13, OpenCV 3.1.0)
① Feature Detector, Descriptor : ORB, BRISK
② Matcher : BruteForce (NORM_HAMMING)
③ DescriptorMatcher::match</td>
</tr>
</table>

```
001:   #include "opencv.hpp"
002:   using namespace cv;
003:   using namespace std;
004:   int main()
005:   {
006:          Mat srcImage1 = imread("cup1.jpg", IMREAD_GRAYSCALE);
007:          Mat srcImage2 = imread("cup2_1.jpg", IMREAD_GRAYSCALE);
008:          // Mat srcImage1 = imread("book1.jpg", IMREAD_GRAYSCALE);
009:          // Mat srcImage2 = imread("book2.jpg", IMREAD_GRAYSCALE);
010:          if(srcImage1.empty() || srcImage2.empty())
011:                 return -1;
012:
013:          // Step 1, 2: detect the keypoints & descriptors
014:          vector<KeyPoint> keypoints1, keypoints2;
015:          Mat descriptors1, descriptors2;
016:
017:          // OpenCV 2.4.13
018:          // ORB(1000)(srcImage1, noArray(), keypoints1, descriptors1);
019:          // ORB(1000)(srcImage2, noArray(), keypoints2, descriptors2);
020:
021:          BRISK()(srcImage1, noArray(), keypoints1, descriptors1);
022:          BRISK()(srcImage2, noArray(), keypoints2, descriptors2);
023:
024:          // OpenCV 3.1.0
025:          // Ptr<ORB> orbF = ORB::create(1000);
026:          // orbF->detectAndCompute(srcImage1, noArray(), keypoints1, descriptors1);
027:          // orbF->detectAndCompute(srcImage2, noArray(), keypoints2, descriptors2);
028:          // cout << "keypoints1.size()=" << keypoints1.size() << endl;
029:
030:          Ptr<BRISK> briskF = BRISK::create();
031:          briskF->detectAndCompute(srcImage1, noArray(), keypoints1, descriptors1);
032:          briskF->detectAndCompute(srcImage2, noArray(), keypoints2, descriptors2);
033:
034:          // Step 3: Matching descriptor vectors
035:          vector< DMatch > matches;
036:          BFMatcher matcher(NORM_HAMMING);
037:          matcher.match(descriptors1, descriptors2, matches);
038:
039:          // Ptr<DescriptorMatcher> matcher;
040:          // matcher = DescriptorMatcher::create("BruteForce-Hamming");
041:          // matcher->match(descriptors1, descriptors2, matches);
042:
043:          cout << "matches.size()=" << matches.size() << endl;
044:          if(matches.size() < 4)
045:                 return 0;
046:
047:          // find goodMatches such that matches[i].distance <= 4 * minDist
048:          double minDist, maxDist;
049:          minDist = maxDist = matches[0].distance;
050:          for (int i = 1; i < matches.size(); i++)
051:          {
```

```
052:              double dist = matches[i].distance;
053:              if(dist < minDist) minDist = dist;
054:              if(dist > maxDist) maxDist = dist;
055:          }
056:          cout << "minDist=" << minDist << endl;
057:          cout << "maxDist=" << maxDist << endl;
058:
059:          vector< DMatch > goodMatches;
060:          double fTh = 4 * minDist;
061:          for (int i = 0; i < matches.size(); i++)
062:          {
063:              if(matches[i].distance <= max(fTh, 0.02))
064:                  goodMatches.push_back(matches[i]);
065:          }
066:          cout << "goodMatches.size()=" << goodMatches.size() << endl;
067:          if(goodMatches.size() < 4)
068:              return 0;
069:
070:          // draw good_matches
071:          Mat imgMatches;
072:          drawMatches(srcImage1, keypoints1, srcImage2, keypoints2,
073:          goodMatches, imgMatches, Scalar::all(-1), Scalar::all(-1),
074:          vector<char>(), DrawMatchesFlags::NOT_DRAW_SINGLE_POINTS); //DEFAULT
075:          // imshow("Good Matches", imgMatches);
076:
077:          /*
078:          for (int i = 0; i < goodMatches.size(); i++)
079:          {
080:              cout << "Good Matches [" << i << "] Keypoint 1:";
081:              cout << goodMatches[i].queryIdx;
082:              cout << "--> Keypoint 2:";
083:              cout << goodMatches[i].trainIdx << endl;
084:          }
085:          */
086:
087:          // find Homography between keypoints1 and keypoints2
088:          vector<Point2f> obj;
089:          vector<Point2f> scene;
090:          for (int i = 0; i < goodMatches.size(); i++)
091:          {
092:              // Get the keypoints from the good matches
093:              obj.push_back(keypoints1[ goodMatches[i].queryIdx ].pt);
094:              scene.push_back(keypoints2[ goodMatches[i].trainIdx ].pt);
095:          }
096:          Mat H = findHomography(obj, scene, RANSAC);
097:
098:          vector<Point2f> objP(4);
099:          objP[0] = Point2f(0, 0);
100:          objP[1] = Point2f(srcImage1.cols, 0);
101:          objP[2] = Point2f(srcImage1.cols, srcImage1.rows);
102:          objP[3] = Point2f(0, srcImage1.rows);
103:
104:          vector<Point2f> sceneP(4);
105:          perspectiveTransform(objP, sceneP, H);
106:
107:          // draw sceneP in imgMatches
108:          for (int i = 0; i < 4; i++)
```

```
109:              sceneP[i] += Point2f(srcImage1.cols, 0);
110:         for(int i = 0; i < 4; i++)
111:              line(imgMatches, sceneP[i], sceneP[(i + 1) % 4], Scalar(255, 0, 0), 4);
112:         imshow("imgMatches", imgMatches);
113:
114:         waitKey();
115:     return 0;
116: }
```

◎ **프로그램 설명**

① ORB 또는 BRISK로 특징점 검출과 기술자를 계산하고, BruteForce (NORM_HAMMING)로 매칭하여 템플릿으로 주어진 srcImage1의 매칭되는 위치를 srcImage2 영상에서 찾아서 사각영역으로 표시한다.

② 17-22행
OpenCV 2.4.13에서 ORB 또는 BRISK로 특징검과 기술자를 계산한다. 18-19행은 ORB 클래스로 srcImage1, srcImage2 영상에서 keypoints1, keypoints2 벡터에 특징점을 최대 1000개 검출하고, descriptors1, descriptors2에 기술자를 계산한다. 21-22행은 BRISK 클래스로 특징점과 기술자를 계산한다.

③ 24-32행
OpenCV 3.1.0에서 ORB 또는 BRISK로 특징검과 기술자를 계산한다. 25-27행은 ORB 클래스로 srcImage1, srcImage2 영상에서 keypoints1, keypoints2 벡터에 특징점을 최대 1000개 검출하고, descriptors1, descriptors2에 기술자를 계산한다. 30-32행은 BRISK 클래스로 특징점과 기술자를 계산한다.

④ 34-41행
35-37행은 BFMatcher에서 normType = NORM_HAMMING으로 descriptors1에서 descriptors2로의 매칭을 matches 벡터에 계산한다. 주석 처리된 39-41행은 DescriptorMatcher를 사용하여 descriptors1에서 descriptors2로의 "BruteForce-Hamming" 매칭을 계산한다.

⑤ 47-85행
48-55행은 matches 벡터에서 최소 거리와 최대 거리를 minDist, maxDist에 계산하고, 59-65행은 fTh = 4 * minDist로 설정하여, matches[i].distance <= max(fTh, 0.02) 조건을 만족하는 매칭만을 goodMatches 벡터에 저장한다. 72-74행은 drawMatches 함수를 사용하여 srcImage1 영상의 특징점 벡터 keypoints1와 srcImage2 영상의 특징점 벡터 keypoints2의 매칭 정보 goodMatches를 이용하여 imgMatches 영상에 매칭을 원과 직선으로 표시한다. 주석 처리된 77-85행은 매칭되는 특징점 벡터의 첨자를 출력한다.

⑥ 87-112행
88-95행은 매칭 정보 goodMatches를 이용하여, 매칭되는 특징점 벡터 keypoints1의 좌표를 obj 벡터에 추가하고, 특징점 벡터 keypoints2의 좌표는 scene 벡터에 추가한다. 96행은 findHomography 함수로 obj에서 scene으로 RANSAC 방법으로 호모그래피 변환 H를 계산한다. 98-102행은 srcImage1 영상의 전체 영역의 4-코너점을 objP 벡터에 저장하고, 105행은 perspectiveTransform 함수로 objP 벡터에 저장된 좌표를 호모그래피 변환 H로 변환하여, sceneP 벡터에 저장한다. 108-109행은 sceneP 벡터에 저장된 좌표에 Point2f(srcImage1.cols, 0)를 더하여 imgMatches 영상에서의 좌표를 계산한다. imgMatches 영상의 왼쪽에 srcImage1 영상이 복사되고, 이어서 오른쪽에 srcImage2 영상이 복사되기 때문이다. 110-111행은 imgMatches 영상에 sceneP 벡터에 저장된 4개의 좌표점을 직선으로 표시한다. srcImage1 영상에 해당하는 영역이 Scalar(255,0, 0) 색상, 두께 4로 표시된다.

⑦ [그림 10.32]는 ORB를 사용하여 특징점을 검출하고, 기술자를 계산하여, 해밍 거리(NORM_HAMMING)를 매칭 거리로 사용한 BruteForce 매칭 결과이다. 모두 srcImage1 영상에 주어진 물체(컵, 책)를 srcImage2 영상에서 검출한다.

(a) srcImage1 = "cup1.jpg", srcImage2 = "cup2_1.jpg"

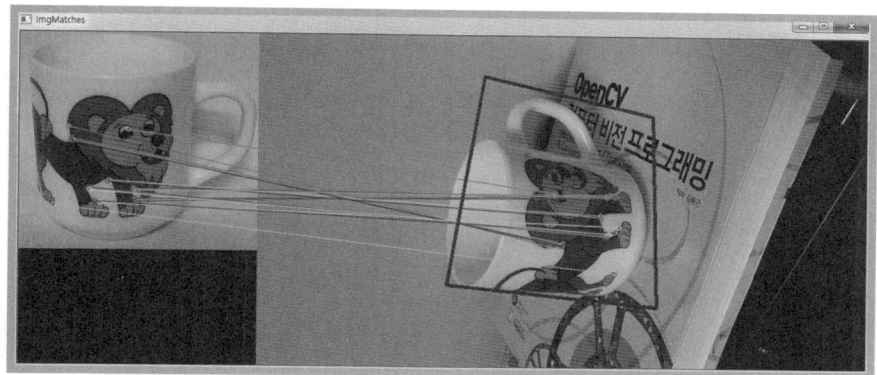

(b) srcImage1 = "cup1.jpg", srcImage2 = "cup2_2.jpg"

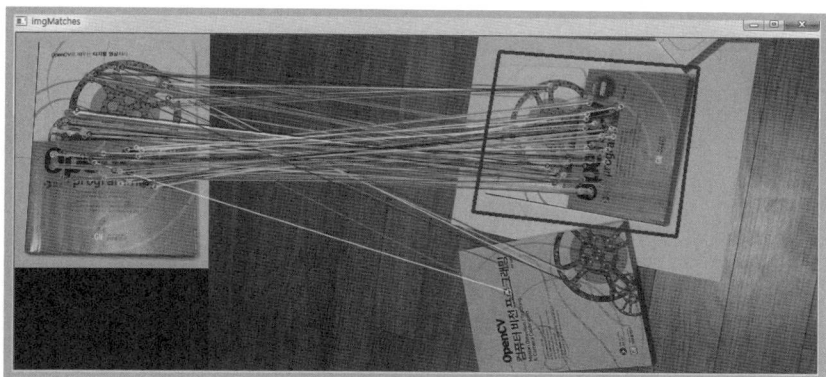

(c) srcImage1 = "book1.jpg", srcImage2 = "book2.jpg"

[그림 10.32] ORB를 사용한 BruteForce 매칭

⑧ [그림 10.33]은 OpenCV 2.4.13에서 BRISK를 사용하여 특징점을 검출하고, 기술자를 계산하여, 해밍 거리(NORM_HAMMING)를 매칭 거리로 사용한 BruteForce 매칭 결과이다. 모두 srcImage1 영상에 주어진 물체(컵, 책)를 srcImage2 영상에서 검출한다.

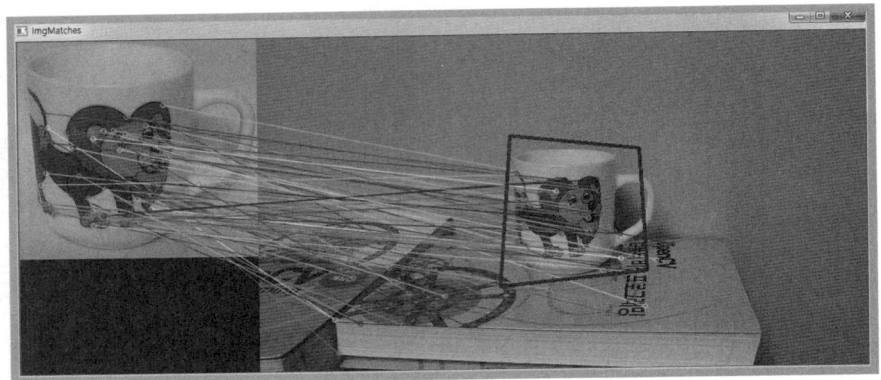

(a) srcImage1 = "cup1.jpg", srcImage2 = "cup2_1.jpg"

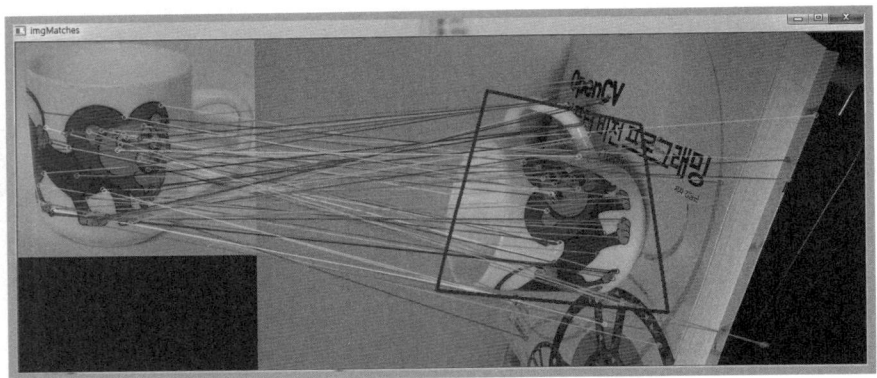

(b) srcImage1 = "cup1.jpg", srcImage2 = "cup2_2.jpg"

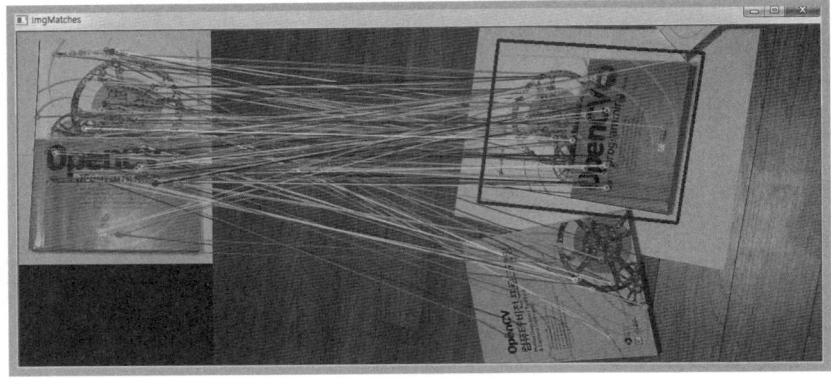

(c) srcImage1 = "book1.jpg", srcImage2 = "book2.jpg"

[그림 10.33] BRISK를 사용한 BruteForce 매칭

[예제 10-15]	SIFT와 SURF를 사용한 BruteForce 매칭 (OpenCV 2.4.13) ① Feature Detector, Descriptor : SIFT, SURF ② Matcher : BruteForce (NORM_L2) ③ DescriptorMatcher::match

```
001:    #include "opencv.hpp"
002:    #include <opencv2/nonfree/nonfree.hpp>
003:    using namespace cv;
004:    using namespace std;
005:    int main()
006:    {
007:        Mat srcImage1 = imread("cup1.jpg", IMREAD_GRAYSCALE);
008:        Mat srcImage2 = imread("cup2_1.jpg", IMREAD_GRAYSCALE);
009:        // Mat srcImage1 = imread("book1.jpg", IMREAD_GRAYSCALE);
010:        // Mat srcImage2 = imread("book2.jpg", IMREAD_GRAYSCALE);
011:        if(srcImage1.empty() || srcImage2.empty())
012:            return -1;
013:        // OpenCV 2.4.13
014:        // Step 1, 2: detect the keypoints
015:        vector<KeyPoint> keypoints1, keypoints2;
016:
017:        SiftFeatureDetector detector(500, 5); // SIFT
018:        // SurfFeatureDetector detector(400); // SURF
019:        detector.detect(srcImage1, keypoints1);
020:        detector.detect(srcImage2, keypoints2);
021:
022:        // Step 2: calculate descriptors
023:        Mat descriptors1, descriptors2;
024:        SiftDescriptorExtractor extractor;
025:        // SurfDescriptorExtractor extractor;
026:
027:        extractor.compute(srcImage1, keypoints1, descriptors1);
028:        extractor.compute(srcImage2, keypoints2, descriptors2);
029:
030:        // Step 3: Matching descriptor vectors
031:        vector< DMatch > matches;
032:        BFMatcher matcher(NORM_L2);
033:        matcher.match(descriptors1, descriptors2, matches);
034:
035:        // Ptr<DescriptorMatcher> matcher;
036:        // matcher = DescriptorMatcher::create("BruteForce");
037:        // matcher->match(descriptors1, descriptors2, matches);
038:
039:        cout << "matches.size()=" << matches.size() << endl;
040:        if(matches.size() < 4)
041:            return 0;
042:
043:        // find goodMatches such that matches[i].distance <= 4 * minDist
044:        double minDist, maxDist;
045:        minDist = maxDist = matches[0].distance;
046:        for (int i = 1; i < matches.size(); i++)
047:        {
048:            double dist = matches[i].distance;
049:            if(dist < minDist) minDist = dist;
050:            if(dist > maxDist) maxDist = dist;
051:        }
```

```
052:        cout << "minDist=" << minDist << endl;
053:        cout << "maxDist=" << maxDist << endl;
054:
055:        vector< DMatch > goodMatches;
056:        double fTh = 4 * minDist;
057:        for (int i = 0; i < matches.size(); i++)
058:        {
059:            if(matches[i].distance <= max(fTh, 0.02))
060:                goodMatches.push_back(matches[i]);
061:        }
062:        cout << "goodMatches.size()=" << goodMatches.size() << endl;
063:        if(goodMatches.size() < 4)
064:            return 0;
065:
066:        // draw good_matches
067:        Mat imgMatches;
068:        drawMatches(srcImage1, keypoints1, srcImage2, keypoints2,
069:            goodMatches, imgMatches, Scalar::all(-1), Scalar::all(-1),
070:            vector<char>(), DrawMatchesFlags::NOT_DRAW_SINGLE_POINTS);
071:        // imshow("Good Matches", imgMatches);
072:
073:        /*
074:        for (int i = 0; i < goodMatches.size(); i++)
075:        {
076:            cout << "Good Matches [" << i << "] Keypoint 1:";
077:            cout << goodMatches[i].queryIdx;
078:            cout << "--> Keypoint 2:";
079:            cout << goodMatches[i].trainIdx << endl;
080:        }
081:        */
082:
083:        // find Homography between keypoints1 and keypoints2
084:        vector<Point2f> obj;
085:        vector<Point2f> scene;
086:        for(int i = 0; i < goodMatches.size(); i++)
087:        {
088:            // Get the keypoints from the good matches
089:            obj.push_back(keypoints1[ goodMatches[i].queryIdx ].pt);
090:            scene.push_back(keypoints2[ goodMatches[i].trainIdx ].pt);
091:        }
092:        Mat H = findHomography(obj, scene, CV_RANSAC);
093:
094:        vector<Point2f> objP(4);
095:        objP[0] = cvPoint(0,0);
096:        objP[1] = cvPoint(srcImage1.cols, 0);
097:        objP[2] = cvPoint(srcImage1.cols, srcImage1.rows);
098:        objP[3] = cvPoint(0, srcImage1.rows);
099:
100:        vector<Point2f> sceneP(4);
101:        perspectiveTransform(objP, sceneP, H);
102:
103:        // draw sceneP in imgMatches
104:        for (int i = 0; i < 4; i++)
105:            sceneP[i] += Point2f(srcImage1.cols, 0);
106:        for(int i = 0; i < 4; i++)
107:            line(imgMatches, sceneP[i], sceneP[(i + 1) % 4], Scalar(255, 0, 0), 4);
108:        imshow("imgMatches", imgMatches);
```

```
109:
110:        waitKey();
111:        return 0;
112: }
```

◎ 프로그램 설명

① SIFT 또는 SURF로 특징점 검출과 기술자를 계산하고, BruteForce (NORM_L2)로 매칭하여 템플릿으로 주어진 srcImage1의 매칭되는 위치를 srcImage2 영상에서 찾아서 사각영역으로 표시한다. OpenCV 2.4.13에서 SIFT와 SURF 클래스를 사용하기 위하여 opencv2/nonfree/nonfree.hpp 헤더 파일을 포함한다. 디버그 모드이면 opencv_nonfree2413d.lib를 포함해서 링크한다.

② 14-20행
17행은 SiftFeatureDetector 클래스에서 nfeatures = 500, nOctavelayers = 5로 설정하여 detector 객체를 생성하고, 주석 처리된 18행은 SurfFeatureDetector 클래스에서 hessianThreshold = 400으로 설정하여 detector 객체를 생성한다. 19-20행은 srcImage1, srcImage2 영상에서 keypoints1, keypoints2 벡터에 특징점을 검출한다.

③ 22-28행
24행은 SiftDescriptorExtractor 클래스로 extractor 객체를 선언하고, 주석 처리된 25행은 SurfDescriptorExtractor 클래스로 extractor 객체를 선언한다. 27-28행은 srcImage1, srcImage2 영상에서 keypoints1, keypoints2 특징점 벡터를 사용하여, 기술자 행렬 descriptors1, descriptors2를 계산한다.

④ 30-37행
32행은 BFMatcher 클래스로 matcher 객체를 normType = NORM_L2로 생성하고, 33행은 descriptors1에서 descriptors2로의 매칭을 matches 벡터에 계산한다. 주석 처리된 35-37행은 DescriptorMatcher를 사용하여 "BruteForce" 매칭을 계산하여 32-33행과 같은 일을 한다.

⑤ 43-70행
44-51행은 matches 벡터에서 최소 거리와 최대 거리를 minDist, maxDist에 계산하고, 55-61행은 fTh = 4 * minDist로 설정하여, matches[i].distance <= max(fTh, 0.02) 조건을 만족하는 매칭만을 goodMatches 벡터에 저장한다. 68-70행은 drawMatches 함수를 사용하여 srcImage1 영상의 특징점 벡터 keypoints1과 srcImage2 영상의 특징점 벡터 keypoints2의 매칭 정보 goodMatches를 이용하여 imgMatches 영상에 매칭을 원과 직선으로 표시한다.

⑥ 83-108행
84-91행은 매칭 정보 goodMatches를 이용하여, 매칭되는 특징점 벡터 keypoints1의 좌표를 obj 벡터에 추가하고, 특징점 벡터 keypoints2의 좌표를 scene 벡터에 추가한다. 92행은 findHomography 함수로 obj에서 scene으로 CV_RANSAC 방법으로 호모그래피 변환 H를 계산한다. 94-98행은 srcImage1 영상의 전체 영역의 4-코너점을 objP 벡터에 저장하고, 101행은 perspectiveTransform 함수로 objP 벡터에 저장된 좌표를 호모그래피 변환 H로 변환하여, sceneP 벡터에 저장한다. 104-105행은 sceneP 벡터에 저장된 좌표에 Point2f(srcImage1.cols, 0)를 더하여 imgMatches 영상에서의 좌표를 계산한다. imgMatches 영상의 왼쪽에 srcImage1 영상이 복사되고, 이어서 오른쪽에 srcImage2 영상이 복사되기 때문이다. 106-107행은 imgMatches 영상에 sceneP 벡터에 저장된 4개의 좌표점을 직선으로 표시한다. srcImage1 영상에 해당하는 영역이 Scalar(255, 0, 0) 색상, 두께 4로 표시된다.

⑦ [그림 10.34]는 SIFT를 사용하여 특징점을 검출하고, 기술자를 계산하여, NORM_L2를 매칭 거리로 사용한 BruteForce 매칭 결과이다. 모두 srcImage1 영상에 주어진 물체(컵, 책)를 srcImage2 영상에서 검출한다. [그림 10.35]는 SURF를 사용하여 특징점을 검출하고, 기술자를 계산하여, NORM_L2를 매칭 거리로 사용한 BruteForce 매칭 결과이다. 모두 srcImage1 영상에 주어진 물체(컵, 책)를 srcImage2 영상에서 검출한다. SURF가 SIFT보다 속도가 빠르다.

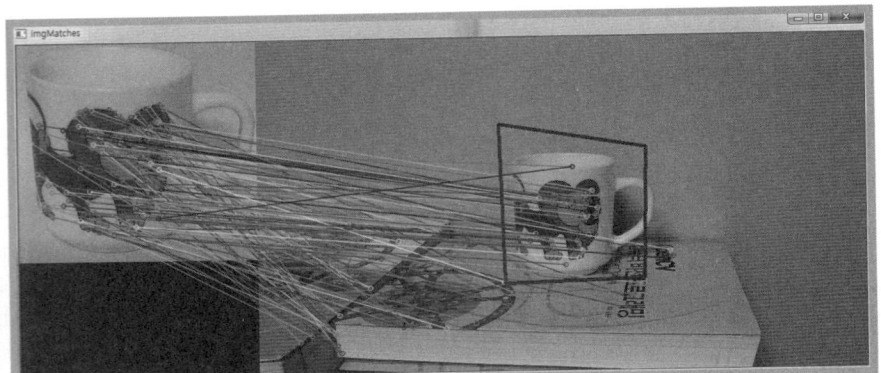

(a) srcImage1 = "cup1.jpg", srcImage2 = "cup2_1.jpg"

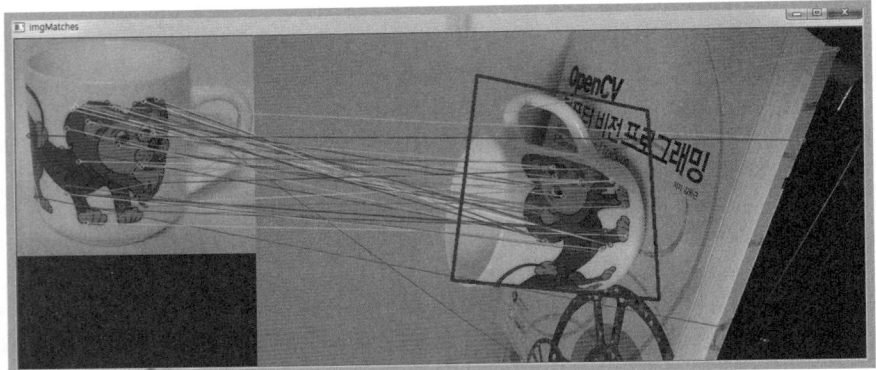

(b) srcImage1 = "cup1.jpg", srcImage2 = "cup2_2.jpg"

(c) srcImage1 = "book1.jpg", srcImage2 = "book2.jpg"

[그림 10.34] SIFT를 사용한 BruteForce 매칭

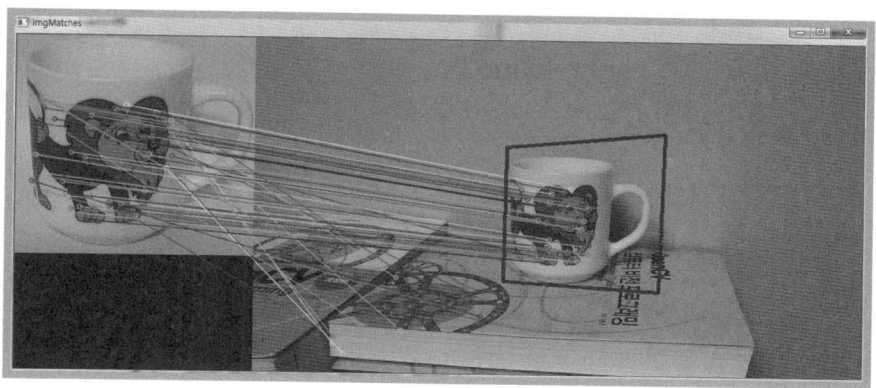

(a) srcImage1 = "cup1.jpg", srcImage2 = "cup2_1.jpg"

(b) srcImage1 = "cup1.jpg", srcImage2 = "cup2_2.jpg"

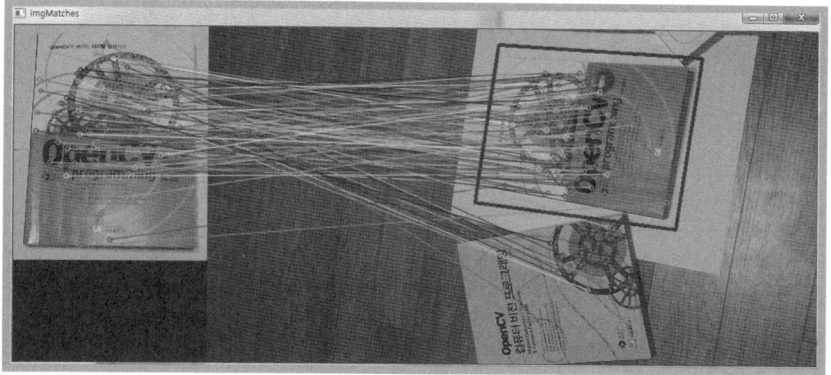

(c) srcImage1 = "book1.jpg", srcImage2 = "book2.jpg"

[그림 10.35] SURF를 사용한 BruteForce 매칭

[예제 10-16]	SIFT와 SURF 사용한 Flann 기반 매칭 (OpenCV 2.4.13) ① Feature Detector, Descriptor: SIFT, SURF ② Matcher: FlannBasedMatcher (NORM_L2) ③ DescriptorMatcher::match

```
001:  #include "opencv.hpp"
002:  #include <opencv2/nonfree/nonfree.hpp>
003:  using namespace cv;
004:  using namespace std;
```

```
005:   int main()
006:   {
007:       Mat srcImage1 = imread("cup1.jpg", IMREAD_GRAYSCALE);
008:       Mat srcImage2 = imread("cup2_1.jpg", IMREAD_GRAYSCALE);
009:       // Mat srcImage1 = imread("book1.jpg", IMREAD_GRAYSCALE);
010:       // Mat srcImage2 = imread("book2.jpg", IMREAD_GRAYSCALE);
011:       if(srcImage1.empty() || srcImage2.empty())
012:           return -1;
013:
014:       // Step 1: detect the keypoints
015:       vector<KeyPoint> keypoints1, keypoints2;
016:
017:       // SiftFeatureDetector detector(500, 5);
018:       SurfFeatureDetector detector(400);
019:       detector.detect(srcImage1, keypoints1);
020:       detector.detect(srcImage2, keypoints2);
021:
022:       // Step 2: calculate descriptors
023:       Mat descriptors1, descriptors2;
024:       // SiftDescriptorExtractor extractor;
025:       SurfDescriptorExtractor extractor;
026:
027:       extractor.compute(srcImage1, keypoints1, descriptors1);
028:       extractor.compute(srcImage2, keypoints2, descriptors2);
029:
030:       // Step 3: Matching descriptor vectors
031:       vector< DMatch > matches;
032:       FlannBasedMatcher matcher;
033:       matcher.match(descriptors1, descriptors2, matches);
034:
035:       // Ptr<DescriptorMatcher> matcher;
036:       // matcher = DescriptorMatcher::create("FlannBased");
037:       // matcher->match(descriptors1, descriptors2, matches);
038:
039:       cout << "matches.size()=" << matches.size() << endl;
040:       if(matches.size() < 4)
041:           return 0;
042:
043:       // find goodMatches such that matches[i].distance <= 4 * minDist
044:       double minDist, maxDist;
045:       minDist = maxDist = matches[0].distance;
046:       for (int i = 1; i < matches.size(); i++)
047:       {
048:           double dist = matches[i].distance;
049:           if(dist < minDist) minDist = dist;
050:           if(dist > maxDist) maxDist = dist;
051:       }
052:       cout << "minDist=" << minDist << endl;
053:       cout << "maxDist=" << maxDist << endl;
054:
055:       vector< DMatch > goodMatches;
056:       double fTh = 4 * minDist;
057:       for(int i = 0; i < matches.size(); i++)
058:       {
059:           if(matches[i].distance <= max(fTh, 0.02))
060:               goodMatches.push_back(matches[i]);
061:       }
```

```
062:        cout << "goodMatches.size()=" << goodMatches.size() << endl;
063:        if(goodMatches.size() < 4)
064:            return 0;
065:
066:        // draw good_matches
067:        Mat imgMatches;
068:        drawMatches(srcImage1, keypoints1, srcImage2, keypoints2,
069:                goodMatches, imgMatches, Scalar::all(-1), Scalar::all(-1),
070:                vector<char>(), DrawMatchesFlags::NOT_DRAW_SINGLE_POINTS);
071:        // imshow("Good Matches", imgMatches);
072:
073:        // find Homography between keypoints1 and keypoints2
074:        vector<Point2f> obj;
075:        vector<Point2f> scene;
076:        for(int i = 0; i < goodMatches.size(); i++)
077:        {
078:            // Get the keypoints from the good matches
079:            obj.push_back(keypoints1[ goodMatches[i].queryIdx ].pt);
080:            scene.push_back(keypoints2[ goodMatches[i].trainIdx ].pt);
081:        }
082:        Mat H = findHomography(obj, scene, CV_RANSAC);
083:
084:        vector<Point2f> objP(4);
085:        objP[0] = cvPoint(0,0);
086:        objP[1] = cvPoint(srcImage1.cols, 0);
087:        objP[2] = cvPoint(srcImage1.cols, srcImage1.rows);
088:        objP[3] = cvPoint(0, srcImage1.rows);
089:
090:        vector<Point2f> sceneP(4);
091:        perspectiveTransform(objP, sceneP, H);
092:
093:        // draw sceneP in imgMatches
094:        for (int i = 0; i < 4; i++)
095:            sceneP[i] += Point2f(srcImage1.cols, 0);
096:        for (int i = 0; i < 4; i++)
097:            line(imgMatches, sceneP[i], sceneP[(i + 1) % 4], Scalar(255, 0, 0), 4);
098:        imshow("imgMatches", imgMatches);
099:
100:        waitKey();
101:        return 0;
102: }
```

◎ **프로그램 설명**

① SIFT 또는 SURF로 특징점 검출과 기술자를 계산하고, FlannBasedMatcher로 매칭하여 템플릿으로 주어진 srcImage1의 매칭되는 위치를 srcImage2 영상에서 찾아서 사각영역으로 표시한다. OpenCV 2.4.13에서 SIFT와 SURF 클래스를 사용하기 위하여 opencv2/nonfree/nonfree.hpp 헤더 파일을 포함한다. 디버그 모드이면, SIFT, SURF를 사용하기 위해 opencv_nonfree2413d.lib를 포함하고, FlannBasedMatcher를 사용하기 위해 opencv_flann2413d.lib를 포함해서 링크한다.

② 14-20행

17행은 SiftFeatureDetector 클래스에서 nfeatures = 500, nOctavelayers = 5로 설정하여 detector 객체를 생성하고, 주석 처리된 18행은 SurfFeatureDetector 클래스에서 hessianThreshold = 400으로 설정하여 detector 객체를 생성한다. 19-20행은 srcImage1, srcImage2 영상에서 keypoints1, keypoints2 벡터에 특징점을 검출한다.

③ 22-28행

24행은 SiftDescriptorExtractor 클래스로 extractor 객체를 선언하고, 주석 처리된 25행은 SurfDescriptorExtractor 클래스로 extractor 객체를 선언한다. 27-28행은 srcImage1, srcImage2 영상에서 keypoints1, keypoints2 특징점 벡터를 사용하여, 기술자 행렬 descriptors1, descriptors2를 계산한다.

④ 30-37행

32행은 FlannBasedMatcher 클래스로 matcher 객체를 생성하고, 33행은 descriptors1에서 descriptors2로의 매칭을 matches 벡터에 계산한다. 주석 처리된 35-37행은 DescriptorMatcher를 사용하여 "FlannBased" 매칭을 계산하여 32-33행과 같은 일을 한다.

⑤ 43-70행

44-51행은 matches 벡터에서 최소 거리와 최대 거리를 minDist, maxDist에 계산하고, 55-61행은 fTh = 4 * minDist로 설정하여, matches[i].distance <= max(fTh, 0.02) 조건을 만족하는 매칭만을 goodMatches 벡터에 저장한다. 68-70행은 drawMatches 함수를 사용하여 srcImage1 영상의 특징점 벡터 keypoints1와 srcImage2 영상의 특징점 벡터 keypoints2의 매칭 정보 goodMatches를 이용하여 imgMatches 영상에 매칭을 원과 직선으로 표시한다.

⑥ 73-98행

74-81행은 매칭 정보 goodMatches를 이용하여, 매칭되는 특징점 벡터 keypoints1의 좌표를 obj 벡터에 추가하고, 특징점 벡터 keypoints2의 좌표를 scene 벡터에 추가한다. 82행은 findHomography 함수로 obj에서 scene으로 CV_RANSAC 방법으로 호모그래피 변환 H를 계산한다. 84-88행은 srcImage1 영상의 전체 영역의 4-코너점을 objP 벡터에 저장하고, 91행은 perspectiveTransform 함수로 objP 벡터에 저장된 좌표를 호모그래피 변환 H로 변환하여, sceneP 벡터에 저장한다. 94-95행은 sceneP 벡터에 저장된 좌표에 Point2f(srcImage1.cols, 0)를 더하여 imgMatches 영상에서의 좌표를 계산한다. imgMatches 영상의 왼쪽에 srcImage1 영상이 복사되고, 이어서 오른쪽에 srcImage2 영상이 복사되기 때문이다. 96-97행은 imgMatches 영상에 sceneP 벡터에 저장된 4개의 좌표점을 직선으로 표시한다. srcImage1 영상에 해당하는 영역이 Scalar(255, 0, 0) 색상, 두께 4로 표시된다.

⑦ SIFT를 사용한 매칭 결과는 [그림 10.34], SURF를 사용한 매칭 결과는 [그림 10.35]와 유사하게 모두 srcImage1 영상에 주어진 물체(컵, 책)를 srcImage2 영상에서 검출한다. Flann 기반 매칭이 BruteForce 매칭보다 속도가 빠르다.

[예제 10-17]	SIFT와 SURF를 사용한 BruteForce/Flann 기반 knnMatch 매칭 (OpenCV 2.4.13) ① Feature Detector, Descriptor : SIFT, SURF ② Matcher : FlannBasedMatcher (NORM_L2) ③ DescriptorMatcher :: knnMatch

```
001:  #include "opencv.hpp"
002:  #include <opencv2/nonfree/nonfree.hpp>
003:  using namespace cv;
004:  using namespace std;
005:  int main()
006:  {
007:      Mat srcImage1 = imread("cup1.jpg", IMREAD_GRAYSCALE);
008:      Mat srcImage2 = imread("cup2_1.jpg", IMREAD_GRAYSCALE);
009:      // Mat srcImage1 = imread("book1.jpg", IMREAD_GRAYSCALE);
010:      // Mat srcImage2 = imread("book2.jpg", IMREAD_GRAYSCALE);
011:      if(srcImage1.empty() || srcImage2.empty())
012:          return -1;
013:      // OpenCV 2.4.13
014:      // Step 1: detect the keypoints
015:      vector<KeyPoint> keypoints1, keypoints2;
016:
017:      SiftFeatureDetector detector(500, 5);
```

```
018:        // SurfFeatureDetector detector(400);
019:        detector.detect(srcImage1, keypoints1);
020:        detector.detect(srcImage2, keypoints2);
021:
022:        // Step 2: calculate descriptors
023:        Mat descriptors1, descriptors2;
024:        // SiftDescriptorExtractor extractor;
025:        SurfDescriptorExtractor extractor;
026:
027:        extractor.compute(srcImage1, keypoints1, descriptors1);
028:        extractor.compute(srcImage2, keypoints2, descriptors2);
029:
030:        // Step 3: Matching descriptor vectors
031:        vector< vector< DMatch > > matches;
032:
033:        int k=2;
034:        // BFMatcher matcher(NORM_L2);
035:        FlannBasedMatcher matcher;
036:        matcher.knnMatch(descriptors1, descriptors2, matches, k);
037:
038:        // Ptr<DescriptorMatcher> matcher;
039:        // matcher = DescriptorMatcher::create("BruteForce");
040:        // matcher = DescriptorMatcher::create("FlannBased");
041:        // matcher->knnMatch(descriptors1, descriptors2, matches, k);
042:        cout << "matches.size()=" << matches.size() << endl;
043:
044:        vector< DMatch > goodMatches;
045:        float nndrRatio = 0.4f;
046:        for(int i = 0; i < matches.size(); i++)
047:        {
048:            // cout << "matches[i].size()=" << matches[i].size() << endl;
049:            if(matches.at(i).size() == 2 &&
050:                matches.at(i).at(0).distance <= nndrRatio * matches.at(i).at(1).distance)
051:            {
052:                goodMatches.push_back(matches[i][0]);
053:            }
054:        }
055:        cout << "goodMatches.size()=" << goodMatches.size() << endl;
056:
057:        // draw good_matches
058:        Mat imgMatches;
059:        drawMatches(srcImage1, keypoints1, srcImage2, keypoints2,
060:                goodMatches, imgMatches, Scalar::all(-1), Scalar::all(-1),
061:                vector<char>(), DrawMatchesFlags::NOT_DRAW_SINGLE_POINTS);
062:        // imshow("Good Matches", imgMatches);
063:        if(goodMatches.size() < 4)
064:            return 0;
065:
066:        // find Homography between keypoints1 and keypoints2
067:        vector<Point2f> obj;
068:        vector<Point2f> scene;
069:        for (int i = 0; i < goodMatches.size(); i++)
070:        {
071:            // Get the keypoints from the good matches
072:            obj.push_back(keypoints1[ goodMatches[i].queryIdx ].pt);
073:            scene.push_back(keypoints2[ goodMatches[i].trainIdx ].pt);
074:        }
```

```
075:        Mat H = findHomography(obj, scene, CV_RANSAC);
076:
077:        vector<Point2f> objP(4);
078:        objP[0] = cvPoint(0,0);
079:        objP[1] = cvPoint(srcImage1.cols, 0);
080:        objP[2] = cvPoint(srcImage1.cols, srcImage1.rows);
081:        objP[3] = cvPoint(0, srcImage1.rows);
082:
083:        vector<Point2f> sceneP(4);
084:        perspectiveTransform(objP, sceneP, H);
085:
086:        // draw sceneP in imgMatches
087:        for (int i = 0; i < 4; i++)
088:            sceneP[i] += Point2f(srcImage1.cols, 0);
089:        for (int i = 0; i < 4; i++)
090:            line(imgMatches, sceneP[i], sceneP[(i + 1) % 4], Scalar(255, 0, 0), 4);
091:        imshow("imgMatches", imgMatches);
092:
093:        waitKey();
094:        return 0;
095: }
```

◎ 프로그램 설명

① SIFT와 SURF 사용한 BruteForce 매칭과 Flann 기반 매칭에서 DescriptorMatcher:: knnMatch 메서드를 사용하여, 각 특징점에 대하여 k = 2개의 매칭 결과를 검색한다. 좋은 매칭 (good matches)을 검색하기 위하여 NNDR(Nearest neighbor distance ratio)을 사용한다.

② SIFT 또는 SURF로 특징점 검출과 기술자를 계산하고, FlannBasedMatcher로 매칭하여 템플릿 으로 주어진 srcImage1의 매칭되는 위치를 srcImage2 영상에서 찾아서 사각영역으로 표시한다. OpenCV 2.4.13에서 SIFT와 SURF 클래스를 사용하기 위하여 opencv2/nonfree/nonfree.hpp 헤 더 파일을 포함한다. 디버그 모드에서 SIFT, SURF를 사용하기 위해 opencv_nonfree2413d.lib를 포함하고, FlannBasedMatcher를 사용하기 위해 opencv_flann2413d.lib를 포함해서 링크한다.

③ 14-20행
17행은 SiftFeatureDetector 클래스에서 nfeatures = 500, nOctavelayers = 5로 설정 하여 detector 객체를 생성하고, 주석 처리된 18행은 SurfFeatureDetector 클래스에서 hessianThreshold = 400으로 설정하여 detector 객체를 생성한다. 19-20행은 srcImage1, srcImage2 영상에서 keypoints1, keypoints2 벡터에 특징점을 검출한다.

④ 22-28행
24행은 SiftDescriptorExtractor 클래스로 extractor 객체를 선언하고, 주석 처리된 25행 은 SurfDescriptorExtractor 클래스로 extractor 객체를 선언한다. 27-28행은 srcImage1, srcImage2 영상에서 keypoints1, keypoints2 특징점 벡터를 사용하여, 기술자 행렬 descriptors1, descriptors2를 계산한다.

⑤ 30-42행
31행은 DescriptorMatcher:: knnMatch 메서드를 사용하여, 각 특징점에 대하여 k = 2개의 매칭 결과를 저장할 matches를 vector< DMatch >의 벡터로 선언한다. 주석 처리된 34행은 BFMatcher 클래스로 matcher 객체를 생성한다. 35행은 FlannBasedMatcher 클래스로 matcher 객체를 생성 한다. 36행은 DescriptorMatcher:: knnMatch 메서드를 사용하여, descriptors1의 각 기술자에 대 하여, descriptors2 기술자에서 k = 2개의 매칭결과를 matches에 검색한다.

⑥ 44-64행
매칭 결과인 matches에서, 좋은 매칭(good matches)을 찾기 위하여 NNDR(Nearest neighbor distance ratio)을 사용한다. d_1은 가장 가까운 이웃까지의 거리이고, d_2는 두 번째로 가

까운 이웃까지의 거리이다. $NNDR = d_1/d_2$ 값이 작으면 매칭이 잘된 것으로 판단한다. 49-50행에서 matches.at(i).size() == 2이고, matches.at(i).at(0).distance <= nndrRatio * matches.at(i).at(1).distance이면 matches[i][0]를 goodMatches 벡터에 저장한다. nndrRatio 값이 작으면 좋은 매칭으로 판단되는 매칭의 개수가 적게 된다. 현재는 45행에서 nndrRatio = 0.4로 설정한다. 59-61행은 drawMatches 함수를 사용하여 srcImage1 영상의 특징점 벡터 keypoints1와 srcImage2 영상의 특징점 벡터 keypoints2의 매칭 정보 goodMatches를 이용하여 imgMatches 영상에 매칭을 원과 직선으로 표시한다. 63-64행은 goodMatches.size() < 4이면 호모그래피를 계산할 수 없으므로, 프로그램을 종료한다.

⑦ 66-91행

67-74행은 매칭 정보 goodMatches를 이용하여, 매칭되는 특징점 벡터 keypoints1의 좌표를 obj 벡터에 추가하고, 특징점 벡터 keypoints2의 좌표를 scene 벡터에 추가한다. 75행은 findHomography 함수로 obj에서 scene으로 CV_RANSAC 방법으로 호모그래피 변환 H를 계산한다. 77-81행은 srcImage1 영상의 전체 영역의 4-코너점을 objP 벡터에 저장하고, 84행은 perspectiveTransform 함수로 objP 벡터에 저장된 좌표를 호모그래피 변환 H로 변환하여, sceneP 벡터에 저장한다. 87-88행은 sceneP 벡터에 저장된 좌표에 Point2f(srcImage1.cols, 0)를 더하여 imgMatches 영상에서의 좌표를 계산한다. imgMatches 영상의 왼쪽에 srcImage1 영상이 복사되고, 이어서 오른쪽에 srcImage2 영상이 복사되기 때문이다. 89-90행은 imgMatches 영상에 sceneP 벡터에 저장된 4개의 좌표점을 직선으로 표시한다. srcImage1 영상에 해당하는 영역이 Scalar(255, 0, 0) 색상, 두께 4로 표시된다.

⑧ [그림 10.36]은 SURF를 사용한 Flann 기반의 knnMatch 매칭 결과이다. SIFT를 사용한 Flann 기반의 knnMatch 매칭결과는 유사한 결과를 갖는다.

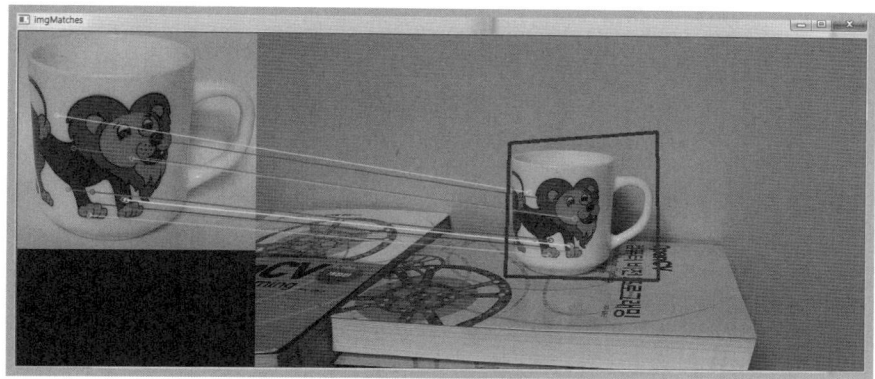

(a) srcImage1 = "cup1.jpg", srcImage2 = "cup2_1.jpg"

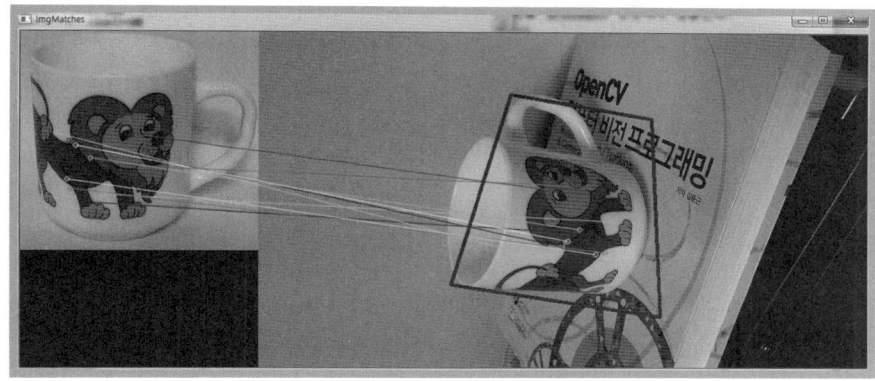

(b) srcImage1 = "cup1.jpg", srcImage2 = "cup2_2.jpg"

(c) srcImage1 = "book1.jpg", srcImage2 = "book2.jpg"

[그림 10.36] SURF를 사용한 Flann 기반 knnMatch 매칭

[예제 10-18]	이진 기술자 ORB에서 해밍 거리를 사용한 BruteForce의 knnMatch 매칭 (OpenCV 2.4.13, OpenCV 3.1.0) ① Feature Detector, Descriptor : ORB ② Matcher : BruteForce (NORM_HAMMING) ③ DescriptorMatcher::knnMatch

```cpp
001:   #include "opencv.hpp"
002:   using namespace cv;
003:   using namespace std;
004:   int main()
005:   {
006:       // Mat srcImage1 = imread("cub1.jpg", IMREAD_GRAYSCALE);
007:       // Mat srcImage2 = imread("cub2_1.jpg", IMREAD_GRAYSCALE);
008:       Mat srcImage1 = imread("book1.jpg", IMREAD_GRAYSCALE);
009:       Mat srcImage2 = imread("book2.jpg", IMREAD_GRAYSCALE);
010:       if(srcImage1.empty() || srcImage2.empty())
011:           return -1;
012:
013:       // Step 1, 2: detect the keypoints & descriptors
014:       vector<KeyPoint> keypoints1, keypoints2;
015:       Mat descriptors1, descriptors2;
016:
017:       // OpenCV 2.4.13
018:       // ORB(1000)(srcImage1, noArray(), keypoints1, descriptors1);
019:       // ORB(1000)(srcImage2, noArray(), keypoints2, descriptors2);
020:       // cout << "keypoints1.size()=" << keypoints1.size() << endl;
021:
022:       // OpenCV 3.1.0
023:       Ptr<ORB> orbF = ORB::create(1000);
024:       orbF->detectAndCompute(srcImage1, noArray(), keypoints1, descriptors1);
025:       orbF->detectAndCompute(srcImage2, noArray(), keypoints2, descriptors2);
026:       cout << "keypoints1.size()=" << keypoints1.size() << endl;
027:
028:       // Step 3: Matching descriptor vectors
029:       vector< vector< DMatch > > matches;
030:       BFMatcher matcher(NORM_HAMMING);
031:
032:       int k = 2;
033:       matcher.knnMatch(descriptors1, descriptors2, matches, k);
034:
```

```
035:        // Ptr<DescriptorMatcher> matcher; // "BruteForce-Hamming(2)"
036:        // matcher = DescriptorMatcher::create("BruteForce-Hamming");
037:        // matcher->knnMatch(descriptors1, descriptors2, matches, k);
038:        cout << "matches.size()=" << matches.size() << endl;
039:
040:        vector< DMatch > goodMatches;
041:        float nndrRatio = 0.6f;
042:        for (int i = 0; i < matches.size(); i++)
043:        {
044:            // cout << "matches[i].size()=" << matches[i].size() << endl;
045:            if(matches.at(i).size() == 2 &&
046:                matches.at(i).at(0).distance <= nndrRatio * matches.at(i).at(1).distance)
047:            {
048:                goodMatches.push_back(matches[i][0]);
049:            }
050:        }
051:        cout << "goodMatches.size()=" << goodMatches.size() << endl;
052:
053:        // draw good_matches
054:        Mat imgMatches;
055:        drawMatches(srcImage1, keypoints1, srcImage2, keypoints2,
056:        goodMatches, imgMatches, Scalar::all(-1), Scalar::all(-1),
057:        vector<char>(), DrawMatchesFlags::NOT_DRAW_SINGLE_POINTS);
058:        // imshow("Good Matches", imgMatches);
059:        if(goodMatches.size() < 4)
060:            return 0;
061:
062:        // find Homography between keypoints1 and keypoints2
063:        vector<Point2f> obj;
064:        vector<Point2f> scene;
065:        for (int i = 0; i < goodMatches.size(); i++)
066:        {
067:            // Get the keypoints from the good matches
068:            obj.push_back(keypoints1[ goodMatches[i].queryIdx ].pt);
069:            scene.push_back(keypoints2[ goodMatches[i].trainIdx ].pt);
070:        }
071:        Mat H = findHomography(obj, scene, RANSAC); //CV_RANSAC
072:
073:        vector<Point2f> objP(4);
074:        objP[0] = Point2f(0,0);
075:        objP[1] = Point2f(srcImage1.cols, 0);
076:        objP[2] = Point2f(srcImage1.cols, srcImage1.rows);
077:        objP[3] = Point2f(0, srcImage1.rows);
078:
079:        vector<Point2f> sceneP(4);
080:        perspectiveTransform(objP, sceneP, H);
081:
082:        // draw sceneP in imgMatches
083:        for(int i = 0; i < 4; i++)
084:            sceneP[i] += Point2f(srcImage1.cols, 0);
085:        for(int i = 0; i < 4; i++)
086:            line(imgMatches, sceneP[i], sceneP[(i + 1) % 4], Scalar(255, 0, 0), 4);
087:        imshow("imgMatches", imgMatches);
088:
089:        waitKey();
090:        return 0;
091:    }
```

◎ 프로그램 설명

① ORB 사용한 BruteForce 매칭에서, 해밍 거리를 사용한 DescriptorMatcher:: knnMatch 메서드로, 각 특징점에 대하여 k = 2개의 매칭 결과를 검색한다. 좋은 매칭(good matches)을 검색하기 위하여 NNDR(Nearest neighbor distance ratio)을 사용한다.

② 13-26행
14-15행은 검출된 특징을 저장할 벡터와 기술자를 저장할 행렬을 선언한다. 17-20행은 OpenCV 2.4.13에서 ORB 클래스로 srcImage1, srcImage2 영상에서 keypoints1, keypoints2 벡터에 특징점을 최대 1000개 검출하고, descriptors1, descriptors2에 기술자를 계산한다. 22-26행은 OpenCV 3.1.0에서 ORB 클래스로 최대 1000개 특징점과 기술자를 계산한다.

③ 28-38행
29행은 각 특징점에 대하여 k = 2개의 매칭 결과를 저장할 matches를 vector< DMatch >의 벡터로 선언한다. 30행은 BFMatcher 클래스로 matcher 객체를 생성한다. 33행은 DescriptorMatcher:: knnMatch 메서드를 사용하여, descriptors1의 각 기술자에 대하여, descriptors2 기술자에서 k = 2개의 매칭 결과를 matches에 검색한다. 35-38행은 DescriptorMatcher::create 메서드를 사용하는 방법으로 30-33행과 같은 결과를 갖는다.

④ 40-50행
매칭 결과인 matches에서, 좋은 매칭(good matches)을 찾기 위하여 NNDR(Nearest neighbor distance ratio)을 사용한다. d_1은 가장 가까운 이웃까지의 거리이고, d_2는 두 번째로 가까운 이웃까지의 거리이다. $NNDR = d_1/d_2$ 값이 작으면 매칭이 잘된 것으로 판단한다. 45-49행에서 matches. at(i).size() == 2이고, matches.at(i).at(0).distance <= nndrRatio * matches.at(i).at(1).distance 이면 matches[i][0]를 goodMatches 벡터에 저장한다. nndrRatio값이 작으면 좋은 매칭으로 판단되는 매칭의 개수가 적게 된다. 41행에서 nndrRatio = 0.6로 설정한다. 55-57행은 drawMatches 함수로 srcImage1 영상의 특징점 벡터 keypoints1와 srcImage2 영상의 특징점 벡터 keypoints2의 매칭 정보 goodMatches를 이용하여 영상 imgMatches에 매칭 결과를 원과 직선으로 표시한다. 59-60행은 goodMatches.size() < 4이면 호모그래피를 계산할 수 없으므로, 프로그램을 종료한다.

⑤ 62-86행
매칭 정보를 이용하여 호모그래피 변환 M을 계산하여 srcImage1 영상의 매칭되는 영역을 srcImage2 영상에 사각영역으로 표시한다.

⑥ [그림 10.37]은 이진 기술자 ORB를 사용한 BruteForce knnMatch 매칭 결과이다. 좋은 매칭 (good matches)을 nndrRatio = 0.6로 설정하여 NNDR(Nearest neighbor distance ratio)로 찾은 결과로 잘못 매칭된 특징점이 거의 없음을 볼 수 있다. 매칭점의 개수는 nndrRatio 값을 좀더 크게 설정하면, 더 많은 매칭점이 검출되지만, 오검출이 있을 수 있다.

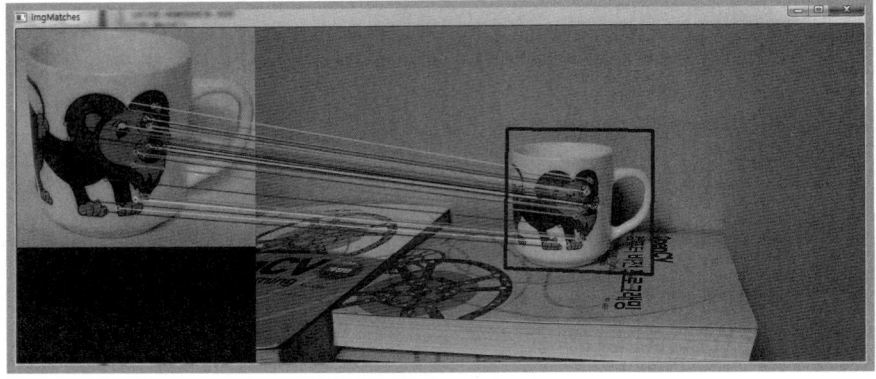

(a) srcImage1 = "cup1.jpg", srcImage2 = "cup2_1.jpg"

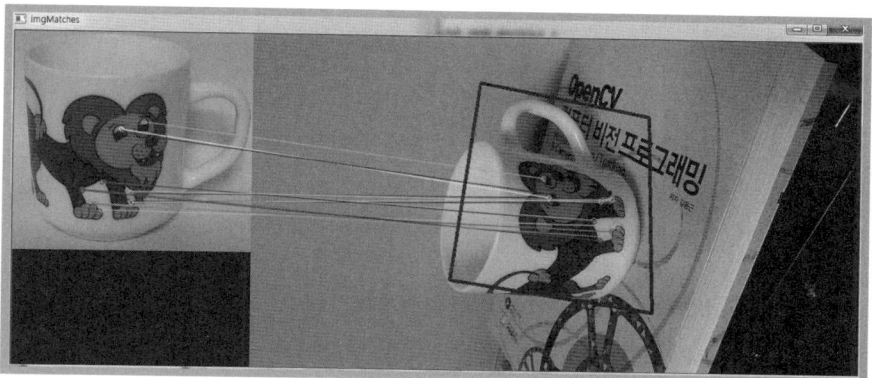

(b) srcImage1 = "cup1.jpg", srcImage2 = "cup2_2.jpg"

(c) srcImage1 = "book1.jpg", srcImage2 = "book2.jpg"

[그림 10.37] 이진 기술자 ORB를 사용한 BruteForce knnMatch 매칭

[예제 10-19]	이진 기술자 ORB에서 해밍 거리를 사용한 Index 기반 knnMatch 매칭 (OpenCV 2.4.13, OpenCV 3.1.0) ① Feature Detector, Descriptor: ORB ② Matcher: Index::knnSearch

```
001: #include "opencv.hpp"
002: using namespace cv;
003: using namespace std;
004: int main()
005: {
006:     Mat srcImage1 = imread("cup1.jpg", IMREAD_GRAYSCALE);
007:     Mat srcImage2 = imread("cup2_1.jpg", IMREAD_GRAYSCALE);
008:     // Mat srcImage1 = imread("book1.jpg", IMREAD_GRAYSCALE);
009:     // Mat srcImage2 = imread("book2.jpg", IMREAD_GRAYSCALE);
010:     if(srcImage1.empty() || srcImage2.empty())
011:         return -1;
012:
013:     // Step 1, 2: detect the keypoints & descriptors
014:     vector<KeyPoint> keypoints1, keypoints2;
015:     Mat descriptors1, descriptors2;
016:
017:     // OpenCV 2.4.13
018:     // ORB(1000)(srcImage1, noArray(), keypoints1, descriptors1);
019:     // ORB(1000)(srcImage2, noArray(), keypoints2, descriptors2);
```

```
020:        // cout << "keypoints1.size()=" << keypoints1.size() << endl;
021:
022:        // OpenCV 3.1.0
023:        Ptr<ORB> orbF = ORB::create(1000);
024:        orbF->detectAndCompute(srcImage1, noArray(), keypoints1, descriptors1);
025:        orbF->detectAndCompute(srcImage2, noArray(), keypoints2, descriptors2);
026:        cout << "keypoints1.size()=" << keypoints1.size() << endl;
027:
028:        // Step 3: matching descriptor vectors by using flannIndex.knnSearch
029:        int k = 2;
030:        Mat indices;
031:        Mat dists;
032:        flann::Index flannIndex(descriptors2, flann::LshIndexParams(12, 20, 2),
033:                cvflann::FLANN_DIST_HAMMING);
034:        flannIndex.knnSearch(descriptors1, indices, dists, k, flann::SearchParams());
035:
036:        vector< DMatch > goodMatches;
037:        float nndrRatio = 0.6f;
038:        for(int i = 0; i < descriptors1.rows; i++)
039:        {
040:            float d1, d2;
041:            d1 = (float)dists.at<int>(i, 0);
042:            d2 = (float)dists.at<int>(i, 1);
043:
044:            if(indices.at<int>(i, 0) >= 0 && indices.at<int>(i, 1) >= 0 &&
045:                    d1 <= nndrRatio * d2)
046:            {
047:                // cout << "i=" << i << ", d1=" << d1 <<endl;
048:                DMatch match(i, indices.at<int>(i, 0), d1);
049:                goodMatches.push_back(match);
050:            }
051:        }
052:        cout << "goodMatches.size()=" << goodMatches.size() << endl;
053:
054:        // draw good_matches
055:        Mat imgMatches;
056:        drawMatches(srcImage1, keypoints1, srcImage2, keypoints2,
057:                goodMatches, imgMatches, Scalar::all(-1), Scalar::all(-1),
058:                vector<char>(), DrawMatchesFlags::NOT_DRAW_SINGLE_POINTS);
059:        // imshow("Good Matches", imgMatches);
060:        if(goodMatches.size() < 4)
061:            return 0;
062:
063:        // find Homography between keypoints1 and keypoints2
064:        vector<Point2f> obj;
065:        vector<Point2f> scene;
066:        for (int i = 0; i < goodMatches.size(); i++)
067:        {
068:            // Get the keypoints from the good matches
069:            obj.push_back(keypoints1[ goodMatches[i].queryIdx ].pt);
070:            scene.push_back(keypoints2[ goodMatches[i].trainIdx ].pt);
071:        }
072:        Mat H = findHomography(obj, scene, RANSAC); //CV_RANSAC
073:
074:        vector<Point2f> objP(4);
075:        objP[0] = Point2f(0, 0);
076:        objP[1] = Point2f(srcImage1.cols, 0);
```

```
077:        objP[2] = Point2f(srcImage1.cols, srcImage1.rows);
078:        objP[3] = Point2f(0, srcImage1.rows);
079:
080:        vector<Point2f> sceneP(4);
081:        perspectiveTransform(objP, sceneP, H);
082:
083:        // draw sceneP in imgMatches
084:        for(int i = 0; i < 4; i++)
085:            sceneP[i] += Point2f(srcImage1.cols, 0);
086:        for(int i = 0; i < 4; i++)
087:            line(imgMatches, sceneP[i], sceneP[(i + 1) % 4], Scalar(255, 0, 0), 4);
088:        imshow("imgMatches", imgMatches);
089:
090:        waitKey();
091:        return 0;
092:  }
```

◎ **프로그램 설명**

① ORB로 특징점 검출하고, 자료형이 CV_8U인 이진 기술자를 계산한다. OpenCV 2.4.13과 OpenCV 3.1.0에 구현된 FlannBasedMatcher 클래스에서 기술자의 자료형은 실수로 구현되어 있다. 그러므로 ORB로 계산한 이진 기술자를 사용하여 FlannBasedMatcher 클래스에 의한 매칭을 적용할 수 없다. 여기서는 FlannBasedMatcher 클래스 대신, flann::Index 클래스를 사용하여 이진 기술자의 특징인 서로 다른 비트 개수에 의한 해밍 거리(Hamming distance)로 LSH(locality-sensitive hashing)으로 인덱싱을 수행하고, Index::knnSearch 메서드로 매칭되는 k개의 기술자를 탐색하는 방법을 사용한다. FlannBasedMatcher 클래스에 의한 매칭을 사용할 수 있는, 한 가지 방법은, 다음과 같이 기술자를 CV_32F 자료형으로 변환하여 사용할 수 있으나, 이것은 해밍 거리에 의한 매칭이 아니라, L2 놈에 의한 유클리드 거리에 의한 매칭이다.

```
descriptors1.convertTo(descriptors1, CV_32F);
descriptors2.convertTo(descriptors2, CV_32F);
vector< vector< DMatch > > matches;
int k=2;
FlannBasedMatcher matcher;
matcher.knnMatch(descriptors1, descriptors2, matches, k);
```

② **13-26행**
14-15행은 검출된 특징을 저장할 벡터와 기술자를 저장할 행렬을 선언한다. 17-20행은 OpenCV 2.4.13에서 ORB 클래스로 srcImage1, srcImage2 영상에서 keypoints1, keypoints2 벡터에 특징점을 최대 1000개 검출하고, descriptors1, descriptors2에 기술자를 계산한다. 22-26행은 OpenCV 3.1.0에서 ORB 클래스로 최대 1000개 특징점과 기술자를 계산한다.

③ **28-34행**
32-33행은 flann::Index 클래스를 사용하여, 탐색의 대상이 되는 descriptors2를 인덱싱한다. 인덱싱 인수는 flann::LshIndexParams(12, 20, 2) 인수로 설정하여 Qin Lv 등의 논문 Multi-Probe LSH: Efficient Indexing for High-Dimensional Similarity Search에서 제시한 LSH(locality sensitive hashing) 방법으로 인덱싱한다. 구조체 LshIndexParams에서, table_number는 해시 테이블의 크기로 10에서 30을 사용한다. key_size는 해시키의 비트 크기로 10-20을 사용한다. multi_probe_level는 이웃 버켓을 확인하기 위해 이동하는 비트수로 0은 정규 LSH이고, 2를 권장한다. 거리 계산 방법은 distType = cvflann::FLANN_DIST_HAMMING로 설정한다. "miniflann. cpp"를 프로젝트에 포함하여 디버깅해보면, flann::LshIndexParams를 사용할 경우, distType에 설정된 것에 관계없이 자동으로 distType = cvflann::FLANN_DIST_HAMMING로 설정한다. 34행은 Index::knnSearch 메서드로, 기술자 벡터 descriptors1의 각각의 기술자에 대해, 32-33행에 의해

인덱싱된 descriptors2에서 가장 가까운 k = 2개의 인덱스를 찾아서, 특징 벡터의 기술자 descriptors2의 첨자는 indices 행렬에 저장하고, 거리는 dists 행렬에 저장한다. 인덱싱 시간이 탐색 시간보다 오래 걸린다.

④ 36-61행

매칭 결과인 indices 행렬과 dists 행렬을 사용하여, 좋은 매칭(good matches)을 찾기 위하여 NNDR(Nearest neighbor distance ratio)을 사용한다. d_1은 가장 가까운 이웃까지의 거리이고, d_2는 두 번째로 가까운 이웃까지의 거리이다. $NNDR = d_1/d_2$ 값이 작으면 매칭이 잘된 것으로 판단한다. indices 행렬은 descriptors1.rows×2 크기의 정수 행렬이다. distType = cvflann::FLANN_DIST_HAMMING에 의한 거리 계산일 때, dists 행렬은 정수 행렬이다. 41-42행에서 탐색된 가장 가까운 k = 2개의 거리를 d1, d2에 저장한다. 44-50행은 k = 2개의 인덱스 결과가 있는지 확인하고, NNDR 계산에 의해 d1 <= nndrRatio*d2이면 DMatch 자료형으로 match(i, indices.at<int>(i,0), d1)를 생성하여, match를 goodMatches 벡터에 저장한다. nndrRatio값이 작으면 좋은 매칭으로 판단되는 매칭의 개수가 적게 된다. 현재는 28행에서 nndrRatio = 0.6으로 설정한다. 56-58행은 drawMatches 함수를 사용하여 srcImage1 영상의 특징점 벡터 keypoints1와 srcImage2 영상의 특징점 벡터 keypoints2의 매칭 정보 goodMatches를 이용하여 imgMatches 영상에 매칭을 원과 직선으로 표시한다. 60-61행은 goodMatches.size() < 4이면 호모그래피를 계산할 수 없으므로, 프로그램을 종료한다.

⑤ 63-88행

매칭 정보를 이용하여 호모그래피 변환 M을 계산하여 srcImage1 영상의 매칭되는 영역을 srcImage2 영상에 사각영역으로 표시한다.

⑥ [그림 10.38]은 이진 기술자 ORB에서 해밍 거리를 사용한 Index 기반 knnMatch 매칭 결과이다. flann::Index 클래스를 사용하기 때문에 OpenCV 2.4.13을 사용하면 디버그 모드에서는 opencv_flann2413d.lib를 포함한다. OpenCV 3.1.0은 통합 임포트 라이브러리를 사용하는 경우는 opencv_world310d.lib에 포함되어 있다. 개별 모듈을 사용하는 경우는 opencv_flann310d.lib를 포함한다. 프로그램 디버깅을 위해 폴더의 flann.cpp, miniflann.cpp, precomp.hpp를 프로젝트에 포함시켜 디버깅할 수 있다.

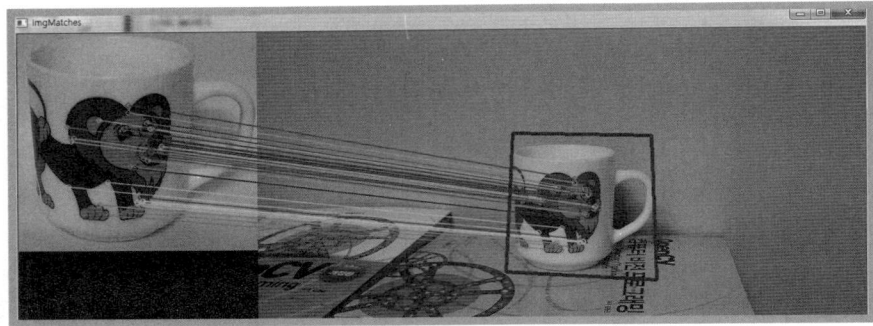

(a) srcImage1 = "cup1.jpg", srcImage2 = "cup2_1.jpg"

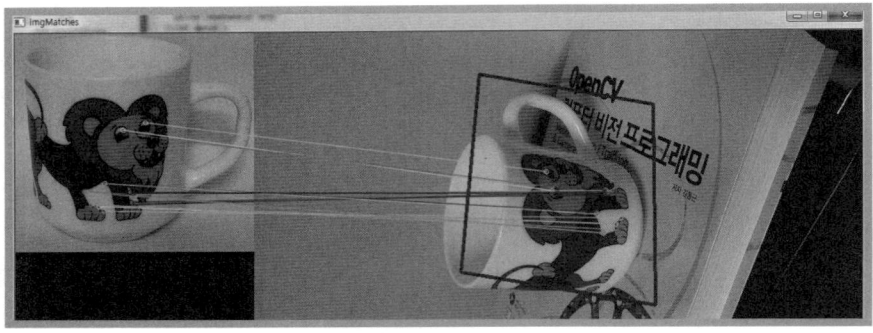

(b) srcImage1 = "cup1.jpg", srcImage2 = "cup2_2.jpg"

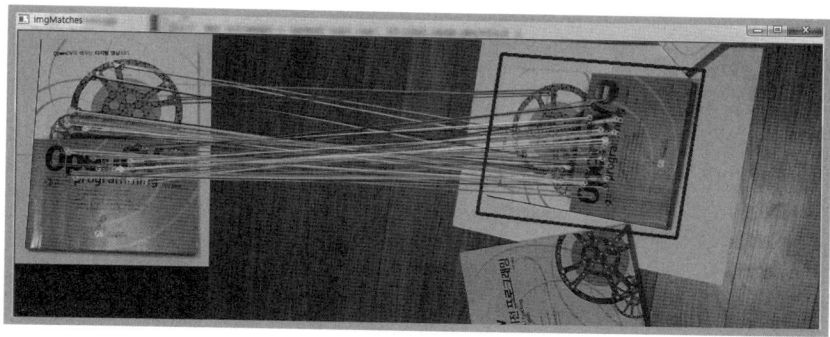

(c) srcImage1 = "book1.jpg", srcImage2 = "book2.jpg"

[그림 10.38] 이진 기술자 ORB에서 해밍 거리를 사용한 Index 기반 knnMatch 매칭

[예제 10-20]	SURF를 사용한 BruteForce/Flann 기반의 radiusMatch 매칭 (OpenCV 2.4.13) ① Feature Detector, Descriptor : SIFT, SURF ② Matcher : FlannBasedMatcher (NORM_L2) BFMatcher matcher(NORM_L2); ③ DescriptorMatcher::radiusMatch

```
001:  #include "opencv.hpp"
002:  #include <opencv2/nonfree/nonfree.hpp>
003:  using namespace cv;
004:  using namespace std;
005:  int main()
006:  {
007:       Mat srcImage1 = imread("book1.jpg", IMREAD_GRAYSCALE);
008:       Mat srcImage2 = imread("book2.jpg", IMREAD_GRAYSCALE);
009:       if(srcImage1.empty() || srcImage2.empty())
010:            return -1;
011:       // OpenCV 2.4.13
012:       // Step 1: detect the keypoints
013:       vector<KeyPoint> keypoints1, keypoints2;
014:
015:       SurfFeatureDetector detector(400);
016:       detector.detect(srcImage1, keypoints1);
017:       detector.detect(srcImage2, keypoints2);
018:       KeyPointsFilter::retainBest(keypoints1, 10);
019:
020:       // Step 2: calculate descriptors
021:       Mat descriptors1, descriptors2;
022:       SurfDescriptorExtractor extractor;
023:
024:       extractor.compute(srcImage1, keypoints1, descriptors1);
025:       extractor.compute(srcImage2, keypoints2, descriptors2);
026:
027:       // Step 3: Matching descriptor vectors
028:       vector< vector< DMatch > > matches;
029:
030:       float maxDistance = 0.5;
031:       // BFMatcher matcher(NORM_L2);
032:       FlannBasedMatcher matcher;
033:       matcher.radiusMatch(descriptors1, descriptors2, matches, maxDistance);
034:       cout << "matches.size()=" << matches.size() << endl;
035:
```

```
036:        vector< DMatch > goodMatches;
037:        for (int i = 0; i < matches.size(); i++)
038:        {
039:            goodMatches.clear();
040:            cout << "matches[" << i << "].size()=" << matches[i].size() << endl;
041:            for (int j = 0; j < matches[i].size(); j++)
042:            {
043:                // cout << "matches[i][j].distance=" << matches[i][j].distance << endl;
044:                goodMatches.push_back(matches[i][j]);
045:            }
046:            cout << "goodMatches.size()=" << goodMatches.size() << endl;
047:
048:            // draw good_matches
049:            Mat imgMatches;
050:            drawMatches(srcImage1, keypoints1, srcImage2, keypoints2,
051:                    goodMatches, imgMatches, Scalar::all(-1), Scalar::all(-1),
052:                    vector<char>(), DrawMatchesFlags::NOT_DRAW_SINGLE_POINTS);
053:
054:            Point ptCenter1, ptCenter2;
055:            if(matches[i].size()>0)
056:            {
057:                // the best one
058:                ptCenter1 = keypoints2[matches[i][0].trainIdx].pt;
059:                ptCenter1 += Point(srcImage1.cols, 0);
060:                circle(imgMatches, ptCenter1, 5, Scalar(0, 0, 255), 2);
061:            }
062:            if(matches[i].size() > 1)
063:            {
064:                // the second one
065:                ptCenter2 = keypoints2[matches[i][1].trainIdx].pt;
066:                ptCenter2 += Point(srcImage1.cols, 0);
067:                circle(imgMatches, ptCenter2, 5, Scalar(255, 0, 0), 2);
068:            }
069:            imshow("Good Matches", imgMatches);
070:            waitKey();
071:        }
072:        return 0;
073: }
```

◎ 프로그램 설명

① SURF 사용한 BruteForce 매칭과 Flann 기반 매칭에서 DescriptorMatcher:: radiusMatch 메서드를 사용하여, 각 특징점에 대하여, maxDistance 이하의 매칭 거리를 갖는 매칭 결과를 검색한다. 매칭 거리가 작은 곳에 항상 올바른 매칭이 있지는 않기 때문에, 잘못된 매칭을 걸러내는 방법이 필요하다. 본 예제에서는 단순히 DescriptorMatcher:: radiusMatch 메서드를 사용하는 방법만을 설명하기 위하여, 각 특징점에 대하여 maxDistance 이하의 매칭 거리를 갖는 매칭 결과를 보인다.

② 2행
OpenCV 2.4.13에서 SURF 클래스를 사용하기 위하여 opencv2/nonfree/nonfree.hpp 헤더 파일을 포함한다. 디버그 모드이면 SURF 사용을 위해 opencv_nonfree2413d.lib를 포함해서 링크하고, FlannBasedMatcher를 사용하므로, opencv_flann2413d.lib를 포함해서 링크한다.

③ 12-18행

15행은 SurfFeatureDetector 클래스에서, hessianThreshold = 400으로 설정하여 detector 객체를 생성한다. 16-17행은 srcImage1, srcImage2 영상에서 keypoints1, keypoints2 벡터에 특징점을 검출한다. 18행은 srcImage1 영상의 특징점 벡터 keypoints1에서 10개의 특징점만을 남기고 제거한다. DescriptorMatcher:: radiusMatch 메서드를 사용하여 10개의 특징점에 대한 매칭만을 수행한다.

④ 20-25행

22행은 SurfDescriptorExtractor 클래스로 extractor 객체를 선언한다. 24-25행은 srcImage1, srcImage2 영상에서 keypoints1, keypoints2 특징점 벡터를 사용하여, 기술자 행렬 descriptors1, descriptors2를 계산한다.

⑤ 27-34행

28행은 매칭 결과를 저장할 matches를 vector< DMatch >의 벡터로 선언한다. 주석 처리된 31행은 BFMatcher 클래스로 normType = NORM_L2인 matcher 객체를 생성한다. 32행은 FlannBasedMatcher 클래스로 matcher 객체를 생성한다. 33행은 DescriptorMatcher::radiusMatch 메서드를 사용하여, descriptors1의 각 기술자에 대하여, descriptors2 기술자에서 매칭 거리가 maxDistance=0.6 이하인 모든 매칭을 matches에 저장한다.

⑥ 36-71행

srcImage1 영상의 특징점 벡터 keypoints1의 각 특징점에 대한 DescriptorMatcher:: radiusMatch 메서드의 매칭 결과, goodMatches 벡터에 저장하고, imgMatches 영상에 표시한다. 39행은 goodMatches 벡터에 저장된 내용을 삭제한다. 41-45행은 keypoints1[i]의 특징점과 매칭 거리가 maxDistance = 0.6 이하인 매칭 matches[i][j]를 goodMatches 벡터에 저장한다. 49-52행은 drawMatches 함수로 특징점 keypoints1[i]의 매칭 정보 goodMatches를 이용하여 imgMatches 영상에 매칭을 원과 직선으로 표시한다. 55-61행은 특징점 keypoints1[i]와 거리가 가장 가까운 매칭점의 좌표인 keypoints2[matches[i][0].trainIdx].pt를 중심점으로 하는 원을 반지름 5, 색상 Scalar(0, 0, 255), 두께 2로 imgMatches에 표시한다. 62-68행은 특징점 keypoints1[i]와 거리가 두 번째로 가까운 매칭점의 좌표인 keypoints2[matches[i][1].trainIdx].pt를 중심점으로 하는 원을 반지름 5, 색상 Scalar(255, 0, 0), 두께 2로 imgMatches에 표시한다. 68행은 imshow 함수로 "Good Matches" 이름의 윈도우에 imgMatches 영상을 표시하고, 70행은 waitKey() 함수로 키 입력이 있을 때까지 잠시 멈춘다.

⑦ [그림 10.39]는 SURF를 사용한 Flann 기반의 radiusMatch 매칭 결과이다. [그림 10.39](a)는 keypoints1[0]의 매칭 결과인 매칭 matches[0]로, matches[0].size() = 28이며, 올바른 매칭점을 포함하고 있지만, 매칭 거리가 가장 큰 2개에 속하지는 않는다. [그림 10.39](b)는 keypoints1[1]의 매칭 결과인 매칭 matches[1]로, matches[1].size() = 25이며, 올바른 매칭점을 포함하지 않는다. [그림 10.39](c)는 keypoints1[2]의 매칭 결과인 매칭 matches[2]로, matches[2].size() = 8이며, 거리가 가장 가까운 매칭인, matches[2][0]이 올바른 매칭이다. [그림 10.39](d)는 keypoints1[3]의 매칭 결과인 매칭 matches[3]로, matches[3].size() = 11이며, 올바른 매칭점을 포함하지 않는다.

(a) keypoints1[0]의 매칭 matches[0]

(b) keypoints1[1]의 매칭 matches[1]

(c) keypoints1[2]의 매칭 matches[2]

(d) keypoints1[3]의 매칭 matches[3]

[그림 10.39] SURF를 사용한 BruteForce/Flann 기반의 radiusMatch 매칭

07 KAZE를 이용한 매칭

KAZE는 Pablo 등에 의해 ECCV 2012에 발표된 "KAZE features"를 구현한다. 기존의 스케일 공간 특징점 검출 방법의 가우시안 피라미드에 의한 방법에서, 가우시안 블러링 작업이 잡음 제거뿐만 아니라, 물체 세부사항(detail) 역시 약화시켜, 특징점의 위치를 찾는데 어려움을 갖게 만들기 때문에, KAZE는 AOS(additive operator splitting) 기법으로 구성한 비선형 스케일 공간에서 비선형 확산 필터링(nonlinear diffusion filtering)으로 특징점을 검출하고 기술자를 계산한다. 지역 적응형 블러링 방법을 사용하여 잡음은 제거하고, 물체 경계와 같은 세부사항은 유지하여 특징점 검출의 정확도를 높인 방법으로 논문에서는 특징점 및 기술자 성능은 우수하며, 계산 속도는 SIFT와는 비슷하고, SURF에 비해서는 느린 것으로 발표되었다. AKAZE는 Pablo 등에 의해 BMVC 2013에 발표된 "Fast Explicit Diffusion for Accelerated Features in Nonlinear Scale Spaces"를 구현한다. AKAZE(accelerated KAZE)는 FED(fast explicit diffusion)로 비선형 공간에서 피라미드를 구축하는 방법을 사용하여 속도를 개선하였다.

OpenCV 3.1.0은 특징 검출과 기술자를 계산할 수 있는 KAZE 클래스와 속도가 빠른 AKAZE 클래스가 모두 구현되어 있다. 기술자는 특징점을 중심으로 스케일 s에 따른 $24s \times 24s$ 사각 영역을 4×4로 구분하고, 각 영역에서 스케일 공간에서의 미분을 이용하여, 가로 방향의 일차 미분의 합계, 세로 방향의 일차 미분의 합계, 각 방향의 미분의 절대값 합계의 4개의 값을 사용하여, 기술자 벡터의 크기가 64인 단위 벡터로 정규화된 기술자를 계산한다.

7.1 KAZE 클래스

Feature2D에서 상속받은 KAZE 클래스는 Ptr⟨KAZE⟩ 자료형을 반환하는 정적 메서드 create로 파라미터를 설정하고, 객체 포인터를 생성한다. Feature2D::detect 메서드로 특징점을 검출하고, Feature2D::compute 메서드로 기술자를 계산한다. Feature2D::detectAndCompute 메서드는 특징점 검출과 기술자를 계산한다.

extended=true이면 기술자 벡터의 크기가 128인 기술자를 계산한다. upright=true 이면 기술자 계산에서 방향(orientation)을 고려하지 않아서 회전불변이지 않다. 즉, 회전된 물체를 매칭할 수 없다. threshold는 특징 검출을 위한 헤시안 임계값이다. nOctaves 는 영상의 최대 옥타브 개수, nOctaveLayers는 옥타브 단계 내의 부분 레벨 수이다. diffusivity는 확산 타입으로, KAZE::DIFF_PM_G1, KAZE::DIFF_PM_G2, KAZE::DIFF_WEICKERT, KAZE::DIFF_CHARBONNIER 등이 있다. KAZE는 기술자의 자료형이 CV_32F이다.

```
class KAZE : public Feature2D
{
public:
    enum
    {
        DIFF_PM_G1 = 0,
        DIFF_PM_G2 = 1,
        DIFF_WEICKERT = 2,
        DIFF_CHARBONNIER = 3
    };
    CV_WRAP static Ptr<KAZE> create(bool extended = false, bool upright = false,
            float threshold = 0.001f,
            int nOctaves = 4, int nOctaveLayers = 4,
            int diffusivity = KAZE::DIFF_PM_G2);
    // 생략 ................
};
```

7.2 AKAZE 클래스

Feature2D에서 상속받은 AKAZE 클래스는 Ptr⟨AKAZE⟩ 자료형을 반환하는 정적 메서드 create로 파라미터를 설정하고, 객체 포인터를 생성한다. Feature2D::detect 메서드로 특징점을 검출하고, Feature2D::compute 메서드로 기술자를 계산한다. Feature2D::detectAndCompute 메서드는 특징점 검출과 기술자를 계산한다. AKAZE 는 계산 속도를 높이기 위하여 MLDB(Modified−Local Difference Binary) 이진 기술자를 포함하며, 방향을 계산하지 않는 직각(Upright) 기술자를 제공한다.

descriptor_type은 기술자 형식으로 DESCRIPTOR_KAZE_UPRIGHT, DESCRIPTOR_ KAZE, DESCRIPTOR_MLDB_UPRIGHT, DESCRIPTOR_MLDB 등이 있다. DESCRIPTOR_KAZE_UPRIGHT와 DESCRIPTOR_MLDB_UPRIGHT는 직각 기술 자로 회전을 고려하지 않는다. DESCRIPTOR_KAZE_UPRIGHT와 DESCRIPTOR_ KAZE로 계산되는 기술자의 자료형은 CV_32F이고, DESCRIPTOR_MLDB_UPRIGHT 와 DESCRIPTOR_MLDB로 계산되는 자료형은 이진 기술자이며 CV_8U이다. DESCRIPTOR_MLDB_UPRIGHT와 DESCRIPTOR_MLDB는 FlannBasedMatcher를 사용할 수 없다.

```cpp
class CV_EXPORTS_W AKAZE : public Feature2D
{
public:
    // AKAZE descriptor type
    enum
    {
        DESCRIPTOR_KAZE_UPRIGHT = 2, // not invariant to rotation
        DESCRIPTOR_KAZE = 3,
        DESCRIPTOR_MLDB_UPRIGHT = 4, // not invariant to rotation
        DESCRIPTOR_MLDB = 5
    };
    CV_WRAP static Ptr<AKAZE> create
        ( int descriptor_type=AKAZE::DESCRIPTOR_MLDB,
            int descriptor_size = 0, int descriptor_channels = 3,
            float threshold = 0.001f, int nOctaves = 4,
            int nOctaveLayers = 4, int diffusivity = KAZE::DIFF_PM_G2);
    // 생략 ..................
};
```

[예제 10-21]	KAZE를 사용한 BruteForce/Flann 기반의 knnMatch 매칭 (OpenCV 3.1.0) ① Feature Detector, Descriptor: KAZE ② Matcher : FlannBasedMatcher (NORM_L2) BFMatcher matcher(NORM_L2); ③ DescriptorMatcher::knnMatch

```cpp
001:  #include "opencv.hpp"
002:  using namespace cv;
003:  using namespace std;
004:  int main()
005:  {
006:      Mat srcImage1 = imread("cub1.jpg", IMREAD_GRAYSCALE);
007:      Mat srcImage2 = imread("cub2_2.jpg", IMREAD_GRAYSCALE);
008:      // Mat srcImage1 = imread("book1.jpg", IMREAD_GRAYSCALE);
009:      // Mat srcImage2 = imread("book2.jpg", IMREAD_GRAYSCALE);
010:      if(srcImage1.empty() || srcImage2.empty())
011:          return -1;
012:
013:      // Step 1, 2: detect the keypoints & descriptors
014:      vector<KeyPoint> keypoints1, keypoints2;
015:      Mat descriptors1, descriptors2;
016:
```

```
017:        Ptr<KAZE> kazeF = KAZE::create(true);
018:        kazeF->detectAndCompute(srcImage1, noArray(), keypoints1, descriptors1);
019:        kazeF->detectAndCompute(srcImage2, noArray(), keypoints2, descriptors2);
020:
021:        // Step 3: Matching descriptor vectors
022:        int k = 2;
023:        vector< vector< DMatch > > matches;
024:        // FlannBasedMatcher matcher;
025:        // matcher.knnMatch(descriptors1, descriptors2, matches, k);
026:
027:        Ptr<DescriptorMatcher> matcher;
028:        // matcher = DescriptorMatcher::create("BruteForce");
029:        matcher = DescriptorMatcher::create("FlannBased");
030:        matcher->knnMatch(descriptors1, descriptors2, matches, k);
031:        cout << "matches.size()=" << matches.size() << endl;
032:
033:        vector< DMatch > goodMatches;
034:        float nndrRatio = 0.6f;
035:        for (int i = 0; i < matches.size(); i++)
036:        {
037:            // cout << "matches[i].size()=" << matches[i].size() << endl;
038:            if(matches.at(i).size() == 2 &&
039:                matches.at(i).at(0).distance <= nndrRatio * matches.at(i).at(1).distance)
040:            {
041:                goodMatches.push_back(matches[i][0]);
042:            }
043:        }
044:        cout << "goodMatches.size()=" << goodMatches.size() << endl;
045:
046:        // draw good_matches
047:        Mat imgMatches;
048:        drawMatches(srcImage1, keypoints1, srcImage2, keypoints2,
049:            goodMatches, imgMatches, Scalar::all(-1), Scalar::all(-1),
050:            vector<char>(), DrawMatchesFlags::NOT_DRAW_SINGLE_POINTS);
051:        // imshow("Good Matches", imgMatches);
052:        if(goodMatches.size() < 4)
053:            return 0;
054:
055:        // find Homography between keypoints1 and keypoints2
056:        vector<Point2f> obj;
057:        vector<Point2f> scene;
058:        for (int i = 0; i < goodMatches.size(); i++)
059:        {
060:            // Get the keypoints from the good matches
061:            obj.push_back(keypoints1[ goodMatches[i].queryIdx ].pt);
062:            scene.push_back(keypoints2[ goodMatches[i].trainIdx ].pt);
063:        }
064:        Mat H = findHomography(obj, scene, RANSAC); //CV_RANSAC
065:
066:        vector<Point2f> objP(4);
067:        objP[0] = Point2f(0, 0);
068:        objP[1] = Point2f(srcImage1.cols, 0);
069:        objP[2] = Point2f(srcImage1.cols, srcImage1.rows);
070:        objP[3] = Point2f(0, srcImage1.rows);
071:
072:        vector<Point2f> sceneP(4);
073:        perspectiveTransform(objP, sceneP, H);
```

```
074:
075:        // draw sceneP in imgMatches
076:        for (int i = 0; i < 4; i++)
077:                sceneP[i] += Point2f(srcImage1.cols, 0);
078:        for (int i = 0; i < 4; i++)
079:                line(imgMatches, sceneP[i], sceneP[(i + 1) % 4], Scalar(255, 0, 0), 4);
080:        imshow("imgMatches", imgMatches);
081:
082:        waitKey();
083:        return 0;
084: }
```

◎ 프로그램 설명

① 17-19행
KAZE 클래스로 srcImage1, srcImage2 영상에서 keypoints1, keypoints2 벡터와 기술자 행렬 descriptors1, descriptors2를 계산한다. 행렬 descriptors1, descriptors2의 자료형은 CV_32FC1 이다.

② 21-31행
24-25행은 FlannBasedMatcher 클래스로 matcher 객체를 생성하여, DescriptorMatcher:: knnMatch 메서드를 사용하여, descriptors1의 각 기술자에 대하여, descriptors2 기술자에서 k = 2개의 매칭 결과를 matches에 검색한다. 27-31행은 DescriptorMatcher::create 메서드를 사용하여 "BruteForce" 또는 "FlannBased" 매칭 객체를 생성하여 DescriptorMatcher:: knnMatch 메서드로 k = 2개의 매칭 결과를 matches에 검색한다.

③ 33-53행
33-43행은 매칭 결과인 matches에서, 좋은 매칭(good matches)을 NNDR(Nearest neighbor distance ratio)을 적용하여 찾아 goodMatches 벡터에 저장한다. 48-50행은 drawMatches 함수를 사용하여 매칭점을 imgMatches 영상에 직선으로 표시한다.

④ 55-80행
매칭 정보를 이용하여 호모그래피 변환 M을 계산하여 srcImage1 영상의 매칭되는 영역을 srcImage2 영상에 사각영역으로 표시한다.

⑤ [그림 10.40]은 KAZE를 사용한 Flann 기반의 knnMatch 매칭 결과이다.

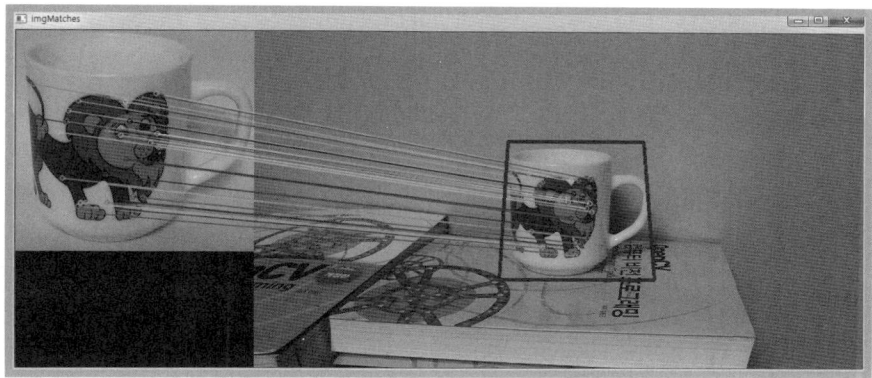

(a) srcImage1 = "cup1.jpg", srcImage2 = "cup2_1.jpg"

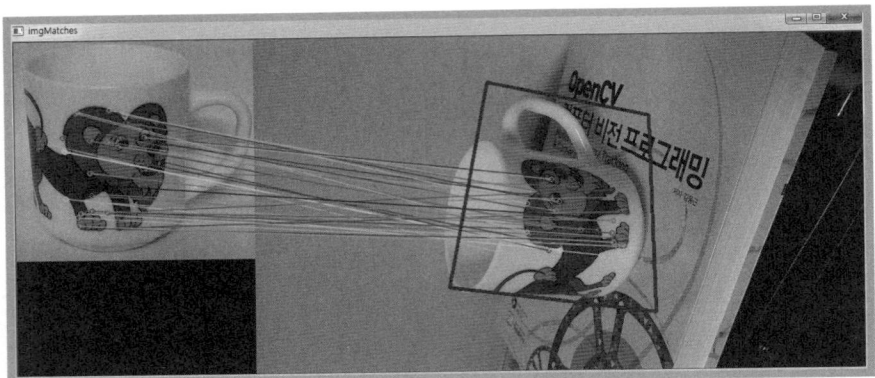

(b) srcImage1 = "cup1.jpg", srcImage2 = "cup2_2.jpg"

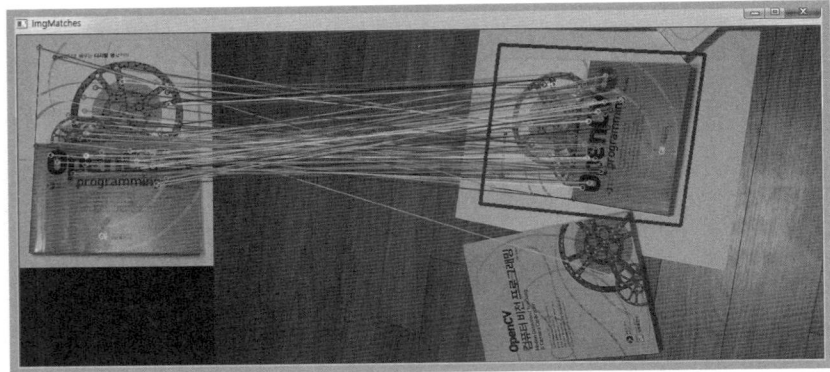

(c) srcImage1 = "book1.jpg", srcImage2 = "book2.jpg"

[그림 10.40] KAZE를 사용한 BruteForce/Flann 기반의 knnMatch 매칭

[예제 10-22]	AKAZE를 사용한 BruteForce/Flann 기반의 knnMatch 매칭 (OpenCV 3.1.0) ① Feature Detector, Descriptor: AKAZE ② Matcher: FlannBasedMatcher 　　　　　BFMatcher matcher ③ DescriptorMatcher::knnMatch

```
001:   #include "opencv.hpp"
002:   using namespace cv;
003:   using namespace std;
004:   int main()
005:   {
006:       // Mat srcImage1 = imread("cub1.jpg", IMREAD_GRAYSCALE);
007:       // Mat srcImage2 = imread("cub2_2.jpg", IMREAD_GRAYSCALE);
008:       Mat srcImage1 = imread("book1.jpg", IMREAD_GRAYSCALE);
009:       Mat srcImage2 = imread("book2.jpg", IMREAD_GRAYSCALE);
010:       if(srcImage1.empty() || srcImage2.empty())
011:           return -1;
012:
013:       // Step 1, 2: detect the keypoints & descriptors
014:       vector<KeyPoint> keypoints1, keypoints2;
015:       Mat descriptors1, descriptors2;
016:
017:       Ptr<AKAZE> kazeF = AKAZE::create(AKAZE::DESCRIPTOR_KAZE);
```

```
018:        // Ptr<AKAZE> kazeF = AKAZE::create(AKAZE::DESCRIPTOR_KAZE_UPRIGHT);
019:        // Ptr<AKAZE> kazeF = AKAZE::create(AKAZE::DESCRIPTOR_MLDB); // binary
020:        // Ptr<AKAZE>kazeF=AKAZE::create(AKAZE::DESCRIPTOR_MLDB_UPRIGHT);// binary
021:
022:        kazeF->detectAndCompute(srcImage1, noArray(), keypoints1, descriptors1);
023:        kazeF->detectAndCompute(srcImage2, noArray(), keypoints2, descriptors2);
024:
025:        // Step 3: Matching descriptor vectors
026:        int k = 2;
027:        vector< vector< DMatch > > matches;
028:
029:        Ptr<DescriptorMatcher> matcher;
030:        matcher = DescriptorMatcher::create("BruteForce");
031:
032:        // AKAZE::DESCRIPTOR_MLDB, AKAZE::DESCRIPTOR_MLDB_UPRIGHT
033:        // matcher = DescriptorMatcher::create("BruteForce-Hamming");
034:
035:        // AKAZE::DESCRIPTOR_KAZE, AKAZE::DESCRIPTOR_KAZE_UPRIGHT
036:        matcher = DescriptorMatcher::create("FlannBased");
037:
038:        matcher->knnMatch(descriptors1, descriptors2, matches, k);
039:        cout << "matches.size()=" << matches.size() << endl;
040:
041:        vector< DMatch > goodMatches;
042:        float nndrRatio = 0.6f;
043:        for (int i = 0; i < matches.size(); i++)
044:        {
045:            // cout << "matches[i].size()=" << matches[i].size() << endl;
046:            if(matches.at(i).size() == 2 &&
047:                matches.at(i).at(0).distance <= nndrRatio * matches.at(i).at(1).distance)
048:            {
049:                goodMatches.push_back(matches[i][0]);
050:            }
051:        }
052:        cout << "goodMatches.size()=" << goodMatches.size() << endl;
053:
054:        // draw good_matches
055:        Mat imgMatches;
056:        drawMatches(srcImage1, keypoints1, srcImage2, keypoints2,
057:                goodMatches, imgMatches, Scalar::all(-1), Scalar::all(-1),
058:        vector<char>(), DrawMatchesFlags::NOT_DRAW_SINGLE_POINTS);
059:        // imshow("Good Matches", imgMatches);
060:        if(goodMatches.size() < 4)
061:            return 0;
062:
063:        // find Homography between keypoints1 and keypoints2
064:        vector<Point2f> obj;
065:        vector<Point2f> scene;
066:        for (int i = 0; i < goodMatches.size(); i++)
067:        {
068:            // Get the keypoints from the good matches
069:            obj.push_back(keypoints1[ goodMatches[i].queryIdx ].pt);
070:            scene.push_back(keypoints2[ goodMatches[i].trainIdx ].pt);
071:        }
072:        Mat H = findHomography(obj, scene, RANSAC); //CV_RANSAC
073:
074:        vector<Point2f> objP(4);
```

```
075:        objP[0] = Point2f(0, 0);
076:        objP[1] = Point2f(srcImage1.cols, 0);
077:        objP[2] = Point2f(srcImage1.cols, srcImage1.rows);
078:        objP[3] = Point2f(0, srcImage1.rows);
079:
080:        vector<Point2f> sceneP(4);
081:        perspectiveTransform(objP, sceneP, H);
082:
083:        // draw sceneP in imgMatches
084:        for(int i = 0; i < 4; i++)
085:            sceneP[i] += Point2f(srcImage1.cols, 0);
086:        for(int i = 0; i < 4; i++)
087:            line(imgMatches, sceneP[i], sceneP[(i + 1) % 4], Scalar(255, 0, 0), 4);
088:        imshow("imgMatches", imgMatches);
089:
090:        waitKey();
091:        return 0;
092: }
```

◎ 프로그램 설명

① 17-23행

17-20행은 AKAZE 클래스로 포인터 객체를 생성하여 kazeF에 저장한다. 22-23행은 AKAZE로 srcImage1, srcImage2 영상에서 keypoints1, keypoints2 벡터와 기술자 행렬 descriptors1, descriptors2를 계산한다. 17-18행으로 AKAZE를 생성하면, 단위 벡터의 실수 기술자를 생성하여, 행렬 descriptors1, descriptors2의 자료형은 CV_32F이고, 19-20행으로 AKAZE를 생성하면, 이진 기술자를 계산하여 행렬 descriptors1, descriptors2의 자료형은 CV_8U이다. 생성되는 AKAZE 형식에 따라 29-36행의 매칭 객체를 적절히 선택하여야 한다.

② 25-39행

DescriptorMatcher::create 메서드를 사용하여 "BruteForce", "BruteForce-Hamming", "FlannBased"의 매칭 객체를 생성하고, DescriptorMatcher:: knnMatch 메서드로 k = 2개의 매칭 결과를 matches에 검색한다. 30행의 "BruteForce" 매칭은 17-19행 모두 가능하지만, 17-18행의 실수 기술자가 적합하고, 33행의 "BruteForce-Hamming" 매칭은 19-20행의 이진 기술자 매칭에 적용가능하며, 36행의 "FlannBased" 매칭은 17-18행의 이진 기술자 매칭에 적용가능하다. 38행은"BruteForce", "BruteForce-Hamming", "FlannBased" 방법에 따라 DescriptorMatcher:: knnMatch 메서드로 descriptors1의 각각에 대해 descriptors2에서 k = 2개의 매칭 결과를 matches에 검색한다.

③ 41-61행

42-51행은 매칭 결과인 matches에서, 좋은 매칭(good matches)을 NNDR(Nearest neighbor distance ratio)을 적용하여 찾아 goodMatches 벡터에 저장한다. 56-58행은 drawMatches 함수를 사용하여 매칭점을 imgMatches 영상에 직선으로 표시한다.

④ 63-88행

매칭 정보를 이용하여 호모그래피 변환 M을 계산하여 srcImage1 영상의 매칭되는 영역을 srcImage2 영상에 사각영역으로 표시한다.

⑤ [그림 10.41]은 AKAZE를 사용한 Flann 기반의 knnMatch 매칭 결과이다. [그림 10.41](a)는 AKAZE에서 기술자 형식으로 AKAZE::DESCRIPTOR_KAZE_UPRIGHT를 사용하고, Flann 기반의 knnMatch 매칭한 결과이다. 컵이 회전이 거의 없기 때문에 올바르게 매칭된 결과를 얻었다. [그림 10.41](b)는 AKAZE에서 기술자 형식으로AKAZE::DESCRIPTOR_KAZE를 사용하고 "FlannBased" 매칭으로 회전된 컵의 위치를 검출한 결과이다. [그림 10.41](c)는 AKAZE에서 기술자 형식으로 AKAZE::DESCRIPTOR_MLDB를 사용하여 이진 기술자를 검출하고, "BruteForce-Hamming"에 의해 해밍 거리로 검출한 결과이다.

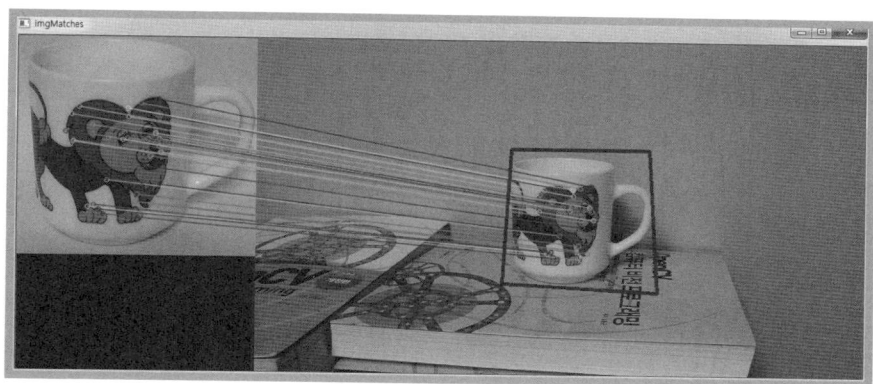

(a) AKAZE::DESCRIPTOR_KAZE_UPRIGHT, "FlannBased"

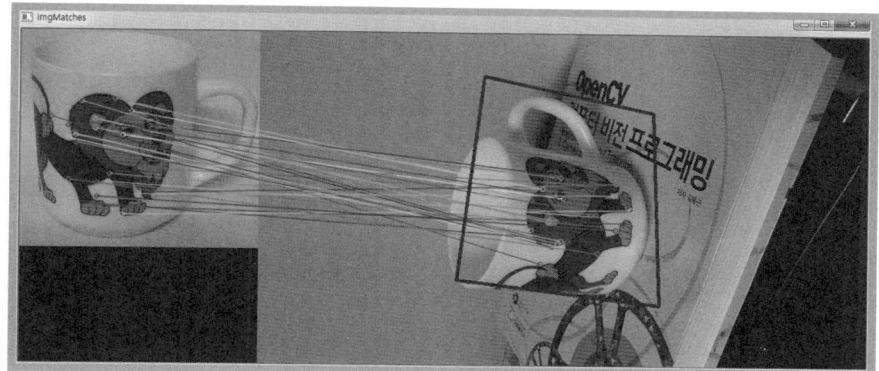

(b) AKAZE::DESCRIPTOR_KAZE, "FlannBased"

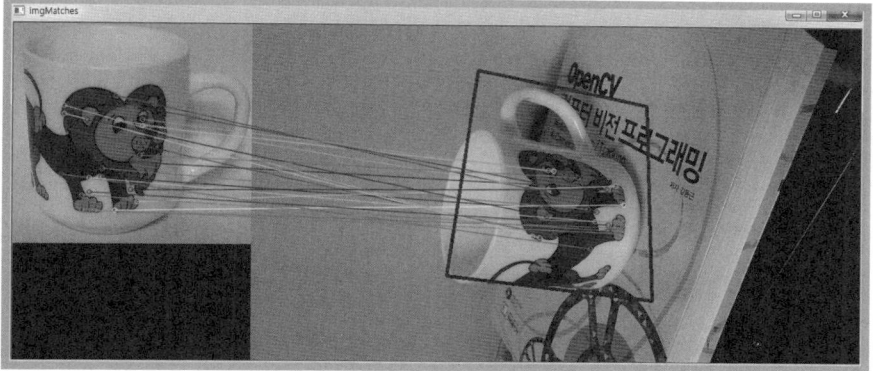

(c) AKAZE::DESCRIPTOR_MLDB, "BruteForce−Hamming"

[그림 10.41] AKAZE를 사용한 BruteForce/Flann 기반의 knnMatch 매칭

영상의 기하학적 변환

영상에서 직선 위의 화소값, 사각형의 부화소 수준의 샘플링, 영상의 크기 변환과 영상에서 회전, 아핀 변환, 투영 변환, 호모그래피 등의 2D에서 기하학적 변환에 대하여 설명한다.

01 화소값 샘플링 및 영상 크기 변경

직선 위의 화소값을 버퍼에 읽어 오는, OpenCV의 C 언어 API인 cvSampleLine 함수에 대한, C++ API가 없기 때문에, cvSampleLine 함수를 그대로 사용한다. getRectSubPix 함수는 부화소(sub-pixel) 수준으로 제시된 사각영역의 화소값을 읽는다. resize 함수는 영상의 크기를 보간 방법을 사용하여 변경한다. 피라미드 기반으로 영상 크기를 변경하는 함수인 pyrDown, pyrUp 함수는 8장에서 다루었다.

1.1 cvSampleLine 함수

int cvSampleLine(const CvArr* image, CvPoint pt1, CvPoint pt2,
                 void* buffer, int connectivity = 8);

영상 image에서 pt1에서 pt2까지의 직선 위의 화소들의 값을 buffer에 읽어온다. connectivity = 8이면 length = max(abs(pt2.x−pt1.x)+1, abs(pt2.y−pt1.y)+1)의 직선 위의 좌표의 화소값을 읽어온다. 메모리 buffer의 크기는 length*image−>nChannels 바이트이다.

[예제 11-1] cvSampleLine으로 직선 위의 화소값 읽기

```
001:  #include "opencv.hpp"
002:  using namespace cv;
003:  using namespace std;
004:  int main()
005:  {
006:      Mat srcImage = imread("lena.jpg", IMREAD_GRAYSCALE);
007:      if(srcImage.empty())
008:          return -1;
009:      IplImage image = srcImage;
010:      Point pt1(100, 200);
011:      Point pt2(400, 200); // pt2(400, 200); pt2(400, 300);
012:      int length = max(abs(pt2.x - pt1.x) + 1,
013:          abs(pt2.y - pt1.y) +1);
014:      uchar *buffer = new uchar[length * image.nChannels];
```

```
015:        cvSampleLine(&image, pt1, pt2, buffer, 8);
016:
017:        // draw the profile as a line
018:        Mat dstImage(256, 256, CV_8UC3, Scalar::all(255));
019:        float scale = (float)dstImage.cols / (float)length;
020:        Point tPt1, tPt2;
021:        tPt1 = Point(0, dstImage.rows -buffer[0]);
022:        for(int i = 1; i < length; i++)
023:        {
024:                int x = cvRound(scale * i);
025:                int y = dstImage.rows - buffer[i];
026:                tPt2 = Point(x, y);
027:                line(dstImage, tPt1, tPt2, Scalar(0, 255, 0), 2);
028:                tPt1 = tPt2;
029:        }
030:        imshow("dstImage", dstImage);
031:
032:        line(srcImage, pt1, pt2, Scalar::all(255), 2);
033:        imshow("srcImage", srcImage);
034:        waitKey();
035:        delete buffer;
036:        return 0;
037:  }
```

◎ 프로그램 설명

① 영상의 직선 선분 아래의 화소값을 읽어, 256×256 크기의 컬러 영상 dstImage에 밝기값을 높이로 하는 프로파일을 표시한다.

② 6-9행
6행은 입력영상을 그레이스케일로 읽어, srcImage에 저장하고, 9행은 Mat 자료형의 입력영상 srcImage를 IplImage 자료형의 image에 저장한다. 이때 데이터는 복사되지 않고 공유된다.

③ 10-15행
pt1, pt2에 임의의 좌표를 설정하고, 14행은 8-이웃 직선인 경우에 필요한 화소의 길이인 length 만큼의 uchar 자료형의 메모리를 할당한다. 15행은 cvSampleLine 함수로 image 영상에서 좌표 pt1에서 pt2까지의 8-이웃 직선 위의 화소값을 buffer에 읽어 저장한다.

④ 17-30행
256×256 크기의 CV_8UC3 자료형의 dstImage 영상을 생성하고, buffer에 저장된 직선 위의 화소값을 높이로 하는 Scalar(0, 255, 0) 색상, 두께 2의 직선을 dstImage 영상에 표시한다. 좌표의 원점을 왼쪽-아래(left-bottom)로 변경하기 위하여 y 좌표를 y = dstImage.rows- buffer[i]로 계산한다. x 좌표는 length를 dstImage.cols에 맞추도록 스케일링한다.

⑤ 32행
10-11행에 주어진 직선의 양 끝점, pt1, pt2를 입력영상 srcImage에 직선으로 표시한다.

⑥ [그림 11.1]은 cvSampleLine으로 직선 위의 화소값 읽기의 결과이다.

[그림 11.1] cvSampleLine으로 직선 위의 화소값 읽기(pt1(100, 200)−pt2(400, 200))

1.2 getRectSubPix 함수

void getRectSubPix(InputArray image, Size patchSize,
    Point2f center, OutputArray patch, int patchType = −1)

입력영상 image에서 center를 중심점으로 하는 patchSize 크기의 화소값을 읽어 patch 행렬에 저장한다. patchType은 patch의 깊이를 나타내며, 디폴트로 patchType = −1이면, image와 같은 깊이를 갖는다.

$$patch(x,y) = src(x + center.x - (patch.cols - 1)*0.5,$$
$$y + center.y - (patch.rows - 1)*0.5)$$

정수가 아닌 좌표에서의 화소값은 양방향 선형보간(bilinear interpolation)으로 계산하며, 중심점 center는 반드시 입력영상 image 좌표 내부에 있어야 하지만, patchSize는 영상의 크기를 벗어날 수 있다.

[예제 11-2] getRectSubPix로 부화소 수준으로 사각영역의 화소값 읽기

```
001:  #include <iomanip>
002:  #include "opencv.hpp"
003:  using namespace cv;
004:  using namespace std;
005:  void Printmat(const char *strName, Mat m);
006:  int main()
007:  {
008:      Mat srcImage = imread("lena.jpg", IMREAD_GRAYSCALE);
009:      if(srcImage.empty())
010:          return -1;
011:
012:      Rect rtROI(100, 100, 10, 10);
013:      Mat roi = srcImage(rtROI);
014:      Printmat("roi=", roi);
```

```
015:
016:        Point2f center(105.0f, 105.0f); // center(105.5f, 105.5f)
017:        Size patchSize(5, 5);
018:        Mat patch;
019:        getRectSubPix(srcImage, patchSize, center, patch, CV_32F);
020:        Printmat("patch=", patch);
021:        return 0;
022:  }
023:  void Printmat(const char *strName, Mat m)
024:  {
025:        int x, y;
026:        float fValue;
027:        int  nValue;
028:        cout << endl << endl << strName << endl;
029:        cout << setiosflags(ios::fixed);
030:        for(y = 0; y < m.rows; y++)
031:        {
032:              for(x = 0; x < m.cols; x++)
033:              {
034:                    switch(m.type())
035:                    {
036:                        case CV_8U:
037:                            nValue = (int)m.at<uchar>(y, x);
038:                            cout << setw(6) << nValue;
039:                            break;
040:                        case CV_32F:
041:                            fValue = m.at<float>(y, x);
042:                            cout << setprecision(2) << setw(8) << fValue;
043:                            break;
044:                    }
045:              }
046:              cout << endl;
047:        }
048:        cout << endl;
049:  }
```

◎ **프로그램 설명**

① 영상에서 관심영역을 설정하고, getRectSubPix 함수로 화소값을 읽어 출력한다.

② **12-14행**
입력영상 srcImage에서 (100, 100)을 기준으로 10×10 크기로 관심영역을 지정하여 행렬 roi에 저장하고 Printmat 함수로 출력한다. 14행에서 roi.type()은 CV_8U이다.

③ **16-20행**
중심점 center를 초기화하고, patchSize를 5×5로 설정하고, 19행은 getRectSubPix 함수로 srcImage 영상의 center를 중심으로 patchSize의 화소값을 CV_32F 자료형의 patch에 저장한다. 20행에서 roi.type()은 CV_32F이다.

④ **23-49행**
Printmat 함수는 영상의 화소값을 자릿수에 맞게 출력한다. 양식 출력을 위해, iomanip 헤더 파일을 포함하고, m.type()에 따라 자릿수를 지정하여 출력한다.

⑤ [그림 11.2]는 10×10 크기의 roi 행렬과 중심점이 center(105.0f, 105.0f)일 때, getRectSubPix 함수에 의해 읽은 5×5 patch 행렬을 출력한 결과이다. [그림 11.3]은 10×10 크기의 roi 행렬과 중심점이 center(105.5f, 105.5f)일 때, getRectSubPix 함수에 의해 읽은 5×5 patch 행렬을 출력한 결과로, 화소값이 보간된 것을 알 수 있다.

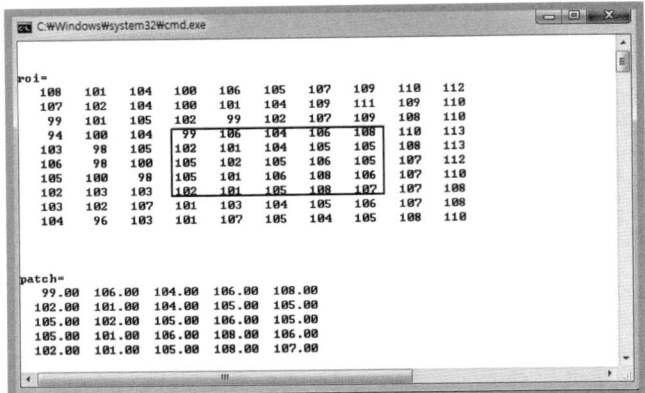

[그림 11.2] Point2f center(105.0f, 105.0f)

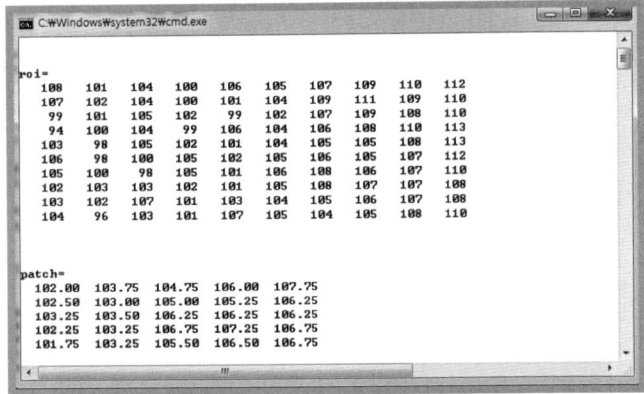

[그림 11.3] Point2f center(105.5f, 105.5f)

1.3 resize 함수

void resize(InputArray src, OutputArray dst, Size dsize, double fx = 0,
  double fy = 0, int interpolation = INTER_LINEAR)

입력영상 src를 interpolation에 제시된 방법을 사용하여 dsize 크기로 보간해 출력영상 dst에 저장한다. dst의 자료형은 src와 같고, dst 영상의 크기는 dsize이다. 만약 dsize가 0이면, dsize = Size(cvRound(fx*src.cols), cvRound(fy*src.rows))로 계산한다. fx는 수평축의 스케일로 fx = 0이면 fx = (double)dsize.width/src.cols로 계산한다. fy는 수직축의 스케일로 fy = 0이면 fy = (double)dsize.height/src.rows로 계산한다.

interpolation은 보간 방법으로, INTER_NEAREST이면 최근접 이웃보간(nearest-neigbor), INTER_LINEAR이면 양방향 선형보간, INTER_AREA이면 화소 영역관계를 사용한 재샘플링, INTER_CUBIC이면 4×4 이웃을 이용한 양방향 3차보간(bicubic interpolation), INTER_LANCZOS4이면 8×8 이웃을 이용한 Lanczos 보간법으로 보간한다. 일반적으로, 영상을 축소할 때는 INTER_AREA를 사용하고, 확대할 때는 INTER_LINEAR 또는 INTER_CUBIC을 사용한다.

[예제 11-3] resize로 영상의 크기 변경

```
001:    #include "opencv.hpp"
002:    using namespace cv;
003:    using namespace std;
004:    int main()
005:    {
006:        Mat srcImage = imread("lena.jpg", IMREAD_GRAYSCALE);
007:        if(srcImage.empty())
008:            return -1;
009:
010:        Mat dstImage1(320, 240, CV_8U);
011:        resize(srcImage, dstImage1, dstImage1.size(), 0, 0, INTER_AREA);
012:        cout << " dstImage1.size() = " << dstImage1.size() << endl;
013:        imshow("dstImage1", dstImage1);
014:
015:        Mat dstImage2;
016:        resize(srcImage, dstImage2, Size(), 1.2, 1.4, INTER_LINEAR);
017:        cout << " dstImage2.size() = " << dstImage2.size() << endl;
018:        imshow("dstImage2", dstImage2);
019:        waitKey();
020:
021:        return 0;
022:    }
```

◎ 프로그램 설명

① 10~13행

10행은 320×240 크기로 CV_8U 자료형의 dstImage1 영상을 생성한다. 11행은 resize 함수로 srcImage 영상을 320×240 크기의 dstImage1 영상으로 INTER_AREA 보간을 사용하여 변환한다.

② 15~18행

16행은 resize 함수로 srcImage 영상을 fx = 1.2, fy = 1.4로 설정하여 INTER_LINEAR 보간하여 dstImage2 영상 변환한다. dstImage2.size() = 717×614이다.

02 어파인 변환

2.1 어파인 변환(affine transformation)

어파인 변환은 2×3 행렬로 표현되며, 직선 위의 모든 점이 변환 뒤에도 직선 위에 있는 공선성(collinearity)과 변환전 직선의 중간점이 변환 뒤에서 여전히 직선의 중간점인 거리비율(ratio of distance)이 유지되는 변환이다. 이동(translation), 회전(rotation), 확대축소(scaling), 밀림(shear), 반사(reflection) 등이 어파인 변환에 속한다. 좌표들의 대응점으로 어파인 변환을 계산하기 위해서는 동일 직선 위에 있지 않은, 즉 삼각형을 이루는 3개의 대응 좌표점 쌍이 필요하다.

① Mat getRotationMatrix2D(Point2f center, double angle, double scale)

getRotationMatrix2D 함수는 2D 회전 및 확대를 위한 어파인 변환 행렬을 계산한다. center를 중심으로 angle 각도 회전하고, scale 확대 축소하는 2×3 변환 행렬을 반환한다. angle은 라디안이 아니고 각도이며, 양수이면 반시계로 방향으로 회전을 의미한다. 주의할 것은 영상의 원점이 왼쪽 상단(left-top)에 이어서 반시계 방향이 양수의 각도로 만들기 위하여 회전 행렬의 sin 값의 부호가 반대로 구현되어 있다. center를 중심으로 회전 및 확대 축소하기 위해서는 ⓐ 중심점을 원점으로 이동하고, ⓑ 회전 및 확대 축소하고, ⓒ 마지막으로 다시 중심점으로 이동한다.

ⓐ 중심점 center를 원점(0,0)으로 이동시켜 (x_0, y_0)을 계산한다.

$$x_0 = x - center.x$$

$$y_0 = y - center.y$$

ⓑ 원점으로 이동된 (x_0, y_0)을 angle 각도로 회전하고, scale로 확대 축소하여 (x_r, y_r)을 계산한다. RAD(angle)은 각도인 angle의 라디안이다.

$$\begin{bmatrix} x_r \\ y_r \end{bmatrix} = \begin{bmatrix} \alpha & \beta \\ -\beta & \alpha \end{bmatrix} \begin{bmatrix} x_0 \\ y_0 \end{bmatrix}$$

여기서, $\alpha = scale \times cos(RAD(angle))$, $\beta = scale \times sin(RAD(angle))$

ⓒ 원점에서 회전 및 확대 축소된 (x_r, y_r)을 center로 다시 이동시키면, center를 중심으로 회전 및 확대 축소된 (x', y')을 계산할 수 있다.

$$x' = x_r + center.x$$

$$y' = y_r + center.y$$

위의 ⓐ, ⓑ, ⓒ 과정을 정리하면 다음과 같은 변환 행렬 map_matrix가 계산되고, getRotationMatrix2D 함수는 CV_64F 자료형의 map_matrix를 반환한다. 입력 2D 좌표는 (x, y, 1)과 같이 동차좌표 형태로 표현된다.

$$\begin{bmatrix} x' \\ y' \end{bmatrix} = map\_matrix \begin{bmatrix} x & y & 1 \end{bmatrix}^T$$

$$= \begin{bmatrix} \alpha & \beta & (1-\alpha) \times center.x - \beta \times center.y \\ -\beta & \alpha & \beta \times center.x + (1-\alpha) \times center.y \end{bmatrix} \begin{bmatrix} x \\ y \\ 1 \end{bmatrix}$$

② Mat getAffineTransform(InputArray src, InputArray dst)

③ Mat getAffineTransform(const Point2f src[], const Point2f dst[])

getAffineTransform 함수는 동일 직선 위에 있지 않은, 즉 삼각형을 이루는 3점의 좌표 배열 src에서 배열 dst로의 2×3 어파인 변환 행렬 map_matrix을 계산하여 반환한다. $src(i) = (x_i, y_i)$, $dst(i) = (x_i', y_i')$, $i = 0, 1, 2$이다.

$$\begin{bmatrix} x_i' \\ y_i' \end{bmatrix} = map\_matrix \begin{bmatrix} x_i & y_i & 1 \end{bmatrix}^T$$

④ Mat estimateRigidTransform(InputArray src, InputArray dst, bool fullAffine)

estimateRigidTransform 함수는 src와 dst 사이의 최적의 어파인 변환을 계산한다. src 와 dst는 vector 또는 Mat 자료형에 저장된 2차원 좌표점이거나, Mat에 저장된 영상일 수 있다. fullAffine = true이면, 아무 제약조건이 없는, 자유도가 6인 2×3 어파인 변환 행렬을 반환한다. fullAffine = false이면, 이동, 회전, X, Y축 모두 같은 스케일링으로 자유도가 5인 2×3 어파인 변환 행렬을 반환한다. 즉, 아래 식에서 $a_{11} = a_{22}$이다. src와 dst가 영상인 경우는 특징을 먼저 찾고 변환을 계산한다.

$$[A^* | b^*] = \arg \min_{[A|b]} \| dst[i] - A \times src[i]^T - b \|^2$$

$$[A^* | b^*] = \begin{bmatrix} a_{11} & a_{12} & b_1 \\ a_{21} & a_{22} & b_2 \end{bmatrix}$$

⑤ void transform(InputArray src, OutputArray dst, InputArray m)

transform 함수는 4장에서 이미 설명되었다. 변환 행렬 m이 2×3 어파인 변환이 면, src는 2-채널 실수로, 행렬이면 CV_32FC2, CV_64FC2 자료형이고, 벡터이면 vector⟨Point2f⟩, vector⟨Point2d⟩ 자료형이다.

⑥ void invertAffineTransform(InputArray M, OutputArray iM)

invertAffineTransform 함수는 2×3 어파인 변환 행렬 M의 2×3 역변환 행렬 iM을 계 산한다.

⑦ void warpAffine(InputArray src, OutputArray dst, InputArray M, Size dsize, int flags = INTER_LINEAR, int borderMode = BORDER_CONSTANT, const Scalar&borderValue = Scalar())

warpAffine 함수는 영상 src에 2×3 어파인 변환 행렬 M을 적용하여 출력영상 dst에 저 장한다. 출력영상 dst는 src와 같은 자료형이며, dsize는 dst의 크기이며, dsize = Size() 이면 입력영상과 같은 크기이다. flags는 보간법과 WARP_INVERSE_MAP의 조합이 다. 보간법은 INTER_NEAREST, INTER_LINEAR 등이 있으며, WARP_INVERSE_ MAP이 지정되면, 변환 행렬 M이 dst에서 src로의 변환인 역어파인 변환을 의미한다. borderMode는 경계값 처리 방식으로, borderMode = BORDER_TRANSPARENT이면, 범위 밖의 화소를 처리하지 않는다. borderValue는 경계값을 상수로 처리 할 때의 상수

값이다. WARP_INVERSE_MAP이 지정되면, 다음과 같이 출력영상을 계산한다.

$$dst(x,y) = src(m_{11}x + m_{12}y + m_{13}, m_{21}x + m_{22}y + m_{23})$$

만약 WARP_INVERSE_MAP이 지정되지 않으면, warpAffine 함수 내에서 invertAffineTransform 함수를 호출한 다음 위의 식을 적용하여 영상을 변환한다.

warpAffine 함수의 어파인 변환 행렬 M은 getRotationMatrix2D 함수 또는 getAffineTransform 함수로 계산한다.

[예제 11-4] getRotationMatrix2D에 의한 회전 행렬

```
001:  #include "opencv.hpp"
002:  using namespace cv;
003:  using namespace std;
004:  int main()
005:  {
006:      Mat dstImage(512, 512, CV_8UC3, Scalar::all(255));
007:
008:      Point2f center(256.0f, 256.0f);
009:      double angle = -45.0; // -45
010:      double scale = 1.0;
011:      Mat rotMat = getRotationMatrix2D(center, angle, scale);
012:
013:      Point pt1(400, 256);
014:      Mat A(3, 1, CV_64F);
015:      A.at<double>(0, 0) = (double)pt1.x;
016:      A.at<double>(1, 0) = (double)pt1.y;
017:      A.at<double>(2, 0) = 1.0;
018:      Mat B = rotMat * A; // apply affine transform to A
019:
020:      // draw origin and axis
021:      Point pt0;
022:      pt0.x = cvRound(center.x);
023:      pt0.y = cvRound(center.y);
024:      line(dstImage, Point(pt0.x, 0),
025:              Point(pt0.x, dstImage.rows - 1), Scalar(0, 0, 255));
026:      line(dstImage, Point(0, pt0.y),
027:              Point(dstImage.cols - 1, pt0.y),Scalar(0, 0, 255));
028:      circle(dstImage, pt0, 5, Scalar(0, 255, 0), -1);
029:
030:      // draw line (p0, p1)
031:      line(dstImage, pt0, pt1,Scalar(255, 0, 0), 2);
032:
033:      Point pt2;
034:      pt2.x = cvRound(B.at<double>(0, 0));
035:      pt2.y = cvRound(B.at<double>(1, 0));
036:      // draw line (p0, p2)
037:      line(dstImage, pt0, pt2, Scalar(0, 0, 255), 2);
038:
039:      int fontFace = FONT_HERSHEY_SIMPLEX;
040:      putText(dstImage,"pt0", Point(pt0.x - 30, pt0.y + 20), fontFace, 0.5, Scalar::all(0));
041:      putText(dstImage, "pt1", pt1, fontFace, 0.5, Scalar::all(0));
042:      putText(dstImage, "pt2", pt2, fontFace, 0.5, Scalar::all(0));
```

```
043:
044:        imshow("dstImage", dstImage);
045:        waitKey();
046:        return 0;
047: }
```

◎ **프로그램 설명**

① 8-11행

center를 dstImage 영상의 중심 Point(256.0f, 256.0f)로 설정하고, angle = 45.0, scale = 1.0으로 설정하여, getRotationMatrix2D 함수로 2D 회전 행렬을 rotMat에 계산한다.

② 13-18행

13-17행은 임의 2차원 좌표 pt1을 Point(400, 256)를 CV_64F 자료형의 3×1 행렬 A에 동차좌표로 저장한다. 18행은 2D 회전 행렬 rotMat를 행렬 A에 곱하여 변환된 좌표를 행렬 B에 저장한다.

③ 20-42행

20-28행은 중심점 center를 pt0에 저장하고, 수직, 수평 좌표축을 그리고, 원점을 원으로 표시한다. 31행은 원점 p0에서 변환전의 좌표 pt1까지 Scalar(255, 0, 0) 색상으로 직선을 표시한다. 33-35행은 행렬 B로부터 좌표점 pt1을 원점을 중심으로 angle 각도로 회전시키고, scale로 확대 축소 변환한 좌표 pt2에 저장한다. 37행은 원점 p0에서 변환 후의 좌표 pt2까지 Scalar(0, 0, 255) 색상으로 직선을 표시한다. 39-42행은 좌표에 문자열을 출력한다.

④ [그림 11.4]는 getRotationMatrix2D에 의한 회전 행렬의 결과이다. [그림 11.4](a)는 스케일은 1이고, 45도 회전한 결과이고, [그림 11.4](b)는 스케일은 1이고, -45도 회전한 결과이다.

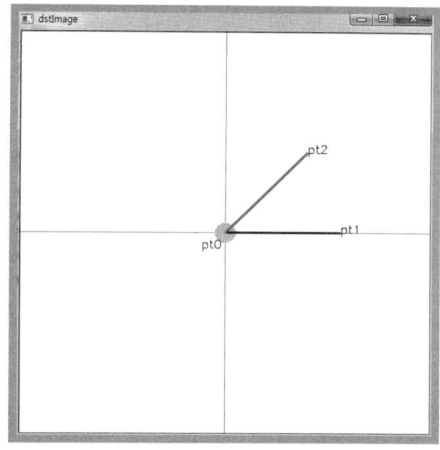
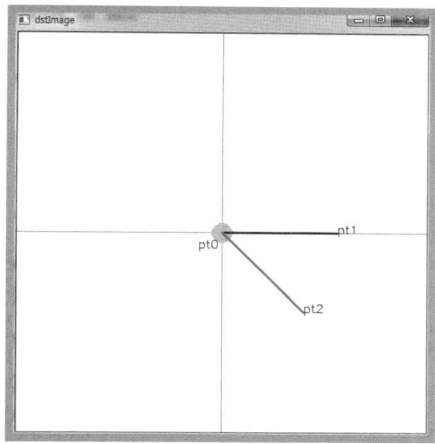

(a) angle=45, scale = 1   (b) angle= −45, scale = 1

[그림 11.4] getRotationMatrix2D에 의한 회전 행렬

[예제 11-5] getAffineTransform, transform에 의한 어파인 변환 행렬

```
001: #include "opencv.hpp"
002: using namespace cv;
003: using namespace std;
004: int main()
005: {
006:        Mat dstImage(512, 512, CV_8UC3, Scalar::all(255));
007:
008:        Point2f srcP[]= { Point2f(100.0f, 100.0f),
009:                          Point2f(50.0f, 200.0f),
010:                          Point2f(150.0f, 250.0f)};
```

```
011:
012:        Point2f dstP[]= { Point2f(400.0f, 50.0f),
013:                          Point2f(350.0f, 150.0f),
014:                          Point2f(400.0f, 300.0f)};
015:        // copy array to vector
016:        vector<Point2f> srcV(srcP, srcP + sizeof(srcP) / sizeof(srcP[0]));
017:        vector<Point2f> dstV(dstP, dstP + sizeof(dstP) / sizeof(dstP[0]));
018:
019:        for (int i = 0; i < srcV.size(); i++)
020:        {
021:            // line(dstImage, srcP[i], srcP[(i + 1) % 3], Scalar(255, 0, 0), 2);
022:            // line(dstImage, dstP[i], dstP[(i + 1) % 3], Scalar(0, 0, 255), 2);
023:
024:            line(dstImage, srcV[i], srcV[(i + 1) % 3], Scalar(255, 0, 0), 2);
025:            line(dstImage, dstV[i], dstV[(i + 1) % 3], Scalar(0, 0, 255), 2);
026:        }
027:
028:        // calculate an affine transform from src to dst
029:        Mat M;
030:        // M = getAffineTransform(srcP, dstP);
031:        M = getAffineTransform(srcV, dstV);
032:
033:        // apply the transform M to srcV by using transform -> dstV2
034:        vector<Point2f> dstV2;
035:        transform(srcV, dstV2, M);
036:        for (int i = 0; i < srcV.size(); i++)
037:            line(dstImage, srcV[i], dstV2[i], Scalar(0, 255, 0), 2);
038:        imshow("dstImage", dstImage);
039:        waitKey();
040:
041:        // apply the transform M to srcV[i] by using matrix multiplication -> pt2
042:        Mat A(3, 1, CV_64F);
043:        Mat B;
044:        for (int i = 0; i < srcV.size(); i++)
045:        {
046:            A.at<double>(0, 0) = srcV[i].x; //srcP[i].x
047:            A.at<double>(1, 0) = srcV[i].y; //srcP[i].y
048:            A.at<double>(2, 0) = 1.0;
049:            B = M * A; // apply the affine transform to A
050:
051:            Point2f pt2;
052:            pt2.x = B.at<double>(0, 0);
053:            pt2.y = B.at<double>(1, 0);
054:            line(dstImage, srcV[i], pt2, Scalar(0, 255, 255), 2);
055:        }
056:        imshow("dstImage", dstImage);
057:        waitKey();
058:
059:        // calculate an inverse affine transform from dstV to srcV
060:        Mat iM;
061:        invertAffineTransform(M, iM);
062:        // apply the transform iM to dstV[i] by using matrix multiplication -> pt1
063:        for(int i = 0; i < 3; i++)
064:        {
065:            A.at<double>(0, 0) = dstV[i].x;
066:            A.at<double>(1, 0) = dstV[i].y;
067:            A.at<double>(2, 0) = 1.0;
```

```
068:            B = iM * A; // apply affine transform to A
069:
070:            Point2f pt1;
071:            pt1.x = B.at<double>(0, 0);
072:            pt1.y = B.at<double>(1, 0);
073:            line(dstImage, pt1, dstV[i], Scalar(255, 255, 0), 2);
074:        }
075:        imshow("dstImage", dstImage);
076:        waitKey();
077:        return 0;
078:    }
```

◎ 프로그램 설명

① srcP에서 dstP로의 어파인 변환 또는 srcV에서 dstV로의 어파인 변환 M을 getAffineTransform 함수로 계산하고, transform 함수로 srcV에 어파인 변환 M을 적용하여 dstV2에 저장한다. dstV와 dstV2가 같음을 보이기 위하여, srcV에서 dstV2로의 직선을 표시한다.

② 8-26행
8-14행은 srcP 배열과 dstP 배열에 삼각형을 이루는 임의의 3점의 좌표를 초기화한다. 16-17행은 srcP 배열과 dstP 배열을 vector<Point2f> 자료형의 벡터 srcV와 dstV에 복사한다. 19-26행은 line 함수로 각각의 삼각형을 dstImage 영상에 표시한다.

③ 28-37행
30행은 getAffineTransform 함수로 srcP에서 dstP로의 어파인 변환 행렬 M을 계산한다. 31행은 srcV, dstV를 이용하여 어파인 변환 행렬 M을 계산한다. 35행은 transform 함수로 srcV에 어파인 변환 행렬 M을 적용하여 결과를 dstV2에 저장한다. 36-37행은 srcV[i]에서 dstV2[i]로의 직선을 Scalar(0, 255, 0) 색상으로 표시한다.

④ 41-55행
46-48행은 srcV[i] 좌표를 행렬 A에 동차좌표로 저장하고, M * A에 의해 어파인 변환 결과를 행렬 B에 저장한다. 행렬 B에서 좌표 pt2를 얻어서, srcV[i]에서 pt2로 직선을 Scalar(0, 255, 0) 색상으로 표시한다. pt2는 dstV[i]와 같다.

⑤ 59-74행
61행은 어파인 변환 행렬 M의 역변환 행렬 iM을 계산한다. iM은 dstP에서 srcP로의 변환이다. 62-74행은 dstV[i]에 역 어파인 변환 행렬 iM을 적용한 결과가 srcV[i]와 같음을 확인한다.

⑥ [그림 11.5]는 getAffineTransform에 의한 어파인 변환 행렬 결과이다. [그림 11.5](a)는 38행의 imshow 함수로 dstImage 영상을 보인 결과로, srcV[i]에 어파인 변환 행렬 M을 적용한 결과 dstV2[i]가 dstV[i]와 같음을 보이기 위해, Scalar(0, 255, 0) 색상의 직선으로 표시한 결과이다. [그림 11.5](b)는 75행의 imshow 함수로 dstImage 영상을 보인 결과로, dstV[i]에 역 어파인 변환 행렬 iM을 적용한 결과가 srcV[i]와 같음을 보이기 위해, Scalar(255, 255, 0) 색상의 직선으로 표시한 결과이다. 54행의 직선에 의한 56행의 결과도 색상만 다르고 동일한 위치에 직선이 표시된다.

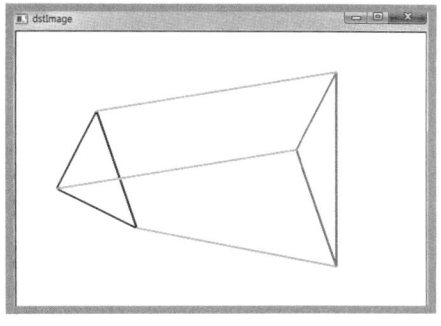
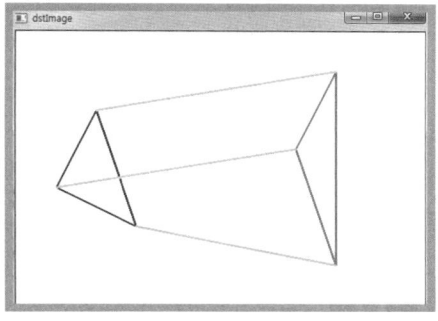

(a)   (b)

[그림 11.5] getAffineTransform에 의한 어파인 변환 행렬

[예제 11-6] warpAffine에 의한 영상의 어파인 변환

```cpp
001:   #include "opencv.hpp"
002:   using namespace cv;
003:   using namespace std;
004:   int main()
005:   {
006:       Mat srcImage = imread("lena.jpg", IMREAD_GRAYSCALE);
007:       if(srcImage.empty())
008:           return -1;
009:
010:       Point2f center(256.0f, 256.0f);
011:       double angle = 45.0; // -45
012:       double scale = 1.0;
013:       Mat rotMat = getRotationMatrix2D(center, angle, scale);
014:
015:       Mat dstImage;
016:       int flags = INTER_LINEAR;
017:       warpAffine(srcImage, dstImage, rotMat, Size(), flags);
018:       /*
019:       Mat iM;
020:       invertAffineTransform(rotMat, iM);
021:       flags = INTER_LINEAR + WARP_INVERSE_MAP;
022:       warpAffine(srcImage, dstImage, iM, Size(), flags);
023:       */
024:       imshow("dstImage", dstImage);
025:       waitKey();
026:
027:       Size dsize(800, 800);
028:       rotMat.at<double>(0, 2) += 150;
029:       rotMat.at<double>(1, 2) += 150;
030:       warpAffine(srcImage, dstImage, rotMat, dsize, flags);
031:
032:       imshow("dstImage", dstImage);
033:       waitKey();
034:       return 0;
035:   }
```

◎ **프로그램 설명**

① 10-13행

center를 dstImage 영상의 중심 Point(256.0f, 256.0f)로 설정하고, angle = 45.0, scale = 1.0으로 설정하여, getRotationMatrix2D 함수로 2D 회전 행렬을 rotMat에 계산한다.

② 15-25행

17행은 warpAffine 함수로 입력영상 srcImage에 2D 회전 행렬인 어파인 변환 행렬 rotMat를 적용하여 입력영상과 같은 크기인 512×512 크기의 dstImage 영상에 선형보간하여 저장한다. 주석처리된 19-23행은 invertAffineTransform 함수로 rotMat 변환의 역변환 iM을 계산하고, flags = INTER_LINEAR + WARP_INVERSE_MAP를 지정하여, warpAffine 함수로 입력영상 srcImage에 역 어파인 변환 행렬 iM를 적용하여, dstImage 영상에 선형보간한 결과는 17행의 결과와 같다.

③ 27-30행

27행은 dsize를 800×800으로 설정하고, 28-29행은 어파인 변환에 tx = 150, ty = 150의 이동 (translation) 변환을 추가하여, 회전된 영상이 모두 보이게 한다. 30행은 warpAffine 함수로 입력영상 srcImage를 이동변환이 추가된 어파인 변환 행렬 rotMat를 적용하여, 800×800 크기의 dstImage 영상에 선형보간하여 저장한다. 어파인 변환된 영상의 정확한 크기로의 변환은 [예제 11-11]을 참조한다.

④ [그림 11.6]은 warpAffine에 의한 영상의 어파인 변환 결과이다. [그림 11.6](a)는 원본영상을 중심점을 기준으로 45도 회전한 결과로, dstImage의 크기는 512×512이다. [그림 11.6](b)는 원본영상을 중심점을 기준으로 45도 회전시키고, tx = 150, ty = 150로 이동 변환을 추가한 결과로 dstImage의 크기는 800×800로, 책에서는 동일한 크기로 표시하였다.

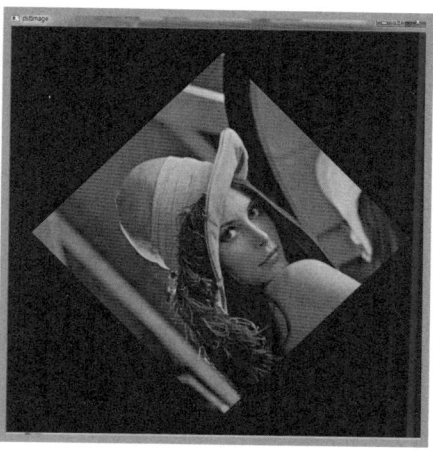

(a)   (b)

[그림 11.6] warpAffine에 의한 영상의 어파인 변환

03 투영 변환

2D에서 투영 변환은 3×3 행렬로 표현되며, 4개의 모서리 점을 갖는 사변형을 다른 형태의 사변형으로 변환한다. 어파인 변환보다 일반적인 변환이며, 투영 변환도 직선을 직선으로 변환한다. getPerspectiveTransform 또는 findHomography 함수로 투영 변환을 계산할 수 있다. 좌표들의 대응점으로 투영 변환을 계산하기 위해서는 사각형을 이루는 4개의 대응 좌표점 쌍이 필요하다.

① Mat getPerspectiveTransform(InputArray src, InputArray dst)
② Mat getPerspectiveTransform(const Point2f src[], const Point2f dst[])
getPerspectiveTransform 함수는 사각형을 이루는 4개의 대응 좌표점의 좌표 배열 src에서 dst로의 3×3 투영 변환 행렬 map_matrix를 계산하여 반환한다. $src(i) = (x_i, y_i)$, $dst(i) = (x_i'/w_i', y_i'/w_i')$, $i = 0, 1, 2, 3$이다.

$$\begin{bmatrix} x_i' \\ y_i' \\ w_i' \end{bmatrix} = map\_matrix \begin{bmatrix} x_i \\ y_i \\ 1 \end{bmatrix}$$

③ Mat findHomography(InputArray srcPoints, InputArray dstPoints,
　　int method = 0, double ransacReprojThreshold = 3,
　　OutputArray mask = noArray())

findHomography 함수는 원본 평면 위의 좌표 행렬/벡터 srcPoints에서 목적 평면 위의 좌표 행렬/벡터 dstPoints로의 투영 변환 행렬인 호모그래피 변환을 계산한다. srcPoints와 dstPoints는 CV_32FC2 자료형의 행렬이거나 vector〈Point2f〉 자료형의 벡터이다.

method는 계산 방법으로, method = 0이면, 모든 대응점을 사용하여 최소자승법으로 호모그래피 변환을 계산한다. method = RANSAC이면, RANSAC(random sample consensus) 알고리즘으로 대응점의 잘못된 매칭(outlier)에 강인한 호모그래피 변환을 계산한다. method = LMEDS이면, LMedS(least median squares) 알고리즘으로 대응점의 오차에 강인한 호모그래피 변환을 계산한다. ransacReprojThreshold는 RANSAC에서만 사용되며, 잘못된 매칭(outlier)으로 취급할 최대 허용 오차이다. 즉 인라이어를 판단하기 위한 임계값이다. mask는 RANSAC 또는 LMEDS 방법에 의해 설정되는 마스크로 옵션이다. findHomography 함수는 4개의 대응점에 대해서도 투영 변환을 계산하지만, 주로 4개 이상의 많은 대응점으로부터 투영 변환을 계산하기 위해 주로 사용한다. 주로 카메라 캘리브레이션에서 사용되며, 이 책에서는 10장에서 특징점 기술자에 의한 매칭에서 대응점을 이용하여 투영 변환을 계산하였다.

④ void perspectiveTransform(InputArray src, OutputArray dst, InputArray m)

perspectiveTransform 함수는 4장에서 이미 설명되었다.

ⓐ 2차원 투영 변환이면, 입력 행렬 src는 2-채널 실수로, 행렬이면 CV_32FC2 또는 CV_64FC2 자료형이고, 벡터이면 vector〈Point2f〉 또는 vector〈Point2d〉 자료형이다. 3×3 투영 변환 행렬 m을 적용하여 src와 같은 자료형의 ds에 저장한다.

$$(x, y) \rightarrow (x'/w, \ y'/w)$$

여기서, $[x', y', w']^T = m \times [x \ y \ 1]^T$

$$w = w' \ \text{if} \ w' \neq 0, \ \ w = \infty \ \text{if} \ w' = 0$$

ⓑ 3차원 투영 변환이면, 입력 행렬 src는 3-채널 실수로, 행렬이면 CV_32FC3 또는 CV_64FC3이다. 벡터이면 vector〈Point3f〉 또는 vector〈Point3d〉 자료형이다. 4×4 투영 변환 행렬 m을 적용하여 src와 같은 자료형의 ds에 저장한다.

$$(x, y, z) \rightarrow (x'/w, \ y'/w, \ z'/w)$$

여기서, $[x', y', z', w']^T = m \times [x \ y \ z \ 1]^T$

$$w = w' \ \text{if} \ w' \neq 0, \ \ w = \infty \ \text{if} \ w' = 0$$

⑤ void warpPerspective(InputArray src, OutputArray dst, InputArray M,
　　　Size dsize, int flags = INTER_LINEAR, int borderMode =
　　　BORDER_CONSTANT, const Scalar& borderValue = Scalar())

warpPerspective 함수는 영상 src에 3×3 투영 변환 행렬 M을 적용하여 출력영상 dst
에 저장한다. 출력영상 dst는 src와 같은 자료형이며, dsize은 dst의 크기이며, dsize
= Size()이면 입력영상과 같은 크기이다. flags는 보간법과 WARP_INVERSE_MAP
의 조합이다. 보간법은 INTER_NEAREST, INTER_LINEAR 등이 있으며, WARP_
INVERSE_MAP이 지정되면, 변환 행렬 M이 dst에서 src로의 변환인 역투영 변환임을
의미한다. borderMode는 경계값 처리방식으로, BORDER_CONSTANT, BORDER_
REPLICATE 등이 있으며, borderValue는 경계값을 상수로 처리 할 때의 상수값이다.
WARP_INVERSE_MAP이 지정되면, 다음과 같이 출력영상을 계산한다.

$$dst(x,y) = src(\frac{m_{11}x+m_{12}y+m_{13}}{m_{31}x+m_{32}y+m_{33}}, \frac{m_{21}x+m_{22}y+m_{23}}{m_{31}x+m_{32}y+m_{33}})$$

만약 WARP_INVERSE_MAP이 지정되지 않으면, warpPerspective 함수 내에서 invert
함수로 역행렬을 계산한 다음, 위의 식을 적용하여 영상을 변환한다.
warpPerspective 함수의 투영 변환 행렬 M은 getPerspectiveTransform 또는
findHomography 함수로 계산한다.

⑥ bool findChessboardCorners(InputArray image, Size patternSize,
　　　OutputArray corners, int flags = CALIB_CB_ADAPTIVE_THRESH +
　　　CALIB_CB_NORMALIZE_IMAGE)

findChessboard 함수는 체스보드 패턴의 내부 코너점(internal corners)의 위치를 순차
적으로 검출한다. 검출된 코너점은 행우선 순서로 검출하고, 같은 행에서는 왼쪽에서 오
른쪽으로 정렬하여 corners에 반환한다. 체스보드 패턴의 내부 코너점을 검출하므로, 예
제에서 사용한 영상의 7×4의 흰색과 검은색 사각형으로 이루어진 체스보드 패턴의 내
부 코너점은 6×3이다. cornerSubPix 함수를 추가적으로 사용하면, 부화소 단위로 더욱
정확한 좌표를 검출 할 수 있다.

image는 8비트 그레이 스케일 영상 또는 컬러 영상이고, patternSize는 패턴의 내부 코
너점의 열과 행의 크기로 patternSize = cvSize(points_per_row, points_per_colum) =
cvSize(columns, rows)이다. corners는 검출된 코너점이 저장될 vector⟨Point2f⟩ 자료
형의 벡터이다. flags는 0이거나 다음 조합을 사용한다.
CV_CALIB_CB_ADAPTIVE_THRESH는 적응형 임계값으로 이진영상을 만든다. CV_
CALIB_CB_NORMALIZE_IMAGE는 임계값 적용 전에 equalizeHist 함수를 적용한다.
CV_CALIB_CB_FILTER_QUADS는 윤곽선 검출 단계에서 사변형의 면적, 크기 등의
필터링을 적용하여 작은 사변형을 제거한다. CALIB_CB_FAST_CHECK는 체스보드가
있는지를 빠른 시간에 체크한다.

⑦ void drawChessboardCorners(InputOutputArray image, Size patternSize,
  InputArray corners, bool patternWasFound)

drawChessboardCorners 함수는 findChessboard 함수에 의해 검출된 코너점 벡터인 corners를 8비트 컬러 영상인 image에 표시한다. patternSize는 패턴의 크기이고, patternWasFound는 findChessboard 함수에 의해 패턴이 발견되었는지를 가리킨다.

[예제 11-7] getPerspectiveTransform, findHomography, perspectiveTransform

```
001:  #include "opencv.hpp"
002:  using namespace cv;
003:  using namespace std;
004:  int main()
005:  {
006:      Mat dstImage(512, 512, CV_8UC3, Scalar::all(255));
007:
008:      Point2f srcP[] = { Point2f(100.0f, 100.0f),
009:                         Point2f(50.0f, 200.0f),
010:                         Point2f(150.0f, 250.0f),
011:                         Point2f(150.0f, 150.0f)};
012:
013:      Point2f dstP[] = { Point2f(400.0f, 50.0f),
014:                         Point2f(350.0f, 150.0f),
015:                         Point2f(400.0f, 250.0f),
016:                         Point2f(450.0f, 120.0f)};
017:      // copy array to vector
018:      vector<Point2f> srcV(srcP, srcP + sizeof(srcP) / sizeof(srcP[0]));
019:      vector<Point2f> dstV(dstP, dstP + sizeof(dstP) / sizeof(dstP[0]));
020:
021:      for (int i = 0; i < srcV.size(); i++)
022:      {
023:          // line(dstImage, srcP[i], srcP[(i + 1) % 4], Scalar(255, 0, 0), 2);
024:          // line(dstImage, dstP[i], dstP[(i + 1) % 4], Scalar(0, 0, 255), 2);
025:
026:          line(dstImage, srcV[i], srcV[(i + 1) % 4], Scalar(255, 0, 0), 2);
027:          line(dstImage, dstV[i], dstV[(i + 1) % 4], Scalar(0, 0, 255), 2);
028:      }
029:      // calculate a perspective transformation from src to dst
030:      Mat M;
031:      M = getPerspectiveTransform(srcP, dstP);
032:      cout << "By getPerspectiveTransform(srcP, dstP)," << endl;
033:      cout << "M=" << M << endl;
034:      /*
035:      M = getPerspectiveTransform(srcV, dstV);
036:      cout << "By getPerspectiveTransform(srcV, dstV)," << endl;
037:      cout << "M=" << M << endl;
038:
039:      M = findHomography(srcV, dstV);
040:      cout << "By findHomography, " << endl;
041:      cout << "M=" << M << endl;
042:      */
043:      // apply the transform M to srcV by using perspectiveTransform -> dstV2
044:      vector<Point2f> dstV2;
045:      perspectiveTransform(srcV, dstV2, M);
046:      for (int i = 0; i < srcV.size(); i++)
047:          line(dstImage, srcV[i], dstV2[i], Scalar(0, 255, 0), 2);
048:      imshow("dstImage", dstImage);
```

```
049:            waitKey();
050:
051:            // apply the transform M to srcV[i] by using matrix multiplication -> pt2
052:            Mat A(3, 1, CV_64F);
053:            Mat B;
054:            for (int i = 0; i < srcV.size(); i++)
055:            {
056:                A.at<double>(0, 0) = srcV[i].x; // srcP[i].x
057:                A.at<double>(1, 0) = srcV[i].y; // srcP[i].y
058:                A.at<double>(2, 0) = 1.0;
059:                B = M * A; // apply M to A
060:
061:                float w = B.at<double>(2, 0);
062:                float x = B.at<double>(0, 0) / w;
063:                float y = B.at<double>(1, 0) / w;
064:
065:                Point2f pt2(x, y);
066:                line(dstImage, srcV[i], pt2, Scalar(255, 255, 0), 2);
067:            }
068:            imshow("dstImage", dstImage);
069:            waitKey();
070:            return 0;
071: }
```

◎ 프로그램 설명

① getPerspectiveTransform 함수 또는 findHomography 함수를 사용하여 srcP에서 dstP로의 투영 변환 또는 srcV에서 dstV로의 투영 변환 M을 계산하고, perspective Transform 함수로 srcV에 투영 변환 M을 적용하여 dstV2에 저장한다. dstV와 dstV2가 같음을 보이기 위하여, srcV에서 dstV2로의 직선을 표시한다.

② 8-28행
8-16행은 srcP 배열과 dstP 배열에 사각형을 이루는 임의의 4점의 좌표를 초기화한다. 18-19행은 srcP 배열과 dstP 배열을 vector<Point2f> 자료형의 벡터 srcV와 dstV에 복사한다. 21-28행은 line 함수로 각각의 사각형을 dstImage 영상에 표시한다.

③ 29-42행
31행은 getPerspectiveTransform 함수로 srcP에서 dstP로의 투영 변환 행렬 M을 계산한다. 주석 처리된 35행은 getPerspectiveTransform 함수로 srcV에서 dstV로의 투영 변환 행렬 M을 계산한다. 39행은 findHomography 함수로 srcV에서 dstV로의 투영 변환 행렬 M을 계산한다. 31행, 35행, 39행의 M은 모두 같은 결과를 갖는다.

④ 43-47행
45행은 perspectiveTransform 함수로 srcV에 투영 변환 행렬 M을 적용하여 dstV2에 저장한다. 46-47행은 line 함수로 dstImage 영상에 srcV[i]에서 dstV2[i]까지 직선을 Scalar(0, 255, 0) 색상으로 표시한다. srcV에 투영 변환 행렬 M을 적용한 결과인 dstV2는 dstV와 같다.

⑤ 51-67행
perspectiveTransform 함수로 투영 좌표를 계산하는 대신, 행렬 곱셈으로 투영 변환된 좌표를 계산한다. 52행은 CV_64F 자료형의 3×1 행렬 A를 생성하고, 56-58행은 srcV[i]를 행렬 A에 동차좌표로 저장한다. 59행은 행렬 곱셈 M * A로 투영 변환을 적용한 결과를 행렬 B에 저장한다. 61-63행은 동차좌표로 저장된 행렬 B에서 직교좌표를 x, y에 계산하고, 65행은 pt2 좌표에 x, y를 초기화한다. 66행은 srcV[i]에서 pt2로의 직선을 Scalar(255, 255, 0) 색상, 두께 2로 표시하여, pt2는 dstV[i]와 같다. 47행의 직선과 66행의 직선은 같은 위치에 다른 색상으로 표시된다.

⑥ [그림 11.7]은 31-42행에서 getPerspectiveTransform 함수와 findHomography 함수로 4개의 대응점으로 투영 변환을 계산한 결과로, 모두 같은 행렬임을 알 수 있다.
[그림 11.8]은 perspectiveTransform와 행렬 곱셈으로 srcV에 투영 변환을 적용한 결과를 보인다.

[그림 11.8](a)는 perspectiveTransform 함수로 투영 변환된 좌표를 계산한 결과로 48행의 imshow 함수로 dstImage 영상을 보인 결과이다. [그림 11.8](b)는 행렬 곱셈과 동차좌표를 직교좌표로 변환하여 투영 변환된 좌표를 계산한 결과로 68행의 imshow 함수로 dstImage 영상을 보인 결과이다.

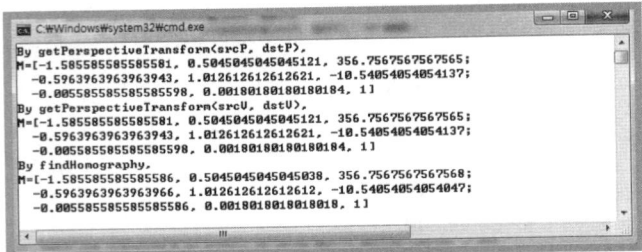

[그림 11.7] getPerspectiveTransform와 findHomography 의한 투영 변환 계산

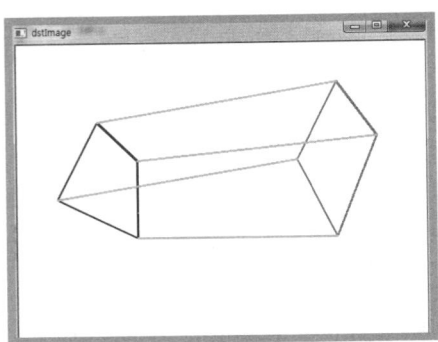 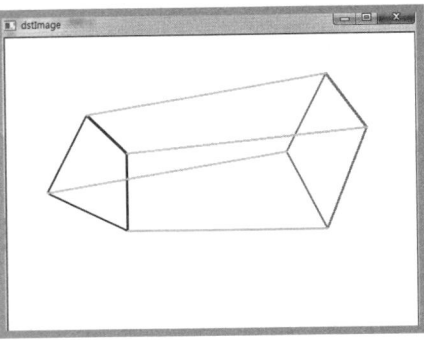

(a) 38행의 dstImage   (b) 58행의 dstImage

[그림 11.8] perspectiveTransform와 행렬 곱셈에 의한 투영 변환 적용

[예제 11-8]	2개의 체스보드 패턴영상 사이의 투영 변환 (findChessboardCorners, drawChessboardCorners, findHomography)

```cpp
001:  #include "opencv.hpp"
002:  using namespace cv;
003:  using namespace std;
004:  int main()
005:  {
006:      Mat srcImage1 = imread("image1.jpg", IMREAD_GRAYSCALE);
007:      Mat srcImage2 = imread("image2.jpg", IMREAD_GRAYSCALE);
008:      if(srcImage1.empty() || srcImage2.empty())
009:          return -1;
010:
011:      Size patternsize(6, 3);
012:      vector<Point2f> corners1;
013:      bool bfound1 = findChessboardCorners(srcImage1, patternsize, corners1);
014:
015:      vector<Point2f> corners2;
016:      bool bfound2 = findChessboardCorners(srcImage2, patternsize, corners2);
017:
018:      Mat dstImage1;
019:      cvtColor(srcImage1, dstImage1, COLOR_GRAY2BGR);
020:      drawChessboardCorners(dstImage1, patternsize, corners1, bfound1);
021:      imshow("dstImage1", dstImage1);
022:
```

```
023:        Mat dstImage2;
024:        cvtColor(srcImage2, dstImage2, COLOR_GRAY2BGR);
025:        drawChessboardCorners(dstImage2, patternsize, corners2, bfound2);
026:        imshow("dstImage2", dstImage2);
027:        waitKey();
028:
029:        Mat M = findHomography(corners1, corners2, RANSAC);
030:        cout << "By findHomography, " << endl;
031:        cout << "M=" << M << endl;
032:
033:        // apply the transform M to corners1 by using perspectiveTransform -> dstCorners
034:        vector<Point2f> dstCorners;
035:        perspectiveTransform(corners1, dstCorners, M);
036:        for (int i = 0; i < dstCorners.size(); i++)
037:            circle(dstImage2, dstCorners[i], 5, Scalar(255, 255, 0), -1);
038:        imshow("dstImage2", dstImage2);
039:        waitKey();
040:        return 0;
041: }
```

◎ 프로그램 설명

① findChessboardCorners 함수로 2개의 체스보드 패턴 영상, srcImage1, srcImage2에서 코너점의 위치, corners1, corners2를 각각 계산하고, findHomography 함수로 corners1에서 corners2로의 투영 변환 M을 계산한다. corners1에 투영 변환 M을 적용한 코너점 dstCorners를 계산하여, srcImage2 영상 위치에 원으로 표시한다.

② 6-9행
 7×4의 흰색과 검은색 사각형으로 이루어진 체스보드 패턴을 갖는 두 개의 영상 "image1.jpg"과 "image2.jpg"를 그레이스케일로 읽어, srcImage1, srcImage2에 저장한다.

③ 11-27행
11행은 내부 코너점의 크기를 patternsize에 6×3 크기로 설정한다. 13행은 findChessboardCorners 함수로 srcImage1 영상에서 코너점을 검출하여 corners1에 저장한다. 16행은 findChessboardCorners 함수로 srcImage2 영상에서 코너점을 검출하여 corners2에 저장한다. 18-21행은 srcImage1을 컬러 영상 dstImage1로 변환하고, drawChessboardCorners 함수로 컬러 영상 dstImage1에 코너점 corners1을 표시한다. 23-26행은 srcImage2을 컬러 영상 dstImage2으로 변환하고, drawChessboardCorners 함수로 컬러 영상 dstImage2에 코너점 corners2를 표시한다.

④ 29-38행
29행은 findHomography 함수로 corners1에서 corners2로의 호모그래피 투영 변환을 RANSAC 방법으로 행렬 M에 계산한다. 35행은 perspectiveTransform 함수로 corners1에 투영 변환 M을 적용하여 dstCorners에 저장한다. 36-37행은 컬러 영상 dstImage2에 변환된 코너점 dstCorners을 Scalar(255, 255, 0) 색상으로 표시한다. findHomography 함수에 의한 투영 변환 M이 적절히 계산되었다면, 25행에서 dstImage2 영상에 corners2를 표시한 위치와 일치해야 한다.

⑤ [그림 11.9]는 2개의 체스보드 패턴 영상 사이의 투영 변환 결과이다. [그림 11.9](a)는 srcImage1 영상에서 검출한 코너점 corners1을 컬러 영상 dstImage1에 표시한 결과이다. [그림 11.9](b)는 srcImage2 영상에서 검출한 코너점 corners2를 컬러 영상 dstImage2에 표시한 결과이다. [그림 11.9](c)는 코너점 corners1에 투영 변환 M을 적용하여 변환된 dstCorners를 컬러 영상 dstImage2에 원으로 표시한 결과로 [그림 11.9](b)의 코너점 위치와 같은 것을 알 수 있다.

(a) corners1

(b) corners2

(c) dstCorners

[그림 11.9] 2개의 체스보드 패턴 영상 사이의 투영 변환

[예제 11-9] warpPerspective에 의한 영상의 투영 변환

```
001:  #include "opencv.hpp"
002:  using namespace cv;
003:  using namespace std;
004:  int main()
005:  {
006:      Mat srcImage1 = imread("image1.jpg", IMREAD_GRAYSCALE);
007:      Mat srcImage2 = imread("image2.jpg", IMREAD_GRAYSCALE);
008:      if(srcImage1.empty() || srcImage2.empty())
009:          return -1;
010:
011:      Size patternsize(6, 3);
012:      vector<Point2f> corners1;
013:      bool bfound1 = findChessboardCorners(srcImage1, patternsize, corners1);
014:      TermCriteria criteria =TermCriteria(TermCriteria::COUNT + TermCriteria::EPS, 30, 0.1);
015:      if(bfound1)
016:          cornerSubPix(srcImage1, corners1, Size(5, 5), Size(-1, -1), criteria);
017:
018:      vector<Point2f> corners2;
019:      bool bfound2 = findChessboardCorners(srcImage2, patternsize, corners2);
020:      if(bfound2)
021:          cornerSubPix(srcImage2, corners2, Size(5, 5), Size(-1,-1), criteria);
022:
023:      Mat dstImage1;
024:      cvtColor(srcImage1, dstImage1, COLOR_GRAY2BGR);
```

```
025:        drawChessboardCorners(dstImage1, patternsize, corners1, bfound1);
026:        imshow("dstImage1", dstImage1);
027:
028:        Mat dstImage2;
029:        cvtColor(srcImage2, dstImage2, COLOR_GRAY2BGR);
030:        drawChessboardCorners(dstImage2, patternsize, corners2, bfound2);
031:        imshow("dstImage2", dstImage2);
032:
033:        Mat M = findHomography(corners1,corners2, RANSAC); // LMEDS
034:        cout << "By findHomography, " << endl;
035:        cout << "M=" << M << endl;
036:
037:        // warp srcImage1 by the transform M -> srcImage3
038:        Mat srcImage3;
039:        warpPerspective(srcImage1, srcImage3, M, srcImage1.size());
040:
041:        Mat dstImage3;
042:        cvtColor(srcImage3, dstImage3, COLOR_GRAY2BGR);
043:        drawChessboardCorners(dstImage3, patternsize, corners2, bfound2);
044:        imshow("dstImage3", dstImage3);
045:        waitKey();
046:        /*
047:        // subtract srcImage3 from srcImage2 with mask, then abs -> diffImage
048:        vector<Point2f> srcCorners;
049:        srcCorners.push_back(Point2f(10, 10));
050:        srcCorners.push_back(Point2f(srcImage1.cols - 10, 10));
051:        srcCorners.push_back(Point2f(srcImage1.cols - 10, srcImage1.rows - 10));
052:        srcCorners.push_back(Point2f(10, srcImage1.rows - 10));
053:
054:        vector<Point2f> dstCorners;
055:        perspectiveTransform(srcCorners, dstCorners, M);
056:
057:        for(int i = 0; i < dstCorners.size(); i++)
058:            line(dstImage3, dstCorners[i], dstCorners[(i + 1) % 4], Scalar(255, 255, 255), 2);
059:        imshow("dstImage3", dstImage3);
060:        // waitKey();
061:
062:        Point dstCornersP[4];
063:        for (int i = 0; i < 4; i++)
064:        {
065:            dstCornersP[i].x = cvRound(dstCorners[i].x);
066:            dstCornersP[i].y = cvRound(dstCorners[i].y);
067:        }
068:        Mat mask(srcImage2.size(), CV_8U, Scalar::all(0));
069:        fillConvexPoly(mask, dstCornersP, 4, Scalar::all(255));
070:        imshow("mask", mask);
071:        // waitKey();
072:
073:        Mat diffImage;
074:        subtract(srcImage2, srcImage3, diffImage, mask);
075:        diffImage = abs(diffImage);
076:        // absdiff(srcImage2, srcImage3, diffImage);
077:        imshow("diffImage", diffImage);
078:        waitKey();
079:
080:        Scalar errorSum = sum(diffImage);
081:        cout << "errorSum=" << errorSum << endl;
```

```
082:        */
083:        return 0;
084: }
```

◎ 프로그램 설명

① findChessboardCorners 함수로 2개의 체스보드 패턴 영상, srcImage1, srcImage2에서 코너점의 위치, corners1, corners2를 각각 계산하고, findHomography 함수로 corners1에서 corners2로의 투영 변환 M을 계산하고, warpPerspective 함수로 srcImage1에 투영 변환 M을 적용하여 srcImage3에 저장한다. srcImage3을 컬러 영상 dstImage3로 변경하고, drawChessboardCorners 함수로 dstImage3에서 corners2의 위치가 맞는지 확인한다. srcImage1 영상의 srcImage2 영상 내의 위치에 대한 mask 영상을 생성하여, 투영 변환 영상 srcImage3과 srcImage2 영상 사이의 화소값의 차이를 계산한다.

② 11-31행
11행은 내부 코너점의 크기를 patternsize에 6×3 크기로 설정한다. 13행은 findChessboard Corners 함수로 srcImage1 영상에서 코너점을 corners1에 검출한다. 15-16행은 오차를 줄이기 위하여 cornerSubPix 함수로 코너점 corners1을 부화소 단위로 계산한다. 19행은 findChessboardCorners 함수로 srcImage2 영상에서 코너점을 검출하여 corners2에 저장한다. 20-21행은 cornerSubPix 함수로 코너점 corners2를 부화소 단위로 계산한다. 23-26행은 srcImage1을 컬러 영상 dstImage1으로 변환하고, drawChessboardCorners 함수로 컬러 영상 dstImage1에 코너점 corners1을 표시한다. 28-31행은 srcImage2을 컬러 영상 dstImage2로 변환하고, drawChessboardCorners 함수로 컬러 영상 dstImage2에 코너점 corners2를 표시한다.

③ 33-45행
33행은 findHomography 함수로 corners1에서 corners2로의 호모그래피 투영 변환을 CV_RANSAC 방법으로 행렬 M에 계산한다. 39행은 warpPerspective 함수로 srcImage1 영상에 투영 변환 M 적용하여 srcImage3에 저장한다. 41-44행은 srcImage3을 컬러 영상 dstImage3로 변경하고, drawChessboardCorners 함수로 dstImage3에 corners2의 위치를 표시한다.

④ 46-82행
srcImage1 영상의 srcImage2 영상 내의 위치에 대한 mask 영상을 생성하여, 투영 변환 영상 srcImage3과 srcImage2 영상 사이의 화소값의 차이를 계산한다. 48-59행은 srcImage1 영상의 모서리 점에서 10의 마진을 갖는 축소된 사각형의 모서리점의 위치를 srcCorners에 저장하고, 55행은 투영 변환 M을 적용하여, 투영 변환된 영상에서의 모서리점의 위치를 dstCorners에 계산한다. 62-70행은 dstCorners를 배열 dstCornersP에 저장하여 fillConvexPoly 함수로 dstCornersP에 의해 정의되는 사변형 내부는 255 값을 갖고, 외부는 0을 갖는 마스크 영상을 생성한다. 73-81행은 subtract 함수로 srcImage2에서 srcImage3값을 mask 영상에서 255인 위치에서만 화소값 차이를 diffImage 영상에 계산하고, abs 함수로 절대값을 계산하고, sum 함수로 합계를 계산한다.

⑤ [그림 11.10]은 warpPerspective에 의한 영상의 투영 변환 결과이다. [그림 11.10](a)는 srcImage1 영상에서 검출한 코너점 corners1을 컬러 영상 dstImage1에 표시한 결과이다. [그림 11.10](b)는 srcImage2 영상에서 검출한 코너점 corners2을 컬러 영상 dstImage2에 표시한 결과이다. [그림 11.10](c)는 srcImage1 영상을 warpPerspective 함수로 투영 변환한 영상 srcImage3의 컬러 영상 dstImage3에 코너점 corners2를 표시한 결과이다. [그림 11.10](d)는 srcImage1 영상의 모서리 점에서 10의 마진을 갖는 축소된 사각형의 모서리점의 위치를 투영 변환하여 dstImage3에 직선으로 표시한 영상이며, [그림 11.10](e)는 fillConvexPoly 함수로 생성한 마스크 영상이다. [그림 11.10](f)는 mask를 지정하여, dstImage2와 dstImage3의 차이를 계산한 diffImage 영상이다. 두 영상 사이의 밝기값이 일정하지 않고, 투영 변환에서의 오차가 존재함을 알 수 있다.

(a) dstImage1

(b) dstImage2

(c) dstImage3

(d) dstImage3

(e) mask

(f) diffImage

[그림 11.10] warpPerspective에 의한 영상의 투영 변환

04 Remap 변환

remap 함수는 좌표 변환 행렬 map1, map2를 사용하여 영상을 보다 일반적인 기하학적 변환으로 영상을 변환한다. convertMaps 함수는 remap 함수에서 사용하는 영상 좌표 변환 행렬 map1, map2를 다른 자료형의 변환 행렬로 변환한다. cvLogPolar 함수는 영상을 로그−극좌표계 공간으로 변환한다.

① void remap(InputArray src, OutputArray dst, InputArray map1, InputArray map2, int interpolation, int borderMode = BORDER_CONSTANT, const Scalar& borderValue = Scalar())
입력영상 src을 변환 좌표 행렬 map1, map2를 이용하여 변환시켜 출력영상 dst를 생성한다. map1은 (x, y) 좌표의 변환 또는 x좌표에 대한 변환으로 CV_16SC2, CV_32FC1, CV_32FC2 자료형이다. map2는 y좌표에 대한 변환으로 CV_16UC1, CV_32FC1이거나, map1이 CV_16SC2 자료형의 (x, y) 좌표의 변환이면 map2는 사용되지 않는다. interpolation은 INTER_NEAREST, INTER_LINEAR, INTER_CUBIC 등의 보간법을 지정한다. borderMode는 경계값 처리 방식으로, borderMode = BORDER_TRANSPARENT이면, 범위 밖의 화소를 처리하지 않는다. borderValue는 경계값을 상수로 처리 할 때의 상수값이다.

$$dst(x, y) = src(map_x(x, y), map_y(x, y))$$

map_x와 map_y는 CV_32FC1 자료형의 map1, map2로부터 계산되거나, CV_16SC2 또는 CV_32FC2 자료형의 map1로부터 계산되거나, 빠른 계산속도를 위해 convertMaps 함수로 변환된 정수 자료형으로부터 계산된다.

② void convertMaps(InputArray map1, InputArray map2, OutputArray dstmap1, OutputArray dstmap2, int dstmap1type, bool nninterpolation = false)
convertMaps 함수는 remap 함수에서 사용하는 영상 좌표 변환 행렬 map1, map2를 dstmap1type에 지정에 따라 다른 자료형의 변환 행렬 dstmap1, dstmap2로 변환한다. dstmap1type은 dstmap1의 자료형으로 CV_16SC2, CV_32FC1, CV_32FC2 중에 하나이다. nninterpolation = true이면 INTER_NEAREST 보간법을 사용한다.

다음은 convertMaps 함수의 입력 좌표 변환 행렬의 자료형 (map1.type(), map2.type())에서 출력 좌표 변환 행렬의 자료형 (dstmap1.type(), dstmap2.type())로의 가능한 변환이다. 주로 실수에서 정수로의 변환이 주로 사용되며, 역으로 정수에서 실수로의 변환도 가능하다.

ⓐ (CV_32FC1, CV_32FC1)에서 (CV_16SC2, CV_16UC1)로의 변환

dstmap1.type() = CV_16SC2로 cvRound 함수를 사용한 정수 좌표가 저장되고, nninterpolation = false일 때, dstmap2.type() = CV_16UC1로 보간법에 의한 참조표의 첨자가 저장된다.

ⓑ (CV_32FC2) 에서 (CV_16SC2, CV_16UC1)로의 변환

map1.type() = CV_32FC2인 2-채널 실수에서, dstmap1.type() = CV_16SC2로 cvRound 함수를 사용한 정수 좌표가 저장되고, nninterpolation = false일 때, dstmap2.type() = CV_16UC1로 보간법에 의한 참조표의 첨자가 저장된다.

③ void cvLogPolar(const CvArr* src, CvArr* dst, CvPoint2D32f center, double M, int flags = CV_INTER_LINEAR + CV_WARP_FILL_OUTLIERS);

영상을 로그-극좌표계 공간으로 변환하는 cvLogPolar 함수에 대한, C++ API가 없기 때문에, cvLogPolar 함수에 대한 함수를 그대로 사용한다. OpenCV 3.1.0에서는 "cv.h" 헤더 파일을 포함해서 사용한다.

입력영상 src를 center를 중심으로 LogPolar 변환하여 출력영상 dst를 계산한다. M은 스케일 값이고, flags는 보간법과 WARP_FILL_OUTLIERS, WARP_INVERSE_MAP을 조합하여 사용한다. WARP_FILL_OUTLIERS는 원본영상의 좌표 범위를 벗어나는 (outlier) dst의 화소를 0으로 설정한다. WARP_INVERSE_MAP은 변환 행렬 map_matrix가 dst에서 src로의 역변환(inverse transform)임을 나타낸다. cvLogPolar 함수는 스케일 및 회전에 불변인 템플릿 매칭 및 물체 추적 등에서 사용한다.

ⓐ flags = WARP_INVERSE_MAP 설정이 없으면,

$$dst(\phi, \rho) = src(x, y)$$

여기서, $\rho = M \log(\sqrt{x^2 + y^2})$

$$\phi = atan(\frac{y}{x})$$

ⓑ flags = WARP_INVERSE_MAP이 설정되면,

$$dst(x, y) = src(\phi, \rho)$$

[예제 11-10] remap에 의한 영상 변환 1 (영상 뒤집기)

```
001:    #include "opencv.hpp"
002:    using namespace cv;
003:    using namespace std;
004:    int main()
005:    {
006:        Mat srcImage = imread("lena.jpg", IMREAD_GRAYSCALE);
007:        if(srcImage.empty())
008:            return -1;
009:
```

```
010:        Mat mapX, mapY;
011:        mapX.create(srcImage.size(), CV_32FC1);
012:        mapY.create(srcImage.size(), CV_32FC1);
013:
014:        for(int y = 0; y < srcImage.rows; y++)
015:            for(int x = 0; x < srcImage.cols; x++)
016:            {
017:                mapX.at<float>(y, x) = x ;
018:                // mapX.at<float>(y, x) = srcImage.cols - x ;
019:                mapY.at<float>(y, x) = srcImage.rows - y ;
020:            }
021:
022:        Mat dstImage(srcImage.size(), srcImage.type());
023:        remap(srcImage, dstImage, mapX, mapY, INTER_LINEAR);
024:
025:        imshow("srcImage", srcImage);
026:        imshow("dstImage", dstImage);
027:        waitKey();
028:        return 0;
029:  }
```

◎ 프로그램 설명

① 10-23행

11-12행은 좌표 변환을 위한 행렬 mapX, mapY를 원본영상과 같은 크기로 생성한다. 14-20행은
좌표 변환을 위한 맵을 생성한다. 17행은 x를 mapX에 저장하고, 주석 처리된 18행은 srcImage.
cols - x를 mapX에 저장하여 영상의 좌우를 뒤집고, 19행은 srcImage.rows - y를 mapY에 저장
하여 영상의 상하를 뒤집는다. 23행은 remap 함수로 srcImage 영상을 mapX, mapY를 이용하여
변환하여 dstImage를 생성한다.

② [그림 11.11]은 remap에 의한 영상 뒤집기 결과이다. [그림 11.11](a)는 17행과 19행에 의한 상하
뒤집기의 결과이다. [그림 11.11](b)는 18행과 19행에 의한 상하와 좌우 뒤집기의 결과이다.

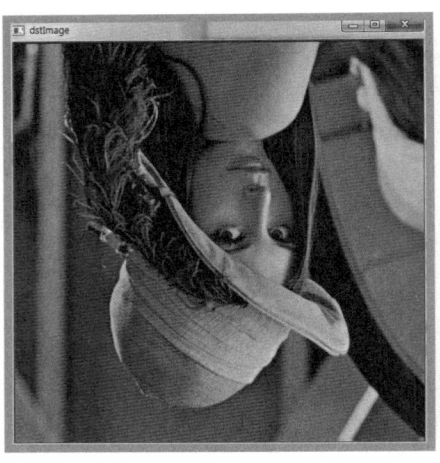
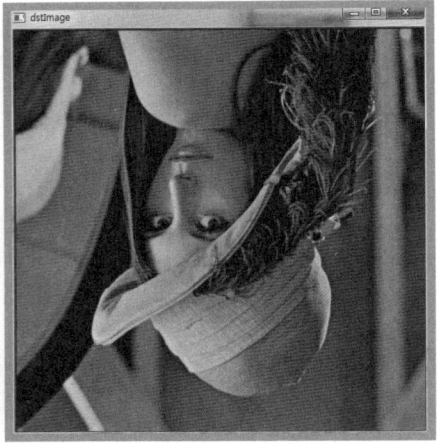

(a)   (b)

[그림 11.11] remap에 의한 영상 뒤집기

[예제 11-11] remap에 의한 영상 변환 2 (warpAffine에 의한 영상 변환)

```cpp
001:    #include "opencv.hpp"
002:    using namespace cv;
003:    using namespace std;
004:    int main()
005:    {
006:        Mat srcImage = imread("lena.jpg", IMREAD_GRAYSCALE);
007:        if(srcImage.empty())
008:            return -1;
009:
010:        Point2f center(srcImage.cols / 2, srcImage.rows / 2);
011:        double angle = 45.0; // -45
012:        double scale = 1.0; // 0.5, 1.2
013:        Mat rotMat = getRotationMatrix2D(center, angle, scale);
014:
015:        // determine size using 4 corner points of srcImage
016:        vector<Point2f> srcCorners;
017:        srcCorners.push_back(Point2f(0, 0));
018:        srcCorners.push_back(Point2f(srcImage.cols - 1, 0));
019:        srcCorners.push_back(Point2f(srcImage.cols - 1, srcImage.rows - 1));
020:        srcCorners.push_back(Point2f(0, srcImage.rows - 1));
021:
022:        vector<Point2f> dstCorners;
023:        ransform(srcCorners, dstCorners, rotMat);
024:
025:        float minX, minY;
026:        float maxX, maxY;
027:        for(int i = 0; i < dstCorners.size(); i++)
028:        {
029:            if(i == 0)
030:            {
031:                minX = maxX = dstCorners[i].x;
032:                minY = maxY = dstCorners[i].y;
033:            }
034:            else
035:            {
036:                if(minX > dstCorners[i].x)
037:                    minX = dstCorners[i].x;
038:                if(minY > dstCorners[i].y)
039:                    minY = dstCorners[i].y;
040:                if(maxX < dstCorners[i].x)
041:                    maxX = dstCorners[i].x;
042:                if(maxY < dstCorners[i].y)
043:                    maxY = dstCorners[i].y;
044:            }
045:        }
046:        Size dsize;
047:        dsize.width = cvRound(maxX - minX);
048:        dsize.height = cvRound(maxY - minY);
049:        cout << dsize << endl;
050:
051:        Mat mapX(dsize, CV_32FC1);
052:        Mat mapY(dsize, CV_32FC1);
053:
054:        rotMat.at<double>(0, 2) -= minX;
055:        rotMat.at<double>(1, 2) -= minY;
```

```
056:
057:        Mat iMat;
058:        invertAffineTransform(rotMat, iMat);
059:
060:        Mat A(3, 1, CV_64F);
061:        Mat B;
062:        for(int j = 0; j < dsize.height; j++)
063:            for(int i = 0; i < dsize.width; i++)
064:            {
065:                A.at<double>(0, 0) = i; // +minX;
066:                A.at<double>(1, 0) = j; // +minY;
067:                A.at<double>(2, 0) = 1.0;
068:                B = iMat * A; // apply the inverse affine transform to A
069:
070:                mapX.at<float>(j, i) = B.at<double>(0, 0);
071:                mapY.at<float>(j, i) = B.at<double>(1, 0);
072:            }
073:
074:        Mat dstImage;
075:        remap(srcImage, dstImage, mapX, mapY, INTER_LINEAR);
076:
077:        // imshow("srcImage", srcImage);
078:        imshow("dstImage", dstImage);
079:        waitKey();
080:        return 0;
081: }
```

◎ 프로그램 설명

① [예제 11-6]의 warpAffine에 의한 영상의 어파인 변환을 remap을 사용하여 작성한다. 또한, 회전 및 스케일에 따른 변환된 영상의 크기를 계산하고, 정확하게 영상의 크기를 계산하여 변환한다.

② 10-13행
13행은 getRotationMatrix2D 함수로 srcImage 영상의 중앙점 center를 중심으로 angle = 45.0 각도 회전, scale = 1.2로 확대 축소 변환하는 어파인 변환 행렬 rotMat를 계산한다.

③ 15-49행
16-20행은 srcImage 영상의 4개의 모서리 점을 srcCorners 벡터에 저장한다. 23행은 transform 함수로 srcCorners에 어파인 변환 rotMat을 적용하여 dstCorners에 저장한다. 25-45행은 dstCorners에 저장된 좌표점의 x, y 좌표의 최소값, 최대값 minX, maxX, minY, maxY를 찾는다. 47-48행은 변환된 영상의 크기를 dsize에 계산한다.

④ 51-75행
51-52행은 좌표 변환을 행렬 mapX, mapY를 dsize 크기로 생성한다. 54-55행은 영상을 모두 보이기 위하여 -minX, -minY 만큼 이동 변환을 rotMat 변환에 추가한다. 58행은 invertAffineTransform 함수로 rotMat의 역 어파인 변환을 iMat에 계산한다. 60-72행은 역 어파인 변환 iMat을 이용하여 mapX, mapY 행렬에 좌표 변환을 저장한다. 54-55행의 -minX, -minY 만큼 이동변환 대신, i+minX, j+minY 변환을 사용해도 같은 결과를 갖는다. 75행은 remap 함수로 srcImage 영상에 mapX, mapY 좌표 변환 행렬을 적용하여 dstImage 영상을 생성한다.

⑤ [그림 11.12]는 remap에 의한 어파인 영상 변환 결과이다.

(a) angle = 45.0, scale = 1.0   (b) angle = −45.0, scale = 1.0

[그림 11.12] remap에 의한 어파인 영상 변환

[예제 11-12] remap에 의한 영상 변환 3(원으로 영상 매핑)

```
001:  #include "opencv.hpp"
002:  using namespace cv;
003:  using namespace std;
004:  int main()
005:  {
006:      Mat srcImage = imread("lena.jpg", IMREAD_GRAYSCALE);
007:      if(srcImage.empty())
008:          return -1;
009:
010:      // ref: http://sidekick.windforwings.com/2012/12/opencv-fun-with-remap.html
011:      Mat dstImage(srcImage.size(), srcImage.type());
012:
013:      Size dsize = dstImage.size();
014:      Point2f  center(dsize.width / 2, dsize.height / 2);
015:      float R = dsize.width / 2.0; // 100
016:
017:      Mat mapX(dsize, CV_32FC1);
018:      Mat mapY(dsize, CV_32FC1);
019:
020:      for(int j = 0; j < dsize.height; j++)
021:          for(int i = 0; i < dsize.width; i++)
022:          {
023:              double x = i - center.x;
024:              double y = j - center.y;
025:              double r = sqrt(x * x + y * y);
026:              double theta = atan2(y, x);
027:              double len = min(fabs(center.x / cos(theta)), fabs(center.y / sin(theta)));
028:              r *= len / R;
029:              mapX.at<float>(j, i) = r * cos(theta) + center.x;
030:              mapY.at<float>(j, i) = r * sin(theta) + center.y; ;
031:
032:          }
033:      remap(srcImage, dstImage, mapX, mapY, INTER_LINEAR);
034:
```

```
035:        imshow("srcImage", srcImage);
036:        imshow("dstImage", dstImage);
037:        waitKey();
038:        return 0;
039: }
```

◎ 프로그램 설명

① 가로 세로가 같은 크기인 정사각형의 원본영상, srcImage을 같은 크기의 출력영상 dstImage의 원에 매핑한다. 좌표를 극좌표 theta와 r을 계산한 다음, theta는 유지하고, r을 원을 길이에 맞게 매핑한다.

② 10-15행

10행에 제시된 소스를 참조하였다. 11행은 출력영상 dstImage를 입력영상과 같은 크기로 생성하고, 13행은 출력영상의 크기를 dsize에 저장하고, 14행은 출력영상의 중앙을 center에 설정한다. 15행은 매핑되는 원의 반지름 R을 dsize.width / 2.0으로 설정하여 매핑되는 원이 dstImage 영상 크기에 내접하게 한다.

③ 17-33행

17-18행은 dsize 크기로 좌표 변환을 위한 mapX, mapY 행렬을 생성한다. 23-24행은 center를 원점으로 이동하고, 원점에서의 거리 r과 각도 theta를 계산한다. 27행은 각도가 theta인 직선이 center.x와 교차하는 거리와 center.y와 교차는 거리 중에서 최소값을 len에 계산한다. 28행은 현재 좌표의 거리 r을 len / R으로 스케일링한다. 29-30행은 스케일된 r과 원래의 theta, 중심점 center 를 이용하여 원 내의 좌표를 계산한다. 33행은 remap 함수로 srcImage 영상에 mapX, mapY 좌표 변환 행렬을 적용하여 dstImage 영상을 생성한다.

④ [그림 11.13]은 remap에 의한 원 영상 매핑 결과이다. [그림 11.13](a)는 R = dsize.width / 2.0로 설정하여, 매핑되는 원이 dstImage 영상에 내접한다. [그림 11.13](a)는 R = 100로 설정하여, 매핑되는 원의 반지름이 100이다.

(a) R = dsize.width/2.0   (b) R = 100

[그림 11.13] remap에 의한 원 영상 매핑

[예제 11-13] remap에 의한 영상 변환 4 (cvLogPolar 매핑 구현)

```
001:  #include "opencv.hpp"
002:  using namespace cv;
003:  using namespace std;
004:  int main()
005:  {
```

```
006:        Mat srcImage = imread("lena.jpg", IMREAD_GRAYSCALE);
007:        if(srcImage.empty())
008:            return -1;
009:
010:        // imgwarp.cpp : cvLogPolar
011:        Mat dstImage(srcImage.size(), srcImage.type());
012:
013:        Size dsize = dstImage.size();
014:        Point2f center(dsize.width / 2, dsize.height / 2);
015:
016:        float maxR = sqrt(center.x * center.x + center.y * center.y);
017:        float M = dsize.width / log(maxR);
018:
019:        Mat mapX(dsize, CV_32FC1);
020:        Mat mapY(dsize, CV_32FC1);
021:
022:        for(int phi = 0; phi < dsize.height; phi++)
023:            for(int rho = 0; rho < dsize.width; rho++)
024:            {
025:                float cp = cos(phi * 2 * CV_PI/dsize.height);
026:                float sp = sin(phi * 2 * CV_PI/dsize.height);
027:                float r = exp(rho / M);
028:                float x = r * cp + center.x;
029:                float y = r * sp + center.y;
030:
031:                mapX.at<float>(phi, rho) = x ;
032:                mapY.at<float>(phi, rho) = y ;
033:            }
034:        remap(srcImage, dstImage, mapX, mapY, INTER_LINEAR);
035:
036:        imshow("srcImage", srcImage);
037:        imshow("dstImage", dstImage);
038:        waitKey();
039:        return 0;
040: }
```

◎ 프로그램 설명

① OpenCV 소스의 "imgwarp.cpp"를 참조하여, WARP_INVERSE_MAP 설정이 없는 cvLogPolar 함수를 구현한다.

② 10-17행
11행은 출력영상 dstImage를 입력영상과 같은 크기로 생성하고, 13행은 출력영상의 크기를 dsize에 저장하고, 14행은 출력영상의 중앙을 center에 설정한다. 16행은 원점으로 부터의 거리의 최대 거리를 maxR에 저장하고, 17행은 스케일값을 M = dsize.width / log(maxR)로 설정한다.

③ 19-34행
19-20행은 dsize 크기로 좌표 변환을 위한 mapX, mapY 행렬을 생성한다. 22-33행은 같은 거리 r을 갖는 좌표들이 같은 열에 위치하고, 같은 각도를 갖는 좌표들이 같은 행에 위치하도록 cvLogPolar 함수를 구현한다. 34행은 remap 함수로 srcImage 영상에 mapX, mapY 좌표 변환 행렬을 적용하여 dstImage 영상을 생성한다.

④ [그림 11.14]는 remap에 의한 cvLogPolar 매핑 결과이다.

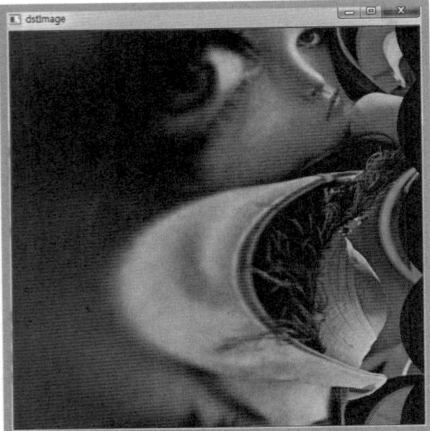

[그림 11.14] remap에 의한 cvLogPolar 매핑

```
001:    #include "opencv.hpp"
002:    using namespace cv;
003:    using namespace std;
004:    int main()
005:    {
006:        Mat srcImage = imread("lena.jpg", IMREAD_GRAYSCALE);
007:        if(srcImage.empty())
008:            return -1;
009:        Mat srcImage2(srcImage.size(), srcImage.type());
010:        Mat dstImage(srcImage.size(), srcImage.type());
011:        Size dsize = dstImage.size();
012:        Point2f center(dsize.width / 2, dsize.height / 2);
013:
014:        double maxR = sqrt(center.x * center.x + center.y * center.y);
015:        double M = dsize.width / log(maxR);
016:
017:        IplImage sImage = srcImage;
018:        IplImage sImage2 = srcImage2;
019:        IplImage dImage = dstImage;
020:
021:        cvLogPolar(&sImage, &dImage, center, M,
022:                INTER_LINEAR + WARP_FILL_OUTLIERS);
023:    //          INTER_CUBIC);
024:
025:        cvLogPolar(&dImage, &sImage2, center, M,
026:                INTER_LINEAR + WARP_FILL_OUTLIERS + WARP_INVERSE_MAP);
027:    //          INTER_CUBIC + WARP_INVERSE_MAP);
028:
029:        imshow("srcImage", srcImage);
030:        imshow("srcImage2", srcImage2);
031:        imshow("dstImage", dstImage);
032:        waitKey();
033:        return 0;
034:    }
```

◎ **프로그램 설명**

① cvLogPolar 함수로 srcImage 영상을 dstImage로 변환하고, srcImage2에 역변환한다.

② 8-15행

srcImage2 영상은 WARP_INVERSE_MAP에 의한 역변환을 위한 영상이며, dstImage은 srcImage 영상을 로그-극좌표계 공간으로 변환하기 위한 영상이다. 11행은 출력영상의 크기를 dsize에 저장하고, 12행은 출력영상의 중앙을 center에 설정한다. 14행은 원점으로부터의 거리의 최대거리를 maxR에 저장하고, 15행은 스케일값을 M = dsize.width/log(maxR)로 설정한다.

③ 17-27행

17-19행은 Mat 자료형의 영상, srcImage, srcImage2, dstImage를 IplImage 자료형의 sImage, sImage2, dImage에 저장한다. 영상을 위한 메모리는 공유한다. 21-22행은 cvLogPolar 함수로 선형보간(INTER_LINEAR)하고, 아웃라이어는 0으로 채워 넣어, srcImage 영상을 dstImage 영상으로 변환한다. 주석 처리된 23행은 INTER_CUBIC 보간법을 사용한다. 25-26행은 로그-극좌표계 공간영상 dstImage를 WARP_INVERSE_MAP 설정을 이용하여 역변환한다. 주석 처리된 27행은 INTER_CUBIC 보간법을 사용한다.

④ [그림 11.15]는 cvLogPolar 매핑 결과이다. [그림 11.15](a), [그림 11.15](b)는 cvLogPolar 설정에서 22, 26행의 INTER_LINEAR + WARP_FILL_OUTLIERS에 의해 변환된 결과이다. [그림 11.15] (a)는 [그림 11.14]의 remap에 의한 cvLogPolar 매핑과 같다. [그림 11.15](b)는 역변환에서 중앙에 검은 선이 보이고, 테두리에서는 오차가 있다. cvLogPolar 설정에서 23, 27행의 INTER_CUBIC에 의해 변환하면 역변환된 결과의 중앙에 검은 선이 없어진다.

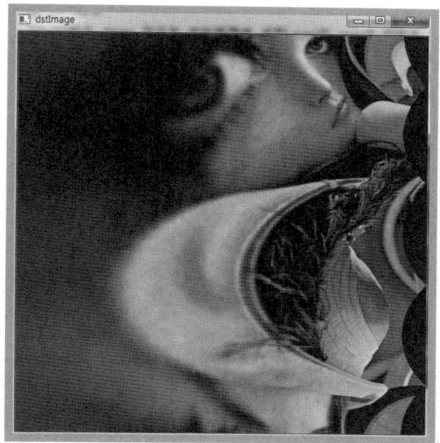

|(a) dstImage|(b) srcImage2|

[그림 11.15] cvLogPolar 1

[예제 11-15]　cvLogPolar 2

```
001:  #include "opencv.hpp"
002:  using namespace cv;
003:  using namespace std;
004:  int main()
005:  {
006:      Mat srcImage(512,512, CV_8UC3, Scalar(255, 255, 255));
007:      Mat srcImage2(srcImage.size(), srcImage.type());
008:      Mat dstImage(srcImage.size(), srcImage.type());
009:      Size dsize = dstImage.size();
010:      Point2f center(dsize.width / 2, dsize.height / 2);
011:
012:      // to check rho
```

```
013:        circle(srcImage, center, 50, Scalar(255, 0, 0), 2);
014:        circle(srcImage, center, 100, Scalar(0, 255, 0), 2);
015:        circle(srcImage, center, 200, Scalar(0, 0, 255), 2);
016:
017:        // to check phi
018:        circle(srcImage, Point(center.x + 50, center.y), 5, Scalar(0, 0, 0), -1);
019:        circle(srcImage, Point(center.x - 50, center.y), 5, Scalar(128, 255, 0), -1);
020:        circle(srcImage, Point(center.x, center.y - 50), 5, Scalar(0, 128, 255), -1);
021:        circle(srcImage, Point(center.x, center.y + 50), 5, Scalar(0, 255, 255), -1);
022:
023:        circle(srcImage, Point(center.x + 100, center.y), 10, Scalar(0, 0, 0), -1);
024:        circle(srcImage, Point(center.x - 100, center.y), 10, Scalar(128, 255, 0), -1);
025:        circle(srcImage, Point(center.x, center.y - 100), 10, Scalar(0, 128, 255), -1);
026:        circle(srcImage, Point(center.x, center.y + 100), 10, Scalar(0, 255, 255), -1);
027:
028:        circle(srcImage, Point(center.x + 200, center.y), 20, Scalar(0, 0, 0), -1);
029:        circle(srcImage, Point(center.x - 200, center.y), 20, Scalar(128, 255, 0), -1);
030:        circle(srcImage, Point(center.x, center.y - 200), 20, Scalar(0, 128, 255), -1);
031:        circle(srcImage, Point(center.x, center.y + 200), 20, Scalar(0, 255, 255), -1);
032:
033:        double maxR = sqrt(center.x * center.x + center.y * center.y);
034:        double M = dsize.width / log(maxR);
035:
036:        IplImage sImage = srcImage;
037:        IplImage sImage2 = srcImage2;
038:        IplImage dImage = dstImage;
039:
040:        cvLogPolar(&sImage, &dImage, center, M, INTER_CUBIC);
041:        cvLogPolar(&dImage, &sImage2, center, M,
042:                INTER_CUBIC + CV_WARP_INVERSE_MAP);
043:        imshow("srcImage", srcImage);
044:        imshow("srcImage2", srcImage2);
045:        imshow("dstImage", dstImage);
046:        waitKey();
047:
048:        return 0;
049:  }
```

◎ 프로그램 설명

① cvLogPolar 함수의 로그-극좌표계 공간 변환 특성을 이해하기 위하여, 중심점을 기준으로 반지름 50, 100, 200인 3개의 원을 표시하고, 각 원의 0도, 90도, 180도, 270도 위치에 내부가 채워진 원을 같은 각도에서는 같은 색상으로 채워 표시한다.

② [그림 11.16]은 cvLogPolar 변환 결과이다. [그림 11.16](a)는 13-31행에 의한 원을 표시한다. [그림 11.16](b)는 cvLogPolar 변환 결과로, 중심으로부터 같은 거리의 원이, 로그-극좌표계 공간에서는 세로의 열의 직선으로 표시되고, 같은 각도에 있는 채워진 작은 원들이 같은 행에 배치된 것을 알 수 있다. 역변환에 의한 srcImage2 영상은 [그림 11.16](a)와 유사하다.

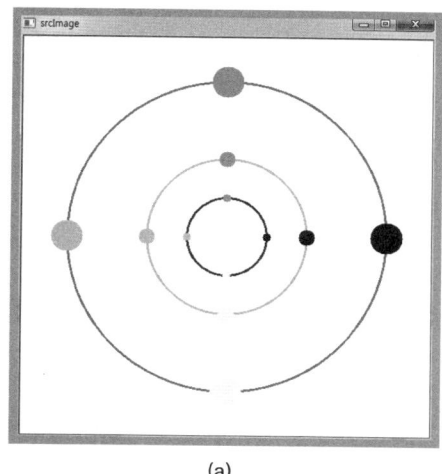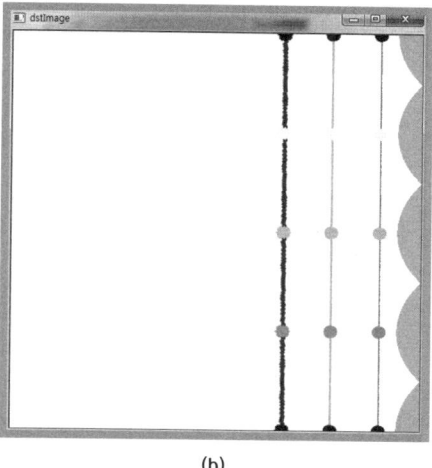

(a)

(b)

[그림 11.16] cvLogPolar 2

비디오 처리

01 비디오 입출력

OpenCV는 HIGHGUI 라이브러리의 VideoCapture 클래스를 사용하여 비디오 파일 입력 및 카메라로부터 입력을 받을 수 있고, VideoWriter 클래스를 사용하여 비디오 파일을 생성할 수 있다. OpenCV는 윈도우즈에서 비디오 입출력을 위하여 Video for Windows(VfW)와 FFMPEG을 사용한다.

FFMPEG은 OpenCV를 위해 빌드한(opencv_ffmpeg2413.dll, opencv_ffmpeg310.dll)을 사용한다. OpenCV 2.4.13은 x264-VFW 코덱을 설치해야 x264 인코더를 사용할 수 있다. OpenCV 3.1.0는 opencv_ffmpeg310.dll에서 시스코의 OpenH264 코덱을 지원하여, openh264-1.4.0-win32msvc.dll 파일이 있으면 x264 인코더를 사용할 수 있다.

1.1 VideoCapture 클래스

VideoCapture 클래스는 비디오 파일 또는 카메라로부터 비디오 프레임을 획득할 수 있다.

```
class CV_EXPORTS_W VideoCapture
{
public:
    CV_WRAP VideoCapture();
    CV_WRAP VideoCapture(const string& filename);
    CV_WRAP VideoCapture(int device);

    virtual ~VideoCapture();
    CV_WRAP virtual bool open(const string& filename);
    CV_WRAP virtual bool open(int device);
    CV_WRAP virtual bool isOpened() const;
    CV_WRAP virtual void release();

    CV_WRAP virtual bool grab();
    CV_WRAP virtual bool retrieve(CV_OUT Mat& image, int channel = 0);
    virtual VideoCapture& operator >> (CV_OUT Mat& image);
    CV_WRAP virtual bool read(CV_OUT Mat& image);

    CV_WRAP virtual bool set(int propId, double value);
    CV_WRAP virtual double get(int propId);

protected:
    Ptr<CvCapture> cap;
};
```

① VideoCapture::VideoCapture()
② VideoCapture::VideoCapture(const string& filename)
③ VideoCapture::VideoCapture(int device)

　　VideoCapture 클래스의 생성자로 객체를 생성하고, 비디오 프레임 획득을 위해 비디오 파일 또는 카메라를 개방한다. filename은 "test.avi"와 같은 비디오 파일 이름 또는 "image_%02d.jpg"와 같은 영상프레임 시퀀스이다. device는 카메라 장치 번호이다. 카메라가 1대이면 device = 0이다.

④ bool VideoCapture::open(const string& filename)
⑤ bool VideoCapture::open(int device)

　　이미 생성된 VideoCapture 클래스 객체를 사용하여, 카메라 또는 비디오 파일을 개방한다. VideoCapture 클래스 객체가 이미 개방되어 있으면 VideoCapture::release 메서드에 의해 닫고, 다시 개방한다.

⑥ bool VideoCapture::isOpened()

　　VideoCapture 클래스 객체가 비디오 파일 또는 카메라를 위해 개방되었는지를 반환한다.

⑦ void VideoCapture::release()

　　VideoCapture 클래스 객체를 닫는다.

⑧ bool VideoCapture::grab()

　　비디오 파일 또는 카메라를 위해 개방되어 있는 VideoCapture 클래스 객체에서 다음 프레임을 잡기(grab) 위해 사용한다. 잡힌 영상 프레임을 얻기 위해서는 VideoCapture::retrieve 메서드를 사용한다. 여러 대의 카메라에서 동기화를 목적으로 사용한다.

⑨ bool VideoCapture::retrieve(Mat& image, int channel = 0)

　　VideoCapture::grab 메서드에 의해 잡힌 영상 프레임을 image에 읽는다.

⑩ VideoCapture& VideoCapture::operator 〉〉 (Mat& image)
⑪ bool VideoCapture::read(Mat& image)

　　연산자 함수 〉〉 또는 read 메서드는 한 번의 호출로 프레임을 잡아서 읽어 온다. 즉 VideoCapture::grab과 VideoCapture::retrieve 메서드를 동시에 한다.

⑫ double VideoCapture::get(int propId)

　　비디오 파일 또는 카메라를 위해 개방되어 있는 VideoCapture 클래스 객체의 특성을 가져온다. [표 12.1]은 OpenCV 3.1.0에서 property_id의 상수로, 제공되지 않는 성질은 0을 반환한다. OpenCV 2.4.13에서는 앞에 CV_를 추가하면 된다. 예를 들면 CAP_PROP_POS_MSEC는 OpenCV 2.4.13에서 CV_CAP_PROP_POS_MSEC이다.

[표 12.1] OpenCV 3.1.0의 property_id 상수

property_id	설 명
CAP_PROP_POS_MSEC	밀리초(milliseconds)로 현재 위치
CAP_PROP_POS_FRAMES	획득될 프레임 번호
CAP_PROP_POS_AVI_RATIO	비디오 파일의 위치(0이면 시작, 1이면 끝)
CAP_PROP_FRAME_WIDTH	비디오 프레임의 가로 크기
CAP_PROP_FRAME_HEIGHT	비디오 프레임의 세로 크기
CAP_PROP_FPS	프레임 속도
CAP_PROP_FOURCC	코덱의 4 문자
CAP_PROP_FRAME_COUNT	비디오 파일에서 총 프레임 수
CAP_PROP_BRIGHTNESS	카메라에서 밝기
CAP_PROP_CONTRAST	카메라에서 대비
CAP_PROP_SATURATION	카메라에서 포화도(saturation)
CAP_PROP_HUE	카메라에서 채도(hue)
CAP_PROP_GAIN	카메라에서 영상의 Gain
CAP_PROP_EXPOSURE	카메라에서 노출
CAP_PROP_CONVERT_RGB	영상이 RGB로 변환해야 하는지 여부
CAP_PROP_FORMAT	Mat 영상 포멧

⑬ bool VideoCapture∷set(int propId, double value)

비디오 파일 또는 카메라를 위해 개방되어 있는 VideoCapture 클래스 객체의 특성을 설정한다. propId는 [표 12.1]과 같고, value는 설정값이다.

[예제 12-1] 비디오 파일에서 영상 획득 및 Canny 에지 검출

```
001:  #include "opencv.hpp"
002:  using namespace cv;
003:  using namespace std;
004:  int main()
005:  {
006:      VideoCapture capture("Wildlife.wmv");
007:      if (!capture.isOpened())
008:      {
009:          cout << " Can not open capture !!!" << endl;
010:          return 0;
011:      }
012:      int ex = (int)(capture.get(CAP_PROP_FOURCC));
013:      char fourcc[] = { ex&0XFF, (ex&0XFF00) >> 8,
014:                  (ex&0XFF0000) >> 16, (ex&0XFF000000) >> 24, 0};
015:      cout << "fourcc = " << fourcc << endl;
016:
017:      Size size = Size((int) capture.get(CAP_PROP_FRAME_WIDTH),
018:                  (int) capture.get(CAP_PROP_FRAME_HEIGHT));
019:      cout << "Size = " << size << endl;
020:
021:      int fps = (int)(capture.get(CAP_PROP_FPS));
022:      cout << "fps = " << fps << endl;
023:
```

```
024:        int delay = 1000 / fps;
025:        int frameNum = -1;
026:        Mat frame, grayImage, edgeImage;
027:        namedWindow("frame", WINDOW_AUTOSIZE);
028:        namedWindow("edgeImage", WINDOW_AUTOSIZE);
029:        for ( ; ; )
030:        {
031:            capture >> frame;
032:            if(frame.empty())
033:                break;
034:            // cout << "frameNum: " << ++frameNum << endl;
035:
036:            cvtColor(frame, grayImage, COLOR_BGR2GRAY);
037:            Canny(grayImage, edgeImage, 80, 150, 3);
038:
039:            imshow("frame", frame);
040:            imshow("edgeImage", edgeImage);
041:            int ckey = waitKey(delay);
042:            if (ckey == 27) break;
043:        }
044:        return 0;
045:   }
```

◎ 프로그램 설명

① 6-11행
6행은 VideoCapture 클래스의 생성자로 윈도우즈 7의 샘플 비디오 파일 "Wildlife.wmv"를 인수로
capture 객체를 생성한다. 7-11행은 비디오 파일이 개방되지 않으면, 프로그램을 종료한다.

② 12-22행
12-14행은 fourcc 문자열에 코덱 문자열을 저장한다. 17-18행은 비디오 프레임의 가로 세로 크기
를 size에 저장하고, 21행은 초당 프레임 수를 fps에 저장한다. "Wildlife.wmv" 비디오의 fourcc =
"WVC1", Size는 1280×720, fps = 29이다.

③ 24-43행
24행은 fps를 이용하여 한 프레임에서의 지연 속도를 delay에 계산한다. 실제는 프레임을 획득하고,
컬러를 변환하고, 에지를 검출하는 등의 영상처리 연산을 하므로 delay는 계산된 값보다 더 작아야
할 것이다. 31행은 capture에서 frame을 읽어 온다. 36-37행은 cvtColor 함수로 컬러 영상 frame
을 그레이스케일 영상 grayImage으로 변환하고, Canny 함수로 grayImage 영상에서 에지를 검출
하여 edgeImage에 저장한다. 39-4행은 imshow 함수로 frame과 edgeImage 영상을 각각의 윈도
우 창에 표시한다. Esc 키를 누르면 무한루프를 벗어나 비디오 처리를 중단한다. [그림 12.1]은 비디
오 파일에서 영상 프레임 획득 및 Canny 에지 검출 결과이다.

(a) frame

(b) edgeImage

[그림 12.1] 비디오 파일에서 영상 프레임 획득 및 Canny 에지 검출

[예제 12-2] 카메라로부터 비디오 입력 및 Canny 에지 검출

```
001:  #include "opencv.hpp"
002:  using namespace cv;
003:  using namespace std;
004:  int main()
005:  {
006:      VideoCapture capture(0);
007:      if (!capture.isOpened())
008:      {
009:          cout << " Can not open capture !!!" << endl;
010:          return 0;
011:      }
012:      Size size = Size((int) capture.get(CAP_PROP_FRAME_WIDTH),
013:                           (int) capture.get(CAP_PROP_FRAME_HEIGHT));
014:      cout << "Size = " << size << endl;
015:
016:      // for waiting for ready the camera
017:      imshow("frame", NULL);
018:      waitKey(100); // not working because of no window
019:      // Sleep(100); // #include <windows.h>
020:
021:      int delay = 30;
022:      int frameNum = -1;
023:      Mat frame, grayImage, edgeImage;
024:      namedWindow("frame", WINDOW_AUTOSIZE);
025:      namedWindow("edgeImage", WINDOW_AUTOSIZE);
026:      for ( ; ; )
027:      {
028:          capture >> frame;
029:          if(frame.empty())
030:              break;
031:          // cout << "frameNum: " << ++frameNum << endl;
032:
033:          cvtColor(frame, grayImage, COLOR_BGR2GRAY);
034:          Canny(grayImage, edgeImage, 80, 150, 3);
035:
036:          imshow("frame", frame);
037:          imshow("edgeImage", edgeImage);
038:          int ckey = waitKey(delay);
```

```
039:             if (ckey == 27) break;
040:         }
041:     return 0;
042: }
```

◎ 프로그램 설명

① 6-13행

6-11행은 VideoCapture 클래스의 생성자로 0번 카메라를 이용하여 capture 객체를 생성하고, 카메라가 개방되지 않으면, 프로그램을 종료한다. 12-13행은 비디오 프레임의 가로 세로 크기를 size에 저장한다.

② 16-19행

카메라에 따라, 첫 프레임을 획득하기 전까지 준비 시간이 필요할 수 있다. 17-18행은 imshow 함수로 "frame" 윈도우에 NULL 영상을 출력하고, waitKey 함수로 100밀리 초를 대기한다. 만약 17행의 imshow 함수가 없으면, 18행의 waitKey 함수는 동작하지 않는다. 즉, 100밀리 초를 대기하지 않는다. 또 다른 방법은 windows.h 파일을 포함하고, Sleep 함수로 CPU를 정지시키는 것이다.

③ 21-40행

28행은 capture에서 frame을 읽어 온다. 16-19행의 대기시간이 없으면, 30행의 break에 의해 프로그램이 종료될 수도 있다. 33-34행은 cvtColor 함수로 컬러 영상 frame을 그레이스케일 영상 grayImage으로 변환하고, Canny 함수로 grayImage 영상에서 에지를 검출하여 edgeImage에 저장한다. 36-37행은 imshow 함수로 frame과 edgeImage 영상을 "frame"과 "edgeImage" 윈도우 창에 각각 표시한다. Esc 키를 누르면 무한루프를 벗어나 비디오 처리를 중단한다.

1.2 VideoWriter 클래스

VideoWriter 클래스는 비디오 파일을 생성한다.

```
class CV_EXPORTS_W VideoWriter
{
public:
    CV_WRAP VideoWriter();
    CV_WRAP VideoWriter(const string& filename, int fourcc, double fps,
                             Size frameSize, bool isColor = true);

    virtual ~VideoWriter();
    CV_WRAP virtual bool open(const string& filename, int fourcc, double fps,
                             Size frameSize, bool isColor = true);
    CV_WRAP virtual bool isOpened() const;
    CV_WRAP virtual void release();
    virtual VideoWriter& operator << (const Mat& image);
    CV_WRAP virtual void write(const Mat& image);

protected:
    Ptr<CvVideoWriter> writer;
};
```

① VideoWriter∷VideoWriter()
② VideoWriter∷VideoWriter(const string& filename, int fourcc, double fps,
    Size frameSize, bool isColor = true)
VideoWriter 클래스의 생성자로 객체를 생성하고, 비디오 파일 출력을 위해 filename의 파일을 개방한다. fourcc는 비디오 코덱을 위한 4-문자이다.

OpenCV 3.1.0은 VideoWriter∷fourcc 메서드를 사용하고, OpenCV 2.4.13은 CV_FOURCC 매크로로 함수를 사용하여 비디오 코덱을 4-문자로 지정한다. 예를 들면 OpenCV 3.1.0에서 MPEG-1 코덱은 VideoWriter∷fourcc('P','I','M','1')로 명시하고, OpenCV 2.4.13은 CV_FOURCC('P','I','M','1')로 명시한다. 코덱 문자는 http://www.fourcc.org/codecs.php에 있으며, [표 12.2]는 주요 코덱 문자이다. fourcc= -1이면, 압축 코덱 선택 대화 상자가 보인다. fps는 프레임 속도, frameSize는 프레임의 크기, isColor = true이면 컬러 비디오, isColor = false이면 그레이스케일 비디오이다.

[표 12.2] 주요 fourcc 비디오 코덱 문자

fourcc	코 덱
VideoWriter∷fourcc('P','I','M','1')	MPEG-1
VideoWriter∷fourcc('M','J','P','G')	Motion-JPEG
VideoWriter∷fourcc('D', 'I', 'V', 'X')	DIVX 4.0 이후 버전
VideoWriter∷fourcc('X', 'V', 'I', 'D')	XVID, MPEG-4
VideoWriter∷fourcc('M', 'P', 'E', 'G')	MPEG
VideoWriter∷fourcc('x', '2', '6', '4')	H.264/AVC

③ bool VideoWriter∷open(const string& filename, int fourcc, double fps,
    Size frameSize, bool isColor = true)
이미 생성된 VideoWriter 클래스의 객체를 사용하여, 비디오 출력을 위한 파일 (filename) 을 개방한다. VideoWriter 클래스 생성자의 인수와 같다. fourcc= -1이면, 압축 코덱 선택 대화 상자가 보인다.

④ bool VideoWriter∷isOpened()
VideoWriter 클래스 객체가 비디오 파일 또는 카메라를 위해 개방되었는지를 반환한다.

⑤ VideoWriter& VideoWriter∷operator<<(const Mat& image)
⑥ void VideoWriter∷write(const Mat& image)
연산자 함수 << 또는 write 메서드는 VideoWriter 클래스 생성자 또는 VideoWriter∷open 메서드로 개방된 비디오 파일에 image를 출력한다. 주의할 것은 image의 크기는 VideoWriter∷open 메서드로 비디오를 개방할 때 명시한 프레임 크기인 frameSize와 같아야 한다.

[예제 12-3] 카메라 비디오를 비디오 파일로 출력

```
001:  #include "opencv.hpp"
002:  using namespace cv;
003:  using namespace std;
004:  int main()
005:  {
006:      VideoCapture inputVideo(0);
007:      if (!inputVideo.isOpened())
008:      {
009:          cout << " Can not open inputVideo !!!" << endl;
010:          return 0;
011:      }
012:      Size size = Size((int) inputVideo.get(CAP_PROP_FRAME_WIDTH),
013:                          (int) inputVideo.get(CAP_PROP_FRAME_HEIGHT));
014:      cout << "Size = " << size << endl;
015:
016:      int fourcc = -1; // Codec selection dialog
017:      // int fourcc = VideoWriter::fourcc('X', 'V', 'I', 'D');
018:      // int fourcc = VideoWriter::fourcc('M', 'J', 'P', 'G');
019:      // int fourcc = VideoWriter::fourcc('x', '2', '6', '4');
020:      // int fourcc = VideoWriter::fourcc('D', 'I', 'V', 'X');
021:      // int fourcc = VideoWriter::fourcc('P', 'I', 'M', '1');
022:      // int fourcc = VideoWriter::fourcc('M', 'P', 'E', 'G');
023:
024:      double fps = 24;
025:      bool isColor = true;
026:      VideoWriter outputVideo("output.avi", fourcc, fps, size, isColor);
027:      if (!outputVideo.isOpened())
028:      {
029:          cout << " Can not open outputVideo !!!" << endl;
030:          return 0;
031:      }
032:      if(fourcc != -1)
033:      {
034:          // for waiting for ready the camera
035:          imshow("frame", NULL);
036:          waitKey(100);          // not working because of no window
037:          // Sleep(100);          // #include <windows.h>
038:      }
039:      int delay = 1000 / fps;
040:      Mat frame;
041:      for ( ; ; )
042:      {
043:          inputVideo >> frame;
044:          if(frame.empty())
045:              break;
046:
047:          outputVideo << frame;
048:          imshow("frame", frame);
049:
050:          int ckey = waitKey(delay);
051:          if (ckey == 27) break;
052:      }
053:      return 0;
054:  }
```

◎ 프로그램 설명

① 6-13행

6-11행은 VideoCapture 클래스의 생성자로 0번 카메라를 이용하여 capture 객체를 생성하고, 카메라가 개방되지 않으면, 프로그램을 종료한다. 12-13행은 비디오 프레임의 가로와 세로 크기를 size에 저장한다.

② 16-38행

16행은 fourcc = -1로 설정하면, 26행을 실행할 때, [그림 12.2]와 같은 코덱 선택 대화 상자가 나타난다. 콤보박스 컨트롤에서 코덱을 선택한다.

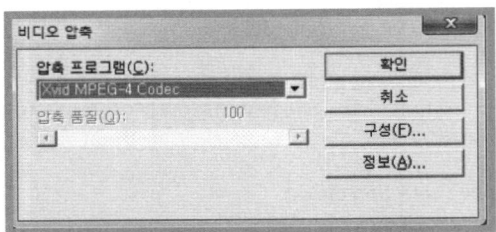

[그림 12.2] 비디오 압축 코덱 선택 대화 상자

17-22행은 VideoWriter::fourcc 매크로를 사용하여 코덱을 명시적으로 선택한다. 26행은 VideoWriter 클래스로 출력 비디오 파일 "output.avi", 코덱 fourcc, fps, size, isColor를 설정하여 outputVideo 객체를 생성한다. fourcc = -1일 때는 이미 선택 대화 상자에 의해 충분한 대기 시간이 확보되며, 32-38행은 fourcc != -1일 때, 카메라에 따라, 첫 프레임을 획득하기 전까지 준비 시간을 확보하기 위하여, imshow 함수로 "frame" 윈도우에 NULL 영상을 출력하고, waitKey 함수로 100밀리 초를 대기한다. 만약 35행의 imshow 함수가 없으면, 36행의 waitKey 함수는 동작하지 않는다. 즉, 100밀리 초를 대기하지 않는다. 또 다른 방법은 windows.h 파일을 포함하고, Sleep 함수로 CPU를 정지시킨다.

③ 39-52행

39행은 fps를 이용하여 대기시간 delay를 계산한다. 43행은 capture에서 frame을 읽어 온다. fourcc != -1일 때, 32-38행의 대기시간이 없으면, 45행의 break에 의해 프로그램이 종료될 수도 있다. 47행은 outputVideo 객체에 frame을 출력한다. 50-51행은 Esc 키를 누르면 무한루프를 벗어나 비디오 처리를 중단한다.

02 비디오에서 움직임 검출

비디오 영상에서 배경 차영상(background subtraction), 움직임 히스토리(motion history), 광류(optical flow) 등의 움직임(모션) 검출 방법에 대하여 설명한다.

2.1 배경 차영상

배경 차영상 방법은 가장 간단하면서도 효과적인 움직임 검출 방법으로, 배경영상과 현재 입력 프레임 영상 사이의 차이를 계산하고, 임계값 이상의 화소 위치를 움직임이 있는 화소로 판단하는 방법이다. 배경 차영상 방법은 배경영상을 안정적으로 계산하는 것이 중요하다. accumulate, accumulateSquare, accumulateProduct, accumulateWeighted 등의 함수를 사용하여 간단히 배경영상을 계산할 수 있다.

① void accumulate(InputArray src, InputOutputArray dst,
           InputArray mask = noArray())

함수 의미: $dst(x,y) = dst(x,y) + src(x,y)$ if $mask(x,y) \neq 0$

accumulate 함수는 src 영상을 dst에 누적한다. 입력영상 src는 1-채널 또는 3-채널이며, 깊이는 8-비트 또는 32-비트인 실수영상이다. 누적영상 dst는 src와 같은 채널 수이고, 32-비트 또는 64-비트인 실수영상이다. 3-채널 영상일 때는 채널별로 독립적으로 더해진다. accumulate 함수를 이용하여, 비디오 프레임을 누적한 후에 프레임 수로 나누어 평균 영상을 얻을 수 있다. 고정된 감시 카메라에서 비디오 입력 프레임의 평균 영상을 배경 차영상 방법으로 이동 물체 또는 변화 영역을 검출할 수 있다.

② void accumulateSquare(InputArray src, InputOutputArray dst,
           InputArray mask = noArray())

함수 의미: $dst(x,y) = dst(x,y) + src(x,y)^2$ if $mask(x,y) \neq 0$

accumulateSquare 함수는 src 영상을 제곱하여 dst에 누적한다. 입력영상 src는 1-채널 또는 3-채널이며, 깊이는 8-비트 또는 32-비트인 실수영상이다. 누적영상 dst는 src와 같은 채널수이고, 32-비트 또는 64-비트인 실수영상이다. 3-채널 영상일 때는 채널별로 독립적으로 더해진다. accumulateSquare 함수로 비디오 프레임의 제곱 평균 영상을 계산하고, accumulate 함수로 평균 영상을 계산하여, 각 화소의 분산을 계산할 수 있다.

③ void accumulateProduct(InputArray src1, InputArray src2,
           InputOutputArray dst, InputArray mask = noArray())

함수 의미: $dst(x,y) = dst(x,y) + src1(x,y) \times src2(x,y)$ if $mask(x,y) \neq 0$

accumulateProduct 함수는 두 개의 입력영상 src1과 src2의 곱셈 결과를 dst에 누적한다. src1과 src2는 1-채널 또는 3-채널의 8-비트 또는 32-비트 실수영상이며, dst는 src1, src2와 같은 채널수이며, 32-비트 또는 64-비트인 실수영상이다. 3-채널 영상일 때는 각각의 채널별로 독립적으로 곱해진다.

④ void accumulateWeighted(InputArray src, InputOutputArray dst,
           double alpha, InputArray mask = noArray())

함수 의미: $dst(x,y) = (1-alpha) \times dst(x,y) + alpha \times src(x,y)$ if $mask(x,y) \neq 0$

accumulateWeighted 함수는 가중치 alpha를 이용하여 이동평균(running average, moving average)을 계산한다. 입력영상 src는 1-채널 또는 3-채널이며, 깊이는 8-비트 또는 32-비트인 실수영상이다. 이동평균영상 dst는 src와 같은 채널수이고, 32-비트 또는 64-비트인 실수영상이다. 3-채널 영상일 때 각각의 채널은 독립적으로 계산된다. alpha가 1에 가까우면 현재의 입력영상인 src에 가중치를 높이 주고, alpha가 0에 가까우면 과거의 이동평균인 dst에 높은 가중치를 주어 이동평균을 계산한다. 즉, alpha가 1에 가까우면 현재의 입력영상을 중요하게 생각하며, alpha가 0에 가까우면 과거의 이동평균인 dst를 중요한 값으로 고려한다.

비디오 영상에서 배경영상을 계산할 때 alpha를 처음에는 1에 가깝게 하였다가, 시간이 지남에 따라 감소시키는 방법을 사용한다. 그리고 accumulateWeighted 함수에 의한 이동평균으로 배경영상을 계산할 때 비디오 영상의 처음 프레임 부분에 이동 물체가 있으면, 이동 물체를 배경에 계속 남아 있을 가능성이 있기 때문에, 일정시간 동안은 accumulate 함수를 사용하여 배경영상을 계산한 다음부터 이동평균을 계산하는 등의 방법을 사용한다.

accumulateWeighted 함수를 사용하여 비디오의 입력영상 프레임의 모든 화소에 대하여 이동평균을 계산할 수도 있고, 배경영상과의 차영상의 절대값이 임계값보다 큰 화소는 이동 물체인 부분으로 간주하여 마스크 영상 maks(x, y) = 0으로 하고, 차영상의 절대값이 임계값 이하인 화소의 마스크 영상 maks(x, y) = 1로 하여, 부드럽게 서서히 변하는 화소에서만 이동평균을 갱신하는 방법을 사용할 수 있다.

[예제 12-4] accumulate 함수를 사용한 배경영상 생성

```
001:   #include "opencv.hpp"
002:   using namespace cv;
003:   using namespace std;
004:   int main()
005:   {
006:        VideoCapture inputVideo("video1.avi");   // "video2.avi"
007:        if (!inputVideo.isOpened())
008:        {
009:             cout << " Can not open inputVideo !!!" << endl;
010:             return 0;
011:        }
012:        Size size = Size((int) inputVideo.get(CAP_PROP_FRAME_WIDTH),
013:                      (int) inputVideo.get(CAP_PROP_FRAME_HEIGHT));
014:        cout << "Size = " << size << endl;
015:
016:        int fps = (int)(inputVideo.get(CAP_PROP_FPS));
017:        cout << "fps = " << fps << endl;
018:
019:        int frameNum = 0;
020:        int delay = 1000 / fps;
021:        Mat frame, grayImage;
022:        Mat sumImage(size, CV_32F, Scalar::all(0));
023:        for ( ; ; )
024:        {
025:             inputVideo >> frame;
026:             if(frame.empty())
```

```
027:                    break;
028:                    cvtColor(frame, grayImage, COLOR_BGR2GRAY);
029:                    accumulate(grayImage, sumImage);
030:                    imshow("frame", frame);
031:                    frameNum++;
032:                    int ckey = waitKey(delay);
033:                    if (ckey == 27) break;
034:            }
035:            sumImage = sumImage / (float)frameNum;
036:            imwrite("BkgImage1.jpg", sumImage); // "BkgImage2.jpg"
037:            return 0;
038: }
```

◎ **프로그램 설명**

① 6-17행

6-11행은 VideoCapture 클래스의 생성자로 비디오 파일 "video1.avi" 또는 "video2.avi"에 대한 inputVideo 객체를 생성하고, 파일이 개방되지 않으면, 프로그램을 종료한다. 12-13행은 비디오 프레임의 가로와 세로 크기를 size에 저장한다. 16행은 비디오의 속도를 fps에 저장한다.

② 19-36행

20행은 fps를 이용하여 대기시간을 delay에 계산하고, 22행은 영상 프레임을 누적시키기 위한 행렬 sumImage를 CV_32F 자료형으로 생성하고 0으로 초기화한다.

28행은 cvtColor 함수로 컬러 영상 frame을 그레이스케일 영상 grayImage로 변환하고, 29행은 accumulate 함수로 grayImage를 sumImage에 누적시킨다. 31행은 프레임 번호, frameNum을 증가시킨다. 35행은 루프에서 누적된 영상 sumImage를 frameNum으로 나누어 평균 영상을 계산하고, 36행은 imwrite 함수로 "BkgImage1.jpg" 파일에 출력한다.

③ [그림 12.3]은 accumulate 함수를 사용한 배경영상 생성 결과이다. [그림 12.3](a)는 이동 물체인 손이 없는 비디오인 "video1.avi"의 배경영상 "BkgImage1.jpg"이고, [그림 12.3](b)는 이동물체인 손이 포함된 비디오인 "video2.avi"의 배경영상 "BkgImage2.jpg"로 손의 흔적이 보인다.

(a) "BkgImage1.jpg"   (b) "BkgImage2.jpg"

[그림 12.3] accumulate 함수를 사용한 배경영상 생성

[예제 12-5] 배경 차영상에 의한 변화 영역 검출

```
001:   #include "opencv.hpp"
002:   using namespace cv;
003:   using namespace std;
004:   int main()
005:   {
006:            VideoCapture inputVideo("video2.avi");
007:            if (!inputVideo.isOpened())
008:            {
```

```
009:              cout << " Can not open inputVideo !!!" << endl;
010:              return -1;
011:         }
012:         Size size = Size((int) inputVideo.get(CAP_PROP_FRAME_WIDTH),
013:                           (int) inputVideo.get(CAP_PROP_FRAME_HEIGHT));
014:         cout << "Size = " << size << endl;
015:
016:         int fps = (int)(inputVideo.get(CAP_PROP_FPS));
017:         cout << "fps = " << fps << endl;
018:
019:         // "BkgImage1.jpg", "BkgImage2.jpg"
020:         Mat bkgImage = imread("BkgImage1.jpg", IMREAD_GRAYSCALE);
021:         if(bkgImage.empty())
022:              return -1;
023:
024:         int nTh = 50; // 30, 80
025:         int frameNum = 0;
026:         int delay = 1000 / fps;
027:         Mat frame, grayImage, diffImage;
028:         for ( ; ; )
029:         {
030:              inputVideo >> frame;
031:              if(frame.empty())
032:                   break;
033:              cout << "frameNum: " << frameNum << endl;
034:              cvtColor(frame, grayImage, COLOR_BGR2GRAY);
035:              GaussianBlur(grayImage, grayImage, Size(5, 5), 0.5);
036:
037:              absdiff(grayImage, bkgImage, diffImage);
038:              threshold(diffImage, diffImage, nTh, 255, THRESH_BINARY);
039:
040:              frameNum++;
041:              imshow("grayImage", grayImage);
042:              imshow("diffImage", diffImage);
043:              int ckey = waitKey(delay);
044:              if (ckey == 27) break;
045:         }
046:         return 0;
047: }
```

◎ **프로그램 설명**

① 6-17행

6-11행은 VideoCapture 클래스의 생성자로 움직이는 손이 포함된 비디오 파일 "video2.avi"에 대한 inputVideo 객체를 생성하고, 파일이 개방되지 않으면, 프로그램을 종료한다. 12-13행은 비디오 프레임의 가로와 세로 크기를 size에 저장한다. 16행은 비디오의 속도를 fps에 저장한다.

② 19-22행

[예제 12-4]에서 accumulate 함수를 사용하여 생성한 두 개의 배경영상 "BkgImage1.jpg" 또는 "BkgImage2.jpg"을 bkgImage에 읽는다.

③ 24-45행

24행은 변화 영역을 검출하기 위한 임계값 nTh를 50으로 설정한다. 34행은 cvtColor 함수로 컬러 영상 frame을 그레이스케일 영상 grayImage로 변환하고, 35행은 잡음을 제거하기 위하여 GaussianBlur 함수로 블러링한다. 37행은 absdiff 함수로 현재의 입력영상 grayImage와 배경영상 bkgImage의 절대값 차이를 diffImage에 계산한다. 38행은 diffImage에서 임계값 nTh를 적용하여, 0과 255의 값을 갖는 이진영상으로 변환한다. 255인 화소는 배경영상에서 변화한 화소로 판단한 화소이다. 임계값 nTh 값이 작으면 더 많은 변화 화소가 검출된다.

④ [그림 12.4]는 배경영상 "BkgImage1.jpg"을 사용하여, frameNum = 100에서 차영상에 의한 변화 영역 검출 결과이다. [그림 12.4](a)는 임계값 nTh = 50으로 변화 영역을 검출한 결과이며, [그림 12.4](b)는 임계값 nTh = 80으로 변화 영역을 검출한 결과이다. [그림 12.5]는 배경영상 "BkgImage2.jpg"을 사용하여, frameNum = 100에서 차영상에 의한 변화 영역 검출 결과이다. [그림 12.5](a)는 임계값 nTh = 50으로 변화 영역을 검출한 결과이며, [그림 12.5](b)는 임계값 nTh = 80으로 변화 영역을 검출한 결과이다. [그림 12.5]의 배경영상 "BkgImage2.jpg"에는 손의 흔적이 남아 있어, 낮은 임계값을 사용할 경우, 손의 흔적이 있는 부분도 변화 영역으로 검출되는 문제점이 있다.

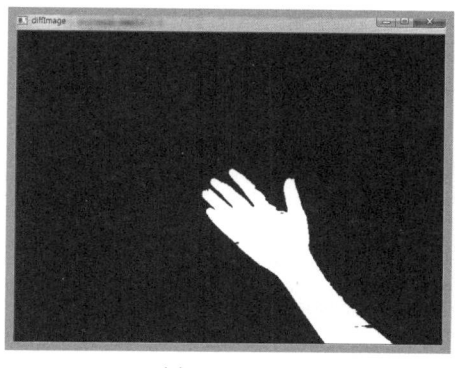 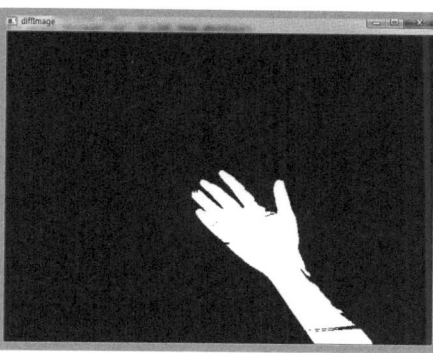

(a) nTh = 50   (b) nTh = 80

[그림 12.4] 배경 차영상에 의한 변화 영역 검출("BkgImage1.jpg", frameNum = 100)

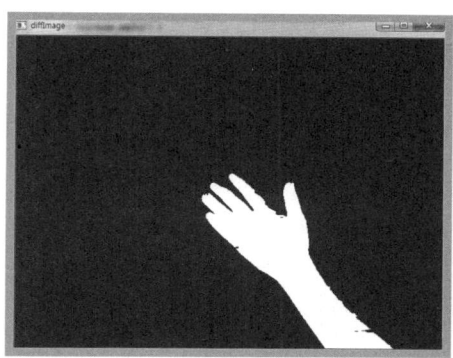 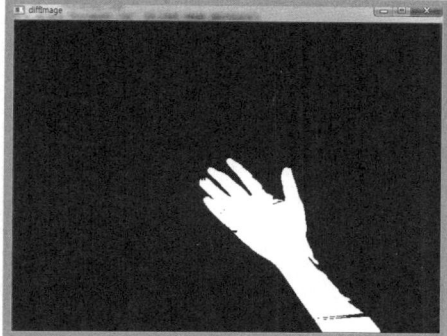

(c) nTh = 50   (b) nTh = 80

[그림 12.5] 배경 차영상에 의한 변화 영역 검출("BkgImage2.jpg", frameNum = 100)

[예제 12-6] accumulateWeighted 함수로 배경영상 계산 및 차영상으로 변화 영역 검출

```
001:  #include "opencv.hpp"
002:  using namespace cv;
003:  using namespace std;
004:  int main()
005:  {
006:      VideoCapture inputVideo("video1.avi"); //"video2.avi"
007:      if (!inputVideo.isOpened())
008:      {
009:          cout << " Can not open inputVideo !!!" << endl;
010:          return -1;
011:      }
012:      Size size = Size((int) inputVideo.get(CV_CAP_PROP_FRAME_WIDTH),
013:                   (int) inputVideo.get(CV_CAP_PROP_FRAME_HEIGHT));
```

```
014:        cout << "Size = " << size << endl;
015:
016:        int fps = (int)(inputVideo.get(CV_CAP_PROP_FPS));
017:        cout << "fps = " << fps << endl;
018:
019:        Mat kernel= getStructuringElement(MORPH_RECT, Size(5, 5)); //MORPH_ELLIPSE
020:
021:        float alpha = 0.02;
022:        int nTh = 50;
023:        int frameNum = -1;
024:        int delay = 1000 / fps;
025:        Mat frame, grayImage;
026:        Mat avgImage, diffImage, mask;
027:        for ( ; ; )
028:        {
029:            inputVideo >> frame;
030:            if(frame.empty())
031:                break;
032:            frameNum++;
033:            cout << "frameNum: " << frameNum << endl;
034:
035:            cvtColor(frame, grayImage, COLOR_BGR2GRAY);
036:            GaussianBlur(grayImage, grayImage, Size(5, 5), 0.5);
037:            if(frameNum == 0)
038:            {
039:                avgImage = grayImage;
040:                continue;
041:            }
042:
043:            avgImage.convertTo(avgImage, CV_32F);
044:            grayImage.convertTo(grayImage, CV_32F);
045:            absdiff(grayImage, avgImage, diffImage);
046:            threshold(diffImage, mask, nTh, 255, THRESH_BINARY);
047:            mask.convertTo(mask, CV_8U);
048:
049:            erode(mask, mask, kernel, Point(-1, -1), 2);
050:            dilate(mask, mask, kernel, Point(-1, -1), 3);
051:            imshow("mask", mask);
052:
053:            bitwise_not(mask, mask);
054:            accumulateWeighted(grayImage, avgImage, alpha, mask);
055:
056:            avgImage.convertTo(avgImage, CV_8U);
057:            imshow("avgImage", avgImage);
058:
059:            int ckey = waitKey(delay);
060:            if (ckey == 27) break;
061:        }
062:        return 0;
063: }
```

◎ **프로그램 설명**

① 6-19행

6-11행은 VideoCapture 클래스의 생성자로 움직이는 손이 포함된 비디오 파일 "video2.avi"에 대한 inputVideo 객체를 생성하고, 파일이 개방되지 않으면, 프로그램을 종료한다. 12-13행은 비디오 프레임의 가로와 세로 크기를 size에 저장한다. 16행은 비디오의 속도를 fps에 저장한다. 19행은

변화 영역인 이진영상 mask에서 잡음 제거를 위한 모폴로지 연산에서 사용할 5×5 커널을 생성한다.

② 21-61행

21행은 이동평균을 계산할 alpha를 0.02로 설정한다. 22행은 변화 영역을 검출하기 위한 임계값 nTh를 50으로 설정한다. 35-36행은 cvtColor 함수로 컬러 영상 frame을 그레이스케일 영상 grayImage으로 변환하고, 잡음을 제거하기 위하여 GaussianBlur 함수로 블러링한다. 37-41행은 첫 프레임에서는 이동평균을 계산하지 않고, 입력영상 grayImage을 avgImage에 저장한다. 43-47행은 avgImage와 grayImage를 CV_32F의 실수영상으로 변환하고, absdiff 함수로 입력영상 grayImage와 이동평균에 의한 배경영상 avgImage의 절대값 차이를 diffImage에 계산하고, diffImage에서 임계값 nTh를 적용하여, 0과 255의 값을 갖는 이진영상 maskdp 저장한다. 47행은 mask.type() = CV_32F를 mask.type() = CV_8U로 변경한다. 49-51행은 모폴로지 연산, erode와 dilate로 잡음을 제거하여, imshow 함수로 변화 영역인 mask 영상을 "mask" 윈도우에 표시한다. 53-57행은 bitwise_not 함수로 변화 영역 영상 mask을 반전하여, 변화가 없는 영역의 화소값이 255, 변화가 있는 화소값이 0이 되게 하고, accumulateWeighted 함수로 현재의 입력영상 grayImage과 이동평균 영상 avgImage를 alpha와 mask를 사용하여 갱신한다. mask가 0인 변화 영역의 화소에서는 이동평균 영상이 갱신되지 않는다. 56행에서 이동평균 영상 avgImage를 CV_8U 자료형으로 변경하여 "avgImage" 윈도우에 표시한다.

③ [그림 12.6]은 "video1.avi"에서 accumulateWeighted 함수로 배경영상을 갱신하고, 차영상으로 변화 영역 검출한 결과이다. [그림 12.7]은 "video2.avi"에서의 결과이다. alpha 값과 임계값 nTh에 따라 결과가 달라질 수 있다.

(a) avgImage

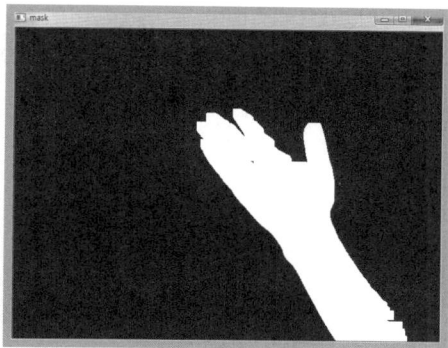

(b) mask

[그림 12.6] accumulateWeighted 함수로 배경영상 계산 및 차영상으로 변화 영역 검출
("video1.avi" , frameNum = 100)

(a) avgImage

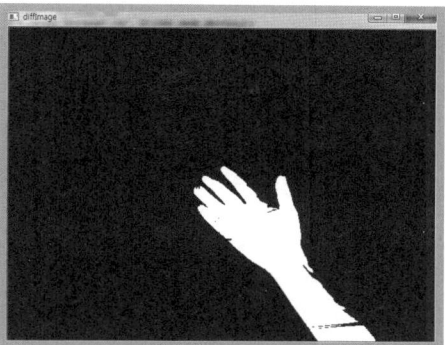

(b) mask

[그림 12.7] accumulateWeighted 함수로 배경영상 계산 및 차영상으로 변화 영역 검출
("video2.avi" , frameNum = 100)

2.2 움직임 히스토리(Motion history)

updateMotionHistory, calcMotionGradient, calcGlobalOrientation 함수를 사용하여 움직임 템플릿 기법을 구현한다.

① void updateMotionHistory(InputArray silhouette, InputOutputArray mhi,
                    double timestamp, double duration)

updateMotionHistory 함수는 움직임 실루엣 silhouette를 이용하여, 움직임 히스토리 영상(motion history image)인 mhi를 갱신한다. silhouette은 움직임이 발생하는 0이 아닌 화소를 갖는 실루엣 마스크이다. mhi은 함수에 의해 갱신되는 1-채널 32-비트 실수인 움직임 히스토리 영상이다. timestamp는 현재시간이며, duration은 최대 지속시간이다. 움직임이 발생한 위치에 현재의 타임스탬프를 찍고, 아주 오래전에 움직임이 있던 곳은 0으로 설정한다.

$$mhi(x,y) = \begin{cases} timestamp & \text{if } silhouette(x,y) \neq 0 \\ 0 & \text{if } silhouette(x,y) = 0 \text{ and } mhi(x,y) < (timestamp - duration) \\ mhi(x,y) & o.w. \end{cases}$$

② void calcMotionGradient(InputArray mhi, OutputArray mask,
        OutputArray orientation, double delta1, double delta2, int apertureSize = 3)

calcMotionGradient 함수는 움직임 히스토리 영상 mhi의 그래디언트 방향인 orientation을 계산한다. mask는 움직임 그래디언트가 올바른 화소를 마스킹하여 출력한다. orientation은 0에서 360도 사이의 움직임 그래디언트 영상이며, apertureSize 크기의 마스크를 사용하여 mhi의 편미분 D_x, D_y를 계산하고, 그래디언트 방향을 계산한다.

$$orientation(x,y) = \arctan\left(\frac{D_y(x,y)}{D_x(x,y)}\right)$$

$$D_x(x,y) = \frac{\partial}{\partial x} mhi(x,y)$$

$$D_y(x,y) = \frac{\partial}{\partial y} mhi(x,y)$$

$mhi(x,y)$의 각 화소의 3×3 이웃에서, 최소값 $m(x,y)$, 최대값 $M(x,y)$을 이용하여 아래와 같이 유효한(valid) 그래디언트 방향을 CV_8UC1의 mask 영상에 마스킹한다.

$$mask(x,y) = valid \text{ if } \min(delta1, delta2) \leq M(x,y) - m(x,y) \leq \max(delta1, delta2)$$

③ double calcGlobalOrientation(InputArray orientation, InputArray mask,
                InputArray mhi, double timestamp, double duration)

calcGlobalOrientation 함수는 mask에 지정된 영역의 전역 움직임 방향을 0에서 360도의 각도로 계산하여 반환한다. orientation과 mask는 calcMotionGradient 함수로 계산된 움직임 방향과 유효한 그래디언트 마스크이다. 또한, mask에 전역 움직임 방향을 계산하기 위한 영역을 지정한다. mhi는 움직임 히스토리 영상이고, timestamp는 밀리 초

(또는 다른 단위 시간)로 현재의 시간이며, duration은 최대 지속시간이다.

④ void segmentMotion(InputArray mhi, OutputArray segmask,
　　　vector<Rect>& boundingRects, double timestamp, double segThresh)

segmentMotion 함수는 움직임 히스토리 영상 mhi에서 움직임 세그먼트를 계산하여 segmask에 레이블(1, 2, 3, ...)을 저장하며, 분할된 각 물체의 움직임 요소를 Rect 구조의 벡터 boundingRects에 반환한다. timestamp는 현재시간이며, segThresh는 세그먼트를 나누기 위한 임계값으로 움직임 히스토리의 간격과 같거나 큰 값으로 한다. 각 움직임 컴포넌트의 전역 움직임 방향은 벡터 boundingRects를 레이블로 마스킹하여 calcGlobalOrientation 함수로 계산한다.

[예제 12-7] 움직임 히스토리에 의한 움직임 검출

```
001:  #include "opencv.hpp"
002:  #include <time.h>
003:  using namespace cv;
004:  using namespace std;
005:
006:  // for OpenCV 3.1.0
007:  //function prototype in motempl.cpp
008:  void updateMotionHistory(InputArray _silhouette, InputOutputArray _mhi,
009:                                      double timestamp, double duration);
010:  void calcMotionGradient(InputArray _mhi, OutputArray _mask,
011:                      OutputArray _orientation,
012:                      double delta1, double delta2,
013:                      int aperture_size);
014:  double calcGlobalOrientation(InputArray _orientation, InputArray _mask,
015:                      InputArray _mhi, double timestamp,
016:                      double duration);
017:  void segmentMotion(InputArray _mhi, OutputArray _segmask,
018:                      vector<Rect>& boundingRects,
019:                      double timestamp, double segThresh);
020:  ////
021:  const double MHI_DURATION = 1;
022:  const double MAX_TIME_DELTA = 0.5;
023:  const double MIN_TIME_DELTA = 0.05;
024:  const int N = 4;
025:
026:  //dst = 255 if abs(src1 - src2) > nTh
027:  void DifferenceIFrames(Mat &src1, Mat &src2, Mat &dst, int nTh)
028:  {
029:      absdiff(src1, src2, dst);
030:      threshold(dst, dst, nTh, 255, THRESH_BINARY);
031:  }
032:  // convert MHI to blue 8u image
033:  void Mhi2MotionImage(Mat &mhi, Mat &motion, Mat &mask, double timeStamp)
034:  {
035:      if(motion.empty())
036:          motion.create(mhi.size(), CV_8UC3);
037:      double scale = 255. / MHI_DURATION;
038:      double t = MHI_DURATION - timeStamp;
039:      mask = mhi * scale + t * scale;
040:      mask.convertTo(mask, CV_8U);
```

```
041:
042:         motion = Scalar::all(0);
043:         Mat tmp = Mat::zeros(mhi.size(), CV_8U);
044:         Mat outImage[] = {mask, tmp, tmp};
045:         merge(outImage, 3, motion);
046:  }
047:  void DrawMotionOrientation(vector<Rect> rects, Mat &silh, Mat &mhi,
048:                        Mat &orient, Mat &mask, Mat &dstImage, double timeStamp)
049:  {
050:         int i, x, y;
051:         int count;
052:         Rect comp_rect;
053:         Scalar color;
054:         Point center;
055:         double r, angle;
056:         Size size = dstImage.size();
057:
058:         for (i = -1; i < (int)rects.size(); i++)
059:         {
060:              if(i < 0)        // global motion
061:              {
062:                   comp_rect = Rect(0, 0, size.width, size.height);
063:                   color = Scalar(255, 0, 0);
064:                   r = 100;
065:              }
066:              else          // i-th motion component
067:              {
068:                   comp_rect = rects[i];
069:                   // reject very small components
070:                   if(comp_rect.width * comp_rect.height < 100)
071:                        continue;
072:                   color = Scalar(0, 0, 255);
073:                   r = 30;
074:              }
075:              // select component ROI
076:              Mat silhROI  = silh(comp_rect);
077:              Mat mhiROI   = mhi(comp_rect);
078:              Mat orientROI = orient(comp_rect);
079:              Mat maskROI  = mask(comp_rect);
080:
081:              angle = calcGlobalOrientation(orientROI, maskROI, mhiROI,
082:                                       timeStamp, MHI_DURATION);
083:
084:              angle = 360.0 - angle; // adjust for images with top-left origin
085:
086:              // count = norm(silhROI, CV_L1)/255;
087:              count = countNonZero(silhROI);
088:              // check for the case of little motion
089:              if(count < comp_rect.width * comp_rect.height * 0.001)
090:                   continue;
091:
092:              // draw a clock with arrow indicating the direction
093:              center = Point((comp_rect.x + comp_rect.width / 2),
094:                               (comp_rect.y + comp_rect.height / 2));
095:
096:              circle(dstImage, center, cvRound(r * 1.2), color, 3, -1);
097:              x = cvRound(center.x + r * cos(angle * CV_PI / 180));
```

```
098:                y = cvRound(center.y - r * sin(angle * CV_PI / 180));
099:                line(dstImage, center, Point(x, y), color, 3, -1);
100:        }
101:  }
102:  int main()
103:  {
104:        // VideoCapture inputVideo("video1.avi");
105:        VideoCapture inputVideo("ball.avi");
106:        if (!inputVideo.isOpened())
107:        {
108:            cout << " Can not open inputVideo !!!" << endl;
109:            return -1;
110:        }
111:        Size size = Size((int) inputVideo.get(CAP_PROP_FRAME_WIDTH),
112:                            (int) inputVideo.get(CAP_PROP_FRAME_HEIGHT));
113:        cout << "Size = " << size << endl;
114:
115:        int fps = (int)(inputVideo.get(CAP_PROP_FPS));
116:        cout << "fps = " << fps << endl;
117:
118:        double timeStamp;
119:        int nTh = 50;
120:        int last = 0;
121:        int prev, curr;
122:
123:        int frameNum = -1;
124:        int delay = 1000 / fps;
125:        Mat frame, dstImage;
126:        Mat silh, orient, motion, mask, segmask;
127:        Mat mhi(size, CV_32F, Scalar::all(0));
128:        vector<Mat> buffer(N);
129:        vector<Rect> boundingRects;
130:
131:        for ( ; ; )
132:        {
133:            inputVideo >> frame;
134:            if(frame.empty())
135:                break;
136:            frameNum++;
137:            // cout << "frameNum: " << frameNum << endl;
138:
139:            cvtColor(frame, buffer[last], COLOR_BGR2GRAY);
140:            curr = last;
141:            prev = (curr + 1) % N;
142:            last = prev;
143:            silh = buffer[prev];
144:
145:            if(frameNum < N)
146:                continue;
147:            DifferenceIFrames(buffer[prev], buffer[curr], silh, nTh);
148:            imshow("silh", silh);
149:
150:            // get current time in seconds
151:            timeStamp = (double)clock()/CLOCKS_PER_SEC;
152:            updateMotionHistory(silh, mhi, timeStamp, MHI_DURATION);
153:            Mhi2MotionImage(mhi, motion, mask, timeStamp);
154:            imshow("motion", motion);
```

```
155:
156:            calcMotionGradient(mhi, mask, orient,
157:                            MAX_TIME_DELTA, MIN_TIME_DELTA, 3);
158:            segmentMotion(mhi, segmask, boundingRects,
159:                            timeStamp, MAX_TIME_DELTA);
160:
161:            frame.copyTo(dstImage);
162:            if(boundingRects.size() > 0)
163:            {
164:                    DrawMotionOrientation(boundingRects, silh, mhi,
165:                                    orient, mask, dstImage, timeStamp);
166:            }
167:            imshow("dstImage", dstImage);
168:
169:            int ckey = waitKey(delay);
170:            if (ckey == 27)   break;
171:        }
172:        return 0;
173: }
```

◎ 프로그램 설명

① OpenCV의 샘플 프로그램 "motempl.c"를 참고하여 작성하였다. OpenCV 3.1.0에서는 OpenCV 2.4.13의 소스 파일 "motempl.cpp"를 복사하여 프로젝트 폴더에 추가하고, 다음과 같이 약간의 코드를 추가하여 사용한다. Ptr 클래스를 통한 포인터 다용 부분의 일부를 수정하였다(교재 소스 참조).

```
// motempl.cpp
// KDK -----------------------------------------
// #include "precomp.hpp"
#include "opencv.hpp"
#include "cv.h"
using namespace cv;
using namespace std;
static inline cv::Size cvGetMatSize(const CvMat* mat)
{
    return cv::Size(mat->cols, mat->rows);
}
// KDK -----------------------------------------
```

② 6-19행
프로젝트에 추가된 motempl.cpp 파일에서 필요한 함수, updateMotionHistory, calcMotionGradient, calcGlobalOrientation, segmentMotion 등의 함수 원형을 선언한다. OpenCV 2.4.13을 사용하면 필요 없는 부분이다.

③ 21-24행
움직임 히스토리를 갱신할 지속시간을 MHI_DURATION = 1초(sec)로 설정하고, 움직임 그래디언트 계산에 필요한 MAX_TIME_DELTA = 0.5초, MIN_TIME_DELTA = 0.05초로 설정하며, 영상 버퍼를 N = 4로 설정하여, buffer에서 최근 4개의 프레임을 저장한다.

④ 26-31행
DifferencelFrames 함수는 absdiff 함수로 영상 src1, src2 사이의 절대값 차이를 계산하고, threshold 함수로 nTh보다 크면 255, 그렇지 않으면 0으로 설정하여 dst에 저장한다.

⑤ 33-46행
Mhi2MotionImage 함수는 움직임 히스토리 영상 mhi의 값을 0에서 255의 값으로 스케일링하여 3-채널 motion 영상의 0번 채널(blue)에 저장한다. mhi의 값이 0이 아니면, 범위 [timeStamp-

MHI_DURATION, timeStamp] 사이의 값이다. 이 값을 범위 [0, 255]로 변환한다.

$$mask(x,y = \frac{255}{MHI\_DURATION}[mhi(x,y) - (timeStamp - MHI\_DURATION)]$$

$$= scale \times mhi(x,y) + scale \times t$$

$$여기서, scale = 255/MHI\_DURATION$$

$$t = MHI\_DURATION - timeStam$$

⑥ 47-101행

DrawMotionOrientation 함수는 움직임이 검출된 사각영역 벡터 rects의 각 움직임 방향과 전체
프레임의 움직임 방향을 계산하여 표시한다. 60-65행은 전체영역을 66-74행은 rects[i]를 comp_
rect에 설정하고, 75-82행에서 관심영역 ROI에서 calcGlobalOrientation 함수로 움직임 방향각도
angle을 계산하고, 84행은 angle = 360.0 - angle에 의해 왼쪽-상단이 원점인 영상에 대하여 각도
를 조정하고, 86-90행은 움직임이 작은 영역은 제외하고, 92-99행은 영역의 중심 center와 방향각
도 angle을 이용하여 원과 직선으로 dstImage 영상에 표시한다.

⑦ 131-171행

131행은 DifferenceIFrames 함수로 현재 영상 buffer[curr]와 버퍼에서 가장 오래된 영상
buffer[prev] 사이의 절대값 차이를 계산하고, 임계값 nTh를 적용하여 이진영상을 silh에 계산한
다. 즉 silh에는 최근 N개의 영상 프레임에서 처음과 마지막 영상 사이의 변화 정보를 갖는다.
147행은 timeStamp 변수에 프로그램이 실행된 이후의 시간을 초(sec)로 저장하고, 152행은
updateMotionHistory 함수로 최근 N개의 프레임 영상의 변화 정보 silh, timeStamp, MHI_
DURATION을 이용하여 mhi를 갱신한다. MHI_DURATION 동안 움직임 없었으면 0, 움직임이 있
었으면 타임스탬프를 저장한다.

$$mhi(x,y) = \begin{cases} timeStamp & \text{if } silh(x,y) \neq 0 \\ 0 & \text{if } silh(x,y) = 0 \text{ and } mhi(x,y) < (timeStamp - MHI\_DURATION) \\ mhi(x,y) & o.w. \end{cases}$$

153행은 Mhi2MotionImage 함수로 움직임 히스토리 영상 mhi의 값을 0에서 255의 값으로 스케일
링하여 3-채널 motion 영상의 0번 채널(blue)에 저장한다. 156-157행은 calcMotionGradient 함
수로 mhi에서 apertureSize = 3으로 그래디언트를 계산하여 orient에 저장하고, 유효한 화소를
mask에 저장한다. 158-159행은 segmentMotion 함수로 mhi를 분할하여 boundingRects에 바운
딩 사각형을 계산한다. 161행은 frame영상을 dstImage에 복사하고, 162-166행은 움직임이 검출
되면, DrawMotionOrientation 함수로 움직임을 dstImage에 표시한다.

⑧ [그림 12.8]은 "video1.avi" 비디오의 frameNum = 100에서 움직임 히스토리에 의한 움직임 검
출 결과이고, [그림 12.9]는 "ball.avi" 비디오의 frameNum = 300에서 움직임 히스토리에 의한 움직
임 검출 결과이다.

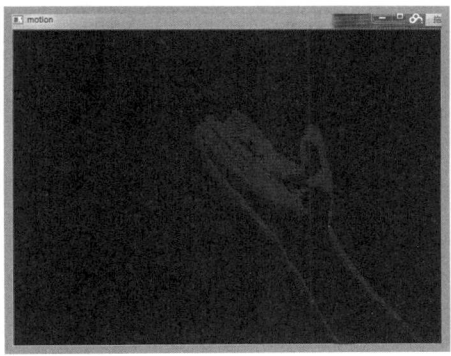

(a) motion

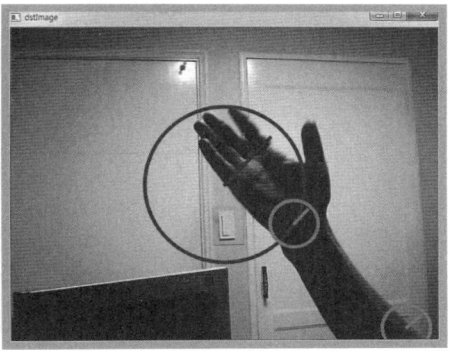
(b) dstImage

[그림 12.8] 움직임 히스토리에 의한 움직임 검출("video1.avi")

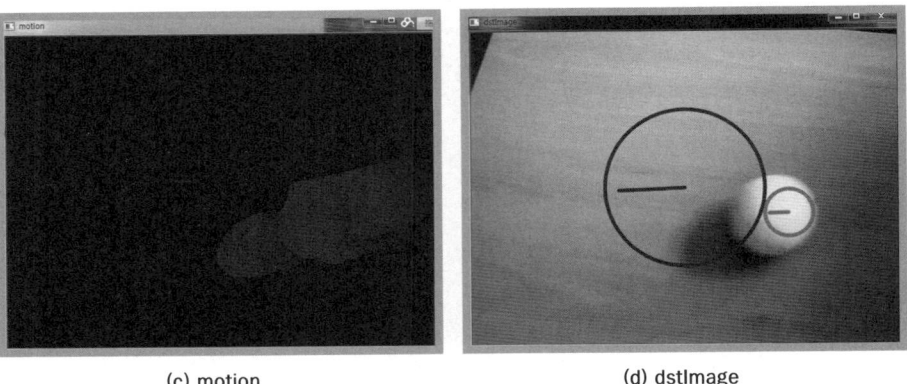

(c) motion   (d) dstImage

[그림 12.9] 움직임 히스토리에 의한 움직임 검출("ball.avi")

2.3 광류(Optical flow)

광류(optical flow)는 영상에서 밝기값 패턴의 움직임의 눈에 보이는 속도(velocity)의 분포이다. 광류는 카메라와 물체의 상대적인 움직임에 의해 발생한다. [그림 12.10]과 같이 광류를 계산할 두 영상 프레임(prev, curr)의 각 화소에서 광류 속도벡터(velx, vely)를 계산한다. 속도벡터는 각 축 방향으로의 이동벡터이고, 이를 이용하여 선분을 이용하여 표시하는데 이를 바늘도표(needle diagram)라고 한다. 속도벡터(velx, vely) 블록정합(block matching) 방법, Horn과 Schunck 방법, Lucas와 Kanade 방법 등이 있다. 여기서는 피라미드 구조를 이용한 Lucas와 Kanade 방법을 구현한 calcOpticalFlowPyrLK 함수와 Farneback의 방법을 구현한 calcOpticalFlowFarneback 함수에 대해 설명한다.

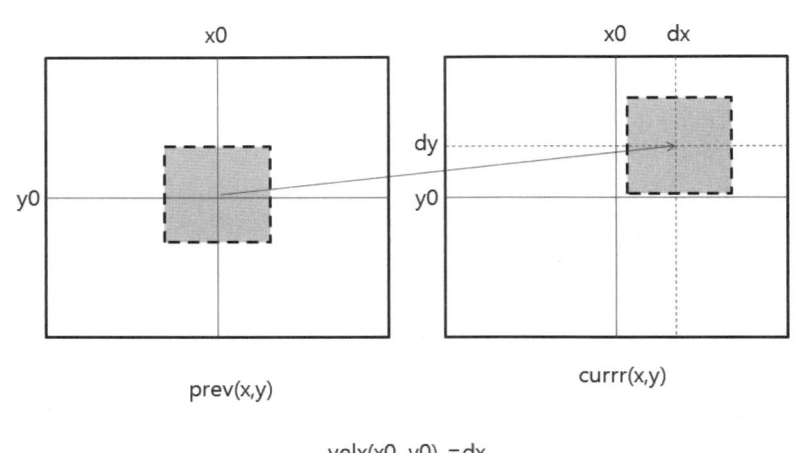

[그림 12.10] 광류에 의한 움직임 검출

① int buildOpticalFlowPyramid(InputArray img,
    OutputArrayOfArrays pyramid, Size winSize, int maxLevel,
    bool withDerivatives = true, int pyrBorder = BORDER_REFLECT_101,
    int derivBorder = BORDER_CONSTANT, bool tryReuseInputImage = true)

buildOpticalFlowPyramid 함수는 calcOpticalFlowPyrLK 함수에서 사용할 영상 피라미드를 구축한다. img는 8-비트 입력영상이고, pyramid는 출력 피라미드이다. winSize는 광류 알고리즘의 윈도우 크기이며, calcOpticalFlowPyrLK 함수의 winSize 보다 작지 않아야 한다. maxLevel은 0 레벨부터 시작하는 최대 피라미드 레벨이며, withDerivatives는 피라미드 단계에 대한 그래디언트 계산 여부를 설정한다. withDerivatives = false이면, calcOpticalFlowPyrLK 함수에서 그래디언트를 계산한다. pyrBorder와 derivBorder는 피라미드와 그래디언트에 대한 경계값 처리 방식을 설정한다. tryReuseInputImage = true이면 입력영상 img를 복사하지 않고 피라미드에서 사용하며, tryReuseInputImage = false이면, 복사하여 사용한다. 반환값은 구축된 피라미드 레벨로 maxLevel보다 작을 수 있다.

② void calcOpticalFlowPyrLK(InputArray prevImg,
    InputArray nextImg, InputArray prevPts, InputOutputArray nextPts,
    OutputArray status, OutputArray err, Size winSize = Size(21,21),
    int maxLevel = 3, TermCriteria criteria = TermCriteria(TermCriteria::COUNT +
    TermCriteria::EPS, 30, 0.01), int flags = 0, double minEigThreshold = 1e-4)

calcOpticalFlowPyrLK 함수는 Lucas와 Kanade 방법을 피라미드 구조로 적용하여, 주어진 특징점에 대하여 부화소단위까지 광류 속도벡터를 계산한다. 시간 t의 영상 prevImg의 좌표 벡터 prevPts의 각 좌표에 대한, 시간 t + dt의 영상 nextImg로의 이동벡터인 광류벡터를 nextPts에 계산한다.

prevImg과 nextImg는 입력영상이거나 buildOpticalFlowPyramid 함수로 구축한 피라미드 영상이다. prevPts는 Point2f 자료형의 입력 특징점의 벡터이며 nextPts는 Point2f 자료형의 출력 특징점이다. flags에 OPTFLOW_USE_INITIAL_FLOW가 설정되면, prevPts와 nextPts의 좌표의 개수는 같아야 한다. status는 uchar 자료형으로 벡터의 각 요소의 출력 상태를 나타낸다. status[i] = 1이면 prevPts[i]의 대응점이 nextPts[i]가 계산된 것을 의미한다. err은 float 자료형으로 대응점 사이의 오차를 나타낸다. winSize는 각 피라미드 레벨에서 탐색 윈도우의 크기이다. maxLevel은 0 레벨부터 시작하는 최대 피라미드 레벨이다. maxLevel = 0이면 단일 레벨을 사용함을 의미한다. criteria는 반복적인 탐색 알고리즘의 종료조건이다. flags = 0이면, 함수 내부에서 메모리 버퍼를 할당하고, 피라미드를 계산하고, 처리한 후에 버퍼 메모리를 해제한다. flags에 OPTFLOW_USE_INITIAL_FLOW가 있으면, nextPts에 저장된 초기값을 사용한다. 만약 없으면 prevPts를 nextPts에 복사하여 다음 프레임의 초기값으로 사용한다. OPTFLOW_LK_GET_MIN_EIGENVALS 가 설정되면, 오차를 최소 고유값으로 계산한다. prevPts[i] 주위의 패치 윈도우와 움직인 점 주위의 패치 윈도우 사이의 L1 거리를 계산하고, 윈도우의 화소수로 나누어 정규화한 값으로 오차를 계산한다. 최소 고유값을 계산하고, 윈도우의 화소수로 나누어 정규화한 값이 minEigThreshold 보다 작으면 대응점으로 계산하지 않는다.

③ void calcOpticalFlowFarneback(InputArray prev, InputArray next,
　　　InputOutputArray flow, double pyr_scale, int levels, int winsize,
　　　int iterations, int poly_n, double poly_sigma, int flags)
함수 의미: $prev(y,x) \approx next(y + flow(y,x)[1],\ x + flow(y,x)[0])$

calcOpticalFlowFarneback 함수는 Gunnar Farneback의 "Two-Frame Motion Estimation based on Polynomial Expansion"을 구현한다. 8-비트 1-채널 영상인 prev와 next의 두 프레임의 이웃을 2차 다항식으로 근사하는 방법으로 광류를 계산한다. flow는 출력 광류 벡터이며, CV_32FC2의 prev와 next 영상과 같은 크기이다. pyr_scale은 두 입력영상에 대한 피라미드 구축을 위한 1이하의 스케일로 pyr_scale = 0.5이면 가로와 세로 크기가 반씩 줄어드는 전통적인 피라미드가 구축된다. levels는 입력영상을 포함하는 피라미드 계층의 수로, levels = 1이면, 입력영상 이외의 피라미드가 생성되지 않는다. winsize는 평균 필터를 적용할 윈도우 크기로, winsize가 크면 잡음에 강인하고, 빠른 움직임도 검출할 수 있지만 움직임이 블러링된다. iterations은 각 파라미드 계층에서 반복횟수이고, poly_n은 각 화소에서 다항식 확장에 의한 근사를 찾기 위한 이웃의 크기로, 값이 크면 근사곡면이 부드러워진다. 일반적으로 poly_n = 5 또는 poly_n = 7을 사용한다. poly_sigma는 다항식 확장 근사에서 필요한 미분 계산에서 사용되는 가우시안 함수의 표준편차로, poly_n = 5이면 poly_sigma = 1.1을 사용하고, poly_n = 7이면 poly_sigma = 1.5를 사용한다.

flags는 연산 모드를 설정한다. OPTFLOW_USE_INITIAL_FLOW가 설정되면, flow에 값을 설정하여 초기 광류값으로 사용한다. OPTFLOW_FARNEBACK_GAUSSIAN이 설정되면 박스 필터를 사용하는 대신에 winsize×winsize의 가우시안 함수를 사용한다. calcOpticalFlowFarneback 함수는 모든 화소에 대해 광류를 계산하기 때문에 계산속도가 느리다.

[예제 12-8] calcOpticalFlowPyrLK 함수에 의한 특징점 추적

```
001:    #include "opencv.hpp"
002:    using namespace cv;
003:    using namespace std;
004:    #define MAX_POINTS 16
005:    Point  g_pt1, g_pt2;
006:    bool g_bLeftDownAndMove = false;
007:    bool g_bROI = false;
008:    void onMouse(int mevent, int x, int y, int flags, void* param)
009:    {
010:        switch(mevent)
011:        {
012:            case EVENT_LBUTTONDOWN:
013:                g_bLeftDownAndMove = false;
014:                g_pt1 = Point(x, y);
```

```
015:                           break;
016:                   case EVENT_MOUSEMOVE:
017:                       if(flags == EVENT_FLAG_LBUTTON)
018:                       {
019:                           g_pt2 = Point(x, y);
020:                           g_bLeftDownAndMove = true;
021:                       }
022:                       break;
023:                   case EVENT_LBUTTONUP:
024:                       g_pt2 = Point(x, y);
025:                       g_bROI = true;
026:                       g_bLeftDownAndMove = false;
027:                       break;
028:           }
029: }
030: void DrawTrackingPoints(vector<Point2f> &points , Mat &image)
031: {
032:       for(int i = 0; i < points.size(); i++)
033:       {
034:           int x = cvRound(points[i].x);
035:           int y = cvRound(points[i].y);
036:           circle(image, Point(x, y), 3, Scalar(255, 0, 0), 2);
037:       }
038: }
039: int main()
040: {
041:       VideoCapture inputVideo("checkBoard3x3.avi");
042:       if (!inputVideo.isOpened())
043:       {
044:           cout << " Can not open inputVideo !!!" << endl;
045:           return 0;
046:       }
047:       Size size = Size((int) inputVideo.get(CV_CAP_PROP_FRAME_WIDTH),
048:                           (int) inputVideo.get(CV_CAP_PROP_FRAME_HEIGHT));
049:       int fps = 24;
050:       Mat currImage, prevImage;
051:       Mat frame, dstImage;
052:       namedWindow("dstImage");
053:       setMouseCallback("dstImage", onMouse, NULL); //(void *)&dstImage
054:
055:       int fourcc = VideoWriter::fourcc('D', 'I', 'V', 'X');
056:       bool isColor = true;
057:       VideoWriter outputVideo("trackingRect.avi", fourcc, fps, size, isColor);
058:       if (!outputVideo.isOpened())
059:       {
060:           cout << " Can not open outputVideo !!!" << endl;
061:           return 0;
062:       }
063:       if(fourcc != -1)
064:       {
065:           // for waiting for ready the camera
066:           imshow("dstImage", NULL);
067:           waitKey(100); // not working because of no window
068:       }
069:       TermCriteria criteria= TermCriteria(TermCriteria::COUNT
070:                               + TermCriteria::EPS, 10, 0.01);
071:       Size winSize(11, 11);
```

```
072:
073:        vector<Point2f> prevPoints;
074:        vector<Point2f> currPoints;
075:        vector<Point2f> boundPoints;
076:
077:        int delay = 1000 / fps;
078:
079:        for ( ; ; )
080:        {
081:            inputVideo >> frame;
082:            if (frame.empty())
083:                break;
084:
085:            frame.copyTo(dstImage);
086:            imshow("dstImage", dstImage);
087:
088:            cvtColor(dstImage, currImage, COLOR_BGR2GRAY);
089:            GaussianBlur(currImage, currImage, Size(5, 5), 0.5);
090:            if(g_bLeftDownAndMove) // for drawing
091:            {
092:                rectangle(dstImage, g_pt1, g_pt2, Scalar(0, 0, 255), 2);
093:                outputVideo << dstImage;
094:                imshow("dstImage", dstImage);
095:            }
096:            if(g_bROI) // Initialize tracking points
097:            {
098:                Mat mask(size, CV_8U);
099:                mask = 0;
100:                int w = g_pt2.x - g_pt1.x + 1;
101:                int h = g_pt2.y - g_pt1.y + 1;
102:                mask(Rect(g_pt1.x, g_pt1.y, w, h)) = 1;
103:
104:                double qualityLevel = 0.001;
105:                double minDistance = 10;
106:                int  blockSize = 3;
107:                prevPoints.clear();
108:                goodFeaturesToTrack(prevImage, prevPoints, MAX_POINTS,
109:                            qualityLevel, minDistance, mask, blockSize, true, 0.04);
110:
111:                cornerSubPix(prevImage, prevPoints, winSize,Size(-1, -1), criteria);
112:
113:                DrawTrackingPoints(prevPoints , dstImage);
114:
115:                // find minAreaRect, initialize boundPoints
116:                RotatedRect minRect = minAreaRect(prevPoints);
117:                Point2f rectPoints[4];
118:                minRect.points(rectPoints);
119:                for(int i = 0; i < 4; i++)
120:                    boundPoints.push_back(rectPoints[i]);
121:
122:                outputVideo << dstImage;
123:                g_bROI = false;
124:            }
125:            if(prevPoints.size() > 0)
126:            {
127:                vector<Mat> prevPyr, currPyr;
128:                Mat status, err;
```

```
129:                    buildOpticalFlowPyramid(prevImage, prevPyr, winSize, 3, true);
130:                    buildOpticalFlowPyramid(currImage, currPyr, winSize, 3, true);
131:                    // currPoints = prevPoints; // for OPTFLOW_USE_INITIAL_FLOW
132:                    calcOpticalFlowPyrLK(prevPyr, currPyr, prevPoints, currPoints,
133:                                          status, err, winSize);
134:                    // calcOpticalFlowPyrLK(prevImage, currImage, prevPoints, currPoints,
135:                    //                       status, err, winSize);
136:
137:                    // delete invalid corresponding points
138:                    for (int i = 0; i < prevPoints.size(); i++)
139:                    {
140:                        if(!status.at<uchar>(i))
141:                        {
142:                            prevPoints.erase(prevPoints.begin() + i);
143:                            currPoints.erase(currPoints.begin() + i);
144:                        }
145:                    }
146:                    if(currPoints.size() >= 4)
147:                    {
148:                        cornerSubPix(currImage, currPoints, winSize, Size(-1, -1), criteria);
149:                        DrawTrackingPoints(currPoints , dstImage);
150:
151:                        // transform boundPoints using M
152:                        Mat M = findHomography(prevPoints, currPoints, RANSAC);
153:                        perspectiveTransform(boundPoints, boundPoints, M);
154:                        for(int j = 0; j < 4; j++)
155:                            line(dstImage, boundPoints[j], boundPoints[(j + 1) % 4],
156:                                  Scalar(0, 255, 255), 2);
157:                    }
158:                    outputVideo << dstImage;
159:                    imshow("dstImage", dstImage);
160:                    prevPoints = currPoints;
161:                }
162:            currImage.copyTo(prevImage);
163:
164:            int ckey = waitKey(delay);
165:            if (ckey == 27) break;
166:        }
167:        return 0;
168: }
```

◎ 프로그램 설명

① 8–29행

onMouse 함수는 마우스 왼쪽 버튼으로 특징점을 검출할 사각영역을 지정하기 위한 마우스 이벤트 핸들러이다. 전역변수 g_bLeftDownAndMove는 마우스 왼쪽 버튼을 누르고 움직이면 true이고 그렇지 않으면 false이다. 마우스 왼쪽 버튼을 누른 위치는 전역변수 g_pt1에 저장하고, 마우스 왼쪽 버튼을 누른 상태로 움직이면, 마우스의 위치는 전역변수 g_pt2에 저장한다. 마우스 왼쪽 버튼을 때면, 마우스의 위치를 전역변수 g_pt2에 저장하고, g_bROI = true로 설정하여, 특징점 검출을 위한 관심영역의 설정을 완료한다.

② 30–38행

DrawTrackingPoints 함수는 검출된 특징점 벡터 points를 영상 image에 원으로 표시한다.

③ 41–68행

41행은 VideoCapture 클래스 객체 inputVideo를 입력 비디오 파일 "checkBoard3x3.avi"를 이용하여 생성한다. 53행은 setMouseCallback 함수로 "dstImage" 윈도우에 마우스 이벤트 핸들

러 함수 onMouse를 설정한다. 57행은 VideoWriter 클래스 객체 outputVideo를 비디오 출력 "trackingRect.avi"을 이용하여 생성한다.

④ 69-77행
cornerSubPix 함수의 종료조건을 criteria에 설정하고, winSize를 11×11로 설정하며, 인접한 두 개의 영상 prevImage, currImage의 특징점을 저장할 prevPoints, currPoints를 벡터로 선언한다. boundPoints는 초기에는 minAreaRect 함수로 prevPoints의 최소 사각영역을 정의하는 4개의 모 서리 좌표로 계산하고, 이후에는 findHomography 함수로 prevPoints와 currPoints 사이의 투영 변환으로 변환한다.

⑤ 85-89행
frame영상을 dstImage로 복사하고, cvtColor 함수로 그레이스케일 영상으로 변환하여 currImage 에 저장하고, GaussianBlur 함수로 블러링한다.

⑥ 90-95행
마우스 이벤트 핸들러 함수 onMouse에 의해 g_bLeftDownAndMove = true이면, rectangle 함수 로 dstImage 영상에 사각형을 표시하고, 비디오 파일에 출력한다.

⑦ 96-124행
마우스 이벤트 핸들러 함수 onMouse에 의해 g_bROI = true로 관심영역이 설정되면, 98-102행 에서 관심역영을 mask로 생성하고, 108-109행에서 goodFeaturesToTrack 함수로 prevImage 영상에서 특징점을 검출하여 prevPoints에 저장한다. 111행은 cornerSubPix 함수로 특징 점 prevPoints를 부화소 단위로 갱신한다. 113행은 prevPoints를 dstImage 영상에 표시한다. 116-120행은 minAreaRect 함수로 prevPoints에서 최소 사각형의 모서리점 좌료를 검출하여, boundPoints 벡터에 저장하고, dstImage를 비디오에 출력하고, g_bROI = false로 설정하여, 96-124행을 수행하지 않게 한다.

⑧ 125-162행
prevPoints.size()>0로 추적할 특징점이 있으면, 129-130행은 buildOpticalFlowPyramid 함수 로 prevImage, currImage 영상의 피라미드 영상 prevPyr, currPyr를 생성한다. 132-133행 은 calcOpticalFlowPyrLK 함수로 영상의 피라미드 영상 prevPyr, currPyr를 사용하여 특징 점 prevPoints의 움직인 특징점 currPoints를 계산한다. 134-135행은 원본 영상 prevImage, currImage를 사용하여 움직인 특징점 currPoints를 계산한다. 138-145행은 status 행렬 의 정보를 이용하여 올바르지 않은 대응점을 prevPoints와 currPoints에서 삭제한다. 146-157행은 currPoints.size() >= 4일 때, 특징점의 대응점 prevPoints와 currPoints를 이용하여, findHomography 함수로 투영 변환 행렬 M을 계산하고, boundPoints를 변환하고, dstImage 영상 에 직선으로 표시한다. 158행은 dstImage 영상을 비디오에 출력하고, 160은 다음 프레임에서의 처리를 위해 currPoints를 prevPoints에 저장한다. 162행은 currImage 영상을 prevImage에 복 사한다.

⑨ [그림 12.11]은 calcOpticalFlowPyrLK 함수에 의한 특징점 추적 결과이다. [그림 12.11](a)는 마 우스로 관심영역을 설정하는 결과이고, 12.11(b)-12.11(d)는 calcOpticalFlowPyrLK 함수로 특징 점을 추적하고, findHomography 함수로 투영 변환을 계산하여 사각영역을 변환 표시한 결과이다.

(a)

(b)

(c)   (d)

[그림 12.11] calcOpticalFlowPyrLK 함수에 의한 특징점 추적

[예제 12-9] calcOpticalFlowFarneback 함수에 의한 광류 계산

```
001:  #include "opencv.hpp"
002:  using namespace cv;
003:  using namespace std;
004:  #define THRESHOLD 3
005:  void DrawOpticalFlow(Mat &flow, Mat &image)
006:  {
007:      int   x, y;
008:
009:      Point p1, p2;
010:      Size size = image.size();
011:      Size shiftSize = Size(4, 4);
012:
013:      for (y = 0; y < size.height; y += shiftSize.height)
014:          for(x = 0; x < size.width; x += shiftSize.width)
015:          {
016:              Point2f delta = flow.at<Point2f>(y, x);
017:              float len = sqrt(delta.x * delta.x + delta.y * delta.y);
018:              if(len < THRESHOLD)
019:                  continue;
020:              p1.x = x;
021:              p1.y = y;
022:              p2.x = cvRound(p1.x + delta.x);
023:              p2.y = cvRound(p1.y + delta.y);
024:              line(image, p1, p2, Scalar(255, 0, 0));
025:          }
026:  }
027:  int main()
028:  {
029:      // VideoCapture inputVideo(0);
030:      // VideoCapture inputVideo("ball.avi");
031:      VideoCapture inputVideo("video1.avi");
032:
033:      if (!inputVideo.isOpened())
034:      {
035:          cout << " Can not open inputVideo !!!" << endl;
036:          return 0;
037:      }
038:      Size size = Size((int) inputVideo.get(CAP_PROP_FRAME_WIDTH),
039:                      (int) inputVideo.get(CAP_PROP_FRAME_HEIGHT));
```

```
040:        size = Size(size.width / 2, size.height / 2); // for pyrDown
041:
042:        int fps = (int)(inputVideo.get(CAP_PROP_FPS));
043:        if(fps <= 0) fps = 24; // for camera
044:
045:        Mat currImage, prevImage;
046:        Mat frame, dstImage;
047:        Mat flow; // (size, CV_32FC2);
048:
049:        int fourcc = VideoWriter::fourcc('D', 'I', 'V', 'X');
050:        bool isColor = true;
051:        VideoWriter outputVideo("trackingFlow.avi", fourcc, fps, size, isColor);
052:        if (!outputVideo.isOpened())
053:        {
054:            cout << " Can not open outputVideo !!!" << endl;
055:            return 0;
056:        }
057:        if(fourcc != -1)
058:        {
059:            // for waiting for ready the camera
060:            imshow("dstImage", NULL);
061:            waitKey(100); // not working because of no window
062:        }
063:
064:        int frameNum = -1;
065:        int delay = 1000 / fps;
066:        double pyr_scale = 0.5;
067:        int levels = 3;
068:        int winsize = 11;
069:        int iterations = 5;
070:        int poly_n = 5;
071:        double poly_sigma = 1.1;
072:        int flags = 0; //OPTFLOW_USE_INITIAL_FLOW;
073:
074:        for ( ; ; )
075:        {
076:            inputVideo >> frame;
077:            if(frame.empty())
078:                break;
079:            frameNum++;
080:
081:            pyrDown(frame, dstImage);
082:            cvtColor(dstImage, currImage, COLOR_BGR2GRAY);
083:            if(frameNum < 1)
084:            {
085:                currImage.copyTo(prevImage);
086:                continue;
087:            }
088:            if(frameNum > 1)
089:            {
090:                flags = OPTFLOW_USE_INITIAL_FLOW;
091:            }
092:            calcOpticalFlowFarneback(prevImage, currImage, flow,
093:                    pyr_scale, levels, winsize, iterations, poly_n, poly_sigma, flags);
094:            DrawOpticalFlow(flow, dstImage);
095:            outputVideo << dstImage;
096:            imshow("dstImage", dstImage);
```

```
097:
098:                    currImage.copyTo(prevImage);
099:                    int ckey = waitKey(delay);
100:                    if (ckey == 27) break;
101:            }
102:            return 0;
103:   }
```

◎ 프로그램 설명

① 5-26행

DrawOpticalFlow 함수는 CV_32FC2 자료형의 flow 행렬에 계산된 광류를 영상 image에 직선을 사용하여 표시한다.

② 29-43행

29-31행은 VideoCapture 클래스의 생성자로 카메라 또는 비디오 파일 "ball.avi", "video1.avi"에 대한 객체 inputVideo를 생성한다. 38-39행은 비디오 프레임의 가로와 세로 크기를 size에 저장한다. 40행은 pyrDown 함수에 의한 축소 처리를 위하여 비디오 프레임의 크기를 가로, 세로, 각각 1/2로 축소한다. 42행은 비디오의 속도를 fps에 저장한다. 43행은 카메라일 때 fps를 24로 설정한다.

③ 49-62행

VideoWriter 클래스로 출력 비디오 파일 "trackingFlow.avi", 코덱 fourcc, fps, size, isColor를 설정하여 outputVideo 객체를 생성한다. 57-62행은 fourcc != -1일 때, 카메라에 따라, 첫 프레임을 획득하기 전까지 준비 시간을 확보하기 위하여, imshow 함수로 "dstImage" 윈도우에 NULL 영상을 출력하고, waitKey 함수로 100 밀리초를 대기한다.

④ 64-101행

64-72행은 frameNum, delay 변수 및 calcOpticalFlowFarneback 함수에 필요한 변수를 초기화한다. 81행은 pyrDown 함수로 입력영상 frame을 가로, 세로 1/2 축소하여 dstImage에 저장한다. 82행은 cvtColor 함수로 dstImage를 그레이스케일 영상으로 변환하여 currImage에 저장한다. 83-87행은 frameNum = 0에서, currImage를 prevImage로 복사한다. 88-91행은 한번 광류행렬 flow가 계산되면, flags = OPTFLOW_USE_INITIAL_FLOW를 설정하여 초기값으로 사용한다. 92-93행은 calcOpticalFlowFarneback 함수로 prevImage 영상에서 currImage 영상으로의 광류 flow를 계산한다. 94행은 DrawOpticalFlow 함수로 광류 flow를 dstImage 영상에 직선으로 표시한다. 95행은 dstImage 영상을 비디오에 출력하고, 98행은 다음 프레임 처리를 위하여 currImage를 prevImage에 복사하여 저장한다.

⑤ [그림 12.12]는 calcOpticalFlowFarneback 함수에 의한 광류 계산 결과이다. [그림 12.12](a)는 "ball.avi"에서 광류 계산 결과이고, [그림 12.12](b)는 "video1.avi"에서 광류 계산 결과이다.

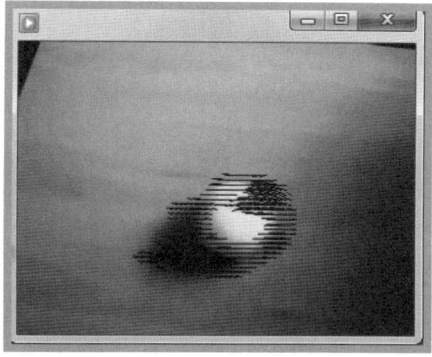
(a)

(b)

[그림 12.12] calcOpticalFlowFarneback 함수에 의한 광류계산

03 MeanShift/CamShift 추적

meanShift와 CamShift는 물체의 히스토그램 역투영(histogram backprojection)을 이용하여 물체의 움직임을 추적(tracking)한다. meanShift는 주어진 물체의 중심점을 추적하며, CamShift는 물체의 중심점, 크기, 회전 등을 함께 추적한다.

3.1 meanShift 함수

int meanShift(InputArray probImage, Rect& window, TermCriteria criteria)

meanShift 함수는 추적하고자 하는 물체의 히스토그램 역투영인 probImage와 초기 탐색 윈도우인 window를 이용하여 물체의 중심(center)을 반복적으로 탐색한다. 히스토그램 역투영인 probImage는 calcBackProject 함수로 계산한다. criteria는 탐색 종료 조건으로 최대 반복횟수인 criteria.maxCount와 탐색 윈도우가 움직이지 않으면 반복을 종료하도록 하는 criteria.epsilon로 구성된다. 탐색 결과는 window에 저장된다. 탐색을 위한 반복횟수를 반환한다.

3.2 CamShift 함수

RotatedRect CamShift(InputArray probImage, Rect& window, TermCriteria criteria)

camShift 함수는 추적하고자 하는 물체의 히스토그램 역투영인 probImage와 초기 탐색 윈도우인 window를 이용하여 물체의 중심(center), 크기(size), 방향(orientation)을 반복적인 방법으로 검출한다. 히스토그램 역투영 probImage는 calcBackProject 함수로 계산한다. 검출된 물체의 외접하는 회전 가능한 RotatedRect 자료형의 박스를 반환한다. 먼저 meanShift 함수로 물체의 중심을 찾고, 물체의 크기와 방향을 모멘트를 이용하여 계산한다. 따라서 크기가 변하는 물체도 추적할 수 있다.

[예제 12-10] meanShift 함수에 의한 물체 추적

```
001:  #include "opencv.hpp"
002:  using namespace cv;
003:  using namespace std;
004:
005:  Rect  selection;
006:  bool bLButtonDown = false;
007:  typedef enum {INIT, CALC_HIST, TRACKING} STATUS;
008:  STATUS trackingMode = INIT;
009:
```

```
010:    void onMouse(int mevent, int x, int y, int flags, void* param)
011:    {
012:        static Point  origin;
013:        Mat *pMat = (Mat *)param;
014:        Mat image = Mat(*pMat);
015:        if(bLButtonDown)
016:        {
017:            selection.x = MIN(x, origin.x);
018:            selection.y = MIN(y, origin.y);
019:            selection.width = selection.x + abs(x - origin.x);
020:            selection.height = selection.y + abs(y - origin.y);
021:
022:            selection.x = MAX(selection.x, 0);
023:            selection.y = MAX(selection.y, 0);
024:            selection.width = MIN(selection.width, image.cols);
025:            selection.height = MIN(selection.height, image.rows);
026:            selection.width -= selection.x;
027:            selection.height -= selection.y;
028:        }
029:        switch(mevent)
030:        {
031:            case EVENT_LBUTTONDOWN:
032:                origin = Point(x, y);
033:                selection = Rect(x, y, 0, 0);
034:                bLButtonDown = true;
035:                break;
036:            case EVENT_LBUTTONUP:
037:                bLButtonDown = false;
038:                if(selection.width > 0 && selection.height > 0)
039:                trackingMode = CALC_HIST;
040:                break;
041:        }
042:    }
043:    int main()
044:    {
045:        // VideoCapture inputVideo(0);
046:        VideoCapture inputVideo("ball.wmv");
047:        if (!inputVideo.isOpened())
048:        {
049:            cout << " Can not open inputVideo !!!" << endl;
050:            return 0;
051:        }
052:        Size size = Size((int) inputVideo.get(CAP_PROP_FRAME_WIDTH),
053:                            (int) inputVideo.get(CAP_PROP_FRAME_HEIGHT));
054:        int fps = (int)(inputVideo.get(CAP_PROP_FPS));
055:        if(fps <= 0) fps = 24; // for camera
056:
057:        Mat dstImage;
058:        namedWindow("dstImage");
059:        setMouseCallback("dstImage", onMouse, (void *)&dstImage);
060:
061:        int  histSize = 8;
062:        float valueRange[ ] = {0, 180}; //hue's maximum is 180.
063:        const float* ranges[ ] = {valueRange};
064:        int channels = 0;
065:        Mat hist, backProject;
066:
```

```
067:        int fourcc = VideoWriter::fourcc('D', 'I', 'V', 'X');
068:        bool isColor = true;
069:        VideoWriter outputVideo("trackingRect.avi", fourcc, fps, size, isColor);
070:        if (!outputVideo.isOpened())
071:        {
072:            cout << " Can not open outputVideo !!!" << endl;
073:            return 0;
074:        }
075:        if(fourcc != -1)
076:        {
077:            // for waiting for ready the camera
078:            imshow("dstImage", NULL);
079:            waitKey(100); // not working because of no window
080:        }
081:        TermCriteria criteria = TermCriteria(TermCriteria::COUNT
082:                        + TermCriteria::EPS, 10, 2);
083:        Rect  trackWindow;
084:        int delay = 1000 / fps;
085:        Mat frame, hImage, hsvImage, mask;
086:
087:        for ( ; ; )
088:        {
089:            inputVideo >> frame;
090:            if(frame.empty())
091:                break;
092:            cvtColor(frame, hsvImage, CV_BGR2HSV);
093:            frame.copyTo(dstImage);
094:            if(bLButtonDown && 0<selection.width && 0<selection.height)
095:            {
096:                Mat dstROI = dstImage(selection);
097:                bitwise_xor(dstROI, Scalar::all(255), dstROI);
098:            }
099:            if(trackingMode) // CALC_HIST or TRACKING
100:            {
101:                // create mask image
102:                int vmin = 50, vmax = 256, smin = 50;
103:                inRange(hsvImage, Scalar(0,smin, MIN(vmin,vmax)),
104:                        Scalar(180, 256, MAX(vmin,vmax)), mask);
105:                // imshow("mask", mask);
106:
107:                int ch[] = {0, 0};
108:                hImage.create(hsvImage.size(), CV_8U);
109:                mixChannels(&hsvImage, 1, &hImage, 1, ch, 1);
110:                // imshow("hImage", hImage);
111:                if(trackingMode == CALC_HIST)
112:                {
113:                    Mat hImageROI(hImage, selection), maskROI(mask, selection);
114:                    calcHist(&hImageROI, 1,&channels, maskROI, hist, 1,&histSize,ranges);
115:                    normalize(hist, hist, 0, 255, NORM_MINMAX);
116:                    trackWindow = selection;
117:                    trackingMode = TRACKING;
118:                }
119:                // TRACKING:
120:                calcBackProject(&hImage, 1, &channels, hist, backProject, ranges);
121:                backProject &= mask;
122:                // bitwise_and(backProject, mask, backProject);
123:                // imshow("backProject", backProject);
```

```
124:
125:                    meanShift(backProject, trackWindow, criteria);
126:                    Point pt1 = Point(trackWindow.x, trackWindow.y);
127:                    Point pt2 = Point(pt1.x + trackWindow.width,
128:                                      pt1.y + trackWindow.height);
129:                    rectangle(dstImage, pt1, pt2, Scalar(0, 0, 255), 2);
130:
131:            }
132:            imshow("dstImage", dstImage);
133:            outputVideo << dstImage;
134:
135:            int ckey = waitKey(delay);
136:            if (ckey == 27) break;
137:        }
138:        return 0;
139:  }
```

◎ 프로그램 설명

① 5-8행

selection은 추적할 물체를 마우스 왼쪽 버튼을 누른 채로 드래깅하여 선택한 사각영역을 저장한다. bLButtonDown은 마우스 왼쪽 버튼을 누른 상태인지를 나타낸다. trackingMode는 프로그램의 실행 상태를 나타내는 변수이다. 추적할 물체가 선택되지 않은 상태는 INIT, 마우스로 추적할 물체영역이 선택되면 CALC_HIST, 히스토그램이 계산되면 TRACKING 상태이다.

② 10-42행

onMouse 함수는 마우스 콜백 함수이다. 마우스 왼쪽 버튼을 누른 채로 드래깅을 하다가 버튼을 떼면 selection에 영역을 저장한다.

③ 45-59행

45-46행은 VideoCapture 클래스의 생성자로 카메라 또는 비디오 파일 "ball.wmv"에 대한 객체 inputVideo를 생성한다. 52-53행은 비디오 프레임의 가로와 세로 크기를 size에 저장한다. 54행은 비디오의 속도를 fps에 저장한다. 55행은 카메라의 경우 fps를 24로 설정한다. 59행은 setMouseCallback 함수로 "dstImage" 윈도우에 콜백 함수 onMouse를 설정한다.

④ 61-65행

히스토그램 빈의 크기는 histSize = 8, channels = 0, Hue 값의 범위는 valueRange[] = {0, 180}로 저장하고, ranges 배열에 초기화한다. 히스토그램 행렬 hist, 역투영 행렬 backProject를 선언한다.

⑤ 67-80행

VideoWriter 클래스로 출력 비디오 파일 "trackingRect.avi", 코덱 fourcc, fps, size, isColor를 설정하여 outputVideo 객체를 생성한다. 75-80행은 fourcc != -1일 때, 카메라에 따라, 첫 프레임을 획득하기 전까지 준비 시간을 확보하기 위하여, imshow 함수로 "dstImage" 윈도우에 NULL 영상을 출력하고, waitKey 함수로 100 밀리초를 대기한다.

⑥ 81-85행

criteria는 meanShift 함수의 종료 조건이다. trackWindow는 추적하려는 윈도우 영역이며, 또한, meanShift에 의한 추적된 영역이다. frame, hImage, hsvImage, mask 행렬을 선언한다.

⑦ 89-93행

92행은 획득된 비디오 프레임 frame을 cvtColor 함수로 HSV 컬러 모델로 변환하여 hsvImage에 저장한다. 변환된 컬러의 Hue의 최대값은 180이다. 93행은 frame을 dstImage에 복사한다.

⑧ 94-98행

마우스 콜백 함수에 의해 마우스 왼쪽 버튼을 누른 상태이고, 선택영역이 있으면, bitwise_xor 함수로 Scalar::all(255)와 XOR 연산을 수행하여 선택영역을 알 수 있게 표시한다.

⑨ 99-131행

trackingMode가 CALC_HIST 또는 TRACKING이면, 히스토그램을 계산하고, 히스토그램 역투영을 이용하는 meanShift 함수로 trackWindow를 추적한다. 102-104행은 inRange 함수로 hsvImage 영상에서 추적하려는 HSV 컬러 범위를 Scalar(0,smin, MIN(vmin,vmax))에서 Scalar(180, 256, MAX(vmin,vmax))의 범위로 지정하여, 0과 255를 갖는 mask 영상을 생성한다. 이때, 마우스로 선택한 영역인 selection 영역에서 추적하려는 색상이 255로 마스킹되어야 한다.

107-109행은 hImage 영상을 생성하고, mixChannels 함수로 hsvImage영상을 채널 분리하여, Hue 채널(0-채널)을 hImage에 저장한다. 111-118행은 trackingMode가 CALC_HIST이면, selection을 이용하여 hImage와 mask영상에서 관심영역을 hImageROI, maskROI로 설정하고, calcHist 함수로 관심영역, hImageROI에서 마스크 maskROI를 사용하여 히스토그램 hist를 계산하고, normalize 함수로 히스토그램을 [0, 255] 범위로 정규화한다. selection 영역을 trackWindow에 저장하고, trackingMode를 TRACKING으로 설정한다. 120-121행은 calcBackProject 함수로 Hue 채널 영상 hImage와 히스토그램 hist를 사용하여 히스토그램 역투영 backProject 영상을 계산한다. backProject와 mask를 비트 AND 연산하여 추적하려는 색상의 화소에서만 값을 갖도록 한다. 125-129행은 meanShift 함수로 backProject 영상과 종료조건 criteria를 이용하여 초기값 trackWindow를 추적 갱신하여, 사각형으로 표시한다.

⑩ [그림 12.13]은 meanShift 함수에 의한 물체 추적 결과이다. [그림 12.13](a)는 입력 비디오 프레임을 HSV 컬러 모델로 변환한 영상의 Hue 채널 영상인 hImage이고, [그림 12.13](b)는 inRange 함수로 HSV 컬러 영상인 hsvImage 영상에서, 범위를 Scalar(0,smin, MIN(vmin,vmax))에서 Scalar(180, 256, MAX(vmin,vmax)) 사이로 지정하여 생성한 mask 영상으로, 추적하려는 물체인 테니스공이 255인 영역에 포함됨을 알 수 있다. [그림 12.13](c)는 Hue 채널 영상인 hImage와 선택 영역의 히스토그램 hist를 이용하여 히스토그램 역투영을 계산하고, mask와 비트 AND 연산을 수행한 backProject 영상으로, 추적하려는 테니스공의 Hue 채널 색상과 히스토그램이 같은 부분은 255, 그 외의 영역에서는 0이다. [그림 12.13](d)는 meanShift 함수에 의해 추적된 trackWindow를 표시한다.

(a) hImage

(b) mask

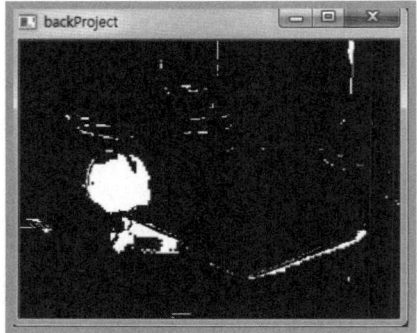

(c) backProject

(d) dstImage

[그림 12.13] meanShift 함수에 의한 물체 추적

[예제 12-11] CamShift 함수에 의한 물체 추적

```
001:  #include "opencv.hpp"
002:  using namespace cv;
003:  using namespace std;
004:
005:  Rect  selection;
006:  bool bLButtonDown = false;
007:  typedef enum {INIT, CALC_HIST, TRACKING} STATUS;
008:  STATUS trackingMode = INIT;
009:
010:  void onMouse(int mevent, int x, int y, int flags, void* param)
011:  {
012:       static Point  origin;
013:       Mat *pMat = (Mat *)param;
014:       Mat image = Mat(*pMat);
015:       if(bLButtonDown)
016:       {
017:            selection.x = MIN(x, origin.x);
018:            selection.y = MIN(y, origin.y);
019:            selection.width = selection.x + abs(x - origin.x);
020:            selection.height = selection.y + abs(y - origin.y);
021:
022:            selection.x = MAX(selection.x, 0);
023:            selection.y = MAX(selection.y, 0);
024:            selection.width = MIN(selection.width, image.cols);
025:            selection.height = MIN(selection.height, image.rows);
026:            selection.width -= selection.x;
027:            selection.height -= selection.y;
028:       }
029:       switch(mevent)
030:       {
031:            case EVENT_LBUTTONDOWN:
032:                 origin = Point(x, y);
033:                 selection = Rect(x, y, 0, 0);
034:                 bLButtonDown = true;
035:                 break;
036:            case EVENT_LBUTTONUP:
037:                 bLButtonDown = false;
038:                 if(selection.width > 0 && selection.height > 0)
039:                      trackingMode = CALC_HIST;
040:                 break;
041:       }
042:  }
043:  int main()
044:  {
045:       // VideoCapture inputVideo(0);
046:       VideoCapture inputVideo("ball.wmv");
047:       if (!inputVideo.isOpened())
048:       {
049:            cout << " Can not open inputVideo !!!" << endl;
050:            return 0;
051:       }
052:       Size size = Size((int) inputVideo.get(CAP_PROP_FRAME_WIDTH),
053:                        (int) inputVideo.get(CAP_PROP_FRAME_HEIGHT));
054:       int fps = (int)(inputVideo.get(CAP_PROP_FPS));
055:       if(fps <= 0) fps = 24; // for camera
```

```
056:
057:        Mat dstImage;
058:        namedWindow("dstImage");
059:        setMouseCallback("dstImage", onMouse, (void *)&dstImage);
060:
061:        int  histSize = 8;
062:        float valueRange[ ] = {0, 180}; // hue's maximum is 180.
063:        const float* ranges[ ] = {valueRange};
064:        int channels = 0;
065:        Mat hist, backProject;
066:
067:        int fourcc = VideoWriter::fourcc('D', 'I', 'V', 'X');
068:        bool isColor = true;
069:        VideoWriter outputVideo("trackingRect.avi", fourcc, fps, size, isColor);
070:        if (!outputVideo.isOpened())
071:        {
072:            cout << " Can not open outputVideo !!!" << endl;
073:            return 0;
074:        }
075:        if(fourcc != -1)
076:        {
077:            // for waiting for ready the camera
078:            imshow("dstImage", NULL);
079:            waitKey(100); // not working because of no window
080:        }
081:        TermCriteria criteria = TermCriteria(TermCriteria::COUNT
082:                                    + TermCriteria::EPS, 10, 2);
083:        Rect    trackWindow;
084:        RotatedRect trackBox;
085:        int delay = 1000 / fps;
086:        Mat frame, hImage, hsvImage, mask;
087:
088:        for ( ; ; )
089:        {
090:            inputVideo >> frame;
091:            if(frame.empty())
092:                break;
093:            cvtColor(frame, hsvImage, CV_BGR2HSV);
094:            frame.copyTo(dstImage);
095:            if(bLButtonDown && 0 < selection.width && 0 < selection.height)
096:            {
097:                Mat dstROI = dstImage(selection);
098:                bitwise_xor(dstROI, Scalar::all(255), dstROI);
099:            }
100:            if(trackingMode) // CALC_HIST or TRACKING
101:            {
102:                // create mask image
103:                int vmin = 50, vmax = 256, smin = 50;
104:                inRange(hsvImage, Scalar(0,smin, MIN(vmin,vmax)),
105:                            Scalar(180, 256, MAX(vmin,vmax)), mask);
106:                // imshow("mask", mask);
107:
108:                int ch[] = {0, 0};
109:                hImage.create(hsvImage.size(), CV_8U);
110:                mixChannels(&hsvImage, 1, &hImage, 1, ch, 1);
111:                // imshow("hImage", hImage);
112:                if(trackingMode == CALC_HIST)
```

```
113:                    {
114:                        Mat hImageROI(hImage, selection), maskROI(mask, selection);
115:                        calcHist(&hImageROI, 1, &channels, maskROI, hist,1, &histSize, ranges);
116:                        normalize(hist, hist, 0, 255, CV_MINMAX);
117:                        trackWindow = selection;
118:                        trackingMode = TRACKING;
119:                    }
120:                    // TRACKING:
121:                    calcBackProject(&hImage, 1, &channels, hist, backProject, ranges);
122:                    backProject &= mask;
123:                    // bitwise_and(backProject, mask, backProject);
124:                    // imshow("backProject", backProject);
125:
126:                    // meanShift(backProject, trackWindow, criteria);
127:                    trackBox = CamShift(backProject, trackWindow, criteria);
128:                    // Point pt1 = Point(trackWindow.x, trackWindow.y);
129:                    // Point pt2 = Point(pt1.x + trackWindow.width,
130:                    //                   pt1.y + trackWindow.height);
131:                    // rectangle(dstImage, pt1, pt2, Scalar(0, 0, 255), 2);
132:                    ellipse(dstImage, trackBox, Scalar(255, 0, 0), 2);
133:                    Point2f rectPoints[4];
134:                    trackBox.points(rectPoints);
135:                    for(int i = 0; i < 4; i++)
136:                        line(dstImage, rectPoints[i], rectPoints[(i + 1) % 4], Scalar(0, 0 ,255), 2);
137:                }
138:                imshow("dstImage", dstImage);
139:                outputVideo << dstImage;
140:
141:                int ckey = waitKey(delay);
142:                if (ckey == 27) break;
143:        }
144:        return 0;
145: }
```

◎ 프로그램 설명

① [예제 12-10]의 meanShift 함수에 의한 물체 추적 프로그램과 유사하다. 두 프로그램은 84행과 127행, 132-136행에서만 차이를 보인다.

② 84행
trackBox는 CamShift 함수에 의해 추적되는 회전 가능한 사각 박스영역을 저장하기 위한 변수이다. trackBox.center는 물체의 중심 위치, trackBox.size는 크기, trackBox.angle은 방향을 나타낸다.

③ 127-136행
127행은 CamShift 함수로 backProject 영상과 종료조건 criteria를 이용하여, 초기값 trackWindow를 갱신하고, 회전된 사각영역을 trackBox에 저장한다. 132행은 trackBox를 타원으로 표시하고, 133-136행은 바운딩 사각형을 직선으로 표시한다.

④ [그림 12.14]는 CamShift 함수에 의한 물체 추적 결과이다. CamShift 함수는 추적 물체의 위치와 크기 그리고 방향을 함께 추적한다.

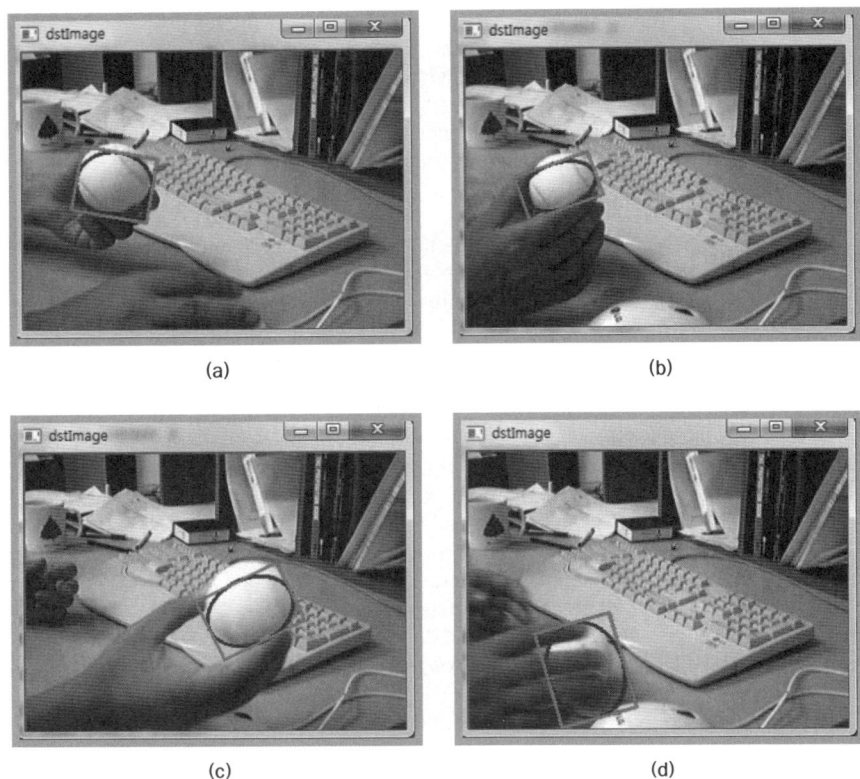

(a) (b)

(c) (d)

[그림 12.14] CamShift 함수에 의한 물체 추적

04 KalmanFilter에 의한 물체 추적

칼만 필터는 부정확한 측정값(observation/measurement)으로부터 오차를 최소로 하는 추정치(estimate)를 반복적으로 추정하는 방법으로 가우시안 잡음(Gaussian noise)인 경우에 최적의 추정량(optical estimator)을 구할 수 있다. 잡음으로부터 최적의 추정치를 찾는다는 의미에서 필터라는 이름이 붙었다. 칼만 필터의 프로세스 방정식(process equation)과 측정 방정식(measurement equation)은 다음과 같다. OpenCV의 KalmanFilter 클래스는 http://en.wikipedia.org/wiki/Kalman_filter의 표준 칼만 필터를 구현한다. 수식 표기는 G. Welch' and G. Bishop의 "An Introduction to the Kalman Filter"의 표기법과 같다.

$$x_k = A \cdot x_{k-1} + B \cdot u_k + w_k \qquad : Process\ equation$$

$$z_k = H \cdot x_k + v_k \qquad\qquad : Measurement\ equation$$

여기서, x_k $: system\ state\ at\ k$

$\qquad x_{k-1} : system\ state\ at\ k-1$

$\qquad z_k \quad : measurement\ at\ k$

$\qquad u_k \quad : external\ control\ at\ k$

$w_k : process\ noise, p(w) \sim N(0,\ Q)$

$v_k : measurement noise, p(v) \sim N(0, R)$

$A : state\ transition\ \mathrm{model},\ n \times n\ matrix,$

$B : optional\ control-input\ \mathrm{model},\ n \times l\ matrix,$

$H : observation\ \mathrm{model},\ m \times n\ matrix,$

$Q : process\ noise\ covariance\ matrix$

$R : measurement\ covariance\ matrix$

초기 상태 x_0와 각 단계에서 잡음 벡터 $\{x_0, w_1, w_2, \ldots, w_k, v_1, v_2, \ldots, v_k\}$는 서로 독립이라 가정한다. 칼만 필터는 [그림 12.15]와 같이, 초기화 이후, 예측(predict) 단계와 정정(correct) 단계를 반복적으로 수행하며 추정치를 구한다. 측정 잡음의 공분산 R이 아주 크면, 칼만 이득 K가 매우 작아져, 다음 단계의 추정치를 계산할 때 현재의 측정값이 무시된다. 즉 측정 잡음이 크면, 현재의 측정값보다 이전의 추정치에 더 의존한다.

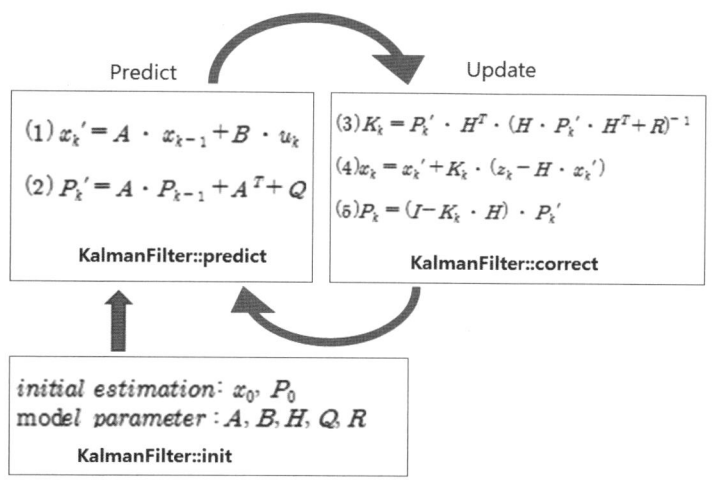

[그림 12.15] Kalman 필터링 과정

KalmanFilter 클래스 선언은 tracking.hpp 파일에, 구현은 kalman.cpp 파일에 있다.

```
class KalmanFilter
{
public:
        // the default constructor
        CV_WRAP KalmanFilter();
        // the full constructor taking the dimensionality of the state,
        // of the measurement and of the control vector
        CV_WRAP KalmanFilter(int dynamParams, int measureParams,
                           int controlParams = 0, int type = CV_32F);

        // re-initializes Kalman filter. The previous content is destroyed.
        void init(int dynamParams, int measureParams,
                           int controlParams = 0, int type = CV_32F);

        // computes predicted state
        CV_WRAP const Mat& predict(const Mat& control = Mat());

        // updates the predicted state from the measurement
        CV_WRAP const Mat& correct(const Mat& measurement);

        Mat statePre;      // predicted state (x'(k)): x(k) = A * x(k - 1) + B * u(k)
        Mat statePost;     // corrected state (x(k)): x(k) = x'(k) + K(k) * (z(k) - H * x'(k))
        Mat transitionMatrix;  // state transition matrix (A)
        Mat controlMatrix;   // control matrix (B) (not used if there is no control)
        Mat measurementMatrix; // measurement matrix (H)
        Mat processNoiseCov;  // process noise covariance matrix (Q)
        Mat measurementNoiseCov; // measurement noise covariance matrix (R)

        // priori error estimate covariance matrix (P'(k)): P'(k) = A * P(k - 1) * At + Q
        Mat errorCovPre;

        // Kalman gain matrix (K(k)): K(k) = P'(k) * Ht * inv(H * P'(k) * Ht + R)
        Mat gain;

        // posteriori error estimate covariance matrix (P(k)): P(k) = (I - K(k) * H) * P'(k)
        Mat errorCovPost;

        // temporary matrices
        // 생략 ...............
};
```

4.1 KalmanFilter 생성자 및 메서드

(1) KalmanFilter 생성자

① KalmanFilter::KalmanFilter()

② KalmanFilter::KalmanFilter(int dynamParams, int measureParams,
    int controlParams = 0, int type = CV_32F)

생성자 함수로 칼만 필터를 초기화한다. dynamParams(DP), measureParams(MP), controlParams(CP)는 각각 상태 벡터(state vector), 측정 벡터(measurement vector), 외부 제어 벡터(control vector)의 차원(dimensionality)이다. type은 생성되는 행렬의 자료형으로 CV_32F 또는 CV_64F이다.

(2) KalmanFilter ::init 메서드

void KalmanFilter::init(int dynamParams, int measureParams,
    int controlParams = 0, int type = CV_32F)

KalmanFilter::init 메서드는 칼만 필터를 다시 초기화한다. 이전의 내용은 모두 파괴된다. type은 생성되는 행렬의 자료형으로 CV_32F 또는 CV_64F이다.

(3) KalmanFilter::predict 메서드

const Mat& KalmanFilter::predict(const Mat& control = Mat())

KalmanFilter::predict 메서드는 칼만 필터의 상태를 예측(prediction)하여, statePre를 반환한다.

(4) KalmanFilter::correct 메서드

const Mat& KalmanFilter::correct(const Mat& measurement)

관찰 벡터 measurement를 사용하여 모델의 상태를 정정한다. 정정된 모델의 상태 statePost를 반환한다.

4.2 KalmanFilter 클래스 멤버 변수

① dynamParams, measureParams, controlParams는 각각 상태 벡터(state vector), 측정 벡터(measurement vector), 외부 제어 벡터(control vector)의 차원 (dimensionality)이다.

② **Mat statePre; // predicted state (x'(k))**

statePre는 KalmanFilter::predict 메서드에 의한 상태의 예측 결과이다. [그림 12.15] 에서 수식 (1)의 결과인 x'_k이다.

$$(1)\ x_k' = A \cdot x_{k-1} + B \cdot u_k$$

③ **Mat statePost; // corrected state (x(k))**

statePost는 KalmanFilter::correct 메서드에 의해 정정된 상태의 결과이다. [그림 12.15]에서 수식 (4)의 결과인 x_k이다.

$$(4)\ x_k = x_k' + K_k \cdot (z_k - H \cdot x_k')$$

④ **Mat transitionMatrix;**   // state transition matrix (A)

transitionMatrix는 상태 변환 행렬 A이다.

⑤ **Mat controlMatrix;**   // control matrix (B)

controlMatrix는 제어 행렬 B이다. 외부 제어가 없는, CP = 0이면 controlMatrix는 사용되지 않는다.

⑥ **Mat measurementMatrix; // measurement matrix (H)**

measurementMatrix는 측정 벡터의 변환 행렬 H이다.

⑦ **Mat processNoiseCov;**   // process noise covariance matrix (Q)

processNoiseCov는 프로세스 잡음(process noise)의 공분산행렬(covariance matrix) Q이다.

⑧ **Mat measurementNoiseCov; // measurement noise covariance matrix (R)**

measurementNoiseCov는 측정 잡음(measurement noise)의 공분산행렬(covariance matrix) R이다.

⑨ **Mat errorCovPre;**   // priori error estimate covariance matrix (P'(k))

errorCovPre는 KalmanFilter::predict 메서드에 의한 사전 오차(priori error) 공분산 행렬이다. [그림 12.15]에서 수식 (2)의 결과인 $P_k{'}$이다.

$$(2)\ P_k{'} = A \cdot P_{k-1} + A^T + Q$$

⑩ **Mat gain;**   // Kalman gain matrix (K(k))

gain은 KalmanFilter::correct 메서드에 의한 칼만 이득 행렬(Kalman gain matrix)이다. [그림 12.15]에서 수식 (3)의 결과인 K_k이다.

$$(3)\ K_k = P_k{'} \cdot H^T \cdot (H \cdot P_k{'} \cdot H^T + R)^{-1}$$

⑪ **Mat errorCovPost;**   // posteriori error estimate covariance matrix

errorCovPost는 KalmanFilter::correct 메서드에 의한 사후 오차(posteriori error) 공분산행렬이다. [그림 12.15]에서 수식 (5)의 결과인 P_k이다.

$$(5)\ P_k = (I - K_k \cdot H) \cdot P_k{'}$$

[예제 12-12] 칼만 필터를 사용한 랜덤 상수 추정 1 (직접 구현, offline)

```
001:  #include "opencv.hpp"
002:  #include <time.h>
003:  using namespace cv;
004:  using namespace std;
005:  int main()
006:  {
007:      // Greg Welch and Gary Bishop, "An Introduction to the Kalman Filter," 2006.
```

```
008:        // Estimating a Random Constant : offline
009:
010:        theRNG().state = time(NULL);
011:        int t, count = 100;
012:        double x = -0.37727; // truth value
013:
014:        //////////////////// Kalman Filter ////////////////////
015:        double Q = 1e - 5;   // process variance
016:        // double R = (0.1) * (0.1); // estimate of measurement variance
017:        // double R = 1.0;
018:        double R = 0.0001;
019:
020:        Scalar stddevR = Scalar::all(0.1); // Scalar::all(sqrt(R))
021:        vector<float> measurement_k(count); // the noisy measurements, zk
022:        randn(measurement_k, Scalar::all(x), stddevR);
023:
024:        vector<float> state_k(count);  // state , xk
025:        vector<float> predict_k(count); // predict, xk'
026:        vector<float> postP(count);   // the posteriori error covariance, P
027:        vector<float> preP(count);   // the priori error covariance, P'
028:        vector<float> K(count);     // kalman gain, K
029:
030:        // intial guesses
031:        state_k[0] = 0.0;
032:        postP[0]  = 1.0;
033:        for (t = 1; t < count; t++)
034:        {
035:            // predict
036:            predict_k[t] = state_k[t - 1];
037:            preP[t] = postP[t - 1] + Q;
038:
039:            // update
040:            K[t] = preP[t] / (preP[t] + R);
041:            state_k[t] = predict_k[t] + K[t] * (measurement_k[t] - predict_k[t]);
042:            postP[t] = (1 - K[t]) * preP[t];
043:        }
044:
045:        // drawing values
046:        Mat dstImage(512, 512, CV_8UC3, Scalar::all(255));
047:        Size size = dstImage.size();
048:        namedWindow("dstImage");
049:
050:        double minVal, maxVal;
051:        minMaxLoc(measurement_k, &minVal, &maxVal);
052:        double scale = size.height/(maxVal - minVal);
053:        cout << "measurement_k : ";
054:        cout << " minVal= " << minVal ;
055:        cout << ", maxVal= " << maxVal << endl;
056:
057:        // drawing the truth value , x = -0.37727
058:        Point pt1, pt2;
059:        pt1.x = 0;
060:        pt1.y = size.height - cvRound(scale * x - scale * minVal);
061:
062:        pt2.x = size.width;
063:        pt2.y = size.height - cvRound(scale * x - scale * minVal);
064:        line(dstImage, pt1, pt2, Scalar(255, 0, 0), 2);
```

```
065:
066:        // drawing the noisy measurements, measurement_k
067:        int step = size.width / count;
068:        for (t = 0; t < count; t++)
069:        {
070:            pt1.x = t * step;
071:            pt1.y = size.height - cvRound(scale * measurement_k[t] - scale * minVal);
072:            circle(dstImage, pt1, 3, Scalar(0, 255, 0), 2);
073:        }
074:        // drawing the filter estimate, state_k
075:        pt1.x = 0;
076:        pt1.y = size.height - cvRound(scale * state_k[0] - scale * minVal);
077:        for (t = 1; t < count; t++)
078:        {
079:            pt2.x = t * step;
080:            pt2.y = size.height - cvRound(scale * state_k[t] - scale * minVal);
081:            line(dstImage, pt1, pt2, Scalar(0, 0, 255), 2);
082:            pt1 = pt2;
083:        }
084:        imshow("dstImage", dstImage);
085:
086:        // drawing the error covariance, postP
087:        Mat PImage(size.height, size.width, CV_8UC3, Scalar::all(255));
088:        size = PImage.size();
089:        namedWindow("PImage");
090:
091:        minMaxLoc(postP, &minVal, &maxVal);
092:        scale = size.height / (maxVal - minVal);
093:        cout << "error covariance, P: ";
094:        cout << " minVal= " << minVal;
095:        cout << ", maxVal= " << maxVal << endl;
096:
097:        pt1.x = 0;
098:        pt1.y = size.height - cvRound(scale * postP[0] - scale * minVal);
099:        step = size.width / count;
100:        for (t = 1; t < count; t++)
101:        {
102:            pt2.x = t * step;
103:            pt2.y = size.height - cvRound(scale * postP[t] - scale * minVal);
104:            line(PImage, pt1, pt2, Scalar(0, 0, 255), 2);
105:            pt1 = pt2;
106:        }
107:        imshow("PImage", PImage);
108:        waitKey(0);
109:    }
```

◎ 프로그램 설명

① Greg Welch and Gary Bishop의 논문 'An Introduction to the Kalman Filter'에서 랜덤 상수 추정(Estimating a Random Constant) 예제를 Python으로 구현한 프로그램을 OpenCV의 Kalman 필터 클래스를 사용하지 않고 직접 구현한다. 오프라인 버전으로 count개의 측정값을 벡터에 미리 난수를 이용하여 계산하고 칼만 필터링을 수행한다. 칼만 필터의 프로세스 방정식(process equation)과 측정 방정식(measurement equation)은 다음과 같다. 칼만 필터에서 외부 컨트롤 $u_k = 0$이고, 변환행렬 H = 1이다.

$$x_k = x_{k-1} + w_k \qquad : Process\ equation$$

$$z_k = x_k + v_k \qquad : Measurement\ \ equation$$

랜덤 상수의 참값 $x = -0.37727$에 $N(0, (0.1)^2)$의 정규분포를 따르는 잡음을 추가하여 100개의 측정값 z_k을 생성한다. 칼만 필터에서 프로세스 잡음의 분산을 Q = 1e-5, 측정 잡음의 분산 R을 0.01, 1.0, 0.0001 각각에 대하여 실험하며, 랜덤 상수 x의 추정치를 반복적으로 계산한다. 각각에서 사후 오차 공분산(posteriori error covariance) postP를 그래프로 표시한다.

② 10-28행
10행은 난수를 time 함수로 초기화하고, count는 측정값의 개수이며, x는 참값이다. 15-18행은 프로세스 잡음의 분산을 Q= 1e - 5, 측정 잡음의 분산을 R=0.01로 초기화한다. 17행, 18행의 주석을 해제하여 각각 R = 1.0, R = 0.0001로 초기화하여 측정 잡음의 분산을 다르게 설정하여 실험한다. 20-22행은 $N(-0.37727, (0.1)^2$의 정규분포를 따르는 count = 100개의 측정값을 행렬 measurement_k에 생성한다. 측정값을 생성하는 정규분포의 표준편차와 칼만 필터에서 사용하는 측정 오차 공분산 값을 독립적으로 설정하여 실험한다. 즉, 20행에서 측정 잡음의 표준편차는 stddevR = Scalar::all(sqrt(R))이 정확한 값이지만, stddevR = Scalar::all(0.1)로 고정하여 측정값을 생성하고, 실제 칼만 필터에서는 R값을 사용하여 실험한다. measurement_k는 [그림 12.15]의 수식에서 z_k이다. 24-28행의 칼만 필터 계산 및 결과를 영상에 표시하기 위한 벡터를 생성한다. [그림 12.15]의 수식과 벡터와의 관계는 다음과 같다. state_k는 x_k, predict_k는 x_k', postP는 P, preP는 P', K는 K_k이다.

③ 30-43행
31-32행은 state_k[0] = 0.0, postP[0] = 1.0으로 칼만 필터를 초기화하고, 36-37행은 예측(predict) 단계를 계산하고, 40-42행은 정정/갱신(correct/update) 단계를 계산한다.

④ 45-55행
46행은 화면 표시를 위한 컬러 영상 dstImage를 생성하고, 51행은 측정값의 최소값과 최대값인 minVal, maxVal를 minMaxLoc 함수로 계산한다. 52행은 minVal, maxVal를 영상의 높이 size.height로 변환할 scale을 계산한다.

⑤ 57-84행
57-64행은 참값인 x = -0.37727을 dstImage 영상에 Scalar(255, 0, 0) 색상의 직선으로 표시한다. 67행은 count 개수의 데이터를 dstImage 영상의 가로축에 표시하기 위한 간격 step을 계산한다. 68-73행은 측정값이 저장된 measurement_k의 값을 dstImage 영상에 Scalar(0, 255, 0) 색상의 원으로 표시한다. 74-83행은 필터링된 추정치 state_k의 값을 dstImage 영상에 Scalar(0, 0, 255) 색상의 직선으로 표시한다.

⑥ 86-107행
87-92행은 에러 공분산행렬 postP를 PImage 영상에 표시하기 위하여, minMaxLoc 함수로 공분산 행렬 postP에서 최소값 minVal와 최대값 maxVal을 계산하고, PImage 영상의 높이로 변환할 scale을 계산한다. 97-106행은 에러 공분산 postP를 PImage에 Scalar(0, 0, 255) 색상의 직선으로 표시한다.

⑦ [그림 12.16]은 R = 0.01로, 측정값 measurement_k를 생성할 때의 분산과 같은 값으로 칼만 필터를 실험한 결과이다. 측정값 measurement_k의 minVal= -0.645, maxVal = -0.124이고, 에러 공분산 postP의 minVal = 0.0003, maxVal = 1이다. [그림 12.16](a)를 보면 바로 참값의 근처로 접근해가며, [그림 12.16](b)의 에러 공분산 postP가 바로 0 근처로 작아지는 것을 알 수 있다. [그림 12.17]은 측정값 measurement_k를 생성할 때의 분산(0.01)보다 100배 큰 R = 1.0으로 칼만 필터를 실험한 결과이다. 결과적으로 필터링된 추정치들은 천천히 참 값으로 움직인다. [그림 12.17](b)의 에러 공분산 postP가 서서히 작아지는 것을 알 수 있다. [그림 12.18]은 측정 잡음의 공분산보다 100배 작은 R = 0.0001로 실험한 결과이다. R이 작기 때문에 바로 측정값이 정확할 거라 신뢰하여 바로 결과에 반영하여, [그림 12.18](b)의 에러 공분산 postP가 바로 0 근처로 수렴해가지만, [그림 12.18](a)와 같이 필터링된 추정치들의 크게 움직이는 것을 볼 수 있다.

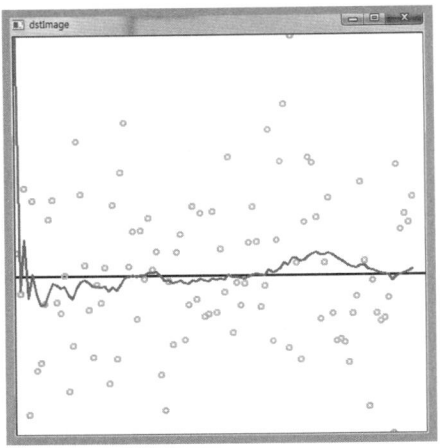 

(a) measurement_k, state_k   (b) postP

[그림 12.16] R=0.01일 때 칼만 필터 직접 구현 1

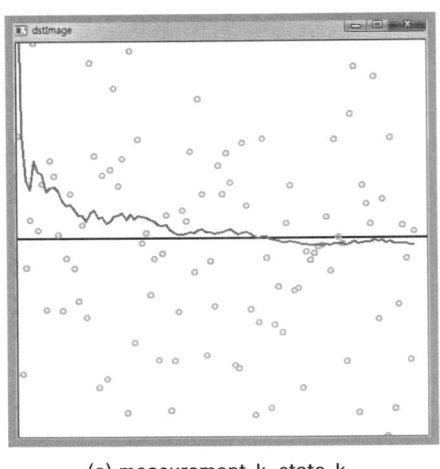 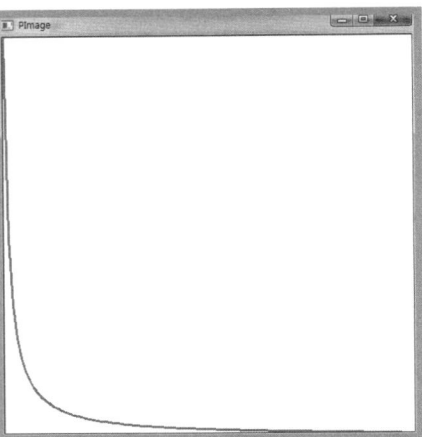

(a) measurement_k, state_k   (b) postP

[그림 12.17] R=1일 때 칼만 필터 직접 구현 1

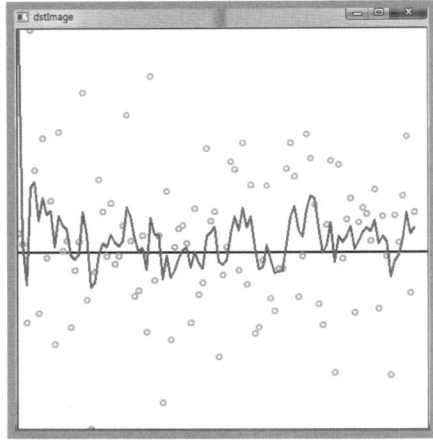 

(a) measurement_k, state_k   (b) postP

[그림 12.18] R=0.0001일 때 칼만 필터 직접 구현 1

[예제 12-13] 칼만 필터를 사용한 랜덤 상수 추정 2 (직접 구현, online)

```cpp
001:  #include "opencv.hpp"
002:  #include <time.h>
003:  using namespace cv;
004:  using namespace std;
005:  int main()
006:  {
007:      // Greg Welch and Gary Bishop, "An Introduction to the Kalman Filter," 2006.
008:      // Estimating a Random Constant : online
009:
010:      theRNG().state = time(NULL);
011:      int count = 100;
012:      double x = -0.37727; // truth value
013:
014:      /////////////////// Kalman Filter ///////////////////
015:      double Q = 1e - 5;  //process variance
016:      // double R = (0.1) * (0.1); // estimate of measurement variance
017:      double R = 1.0;
018:      // double R = 0.0001;
019:      Scalar stddevR = Scalar::all(0.1); // Scalar::all(sqrt(R))
020:
021:      vector<float> measurement_k(count); // the noisy measurements
022:      vector<float> state_k(count);    // state , xk
023:      float predict_k;   // predict, xk'
024:      float postP;     // the posteriori error covariance, P
025:      float preP;     // the priori error covariance, P'
026:      float K;        // kalman gain, K
027:
028:      // drawing values
029:      namedWindow("dstImage");
030:      Mat dstImage(512, 512, CV_8UC3, Scalar::all(255));
031:      Size size = dstImage.size();
032:      int step = size.width/count;
033:      // double minVal = -0.8, maxVal = 0.0;
034:      double minVal = x - stddevR.val[0] * 3;
035:      double maxVal = x + stddevR.val[0] * 3;
036:      double scale = size.height / (maxVal - minVal);
037:
038:      // intial guesses
039:      state_k[0] = 0.0;
040:      postP = 1.0;
041:      theRNG().state = time(NULL);
042:      int t = 1;
043:      for ( ; ; )
044:      {
045:          int t1 = (t - 1 + count) % count; // t - 1
046:
047:          // predict
048:          predict_k = state_k[t1];
049:          preP = postP + Q;
050:
051:          // generate a measurement
052:          // measurement_k[t] = rng.gaussian(stddevR) + x;
053:          Mat measurement(1, 1, CV_32F);
054:          randn(measurement, Scalar::all(x), stddevR);
055:          measurement_k[t] = measurement.at<float>(0); // save to draw
```

```
056:
057:            // update
058:            K = preP / (preP + R);
059:            state_k[t] = predict_k + K * (measurement_k[t] - predict_k);
060:            postP = (1 - K) * preP;
061:
062:            // drawing the truth value , x = -0.37727
063:            Point pt1, pt2;
064:            pt1.x = 0;
065:            pt1.y = size.height - cvRound(scale * x - scale * minVal);
066:            pt2.x = size.width;
067:            pt2.y = size.height - cvRound(scale * x - scale * minVal);
068:            line(dstImage, pt1, pt2, Scalar(255, 0, 0), 2);
069:
070:            for (int k = count - 1; k > 0; k--)
071:            {
072:                int k1 = (t + k) % count;
073:                int k2 = (t + k + 1) % count;
074:
075:                // drawing the noisy measurements, observations, measurement_k
076:                pt1.x = k * step;
077:                pt1.y = size.height - cvRound(scale * measurement_k[k1] - scale * minVal);
078:
079:                pt2.x = (k + 1) * step;
080:                pt2.y = size.height - cvRound(scale * measurement_k[k2] - scale * minVal);
081:                line(dstImage, pt1, pt2, Scalar(0, 255, 0), 2);
082:
083:                // drawing the filter estimate, state_k
084:                pt1.x = k * step;
085:                pt1.y = size.height - cvRound(scale * state_k[k1] - scale * minVal);
086:
087:                pt2.x = (k + 1) * step;
088:                pt2.y = size.height - cvRound(scale * state_k[k2] - scale * minVal);
089:                line(dstImage, pt1, pt2, Scalar(0, 0, 255), 2);
090:            }
091:            imshow("dstImage", dstImage);
092:            int ckey = waitKey(30);
093:            if (ckey == 27) break;
094:            t = (t + 1) % count;
095:            dstImage = Scalar::all(255);
096:        }
097:        return 0;
098: }
```

◎ 프로그램 설명

① [예제 12-12]의 Greg Welch and Gary Bishop의 랜덤 상수 추정 예제를 OpenCV의 Kalman 필터 클래스를 사용하지 않고 구현한 온라인 버전이다. 즉, count개의 측정값을 벡터에 미리 난수로 계산하지 않고, 반복문에서 측정값을 하나씩 계산하여 칼만 필터링을 수행하며, 화면에 직선으로 표시하기 위한, measurement_k와 state_k만을 벡터로 저장한다.

② 10-26행

10행은 난수를 time 함수로 초기화하고, count는 측정값의 개수이며, x는 참값이다. 15-19행은 프로세스 잡음의 분산을 Q = 1e-5, 측정 잡음의 분산을 R = 0.01로 초기화한다. 측정값을 생성할 때 사용하는 표준편차는 서로 다른 R에 대한 실험을 위하여 R과 독립적으로 stddevR에 설정한다. 21-26 행은 화면에 최근의 count 개의 측정값과 칼만 필터에 의해 추정된 상태값을 직선으로 표시하기 위하여 measurement_k와 state_k를 선언하고, predict_k, postP, preP, K는 변수로 선언한다.

③ 28-42행

30행은 화면 표시를 위한 컬러 영상 dstImage를 생성하고, 32행은 count 개수의 데이터를 dstImage 영상의 가로축에 표시하기 위한 간격 step을 계산한다. 34-35행은 측정값의 최소값과 최대값인 minVal, maxVal를 정규분포의 특성을 이용하여 minVal = x - stddevR.val[0] * 3, maxVal = x + stddevR.val[0] * 3로 설정한다. 36행은 minVal, maxVal를 영상의 높이 size.height로 변환할 scale을 계산한다. 39-40행은 t = 0에서의 상태값 state_k[0] = 0.0과 오차 공분산 postP = 1.0으로 칼만 필터를 초기화한다. 시작에서 t = 0에서의 측정값은 사용하지 않기 때문에 measurement_k[0]을 초기화하지 않았다. 41행은 난수를 time함수로 초기화하며, 42행은 t = 1로 설정한다.

④ 45-60행

45행의 t1은 t-1이다. 47-49행은 칼만 필터 예측 단계이다. 51-55행은 t에서 측정값을 난수로 생성한다. 57-60행은 칼만 필터 갱신(update) 단계이다. measurement_k와 state_k는 반복문에서 최근의 count개의 측정값과 칼만 필터에 의한 추정 값을 저장하는 원형 큐와 같은 버퍼이다. t는 현재 계산된 위치이고, t - 1인 t1은 이전 위치이다.

⑤ 62-95행

63-68행은 참값인 x = -0.37727을 dstImage 영상에 Scalar(255, 0, 0) 색상의 직선으로 표시한다. 70-90행은 count개의 measurement_k와 state_k를 직선으로 표시한다. 가장 최근의 측정값과 추정값을 dstImage 영상의 오른쪽에 표시되도록 하며, 가장 오래전의 값을 왼쪽에 표시한다. 직선에 의한 그래프가 움직이는 것처럼 보이도록 버퍼를 움직이며 전체를 직선으로 표시한다. 92행은 비디오 처리와 같이 지연시간을 두고, 94행은 measurement_k와 state_k 버퍼의 위치를 계산한다. 95행은 dstImage 영상을 Scalar::all(255) 색상으로 지운다.

⑥ [그림 12.19]는 R = 0.01일 때의 온라인으로 직접 구현한 칼만 필터 실행 결과이다. [그림 12.19](a)는 t = 1일 때이고, [그림 12.19](b)는 measurement_k와 state_k에 count개의 측정값과 추정치가 아직 채워지기 전의 단계이고, [그림 12.19](c)와 [그림 12.19](d)는 측정값과 추정치가 count 개만큼 채워졌을 때의 단계이다.

(a)

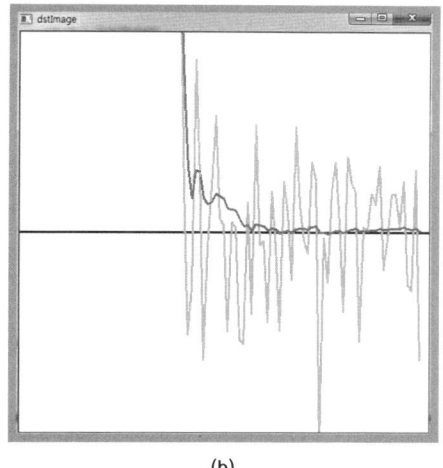
(b)

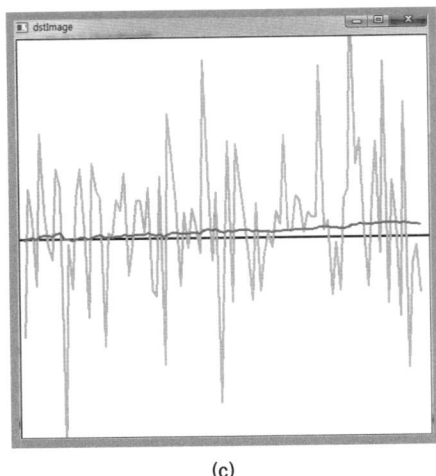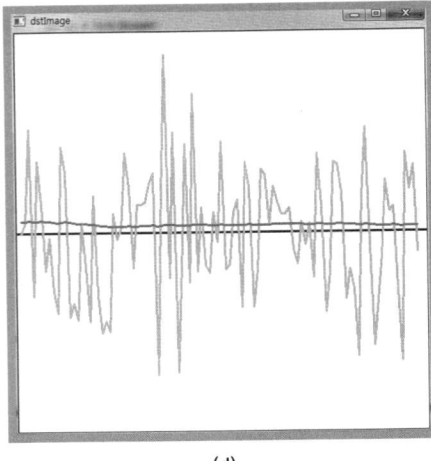

(c)   (d)

[그림 12.19] R=0.01일 때 칼만 필터 직접 구현 2(online)

[예제 12-14] 칼만 필터를 사용한 랜덤 상수 추정 3 (KalmanFilter, offline)

```cpp
001:  #include "opencv.hpp"
002:  #include <time.h>
003:  using namespace cv;
004:  using namespace std;
005:  int main()
006:  {
007:      // Greg Welch and Gary Bishop, "An Introduction to the Kalman Filter," 2006.
008:      // Estimating a Random Constant : offline with KalmanFilter class
009:
010:      theRNG().state = time(NULL);
011:      int t, count = 100;
012:      double x = -0.37727; // truth value
013:
014:      /////////////////// Kalman Filter ///////////////////////
015:      double Q = 1e - 5;          // process variance
016:      double R = (0.1) * (0.1);   // estimate of measurement variance
017:      // double R = 1.0;
018:      // double R = 0.0001;
019:
020:      Scalar stddevR = Scalar::all(0.1);          // Scalar::all(sqrt(R))
021:      vector<float> measurement_k(count);    // the noisy measurements, zk
022:      randn(measurement_k, Scalar::all(x), stddevR);
023:
024:      vector<float> state_k(count);               // state, xk
025:      vector<float> postP(count);                 // the posteriori error covariance, P
026:
027:      KalmanFilter KF(1, 1, 0);
028:      Mat measurement(1, 1, CV_32F);
029:
030:      setIdentity(KF.transitionMatrix);           // A = 1
031:      setIdentity(KF.measurementMatrix);          // H = 1
032:      setIdentity(KF.processNoiseCov, Scalar::all(Q));
033:      setIdentity(KF.measurementNoiseCov, Scalar::all(R));
034:
035:      // intial guesses
036:      setIdentity(KF.statePost, Scalar::all(0));  // xk(0) = 0
```

```
037:        setIdentity(KF.errorCovPost, Scalar::all(1)); // Pk(0) = 1
038:        state_k[0] = KF.statePost.at<float>(0);
039:        postP[0] = KF.errorCovPost.at<float>(0);
040:
041:        for (t = 1; t < count; t++)
042:        {
043:            Mat prediction = KF.predict(); // predict
044:
045:            measurement.at<float>(0) = measurement_k[t];
046:
047:            // state_k[t] = KF.statePost.at<float>(0);
048:            // postP[t] = KF.errorCovPost.at<float>(0);
049:
050:            Mat estimate = KF.correct(measurement); // update
051:            // state_k[t] = estimate.at<float>(0);
052:            state_k[t] = KF.statePost.at<float>(0);
053:            postP[t] = KF.errorCovPost.at<float>(0);
054:        }
055:
056:        // drawing values
057:        Mat dstImage(512, 512, CV_8UC3, Scalar::all(255));
058:        Size size = dstImage.size();
059:        namedWindow("dstImage");
060:
061:        double minVal, maxVal;
062:        minMaxLoc(measurement_k, &minVal, &maxVal);
063:        double scale = size.height/(maxVal - minVal);
064:        cout << "measurement_k : ";
065:        cout << " minVal= " << minVal ;
066:        cout << ", maxVal= " << maxVal << endl;
067:
068:        // drawing the truth value , x = -0.37727
069:        Point pt1, pt2;
070:        pt1.x = 0;
071:        pt1.y = size.height - cvRound(scale * x - scale * minVal);
072:
073:        pt2.x = size.width;
074:        pt2.y = size.height - cvRound(scale * x - scale * minVal);
075:        line(dstImage, pt1, pt2, Scalar(255, 0, 0), 2);
076:
077:        // drawing the noisy measurements, measurement_k
078:        int step = size.width / count;
079:        for (t = 0; t < count; t++)
080:        {
081:            pt1.x = t * step;
082:            pt1.y = size.height - cvRound(scale * measurement_k[t] - scale * minVal);
083:            circle(dstImage, pt1, 3, Scalar(0, 255, 0), 2);
084:        }
085:
086:        // drawing the filter estimate, state_k
087:        pt1.x = 0;
088:        pt1.y = size.height - cvRound(scale * state_k[0] - scale * minVal);
089:        for (t = 1; t < count; t++)
090:        {
091:            pt2.x = t * step;
092:            pt2.y = size.height - cvRound(scale * state_k[t] - scale * minVal);
093:            line(dstImage, pt1, pt2, Scalar(0, 0, 255), 2);
094:            pt1 = pt2;
```

```
095:        }
096:        imshow("dstImage", dstImage);
097:
098:        // drawing the error covariance, postP
099:        Mat PImage(size.height, size.width, CV_8UC3, Scalar::all(255));
100:        size = PImage.size();
101:        namedWindow("PImage");
102:
103:        minMaxLoc(postP, &minVal, &maxVal);
104:        scale = size.height / (maxVal - minVal);
105:        cout << "error covariance, postP: ";
106:        cout << " minVal= " << minVal;
107:        cout << ", maxVal= " << maxVal << endl;
108:
109:        pt1.x = 0;
110:        pt1.y = size.height - cvRound(scale * postP[0] - scale * minVal);
111:        step = size.width / count;
112:        for (t = 1; t < count; t++)
113:        {
114:            pt2.x = t * step;
115:            pt2.y = size.height - cvRound(scale * postP[t] - scale * minVal);
116:            line(PImage, pt1, pt2, Scalar(0, 0, 255), 2);
117:            pt1 = pt2;
118:        }
119:        imshow("PImage", PImage);
120:        waitKey(0);
121: }
```

◎ 프로그램 설명

① [예제 12-12]의 랜덤 상수 추정 예제를 OpenCV의 KalmanFilter 클래스를 사용하여 구현한 오프라인 버전이다. 즉, count = 100개의 측정값을 벡터에 미리 난수로 계산해 놓고 칼만 필터를 수행한다.

② 10-25행

10-12행은 난수를 time 함수로 초기화하고, count는 측정값의 개수이며, x는 참값이다. 15-18행은 프로세스 잡음의 분산을 Q = 1e - 5, 측정 잡음의 분산을 R = 0.01로 초기화한다. 17행, 18행의 주석을 해제하여 각각 R = 1.0, R = 0.0001로 초기화하여 측정 잡음의 분산을 다르게 설정하여 실험한다. 20-22행은 $N(-0.37727, (0.1)^2)$의 정규분포를 따르는 count = 100개의 측정값을 행렬 measurement_k에 생성한다. 측정값을 생성하는 정규분포의 표준편차와 칼만 필터에서 사용하는 측정 오차 공분산 값을 독립적으로 설정한다. 즉, 20행에서 측정 잡음의 표준편차는 stddevR = Scalar::all(sqrt(R))이 정확한 값이지만, stddevR = Scalar::all(0.1)로 고정하여 측정값을 생성하고, 실제 칼만 필터에서는 R값을 사용하여 실험한다. measurement_k는 [그림 12.15]의 수식에서 z_k이다. 24-25행의 칼만 필터의 결과를 저장하여 dstImage 영상에 표시하기 위한 state_k와 postP벡터를 생성한다. [그림 12.15]의 수식과 벡터와의 관계는 다음과 같다. state_k는 x_k', postP는 P이다.

③ 27-39행

27행은 KalmanFilter 클래스 객체 KF를 상태 벡터의 크기 dynamParams(DP) = 1, 측정벡터의 크기 measureParams(MP) = 1, 제어 벡터의 크기 controlParams(CP) = 0, 내부에서 사용되는 행렬의 자료형은 CV_32F로 생성한다. 28행은 측정값을 위한 행렬 객체 measurement를 생성한다. 30-33행은 setIdentity 함수를 사용하여 칼만 필터 객체 KF의 행렬 KF.transitionMatrix, KF.measurementMatrix, KF.processNoiseCov, KF.measurementNoiseCov를 초기화한다. 36-37행은 상태 초기값 KF.statePost와 에러 초기값 KF.errorCovPost를 초기화하고, 화면표시를 위하여 state_k[0], postP[0]에 저장한다.

④ 41-54행

43행은 예측(predict) 단계를 수행하고, 45행은 measurement 행렬에 측정값을 설정하고, 47-48행은 화면 표시를 위해 state_k[t], postP[t]에 상태 추정치와 오차 공분산을 저장하며, 50행은 갱신(update) 단계를 수행한다. 47행, 51행, 52행 모두 같은 값을 갖으며, 48행과 53행은 같은 값이다.

⑤ 56-66행
57행은 화면 표시를 위한 컬러 영상 dstImage를 생성하고, 62행은 측정값의 최소값과 최대값인 minVal, maxVal를 minMaxLoc 함수로 계산한다. 63행은 minVal, maxVal를 영상의 높이 size.height로 변환할 scale을 계산한다.

⑥ 68-96행
68-75행은 참값인 x = -0.37727을 dstImage 영상에 Scalar(255, 0, 0) 색상의 직선으로 표시한다. 78행은 count 개수의 데이터를 dstImage 영상의 가로축에 표시하기 위한 간격 step을 계산한다. 79-84행은 측정값이 저장된 measurement_k의 값을 dstImage 영상에 Scalar(0, 255, 0) 색상의 원으로 표시한다. 87-95행은 필터링된 추정치 state_k의 값을 dstImage 영상에 Scalar(0, 0, 255) 색상의 직선으로 표시한다.

⑦ 98-119행
99-107행은 에러 공분산 행렬 postP를 PImage 영상에 표시하기 위하여, minMaxLoc 함수로 공분산 행렬 postP에서 최소값 minVal와 최대값 maxVal을 계산하고, PImage 영상의 높이로 변환할 scale을 계산한다. 109-118행은 에러 공분산 postP를 PImage에 Scalar(0, 0, 255) 색상의 직선으로 표시한다.

⑧ 실행 결과는 [예제 12-12]의 실행 결과인 [그림 12.16], [그림 12.17], [그림 12.18]과 같다.

[예제 12-15] 칼만 필터를 사용한 랜덤 상수 추정 4 (KalmanFilter, online)

```
001:   #include "opencv.hpp"
002:   #include <time.h>
003:   using namespace cv;
004:   using namespace std;
005:   int main()
006:   {
007:       // Greg Welch and Gary Bishop, "An Introduction to the Kalman Filter," 2006.
008:       // Estimating a Random Constant : online with KalmanFilter
009:
010:       theRNG().state = time(NULL);
011:       int t = 0, count = 100;
012:       double x = -0.37727;          // truth value
013:
014:       ////////////////// Kalman Filter //////////////////////
015:       double Q = 1e - 5;            // process variance
016:       double R = (0.1) * (0.1);     // estimate of measurement variance
017:       // double R = 1.0;
018:       // double R = 0.0001;
019:       Scalar stddevR = Scalar::all(0.1);     // Scalar::all(sqrt(R))
020:
021:       // for drawing
022:       vector<float> state_k(count);          // state, xk
023:       vector<float> postP(count);            // the posteriori error covariance, P
024:       vector<float> measurement_k(count); // the noisy measurements, zk
025:
026:       KalmanFilter KF(1, 1, 0);
027:       Mat measurement(1, 1, CV_32F);
028:
029:       setIdentity(KF.transitionMatrix);      // A = 1
030:       setIdentity(KF.measurementMatrix);     // H = 1
031:       setIdentity(KF.processNoiseCov, Scalar::all(Q));
032:       setIdentity(KF.measurementNoiseCov, Scalar::all(R));
033:
```

```
034:          randn(measurement, Scalar::all(x), stddevR);
035:          measurement_k[0] = measurement.at<float>(0); // save to draw
036:
037:          // intial guesses
038:          setIdentity(KF.statePost, Scalar::all(0));  // xhat(0) = 0
039:          setIdentity(KF.errorCovPost, Scalar::all(1)); // P(0) = 1
040:          state_k[0] = KF.statePost.at<float>(0);
041:          postP[0] = KF.errorCovPost.at<float>(0);
042:
043:          // drawing values
044:          namedWindow("dstImage");
045:          Mat dstImage(512, 512, CV_8UC3, Scalar::all(255));
046:          Size size = dstImage.size();
047:          int step = size.width / count;
048:          // double minVal = -0.8, maxVal = 0.0;
049:          double minVal = x - stddevR.val[0] * 3;
050:          double maxVal = x + stddevR.val[0] * 3;
051:          double scale = size.height / (maxVal - minVal);
052:
053:          for ( ; ;)
054:          {
055:              Mat prediction = KF.predict(); // predict
056:
057:              // generate a measurement
058:              randn(measurement, Scalar::all(x), stddevR);
059:              measurement_k[t] = measurement.at<float>(0); // save to draw
060:
061:              // state_k[t] = KF.statePost.at<float>(0);
062:              // postP[t] = KF.errorCovPost.at<float>(0);
063:
064:              Mat estimate = KF.correct(measurement); // update
065:              state_k[t] = estimate.at<float>(0);
066:              // state_k[t] = KF.statePost.at<float>(0);
067:              postP[t] = KF.errorCovPost.at<float>(0);
068:
069:              // drawing the truth value , x = -0.37727
070:              Point pt1, pt2;
071:              pt1.x = 0;
072:              pt1.y = size.height - cvRound(scale * x - scale * minVal);
073:              pt2.x = size.width;
074:              pt2.y = size.height - cvRound(scale * x - scale * minVal);
075:              line(dstImage, pt1, pt2, Scalar(255, 0, 0), 2);
076:
077:              for(int k = count - 1; k > 0; k--)
078:              {
079:                  int k1 = (t + k) % count;
080:                  int k2 = (t + k + 1) % count;
081:
082:                  // drawing the noisy measurements, measurement_k
083:                  pt1.x = k * step;
084:                  pt1.y = size.height - cvRound(scale * measurement_k[k1] - scale * minVal);
085:
086:                  pt2.x = (k + 1) * step;
087:                  pt2.y = size.height - cvRound(scale * measurement_k[k2] - scale * minVal);
088:                  line(dstImage, pt1, pt2, Scalar(0, 255, 0), 2);
089:
090:                  // drawing the filter estimate, state_k
```

```
091:                pt1.x = k * step;
092:                pt1.y = size.height - cvRound(scale * state_k[k1] - scale * minVal);
093:
094:                pt2.x = (k + 1) * step;
095:                pt2.y = size.height - cvRound(scale * state_k[k2] - scale * minVal);
096:                line(dstImage, pt1, pt2, Scalar(0, 0, 255), 2);
097:            }
098:            imshow("dstImage", dstImage);
099:            int ckey = waitKey(30);
100:            if (ckey == 27) break;
101:            vt = (t + 1) % count;
102:            dstImage = Scalar::all(255);
103:
104:        }
105:        return 0;
106:  }
```

◎ 프로그램 설명

① [예제 12-14]의 랜덤 상수 추정 예제를 온라인 버전으로, [예제 12-13]을 KalmanFilter 클래스로 구현한다. 즉, count개의 측정값을 벡터에 미리 난수로 계산하지 않고, 반복문에서 측정값을 하나씩 계산하여 칼만 필터링을 수행하며, 화면에 직선으로 표시하기 위한, measurement_k와 state_k를 벡터로 저장한다. [예제 12-13]과 같은 결과를 갖는다.

② 10-24행
10-12행은 난수를 time 함수로 초기화하고, count는 측정값의 개수이며, x는 참값이다. 15-18행은 프로세스잡음의 분산을 Q = 1e - 5, 측정 잡음의 분산을 R = 0.01로 초기화한다. 17행, 18행의 주석을 해제하여 각각 R = 1.0, R = 0.0001로 초기화하여 측정 잡음의 분산을 다르게 설정하여 실험한다. 19행은 측정 잡음의 표준편차로 stddevR = Scalar::all(sqrt(R))이 정확한 값이지만, stddevR = Scalar::all(0.1)로 고정하여 측정값을 생성하고, 실제 칼만 필터에서는 R값을 사용하여 실험한다. 22-24행은 칼만 필터의 결과를 저장하여 dstImage 영상에 표시하기 위한 state_k와 postP, measurement_k 벡터를 생성한다. [그림 12.15]의 수식과 벡터와의 관계는 다음과 같다. state_k는 x_k', postP는 P, measurement_k는 z_k이다.

③ 26-41행
26행은 KalmanFilter 클래스 객체 KF를 상태 벡터의 크기 dynamParams(DP) =1, 측정 벡터의 크기 measureParams(MP) = 1, 제어 벡터의 크기 controlParams(CP) = 0, 내부에서 사용되는 행렬의 자료형은 CV_32F로 생성한다. 27행은 측정값을 위한 행렬 객체 measurement를 생성한다. 29-32행은 setIdentity 함수를 사용하여 칼만 필터 객체 KF의 행렬, KF.transitionMatrix, KF.measurementMatrix, KF.processNoiseCov, KF.measurementNoiseCov를 초기화한다. 34-35행은 measurement_k[0]에 하나의 측정값을 생성하여 저장한다. 실제로 칼만 필터에서는 사용하지 않으며, 다만 화면 표시를 위해 생성한다. 38-41행은 상태 초기값 KF.statePost와 에러 초기값 KF.errorCovPost를 초기화하고, 화면 표시를 위하여 state_k[0], postP[0]에 저장한다.

④ 44-51행
45행은 화면 표시를 위한 컬러 영상 dstImage를 생성하고, 47행은 count 개수의 데이터를 dstImage 영상의 가로축에 표시하기 위한 간격 step을 계산한다. 49-50행은 측정값의 최소값과 최대값인 minVal, maxVal를 정규분포의 특성을 이용하여 minVal = x - stddevR.val[0] * 3, maxVal = x + stddevR.val[0] * 3로 설정한다. 51행은 minVal, maxVal를 영상의 높이 size.height로 변환할 scale을 계산한다.

⑤ 55-67행
55행은 칼만 필터로 예측한다. 58-59행은 measurement에 하나의 측정값을 생성하고, 화면 표시를 위해 measurement_k에 저장하며, 64행은 칼만 필터로 측정값 measurement를 사용하여 갱신(update)한다. 65-67행은 화면 표시를 위해 추정치와 오차를 state_k와 postP에 저장한다.

⑥ 69–102행

70–75행은 참값인 x = -0.37727을 dstImage 영상에 Scalar(255, 0, 0) 색상의 직선으로 표시한다. 77–97행은 count개의 measurement_k와 state_k를 직선으로 표시한다. 가장 최근의 측정값과 추정값을 dstImage 영상의 오른쪽에 표시되도록 하며, 가장 오래전의 값을 왼쪽에 표시한다. 직선에 의한 그래프가 움직이는 것처럼 보이도록 버퍼를 움직이며 전체를 직선으로 표시한다. 99행은 비디오 처리와 같이 지연시간을 두고, 101행은 다음에 저장할 measurement_k와 state_k 버퍼의 위치를 계산한다. 102행은 dstImage 영상을 Scalar::all(255) 색상으로 지운다.

⑦ 실행 결과는 KalmanFilter 클래스를 사용하지 않고 직접 작성한 온라인 버전인 [예제 12-13]의 결과인 [그림 12.19]와 같다.

[예제 12-16] 자유낙하운동(motion of falling body)

```
001:  #include "opencv.hpp"
002:  using namespace cv;
003:  using namespace std;
004:  int main()
005:  {
006:      // Digital and Kalman filtering by S.M.Bozic,
007:      // in Wiley in New York, pp.130
008:      // 자유낙하 운동(motion of falling body)
009:      int t = 0, count = 7;
010:
011:      ///////////////////// Kalman Filter /////////////////////
012:      KalmanFilter KF(2, 1, 1);
013:      Mat measurement(1, 1, CV_32F);
014:
015:      float g = 1.0; // We assume g = 1.0 for simplicity;
016:      Mat controlB(1, 1, CV_32F, -g);;
017:      cout << "controlB = " << controlB << endl;
018:
019:      // Initialize Kalman parameters
020:      setIdentity(KF.measurementMatrix);  // H = {1, 0}
021:      cout << "KF.measurementMatrix = " << KF.measurementMatrix << endl;
022:      KF.transitionMatrix = (Mat_<float>(2, 2) << 1, 1, 0, 1); // A
023:      KF.controlMatrix =  (Mat_<float>(2, 1) << 0.5, 1.0);
024:      cout << "KF.transitionMatrix = " << KF.transitionMatrix << endl;
025:      cout << "KF.controlMatrix = " << KF.controlMatrix << endl;
026:
027:      double Q = 0;
028:      double R = 1.0;     // estimate of measurement variance
029:      setIdentity(KF.processNoiseCov, Scalar::all(Q));
030:      setIdentity(KF.measurementNoiseCov, Scalar::all(R));
031:
032:      // initial value of the state vector(position and velocity)
033:      KF.statePost.at<float>(0, 0) = 95.0;
034:      KF.statePost.at<float>(1, 0) = 1.0;
035:
036:      // initial errors
037:      setIdentity(KF.errorCovPost); // P(0, 0) = 10, P(1, 1) = 1
038:      KF.errorCovPost.at<float>(0, 0) = 10.0;
039:      cout << "KF.errorCovPost = " << KF.errorCovPost << endl;
040:
041:      // Measurements in the text book of S.M.Bozic
042:      // z[0] = 0 is a dummy one and it is not used.
043:      float z[7] = {0, 100.0, 97.9, 94.4, 92.7, 87.3, 82.1};
044:
```

```
045:        printf("t= %d: statePost = (%f, %f) : errorCovPost = (%f, %f)\n", t,
046:                    KF.statePost.at<float>(0, 0),
047:                    KF.statePost.at<float>(1, 0),
048:                    KF.errorCovPost.at<float>(0, 0),
049:                    KF.errorCovPost.at<float>(1, 0));
050:        for (t = 1; t < count; t++)
051:        {
052:            Mat prediction = KF.predict(controlB); // predict
053:
054:            measurement.at<float>(0) = z[t];
055:
056:            Mat estimate = KF.correct(measurement); // update
057:
058:            printf("t= %d: statePost = (%f, %f) : errorCovPost = (%f, %f)\n", t,
059:                    KF.statePost.at<float>(0, 0), // estimate.at<float>(0, 0)
060:                    KF.statePost.at<float>(1, 0), // estimate.at<float>(1, 0)
061:                    KF.errorCovPost.at<float>(0, 0),
062:                    KF.errorCovPost.at<float>(1, 0));
063:        }
064:        return 0;
065:    }
```

◎ 프로그램 설명

① S.M.Bozic의 Digital and Kalman filtering에 나오는 자유낙하 운동(motion of falling body) 예제를 구현한다. 공기의 저항 없이 중력 가속도에 의해 일정 속도로 떨어지며 자유낙하 운동하는 물체의 위치(position) $x_1(t)$와 속도(velocity) $x_2(t)$는 다음과 같다.

$$x_1(t) = x_1(t_0) + x_2(t_0)(t-t_0) - \frac{g}{2}(t-t_0)^2$$
$$x_2(t) = x_2(t_0) - g(t-t_0)$$

여기서 $t = kT$, $t_0 = (k-1)T$, $T = 1$로 치환하여 다시 정리하면 다음과 같다.

$$x_1(k) = x_1(k-1) + x_2(k-1) - \frac{g}{2}$$
$$x_2(k) = x_2(k-1) - g$$

k에서의 위치 $x_1(k)$는 $k-1$에서의 위치 $x_1(k-1)$와 속도 $x_2(k-1)$와 중력 가속도 g에 의존한다. 칼만 필터의 상태 벡터(state vector)는 $x(k) = [x_1(k)\ x_2(k)]^T$가 되며, 칼만 필터를 위한 상태 방정식은 다음과 같다.

$$\text{상태 방정식} : x(k) = Ax(k-1) + Bu$$
$$= \begin{bmatrix} 1 & 1 \\ 0 & 1 \end{bmatrix} x(k-1) + \begin{bmatrix} 0.5 \\ 1 \end{bmatrix} (-g)$$

S.M.Bozic의 교재와 같이 위치 초기값은 $x_1(0) = 100$, 속도 초기값은 $x_2(0) = 0$, $g = 1$로 한다. 프로세스 잡음 $Q = 0$으로 가정한다. 상태 벡터의 초기값은 $x(0)$, $P(0)$으로 가정하고 실험한다.

$$\text{상태 벡터 초기값} : x(0) = [95\ 1]^T$$
$$P(0) = \begin{bmatrix} 10 & 0 \\ 0 & 1 \end{bmatrix}$$

측정 방정식 $z(k)$는 다음과 같다.

측정 방정식 : $z(k) = Hx(k) + v(k)$

$$= [1\ 0]x(k) + v(k)$$

측정 잡음 $p(v)$는 $R = 1$인 가우시안 분포 $N(0, R)$을 따른다고 가정하며, 물체의 위치를 직접 관찰할 수 있다고 가정한다. 여기서는 S.M.Bozic의 교재에서 실험 결과에 제시된 z(1) = 100.0, z(2) = 97.9, z(3) = 94.4, z(4) = 92.7, z(5) = 87.3의 측정값을 이용하여 실험하였다.

② 12-17행

12행은 KalmanFilter 클래스로 상태 벡터의 크기는 2, 측정 벡터의 크기는 1, 제어 벡터의 크기는 1로 하는 칼만 필터 객체 KF를 생성한다. 13행은 측정값을 위한 1×1 행렬 measurement를 생성한다. 15-16행은 외부제어를 한 행렬 controlB를 g를 사용하여 생성한다.

③ 20-25행

setIdentity 함수로 2×1 H 행렬인 KF.measurementMatrix 행렬을 초기화한다. 22행은 Mat_ 행렬을 사용하여 2×2 A 행렬인 KF.transitionMatrix 행렬을 초기화한다. 2×1 B 행렬인 KF.controlMatrix 행렬을 초기화한다.

④ 27-49행

27-30행은 Q, R을 사용하여 KF.processNoiseCov, KF.measurementNoiseCov 행렬을 초기화한다. 33-34행은 (position and velocity)의 상태 벡터의 2×1 행렬 KF.statePost의 초기값을 (95, 1)로 설정한다. 37-38행은 2×2 P 행렬인 KF.errorCovPost 행렬을 초기화한다. 41-43행은 S.M.Bozic의 교재의 실험 데이터를 배열 z에 초기화한다. z[0] = 0은 사용하지 않는다. 45-49행은 초기 상태와 오차를 출력한다.

⑤ 50-63행

52행은 외부 제어 벡터 controlB를 사용하여 칼만 필터의 예측을 수행한다. 54행은 측정값 measurement를 준비한다. 56행은 측정값을 이용하여 상태를 갱신한다. 58-62행은 상태와 오차를 출력한다.

⑥ [그림 12.20]은 자유낙하 운동 칼만 필터의 결과이다.

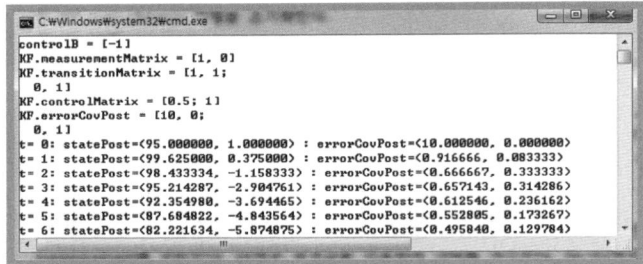

[그림 12.20] 자유낙하 운동(motion of falling body)

[예제 12-17]   meanShift와 KalmanFilter를 사용한 물체 추적

```
001:   #include "opencv.hpp"
002:   using namespace cv;
003:   using namespace std;
004:   #define DIST_TH 0.4 // threshold for histogram matching
005:
006:   Rect  selection;
007:   bool bLButtonDown = false;
008:   typedef enum {INIT, CALC_HIST, TRACKING} STATUS;
009:   STATUS trackingMode = INIT;
010:
011:   void onMouse(int mevent, int x, int y, int flags, void* param)
012:   {
013:          static Point  origin;
```

```
014:        Mat *pMat = (Mat *)param;
015:        Mat image = Mat(*pMat);
016:        if(bLButtonDown)
017:        {
018:            selection.x = MIN(x, origin.x);
019:            selection.y = MIN(y, origin.y);
020:            selection.width = selection.x + abs(x - origin.x);
021:            selection.height = selection.y + abs(y - origin.y);
022:
023:            selection.x = MAX(selection.x, 0);
024:            selection.y = MAX(selection.y, 0);
025:            selection.width = MIN(selection.width, image.cols);
026:            selection.height = MIN(selection.height, image.rows);
027:            selection.width -= selection.x;
028:            selection.height -= selection.y;
029:        }
030:        switch(mevent)
031:        {
032:            case EVENT_LBUTTONDOWN:
033:                origin = Point(x, y);
034:                selection = Rect(x, y, 0, 0);
035:                bLButtonDown = true;
036:                break;
037:            case EVENT_LBUTTONUP:
038:                bLButtonDown = false;
039:                if(selection.width > 0 && selection.height > 0)
040:                trackingMode = CALC_HIST;
041:                break;
042:        }
043:   }
044:   int main()
045:   {
046:        // VideoCapture inputVideo(0);
047:        // VideoCapture inputVideo("ball1.wmv");
048:        VideoCapture inputVideo("ball2.wmv");
049:
050:        if (!inputVideo.isOpened())
051:        {
052:            cout << " Can not open inputVideo !!!" << endl;
053:            return 0;
054:        }
055:        Size size = Size((int) inputVideo.get(CAP_PROP_FRAME_WIDTH),
056:                    (int) inputVideo.get(CAP_PROP_FRAME_HEIGHT));
057:        int fps = (int)(inputVideo.get(CAP_PROP_FPS));
058:        if(fps <= 0) fps = 24; // for camera
059:
060:        Mat dstImage;
061:        namedWindow("dstImage");
062:        setMouseCallback("dstImage", onMouse, (void *)&dstImage);
063:
064:        int  histSize = 8;
065:        float valueRange[ ] = {0, 180}; //hue's maximum is 180.
066:        const float* ranges[ ] = {valueRange};
067:        int channels = 0;
068:        Mat hist, backProject;
069:
070:        int fourcc = VideoWriter::fourcc('D', 'I', 'V', 'X');
```

```
071:        bool isColor = true;
072:        VideoWriter outputVideo("trackingRect.avi", fourcc, fps, size, isColor);
073:        if (!outputVideo.isOpened())
074:        {
075:            cout << " Can not open outputVideo !!!" << endl;
076:            return 0;
077:        }
078:        if(fourcc != -1)
079:        {
080:            // for waiting for ready the camera
081:            imshow("dstImage", NULL);
082:            waitKey(100); // not working because of no window
083:        }
084:        TermCriteria criteria = TermCriteria(TermCriteria::COUNT
085:                                    + TermCriteria::EPS, 10, 2);
086:        Rect  trackWindow;
087:        int delay = 1000 / fps;
088:        Mat frame, hImage, hsvImage, mask;
089:
090:        ///// Kalman Filter //////////////////////////////////////////
091:        Point2f ptPredicted;
092:        Point2f ptEstimated;
093:        Point2f ptMeasured;
094:
095:        // state vector x = [x_k, y_k, vx_k, vy_k]^T
096:        KalmanFilter KF(4, 2, 0);
097:        Mat measurement(2, 1, CV_32F);
098:
099:        float dt = 1.0;
100:        // Transition matrix A describes model parameters at k-1 and k
101:        const float A[] = { 1, 0, dt, 0,
102:                            0, 1, 0, dt,
103:                            0, 0, 1, 0,
104:                            0, 0, 0, 1};
105:
106:        memcpy(KF.transitionMatrix.data, A, sizeof(A));
107:        cout << " KF.transitionMatrix= " << KF.transitionMatrix << endl;
108:
109:        // Initialize Kalman parameters
110:        double Q = 1e - 5; // process_noise_cov
111:        double R = 0.0001; // estimate of measurement variance
112:        const float H[] = { 1, 0, 0, 0,
113:                            0, 1, 0, 0 };
114:        memcpy(KF.measurementMatrix.data, H, sizeof(H));
115:        cout << " KF.measurementMatrix= " << KF.measurementMatrix << endl;
116:
117:        setIdentity(KF.processNoiseCov, Scalar::all(Q));
118:        KF.processNoiseCov.at<float>(2, 2) = 0;
119:        KF.processNoiseCov.at<float>(3, 3) = 0;
120:        cout << " KF.processNoiseCov= " << KF.processNoiseCov << endl;
121:
122:        setIdentity(KF.measurementNoiseCov, Scalar::all(R));
123:        cout << " KF.measurementNoiseCov= " << KF.measurementNoiseCov << endl;
124:
125:        Mat hist1, hist2; // for histogram matching
126:
127:        for ( ; ; )
```

```
128:        {
129:            inputVideo >> frame;
130:            if(frame.empty())
131:                break;
132:            cvtColor(frame, hsvImage, COLOR_BGR2HSV);
133:            frame.copyTo(dstImage);   hImage.create(hsvImage.size(), CV_8U);
134:            if(bLButtonDown && 0 < selection.width && 0 < selection.height)
135:            {
136:                Mat dstROI = dstImage(selection);
137:                bitwise_xor(dstROI, Scalar::all(255), dstROI);
138:            }
139:            if(trackingMode) // CALC_HIST or TRACKING
140:            {
141:                // create mask image
142:                int vmin = 50, vmax = 256, smin = 50;
143:                inRange(hsvImage, Scalar(0,smin, MIN(vmin,vmax)),
144:                            Scalar(180, 256, MAX(vmin,vmax)), mask);
145:                // imshow("mask", mask);
146:
147:                int ch[] = {0, 0};
148:                hImage.create(hsvImage.size(), CV_8U);
149:                mixChannels(&hsvImage, 1, &hImage, 1, ch, 1);
150:                // imshow("hImage", hImage);
151:                if(trackingMode == CALC_HIST)
152:                {
153:                    Mat hImageROI(hImage, selection), maskROI(mask, selection);
154:                    calcHist(&hImageROI,1,&channels,maskROI, hist, 1,&histSize, ranges);
155:                    hist.copyTo(hist1);
156:                    normalize(hist1, hist1, 1.0); // for matching
157:                    normalize(hist, hist, 0, 255, NORM_MINMAX); // for backprojection
158:                    trackWindow = selection;
159:                    trackingMode = TRACKING;
160:
161:                    // initialize the state vector(position and velocity)
162:                    ptMeasured = Point2f(trackWindow.x + trackWindow.width / 2.0,
163:                                trackWindow.y + trackWindow.height / 2.0);
164:                    KF.statePost.at<float>(0, 0) = ptMeasured.x;
165:                    KF.statePost.at<float>(1, 0) = ptMeasured.y;
166:                    KF.statePost.at<float>(2, 0) = 0;
167:                    KF.statePost.at<float>(3, 0) = 0;
168:
169:                    setIdentity(KF.errorCovPost, Scalar::all(1));
170:                }
171:                Mat prediction = KF.predict(); // predict
172:                ptPredicted.x = prediction.at<float>(0, 0);
173:                ptPredicted.y = prediction.at<float>(1, 0);
174:
175:                // TRACKING:
176:                calcBackProject(&hImage, 1, &channels, hist, backProject, ranges);
177:                backProject &= mask;
178:                // bitwise_and(backProject, mask, backProject);
179:                // imshow("backProject", backProject);
180:
181:                meanShift(backProject, trackWindow, criteria);
182:                Point pt1 = Point2f(trackWindow.x, trackWindow.y);
183:                Point pt2 = Point2f(pt1.x + trackWindow.width,
184:                            pt1.y + trackWindow.height);
```

```
185:            rectangle(dstImage, pt1, pt2, Scalar(0, 0, 255), 2);
186:
187:            // Validate the result of cvMeanShift
188:            Mat hImageROI(hImage, trackWindow), maskROI(mask, trackWindow);
189:            calcHist(&hImageROI, 1, &channels, maskROI, hist2, 1, &histSize, ranges);
190:            normalize(hist2, hist2, 1.0);
191:            double dist = compareHist(hist1, hist2, HISTCMP_BHATTACHARYYA);
192:            if(dist < DIST_TH) // A tracking object is detected by meanShift
193:            {
194:                ptMeasured = Point2f(trackWindow.x + trackWindow.width / 2.0,
195:                            trackWindow.y + trackWindow.height / 2.0);
196:
197:                // measurements : the center point of the track_window
198:                measurement.at<float>(0, 0) = ptMeasured.x;
199:                measurement.at<float>(1, 0) = ptMeasured.y;
200:
201:                Mat estimated = KF.correct(measurement); // update
202:
203:                ptEstimated.x = estimated.at<float>(0, 0);
204:                ptEstimated.y = estimated.at<float>(1, 0);
205:
206:                trackWindow = Rect(ptEstimated.x - selection.width / 2,
207:                            ptEstimated.y - selection.height / 2,
208:                            selection.width, selection.height);
209:
210:                pt1 = Point(ptMeasured.x - trackWindow.width / 2,
211:                            ptMeasured.y - trackWindow.height / 2);
212:                pt2 = Point(ptMeasured.x + trackWindow.width / 2,
213:                            ptMeasured.y + trackWindow.height / 2);
214:                rectangle(dstImage, pt1, pt2, Scalar(0, 0, 255), 2);
215:                circle(dstImage, ptMeasured, 5, Scalar(0, 0, 255), 2);
216:
217:                pt1 = Point(ptEstimated.x - trackWindow.width / 2,
218:                            ptEstimated.y - trackWindow.height / 2);
219:                pt2 = Point(ptEstimated.x + trackWindow.width / 2,
220:                            ptEstimated.y + trackWindow.height / 2);
221:                rectangle(dstImage, pt1, pt2, Scalar(255, 0, 0), 2);
222:                circle(dstImage, ptEstimated, 5, Scalar(255, 0, 0), 2);
223:            }
224:            else    // A tracking object is not detected by meanShift
225:            {
226:                trackWindow = Rect(ptPredicted.x - selection.width / 2,
227:                            ptPredicted.y - selection.height / 2,
228:                            selection.width, selection.height);
229:                pt1 = Point(ptPredicted.x - trackWindow.width / 2,
230:                            ptPredicted.y - trackWindow.height / 2);
231:                pt2 = Point(ptPredicted.x + trackWindow.width / 2,
232:                            ptPredicted.y + trackWindow.height / 2);
233:                rectangle(dstImage, pt1, pt2, Scalar(0, 255, 0), 2);
234:                circle(dstImage, ptPredicted, 5, Scalar(0, 255, 0), 2);
235:            }
236:        }
237:        imshow("dstImage", dstImage);
238:        outputVideo << dstImage;
239:
240:        int ckey = waitKey(delay);
241:        if (ckey == 27) break;
```

```
242:        }
243:        return 0;
244: }
```

◎ 프로그램 설명

① [예제 12-10]의 meanShift 함수에 의한 물체 추적에 칼만 필터를 추가하여 물체를 추적한다. 칼만 필터의 상태 벡터는 $X(k) = [x(k)\ y(y)\ v_x(k)\ v_y(k)]^T$는 물체의 중심 위치인 $x(k)$, $y(k)$와 속도 $v_x(k)$, $v_y(k)$로 구성된다. 물체의 중심 위치는 meanShift 함수에 의해 계산된다. 상태 방정식과 측정 방정식은 다음과 같다.

상태 방정식:　　$X(k) = A\ X(k-1) + w(k-1)$

$$\begin{bmatrix} x(k) \\ y(k) \\ v_x(k) \\ v_y(k) \end{bmatrix} = \begin{bmatrix} 1 & 0 & dt & 0 \\ 0 & 1 & 0 & dt \\ 0 & 0 & 1 & 0 \\ 0 & 0 & 0 & 1 \end{bmatrix} \begin{bmatrix} x(k-1) \\ y(k-1) \\ v_x(k-1) \\ v_y(k-1) \end{bmatrix} + w(k-1)$$

$$w(k-1) \sim N(0, Q), \quad Q = \begin{bmatrix} q^2 & 0 & 0 & 0 \\ 0 & q^2 & 0 & 0 \\ 0 & 0 & q^2 & 0 \\ 0 & 0 & 0 & q^2 \end{bmatrix}$$

측정 방정식:　　$Z(k) = H\ X(k) + v(k)$

$$\begin{bmatrix} z_x(k) \\ z_y(k) \end{bmatrix} = \begin{bmatrix} 1 & 0 & 0 & 0 \\ 0 & 1 & 0 & 0 \end{bmatrix} \begin{bmatrix} x(k) \\ y(k) \\ v_x(k) \\ v_y(k) \end{bmatrix} + v(k-1)$$

$$v(k) \sim N(0, R), \quad R = \begin{bmatrix} r^2 & 0 \\ 0 & r^2 \end{bmatrix}$$

② 4-9행
DIST_TH는 히스토그램 매칭을 위한 임계값이다. selection은 추적할 물체를 마우스 왼쪽 버튼을 누른 채로 드래깅하여 선택한 사각영역을 저장한다. bLButtonDown은 마우스 왼쪽 버튼을 누른 상태인지를 나타낸다. trackingMode는 프로그램의 실행 상태를 나타내는 변수이다. 추적할 물체가 선택되지 않은 상태는 INIT, 마우스로 추적할 물체 영역이 선택되면 CALC_HIST, 히스토그램이 계산되면 TRACKING 상태이다.

③ 11-43행
onMouse 함수는 마우스 콜백 함수이다. 마우스 왼쪽 버튼을 누른 채로 드래깅을 하다가 버튼을 떼면 selection에 영역을 저장한다.

④ 46-88행
46-58행은 VideoCapture 클래스의 생성자로 카메라 또는 비디오 파일에 대한 객체 inputVideo를 생성하고, 비디오 프레임의 가로 세로 크기를 size에 저장하며, 비디오의 속도를 fps에 저장한다. 62행은 setMouseCallback 함수로 "dstImage" 윈도우에 콜백 함수 onMouse를 설정한다. 64-68행은 히스토그램 빈의 크기는 histSize = 8, channels = 0, Hue 값의 범위는 valueRange[ ] = {0, 180}로 저장하고, ranges 배열에 초기화한다. 히스토그램 행렬 hist, 역투영 행렬 backProject를 선언한다. 70-83행은 VideoWriter 클래스로 출력 비디오 파일 "trackingRect.avi", 코덱 fourcc, fps, size, isColor를 설정하여 outputVideo 객체를 생성하고, fourcc != -1이면, 카메라로부터 첫 프레임을 획득하기 전까지 준비 시간을 확보하기 위하여, imshow 함수로 "dstImage" 윈도우에 NULL 영상을 출력하고, waitKey 함수로 100 밀리초를 대기한다. 84-88행은 criteria는 meanShift 함수의 종료 조건이며, trackWindow는 추적하려는 윈도우 영역이며, meanShift에 의한 추적 영역이다. frame, hImage, hsvImage, mask 행렬을 선언한다.

⑤ 90-125행

ptPredicted는 칼만 필터에 의해 예측된 중심 좌표, ptEstimated는 갱신된 좌표, ptMeasured 는 meanShift에 의한 관측 좌표를 저장한다. 96행은 KalmanFilter 클래스 객체 KF를 상태 벡터 의 크기 dynamParams(DP) = 4, 측정 벡터의 크기 measureParams(MP) = 2, 제어벡터의 크기 controlParams(CP) = 0으로 생성한다. 97행은 측정값을 위한 행렬 객체 measurement를 생성한 다. 99-107행은 시간간격 dt = 1로 하고, 행렬 A를 이용하여 KF.transitionMatrix를 초기화한다. 109-123행은 Q, R 변수와 행렬 H를 이용하여 KF.measurementMatrix, KF.processNoiseCov, KF.measurementNoiseCov를 초기화한다. 125행은 hist1은 마우스로 추적을 위해 선택한 영역 selection의 히스토그램을 히스토그램 매칭을 위해 0에서 1로 정규화한 히스토그램이다. hist2는 meanShift에 의해 추적한 영역 trackWindow의 0에서 1로 정규화한 히스토그램이다.

⑥ 151-170행

trackingMode가 CALC_HIST이면, selection을 이용하여 hImage와 mask 영상에서 관심영 역을 hImageROI, maskROI로 설정하고, calcHist 함수로 관심영역, hImageROI에서 마스크 maskROI를 사용하여 히스토그램 hist를 계산하고, hist를 hist1에 복사하고, hist1은 히스토그 램 매칭을 [0, 1] 범위로 정규화하고, hist는 역투영을 위해 [0, 255] 범위로 정규화한다. selection 영역을 trackWindow에 저장하고, trackingMode를 TRACKING으로 설정한다. 161-169행 은 trackWindow의 중심 좌표 ptMeasured를 이용하여 상태 벡터 KF.statePost를 초기화하고, KF.errorCovPost 행렬을 초기화한다.

⑦ 171-191행

171-173행은 칼만 필터 예측 단계를 수행하여 이동 물체의 예측 좌표를 ptPredicted에 저장한다. 176-185행은 히스토그램 역투영과 meanShift를 이용하여 물체의 위치를 trackWindow로 추적하 고, rectangle 함수로 dstImage 영상에 Scalar(0, 0, 255) 색상의 사각형을 표시한다. 188-191행은 meanShift에 의해 추적한 영역 trackWindow의 히스토그램 hist2를 계산하고 [0, 1]로 정규화하여, 초기에 추적을 위해 선택한 영역인 selection 영역의 히스토그램 hist1과 compareHist 함수를 사 용하여 HISTCMP_BHATTACHARYYA로 거리 dist를 계산한다.

⑧ 192-223행

hist1과 hist2의 HISTCMP_BHATTACHARYYA 히스토그램 매칭 거리 dist가 임계값 DIST_TH 보다 작으면 매칭이 성공한 경우이다. 즉 meanShift에 의해 추적한 영역이, 초기에 마우스로 선 택한 영역과 히스토그램이 일치함을 의미한다. 194-199행은 meanShift에 의해 추적한 영역 trackWindow의 중심점으로 ptMeasured를 계산하고, 측정값 행렬 measurement에 초기화한 다. 201-204행은 measurement를 이용하여 칼만 필터를 갱신하여, 추정치를 estimated에 저장 하고, 칼만 필터로 추정된 좌표를 ptEstimated 좌표에 저장한다. 206-208행은 ptEstimated 좌표 를 이용하여, 다음 프레임의 meanShift를 위한 초기값 trackWindow를 변경한다. 210-215행은 meanShift의 추적 결과인 ptMeasured 좌표를 이용하여 측정영역을 dstImage 영상에 Scalar(0, 0, 255) 색상의 사각형으로 표시한다. 217-222행은 칼만 필터에 의한 추정 영역을 dstImage 영상에 Scalar(255, 0, 0) 색상의 사각형으로 표시한다.

⑨ 224-235행

meanShift에 의해 추적한 영역 trackWindow와 초기 마우스로 선택한 영역의 히스토그램이 매칭 하지 않으면, 즉 meanShift가 물체 추적을 실패했으면, trackWindow를 칼만 필터에 의한 예측 좌 표 ptPredicted를 이용하여 초기화하고, 예측영역을 dstImage 영상에 Scalar(0, 255, 0) 색상의 사 각형으로 표시한다. selection과 trackWindow의 크기는 같다.

⑩ [그림 12.21]은 "ball1.avi" 비디오 파일에서 meanShift와 KalmanFilter를 사용한 물체 추적 결 과이다. 빨강색 사각형은 meanShift에 의한 관측영역이며, 파랑색 사각형은 칼만 필터의 갱신 단 계에 의한 추정영역이다. 빨강색 사각형과 파랑색 사각형이 보이는 경우 meanShift에 의한 물체 추적이 성공한 경우로, 파랑색 사각형을 trackWindow로 설정하여 다음 프레임에서 meanShift 의 입력으로 사용하여 물체를 추적한다. [그림 12.22]는 "ball2.avi" 비디오 파일에서 meanShift와 KalmanFilter를 사용한 물체 추적 결과이다. [그림 12.22](a)는 관측영역과 추정역역이 일치한 경우 이며, [그림 12.22](b)-[그림 12.22](d)는 테니스공이 사라져서 meanShift에 의한 물체 추적이 실패 한 경우로, 빨강색 사각형은 meanShift에 의한 관측영역이며, 녹색 사각형은 칼만 필터의 예측영 역이다. meanShift에 의한 물체 추적이 실패한 경우는 칼만 필터에 의한 예측영역인 녹색 사각형을 trackWindow로 설정하여 다음 프레임에서 meanShift로 물체를 추적한다. [그림 12.22](e)-[그림 12.22](f)는 사라졌던 테니스공이 다시 보일 때, 추적 결과이다.

(a) (b)

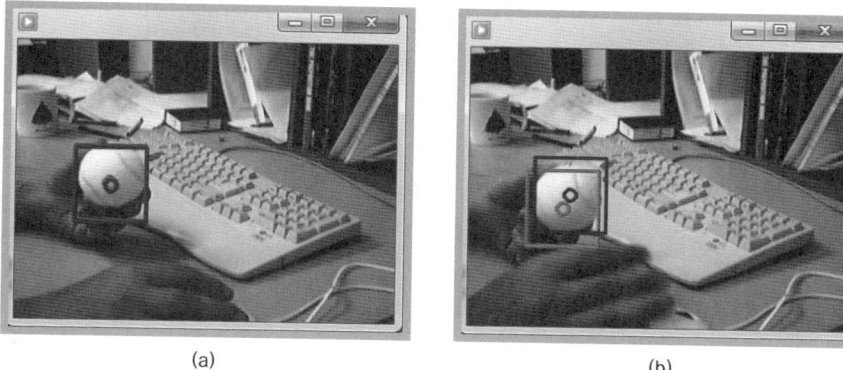

[그림 12.21] meanShift와 KalmanFilter를 사용한 물체 추적("ball1.avi")

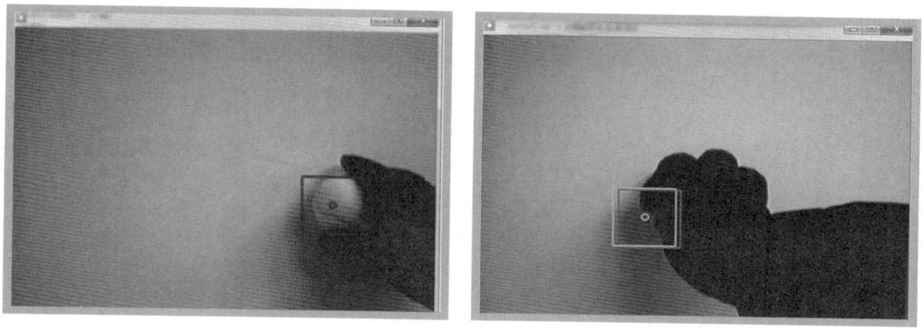

(a) (b)

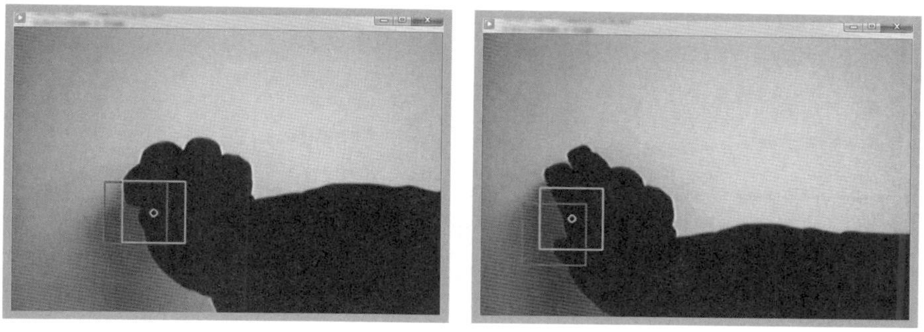

(c) (d)

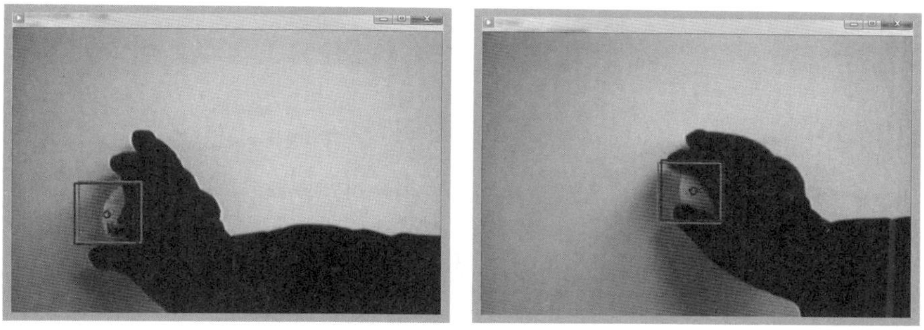

(e) (b)

[그림 12.22] meanShift와 KalmanFilter를 사용한 물체 추적("ball2.avi")

C++ API
OpenCV
프로그래밍 2nd Edition

인쇄 일자 : 2016년 12월 22일 개정 초판 인쇄

발행 일자 : 2016년 12월 28일 개정 초판 발행

펴낸곳 : 가메출판사(http://www.kame.co.kr)

발행인 : 성만경

지은이 : 김동근

주소 : 서울시 마포구 서교동 394-25 동양한강트레벨 504호

전화 : 031)923-8317

팩스 : 031)923-8327

ISBN : 978-89-8078-286-4

등록번호 : 제313-2009-264호

정가 : 30,000원